Nr. 35
S. 12537–12904

Chemisches Zentralblatt

1962
29. August

Vollständiges Repertorium für alle Zweige der reinen und angewandten Chemie

1830 gegründet. 1897—1945 von der Deutschen Chemischen Gesellschaft fortgeführt. Im Auftrage der Deutschen Akademie der Wissenschaften zu Berlin, der Chemischen Gesellschaft in der DDR, der Akademie der Wissenschaften zu Göttingen und der Gesellschaft Deutscher Chemiker (in der BRD)

herausgegeben von Prof. Dr. Heinrich Bertsch und Prof. Dr. Dr. h. c. Wilhelm Klemm

133. Jahrgang
1962

Chefredakteure: Dr. Eugen Klever und Dr. Willi Barz

Akademie-Verlag GmbH., Berlin — Verlag Chemie, GmbH., Weinheim/Bergstr.

Inhalt

Chemisches Zentralblatt

1962 **Bibliographien** Nr. 35

Neue Bücher

E_1. Allgemeine Biologie und Biochemie

Bentley Glass, ed., Survey of biological progress. Vol. 4. London Academic P. 1962. (XIII + 465 S. m. Abb., Tab. u. Diagr.) 80 s.

—, Application à la biochimie et à la chimie structurale de la spectroscopie des radiofréquences. Compte rendu du colloque organisé à Bruxelles, les 6 et 7 avril 1961. Bruxelles. Palais des Académies. 1961. (363 S. m. Abb., Tab. u. Diagr.) 300 fr.

E_3. Mikrobiologie. Bakteriologie. Immunologie

Erwin Neter, Medical microbiology. 4th edit. Philadelphia F. A. Davis. 1962. (545 S. m. Abb.) $ 7.50.

E_5. Tierchemie. Tierphysiologie. Tierpathologie

Ralph Isadore Dorfman, ed., Methods in hormone research. Vol. 1: Chemical determinations. New York, London: Academic P. 1962. (XIII + 423 S. m. Abb., Tab. u. Diagr.) 5 £ 14 s. 6 d.

John Quintin Griffith, The rat in laboratory investigation. 2nd edit. New York: Hafner. 1962. (542 S. m. Abb.) $ 18.50.

M. F. Guly, Die Biochemie des Fettumsatzes. Kiew: Verl. der Akad. der Wiss. der UkrainSSR. 1961. (264 S.) [Russ.]

Alexander Haddow and **Sidney Weinhouse**, eds., Advances in cancer research. Vol. 6. New York: Academic P. 1962. (524 S. m. Abb.) $ 13.—.

Penelope M. Jenkin, Animal hormones. New York: Pergamon. 1962. (319 S. m. Abb.) $ 7.50.

K. M. Smith and **M. A. Lauffer**, eds., Advances in virus research. Vol. 8. New York: Academic P. 1962. (414 S. m. Abb.) $ 12.—.

—, Radioisotopes in tropical medicine· proceedings of the symposium on the use of radioisotopes in the study of endemic and tropical diseases jointly organized by the International Atomic Energy Agency and the World Health Organization and held in Bangkok, 12—16 December, 1960. Vienna: I.A.E.A., London· H.M.S.O. 1962. (377 S. m. Abb., Tab. u. Diagr.) 42 s.

E_6. Pharmakologie. Therapie. Toxikologie. Hygiene

John Adriani, The chemistry and physics of anesthesia. 2nd edit. Springfield (Illinois): Thomas. 1962. (849 S. m. Abb.) $ 28.50.

Arthur Grollman, Pharmacology and therapeutics. 5th edit., revised, enlarged. Philadelphia: Lea & Febiger. 1962. (1131 S. m. Abb.) $ 12.50.

Samuel Meites, Manual of practical micro and general procedures in clinical chemistry. Springfield (Illinois) Thomas. 1962. (354 S. m. Abb.) $ 11,50.

Clarence Wilbur Taber, Cyclopedic medical dictionary. 9th edit. Philadelphia: Davis; Oxford: Blackwell Scientific. 1962. (1341 S. m. Abb., Tab. u. Diagr.) 54 s.

H. VII. Agrikulturchemie. Schädlingsbekämpfung

P. F. Konowalow u. a., Die physikalisch-mechanischen und physikalisch-chemischen Untersuchungen des Zementes. Methoden und Apparaturen. Moskau: Gosstroiisdat. 1960. 1 Rbl. 13 Kop. [Russ.]

P. N. Ssokolow, Die Technologie der Asbozementerzeugnisse. 3. überarb. u. vervollst. Ausg. Moskau· Gosstroiisdat. 1960. 1 Rbl. 01 Kop. [Russ.]

IX. Organische Industrie

Boris Nikolajevič Dolgov, Katalýza v organickej chémii. Praha: SVTL.; SNTL. 1962. (701 S. m. 73 Abb. u. 97 Tab.) Kčs 52,—.

XI. b) Plaste (Kunstharze, Plastische Massen)

R. Nitsche†, Hrsg., Chemie, Physik und Technologie der Kunststoffe in Einzeldarstellungen. IV. Bd.: Preßwerkzeuge in der Kunststofftechnik. Von **W. Bucksch** und **H. Briefs**. Zweite, verb. Aufl. Berlin, Göttingen, Heidelberg: Springer. 1962. (VIII + 213 S. m. 230 Abb.) 8°. DM 36,—.

XVI. Nahrungs-, Genuß- und Futtermittel

K.A. Barbajanow und **K. P. Lemarinje**, Herstellung von Fleischkonserven. Lehrbuch für chemisch-technologische Fachrichtungen der Hochschulen für Lebensmittelindustrie. Moskau: Pischtschepromisdat. 1961 (407 S. m. Abb.; 1 Bl. Skizzen.) 1 Rbl. 5 Kop. [Russ.]

F. Mihelič und **F. Mikič**, Über die Veränderungen des Ascorbinsäuregehaltes von Kuhmilch verschiedener Herkunft während eines Jahres. Nürnberg: Carl. 1961. (14 S. m. Abb.) 8° = Bibliotheca lactis. 23.

XVIII. b) Textilfasern

I. Ss. Margolin, Verwendung von synthetischen Fasern in der Textil- und Trikotagenindustrie. Rosstechisdat. 1962. (267 S. m. Abb.) 96 Kop. [Russ.]

XIX. Brennstoffe. Erdöl. Mineralöle

K. K. Papok, Schmieröle. 2. überarb. u. vervollst. Ausg. Moskau: Wojenisdat. 1962. (255 S. m. Abb.) 55 Kop. [Russ.]

XXI. Leder. Gerbstoffe

Erwin Rathmann, Prüfung und Praxis. Vorbereitung auf den allgemeintheoretischen Teil der Gesellen- und Meisterprüfung. Mit Prüfungsfragen. 3., erw. Aufl. Stuttgart: Matthaes. 1961. (304 S.) 8°. DM 7,60.

Ausgewertete Bibliographie-Fachzeitschriften

Belgien	Bibliographie de Belgique — Belgische Bibliographie
ČSSR	Bulletin — Die Neuesten Forschungsergebnisse der Tschechoslowakischen Wissenschaft
	Nové Knihy (Neue Bücher)
	Novinky (Neuheiten)
Dänemark	Danske Bogmarked
Deutschland	Börsenblatt für den Deutschen Buchhandel — Frankfurter Ausgabe
	Börsenblatt für den Deutschen Buchhandel — Leipziger Ausgabe
	Deutsche Bibliographie. Wöchentliches Verzeichnis. Ausgabe II. [Frankfurt/Main]
	Deutsche Nationalbibliographie. Reihe A: Neuerscheinungen des Buchhandels [Leipzig]
England	British Books (Incorporating the Publishers Circular & Booksellers Record)
	British National Bibliography
Frankreich	Bibliographie de la France
Holland	Nieuwsblad voor de Boekhandel
Italien	Bibliografia Nazionale Italiana
Japan	Nōhon Shūhō (Current Publications)
Österreich	Österreichische Bibliographie
Schweiz	Schweizer Buch. Serie A und Serie B
UdSSR	Bücherverzeichnis des Jahres (Книжная летопись)
	Neue Bücher (Новые книги)
USA	Publishers' Weekly

Namenregister

Patentregister

Chemisches Zentralblatt

1962 Nr. 35 29. August

Geschichte. Unterricht

Mark Freiherr von Stackelberg. J. Heyrovský. (Z. Elektrochem., Ber. Bunsenges. physik. Chem. **65.** 817–18. Dez. 1961.) (Dt.)

Glückwunschadresse zum 65. Geburtstag von M. Frh. von Stackelberg (geb. 16/12. 1896 in Dorpat), Prof. für Elektrochemie an der Univ. Bonn; Würdigung seiner Unterss. über Kristallstrukturen, Gashydrate u. besondere polarograph. Probleme. — Bild. A. Blaschette. 1□

Über Robert Damiens. P. Reynaud. (Bull. Soc. chim. France **1961.** 2195–96. Dez. Pau, Fac. de Pharm.) (Franz.)

Nachruf auf den Maître de Conférences agrégé der Faculté des Sciences in Pau, R. Damiens (geb. 24/5. 1922 in Paris, gest. 10/10. 1958 in Pau), u. Würdigung seiner organ.-chem. Unterss., bes. über Carbamate u. Heterocyclen. — Bild. A. Blaschette. 1□

H. Deuel. H. Neukom. (Nature [London] **193.** 927. 10/3. 1962.) (Engl.)

Nachruf auf Prof. H. Deuel (geb. 1916 in Leipzig, gest. 1962 in Bern). Würdigung seiner Arbeiten auf dem Gebiet der Polysaccharide u. der Agrikulturchemie. Ch. Weiske. 1□

Sir David Rivett. 1885–1961. Noel S. Bayliss. (Proc. chem. Soc. [London] **1962.** 91–93. Febr.) (Engl.)

Nachruf auf den Physikochemiker D. Rivett, K.C. M.G., F.A.A., F.R.S. (gest. 1/4. 1961 in Sydney). Kurze Lebensbeschreibung u. Würdigung seiner Arbeit. Schrieb das Buch „Die Phasenregel". Ch. Weiske. 1□

Ossion Aschan 1860–1960. Terje Enkvist. (Finska Kemistsamfundets Medd. **69.** 49–53. 1960.) (Finn.)

Würdigung des Lebenswerkes von O. Aschan (16/5. 1860 bis 25/2. 1939), Professor an der Univ. Helsinki, bes. bekannt durch seine Arbeiten auf dem Gebiet der Terpene, Campher u. Harzsäuren. — Bild. S. Beckmann. 1□

Andreas Sigismund Marggraf. Zu seinem 250. Geburtstag. Rudolph Zaunick. (Z. Zuckerind. **9** (**84**). 71–81. 20/2. 1959. Halle/Saale.) (Dt.)

Lebenslauf des Entdeckers der Saccharose in Rüben, A. S. Marggraf (geb. am 3/3. 1709, gest. am 7/8. 1782 in Berlin). — 46 Literaturangaben. — **Erinnerungen an A. S. Marggraf,** zusammengestellt von G. Bruhns, ergänzen die Biographie. — Ein Abdruck der Originalarbeit von Marggraf über „Chem. Verss., aus verschiedenen einheim. Pflanzen einen wahren Zucker zu verfertigen" [1747] vervollständigt die Biographie. E. Klever. 1□

Gerard Troost (1776–1813). Anonym. (Mater. Res. Standards **1.** 470. Juni 1961.) (Engl.)

Bild des in Holland geborenen Kristallographen u. Geologen, Gründers u. 1. Präsidenten der Philadelphia Acad. of Natural Science. M. Gehlen-Keller. 1□

Theophrastos über „Feuer". Trevor Robinson. (Chymia [Philadelphia] **1959.** 51–63. Syracuse, N.Y., Univ.) (Engl.)

Auszüge aus der Schrift „Über Feuer" von Theophrastos, einem Schüler u. Zeitgenossen des Aristoteles, mit einleitenden Sätzen aus seiner Metaphysik. W. Kuntz. 2□

Berthollet und die antiphlogistische Theorie. J. R. Partington. (Chymia [Philadelphia] **1959.** 130–37. Cambridge, England.) (Engl.)

Vf. bestreitet die von Duveen u. Klickstein in einer Abhandlung über die Annahme der antiphlogist. Theorie in Frankreich (Osiris **12.** [1956.] 342) geäußerte Ansicht, daß Berthollet die Phlogiston-Theorie erst zwischen August 1786 u. April 1787 aufgegeben habe, u. tritt für das bisher angenommene Datum des 6. April 1785 für Berthollets Übergang zur antiphlogist. Theorie ein. W. Kuntz. 2□

Die chemische Revolution in Amerika nach der Zeitschrift „Medical Repository". Sidney M. Edelstein. (Chymia [Philadelphia] **1959.** 155–79. New York, N.Y., Dexter Chem. Corp.) (Engl.)

Der Streit zwischen den Anhängern der Phlogiston-Theorie, deren Hauptwortführer PRIESTLEY war, u. ihren Gegnern, vor allem MACLEAN u. WOODHOUSE, wird nach den Veröffentlichungen in der in New York erschienenen Zeitschrift „Medical Repository" von 1798—1804 in chronolog. Folge mit zahlreichen Auszügen dargestellt.
W. KUNTZ. 2□

„The sceptical chymist". 1661. Ein Beitrag zum 300jährigen Herausgabejubiläum. Roy G. Neville. (J. chem. Educat. **38.** 106—09. März 1961. Sunnyvale, Calif.) (Engl.)

Vf. beschäftigt sich anläßlich der Herausgabe von „The Sceptical Chymist" vor 300 Jahren mit dem Werk u. dessen Verfasser. ROBERT BOYLE stellt darin die Theorien von den vier Elementen (Feuer, W., Luft, Erde) u. den drei Prinzipien (Salz, Schwefel, Quecksilber) in Frage, wie sie bisher nach ARISTOTELES u. PARACELSUS gelehrt wurden. Er beweist an Hand einer Reihe von Verss. ihre Fragwürdigkeit u. zeigt, daß chem. Rkk. am besten zu verstehen sind, wenn man Atome u. Anhäufungen von Atomen, die in ständiger Bewegung sind, annimmt. Rkk. finden statt, wenn Atome mit geringerer Affinität von solchen mit größerer ersetzt werden. BOYLE gab die erste moderne Definition eines chem. Elements. Er erhob die Chemie in den Rang einer Wissenschaft.
D. HOENE. 2□

Dermatotherapeutische und kosmetische Feststellungen und Materia medica des arabischen Arztes at-Tabari (um 970 n. Chr.). J. Stejskal. (Parfümerie u. Kosmet. **41.** 103—05. März 1960.) (Dt.)

Zusammenstellung der von dem altarab. Arzt AT-TABARI angewendeten dermatotherapeut. Mittel u. Heilmethoden. H. SONTAG. 2□

Arzneibuch oder kein Arzneibuch, aber eines der ältesten Bücher mit diesem Namen: Über die „Pharmacopoea in Compendium redacta" von Johannes Placotomus. L. Elaut. (Pharmac. Tijdschr. België **37.** 1—4. Jan. 1960. Gent.) (Fläm.)

Besprechung eines 1560 in Antwerpen erschienenen Arzneibuches. W. WESLY. 2□

Die seltene „Pharmacopoea amstelredamensis", 3. Auflage. L. J. Vandewiele. (Pharmac. Tijdschr. België **37.** 5—6. Jan. 1960. Gent.) (Fläm.)

Besprechung des Amsterdamer Arzneibuches von 1639. W. WESLY. 2□

Ein alter, chinesischer, pharmazeutischer Wandschirm. L. J. Vandewiele. (Pharmac. Tijdschr. België **37.** 6—7. Jan. 1960. Gent.) (Fläm.)

Beschreibung eines hölzernen Wandschirmes (17. Jahrhundert) u. der darauf abgebildeten myst., mytholog., pharmazeut. Figuren aus dem alten China.
W. WESLY. 2□

Ersatz der typischen qualitativen Analyse durch präparative Trennungen. Carl Mahr. (J. chem. Educat. **38.** 407—08. Aug. 1961. Marburg/Lahn, Univ.) (Engl.)

Allg. Hinweise zur Umgestaltung des qual. anorgan. Grundpraktikums für Chemiestudenten unter Bezug auf das Buch des Vf. („Anorgan. Grundpraktikum", 2. Aufl., 1961. Verlag Chemie, Weinheim/Bergstr.). W. HEIN. 6□

Vorschläge zur Gestaltung des Anfängerunterrichtes. C. Mahr. (Angew. Chem. **74.** 243—47. 7/4. 1962.) (Dt.) — Vgl. vorst. Referat.

Einteilung in Vorpraktikum (Grundlagen der allg. Chemie), Grundpraktikum (präparative Trennungen), Kurs der qual. Analyse, quant. Analyse. CH. WEISKE. 6□

Vorlesungsdemonstration der optischen Eigenschaften dünner Filme aus Dielektrika und Metallen. Scott Anderson. (Amer. J. Physics **28.** 654—58. Okt. 1960. Champaign, Ill., Anderson Phys. Labor.) (Engl.)

Die Filme werden auf Glas als Träger durch Oxydation eines Al-Spiegels mit 2%ig. wss. Oxalsäure oder durch Aufdampfen von SiO auf Al erzeugt. An ihnen können Interferenzerscheinungen u. Phasenverschiebungen demonstriert werden. M. HAGEDORN. 6□

Ein Demonstrationsversuch für die optische Drehung mit Hilfe eines „Eskimo-Jo-Jo". S. J. Gill. (J. chem. Educat. **38.** 263. Mai 1961. Boulder, Colo., Univ. of Colorado.) (Engl.)

2 Bälle, die an den Enden einer Schnur befestigt sind, u. ein Handgriff nahe der Schnurmitte werden benötigt. Die Bälle bewegen sich auf Kreisbahnen in entgegengesetzter Richtung u. stellen die Komponenten des zirkular polarisierten Lichtes dar. Durch Auf- u. Abbewegen des Handgriffs, der die Resultierende darstellt, wird das Syst. in Bewegung gehalten. Die opt. Drehung wird demonstriert, indem die Geschw. eines Balls vermindert u. der Handgriff in dem sich ergebenden Winkel bewegt wird.
K. ROSS. 6□

Zum Verständnis der Oberflächenspannung. G. D. Yarnold. (Contemporary Physics **1.** 267—75. April 1960. Hawarden, St. Deiniol's Library.) (Engl.)

Vf. bespricht die Grundlagen zur Erklärung des Begriffs Capillarität in höheren Schulen oder im ersten Jahr des Univ.-Studiums. C. GOTTFRIED. 6

A. Allgemeine, physikalische und anorganische Chemie

Über die Theorie der Brownschen Bewegung und der Spinrelaxation. Takeyasu Kotera und Morikazu Toda. (J. physic. Soc. Japan **14**. 1475–96. Nov. 1959. Tokyo, Univ. of Educat., Fac. of Sci., Dep. of Phys.) (Engl.)

Die BROWNsche Bewegung eines harmon. Oscillators wird quantenmechan. behandelt u. die entwickelte Theorie ebenfalls auf die Spinrelaxation angewandt. Sie ist damit allg. zur Behandlung von Syst. geeignet, die anfänglich um einen willkürlichen Betrag aus der Gleichgewichtslage verdrängt sind. Der Oscillator (bzw. der Spin) steht dabei in Wechselwrkg. mit einem Thermostaten, der aus einer großen Anzahl harmon. Oscillatoren zusammengesetzt ist. Die Operatorform der Bewegungsgleichung wird in der HEISENBERGschen Formulierung gelöst; dabei wird der Wechselwrkg.-Parameter in 1. u. 2. Ordnung berücksichtigt. Durch Übergang von der HEISENBERG- zur SCHROEDINGER-Darst. ergibt sich die Relaxationsgleichung für die Dichtematrix in der x-p-Darstellung. Weiter werden die KRAMERS-CHANDRASEKHAR-Gleichung für einen harmon. Oscillator, die LANGEVIN-Beziehung u. die BLOCH-Gleichung für einen Spin in einem stat. Magnetfeld abgeleitet. A. BLASCHETTE. 10□

A_1. Kernphysik und Kernchemie

Schwere Kerne in solaren Höhenstrahlen. C. E. Fichtel und D. E. Guss. (Physic. Rev. Letters **6**. 495–97. 1/5. 1961. Greenbelt, Md., Goddard Space Flight Center, Nat. Aeronaut. and Space Admin.) (Engl.) — Vgl. C. **1962**. 11075.

Bei einem Raketenflug über Canada am 3. September 1960 wurde mittels Kernemulsionen in dem Ausbruch solarer Höhenstrahlung das Vork. schwererer Teilchen festgestellt. Die Ladungsverteilung wurde bestimmt, das Steifespektrum ähnelt dem der Protonen. Der Anteil der mittleren Kerne mit $6 < Z < 8$ u. > 570 MeV/c betrug nur $0{,}8 \pm 0{,}3 \cdot 10^{-3}$ der Protonen gleichen Impulses, ist also um eine Größenordnung niedriger als in der galakt. Höhenstrahlung. M. WIEDEMANN. 85□

Satellitbestimmungen des Spektrums der schweren primären Höhenstrahlung. M. A. Pomerantz, S. P. Agarwal, P. Schwed und H. Hanson. (Physic. Rev. Letters **6**. 362–64. 1/4. 1961. Swarthmore, Pa., Bartol Res. Found. of the Franklin Inst.) (Engl.)

An Bord von Explorer VII wurde mittels einer Impulsionisationskammer auf Höhen zwischen 530 u. 1100 km der Fluß der Teilchen mit $Z > 6$ untersucht. Der Exponent im integralen Spektrum der magnet. Steife wurde bestimmt. Für mittlere u. schwere Kerne betrug er im Oktober 1959 bei Dipolapproximation des Feldes $0{,}91 \pm 0{,}07$ u. bei Dipol + Nichtdipol-Formalismus $0{,}89 \pm 0{,}07$, im April 1960 dagegen $0{,}80 \pm 0{,}07$ bzw. $0{,}90 \pm 0{,}06$. M. WIEDEMANN. 85□

Ein extrem energiereiches Höhenstrahlereignis. John Linsley, Livio Scarsi und Bruno Rossi. (Physic. Rev. Letters **6**. 485–87. 1/5. 1961. Cambridge, Mass., MIT, Labor. for Nucl. Sci.) (Engl.)

Mit einer Anordnung aus Scintillatoren, die sich über 2 km^2 erstreckte, wurde in der Zeit vom September 1959 bis Mai 1960 ein extrem großer Luftschauer auf 5800 ft nahe Albuquerque beobachtet. Die Lage der Schauerachse wurde ermittelt. Für das Primärteilchen wurde eine Energie von ca. 10^{19} eV bestimmt; ob es ein Proton oder ein schwerer Kern ist, ist unsicher. Es dürfte seine Energie außerhalb der Galaxis erworben haben. M. WIEDEMANN. 85□

Experimentelle Ergebnisse über den π–π-Querschnitt. Jerry A. Anderson, Vo X. Bang, Philip G. Burke, D. Duane Carmony und Norbert Schmitz. (Physic. Rev. Letters **6**. 365–67. 1/4. 1961. Berkeley, Calif., Univ. of California, Lawrence Radiat. Labor.) (Engl.)

1275 unelast. Ereignisse in der Wasserstoffblasenkammer wurden nach der CHEW-Low-Meth. analysiert. Der π^-–π^0-Querschnitt wurde als Funktion der gesamten Dipionenmasse ermittelt. Er zeigt ein Maximum von 200 mbarn bei $\omega^2 = 20$–22.
M. WIEDEMANN. 90□

Pion–Pion-S-Wellen-Phasenverschiebungen bei niedriger Energie. Bipin R. Desai. (Physic. Rev. Letters **6**. 497–500. 1/5. 1961. Berkeley, Calif., Univ. of California, Lawrence Radiat. Labor.) (Engl.)

Die Phasenverschiebungen werden ermittelt. Nach den Ergebnissen der Rk. $p + d \rightarrow {}^3He + \pi^+ + \pi^-$ kann Aufschluß über die S-Wellenamplitude, $I = 0$, erhalten werden. Die Annahme, daß $I = 2$ anziehender als der $I = 0$-Zustand sein sollte, wurde nicht bestätigt. M. WIEDEMANN. 90□

Rolle der π-π-Wechselwirkung bei energiereichen π-Nucleon-Wechselwirkungen. P. Carruthers und H. A. Bethe. (Physic. Rev. Letters **4.** 536—39. Mai 1960. Ithaca, N.Y., Cornell Univ., Labor. of Nucl. Stud.) (Engl.)

Die Pion–Nucleon-Wechselwrkg. im Bereich von 0,5—1,5 GeV wird von dem Standpunkt aus betrachtet, daß jede Wechselwrkg. durch Streuung des einfallenden Pions an dem virtuellen Pion des Nucleons eingeleitet wird. Die Unterschiede im Verh. positiver u. negativer Pionen mit Protonen lassen sich deuten. Ebenso kann erklärt werden, warum Resonanzen in den $D_{3/2}$- u. $F_{5/2}$- nicht aber in den $D_{5/2}$- u. $F_{7/2}$-Zuständen existieren. M. WIEDEMANN. 90□

Pionenerzeugung und die höheren Resonanzen bei der Pion–Nucleon-Streuung. P. Carruthers. (Ann. Physics **14.** 229—303. Juli 1961.) (Engl.) — Vgl. vorst. Referat.

Vf. berücksichtigt sowohl die π-π-Resonanz als auch die 3–3-Resonanz u. berechnet die Wrkg.-Querschnitte für die Erzeugung eines einzelnen Pions nach der Rk. $\pi + N \rightarrow 2\pi + N$. Die Pion–Nucleon-Wechselwrkg. im Bereich von 500—1500 MeV kann aus dem Verh. der elast. π–π- u. π–N-Streuamplituden bei tiefen Temp. verstanden werden. M. WIEDEMANN. 90□

Möglicher Beweis für den Strahlungszerfall des Σ^+-Hyperons. E. M. Friedländer. (Physic. Rev. Letters **4.** 528—30. Mai 1960. Bucharest, Inst. of Atom. Phys., Cosmic-Ray Labor.) (Engl.)

Ein Emulsionsstapel wurde dem K^--Bündel ausgesetzt u. unter 1500 σ_K-Sternen ein Zerfall beobachtet, der als $\Sigma^+ \rightarrow n + \pi^+ + \gamma$ gedeutet wird. Die Sekundärteilchen wurden identifiziert, ihre Reichweite u. Energie bestimmt. Die Differenz zwischen der gemessenen Pionenenergie 24 ± 1 MeV u. der zu erwartenden 92,2 MeV wird auf Kernstöße ohne sichtbare Prodd. zurückgeführt. M. WIEDEMANN. 90□

Photonenzerfall von Hyperonen. Prem Prakash und A. H. Zimerman. (An. Acad. brasil. Ci. **33.** 1—12. 1961. Rio de Janeiro, Centro Brasil. de Pesqu. Fis.; São Paulo, Inst. de Fis. Teor.) (Engl.)

Der Zerfall eines Hyperons in ein Photon u. ein Baryon mit einer Änderung der Strangeness um 1 wird theoret. untersucht. Unter der Annahme einer direkten schwachen Pion–Hyperon-Wechselwrkg. vom vektoriellen u. axialen Typ wird nach der Störungstheorie niedrigster Ordnung u. unter der Bedingung $|\Delta I| = 1/2$ im Isospinraum die theoret. Zerfallsrate ermittelt, sie scheint höher als die experimentelle zu sein. M. WIEDEMANN. 90□

Was ist „zirkulare Polarisation"? K. Nowak. (Neue Physik [Wien] **1959.** 177—87. 1959. Wien.) (Dt.)

Die Frage nach dem Begriff „Polarisation", speziell „zirkulare Polarisation", wird im Hinblick auf die Ergebnisse der Unterss. der Paritätsfrage diskutiert. Aus der Betrachtung aller Licht- u. Materialstrahlungen elektromagnet. Natur als elektromagnet. Wendelbewegung von Ladungsträgern ergibt sich eine einheitliche Auffassung für die Erscheinungen der Polarisation. H. LINDBERG. 90□

Elastische γ-p-Streuung bei Energien von 40—70 MeV und die Polarisierbarkeit des Protons. W. I. Goldanski, O. A. Karpuchin, A. W. Kutzenko und W. W. Pawlowskaja. (Журнал Экспериментальной и Теоретической Физики [J. exp. theoret. Physik] **38.** 1695—1707. Juni 1960. Physikal. Lebedew-Inst. der Akad. der Wiss. der UdSSR.) (Russ.; Auszug: Engl.) — C. **1962.** 6284. G. EWALD. 90□

Über die Polarisation von an Hg-Atomen elastisch gestreuten Photonen. G. Böbel und G. Passatore. (Nuovo Cimento [10] **15.** 979—82. 16/3. 1960. Genova, Univ., Ist. di Fis., Ist. Naz. di Fis. Nucl.) (Engl.)

Vff. zeigen mit Hilfe der T-Matrix berechnete Kurven für den Polarisationsgrad in Abhängigkeit vom Streuwinkel für mehrere γ-Energien. Im Falle eines unpolarisierten Ursprungsstrahls ist der Grad der Linearpolarisation maximal 100% u. damit viel größer als der der Zirkularpolarisation bei einem polarisierten Strahl (Ebene um $\pi/4$ gegen Streuebene gedreht). Es zeigt sich, daß bei höheren Energien ($E = 2{,}56\ mc^2$) eine Überlagerung von RAYLEIGH- u. THOMSON-Streuung berücksichtigt werden muß, um das auftretende Minimum zum Verschwinden zu bringen. U. SIGGEL. 90□

Untersuchung zur Theorie des Elektrons. R. M. Berthier. (Helv. physica Acta **31.** 576—77. 31/10. 1958. Grenoble, Centre d'Étud. Sci. et Techn.) (Franz.)

Theoret. Betrachtung über die Anwendbarkeit der klass. Theorie des sich drehenden Elektrons. J. M. SPAETH. 90□

Die Elektronen und das Vakuum. Paul Dirac. (Pokroky Mat., Fysiky Astronom. **4.** 309—17. 1959.) (Tschech.)

Übersetzung des Vortrags, gehalten in Moskau am 9. Oktober 1956. J. TŮMOVÁ. 90□

Eine Schalenmodellberechnung für die Streuung von Elektronen an ^{9}Be. Y. R. Waghmare und S. P. Pandya. (Progr. theoret. Physics [Kyoto] **25.** 822—26. Mai 1961. Ahmedabad, Physic. Res. Labor.) (Engl.)

Vff. berechneten die elast. u. unelast. Streuung von 190-MeV-Elektronen an dem Grundzustand u. 2,43-MeV-Niveau von ^{9}Be mittels eines intermediären Kopplungsschalenmodells. H. SCHROEDER. 90□

Streuung hochenergetischer Elektronen an Kohlenstoff und Sauerstoff. L. V. Deshpande und V. B. Kelkar. (Current Sci. **29.** 385—86. Okt. 1960. Bombay, Inst. of Sci., Dep. of Phys.) (Engl.)

Vff. berechnen die Änderung des Formfaktors g ($\bar{s}$) mit $\bar{s} = 2 \cdot k \cdot \sin(\Theta/2)\ A^{1/2}$ für *C* u. *O* bei verschiedenen Energien der Elektronen (187—420 MeV).
H. SCHROEDER. 90□

γ-Strahlen aus mehreren Elementen, die mit 10- und 14-MeV-Protonen beschossen worden sind. Tetsuo Wakatsuki, Yasuo Hirao, Eiji Okada, Iwao Miura, Kenzo Sugimoto und Akira Mizobuchi. (J. physic. Soc. Japan **15.** 1141—50. Juli 1960. Osaka, Osaka Univ., Fac. of Sci., Dep. of Phys., Labor. of Nucl. Stud.) (Engl.)

Vff. untersuchen die γ-Spektren u. -Intensitäten aus *C, O, Mg, Al, Si, Ca, Ti, Cr, Fe, Ni, Cu, Ag, Cd, Sn, Pt, Au* u. *Pb* nach dem Beschuß mit 10- u. 14-MeV-Protonen aus dem 63-in.-Cyclotron variabler Energie. Die Detektoren für γ-Strahlen bestehen aus Einkristallspektrometern mit NaJ(Tl) u. einem Dreikristall-Scintillationspaarspektrometer. Für C, O, Mg, Si u. Ca können die meisten γ-Strahlen der unelast. Streuung zugeschrieben werden. Neue Niveaus bei 7,08 u. 8,13 MeV werden in ^{40}Ca vermutet.
GERHARD SCHMIDT. 95□

Kollektive Multipolanregungen in einigen ungeraden Kernen durch unelastische α-Streuung. Jean Saudinos, René Beurtey, Philippe Catillon, Robert Chaminade, Monique Crut, Henriette Faraggi, André Papineau und Jacques Thirion. (C. R. hebd. Séances Acad. Sci. **252.** 96—98. 4/1. 1961.) (Franz.)

Die Unters. der unelast (α,α')-Streuungen an ^{63}*Cu*, ^{65}Cu u. ^{57}*Fe* zeigt die Ggw. von 2 Multiplettreihen. Aus den Ergebnissen gehen unter Zuhilfenahme des BLAIRschen Modells die engen Beziehungen hervor, welche die angeregten Niveaus in den ungeraden Kernen mit den für die benachbarten gerade-gerade Kerne beobachteten Niveaus verbinden. Die (α,α')-Streuungen in ^{63}Cu u. ^{65}Cu sowie in ^{57}Fe lassen sich als Kopplung des ungebundenen Nucleons an die kollektiven Quadrupol- u. Oktupolschwingungen des Cores darstellen. GERHARD SCHMIDT. 95□

Experimentelle Beobachtung der Doppel-Coulomb-Anregung. J. O. Newton und F. S. Stephens. (Physic. Rev. Letters **1.** 63—65. 15/7. 1958. Berkeley, Calif., Univ. of California, Radiat. Labor., Dep. of Chem.) (Engl.)

Vff. beobachteten beim Beschuß dicker Targets aus natürlichem W mit O-Ionen (Beschußenergie 30— 80 MeV) die Anregung des 4^+-Zustandes der Rotationsbanden der gg-Isotope über einen Doppel-E2-Prozeß. Das Impulshöhenspektrum zeigt 2 breite Maxima bei 114 bzw. 250 keV, deren Anregungsfunktionen abgebildet sind u. die dem Zerfall der ersten angeregten Niveaus von ^{182}W, ^{184}W u. ^{186}W bzw. dem Zerfall der 4^+- in die 2^+-Zustände der gg-Kerne u. dem Zerfall des 292-keV-Niveaus von ^{183}W zugeschrieben werden. Durch Bestätigung der Koinzidenz der Übergänge im 250- u. im 114-keV-Bereich, durch Berücksichtigung des anderweitig bekannten Übergangs in ^{183}W sowie durch Vgl. mit der Theorie der Rotationsbanden wurden für 40 ± 2 MeV Beschußenergie ein mittlerer Querschnitt für die Anregung der 2^+-Zustände von ca. 1,9 barn u. für die Doppelanregung von 25 mbarn bestimmt. D. JÖRCHEL. 95□

Coulomb-Anregung der Kernniveaus von ^{31}P, ^{33}S, ^{55}Mn und ^{141}Pr durch ^{20}Ne-Ionen. D. Ss. Andrejew, A. P. Grinberg, K. I. Jerochina und I. Ch. Lemberg. (Известия Академии Наук СССР, Серия Физическая [Nachr. Akad. Wiss. UdSSR, physik. Ser.] **25.** 70—76. Jan. 1961. Physik.-techn. Inst. der Akad. der Wiss. der UdSSR.) (Russ.)

Unter Verw. von ^{20}Ne^{4+}-Ionen mit 23,2 u. 27,8 MeV aus dem Cyclotron wurde die COULOMB-Anregung der Niveaus von ^{31}P 1,26 MeV, ^{33}S 0,83 MeV, ^{55}Mn 0,98 MeV u. ^{141}Pr 0,142 MeV untersucht. Zur Messung diente ein Scintillationsspektrometer mit NaJ(Tl)-Kristall. Die Wahrscheinlichkeiten der elektr. Quadrupolanregung ergaben sich zu B(E2) 0,011, 0,0019, 0,012 bzw. $0{,}0036 \cdot 10^{-48}\ e^2\ cm^4$ u. die partiellen Lebensdauern zu $4{,}8 \cdot 10^{-12}$ s, $5{,}2 \cdot 10^{-11}$ s, $(5-13) \cdot 10^{-12}$ s bzw. $4{,}3 \cdot 10^{-7}$ s. M. WIEDEMANN. 95□

Innere Konversionselektronen aus der Coulomb-Anregung schwerer Elemente. D. H. Rester, M. S. Moore, F. E. Durham und C. M. Class. (Nuclear Physics [Amsterdam] **22.** 104—30. Jan. 1961. Houston, Tex., Rice Univ.) (Engl.)

Mit einem β-Spektrometer erhalten Vff. die Spektren der inneren Konversionselektronen aus angeregten COULOMB-Übergängen in ^{197}Au, den 5 häufigsten Isotopen von Os, in ^{230}Th, ^{232}Th u. in ^{234}U, ^{236}U u. ^{238}U. Die red. Übergangswahrscheinlichkeiten werden für die ersten angeregten 2^+-Zustände sämtlicher gerader Kerne gemessen. Die Quadrupolmomente u. Deformationsparameter, die aus den red. Übergangswahrscheinlichkeiten abgeleitet worden sind, stimmen mit Werten aus früheren theoret. Berechnungen überein. Es wird der Nachw. für einen schwachen Kaskadenübergang zwischen den bekannten Zuständen bei 548 u. 279 keV in ^{197}Au erbracht u. ein Niveau in ^{189}Os bei 69,7 keV bestätigt, das als der erste angeregte $5/2^-$-Rotationszustand identifiziert wird. Zwei schwachen Konversionslinien im Os-Spektrum (mit ^{198}Os-Beitrag) werden die wahrscheinlichen Übergangsenergien von 194 u. 245 keV zugeordnet.

GERHARD SCHMIDT. 95□

Über die Hyperfeinstruktur im Spektrum des Lutetiums und die Kernmomente von ^{175}Lu und ^{176}Lu. Andreas Steudel. (Z. Physik **152.** 599–623. 16/10. 1958. Heidelberg, Univ., I. Phys. Inst.) (Dt.) — Vgl. C. **1958.** 9402.

Mit einem photoelektr. registrierenden FABRY-PEROT-Spektrometer wurde die Hyperfeinstruktur von 6 Lu(I)- u. Lu(II)-Linien am natürlichen Isotopengemisch untersucht. Aus Intensitätsmessungen an 5 Linien ergab sich die Kerndrehimpulsquantenzahl des seltenen Isotops ^{176}Lu zu $I^{176} = 6 \pm 1$. Messungen der Komponentenabstände des ^{176}Lu bestätigen dieses Ergebnis. Für das Verhältnis der magnet. Kerndipolmomente u. das Verhältnis der elektr. Kernquadrupolmomente der beiden Lu-Isotope wurde (mit $I^{176} = 6$) $\mu_I^{175}/\mu_I^{176} = 0{,}7175 \pm 0{,}0050$ u. $Q^{175}/Q^{176} = 0{,}69 \pm 0{,}04$ gefunden. Die Genauigkeit der Absolut-Best. dieser Momente $[\mu_I^{175} = (2{,}0 \pm 0{,}2)$ KM u. $Q^{175} = (5{,}6 \pm 0{,}6) \cdot 10^{-24}\ \mathrm{cm}^2]$ ist durch Termstörungen begrenzt. Fein- u. Hyperfeinstruktur im Lu(III)-Spektrum werden diskutiert.

W. BETCKE. 95□

Hyperfeinstruktur und Kernmomente von Americium-242. Richard Marrus und Joseph Winocur. (Physic. Rev. [2] **124.** 1904–06. 15/12. 1961. Berkeley, Calif., Univ. of California, Lawrence Radiat. Labor., Dep. of Phys.) (Engl.)

Vff. untersuchen nach der Atomstrahltechnik mit radioakt. Nachw. die Hyperfeinstruktur von ^{242}Am (16 Std.) im elektron. $J = 7/2$-Grundzustand. Der Kernspin ergibt sich zu $I = 1$. Die gemessenen Werte der M1-Wechselwrkg.-Konst. A u. der E2-Wechselwrkg.-Konst. B sind $A = \pm 10{,}124(10)$ MHz bzw. $B = \pm 69{,}639(40)$ MHz. Werden diese Messungen mit opt. spektroskop. u. Atomstrahldaten für ^{241}Am verglichen, so kann gefolgert werden, daß das nucleare M1-Moment $\mu_I = \pm 0{,}33$ Kernmagnetonen u. das Kernquadrupolmoment $Q = \mp 2{,}76$ barn sind. Diese Ergebnisse werden im Rahmen des BOHR-MOTTELSON-Modells diskutiert.

GERHARD SCHMIDT. 95□

Das absolute Häufigkeitsverhältnis der Isotope im natürlichen Silber und dessen Atomgewicht. E. A. C. Crouch und A. H. Turnbull. (J. chem. Soc. [London] **1962.** 161–70. Jan. Harwell, Berks. A.E.R.E.) (Engl.)

Zwei Massenspektrographen wurden benutzt, um eine Reihe von Ag-Proben verschiedenen Alters u. verschiedener Herkunft zu analysieren. Die Abweichungen der Ergebnisse lagen innerhalb der Fehlergrenzen des Verf. u. führten zu folgendem Mittelwert: $^{107}\mathrm{Ag}/^{109}\mathrm{Ag} = 1{,}0733 \pm 0{,}0043$. Eine Abhängigkeit des Trennvermögens der Massenspektrographen vom Isotopenverhältnis wurde durch Analyse von angereicherten Proben bekannten Isotopen-Geh. gefunden. Bei Verw. eines Photomultipliers ergibt sich theoret., daß das gefundene Verhältnis Isotop 1/Isotop 2 durch $\sqrt{m_1/m_2}$ korr. werden muß.

T. TAMBERG. 95□

Energieerzeugung aus Kernreaktionen. Harry Soodak. (Trans. New York Acad. Sci. [2] **22.** 26–33. Nov. 1959. New York, N.Y., City Coll., Dep. of Phys.) (Engl.)

Energet. Betrachtungen über Fusion u. Spaltung von Kernen.

GERHARD SCHMIDT. 103□

Die Ergebnisse thermonuclearer Forschungen. Ferenc Beleznai und Csaba Hargittay. (Fizikai Szemle [Physik. Rdsch.] **11.** 182–87. Juni. 217–23. Juli. 251–56. Aug. 281–85. Sept. 1961. Budapest, Eötvös-Univ.) (Ung.)

Übersicht. — 26 Literaturangaben. J. PLANK. 103

Verzerrungseffekte bei Deuteron-Stripping-Reaktionen mit niedrigen Q-Werten. W. R. Gibbs und W. Tobocman. (Physic. Rev. [2] **124.** 1496–99. 1/12. 1961. Houston, Tex., Rice Univ., Phys. Dep.; Cleveland, Ohio, Case Inst. of Technol., Phys. Dep.) (Engl.)

Durchführung einer Reihe von Berechnungen des (d, p)-Querschnitts u. der Polarisation unter Verw. der BORNschen Approximation der verzerrten Welle.

GERHARD SCHMIDT. 103□

Reaktivitätseinfluß von (n, 2n)-Reaktionen in D_2O. H. K. Clark. (Nuclear Sci. Engng. **9.** 282–83. Febr. 1961. Aiken, S. C., E. I. du Pont de Nemours & Co., Savannah River Labor.) (Engl.)

Auf Grund vorhandener experimenteller Werte berechnete Vf., daß pro Spaltneutron 0,00414 (n, 2n)-Rkk. mit D, 0,00472 (n, α)- u. (n, p)-Rkk. mit O u. 0,00097 unelast. Stöße mit O im D_2O stattfinden. H. Schroeder. 103□

Querschnitt der (n, 2n)-Reaktion an ^{12}C, ^{14}N, ^{16}O und ^{19}F im Energiebereich von 10 bis 37 MeV. O. D. Brill, N. A. Wlassow, Ss. P. Kalinin und L. Ss. Ssokolow. (Доклады Академии Наук СССР [Ber. Akad. Wiss. UdSSR] **136.** 55—57. 1/1. 1961.) (Russ.)

20-MeV-Deuteronen werden mit Pt-Absorbern auf bestimmte Energie gebremst u. auf ein T–Zr- u. ein gasförmiges D-Target geschossen. Dadurch werden Neutronen bekannter Energie zwischen 10 u. 37 MeV erzeugt, mit denen Targets von C, NH_4NO_3 u. Teflon (CF_2) beschossen werden. Die Ausbeuten der n, 2n-Rkk. an ^{12}C, ^{14}N, ^{16}O u. ^{19}F werden durch die Vernichtungs-γ-Strahlung der erzeugten Positronenstrahler gemessen. K.-E. Seyb. 103□

Untersuchung der Eigenschaften des 4,97-MeV-Niveaus in ^{20}Ne unter Verwendung der Reaktion $^{19}F(p, \gamma)^{20}Ne$. H. E. Gove, A. E. Litherland und A. J. Ferguson. (Physic. Rev. [2] **124.** 1944—47. 15/12. 1961. Chalk River, Ontario, Atom. Energy of Canada Ltd.) (Engl.)

Vff. untersuchen die Rkk. $^{19}Fe\,(p,\gamma)^{20}Ne$ bei den Resonanzen 669 u. 1092 keV, um Informationen über die Eigg. des 4,97-MeV-Niveaus in ^{20}Ne zu erhalten. Die Protonen stammen aus dem elektrostat. 3-MeV-Beschleuniger, die γ-Strahlen werden in 2 NaJ(Tl)-Kristallen von 5 in. ∅ u. 4 in. Länge nachgewiesen. Es zeigt sich, daß das 4,97-MeV-Niveau durch einen direkten Übergang aus der 1^+-Resonanz bei 669 keV aufgefüllt wird, daß es nicht den Spin 0 hat, u. daß der Übergang zum Grundzustand von ^{20}Ne weniger als 5% des Übergangs zum ersten angeregten Zustand ist. Aus den Ergebnissen wird geschlossen, daß die wahrscheinlichsten Zuordnungen zum 4,97-MeV-Niveau $2^=$ oder 3^+ sind. Gerhard Schmidt. 103□

Energieniveaus von ^{21}Na und ^{22}Mg. F. Ajzenberg-Selove, L. Cranberg und F. S. Dietrich. (Physic. Rev. [2] **124.** 1548—57. 1/12. 1961. Haverford, Pa., Haverford Coll.; Los Alamos, N. Mex., Univ. of California, Los Alamos Sci. Labor.) (Engl.)

Ne-Gas wird mit 2,4-, 3,1-, 4,6- u. 6,1-MeV-Deuteronen u. mit 3,4- u. 4,5-MeV-^3He-Teilchen aus dem Van de Graaff beschossen. Die Flugzeitmessungen der Neutronengruppen zeigen angeregte Zustände von ^{21}Na bei 0,37 $\pm$ 0,04, 1,69 $\pm$ 0,05, 2,83 $\pm$ 0,04, 3,89 $\pm$ 0,05, 4,86 $\pm$ 0,06 u. 5,01 $\pm$ 0,05 MeV zusätzlich zu den bekannten Zuständen bei 2,43, 3,57, 4,18, 4,31 u. 4,49 MeV an. Die Winkelverteilungen zeigen den Charakter starker direkter Wechselwirkung. ^{22}Mg hat einen Massenüberschuß (M–A) von $-0,14 \pm 0,08$ MeV (^{12}C als Bezugsnuclid) aus $Q = -0,043 \pm 0,08$ MeV für die Rk. $^{20}Ne\,(^3He, n)\cdot{}^{22}Mg$. Der erste angeregte Zustand liegt bei 0,995 $\pm$ 0,04 MeV. Weitere Zustände mit $E_x < 2,5$ MeV werden nicht beobachtet. Gerhard Schmidt. 103□

Winkelkorrelationen bei den Reaktionen $^{18}O(\alpha, n\,\gamma)^{21}Ne$ und $^{22}Ne(\alpha, n\,\gamma)^{25}Mg$. W. M. Deuchars und D. Dandy. (Proc. physic. Soc. **77.** 1197—1204. 1/6. 1961. Aldermaston, Berks., Atom. Weapons Res. Establish.) (Engl.)

Die Winkelkorrelation der in Koinzidenz mit Neutronen vom ersten angeregten Niveau von ^{21}Ne abgestrahlten γ-Strahlen wurden mittels eines axialsymm. Neutronenzählers bei 0°, bezogen auf die Richtung des einfallenden α-Bündels, untersucht. Die Ergebnisse zeigen, daß das Verhältnis der Amplitude der E2- zur Amplitude der M1-Strahlung einen Wert von $0,004 \leq \delta \leq 0,03$ hat. Die Anregungsfunktion der Rk. $^{22}Ne(\alpha, n)^{25}Mg$ wurde im α-Energiebereich 2,2 MeV $\leq E_\alpha \leq$ 3,0 MeV ebenso gemessen wie die in Koinzidenz mit Neutronen abgestrahlte γ-Strahlung des ersten angeregten Zustandes. H. Schroeder. 103□

Anregungsfunktionen von ^{41}K + p-Reaktionen. R. D. Sharp, L. F. Chase jun., R. M. Friedman, E. K. Warburton und E. G. Shelley. (Physic. Rev. [2] **124.** 1557 bis 1567. 1/12. 1961. Sunnyvale, Calif., Lockheed Missiles and Space Comp., Res. Labor.) (Engl.)

Aus dem Protonenbeschuß von ^{41}K werden Informationen über die tiefliegenden Zustände von ^{41}K u. die höher angeregten Zustände von ^{42}*Ca* erhalten. Die Anregungsfunktionen des 1,00 MeV-γ aus unelast. Streuung in ^{41}K u. des 2,16-MeV-γ aus der $^{41}K(p, \alpha\gamma)$-Rk. werden in einem Gebiet von 2,3—3,5 MeV gemessen. Angenähert 50 Resonanzen werden beobachtet. Die Energien u. abs. Querschnitte sowie die Anisotropie der γ-Strahlung aus einigen dieser Resonanzen werden verfolgt, was zu einer Information über die angeregten Zustände in ^{42}Ca bei einer Anregung von ca. 13 MeV führt. Die Verss. weisen nach, daß das 1,00-MeV-Niveau in ^{41}K mit großer Wahrscheinlichkeit ein $1/2^+$-Zustand in Übereinstimmung mit theoret. Vorhersagen ist.

Gerhard Schmidt. 103□

Kernverdampfung beim Cu. E. Jeannet, J. Rossel und E. Vaucher. (Helv. physica Acta **30.** 484—88. 1957. Neuchâtel, Univ., Inst. de Phys.) (Franz.)

Vff. benutzen dieselbe Sandwich-Meth. (Cu zwischen 2 Emulsionen) wie bei vorangegangenen Verss. über Ag u. Pt (C. **1962.** 8866). Nach Bestrahlung von 3 Monaten auf dem Jungfraujoch werden die Größenverteilung der Sterne, der Wrkg.-Querschnitt, die Energieverteilung bei Protonen u. α-Teilchen bestimmt. Aus letzteren ergibt sich die Anregungsenergie des Kernes (80,4 MeV) u. daraus die ursprüngliche Kern-Temp. zu Beginn der Verdampfung (T_0 = 4,1 MeV). Die Theorie erklärt diese Verdampfung mit mittleren Teilchenenergien von maximal 14,6 MeV nicht. Sicherlich liegen lokale Kernanregungen vor. Die Differenz zwischen den theoret. u. experimentellen Schwellenenergien für Protonen u. α-Strahlen läßt auf erhöhte Durchlässigkeit des Potentialwalles schließen. U. Siggel. 103□

Zerfall der ^{71}Zn-Isomere. T. T. Thwaites und W. W. Pratt. (Physic. Rev. [2] **124.** 1526—31. 1/12. 1961. University Park, Pa., Pennsylvania State Univ., Dep. of Phys.) (Engl.)

Unter Verw. der Scintillationsspektrometertechnik wird der Zerfall der ^{71}Zn-Isomere neu bestimmt. Hierbei werden Proben von angereichertem ^{70}Zn mit Reaktorneutronen bestrahlt. Beim Zerfall des 2,45 ± 0,10-min-Isomers werden γ-Strahlen von 120 ± 5, 390 ± 10, 510 ± 5, 680 ± 20, 920 ± 10, 1120 ± 10 u. 1630 ± 10 keV beobachtet. Eine β-Gruppe zum Grundzustand von ^{71}*Ga* mit einer Energie von 2,61 ± 0,05 MeV wird beim 2-min-Isomer beobachtet. Die γ-Strahlen von 390 ± 5, 490 ± 5 u. 610 ± 5 keV sind beim 4,0 ± 0,1-Std.-Isomer in Kaskade u. werden durch eine einzelne β-Gruppe von 1,46 ± 0,05 MeV versorgt. Für die ^{71}Zn-Isomere wird ein Zerfallsschema vorgeschlagen. Gerhard Schmidt. 103□

Zerfallseigenschaften der ^{117}In-Isomere. J. H. Wolfe und J. P. Hummel. (J. inorg. nuclear Chem. **22.** 7—11. Febr. 1962. Urbana, Ill., Univ. of Illinois, Dep. of Chem. and Chem. Engng. and Dep. of Phys.) (Engl.)

$SbCl_3$-Lsgg. wurden 90 Min. der äußeren Bremsstrahlung eines 22-MeV-Betatrons ausgesetzt. Durch (γ, α)-Rkk. entstanden dabei hauptsächlich $^{117-117m}$In aus ^{121}Sb u. $^{119-119m}$In aus ^{123}Sb. Infolge verschiedener Halbwertszeiten u. Zerfalls-Eigg. störten die ^{119}In-Isomere nicht die Unters. der ^{117}In-Isomere. Nach der Bestrahlung wurden die In-Isotope unter Trägerzusatz abgetrennt. Das γ-Spektrum von $^{117-117m}$In entspricht dem von McGinnis (C. **1956.** **1214**) aufgenommenen. Aus den Abfallkurven der verschiedenen Photopeaks lassen sich die Halbwertzeiten 1,9 ± 0,1 Std. u. 43 ± 4 Min. ermitteln. Dabei wird das Zerfallschema von McGinnis bestätigt, ebenso die Halbwertzeit von 1,9 Std. für ^{117m}In. Die Halbwertzeit von 43 Min. für ^{117}In weicht jedoch erheblich von dem von McGinnis angegebenen Wert von 1,1 Std. ab. Eine Analyse der Intensitäten der γ-Strahlen ergab, daß der Anteil der Isomerenübergänge bisher zu klein angenommen worden ist. Das neue Zerfallschema ist dargestellt.

E. Schiewer. 103□

Zerfallsschema von ^{131m}Te. A. Bedessku, O. M. Kalinkina, K. P. Mitrofanow, A. A. Ssorokin, N. W. Forafontow und W. Ss. Schpinel. (Журнал Экспериментальной и Теоретической Физики [J. exp. theoret. Physik] **40.** 91—100. Jan. 1961. Moskau, Univ., Inst. für Kernphys.) (Russ.; Auszug: Engl.) — Vgl. C. **1961.** 11601.

Ein stark angereichertes ^{130}Te-Target wird mit Neutronen beschossen u. nach Abtrennung der ^{131}J-Tochtersubstanz durch Scintillationszähler mit NaJ-Kristall u. β-Spektrometer auf γ,γ- u. β,γ-Koinzidenzen untersucht. Ein genaueres Zerfallschema des 30-Std.-Isomers von ^{131}Te wird aufgestellt. K.-E. Seyb. 103□

Weitere Untersuchungen über den Zerfall von ^{132}Cs. S. Jha, R. K. Gupta, H. G. Devare und G. C. Pramila. (Nuovo Cimento [10] **20.** 1067—78. 16/6. 1961. Bombay, Tata Inst. of Fundament. Res.) (Engl.)

^{132}Cs wurde durch Beschuß von natürlichem Ba mit Neutronen ^{130}Ba(n, γ)^{131}Ba → ^{131}Cs(n, γ)^{132}Cs u. ^{132}Ba(n, p)^{132}Cs, u. von Cs mit 90-MeV-Protonen hergestellt. Mittels γ-Spektrometrie wurden folgende γ-Energien in keV nachgewiesen (relative Intensität): 670 (100), 1040 ± 20 (0,25 ± 0,03), 1140 ± 20 (0,55 ± 0,06), 1320 ± 20 (0,75 ± 0,08), 1700 ± 30 (0,01 ± 0,005), 1800 ± 30 (0,02 ± 0,005) u. 1980 ± 30 (0,04 ± 0,01). Die Anwendung der üblichen Koinzidenz- u. Summierungstechnik ergab folgende Niveaus in keV von ^{132}Xe: 670 (93%), 1320 (1%), 1450 (0,1%), 1700 (0,6%), 1800 (1,2%) u. 1980 (0,6%). Diesen Niveaus können wahrscheinlich Spin u. Parität 2^+, 2^+, 4^+, 2,2 bzw. 2 zugeordnet werden. Das β^+-Verzweigungsverhältnis zum 670-keV-Niveau beträgt ~1,2%, der β^--Zerfall zum 470-keV-Niveau von ^{132}Ba ist $<$3%. Die gesamte Zerfallsenergie beträgt 2,1 MeV. Ein Zerfallsschema wird vorgeschlagen. H. Schroeder. 103□

Der Querschnitt für die Reaktion $^{133}Cs(n, \gamma)^{134}Cs$ im NRX-Reaktor. F. Brown, P. J. Campion und B. H. Oliver. (J. nuclear Energy, Part A **13.** 141—44. Jan. 1961. Chalk River, Ontario, Atom. Energy of Canada Ltd.) (Engl.)

In verschiedenen Lagen im Reaktor sowie mit u. ohne Cd-Schutz wurden wss. Lsgg. von CsCl u. $CsNO_3$ bestrahlt u. die Rk. $^{133}Cs(n, \gamma)^{134}Cs$ untersucht. Gemessen wurden β-γ-Koinzidenzen. Zum Vgl. diente die Erzeugung von ^{60}Co. Der Wrkg.-Querschnitt variierte von 34 barn in einer durch Graphit geschützten Position bis 41 barn in einem leeren Brennstoffstab. Der 2200-m/s-Querschnitt ergab sich zu 33,4 barn u. das Resonanzintegral zu 370 ± 50 barn. M. Wiedemann. 103□

Zum Niveauschema von ^{153}Eu. L. I. Russinow, R. L. Aptekar, W. Ss. Gwosdew, Ss. L. Ssacharow und Ju. L. Chasow. (Журнал Экспериментальной и Теоретической Физики [J. exp. theoret. Physik] **40.** 79—84. Jan. 1961. Leningrad, Physikotechn. Inst.) (Russ.; Auszug: Engl.)

Ein mit ^{152}Sm angereichertes Sm-Target wird mit therm. Neutronen beschossen. Das Spektrum der inneren Konversion von ^{153}Sm wird mit einem β-Spektrometer mit $\pi\sqrt{2}$-Fokussierung untersucht. Ein 89,5-keV-γ-Übergang wird erstmals beobachtet. Übergangstypen werden bestimmt u. das Zerfallsschema verbessert. K.-E. Seyb. 103□

Strahlungen der ^{145}Eu-, ^{146}Eu- und ^{147}Eu-Kerne. N. M. Antonjewa, A. A. Baschilow, B. Ss. Dshelepow, K. G. Kaun, A. F. A. Meijer und W. B. Smirnow. (Журнал Экспериментальной и Теоретической Физики [J. exp. theoret. Physik] **40.** 23—28. Jan. 1961. Leningrad, Univ., Phys. Inst.) (Russ.; Auszug: Engl.)

Mit einem Magnetspektrometer (Ketron) u. einem γ-Scintillationsspektrometer wird eine Eu-Gd-Fraktion untersucht, die aus mit 680-MeV-Protonen beschossenem Ta isoliert wurde. Konversionslinien eines Eu-Isotops mit $T_{1/2}$ = 5,6 d werden der Masse 145 zugeordnet. Weiterhin werden Energien u. Intensitäten von γ-Linien der Eu-Isotope ^{146}Eu u. ^{147}Eu bestimmt u. Zerfallsschemata aufgestellt. K.-E. Seyb. 103□

Einige Thulium- und Erbiumisotope mit Neutronendefizit. Ein Überblick über Halbwertzeiten und γ-Spektren unter Verwendung von massengetrennten Proben. S. Bjørnholm, H. L. Nielsen, O. B. Nielsen, G. Sidenius, O. Skilbreid und Å. Svanheden. (J. inorg. nuclear Chem. **21.** 193—200. Dez. 1961. Copenhagen, Univ., Inst. for Teor. Fys.) (Engl.)

Natürliches Er_2O_3 wurde 5,5 Std. mit 65-MeV-Protonen bestrahlt. Nach der Er(p, xn)-Rk. entstanden dabei verschiedene Tm-Isotope mit Neutronendefizit (x = 0 — 5). Von der bestrahlten Probe wurde ein Teil sofort der Massentrennung unterworfen (A), ein zweiter erst auf Tm mittels Kationenaustauschchromatographie aufgearbeitet u. dann der Massentrennung unterworfen (B). Von A u. B ermittelte man die γ-Spektren sowie die β- u. γ-Abfallkurven. Die γ-Spektren sind dargestellt. Die Ergebnisse sind in Diagrammen zusammengefaßt, bei denen die Zählrate in Abhängigkeit von der Massenzahl u. der Zeit als Parameter aufgetragen ist. Daraus folgt, daß die vorherrschenden Rkk. diejenigen mit x = 3, 4 u. 5 sind. Die ermittelten Halbwertzeiten konnten bestimmten Tm-Isotopen bzw. deren Tochtersubstanzen Er, *Ho* u. *Dy* zugeordnet werden. E. Schiewer. 103□

β-γ-Polarisationskorrelation von ^{198}Au. J. Berthier, P. Debrunner, W. Kündig und B. Zwahlen. (Helv. physica Acta **30.** 483—84. 1957. Zürich, ETH, Phys. Inst.) (Dt.)

Vff. geben für ^{198}Au die Gleichung für die β-γ-Polarisationskorrelation zwischen dem β-Spektrum von 959 keV Grenzenergie u. der γ-Linie von 412 keV sowie den Anisotropie-Koeff. an. Die β-γ-Winkelverteilung ist nahezu isotrop. [β-Übergang: $2^+ \rightarrow 2^-$; γ-Übergang: $2^+ \rightarrow 0^+$]. U. Siggel. 103□

Hüllelektroneneinfangverhältnis und β-Spektrum von ^{204}Tl. B. R. Joshi. (Proc. physic. Soc. **77.** 1205—09. 1/6. 1961. Glasgow, Univ., Dep. of Natural Philos.) (Engl.)

Nach einem früher beschriebenen Verf. (C. **1962.** **4802**) wurde eine direkte Messung des Verhältnisses des L/K-Schalenelektroneneinfangs für ^{204}Tl durchgeführt. Es wurde ein Wert von 0,42 ± 0,05 für diesen eindeutig erstverbotenen Übergang ($\Delta J = 2$, yes) erhalten (theoret. Wert: 0,45 ± 0,05). Die Fermi-Kurie-Kurve des β^--Spektrums zeigt eine leichte Abweichung von einer Geraden nach unten. H. Schroeder. 103□

Form und Polarisation des Beta-Spektrums von Radium-E. A. Bincer, E. Church und J. Weneser. (Physic. Rev. Letters **1.** 95—97. 1/8. 1958. Upton, N.Y., Brookhaven Nat. Labor.) (Engl.)

Das β-Spektrum von RaE (^{210}Bi) hat eine „unerlaubte" Form, die sich theoret. durch die Aufhebung der von der großen Coulomb-Wechselwrkg. herrührenden, sonst gewöhnlich vorherrschenden Parameter der Spektrenform deuten läßt. Die Messung der longitudinalen Polarisation der β-Teilchen bietet eine Möglichkeit, diese Aufhebung zu prüfen, ohne welche eine Polarisation von ca. $-v/c$ zu erwarten wäre. Vff. untersuchen die Bedingungen, die sich aus der experimentell beobachteten Spektrenform für den Polarisationsgrad ergeben. Eine Auswertung eines experimentellen Spektrums führt danach auf eine mittlere Polarisation bis zu ca. 80% von $-v/c$. D. Jörchel. 103□

Mittlere Zahl der Neutronen ν und η bei der Spaltung von ^{233}U und ^{239}Pu durch 14-MeV-Neutronen. N. N. Flerow und W. M. Talysin. (Атомная Энергия [Atomenergie] **10.** 68—69. Jan. 1961.) (Russ.)

Mit einem Detektor für schnelle Neutronen („Graphitprisma") werden die mittleren Neutronenzahlen ν u. η bei der Spaltung von ^{233}U u. ^{239}Pu mit 14-MeV-Neutronen gemessen. ^{233}U: η 4,07, ν 4,23; ^{239}Pu: η 4,53; ν 4,62. K.-E. Seyb. 103□

Reaktionsquerschnitte von ^{233}U und ^{238}U mit 18—43-MeV-Heliumionen. J. R. Huizenga, R. Vandenbosch und H. Warhanek. (Physic. Rev. [2] **124.** 1964—70. 15/12. 1961. Argonne, Ill., Argonne Nat. Labor.) (Engl.)

Vff. bestimmen die Spaltquerschnitte für ^{233}U- u. ^{238}U-Targets, die mit 18- bis 43-MeV–He-Ionen beschossen worden sind. Diese Targets werden hauptsächlich wegen ihrer großen Spaltquerschnitte gewählt. Die Spallationsquerschnitte sind bekannt, sie stellen bei 43-MeV–He-Ionen nur ca. 4 bzw. 9% der Rk.-Querschnitte von ^{233}U u. ^{238}U dar. Die Spaltfragmente werden mit Zählern in einer kleinen evakuierten Streukammer nachgewiesen. Die experimentellen Rk.-Querschnitte stimmen mit Rk.-Querschnitten überein, die nach einem opt. Modell berechnet worden sind, bei dem das komplexe Kernpotential für elast. α-Streuung verwendet worden ist. Die Abhängigkeit der Querschnitte nach dem opt. Modell von den verschiedenen Woods-Saxon-Parametern wird diskutiert. Gerhard Schmidt. 103□

Spaltung von Uran-238 mit Kohlenstoffionen. T. Sikkeland, A. E. Larsh und G. E. Gordon. (Physic. Rev. [2] **123.** 2112—22. 15/9. 1961. Berkeley, Calif., Univ. of California, Lawrence Radiat. Labor.) (Engl.)

Nach der Scintillationstechnik bestimmen Vff. die Winkelverteilungen u. kinet. Energiespektren von Fragmenten u. die Querschnitte für die Spaltung von ^{238}U mit ^{12}C-Ionen von 63—124 MeV. Die Verteilungen werden nach der Bldg. eines Compoundkerns u. dem nachfolgenden Zerfall durch Verdampfung der Neutronen neben dem Spaltprozeß analysiert. Bei den größten Beschußenergien sind die beobachteten Winkelverteilungen stärker isotrop als vorhergesagt. Über den gesamten Bereich der Beschußenergien ist die wahrscheinlichste totale Freigabe an kinet. Energie 186 ± 6 MeV. Dieser Befund läßt vermuten, daß die sich spaltenden Kerne *Cf*-Isotope sind. Der Spaltquerschnitt nimmt von einem Wert von 40 mbarn bei 63 MeV auf 2,4 barn bei 124 MeV zu. Die experimentellen Spaltquerschnitte stimmen mit den Querschnitten für Compoundkern-Bldg. überein, die unter Verw. eines quadrat. Muldenpotentials mit einem Radiusparameter $r_0 = 1{,}5 \cdot 10^{-13}$ cm berechnet worden sind. Gerhard Schmidt. 103□

Winkelverteilung der von ausgerichteten ^{237}Np-Kernen emittierten α-Teilchen. S. H. Hanauer, J. W. T. Dabbs, L. D. Roberts und G. W. Parker. (Physic. Rev. [2] **124.** 1512—17. 1/12. 1961. Oak Ridge, Tenn., Oak Ridge Nat. Labor.) (Engl.)

^{237}Np-Kerne werden durch die elektr. Quadrupol- u. magnet. Hyperfeinkopplungen in $NpO_2Rb(NO_3)_3$ gestreckt, das auf 0,2—4,2°K gekühlt wird. Die gemessene Temp.-Abhängigkeit der α-Anisotropie ergibt $A < 0$, $P > 0$ für die Vorzeichen der Hyperfeinkopplungs-Konst. in NpO_2^{2+}. Die α-Teilchen werden vorzugsweise längs der Richtung des Kerndrehimpulsvektors emittiert. Die Ergebnisse sind u. a. im Einklang mit der P–π-Bindung im NpO_2^{2+}-Ion. Gerhard Schmidt. 103□

Bemerkungen über die von radioaktiven Elementen emittierten Teilchen mit großer Reichweite. Marie Ader. (J. Physique Radium **17.** 451—52. Mai 1956. Coll. de France, Labor. de Phys. atom.) (Franz.) — Vgl. C. **1959.** 11790.

Bei verschiedenen radioakt. Elementen, so Po, Th, Pu, werden Strahlen anomal großer Reichweite beobachtet. Bei denen $< 100\,\mu$ dürfte es sich um Protonen aus H oder aus der Umwandlung von N durch α-Teilchen handeln, bei denen $> 100\,\mu$ um eine Verunreinigung der Präparate. M. Wiedemann. 103□

Die Bedeutung von Radioisotopen in Industrie und Technik. P. C. Aebersold. (Proc. int. Conf. peaceful Uses Atomic Energy **14.** 3—12.) (Engl.) — Vgl. C. **1958.** 6446.
Übersicht. W. Karcher. 106□

Neuere Entwicklungen in der Verwendung von Radioisotopen in der Industrie. Henry Seligman. (Proc. int. Conf. peaceful Uses Atomic Energy **14.** 13—14. 1955. Harwell, Berks., A.E.R.E.) (Engl.)

Diskussion. W. Karcher. 106□

Radioisotope in der industriellen Forschung. S. E. Eaton. (Proc. int. Conf. peaceful Uses Atomic Energy **14.** 61—66. 1955. Arthur D. Little, Inc.) (Engl.)
Überblick. W. Karcher. 106□

Einige Ergebnisse und Aussichten der Anwendung von Isotopen und Kernstrahlungen in der Industrie und bei wissenschaftlichen Untersuchungen in der UdSSR. P. L. Grusin. (Атомная Энергия [Atomenergie] **11.** 379—94. Okt. 1961.) (Russ.)
Übersicht. M. Wiedemann. 106□

Nucleonik. G. W. Leddicotte. (Analytic. Chem. **34.** 143R—171R. April 1962. Oak Ridge, Tenn., Oak Ridge Nat. Labor.) (Engl.)
Überblick über die bedeutenden Veröffentlichungen auf dem Gebiet der Nucleonik vom Ende des Jahres 1959 bis Ende 1961 im Anschluß an den vorangegangenen Bericht von Meinke (C. **1961.** 2168), bes. im Hinblick auf Anwendungen in der analyt. Chemie. Im einzelnen werden behandelt: Allg. Gesichtspunkte; radiochem. Trennverff., Fällungen, Dest.-Meth., Elektrolysen, Solventextraktionen, chromatograph. Verff., Trennung u. Best. von Spalt-Prodd., bes. von ^{140}Ba, ^{89}Sr u. ^{90}Sr; ^{134}Cs, ^{137}Cs u. ^{86}Rb; ^{131}J u. ^{132}J; ^{99}Tc u. ^{99}Mo; ^{106}Ru; ^{132}Te; ^{78}As; ^{95}Zr u. ^{95}Nb; Seltenen Erden u. ^{90}Y; gasförmigen Spalt-Prodd.; U; Th u. Pa; Np, Pu, Am, Cm u. Cf; Ra u. Rn; Pb, At u. Bi sowie von Ac; ferner die radiochem. Analyse von ^{3}H, ^{14}C, ^{24}Na, ^{27}Mg, ^{42}K, ^{35}S, ^{32}P, ^{45}Ca, ^{47}Ca, ^{46}Sc, ^{55}Fe, ^{59}Fe, ^{54}Mn, ^{60}Co, ^{65}Zn, ^{110m}Ag, ^{115}Cd, ^{115m}Cd, ^{182}Hf, ^{182}Ta u. ^{187}W; trägerfreie Trennungen; radioakt. Meßmeth.; Meßgeräte; Messungen von α- u. β-Strahlen (Geiger-Müller- u. Proportionalzähler, Fl.-Scintillationszähler, Zähler mit Plastik- u. organ. Scintillatoren, Zähler mit Si- u. Ge-Dioden, Ionisationskammern), Messungen der γ-Strahlen; automat. Verarbeitung von Zähldaten; Anwendung von Radioisotopen in der analyt. Chemie (Aktivierungsanalyse u. ihre Anwendungen auf Metalle u. Legg., in der Geochemie u. Biologie sowie bes. Anwendungen; Tracer u. natürliche Radioaktivität mit Isotopenverdünnungsanalyse, Analyse mit Hilfe markierter Reagentien, Verh. von Elementen in chem. Syst. u. Betriebs-Verff., Anwendungen der natürlichen Radioaktivität sowie radioakt. Strahlungsquellen). — 1250 Literaturangaben.
Gerhard Schulze. 112□

Strahlungsmeßtechnik. Friedrich H. Rinn. (Arch. techn. Messen ind. Meßtechn. **1961.** 167—68. Juli. Karlsruhe.) (Dt.)
Lagebericht über Strahlungsdetektoren, elektron. Baueinheiten sowie über spezielle Unters. der Eigg. von CdS, ZnO u. ZnS bei Bestrahlung mit Röntgen- u. γ-Strahlen. — 44 Literaturhinweise. Gerhard Schmidt. 112□

γ-Dosimetrie am „Apsara"-Swimming-Pool-Reaktor der Atomic Energy Establishment, Trombay. A. S. Ghosh Mazumdar und R. N. Singh. (J. sci. ind. Res. [New Delhi], Sect. A **21.** 8—10. Jan. 1962. Trombay, A. E. Establishm., Radiochem. Div.) (Engl.)
Um die γ-Strahlungs-Eigg. des „Apsara" festzustellen, wurde das Strahlungsfeld des Reaktors unter Verw. folgender Dosimeter-Syst. vermessen: 1. $FeSO_4$ in 0,8n H_2SO_4, 2. Cersulfat in 0,8n H_2SO_4 u. 3. Fe(III)-o-Phenanthrolinkomplex in 0,01n H_2SO_4. Die für alle 3 Syst. prakt. übereinstimmenden Ergebnisse werden durch Kurven dargestellt, bei denen 1. Dosisleistung gegen senkrechte Tiefe im Tank, 2. Dosisleistung gegen horizontale Entfernung vom Core u. 3. Dosisleistung nach Abschalten des Reaktors aufgetragen sind. T. Tamberg. 112□

Messungen des Neutronenflusses durch abgeschirmte Langzähler. Hisanobu Kobayashi. (Sci. Pap. Inst. physic. chem. Res. [Tokyo] **54.** 261—65. Sept. 1960. Radiat. Labor.) (Engl.)
Vf. untersucht den Zählwrkg.-Grad u. die Richtfähigkeit abgeschirmter Langzähler für Neutronen aus einer Ra–Be-Quelle. Die Wrkg.-Grade des Zählers mit u. ohne tiefe Löcher (8 im umgebenden Paraffinblock) ergeben sich zu 1,9 bzw. 1,7%.
Gerhard Schmidt. 112□

Messungen der Neutronenintensität bei Verwendung des Manganbades. Hisanobu Kobayashi. (Sci. Pap. Inst. physic. chem. Res. [Tokyo] **54.** 266—70. Sept. 1960.) (Engl.) — Vgl. vorst. Referat.
Vf. untersucht die Stärke der Ra (100 mc)–Be-Neutronenquelle unter Verw. des Mn-Bades in zylindr. Tanks verschiedener Größe. Eine Probe des aktivierten ^{56}Mn aus einer wss. Lsg. von $MnSO_4$ in Form von Mn_3O_4 wird mit einem Geiger-Zähler mit Endfenster gemessen. Das Mn-Bad besteht aus einer wss. Lsg. von 1 Mol pro Liter $MnSO_4$, Durchmesser u. Höhe des zylindr. Tanks sind gleich. Der Leckfaktor der Neutronen wird durch Änderung der Größe des Tanks erhalten. Gerhard Schmidt. 112□

BF_3-Neutronenzähler. Hisanobu Kobayashi. (Sci. Pap. Inst. physic. chem. Res. [Tokyo] **54.** 271—73. Sept. 1960.) (Engl.) — Vgl. vorst. Referate.

Um einen Zähler mit gutem Wrkg.-Grad zu erhalten, muß der Zähler möglichst mit reinem BF_3 gefüllt sein. Behandelt werden die Herst. von $BF_3 \cdot CaF_2$ mit einer speziell ausgelegten App. u. der Füllvorgang von BF_3. Der so hergestellte Zähler hat die Plateaulänge von mehreren 100 V mit dem Abfall von $< 2\%$.

Gerhard Schmidt. 112□

A_2. Optisches Verhalten der Materie

Statistische Eigenschaften von Atom- und Kernspektren. Charles E. Porter und Norbert Rosenzweig. (Suomalaisen Tiedeakatemian Toimituksia [Ann. Acad. Sci. fennicae], Sarja A VI **1960.** Heft **44.** 1—66. Minneapolis, Minn., Univ., School of Physics; Lemont, Ill., Argonne Nat. Labor., Phys. Div.) (Engl.)

Vff. geben einen kurzen Überblick von den experimentellen Daten über die Verteilungen der Neutronenbreiten von nuclearen Feinstrukturniveaus u. über die Verteilung der Abstände der nächsten Nachbarn sowohl für Atom- als auch für Kernenergieniveaus. „Random-Matrix"-Modelle, die diese Tatsachen beschreiben, werden diskutiert. Durch explizite Atom- u. Kernmodellberechnungen wird die statist. Hypothese, die für die Hamilton-Matrix vorgeschlagen worden war, unterstützt. Auf dieser Grundlage halten es Vff. für möglich, zu einer einheitlichen Diskussion der statist. Eigg. von Atom- u. Kernspektren zu gelangen. M. Guerlin. 114□

Der Einfluß der Anharmonizität auf die Schwingungswahrscheinlichkeitsdichten und mittleren Amplituden von Molekülen. 1. Mitt. **Zweiatomige Moleküle.** Arne Reitan. (Kgl. norske Vidensk. Selsk., Skr. **1958.** 1—20.) (Engl.)

Es werden Ausdrücke für die Schwingungswahrscheinlichkeitsdichte u. die „mittleren Amplituden" (root mean square deviations) zweiatomiger Moll. unter Zugrundelegung nachst. Mol.-Modelle abgeleitet: 1. Harmon. Oscillator; 2. anharmon. Oscillator mit Störtermen erster u. zweiter Ordnung in der Potentialfunktion; 3. anharmon. Oscillator mit Morse-Potentialfunktion. Für die drei Fälle werden numer. Berechnungen für H_2 u. Br_2 bei 300°K durchgeführt. A. Blaschette. 114□

Analytische Formeln für den Koeffizienten der kontinuierlichen Absorption des negativen Wasserstoffions. T. Tietz. (Physic. Rev. [2] **124.** 493—95. 15/10. 1961. Łódź, Univ. Łódź, Dep. of Theoret. Phys.) (Engl.)

Analyt. Ausdrücke für den Koeff. der kontinuierlichen Absorption von $H^- \varkappa_\gamma$ werden mit analyt. Funktionen für φ_0 (normalisierte Funktion des Grundzustandes) u. χ_1 (Partialwelle des Dipolmatrixelementes in der p-Welle) abgeleitet. Die so erhaltenen $\varkappa_\gamma$-Werte werden mit den von Geltman (C. **1958.** 915) angegebenen numer. Werten verglichen. Herbert Müller. 114□

Photonendissoziation von Wasser: Anfängliche Nichtgleichgewichtsbesetzung der Rotationszustände von OH ($^2\Sigma^+$). I. Tanaka, T. Carrington und H. P. Broida. (J. chem. Physics **35.** 750—51. Aug. 1961. Washington, D.C., Nat. Bur. of Stand.) (Engl.)

Die aus einer elektrodenlosen Entladung (2450 MHz) in H_2 bzw. Gemischen aus H_2 u. Edelgasen herrührende Strahlung, die im wesentlichen aus der Lyman-α-Bande von H besteht, gelangt durch ein LiF-Fenster in eine Zelle mit 0,1—0,3 Torr H_2O, teilweise mit Zusätzen von H_2, N_2 bzw. Ar; die dadurch angeregte OH-Emission ($A^2\Sigma^+ - X^2\Pi$) in der Nähe von 3100 Å wird mit Hilfe eines Gitterspektrometers aufgenommen. Die beobachteten Banden u. ihre relativen Intensitäten sind (0,0) = 1000, (1,1) = 100, (1,0) = 50 u. (2,1) = 2. Die extreme, nichttherm. Verteilung der Rotationszustände rührt von der großen Besetzung höherer Zustände u. von plötzlichen Änderungen der Besetzung her. Der scharfe Abfall in der Besetzung unterhalb der Rotationsquantenzahl K = 22 bei 5,02 eV entspricht der Anregungsenergie der Lyman-α-Bande. Zusätze zum H_2O-Dampf ändern die Verteilung der Rotationszustände. Das beobachtete Emissionsspektrum zeigt das Auftreten von Drehimpuls- u. Schwingungsenergieverteilungen in einem Fragment, das aus der unimol. Dissoziation von H_2O herrührt. Herbert Müller. 118□

Beweis für einen langlebigen metastabilen Zustand des N_2 bei 8 eV. Carl Kenty. (J. chem. Physics **35.** 2267—68. Dez. 1961. Cleveland, Ohio, General Electric Lamp Res. Labor.) (Engl.)

Vf. zeigt, daß der Elektronenzustand $^3\Delta_u$ der Konfiguration $\pi_u^3\, \sigma_g^2\, \pi_g$ beim N_2-Mol eine Lebensdauer von 1—2 Sek. u. eine Energie zwischen 7,9 u. 8,28 eV besitzt. Eine derart lange Lebensdauer erklärt auch, warum dieser Zustand bei der Absorption oder Emission bisher nicht beobachtet wurde. Der Nachw. gelingt Vf. auf Grund einer eingehenden Analyse des Nachglühens einer diffusen Entladung in einer (150 mm Hg) Xe-Atmosphäre mit 0,1% N_2 u. einer Spur (10^{12} cm^{-3}) Ba. G. M. NEUMANN. 118□

Bestimmung eines elektronischen Übergangs von N_2^{2+}. P. K. Carroll und A. C. Hurley. (J. chem. Physics **35.** 2247—48. Dez. 1961. Chicago, Ill., Univ. of Chicago, Dep. of Phys., Labor. of Molecular Structure and Spectra; Melbourne, C.S.I.R.O., Chem. Res. Labor., Div. of Chem. Phys.) (Engl.)

Vff. zeigen, daß die Bande bei 1589,745 Å, die im N_2-Spektrum beobachtet wurde, einem 0–0-Übergang $d^1\,\Sigma_u^+ \rightarrow a^1\,\Sigma_g^+$ von N_2^{2+} zuzuschreiben ist. Eine Analyse der entsprechenden Potentialkurven bringt gute Übereinstimmung der beobachteten u. berechneten Parameter. G. M. NEUMANN. 118□

Das in aktivem Stickstoff angeregte Spektrum von NBr. Earl R. V. Milton, H. B. Dunford und A. E. Douglas. (J. chem. Physics **35.** 1202—11. Okt. 1961. Edmonton, Univ. of Alberta, Dep. of Chem.; Ottawa, Nat. Res. Council, Div. of Pure Phys.) (Engl.)

Die bei Zugabe von Br_2-Dampf zu strömendem akt. N (6 Liter/Sek., 1—2 Torr, 20°) auftretende orangefarbene Flamme, die dem Spektrum von NBr zugeschieben wird, wurde im Bereich um 6000 Å bei hoher Dispersion (0,7 Å/mm) photographiert u. die Rotationsstruktur der Banden analysiert. Sie werden einem $^1\Sigma^+ - {}^3\Sigma^-$-Übergang ($F_1$-Übergang) zugeschrieben, wobei $^3\Sigma^-$ den Grundzustand des Mol. darstellt. Von den fünf möglichen wurden nur zwei, zur F_1-Komponente ($J = N + 1$) des $^3\Sigma^-$-Zustands gehörende Äste beobachtet. Die ungewöhnliche Struktur der Banden wird der Tatsache zugeschrieben, daß die Spinkopplung im $^3\Sigma^-$-Zustand zwischen den HUNDschen Fällen b u. c (vgl. MULLIKEN, Rev. mod. Physics **3.** [1931.] 89) einzustufen ist. Mit Hilfe der Korrelationsregeln von WIGNER u. WITMER werden MORSE-Potentialkurven für die beiden Zustände erhalten. Die Gleichgewichtskernabstände sind $r_e' = 1{,}731$ u. $r_e'' = 1{,}79 \pm 0{,}02$ Å, die Dissoziationsenergie wird auf 67 ± 5 kcal geschätzt. Das Emissionsspektrum beruht wahrscheinlich auf der Kombination von N(^{4}S)- u. Br($^2P_{3/2}$)-Atomen zu einem unbekannten angeregten Zustand des NBr u. dessen Übergang in den $^1\Sigma^+$-Zustand in einer Wandreaktion. A. BLASCHETTE. 118□

Eine umfassende Untersuchung der Elektronenspektroskopie und theoretische Behandlung von Ferrocen und Nickelocen. Donald R. Scott und Ralph S. Becker. (J. chem. Physics **35.** 2246—47. Dez. 1961. Houston, Tex., Univ. of Houston, Dep. of Chem.) (Engl.) — Erratum zu C. **1962.** 3715.

Bei der gruppentheoret. Bezeichnung des 4 p_z-Orbitals in der D_{5d}-Gruppe muß es a_{2u} statt a_{1u} heißen. Daraus ergeben sich mehrere Korrekturen, u. a. muß die 4400 Å-Bande dem verbotenen e_{2g}–e_{1g}'-Übergang zugeschrieben werden.

G. M. NEUMANN. 118□

Über das Absorptionsverhalten verschiedener Quarzglassorten im Spektralbereich von 150 bis 275 μ. R. Geick. (Z. Naturforsch. **16a.** 1390—91. Dez. 1961. Frankfurt/M., Univ., Phys. Inst.) (Dt.)

Die Durchlässigkeiten der Quarzglassorten Herasil I (HS), Suprasil (SS) u. Infrasil (IS) wurden im Bereich 150—275 μ gemessen. Der Absorptions-Koeff. des SS ist um ca. 30% größer als der des HS u. der des IS. Die Differenz kann mit dem Geh. der Gläser an OH-Radikalen zusammenhängen, da die OH-Bande im IR-Spektrum von SS bei 2,72 μ wesentlich stärker ausgeprägt ist als bei den anderen Gläsern. W. BETCKE. 119□

Gitterabsorptionsbanden in Indiumantimonid. S. J. Fray, F. A. Johnson und R. H. Jones. (Proc. physic. Soc. **76.** 939—48. 1/12. 1960. Great Malvern, Worcs., Royal Radar Establ.) (Engl.)

Das Absorptionsspektrum hochreiner Einkristalle des n-Typs von InSb wurde im Wellenlängenbereich von 15—130 μ bei Temp. von 4,2—90°K eingehend untersucht. Vff. geben eine Erklärung für die Lage u. Temp.-Abhängigkeit der Hauptabsorptionsmaxima mittels multipler Phononen-Wechselwrkg., einschließlich Phononen mit Energien, die Temp. von 259, 224, 169 u. 62°K entsprechen. Bei den beiden erstgenannten Temp. handelt es sich um opt. Phononen, während es sich bei den anderen um akust. Phononen handelt. Ferner werden einige neue Absorptionsbanden beschrieben.

WOLFGANG KRÜGER. 119□

Spektrochemische Untersuchung von mikroskopischen Kristallen. 7. Mitt. **Die Absorptionsspektren von trans-Dihalogeno-bis-[äthylendiamin]-kobalt(III)-Komplexen.** Shoichiro Yamada, Akitsugu Nakahara, Yoichi Shimura und Ryutaro Tsuchida. (Bull. chem. Soc. Japan **28.** 222—27. April 1955. Nakanoshima, Osaka, Osaka Univ., Fac. of Sci., Dep. of Chem.) (Engl.) — 6. vgl. Bull. chem. Soc. Japan **27.** [1954.] 436; 5. vgl. C. **1950/54.** 8856 S; 8. vgl. C. **1957.** 7556.

Der Dichroismus, den *trans*-$[Co(en)_2Cl_2]ClO_4$-, *trans*-$[Co(en)_2Cl_2]Cl \cdot HCl \cdot 2H_2O$- u. *trans*-$[Co(en)_2Br_2]Br \cdot HBr \cdot 2H_2O$-Kristalle in bezug auf die Richtung ihres elektr. Vektors längs ihrer b-Achse u. senkrecht dazu zeigen, wird mit Hilfe der Meth. von TSUCHIDA-KOBAYASHI an Hand ihrer Absorptionsspektren im Bereich 2400—7500 Å untersucht. Bei diesen trans-Dihalogenokomplexen weist die erste Bande zwei getrennte Absorptionsmaxima auf: Die Absorption bei der längeren Wellenlänge entspricht einer Polarisation in der Halogen-Co-Halogen-Richtung, die andere einer Polarisation in der Co-Äthylendiamin-Ebene. Für die dritte u. spezif. Bande ist die Halogen–Co-Halogen-Absorption bathochrom gegenüber der Co-Äthylendiamin-Absorption. — Auf der Grundlage dieser Beobachtungen werden die Absorptionsspektren einiger Dihalogenotetrammin-Komplexe in Lsg. diskutiert. W. BETCKE. 119□

Über den Dichroismus von kristallinem Jod. D. A. Godina und G. P. Fajerman. (Оптика и Спектроскопия [Optik u. Spektroskopie] **5.** 282—85. Sept. 1958. Moskau, Wawilow-Inst. für Optik.) (Russ.)

Vff. überprüften den Dichroismus von dünnen polykristall. J-Schichten an ca. 0,5 μ starken, zwischen parallelen Glasplatten erstarrten J-Plättchen u. verglichen die Ergebnisse mit denen von BOVIS sowie dem Dichroismus von Polyjodiden des Chininsulfats (Herapatit). — Die Proben der Vff. zeigen eine bedeutendere Polarisation, was auf eine größere Orientierung der J-Polykristallite zurückgeführt wird. Es wird jedoch mit der Ansicht BOVIS' nicht übereingestimmt, daß das Herapatit tiefe Veränderungen im Absorptionsspektrum des J hervorruft u. behauptet, daß der Dichroismus des Herapatits mit dem des J gleich ist u. also in diesem durch die Orientierung der Jod-Moll. hervorgerufen wird. J. TŮMOVÁ. 119□

Über die Anwendung von Polarisatoren mit kleinem Polarisationsgrad im Ultraroten. G. Heilmann. (Optik **18.** 440—44. Sept. 1961. Frankfurt/M., Univ., Phys. Inst.) (Dt.)

Vf. gibt ein Verf. an, nach dem es möglich ist, Messungen, die eigentlich streng linear polarisierte Strahlung erfordern, auch dann auszuführen, wenn einmal der zur Verfügung stehende Polarisator einen erheblich unter 1 liegenden Polarisationsgrad hat u. überdies dessen Eigg. nicht durch Anschluß an einen vollkommenen Polarisator ermittelt werden können. Diese Verhältnisse treffen im Ultraroten oberhalb ca. 36 μ zu. Die abgeleiteten Beziehungen werden auf einen mit Polyäthylen beschickten Transmissionspolarisator angewandt. Dabei wurde das Reflexionsvermögen von CaF_2 gegen Al gemessen. Die Messungen wurden außerdem noch mit einem Selentransmissionspolarisator durchgeführt. F. SARFERT. 119□

Über die optischen Eigenschaften gewisser dünner Metallschichten im nahen Infrarot. Florin Abelès. (C.R. hebd. Séances Acad. Sci. **253.** 2213—14. 13/11. 1961. Paris, Inst. d'Opt. théor. et appl.) (Franz.)

Für dünne, wenig transparente ($T \leq 0{,}10$) Metallschichten werden Ausdrücke für die Abhängigkeit des Transmissionsfaktors T u. des Reflexionsfaktors R von der Wellenlänge der senkrecht einfallenden Strahlung abgeleitet. Prakt. läßt sich aus $T(\lambda)$ bei bekannter Schichtdicke für ein gegebenes Metall die Länge $\lambda_0 = (c/e)\sqrt{\pi\, m^*/N}$ u. damit die wirksame Masse m^* seiner Leitungselektronen bestimmen (c = Licht-Geschw. im Vakuum, e = Elektronenladung, N = Anzahl der Leitungselektronen in der Vol.-Einheit). A. BLASCHETTE. 119□

Eine Untersuchung des CO_2-Absorptionsspektrums zwischen 15 und 18μ mit hoher Auflösung. Robert P. Madden. (J. chem. Physics **35.** 2083—97. Dez. 1961. Baltimore, Md., Johns Hopkins Univ., Labor. of Astrophys. and Phys. Meteorol.) (Engl.)

Vf. untersucht die einzelnen Absorptionslinien u. Q-Zweige der Banden des CO_2-Absorptionsspektrums im Bereich von 15—18 μ. Die Intensität u. die Breite der Absorptionslinien auf der Niederfrequenzseite der ν_2-Bande u. der $0\,2^0\,0$–$0\,1^1\,0$-Bande von $^{12}C^{16}O_2$ wurde gemessen u. die Änderung der Linienintensität u. -breite mit J sowie der CORIOLIS-Wechselwrkg.-Parameter bestimmt. Ferner wurden die ν_2-Banden von $^{13}C^{16}O_2$ u. $^{12}C^{18}O^{16}O$ untersucht u. die Rotationsstruktur des ν_2-Q-Zweigs ermittelt. Die Ergebnisse werden mit bekannten Daten verglichen. G. M. NEUMANN. 120□

IR-Spektroskopische Untersuchungen am Dicyanamid-Anion, $[N(C{\equiv}N)_2]^{\ominus}$. Manfred Kuhn und Reinhard Mecke. (Chem. Ber. **94.** 3010—15. 16/11. 1961. Freiburg/Br., Univ., Phys.-chem. Inst.) (Dt.)

Die IR-Spektren des *Dicyanamid*-Anions (I) im Na-, Ag-, Cu(I)-, Cu(II)-, Hg(I)- u. Pb(II)-Salz werden gemessen. Die beobachteten 8 IR-aktiven Absorptionsbanden von I schließen eine lineare Struktur aus u. sprechen für eine gewinkelte Struktur mit der Symmetrieklasse C_{2v}. Die hohe Frequenz der asymm. N–C-Valenzschwingung (ca.

1400 cm^{-1}) beweist die Mesomerie des ebenen Anions, wofür auch die Beständigkeit der Dicyanamid-Salze spricht (das freie Dicyanamid ist lediglich in wss. Lsg. beständig). Anhaltspunkte für kovalente Metall-N-Bindungen sind bei keinem der Schwermetallsalze vorhanden. Die Eigenfrequenzen von·I werden jedoch merklich von der Elektronenkonfiguration des jeweiligen Kations beeinflußt. R. ALBRECHT. 120□

Mikrowellenspektrum, Struktur und Dipolmoment von F_2O. Louis Pierce, Robert Jackson und Nicholas DiCianni. (J. chem. Physics **35.** 2240—41. Dez. 1961. Cambridge, Mass., Harvard Univ., Mallinckrodt Chem. Labor.; Notre Dame, Ind., Univ. of Notre Dame, Dep. of Chem.) (Engl.)

Vff. berichten über eine Unters. des Rotationsspektrums von F_2O im Bereich von 13—60 kMHz. Es wurden 17 Übergänge gefunden. Die Ergebnisse der quant. STARK-Effekt-Messungen ergeben für F_2O ein Dipolmoment von 0,297 ± 0,005 D. Aus den fundamentalen Schwingungsfrequenzen u. den Trägheitsmomenten ergeben sich für die Struktur des F_2O-Mol. als F–O-Abstand 1,409 Å u. für den Winkel FOF = 103°18'. G. M. NEUMANN. 121□

Mikrowellenspektrum und Sperre für die innere Rotation von Methylstannan. Patrick Cahill und Samuel Butcher. (J. chem. Physics **35.** 2255—56. Dez. 1961. Cambridge, Mass., Harvard Univ., Mallinckrodt Chem. Labor.) (Engl.)

Vff. untersuchten das Mikrowellenspektrum von CH_3SnH_3 im Frequenzbereich von 13720—13820 MHz. Die beobachteten Frequenzen der 0–1-Übergänge verschiedener Torsionszustände lassen sich durch die Beziehung $\frac{1}{2}\,\nu = B_v + F_v \langle m \mid 1 - \cos 3\,\theta \mid m \rangle + G_v \langle m \mid \Pi_z^2 \mid m \rangle$ wiedergeben mit $B_v = 6906{,}35$ MHz, $G_v = -0{,}3521$ MHz, $F_v = -17{,}492$ MHz für ^{118}Sn. Die beobachteten Frequenzen der 0—1-Übergänge bei folgenden Sn-Isotopen werden tabellar. angegeben: ^{118}Sn, ^{116}Sn, ^{117}Sn, ^{119}Sn, ^{120}Sn, ^{122}Sn u. ^{124}Sn. G. M. NEUMANN. 121□

Ein reaktionskinetisch-statistisches Auswerteverfahren für Glow-Kurven ohne einschränkende Annahmen über das Hafttermspektrum und seine Anwendung auf CdS und ZnS. Konrad Unger. (Abh. dtsch. Akad. Wiss. Berlin, Kl. Math., Physik Techn. **1960.** Nr. 7. 170—79. Leipzig, Karl-Marx-Univ., Phys. Inst.) (Dt.)

Vf. entwickelt theoret. ein Auswertungs-Verf. für Glowkurven ohne Annahme eines einzelnen Terms zur Best. der Hafttermspektren von Halbleitern u. Phosphoren. Das Verf. geht von einem reaktionskinet. Modell u. FERMI-statist. Betrachtungen für den Fall der Nichtentartung aus, eine Modifikation ermöglicht die Auswertung der Dunkelzonen–Glow-Kurven. Der Rekombinations-Koeff. γ von *ZnS* (**I**) beträgt $2 \cdot 10^{-13}$ (cm³/s), für *CdS* (**II**) $6 \cdot 10^{-13}$. 85% der beobachteten Energiewerte stimmt mit Energiewerten zweier opt. bestimmter H-artiger Termserien $E = B/m^2$, $m = 2, 3 \cdots$ überein: „Grüne Serie“: **I** (B_1 =) 6,8 (eV), **II** 6,3; „blaue Serie“: **I** (B_2 =) 5,4; **II** 4,85. P. FRENZEL. 125□

Kapazitätsverlauf und Elektrophotoluminescenz eines optisch angeregten ZnCdS-Phosphors bei Einwirkung elektrischer Gleichfeldimpulse. F. Matossi, H. Gutjahr und D. Siebert. (Z. Naturforsch. **16a.** 1391—93. Dez. 1961. Freiburg/Br., Frauenhofer-Ges. e. V., Inst. für Elektrowerkstoffe; Univ.) (Dt.)

Zur Best. der Änderungen der Elektronen-Konz. von pulverförmigen Phosphoren wurde der Kapazitätsverlauf von mit $\lambda = 440$ mμ opt. angeregtem ZnCdS(Ag) bei period. Einw. von Gleichfeldimpulsen verschiedener Breite u. Folgefrequenz oscillograph. aufgezeichnet. Zum Vgl. wurden die Elektroluminescenzkurven für einmalige Gleichfeldimpulse von wechselnder Dauer aufgenommen. Mit zunehmender Folgefrequenz u. mit zunehmender Impulsbreite kehrt die Änderung der Kapazität beim Ein- u. Ausschalten des Feldes ihr Vorzeichen um. Die Kapazität u. damit die Konz. der freien Elektronen nehmen bereits während des Auftretens eines positiven Lichtblitzes ab, das momentane Aufleuchten beim Ein- bzw. Ausschalten des Feldes kann deshalb nicht mit einer Erhöhung der Elektronen-Konz. durch Anregung von Elektronen aus Haftstellen in das Leitungsband erklärt werden. Es ist anzunehmen, daß die Luminescenzverstärkung durch Zufuhr von Elektronen in die oberflächennahe dünne Schicht des Korns bewirkt wird, ohne daß die Kapazitätsmessung beeinflußt wird. Bei einer bestimmten Aufladung kommt der Prozeß zum Stillstand u. die Luminescenz nimmt wieder ab. W. BETCKE. 125□

Die Luminescenz von Uran-aktivierten Fluoriden. J. E. A. Lys und W. A. Runciman. (Proc. physic. Soc. **76.** 158—60. 1/7. 1960. Christchurch, New Zealand, Univ. of Canterbury.) (Engl.)

Von einer Anzahl von U-aktivierten Metallfluoridpulvern wurden die Tieftemp.-Luminescenzspektren bei Bestrahlung mit UV-Licht bestimmt. Die U-aktivierten Fluoride *LiF*, *NaF*, *KF*, MgF_2 (**I**) u. ZnF_2 (schwach) zeigen bei 77°K scharfe Linienspektren; *CsF*, CaF_2, SrF_2 u. BaF_2 (schwach) ergeben Spektren mit nicht in Linien aufgelöster

Bandenstruktur. CdF_2 gibt ein schwaches, kontinuierliches Spektrum, CeF_3 u. AlF_3 zeigen keine Luminescenz. Das bei 77°K stark grüne u. bei Raum-Temp. schwache Spektrum von I ist angegeben. Das Luminescenzzentrum in I kann eine UO_4F_2-Gruppe, wahrscheinlich in Form eines leicht verzerrten Oktaeders mit den 4 O^{2-}-Ionen an den Ecken eines Quadrates sein. Das Absorptionsspektrum von I bei 77°K ist ebenfalls ein Linienspektrum. Die Linie E_0 bei 5315,7 Å scheint die fundamentale Linie des Luminescenzspektrums von I zu sein u. ist eine Resonanzlinie. Verbesserte Absorptionsspektren wurden von NaF(U) u. LiF(U) bei Verw. klarer, kristallgleicher Proben erhalten, die durch Erhitzen derPulver auf Temp. oberhalb des F. u. langsames Abkühlen dargestellt wurden. Im Spektrum des NaF(U) wurde eine mögliche Resonanzlinie bei 5603 Å gefunden. P. SCHARNER. 125□

A_3. Elektrizität. Magnetismus. Elektrochemie

Die Temperaturkorrekturen im Ausdruck für den Leitfähigkeitstensor eines Plasmas in einem konstanten Magnetfeld. Daniel Quemada. (C.R. hebd. Séances Acad. Sci. **252.** 3556—58. 5/6. 1961.) (Franz.)

Bei der Wahl einer allgemeineren adiabat. Bedingung führt die Hypothese eines anisotropen Drucks zu einem Ausdruck für den Leitfähgkeitstensor, der die Temp.-Effekte berücksichtigt. Er stimmt ausgezeichnet mit den Ergebnissen anderer Vff. überein. A. BLASCHETTE. 131□

Nichtlineare phänomenologische Theorie der Plasmaschwingungen. Louis Gold. (J. Electronics and Control **4.** 219—26. März 1958. Lexington, MIT Lincoln Labor.) (Engl.)

Vf. entwickelt eine nichtlineare phänomenolog. Theorie der Plasmaschwingungen. Aus dieser Theorie leitet er ab, daß die Intensität der stehenden Wellen des Plasmas durch Stöße vergrößert werden kann. Außerdem wird der Einfl. der Stromstärke, der Plasma-Temp. u. der eines Magnetfeldes untersucht. M. GUERLIN. 131□

Raumladungsbegrenzte Strombeziehung in Hochdruckgasdioden. R. Forman. (Physic. Rev. [2] **123.** 1537—41. 1/9. 1961. Parma, Ohio, Union Carbide Corp., Res. Labor.) (Engl.)

Vf. entwickelt eine Theorie für raumladungsbegrenzte Bedingungen in Hochdruckdioden u. zeigt, daß der Strom einer $V^{3/2}$-Potenzbeziehung besser gehorcht, als der bisher angewandten V^2-Beziehung. Die Theorie besagt weiterhin, daß sich der Strom in Hochdruckdioden bei konst. Anodenspannung mit $p^{-1/2}$ ändert. Experimentelle Ergebnisse durch Messungen an Dioden mit den Edelgasen *Ar, Ne* u. *He* geben verschiedene Strom–Spannungs-Charakteristiken u. sollen die Gültigkeit der Theorie unterstreichen. W. SOBIESKI. 131□

Anregung in einer elektrodenlosen Niederdruckentladung. J. A. Harrison und J. D. Craggs. (J. Electronics and Control **4.** 289—300. April 1958. Liverpool, Univ., Dep. of Electr. Engng.) (Engl.)

Unterss. der H_2-Entladung bei Drücken zwischen 1 u. 10 μ zeigen, daß bei einer Elektronen-Temp. von 10000°K die Elektron–Atom-Stöße für die Anregung verantwortlich sind. Die Emission von Photonen stellt den prim. Abklingmechanismus dar. Die Stöße 2. Art (Elektron–angeregtes Atom) erlangen in höher angeregten Zuständen mehr Bedeutung. Aus den Vers.-Ergebnissen läßt sich auf einen Stoßquerschnitt von $2 \cdot 10^{15}$ cm² für Stöße zwischen Elektronen u. angeregten Atomen schließen. Bei Drücken über 10 μ werden die Stöße 2. Art wichtiger u. wahrscheinlich liegt die Elektronen-Temp. unter 10000°K. Die Verss. in *He* haben ergeben, daß angeregte Atome den Triplett-Zustand mehr bevorzugen als die entsprechenden Singulettniveaus. M. GUERLIN. 131□

Anomalien bei Ionisationskoeffizienten und beim Durchschlag bei gleichförmigem Feld in Argon bei niedrigen Werten von E/p. D. E. Golden und L. H. Fisher. (Physic. Rev. [2] **123.** 1079—86. 15/8. 1961. University Heights New York, N.Y., New York Univ., Dep. of Phys.) (Engl.)

Ionisationsströme bei Durchschlägen im gleichförmigen Feld wurden bei kleinen Verhältniswerten von Feldstärke zu Druck [$E/p = 5-12$ [$V \cdot cm^{-1}$ mm Hg^{-1}]) in Ar gemessen. Ströme, erhalten bei konst. E/p, wechselndem p u. konst. Elektrodenabstand d konnten zur Berechnung der TOWNSEND-Koeff. α/p u. γ benutzt werden, die aber abhängig von d waren, während das bei Strömen, erhalten bei konst. E/p, konst. p u. wechselndem d nicht möglich war. Die Abhängigkeit der Koeff. α/p von d wird auf die Entstehung von stark angeregten Atomen durch Resonanzstrahlung in einiger Entfernung von den Orten, wo die Elektronen ihre Energie verlieren, zurückgeführt. Die hochangeregten Atome erzeugen dann mol. Ionen u. Elektronen bei Stößen mit Ar-Atomen im Grundzustand. Dieser Sekundärmechanismus u. die Abhängigkeit des γ

von d wird mit Resonanzstrahlung in Verbindung gebracht. Abweichungen vom PASCHEN-Gesetz wurden durch Funkenpotentialmessungen in Ar bei veränderlichem p u. d für pd-Werte entsprechend dem Durchschlag bei E/p = 5 — 12 festgestellt. Ungeachtet dieser Anomalien sind die α/p-Werte bei d = 4 cm u. E/p = 5 um den Faktor 15 kleiner als die von KRUITHOF u. PENNING gemessenen, u. beim Durchschlag ist (bei gleichem d u. E/p) exp ($\alpha \cdot$d) = 1,05, γ = ~20. Bei höheren Werten von E/p wird α/p unabhängig von d u. gleicht sich E/p an. Die erhaltenen Funkenpotentiale sind wesentlich größer als die von KACHICKAS u. FISHER gemessenen. Diese Abweichungen führen Vff. auf die Oberflächenbeschaffenheit der Kathoden zurück. W. SOBIESKI. 131 □

Bildung von negativen Ionen in einem Gas bei Ladungsübergang von einem schnellen Wasserstoff-Atomstrahl. T. M. Donahue und Farid Hushfar. (Physic. Rev. [2] **124.** 138—44. 1/10. 1961. Pittsburgh, Pa., Univ.) (Engl.)

Bei Unterss. der Strukturen von Elektroneneinfang- u. -verlustquerschnitten für H-Atome in H_2 u. anderen Gasen wird gezeigt, daß bei Zusammenstößen mit *Ar* keine Strukturen, mit *CO* aber 9 Spitzen der Größenordnung 10^{-16} cm² zwischen 8 u. 40 keV erhalten werden. Die Analyse dieser Spitzen ergibt, daß sie durch Bldg. von negativen Ionen entstehen u. zwar bei einem Prozeß, bei dem die Elektronen eingefangen werden als ob sie freie Elektronen wären. Massenspektroskop. Unterss. zeigen, daß die negativen Ionen beim Durchgang von H-Atomen durch CO, O_2 u. H_2O gebildet werden. Die Bldg.-Geschw. in CO ändert sich, wie aus der σ_{01}-Struktur abzuleiten ist, der Wrkg.-Querschnitt beträgt ca. 10^{-18} cm². Die in CO gebildeten Ionen sind CO^- u. O^-, wobei die reichliche Bldg. von CO^- dem einfachen Modell des Einfangs durch Zusammenstöße widerspricht. W. SOBIESKI. 131 □

Dissoziativer Elektroneneinfang in Wasserdampf. G. S. Hurst, L. B. O'Kelly und T. E. Bortner. (Physic. Rev. [2] **123.** 1715—18. 1/9. 1961. Oak Ridge, Tenn., Oak Ridge Nat. Labor., Health Phys. Div.) (Engl.)

Die Bldg. von negativen Ionen in Wasserdampf durch Elektroneneinfang mit Dissoziation wurde durch ein Elektronenschwarm-Fxperiment (Zugabe von Wasserdampf zu reinem Ar) untersucht. Unter der Annahme, daß der Einfang als ein einziger Prozeß bei einer definierten Energie vor sich geht, stimmen die Ergebnisse mit denen eines Elektronenstrahlexperiments von BUCHELNIKOVA überein, weichen aber von massenspektroskop. Meßergebnissen ab. Der über die Energie integrierte Einfangsquerschnitt (entsprechend der H^--Bldg.) beträgt $7{,}7 \cdot 10^{-18}$ cm²·eV (Elektronenstrahlergebnis: $6{,}5 \cdot 10^{-18}$ cm² eV.) Die Energie, bei der das Maximum gefunden wurde, beträgt 6,4 eV. W. SOBIESKI. 131 □

Franck-Condon-Faktoren und die Form der Kurven der Ionisierungsausbeuten. Morton E. Wacks und Morris Krauss. (J. chem. Physics **35.** 1902—03. Nov. 1961. Washington, D.C., Nat. Bureau of Stand., Phys. Chem. Div.) (Engl.)

Vff. berechnen mit Hilfe eines Digitalrechners die Übergangswahrscheinlichkeiten für $O_2 \rightarrow O_2^+$, $NO \rightarrow NO^+$, $CO \rightarrow CO^+$ u. teilen die Werte für O_2 (X, v' = 0) $\rightarrow O_2^+$ (X, a, A, b; v'' = 0 $\rightarrow$ 10) u. für den Übergang von NO in den Grundzustand von NO^+ tabellar. mit. Die berechneten Verhältnisse der Übergangswahrscheinlichkeiten für die ersten vier Schwingungsniveaus von NO stimmen mit den experimentellen Werten überein. Weiterhin werden die Übergangsmomente in Abhängigkeit vom Kernabstand sowie die Ionisationsausbeute-Kurven für O_2 berechnet. Für letztere muß ein zusätzlicher unbekannter Faktor zur Deutung der Schwellen an den Schnittpunkten der linearen Kurvenabschnitte eingeführt werden. P. FRENZEL. 131 □

Deionisationsquerschnitt bei Sauerstoff. R. G. Breene jun. (J. chem. Physics **35.** 625—29. Aug. 1961. Philadelphia, Pa., General Electric Co., Missile and Space Vehicle Dep., Space Sci. Labor.) (Engl.)

Vf. berechnet mit Wellenfunktionen für atomare u. freie Elektronen den Deionisationsquerschnitt für O_{II}. Zunächst wurde der Querschnitt für den Übergang der s-Wellen u. der d-Wellen zu 2p-Orbitalfunktionen berechnet. Für die Übergänge zu 3p-, 3d- u. höheren Orbitalfuktionen wurden die Ergebnisse vom H-Atom benutzt. Der Deionisationsquerschnitt ergibt sich dann zu $1{,}94 \cdot 10^{-19}$ cm² entsprechend einer Geschw.-Konst. von $2{,}18 \cdot 10^{-12}$ cm³/s für Deionisation durch Strahlung. G. M. NEUMANN. 131 □

Bildung negativer Ionen in Ozon. R. K. Curran. (J. chem. Physics **35.** 1849—51. Nov. 1961. Pittsburgh, Pa., Westinghouse Res. Labor.) (Engl.)

Die Ionen-Bldg. in O_3 wurde massenspektrometr. untersucht. Im positiven Spektrum ließen sich O^+, O_2^+, O_3^+ (Appearance-Potential P = 12,89 ± 0,10 eV) u. O_4^+, im negativen O^- (P = 0—0,05), O_2^- (P = 0,42 ± 0,03) u. O_3^- (sehr schwach) beobachten. Die Wrkg.-Querschnitte für die O^-- u. die O_2^--Bldg. betragen schätzungsweise 10^{-17} bis 10^{-18} cm², ihr Verhältnis ist 11/7. Die kinet. Energie des O^- wurde zu 0,3 ± 0,1, die des

O_2^- zu 0—0,05 eV ermittelt. Aus den Ergebnissen folgt $D(O_2—O) \leq 1,02 \pm 0,15$ eV; für die Elektronenaffinität des O_2 ergibt sich $EA(O_2) \geq 0,58$ eV. Für O_3^- werden hypothet. Potentialkurven konstruiert. A. BLASCHETTE. 131□

Dielektrizitätskonstante und Solvatation in Alkalichloridlösungen. S. Kilpi. (Suomen Kemistilehti B **34.** 165—67. 1961. Helsinki, Univ., Chem. Inst.) (Dt.)

In einer früheren Mitt. (Suomen Kemistilehti B **34.** [1961.] 12; vgl. auch C. **1962.** 1898 u. 5564) wurde ein Unterschied zwischen den DK von Alkalichlorid-Lsgg. (CsCl, KCl, NaCl, LiCl), berechnet nach Ionenaktivitäts-Konst., u. den experimentell gefundenen festgestellt. Der Grund für diese Differenz liegt, wie Vf. zeigen konnte, in der Änderung der Solvatation der Ionen. In Lsgg. < 0,66 n sind die Ionenabstände konstant. Mit Erhöhung der Konz. werden sie geringer u. erreichen bei Konz. > 3,7n (für NaCl) einen Wert, der dem Ionenradius entspricht. Mit Konz.-Erhöhung nehmen die Ionenaktivität u. damit die Bindungsaktivität ab. Gleichzeitig wird aber auch die DK kleiner u. die Bindungsaktivität müßte sich vergrößern. Bei kleinen Konzz. kompensieren sich beide Effekte u. der Ionenabstand bleibt, wie beobachtet, konstant.

CH. WEISKE. 132□

Dichten, Viscositäten und Dielektrizitätskonstanten der reinen Blausäure und von Blausäure-Wasser-Mischungen bei 0°C. G. Kortüm und H. Reber. (Z. Elektrochem., Ber. Bunsenges. physik. Chem. **65.** 809—12. Nov. 1961. Tübingen, Univ., Inst. für Phys. Chem.) (Dt.)

Dichte, Viscosität u. DK von reinem HCN (spezif. Leitfähigkeit $3 \cdot 10^{-7}$ bis $5 \cdot 10^{-7} \cdot \Omega^{-1} \cdot cm^{-1}$) u. von Gemischen von HCN mit 0—100% W. (Leitfähigkeitswasser: $5 \cdot 10^{-8}$ bis $7 \cdot 10^{-8}\ \Omega^{-1} \cdot cm^{-1}$) wurden bei 0° mit Hilfe eines Kugelpyknometers bzw. eines UBBELOHDE-Viscosimeters mit hängendem Kugelniveau bzw. einer speziell konstruierten SCHERING-Brücke gemessen. Zur Eichung der DK-Meßzelle dienten Mischungen von W. u. Methanol ($2 \cdot 10^{-8}$ bis $4 \cdot 10^{-8}\ \Omega^{-1} \cdot cm^{-1}$). Für reines HCN bei 0° wurden nachst. Werte gefunden: Dichte 0,71546 g/cm³, $\eta_0 = 0,232$ cP, DK = 158,45 (Werte für Mischungen mit W. vgl. Original). A. BLASCHETTE. 132□

Der photovoltaische Effekt von Silberhalogeniden. Shinichi Kikuchi, Hiroshi Nozaki, Yushi Hamano und Seiya Sakaino. (Bull. chem. Soc. Japan **33.** 104—08. Jan. 1960. Tokyo, Yayoi-cho, Chiba, Univ. de Tokyo, Inst. des Sci. Ind.) (Franz.)

Vff. bestimmen mit Hilfe einer Pt-Elektrode die bei Bestrahlung von Ag-Halogenidsuspensionen (0,1 Mol/Liter) in 0,1, 1 u. 3m K-Halogenid-Lsgg. auftretenden Photospannungen. Die Pt-Elektrode wird an Stelle der Ag-Elektrode verwendet, da sie ein höheres Potential aufweist u. das Ag-Halogenid in Form kleiner Körner auftritt. Das Potential steigt in Abhängigkeit von der Intensität des eingestrahlten Lichtes stark an u. erreicht nach ca. 8 Min. einen Sättigungswert. Danach bleibt es konstant. Auch bei Abbruch der Bestrahlung ist innerhalb von 20 Std. nur ein Abfall von wenigen mV festzustellen. Bewegung der Lsg. u. Ausfällung des Ag-Halogenids sind ohne Einfl. auf das Potential. Der ziemlich große Photoeffekt nimmt entsprechend dem Oxydationspotential in der Reihenfolge AgCl > AgBr > AgJ ab. AgF zeigt keinen Photoeffekt. AgBr-Suspensionen verfärben sich, bei höheren Konzz. ist ein geringes Potential festzustellen, was Vff. auf die Bldg. von Br_3^- gemäß $Br_2 + Br^- \rightleftharpoons Br_3^-$ zurückführen. Bei geringer Lichtintensität u. größeren Körnern des Ag-Halogenids ist der Anstieg des Potenatials flacher, im ersteren Fall der Sättigungswert niedriger. Vff. erörtern die Freisetzungs- u. Rekombinations-Rkk. bei Abbruch der Bestrahlung u. berechnen die freigesetzte Halogenmenge. Bestrahlung bewirkt Zers. des Halogenids in Ag u. freies Halogen, die Photospannung ist durch die unterschiedliche Konz. des freien Halogens in der Lsg. bzw. in den Kristallkörnern bedingt. P. FRENZEL. 134□

Experimentelle Untersuchungen der Struktur der Elektronenzonen in festen Körpern. Benjamin Lax. (Успехи Физических Наук [Fortschr. physik. Wiss.] **70.** 111—66. Jan. 1960.) (Russ.) — C. **1962.** 10736. E. KLEVER. 135□

Heiße und warme Elektronen — ein Überblick. S. H. Koenig. (Physics Chem. Solids **8.** 227—34. Jan. 1959. New York, N.Y., Columbia Univ., IBM Watson Labor.) (Engl.)

Vf. behandelt 2 Kategorien von Problemen, die sich auf die Unters. heißer u. warmer Träger beziehen; hierbei wird die meßbare Abweichung der mittleren kinet. Energie der Träger vom therm. Gleichgewichtswert betrachtet. Die erste Kategorie erfaßt die Art u. Weise, in der eine stabile Zustandsverteilung aufrecht erhalten wird; Arbeiten über diesen Punkt werden bis in die jüngste Zeit verfolgt. Die zweite Kategorie bezieht sich auf Phänomene, die aus einer Nichtgleichgewichtsverteilung resultieren, aber keine bedeutsame Rolle bei ihrer Ermittlung spielen. Hierunter zählen die Geschw.-Abhängigkeit der Rekombinationsquerschnitte, die Stoßionisation neutraler Verunreinigungen u. damit zusammenhängend die Thermionenemission. Die experimentelle Situation wird diskutiert u. mit den für die verschiedenen Fälle existierenden Theorien verglichen. G. RUBAN. 135□

Äquivalente periodische Potentiale. O. Steinmann. (Helv. physica Acta 30. 515—20. 1957. Zürich, ETH.) (Dt.)

Untersucht wird die Bewegung eines Elektrons in einem eindimensionalen period. Potential. Es wird gezeigt, daß die effektive Masse das dynam. Verh. des Syst. nicht eindeutig beschreibt. Es existieren kontinuierliche Scharen von Potentialen, die zu der gleichen Energieabhängigkeit der effektiven Masse führen (äquivalente Potentiale). U. SIGGEL. 135□

Tieftemperatur-Verunreinigungsleitung in Silicium. T. A. Longo, R. K. Ray und K. Lark-Horovitz. (Physics Chem. Solids 8. 259—63. Jan. 1959. Lafayette, Ind., Purdue Univ., Dep. of Phys.) (Engl.)

Vff. bestimmen den Widerstand von B-dotiertem Si bei tiefen Temp. (z. B. 14,2° K) in Abhängigkeit von der Konz. der Majoritätsverunreinigung sowie den Einfl. der Kompensation durch Deuteronenbestrahlung auf den HALL-Koeff. von ebenfalls B-dotierten Si-Proben. G. RUBAN. 135□

Der Einfluß einachsiger Dehnungsbeanspruchung auf die Verunreinigungsleitung in Germanium. H. Fritzsche. (Physics Chem. Solids 8. 257—59. Jan. 1959. Chicago, Ill., Univ., Inst. for the Study of Metals.) (Engl.) — Vgl. C. **1959.** 12767.

Vf. untersucht den Einfl. einer Dehnungsbeanspruchung χ (Zugspannungen von 10^7—$3 \cdot 10^8$ dyn/cm²) auf den Widerstand von n-Ge mit $1{,}4 \cdot 10^{16}$ Sb-Atomen/cm³ u. 2—6% Kompensation im Temp.-Bereich der Verunreinigungsleitung (1,3—5° K) u. höher. Das Widerstandsverhältnis ϱ_χ/ϱ_0 wird als Funktion der einachsigen Zugspannung χ in Richtung [1 1 0] für die 3 Richtungen des Stromes, [1 1 0], [0 0 1] u. [$\bar{1}$ 1 0], aufgenommen u. graph. dargestellt. G. RUBAN. 135□

Magnetische Oberflächeneigenschaften von nahezu eigenhalbleitendem Germanium. J. N. Zemel und R. L. Petritz. (Physics Chem. Solids 8. 102—05. Jan. 1959. White Oak, Md., U.S. Naval Ordnance Labor.) (Engl.)

Vff. messen den HALL-Koeff. von fast eigenhalbleitendem Ge als Funktion der differentiellen Änderung der Leitfähigkeit (bezogen auf das Leitfähigkeitsminimum) beim Übergang vom n- zum p-Typ. Die Ergebnisse werden mit theoret. Daten verglichen. G. RUBAN. 135□

Die Stabilisierung von Germaniumoberflächen durch Äthylierung. 1. Mitt. **Chemische Behandlung.** G. W. Cullen, J. A. Amick und D. Gerlich. (J. electrochem. Soc. **109.** 124—27. Febr. 1962. Princeton, N.J., RCA Labor.) (Engl.)

Die Begrenzung der Ge-Oberflächenatome einer (1 1 1)-Fläche durch Äthylgruppen bewirkt Stabilisierung der chem. Zus. der Oberfläche; diese chem. Stabilisierung hat gleichzeitig eine Stabilisierung der elektr. Eigg. zur Folge. In praxi wird so vorgegangen, daß die Ge-Oberfläche zuerst mit HCl u. Cl_2 aktiviert u. anschließend durch Einw. von C_2H_5MgBr äthyliert wird. Auswertungen verschiedener Messungen zeigen, daß die C_2H_5-Gruppen reproduzierbar u. stark an die Oberflächenatome gebunden sind, u. zwar annähernd im Verhältnis 1:1 (1 C_2H_5 pro Ge-Oberflächenatom). G. RUBAN. 135□

Die Stabilisierung von Germaniumoberflächen durch Äthylierung. 2. Mitt. **Chemische Analyse.** J. A. Amick, G. W. Cullen und D. Gerlich. (J. electrochem. Soc. **109.** 127—32. Febr. 1962.) (Engl.) — 1. vgl. vorst. Referat.

Die äthylierten Ge-Oberflächen werden massenspektroskop. u. mit radioakt. Indicatoren untersucht; die Ergebnisse beider Meth. stimmen gut überein. Die Anzahl C_2H_5-Fragmente auf einer vorbehandelten (1 1 1)-Oberfläche ist innerhalb der Fehlergrenzen gleich der Anzahl Ge-Atome. Die Oberflächen sind bei Temp. unterhalb 200° im Vakuum u. an der Luft stabil, beginnen jedoch oberhalb 200° C_1- u. C_2-Fragmente abzustoßen. Bei höheren Temp. werden massenspektroskop. zusätzlich KW-Stofffragmente nachgewiesen. G. RUBAN. 135□

Die Stabilisierung von Germaniumoberflächen durch Äthylierung. 3. Mitt. **Elektrische Messungen.** D. Gerlich, G. W. Cullen und J. A. Amick. (J. electrochem. Soc. **109.** 133—38. Febr. 1962.) (Engl.) — 2. vgl. vorst. Referat.

An äthylierten Ge-Oberflächen werden Messungen der Dichte eingefangener (trapped) Ladungen in schnellen Zuständen u. der Oberflächenrekombinations-Geschw. als Funktion des Oberflächenpotentials durchgeführt, u. zwar bei Zimmer-Temp. an Proben vom n- u. p-Typ. Das Oberflächenpotential wird über einen Bereich von 0,15 V durch Anlegen eines Wechselstromfeldes senkrecht zur Oberfläche verändert. Im Bereich der untersuchten Oberflächenpotentiale läßt sich die Ladungsverteilung durch 2 diskrete Ober.

flächenzustände annähern. Die durch Äthylierung gebildete Oberfläche weist eine Konz. der schnellen Zustände in der Größenordnung von 5.10^{11} cm^{-2} auf. Auf Material vom n-Typ wird eine starke Inversionsschicht vom p-Typ gebildet; auf p-Material sind die Bänder fast flach an der Oberfläche. G. Ruban. 135□

Einige elektrische und optische Eigenschaften von einfachem rhomboedrischem Bor. F. H. Horn. (J. appl. Physics **30.** 1611—12. Okt. 1959. Schenectady, N.Y., Gen. Electr. Res. Labor.) (Engl.)

Durch pyrolyt. Zers. von BJ_3 bei 1000° werden rhomboedr. B-Kristalle (∅ < 0,2 mm) hergestellt; die opt. Eigg. werden auf Quarzträgern zwischen 0,6 u. 2,0 eV u. die elektr. Leitfähigkeit ϱ mit Pt-Kontakten in H_2-Atmosphäre als Funktion der Temp. T (290 bis 1000° K) untersucht. Aus der Funktion $\varrho = f(1/T)$ folgt im Bereich der Eigenleitung, daß die therm. Aktivierungsenergie für einfaches rhomboedr. B größer ist als für die komplexe Form. Die opt. Absorption ist für die einfache Kristallform ebenfalls um 0,4 eV gegen den sichtbaren Bereich verschoben; der Bandabstand beträgt demnach 2 eV. Herbert Müller. 135□

Die elektrischen Eigenschaften von Silberselenid, Ag_2Se. G. Busch und P. Junod. (Helv. physica Acta **30.** 470. 1957. Zürich, EPF, Labor. de phys. du corps solide.) (Franz.)

Ag_2Se wurde durch Vakuumschmelze hergestellt u. durch Zonenschmelz-Verf. gereinigt. Unter 133° ist Ag_2Se ein Halbleiter mit tetragonaler Kristallstruktur. Aktivierungsenergie: $\Delta E_0 = 0{,}075$ eV; Leitfähigkeit: $\sigma_{20} = 10^3\ \Omega^{-1}\ cm^{-1}$. Oberhalb 133° ist Ag_2Se kub. raumzentriert u. zeigt metall. Leitfähigkeit. Die Hall-Konst. ist um den Faktor 3 kleiner als bei der anderen Phase. Übereinstimmend mit Reinhold u. Wagner machen Verss. über die magnet. Änderung des Widerstandes reine Elektronenleitfähigkeit wahrscheinlich. U. Siggel. 135□

Untersuchungen über den „Wiedemann-Franz-Effekt". K.-H. Müller. (Wiss. Z. Ernst-Moritz-Arndt-Univ. Greifswald, math.-naturwiss. R. **6.** 293—97. 1956/57. Greifswald, Univ., Phys. Inst.) (Dt.)

Vf. berichtet über Unterss. evtl. Elektronenbewegungen in annähernd stationären Wärmeströmungen in reinen Metallen, die infolge des Wiedemann-Franzschen Gesetzes auftreten. Diese Thermoströme konnten mit einem empfindlichen Magnetometer beobachtet werden. Ein Effekt ließ sich bei Zn, Cd, Hg, Bi, Sb u. Al sowie mit geringer Intensität bei Cu, Ag u. Pb messen. G. M. Neumann. 136□

Hall- und Righi-Leduc-Effekt bei den ferromagnetischen Stoffen. D. Rivier. (Helv. physica Acta **30.** 474—78. 1957. Lausanne, Univ., Labor. de Phys.) (Franz.)

Zur theoret. Deutung des Hall-Effektes können auch Messungen des Righi-Leduc-Effektes herangezogen werden. Aus der empir. Gleichung für den außerordentlichen Teil der Hall-Konst. für Felder unterhalb der magnet. Polarisation erhält man mit dem verallgemeinerten Wiedemann-Franzschen Gesetz eine Gleichung für die außerordentliche Righi-Leduc-Konst. $S_1(\lambda/LT)^{n-1} = Z_n$. Ihre Prüfung mit Hilfe der in der Literatur vorhandenen experimentellen Ergebnisse ergab beim *Fe* gute Übereinstimmung, beim *Ni* schlechte, am besten noch für $n = 1{,}97$ ($n_{Fe} = 1{,}94$). Das spricht für die Theorien von Karplus, Luttinger u. Smit, die auf $n = 2$ führen. U. Siggel. 136□

Druckabhängigkeit der Hall-Konstanten der Alkalimetalle. Thomas Deutsch, William Paul und Harvey Brooks. (Physic. Rev. [2] **124.** 753—63. 1/11. 1961. Cambridge, Mass., Harvard Univ., Gordon McKay Labor. of Appl. Sci.) (Engl.)

Die Druckabhängigkeit der Hall-Konst. der fünf Alkalimetalle wurde bei Zimmer-Temp. u. Drücken bis zu 15000 kg/cm² gemessen, wobei der Einfl. der Gitter-Konst. auf die Verwindung der Fermi-Oberflächen untersucht werden sollte. Die Hall-Konst. ist $R = 1/Necn^*$, worin N die Zahl der Träger pro cm³ u. n^* die Abweichung von dem Wert der Hall-Konst. für freie Elektronen ausdrückt. Bei den Alkalimetallen (außer *Cs*) nimmt n^* mit steigendem Druck monoton ab, u. zwar um 5% bei 15000 kg/cm² für *Li*, bis 8% bei 15000 kg/cm² für *Rb*. Bei Cs läuft n^* bei 5000 kg/cm² durch ein Minimum u. steigt bei 15000 kg/cm² auf 1,2 an. Der Unterschied zwischen n^* bei Zimmer-Temp. u. der Temp. von fl. N_2 wurde als <3% gemessen, mit Ausnahme von *Li*, bei dem ein Abfall um 25% bei der tiefen Temp. festgestellt wurde. Die Druckabhängigkeit von n^* kann nur mit Bandstrukturberechnungen (von Ham) in Einklang gebracht werden, wenn stark anisotrope Streuzeiten angenommen werden. So werden die erhaltenen Ergebnisse durch eine halbquant. Meth. mit einer Streuzeit τ gedeutet, die um den Faktor 3 über der Fermi-Oberfläche variiert. Die Faktoren bei der Best. der Streuzeiten zeigen einen Umklappprozeß an, u. die starke elast. Anisotropie der Alkalien steuert zur Anisotropie von τ bei. Überschlagsrechnungen zeigen wiederum, daß die Vers.-Ergebnisse allein durch einen Umklappprozeß gedeutet werden können. W. Sobieski. 136□

Leitfähigkeitselektronen in Pseudonickellegierungen aus Hall-Werten. Edward R. Sanford, Alexander C. Ehrlich und Emerson M. Pugh. (Physic. Rev. [2] **123.** 1947—51. 15/9. 1961. Pittsburgh, Pa., Carnegie Inst. of Technol.; Iowa City, Iowa State Univ.) (Engl.)

Von vier *Ni–Cu–Fe*-Legg. mit 28 Elektronen pro Atom u. einem Ni-Geh. von 97 bis 70 Atom-% wurden die Leitfähigkeit, die magnet. Sättigungswerte u. beide HALL-Koeff. bei 20, 77° K u. Zimmer-Temp. bestimmt u. dabei Felder bis zu 3,1 Weber/m² angewandt. Bei allen untersuchten Verbb. wächst R_0 mit fallender Temp. u. bei allen Temp. mit abnehmendem Ni-Geh. der Legierungen. Die effektive Zahl der Leitfähigkeitselektronen, $n^* = -1/(R_0 Ne)$, berechnet aus R_0-Werten bei tiefen Temp., sinkt langsam von der anomalen Spitze bei reinem Ni auf 0,3 bei 70% Ni u. entspricht damit den Forderungen des Vierbändermodells. Die HALL-Koeff. wurden nach der Meth. der kleinsten Quadrate aus den Werten magnet. gesätt. Punkte auf einer Geraden der Form $\varepsilon_H = R_0 B + R_e M_s$ ermittelt, worin M die Magnetisierung, B die magnet. Induktion u. R_e der außerordentliche HALL-Koeff. sind. Bei den Ni-reichen Legg. ist R_e bei allen Temp. negativ, u. zwar stärker negativ mit sinkendem Ni-Geh., während die Verb. mit 70% Ni–20% Cu–10% Fe bei allen Temp. ein positives R_e hat, dessen Verh. allg. mit keiner der verschiedenen Theorien u. keinem Modell übereinstimmt.

W. SOBIESKI. 136□

Messungen des außerordentlichen Hall-Effekts von Ni, einigen Ni-Legierungen und Ferriten. Jerome M. Lavine. (Physic. Rev. [2] **123.** 1273—77. 15/8. 1961. Waltham, Mass., Raytheon Co., Res. Div.) (Engl.)

In ferromagnet. Stoffen ist die HALL-Spannung V_H gegeben durch die Beziehung $V_H = (R_0 \cdot H + R_1 \cdot M)\ I/t$ (R_0 = ordentlicher, R_1 = außerordentlicher HALL-Koeff., t = Probendicke, I = elektr. Strom, H = Magnetfeld in der Probe, M = Magnetisierung). Vf. bestimmt bei hohen Feldstärken (im Falle von Sättigungsmagnetisierung) R_1 aus dem Anstieg von $V_H = f(H)$. Gemessen wurden im Temp.-Bereich von —200 bis +400° R_1 u. der spezif. Widerstand von 99,9 (%) Ni; 99,4 Ni; 95 Ni–4 Mn–1 Si; Supermalloy (79 Ni–5 Mo–0,5 Mn–15 Fe); Mumetall (77 Ni–5 Cu–2 Cr–16 Fe); Carpenter Hymu 80 (79 Ni–4 Mo–17 Fe); Fe_3O_4; $(NiO)_{0,75}(FeO)_{0,25}(Fe_2O_3)$. K. H. HÄRDTL. 136□

Hall-Koeffizienten von verdünnten Kupferlegierungen. M. D. Blue. (Physics Chem. Solids **11.** 31—36. Sept. 1959. Hopkins, Minn., Honeywell Res. Center.) (Engl.) — Vgl. C. **1960.** 11557.

Durch Schmelzen (1200—1250°) im Vakuum oder He werden Cu-Legg. mit 0,86 bis 8,46 (Atom-%) Mn, 0,82—7,96 Ni, 0,84—5,55 Zn, 0,89—6,03 Ge, 2,46 u. 8,46 Si, 2,40 u. 5,05 Sn, 0,09 Co, 0,11 Fe, 9,56 u. 32,6 Cd bzw. 32,4 Sb hergestellt, die zu Blechen mit $<$0,02 mm Dicken gewalzt u. bei 800° angelassen werden. Nach diesen Behandlungen sind die Legg. homogen u. einphasig. Von 65×10 mm großen Plättchen werden bei 77 u. 300°K in Magnetfeldern bis zu 10 kGauß die HALL-Koeff. R gemessen; die Werte sind tabellar. wiedergegeben. Für die untersuchten Legg. ist R von der Magnetfeldstärke unabhängig. Bei 300°K zeigen geringe Geh. von Ge, Ni, Sn bzw. Zn keinen Einfl. auf R, während bei 77° K stets Änderungen von R beobachtet werden. Die Abhängigkeit des FERMI-Niveaus von der Konz. reicht nicht zur Deutung der Änderungen von R bei höheren Konz. aus. Da Cu-Mn-Legg. auch mit O-freiem Mn hergestellt wurden, konnte der Einfl. von O auf R u. die elektr. Leitfähigkeit untersucht werden; beide Legg. zeigen jedoch keine Unterschiede. HERBERT MÜLLER. 136□

Über die Supraleitung in den Wolframcarbiden W_2C und WC. Günter Lautz und Detlef Schneider. (Z. Naturforsch. **16a.** 1368—72. Dez. 1961. Braunschweig, TH, Inst. für Techn. Phys.) (Dt.)

Das hexagonale WC wurde durch Carburieren von W-Pulver im H_2-Strom bei 1500—1700°, Heißpressen, Abschrecken, schließlich Temperung u. Abschrecken hergestellt, das kub. W_2C in Pulverform durch Funkenerosion aus hexagonalem WC. Es wurde die Flußverdrängung beim Eintritt der Supraleitung nach einer ballist. Meth. gemessen. Die Sinterkörper aus hexagonalem WC waren noch bei 1,8°K normalleitend, auch wenn die reinste bei höchster Temp. hergestellte Probe untersucht wurde. Das kub. W_2C wurde bei 5,2°K supraleitend, wobei der Übergangsbereich relativ groß war. Das erklärt sich aus der geometr. Unregelmäßigkeit der Pulverkörner u. der unvollkommenen Zusammensetzung. Es kann auf vollständigen MEISSNER-Effekt geschlossen werden, wenn man die Ergebnisse aus Unterss. an gesintertem u. pulverisiertem TaC auf W_2C überträgt (Einfl. der Raumerfüllung auf den magnet. Verdrängungseffekt). Die Meßergebnisse fügen sich gut in empir. Zusammenhänge zwischen Sprung-Temp. u. Gitterstruktur, Größe der Elementarzelle, Valenzelektronenzahl u. mittlerer Masse der Gitterbausteine. U. SIGGEL. 136□

Supraleitfähigkeit von Technetiumlegierungen und -verbindungen. V. B. Compton, E. Corenzwit, J. P. Maita, B. T. Matthias und F. J. Morin. (Physic. Rev. [2] **123.** 1567—68. 1/9. 1961. Murray Hill, N.J., Bell Telephone Labor.) (Engl.)

Vff. geben die Supraleitungs-Übergangs-Temp. von *Mo–Tc*-Legg. als Funktion der Zus. (in Atom.-%) wieder. Krit. Feldmessungen mit 19000 Gauß an einer 50% Mo-Leg. würden bei einer Übergangs-Temp. von 12,6° K einen H_0-Wert (krit. Feld bei 0° K) von 75000 Gauß geben, woraus geschlossen wird, daß solche Verbb. sehr gut als supraleitende Magnete dienen können. Die Ähnlichkeit von Tc u. *Re* bei der Bldg. intermetall. Verbb. konnte bei allen Messungen festgestellt werden. Die Übergangs-Temp. von $ZrTc_6$ u. $NbTc_3$, die ein kub.-raumzentriertes Gitter haben, sind bei einer Gitter-Konst. a = 9,636 ± 0,002 Å 9,7° K bzw. bei a = 9,625 ± 0,002 Å 10,5° K. Röntgenbeugungs-Unterss. u. Vgl. mit $ZrRe_6$ u. $Nb_{0,18}Re$ zeigen, daß es sich um Verbb. vom α-Mn-Typ handeln muß. W. SOBIESKI. 136□

Supraleitende Mischkristallegierungen der Übergangselemente. J. K. Hulm und R. D. Blaugher. (Physic. Rev. [2] **123.** 1569—80. 1/9. 1961. Pittsburgh, Pa., Westinghouse Res. Labor.) (Engl.)

Mischkristall-Legg. aus Metallen der 4., 5., 6. u. 7. Gruppe des Period. Syst. mit unvollständigen d-Elektronenschalen wurden bis zu 1° K auf Supraleitfähigkeit untersucht. Bei Legg. zwischen zwei benachbarten Elementen einer Reihe des Period. Syst. wurden zwei Maxima der Übergangs-Temp. beobachtet, deren zugehörige Valenzzahlen ca. 4,7 u. 6,4 entsprechen, mit Ausnahme der ersten langen Periode, wo das obere Maximum fehlt. Ähnliche Maxima werden erhalten, wenn die legierungsbildenden Elemente aus verschiedenen Reihen stammen, wodurch die dominierende Stellung der d-Schalen-Elektronen deutlich wird. Wenn die d-Schale aufgefüllt wird, geht die normale Zustandsdichtefunktion N(0) durch eine Ruhe von Maxima, von denen zwei etwa die gleiche Lage haben wie die beobachteten Maxima der Übergangs-Temp. (T_c). Die enge Beziehung zwischen T_c u. N(0) bei den Übergangsmetallen wird diskutiert.

W. SOBIESKI. 136□

Umwandlung antiferromagnetisch-ferromagnetisch in FeRh. L. Muldawer und F. DeBergevin. (J. chem. Physics **35.** 1904—05. Nov. 1961. Philadelphia, Pa., Temple Univ.; Grenoble, France, Inst. Fourier.) (Engl.)

FeRh zeigt bei Temp.-Erhöhung einen plötzlichen starken Anstieg der Magnetisierung (Übergang vom antiferromagnet. zum ferromagnet. Zustand). Oberhalb u. unterhalb des Umwandlungspunktes hat die Leg. CsCl-Struktur. Im Umwandlungsbereich tritt eine Änderung der Gitter-Konst. um 0,3% auf. Tempert man jedoch eine Probe mit 56% Rh bei 1400°, so erhält man folgendes Ergebnis: Nach Abkühlen ist die Gitter-Konst. um 0,3% kleiner als die der antiferromagnet. Phase u. um 0,6% kleiner als die der ferromagnet. Phase. Ferner bleibt die Probe bis zur Temp. der fl. Luft ferromagnetisch. Eine Deutung dieser Erscheinung wird nicht gegeben.

K. H. HÄRDTL. 137□

Magnetische Anomalie im System $FeTiO_3$–α-Fe_2O_3 durch Mössbauer-Effekt. S. L. Ruby und G. Shirane. (Physic. Rev. [2] **123.** 1239—40. 15/8. 1961. East Pittsburgh, Pa., Res. Labor., Westinghouse Electric Corp.) (Engl.)

Mit Hilfe des MÖSSBAUER-Effekts werden Aussagen über die Orientierung von Ionen mit magnet. Momenten in Festkörpern gemacht. Untersucht wird die Mischkristallreihe $(1 - x) \cdot FeTiO_3 - x \cdot Fe_2O_3$. Frühere Experimente mit Neutronenbeugung ergaben, daß unterhalb des NÉEL-Punkts die Spins der Fe-Ionen innerhalb einer (1 1 1)-Ebene parallel stehen. Die Messung des MÖSSBAUER-Effekts an Proben mit x = 0,33 u. x = 0,12 zeigt jedoch, daß neben Bereichen mit ferrimagnet. Kopplung auch paramagnet. Gebiete auftreten. Die Größe dieser paramagnet. Gebiete nimmt mit steigender Temp. u. steigender lokaler Konz. von Ti zu. K. H. HÄRDTL. 137□

Druckabhängigkeit der Mikrowellen-Resonanzeigenschaften einiger Spinell- und Granat-Ferrite. I. P. Kaminow und R. V. Jones. (Physic. Rev. [2] **123.** 1122—29. 15/8. 1961. Cambridge, Mass., Harvard Univ., Gordon McKay Labor.) (Engl.)

Vff. untersuchen im Mikrowellengebiet (X-Band) die Druckabhängigkeit (bis 10^4 kg/cm²) der Linienbreite, des g-Wertes u. des Anisotropiefeldes von $Y_3Fe_5O_{12}$, $Yb_3Fe_5O_{12}$, $Er_3Fe_5O_{12}$, $MgFe_2O_4$ u. $Ni_{1-x}Co_xFe_2O_4$ mit x = 0; 0,05 u. 0,10. Ferner wurde die Druckabhängigkeit der Magnetisierung für $Y_3Fe_5O_{12}$ u. $MgFe_2O_4$ gemessen (Meth. des magnetostat. Modus). Es werden nur qual. Erklärungen der Meßergebnisse gegeben, die man mit Hilfe der Druckabhängigkeit der Gitter-Konst. — u. damit der Änderung der Wechselwrkg. benachbarter Ionen — beschreiben kann. K. H. HÄRDTL. 137□

Ferrimagnetische Resonanz in mit Seltenen Erden dotiertem Yttrium-Eisen-Granat. 2. Mitt. Terbium-Substitution. J. F. Dillon jun. und L. R. Walker. (Physic. Rev. [2] **124.** 1401—13. 1/12. 1961. Murray Hill, N.J., Bell Telephone Labor.) (Engl.) — 1. vgl. C. **1961.** 9305.

Der Ersatz eines kleinen Teiles der Y-Ionen in Y–Fe-Granaten durch Ionen der Seltenen Erdmetalle beeinflußt stark die ferrimagnet. Resonanz bei tiefen Temperaturen. Eingehende Unterss. dieses Effekts wurden durch Tb-Substitution bei Konzz. von 0,01—0,19 Atom-% durchgeführt. Die Änderung des Resonanzfeldes als Funktion der angelegten Feldrichtung, der Temp. u. der Frequenz wurde untersucht. Durch Best. der Hochfrequenzsusceptibilität u. der Gleichstrommagnetisierung der Tb-Ionen aus ihren Energieniveaus u. Wellenfunktionen im angenommenen Kristallgitter u. den Wechselfeldern wurde das Resonanzfeld berechnet. Die Berechnungen zeigen gute qual. Übereinstimmung mit den Meßergebnissen. WOLFGANG KRÜGER. 137□

Der Ferrimagnetismus und die Kristallchemie von substituierten Mangan-Zinn-Spinellen. M. A. Gilleo und D. W. Mitchell. (Physics Chem. Solids **10.** 182—86. Juli 1959. Murray Hill, N.J., Bell Telephone Labor., Inc.) (Engl.)

Stöchiometr. Mischungen von geglühtem MnO, MgO, ZnO, SnO_2 u. GeO_2 werden 16 Std. bei 1000° vorgebrannt u. nach erneuter Zerkleinerung 2—4 Std. bei 1150—1300° zu zylinderförmigen Proben gesintert. Von den erhaltenen, inversen Spinellen $Mn_2 \cdot SnO_4$ (I), $Mn_2Sn_{7/8}Ge_{1/8}O_4$ (II), $Mg_{1/4}Mn_{7/4}SnO_4$ (III), $Mg_{1/4}Mn_{7/4}Sn_{7/8}Ge_{1/8}O_4$ (**IV**) u. $Zn_{1/4}Mn_{7/4}SnO_4$ (**V**) werden röntgenograph. Aufnahmen mit CrKα-Strahlung hergestellt u. magnet. Messungen zwischen 1,3 u. 300° K in Magnetfeldern von 1000—12500 Oe mit Hilfe eines Pendelmagnetometers ausgeführt. Die Zellparameter sind für **I** 8,84 (Å), **II** 8,82, **III** 8,83, **IV** 8,81 u. **V** 8,82. Die CURIE-Temp. T_c werden aus den Wendepunkten der n_B–T-Kurven (n_B magnet. Moment, T Temp.) für konst. Magnetfelder erhalten. Die Sättigungsmomente n_B (∞, 0) bei unendlichem Magnetfeld u. T = 0 u. die T_c-Werte sind für **I** 0,35 (BOHRsche Magnetonen) bzw. 58 ± 3° K, **II** 0,40, **III** 0,81 bzw. 53° K, **IV** 0,77 bzw. 49° K u. **V** 0,50 bzw. 48° K. In allen Proben besitzt Mn eine Wertigkeit > 2. Wird daher n_B (∞, 0) unter Berücksichtigung des Auftretens von Mn^{3+} in Oktaederplätzen mit Hilfe angegebener Formeln berechnet, so wird eine befriedigende Übereinstimmung mit den Meßwerten erzielt. Außerdem bestätigt eine Substitution von Sn^{4+} durch Ge^{4+} das Vorliegen von Mn^{3+} auf Oktaederplätzen. HERBERT MÜLLER. 137□

Die Wechselwirkung magnetischer Ionen in $Gd_3Mn_2Ge_2GaO_{12}$ und verwandten Granaten. M. A. Gilleo und S. Geller. (Physics Chem. Solids **10.** 187—90. Juli 1959.) (Engl.) — C. **1960.** 8427 u. vgl. vorst. Referat. HERBERT MÜLLER. 137□

Chemische Bindung und Magnetismus. Jacques Suchet. (C. R. hebd. Séances Acad. Sci. **253.** 2490—92. 27/11 1961. Bellevue, Seine-et-Oise, Labor. de Magnet. et des Phys. du Sol. du C.N.R.S.) (Franz.)

Für intermetall. Verbb. wird angenommen, daß die interatomaren Bindungen zwischen zwei idealen Elektronenverteilungen (Kovalenz u. Ionenbindung) schwanken, so daß man die Wellenfunktion der Verb. mit den Elektronenbahnfunktionen der beiden Atome u. mit einem dimensionslosen Faktor λ mathemat. beschreiben kann, wobei $\lambda = 0$ die kovalente Bindung u. $\lambda = 1$ die Ionenbindung bestimmt. Zwischen diesen Werten von λ u. den Kopplungs-Temp. T von antiferromagnet. Mn-Verbb. besteht die experimentell gut bestätigte Beziehung T (° K) = 540 (1 — λ). H. FAHLENBRACH. 137□

Magnetische Wechselwirkungen in Lithiumhydrid. M. Karplus und H. J. Kolker. (J. chem. Physics **35.** 2235—36. Dez. 1961. New York, N.Y., Columbia Univ., Dep. of Chem., Watson Sci. Computing Labor.) (Engl.)

Vff. berichten über Störungsberechnungen der magnet. Susceptibilität u. der Kernabschirmung in LiH. Die Rechnungen wurden mit SCF–LCAO–Mo-Funktionen mit SAMO- u. BLMO-Exponenten durchgeführt u. liefern Daten, die befriedigend mit experimentellen Ergebnissen übereinstimmen. G. M. NEUMANN. 137□

Erratum: Die magnetischen Eigenschaften und das optische Absorptionsspektrum von K_2ReCl_6. J. C. Eisenstein. (J. chem. Physics **35.** 2246. Dez. 1961. Washington, D.C., Nat. Bur. of Stand.) (Engl.)

Berichtigung zu der C. **1961.** 16737 referierten Arbeit. Die numer. Ergebnisse werden dadurch nicht beeinflußt. G. M. NEUMANN. 137□

Magnetische Eigenschaften von $HCrO_2$ und $DCrO_2$. R. G. Meisenheimer und J. D. Swalen. (Physic. Rev. [2] **123.** 831—34. 1/8. 1961. Emeryville, Calif., Shell Dev. Co.) (Engl.)

Die stat. magnet. Susceptibilität von $HCrO_2$-Pulver wurde bei H = 0—9000 Gauß u. 66—530° K gemessen u. dabei keine H-Abhängigkeit festgestellt. Das CURIE-WEISS-

Gesetz ergibt sich zu $\chi_M = 1{,}9342/(T + 276)$, das magnet. Moment des Cr^{3+} zu μ_B = 3,93 BM, entsprechend drei ungepaarten Elektronen. Für ein Präp. aus 85% $DCrO_2$ + 15% $HCrO_2$ ist $\chi_M = 2{,}07/(T + 214)$ u. $\mu_B = 4{,}07$ BM. Die Ergebnisse deuten auf eine hohe Austauschwechselwrkg. (hohe CURIE-WEISS-Temp.), die durch Deuterierung stark beeinflußt wird. Von beiden Präpp. wurde außerdem die paramagnet. Resonanz gemessen (g = jeweils 1,976). Die Linien sind hier auf Grund des Austausches stark verschmälert. Durch Vgl. der berechneten mit den beobachteten Linienbreiten u. der zweiten Momente wird ein Wert für die Nullfeldaufspaltung abgeschätzt. Obschon keine Umwandlung in einen antiferromagnet. Zustand beobachtet wird, ist auf Grund der CURIE-WEISS-Temp. anzunehmen, daß der Grundzustand der beiden Verbb. antiferromagnet. ist. Superaustausch durch das beteiligte Proton bzw. Deuteron ist wahrscheinlich der Hauptgrund für eine evtl. antiferromagnet. Austauschkopplung. Der Mechanismus des Superaustausches wird diskutiert. A. BLASCHETTE. 137□

Paramagnetische Resonanz von Chrom(III)-Ionen in Kristallen von Doppelnitraten und gefrorener Lösung. J. W. Culvahouse. (Physic. Rev. [2] **124.** 1413—17. 1/12. 1961. Lawrence, Kans., Univ. of Kansas, Dep. of Phys. and Astronomy.) (Engl.)

Unterss. der paramagnet. Elektronenresonanz an *Ce–Mg.* u. *Ce–Zn*-Nitrat zeigten, daß Cr-Ionen zwei verschiedene Zwischengitterplätze besetzen können. Die Spin-HAMILTON-Parameter dieser Ionen wurden ermittelt. Getrübte Kristalle der genannten Doppelnitrate enthalten eingeschlossene Mutterlauge, deren Menge bei einer Anzahl Kristalle bestimmt wurde. Die Ergebnisse der Messungen werden mit der für ^{51}Cr erhaltenen Kernorientierung in Ce–Mg-Nitraten von KAPLAN u. SHIRLEY verglichen. Die Verwendbarkeit gefrorener Lsgg. für Unterss. der Kernorientierung wird diskutiert.

WOLFGANG KRÜGER. 137□

Paramagnetische Resonanz einiger Silber(II)-Verbindungen. J. A. McMillan und B. Smaller. (J. chem. Physics **35.** 1698—1701. Nov. 1961. Argonne, Ill., Argonne Nat. Labor.) (Engl.)

Die paramagnet. Elektronenresonanz nachst. Präpp. wurde gemessen: Fl. u. gefrorene (77° K) Lsgg. von Ag^{2+} in $HNO_3 + H_2O$ (1:4), in $H_2SO_4 + H_2O$ (1:4) u. in $D_2SO_4 + D_2O$ (1:4), jeweils erhalten durch Oxydation von $AgNO_3$ mit $K_2S_2O_8$; weiter von krist. *Ag(II)-α-Picolinat*, $AgS_2O_8\cdot(Py)_4$, $AgS_2O_8(o\text{-}Phn)_2$, $AgS_2O_8(Dipy)_2$, $Ag_2\cdot(S_2O_8)_2(Dipy)_5$, $Ag(NO_3)_2(Dipy)_3$, $Ag(ClO_3)_2(Dipy)_3$, $Ag(ClO_4)_2(Dipy)_3$ (Py = Pyridin, Dipy = Dipyridyl, o-Phn = o-Phenanthrolin). In jedem Fall treten sehr starke g-Anisotropien auf, welche die Best. der Hauptwerte (g_1, g_2, g_3) des g-Tensors erlauben. Im Fall der Lsgg. konnte die durch Wechselwrkg. der Kerne ^{107}Ag u. ^{109}Ag bewirkte Hyperfeinaufspaltung bei 77° K gemessen u. durch Verw. der reinen Isotope in $DNO_3 + D_2O$ bestätigt werden. Die Absorptionskurve der braunen salpetersauren Ag(II)-Lsg. im opt. u. UV-Bereich (Absorptionsmaximum bei 25560 cm^{-1}) zeigt, daß das Elektronenloch nicht am paramagnet. Ion lokalisiert ist. A. BLASCHETTE. 137□

Strukturuntersuchungen von Kristallen nach der Methode der magnetischen Kernresonanz. N. M. Alexandrow und F. I. Skripow. (Успехи Физических Наук [Fortschr. physik. Wiss.] **75.** 585—628. Dez. 1961.) (Russ.)

Ausführliche zusammenfassende Übersicht über die Theorie, die experimentellen Meth. u. die Anwendung der magnet. Kernresonanz zur Aufklärung der Struktur von Kristallen mit speziellen Beispielen. — 150 Literaturangaben. E. KLEVER. 137□

Eine kernmagnetische Resonanzmethode zur Analyse von Polyphosphorsäuren. Joe C. Guffy und Gerald R. Miller. (Analytic. Chem. **31.** 1895—97. Nov. 1959. Richmond, Calif., California Res. Corp.) (Engl.)

Polyphosphorsäuren (PS) zeigen im kernmagnet. Resonanzspektrum (ca. 9400 Gauß) 3 gut definierte Resonanzpeaks, die dem isolierten Orthophosphat u. den end- bzw. mittelständigen Phosphatgruppen zugeordnet werden. Das Verhältnis zweier beliebiger Peaks zueinander kann dazu dienen, die Konz.-Verhältnisse von im Gleichgewicht befindlichen Syst. zu untersuchen. Die Beziehungen R_1 = (endständige Phosphatgruppen): (Orthophosphatgruppen) u. R_2 = (endständige Phosphatgruppen): (mittelständige Phosphatgruppen), aufgetragen gegen die %-Geh. Phosphorsäure, ergeben die Möglichkeit, Best. mit einer Genauigkeit besser als $\pm 0{,}2$% innerhalb 15 Min. durchzuführen. P. SARTORI. 137□

Verbessertes KMR-Spektrometer. J. M. Mays, H. R. Moore und R. G. Shulman. (Rev. sci. Instruments **29.** 300—02. April 1958. Murray Hill, N.J., Bell Telephone Labor., Inc.) (Engl.)

App. mit verringerten Frequenzfluktuationen u. mit Möglichkeit zur direkten Messung von χ'. CH. WEISKE. 137□

Die spezifische elektrische Leitfähigkeit von Lösungen von Metallen in ihren geschmolzenen Halogeniden. 3. Mitt. **Cer—Certrichlorid.** H. R. Bronstein, A. S. Dworkin und M. A. Bredig. (J. physic. Chem. **66.** 44—48. Jan. 1962. Oak Ridge, Tenn., Oak Ridge Nat. Labor., Chem. Div.) (Engl.) — 2. vgl. C. **1962.** **4436.**

Die spezif. elektr. Leitfähigkeit (L) der Lsgg. von Ce in $CeCl_3$ (bis zu 9 Mol-% Ce) wurde bei 855° in einem Mo-Gefäß mit Mo-Elektroden untersucht. Ausschluß von keram. Gefäßmaterial verhinderte die Verfälschung der Meßergebnisse durch Bldg. von Ce-Oxidchloriden. Das Syst. $Cd-CdCl_2$ zeigte in der Mo-Zelle die gleiche L wie in der C. **1958.** 9975 beschriebenen Saphirzelle. Reines $CeCl_3$ hat eine L von 1,20 Ω^{-1} cm^{-1}, die mit Ce gesätt. Lsg. (9 Mol-% Ce) 5,35 (Zwischenwerte werden tabellar. u. graph. mitgeteilt). Die starke Erhöhung der L wird auf die Ggw. beweglicher Elektronen zurückgeführt, die mit 2wertigen Ce-Ionen nach $Ce^{3+} + e = Ce^{2+}$ im Gleichgewicht stehen können.

P. SARTORI. 138□

Bestimmung der Säurekonstante von Hydrogensulfat bei 25—225° aus Löslichkeitsdaten. M. H. Lietzke, R. W. Stoughton und T. F. Young. (J. physic. Chem. **65.** 2247—49. Dez. 1961. Oak Ridge, Tenn., Oak Ridge Nat. Labor., Chem. Div.; Chicago, Ill., Univ. of Chicago, Dep. of Chem.) (Engl.)

Die Dissoziations-Konst. K_2 von HSO_4^- wird für die Temp. 25, 50, 75, 100, 125, 150, 175, 200 u. 225° aus den früher von Vff. ermittelten Löslichkeiten von Ag_2SO_4 in H_2SO_4-Lsgg. ermittelt. Nach der Meth. der kleinsten Quadrate ergibt sich hieraus $\ln K_2 = -1283{,}108/T + 12{,}31995 - 0{,}04223215$ T, entsprechend $K_2 = 0{,}01032$ bei 25°. Die thermodynam. Funktionen ΔG^0, ΔH^0 u. ΔS^0 der Rk. $HSO_4^- \rightarrow H^+ + SO_4^{2-}$ werden für die gleichen Temp. mitgeteilt. Für 25 bzw. 225° sind die entsprechenden Werte: 2,712 bzw. 11,183 cal, —4,911 bzw. —18,280 cal, —25,6 bzw. —59,1 Entropieeinheiten.

A. BLASCHETTE. 139□

Einfluß der Natur der Alkalimetallkationen auf das Gleichgewichtspotential von Beryllium in Chloridschmelzen. M. W. Smirnow und N. Ja. Tschukrejew. (Журнал Неорганической Химии [J. anorg. Chem.] **6.** 1361—68. Juni 1961. Uralsk, Zweigstelle der Akad. der Wiss. der UdSSR, Inst. für Elektrochem.) (Russ.)

Vff. untersuchten das Gleichgewichtspotential von Be in geschmolzenem LiCl, LiCl–KCl, KCl u. CsCl. Die Messungen wurden in einem Quarzzylinder mit Be-Elektrode durchgeführt, der einen BeO-Tiegel mit der zu untersuchenden Schmelze enthielt. Als Bezugselektrode diente eine Chlorelektrode. Zur Darst. reinster Ausgangsubstanzen wurden LiCl, KCl u. CsCl aus wss. Lsgg. umkrist., im HCl-Strom getrocknet u. schließlich im Vakuum auf 400° erhitzt. $BeCl_2$ wurde durch Einw. von CCl_4-Dampf auf reines BeO im Quarzrohr bei 850—900° erhalten. Das Rk.-Prod. wurde unter Ar fraktioniert. Vff. untersuchten die Syst.: 2,0 (I) u. 0,46 Mol-% $BeCl_2$ + LiCl (II) bei 649—905° bzw. 620—880°; 8,17 (III) u. 1,2 Mol-% $BeCl_2$ + 3 LiCl + 2 KCl (IV) bei 421—755° bzw. 393—940°; 9,77 (V) u. 0,60 Mol-% $BeCl_2$ + KCl (VI) bei 779—1007° bzw. 793—1023° sowie 10,1 (VII) u. 0,47 Mol-% $BeCl_2$ + CsCl (VIII) bei 666—930° bzw. 695—950° u. geben die Temp.-Abhängigkeit der gemessenen EMK-Werte in Beziehungen der Form $E = a + b \cdot T$ an. Die ermittelten Werte a u. b für die einzelnen Syst. sind: **I**: a = —2,519, b = 3,56 (10^{-4}); **II**: —2,514, 2,77; **III**: —2,695, 4,80; **IV**: —2,650, 3,39; **V**: —2,684, 3,49; **VI**: —2,629, 1,69; **VII**: —2,799, 4,25; **VIII**: —2,782, 2,74. Für $E^0_{Be/Be^{2+}}$ (V) ergab sich in LiCl $E^0 = -2{,}538 + 5{,}7 \cdot 10^{-4}$ T, in 3 LiCl + 2 KCl $E^0 = -2{,}702 \pm 6{,}4 \cdot 10^{-4}$ T, in KCl $E^0 = -2{,}727 + 5{,}3 \cdot 10^{-4}$ T u. in CsCl $E^0 = -2{,}834 + 5{,}9 \cdot 10^{-4}$ T. Die Größe n im NERNST-Faktor ist in den untersuchten Syst. < 2; n ist von der Temp. abhängig. In 3 LiCl + 2 KCl + $BeCl_2$ erniedrigt sich n von 1,93 bei 700° K auf 1,64 bei 1200° K. Vff. erklären dies damit, daß sowohl Be^{2+}- als auch Be^+-Ionen entsprechend dem Gleichgewicht $Be^{2+} + Be \rightleftarrows 2\,Be^+$ in der Schmelze vorhanden sind. $E^0_{Be/Be^{2+}}$ ist stark von der Art des als Lsgm. dienenden Salzes abhängig. Die Meßwerte werden durch die empir. Beziehung $E^0_{Be/Be^{2+}} = -3{,}089 + 5{,}83 \cdot 10^{-4} \cdot T + 0{,}43$ wiedergegeben, worin das Ionenpotential der Lsgm.-Kationen ist. Vff. untersuchten in Ketten vom Typ $Be/BeCl_2$, $Me'Cl//BeCl_2$, $Me''Cl/Be$ (der Molenbruch des $BeCl_2$ ist in beiden Halbelementen gleich) Austausch-Rkk. an Alkalitetrachloroberyllaten. Die Messungen ergaben, daß die Bindungsenergie im Cs_2BeCl_4 um ungefähr 5 kcal/g-Ion größer ist als im K_2BeCl_4.

E. WINKLER. 140□

Thermodynamische Eigenschaften der flüssigen Lösungen Zinn–Zink. Władysław Ptak. (Arch. Hutnictwa **5.** 169—94. 1960. Kraków, PAN, Inst. Podst. Problem. Techn. Zakł. Metali.) (Pol.)

Die EMK von 18 Konzentrationsketten Zn/KCl + LiCl + $ZnCl_2$ (geschmolzen)/ Zn–Sn wurde im Bereich 700—950° K gemessen. Die EMK ist in diesem Bereich der Temp. nicht proportional. Aus den Ergebnissen u. mit Hilfe der Gleichung von

KRUPKOWSKI [1951] zur Berechnung von Aktivitäts-Koeff. werden die thermodynam. Funktionen u. die Aktivitäten in Abhängigkeit von der Zus. der Lsg. u. von der Temp. abgeleitet. Die Ergebnisse zeigen, daß die Leg. Zn–Sn in ihrem Verh. stark vom Verh. idealer Lsgg. abweicht. Die Beziehungen stehen in Übereinstimmung mit neueren Literaturangaben. Das Eutektikum Zn–Sn, entnommen aus der Liquiduskurve, hat die Zus. 12,5 Atom-% Sn u. den F. 472°. F. URBAN. 140□

Die AgO–Ag_2O-Elektrode in alkalischer Lösung. Thedford P. Dirkse. (J. electrochem. Soc. **109.** 173—77. März 1962. Grand Rapids, Mich., Calvin Coll., Dep. of Chem.) (Engl.) — Vgl. C. **1961.** 6401.

Vf. bestimmt durch direkte Messungen an der Kette Pt, H_2 (gasförmig)/KOH (wss.)/AgO (fest), Ag_2O (fest), Pt das Normalpotential E^0 der AgO/Ag_2O/OH^--Elektrode zu $0{,}599 \pm 0{,}001$ V bei 25°. Untersucht wird die Abhängigkeit des Potentials E von der OH^--Konz. u. der Aktivität der OH^--Ionen sowie der Temp.-Koeff. dE/dT für die Rk. $2\,AgO + H_2O + 2\,e = Ag_2O + 2\,OH^-$ (A). E^0 ändert sich leicht mit der OH^--Konz., dE/dT scheint von dieser u. von der Temp. abhängig zu sein. ΔF^0_{298} der Rk. A beträgt $-27{,}63$ kcal, ΔF^0_{298} für die Bldg. von AgO 3200 cal/Mol. Spannungsmessungen an AgO- u. Ag_2O-Preßlingen in 30%ig. KOH-Lsg. mit geringem ZnO-Zusatz zum Vgl. mit Messungen an der alkal. Ag–Zn-Zelle zeigen, daß die Spannung durch die Zus. des auf der Oberfläche der Preßlinge bzw. des Gitters befindlichen Materials bestimmt wird. P. FRENZEL. 140□

Bestimmung des Austauschstromes von Silber und Kobalt an einer festen metallischen Oberfläche mit Hilfe radioaktiver Indicatoren. Ss. Je. Waissburd, N. M. Koshewnikowa und W. L. Cheifetz. (Журнал Прикладной Химии [J. angew. Chem.] **32.** 2507—13. Nov. 1959. Leningrad, Planungs- u. Forsch.-Inst. Gipronikel.) (Russ.)

Der Austauschstrom (A/cm²) von Ag u. Co in $AgNO_3$, $Co(NO_3)_2$ oder $CoCl_2$-Lsgg. wird mit Hilfe radioakt. Indicatoren bestimmt. Es wird nachgewiesen, daß der Isotopenaustausch an einer festen metall. Oberfläche nur an einer monoatomaren Schicht des Metalls stattfindet. Der Austauschstrom des stark polarisierenden metall. Co ist bedeutend geringer als derjenige des prakt. nicht polarisierenden metall. Ag. H. TREUMANN. 141□

Theorie der Polarographie an stationären Elektroden. W. H. Reinmuth. (Analytic. Chem. **33.** 1793—94. Nov. 1961. New York, N.Y., Columbia Univ., Dep. of Chem.) (Engl.)

Vf. gibt in Form endlicher Reihen-Entw. explizite Ausdrücke für den voltametr. Stromverlauf bei Vorgängen mit linearem Spannungsanstieg an stationären ebenen u. kugelförmigen Elektroden an. Es wurden Fälle einfachen, langsamen Ladungsüberganges u. irreversible Rkk. 1. Ordnung berücksichtigt. E. MOISAR. 142□

Einzelimpulsmethode zur Messung der elektrischen Parameter von Doppelschichten. J. R. Riney, G. M. Schmid und Norman Hackerman. (Rev. sci. Instruments **32.** 588—92. Mai 1961. Austin, Tex., Univ. of Texas, Dep. of Chem.) (Engl.)

Die elektr. Ersatzschaltung zu einer elektrochem. Zelle, bestehend aus einem konst. OHMschen Widerstand (eigentlicher Elektrolyt) u. einer Parallelschaltung von Widerstand u. Differentialkapazität (Grenzschicht) wird entwickelt. Die Ansprechbarkeit dieses Modells auf eine rechteckige Strom–Zeit-Funktion wird mit den Stromkomponenten ausgedrückt. Die Grenzschichtparameter werden als nicht konst. angenommen. Die Gleichungen ergeben für jeden einzelnen Parameter momentane Werte. Der Impulsgenerator für die vorausgesetzte rechteckige Strom–Zeit-Funktion wird beschrieben. Ergebnisse der Messungen an Pt u. tropfendem Hg werden angegeben. H. SCHIBILLA. 142□

Doppelschichtkapazitäten von Goldeinkristallen in Perchlorsäurelösungen. G. M. Schmid und Norman Hackerman. (J. electrochem. Soc. **109.** 243—47. März 1962. Austin, Tex., Univ. of Texas, Dep. of Chem.) (Engl.)

Vff. messen die differentielle Kapazität C_d der elektr. Doppelschicht an Au-Einkristallelektroden in Abhängigkeit von der kristallograph. Orientierung in 0,001 bis 1n $HClO_4$ zwischen $-0{,}9$ u. $+1{,}4$ V gegen die gesätt. Kalomelelektrode. Die kathod. Stromdichte beträgt maximal 15 mA/cm², die Messung erfolgt an der (1 0 0)- bzw. (1 1 0)-Fläche der Elektroden. Bei $+0{,}9$ bis $+1{,}3$ V wird in Abhängigkeit von der Konz. ein Maximum von C_d festgestellt, das Vff. der „O"-Adsorption zuschreiben. Die Adsorption zeigt starke Hysterese, die entsprechenden Desorptionspeaks sind um ca. 500 mV nach negativen Werten verschoben. Für die Adsorption einer weiteren „O"-Teilchenart werden einige Anhaltspunkte gefunden. Das bei $+0{,}4$ V auftretende konzentrationsunabhängige Maximum führen Vff. auf eine geringe spezif. ClO_4-Adsorption zurück. Ein „H“-Adsorptionspeak ist nur an der (1 0 0)-Elektrode bei —0,2 V festzustellen. Auf Grund des Fehlens von Peaks im Bereich der tatsächlichen H_2-Entw. bis zu 15 mA/cm^2 nehmen Vff. an, daß die Rekombination von H-Atomen nicht der geschwindigkeitsbestimmende Vorgang ist. In verd. Lsgg. tritt an der (1 1 0)-Elektrode ein Kapazitätsminimum bei 0,0 V, an der (1 0 0)-Elektrode ein solches zwischen zwei niedrigen Maxima bei —0,05 V auf. Die Differenz von 50 mV entspricht einer gleichen Differenz der O-Adsorptionspeaks. P. Frenzel. 142□

Über den Mechanismus der Wasserstoffreaktion. A. C. Makrides. (J. electrochem. Soc. **109.** 256—60. März 1962. Niagara Falls, N.Y., Union Carbide Metals Co., Metals Res. Labor.) (Engl.)

Theoret. Erörterung des Volmer-Tafelschen u. Volmer-Horiuti-Mechanismus der H_2-Entw.; Anwendung auf die H_2-Entw. an Ni-Elektroden in 2n NaOH-Lösung. Für Ni-Oberflächen in alkal. Lsg. nimmt Vf. eine Bedeckung mit einer Schicht chemisorbierter OH^--Ionen an, wodurch die Oberfläche im wesentlichen homogen wird u. im Gegensatz zur unbedeckten Ni-Oberfläche nur schwach H adsorbiert. P. Frenzel. 142□

Kinetik der elektrolytischen Wasserstoffentwicklung und die Adsorption von Wasserstoff durch Metall. J. G. N. Thomas. (Trans. Faraday Soc. **57.** 1603—11. Sept. 1961. Swansea, Univ. Coll. of Swansea, Dep. of Chem.) (Engl.)

Vf. erörtert die Kinetik der H-Entw. an verschiedenen Metallen in saurer Lösung. Für Metalle, an denen die H-Entw. einer Tafel-Geraden mit geringer Neigung wie 2,3 RT/2 F oder 2,3 RT/F folgt, stimmt die Annahme, daß die Adsorption der H-Atome einer Langmuirschen Isotherme gehorcht, nicht mehr mit den experimentellen Ergebnissen über die Oberflächenbedeckung u. Rk.-Geschw. überein. Die Rk.-Kinetik läßt sich genauer unter Berücksichtigung der Änderung der Adsorptionswärme u. Aktivierungsenergie der Adsorption u. Desorption des H am Metall mit der Bedeckung beschreiben. Eine Neigung der Tafel-Geraden von 2,3 RT/2 F entspricht einer schnellen Entladungs-Rk. nach $H_3O^+ + e - M \rightleftharpoons H - M + H_2O$ (M = Metall, X — M = adsorbiertes H-Atom oder H_2-Mol. oder gebundenes Elektron) mit anschließender geschwindigkeitsbestimmender Kombinations-Rk. nach $2\,H{-}M \rightleftharpoons H_2M + M$ ohne Aktivierung der H-Chemisorption durch das Metall. Die Neigung von 2,3 RT/F dagegen entspricht der schnellen Entladungs-Rk., an die sich entweder eine geschwindigkeitsbestimmende Kombinations-Rk. mit durch das Metall aktivierter H-Chemisorption oder die geschwindigkeitsbestimmende Rk. Ion + Atom nach $H_3O^+ + H - M + e - M \rightleftharpoons H_2 - M + M + H_2O$ anschließt. Durch die Änderung der Neigung der Tafel-Geraden im Bereich hoher Stromdichten ist es möglich, zwischen diesen beiden Möglichkeiten zu unterscheiden. P. Frenzel. 142□

Elektrodenpotentiale und thermische Zersetzung von Alpha- und Beta-PbO_2. R. T. Angstadt, C. J. Venuto und P. Rüetschi. (J. electrochem. Soc. **109.** 177—84. März 1962. Yardley, Pa., Electr. Storage Battery Co., Carl F. Norberg Res. Center.) (Engl.)

Vff. messen die Elektrodenpotentiale E von α- (I) u. β-PbO_2 (II) in Lsgg. mit konst. SO_4^{2-}- oder ClO_4^--Geh. in Abhängigkeit vom pH-Wert. O_2-Überspannung u. die Leichtigkeit der elektrochem. Red. werden mit der Adsorption von Anionen u. der „wirklichen“ Oberflächengröße (OG) der Oxide in Beziehung gesetzt. Die größere Neigung der Tafel-Geraden für die O_2-Entw. an II-Elektroden gegenüber der für I weist auf eine stärkere Adsorption von SO_4^{2-}-Ionen mit entsprechend höherem Beitrag zur Ladung der Doppelschicht u. damit verbundener Erhöhung von E bei gegebenem Strom. Aus den längeren Entladungszeiten für II-Elektroden (ca. 2000 Sek.) gegenüber denen von I-Elektroden (ca. 800 Sek.) schließen Vff. auf eine größere „wirkliche“ OG von II, obwohl die scheinbaren OG ident. sind. Die unterschiedlichen Festkörper-Eigg. von I u. II werden durch therm. Abbau zum nichtstöchiometr. orthorhomb. PbO_x mit $1,42 < x < 1,58$ gezeigt. Röntgendiagramme u. -daten werden mitgeteilt. Es war möglich, alle Reflexe von β- u. von α-PbO_x mit der gleichen Elementarzelle zu indizieren. Die freie Enthalpiedifferenz I ⇌ II beträgt $\Delta G = -0,4$ (kcal; 25°), die Enthalpiedifferenz $\Delta H = -2,6$, der Temp.-Koeff. von E für I in 4,62 m H_2SO_4 ist —0,36 (mV/Grad; 25°), für II —0,20. Vff. beschreiben neue Elektroden u. stellen I durch Oxydation von Pb-Acetat (III) mit $(NH_4)_2 \cdot S_2O_8$ (IV) her.

Versuche: *α-PbO_2* (I), durch Zugabe von 250 g IV zu 250 ml W. u. 1 Liter gesätt. NH_4-Acetat-Lsg. (V), langsame Zugabe einer Lsg. von 325 g III in W. gleichzeitig mit 300 ml 58%ig. NH_4OH, nach 6 Std. erneute Zugabe von 50 g IV, 24std. Rühren, Erhitzen auf 70°, Abfiltrieren des Nd. auf einem Büchner-Filter, Waschen mit V u. dest. W. u. Trocknen bei Raumtemperatur. P. Frenzel. 142□

Geschwindigkeit des Sauerstoffverbrauches von Aluminium in wässeriger Salzlösung. Hiroshi Chiba und Takashi Tanaka. (J. electrochem. Soc. Japan **26.** E180—E182. 1958. Tokyo, Nippon Telegraph and Telephon Public Corp., Electrical Communicat. Labor.) (Jap.; Auszug: Engl.)

Unter Verw. neutraler Salz-Lsgg. von Na_2SO_4 u. NaCl erfolgten polarograph. Unterss. über den Einfl. eines vorgeformten Oxidfilms, der Temp. u. Ggw. von Cl^--Ionen auf den O_2-Verbrauch bei der Korrosions-Rk. von Al. Ein Oxidfilm wirkt stets selbstschützend u. inhibierend. Der Zusammenhang zwischen der anfänglichen Konz. c_0 des O_2 u. der Konz. c zur Zeit t wird durch $\log c/c_0 = k \cdot t$ wiedergegeben. Die Aktivierungsenergie beträgt 8,5 kcal/Mol in 0,5n Na_2SO_4- u. 4,2 kcal/Mol in 0,5n NaCl-Lösung. Bereits kleine Cl^--Zusätze erhöhen stark den O_2-Verbrauch, da das Cl^--Ion den Schutzfilm rasch angreift. J. UHLMANN. 143□

Elektrochemische Untersuchung über die Passivität von Titan. 1. Mitt. Kathodische Polarisation und kathodische Korrosion von Titan in verdünnter Schwefelsäure. Rikuro Otsuka. (J. electrochem. Soc. Japan **26.** E191—E194. 1958. Tokyo, Inst. of Phys. and Chem. Res.) (Jap.; Auszug: Engl.)

An 99,6%ig. Ti erfolgten Polarisationsmessungen mit der galvanostat. u. potentiostat. Methode. Bei kathod. Polarisation mit potentiostat. Messungen wurden bei Konzz. von 2,5—5 Gew.-% H_2SO_4 zwei Potentiale E_R^p (passiv) u. E_R^a (akt.) bestimmt. In 5%ig. H_2SO_4 konnte bei 15—22° u. einer Vers.-Dauer von 5 Tagen bei beiden Potentialwerten eine Abnahme der Korrosions-Geschw. mit zunehmender Stromdichte festgestellt werden, u. zwar E_R^p von 6,2 auf 2 u. E_R^a 35,3 auf 8 (mg/dm$^2\cdot$Tag). Bestätigt werden konnte der Einfl. von TiH_4 auf die Polarisationskurve; denn die minimale Stromdichte, die zur Aktivierung erforderlich ist, nimmt bei Bldg. von TiH_4 um das 10fache zu.

J. UHLMANN. 143□

Über das Flade-Potential von passivem Nickel. Go Okamoto, Tetsuo Takaishi und Norio Sato. (J. electrochem. Soc. Japan **26.** E188—E190. 1958. Sapporo, Hokkaido Univ., Fac. of Engng., Dep. of Appl. Chem.) (Jap.; Auszug: Engl.) — Vgl. C. **1960.** 13605.

Auf der Grundlage der Theorie von BONHOEFFER u. unter Einbeziehung der freien Oberflächenenergie eines dünnen Oxidfilms wird das FLADE-Potential von passivem Ni behandelt. Gegenstand der Diskussion ist das ohne Berücksichtigung des Einfl. der Oberflächen erhaltene Ergebnis der BONHOEFFERschen Theorie, daß ein passiver Ni-Film weniger stabil als ein Fe-Oxidfilm ist. Der Wert der freien Oberflächenenergie ist ein wesentlicher Faktor bei der Best. des FLADE-Potentials des passiven Ni-Films, der aus NiO besteht; die Ggw. anderer Ni-Oxide wurde nicht bestätigt.

J. UHLMANN. 143□

A$_4$. Thermodynamik. Thermochemie

Bemerkungen zu der Buchdahlschen Darstellung der Thermodynamik. Louis A. Turner. (Amer. J. Physics **29.** 40—44. Jan. 1961. Argonne, Ill., Argonne Nat. Labor.) (Engl.) — Vgl. BUCHDAHL, C. **1959.** 11151.

Vf. weist nach, daß in der l. c. von BUCHDAHL gegebenen Darst. der Thermodynamik eine stillschweigende Erweiterung des zweiten CARATHEODORYschen Axioms enthalten ist. Wenn diese Erweiterung vorgenommen wird, ergibt sich der nullte Hauptsatz als Folge der übrigen grundlegenden Annahmen. Der BUCHDAHLsche Parameter s, die empir. Entropie eines Syst., ist ident. mit x_0, der Nichtdeformationskoordinate eines mit dem betrachteten Syst. in Beziehung stehenden einfachen Systems.

WOLFGANG WAGNER. 146□

Thermodynamische Überschußfunktionen für Elektrolytlösungen. Harold L. Friedman. (J. chem. Physics **32.** 1351—62. Mai 1960. Los Angeles, Calif., Univ. of Southern California, Dep. of Chem.) (Engl.)

Vf. entwickelt ein Syst. von Überschußfunktionen (ÜF) für Elektrolyt- u. andere Lsgg. mit einem im wesentlichen ungleichen Verhältnis von Lsgm. zu Gelöstem, berechnet weiterhin die ÜF für Elektrolyt-Lsgg. im Bereich des DEBYE-HÜCKELschen Grenzgesetzes u. stellt eine Beziehung der ÜF der GIBBSschen Freien Energie zur Clusterintegralsumme der MCMILLAN-MAYERschen Theorie der Lsgg. u. der MAYERschen Theorie von Ionen-Lsgg. her. Die neuen ÜF verschwinden bei Lsgg., deren prakt. osmot. Koeff. (molale Einheiten) bei allen Zus., Temp. u. Drücken 1 sind. Die Verw. der neuen Funktionen bietet einige Vorteile gegenüber anderen Meth., bei denen Ergebnisse aus der MAYERschen Theorie der Lsgg. mit experimentellen Werten verglichen werden, oder bei denen die Eigg. von Lsgg. einzelner u. gemischter Elektrolyte festgestellt werden, oder bei denen eine qual. Deutung der thermodynam. Eigg. auf der Grundlage der Eigg.

der Moll. erfolgt. Graph. Darst. der Abhängigkeit der Ionenstärke von der ÜF der Freien Energie, der Enthalpie u. der Vol. werden für wss. Lsgg. von *HCl, LiCl, $BaCl_2$ KF, LiBr, CsCl, HJ, NaOH, KCl, NaCl, KBr, NaBr* u. *NaJ* bis zu Konzz. von 6 m gegeben. Weiterhin werden die Werte des Cluster-Integrals berechnet. Die Konz.-Abhängigkeit dieser Funktion ist der der ÜF der Freien Energie sehr ähnlich.

J. KRAETSCH. 146☐

Einige physikalische Eigenschaften von komprimierten Gasen und Wechselwirkung der Moleküle. B. Vodar. (XVII. int. Kongr. reine angew. Chem., München **2.** 224—46. 1959, herausgeg. 1960. Bellevue, Seine-et-Oise, C.N.R.S., Labor. des Hautes Pressions.) (Franz.)

Vortrag über Transport-Eigg., spektroskop. Eigg. u. die Wechselwrkg. zwischen Molekülen. — 103 Literaturangaben. P. GOLINSKE. 148☐

Die thermische Ausdehnung von α-Uran-Einkristallen. Lowell T. Lloyd. (J. nuclear Mater. [Amsterdam] **3.** 67—71. Jan. 1961. Argonne, Ill., Nat. Labor.) (Engl.) — Vgl. C. **1961.** 9708.

Die therm. Ausdehnung von (orthorhomb.) α-U-Einkristallen wurde zwischen 25 u. 650° dilatometr. gemessen. Es wurden Gleichungen abgeleitet, die die Längenausdehnung in den drei Kristallachsen u. die Vol.-Ausdehnung als Temp.-Funktion darstellen. Die für die Ausdehnung in den [0 1 0]- u. [0 0 1]-Richtungen erhaltenen Werte stimmen mit den aus den Gitterparametern erhaltenen nicht überein. Die Unterschiede werden auf elast. Spannungen in den polykristallinen Proben zurückgeführt.

W. BETCKE. 148☐

Die Trennung von Isotopen durch Thermodiffusion. A. E. de Vries. (Chem. Weekbl. **57.** 221—24. 6/5. 1961. Amsterdam, Labor. voor Massaspektrografie.) (Holl.)

Temp.-Unterschiede in Gas- oder Fl.-Gemischen bewirken eine geringe Entmischung der Bestandteile. Die Art der (für Isotope ca. 1% betragenden) Entmischung u. die Art ihrer Verstärkung wird für bin. u. tern. Gemische erläutert. Die Anwendung der Thermodiffusion zur Alters-Best. mit ^{14}C wird an einem Beispiel gezeigt. — 12 Literaturhinweise (bis 1960). W. WESLY. 149☐

Thermodiffusion und molekulare Wechselwirkung in Gasen. F. van der Valk. (Chem. Weekbl. **57.** 233—40. 13/5. 1961. Amsterdam, Labor. voor Massaspektrografie.) (Holl.)

Übersicht über den Einfl. der mol. Eigg. auf die Thermodiffusion (TD) in Gasgemischen. Es wird gezeigt, wie die Transport-Koeff. aus der kinet. Gastheorie abgeleitet werden. Einige gebräuchliche Modelle für die mol. Wechselwrkg. u. mehrere theoret. Gleichungen für den TD-Faktor werden aufgeführt. An Hand von Beispielen werden die Einfl. von Konz., Temp. u. Massenunterschied auf den TD-Faktor gezeigt u. die theoret. u. prakt. gefundenen Werte miteinander verglichen, wobei Abweichungen auftreten, die erörtert werden. Die TD in tern. Gemischen wird besprochen. — 12 Literaturhinweise (bis 1960). W. WESLY. 149☐

Potentialparameter von Krypton. B. E. F. Fender. (J. chem. Physics **35.** 2243 bis 2245. Dez. 1961. Seattle, Wash., Univ., Dep. of Chem.) (Engl.) — Vgl. MASON, C. **1961.** 26.

Mit Hilfe der Potentialparameter behandelt Vf. die Diffusions-Koeff., therm. Leitfähigkeiten, Viscositäten u. die red. therm. Diffusionsfaktoren der Edelgase in Abhängigkeit von der Temp., bes. für Kr. G. RUBAN. 149☐

Intermolekulares Potential für Krypton. Edward A. Mason. (J. chem. Physics **35.** 2245. Dez. 1961. College Park, Md., Univ., Inst. for Mol. Phys.) (Engl.) — Vgl. vorst. Referat.

Im Hinblick auf die l. c. erörterten neueren Meßergebnisse an Kr diskutiert Vf. seine eigenen Resultate. G. RUBAN. 149☐

Das Isotop ^{3}He. István Kirschner. (Fizikai Szemle [Physik. Rdsch.] **11.** 172—80. Juni 1961. Budapest, Eötvös-Univ., Lehrstuhl für Atomphys.) (Ung.)

Übersicht: Eigg.; Vgl. des fl. He, der Supraleiter u. der Kernsubstanz.

J. PLANK. 149

Der Dämpfungseinfluß umgebender Gase auf einen longitudinal schwingenden Zylinder. M. T. Browne und J. R. Pattison. (Brit. J. appl. Physics **8.** 452—56. Nov. 1957. London, Imp. Coll. of Sci. and Technol., Dep. of Phys.) (Engl.)

Theoret. Unters. u. experimentelle Nachprüfung des Einfl. der äußeren Dämpfung auf einen in Richtung der Längsachse schwingenden zylindr. Stab. Möglicherweise läßt sich auf derartigen Dämpfungsmessungen mit geeigneten Vorr. eine Präzisions-Meth. zur Best. von Gasviscositäten aufbauen. Die mit einer provisor. App. bei einer Anzahl verschiedener Gase erhaltenen Viscositätswerte stehen in guter Übereinstimmung mit Literaturwerten. WOLFGANG WAGNER. 149☐

Thermodynamik der Systeme bei hohen und höchsten Drücken. I. R. Kritschewsky. (XVII. int. Kongr. reine angew. Chem. München **2.** 189—223. 1959, herausgeg. 1960. Moskau, Inst. für Stickstoffind.) (Dt.)

Vortrag über p–v–T-Daten, Löslichkeit von Gasen in Fll. unter Druck, von Fll. u. Festkörpern in komprimierten Gasen, begrenzte gegenseitige Löslichkeit von Gasen bei hohen Drücken u. Oberflächenspannung an der Grenze Fl./Gas bei hohen Drücken. — 54 Literaturangaben. P. GOLINSKE. 150□

Antoine-Dampfdruckgleichungen und Verdampfungswärmen von Dimethylzink, -cadmium und -quecksilber. L. H. Long und J. Cattanach. (J. inorg. nuclear Chem. **20.** 340—42. Dez. 1961. Univ. of Exeter, Chem. Dep.) (Engl.)

Aus ca. 50 bzw. ca. 30 Messungen an hochgereinigtem $Zn(CH_3)_2$ (I) bzw. $Hg(CH_3)_2$ (II) im Bereich 10—760 Torr werden ANTOINE-Dampfdruckgleichungen $\log p\,[\mathrm{Torr}] = A - B/(C + t)$ ermittelt (t = Temp. in °C). Die Meßwerte von ANDERSON u. TAYLOR (C. **1953.** 7755) liefern eine entsprechende Gleichung für $Cd(CH_3)_2$ (III). Im einzelnen wurden nachst. Werte für A, B, C, den korr. Kp., die Verdampfungswärme bei 25° in kcal/Mol u. die TROUTON-Konst. erhalten: **I** (10—760 Torr): 6,76271; 1009,3; 216; 44,0°; 7,058; 21,6; **II** (10—760): 7,01688; 1342,2; 232; 92,5°; 8,264; 21,3; **III** (2—760): 6,71742; 1165,0; 198; 105,7°; 9,528; 21,8. Die anomalen Werte von **III** beruhen eher auf erhöhten VAN DER WAALSschen Kräften als auf einer Assoziation.

A. BLASCHETTE. 150□

Spezifische Wärme von Natrium bei tiefen Temperaturen. Douglas L. Martin. (Physic. Rev. [2] **124.** 438—41. 15/10. 1961. Ottawa, Canada, Nat. Res. Council, Div. of Pure Phys.) (Engl.)

Von in ein Cu-Calorimeter gegossenen bzw. aus einem Block geschnittenen Na-Proben werden mit Hilfe eines ^{3}He-Kryostaten die spezif. Wärmen C zwischen 0,4 u. 1,5° K bestimmt. Die Meßwerte werden mit $C = (12\pi^4 R/5)(T/\Theta)^3 + \gamma T$ (Θ = DEBYE-Temp., γ = Koeff. der spezif. Elektronenwärme, R = Gas-Konst.) beschrieben. Unterhalb 35° K zeigt Na eine martensit. Umwandlung von der kub. raumzentrierten (a) in eine fehlgeordnete, hexagonal dichtgepackte Phase (b); die spontan verlaufende Umwandlung kann mit Hilfe einer geeigneten Wärmebehandlung (wiederholtes Erwärmen auf 80° K u. Abkühlen auf 0,4° K) weitgehend unterdrückt werden. Aus den Unterschieden von γ u. Θ für Proben mit u. ohne Wärmebehandlung folgt, daß γ für a wahrscheinlich etwas größer als für b ist; die Differenz ist mit 95%ig. Sicherheit $\leq 20\%$. Für eine Probe von gegossenem Na wird eine unbekannte Abweichung in γ beobachtet.

HERBERT MÜLLER. 151□

Spezifische Wärmen einiger supraleitender, kubischer Titan–Molybdän-Legierungen zwischen 1,1 und 4,3° K. R. R. Hake. (Physic. Rev. [2] **123.** 1986—94. 15/9. 1961. Canoga Park, Calif., Atomics Internat.) (Engl.)

Mit einem He-Kryostaten werden die spezif. Wärmen C von kub. raumzentrierten Ti–Mo-Legg. mit 0,0625—0,0860 Atom-% Mo zwischen 1,1 u. 4,3° K bestimmt. Die Temp. des Übergangs in den supraleitenden Zustand T_c liegt zwischen 2,04 u. 3,09° K u. folgt $d \ln T_c/df = +16{,}7$ (f = Atombruch Mo). Oberhalb T_c wird C mit $C = \gamma T + \beta T^3$ (γT elektron. u. βT^3 Gitterbeitrag zu C) beschrieben. Für eine mittlere Mo-Konz. (f = 0,0742) ist $\gamma = 5{,}45$ mJoule/Mol Grad², $d \ln \gamma/df = +7{,}7$ u. $\Theta_D = (1{,}944/\beta)^{1/3} \cdot 10^2 = 337°$ K, $d \ln \Theta_D/df = -6{,}2$ (Θ_D = DEBYE-Temp.) u., da im allg. $\gamma \sim N(E_F)$ (Energiedichte der Elektronenzustände bei der FERMI-Energie), $d \ln N(E_F)/df = +7{,}7$. Im supraleitenden Zustand $1{,}3 < T_c/T < 2{,}6$ wird der elektron. Beitrag der spezif. Wärme mit $C_{es}/\gamma T_c = a \exp(-b\,T_c/T)$ (a = 10,5, b = 1,52) beschrieben. Wird der Parameter der Elektronen–Elektronen-Wechselwrkg. A der Theorie der Supraleitung von BARDEEN, COOPER u. SCHRIEFFER (C. **1958.** 5576) in Abhängigkeit von den relativen Änderungen von T_c, Θ_D u. $N(E_F)$ betrachtet, so zeigt sich, daß die Beziehung $d \ln A/df = -3{,}0$ erfüllt ist. HERBERT MÜLLER. 151□

Bildungswärmen von γ-Eisen–Nickel-Legierungen bei 850° C. Walter Steiner und Otto Krisement. (Arch. Eisenhüttenwes. **32.** 701—07. Okt. 1961. Düsseldorf, MPI für Eisenforsch.) (Dt.)

Mit einem Zwillingscalorimeter wurden die Lsg.-Wärmen von Fe–Ni-Legg. bei 850° in fl. Sn gemessen; auch die Umwandlungswärmen des reinen Fe wurden neu ermittelt. Aus den Meßwerten wurden die Bldg.-Wärmen $\Delta H^B_{Leg.}$ der γ-Fe–Ni-Legg. abgeleitet. Das Verh. der γ-Legg. weicht deutlich von dem Verh. einer regulären Lsg. ab. Die Bldg.-Wärmen verlaufen nicht symm. zum Ni-Geh. x, sind negativ u. haben einen Tiefstwert bei x = 0,65. Die negative Bldg.-Wärme bedingt die bekannten Überstrukturen $FeNi_3$ u. $FeNi$. Will man den Verlauf der Bldg.-Wärmen trotz der Abweichungen in erster Näherung durch das Verh. einer regulären Lsg. darstellen, so ergibt sich: $\Delta H^B_{Leg.} \sim$

— 3900 x (1 — x) cal/Mol. Der Verlauf der Phasengrenzen des α- u. γ-Gebietes würde eine Berechnung der Bldg.-Wärmen erlauben, wenn die Mischkristalle sich wie reguläre Lsgg. verhielten. Hier führt die Annahme einer regulären Lsg. zu Widersprüchen mit den Meßwerten. Auch fehlt die zahlenmäßige Übereinstimmung bei Anwendung der Theorie auf die Überstruktur $FeNi_3$. H. HOCHSTEIN. 156 □

Zur Calorimetrie und Thermodynamik der Eisen-Kupfer-Legierungen. Willy Oelsen, Eberhard Schürmann und Clemens Florin. (Arch. Eisenhüttenwes. **32.** 719—28. Okt. 1961. Clausthal, Bergakad., Inst. für Eisenhüttenkunde u. Gießereiwesen.) (Dt.)

Zur Ermittlung des Verlaufs der Soliduslinie des γ-Mischkristalls im Fe-Cu-Zustandsschaubild wird eine auf Wärmeinhaltsmessungen aufbauende therm. u. thermodynam. Auswertung über die energet. Größen im Schmelzfluß der Legg. u. die in ihnen herrschenden Aktivitäten des Fe u. Cu durchgeführt, wobei sich zeigt, daß der Cu-Geh. der Soliduslinie des γ-Mischkristalls von einer extrapolierten Schmelz-Temp. bei 1515° ausgehend zunächst sehr schnell bis auf einen Höchstwert von 16,5 Gew.-% Cu bei 1390° ansteigt, um bei tieferer Temp. rückläufig auf den Wert von 8 Gew.-% Cu bei 1094° abzufallen. Die Mischungswärmen für eine Temp. von 1600° weisen bei einer Konz. von 47 Mol-% Cu einen Höchstwert von 2260 cal/Grammatom auf. Der Verlauf der Aktivitäten bestätigt die Neigung zur Entmischung im Schmelzfluß der Legierungen. H. HOCHSTEIN. 156 □

Wärmetransport unter Ionenströmen. R. G. Edkie, R. D. Rao und D. V. Gogate. (J. sci. ind. Res. [New Delhi], Sect. B **20 B.** 548—49. Nov. 1961. Baroda, Univ. of Baroda, Phys. Dep.) (Engl.)

Ein Pt-Draht wird axial in ein zylindr. Messinggefäß gespannt u. der Wärmeübergang zwischen dem elektr. geheizten Draht u. W. untersucht, wenn gleichzeitig das W. zwischen Draht u. Messingzylinder elektrolyt. zersetzt wird. Mit steigendem Elektrolysestrom steigt der Wärmeübergang zunächst an, um dann stark auf einen kleinen konst. Wert abzufallen. Der Anstieg ist auf die Bldg. von lokalisierten Gasblasen zurückzuführen, die bis zu einer krit. Stromstärke den Wärmetransport infolge von Konvektion fördern. Mit der Bldg. eines kontinuierlichen Gasfilms auf dem Draht fällt der Wärmetransport stark ab, da jetzt Wärmeleitung durch den Gasfilm erfolgt. HERBERT MÜLLER. 158 □

Eine Abschätzung des Einflusses der Bestrahlung auf die thermische Leitfähigkeit von Beryllium. G. J. Dienes und A. C. Damask. (J. nuclear Mater. [Amsterdam] **3.** 16—20. Jan. 1961. Los Alamos, N.Mex., Univ. of California, Los Alamos Sci. Labor.) (Engl.)

Die therm. Leitfähigkeit u. der elektr. Widerstand von Be bei niedrigen Temp. werden untersucht. Aus vorliegenden Daten über den Einfl. einer Reaktorbestrahlung auf den elektr. Widerstand von Be wird die Größe des Einfl. der Bestrahlung auf die Wärmeleitfähigkeit (λ) bei niedrigen Temp. vorausgesagt. Die Überlegungen zeigen, daß eine Bestrahlungsdodis von 10^{19} nvt den λ-Wert von Be um ca. 0,04 W/cm · °K bei 20—30° K herabsetzen muß. Der Reinheitsgrad des Be sollte für den Grad der Beeinflussung nicht maßgebend sein. Erwärmung auf 250° müßte den Effekt vollständig rückgängig machen. W. BETCKE. 158 □

Übersicht über die grundlegenden Methoden der Messung der Stärke von Ultraschallwellen in Flüssigkeiten. Jerzy Zieniuk. (Postępy Fizyki **10.** 685—97. 1959. Warszawa, Inst. Chem. ogóln.) (Pol.)

Überblick über den Stand der Technik. — 39 Literaturangaben. R. K. MÜLLER. 159 □

Untersuchung eines Ultraschallfeldes in einer Flüssigkeit. Bernadette Labory und Gaston Laville. (C. R. hebd. Séances Acad. Sci. **245.** 1401—03. 21/10. 1957.) (Franz.)

Nach der Meth. von FOX u. ROCK [1938] wurde das Ultraschallfeld in einem mit W. gefüllten Gefäß mit adsorbierenden Wänden untersucht. Die Ergebnisse werden mit der Formel von BORN für die relative Intensität auf der Achse des Ultraschallbündels verglichen. J.-M. SPAETH. 159 □

Eine vergleichende Untersuchung der Ultraschallabsorption in $MnSO_4$- und $MgSO_4$-Lösungen. G. S. Verma und S. K. Kor. (Proc. physic. Soc. **72.** 81—87. 1/7. 1958. Allahabad, India, Univ. of Allahabad, Dep. of Phys.) (Engl.)

Im Frequenzbereich 1—6 MHz wurden Ultraschallmessungen im 0,0025—1 m $MnSO_4$- u. $MgSO_4$-Lsgg. durchgeführt. Das Konz.-Verh. der Absorption u. die Relaxationsfrequenz bei $MgSO_4$ wurden mit älteren Ergebnissen verglichen. Der Einfl. der DK u. der Temp. auf die Absorption sowie die Werte für die Relaxationsfrequenz u. die Rk.-Konst. stützen die Dissoziationshypothese: $MnSO_4 + H_2O \rightleftharpoons [Mn(H_2O)]^{2+} + SO_4^{2-}$. W. BETCKE. 159 □

Anmerkungen und Hinweise zur Messung von Elastizitätsmoduln mit Hilfe von Ultraschallwellen. H. J. McSkimin. (J. acoust. Soc. America **33.** 606—15. Mai 1961. Murray Hill, N.J., Bell Telephone Labor., Inc.) (Engl.) — Vgl. C. **1961.** 11240.

Nach einer kurzen Darst. der mathemat. Behandlung der Fortpflanzung von Ultraschallwellen in homogenen Medien sowie ihrer Reflexion u. Resonanz wird eine Übersicht über die Hoch- u. Niederfrequenz-Meßtechniken gegeben, die für die Best. der Elastizitätsmoduln von Festkörpern von Bedeutung sind. — 111 Literaturangaben (bis 1961). W. BETCKE. 159 □

A_5. Kolloidchemie. Grenzschichtforschung

Die Bildung von Micellen mit gemischten Gegenionen. J. M. Corkill und J. F. Goodman. (Trans. Faraday Soc. **58.** 206—14. Jan. 1962. Newcastle-upon-Tyne, Hedley & Co. Ltd., Bas. Res. Dep.) (Engl.)

Mit Hilfe von EMK- u. Leitfähigkeitsmessungen an *Ag*- u. *Ca-Dodecylsulfat*-Lsgg., rein oder in Mischung mit $Ca(NO_3)_2$, $CaCl_2$ bzw. $NaNO_3$, wird gezeigt, daß in diesen Syst. Micellen mit gemischten Gegenionschichten existieren. Im Na–Ag-Syst. findet ein einfacher Ionenaustausch an der Micellenoberfläche statt. In den Ca^{2+}-haltigen Syst. sind die Verhältnisse dagegen komplexer Natur; in Abhängigkeit von der relativen Ionen-Konz. treten zwei verschiedene Micellenarten auf, von denen die eine hauptsächlich Ca-, die andere *Na*-Gegenionen enthält. Die Ergebnisse werden ausführlich diskutiert. W. BETCKE. 161 □

Über die Schutz- und stabilisierende Wirkung des Orthoeisen(III)-hydroxid-Hydrosols in einem Mischsol von Eisen(III)-hydroxiden. A. Krause, M. Bełżyńska und W. Jagodzińska. (Roczniki Chem. [Ann. Soc. chim. Polonorum] **32.** 1397—1403. 1958. Poznań, Uniw. A. Mickiewicza, Zakł. Chem. nieorgan.) (Pol.; Auszug: Dt.)

Ortho-$Fe(OH)_3$ (**I**)-Sol wirkt als Schutz-Koll. in koll. γ-FeOOH (**II**)-Solen. Die Wrkg. wird bei einem Gew.-Verhältnis **I**:**II** = 0,5 sichtbar. Ebenso wird die Sedimentation der koll. Teilchen des **II**-Sols beim Altern durch **I**-Sol verlangsamt. F. URBAN. 162 □

Über die Koagulation hydrophiler und hydrophober Hydrosole von Eisen(III)-hydroxiden. A. Krause und M. Bełżyńska. (Roczniki Chem. [Ann. Soc. chim. Polonorum] **32.** 1385—87. 1958. Poznań, Uniw. A. Mickiewicza, Zakł. Chem. nieorgan.) (Pol.; Auszug: Dt.)

Durch Peptisierung in 0,01n Essigsäure bei 20° wurden die Ortho-$Fe(OH)_3$ (**I**)-, γ-FeOOH (**II**)- u. α-$(Fe_2O_3 \cdot H_2O)_n$ (**III**)-Gele in Sole übergeführt. Die Peptisierung des röntgenamorphen **I**-Gels verläuft langsam, das gebildete Sol ist aber hydrophil u. sehr beständig. **II**- u. **III**-Gel werden schneller peptisiert, die Sole sind aber hydrophob, trüb u. unbeständig. Ähnlich der Peptisierung verläuft die Koagulierung des **I**-Sols am schwersten, die der **II**- u. **III**-Sole leichter. Die koagulierende Wrkg. von Anionen nimmt in der Reihenfolge $Cl^- < [SO_4]^{2-} <$ Citrat zu. Bei Zusatz von Citrat in 0,001m Konz. folgt der Koagulierung sofort wieder die Peptisierung. Die schnelle Umkehrung der Wrkg. hängt mit einer Umladung der zunächst positiv geladenen koll. Phase u. der Bldg. von Fe(III)-Citratkomplexen zusammen. F. URBAN. 163 □

Messung des mittleren äquivalenten Durchmessers einiger Pulver nach den Luftdurchlässigkeiten der Schicht. U. Z. Andress. (Заводская Лаборатория [Betriebs-Lab.] **25.** 1399—1400. 1959. Inst. für brennbare Bodenschätze der Akad. der Wiss. der UdSSR.) (Russ.)

Die auf der Grundlage der CARMAN-Gleichung durchgeführte Best. des mittleren äquivalenten Durchmessers (MD) ist für wenig elast. Substanzen sowie für anisodimensionale Pulver nicht anwendbar. So kann die Meth. zur Best. des MD von Magnetit-, Ferrosilicium- u. Barytpulver angewandt werden, nicht aber bei Graphit-, Talk- u. Asbestpulver. S. BARYSCHNIKOW. 175

Adsorption von Cyanidionen durch Silber in flüssigem Medium. Françoise Cabané-Brouty und Jacques Oudar. (C. R. hebd. Séances Acad. Sci. **254.** 471—73. 15/1. 1962. Paris, Labor. de Chim. min., E.N.S.C.P.) (Franz.)

Vff. untersuchen den Bldg.-Mechanismus u. die Stabilität der Oberflächen-Verb., die beim Eintauchen eines metall. Ag-Blattes in ein CN^--Bad entsteht. Die Verss. werden mit ^{14}C durchgeführt. Auf der Oberfläche haftende Spuren von CN^- können durch eine Behandlung mit H_2 bei 300° entfernt werden. A. DE MONTIGNY. 176

Die Koeffizienten der Selbstdiffusion der Anionen und der Kationen in einer Membran eines Kationaustauscherharzes. P. Meares. (J. Chim. physique Physico-Chim. biol. **55.** 273. April 1958. Aberdeen, Univ., Labor. de Chim.) (Franz.)

Unter Verw. von ^{24}Na($^{24}NaCl$) u. ^{36}Cl($H^{36}Cl$) bestimmte Vf. die Koeff. der Selbstdiffusion der Na- u. Cl-Ionen in dem Kationenaustauscher ZEO KARB 315 (Typ der Phenolsulfonsäure). Der für die Cl-Ionen erhaltene Wert des Diffusions-Koeff. stimmte genau mit dem Wert überein, der sich theoret. aus dem Vol.-Anteil der Lsg. in der Membran u. dem Diffusions-Koeff. in der freien wss. Lsg. errechnete. Der scheinbare Diffusions-Koeff. der Na-Ionen hing sehr stark von der Konz. der äußeren Lsg. ab; er nahm von einem sehr niedrigen Wert in einer 0,01 n Lsg. bis zu einem konst., nahezu theoret. Wert oberhalb 0,1 n Lsgg. zu. C. GOTTFRIED. 177

Reflexionsspektren und magnetische Momente von an Dowex-2-Anionenaustauscherharz adsorbierten Kobalt- und Nickelhalogenidkomplexionen. Teuvo Nortia. (Suomen Kemistilethi B **34.** 172—74. 1961. Oulu, Finnland, Univ., Dep. of Chem.) (Engl.)

$CoCl_4^{2-}$, $NiCl_4^{2-}$, $CoBr_4^{2-}$, $NiBr_4^{2-}$, CoJ_4^{2-}, NiJ_4^{2-} werden aus alkohol. Lsg. mit Dowex-2-Anionenaustauscherharz adsorbiert. Die gemessenen Reflexionsspektren u. magnet. Momente der komplexen Verbb. im Harz sind denen für die Tetrahalogenide sehr ähnlich. Die Menge des im Harz adsorbierten Metalls beläuft sich für $CoCl_4^{2-}$ auf 100% der Harzkapazität, während für alle anderen Komplexe der Metall-Geh. niedriger war. Eindeutige Schlüsse über die Art der adsorbierten Komplexionen lassen sich nicht ziehen, dagegen ist bei bekannten Komplexionen die Meth. für die Best. der magnet. Susceptibilität bei tiefen Temp. brauchbar, da sie ausreichende Verdünnung erlaubt. Reflexionsspektren u. magnet. Momente der adsorbierten Komplexe bei Zimmer-Temp. werden angegeben. HANSJOACHIM THIELE. 177□

Zersetzung von Disilan. — Trennung von Silan/Disilan-Gemischen durch Gaschromatographie. L. R. Harper, S. Yolles und H. C. Miller. (J. inorg. nuclear Chem. **21.** 294—96. Dez. 1961. Wilmington, Del., E. I. du Pont de Nemours & Co., Central Res. Dep.) (Engl.)

Massenspektrometr., gaschromatograph. Analysen u. IR-Spektren zeigen, daß das durch Red. von Si_2Cl_6 mit $LiAlH_4$ dargestellte Si_2H_6 auch nach mehrmaliger Dest. noch Chlorsilane u. SiH_4 enthält. SiH_4 kann von Si_2H_6 im präparaviven Maßstab durch Gaschromatographie (12 ft·0,75 in. mit Silicagel gefüllte Kupfersäule, 75°, 1500 ml He/Min.) getrennt werden. Vff. zeigen, daß gaschromatograph. gereinigtes Disilan sich langsamer zersetzt als verunreinigtes. Die Ergebnisse werden tabellar. mitgeteilt.

H. KUCKERTZ. 177□

A₆. Strukturforschung

Die Friedelsche Regel im Lichte der dynamischen Interferenztheorie. H. Niehrs. (Z. Physik **140.** 106—118. 1955. Berlin, MPG, Fritz-Haber-Inst.) (Dt.)

Beschränkung des Geltungsbereichs der FRIEDELschen Regel auch für nichtabsorbierende Kristalle auf bestimmte Bereiche der Einstrahlrichtung (Einfachinterferenz u. Auftreten nur zwei reeller Wellenfelder im Kristall). CH. WEISKE. 181□

Die chemische Bindung in der Quantenmechanik der Moleküle. Thomas L. Allen und Harrison Shull. (J. chem. Physics **35.** 1644—51. Nov. 1961. Bloomington, Ind., Indiana Univ., Chem. Dep.) (Engl.)

Es wird postuliert, daß eine auf geeignete Weise antisymmetrisierte Prod.-Funktion über „geminals" (Elektronenpaar-Wellenfunktionen) zur Diskussion der hauptsächlichen chem. Eigg. eines Mol. ausreicht. Mit Hilfe des Virialtheorems wird gezeigt, daß eine derartige Wellenfunktion die beiden Bedingungen erfüllt, die für den Begriff der Bindungsenergie notwendig sind: 1. die Energie eines Mol. ist gleich der Summe der Einzelenergien seiner Bindungen; 2. die Bindungsenergien sind von einem Mol. zum anderen invariant. Im Rahmen dieser Näherungen werden die Bindungsenergien in der Größenordnung ident. mit den kinet. Energien, die zu den entsprechenden „geminals" gehören. Die dargelegte Theorie vermag lokalisierte u. nichtlokalisierte Bindungen, einsame Elektronenpaare, ungepaarte Elektronen u. Zustände unterschiedlicher Multiplizität zu erfassen. A. BLASCHETTE. 182□

Voraussage von Kernabständen und Kraftkonstanten zweiatomiger Moleküle. R. R. Getty und J. C. Polanyi. (Trans. Faraday Soc. **57.** 2099—2103. Dez. 1961. Toronto, Univ. of Toronto, Dep. of Chem.) (Engl.)

Die Kernabstände r_e u. Kraft-Konst. k nachst. Moll. werden nach einer Meth. berechnet, in der keine angleichbaren Parameter auftreten: H_2, HF, OH, NH, N_2, NO, O_2, HCl, F_2, LiH, HgH, NaH, Cl_2, $HgCl$, KH, $NaCl$, Li_2, KCl, Na_2, K_2, NaK, ClO. Es wird dabei von der Annahme ausgegangen, daß die Ladungsverteilung im Mol. durch Überlagerung der HARTREEschen Ladungsverteilungen der „Bindungselektronen" in den Atomen erhalten werden kann. r_e u. k lassen sich sodann durch Anwendung des

HELLMANN-FEYNMANN-Theorems berechnen. Die erhaltenen Relativwerte von r_e u. die Relativ- u. Absolutwerte von k stimmen gut mit experimentellen Daten überein.

A. BLASCHETTE. 182□

Über die reduzierte Potentialenergiefunktion von Frost und Musulin. Yatendra Pal Varshni und Ramesh Chandra Shukla. (J. physic. Chem. **65.** 2224—26. Dez. 1961. Allahabad, Univ., Dep. of Phys.) (Engl.)

Aus der von FROST u. MUSULIN (C. **1955.** 530) mitgeteilten red. Potentialfunktion für zweiatomige Moll. werden mit Hilfe der Meth. von VARSHNI (C. **1961.** 3584) die Schwingung–Rotation–Wechselwrkg.-Konst. α_e u. die Anharmonizitäts-Konst. $\omega_e x_e$ für nachst. Moll. berechnet u. mit den beobachteten Werten verglichen: H_2^+, H_2, CH, OH, HCl, HCl^+, KH, ZnH, HBr, CdH, HJ, HgH, Li_2, O_2, O_2^+, ClF, Na_2, P_2, Cl_2, K_2, Br_2, JCl, J_2. Die Ergebnisse werden im Hinblick auf die Existenz einer „universalen" Potentialkurve diskutiert.

A. BLASCHETTE. 182□

Kubooktaedrische Bindung. Jack R. Canon und George H. Duffey. (J. chem. Physics **35.** 1657—60. Nov. 1961. Brookings, S. Dak., South Dakota State Coll., Phys. Dep.) (Engl.)

Vff. betrachten die Mol.-Orbitals für die 12 Atome in den Ecken eines Oktaederwürfels der Symmetrie O_h u. die Bindung zwischen einem Zentralatom u. 12 Liganden der Symmetrie O_h. In den Funktionen für die Parameter der Energiezustände werden auch von LIPSCOMB u. BRITTON (C. **1962.** 8891) vernachlässigte Ausdrücke benutzt. Für die angegebene Koordination der 12 Liganden um ein Zentralatom werden die gerichteten Orbitals angegeben u. die Bindungsstärken nach PAULING berechnet.

HERBERT MÜLLER. 182□

Berechnung der Ionisierungsenergie der Alkalimetalle sowie der Elektroaffinität der Halogene vermittels der Ionenradien. Ernst Kordes. (Z. Elektrochem., Ber. Bunsenges. physik. Chem. **65.** 908—10. Dez. 1961. Bonn, Univ., Chem. Inst.) (Dt.)

Für sämtliche Alkalihalogenide, bei denen beide Ionen acht äußere Elektronen besitzen, gilt $J/E = \sqrt{(r^-/r^+)}$ mit J = Ionisierungsenergie des Alkalimetalls, E = Elektronenaffinität des Halogens, r^+ bzw. r^- = Ionenradius des Kations bzw. Anions. Hieraus folgen die Gleichungen $J = c \cdot \sqrt{1/r^+}$ u. $E = c \cdot \sqrt{1/r^-}$ mit c = 5,0 für r in Å u. J bzw. E in eV. Ferner gilt für zwei verschiedene Elemente A u. B: $E_B = E_A \sqrt{r_A^-/r_B^-}$ u. $J_B = J_A \sqrt{r_A^+/r_B^+}$. Möglicherweise gilt die letzte Gleichung auch für Mg, Ca, Sr u. Ba. Die numer. Berechnungen für Alkalihalogenide zeigen die gute Gültigkeit der vorst. Beziehungen.

A. BLASCHETTE. 182□

Die Struktur geschmolzener Salze in der Nähe ihres Schmelzpunktes. Kazuo Furukawa. (Discuss. Faraday Soc. Nr. **32.** 53—62. 1961. Sendai, Japan, Tohoku Univ., Res. Inst. for Iron, Steel and Other Metals.) (Engl.)

Vf. diskutiert an Hand von Daten aus der Literatur die Struktur geschmolzener Alkalihalogenide, -nitrate u. -nitrite als einfaches Beispiel für Zweikomponenten-Ionen-Flüssigkeiten. Die aus Röntgen- u. Neutronenbeugungs-Unterss. erhaltenen Daten werden zunächst mit anderen physikal. Eigg., wie Dichte u. Transporterscheinungen, verglichen. Die Alkalihalogenide haben danach eine typ. Ionen-Fl.-Struktur im Sinne von BERNAL. Die Struktur im geschmolzenen Zustand hängt stark von dem Radienverhältnis von Kation u. Anion sowie von der Elektronenpolarisation der Ionen ab. Die geschmolzenen Nitrate u. Nitrite der Alkalimetalle enthalten dagegen im Sinne von UBBELOHDE statist. assoziierte Ionengruppierungen. Zur weiteren Diskussion schlägt Vf. ein Modell einer idealisierten ion. Fl. vor.

G. M. NEUMANN. 186□

Kinetische Theorie von idealen ionischen Schmelzen. Stuart A. Rice. (Trans. Faraday Soc. **58.** 499—510. März 1962. Cambridge, Univ., Dep. of Theoret. Chem.) (Engl.)

Vf. untersucht die kinet. Theorie geschmolzener Salze vom Standpunkt der Modellvorstellungen von RICE u. ALLNATT sowie RICE u. KIRKWOOD. In einer idealen ion. Schmelze wird das zwischenion. Paarpotential als die Summe dreier Terme definiert: einer COULOMBschen Anziehung oder Abstoßung, einer VAN DER WAALSschen Wechselwrkg. u. einer Kernabstoßung. Es zeigt sich, daß das COULOMB-Potential nur eine geringe Streuung der Energien hervorruft u. daher die Transport-Eigg. der Schmelze zum größten Teil durch Nachwrkg.-Kräfte bestimmt werden. Danach ist ein Vgl. der Eigg. von fl. Ar u. geschmolzenem KCl möglich. Vf. berechnet schließlich die Selbstdiffusions-Konst., die Viscosität u. die therm. Leitfähigkeit einer idealen ion. Schmelze wie KCl, die sich in guter Übereinstimmung mit dem Experiment befinden.

G. M. NEUMANN. 186□

Hochtemperatur-Röntgenbeugungs-Untersuchungen an geschmolzenen Salzen. Die Struktur geschmolzener Alkalicarbonate und -sulfate. Zerzy Zarzycki. (Discuss.

Faraday Soc. Nr. **32.** 38—48. 1961. Paris, Comp. de Saint-Gobain, Centre de Rech.) (Engl.)

Es wurde die Struktur folgender Salze untersucht: Li_2CO_3 (750°), $LiSO_4$ (900°), Na_2CO_3 (900°), Na_2SO_4 (1000°), K_2CO_3 (900°) u. K_2SO_4 (1000°). Die Analyse der radikalen Verteilungskurven, die aus den Beugungsspektren erhalten werden, weist auf die Ggw. von CO_3^{2-} u. SO_4^{2-}-Ionen im fl. Zustand hin. Vf. entwickelt ein einfaches Modell der fl. Schmelze, um die Kationenverteilung um das Anion zu erklären. Es zeigt sich, daß die Kationen beim Übergang von Li zum K mittlere Lagen einnehmen, die sich in steigendem Maße dichter an den Ecken der Anionenkomplexe befinden, d. h. die freie Beweglichkeit der Anionen in bezug auf Rotationsbewegungen nimmt vom Li zum K zu. G. M. NEUMANN. 186□

Dotierung von Silicium mit Arsen(III)-chlorid-Dampf. E. J. Mehalchick und P. K. Marshall. (J. electrochem. Soc. **109.** 267—69. März 1962. Towanda, Pa., Sylvania Electr. Prod., Inc., Chem. and Metallurg. Div.) (Engl.)

Vff. beschreiben Meth. u. Vers.-App. zum Züchten von mit As dotierten Si-Kristallen einheitlichen Widerstandsprofils im Bereich von $1 \cdot 10^{-3}$ bis $5{,}0 \cdot 10^{-2}\ \Omega \cdot$cm. Es wird ein mit $AsCl_3$ beladener He-Strom in geschmolzenes Si eingeleitet; das neben Si-Halogeniden entstehende As wird im Si gelöst. Die Verdampfungs-Geschw. des As ist ausreichend niedrig, so daß beim anschließenden Ziehen des Kristalls As gleichmäßig verteilt vorliegt. Als konst. Vers.-Bedingungen werden genannt: Zieh-Geschw. 0,152 cm/min; Geschw. der Gasströmung 66 Liter/min; Tiegelbeschickung 150 g; Durchmesser der Kristalle 22—28 mm; Tiegeldrehung 6 U/min; Dauer t_E der $AsCl_3$-Einw. auf die Schmelze 45 Minuten. Der spezif. elektr. Widerstand der dotierten Kristalle läßt sich über die $AsCl_3$-Beschickungs-Geschw. u./oder t_E steuern. P. FRENZEL. 190□

Über den Wachstumsmechanismus von Diamantkristallen. W. W. Nardow. (Вестник Ленинградского Университета, Серия Геологии и Географии [Nachr. Leningrader Univ.] **13.** Nr. 18. [Ser. Geol. Geogr.] Nr. **3.** 88—90. 1958.) (Russ.; Auszug: Engl.)

Es wurde festgestellt, daß die Schichtung der auf Diamantoberflächen häufigen kegelförmigen Akzessorien parallel der Aufwachsungsfläche verläuft. Gewöhnlich sind die Akzessorien in Richtung der Längsdiagonalen der Rhombendodekaederflächen gestreckt. Man unterscheidet nach Größe u. Art der Streckung Block- u. Streifenstrukturen. H. NOACK. 190

Whiskerwachstum an Quarz. S. C. Abrahams und C. D. Stockbridge. (Nature [London] **193.** 670—71. 17/2. 1962. Murray Hills, N. J., Bell Telephone Labor.; Whippany, N.J.) (Engl.)

Vff. berichten über Röntgen-Unterss. von Whiskern an Quarz, die nach zwei verschiedenen Meth. erhalten wurden. Die an glasigem SiO_2 gewachsenen Whisker erwiesen sich als Cristobalit-Einkristalle (Hoch-Temp.-Form) mit einer (1 1 1)-Wachstumsachse ($a = 6{,}99 \pm 0{,}02$ Å). Der nach der hydrothermalen Meth. gewonnene Whisker bestand aus α-Quarz mit der c-Achse als Wachstumsachse ($a = 4{,}93 \pm 0{,}02$; $c = 5{,}41 \pm 0{,}02$ Å). G. M. NEUMANN. 190□

Natriumchloridwhisker. Gy. Turchányi, T. Horváth und I. Tarján. (Nature [London] **193.** 867—68. 3/3. 1962. Budapest, Inst. of Med. Phys.) (Engl.)

Vff. beschreiben 2 NaCl-Whisker, von denen einer die gleiche Biegung besitzt, wie sie bei *ZnS*-Whiskern (ROTH, C. **1954.** 10894) u. *Sn*-Kristallen (LEVY u. KAMMERER, C. **1957.** 1605) beobachtet wurden. Die gebogene Form wird vermutlich durch die einseitige Ablagerung von Verunreinigungen hervorgerufen. Der zweite Whisker entwickelt sich vermutlich aus einer Schraubenversetzung. P. SCHARNER. 190□

Röntgenuntersuchung der bevorzugten Orientierung in pyrolytischem Bornitrid. O. J. Guentert und R. L. Mozzi. (Nature [London] **193.** 570—71. 10/2. 1962. Waltham, Mass., Raytheon Co., Res. Div.) (Engl.)

Vff. untersuchen mit Hilfe von Röntgenaufnahmen (CuK_α-Strahlung) die bevorzugte Orientierung von bei 1400, 1800 u. > 2000° abgeschiedenem pyrolyt. Bornitrid. Die relativen Intensitäten I der Beugungslinien weisen auf eine Ausrichtung der Kristallitbasisflächen parallel zur Nd.-Oberfläche, die jedoch auf Grund der schwachen (10)- u. (11)-Linien der Rückstrahl-Aufnahmen u. der schwachen (0 0 l)-Linien der Durchstrahlungs-Aufnahmen bei weitem nicht vollständig sein dürfte. Quant. Unterss. an stabförmigen, aus den Ndd. geschnittenen Proben (Stabachse parallel zur Nd.-Oberfläche, bei der Messung senkrecht zur Beugungsebene) zeigen eindeutig, daß die bevorzugte Orientierung abhängig von der Abscheidungs-Temp. ist. Drückt man den Anteil der bevorzugten Orientierung durch das Verhältnis $I(0\,0\,2)_{max} : I(0\,0\,2)_{min}$ aus, so beträgt dieses

für den bei 1400° erhaltenen Nd. ca. **3** : 1, es steigt auf 20 : 1 (Nd. bei 1800°) u. **33** : 1 (Nd. bei > 2000°). Die Werte werden mit Ergebnissen an pyrolyt. Graphit verglichen.
P. Frenzel. 190□

Untersuchungen zur Brookit-Rutil-Umwandlung. S. R. Yoganarasimhan. (J. sci. ind. Res. [New Dehli], Sect. B **21.** 88—89. Febr. 1962. Bangalore, Indian Inst. of Sci., Dep. of Inorg. and Phys. Chem.) (Engl.) — Vgl. C. **1961.** 7137.

Vf. berichtet über den Einfl. der Teilchengröße u. der Kristallgröße auf die Brookit–Rutil-Umwandlung. Es zeigt sich, daß die kleineren Teilchen die Umwandlung begünstigen. Es erscheint wahrscheinlich, daß die durch den Zerkleinerungsprozeß gebildeten Fehl- u. Störstellen als Keim-Bldg.-Zentren wirken. Ferner wurde der Unterschied im Verh. von Brookit aus dem Kanton Uri u. aus Magnet Cove, Ark., bei der Umwandlung untersucht. Die Aktivierungsenergie der Umwandlung beträgt bei ersteren ca. 30 ± 10 kcal/Mol gegenüber 54 ± 10 kcal/Mol beim Magnet Cove-Brookit. Die niedrigen Aktivierungsenergie u. die größere Umwandlungs-Geschw. wird auf die größere Reinheit des Materials aus dem Kanton Uri zurückgeführt. G. M. Neumann. 190□

Nachweis für zwei neue Kristallformen des Natriumperoxids. R. L. Tallman und J. L. Margrave. (J. inorg. nuclear Chem. **21.** 40—44. Dez. 1961. Madison, Wis., Univ., Dep. of Chem.) (Engl.)

Die Röntgeninterferenzen von Na_2O_2 wurden bei 25—550° mit einem Zählrohrgoniometer bestimmt. Es ergibt sich, daß die bei niederen Temp. beständige Modifikation Na_2O_2 (I) bei 512 ± 1° in die bei höherer Temp. stabile Modifikation Na_2O_2 (II) übergeht. Der Umwandlungspunkt ließ sich durch therm. Analyse bestätigen. Aus den Röntgenreflexen ergab sich für **I** ein im wesentlichen isotroper, linearer Ausdehnungs-Koeff.: $(2{,}84 \pm 0{,}4)\cdot 10^{-5}$ $Grad^{-1}$ (15—460°). Wird geschmolzenes Na_2O_2 mit fl. Luft abgeschreckt, so kann aus den Röntgeninterferenzen bei Raum-Temp. auf eine dritte Modifikation des Na_2O_2 geschlossen werden. H. Kuckertz. 190□

Kontrolliertes chemisches Ätzen bei der Herstellung eines Halbleiterwürfels. P. J. A. McKeown. (J. electrochem. Soc. **109.** 269—70. März 1962. Footscray, Kent, Stand. Telephone & Cables Ltd., Transistor Div.) (Engl.)

Vf. untersucht die kontrollierte Abtragung an einem würfelförmigen, n-leitenden Ge-Einkristall (2,25 mm^2) mit {1 1 1}-Orientierung. Die Abtragung wird durch Oberflächenschäden, Ätzzeit u. -Temp. beeinflußt. In einem typ. HNO_3/HF-Ätzmittel beträgt die Lsg.-Wärme des Ge ca. 2000 cal/g. Gleichmäßige Ätz-Temp. unter Vermeidung lokaler Überhitzung wird durch Aufwirbeln der Proben in der Ätz-Lsg. mit einem mechan. Rührer sowie mit einem Wärmeaustausch- u. Erhitzer-Syst. erreicht. Durch das kombinierte Verf. erzielt man bei auf $^1/_4$ s genauen Ärzzeiten gleichmäßige Abtragung mit einer Streuung $< 0{,}3\,\mu$ u. einer Reproduzierbarkeit von $\pm\, 0{,}7\,\mu$. Die App. ist ebenfalls zur Best. von Ätz-Geschw. geeignet. Das Ätzdiagramm für {1 1 1}-Ge (Würfel mit 2 $\Omega\cdot$cm; Versetzungsdichte 5000/cm^2) bei 30° im Syst. HNO_3–HF–H_2O wird mitgeteilt. Die Aktivierungsenergie der Auflösungs-Rk. beträgt 14,5 kcal für die Lsg. mit 15 Mol.-% HF u. 40 kcal für Lsgg. mit dem Molverhältnis $HF/HNO_3 = 3$. Stärke des Würfels, spezif. elektr. Widerstand u. Versetzungsdichte beeinflussen in geringem Maße die Ätzgeschwindigkeit. Die bei Verw. von Ätzmitteln mit großer Ätzgeschw. beobachtete Bldg. von Ätzgrübchen an Versetzungen wird in der beschriebenen App. auf ein Minimum herabgesetzt. P. Frenzel. 190□

Ätzen von Fluorit. N. S. Pandya und J. R. Pandya. (Current Sci. **27.** 437. Nov. 1958. Baroda, M. S. Univ. of Baroda, Phys. Dep.) (Engl.)

Die (1 1 1)-Flächen von gut gereinigtem Fluorit wurden bei Zimmer-Temp. mehrmals mit H_2SO_4 geätzt, mit einer dünnen Ag-Schicht überzogen u. unter dem Mikroskop betrachtet. Im Anfangsstadium wurden zerstreute, dreieckige Ätzgruben beobachtet; später zeigte sich an manchen Stellen das bekannte Viereckmuster, wie es beim Diamant beschrieben worden ist. H. Pluskal. 190□

Elektrostatische Energien im Eis und die Bildung von Defekten. Norah V. Cohan, Marta Cotti, Julio V. Irabarne und Mariana Weissmann. (Trans. Faraday Soc. **58.** 490—98. März 1962. Buenos Aires, Univ., Fac. de Cie. Exactras y Nat.) (Engl.)

Vff. benutzten ein einfaches theoret. Modell für das H_2O-Mol., um die elektrostat. Energien im Eis zu berechnen. Die Energien der H-Bindung u. des Valenzdefektes wurden in guter Übereinstimmung mit dem Experiment erhalten. Ferner wurden unter Zugrundelegung desselben Modells die elektrostat. Berechnungen für ion. Defektstellen im Eisgitter durchgeführt u. die Hydratationsenergien berechnet. Der Einfl. der Orientierung der Moll. entlang einer Polarisationsachse wurde untersucht, aber innerhalb der Modellvorstellungen vernachlässigt. G. M. Neumann. 190□

Phosphornitridderivate. 9. Mitt. **Die Kristallstruktur von Oktamethylcyclotetraphosphornitrid.** Maryon W. Dougill. (J. chem. Soc. [London] **1961.** 5471—79. Dez. Leeds, Univ., Dep. of Inorg. and Struct. Chem.) (Engl.) — 8. vgl. C. **1962.** 12181.

Die Kristallstruktur von $[PN(CH_3)_2]_4$, F. 163°, wurde röntgenograph. (Cu–K_α-Strahlung) bei 140° K bestimmt: tetragonale Prismen, $a = b = 15{,}705 \pm 0{,}010$, $c = 6{,}425 \pm 0{,}005$ Å, D. (gemessen) 1,19, D. (röntgenograph.) 1,258, Z = 4, F(000) = 640, Raumgruppe C_{4h}^6—I 4_1/a, Mol.-Symmetrie $\bar{4}$. Die kristallograph. nicht äquivalenten P–N-Bindungslängen betragen nach einer dreidimensionalen anisotrop. Verfeinerung 1,591 u. 1,601 Å u. sind damit prakt. ident.; die P–C-Bindungslängen ergeben sich im Mittel zu 1,805 Å, die Ringwinkel zu NPN = 119° 48′ u. PNP = 131° 57′, die exocycl. CPC-Winkel zu 104°. Es treten keine Anzeichen für Wasserstoffbindungen auf (die intermol. C–N-Bindungslängen sind größer als 3,59 Å). A. BLASCHETTE. 195□

Zur Konstitution von $HgSO_4 \cdot 2\,HgO$. G. Nagorsen, S. Lyng, Alarich Weiss und Armin Weiss. (Angew. Chem. **74.** 119. 7/2. 1962. Darmstadt, TH, Eduard-Zintl-Inst.; Heidelberg, Univ., Chem. Inst.) (Dt.)

Nach röntgenograph. Unters. ist $HgSO_4 \cdot 2\,HgO$ als Quecksilberoxoniumsulfat aufzufassen. Die polymeren Oxoniumkationen $[Hg_3O_2]^{2+}$ bilden zweidimensional unendliche, leicht gewellte Schichten. In den Maschen der Kationennetze liegen die Sulfationen. Hg–O-Atomabstand ist 2,03 Å. Die Valenzwinkel Hg–O–Hg sind 180, 170 u. 170°. $HgSO_4 \cdot 2\,HgO$ krist. trigonal u. hat die Raumgruppe P 3_1 2 1—D_3^4 mit a = 7,03 u. c = 9,98 Å, D. röntgenograph. 8.52, D. pykn. 8,41, Z = 3. Die Atomlagen sind: 6 Hg in 6 c mit x = 0,307, y = 0,807, z = —0,019, 3 Hg in 3a mit x = 0,693, 6 O (Oxonium) in 6 c mit x = 0,474, y = 0,141, z = 0,000, 3 S in 3 a mit x = 0,220 6 O in 6 c mit x = 0,824, y = 0,977, z = 0,078, 6 O in 6 c mit x = 0,724, y = 0,597, z = 0,094. *$HgSeO_4 \cdot 2\,HgO$* (a = 7,12, c = 10,05 Å) ist mit $HgSO_4 \cdot 2\,HgO$ isotyp. CH. WEISKE. 195□

Kobalt(II)-oxid mit der Kristallstruktur des Zinkblende/Wurtzittyps. M. J. Redman und E. G. Steward. (Nature [London] **93.** 867. 3/3. 1962. London, Northampton Coll. of Advanc. Technol.) (Engl.)

Kobaltoxid CoO (I) vom Zinkblende/Wurtzit-Typ entsteht als dunkelgrüner Rückstand bei der therm. Zers. von wasserfreiem Co-Acetat (II), Co-Butyrat oder Co-Caprylat im Vakuum oder im N_2-Strom bei 280—320° neben metall. Co, C u. I vom NaCl-Typ. II gibt dabei die beste Ausbeute. Beim Mahlen des Rückstandes oder Erhitzen auf über 340° herrscht die Umwandlung in die Struktur vom NaCl-Typ vor, während nur eine geringe Umwandlung kub. → hexagonal wie beim ZnS beobachtet werden kann. Aus den vermutlich infolge der kleinen Kristallgröße diffusen Röntgenaufnahmen wurden die angenäherten Gitter-Konst. bestimmt: Wurtzit-Typ, hexagonal a_0 $3{,}2_1$ ((Å), c_0 $5{,}2_4$; Zinkblendetyp, kub. a_0 $4{,}5_5$. Daraus ergibt sich für den Co–O-Abstand $1{,}9_7$. Beim Vers., die neue Phase durch therm. Zers. von Co-Nitrat (III) u. Co-Carbonat (IV) bei ca. 300° herzustellen, ergab **III** Co_3O_4 u. **IV** olivgrünes **I** vom NaCl-Typ. Die Bldg. der neuen Struktur aus den Carboxylaten wird vermutlich durch gewisse Zers.-Prodd. stabilisiert.

P. SCHARNER. 195□

Über die Struktur des Kobalt(II)-hexacyanocobaltat(III). Alessandro Vaciago und Angelo Mugnoli. (Atti Accad. naz. Lincei, Rend., Cl. Sci. fisiche, mat. natur. [8] **25.** 531—37. Dez. 1958. Milano, Univ., Centro Studi di Chim. Metallurg. del CNR.) (Ital.)

Die Kristallstruktur von $Co^{II}{}_3[Co^{III}(CN)_6]_2$ wurde auf Grund von Pulveraufnahmen untersucht. Die Verb. krist. kub., a = 10,20 Å, Raumgruppe O_h^5—F m 3 m, Z = 2. Die Struktur ist den übrigen komplexen Cyaniden (z. B. $Fe^{II}{}_3[Fe^{III}(CN)_6]_2$) analog. Je 2 Co(II) u. 2 Co(III)-Atome pro Formeleinheit bilden ein Würfelgitter; die CN-Gruppen liegen auf den Würfelkanten, während das 3. Co(II)-Atom die Würfelmitten statist. besetzt. Nimmt man eine symm. Anordnung der CN-Gruppen auf den Würfelkanten an (Abstand Co—C = Co—N = 1,98; C—N = 1,14 Å), so zeigen die berechneten u. die beobachteten Intensitäten eine schlechte Übereinstimmung. Vff. schlagen daher eine asymm., „ion." Struktur vor, bei der sich deutlich Co^{2+}- u. $Co(CN)_6{}^{3-}$-Ionen unterscheiden lassen (Abstand Co(III)—C = 1,59; C—N = 1,16 Å), u. stellen diese Struktur auch für andere komplexe Cyanide zur Diskussion. HEINZ HESZ. 195□

Komplexe aus Chloriden zweiwertiger Metalle und Harnstoff. Mario Nardelli, Antonio Braibanti und Ines Chierici. (Gazz. chim. ital. **87.** 1226—31. Nov. 1957. Parma, Univ., Ist. di Chim. gen. ed inorg.) (Ital.)

Die Komplex-Verbb. $Co[OC(NH_2)_2]_4Cl_2$ (**I**), $Zn[OC(NH_2)_2]_2Cl_2$ (**II**), $Cd[OC(NH_2)_2]Cl_2$ (**III**), $Cd[OC(NH_2)_2]_2Cl_2$ (**IV**) u. $Hg[OC(NH_2)_2]Cl_2$ (**V**) wurden dargestellt u. z. T. röntgenograph. untersucht. Die Darst. von **I** erfolgte durch langsames Eindampfen einer aceton. Lsg. von Harnstoff u. wasserfreiem $CoCl_2$ im Verhältnis 5 : 1, die Darst. der übrigen Komplexe durch langsames Eindampfen wss. Lsgg. von Harnstoff u. Metallchlorid in den Verhältnissen 2 : 1 (**II**, **III**), 10 : 1 (**IV**) u. 5 : 1 (**V**). Bei **I** wichen die Analysenergebnisse etwas von der oben angegebenen Formel ab, weshalb diese nicht als gesichert angesehen werden darf. Da sich diese Verb. außerdem als stark hygroskop. erwies, wurde von einer röntgenograph. Unters. Abstand genommen. Für die anderen Komplexe werden folgende kristallograph. Daten angegeben: **II**: a = 6,85, b = 7,22, c = 11,63 (Å), α = 100,6°, β = 90,9°, γ = 126,8°, V = 447 (Å³), Z = 2, $D_{rönt.}$ = 1,904; **III**: a = 3,76, b = 8,15, c = 10,18, α = 102,3°, β = 102,7°, γ = 98,4°, V = 291, Z = 2, $D_{rönt.}$ = 2,78; **IV**: a = 9,13 ± 0,02, b = 12,90 ± 0,02, c = 3,72 ± 0,01, V = 437, Z = 2, $D_{ber.}$ = 2,30; **V**: a = 6,64, b = 8,44, c = 12,30, α = 117,0°, β = 96,4°, γ = 97,1°, V = 598, Z = 4, $D_{rönt.}$ = 3,67. HEINZ HESS. 195□

Die Struktur des Diharnstoffcadmiumchlorids. Mario Nardelli, Luigi Cavalca und Giovanna Fava. (Gazz. chim. ital. **87**. 1232—39. Nov. 1957.) (Ital.) — Vgl. vorst. Ref. u. C. **1959**. 13747.

Von $Cd[OC(NH_2)_2]_2Cl_2$ wurde eine Kristallstruktur-Unters. durchgeführt. Die wahrscheinlichste Raumgruppe ist D_{2h}. Aus FOURIER- u. Differenz-Synth. wurden die folgenden Atomparameter ermittelt: Cd: (x =) 0, (y =) 0, (z =) 0; Cl: 0,205, 0,012, 0,500; O: 0,988, 0,176, 0,933; C: 0,071, 0,248, 0,005; N_1: 0,202, 0,234, 0,183; N_2: 0.031, 0,334, 0,779. Jedes Cd-Atom ist von 4 Cl- u. 2 O-Atomen oktaedr. umgeben. Die einzelnen Oktaeder sind über gemeinsame Kanten zu Ketten verknüpft, welche parallel zur c-Achse angeordnet sind. Als Brückenatome fungieren die Cl-Atome. Die 4 in der Zelle enthaltenen Harnstoff-Moll. sind statist. auf die allg. 16zählige Punktlage der Raumgruppe D_{2h} verteilt. Die Abstände für Cd—O u. Cd—Cl betragen 2,28 bzw. 2,64 Å in guter Übereinstimmung mit bekannten Werten analoger Verbindungen. HEINZ HESS. 195□

Über die Isomorphie von ternären Oxiden mit dreiwertigem Chrom und Rhodium. E. F. Bertaut und J. Dulac. (Physics Chem. Solids **21**. 118—19. Okt. 1961. Grenoble, Inst. Fourier, Labor. d'Électrostat. et de Phys. du Métal.) (Franz.)

Durch Rkk. von Cr_2O_3 bzw. Rh_2O_3 mit Li_2CO_3 werden $LiCrO_2$ bzw. $LiRhO_2$ (Raumgruppe $R\bar{3}m—D^5_{3d}$), mit CuO $CuRhO_2$ (Raumgruppe $R\bar{3}m$) u. mit NiO, CuO bzw. CoO Rh_2NiO_4, Rh_2CuO_4 bzw. Rh_2CoO_4 (Spinell-Typ) hergestellt u. röntgenograph. untersucht. $LiCrO_2$ u. $LiRhO_2$ sind isomorph. mit $LiNiO_2$ u. enthalten M (Cr bzw. Rh) in oktaedr. Koordination; die Atomlagen sind für M in 3a (0, 0, 0), Li in 3b (0, 0, ½) u. O in 6c ± (0, 0, z) mit z ca. 0,25. $CuRhO_2$ ist mit $NaHF_2$ isomorph u. weist bei hexagonaler Indizierung die Atomlagen Cu in 3a (0, 0, 0), Rh in 3b (0, 0, ½) u. O in 6c ± (0, 0, z) mit z ca. ⅑ auf. In den Spinellen Rh_2NiO_4, Rh_2CuO_4 u. Rh_2CoO_4 nimmt Rh^{3+} normale Gitterplätze ein; die Verbb. zeigen Deformation der Elementarzelle auf Grund des JAHN-TELLER-Effekts. Die Elektronenstruktur in den Spinellen wird diskutiert. HERBERT MÜLLER. 195□

Legierungsbildung an der Oberfläche von III–V-Verbindungen. L. Bernstein. (J. electrochem. Soc. **109**. 270—72. März 1962. Long Island City, N.Y., Alloys Unltd., Inc.) (Engl.)

Vf. untersucht die Leg.-Bldg. an der Oberfläche von geätztem *InSb* (**I**), *InAs* (**II**), *InP*, *GaSb* (**III**), *GaAs* u. *GaP*. Für die *Au*-Legg. wird eine 0,2—0,5 mil starke Au-Plattierung, für die anderen Legg. eine 0,5—1,0 mil starke Folie oder Plattierung verwendet. *Au–Sn* bietet keinen Vorteil gegenüber reinem Au. Für *Au–Ge* wird keine Bldg. eines Eutektikums (Eut.), jedoch gute Bindung (B) beobachtet, die As-Verbb. zeigen Riß-Bldg. (R); *Au–Si*: kein Eut., geringe Löslichkeit (L) u. Eindringung (E), B gut; *Pb*: B gut, E u. L gering (meist ca. 5—10 μ) bis 300°; *Pb–Sn-Eut.*: keine R, kein Eut., E u. L höher als bei Pb, Zusatz von In oder Sb ohne Einfl. auf die Benetzungs-Eigg.; *Sn*: kein Eut., keine R, mit Ga-Zusatz gute Benetzung; *Ni*, *Cu*, *Ag*: Eut. bei 700—800° (Ni), 350—500° (Cu), 400—680° (Ag), mit Ni keine B mit **I** (<523°) u. **III** (<702°), keine R außer bei Cu-**III** beim Legieren <650°, wahrscheinlich Phasenumwandlung in eine duktilere Form; *Al* u. *Al/Si-Eut.*: mit Al B <650°, kein Eut., E u. L gering (Herst. von flachen Diffusionsübergängen), mit Al–Si keine B; *Cd* u. *In*: B bei 600—800°, kein Eut., E sehr flach ähnlich Al, mit Cd unterhalb seines F. möglicherweise einige Eutektika bei niedrigen Konzz. der III–V-Verbb.; bin. In-, Ag-, Sn-, Pb-, Cd- u. Au-Legg. (mit dem genannten Element als Hauptbestandteil): Möglichkeit zur Herst. von p—n-Übergängen; eine tern. Sn–Cd–Zn-Leg. ergibt mit Ge u. **II** einen doppelten Übergang (npn-Struktur). P. FRENZEL. 196□

Oxidfilme auf Aluminium. 1. Mitt. **Ionenleitung und Struktur.** Michael J. Dignam. (J. electrochem. Soc. **109**. 184—91. März 1962. Kingston, Ontario, Canada, Aluminum Labor. Ltd.) (Engl.)

Vf. untersucht durch Best. der anod. Polarisation in wss. 0,67m H_3BO_3 (pH 6, 30°) u. durch elektronenmkr. Beobachtungen (bei Durchstrahlung) die Film-Bldg. auf hochreinem Al u. den bin. Al-Legg. mit 0,19 (%) Ga; 0,01 oder 0,06 Fe; 0,24 oder 1,78 Si; 0,53 oder 2,20 Mn; 0,08, 0,19, 1,51 oder 6,0 Cu. Die Proben werden 1 Std. lang bei 543° im Vakuum getempert u. dann 1 Min. lang bei ca. 15° mit 17 V im $HClO_4$-Elektrolyten (1 Vol.-Teil 71%ig. $HClO_4$, 5 Teile wasserfreies CH_3OH) elektropoliert. Anschließend erfolgt Oxydation in trockenem O_2 bei 250, 350 u. 450°, anod. Oxydation im $NH_4 \cdot HCO_3$-Elektrolyten (40 g/Liter; 30°) oder anod. Oxydation mit anschließendem Anlassen bei höherer Temp. in He-Atmosphäre ($1^1/_2$ u. 5 Std. bei 250°; $^1/_2$ u. 5 Std. bei 450°). Zur Erklärung der Keim-Bldg. u. des Wachstums der γ-Al_2O_3-Kristallite während der Oxydation bei 450° u. des inhibierenden Einfl. von Cu u. bes. von Si nimmt Vf. an, daß die Ggw. der 0,001%ig. Mg-Verunreinigung für die Keim-Bldg. verantwortlich ist. Die Änderung der Ionenleitung erklärt Vf. eher durch die Abnahme der Zahl der Al-Ionen, die als Ladungsträger zur Verfügung stehen können, als durch eine Änderung der Aktivierungsenergie u. des Aktivierungsabstandes. Zwischen den angelassenen u. den in trockenem O_2 gebildeten „amorphen" Filmen kann keine Unterscheidung getroffen werden. Die Beobachtungen stimmen mit dem WILSDORFschen Modell der „amorphen" Oxidfilme mit unregelmäßig orientierten „mol." Einheiten überein. P. FRENZEL. 196□

Oxidfilme auf Aluminium. 2. Mitt. **Kinetik der Bildung in Sauerstoff.** Michael J. Dignam. (J. electrochem. Soc. **109.** 192—98. März 1962.) (Engl.) — 1. vgl. vorst. Referat.

Vf. untersucht durch Best. des anod. Polarisations-Verh. u. der Gew.-Zunahme den Mechanismus der Oxidfilm-Bldg. auf Al u. bin. Al-Legg. (l. c.) in trockenem O_2 von 0,2 atm bei 250, 350 u. 450°. Die Bldg.-Geschw. des „amorphen" Oxids, die durch geringe Mengen Fe, Mn oder Ga als Leg.-Bestandteile nicht beeinflußt wird, stimmt angenähert mit dem CABRERA-MOTTschen Modell der Bldg. sehr dünner Filme überein. Vf. schlägt eine Modifizierung dieser Theorie vor, da die Geschw. eher durch Einfl. innerhalb des Films als an der Grenzfläche Metall/Oxid bestimmt wird. Bei 450° u. möglicherweise darüber entsprechen Keim-Bldg. u. anfängliches Wachstum der γ-Al_2O_3-Kristallite einem Bereich angenähert konst. Oxydations-Geschw., wodurch eine qual. Deutung der letzteren gegeben ist. Cu hat einen beträchtlichen Einfl. auf das Oxydations-Verh., den Vf. durch die Annahme erklärt, daß die Ggw. von Cu-Ionen im Film die Konz. der Al-Ionen als Ladungsträger wesentlich erhöht. P. FRENZEL. 196□

Entmischungsvorgänge im System Kupfer–Sauerstoff an der Oberfläche von Kupfereinkristallen. W. Stössel. (Z. Naturforsch. **17a.** 165—73. Febr. 1962. Darmstadt, TH, Phys. Inst.) (Dt.)

Kugelförmige Cu-Einkristalle mit unberührter Oberfläche wurden in $5 \cdot 10^{-5}$ bis $1 \cdot 10^{-3}$ Torr Luft bei 750—1050° getempert; dabei entsteht eine homogene Lsg. von O u. Cu. Beim raschen Abkühlen entmischt sich die Lsg.; es scheiden sich Cu_2O-Kristalle auf der Cu-Oberfläche aus. Ihre Gestalt hängt von der Orientierung der Unterlage u. von der Abkühlungs-Geschw. ab. Bei langsamer Abkühlung bilden sich kreisförmige Stufen mit den (1 0 0)- u. (1 1 1)-Polen des Cu-Kristalls als Zentren, die als Anzeichen einer Vorausscheidung von O gedeutet werden. Bei mittlerer Abkühlungs-Geschw. vermischen sich beide Erscheinungen. Abschätzungen des räumlichen u. zeitlichen Verlaufs der O-Konz. im Cu-Kristall aus thermodynam. Daten stützen diese Deutung der Cu-Stufen. G. M. NEUMANN. 196□

Eine elektronenoptische Untersuchung des Einflusses der Temperatur und der Umgebung auf das Wachstum von Oxidwhiskers auf kaltgewalztem und angelassenem Kupfer. William R. Lasko und Warren K. Tice. (J. electrochem. Soc. **109.** 211—15. März 1962. East Hartford, Conn., United Aircraft Corp., Res. Labor.) (Engl.)

Vff. untersuchen elektronenmkr. u. durch Röntgenaufnahmen den Einfl. der Temp. (100—800°), der Vorbehandlung (Kaltwalzen bzw. 4std. Anlassen bei 450° in Ar-Atmosphäre) u. der Umgebung (trockene Luft; Rein-O_2) auf den Habitus von Cu-Oxid-Whiskers. Änderungen ihrer Form u. Größe bzw. ihrer Wachstums-Geschw. ist nur innerhalb krit. Temp.-Intervalle festzustellen, was eine Whisker-Bldg. auf Grund einfacher Verstärkung des Oxidfilms ausschließt. Angelassene Proben zeigen bei einigen Temp. in Luft u. O_2 stärkeres Wachstum als kaltgewalzte. Allg. sind die auf ersteren gebildeten Whiskers dünner u. länger als die auf den mechan. bearbeiteten Proben. Vff. nehmen an, daß durch das Kaltwalzen die Beweglichkeit der für die Whisker-Bldg. wahrscheinlich verantwortlichen Versetzungen auf Grund eingeführter entgegengerichteter Spannungen eingeschränkt wird. Die mit der Temp. zunehmende Bldg. führen Vff. auf erhöhte Diffusions-Geschw. zurück. Unterhalb 300° werden die Versetzungen als unbeweglich angesehen. Das Fehlen größerer Veränderung der Whiskeranzahl oberhalb 300° weist auf hochreines Grundmaterial. Diese gröberen Änderungen sind in einem krit. Temp.-Intervall zu beobachten, was Vff. etwa durch eine Aufhebung der Wrkg. von dem

COTTRELL-Effekt ähnlichen Einfl. erklären. Die Bldg. längerer Whiskers in O_2 gegenüber Luft wird auf erleichterte Oberflächendiffusion zu den Stellen mit Spiralwachstum zurückgeführt. P. FRENZEL. 196□

Atomstöße und die Eigenschaften von Defektstellen in Metallen. W. M. Lomer. (Discuss. Faraday Soc. Nr. **31.** 24—28. 1961. Harwell, Didcot, Berks., AERE, Solid State Phys. Div.) (Engl.)

Theoret. Betrachtung der Bldg. von Defektstellen in Metallen durch Neutronenbestrahlung u. des Verh. der dabei gebildeten Leerstellen, Versetzungen u. Atome auf Zwischengitterplätzen bei Wärmebehandlung. HERBERT MÜLLER. 197□

Korngrenzengleiten. R. L. Bell und N. B. W. Thompson. (Nature [London] **193.** 363—64. 27/1. 1962. London, Imp. Coll., Roy. School of Mines, Dep. of Metallurgy.) (Engl.)

Vff. berichten über Unterss. des Gleitvorganges an hochreinem Zn (99,999%) bei einer Temp. von 100° u. einer Schubspannung von 50 g/mm². Es zeigt sich, daß die Geschw. des Korngrenzengleitens mit der Zeit abnimmt, da an den Korngrenzen hemmende Unregelmäßigkeiten ausgebildet werden. G. M. NEUMANN. 197□

Beitrag zur Korngrenzenwanderung von Germanium. Friedrich Erdmann-Jesnitzer, Günter Hötzsch und Ernst Günther. (Bergakademie [Freiberg] **13.** 300—03. Mai 1961. Freiberg/Sa. u. Hennigsdorf bei Berlin.) (Dt.)

Zum Nachw. von Korngrenzenwanderung wurde reines zonengeschmolzenes Ge mit einem spezif. elektr. Widerstand von 45 $\Omega\cdot$cm verwendet. Ein 2 mm starkes poliertes Scheibchen wurde bei 10^{-5} Torr u. 800° therm. geätzt. Bereits nach 5 Min. zeigten sich die Korngrenzen, die im Verlaufe von weiterem Erhitzen stärker wurden, aber gleichzeitig wanderten. Daneben wurden therm. Ätzgrübchen beobachtet, die mit den auf chem. Wege erzeugten Ätzgrübchen verwandt sein müssen. Die Ätzgrübchen sind innerhalb eines Kornes gleichartig angeordnet. Analog den auf chem. Wege erzeugten Versetzungsliniendichten ist ihre Anzahl hinter der wandernden Korngrenze geringer als vor ihr. K. HUSTE. 197□

Mikrohärte entlang von Dreikristallkorngrenzen in Zinn. N. S. Pandya, C. J. Shah und V. P. Bhatt. (J. sci. ind. Res. [New Delhi] **20 B.** 517—18. Nov. 1961. Baroda, Univ. of Baroda, Phys. Dep.) (Engl.)

Reines Sn (99,9%ig.) wird auf eine heiße Glasplatte ($T > F._{Sn}$) gegossen u. langsam gekühlt. Nach Entfernung der Glasplatte wird die glatte Sn-Oberfläche mit einer wss. $FeCl_3$-Lsg. mit 25 (%) gesätt. $FeCl_3$-Lsg., 25 HCl u. 50 W. geätzt. Bei der Ätzung werden Dreikristallkorngrenzen (DKG) feigelegt, deren Mikrohärte mit Hilfe einer Diamantspitze bestimmt wird. Unter der Annahme, daß die Korngrenzen eine Gleichgewichtseinstellung erreicht haben, kann die Härte an der Korngrenze mit Orientierungsunterschieden benachbarter Kristallkörner verbunden werden, daraus wird die Freie Energie H der Korngrenzen erhalten. Für die Komponenten der DKG u. die diedr. Winkel α im Gleichgewicht wird die Beziehung $1/H_1\cdot\sin\alpha_1 = 1/H_2\cdot\sin\alpha_2 = 1/H_3\cdot\sin\alpha_3$ bestätigt. HERBERT MÜLLER. 197□

Natur von Strahlungsschäden in Edelmetallen. J. S. Koehler und F. Seitz. (Discuss. Faraday Soc. Nr. **31.** 45—52. 1961. Urbana, Ill., Univ. of Illinois, Dep. of Phys.) (Engl.)

Vff. untersuchen theoret. die bei der Bestrahlung von Edelmetallen u. geordneten Legg. (Cu_3Au) auftretenden Strukturschäden u. deren Verh. bei Wärmebehandlung. Bei Bestrahlung mit 1,4-MeV-Elektronen kann ein prim. verschobenes Atom gelegentlich ein 2. Atom verschieben; unter diesen Bedingungen tritt die einfachste Form von Strahlungsschäden auf. Bei Bestrahlung mit 9-MeV-Deuteronen werden Fehlordnungsanhäufungen (FA) mit bis zu 10^4 verschobenen Atomen gebildet; die Bildungswahrscheinlichkeit ist für große FA gering, jedoch stellen diese beim Fehlen von Temp.-Spitzen während der Bestrahlung einen beträchtlichen Anteil der Strahlungsschäden dar. Große FA sind bei Reaktorbestrahlung wesentlich häufiger. Offenbar treten unter dem Einfl. von Temp.-Spitzen während der Bldg. von großen FA beträchtliche Atombewegungen auf; außerdem existiert eine krit. Größe der FA. Größere FA unterliegen einem Anlassen unterhalb 60°K. Aus der gemessenen Wanderungsenergie von Fehlstellen folgt, daß während der Temp.-Spitzen eine genügend große Leerstellenbewegung auftritt; damit kann der Unordnungsgrad in Cu_3Au gedeutet werden.

HERBERT MÜLLER. 197□

Einfluß von Silberverunreinigungen auf die Anlaßkinetik abgeschreckter Goldproben. F. Cattaneo und E. Germagnoli. (Physic. Rev. [2] **124.** 414—19. 15/10. 1961. Milano, Labor. Centro Inform. Studi Esp.) (Engl.)

Au-Drähte mit $< 10^{-3}$ (Atom-%) Verunreinigungen werden durch Diffusionsglühen mit $1{,}2\cdot10^{-3}$ bzw. $1{,}4\cdot10^{-4}$ Ag versetzt u. nach dem Erhitzen auf 650—805° mit W.

bzw. an Luft abgeschreckt. Von den Proben wird die relative Widerstandsänderung $\Delta\varrho/\varrho_0$ als Funktion der Zeit t für Anlaß-Temp. zwischen 20 u. 185° untersucht. Die Erholung des Widerstands abgeschreckter Proben erfolgt bei höheren Temp. als für reines Au; die aus der Temp.-Abhängigkeit von $\Delta\varrho/\varrho_0$ abgeleitete Aktivierungsenergie beträgt $1{,}05 \pm 0{,}10$ (eV) für Au + $1{,}2 \cdot 10^{-3}$ Ag, für reines Au dagegen $0{,}83 \pm 0{,}02$. Offenbar werden in mit Ag verunreinigtem Au Leerstellen-Verunreinigungs-Komplexe gebildet, deren Bindungsenergie $\geq 0{,}2$ eV beträgt. Da die Erholung abgeschreckter Proben schon bei 20° erfolgt, ist anzunehmen, daß die beweglichen Gitterfehler von Leerstellenpaaren gebildet werden. Maxima in der Funktion $\Delta\varrho/\varrho_0 = f(t)$ sind auf die Bldg. von Fehlstellenanhäufungen zurückzuführen, die bei tiefer Temp. wenig zu $\Delta\varrho/\varrho_0$ beitragen, bei höheren Temp. unter Abgabe von Leerstellenpaaren zerfallen.

Herbert Müller. 197□

Elektronenbeugungsuntersuchung dünner Filme einer Silber–Cadmium-Legierung. Kanwar Bahadur und P. V. Sastry. (J. sci. ind. Res. [New Delhi], Sect. B. **21.** 53—56. Febr. 1962. New Delhi, Nat. Phys. Labor.) (Engl.)

Vff. berichten über eine Elektronenbeugungs- u. elektronenmkr. Unters. dünner aufgedampfter Ag–Cd-Filme auf Steinsalzkristallen. Es ließen sich alle Legg. des Syst. Ag–Cd einwandfrei erhalten. Bes. wurde die temperaturabhängige $\beta' \rightarrow \zeta$-Umwandlung, die im Innern einer kompakten Probe bei ca. 250° stattfindet, mit einer Hochtemp.-Elektronenbeugungs-Meth. an dünnen Schichten untersucht. Es zeigt sich, daß die Diffusion des Cd in das Ag auch bei Zimmer-Temp. ausreichend schnell verläuft, um die Mischkristall-Bldg. in den Filmen zu gewährleisten. Eine $\beta' \rightarrow \zeta$-Umwandlung wurde an dünnen Schichten jedoch bis zu Temp. von 300° nicht beobachtet. Bei höheren Temp. beginnt dann eine rasche Verdampfung des Cd. Ähnliche Ergebnisse bzgl. der $\zeta \rightarrow \beta$-Umwandlung wurden an dünnen Ag–Zn Schichten erhalten. Zur Deutung dieses Verh. wird ein Mechanismus, der auf der Erniedrigung der Freien Energie infolge der hohen Störstellen-Konz. in den polykristallinen Filmschichten beruht, diskutiert.

G. M. Neumann. 197□

Das Wachstum von Zirkonium-Plutonium-Legierungen bei Bestrahlung. J. A. Horak und H. V. Rhude. (J. nuclear Mater. [Amsterdam] **3.** 111—12. Jan. 1961. Argonne, Ill., Argonne Nat. Labor., Metallurg. Div.) (Engl.)

Stäbe aus Zr–Pu-Legg. mit einem Geh. von 5—7 Gew.-% Pu werden bei der Reaktorbestrahlung in Na/K-gefüllten Kapseln bei entsprechender Verminderung ihres Querschnitts um das 2—4fache in der Länge ausgedehnt. Ihre Dichte nimmt dabei um ca. 3% ab. Die starke Anisotropie dieses Längenwachstums zeigt einen hohen Grad an aufgeprägter bevorzugter Orientierung durch die mechan. Vorbehandlung der Proben an.

W. Betcke. 197□

Identifikation von Niederschlägen in Diffusionszonen durch Verwendung eines Mikroanalysators mit Elektronensonde. R. E. Seebold und L. S. Birks. (Analytic. Chem. **34.** 112—16. Jan. 1962. Washington, D.C., U.S. Naval Res. Labor.) (Engl.)

Die in bin. Nb–Fe- u. Cr–Fe-Diffusionszonen infolge einer Verunreinigung der Metalle durch C, N_2, O_2, P u. S auftretenden Ndd. wurden durch Messung ihrer Röntgenintensitäten mit dem Elektronen-Mikroanalysator identifiziert. Die Verunreinigungen wurden den reinen Metallen in bestimmten geringen Konzz. durch Rk. bei hoher Temp. zugesetzt. Im Syst. Nb–Fe wurden in oder in der Umgebung der intermetall. Phase $NbFe_2$ Ndd. von Nb_2C, NbC, Nb_2N, NbP, NbS_2 u. Nb_2S_5 gefunden, im Syst. Cr–Fe wurden Cr_7C_3, Cr_3C_2, Cr_2N, Cr_2N_5, Cr_2O_3, Cr_3P, CrP_2 u. CrS nachgewiesen. Nb_2S_5 bzw. Cr_2N_5 oder CrN_2 herrschen als Ndd. bei der Diffusion von Nb bzw. Cr in Fe gleichen Reinheitsgrades vor.

W. Betcke. 197□

Strukturbesonderheiten eines rostfreien Stahls vom Typ 18/8 mit großer Reinheit. Phu Sy Uy, Jean Montuelle und Jean Talbot. (C. R. hebd. Séances Acad. Sci. **254.** 1058—60. 5/2. 1962. Vitry, C.N.R.S., Labor.) (Franz.)

Eine Mischung aus 18 (%) aluminotherm. Cr, 8 Elektrolyt-Ni u. Rest Elektrolyt-Fe wird im Vakuum (10^{-5} Torr) in einem CaO-Tiegel geschmolzen; unter diesen Bedingungen enthält die Leg. $3{,}5 \cdot 10^{-3}$ C u. $4 \cdot 10^{-3}$ N. Die Proben werden metallograph., dilatometr. u. thermomagnet. untersucht. Im Gegensatz zu Legg. techn. Reinheit zeigen die Proben bei Raum-Temp. martensit. Struktur u. magnet. Verhalten. Durch Nitrieren konnte die γ-Phase beim Abkühlen nicht bis Raum-Temp. stabilisiert werden. Die $\gamma \rightarrow \alpha$-Umwandlung erfolgt bei ca. 100° u. zeigt eine ausgeprägte Hysterese; die Martensit-Phase stellt ein dichtes Netzwerk feiner Nadeln dar.

Herbert Müller. 197□

Die Kinetik der isothermen Umwandlungen des Austenits im hypereutektoiden Siliciumstahl. K. P. Bunin und Sh. B. Sakorko. (Доповіді Академії Наук Української РСР [Ber. Akad. Wiss. UkrainSSR] **1962.** 44—47. Dnepropetrowsk, Inst.

für Metallurgie; Inst. für Eisenmetallurgie der Akad. der Wiss. der UkrainSSR.) (Ukrain.; Auszug: Engl.)

Durch Unters. der Kinetik der isothermen Umwandlungen im Si-Stahl mit 1,20 (%) C, 0,35 Mn, 1,10 Si, 0,04 P, 0,005 S, 0,07 Cr u. 0,10 Ni im Temp.-Bereich 620—940°, der durch Zusatz von 0,1% Al u. 0,3% Fe–Si modifiziert wurde, wurde die Zeit festgestellt, die bei der isothermen Umwandlung erforderlich ist, um im Austenit (**I**) Ausscheidungen von Ferrit (**II**), Zementit (**III**) u. Graphit (**IV**) zu bewirken. Danach ist ein vollständiger **I**-Zerfall nur unterhalb 720° möglich. Im Bereich 690—720° tritt **IV** bis zur Beendigung des **I**-Zerfalls auf, unterhalb 690° nach beendetem **I**-Zerfall in **III** u. Perlit. Die für das Auftreten von **IV** nach beendetem **I**-Zerfall erforderliche Zeit nimmt mit steigender Unterkühlung zu. Bei 620—630° entstehen **II** u. **III** prakt. gleichzeitig; es entsteht hierbei eine quasieutektoide Struktur. O. LEBTAG. 197□

Mikrographisches Aussehen von Ferrit nach Einwirkung einer Stoßwelle mit Drücken oberhalb 130 kb. Jean Jacquesson. (C.R. hebd. Séances Acad. Sci. **253.** 2671—73. 4/12. 1961. Poitiers, Fac. des Sci., E.N.S.M.A., Labor. de Métallurgie phys.) (Franz.)

An zylindr. Proben aus *Armco-Fe* u. *Elektrolyt-Fe* wird nach Einw. einer Stoßwelle mit $>$130 kb ein Zoneneffekt (Härtesteigerung) beobachtet, während *Ferrochrom Z2C26* (**I**) u. *Ferroaluminium 4A18* (**II**) diesen Effekt nicht zeigen. Mikrograph. Aufnahmen zeigen eine kontinuierliche Nadeltextur des Ferrits, der unter Normaldruck eine $\alpha \rightarrow \gamma$-Umwandlung erleidet. **I** u. **II** weisen eine ähnliche Textur auf, die jedoch stark lokalisiert ist. HERBERT MÜLLER. 200□

Elastoplastische Verformung von Metallen. M. N. Mitra und B. Karunes. (J. sci. ind. Res. [New Delhi], Sect. B **20.** 519—23. Nov. 1961. Calcutta, Central Calcutta Coll.; Univ., Coll. of Sci. and Technol.) (Engl.)

Aus uniaxialen Zug-Verss. an Drähten aus Cu, verschieden schnell kalthärtendem Messing, Al u. Weichstahl werden die elast., unelast. u. plast. Anteile der gesamten Zugspannung abgeleitet. Die Abhängigkeit der entsprechenden Dehnungen von der angelegten Spannung liefert für alle Materialien gekrümmte Kurven. Unterhalb bestimmter Spannungen gestattet das Meßverf. (Komparatorempfindlichkeit $1{,}5 \cdot 10^{-5}$ in.) keine genaue Unterscheidung der Dehnungsanteile aus den gemessenen Verformungen. HERBERT MÜLLER. 200□

Einfluß von Orientierung und Temperatur auf die Deformationsart des Urans. R. O. Teeg und R. E. Ogilvie. (J. nuclear Mater. [Amsterdam] **3.** 81—88. Jan. 1961. Dallas, Tex., Texas Instruments, Central Res. Labor.) (Engl.)

Das Gleiten in α-U in der {1 1 0}-Ebene bei —196° wurde durch Analyse zweier Oberflächen festgestellt. Als Gleitrichtung wurde [0 0 1] gefunden. Wahrscheinlich setzt sich das Gleiten in [0 0 1]-Richtung aus zwei Bewegungen in [1 1 2]-Richtung zusammen. Die krit. Scherspannung wächst beim {0 1 0} ⟨1 0 0⟩-Gleiten u. beim Quergleiten im Vgl. zu anderen Mechanismen bei niedriger Temp. beträchtlich an. Mit Hilfe der Meth. der verschwindenden Gleitspuren ließ sich die [1 0 0]-Gleitrichtung direkt nachweisen. Es wurde beobachtet, daß Knicken auf der (1 0 0)-Ebene auf verschiedene Art stattfindet. Knickbänder von 5 u. 100 μ Dicke wurden ebenso gefunden wie ein neuer Mechanismus für Mikroknicken. Es bestätigte sich, daß die Rotationsachse beim Knicken in [0 0 1]-Richtung weist. Weiterhin wurden Zwillings-Bldg. auf den {1 3 0}-, {1 7 6}- u. {1 7 2}-Ebenen beobachtet, wobei die {1 3 0}-Ebene bei —196 u. bei 350° weitaus am meisten beansprucht wurde. Die wirksamen Verformungsflächen entsprachen den theoret. Voraussagen. Neue Zwillingsebenen wurden nicht beobachtet. W. BETCKE. 200□

Mechanische Relaxation von Silicatgläsern eutektischer Zusammensetzung. Matthias Coenen. (Z. Elektrochem., Ber. Bunsenges. physik. Chem. **65.** 903—08. Dez. 1961. Würzburg, MPI für Silicatforsch.) (Dt.)

Es wurden Torsionsmodul u. Dämpfung von freien Torsionsschwingungen dünner Glasstäbe bei ca. 5 Hz als Funktion von Temp. (—150 bis +500°) u. Glas-Zus. an nachst. Syst. gemessen: Na_2O–B_2O_3, Na_2O–SiO_2, $Na_2O \cdot 2\ B_2O_3$–$Na_2O \cdot 2\ SiO_2$, $Li_2O \cdot 2\ SiO_2$–$BaO \cdot 2\ SiO_2$, $Na_2O \cdot 2\ SiO_2$–$CaO \cdot 2\ SiO_2$. Die Dämpfungskurven zeigen in Abhängigkeit von der Temp. im allg. zwei Maxima. Das Diffusionsdämpfungsmaximum (DDM) hat bei $Na_2O \cdot 2\ SiO_2$ u. $Na_2O \cdot 2\ B_2O_3$ einen Extremwert in der Höhe. Eutektika machen sich meistens durch eine Aufspaltung in Höhe u. Temp.-Lage bemerkbar, dadurch bedingt, daß Gläser unterschiedlicher Zus. nebeneinander vorliegen. Die Verfestigung des Glasgerüsts, auf der auch die Borsäureanomalie beruht, zeigt sich bei Na-Boratgläsern dadurch, daß das DDM erst bei alkalireicheren Konzz., als der Borsäureanomalie entspricht, zu sehen ist. Bei den Na-Borosilicatgläsern zeigt sie sich durch ein Minimum in der Höhe des DDM, eine starke Verringerung in der Höhe u. damit ein Maximum in der Temp.-Lage des Wechselwrkg.-Maximums u. durch ein Maximum im Torsionsmodul bei tiefen Temperaturen. In Gläsern mit stark aufgeweitetem Gerüst sind Platzwechselvorgänge nur von der Feldstärke der Netzwerkwandler abhängig: In Ba-reichen Li–Ba-Disilicatgläsern kann Li gleichwertig durch Ba ersetzt werden. Aus den Messungen an Na–Ca-Disilicatgläsern folgt, daß das Wechselwrkg.-Maximum mit abnehmender Zahl der H-Brückenbindungen abnimmt. Alle Gläser hatten den gleichen Gesamtwasser-Geh. von 0,2 Mol-%. A. BLASCHETTE. 200□

A_7. Gleichgewichte. Kinetik

Koordinationsverbindungen mit Carbonsäureestern als Liganden. 2. Mitt. Relative Acceptorstärken einiger Halogenide von Elementen der dritten und vierten Gruppe. M. F. Lappert. (J. chem. Soc. [London] **1962.** 542—48. Febr. Manchester, Univ., Fac. of Technol., Chem. Dep.) (Engl.) — 1. vgl. C. **1961.** 12761.

Vf. mißt im IR-Bereich die Verschiebungen der Frequenzen der C=O-Streckschwingungen von freiem Äthylacetat (I), die bei der Komplex-Bldg. von I mit Halogeniden von Elementen der 3. u. 4. Gruppe erfolgen, u. bestimmt daraus die relativen, auf I bezogenen Acceptorstärken der Halogenide. Die Acceptorstärken nehmen in folgender Reihenfolge ab: Br > Cl für B u. Al, Cl > Br für In, Cl > Br > J > F für Ti u. Zr, Cl > Br > J für Sn. Für Salze mit verschiedenen Kationen dagegen besteht für die Abnahme der Acceptorstärken die Reihenfolge: B > Ga > Al > In, Sn > Ge > Si u. Ti > Zr. Der 1 : 2 Komplex vom I mit $ZrCl_4$ besitzt wahrscheinlich eine cis-oktaedr. Konfiguration, während alle anderen 1 : 2-Komplexe eine trans-Konfiguration haben. Die Darst. von $InBr_3 \cdot CH_3COOC_2H_5$ (krist., niedrig schm.), $TiBr_4 \cdot CH_3COOC_2H_5$ (krist. rostrot), $TiBr_4 \cdot 2\ CH_3COOC_2H_5$ (pastenartig, orangerot) u. von $TiJ_4 \cdot 2\ CH_3COOC_2H_5$ (pastenartig, schwarz) erfolgte nach der l. c. angegebenen Vorschrift.

J. KRAETSCH. 223□

Untersuchungen über Metallkomplexe in wässeriger Lösung durch Infrarotspektrophotometrie. 1. Mitt. Eine qualitative Untersuchung der Systeme Eisen(III)- und Aluminium-Oxalat. Sture Fronaeus und Ragnar Larsson. (Acta chem. scand. **14.** 1364—68. 1960. Univ. of Lund, Chem. Inst., Dep. of Inorg. and Phys. Chem.) (Engl.)

Die IR-Spektren der Syst. $FeCl_3$–$Na_2C_2O_4$ (I) u. $AlCl_3 \cdot K_2C_2O_4$ (II) in wss. Lsg. wurden im Bereich 1200—1500 cm^{-1} aufgenommen. Lsgg., deren Zus. dem ersten bzw. zweiten bzw. dritten einkernigen Komplex entspricht (Mol-Verhältnis 1 : 1 bzw. 1 : 2 bzw. 1 : 3) ergeben Absorptionsmaxima bei jeweils ähnlichen Frequenzen (1393 u. 1255—1268 cm^{-1} für I; 1406—1411 u. 1283—1296 cm^{-1} für II). Ihre Lage entspricht annähernd den bekannten Peaks der Trioxalatokomplexe im festen Zustand. Die Konstanz der Frequenzen wird darauf zurückgeführt, daß die Gesamtkoordinationsenthalpie je Ligand bei steigender Ligandenzahl prakt. konst. bleibt. Bei höheren $FeCl_3$-Konzz. (bis zu 4,1 : 1,0) treten zwei neue Maxima bei ca. 1352 u. 1309 cm^{-1} auf, die der Bldg. mehrkerniger Komplexe zugeschrieben werden. Im Syst. II werden bei hohen $AlCl_3$-Konzz. (1,33 : 0,61) keine neuen Maxima beobachtet. A. BLASCHETTE. 223□

Einige Laboratoriumsmanipulationen mit Ozon im flüssigen und festen Zustand. Francis Mahieux. (Bull. Soc. chim. France **1960.** 746—49. April. Soc. l'Air liquide, Labor. Centr.) (Franz.)

O_3 wird durch Einleiten in fl. Freon-12, -13 oder -22 bei ca. —140° verflüssigt; durch Senken der Temp. auf ca. —170 bis —180° lassen sich die erhaltenen fl. Lsgg. verfestigen. Vf. beschreibt die apparative u. experimentelle Durchführung dieser Operationen, die ohne jeden explosiven Zerfall des O_3 verliefen. Die Entmischungs-Temp. der Lsgg. wird auf —230 bis —270° abgeschätzt. Eine Lsg. mit 60% O_3 konnte gefahrlos durch schnelles Abkühlen auf —196° verfestigt werden. A. BLASCHETTE. 224□

Abschätzung der Löslichkeit von Ozon unter Druck bei Zimmertemperatur in Trichlormonofluormethan. Francis Mahieux. (Bull. Soc. chim. France **1961.** 2275—76. Dez.) (Franz.) — Vgl. vorst. Referat.

Der BUNSENsche Löslichkeits-Koeff. s von O_3 in fl. $CFCl_3$ (Freon-11) wurde bei 20° in Abhängigkeit vom Partialdruck p des O_3 ermittelt. Der durch $s = K' \cdot p$ definierte HENRYsche Koeff. ist im Bereich p = 0,16—0,60 atm annähernd konst. (Mittelwert $3{,}4 \pm 0{,}5$). Bei 20° u. 1 atm ist der Molenbruch des O_3 in der Lsg. $x = 14{,}1 \cdot 10^{-3}$ (Idealwert: $9{,}8 \cdot 10^{-3}$). Die reale Löslichkeit ist somit höher als der Idealwert.

A. BLASCHETTE. 224□

Die Löslichkeit von Quarz in Wasser bei hohen Temperaturen und hohen Drücken. Shigeto Kitahara. (Rev. physic. Chem. Japan **30.** 109—14. 1960. Tagawa, Japan, Fukuoka Gakugei Univ., Tagawa Branch.) (Engl.)

Zur Unters. der Löslichkeit von Quarz in W. bei hohen Temp. wurden kleine Quarzblöcke im Autoklaven 24—120 Std. lang mit W. erhitzt u. der Gew.-Verlust bestimmt. Die Messungen wurden an der Dreiphasengrenze Quarz/Gas/Fl. bei Temp. zwischen 140 u. 370° u. Drücken von 4—208 atm u. am Zweiphasen-Syst. Quarz/Gas unter superkrit. Bedingungen bei 380—500° durchgeführt. Die Löslichkeit nimmt mit wachsender Dichte u. steigender Temp. zu, unter superkrit. Bedingungen ist sie bei hohen Drücken u. oberhalb 420° der Flüchtigkeit proportional. Die gefundenen Werte liegen bis 10% unter den von anderen Autoren veröffentlichten. W. BETCKE. 224□

Die Löslichkeit von Quarz in wässeriger Natriumchloridlösung bei hohen Temperaturen und hohen Drücken. Shigeto Kitahara. (Rev. physic. Chem. Japan **30.** 115—21. 1960.) (Engl.) — Vgl. vorst. Referat.

Die Löslichkeit von Quarz in 1-, 3- u. 7%ig. wss. NaCl-Lsg. wurde durch Messung des Gew.-Verlustes bei bis zu 120 std. Erhitzen des Quarzes mit den Lsgg. im Autoklaven bei Packungsverhältnissen von 1/3 bis 1/1,6 ml/ml bestimmt. Es wurden im Dreiphasen-Syst. Quarz/Lsg./Dampfphase Temp. von 240—420° u. Drücke von 4—332 atm, unter überkrit. Bedingungen Temp. von 400—500° angewendet. Die Löslichkeit ist oberhalb 280° größer als in W. u. steigt mit der Temp. schneller an. Oberhalb 340° bis zur krit. Temp. ist die Reproduzierbarkeit der Werte z. T. schlecht. Unter überkrit. Bedingungen wird der Einfl. des NaCl auf die Löslichkeit des Quarzes, die hier als Löslichkeit in Wasserdampf betrachtet werden kann, um so größer, je kleiner der Dampfdruck ist, u. wird bei hinreichend großem Dampfdruck unmerklich klein. W. BETCKE. 224□

Das Löslichkeitsgleichgewicht und die Lösungsgeschwindigkeit von Quarz in Wasser bei hohen Temperaturen und hohen Drücken. Shigeto Kitahara. (Rev. physic. Chem. Japan **30.** 122—30. 1960.) (Engl.) — Vgl. vorst. Referate.

Unter Benutzung der bereits früher vom Vf. veröffentlichten experimentellen Daten (l. c.) über den Zustand u. die Konz. des SiO_2 in fl. u. in Dampfphase bei der hydrothermalen Rk. von Quarz bei hohen Temp. u. Drücken wurden die Gleichgewichts-Konst. K_c u. K_f (f = Flüchtigkeit) für die Rk. SiO_2 (Quarz) + 2 H_2O (Gas) $\rightleftharpoons$ $Si(OH)_4$ (Gas) unter überkrit. Bedingungen berechnet. Aus der Temp.-Abhängigkeit von K_c wurde die Lsg.-Wärme zu 7,80 kcal/Mol erhalten. — Aus der Zunahme der Löslichkeit des Quarzes unter überkrit. Bedingungen bei Temp. von 400, 440 u. 480° u. spezif. Vol. des W. von 3,0, 2,0 bzw. 1,6 ml/g innerhalb von 4 Std. wurde für seine Lsg.-Geschw. die Gleichung: $-dC/dt = kS(C^* - C)/C^*$ [C u. C* = Konz. bzw. Gleichgewichts-Konz. des $Si(OH)_4$; k = Geschw.-Konst.; S = auf die Quarzoberfläche bezogene Konst.] abgeleitet. Die Lsg.-Geschw. wird durch einen Zusatz von NaCl vergrößert.
W. BETCKE. 224□

Die Polymerisation von Kieselsäure, die durch hydrothermale Behandlung von Quarz erhalten wurde, und die Löslichkeit von amorphem Siliciumdioxid. Shigeto Kitahara. (Rev. physic. Chem. Japan **30.** 131—37. 1960.) (Engl.)

Durch Behandlung von Quarz mit W. im Autoklaven unter überkrit. Bedingungen bei 400° u. bei einem spezif. Vol. des W. von 1,6 ml/g wurden H_4SiO_4-Lsgg. erhalten. Nach schnellem Abkühlen wurden die Lsgg. in Polyäthylenflaschen übergeführt u. ihr Geh. an monomol. H_4SiO_4 in kurzen Abständen während 300 Min. colorimetr. bestimmt, wobei das pH der Lsgg. mit NaCl oder NaOH auf verschiedene Werte zwischen 3,9 u. 10,0 eingestellt wurde. Die Polymerisations-Geschw. des H_4SiO_4 weist ein Maximum bei pH 7,5 auf. Die Polymerisation ist im sauren Gebiet eine Rk. 2. Ordnung, im alkal. eine Rk. 3. Ordnung in bezug auf das monomol. H_4SiO_4. Aus der Zunahme der Rk.-Geschw. (beobachtet zwischen 0 u. 100°) mit steigender Temp. wurde die Aktivierungsenergie zu 9,8 kcal/Mol (bei pH 6) berechnet. — Die Löslichkeitskurve des amorphen SiO_2 wurde aus Best. der Konzz. an monomerem SiO_2 im Polymerisationsgleichgewicht zwischen 0 u. 100° erhalten. Die Ergebnisse wurden mit denen anderer Autoren verglichen. — Die Lsg.-Wärme des amorphen SiO_2 wurde zu 3,2 kcal/Mol berechnet.
W. BETCKE. 224□

Ionenreaktionen in nichtwässerigen Lösungen. V. Gutmann. (XVII. int. Kongr. reine angew. Chem., München **1.** 95—108. 1959, herausgeg. 1960. Wien, TH.) (Dt.)

Vortrag über Ionen-Rkk. in protonenhaltigen Lsgm. (z. B. NH_3, N_2H_4, HF, HCN, HNO_3 usw.), in Fluoriden (BrF_3, JF_5, AsF_3, VF_5, NbF_5, TaF_5), in Chloriden (JCl, $AsCl_3$, $SbCl_3$) u. in Oxidhalogeniden ($SOCl_2$, $POCl_3$, NOCl usw.). — 89 Literaturangaben (bis 1959). P. GOLINSKE. 224□

Die Verwendung von nichtwässerigen Lösungsmitteln in der präparativen anorganischen Chemie. C. C. Addison. (XVII. int. Kongr. reine angew. Chem., München **1.** 245—55. 1959, herausgeg. 1960. Nottingham, Univ.) (Engl.)

Vortrag über Lsgg. von Metallen in fl. NH_3, Äthern u. geschmolzenen Salzen, über die physikal. Eigg. von Lsgm.-Gemischen, bes. Gemische mit N_2O_4, sowie über die

Darst. von wasserfreiem $Cu(NO_3)_2$ u. Bldg. von Solvaten. — 27 Literaturangaben (bis 1959). P. GOLINSKE. 224□

Homogene Ausfällung und Mischfällungsvorgänge. R. Dams. (Meded. vlaamse chem. Veren. **23.** 65—80. Mai/Juni 1961. Gent, Univ., Inst. voor Analyt. Scheikunde.) (Fläm.)

Übersicht über Begriff, Merkmale u. Ausführung von homogenen Fällungen (Hydroxide, Phosphate, Oxalate, Sulfate, Sulfide, Jodate, organ. Komplex-Verbb.) u. die Vorgänge bei Mischfällungen (isomorphe Mischkristall-Bldg., Oberflächenadsorption, anomale Mischkristall-Bldg., Okklusion) u. deren Anwendung. — 63 Schrifttumshinweise. W. WESLY. 224□

Die Extraktion einiger Metallbromide aus wässerigen Lösungen mit Methyläthylketon und Methylisobutylketon. A. R. Denaro und V. J. Occleshaw. (Analytica chim. Acta [Amsterdam] **13.** 239—47. Sept. 1955. Liverpool, Univ., Dep. of Inorg. and Phys. Chem.) (Engl.)

Es wurde die Extraktion von Cu(I), Cu(II), Zn, Ni(II), Co(II), Fe(II), Fe(III), Al, Mn(II), Sn(II) u. Sn(IV) aus wss. Lsg. in Ggw. eines Überschusses an Br^- mit Hilfe von Methyläthylketon (I) oder Methylisobutylketon (II) untersucht. Die Verw. von I ist wegen seiner Löslichkeit streng begrenzt auf saure Lösungen. Bei der Extraktion mit II treten gewisse Ähnlichkeiten zu der Extraktion mit Ae. auf. Die Formeln der extrahierten Prodd. konnten nicht angegeben werden. Die Extraktion verlief nur beim Fe(III) vollständig. Bei der Extraktion von Cu(II) wird dieses durch das Lsgm. zu Cu(I) red., wobei I schneller als II bromiert wird. Bei geeigneter Wahl der Vers.-Bedingungen werden Trennungen des Fe(III) von Mn bzw. Al, Co u. evtl. Ni bei einmaliger Extraktion für möglich gehalten. H. PLUSKAL. 224□

Berechnung und optische Messung von Gasgleichgewichten bei hohen Temperaturen. K. Wieland. (XVII. int. Kongr. reine angew. Chem., München **1.** 259—67. 1959, herausgeg. 1960. Basel, Univ., Physikal. Inst.) (Dt.)

Vortrag über Unterss. der Zus. anorgan. Dämpfe bei hohen Temp. mit Hilfe thermochem., spektroskop. u. massenspektroskop. Methoden. — 66 Literaturangaben (bis 1959). P. GOLINSKE. 225□

Anwendung von Isotopen zur Untersuchung der chemischen Struktur und der Reaktionsmechanismen. A. I. Brodskij. (Magyar tudományos Akad., kém. tudományok Osztályának Közleményei [Ung. Akad. Wiss., Ber. Abt. chem. Wiss.] **15.** 267—86. Aug. 1961. Kiew, Akad. der Wiss. der UkrainSSR, Phys.-chem. Inst.) (Ung.)

Die Anwendung von Isotopen wird an zahlreichen Beispielen erläutert. Die markierten Atome geben eine Möglichkeit zur Bestätigung der Tatsache, daß bei der Hydrolyse der Ester die OH-Gruppe des W. sich mit dem Säurerest vereinigt. Im Falle tert. Alkohole u. starker Säuren geht aber die Rk. oft einen anderen Weg. Der Platzwechsel von Atomen bzw. Radikalen innerhalb eines Mol. kann ebenfalls studiert werden. Bei der Erhitzung von deuteriertem Toluol geht D aus der o-Stellung auch nach mehrstd. Erhitzen nicht in andere Stellung über. Die heterogene Katalyse zeigt, daß die Oberfläche des Katalysators nicht gleich akt. gegen die verschiedenen adsorbierten Stoffe ist. Das kann man durch die Adsorption von H_2 u. danach von D_2 u. nachfolgender Desorption bestätigen, wobei zuerst D_2 u. nur danach H_2 desorbiert wird. Bei der Oxydation von CO auf der Oberfläche von $Cu^{18}O$ bzw. $Mn^{18}O$ geht ^{18}O nicht in die Gasphase über. Wichtige biochem. Erkenntnisse wurden durch mit Isotopen markierten Verbb. gewonnen. Die Isotopenaustausch-Rkk., die Meth. der Isotopenverdünnung u. die der kinet. Isotopen-Wrkg. werden ebenfalls an Hand von Beispielen besprochen. I. NÁRAY-SZABÓ. 225

Anwendung von Isotopen zur Untersuchung der Reaktionsmechanismen von Redox- und Peroxid-Reaktionen. A. I. Brodskij. (Magyar tudományos Akad., kém. tudományok Osztályának Közleményei [Ung. Akad. Wiss., Ber. Abt. chem. Wiss.] **15.** 287—305. Aug. 1961. Kiew, Physikal.-chem. Inst. der Akad. der Wiss. der UkrainSSR.) (Ung.) — Vgl. vorst. Referat.

Bei der Oxydation von Kationen durch Peroxodisulfat lösen die vom Kation auf das $S_2O_8^{2-}$ übergegangenen Elektronen die O—O-Bindung unter Bldg. von Sulfat. Bei der $S_2O_8^{2-}$-H_2O_2-Rk. stammt das freiwerdende O_2 stets vom H_2O_2. Wird PbS mittels H_2O_2 oxydiert, stammt das ganze O im $PbSO_4$ vom H_2O_2. Bei der Oxydation von Allylalkohol in W. ($H_2^{18}O$) mit H_2O_2 stammt von den in das gebildete Glycerin eingebauten beiden OH-Gruppen eine schwere aus dem W. u. eine leichte aus dem H_2O_2. Weitere Beispiele beziehen sich auf die ÉTARD-Rk., Red.-Vorgänge durch H-Übertragung, Autoxydation von Alkoholen u. Aldehyden. I. NÁRAY-SZABÓ. 225

Mechanismus des Isotopenaustausches in den Borhydriden. Walter S. Koski. (Advances in Chem. Ser. **1961.** Nr. 32. 78—87. Baltimore, Md., Johns Hopkins Univ., Dep. of Chem.) (Engl.)

Isotopenaustausch (A)-Verss. mit ^{10}B u. D an Borhydriden zeigen mindestens 3 Rk.-Wege: 1. Der A von *Diboran* (I)-Moll. untereinander verläuft über BH_3-Einheiten; das Verhältnis des D- zum B-A ist 3 : 1; die Rk. ist 1,5. Ordnung mit einer Aktivierungsenergie von 21,8 ± 3 kcal. 2. Der D-A zwischen B_2D_6 u. B_5H_9 bzw. *Dekaboran* bei 40—100° verläuft nur über endständige H-Atome, ist 0,5. Ordnung für I u. 1. Ordnung für B_5H_9; Aktivierungsenergie 27 kcal. Die B-Atome nehmen am A nicht teil. Als Rk.-Mechanismus wird vorgeschlagen: $B_2D_6 \rightleftharpoons 2\ BD_3$; $BD_3 + B_5H_9 \rightarrow BHD_2 + B_5H_8D$. ($D_2$ u. Pentaboran tauschen innerhalb 48 Std. u. bis 180° erst in Anwesenheit von Chromoxidkatalysatoren.) B_5H_{11} (II) u. I tauschen sowohl D als auch B 1. Ordnung in bezug auf I u. 0,5. Ordnung bzgl. II aus unter Beteiligung aller B- u. H-Atome. Die Geschw.-Konst. werden tabellar. mitgeteilt; ein möglicher Rk.-Mechanismus wird diskutiert. Der A zwischen I u. B_4H_{10}(III) scheint nach mehreren Mechanismen zu erfolgen; die Unterss. sind noch nicht abgeschlossen. Zwischen III u. D_2 tritt bei 45° in 130 Min. kein erkennbarer A ein.

P. SARTORI. 225□

Die Reaktionen von Alkalimetallhydriden und Borhydriden mit Lewis-Säuren des Bors und Aluminiums. Herbert C. Brown. (XVII. int. Kongr. reine angew. Chem., München **1.** 167—82. 1959, herausgeg. 1960. Lafayette, Ind., Purdue Univ.) (Engl.)

Vortrag. Unterss. über Rkk. von B- u. Al-LEWIS-Säuren mit Alkalimetallhydriden u. Borhydriden u. Substitutions-Rkk. von Alkalimetallhydriden. — 50 Literaturangaben (bis 1959). P. GOLINSKE. 225□

Reaktionen von Borcarbid und anderen Borverbindungen mit Kohlendioxid. M. W. Davies und P. J. Phennah. (J. appl. Chem. **9.** 213—19. April 1959. Erith, Kent, Gen. Electr. Co. Ltd., Atomic Energy Div.) (Engl.)

Es wurde die Oxydation von $B_{4,14}C$ mit CO_2 zwischen 600 u. 750° untersucht. Die Oxydations-Geschw. steigt stark an mit steigender Temp., mit steigendem Druck u. in Ggw. von W. (0,04—0,61%). Dagegen sinkt sie durch anwesendes CO. Das Oxydations-Prod. ist B_2O_3. In ähnlicher Weise werden auch CrB_2, TiB_2, ZrB_2, BSi_6 u. B oxydiert, während BN unverändert bleibt. B_2O_3 verliert in CO_2 bei 750° u. 1 atm an Gewicht. Der Dampfdruck wird auf $1,4 \cdot 10^{-10}$ mm Hg geschätzt. H. PLUSKAL. 225□

Einfluß verschiedener Kationen auf die thermische Zersetzung von Mangannitrat. Jean Brenet. (C. R. hebd. Séances Acad. Sci. **247.** 783—84. 8/9. 1958.) (Franz.)

Es wurde Mangannitrat mit anderen Metallnitraten von etwa gleichem F. im Verhältnis 10 Mn- zu 1 Fremdion gemischt u. therm. zersetzt. Die Struktur der gebildeten Oxide wurde röntgenograph. untersucht. Die Nitrate von Li, Mg, Zn, Co u. Fe^{3+} beeinflußten nicht die Zers. des Mangannitrats, das stöchiometr. β-MnO_2 (Rutiltyp) lieferte. Die Nitrate von Al, Ni, Cr u. Th ergaben nichtstöchiometr. γ-MnO_2.

W. PENN. 225□

Bestimmung der Kinetik des Manganat-Permanganat-Austauschs durch kernmagnetische Resonanz. Orlo E. Myers und John C. Sheppard. (J. Amer. chem. Soc. **83.** 4739—41. 5/12. 1961. San Diego, Calif., Convair Sci. Res. Labor.; San Diego State Coll.) (Engl.)

Die Kinetik des Elektronenaustausches zwischen MnO_4^{2-} u. MnO_4^- wurde mit Hilfe der kernmagnet. Linienverbreiterung (MCCONNELL u. WEAVER, C. **1957.** 8446) gemessen. Danach gilt in 1 m Na^+- bzw. K^+-Lsg. das Zeitgesetz $R = k[MnO_4^{2-}][MnO_4^-]$. Für 0,6 m K^+-Lsg. ergibt sich die Aktivierungsenergie aus Messungen bei 0—30° zu 8,3 kcal/Mol, k bei 0° zu $3,1 \cdot 10^3$ $Mol^{-1} \cdot s^{-1}$. A. BLASCHETTE. 225□

Bestimmung der Manganat-Permanganat-Austauschgeschwindigkeit durch gepulste kernmagnetische Resonanz. A. D. Britt und William M. Yen. (J. Amer. chem. Soc. **83.** 4516—17. 20/11. 1961. Saint Louis, Mo., Washington Univ.) (Engl.)

Der Elektronenaustausch zwischen MnO_4^{2-} u. MnO_4^- wurde durch Best. der Relaxationszeiten T_1 u. T_2 mit Hilfe einer kernmagnet. Spinecho-Meth. verfolgt. Die Konzz. der Komponenten (0—$5,82 \cdot 10^{-2}$ Mol Na_2MnO_4/Liter; 0,226—0,554 Mol $NaMnO_4$/Liter) wurden spektrophotometr. bei 564 u. 615 mμ ermittelt. Aus Beziehungen zwischen T_1 u. T_2 u. der Zus. der Lsgg. ergab sich die Geschw.-Konst. des Austausches bei 0° zu $k = (1,23 \pm 0,25) \cdot 10^3$ $Mol^{-1} \cdot s^{-1}$. Eine Wiederholung der Tracer-Unterss. (Verw. von $Na_2{}^{54}MnO_4$) von SHEPPARD u. WAHL (C. **1957.** 9854; vgl. auch vorst. Ref.) bei höheren Konzz. lieferte $k = (1,70 \pm 0,22) \cdot 10^3$ $Mol^{-1} \cdot s^{-1}$. Die Ergebnisse bestätigen die Gültigkeit des Zeitgesetzes $R = k[MnO_4^{2-}][MnO_4^-]$ in einem großen Konz.-Bereich.

A. BLASCHETTE. 225□

Elementarprozesse bei der radiochemischen Anregung von gasförmigem Sauerstoff. K. J. Laidler und E. Kerry Gill. (Trans. Faraday Soc. **54.** 633—39. Mai 1958. Ottawa, Univ., Dep. of Chem.) (Engl.)

Theoret. Erwägungen sowie die bekannten thermochem., radiochem. u. spektroskop. Daten für die verschiedenen Anregungszustände von O_2, O_2^+ u. O_2^- führen zur Konstruktion der Potential–Energie-Kurven der verschiedenen Zustände der positiv u. negativ geladenen Sauerstoffionen. Die bei der Einw. von Elektronen verschiedener Energien auf O_2-Moll. ablaufenden Elementarprozesse sind: (O_2 + e) → O_2^- ($^2\pi_g$); → O_2^- ($^4\Sigma_u^-$) → O_2^- ($^2\pi_u$) → O (^3P_g) + O^- (^2P_u); → O* (^5S_u) + O^- (^2P_u); → O_2^+ ($^2\pi_g$) + 2 e; → O_2^+ ($^4\pi_u$) + 2 e; → O^+ (^4S_u) + O^- (^2P_u) + e; → O (^3P_g) + O^+ (^4S_u) + 2 e; → O^{+*} (^2D_u) + O^- (^2P_u) + e. Es sind dies nicht die einzig möglichen Rkk., jedoch ergeben sie sich als plausible Folgerungen aus den experimentellen Ergebnissen sowie aus den theoret. Betrachtungen bzgl. der Energieniveaus. M. SCHENK. 226□

Änderung des Polymerisationsgrades verschiedener kondensierter Phosphate durch Neutronenstrahlung. M. Shima und S. Utsumi. (J. inorg. nuclear Chem. **20.** 177—84. Dez. 1961. Tokyo, Ochanomizu Univ., Dep. of Chem.) (Engl.)

Kristallpulver nachst. Phosphate wurden während 6 Std. mit therm. Neutronen ($5 \cdot 10^{11}$ n·cm^{-2}·s^{-1}) bestrahlt: a) Kettenphosphate: $Na_2H_2P_2O_7 \cdot 6\,H_2O$, $Na_2H_2P_2O_7$, $Na_4P_2O_7 \cdot 10\,H_2O$, $Na_4P_2O_7$, $Na_5P_3O_{10} \cdot 6\,H_2O$, $Na_5P_3O_{10}$ (Typ I), $Na_5P_3O_{10}$ (Typ II); b) Ringphosphate: $Na_3P_3O_9 \cdot 6\,H_2O$, $Na_3P_3O_9 \cdot 3\,H_2O$, $Na_3P_3O_9$, $Na_4P_4O_{12} \cdot 4\,H_2O$, $Na_4P_4O_{12}$. Die bestrahlten Prodd. wurden durch kombinierte Papierchromatographie u. radiochem. Analyse untersucht. In allen Fällen entstanden nebeneinander Abbau- u. Polymerisations-Prodd. in Tracermengen. Von Ketten-Moll. wird ^{32}P weitgehender in Form des ursprünglichen Phosphats festgehalten als von Ringphosphaten; außerdem sind bei Ketten-Moll. die Polymerisationsvorgänge besonders ausgeprägt, während niemals neue Ringe gebildet werden. Hydratisierte Phosphate zeigen nur geringe Polymerisationsneigung u. liefern verhältnismäßig große Mengen Orthophosphat. Hydrogendiphosphate polymerisieren leichter u. sind weniger zur ^{32}P-Retention befähigt als neutrale Diphosphate. Beide $Na_5P_3O_{10}$-Modifikationen erleiden ausgeprägte Polymerisationsprozesse. Aus Tri- (I) bzw. Tetrametaphosphat (II) werden Tri- bzw. Tetraphosphat (III) gebildet; daneben entstehen andere Polyphosphate, so aus I auch III u. aus II Heptaphosphat. Die durch Neutronenbestrahlung gebildeten höheren Polyphosphate zersetzen sich in wss. Lsg. rascher als gewöhnliche Polyphosphate (z. B. GRAHAM-Salz).
A. BLASCHETTE. 226□

Über die Bedeutung der sogenannten Blindprobe bei der Untersuchung katalytischer Reaktionen. A. Krause. (Roczniki Chem. [Ann. Soc. chim. Polonorum] **32.** 1431—32. 1958. Poznań, Uniw. A. Mickiewicza, Zakł. Chem. nieorg.) (Pol.; Auszug: Dt.)

Die Blindprobe bei der Unters. katalyt. Rkk. muß nicht unbedingt eine „Nullprobe" sein. Sie dient dazu, die Summe aller Aktivitäten, die nicht zur untersuchten Substanz gehören, zu eliminieren. F. URBAN. 227□

Über Faktoren, die eine Verbesserung der katalytischen Eigenschaften des röntgenamorphen Orthoeisen(III)-hydroxids hervorrufen. A. Krause und S. Magas. (Roczniki Chem. [Ann. Soc. chim. Polonorum] **32.** 1393—95. 1958. Poznań, Uniw. A. Mickiewicza, Zakł. Chem. nieorgan.) (Pol.; Auszug: Dt.)

Die katalyt. Eig. des röntgenamorphen Ortho-$Fe(OH)_3$ bei der Oxydation von *HCOOH* mit H_2O_2 ist durch die Zahl der akt. OH-Gruppen an der Oberfläche bedingt. Präpp., die durch Fällung von $FeCl_3$ aus 5n NaCl-Lsg. mit NH_4OH bei 20° erhalten werden, sind aktiver, da das an der Oberfläche des Nd. adsorbierte NaCl die Alterung verlangsamt. Während das Auswaschen von NaCl die katalyt. Wrkg. nicht mehr beeinflußt, ist ein nachträglicher Zusatz von NaCl zu einem trocknen Präp. für seine Aktivität schädlich. Weitere Faktoren, die die katalyt. Wirksamkeit des Gels verbessern, sind Fällung bei 60 statt bei 20° u. Anwendung von NaOH an Stelle von NH_4OH, da dabei die Zahl der akt. OH-Gruppen im Nd. erhöht wird. F. URBAN. 227□

Die Katalyse durch Platin. Mechanismus und Anwendungen. P. Clechet. (Chim. mod. **3.** 381—94. Dez. 1958.) (Franz.)

Zusammenfassende Übersicht. — 101 Literaturangaben. E. KLEVER. 227□

Katalytischer Einfluß von Chloridionen auf den Sauerstoff-Isotopenaustausch von Salpeter- und Bromsäure mit Wasser. M. Anbar und S. Guttmann. (J. Amer. chem. Soc. **83.** 4741—45. 5/12. 1961. Rehovoth, Israel, Weizmann Inst. of Sci., Isotope Dep.) (Engl.)

Die Kinetik des Sauerstoffaustausches zwischen HNO_3 (1—7m) bzw. $HBrO_3$ u. W. wurde mit Hilfe von ^{18}O untersucht. Für die massenspektrometr. Analyse wurde $Ba(NO_3)_2$ ausgefällt u. mit NH_4Cl bei 400° zu N_2O umgesetzt bzw. $Ba(BrO_3)_2$ isoliert u. bei 350° zu O_2 zersetzt. Das unkatalysierte Syst. HNO_3–W. wurde bei 70 u. 100° untersucht (unter evtl. Zusatz von $NaNO_3$ bzw. $HClO_4$). Als Zeitgesetz wird R =

$k_1 [HNO_3]_f[H_3O^+]$ vorgeschlagen; dabei ist $[HNO_3]_f$ = Konz. an undissoziiertem HNO_3 $k_1 = (3,6 \pm 0,4) \cdot 10^{-4}$ bzw. $(4,8 \pm 2,0) \cdot 10^{-3}$ Liter/Mol·min bei 70 bzw. 100°. Die Aktivierungsenergie E_1 beträgt 22,1 kcal/Mol. In Ggw. von Cl^- (0,1—0,5 Mol/Liter) als sauerstofffreiem nucleophilem Reagens wird die Rk. eindeutig katalysiert; der katalyt. Vorgang allein gehorcht dem Gesetz $R = k_2 [HNO_3]_f[H_3O^+][Cl^-]$ mit $k_2 = (9,4 \pm 1,8) \cdot 10^{-3}$ bzw. $(3,2 \pm 0,9) \cdot 10^{-1}$ Liter²/Mol²·min bei 60 bzw. 100° u. E_2 = 21,8 kcal/Mol. Der ^{18}O-Austausch zwischen $HBrO_3$ u. W. (pH 1,0—2,25; 0—60°) verläuft ähnlich u. entspricht dem globalen Zeitgesetz $R = [BrO_3^-][H_3O^+]^2(k_1 + k_2[Cl^-])$ mit $k_1 = 5,6 \cdot 10^{-1}$ Liter²/Mol²·min u. $k_2 = 3,6 \cdot 10$ Liter³/Mol³·min bei 30°, E_1 = 14,6, E_2 = 13,9 kcal/Mol. Da in beiden Fällen E_1 u. E_2 nahezu gleich groß sind, wird angenommen, daß die geschwindigkeitsbestimmenden Schritte analog sind. Wahrscheinlich handelt es sich um einen bimol. nucleophilen Angriff der konjugierten Säuren $H_2NO_3^+$ bzw. $H_2BrO_3^+$ durch W. oder Cl^- (S_N2-Mechanismus): $Y + O_2X{-}OH_2^+ \rightarrow Y{-}XO_2 + H_2O$ (X = N bzw. Br, $Y = H_2O$ oder Cl^-). $ClXO_2$ hydrolysiert rasch zu Cl^- u. HXO_3. Die Struktur der Zwischenprodd. $ClNO_2$ u. $ClBrO_2$ wird diskutiert (Existenz isomerer Formen). A. Blaschette. 227□

Über Mischsalzkontakte. 14. Mitt. Selektive Hydrierung von Cyclopropan und Propen an Nickelkontakten. 1. Mitt. W. Langenbeck, D. Nehring, H. Dreyer und H. Fuhrmann. (Z. anorg. allg. Chem. **314.** 167—78. Febr. 1962. Rostock, Dt. Akad. der Wiss. zu Berlin, Inst. für organ. Katalyseforsch.) (Dt.) — 13. vgl. C. **1960.** 17379.

Für die Unterss. wurden folgende Trägerkontakte (TK), die über Mischkristalle oder nach anderen Meth. hergestellt bzw. industriell bezogen wurden, verwendet: Ni–Al_2O_3-TK (48,3% Ni, 40,0% Al_2O_3, Rest O_2), Ni–MgO-TK (49,6% Ni, 32,0% MgO) u. Ni–SiO_2-TK (23,1% Ni, 70,5% SiO_2). Die TK wurden mit Zn, Cd, ZnO, CdO u. z.T. mit HgO in verschiedenen Mengen durch mechan. Zumischen dotiert u. nach Aktivierung mit H_2 (200—250°) die destruktive Hydrierung von Cyclopropan (I) zu Propan, Äthan, Methan u. die Hydrierung von Propen (II) zu Propan bei 130 bzw. 180° untersucht. Durch die Wrkg. dieser n-leitenden Oxide auf das Ni wird zunächst die Hydrierung von I vergiftet, während bei Zugabe größerer Mengen Dotierungskomponente auch die Hydrierung von **II** zum Erliegen kommt. Cd u. CdO haben eine 10fach bessere Wrkg. als Zn u. ZnO. G. Gattow. 227□

Über Mischsalzkontakte. 15. Mitt. **Selektive Hydrierung von Cyclopropan und Propen an Nickelkontakten.** 2. Mitt. W. Langenbeck, H. Dreyer und H. Fuhrmann. (Z. anorg. allg. Chem. **314.** 179—88. Febr. 1962.) (Dt.) — 14. bzw. 1. vgl. vorst. Referat.

Vff. untersuchten im Vakuum (10^{-2} Torr) die therm. Zers. von Ni-Oxalat (I), Ni-Formiat (II), Ni-Zn-Mischoxalat (**III**, mit 66,7 Mol-% I) u. Ni–Cd-Mischoxalat (**IV**, mit 76,0 Mol-% I). Die Zerfallsisobaren ergeben folgendes Bild: Bei **I** wird >200° Kristallwasser (KW) abgegeben, Zers. bei 270°; für **II** beginnt ab 165° eine fließende Zers.; **III** gibt bei 190° KW ab, bei 270—315° fließende Zers.; Abgabe des KW bei 200° u. scharfe Zers. bei 280—300° für **IV**. Sowohl an Kontakten, die aus **III** u. **IV** mit verschiedenen Zus. durch Zers. im Vakuum hergestellt wurden, als auch an Raney-Nickel u. Ni–NiO-Kontakten (dargestellt aus Ni-Hydroxid) wurde die Hydrierung von Propen (**V**) u. die destruktive Hydrierung von Cyclopropan (**VI**) bei 130 u. 180° untersucht. Es konnte eine vollständige Selektivierung erreicht werden; bei größeren Mengen CdO im Kontakt wird auch **V** nur noch teilweise hydriert. NiO aktiviert als p-Leiter die Hydrierung von **VI**. Die Ergebnisse werden ausführlich diskutiert. G. Gattow. 227□

A_8. Präparative und anorganische Chemie. Komplexverbindungen. Metallorganische Verbindungen

Reaktionen bei ultrahohen Drücken. S. D. Haman. (XVII. int. Kongr. reine angew. Chem., München **2.** 277—90. 1959, herausgeg. 1960. Sydney, C.S.I.R.O., Chem. Res. Labor., High Pressure Labor.) (Engl.)

Vortrag über anorgan. u. organ. Rkk. bei ultrahohen Drücken sowie über Festkörperphysik. — 17 Literaturhinweise. P. Golinske. 228□

Hypofluorite. G. Cady. (XVII. int. Kongr. reine angew. Chem., München **1.** 205—13. 1959, herausgeg. 1960. Seattle, Wash., Univ. of Washington.) (Engl.)

Vortrag über Darst. u. Eigg. von Hypofluoriten. — 45 Literaturangaben (bis 1959). P. Golinske. 246□

Chemisches Verhalten und Bindungen von Borhydridderivaten. Anton B. Burg. (XII. int. Kongr. reine angew. Chem., München **1.** 40—63. 1960. Los Angeles, Calif., Univ. of Southern California.) (Engl.)

Vortrag über Borkomplexe, Komplexe mit akt. H-Atomen, Aminoborhydride, polymere Phosphino- u. Arsinoborane, monomeres $(CH_3)_2SbBH_2$, Basen-Rkk. von

Polyboranen u. Borhydridharze, die Phosphinbasen enthalten. — 58 Literaturangaben (bis 1959). P. GOLINSKE. 258□

Hohe Drücke und synthetische Diamanten. R. H. Wentorf. (XVII. int. Kongr. reine angew. Chem., München 2. 165—85. 1959, herausgeg. 1960. Schenectady, N.Y., Gen. Electr. Co., Res. Labor.) (Engl.)

Allg. Überblick. P. GOLINSKE. 260□

Über die Hydratationsprodukte des Phosphoroxidchlorides. 1. Mitt. **Der Verlauf der Hydrolyse des Phosphoroxidchlorides.** Herbert Grunze. (Z. anorg. allg. Chem. **313**. 316—22. Dez. 1961. Berlin-Adlershof, Dt. Akad. der Wiss., Inst. für anorgan. Chem.) (Dt.)

Bei der Hydrolyse von $POCl_3$ (I) in W. mit 1—2 Mol NaOH bildet sich stets ca. 90% *Dichlorophosphorsäure* (II), die mit Nitron quant. fällbar ist. Weiterer Zusatz von OH^- führt zu H_3PO_4, ohne daß sich *$(HO)_2POCl$* nachweisen läßt. Auch aus reiner **II**, dargestellt durch partielle Hydrolyse von $P_2O_3Cl_4$ bei tiefen Temp., konnte bei vorsichtiger Hydrolyse mit äquimolaren Mengen W. kein $(HO)_2POCl$ nachgewiesen werden. Neben H_3PO_4 lag die der Rk. **II** + H_2O → 0,32 H_3PO_4 + 0,68 **II** + 0,36 H_2O entsprechende Menge **II** unverändert vor. Aus den vorliegenden Ergebnissen formuliert Vf. die Hydrolyse von **I** wie folgt: **I** + H_2O → **II** + HCl u. **II** + 2 H_2O → H_3PO_4 + 2 HCl.

H. BÜRGER. 264□

Über die Hydratationsprodukte des Phosphoroxidchlorides. 2. Mitt. **Kondensationsreaktionen im hydratisierten Phosphoroxidchlorid.** Herbert Grunze. (Z. anorg. allg. Chem. **313**. 323—37. Dez. 1961.) (Dt.) — 1. vgl. vorst. Referat.

Bei der Hydrolyse von $POCl_3$ (I) bilden sich mit der Zeit, schneller beim Erwärmen, papierchromatograph. identifizierbare polymerisierte Phosphorsäuren, die aus **I**, *$H(PO_2 \cdot Cl_2)$* (**II**) u. H_3PO_4 (**III**) durch Kondens. entstehen. Sowohl **II** als auch **III** zeigen unterhalb 100° kaum Eigenkondens.; erhitzt man hingegen ein äquimolares Gemisch von **II** u. **III** 24 Std. lang auf 50°, so bilden sich neben *Trichlordiphosphorsäure* u. *Trimetaphosphoroxidchlorid* beträchtliche Mengen von *Polyphosphorsäuren* mit Kettenlängen von n = 2—10; ihr Kondens.-Grad (KG) (Verhältnis von Brücken-O- zu P-Atomen) beträgt 0,681. Gleiche Kondens.-Vorgänge spielen sich in Gemischen **I** : H_2O = 1 : 2 u. **II** : H_2O = 1 : 1 ab, da durch prim. Hydrolyse gleiche Anteile **II** u. **III** entstehen. Nach 6 Std. bei 80° erreichen solche Gemische einen maximalen KG von 0,85 bei einer mittleren Kettenlänge von 6,6. Ein gleicher KG läßt sich durch zweimonatiges Stehen von **I** u. H_2O im Verhältnis 1 : 2 über P_4O_{10} bei Raum-Temp. erreichen. Weiteres Erhitzen führt zu hydrolyt. Abbau. Variiert man das Verhältnis **I** : H_2O zwischen 1 : 0,5 u. 1 : 2, so findet man für 1 : 0,5 bis 1 nur geringe Kondens. zu Derivv. der Diphosphorsäure u. Tetrametaphosphorsäure. Beim Verhältnis 1 : 1,5 bzw. 1 : 2 bilden sich unter gleichen Bedingungen bei einem KG von 0,593 bzw. 0,685 Polyphosphorsäuregemische mit n bis zu 9. Die Mischkondens. von **II** mit **III** verläuft unter intermol. HCl-Abspaltung, wobei hydrolyt. gebildetes **III** die Entstehung chlorfreier Prodd. begünstigt.

H. BÜRGER. 264□

Reinste Metalle. A. E. van Arkel. (XVII. int. Kongr. reine angew. Chem., München **1**. 217—28. 1959, herausgeg. 1960. Leiden, Rijks-Univ., Labor. voor Anorg. en Phys. Chem.) (Dt.)

Vortrag über die Darst. reinster Metalle. — 19 Literaturangaben (bis 1957).

P. GOLINSKE. 270□

Über neue Eigenschaften von Metallen von hoher Reinheit, erhalten durch physikalische Methoden, z. B. durch die Technik des Zonenschmelzens. G. Chaudron. (XVII. int. Kongr. reine angew. Chem., München **1**. 229—42. 1959, herausgeg. 1960. Paris, Univ., Fac. of Sci.) (Franz.)

Vortrag über die Reinigungs-Meth. des Zonenschmelzens in der Al-Raffinerie, Messung des elektr. Widerstandes bei niedrigen Temp. zur Prüfung des Reinheitsgrades der Metalle, Oxydation des Fe beim Zonenschmelzen u. Löslichkeit von H_2 in geschmolzenem Fe. — 31 Literaturangaben (bis 1959). P. GOLINSKE. 270□

Hydride und komplexe Hydride der Übergangsmetalle. J. Chatt und B. L. Shaw. (XVII. int. Kongr. reine angew. Chem., München **1**. 147—66. 1959, herausgeg. 1960. The Frythe, Welwyn Herts., Imp. Chem. Ind. Ltd., Akers Res Labor.) (Engl.)

Vortrag über Hydrido-Komplexe der Übergangsmetalle mit tert.-Phosphinen, tert.-Arsinen u. mit Carbonylen sowie über Cyclopentadienyl- u. Cyclopentadienylcarbonylhydride. — 50 Literaturangaben (bis 1959). P. GOLINSKE. 270□

Bildungsmechanismus der Metall–Kohlenstoff-Bindung und einige Aspekte über die Reaktionsfähigkeit metallorganischer Verbindungen der Schwermetalle. O. A.

Reutow. (XVII. int. Kongr. reine angew. Chem., München **1.** 11—39. 1959, herausgeg. 1960. Moskau, Akad. der Wiss.) (Dt.) — Vgl. C. **1961.** 57.

Vortrag. — 70 Literaturangaben (bis 1959). P. GOLINSKE. 270□

Von der Struktur zur Synthese metallorganischer Verbindungen. E. G. Rochow. (XVII. int. Kongr. reine angew. Chem., München **1.** 136—44. 1959, herausgeg. 1960. Cambridge, Mass., Harvard Univ.) (Engl.)

Vortrag. — 10 Literaturangaben (bis 1960). P. GOLINSKE. 270□

Verbindungen von Fluorkohlenstoffradikalen mit Metallen und Nichtmetallen. H. J. Emeléus. (XVII. int. Kongr. reine angew. Chem., München **1.** 82—94. 1959, herausgeg. 1960. Cambridge, England, Univ.) (Engl.)

Vortrag über Fluoralkyl-Verbb. von O, N, J, P, As, Sb, S, Se, Si u. Hg. — 20 Literaturangaben (bis 1959). P. GOLINSKE. 270□

Phasengleichgewicht des Systems $Na_2S_2O_5$–Na_2SO_4–H_2O. Lubomír Jäger, Milan Rejlek, Rostislav Klimeček und Jaroslav Machala. (Chem. Průmysl **10** (**35**). 518—20. Okt. 1960. Ústí n. L., Výzkumný ústav anorg. chem.) (Tschech.)

Vff. untersuchten bei 15, 25, 35 u. 45° die Isothermen des Phasengleichgew. $Na_2 \cdot S_2O_5$—Na_2SO_4—H_2O. Bei 15° bestehen nur zwei Phasen: $Na_2S_2O_5$ u. $Na_2SO_4 \cdot 10\ H_2O$. Bei höherer Temp. erscheint noch eine weitere, bisher nicht identifizierte, in langen Nadeln krist. Phase mit dem Molverhältnis $Na_2S_2O_5 : Na_2SO_4 = 1 : 6$. Der Na_2SO_4-Geh. der Lsg. sollte 45% nicht übersteigen, da der diese Menge übersteigende Geh. als Fremdphase auskristallisiert. J. TŮMOVÁ. 274□

Einige Eigenschaften des durch Reaktion von Cadmiumoxid mit geschmolzenem Ammoniumnitrat erhaltenen Produkts. R. A. Edge. (J. inorg. nuclear Chem. **20.** 347—48. Dez. 1961. Rondebosch, Univ. of Cape Town, Dep. of Chem.) (Engl.)

Beim Zufügen von 0,1 Mol CdO zu 0,2 Mol geschmolzenem NH_4NO_3 unterhalb 210° wird nach Abkühlung eine schmutzigweiße Substanz der ungefähren Zus. $Cd \cdot (NH_3)_2(NO_3)_2$ (**I**) erhalten: $CdO + 2\ NH_4NO_3 \rightarrow I + H_2O$. **I** ist vollständig lösl. in verd. u. konz. Mineralsäuren sowie geschmolzenem NH_4NO_3, jedoch nur wenig lösl. in kaltem Wasser. Bei der Elektrolyse der Schmelze zwischen Pt-Elektroden wird an der Kathode braunes CdO abgeschieden, wahrscheinlich infolge Oxydation des metall. Cd durch NO_3^-. Bei der therm. Zers. werden zuerst H_2O, NH_3 u. NH_4NO_3 abgegeben, bei ca. 360° in heftiger Rk. H_2O, NH_4NO_3, wenig NO_2 u. O_2. Der Rückstand ist CdO.

A. BLASCHETTE. 289

Synthetischer Smaragd. W. F. Eppler. (Gemmologist **30.** 81—85. Mai 1961.) (Engl.)

Kurzer Auszug über einen Vortrag über die Geschichte synthet. Steine sowie die Synth. von blauem *Saphir, Spinell, Rutil, Sternkorund, Smaragd* u. *Diamant.*

C. GOTTFRIED. 294

Untersuchungen über Aluminiumhydroxide und -oxide. 6. Mitt. **Das Zustandsdiagramm Al_2O_3–H_2O.** Karl Torkar (unter Mitarbeit von H. Krischner). (Mh. Chem. **91.** 764—73. 1960.) (Dt.) — 5. vgl. C. **1962.** 10387.

Nach den Rkk. von metall. Al mit Wasserdampf im Autoklaven bei 100—500° u. Drücken bis zu 300 atm wurde ein Zustandsdiagramm für das Syst. Al_2O_3–H_2O gezeichnet. Die Bldg.-Bedingungen für Bayerit, Böhmit, Diaspor, Al_2O_3-Form K I, Autoklaven-γ- u. α-Al_2O_3 werden angegeben. Bayerit wird als das beständige $Al(OH)_3$ angesehen, Gibbsit als eine Na-stabilisierte Form. Für den Übergang von Böhmit bzw. Diaspor zu Korund wurde eine Gleichgewichtskurve gezeichnet. Aus dem Vgl. dieser Kurve mit Arbeiten anderer Autoren wird vermutet, daß es bisher nicht gelungen ist, ein echtes Gleichgewicht experimentell zu erfassen, da immer mindestens eine Rk.-Komponente einen Mehrgeh. an Energie aufweist, wodurch die Lage der Umwandlungskurve verändert wird. K. ROSS. 294□

Salzbildung der 4-Isonitrosopyrazolone. 5. Mitt. **Thallium-Salze.** V. Hovorka und L. Šůcha. (Collect. czechoslov. chem. Commun. **25.** 1790—95. Juli 1960. Prague, Inst. of Chem. Technol., Dep. of Anal. Chem.) (Engl.) — 4. vgl. C. **1961.** 6802.

Tl bildet Salze mit einem Mol. (**I**) bzw. zwei Moll. (**II**), 4-Isonitrosopyrazolon. **I** scheiden sich bei höheren, **II** bei niedrigeren pH-Werten aus. Die Konstit. der Verbb. wird anhand thermogravimetr. Analysen diskutiert, u. es werden mögliche Formeln vorgeschlagen. Es wird angenommen, daß **I** dimere Verbb. vorstellen.

Versuche: Durch Versetzen heißer Lsgg. von $TlNO_3$ u. der zu untersuchenden Verb. in W., wss. A. oder A. mit $NaCH_3COO$- bzw. Ammoniak-Lsg. wurden Tl-Salze folgender Pyrazolon-Derivv. dargestellt (angeführt Formel, Zus. u. Farbe des Salzes): *4-Isonitrosopyrazolon-(5)*, $C_3H_2N_3O_2Tl$, Typ **I**, rot. — *4-Isonitroso-3-methylpyrazolon-(5)*, $C_4H_4N_3O_2Tl$, **I**, rot. — *4-Isonitroso-3-phenylpyrazolon-(5)*, $C_9H_6N_3O_2Tl$, **I**, rot. — *4-Isonitroso-1-phenylpyrazolon-(5)*, $C_{18}H_{13}N_6O_4Tl$, Typ **II**, orangefarben; $C_9H_6N_3O_2Tl$, **I**, orangerot. — *4-Isonitroso-1-phenyl-3-methylpyrazolon-(5)*, $C_{10}H_8N_3O_2Tl$, **I**, orangefarben. — *4-Isonitroso-1-p-nitrophenyl-3-methylpyrazolon-(5)*, $C_{20}H_{15}N_8O_8Tl$, **II**, gelb; $C_{10}H_7N_4O_4Tl$, **I**, rot, beide unrein. — *4-Isonitroso-1-p-chlorphenyl-3-methylpyrazolon-(5)*, $C_{20}H_{15}Cl_2N_6O_4Tl$, **II**, gelborangefarben; $C_{10}H_7ClN_3O_2Tl$, **I**, orangefarben. — *4-Isonitroso-1-[2.4-dinitrophenyl]-3-methylpyrazolon-(5)*, $C_{10}H_6N_5O_6Tl$, **I**, braunorangefarben. — *4-Isonitroso-1.3-diphenylpyrazolon-(5)*, $C_{15}H_{10}N_3O_2Tl$, **I**. — *4-Isonitroso-1-p-nitrophenyl-3-phenylpyrazolon-(5)*, $C_{15}H_9N_4O_4Tl$, **I**, gelb. J. KOVÁŘ/Prag. 297

Zirkoniumkomplexe in wässeriger Lösung. 2. Mitt. Gemischte Chelate. B. J. Intorre und A. E. Martell. (J. Amer. chem. Soc. **83.** 3618—23. 5/9. 1961. Worcester, Mass., Clark Univ., Dep. of Chem.) (Engl.) — 1. vgl. C. **1960.** 11590.

Chelate von Zr^{4+} mit *Äthylendiamintetraessigsäure* (**I**), *Hydroxyäthylendiamintriessigsäure* (**II**), *1.2-Diaminocyclohexantetraessigsäure* (**III**), *Nitridotriessigsäure* (**IV**), *Hydroxyäthylimidobisessigsäure* (**V**) u. *Acetylaceton* (**VI**) bilden in wss. Lsg. mit mehrzähnigen Liganden gemischte Chelate, in denen Zr mit der Koordinationszahl 8 vorliegt; diese Verbb. sind stabiler als koordinativ ungesätt. Chelate. Vff. untersuchen die potentiometr. Titrationskurven an Lsgg. von Zr^{4+} u. den angegebenen Liganden in HCl mit Alkalihydroxid-Lsgg.; in Lsgg. mit folgenden Molverhältnissen treten vollständig koordinierte Verbb. auf: **Zr-I-***Tiron* (**VII**) 1 : 1 : 1, **Zr-I-***Chromotropsäure* (**VIII**) 1 : 1 : 1, **Zr-I-**8-*Hydroxychinolin-5-sulfonsäure* (**IX**) 1 : 1 : 1, **Zr-I-***Oxalsäure* (**X**) 1 : 1 : 1, **Zr-I-VI-** 1 : 1 : 1, **Zr-I-***5-Sulfosalicylsäure* (**XI**) 1 : 1 : 1, **Zr-I-***Alizarinsulfonsäure* 1 : 1 : 1, **Zr-I-***Citronensäure* 1 : 1 : 1, **Zr-I-***Milchsäure* 1 : 1 : 1, **Zr-II-VII** 1 : 1 : 1, **Zr-II-VIII** 1 : 1 : 1, **Zr-II-IX** 1 : 1 : 1, **Zr-II-X** 1 : 1 : 1, **Zr-III-VII** 1 : 1 : 1, **Zr-III-VIII** 1 : 1 : 1, **Zr-III-IX** 1 : 1 : 1, **Zr-III-X** 1 : 1 : 1, **Zr-III-VI** 1 : 1 : 1, **Zr-IV-VII** 1 : 1 : 2 u. **Zr-IV-X** 1 : 1 : 2. In den anderen Mischungen treten verschiedene Chelat-Syst. nebeneinander auf. Bei der Rk. von Zr^{4+} mit einem carboxylgruppenhaltigem Liganden wird dann die größte Stabilität des Komplexes erhalten, wenn der 2. Ligand phenol. oder aliphat. OH-Gruppen enthält, die bei Ersatz des Protons durch Zr^{4+} Alkoxidanionen bilden können. Eine Stabilitätsgrenze wird erreicht, wenn der entstandene Komplex zu negativ wird. Der stabilisierende Einfl. zweizähniger Liganden auf Zr(IV)-Chelate mit Aminopolycarbonsäuren fällt in der Reihenfolge **VII** > **VIII** > **VI** > **IX** > **XI** > *o-Phthalsäure*. Für 5gliedrige Ringe ist die Reihenfolge abnehmender Basizität der Anionen **VII** > **IX** > **X**, für 6gliedrige Chelatringe **VIII** > **VI** > **XI**. Bei der Chelat-Bldg. konnte keine Beteiligung der Sulfonsäuregruppe nachgewiesen werden. HERBERT MÜLLER. 322 □

Darstellung und Eigenschaften einiger höherer Zinnalkoxide. Jean-Claude Maire. (C. R. hebd. Séances Acad. Sci. **251.** 1292—93. 26/9. 1960. Strasbourg, Inst. de Chim.) (Franz.)

Die Darst. höherer Sn(IV)-Alkoxide gelingt durch Alkoholyse niedriger Glieder dieser Reihe. Sie reagieren mit den entsprechenden Mg-organ. Verbb. zu den Zinnorganylen (Ausbeute ca. 65%). Mit C_2H_5MgBr entsteht in allen Fällen $Sn(C_2H_5)_4$ in ca. 70%ig. Ausbeute.

Versuche: $Sn(OC_2H_5)_4 \cdot 2\ C_2H_5OH$ (**I**), durch Zufügen von 111,5g $SnCl_4$ zu 156 g A., Auflösen des Nd. von $SnCl_4 \cdot 2\ C_2H_5OH$ mit 50 ml A., Versetzen mit einer Lsg. von 39,6 g Na in 720 ml A., 12 std. Erhitzen am Rückfluß, Filtrieren der heißen Lsg. u. Kühlen; farblose Kristalle. — $Sn[OCH(CH_3)_2]_4 \cdot (CH_3)_2CHOH$ (**II**), analog vcrst. Verb. unter Verw. der doppelten Menge Isopropanol bei der Darst. der Na-Lösung. — Höhere Sn(IV)-Alkoxide: Durch Erhitzen von **I** oder **II** mit der geeigneten Menge des höheren Alkohols u. quant. Best. des abdestillierenden A. oder Isopropanols. Im einzelnen wurden dargestellt: $Sn(O\text{-}n\text{-}C_5H_{11})_4$ (**III**), $Kp._{0,7}$ 230°, gelbe Fl., Assoziationsgrad N = 1,5 (ebullioskop.); $Sn(O\text{-}iso\text{-}C_5H_{11})_4$ (**IV**), $Kp._{2,0}$ 204°, gelbe Fl., N = 1,05; $Sn[OCH(CH_3)\cdot(n\text{-}C_3H_7)]_4$ (**V**), $Kp._{1,5}$ 205°, gelbe Fl., N = 1,15; $Sn(O\text{-}tert.\text{-}C_5H_{11})_4$ (**VI**), $Kp._{0,6}$ 160°, rotgelbe Fl., N = 1,0; $Sn(O\text{-}n\text{-}C_6H_{13})$ (**VII**), $Kp._{0,1}$ 230°, gelbe Fl., N = 1,2; $Sn[OCH(CH_3)\cdot(n\text{-}C_4H_9)]_4$, F. 50°, $Kp._{0,001}$ 120°, N = 1,0; $Sn(n\text{-}C_7H_{15})_4$, $Kp._{0,0004}$ 130°, braungelbe Fl., N = 1,0; $Sn[OCH(C_2H_5)(n\text{-}C_4H_9)]_4$, $Kp._{0,001}$ 135°, braungelbe Fl., N = 1,0; $Sn(O\text{-}n\text{-}C_8H_{17})_4$, $Kp._{0,0004}$ 150°, braungelbe Fl., N = 1,0. — $Sn(tert.\text{-}C_5H_{11})_4$, $Kp._{19}$ 157°, aus den Verbb. **III-VII** durch Rk. mit der entsprechenden Mg-organ. Verbindung. A. BLASCHETTE. 327 □

Eine polarographische Untersuchung von in geschmolzenem Bleichlorid gelöstem überschüssigem Blei. J. J. Egan. (J. physic. Chem. **65.** 2222—24. Dez. 1961. Göttingen, MPI für phys. Chem.) (Engl.)

Die Natur einer Lsg. von überschüssigem Pb in geschmolzenem $PbCl_2$ ($PbCl_2$-Schmelze im Gleichgew. mit fl. Pb—Au-Legg. bei 518°) wurde polarograph. mit Hilfe einer Pt-Mikroanode untersucht. Der Grenzstrom I für die Oxydation von Pb^+ bzw. Pb_2^{2+} ist proportional der Konz. dieser Ionen. Die Meßwerte erfüllen recht gut die Gleichung $I/I_0 = a_{Pb}$, mit I_0 = Grenzstrom bei der Aktivität $a_{Pb} = 1$. Hieraus folgt, daß im untersuchten Syst. die Rk. $Pb + Pb^{2+} \rightarrow Pb_2^{2+}$ abläuft; für $Pb + Pb^{2+} \rightarrow 2\,Pb^+$ müßte

$I/I_0 = a_{Pb}^{1/2}$ erfüllt sein. Bi ist als Leg.-Partner nicht geeignet, da es mit $PbCl_2$ reagiert (Bldg. von $BiCl_3$ u. Bi-Subchloriden). A. BLASCHETTE. 328□

Eine colorimetrische Untersuchung der Reaktion zwischen Vanadylsulfat und Brenzcatechin. P. K. Bhattacharya und S. N. Banerji. (Z. anorg. allg. Chem. **315.** 118—20. 1962. Saugar, India, Univ. of Saugar, Dep. of Chem.) (Engl.)

Vff. untersuchen photometr. die Komplex-Bldg. zwischen $VOSO_4$ u. Brenzcatechin (I). Gibt man I zu einer $VOSO_4$-Lsg., so ändert sich die Farbe von Blau nach Violett. Die violette Farbe ist nur kurze Zeit beständig u. geht dann allmählich in Violettschwarz über. Die Messungen wurden bei pH 3,2—3,4 u. einer Temp. von 30° vorgenommen. Die Unters. nach der Meth. der kontinuierlichen Variation von JOB ergab, daß sich zunächst ein 1 : 2-Komplex bildet, der nach kurzer Zeit unter Aufnahme eines weiteren I-Mol. in einen 1 : 3-Komplex übergeht. GERHARD SCHULZE. 330□

Chrom(III)-Oxoanionen-Systeme. G. M. Lukaszewski und J. P. Redfern. (Nature [London] **190.** 805—06. 27/5. 1961. London, Battersea Coll. of Technol.) (Engl.)

Vff. untersuchen die Dehydratation von $[Cr(H_2O)_6]_2[SO_4]_3 \cdot 16\,H_2O$, $[Cr(H_2O)_6] \cdot [AsO_4]$ u. $[Cr(H_2O)_6][PO_4]$ mit thermogravimetr. u. IR-Meth. u. diskutieren die Vers.-Ergebnisse. Unterss. weisen auf das Fehlen von O-Bindungen in den polymeren Verbb. hin. J. KRAETSCH. 335□

Stabilisierung von UO_2. W. B. Wilson, C. A. Alexander und A. F. Gerds. (J. inorg. nuclear Chem. **20.** 242—51. Dez. 1961. Detroit, Mich., Gen. Electric Co.; Columbus, Ohio, Battelle Mem. Inst.) (Engl.)

UO_2 wandelt sich bei hohen Temp. in oxydierender Atmosphäre in U_3O_8 um, das oberhalb 1200° einen beträchtlichen Dampfdruck besitzt. Vff. diskutieren ein Verf. zur Verhinderung dieser Vorgänge. Durch 4std. Erhitzen der Komponenten auf 1750° im Vakuum werden feste Lsgg. von UO_2 u. La_2O_3 mit Fluoritstruktur erhalten, deren Gitterparameter mit steigendem La_2O_3-Geh. monoton zunimmt, um bei a = 5,64 Å mit 54 Mol.% La_2O_3 die Grenze des Einphasengebietes zu erreichen. In Verb. mit Literaturdaten wird ein Pseudophasendiagramm des Syst. U–La–O aufgestellt. Das Verh. in oxydierender Atmosphäre wurde bei 1375—1750° untersucht. Reines UO_2 wird rasch oxydiert u. verflüchtigt sich in 20 Std. nahezu vollständig. Die Oxydations- u. die Verdampfungs-Geschw. nehmen mit steigendem La_2O_3- oder auch Y_2O_3-Geh. des UO_2 rasch ab. Bei der Oxydation der festen Lsgg. bleibt die Fluoritstruktur unter Verkleinerung des Gitterparameters erhalten. Der Gew.-Verlust u. der Oxydationsgrad des U sinken dabei mit steigendem Geh. an Me_2O_3. Feste Lsgg. von ThO_2 u. UO_2 zeigen dieses Verh. nicht. Die „oxydierten" Lsgg. der Zus. $UO_{2+x} + La_2O_3$ besitzen Gitterparameter, die zwischen denen der nichtoxydierten Lsgg. ($UO_2 + La_2O_3$) u. den von HUND u. PEETZ (C. **1953.** 7487) an Lsgg. der Zus. $U_3O_8 + La_2O_3$ erhaltenen liegen. Geringe Zusätze von La_2O_3 (2,6 Mol.%) steigern den spezif. elektr. Widerstand ϱ des UO_2 erheblich. Die Aktivierungsenergie für die Freisetzung einer Ladung besitzt bei der äquimolaren Lsg. ein Maximum. Bei La_2O_3-Geh. >50 Mol.% geht die p- in n-Leitung über. Einstd. Erhitzen auf 1750° an der Luft erniedrigt ϱ um mehr als eine Größenordnung, wobei die Aktivierungsenergie annähernd unverändert bleibt. Der Übergang von p- zu n-Leitung tritt auch hier bei ca. 50 Mol.% La_2O_3 ein. A. BLASCHETTE. 339□

Die Chemie der Cis- und Transurane im Vergleich mit Lanthaniden und Übergangsmetallen. M. Haïssinsky. (XVII. int. Kongr. reine angew. Chem., München **1.** 185—202. 1959, herausgeg. 1960. Paris, Fac. des Sci., Labor. Curie.) (Franz.)

Vortrag über histor. Entw., Wertigkeitsstufen, elektrochem. Eigg., Atom- u. Ionengröße, Elektronenstruktur u. Komplex-Bldg. u. Hydrolyse von Cis- u. Transuraninen. — 43 Literaturangaben (bis 1959). P. GOLINSKE. 339□

Vergleichende Chemie der Lanthaniden und Actiniden. B. B. Cunningham. (XVII. int. Kongr. reine angew. Chem., München **1.** 64—81. 1959, herausgeg. 1960. Berkeley, Calif., Univ. of California.) (Engl.)

Vortrag über Elektronenkonfiguration, Oxydations-Red.-Verh., thermodynam., spektroskop. u. magnet. Eigg. von Lanthaniden u. Actiniden, Eigg. der Metalle u. Vgl. einiger Bindungsfaktoren in Actiniden u. Lanthaniden. — 38 Literaturhinweise (bis 1959). P. GOLINSKE. 341□

Die Effekte der optischen Konfiguration von Peptiden. 2. Mitt. Die Reaktion der diastereomeren Leucyltyrosine mit Kobalt(II)-Ionen und molekularem Sauerstoff. G. W. Miller, B. T. Gillis und N. C. Li. (J. biol. Chemistry **235.** 2840—44. Okt. 1960. Pittsburgh, Pa., Duquesne Univ., Dep. of Chem.) (Engl.) — 1. vgl. C. **1961.** 8973.

Dipeptide mit 2 Asymmetriezentren (Leucyltyrosin = Leu-Tyr) bilden Diastereomere mit wesentlichen Unterschieden ihrer physikal. Eigg. (Dissoziations-Konst., Bldg.-Konst. des Metallkomplexes, Lage u. Intensität der Absorptionsbanden des O_2-haltigen Co-Komplexes, Geschw. der O_2-Aufnahme). Die Wellenlängen der maximalen

Absorption u. die Extinktions-Koeff./Mol Co betragen: $Co(NO_3)_2$ 5100; 4,9; Co(D-Leu·L-Tyr)$_2$ 4900; 48,4; Co(L-Leu·L-Tyr)$_2$ 5100; 33,8; Oxy-Co(D-Leu·L-Tyr)$_2$ (rot) 5100; 320; Oxy-Co(L-Leu·L-Tyr)$_2$ (rot) 5300; 402; Oxy-Co(D-Leu·L-Tyr)$_2$ (braun) 3300; 2300; Oxy-Co(L-Leu·L-Tyr)$_2$ (braun) 3300; 1900; Oxy-Co(Gly·Gly)$_2$ (rot) 5200; 384; Oxy-Co(Gly·Gly)$_2$ (braun) 3500; 4000; Oxy-Co(L-Leu)$_2$ (rot) 5450; 54; Oxy-Co(L-Tyr)$_2$ (rot) 5200; 42; Oxy-Co(D-Asparagin)$_2$ (rot) 5350; 23; Oxy-Co(L-Asparagin)$_2$ (rot) 5350; 14; Oxy-Co(D-Ser)$_2$ (rot) 5550; 104; Oxy-Co(L-Ser)$_2$ (rot) 5550; 93; Oxy-Co(Glycinamid)$_2$ (rot) 5000; 90,2; Oxy-Co(Gly·Gly-methylester)$_2$ (rot) 5200; 234; Co(His)$_2$ 4860; 19,4; Oxy-Co(His)$_2$ (rot) 4900; 125; Oxy-Co(His)$_2$ (braun) 3850; 1620. Das Verhältnis O_2 : Co : Leu·Tyr beträgt 1 : 2 : 4. Der Co-Komplex von L-Leu·L-Tyr nimmt unter analogen Bedingungen schneller O_2 auf als der Komplex von D-Leu·L-Tyr. Die Unterschiede im Verh. der Diastereomeren werden im Hinblick auf die räumliche Geometrie der Dipeptide diskutiert. E. SCHWERDTFEGER. 355□

Über konduktometrische Untersuchungen an Kupferwolframaten. R. S. Saxena und C. M. Gupta. (Current Sci. **27.** 437—38. Nov. 1958. Kota, Gov. Coll., Chem. Labor.) (Engl.)

In wss. u. wss.-alkohol. Lsg. wurden direkte u. umgekehrte konduktometr. Titrationen zwischen $CuSO_4$ u. Na_2WO_4 durchgeführt. Durch den A. wird die Löslichkeit des Nd. herabgesetzt. Zwischen pH 6,0 u. 6,5 zeigte ein scharfer Knick in den Kurven den Äquivalenzpunkt bei Vorliegen gleicher molarer Mengen an. Bei pH 4,8—5,2 trat der Äquivalenzpunkt bei Vorliegen der Verb. $CuO \cdot 4\ WO_3$ auf. H. PLUSKAL. 358□

Salzbildung der 4-Isonitrosopyrazolone. 6. Mitt. **Kupfer(II)-Salze.** V. Hovorka und L. Šůcha. (Collect. czechoslov. chem. Commun. **25.** 1796—1806. Juli 1960. Prague, Inst. of Chem. Technol., Dep. of Anal. Chem.) (Engl.) — 5. vgl. C. **1962.** 12586.

Isonitrosopyrazolon-Derivv. bilden mit Cu^{2+} Salze, von denen die meisten die Zus. $CuP_2 \cdot 2A$ aufweisen (**P** = Pyrazolonanion, **A** = W., NH_3 bzw. Pyridin, je nach Rk.-Medium). Anhand thermogravimetr. Analysen wird angenommen, daß W. u. Pyridin nicht koordinativ an Cu gebunden sind, sondern daß die Verbb. als Dihydrate bzw. Dipyridinate mit vierbindigem Cu vorliegen, dagegen sind die NH_3-Verbb. wahre Amin-Verbb. mit koordinativ sechsbindigem Cu. Verbb. mit mehr als 2**A** werden als Gitter-Verbb. angesehen. Mögliche Strukturformeln werden vorgeschlagen. In Ggw. von überschüssigem $NaCH_3COO$ werden bas. Salze mit weniger als 2**P** auf 1 Cu ausgeschieden. Diese haben keine einheitliche Zusammensetzung.

Versuche: Durch Mischen heißer Lsgg. von Pyrazolon in wss. A. oder A. u. von $CuSO_4$ oder $Cu(NO_3)_2$ in W. evtl. nach Zusatz von $NaCH_3COO$, NH_3 oder Pyridin wurden Cu-Salze folgender **P** dargestellt: *4-Isonitrosopyrazolon-(5)*, bas. Salz, grün; Ammoniakat, $C_6H_4CuN_6O_4 \cdot 3\ NH_3$, im Vakuum getrocknet; $C_6H_4CuN_6O_4 \cdot 4\ NH_3$, in NH_3-Atmosphäre, beide braun. — *4-Isonitroso-3-methylpyrazolon-(5)*, Dihydrat, $C_8H_8CuN_6O_4 \cdot 2\ H_2O$, dunkelgrün; wasserfreies $C_8H_8CuN_6O_4$ nach Trocknen bei 105°; bas. Salze; Pyridinat, $C_8H_8CuN_6O_4 \cdot 2\ C_5H_5N$, dunkelgrün. — *4-Isonitroso-3-phenylpyrazolon-(5)*, Dihydrat, $C_{18}H_{12}CuN_6O_4 \cdot 2\ H_2O$, olivfarben; wasserfreies $C_{18}H_{12}CuN_6O_4$ nach Trocknen bei 110°; Ammoniakat, braun. — *4-Isonitroso-1-phenylpyrazolon-(5)*, Dihydrat, $C_{18}H_{12}CuN_6O_4 \cdot 2\ H_2O$, grün; Ammoniakat, $C_{18}H_{12}CuN_6O_4 \cdot 2\ NH_3$, braun; Pyridinat, $C_{18}H_{12}CuN_6O_4 \cdot 2\ C_5H_5N$, braun. — *4-Isonitroso-1-phenyl-3-methylpyrazolon-(5)*, Dihydrat, $C_{20}H_{16}CuN_6O_4 \cdot 2\ H_2O$, grün; wasserfreies $C_{20}H_{16}CuN_6O_4$ nach Trocknen bei 110°; Ammoniakat, $C_{20}H_{16} \cdot CuN_6O_4 \cdot 2\ NH_3$, braun. — *4-Isonitroso-1-p-nitrophenyl-3-methylpyrazolon-(5)*, Hydrat, $C_{20}H_{14}CuN_8O_8 \cdot H_2O$, getrocknet bei 105°, grün-braun; Ammoniakat, $C_{20}H_{14}CuN_8O_8 \cdot 2\ NH_3$, braun. — *4-Isonitroso-1-p-chlorphenyl-3-methylpyrazolon-(5)*, Dihydrat, $C_{20}H_{14}Cl_2 \cdot CuN_6O_4 \cdot 2\ H_2O$, braun-grün. — *4-Isonitroso-1-[2.4-dinitrophenyl]-3-methylpyrazolon-(5)*, Dihydrat, $C_{20}H_{12}CuN_{10}O_{12} \cdot 2\ H_2O$, hellgrün; Ammoniakate, $C_{20}H_{12}CuN_{10}O_{12} \cdot 3\ NH_3$, u. $C_{20}H_{12}CuN_{10}O_{12} \cdot 2\ NH_3$, olivgrün. — *4-Isonitroso-1.3-diphenylpyrazolon-(5)*, Dihydrat, $C_{30}H_{20}CuN_6O_4 \cdot 2\ H_2O$, olivfarben, wasserfreies $C_{30}H_{20}CuN_6O_4$ nach Trocknen bei 110°; Ammoniakat, $C_{30}H_{20}CuN_6O_4 \cdot 2\ NH_3$, braun. — *4-Isonitroso-1-p-nitrophenyl-3-phenylpyrazolon-(5)*, Dihydrat, $C_{30}H_{18}CuN_8O_8 \cdot 2\ H_2O$, braun; wasserfreies $C_{30}H_{18}N_8O_8Cu$, braun; Ammoniakat, $C_{30}H_{18}CuN_8O_8 \cdot 2\ NH_3$, unrein. J. KOVÁŘ. 358

Aspekte der Chemie von Carbonylen, Cyaniden und Olefinkomplexen. G. Wilkinson. (XVII. int. Kongr. reine angew. Chem., München **1.** 127—35. 1959, herausgeg. 1960. London, Imp. Coll. of Sci. and Technol.) (Engl.)

Vortrag über die Struktur von $H_2Fe(CO)_4$, die Red. von Cyanokobalt(II)- u. anderen Cyanokomplexen u. über Olefin–Metall-Komplexe, bes. die π-Cyclopentadienylcyclopentadien-Komplexe von Rh u. Co. — 12 Literaturangaben (bis 1959).

P. GOLINSKE. 364□

A_9. Mineralogische und geologische Chemie

Rotationsvermögen verschiedener anisotroper Erzmineralien. E. N. Cameron, J. H. Davis, J. M. Guilbert, L. T. Larson, J. J. Mancuso und R. K. Sorem. (Econ. Geol. **56.** 569—83. Mai 1961. Madison, Wis., Univ. of Wisconsin.) (Engl.)

Bericht über systemat. auflichtmkr. Unters. an 82 anisotropen Erzmineralien. H. MOENKE. 372□

Statistische Untersuchung der gesetzmäßigen Verwachsungen der Tremolite im Apatit aus den Calcitadern von Sljudjanka. I. Je. Kamenzew. (Вестник Ленинградского Университета, Серия Геологии и Географии [Nachr. Leningrader Univ.] **13.** Nr. 18. [Ser. Geol. Geogr.] Nr. 3. 27—33. 1958.) (Russ.; Auszug: Engl.) — Vgl. C. **1962.** 3009.

Die Mehrzahl der Apatit (**I**)-Kristalle aus den Calcitadern von Sljudjanka enthält Einschlüsse von Tremolit (**II**). Aus Unterss. an orientierten Schliffen von 885 **II**-Kristallen wurden für die epitakt. Verwachsungen von **II** mit **I** 2 Gesetzmäßigkeiten gefunden: (100) bzw. (010) von **II** sind derart mit ($10\bar{1}0$) von **I** verwachsen, daß [001] von **II** parallel [0001] von **I** verläuft. Nach dem 1. Gesetz sind 10%, nach dem 2. 81% der untersuchten **II**-Kristalle verwachsen. H. NOACK. 372

Tscheffkinit, Perrierit und Epidote. Stefano Boratti. (Amer. Mineralogist **44.** 115—37. Jan./Febr. 1959. Pisa, Univ.) (Engl.)

Die Beziehungen zwischen *Tscheffkinit* u. *Perrierit* u. der *Epiodotgruppe* werden untersucht. Epidote u. Tscheffkinite bilden 2 Mineralgruppen, die beide Sauerstoffketten entlang der monoklinen b-Achse besitzen. Zu den Tscheffkiniten gehört außer Perrierit u. monoklinem Tscheffkinit wahrscheinlich auch rhom. Tscheffkinit. Perrierit hat die Raumgruppe C 2/m u. die Gitter-Konst. a = 13,61, b = 5,62, c = 11,63 Å, β = 113°28'. Tscheffkinit hat die Raumgruppe C2/m u. die Gitter-Konst. a = 13,56, b = 5,82, c = 11,21 Å, β = 100°45'. Verdoppelt man bei ihm c u. zentriert (010), so werden c = 23,94 Å, β = 113°04'. J.-E. HILLER. 372□

Zur Geochemie des Strontiums in den salinaren Zechsteinablagerungen der Staßfurt-Serie des Südharzbezirkes. Albert Günter Herrmann. (Chem. d. Erde **21.** 137—94. 1961. Berlin, Forschungsgemeinschaft der Deutschen Akad. der Wiss., Inst. für anorgan. Chem.) (Dt.)

Bericht über Vork. u. Verteilung von Sr in Salzmineralien, -gesteinen u. -laugen der Südharz-Staßfurtserie. Der Sr/Ca-Quotient steigt vom Hauptdolomit bis zum Kalilager an. Coelestin tritt im Staßfurt-Steinsalz des Südharzbezirks (**I**) u. auch im Kalilager auf. Isomorphe Bindung des Sr wird für Hauptdolomit u. Basalanhydrit beschrieben. Quant. Nachw., daß das anhydrit. Hartsalz durch Einwrkg. $CaCl_2$-haltiger Erdölbegleitwässer (**II**) auf prim. kieserithaltiges Carnallitgestein entstanden ist. $^1/_3$ des im Hartsalz des **I** vorkommenden Coelestins ist nach Angaben des Vff. prim. entstanden. Erläuterung der sek. Coelestin-Bldg. im Staßfurt-Steinsalz sowie der geochem. Zusammenhänge zwischen **II** u. Kluftlaugen (Sr-, Br-, Li-Verteilung). Es ist möglich, durch Br-, Sr- u. Li-Analysen festzustellen, ob eine Salzlösung aus dem Liegenden oder aus dem Hangenden kommt oder ob es sich um eine Kluftlauge handelt. Nach Ansicht des Vf. sind die Sr- u. Li-Konzz. der $CaCl_2$-haltigen Lsgg. während einer Bitumenfazies bei der Dolomit-Bldg. aufgenommen worden. Bei der Metamorphose der Südharzkalilager sollen vorwiegend **II** akt. beteiligt gewesen sein, Gips-Anhydrit-Metamorphose-Wässer dagegen kaum. Die im Anhydrit isomorph eingebauten Sr-Geh. schließen eine prim. Gips-Bldg. nicht aus. H. MOENKE. 378□

Spurenelemente in Pyrit, Magnetkies und Kupferkies verschiedener Erze. J. E. Hawley und Ian Nichol. (Econ. Geol. **56.** 467—87. Mai 1961. Kingston, Ontario, Canada, Queen's Univ.) (Engl.)

Es wurde u. a. die Verteilung von Co, Ag, Ni u. Pb in den Erzmineralien Pyrit, Magnetkies u. Kupferkies aus magmat. Ni-Erzlagerstätten sowie hydrothermaler Cu- u. Au-Vork. bestimmt. Diskussion verschiedener Unterschiede: Einfluß magmat. Differentiation u. lokale Zufuhr durch umlaufende Erzlösungen. H. MOENKE. 378□

Spurenelementverteilung in einigen metamorphen Pyroxenen. R. L. Moxham. (Canad. Mineralogist **6.** 522—45. 1960. Hamilton, Canada, McMaster Univ.) (Engl.)

38 Pyroxene u. 5 Amphibole wurden emissionsspektroskop. untersucht u. folgende Konz.-Bereiche gefunden: B 7—90 (ppm), Be 0—9, Ga 0—60, Cr Spuren —200, Li 0—150. Ti 200—1200, Ni 1—50, Mo —, Co 5—45, Cu 0—50, V 8—86, Zr 12—117, Mn 600—2800, Sc Spuren —15, Y Spuren —18, Sn —, Sr 17—450, Pb Spuren —300 u. Ba 1—44. Pyroxene aus Magmatiten enthalten mehr B, ähnliche Mengen Be, Ga, Sr u. Ba, jedoch erheblich weniger von den anderen Elementen. H. MOENKE. 378□

Untersuchung der chemischen Zusammensetzung von natürlichen Pyrrhotinen. E. N. Jelissejew. (Вестник Ленинградского Университета, Серия Геологии и Географии [Nachr. Leningrader Univ.] **13.** Nr. 6. [Ser. Geol. Geogr.] Nr. 1. 24—35. 1958.) (Russ.; Auszug: Engl.)

An Hand der Literatur (14 Zitate) wird nachgewiesen, daß die unterschiedlichen S-Geh. in den Pyrrhotinen verschiedener Lagerstätten u. Gesteine funktionell von der Temp. u. Konz. der erzbildenden Lsgg. abhängen. H. NOACK. 378

Genesis der sulfidischen Kupfer–Nickel-Lagerstätten. N. A. Jelissejew. (Вестник Ленинградского Университета, Серия Геологии и Географии [Nachr. Leningrader Univ.] **13.** Nr. 24. [Ser. Geol. Geogr.] Nr. 4. 5—16. 1958.) (Russ.; Auszug: Engl.)

Allg. Ausführungen über die Rekristallisation der Sulfide von Ni, Cu, Co u. anderen Metallen, metasomat. Prozesse u. metall. Intrusionen der ultrabas. u. bas. Gesteine. Die sulfid. Erzkörper werden in syngenet. u. epigenet. unterteilt. Erstere entstanden durch hydrothermale Lsgg. ultrabas. u. bas. Magmen, letztere durch Rekristallisation der syngenet. Sulfide während der hydrothermalen Metamorphose. — 17 Literaturangaben. H. NOACK. 378

Mineralogie und Geochemie der sulfidischen Kupfer–Nickel-Lagerstätten. E. N. Jelissejew. (Вестник Ленинградского Университета, Серия Геологии и Географии [Nachr. Leningrader Univ.] **13.** Nr. 24. [Ser. Geol. Geogr.] Nr. 4. 17—31. 1958.) (Russ.; Auszug: Engl.)

Literaturübersicht. Behandelt werden die geochem. Besonderheiten der sulfid. Cu–Ni-Vererzung, Gesetzmäßigkeiten der Mineral-Bldg., Mineralparagenesen, Einfl. metasomat. Prozesse auf das Vork. von Chalkopyrit, Zus. u. Säure-Geh. der Erz-Lsgg., Pyrrhotin als geolog. Thermometer. H. NOACK. 378

Hydraulische Dimensionen des Diamanten und seiner Hauptbegleiter. N. W. Rasumichin. (Вестник Ленинградского Университета, Серия Геологии и Географии [Nachr. Leningrader Univ.] **13.** Nr. 6. [Ser. Geol. Geogr.] Nr. 1. 132—40. 1958.) (Russ.; Auszug: Engl.)

Auf Grund experimenteller Ergebnisse wird festgestellt, daß die hydraul. Dimensionen (Absetzgeschw. in W.) des Diamanten u. seiner Hauptbegleiter nicht ihrem spezif. Gew. (3,5), sondern dem schwererer Minerale (4—4,5) entsprechen. Diese Tatsache ist von großer Bedeutung für die Konz. des Diamanten in den alluvialen Flußablagerungen. H. NOACK. 378

Zur Petrographie des Hauptanhydrits (Z 3) im Südharz. Rolf Langbein. (Chem. d. Erde **21.** 248—64. 2 Tafeln. 1961. Jena, Geolog. Dienst.) (Dt.)

Mitteilung der Ergebnisse von Dünnschliff-Unterss. am Hauptanhydrit, bes. am Profil der Bohrung Pustleben 1 bei Bleicherode. Berücksichtigt werden neben den Anhydritstrukturen das klast. Material, Talk, Dolomit, Magnesit u. Steinsalz. Diskussion der Gliederungsmöglichkeiten. Ooidstrukturen u. Gipsrelikte lassen auf prim. Gips-Bldg. schließen. H. MOENKE. 380□

Vorkommen von Coffinit in französischen Uranlagern. Georges Branche und Bernard Morignat. (C. R. hebd. Séances Acad. Sci. **248.** 2358—60. 20/4. 1959.) (Franz.)

Von den französ. Uranlagerstätten Margnac Brugeaut, Ruaux, Saint-Symphorien-de-Marmagne u. Grury wird das Vork. von Coffinit beschrieben. J.-E. HILLER. 380□

Delorenzit ist Tanteuxenit. J. R. Butler und P. G. Embrey. (Mineralog. Mag. J. mineralog. Soc. **32.** 308—13. Dez. 1959. London, Imperial Coll. u. Brit. Museum, Dep. of Miner.) (Engl.)

Delorenzit von der Typlokalität wurde chem. u. röntgenograph. untersucht. Es ergab sich, daß er mit Tantauxenit von Australien prakt. ident. ist. Die Analyse des Delorenzit war unvollkommen. Deshalb wird vorgeschlagen, auf den Namen Delorenzit zu verzichten. J.-E. HILLER. 380□

Untersuchung des Hydroboracits der Inder-Lagerstätten. L. W. Petrowa. (Вестник Ленинградского Университета, Серия Геологии и Географии [Nachr. Leningrader Univ.] **13.** Nr. 18. [Ser. Geol. Geogr.] Nr. 3. 34—43. 1958.) (Russ.; Auszug: Engl.)

Als Hauptbormineral der Salzschichten u. des Gipshutes der Indererhebung tritt Hydroboracit (I) auf ($CaMgB_6O_{11} \cdot 6\ H_2O$, farblos bis rosa, Glasglanz, Härte 2—3, Spezif. Gew. 2,376). I wurde opt., goniometr. u. röntgenograph. untersucht. Für I aus den Salzschichten wurden als neue Flächenformen (2 1 0), (2 2 1), (2 3 2), für I des Gipshutes (1 5 0) gefunden. I ist opt. 2achsig positiv, 2 V = 60—66°, die Indikatrix ist folgendermaßen orientiert: Np $\triangleq$ c = 33°, Nm = b, Ng $\triangleq$ a = 20°. Die Brechungsindices sind

Np = 1,519 (± 0,001), Nm = 1,537, Ng = 1,572. Die Dimensionen der Elementarzelle betragen a = 11,64 (± 0,02 Å), b = 6,62, c = 8,24, β = 102° 54′ ± 12′; Z = 2, die Raumgruppe ist P 2/c. H. Noack. 380

Molybdän-Wolframlagerstätte von Ljangar. O. M. Rimskaja-Korssakowa, W. W. Ssachonenok und N. A. Kulik. (Вестник Ленинградского Университета, Серия Геологии и Географии [Nachr. Leningrader Univ.] **14.** Nr. 6. [Ser. Geol. Geogr.] Nr. 1. 63—74. 1959.) (Russ.; Auszug: Engl.)

Die Lagerstätte von Ljangar (Usbek. SSR) ist an die Kontaktzone der Granitoidintrusion mit paläozoischen Kalksteinen u. Schiefern gebunden. Sie ist durch das Auftreten typ. Skarnassoziationen (Pyroxen, Granat Vesuvian Wollastonit u. a.) u. verschiedener Erzminerale (Scheelit, Molybdänit, Pyrrhotin, Chalkopyrit) charakterisiert. Auffallend ist in der Mehrheit der Skarne der hohe Mn-Geh.; Sn, Be, Ga, Ge kommen als Beimengungen vor. In Molybdänit sind Fe, Bi, Cu, in Pyrrhotin Mn, Ni, Co, Cu, in Chalkopyrit Mn, Ag, Sn, Zn, in Sphalerit Cd, Mn u. in Scheelit Mo als Beimengungen enthalten. Die Fällungsbedingungen für W u. Mo waren unterschiedlich; während Scheelit sich hauptsächlich in der Nähe von Kalksteinen bildete, wurde die Mo-Ablagerung in quarzreichen Gesteinen begünstigt. H. Noack. 380

Molybdänit vergesellschaftet mit Laxford-Gneis von Loch Stack, Sutherlandshire. O. von Knorring und R. Dearnley. (Mineralog. Mag. J. mineralog. Soc. **32.** 344—45. Dez. 1959. Leeds, Univ., Dep. of Geol.) (Engl.)

Ein Vork. von Molybdänit wird beschrieben, das in Amphiboliten am Kontakt mit Pegmatit auftritt. Die Pegmatite enthalten entweder *Quarz. Mikroklin, Albit, Muskovit* u. accessor. *Epidot*, ferner sek. *Chlorit* u. *Skapolith* oder Quarz, Albit, *Oligoklas* u. untergeordnet *Biotit*, Chlorit u. Epidot. Der *Molybdänit* findet sich in zentimetergroßen Aggregaten örtlich neben *Pyrit*, gewöhnlich mit *Sphen.* J.-E. Hiller. 380□

Yoderit, ein neues wasserhaltiges Magnesium-Eisen-Alumosilicat von Mautia Hill, Tanganjika. Duncan McKie. (Mineralog. Mag. J. mineralog. Soc. **32.** 282—307. Dez. 1959. Cambridge, Dep. of Miner. and Petrolog.; Salisbury, Südrhodesia, Geol. Surv.) (Engl.)

Auf Grund von Röntgen-Unterss. wurde als neues Mineral *Yoderit* entdeckt. Es ist ein Hauptbestandteil in einem *Quarz-Cyanit-Talk*-Schiefer u. bei hohem Druck entstanden nach der Rk. Cyanit + Talk → Yoderit + Quarz. Das Mineral hat die monokline Raumgruppe $P\,2_1$ oder $P\,2_1/m$ u. die Gitter-Konst. a = 8,10, b = 5,78, c = 7,28 Å, β = 106°; Z = 4. Analyse: SiO_2 36,12, TiO_2 0,35, Al_2O_3 41,06, Fe_2O_3 0,50, FeO 4,82, MnO 0,32, MgO 12,23, CaO 1,48, Na_2O 0,01, K_2O 0,05, H_2O^+ 3,20, H_2O^- 0,05%, D. = 3,39. Daraus ergibt sich die Formel: $(Mg_{2,0}Ca_{0,2}Fe_{0,5}Al_{5,3})Si_{4,0}O_{17,6}(OH)_{2,4}$. Opt. Konst. u. Pleochroismus sind n α 1,689 blaß preußischblau, n β 1,691 indigo, n γ 1,715 hellolivgrün, 2 V 25°. Das therm. Verh. wird untersucht. J.-E. Hiller. 380□

Charakteristische Besonderheiten einiger Zinnerzlagerstätten des mittleren Laufes des Flusses Kolyma. O. Ss. Gratschewa und I. W. Solotowa. (Записки Всесоюзного Минералогического Общества [Schr. mineralog. Allunions-Ges.] [2] **88.** 275—85. 1959. Leningrad, Allunions-Forsch.-Inst. für Geol.) (Russ.)

Die Sn-Lagerstätten des mittleren Kolyma gehören zu 5 mineralog. Typen: 1. Greisentyp mit Quarz, Muskovit, Topas, Siderophyllit, Turmalin, Arsenopyrit, Pyrit, Cassiterit, manchmal Wolframit u. Fayalit als charakterist. Mineralien; 2. dem 1. nahestehender Quarz-Topas-Typ; 3. Quarztyp mit Quarz, Pyrit, Arsenopyrit, Cassiterit, manchmal auch Wolframit; 4. Quarz-Chlorit-Typ mit Eisenchlorit, Quarz, Magnetit, Cassiterit u. häufig Wolframit; 5. Pyroxentyp mit Pyroxen, Granat, Wollastonit, Granat, Skapolith, Vesuvian, Quarz, Axinit, Cassiterit, Arsenopyrit u. Pyrit. Die einzelnen Typen werden eingehend beschrieben. O. Lebtag. 380□

Petrographische Skizzierung des Präkambriums in Israel. Yaakov K. Bentor. (Bull. Res. Council Israel, Sect. G **10 G.** 19—63. Juli 1961. The Hebrew, Univ. of Jerusalem and Geol. Surv. of Israel.) (Engl.)

Ausführliche petrograph. Erläuterung des im Süden von Israel aufgeschlossenen Präkambriums. Eine älteste Serie, der „Metamorphe Komplex" (I), setzt sich zusammen aus hochgradig ungewandelten Geosynklinalsedimenten, die nun als Gneise u. Glimmerschiefer vorliegen. Die ultrabas. magmat. Gesteine des initialen Magmatismus wurden später in Amphibolite umgewandelt. Dem **I** folgt der Intrusivkomplex (**II**), der sowohl bas. als auch intermediäre u. saure Tiefen- u. Ergußgesteine umfaßt. **I** u. **II** werden überlagert vom Vulkano-Konglomerat-Komplex mit relativ sauren Intrusiva, bas. u. sauren Effusiva sowie durch Lava verkettetem Konglomerat. Die Magmatite von **II** gehören zur Alkali-Kalk-Reihe; die der letzten Abfolge zur Alkalireihe. H. Moenke. 382□

Überblick über die chromatographische „Stufen"-Theorie im Hinblick auf das Fließen einer Flüssigkeit durch Gesteine und Sedimente. Bartholomew Nagy. (Geochim. cosmochim. Acta [London] **19.** 289—96. Aug. 1960. New York, N.Y., Fordham Univ.) (Engl.)

Die klass. Theorie von MARTIN u. SYNGE (1941) wird auf das chromatograph. Fließen in Sedimenten angewendet. In einem Modell-Vers. (Glucose- u. Rosanilin-Lsgg.) werden die Grenzen der Chromatographie in wss. Medium an Quarzsand gezeigt. — 12 Literaturhinweise. O. HENNING. 385□

Hydrothermal-metasomatische Carbonatgesteine der Nertschinski-Erzfelder und ihre prospektive Bedeutung. S. A. Obraszowa. (Вестник Ленинградского Университета, Серия Геологии и Географии [Nachr. Leningrader Univ.] **13.** Nr. 18. [Ser. Geol. Geogr.] Nr. **3.** 5—14. 1958.) (Russ.; Auszug: Engl.)

Im Nertschinski-Erzfeld treten 2 Dolomit (**I**)-Generationen hydrothermal-metasomat. Entstehung auf. Durch Eindringen erzführender Lsgg. in die sehr porösen prim. grauen **I**-Gesteine vollzog sich deren Umwandlung in die sek. weißen **I** syngenet. mit der Erzformierung. Die weißen **I** gruppieren sich als kleine Adern, Nester u. Säume um die Erzkörper. Neben dem weißen **I** dienen nach der Vererzung entstandene Breccien, die durch die Bewegung der hydrothermalen Lsgg. an die Grenzen des Erzfeldes transportiert u. durch **I** im Schlußstadium zementiert wurden, als Indicatoren bei der Erzauffindung. H. NOACK. 385□

Über den Gebrauch des Begriffs „Charnockit-Gang". C. S. Pichamuthu. (Current Sci. **28.** 357—59. Sept. 1959. Singapore, Univ. of Malaya, Dep. of Geol.) (Engl.) — Vgl. C. **1961.** 15328.

Der Begriff der „Charnockit-Gänge" sollte auf Gesteine mit der bas. Zus. der Charnockite beschränkt bleiben, die parallele Bänder oder gangartige Massen ohne Kreuzung der Gneisgesteine bilden. Sie müssen eine scharfe Abgrenzung gegen das Muttergestein ohne glasige oder felsit. Partien bilden. Die Textur ist granulit. mit angedeuteter Bandstruktur. Die Plagioklase sind frei von Einschlüssen, wasserklar u. nur sehr selten verzwillingt. In Indien kommen Charnockite in 2 verschiedenen Altern vor. Der ältere ist durch Regionalmetamorphose bestehender Gesteine u. der jüngere durch Metasomatose u. Rheomorphismus entstanden. Ersterer ist gneis. oder granulit., letzterer granit. u. grobkörnig. F. ENSSLIN. 385□

Über die Granitoide von Jawornik im Ostsudetengebiet. Jan Burchart. (Arch. mineralog. [Warszawa] **22.** 237—335. 1958. Inst. der Geol. Wiss. der Poln. Wiss. Akad., Labor. für Geochem., Miner. u. Petrogr.) (Pol.)

Nach einem Überblick über die bisherigen Unterss. über die Granitoide aus der Gegend von Jawornik in den Ostsudeten werden an Hand der petrograph. Unterss. des Vf. Schlüsse über ihre Genese gezogen. Sie sind teilweise durch Granitisation von blastomylonit. Gesteinen, teilweise aus Glimmerschiefern, aus Plagioklas–Quarz-Myloniten u. aus Amphiboliten entstanden. Die Granitisation beruht größtenteils auf Umwandlung des regionalen Materials bei geringem Zufluß von Außensubstanz. Die chem. Bilanz des Granitisationsprozesses ergab sich aus der chem. Analyse von 8 Gesteinsproben der Übergangsreihe von Glimmerschiefer zu den Granitoiden. Die Zus. der Granitoide wird an Hand der Klassifikationsdreiecke von SMULIKOWSKI besprochen.

M. SZMYTÓWNA. 385□

Die Form des Sudbury-Lopolithen. Warren Hamilton. (Canad. Mineralogist **6.** 437—47. 1960. Denver, Colo., U. S. Geol. Survey.) (Engl.)

Der Lopolith lagert völlig diskordant auf pluton. u. metamorphen Gesteinen u. wird konkordant überdeckt von rhyodazit. Tuffen. In letztere drang der Mikropegmatit ein. Die Bedeckung erfolgte konkordant durch Sedimentgesteine. Tuffe u. saure Magmatite gehören zur Alkaliserie. Sie sind arm an Al_2O_3 u. CaO, aber reich an Fe, eine allg. Eig. von Lopolithdeckgesteinen. Der Sudbury-Komplex entstand im wesentlichen extrusiv, u. die erwähnten Tuffe stellen die tatsächliche Haube dar. Der Noritanteil ist umgeschichtet. Er enthält Mikropegmatit eingeschaltet. Das Sudbury-Becken soll lediglich einen Teil der Nordflanke eines gewaltigeren Massivs darstellen, der durch Bewitterung abgetragen wurde. H. MOENKE. 385□

Metamorphose von unterpaläozoischen Gesteinen in der Nachbarschaft des Taconit-Bezirks in West-Zentral-Vermont. E-an Zen. (Amer. Mineralogist **45.** 129—75. Jan./Febr. 1960. Chapel Hill, N. C., Univ. of North Carolina, Dep. of Geol. and Geogr.) (Engl.)

Die metamorphen Randgesteine des Taconitbezirks werden petrograph., mineralog. u. chem. untersucht. 7 wichtige Mineralparagenesen werden gefunden: *Muskovit–Chlorit–Quarz*, Muskovit–*Paragonit*–Chlorit–*Chloritoid*–Quarz, Muskovit–Chlorit–Chloritoid–*Epidot–Haematit–Magnetit*–Quarz, Muskovit–*Stilpnomelan*–Chlorit–*Albit–Mikroklin*–

Quarz, Muskovit–*Biotit*–Quarz–*Graphit*, *Calcit–Dolomit*–Chlorit–Muskovit, Calcit–*Zoisit*–Chlorit. Diese Paragenesen zeigen, daß die Gesteine während der Metamorphose etwa das chem. Gleichgewicht erreicht haben. Sie gehorchen ohne Ausnahme der Phasenregel. Nach der Mineral-Bldg. unterlagen die Gesteine noch durchgreifender Rekristallisation. J.-E. HILLER. 385□

Theorien über den Ursprung der Meteorite. Edward Anders und Gordon G. Goles. (J. chem. Educat. **38.** 58–66. Febr. 1961. Chicago, Ill., Univ. of Chicago.) (Engl.)

An Hand der Literatur besprechen Vff. kurz die 3 Haupttheorien über den Ursprung der Meteorite. — 55 Literaturzitate. C. GOTTFRIED. 388

Durch Luft transportierte Salze — die Hauptquelle der Salinität von Gewässern in Israel. S. Loewengart. (Bull. Res. Council Israel, Sect. G **10G.** 183–206. Juli 1961. Haifa, Israel Inst. of Technol., Dep. of Min. Engng.) (Engl.) — Vgl. C. **1961.** 8597.

Als Ursache der Salinität der israelit. Gewässer wird der Salz-Geh. der jahreszeitlichen Ndd. angegeben. Der jährliche Nd. an der Küste enthält 100–150 kg Cl^-/ha. Am Rande der Wüste im Inland werden ca. 10 kg Cl^-/ha niedergeschlagen. H. MOENKE. 393□

Bakterienaktivität in Sedimenten flacher Meeresbuchten. Carl H. Oppenheimer. (Geochim. cosmochim. Acta [London] **19.** 244–60. 3 Tafeln. Aug. 1960. Port Aransa, Tex., Univ. of Texas, Inst. of Marine Sci.) (Engl.)

Es werden die durch Bakterien hervorgerufenen Veränderungen in den Sedimenten der Meeresbuchten in der Nähe von Corpus Christi, Tex., untersucht. Aus anorgan. u. organ. Sedimentstoffen werden hierbei folgende Stoffe gebildet: Amine, einfache Zucker, Wachse, Harze, Chitin, Lignin, Porphyrine, Carotinoide, Bakterienprotoplasmen, KW-Stoffe, Fett- u. andere Säuren, Alkohole, Aldehyde, Ketone, H_2, H_2S, $CaCO_3$, Fe_2O_3, MnO_2 u. $Ca_3(PO_4)_2$. Angabe von Meßergebnissen über die pH-Werte u. die Redoxpotentiale in Tiefen zwischen 0 u. 8 cm. — 45 Literaturhinweise. O. HENNING. 393□

Ausscheidung gelöster organischer Materie aus Seewasser und organische Sorption an ausgewähltem Material. R. G. Bader, D. W. Hood und J. B. Smith. (Geochim. cosmochim. Acta [London] **19.** 236–43. Aug. 1960. Texas, Agricultural and Mechanical Coll. of Texas Coll. Station.) (Engl.)

Von den im Seewasser gelösten organ. Verbb. werden Aminocarboxylate u. Fettsäuren näher betrachtet. Die Fettsäuren verteilen sich wie folgt: 6% Laurin-, 22% Myristin- u. Myristoolein-, 52% Palmitin- u. Palmitoolein-, 10% Stearin- u. Olein- u. 2% Linoleinsäure. Die Adsorption folgender ^{14}C-markierter organ. Verbb. als Modellsubstanzen an Kaolinit, Montmorillonit u. Illit wird nach der Tracer-Meth. untersucht (Adsorptionskurven): Sucrose, Glucose, Fructose, Alanin, Essig-, Benzoe-, Oxal-, Bernstein-, Stearin-, Butter-, Asparagin- u. Glutaminsäure, Valin u. Glycin. — 19 Literaturhinweise. O. HENNING. 393□

Die biogene Schwefelwasserstoffbildung in mineralischen Tiefengewässern. O. Ju. Wolkowa und A. D. Toschinskaja. (Микробиология [Mikrobiologie] **30.** 693–98. Juli/Aug. 1961. Balueolog. Inst. der Kaukas. Mineralwässer.) (Russ.; Auszug: Engl.)

In H_2S-freien Salz- u. Süßwässern wurden in 83,3–85,9 u. in H_2S-Quellen in 94% der Fälle sulfatreduzierende Organismen gefunden. Bakterien aus H_2S-haltigem W. zeigten stärkere H_2S-Bldg. (74,3 mg)/Liter) als die aus H_2S-freiem W. (56,7–66 mg/Liter). Das Vork. ist von der H_2S-Konz. abhängig, wobei $>$200 mg/Liter schon hemmend wirken. Ein Zusatz von organ. Substanz fördert die H_2S-Bildung. Die biogene Entstehung des H_2S in mineral. Tiefengewässern ist auf den Abbau der organ. Substanzen dieses W. durch sulfatreduzierende Bakterien zurückzuführen. K. SATTLER. 393□

Methoden zur Einführung von Reagentien in eine Wolke. W. N. Balabanowa und G. I. Wjadrow. (Известия Академии Наук СССР, Серия Геофизическая [Nachr. Akad. Wiss. UdSSR, geophysik. Ser.] **1961.** 951–52. Juni. Inst. für angew. Geophys. der Akad. der Wiss. der UdSSR.) (Russ.)

Die Möglichkeiten der Zerstäubung von AgJ, um Kristallisationskeime in einer Wolke zu erhalten, werden verglichen. Sowohl die Zahl der Keime je 1 g wie auch die in der Zeiteinheit verstäubbare Menge ist angegeben. Folgende Meth. zur Darst. von feindispersem AgJ werden aufgeführt: AgJ-Pulver aus Aceton-Lsg., durch Wärmebehandlung, durch Verbrennen einer AgJ–P(rot)-Mischung u. H_2-Flammenzerstäubung. Geeignet ist auch die Rauch-Bldg. durch Verbrennen einer Mischung von AgJ mit KNO_3, Al, Mg u. BaO. M. WIEDEMANN. 396□

Spaltprodukt-Radioaktivität in Niederschlägen, auf Gletscherflächen, in Gräsern und Tierorganen nach Messungen in verschiedenen Höhenlagen der Nordalpen in den

Jahren 1957 bis 1960. Reinhold Reiter. (Arch. Meteorol., Geophysik, Bioklimatol., Ser. A **12.** 222—61. 1961. München, Physikal.-Bioklimat. Forschungsstelle.) (Dt.)

Vf. berichtet über systemat. u. synchrone Messungen der künstlichen β- u. γ-Radioaktivität in Ndd., auf einer Gletscherfläche u. in Gras u. Tierorganen in verschiedenen Höhen (675 m, 1780 u. 2500—2600 m) u. kleinem Basisabstand in den Jahren 1957 bis 1960. Außer den Best. der β- u. γ-Radioaktivität der Proben wurden chem.-radiolog. Isotopenanalysen ausgeführt. Die Ergebnisse sind in zahlreichen Tabellen u. Diagrammen wiedergegeben. C. Gottfried. 396

B. Allgemeine und theoretische organische Chemie

Instabile Zwischenprodukte. 10. Mitt. **Aliphatische Carboniumionen.** J. Rosenbaum und M. C. R. Symons. (Molecular Physics **3.** 205—17. Mai 1960. Southampton, Univ., Chem. Dep.) (Engl.) — 9. vgl. J. chem. Soc. [London] **1960.** 977; vgl. auch Grace u. Symons, C. **1959.** 16986.

Vff. untersuchen die UV-Spektren von H_2SO_4-Lsgg. von *n-Propyl-*, *Isopropyl-*, *n-Butyl-*, *Isobutyl-*, *sek.-Butyl-*, *tert.-Butylalkohol* (**I**, Kp. 82°, F. 25,3°), *Isobuten*, *tert.-Butylchlorid*, *-bromid*, *-acetat*, *Dimethyläthyl-*, *Triäthylcarbinol*, *2-Methylbuten-(2)*, *2-Äthylbuten-(1)*, *2.4.4-Trimethylpenten-(1)*, *Methylcyclohexan*, *1-Methylcyclohexanol* u. *Cyclohexen*, in denen sie das Vorhandensein von einfachen aliphat. Carboniumionen annehmen. Weiterhin werden Lsgg. von **I** in $HClO_4$, CH_3SO_3H u. F_3CCOOH sowie der Einfl. der Konz., Acidität u. möglicher Oxydation auf das Spektrum von **I** in H_2SO_4 untersucht. Die bei ca. 293 mμ auftretende Absorptionsbande (für die in einzelnen Fällen die Bldg.-Geschw. ermittelt wurde) wird Carboniumionen zugeordnet. Zum Vgl. in n-Hexan (Kp. 80—81°) untersuchtes *Trimethylbor* zeigte in Übereinstimmung mit Beobachtungen von Murrel (unveröffentlicht) bei sorgfältigem O_2-Ausschluß keine Absorption bei 260 mμ, sondern erst im Bereich unterhalb 200—220 mμ. Vff. diskutieren ihre Ergebnisse u. die zahlreicher anderer Autoren. G. Talsky. B 118□

Triplett-Singulett-Emissionsspektren von Benzol in einer Cyclohexan-Kristallmatrix bei 4,2° und 77°K. H. Sponer, Yoshiya Kanda und Lawrence A. Blackwell. (Spectrochim. Acta [London] **16.** 1135—47. 1960. Durham, N. C., Duke Univ.) (Engl.)

Vff. stellen in einer Tabelle die Triplett–Singulett-Spektrallinien des Emissionsspektrums des Bzl. zusammen, welches als Kristalleinschluß in Cyclohexan bei 4,2°K u. 77°K aufgenommen wurde (3380—4712 Å). Eine Schwingungsanalyse wird durchgeführt. M. Schüle. B 118□

Die Wirkung der Temperatur auf Ultraviolettabsorptionsspektren und ihre Beziehung zur Wasserstoffbindung. Mitsuo Ito. (J. molecular Spectroscopy **4.** 106 bis 124. Febr. 1960. Fukuoka, Japan, Kyushu Univ., Fac. of Sci., Dep. of Chem.) (Engl.)

Der Temp.-Effekt auf die UV-Spektren von *Chlorbenzol*, *Phenol* (**I**), *Anilin* (**II**), *Diphenylamin* (**III**), *N-Methyldiphenylamin*, *Aceton* (**IV**), *Pyrazin* u. *Crotonaldehyd* wurde über einen weiten Temp.-Bereich (+ 70 bis — 100°) untersucht (Lsgm. A., Ae., n-Hexan). Die Spektren von **I**, **II** u. **III** (π-π^*-Übergang) zeigten eine starke Rotverschiebung u. eine Zunahme der Gesamtabsorptionsintensität (GJ) mit abnehmender Temp., wenn H-Bindungen zwischen den Verbb. u. den Lsgm.-Moll. gebildet werden. Die $n \rightarrow \pi^*$-Bande von **IV** (280 mμ) zeigt eine andere Temp.-Abhängigkeit. GJ nimmt ständig mit der Temp. ab; werden H-Brücken mit dem Lsgm. ausgebildet, so tritt zusätzlich eine Blauverschiebung des Maximums ein. W. Schramm. B 118□

Ultraviolettabsorptionsuntersuchung der Molekülassoziation von Phenolen. Mitsuo Ito. (J. molecular Spectroscopy **4.** 125—43. Febr. 1960.) (Engl.) — Vgl. vorst. Referat.

Die UV-Spektren von *Phenol* (**I**), *Anisol*, *o-*, *m-*, *p-Kresol*, *o-* (**II**), *p-Chlorphenol* (**III**) u. *α-Naphthol* (**IV**) wurden in CCl_4 u. n-Hexan bei verschiedenen Konzz. u. Temp. untersucht. Die Ergebnisse beweisen (mit Ausnahme von **IV**) die Existenz assoziierter Moll. aus gleichen Mol.-Arten. Die Assoziations-Konst. (K) für die Dimeren-Bldg. von **I** wurde für CCl_4- bzw. n-Hexan-Lsg. zu 3,6 bzw. 4,5 berechnet. **II** kann relativ zu **III** nur einen kleinen K-Wert haben. Die Banden der assoziierten Moll. treten bei niedrigeren Wellenlängen als die der freien Moll. auf. Die Beziehungen zwischen Spektralverschiebung u. Struktur der Assoziate wird diskutiert. W. Schramm. B 118□

Ultraviolettabsorptionsuntersuchung der Molekülassoziation von Benzoesäure und seinen Derivaten. Mitsuo Ito. (J. molecular Spectroscopy **4.** 144—54. Febr. 1960.) (Engl.) — Vgl. vorst. Referate.

Der Einfl. der Konz. auf die UV-Spektren von *Benzoesäure* (I), *m*- u. *p-Toluylsäure* u. *Methylbenzoat* in n-Hexan wurde untersucht. Die Absorptionsbande der dimeren Moll. erscheint bei längeren Wellenlängen als die der monomeren. Dagegen ruft die Assoziation von I mit Ae. eine Blauverschiebung hervor. Die Assoziations-Konst. von I in n-Hexan wurde zu $K = 1{,}76 \cdot 10^4$ berechnet. W. Schramm. B 118□

Eine Näherungsmethode zur Berechnung von Lokalisationsenergien in alternierenden Kohlenwasserstoffen. Hiroaki Baba. (Bull. chem. Soc. Japan **33.** 236 bis 237. Febr. 1960. Sapporo, Hokkaido Univ., Res. Inst. of Appl. Electricity.) (Engl.)

Eine neue Näherungs-Meth. zur Berechnung von Lokalisationsenergien in alternierenden KW-Stoffen auf der Grundlage einer einfachen LCAO-MO-Meth. unter Vernachlässigung der Überlappungsintegrale wird beschrieben u. auf *Anthracen* angewendet. W. Schramm. B 118□

Das Absorptionsspektrum von Anthracendampf von 36000 bis 66000 cm^{-1}. L. E. Lyons und G. C. Morris. (J. molecular Spectroscopy **4.** 480—87. Juni 1960. Sydney, N.S.W., Australia, Univ. of Sydney, Chem. Dep.) (Engl.)

Im Spektrum von *Anthracen*-Dampf werden zwischen 50000 u. 53000 cm^{-1} verschiedene Rydberg-Banden beobachtet. Die Oscillatorstärken dieser Banden, des Kontinuums u. des π–π-Übergangs-Syst. zwischen 39000 u. 48000 cm^{-1} (0—0-Bande bei 42270) wurde bestimmt. W. Schramm. B 118□

Nachweis der längstwelligen Triplettabsorptionsbande beim Acridinorange und Erweiterung des Triplettabsorptionsspektrums dieser Farbstoffmolekel bis ins kurzwellige UV. Valentin Zanker und Erich Miethke. (Z. physik. Chem., Frankf. Ausg. [N. F.] **12.** 13—29. Juli 1957. München, TH, Inst. für physik. Chemie.) (Dt.) — Vgl. C. **1957.** 12997.

Mittels einer verbesserten Meßmeth. wurde das Spektrum von *Acridinorange* bei —183° in A./Ae. in 10^{-2}—10^{-5}m Lsgg. aufgenommen. Die längstwellige Triplettbande (7900 cm^{-1}) ist zugleich sehr intensiv. Auch die Konzentrationsabhängigkeit der Triplettbande wurde untersucht. Vff. stellten aus ihren u. anderen Meßergebnissen ein Termschema zusammen. Im Bereich 4000—50000 cm^{-1} wurde zunächst die Singulettabsorption, dann die Absorption bei starker Anregung u. nach Ermittlung der bei der Bestrahlung erreichten Singulett–Triplett-Gleichgewichts-Konz. die Triplettabsorption von 4000—20000 cm^{-1} gemessen. Durch eine Differenz-Meth. wurde das Triplettspektrum im überlagerten Singulettbereich für eine 10^{-1}m Lsg. bestimmt. Zu den bisher ermittelten Triplettelektronenzuständen können mindestens noch 7 weitere nachgewiesen werden, wovon einer bei 31300 cm^{-1} für das Triplettspektrum im UV bes. charakterist. ist. G. Meinhardt. B 118

Untersuchungen der optischen Rotationsdispersion. 48. Mitt. **Der Nitrosochromophor.** Carl Djerassi, E. Lund, E. Bunnenberg und B. Sjöberg. (J. Amer. chem. Soc. **83.** 2307—12. 20/5. 1961. Stanford, Calif., Stanford Univ., Dep. of Chem.; Uppsala, Sweden, Univ., Inst. of Chem.) (Engl.) — 47. vgl. C. **1962.** 68; 42. vgl. C. **1962.** 12227.

Die opt. Rotationsdispersion zwischen ca. 300 u. 700 mμ wurde für folgende Verbb. ermittelt (Kurven angegeben): *Aconitinnitroso-Deriv.* (**I**, in Methanol), *N-Nitroso-α.α'-dimethylbenzylamin* (**II**, Dioxan [Dx.]), *N-Nitroso-N-acetyl-* (**III**, $C_9H_{16}N_2O_4$, Öl; Isooctan [Io.]) u. *-N-benzoyl-L-leucinmethylester* (**IV**, $C_{14}H_{18}N_2O_4$, Öl; Io.), *N-Nitroso-N-benzoyl-L-glutaminsäurediäthylester* ($C_{16}H_{20}N_2O_6$, Öl; Io.), *N-Nitroso-N-benzoyl-O-acetyl-L-serinmethylester* ($C_{13}H_{14}N_2O_6$, Öl; Dx.), *N-Nitroso-N-acetyl-(+)-1.2.2-triphenyläthylamin*(**V**, Io.), *N-Nitroso-N-methyl-(+)-α-methylbutyramid* ($C_6H_{12}N_2O_2$, gelbes Öl; Io.), *-(—)-α-[naphthyl-(2)-oxy]-propionamid* ($C_{14}H_{14}N_2O_3$, F. 81—82° [gelbe Kristalle]; Dx.), *-(—)-α-phenylbutyramid* ($C_{11}H_{14}N_2O_2$, F. unterhalb 20° [gelb]; Dx.) u. *-O-acetyl-D-lactamid* $C_6H_{10}N_2O_4$, gelbes Öl; Dx.). Die Rotationsdispersionen vorst. Verbb. sowie von *N-Nitroso-N-benzoyl-L-asparaginsäurediäthylester* ($C_{15}H_{18}N_2O_6$, F. unterhalb 25°; Io.), *-L-alaninmethylester* ($C_{11}H_{12}N_2O_4$, Öl; Io.) u. *-L-phenylalaninmethylester* ($C_{17}H_{16}N_2O_4$, Öl; Io.) sowie *N-Nitroso-N-acetyl-L-alaninmethylester* (Io.) sind tabellar. angegeben. Ferner wurde das UV-Spektrum von **IV** (zwischen 300 u. 450 mμ) aufgenommen, für alle Verbb. sind die UV-Maxima angegeben. Außer **I** u. **II** besitzen die Nitroso-Verbb. eine Rotationsfeinstruktur mit Cotton-Effekten, die mit den Wellenlängen des $\eta \rightarrow \pi^*$-Absorptionsübergangs zusammenhängen. Der C-Nitrosochromophor besitzt einen Cotton-Effekt bei 675 mμ, während der eines N-Nitrosodialkylamins zwischen 350 u. 400 mμ auftritt. N-Nitrosamide weisen dagegen im Bereich von 300—450 mμ multiple Cotton-Effekte auf, die für die stereochem. Zuordnung verwendet werden können. Auch N-Nitroso-N-methylamide opt. akt. Carbonsäuren zeigen mehrfache Cotton-Effekte, doch lassen sich diese nicht in allen Fällen zur Best. der abs. Konfiguration des α-ständigen Asymmetriezentrums heranziehen. **III** u. **IV** besitzen ähnliche Rotationsdispersionen, die Art des Acylsubstituenten beeinflußt die Kurve also nur unerheblich. Sämtliche N-

Nitroso-N-acyl-α-aminosäuren der L-Reihe besitzen bei ca. 400 mμ eine Reihe negativer COTTON-Effekte u. bei 300 mμ ein ausgeprägtes Maximum negativer Rotation, das zur Best. der abs. Konfiguration von **V** u. dem entsprechenden (+)-1.2.2-Triphenyläthanol herangezogen wird. Die N-Nitroso-Derivv. der N-Acetyl- u. N-Benzoyl-α-aminosäureester wurden durch Einw. von N_2O_4 in CCl_4 in Ggw. von Na-Acetat bei 0° dargestellt, die meisten Verbb. sind relativ instabile Öle u. mußten in der Kälte aufbewahrt werden. Verss. zur Darst. der N-Nitroso-Derivv. von (+)-α-Methylbutyranilid oder N.N'-Bis-[α-methylbutyryl]-1.4-phenylendiamin schlugen fehl.

Versuche: *N-Benzoyl-O-acetyl-L-serinmethylester*, $C_{13}H_{15}NO_5$, F. 89—90° (verd. A.), durch 2std. Erhitzen von N-Benzoyl-L-serinmethylester mit Acetanhydrid–Pyridin; $[\alpha]_D$ —62,7° (c = 3,82, Chlf.). — *N-Methyl-(—)-α-[naphthyl-(2)-oxy]-propionamid*, $C_{14}H_{15}NO_2$, F. 136—137° (Cyclohexan), durch 0,5std. Einw. von $SOCl_2$ auf (—)-α-[Naphthyl-(2)-oxy]-propionsäure in Ggw. von Pyridin in Ae. bei 0°, Zugabe von CH_3NH_2 in Bzl. u. 1 std. Rühren bei Raumtemperatur. — *N-Methyl-O-acetyl-D-lactamid*, $C_6H_{11}NO_3$, F. 68—69° (Ae.-PAe.), aus Ca-D-Lactat (Tetrahydrat) über die abs. Säure durch Einw. von PCl_3 u. von CH_3NH_2; $[\alpha]_D$ +6,9 (c = 5,5, Chlf.). B. GNAUCK. B 119□

Struktur und die optische Rotationsdispersion von gesättigten Ketonen. William Moffitt, R. B. Woodward, A. Moscowitz, W. Klyne und Carl Djerassi. (J. Amer. chem. Soc. **83.** 4013—18. 5/10. 1961.) (Engl.) — Vgl. vorst. Referat.

Um einfache Beziehungen zwischen der opt. Rotationsdispersion von Ketonen im Bereich ihrer langwelligen Absorption u. der räumlichen Anordnung der Gruppen um die Carbonylgruppe zu finden, benutzen Vff. die Oktantenregel, nach welcher das Vorzeichen des Rotationsbeitrags zur anomalen Rotationsdispersion eines Atoms im Punkt P (mit den Raumkoordinaten x, y u. z) vom Prod. x·y·z abhängt (vgl. MOSCOWITZ, C. **1962.** 68). Hierzu wird die Geometrie des Cyclohexanrings untersucht. Aus den geometr. Parametern wird abgeleitet, daß der Bau von *Cyclohexanonen* nur sehr wenig von dem des normalen Cyclohexans abweicht. Zur Vermeidung einer getrennten Wiedergabe des Inhalts der frontständigen u. rückwärtigen Oktanten wird eine einfache Projektion benutzt, wobei Bindungen in rückwärtigen Oktanten mit ausgezogenen Linien u. solche in den vorderen Oktanten punktiert gezeichnet werden. Bei der Überschneidung von Bindungen verschiedener Art werden gestrichelte Linien benutzt. In Oktantendiagrammen bedeuten normale arab. Ziffern Atome in rückwärtigen, Kursivzahlen Atome in frontständigen Oktanten. Als Beispiele werden *3-Methyl-* u. *trans-3.6-Dimethylcyclohexanon* herangezogen. Die Abschätzung der relativen Größe der Beiträge von Atomen in verschiedenen Stellungen bereitet noch Schwierigkeiten, doch wird für vorst. Verbb. vermutet, daß die durch ein C-Atom in α-axial-Stellung verursachte Rotationsamplitude ca. ±56 bzw. in β-äquatorial-Stellung ca. ±26° beträgt. Vff. vermerken ferner, daß von der Carbonylgruppe weiter entfernte Atome noch einen erheblichen Effekt haben u. dieser für ein Atom mit festgelegtem Abstand nicht konst. ist, sondern entsprechend der Asymmetrie seiner Lage bzgl. der Fläche der π- u. π*-Elektronenbahnen variiert. Als weitere Verbb. werden zur Prüfung der Voraussagen herangezogen: *9-Methyl-trans-dekalon-(1)*, *-(3)* u. *-(4)* sowie *8β.9β-Dimethyl-trans-dekalon-(2)*, ferner *Cholestan-2-*, *-3-* u. *-4-on*, *3β-Acetoxycholestan-6-* u. *-7-on*, *5α-Androstan-11-on*, *3β-Acetoxy-5β-ergostan-12-on*, *1-Keto-5β-ötiansäuremethylester*, *Koprostan-3-*, *-4-* u. *-6-on*, *3α-Hydroxy-7-ketocholansäure*, *5β-Androstan-11-on*, *3α-Acetoxy-12-ketocholansäuremethylester*, *D-Homoandrostan-3β-ol-17-on*, *17a.α-* u. *17a.β-Methyl-D-homoandrostan-3β-ol-17-on*. Zwischen den beobachteten u. vorausgesagten COTTON-Effekten ergab sich dabei keine Diskrepanz. Bei *D-Homoandrostan-3β-ol-17a-on* u. *Cholestan-1-on* liegen Ketone vor, welche in einigen Oktanten Substituenten enthalten, deren Effekte durch andere, unterschiedlich gelagerte aufgehoben werden. Solche Ketone sollten flach verlaufende Dispersionskurven besitzen, obwohl die gegeneinander wirkenden Gruppen nicht symm. zur Carbonylgruppe angeordnet sind. Bei beiden Verbb. wurden entsprechend nur sehr geringe COTTON-Effekte beobachtet. Vff. vermuten, daß die Oktantenregel auch zur Best. der abs. Konfiguration u. geringer Konformationsunterschiede benutzt werden kann. So wird geschlossen, daß *9-Methyl-cis-dekalon-(1)* u. *-(4)* keine steroidähnliche Konformation besitzen, diese aber bei *9-Methyl-cis-dekalon-(3)* bevorzugt ist. B. GNAUCK. B 119□

Optische Rotationsdispersion. Carl Djerassi. (Science [Washington] **134.** 649—55. 8/9. 1961. Stanford, Calif., Stanford Univ.) (Engl.) — Vgl. vorst. Referate.

Vf. gibt einen Überblick über die Entw. der Unters. opt. akt. Verbb. u. bespricht dann die allg. Prinzipien der Aufnahme von Rotationsdispersionskurven im UV-Gebiet u. die Zusammenhänge zwischen ihrer Gestalt (flache Kurven u. solche mit COTTON-Effekten) u. der Konstitut. der untersuchten Stoffe. Behandelt werden weiter die Anwendung der Meth. auf Carbonyl-Verbb., bes. Stereoidketone u. abgeleitete Verbb., deren Strukturaufklärung (Ort der Ketogruppe im Steroid-Mol.), die Best. der abs.

Konfiguration u. die Konformationsanalyse. Hierzu werden die Rotationsdispersionskurven für folgende Verbb. im Bereich von ca. 2500—7000 Å angegeben: *5β-, 5α-Androstan-17β-ol-3-on* (*Dihydrotestosteron*), *Cholestan-1-, -2-* u. *-4-on, 3β-Acetoxy-15-oxo-ätian-* u. *-15-oxo-14β-ätiansäuremethylester, trans-* u. *cis-10-Methyldekalon-(2), Δ^4-Cholesten-3-on, Carisson* u. (—)-*1.14-Dimethyl-2-oxo-$\Delta^{1,10a,6}$-dekahydrophenanthren.* Behandelt wird dann die Ausdehnung der Unters.-Meth. auf Verb.-Klassen, die keine chromophoren Gruppen besitzen, wie α-Aminosäuren (die als Dithiocarbamate untersucht werden), Carbonsäuren (als Acylthioharnstoffe) u. Olefine (Unters. nach Rk. mit OsO_4 als Osmiumsäureester–Dipyridyl-Komplexe), ferner die Ermittlung der Konformation von Polypeptiden u. Proteinen, wofür Farbstoff–Polypeptid-Komplexe benötigt werden. — 18 Literaturhinweise. B. GNAUCK. B 119□

Konfigurationsuntersuchungen in der Biphenylreihe. 10. Mitt. Untersuchungen der optischen Rotationsdispersion. 40. Mitt. Die absolute Konfiguration von Biarylen durch Vergleich der Rotationsdispersionen mit einem Sesquiterpen. Kurt Mislow und Carl Djerassi. (J. Amer. chem. Soc. **82.** 5247. 5/10. 1960. New York, N.Y., New York Univ., Dep. of Chem. u. Stanford, Calif., Stanford Univ., Dep. of Chem.) (Engl.) — 9. bzw. 39. vgl. C. **1961.** 12394; 41. vgl. C. **1962.** 6341.

Die Rotationsdispersionskurven von Santonid u. Parasantonid stimmen mit der von *2.2'-Dimethyl-6.6'-[2-oxotrimethylen]-biphenyl* überein, worin Vff. eine weitere Bestätigung für dessen (R)-Konfiguration erblicken. GERHARD MÜLLER/Bitterfeld. B 119□

Intensitätsuntersuchungen beim Ramaneffekt: Wirkung der Konjugation. K. Venkateswarlu und K. Ramaswamy. (Proc. Indian Acad. Sci., Sect. A **51.** 146—50. März 1960. Annamalainagar, Annamalai Univ., Dep. of Phys.) (Engl.) — Vgl. C. **1962.** 1549.

Die Änderungen in Frequenzen u. Intensitäten im RAMAN-Spektrum einer Reihe von unkonjugierten u. konjugierten Verbb. (*Methyläthylketon, Äthylacrylat, Benzaldehyd, Acetophenon, Benzophenon, Phenylacetat*) in verschiedenen Lsgm. (Reinsubstanz, CS_2, CCl_4, C_6H_{12}, Chlf., Bzl., Dioxan) wurden untersucht. Die Frequenz der ν(C=O) steigt in unpolaren Lsgm.; die Intensität der ν(C=O) dagegen wird im allg. in unpolaren Lsgm. erheblich verringert. Die C=C-, C—H_{aromat}- u. C—C-Schwingungen zeigen ebenfalls das gleiche Verhalten. W. SCHRAMM. B 120□

Intensitäten von Ramanlinien in Carbonsäuren, Estern und Nitrilen. K. Venkateswarlu und C. Balasubramanian. (Proc. Indian Acad. Sci., Sect. A **51.** 151—54. März 1960.) (Engl.) — Vgl. vorst. Referat.

Die Intensitäten von RAMAN-Linien folgender Verbb. wurden untersucht: *Essig-, Propion-, Butter-* u. *Valeriansäure, Methyl-, Äthyl-, Amylacetat, Methyl-* u. *Äthylbutyrat, Aceto-, Propio-, Butyro-* u. *Benzonitril* (**I**). Bei den Carbonsäuren u. Estern nehmen die Intensitäten der RAMAN-Linien der C=O- u. der C—H-Deformations- u. C—$H_{aliphat}$-Valenzschwingungen beim Übergang von niedrigen zu höberen Gliedern in den Verb.-Reihen zu, die Intensitäten der C—C-Schwingungen (Bereich 600—900 cm^{-1}) dagegen ab. Die Intensitäten der C≡N-Schwingungen (bei 2200 cm^{-1}) nehmen ab bei Übergang zu den höheren Gliedern, die Intensität bei **I** ist, verglichen mit der von aliphat. Nitrilen, abnorm hoch. W. SCHRAMM. B 120□

Die von den COOH- und COOD-Gruppen in dimeren Carbonsäuren herrührenden Infrarotabsorptionsbanden. 2. Mitt. Der Bereich von 3700 bis 1500 cm^{-1}. S. Bratož, D. Hadži und N. Sheppard. (Spectrochim. Acta [London] **8.** 249—61. Nov. 1956. Ljubljana, Yugoslavia, Kem. Inst. „Borisa Kidriča" u. Univ., Chem. Labor.; Cambridge, Univ., Dep. of Colloid Sci.) (Engl.) — 1. vgl. C. **1950/54.** 778 S.

Die IR-Spektren der nachst. Carbonsäuren wurden im krist. u. im fl. Zustand, in Lsg. (CCl_4) u. in der Dampfphase im Bereich 3700—1500 cm^{-1} aufgenommen: *Ameisen-* (**I**), *Essigsäure* (**II**), *Mono-, Di-* u. *Trichloressigsäure* (**III**), *Butter-, Benzoe-* (**IV**), *Palmitin-Stearin-, Cyclohexancarbon-* (**V**), *Malon-* (**VI**), *Bernstein-* (**VII**), *Glutar-* (**VIII**) u. *Adipinsäure* (**IX**). Bei **I**—**IX** wurden auch die IR-Spektren der $D_{(COOH)}$-Isotopen aufgenommen. In einigen Fällen wurden Messungen im Temp.-Bereich bis hinab zur Temp. der fl. Luft gemacht. Besondere Beachtung wurde der breiten OH- bzw. OD-Absorptionsregion bei 3000 (bzw. 2300) cm^{-1} u. den dazugehörigen Satelliten-Banden (2650 bzw. 2100 cm^{-1}) geschenkt. Es wird gezeigt, daß sich deren Struktur u. das Auftreten von Submaxima zu den OH- bzw. OD-Hauptbanden auf Grund einer Banden-Summations-Hypothese erklären lassen, wobei eine FERMI-Resonanz für die Intensitätsverstärkung in der Haupt-Absorptionsregion verantwortlich zu machen ist. W. BETCKE. B 120□

Die Intensität der Infrarot-Carbonylabsorptionsschwingungsbande von einfachen Carbonsäureestern. L. Gutjahr. (Spectrochim. Acta [London] **16.** 1209—15. 1960. Berlin-Adlershof, DAW, Inst. für Opt. und Spektroskopie.) (Dt.)

Vf. bestimmte die integralen u. maximalen Extinktions-Koeff. u. Halbwertsbreiten der ν(C=O) von folgenden Äthylestern: *Ameisensäure-* (Kp.$_{759}$ 54,2—54,5°), *Essigsäure-* (Kp.$_{762}$ 76,8—77,7°), *Chlorameisensäure-* (Kp.$_{761,5}$ 93,5—94,0°), *Propionsäure-* (Kp.$_{759,5}$ 99,1—99,2°), *Isobuttersäure-* (Kp.$_{795}$ 110,2—110,6°), *Buttersäure-* (Kp.$_{758}$ 121,2 bis 121,4°), *Chloressigsäure-* (Kp.$_{757}$ 145,2—143,6°), *α-* (Kp.$_{757}$ 145,8—146,6°), *β-Chlorpropionsäure-* (Kp.$_{757}$ 163,6—164,8°), *Benzoesäure-* (Kp.$_{20}$ 101,2—101,4°), *Phenylessigsäure-* (Kp.$_{20}$ 120,3—120,8°) u. von *Kohlensäurediäthylester* (Kp.$_{757}$ 126,2—126,4°). Die Beeinflussung der CO-Esterschwingung des Verb.-Typs $RCOOC_2H_5$ durch den Substituenten R geschieht hauptsächlich durch mesomere Elektronenverschiebung. Tritt der Mesomerieeffekt neben einem entgegengerichteten Induktionseffekt auf, so ist ersterer stärker. M. Schüle. B 120□

Spektroskopische Untersuchungen an organischen Ionen. 1. Mitt. Das Schwingungsspektrum des Acetamidinium- und des N-D$_4$-Acetamidiniumions. R. Mecke und W. Kutzelnigg. (Spectrochim. Acta [London] **16.** 1216—24. 1960. Freiburg, Univ., Inst. für physikal. Chem.) (Dt.)

Die IR-Spektren folgender *Acetamidinium* (I)-Salze wurden von 1—7,4 μ in Hostaflonöl u. von 7,4—25 μ Nujol aufgenommen u. zugeordnet (unter Zugrundelegung eines C_{2v}-Modells): *Chlorid, Hexachloroplatinat, Hexachloroantimonat, Hexachlorostannat* u. *N-D$_4$*-I-*Hexachloroplatinat.* Durch Vgl. mit Spektren isoelektr. Ionen konnte die angenommene Struktur — $[CH_3—C(NH_2)_2]^+$ — eindeutig bewiesen werden. M. Schüle. B 120□

Spektroskopische Untersuchungen an organischen Ionen. 2. Mitt. Das Infrarotspektrum des Guanidinium-Ions in verschiedenen Salzen. R. Mecke und W. Kutzelnigg. (Spectrochim. Acta [London] **16.** 1225—30. 1960.) (Dt.) — 1. vgl. vorst. Referat.

Analog l. c. wurden die IR-Spektren der *Guanidinium* (I)-Salze: *$SnCl_6^{2-}$*, *$PtCl_6^{2-}$* (I), *$SbCl_6^{2-}$*, *Cl^-*, *CO_3^{2-}*, *NO_3^-*, *ClO_4^-* u. *D_6*-I-*$PtCl_6^{2-}$* aufgenommen u. Zuordnungen einzelner Banden getroffen. Unterschiede der Spektren wurden auf verschieden starke Wasserstoffbrücken zum Anion zurückgeführt. M. Schüle. B 120□

Über das Infrarotspektrum von Mesitylen im dampfförmigen und flüssigen Zustand und in Lösungen. S. B. Banerjee und K. C. Medhi. (Indian J. Physics Proc. Indian Assoc. Cultivat. Sci. **34 (43).** 1—9. Jan. 1960. Calcutta, Indian Assoc. Cultivat. Sci., Optics Dep.) (Engl.)

Das IR-Spektrum von *Mesitylen* im dampfförmigen, fl. u. gelösten Zustand (Chlf. u. CCl_4) wird aufgenommen. Die Zuordnungen werden krit. überprüft. Die Frequenzen der aromat. CH- u. CH_3-CH-Schwingungen werden durch die Änderungen des Zustandes beeinflußt. Diese Änderungen der Frequenzen werden der Assoziation der Moll. unter dem Einfl. der π-Elektronen der Nachbar-Moll. auf die H-Atome der CH_3-Gruppen zugeschrieben. G. Pötzscher. B 120□

Die NH-Valenzschwingungen und Molekülstruktur aromatischer Amine. A. G. Moritz. (Spectrochim. Acta [London] **16.** 1176—83. 1960. Adelaide, South Australia, Univ., Dep. of Org. Chem.) (Engl.)

Für folgende Verbb. wird die Valenzschwingung angegeben (z. T. in verschiedenen Lsgm. — $CHCl_3$ u. CCl_4 — gemessen): *N-Benzylanilin* (I), *-2-chlor-*, *-4-chlor-*, *-2-nitro-*, *-4-nitro-*, *-2-methylanilin*, *N-[2-Methoxybenzyl]-anilin*, *-4-chloranilin*, *N-Benzyl-1-naphthylamin*, *N-Äthylanilin.* Ein Vgl. der Spektren im fl. u. festen Zustand spricht für das Vorhandensein von Rotationsisomerie in **I**. Eine Unters. der NH-Valenzfrequenzen von *N-Methylanilin*, *N-Methyl-2-* u. *-4-nitroanilin*, *Diphenylamin*, *2-* u. *4-Nitrophenylamin*, *2-* u. *4-Nitroacetanilid* u. **II** deutet auf intramol. H-Bindung in den o-NO_2-Derivaten. Ferner wurden die ν(N—H) von *2-Nitroanilin*, *4-Aminobenzoesäureäthylester*, *Methylanthranilat*, *8-Amino-2-methylchinolin*, *1-Aminoanthrachinon* u. den NHD-Derivv. dieser Verbb. bestimmt. Sie lassen sich durch das Auftreten von cis–trans-Isomerie bei der NHD-Gruppe deuten (hervorgerufen durch den teilweisen Doppelbindungscharakter der $C_{aromat.}$-N-Bindung). Die cis–trans-Isomerie der NHD-Gruppe gibt so eine Best.-Meth. der nicht-äquivalenten NH-Bindung in Verbb. mit NH_2-Gruppen. M. Schüle. B 120□

Intramolekulare Wasserstoffbindungen in Methyl-4.6-O-benzyliden-D-aldohexosiden. H. Spedding. (J. chem. Soc. [London] **1961.** 3617—21. Sept. Manchester, Shirley Inst.) (Engl.)

Die Konformation des Pyranoserings wird in einigen Methyl-4.6-O-benzyliden-D-aldohexosiden (**A**) durch Messung von intramol. H-Bindungen untersucht. Die IR-Maxima der α- u. *β-Anomeren* folgender **A** sind angegeben: *Methyl-4.6-O-benzyliden-D-glucosid*, *-D-galaktosid*, *-D-mannosid*, *-D-gulosid*, *-D-idosid*, *-D-altrosid* (I) sowie *-2-O-methyl-D-altrosid* (**II**) u. *-3-O-methyl-D-altrosid* (**III**). Vf. diskutiert an Hand von IR-Daten im Gebiet von 3400—3700 cm^{-1} die Eigg. der C 1- bzw. 1 C-Konformation (Reevessche

Bezeichnung, vgl. FERRIER u. OVEREND (C. **1961.** 13128) der **A** hinsichtlich möglicher H-Brückenbildung. Die Ergebnisse zeigen, daß in allen **A** der Pyranosering in einer C 1-Sesselkonformation vorliegt, u. zwar auch dort, wo eine 1 C-Konformation möglich wäre. Diese C 1-Konformation bezieht sich dabei ausschließlich auf die D-Reihe u. ist geringen Variationen unterworfen. Es wird ferner gezeigt, daß in α-**I** u. dessen *Methyl-Derivv.* **II** u. **III** die Ausbldg. von H-Brücken unvollständig ist. G. KIRSTEN. B 120□

Zeeman-Untersuchung des Kernquadrupolresonanzspektrums von p-Dibrombenzol. Kenji Shimomura. (J. physic. Soc. Japan **14.** 235—36. Febr. 1959. Hiroshima, Univ., Minami Bunkô.) (Engl.)

Durch ZEEMAN-Analyse (vgl. C. **1958.** 6752) des Br-Quadrupol-Resonanzspektrums eines *p-Dibrombenzol*-Einkristalls wurden $71^0 59' \pm 12'$ für den Winkel zwischen den beiden nichtäquivalenten Richtungen der z-Achsen des Feldgradienten gemessen; dies ist in Übereinstimmung mit bekannten Röntgendaten. Ferner ergab sich $\eta = 0{,}05 \pm 0{,}01$ für den asymm. Parameter des Feldgradienten-Tensors am Br-Kern. Daraus folgte in Verbindung mit der Resonanz-Quadrupol-Frequenz des Br (vgl. MANRING u. Mitarbeiter, C. **1954.** 1207) für den Anteil an Einzel-, Doppel- u. Ionen-Bindung an der C–Br-Bindung: 80,9; 2,0 bzw. 17,1%. G. WINKHAUS. B 121□

Das Mikrowellenspektrum von Chinuclidin. Lauren G. Johnson. (J. chem. Physics **33.** 949—50. Sept. 1960. Houston, Tex., Rice Inst., Dep. of Chem.) (Engl.)

Das Rotationsspektrum von *Chinuclidin*, $C_7H_{13}N$, wurde im cm-Wellenbereich mit einem 100 kHz-Spektrometer aufgenommen. Es wurden 3 Liniengruppen bei 24300, 29 150 u. 34050 MHz beobachtet, die den Übergängen J 4—5, 5—6 u. 6—7 des Schwingungsgrundzustandes u. angeregter Zustände zugeordnet werden. B_0 wurde zu 2431,4 MHz ermittelt, D_J zu 4 ± 2 kHz. Für D_{JK} konnte nur ein oberer Grenzwert von 15 kHz erhalten werden. A. MASCHKE. B 121□

Cyclopropane. 9. Mitt. **Die relative und absolute Konfiguration 1-substituierter 2.2-Diphenylcyclopropancarbonsäuren.** H. M. Walborsky, L. Barash, A. E. Young und F. J. Impastato. (J. Amer. chem. Soc. **83.** 2517—25. 5/6. 1961. Tallahassee, Fla., Florida State Univ., Dep. of Chem.) (Engl.) — 8. vgl. C. **1962.** 12611.

Vff. bestimmten die relative Konfiguration von *2.2-Diphenylcyclopropancarbonsäure* (**I**), *1-Methyl-2.2-diphenylcyclopropancarbonsäure* (**II**) u. *1-Brom-2.2-diphenylcyclopropancarbonsäure* (**III**) an Hand der durch therm. Analyse, Röntgenstrahlbeugung u. IR-Spektren untersuchten Quasiracemat-Bldg. der Säuren u. der Rotationsdispersion der entsprechenden Aldehyde. Danach haben (—)-**I**, (+)-**II** u. (+)-**III** die gleiche Konfiguration. Der Vgl. der IR-Spektren der festen Racemate u. deren Enantiomeren zeigt, daß die Racemate als Dimere u. die Enantiomeren als Polymere im Kristall vorliegen. Ferner konnten durch partiell asymm. Synth. von **I** aus Acrylsäure-(—)-menthylester u. Diphenyldiazomethan (**IV**) u. **II** aus Methacrylsäure-(—)-menthylester u. **IV** entsprechend dem PRELOG-CRAM-Modell die abs. Konfigurationen (S)-(—)-**I**, (S)-(+)-**II** u. (R)-(+)-**III** wahrscheinlich gemacht werden.

Versuche: (+)- u. (—)-*2.2-Diphenylcyclopropancarbonsäure*, [(+)- u. (—)-**I**], F. 150—151°, aus **I** (F. 170—171°) mit Brucin; $[\alpha]_D^{24}$ 230° (Chlf.); (+)- u. (—)-*1-Methyl-2.2-diphenylcyclopropancarbonsäure* [(+)- u. (—)-**II**], F. 190—191°, aus **II** (F. 182—183°) mit Brucin; $[\alpha]_D^{24}$ 33° (Chlf. (+)-**I** $[\alpha]_D^{23}$ +34 (c = 1,025; Chlf.); 71% (Ausbeute. — *2.2-Diphenylcyclopropylcarbinol* (**V**), $Kp._{0,5}$ 138—140°, aus **I** mit $LiAlH_4$; 80%. (+)-**V**, $Kp._{0,5}$ 147°, aus (+)-**I** mit $LiAlH_4$; $[\alpha]_D^{24}$ +167° (c = 0,303; Chlf.). — (+)-*2.2-Diphenylcyclopropan-1-aldehyd*, $Kp._{0,7}$ 143—144°, aus (+)-**I** (89% opt. Reinheit) mit CrO_3 in Pyridin u. Chromatographie des Prod. an Al_2O_3; $[\alpha]_D^{23}$ +99,1° (c = 1,875; Chlf.); 13%. — (±)- u. (—)-*1-Methyl-2.2-diphenylcyclopropylcarbinol*, F. 101—102° bzw. F. 117—117,5°, aus (±)- bzw. (—)-**II** mit $LiAlH_4$; $[\alpha]_D^{22}$ —32° (c = 0,984; Chlf.). — (±)- u. (+)-*1-Methyl-2.2-diphenylcyclopropan-1-aldehyd*, F. 88—91° bzw. F. 119—120°, aus vorst. Verb. mit CrO_3 in Pyridin; $[\alpha]_D^{22}$ +80° (c = 0,803; Chlf.). — *1-Brom-2.2-diphenylcyclopropancarbonsäuremethylester*, F. 105—107°, durch Kochen von α-Bromacrylsäuremethylester mit **IV** in PAe.; 78,5%. — *1-Brom-2.2-diphenylcyclopropancarbonsäure* (**III**), F. 185—188°, durch Verseifung vorst. Verb.; 97%. (+)- u. (—)-**III**, F. 184—185,5° bzw. F. 185—186°, aus **III** mit Brucin bzw. Chinin; $[\alpha]_D^{23}$ +112,2° (c = 1,061; Chlf.) bzw. $[\alpha]_D^{23}$ —109° (c = 1,104; Chlf.). — (+)-*1-Brom-2.2-diphenylcyclopropylcarbinol*, F. 132—133°, aus (+)-**III** mit $LiAlH_4$; $[\alpha]_D^{24}$ +108,7° (c = 1,017; Chlf.); 70%. — (+)-*1-Brom-2.2-diphenylcyclopropan-1-aldehyd*, F. 102—103°, aus vorst. Verb. mit CrO_3 in Pyridin; $[\alpha]^{23}$ +183,1° (c = 1,016; Chlf.); 22%. — Asymm. Synth.: **I**, F. 163—164,5°, durch Zugabe von **IV** in PAe. zu Acrylsäure-(—)-menthylester bei 110° u. Verseifung des Esters durch Kochen mit KOH in Äthylenglykol; $[\alpha]_D^{24}$ —4,7° (Chlf.); 60%. — **II**, F. 96

bis 98°, wie vorst. Verb. aus **IV** u. Methacrylsäure-(—)-menthylester; $[\alpha]_D^{22}$ +3,7° (Chlf.); 74%. H.-G. FLOSS. B 123□

Cyclopropane. 10. Mitt. **Ein optisch-aktives Grignard-Reagens.** H. M. Walborsky und A. E. Young. (J. Amer. chem. Soc. **83.** 2595—96. 5/6. 1961.) (Engl.) — 9. vgl. vorst. Referat.

Vff. berichten über die erste Darst. einer opt.-aktiven GRIGNARD-Verbindung. Das Rk.-Prod. aus *(+)-1-Brom-1-methyl-2.2-diphenylcyclopropan* (**I**) u. Mg in Tetrahydrofuran gibt nach Carboxylierung u. Hydrolyse *opt.-akt. 1-Methyl-2.2-diphenylcyclopropancarbonsäure*, $[\alpha]_D^{23}$ —5,3 ± 1,2° (c = 2,173), entsprechend 14% opt. Reinheit, 38% (Ausbeute), neben *opt.-akt. 1-Methyl-2.2-diphenylcyclopropan*, $[\alpha]_D^{23}$ —13,6 ± 1,2°, entsprechend 11% opt. Reinheit; 38%. Die opt. Aktivität bleibt demnach zu ca. 12%, die Konfiguration zu ca. 56% erhalten. Da bei der Carboxylierung der entsprechenden Li-Verb. [aus (+)-**I** u. Butyl-Li] Aktivität u. Konfiguration zu 100% erhalten bleiben, scheint die teilweise Racemisierung bei der Bldg. der GRIGNARD-Verb. einzutreten.
H.-G. FLOSS. B 123□

Über die Zuordnung des niedrigsten Triplettzustandes in Benzol. Andreas C. Albrecht. (J. chem. Physics **33.** 937. Sept. 1960. Ithaca, N. Y., Cornell Univ., Dep. of Chem.) (Engl.)

Vf. erörtert zunächst die zu obigem Thema in der Literatur erschienenen Mitt. u. erwähnt dann kurz vorläufige eigene Ergebnisse über Phosphorescenzpolarisationsmessungen an *Bzl* u. *p-Dimethoxybenzol* bei —195°. Er kommt zu dem Ergebnis, daß nach der Schwingungsanalyse der niedrigste Triplettzustand als $^3B_{1u}$ anzusehen ist, daß aber andererseits auf Grund der vorläufigen Resultate der Polarisationsmessung die Möglichkeit sowohl einer ebenen wie auch nichtebenen Polarisation durch Spin-Bahn-Kopplung besteht. A. MASCHKE. B 125□

Phosphorescenzlebensdauer von Benzol. Ein intermolekularer Effekt schwerer Atome, ein Deuteriumeffekt und ein Temperatureffekt. M. R. Wright, R. P. Frosch und G. W. Robinson. (J. chem. Physics **33.** 934—35. Sept. 1960. Pasadena, Calif., California Inst. of Technol., Gates and Crellin Labor. of Chem.) (Engl.)

Die Lebensdauer τ der Phosphorescenz des *Bzl.* bei 4,2° K beträgt in CH_4 16, in Ar 16, in Kr 1 u. in Xe 0,07 Sek., während für τ von C_6D_6 in den gleichen Lsgm. 22, 26, 1 u. 0,07 Sek. gefunden wurde. Auch die Intensität der Phosphorescenz wird durch das Lsgm. stark beeinflußt: der mutmaßliche 0-0-Übergang bei 29500 cm^{-1} ist in Kr u. Xe sehr stark, in CH_4 u. Ar dagegen nur angedeutet. Das Quantenverhältnis von Fluorescenz zu Phosphorescenz ist größer als 1 in CH_4, in Ar, Kr u. Xe aber prakt. Null.
A. MASCHKE. B 125□

Messungen der Sonoluminescenz von reinen Flüssigkeiten und einigen wässerigen Lösungen. P. Jarman. (Proc. physic. Soc. **73.** 628—40. 1/4. 1959. London, Imp. Coll., Dep. of Phys.) (Engl.)

Die Sonoluminescenzintensität J_s bei 16,5 kHz wird bei verschiedenen Temp. (4—80°) für folgende Fl. gemessen: *Dimethylphthalat, Äthylenglykol, W., o-Xylol, Isoamylalkohol, Chlorbenzol, n-Butyl-, Isobutylalkohol, Toluol, sek.-Butyl-, tert.-Butyl-, n-Propyl-, Isopropylalkohol-, A., Bzl.* sowie für wss. Lsgg. verschiedener prim. Alkohole. J_s geht annähernd proportional mit dem Quadrat der Oberflächenspannung u. umgekehrt proportional mit dem Dampfdruck. Die Luminescenz besteht im allg. aus kurzen Lichtblitzen nahe am akust. Druckminimum für schwerer flüchtige Stoffe, wie W., bzw. kurz vor oder im Druckmaximum bei flüchtigen Flüssigkeiten. Die Unterss. der Sonoluminescenz bestätigen die Annahme elektr. Mikroentladungen innerhalb der Kavitationsbläschen in Verbindung mit photochem. Rekombinationen dissoziierter Moll. an den inneren Oberflächen der Bläschen. J. RUDOLPH. B 125□

Der Einfluß der Temperatur und Viscosität auf die Fluorescenz von Lösungen einiger organischer Verbindungen bei UV-Anregung. J. Sahu. (J. Indian chem. Soc. **37.** 411—14. Juli 1960. Muzaffarpur, Bihar Univ., L. S. Coll., Phys. Chem. Labor.) (Engl.)

Der Einfl. von Temp. u. Viscosität auf die Fluorescenz von Lsgg. organ. Verbb. bei Anregung mit der 3135 Å-Hg-Linie in Lsgm. niedriger (PAe. u. A.) u. hoher Viscosität (Paraffin u. Glycerin) wurde im Temp.-Bereich —70 bis 90° untersucht. *p-Terphenyl* u. *Carbazol* (**I**) haben Fluorescenzausbeuten F_0 von 1 in allen Lsgm. im gesamten Temp.-Bereich. *Acenaphthen* (**II**), *2.6-Dimethylnaphthalin* (**III**), *Naphthalin* (**IV**), *Stilben* (**V**) u. *Phenanthren* (**VI**) zeigen flache Temp.-F_0-Kurven. Die F_0 bei *4.4'-Dicarbäthoxystilben* (**VII**) u. *Stilben-4.4'-bis-[carbonimidoäthylester]* (**VIII**) sind deutlich temperaturabhängig, sie erreichen bei niedrigen Temp. den Wert 1 u. zeigen einen starken Viscositätseffekt.

Die F_0-Werte von *Naphthol-(1)* u. -(*2*) in ionisierter u. nichtionisierter Form sind ebenfalls temperaturabhängig. Im allg. nehmen die F_0-Werte mit steigender Viscosität zu. Die Ergebnisse können durch die Gleichung: $(1/F-1) = -k\cdot\exp(-E/RT) + K$ dargestellt werden. Für **VII, VIII** u. die Naphthole sind die E- u. K-Werte tabelliert. Die Unters. der Fluorescenzlöschung durch O_2 brachte folgende Ergebnisse: **VI** zeigte deutliche Löschung in PAe., dagegen keine in A.; **I, II, III** u. **IV** zeigten alle in PAe. O_2-Löschung, dagegen trat bei **V, VII** u. **VIII** keine Löschung auf. W. SCHRAMM. B 125□

Die Reaktion von Anthracen auf β-Strahlen. I. Řezanka und J. Frána. (Czechoslov. J. Physics B **10.** 686—87. 1960. Prague, Czechosl. Acad. Sci., Inst. of Nuclear Res.) (Engl.)

Anthracen-Kristalle werden als Detektoren in β-Spektrometern benutzt. Die Scintillationscharakteristik gegenüber β-Strahlen wird unter normalen Arbeitsbedingungen (mit ^{137}Cs als Elektronenquelle) untersucht. Es ergibt sich eine lineare Abhängigkeit des Maximums der Pulsverteilung von der Elektronenenergie. W. BETCKE. B 125□

Die Energieübertragung in luminescierenden Lösungen. 1. Mitt. **Lösungen mit einer gelösten luminescierenden Substanz.** H. K. Bothe. (Ann. Physik [7] **5.** 339—52. 1960. Leipzig, Inst. für angew. Radioaktivität.) (Dt.)

Auf der Grundlage der von KALLMANN u. FURST (Physic. Rev. [2] **94.** [1954.] 503) u. von BIRKS (C. **1950/54.** 4500 S) abgeleiteten Funktionen für die Konz.-Abhängigkeit der Luminescenzintensität vergleicht Vf. die Energieübertragung in fl. Lsgg. mit der in festen Polystyrol-Lsgg. für *Fluoranthen, Anthracen* (**I**), *Stilben, 1.1.4.4-Tetraphenylbutadien, 2-Phenyl-5-p-biphenylyl-1.3.4-oxadiazol, Naphthalin* (**II**), *Pyren* u. *p-Terphenyl.* Die bekannten Funktionen, die 3 von der Wahrscheinlichkeit der verschiedenen Energieübertragungsprozesse abhängige Parameter P, Q u. R enthalten, mußten dazu durch Einführung eines 4. Parameters S (Anteil der vom Lsgm. an die gelösten Moll. abgegebenen Energie, welcher nicht reabsorbiert wird) derart erweitert werden, daß sie auch bei nicht zu vernachlässigender Lsgm.-Luminescenz gelten. Die gefundenen Konz.-Abhängigkeiten entsprechen innerhalb eines großen Konz.-Bereichs genau dieser verallgemeinerten Funktion; die von reinem *Polystyrol* emittierte Luminescenz trägt ca. 20% zur Ausbeute der Energieübertragung auf die gelösten Moll. bei. Die Anregungsart, β- oder Röntgen-Strahlen, hat keinen wesentlichen Einfluß. Aus den gefundenen Parameterwerten wird geschlossen, daß eine Energieübertragung durch quantenmechan. Resonanz eine große Rolle spielt. Bei **I** u. **II** spiegelt sich offenbar der Einbau in die Polystyrolketten in den Parameterwerten wider. D. JÖRCHEL. B 125□

Konzentrationslöschung der Fluorescenz von Lösungen. K. D. Chaudhuri. (Z. Physik **154.** 34—42. 19/1. 1959. Delhi, Univ., Phys. Dep.) (Engl.)

Die Konz.-Abhängigkeit der Fluorescenzintensität J, der Polarisation p des Fluorescenzlichtes u. der elektrolyt. Leitfähigkeit λ wird für verd. wss. Lsgg. der Farbstoffe *Eosin, Rose bengale* u. *Acriflavin* gemessen. Aus dem Verlauf von J, p u. λ mit der Konz. folgt, daß die Konz. der Lsg., bei der die Bldg. von Micellen beginnt, der Konz. für die maximale Polarisation u. für die maximale Helligkeit entspricht. Mit diesem Verh. ist die Annahme einer Konz.-Löschung der Fluorescenz durch Stöße zweiter Art im Einklang. J. RUDOLPH. B 125□

Der Einfluß des Lösungsmittels auf das Dipolmoment von Phenol. Shigeyoshi Katagiri. (Sci. Rep. Tôhoku Univ., Ser. I **44.** 165—76. Dez. 1960. Tôhoku Univ., Fac. of Sci., Chem. Inst.) (Engl.)

Durch Messungen der DK werden die scheinbaren Dipolmomente von *Phenol* ($Kp._{28-29}$ 117—118°) in verschiedenen Lsgm. bestimmt: zu 1,37 (D) in n-Hexan (Kp. 68,0°), 1,39 in Cyclohexan (Kp. 81,0°), 1,31 in Dekalin ($Kp._{22-23}$ 98—100°), 1,56 in Cyclohexen (Kp. 83,0, aus Cyclohexanol mit H_3PO_4), 1,39 in CCl_4 (Kp. 76,7°), 1,45 in Bzl. (Kp. 81,2°), 1,46 in Toluol (Kp. 110,6°), 1,39 in CS_2 (Kp. 46,2°) u. 1,43 in Tetralin ($Kp._{20}$ 120—121°) gegenüber einem Wert von 1,39 im Dampfzustand. Die Tatsache, daß das Dipolmoment in den aromat. u. olefin. Fll. größer ist als im Dampfzustand, wird darauf zurückgeführt, daß infolge Wechselwrkg. zwischen gelöstem Stoff u. Lsgm. die OH-Gruppe stärker aus der Ringebene herausgedreht erscheint. K. L. WOLF. B 132□

Der Einfluß von Sauerstoff auf die Halbleitereigenschaften von Mesonaphthodianthren und Mesonaphthodianthron. H. Kuroda und E. A. Flood. (J. chem. Physics **33.** 952—53. Sept. 1960. Ottawa, Canada, Nat. Res. Council, Div. of Pure Chem.) (Engl.)

Die Leitfähigkeit eines dünnen Films von *Mesonaphthodianthren* in O_2-freier Atmosphäre steigt bei O_2-Zutritt an. Die Veränderung ist bis zu einem Sättigungswert proportional dem O_2-Druck u. reversibel. Umgekehrt wird die Leitfähigkeit von *Meso-*

naphtodianthron bei O_2-Zutritt reversibel herabgesetzt. Die Temp.-Abhängigkeit der Leitfähigkeit wird im Temp.-Bereich 0—230° untersucht. A. MASCHKE. B 135□

Berichtigung: Untertunnelung hoher periodischer Potentialschwellen. 2. Mitt. **Anwendung auf die kernmagnetische Resonanz in festen Körpern.** T. P. Das. (J. chem. Physics **35.** 1897—98. Nov. 1961. Riverside, Calif., Univ., Dep. of Phys.) (Engl.)

Berichtigung zu der C. **1958.** 8286 referierten Arbeit. C. GOTTFRIED. B 137

Die Aktivitätskoeffizienten wässeriger Cholinchloridlösungen bei 25°. R. Fleming. (J. chem. Soc. [London] **1961.** 3100—02. Juli. London, Univ. of London, School of Pharm., Dep. of Phys. Chem.) (Engl.) — Vgl. C. **1961.** 13858.

Die Aktivitäts-Koeff. γ_I wss. *Cholinchlorid*-(I)-Lsgg. werden bei 25 ± 0,01° im Konz.-Bereich von 0,1—4 molal mit der isopiest. Meth. mit KCl als Vgl.-Substanz (γ_{II}) gemessen. Nach Best. des isopiest. Quotienten $R = m_{II}/m_I$ (m = Molalität) errechnet sich der osmot. Koeff. Φ von I zu $\Phi_I = R\ \Phi_{II}$ u. ln γ_I nach der Gleichung von ROBINSON u. SINCLAIR [1934], wobei das Integral der Gleichung graph. nach Extrapolieren auf die Konz. c = 0 ermittelt wird. γ_I fällt von 0,769 in 0,1002 molaler Lsg. auf 0,604 (m_I = 0,809) u. dann langsam bis auf 0,562 (m_I = 2,390), um danach wieder leicht bis auf 0,590 (m_I = 3,878) anzusteigen (Tabelle für R, Φ_I u. γ_I s. Original). Die nach der 2-Parameter-Gleichung von STOKES u. ROBINSON (J. Amer. chem. Soc. **70.** [1948.] 1870) berechneten γ_I-Werte stimmen mit den Meßwerten am besten überein, wenn die Hydratationszahl n = 2,65 u. der 2. Parameter a = 3,08 benutzt werden. Die Gleichung erlaubt die Berechnung theoret. γ_I. In konzentrierteren Lsgg. nähert sich der Abstand zwischen den I- u. Cl-Ionen anscheinend dem im krist. Zustand, nämlich 3,04 Å. Die Ein-Parameter-Gleichung (vgl. Original) genügt nicht den Meßwerten. G. KIRSTEN. B 139□

Die Anwendbarkeit der Hammettschen Säurefunktion H_0 auf Lösungen in Methanol–Wasser-Gemischen. C. L. de Ligny, H. Loriaux und A. Ruiter. (Recueil Trav. chim. Pays-Bas **80.** 725—39. Aug. 1961. Utrecht, State Univ., Labor. for Anal. Chem.) (Engl.)

Vff. bestimmen die pK-Werte von *4-Amino-*, *4-Methylamino-* (aus N-Methylanilin u. p-Aminobenzolsulfonsäure), *4-Phenylamino-*, *4-Dimethylaminoazobenzol-4'-sulfonsäure* u. *p-Nitrophenol* in W. u. in W.–CH_3OH (I)-Gemischen bei 25° (I-Konz. 43,57, 64,16, 84,15 u. 94,10 Gew.-%). Der Einfl. der I-Konz. auf den pK-Wert hängt stark von dem verwendeten Indicator ab. Damit hat sich die von HAMMETT definierte Größe H_0 zur Best. der Acidität in W.–CH_3OH-Mischungen als ungeeignet erwiesen.

S. v. SCHIESZL. B 139□

Die Ionisationskonstanten heterocyclischer Substanzen. 4. Mitt. **Der Effekt eines tautomerisierbaren α-Substituenten auf die Ionisation eines zweiten Substituenten.** Adrien Albert. (J. chem. Soc. [London] **1960.** 1020—24. März. Canberra, Australia, Australian Nat. Univ., Dep. of Med. Chem.) (Engl.) — 3. vgl. C. **1962.** 6719.

Die —NH·CO-Gruppe im *Pyridon-(2)* (I) verstärkt den Säuregrad weiterer Substituenten u. kann wenigstens so stark elektronenanziehend wirken wie die —N=C-Gruppe von Pyridin (II). Jedoch vollziehen sich die elektrophilen Substitutionen bei I u. seinem N-Methyl-Deriv. (III) wesentlich schneller als die von II. Vf. nimmt an, daß die elektrophile Substitution von I u. III einen elektromeren Wechsel in der Polarität der —NH·CO-Gruppe einschließt, wobei ein Übergangszustand mit positiver Ladung am N-Atom u. negativer Ladung am $C_{(5)}$-Atom entsteht. Vf. gibt eine Zusammenstellung der Ionisations-Konst. pK von Pyridin-Derivv. in W. für 20°. Neu bestimmt sind die Konst. pK (B = „bas." pK; A = „saurer pK") für *2.5-Dihydroxy-* 8,51 A; *6-Hydroxypyridincarbonsäure-(3)* 3,82 A; *-methylester* 9,92 A; *3-Carboxy-1-methyl-6-oxo-1.6-dihydropyridin* 3,84 A; —1,7 B; *3-Amino-* (F. 64°) 6,07 B; —1,5 B; *2.5-Diaminopyridin* 6,55 B; 2,13 B sowie für *m-Acetamidophenol* 9,49 A.

Versuche: *2.5-Dihydroxypyridin*, $C_5H_5O_2N$, aus I durch Oxydation mit Persulfat. — *6-Hydroxypyridincarbonsäure-(3)*, $C_6H_5NO_3$, aus 5-Carboxypyron-(2) (IV) durch Rk. mit NH_3. *Methylester*, F. 166°, aus der Säure u. CH_3OH mit $SOCl_2$. — *3-Carboxy-1-methyl-6-oxo-1.6-dihydropyridin*, $C_7H_7O_3N$, F. 241°, aus IV u. Methylamin. — *2.5-Diaminopyridin*, aus 2-Amino-5-nitropyridin (F. 189°) durch Hydrierung mit RANEY-Ni in Alkohol. R. KOBER. B 139□

Untersuchung organischer Redoxsysteme. Éva Bányai. (Magyar tudományos Akad., kém. tudományok Osztályának Közleményei [Ung. Akad. Wiss., Ber. Abt. chem. Wiss.] **16.** 299—321. Nov. 1961. Budapest, TU, Lehrst. allg. Chem.) (Ung.)

Vf. bezweckte die Best. des scheinbaren Redoxpotentials E'₀ als Funktion des pH, die Best. der Zahl n der in der Rk. teilnehmenden Elektronen, die Unterscheidung zwischen Reversibilität oder Irreversibilität der Redox-Rk., die Unters. der Stabilität des Redoxpotentials u. die Entscheidung, ob während der Oxydation ein Oxydationszwischenprod.

gebildet wird u. wie dessen Struktur ist. Diese Fragen werden eingehend untersucht. Hierzu werden polarograph., potentiometr. u. mikrocoulometr. Meth. angewendet. Die potentiometr. Titration kann stetig oder in Abschnitten ausgeführt werden. Der Gang der Berechnungen wird angegeben. Die Verss. werden durchgeführt an den Verbb. *2.4-Diamino-4'-methoxydiphenylamin, Variaminblau, -2-sulfonsäure, -2-carbonsäureester, -2-sulfonsäureanilid.* I. NÁRAY-SZABÓ. B 140

Elektrolytische Reduktion von Benzaldehyd an einer Quecksilberkathode. — Darstellung von Dibenzylquecksilber. Toshio Arai und Tsuneto Oguri. (Bull. chem. Soc. Japan **33.** 1018. Juli 1960. Matsumoto, Shinshu Univ., Fac. of Liberal Arts and Sci., Dep. of Chem.) (Engl.)

Durch elektrolyt. Red. wird Benzaldehyd in 50%ig. H_2SO_4 an einer Hg-Kathode bei 25° (3 A, 19,7 A/dm²; 7½ Std.) in *Dibenzylquecksilber* (**I**, $C_{14}H_{14}Hg$, F. 110°, aus A. Nadeln; 8,5% Ausbeute) übergeführt. Als Nebenprod. entsteht *Hydrobenzoin* (**II**). Andere Aldehyde, wie Vanillin, Piperonal, Anisaldehyd, Furfurol u. Salicylaldehyd geben unter den gleichen Bedingungen nur Harze. Durch Erhitzen von rohem **I** mit einer alkohol. Lsg. von $HgCl_2$, $HgBr_2$ bzw. Hg(II)-Acetat wurden *Benzylquecksilberchlorid* (C_7H_7ClHg, F. 103°, aus A./Xylol Platten), *-bromid* (F. 118°, aus A. Platten) bzw. *-acetat* (F. 126°, aus A. Nadeln) erhalten. Bei 50° entstehen bei der Elektrolyse nur öliges Prod. u. **II**. Bei niedrigeren H_2SO_4-Konzz. ist die Ausbeute geringer. Änderungen der Stromdichte zwischen 20 u. 40 A/dm² sind ohne Einfluß. D. HOLZNER. B 141 □

Polarographische Untersuchung einiger α-chlorierter Cyclohexanone. Dang-Quoc-Quan. (C. R. hebd. Séances Acad. Sci. **251.** 2927—29. 19/12. 1960. Paris, École Norm. Supér., Labor. de Chim.) (Franz.) — Vgl. ELVING u. VAN ATTA, J. electrochem. Soc. **103.** [1956.] 676.

Das polarograph. Verh. von *2-Chlor-* (**I**), *2.2-Dichlor-* (**II**), *cis-* (**III**) u. *trans-2.6-Dichlorcyclohexanon* (**IV**) wurde bei 25° in W. (pH 7), in 75%ig. wss. Dioxan (in Ggw. von 0,1n LiCl) u. in Dimethylformamid (**V**, in Ggw. von 0,05n Tetraäthylammoniumjodid) ferner **I** auch zwischen pH 6 u. 9,35 sowie in 0,1n u. 1,0n KCl-Lsg. in W. untersucht. Aus den Polarogrammen ergibt sich, daß die Carbonylgruppe unterschiedlich hydratisiert ist in der Folge **IV** > **III** > **II** > **I**, was auch aus UV-Daten hervorgeht. Die Halbstufenpotentiale betrugen in W. bei pH 7 für **I** 1,07 [eV] (bzw. zwischen 1,04 u. 1,10 eV in den anderen wss. Lsgg.), **III** 0,89, **IV** 0,74 u. **II** 0,25 u. 1,20; in wss. Dioxan für **I** 1,48, **III** 1,30 u. 1,71, **IV** 1,40 u. 1,67, **II** 1,07 u. 1,56; in **V** für **I** 1,67 u. 1,91, **III** 1,32 u. 1,72, **IV** 1,32 u. 1,72, **II** 0,95 u. 1,82. B. GNAUCK. B 142 □

Polarographische Untersuchung einiger Triphenylmethan-Abkömmlinge. István Rusznák, Ferenc Péter und Gyula Pályi. (Magyar Kémikusok Lapja [Z. Ver. ung. Chemiker] **16.** 287—89. Juni 1961. Budapest, TU, Lehrst. prakt. Chemie.) (Ung.)

10 Triphenylmethanfarbstoffe wurden in 20% Isopropanol u. 80% BRITTON-ROBINSON-Puffer enthaltendem Gemisch gelöst u. polarographiert. Konz. der Lsgg. $1 \cdot 10^{-4}$m, pH 3,02. Zur Klärung des Mechanismus wurde die Elektronenzahl bestimmt, welche die Bldg. von freien Radikalen bestätigt. Die Änderungen der Halbstufenpotentiale entsprechen den Werten, die aus den Elektroaffinitäten der Substituenten zu erwarten sind. Untersucht wurden: *C. I. Basic Green 4* ($C_{23}H_{25}ClN_2$), $E_{1/2}$ gegen gesätt. Kalomelelektrode —0,710 (V); *C. I. Basic Blue 1* ($C_{23}H_{24}Cl_2N_2$), —0,640; *Säuregrün* (*C. I. 661*, $C_{23}H_{25}N_2NaO_4S$), —0,660; *Türkisblau* (*C. I. 661*, $C_{24}H_{26}ClN_3O_2$), —0,650; *C. I. Basic Green 1* ($C_{27}H_{33}N_2O_2S_{0,5}$), —0,625; *C. I. Acid Green 3* ($C_{37}H_{35}N_2NaO_6S_2$), —0,670; *C. I. Acid Green 9* ($C_{37}H_{34}ClN_2NaO_6S_2$), —0,630; *Säuregrün 2 B* (*C. I. 669*, $C_{35}H_{30}N_2 \cdot Na_2O_9S_2$), —0,650; *C. I. Acid Green 5* ($C_{39}H_{35}N_2NaO_9S_2$), —0,665; *Chromgrün* (*C. I. 674*, $C_{24}H_{24}N_2O$), —0,650. J. PLANK. B 142

Der Mechanismus der polarographischen Reduktion des Kotarnins. Károly Györbíró. (Magyar Kémiai Folyóirat [Ung. Z. Chem.] **66.** 408—13. Okt. 1960. Budapest, Müszaki Egyetem Szervetlen-Kémiai Tanszék.) (Ung.) — Vgl. C. **1962.** 7465.

Vf. untersuchte den Mechanismus der polarograph. Red. von *Kotarnin* (**I**). Verbb. mit freier Aldehydgruppe, wie *N-Benzoylkotarnin* u. „*N-Methylkotarnin*" zeigen wie *2-β-Dimethylaminoäthylbenzaldehyd, 1-Anilino-1.2-dihydrokotarnin* (**II**), *1-Hydroxy-2-methyl-1.2.3.4-tetrahydroisochinolin* (**III**) u. *1-Cyanhydrokotarnin* das Verh. anderer aromat. Aldehyde, abweichend von dem der anderen **I**-Derivate. Danach stellt das Kotarninium-Kation bei **I**, **II** u. **III** die polarograph. akt. Form dar. Dieses wird in saurer A.- oder Dioxan-Lsg. an der Hg-Tropfelektrode in einer einzigen Zweielektronenstufe u. in neutralem u. alkal. Medium in 2 Einelektronenstufen zum Dihydro-Deriv. reduziert. In rein wss., von organ. Lsgm. freien Lsgg. sind die Stufen infolge von Adsorptionserscheinungen u. der geringeren Löslichkeit verzerrt. Die Teilnahme nichtdissoziierter **I**-Moll. am

Elektrodenprozeß u. die Ggw. der Aminoaldehydform des I entfällt bei diesem Mechanismus. G. HALMI. B 142

Dampfdruck der Butyraldehyde. M. Šepráková, J. Paulech und J. Dykyj. (Chem. Zvesti 13. 313—16. Mai 1959. Nováky, Forschungsinst. für Acetylenchem.) (Slowak.)

Die Ergebnisse aus den Dampfdruckmessungen von *n-Butyraldehyd* (I, Kp. 75,26°, $D._4^{20}$ 0,8032, n_D^{20} 1,3800) u. *Isobutyraldehyd* (II, Kp. 64,12°, $D._4^{20}$ 0,7925, n_D^{20} 1,3734), im Druckbereich von 100—760 mm Hg konnten weder mit der ANTOINE- noch mit der CALINGAERT-DAVISschen Gleichung ausgedrückt werden. Dagegen konnte die Abhängigkeit der angeführten Dampfdrucke von der Temp. durch die NERNSTsche Gleichung ausgedrückt werden. Es wurden für die Konst. der NERNST-Gleichung folgende Werte gefunden: für I: A = 7,90108; B = 2322,127; C = —0,008048; für II: A = 6,01614; B = 1946, 999; C = 0,005297. Die durchschnittliche Abweichung der berechneten von den gemessenen Werten war bei I: ±0,69 mm Hg, bei II: ±0,27 mm Hg. C. KOZÁK. B 150□

Kritische Lösungstemperaturen. Alfred W. Francis. (Advances Chem. Ser. 31. 1—246. 1961. Paulsboro, N.J., Socony Mobil Oil Co., Inc.) (Engl.)

Tabellen mit krit. Lsg.-Temp., Anilin- u. Furfurolpunkten. — 495 Literaturhinweise. P. GOLINSKE. B 156□

Untersuchung der Ultraschallgeschwindigkeiten in organischen Lösungen. B. Ramachandra Rao und K. Subba Rao. (Proc. physic. Soc. 73. 239—43. 1/2. 1959. Waltair, India, Andhra Univ., Ultrasonic Labor.) (Engl.)

Mit einer Doppelkristall-Interferometer-Meth. werden die Schall-Geschw. von Lsgg. von *Benzoe-, Phthal-* u. *Salicylsäure* in Bzl., Chlf., A., CH_3OH oder Aceton gemessen. Die Schall-Geschw. v nehmen stets mit wachsender Konz. zu, die adiabat. Kompressibilitäten β dagegen ab, in fast allen Fällen ändern sich v u. β linear mit dem Molenbruch. Die Änderung der molaren Schall-Geschw. R u. der molaren Kompressibilität B mit der Konz. sind streng linear. Die Extrapolation von R für hohe Konz. (gelöster Stoff) geben für jede der Säuren einen charakterist. Wert, der gut mit dem aus Bindungsinkrementen berechneten übereinstimmt. Entsprechende Extrapolation von v ergibt für jeden gelösten Stoff einen charakterist. Wert unabhängig vom Lösungsmittel. H. JACOB. B 159□

Eine kinetisch-molekulare Deutung der Geschwindigkeit der Schallausbreitung in Flüssigkeiten. F. Kuczera. (Bull. Soc. Amis Sci. Lettres Poznań, Sér. B 14. 127—39. 1958. Olsztyn, Poland.) (Engl.)

Zunächst gibt Vf. eine Übersicht über die in der Literatur (ALTENBURG, SCHAAFFS, PARTHASARATHY, KUDRIAVCEV) vorliegenden mol. Deutungen der Größe der Schall-Geschw. v in Flüssigkeiten. Weiter wird gezeigt, daß die Regel von RAO nur einen Spezialfall darstellt u. durch die allgemeinere Gleichung $Mv^{6/n}/\varrho$ = konst. (ϱ = Dichte) zu ersetzen ist (vgl. auch C. **1958. 2943**). n liegt für die meisten Fll. zwischen 12 u. 18 (ohne nähere Angaben), jedoch für *Dioxan* (I) bei 25,48, wenn der therm. Koeff. δ der Schall-Geschw. bei I mit 6,3 nach SCHAAFFS [1951] angenommen wird. Vf. ermittelte dagegen δ für I zu 4,2, womit sich n zu 16,45 ergibt. O. FUCHS. B 159□

Die Micellbildungswärme von Kaliumoctanat in Wasser in Gegenwart eines Überschusses an Kaliumchlorid. P. White und G. C. Benson. (J. Colloid Sci. 13. 584—88. Dez. 1958. Ottawa, Nat. Res. Council, Div. of Pure Chem.) (Engl.)

Die Verdünnungswärmen für Lsgg. von *K-Octanat* (I) in Lsgg., die 1,802 molal an KCl u. 0,042 molal an KOH waren, wurden bei 25° bestimmt u. mit Literaturwerten für eine KCl-freie wss. I-Lsg. (vgl. GODDARD, HOEVE u. BENSON, C. **1958. 3840**) verglichen. Die Meßdaten lassen auf die Ausbildung größerer Micellen u. engere Größenverteilung in den KCl-haltigen Lsgg. schließen; die krit. Konz. der Micellen-Bldg. liegt in diesem Falle wesentlich niedriger; die Micell-Bldg.-Wärme beträgt ca. 1,5 gegenüber ca. 1,7 kcal/Mol (GODDARD.) Eine qual. theoret. Erklärung wird gegeben unter Berücksichtigung der stärkeren elektrostat. Abschirmung u. der Struktureffekte gegenüber dem Lösungsmittel. E. ÜHLEIN. B 162□

Verhalten des Ammoniumsalzes der Aurintricarbonsäure als Kolloidelektrolyt. Anil K. Mukherji und Arun K. Dey. (J. Colloid Sci. 13. 99—102. Febr. 1958. Allahabad, India, Univ. of Allahabad, Chem. Labor.) (Engl.)

Best. der elektr. Äquivalentleitfähigkeit λ wss. Lsgg. in verschiedenen Verdünnungen ($\sqrt{c}$ = 0,02—0,2) bei 20° lassen das *Ammoniumsalz* der *Aurintricarbonsäure* (I, *Aluminon*) als Koll.-Elektrolyt erkennen. Die lineare Extrapolation der Kurven für die Temp.-Abhängigkeit von λ ergibt λ_0 = 0 bei —36°, einen Wert, der zwischen den Werten für Sole (—15° bis —25°) u. für Elektrolyt-Lsgg. (—40°) liegt; der Temp.-Koeff. beträgt 2,6—2,8% des λ-Wertes bei 35°. Es wird geschlossen, daß sich **I**-Lsgg. nur bei extremer Verdünnung als echte Lsgg., sonst wie Lsgg. von Koll.-Elektrolyten verhalten.

E. ÜHLEIN. B 162□

Die Rolle kationischer Gruppen in sulfatierten Detergentien. K. Maresuke Kashiwagi. (J. Colloid Sci. **13.** 618—20. Dez. 1958. Tokyo, Marumiya Co., Mitsuwa Chem. Labor.) (Engl.)

Für auf 25%ig. $(NH_4)_2SO_4$-Lsg. gespreitete Filme des *Morpholinium-* (**I**), *Triäthanolammonium-* (**II**) u. *Pyridiniumsalzes* von *Laurylsulfat* erhielt man ident. Diagramme der Abhängigkeit des Oberflächendruckes (F) vom Platzbedarf (A), die der Beziehung $F(A-A_0) = n\,k\,T$ gehorchten, worin gelten: $A_0 = 34$ Å²/Mol; 40 Å²/Mol $< A <$ 70 Å/Mol oder $A_0 = 18$ Å²/Mol; $A < 40$ Å/Mol. Die krit. Konz. der Micellen-Bldg. wurde für **I** zu 0,0043 u. für **II** zu 0,0048 Mol/Liter bestimmt. Demnach sind die Grenzflächen-Eigg. einwertiger Laurylsulfate nur schwach abhängig von der Art des Kations.

E. ÜHLEIN. B 162□

Verzweigtkettige Fettsäuren. 1. Mitt. **Synthese und Untersuchung der physikalischen Eigenschaften.** Tilak Guha und A. N. Saha. (Indian J. appl. Chem. **21.** 223—26. 1958. Calcutta, Univ. Coll. of Sci. and Technol., Dep. of Appl. Chem.) (Engl.)

Dargestellt werden *α-Methyl-* (**I**), *α-n-Propyl-* (**II**) u. *α-Isopropylmyristinsäure* (**III**), die physikal. Eigg. [Oberflächenspannung (σ), Äquivalentleitfähigkeit (Λ) u. Öllösungsvermögen (L)] ihrer Na-Salze werden mit denen von Na-Myristat (**IV**) verglichen. Die Unterss. zeigen, daß die ion. Micell-Bldg. bei dem **I**-Na-Salz bei einer Konz. von 0,2%, bei dem **II**- u. **III**-Na-Salz bei einer Konz. von 0,3% beginnt. Die krit. Micellen-Konz. von **I**-Na-Salz entspricht der von Na-Laurat (0,18%) die von **II**- u. **III**-Na-Salz der von Na-Palmitat (0,28%). Die Erniedrigung von σ in **I**-, **II**- oder **III**-Na-Salz-Lsgg. ist geringer als in solchen von **IV**. Der Wert von Λ fällt bei dem **I**-Na-Salz bei einer Konz. von 0,2%, bei **II**- u. **III**-Na-Salz bei einer Konz. von 0,3% stark ab. Der Wert für L (untersucht an Xylol) hängt nicht nur von der Länge der Kette, sondern auch von der Art der Verzweigung, d. h. der Größe des Intermicellarraumes ab. — *α-Methylmyristinsäure* (**I**), F. 58°, nach WEITZEL u. WOJAHN (C. **1952.** 5232) aus 15 g Oxalsäurediäthylester u. 24 g Myristinsäuremethylester über den *Dodecylmalonsäureester* [Kp.$_{10}$ 172—175°; 10 g (Ausbeute)] u. dessen Rk. als Na-Salz mit CH_3J, Verseifung u. CO_2-Abspaltung; 4,8 g. — *α-n-Propylmyristinsäure* (**II**), F. 63°. — *α-Isopropylmyristinsäure* (**III**), F. 62°.

W. LIEBSCHER. B 166

Strukturaufklärung organischer Verbindungen. Elemér Vinkler und János Szabó. (Gyógyszerészet [Pharmazie] **5.** 282—87. Aug. 1961. Szeged, Med. Univ., Pharmaz. chem. Inst.) (Ung.)

Zusammenfassung. G. LIGETI. B 182

Die Natur der Resonanztheorie. Linus Pauling. (Magyar kém. Folyóirat [Ung. Z. Chem.] **64.** 183—84. Mai 1958.) (Ung.)

Übersetzung aus der Originalarbeit, erschienen in: TODD: Perspectives in Organic Chemistry **1956.** New York — London, Interscience Publishers, 1—8.

G. HALMI. B 182

Indirekte Kernspin-Spin-Kopplung in gesättigten Kohlenwasserstoff-Molekülen. Eiko Hiroike. (J. physic. Soc. Japan **15.** 270—84. Tokyo, Meguro, Tokyo Inst. of Technol., Dep. of Phys.) (Engl.)

Mit Hilfe der VB-Meth. wird, unter Berücksichtigung aller nach dem RUMERschen Theorem erhaltenen Strukturen, eine allg. Formel für die Kopplungs-Konst. $J_{HH'}$ für 2 H-Atome aufgestellt. In guter Übereinstimmung mit dem Experiment beträgt danach berechnetes $J_{HH'}$ für CH_4 12,4 (s^{-1}). Eine allg. abgeleitete Näherungsformel für $J_{HH'}$ ist ausreichend zur Beschreibung des qual. Verh. von $J_{HH'}$.

G. PÖTZSCHER. B 182□

Bindungslängen und Kernquadrupolkopplung in Vinylhalogeniden. E. Spinner. (J. chem. Physics **33.** 611—12. Aug. 1960. Canberra, A.C.T., Australia, Australian Nat. Univ., Dep. of Med. Chem.) (Engl.) — Vgl. KIVELSON u. Mitarbeiter, C. **1960.** 14319.

Die l. c. gezogenen Folgerungen (kürzere C—Cl-Bindung in Vinyl- als in Alkylchloriden; nichtzylindersymm. Feldgradient um die C—Cl-Bindung in Vinylchloriden u. daher teilweiser Doppelbindungscharakter der C—Cl-Bindung) führen zu 2 Schwierigkeiten: 1. Während die C—X Bindung (X = Halogen) sowohl in Vinylfluorid als auch in Vinylchlorid merklich kürzer ist, ist die C=C-Bindung im Vgl. zu der von Äthylen nicht länger; eine Verlängerung wäre zu erwarten, wenn $^{+}X{=}CH{-}C^{(-)}H_2$-Strukturen einen Beitrag lieferten. 2. Es besteht Unstimmigkeit mit der Reihenfolge, in der die mesomeren Effekte der Halogene zunehmen. Die C—X-Bindungsverkürzung in C_2H_3X, verglichen mit CH_3X oder C_2H_5X, ist nahezu die gleiche für F u. Cl. Aus der Kernquadrupolkopplung folgt andererseits, daß die C—J-Bindung in C_2H_3J 3% u. die C—Cl-Bindung in C_2H_3Cl 6% Doppelbindungscharakter hat, woraus ein Anstieg der mesomeren Effekte in der Folge J < Br < Cl < F folgt. Aus spektralen Daten an C_6H_5X jedoch ergibt sich z. T. die genau umgekehrte Reihenfolge. Vf. zeigt, daß man keinen partiellen Doppelbindungscharakter für die C—X-Bindung in C_2H_3X fordern muß, um die Abwesenheit einer zylindersymm. Einzelbindung C—X in C_2H_3X zu erklären; die erwähnte Bindungsverkürzung in $CH_2=CHX$ gegenüber Alkylhalogeniden wird einer verringerten intramol. ster. Abstoßung (die von einer Vergrößerung des Bindungswinkels von 109 auf 120° herrührt) sowie einer intramol. VAN DER WAALS-Anziehung zwischen dem X-Atom u. dem Mol.-Rest zugeschrieben, welche durch die Ggw. der hochpolarisierbaren C=C-Bindung verstärkt wird. D. JÖRCHEL. B 182□

Beziehungen zwischen den Äthylen-Protonenkopplungskonstanten und der Elektronegativität. T. Schaefer. (Canad. J. Chem. **40.** 1—4. Jan. 1962. Manitoba, Winnipeg, Univ., Dep. of Chem.) (Engl.)

In über hundert Verbb. des Typs $CH_2=CHX$ (mit X = F, Cl, Br, O-Alkyl, O-Aryl, OCOR, NO_2, COOR, CN, NR_2, Alkyl, Aryl, Pyridyl, SO_2R, Sn, As, Sb, Pb, Hg, Al, Li) wurde eine strenge Beziehung zwischen der Elektronegativität (E_x) u. den drei Protonenkopplungs-Konst. (J) der Vinylgruppe über einen Bereich $E_x = 4—1$ u. $J_{gem} + J_{cis} + J_{trans} = 14—50$ Hz gefunden. Einfache Folgerungen u. Anwendungsmöglichkeiten werden diskutiert. W. BETCKE. B 182□

Eine neue Methode zur Ableitung von Molekülwellenfunktionen. D. M. Hirst und J. W. Linnett. (Proc. chem. Soc. [London] **1961.** 427—28. Nov. Oxford, Univ., Inorg. Chem. Labor.) (Engl.) — Vgl. C. **1961.** 16060 u. 17852.

Vff. wenden auf Grund allg. Betrachtungen (vgl. l. c.) eine neue Meth. zur Berechnung von Wellenfunktionen mehratomiger Moll. auf die π-Elektronen-Syst. des *positiven Allylions*, des *Radikals* u. des *negativen Ions* (also mit 2-, 3- bzw. 4-π-Elektronen) an. Die Berechnungen für das positive Ion werden angeführt. Die neue Meth. geht im Gegensatz zur VB- oder MO-Meth. von einer Struktur des Ions aus, die aus 2 Einelektronbindungen ($CH_2—CH—CH_2$) besteht, u. wird „non-pairing" (NP)-Meth. genannt. In allen Fällen erweist sich die NP- der VB- oder MO-Meth. bei der Konstruktion der Wellenfunktionen des Grundzustandes als überlegen. W. SCHRAMM. B 182

Elektronenstrukturen und Formeln: Das Allylkation, -radikal und -anion. D. M. Hirst und J. W. Linnett. (J. chem. Soc. [London] **1962.** 1035—47. März. Oxford, Univ., Inorgan. Chem. Labor.) (Engl.) — Vgl. vorst. Referat.

Berechnungen über die π-Elektronen-Syst. des *$C_3H_5^+$-Kations*, des *C_3H_5-Radikals* u. des *$C_3H_5^-$-Anions* mit 2-, 3- bzw. 4-π-Elektronen ergeben, daß für das Kation u. Anion mit der geraden Elektronenzahl die Formeln, in der keine Elektronenpaar-Bldg. in den Bindungen oder an den Atomen erfolgt, eine bessere Beschreibung darstellen als die, die sich aus einer MO- oder einer konventionellen Resonanznäherung vom PAULING-Typ für LEWIS-Strukturen ableiten. Das beste Ergebnis für das Radikal ist ein Resonanzhybrid zwischen $CH^{\cdot}_2—CH^{\cdot}—\dot{C}H_2$ u. $\dot{C}H_2—{}^{\cdot}CH—{}^{\cdot}CH_2$, dessen Wellenfunktion der des Resonanzhybrids zwischen $\dot{C}H_2—CH=CH_2$ u. $CH_2=CH—\dot{C}H_2$ überlegen ist. Wellenfunktionen für das Radikal, die unter einschränkenden Annahmen aufgestellt werden, führen zu falschen Ergebnissen. Vff. zeigen, daß es notwendig ist, Wellenfunktionen als gute Näherungen zur „besten" Lsg. zu überprüfen u. wenden diese Folgerungen kurz auf die Diskussion von O_2 u. das NO_2^-- u. $CH_3CO_2^-$-Ion an. G. PÖTZSCHER. B 182□

Die Struktur der tetrameren HCN. Bruce R. Penfold und William N. Lipscomb. (Tetrahedron Letters [London] **1960.** Nr. 6. 17—19. März. Cambridge, Mass., Harvard Univ., Dep. of Chem.) (Engl.)

Auf Grund des Röntgenspektrums erhält das Polymerisations-Prod. der HCN (tetramere HCN) die Struktur des *Diaminomaleinsäuredinitrils* zugeordnet. Es ist planar gebaut. Die Atomabstände sind angegeben. G. TEEGE. B 182□

π-Elektronenstruktur von Diphenochinon. Akira Kuboyama. (Bull. chem. Soc. Japan **33.** 917—20. Juli 1960. Tokyo, Shibuga-ku, Government Chem. Ind. Res. Inst.) (Engl.) — Vgl. C. **1962.** 9291.

Die Elektronenstruktur von *Diphenochinon* wurde nach einer einfachen MO-Meth. unter Benutzung ähnlicher Werte für die Integrale wie in früheren Arbeiten des Vf. (l. c.) berechnet (Mol.-Diagramme). Die Ergebnisse erlauben die Zuordnung der intensiven Absorptionsbande bei 900 mμ zu einem $A_{1g} \rightarrow B_{3u}$-Übergang. W. SCHRAMM. B 182□

Spektroskopische Untersuchung linear konjugierter Polyensysteme. 4. Mitt. Anwendung des Rechenverfahrens von Hirayama auf Carotinoide zweiter und dritter Oxydationsstufe. József Szőke. (Magyar tudományos Akad., kém. tudományok

Osztályának Közleményei [Ung. Akad. Wiss., Ber. Abt. chem. Wiss.] **16.** 275—97. Nov. 1961. Budapest, Zentralforsch.-Inst. für Phys.) (Ung.) — 3. vgl. Magyar tudományos Akad., kém. tudományok Osztályának Közleményei [Ung. Akad. Wiss., Ber. Abt. chem. Wiss.] **14.** [1960.] 385.

Zur Deutung der Spektraldaten von Carotinoiden höherer Oxydationsstufe wurde die Meth. von HIRAYAMA (vgl. C. **1955.** 6939) auf Polyene mit symm. Aufbau u. ident. Heteroatomen in Endstellung weiterhin auf Carotinoide mit asymm. Aufbau u. Heteroatomen in Endstellung u. auf gemischte Abkömmlinge angewandt. Aus den Absorptionsmaxima von bekannten Verbb. wurden Heterokonjugationsindices berechnet. Zur Deutung der Spektraldaten wurde der Begriff des Asymmetriefaktors eingeführt. Die berechneten u. gemessenen Spektraldaten wurden tabellar. zusammengestellt. Die Berechnungen wurden durchgeführt für folgende Verbb.: *Capsorubin, Capsanthinon, β-Carotinon, Physalienon, Astaxanthin, Rhodoxanthin, Dianhydro-β-carotinon, Anhydrocapsanthinon, Apo-1.12-lycopindial, Apo-1-bixindialdehyd, β-Carotinonaldehyd, 4-Hydroxy-β-carotinaldehyd, Capsylaldehyd, Capsanthylal, Fucoxanthin, Norbixin, Methylbixin, Crocetin, Dimethylcrocetin,* $\Delta^{2.4.6.8.10}$*-3.8-Dimethyldekapenten-1.10-dicarbonsäure, -dimethylester, Bixindialdehyddioxim, Apo-1-bixindialdehyddioxim, Rhodoxanthindioxim, α-Carotinon, Capsanthinepoxid, Dihydroxysemi-β-carotinon, Apo-2-* u. *-3-lycopinal, α-Citraurin, α-Apo-2-carotinal, Semi-β-carotinon, Capsanthin, β-Apo-2-* u. *-4-carotinal, β-Citraurin, Myxoxanthophyll, Anhydrosemi-β-carotinon, Apo-1-azafrinal, Azafrin, Azafrinmethylester, Torularhodin, α-Apo-2-carotinaloxim, α-Citraurinoxim, β-Apo-2-carotinaloxim, β-Citraurinoxim, β-Apo-4-carotinaloxim, Apo-1-, -2-, -3-norbixinalmethylester, Azafrinon, Azafrinonmethylester, Anhydroazafrinon, Anhydroazafrinonmethylester, β-Carotinonaldehyddioxim, Capsanthylalmonoxim, Apo-1-bixinalmethylesteroxim, Apo-2-, -3-norbixinalmethylesteroxim, Anhydroazafrinonoximmethylester, 4-Hydroxy-β-carotinonaldehyddioxim.* I. NÁRAY-SZABÓ. B 182

Herstellung von dünnen Anthracen-Einkristallblättchen. József Krajsovszky und Sándor Ujhelyi. (Magyar fizik. Folyóirat [Ung. Z. Physik.] **9.** 81—84. Jan. 1961. Budapest, Med. Phys. Inst.) (Ung.)

Hochreines Anthracen (I) wird auf den Boden eines 70—80 cm langen, 6—7 cm weiten verschlossenen Gefäßes gebracht; die Luft wird mit H_2 ausgespült u. das Gefäß in einen auf oberhalb des F. von I angewärmten, tiefen elektr. Ofen gesenkt. Während des Schmelzens unter einem H_2-Druck von 300 Torr beginnt die Sublimation; durch sehr langsames Heben des Gefäßes (1,7 mm/Min.) aus dem Ofen bilden sich an der Gefäßwand große Kristallscheiben von 0,2—0,3 mm Dicke, aus welchen 3 cm große runde Scheiben geschnitten werden können. Sehr schwache UV-Strahlung rufen starke blaue Fluorescenz hervor. J. PLANK. B 190

Die Kristallstruktur von Biurethydrat. Edward W. Hughes, Harry L. Yakel und Hans C. Freeman. (Acta crystallogr. [Copenhagen] **14.** 345—52. 10/4. 1961. Pasadena, Calif., Inst. of Technol., Gates and Crellin Labor. of Chem.; Sydney, Univ. School of Chem.) (Engl.)

Biurethydrat-Kristalle wurden aus wss. Lsg. in Form leistenähnlicher Nadeln erhalten. WEISSENBERG-Aufnahmen ergaben monokline Symmetrie u. eine Zelle mit den Abmessungen a = 3,630 ± 0,003 (Å); b = 17,78 ± 0,01; c = 9,18 ± 0,01; β = 119°30′ ± 10′. Raumgruppe ist C_{2h}^5 — P 2_1/c; Z = 4. PATTERSON-Projektionen u. anschließende Anwendung der Meth. der kleinsten Quadrate lieferte die folgenden Parameter: $C_{(1)}$ (x =) 0,5760; (y =) 0,2638; (z =) 0,3566; $C_{(2)}$: 0,5827; 0,3852; 0,4965; $N_{(1)}$: 0,5719; 0,1900; 0,3807; $N_{(2)}$: 0,6107; 0,3070; 0,4891; $N_{(3)}$: 0,5541; 0,4260; 0,3659; $O_{(1)}$: 0,5781; 0,2892; 0,2294; $O_{(2)}$: 0,6058; 0,4123; 0,6259; $O_{(3)}$ (H_2O): 0,2016; 0,0440; 0,4616. Aus den tabellar. zusammengestellten Bindungslängen ist ersichtlich, daß die C—O-Abstände beträchtlich größer sind als reine C=O-Bindungen. Alle C—N-Abstände haben beträchtlichen Doppelbindungscharakter, wobei die beiden zentralen C—N-Bindungslängen etwa halb so viel haben wie die Endbindungen. Die 4 Atome jedes Halbmol. liegen in einer Ebene, die beiden Halbmoll. sind gegeneinander um 5°33′ geneigt; dies scheint durch die Abstoßung zwischen $O_{(1)}$ u. $N_{(3)}$ verursacht zu sein. In dem Gitter liegen die Moll. in gebogenen Schichten parallel zu (1 0 0), wobei jeweils 1 Mol. an 3 Nachbar-Moll. durch N—H···O-Bindungen gebunden ist. Durch die ganze Struktur laufen Tunnels parallel der y-Achse. In diesen Tunnels liegen die H_2O-Moll. unter Bldg. von Zick-Zack-Ketten; nur $^3/_5$ der verfügbaren Gitterplätze sind durch H_2O besetzt. Die H_2O-Moll. sind lose durch H-Bindungen an die Amid-O-Atome gebunden, wobei jedoch die Abstände zwischen benachbarten Wasserplätzen mit 2,48 Å bemerkenswert kurz sind. Bei der Entwässerung des Hydrats fällt die Struktur zusammen u. es bildet sich die neue wasserfreie Struktur; die Wasser-Moll. wirken demnach stabilisierend. Das Hydrat kann als Einschluß-Verb. vom Tunneltyp angesehen werden. C. GOTTFRIED. B 195

Die Struktur von Arsenobenzol. K. Hedberg, Edward W. Hughes und J. Waser. (Acta crystallogr. [Copenhagen] **14.** 369—74. 10/4. 1961. Pasadena, Calif., Inst. of Technol., Gates and Crellin Chem. Labor.) (Engl.)

Zur Unters. von *Arsenobenzol* geeignete Kristalle wurden durch langsames Abkühlen gesätt. Lsgg. in m-Xylol oder Chlorbenzol erhalten. Schwenk- u. WEISSENBERG-Aufnahmen ergaben monokline Symmetrie u. die Zellendimensionen a = 12,16 ± 0,04 (Å); b = 6,22 ± 0,02; c = 24,10 ± 0,06; β = 110°14′ ± 5′. Raumgruppe ist C_{2h}^5 — P 2_1/c; mit D.[26,4] 1,81 ist Z = 12 AsC_6H_5. Die Struktur wurde mit Hilfe von PATTERSON- u. FOURIER-Projektionen aufgeklärt. Hierbei ergab sich zunächst, daß das Mol. nicht dimer, wie bisher allg. angenommen, sondern hexamer $(AsC_6H_5)_6$ ist. Die gefundenen Parameter sind: $As_{(1)}$: (x =) 0,0063; (y =) —0,0561; (z =) 0,0910; $As_{(2)}$: 0,1713; —0,0095; 0,0554; $As_{(4)}$: 0,0906; —0,2515; —0,0296; $C_{(4)}$: 0,073; 0,081; 0,171; $C_{(5)}$: 0,034; 0,285; 0,180; $C_{(6)}$: 0,081; 0,384; 0,235; $C_{(7)}$: 0,167; 0,279; 0,281; $C_{(8)}$: 0,206; 0,075; 0,272; $C_{(9)}$: 0,159; —0,024; 0,217; $C_{(10)}$: 0,283; —0,199; 0,109; $C_{(11)}$: 0,249; —0,405; 0,120; $C_{(12)}$: 0,331; —0,542; 0,160; $C_{(13)}$: 0,447; —0,473; 0,189; $C_{(14)}$: 0,481; —0,267; 0,178; $C_{(15)}$: 0,399; —0,130; 0,138; $C_{(16)}$: 0,232; —0,283; —0,051; $C_{(17)}$: 0,281; —0,485; 0,052; $C_{(18)}$: 0,382; —0,505; —0,067; $C_{(19)}$: 0,434; —0,323; —0,081; $C_{(20)}$: 0,385; —0,121; —0,080; $C_{(21)}$: 0,284; —0,101; —0,065. In dem Gitter sind die As-Atome in einem sechsgliedrigen Ring mit Sesselform angeordnet. Die As–As-Abstände sind 2,456 ± 0,005 Å u. die Winkel As–As–As im Mittel 91°. Die Phenylgruppen sind an die As-Atome in „radialen" Lagen angeordnet. Das Mol. selbst besitzt nur ein Symmetriezentrum, weicht jedoch nicht sehr stark von der Symmetrie 5 2 m ab. Die Packung der Moll. ist äußerst komplex; es treten nur C_6H_5–C_6H_5-Kontakte auf. C. GOTTFRIED. B 195

Die Struktur von trans-α.β-Dicyanstilben. S. C. Wallwork. (Acta crystallogr. [Copenhagen] **14.** 375—78. 10/4. 1961. Nottingham, Univ., Dep. of Chem.) (Engl.)

WEISSENBERG-Aufnahmen an *trans-α.β-Dicyanstilben* ergaben monokline Symmetrie u. die Zellendimensionen a = 17,98 ± 0,05 (Å); b = 3,96 ± 0,02; c = 17,23 ± 0,05; β = 91° ± 0,5°; Raumgruppe ist C 2/c; Z = 4. Die Struktur wurde mit Hilfe von FOURIER-Projektionen entlang den 3 kristallograph. Achsen gefunden. Es wurden die folgenden Parameter bestimmt: C(α): (x =) 0,005; (y =) 0; (z =) 0,042; $C_{(CN)}$: —0,050; —0,200; 0,085; $C_{(1)}$: 0,079; 0,055; 0,083; $C_{(2)}$: 0,075; 0,184; 0,158; $C_{(3)}$: 0,142; 0,241; 0,197; $C_{(4)}$: 0,208; 0,170; 0,164; $C_{(5)}$: 0,214; 0,043; 0,090; $C_{(6)}$: 0,148; —0,015; 0,049; N: —0,095; —0,370; 0,123. In dem Gitter ist das Mol. nicht eben. Die lineare Gruppe $C_{(\alpha)}$—C—N ist ca. 24° aus der Ebene $C_{(1)}C_{(\alpha)}C_{(\alpha')}C_{(1')}$ herausgedreht, wahrscheinlich um enge Kontakte mit dem benachbarten Benzolring zu vermeiden. Diese Annahme wird durch die Tatsache bestätigt, daß der Ring um die $C_{(1)}C_{(4)}$-Achse um ca. 25° verdreht ist, wodurch der Abstand zwischen $C_{(2)}$ u. $C_{(CN)}$ weiter vergrößert wird. Das Mol. als Ganzes ist derart um die zentrale C—C-Bindung verdreht, daß die Richtung $C_{(\alpha)}C_{(1)}C_{(4)}$ gegen die (0 1 0)-Ebene ca. 8° geneigt ist. C. GOTTFRIED. B 195

Scheinbare Molekülrotation in Cyclo-[3.2.2]-azin. A. W. Hanson. (Acta crystallogr. [Copenhagen] **14.** 365—68. 10/4. 1961. Ottawa, Nat. Res. Council, Div. of Pure Phys.) (Engl.) — Vgl. C. **1962.** 8930.

Vf. untersuchte röntgenograph. die Struktur des von WINDGASSEN u. Mitarbeitern (vgl. C. **1959.** 15303) synthetisierten *Cyclo-[3.2.2]-azins*. Die Verb. tritt in 2 Formen auf, u. zwar in einer stabilen monoklinen Form u. einer bei Zimmer-Temp. metastabilen tetragonalen Form. Die Zelle der monoklinen Form hat die Abmessungen a = 20,74 ± 0,02 (Å); b = 7,35 ± 0,02; c = 20,65 ± 0,02; β = 101,0° ± 0,1°. Mögliche Raumgruppen sind I a oder I 2/a; mit D. 1,21 Z = 16. Die tetragonale Form hat a = 7,58 ± 0,003 Å u. c = 76,81 ± 0,11 Å; Raumgruppe ist I 4_1 c d; Z = 8. Aus einer dreidimensionalen Analyse der tetragonalen Phase wurde der Schluß gezogen, daß die Moll. entweder relativ frei in ihren jeweiligen Ebenen rotieren oder in diesen Ebenen regellos orientiert sind. Eine Analyse der monoklinen Phase wurde nicht durchgeführt; ein Vgl. der scheinbaren Temp.-Faktoren der beiden Phasen führte zu dem Schluß, daß auch in dieser Phase Rotation oder regellose Orientierung auftritt. C. GOTTFRIED. B 195

Die Kristallstruktur von Thyminmonohydrat. Raymond Gerdil. (Acta crystallogr. [Copenhagen] **14.** 333—44. 10/4. 1961. Pasadena, Calif., Inst. of Technol., Gates and Crellin Labor. of Phys.) (Engl.) — Vgl. FURBERG u. Mitarbeiter, C. **1960.** 17073.

Vf. berichtet über eine röntgenograph. Unters. an *Thyminmonohydrat*, das durch langsames Eindunsten einer verd. wss. Lsg. in Form von nach der c-Achse gestreckten Parallelepipeden erhalten wird. Die Kristalle verlieren sehr rasch ihre Durchsichtigkeit infolge Verlustes des Kristallwassers. WEISSENBERG-Aufnahmen ergaben monokline Symmetrie u. die Zellendimensionen a = 6,077 ± 0,003 (Å); b = 27,862 ± 0,007; c = 3,816 ± 0,002; β = 94°19′ ± 3,1′. Die Struktur wurde mit Hilfe von PATTERSON- u.

dreidimensionalen FOURIER-Projektionen u. anschließender Verfeinerung mit Hilfe der Meth. der kleinsten Quadrate bestimmt, wobei anisotrope Temp.-Faktoren berücksichtigt wurden. Die Parameter der H-Atome wurden durch eine dreidimensionale Differenz-Synth. erhalten. Die folgenden Parameter sind angegeben: $C_{(6)}$ (x =) 0,4934; (y =) 0,11049; (z =) 0,2602; $C_{(2)}$: 0,2666; 0,03762; 0,2003; $C_{(4)}$: 0,1330; 0,11262; −0,0431; $C_{(5)}$: 0,3176; 0,13674; 0,0685; $C_{(7)}$ (am $C_{(5)}$) 0,3492; 0,18920; −0,0040; $N_{(1)}$: 0,4519; 0,06210; 0,3158; $N_{(3)}$: 0,1087; 0,06419; 0,0216; $O_{(6)}$: 0,6707; 0,12724; 0,3808; $O_{(2)}$: 0,2446; −0,00565; 0,2570; $O_{(3)}$ (H_2O) 0,8665; 0,21960; 0,4554; $H_{(1)}$: 0,532; 0,044; 0,430; $H_{(3)}$: 0,003; 0,049; −0,035; $H_{(4)}$: 0,016; 0,124; −0,197; $H_{(7)}$: 0,242; 0,210; −0,127; $H_{(7')}$: 0,392; 0,210; 0,162; $H_{(7'')}$: 0,452; 0,196; −0,109; $H_{(8)}$ (H_2O): 0,824; 0,197; 0,424; $H_{(8')}$ (H_2O): 0,855; 0,237; 0,302. In dem Gitter liegen die 9 Atome des Mol. nahezu in einer Ebene; den größten Abstand von dieser Ebene hat das $C_{(7)}$-Atom mit 0,018 Å. Die Moll. bilden Stapel, die sich unendlich in den a- u. c-Richtungen erstrecken u. die aus engen, ca. 2 Moll. dicken, gegen (0 0 1) ca. 30° geneigten Bändern bestehen u. in der C-Richtung übereinandergelagert sind. Innerhalb eines Bandes ist jedes Mol. über H-Bindungen an 2 benachbarte Moll. verknüpft. Der Wasser-Geh. des Mol. beträgt nur ca. 85% des theoret. Wertes. Es wird angenommen, daß W. statist. über die zur Verfügung stehenden Gitterplätze verteilt ist. C. GOTTFRIED. B 195

Die Struktur von (+)-Des-[oxymethylen]-lycoctoninhydrojodidmonohydrat. Maria Przybylska. (Acta crystallogr. [Copenhagen] **14.** 424—29. 10/4. 1962. Ottawa, Nat. Res. Council, Div. of Pure Chem.) (Engl.)

(+)-*Des-[oxymethylen]-lycoctoninhydrojodidmonohydrat*, $C_{24}H_{39}NO_6 \cdot HJ \cdot H_2O$, krist. aus einem Gemisch von Aceton u. Methylalkohol in monoklinen nach der b-Achse gestreckten Prismen. Die Zelle hat die Abmessungen a = 12,79 ± 0,03 (Å); b = 9,44 ± 0,02; c = 11,00 ± 0,03; β = 97°45′ ± 20′. Raumgruppe ist C_2^2—P 2_1; mit $D_{\cdot 24}$ 1,476 ist Z = 2. Zur Strukturaufklärung wurden zuerst aus einer PATTERSON-Projektion auf (0 1 0) die x- u. z-Koordinaten des J-Atoms abgeleitet. Die weiteren Unterss. geschehen mit Hilfe einer dreidimensionalen FOURIER-Analyse u. anschließender Verfeinerung mittels zweidimensionaler Methoden. Die Parameter der 33 Atome sind tabellar. zusammengestellt. Die gefundene Struktur bestätigte die früher (vgl. C. **1961.** 10561) gefundene abs. Konfiguration u. damit den diterpenoiden Charakter der Verbindung. Die intramol. Abstände u. Valenzwinkel sind angegeben. C. GOTTFRIED. B 195

Die Struktur von (+)-Desmethanolaconinonhydrojodidtrihydrat. Maria Przybylska. (Acta crystallogr. [Copenhagen] **14.** 429—34. 10/4. 1961.) (Engl.) — Vgl. vorst. Ref.; vgl. auch C. **1961.** 2935.

(+)-*Desmethanolaconinonhydrojodidtrihydrat* ($C_{24}H_{35}NO_8 \cdot HJ \cdot 3\,H_2O$, F. 240—241°, Zers.; $[\alpha]_D^{25}$ +59,2 ± 1,5°, c = 1,04; W.) krist. aus einem Gemisch von Methylalkohol u. Ae. in rhomb., nach der c-Achse gestreckten Kristallen u. hat $D_{23,2}$ 1,582. Die Präzessionsaufnahmen ergaben die Zellendimensionen a = 14,69 ± 0,03 (Å); b = 22,08 ± 0,03; c = 8,33 ± 0,02. Raumgruppe ist P 2_1 2_1 2_1; Z = 4. Die Strukturaufklärung wurde wie l. c. durchgeführt. Parameter für 37 Atome u. die intramol. Abstände u. Valenzwinkel sind angegeben. Aus der gefundene Struktur war ersichtlich, daß das C–N-Skelett dasselbe ist wie das der l. c. untersuchten Verb., u. daß die Verb. ebenfalls diterpenoiden Charakter besitzt. C. GOTTFRIED. B 195

Übergangskomplexe bei der cis–trans-Umlagerung. N. A. Khan. (Sci. and Cult. [Calcutta] **25.** 485—86. Febr. 1960. Tejgaon, Dacca, East Pakistan, Pakistan Council of Sci. and Ind. Res., East Regional Labor., Div. of Foods and Nutrition.) (Engl.)

Bei der Einw. von NO_2 auf *Methyllinolenat* bildet sich ein UV-Maximum bei 301 (mμ, maximale Absorption nach 20 Min.) aus. Gleichzeitig mit dem Verschwinden dieses Maximums treten im IR-Spektrum Banden von trans-Isomeren auf. Das Maximum wird auf Komplexe zwischen beiden Reaktanten zurückgeführt. Anwendung von Hochvakuum zerstört die trans-Isomeren u. auch die Komplexe. G. PÖTZSCHER. B 223 □

Untersuchungen an Glycerylestern. 1. Mitt. **Die Bildung von Harnstoffeinschlußverbindungen mit 1-Monoglyceriden.** F. Aylward und P. D. S. Wood. (J. appl. Chem. **7.** 583—89. Nov. 1957. London, Borough Polytechnic, Dep. of Chem. and Food Technol.) (Engl.)

Die *Harnstoff* (I)-*Einschluß-Verbb.* der 1-Monoglyceride (**A**) gesätt. gradzahliger Fettsäuren (**B**) von Capryl- bis Stearinsäure werden dargestellt u. deren Kristallgröße u. -form, Mol-Verhältnisse sowie „Dissoziations"- bzw. „Exudations"-Temp. (Kurve) bestimmt. Die **I**-Addukte der **A** werden aus **I**-gesätt. CH_3OH bei 20° oder nach 1std. Kühlen auf 0 bzw. −35° erhalten. Monobutyrin bzw. -propionin bilden keine **I**-Addukte. Die reinen **I**-Addukte der **A** zeigen ein fallendes Mol-Verhältnis **I**:**A** von 17,4:1 (1-Monostearin) bis 9,37:1 (1-Monocaprylin). Die „Dissoziations"- bzw. „Exudations"-Temp.

der I-Addukte ist von der C-Anzahl der **B** linear abhängig u. liegt im Bereich von 74° (C_8) bis 125° (C_{18}); der F. der Addukte liegt dagegen bei 133° u. entspricht dem F. von I. Die Vers.-Ergebnisse werden mit analogen Befunden verglichen u. diskutiert.

Versuche: 1-Monoglyceride (**A**), durch Acylieren von 1.2-Isopropylidenglycerin mit der entsprechenden **B** oder deren Säurechlorid u. anschließende hydrolyt. Abspaltung des 1.2-Isopropylidenrests (Mol-Verhältnis **I**:**A** im Addukt, dessen Kristallform u. Ausbeute pro g **A**): *1-Monostearin*, F. 79—80° (17,4:1; flache, meist hexagonale Blättchen; 2,58 g). *1-Monopalmitin*, F. 75—76° (15,8:1; wie vorst.; 2,25 g). *1-Monomyristin*, F. 68° (14,4:1; hexagonale Blättchen von 0,4 mm ∅; 1,43 g). *1-Monolaurin*, F. 60—61° (12,1:1; Platten oder hexagonale Bipyramiden bis 1 mm ∅; 2,10 g). *1-Monocaprin*, F. 48—50° (11,0:1; hexagonale Blättchen; 1,06 g). *1-Monocaprylin*, F. 35—36° (9,37:1; dicke hexagonale Blättchen; 0,18 g). G. KIRSTEN. B 223□

Elektronendonator- und -acceptorkomplexe mit aromatischen Systemen. 7. Mitt. **Elektronendonator- und -acceptorkomplexe einiger tetracyclischer aromatischer und heteroaromatischer Moleküle.** G. C. Martin und A. R. Ubbelohde. (J. chem. Soc. [London] **1961**. 4948—57. Nov. London, Imp. Coll. of Sci. and Technol., Dep. of Chem. Engng. and Chem. Technol.) (Engl.) — 6. vgl. C. **1962**. 7470.

Die Jodkomplexe (**A**J_m) folgender tetracycl. Aromaten (**A**) werden dargestellt (aus äquimol. Mengen der Komponenten in CCl_4 unter N_2) u. auf ihre Dunkelstrom-Leitfähigkeit im festen Zustand bei 26—34°K untersucht (in Klammern Mol-Vol. des **A**, m u. Mol-Vol. des Komplexes): *Naphthacen* (**I**; 163 ml; 1,78; 204 ml), *1.2-Benzanthracen* (**II**; 178; 1,74; 216); *2.3-Benzacridin* (**III**; 161; 2,0; 243), *2.3-Benzacridon* (173; 1,30; 197), *9-Chlor-2.3-benzacridin* (202; 1,72; 260), *1.2-Benzacridin* (**IV**; 177,5; 2,0; 202), *1.2-Benzacridon* (175; 1,26; 198), *9-Chlor-1.2-benzacridin* (196; 1,74; 212), *3.4-Benzacridin* (**V**; 184; 1,76; 219). Analog werden folgende Na-Komplexe (**A**Na_m; vgl. nachst. Ref.) untersucht (in Klammern m u. Mol-Vol. des Komplexes): **I** (2; 195 ml), **II** (1; 203), **III** (1; 184), **IV** (2; 201), **V** (2; 211). Die spezif. Leitfähigkeit σ von **A**, **A**J_m u. **A**Na_m wird bei 30° gemessen (Tabelle) u. nach der Gleichung $\sigma = \sigma_0 \exp(-\varepsilon/kT)$ graph. dargestellt. Für **I**—**V** als Ausgangs-Verbb. der Polarisationsbindungskomplexe **A**J bzw. **A**Na existiert eine Parallelität zwischen der σ bestimmenden Aktivierungsenergie ε u. der UV-Bande niedrigster Energie ${}^1E_1$. Die Absorptionsspektren in CCl_4 zeigen, daß die 1 : 1-Komplexe mit J_2 als Elektronenacceptor unterschiedliche Bindungen aufweisen, u. zwar zeigen homonukleare **A** eine $\pi \rightarrow J_2$-Bindung, azaaromat. **A** dagegen eine ${}^nN \rightarrow J_2$-Bindung. Lediglich bei **V** scheinen ster. Effekte eine $\pi \rightarrow J_2$-Bindung zu begünstigen. In den festen $\pi \rightarrow J_2$-Komplexen ist σ größer als das der entsprechenden **A**, ε hingegen niedriger; bei festen ${}^nN \rightarrow J_2$-Komplexen ist sowohl σ als auch ε größer als das der **A** u. Messungen der thermoelektr. Kraft (TEK; Tabelle) zeigen, daß die Mehrzahl der Ladungsträger positiv ist. Die **A**-Komplexe mit Na als Elektronendonator weisen keinen deutlichen Unterschied zwischen aromat. u. azaaromat. Moll. auf, σ der Komplexe ist gegenüber **A** beträchtlich erhöht, ε etwas erniedrigt, die Polarisationsbindungen zeigen vorwiegend ion. Charakter u. TEK-Messungen deuten auf vorwiegend negative Ladungsträger. Vff. diskutieren Modellfälle von Polarisationsbindung u. elektr. Leitfähigkeit in festen aromat. Komplexen. G. KIRSTEN. B 223□

Elektronendonator- und -acceptorkomplexe mit aromatischen Systemen. 8. Mitt. **Darstellungen und physikalische Messungen von neuen Metalladditionskomplexen mit aromatischen Systemen im festen Zustand.** G. C. Martin, N. D. Parkyns und A. R. Ubbelohde. (J. chem. Soc. [London] **1961**. 4958—62. Nov.) (Engl.) — 7. vgl. vorst. Ref.; vgl. auch C. **1957**. 11257.

Eine Meth. zur Darst. metallaromat. Komplexe (**A**M_m) durch Ultraschallaktivierung der äther. Lsgg. polycycl. KW-Stoffe in Kontakt mit dem freien Metall wird beschrieben, wobei der Einfl. von Spuren O_2, W. oder CO_2 aus der Atmosphäre auf die elektr. Eigg. der **A**M_m vollständig ausgeschaltet ist. Der KW-Stoff, z. B. *Naphthacen* (**I**), *1.2-Benzanthracen, 2.3-, 3.4-* (**II**) oder *1.2-Benzacridin* (**III**) (vgl. vorst. Ref.) wird unter N_2 in die Beschallungszelle (Abb.) gebracht, Dioxan als Lsgm. gegen den N_2-Strom in die Zelle dest., Na zugesetzt u. das Rk.-Gemisch 5—10 Min. bei 25 kHz/s mit einer Leistung von 400—600 W beschallt. Zur Darst. der **A**Na_2 aus **I**—**III** ist 2std. Rk. erforderlich. Das Lsgm. wird bei 180°/10^{-4} Torr (1 Std.) vollständig entfernt. Für schwerlösl. KW-Stoffe wird eine Meth. beschrieben, bei der z. B. aus *Isoviolanthren* (**IV**) u. K bei Temp. >400° durch mehrstd. Diffusion von K in der Dampfphase in **IV** der Komplex erhalten wird. Vff. beschreiben einen Trockenkasten zur Hantierung der reaktiven **A**M_m, eine Leitfähigkeitszelle (Abb.) u. eine Zelle zur Messung der thermoelektr. Kraft (Abb.) in festen **A**M_m. G. KIRSTEN. B 223□

Cyclopropane. 8. Mitt. **Geschwindigkeit der Ringöffnung substituierter Cyclopropylketone und -carbinole.** H. M. Walborsky und L. Plonsker. (J. Amer. chem.

Soc. **83.** 2138—44. 5/5. 1961. Tallahassee, Fla., Florida State Univ., Dep. of Chem.) (Engl.) — 7. vgl. C. **1962.** **4144**; 9. u. 10. vgl. C. **1962.** 12600 u. 12601.

Vff. verfolgten die Kinetik der durch p-Toluolsulfonsäure (TS) katalysierten Ringöffnung verschiedener opt.-akt. Cyclopropylcarbinole u. -ketone. Untersucht wurden: *trans-1-Benzoyl-2-phenylcyclopropan* (*trans*-I) → β-Benzylidenpropiophenon (II); *cis*-I → II; *1-Benzoyl-2.2-diphenylcyclopropan* (III) → 1.1.4-Triphenylbuten-(1)-on-(4); *1-Benzoyl-2-[p-methoxyphenyl]-2-phenylcyclopropan* (IV) → 1-[p-Methoxyphenyl]-1.4-diphenylbuten-(1)-on-(4); *1-Benzoyl-1-methyl-2.2-diphenylcyclopropan* (V) → 1.1.4-Triphenyl-3-methylbuten-(1)-on-(4); *1-Methyl-2.2-diphenylcyclopropylcarbinol* (VI) → 1.1-Dimethyl-3-phenylinden; *[1-Methyl-2.2-diphenylcyclopropyl]-phenylcarbinol* (VII) → 1.1.4-Triphenyl-3-methylbutadien; *1-Methyl-2.2-diphenylcyclopropyldiphenylcarbinol* (VIII) → 1.1.4.4-Tetraphenylisopren. Die Geschw.-Konst. dieser pseudomonomol. Rkk. wurden polarimetr. bzw. an Hand der IR-Absorption bei verschiedenen Temp. u. Konzz. von TS bestimmt. Die Ringöffnung erfolgt zu dem C-Atom hin, das die positive Ladung am besten delokalisieren kann. Der Einfl. geometr. Faktoren u. Substituenten auf die Rk.-Geschw. wird diskutiert.

Versuche: *2-Phenylcyclopropancarbonsäure* (**IX**), durch fraktionierte Verseifung des nach BURGER u. YOST (J. Amer. chem. Soc. **70.** [1948.] 2916) hergestellten Äthylesters: *trans*-**IX**, F. 91—92°; 57% (Rohausbeute), daraus mit Brucin (—)-*trans*-**IX**, F. 51—52°, $[\alpha]_D^{24}$ —368° (c = 0,931; Chlf.), *cis*-**IX**, F. 106—107°; 12% (Ausbeute), daraus mit Chinin opt. unreines (—)-*cis*-**IX**, F. 78—98°, $[\alpha]_D^{23}$ —20° (Chlf.). — (—)-*trans-1-Benzoyl-2-phenylcyclopropan* [(—)-*trans*-**I**], F. 74—75°, aus C_6H_5Li u. (—)-trans-**IX**; $[\alpha]_D^{24}$ —407° (c = 0,209; Chlf.); 88%. (—)-*cis*-**I**, F. 63—67°, aus (—)-cis-**IX** analog vorst. Verb.; 76%. *rac.-cis*-**I**, F. 69—70°, analog vorst. Verbindung. — *2.2-Diphenylcyclopropancarbonsäure* (**X**), F. 170,5—172°, aus Diphenyldiazomethan u. Acrylsäuremethylester in PAe. bei Zimmer-Temp. u. Verseifung mit $NaOH/CH_3OH$; 69%. (—)-**X**, F. 150,5—151,5°, $[\alpha]_D^{24}$ —234° (c = 0,952; Chlf.). — (—)-*1-Benzoyl-2.2-diphenylcyclopropan* [(—)-**III**], F. 99—100,5°, aus (—)-**X** mit C_6H_5Li; $[\alpha]_D^{24}$ —141° (c = 0,885; Chlf.); 62%. — *2-[p-Methoxyphenyl]-2-phenylcyclopropancarbonsäure* (**XI**), F. 177,5—179°, aus 1-[p-Methoxyphenyl]-1-phenyläthylen u. Diazoessigester bei 120° u. Verseifung mit KOH; 13%. (—)-**XI**, F. 113—114°, aus **XI** über das Brucinsalz. — (—)-*1-Benzoyl-2-[p-methoxyphenyl]-2-phenylcyclopropan* [(—)-**IV**], F. 147—148,5°, aus (—)-**XI** mit C_6H_5Li; $[\alpha]_D^{23}$ —88° (c = 0,803; Chlf.); 41%. — *1-Methyl-2.2-diphenylcyclopropylcarbinol* (**VI**), F. 101 102°, aus 1-Methyl-2.2-diphenylcyclopropancarbonsäure (**XII**, vgl. WALBORSKI u. IMPASTATO, Chem. and Ind. **1958.** 1690) mit $LiAlH_4$; 100%. (—)-**VI**, F. 117—117,5°, analog vorst. Verb. aus (—)-**XII**; $[\alpha]_D^{22}$ —32° (c = 0,984; Chlf.). — *[1-Methyl-2.2-diphenylcyclopropyl]-phenylcarbinol* (**VII**), F. 173—175°, aus 1-Methyl-2.2-diphenylcyclopropan-1-aldehyd mit C_6H_5MgBr; 68%. (—)-**VII**, F. 159—160,5°, aus (—)-**V** mit $LiAlH_4$; $[\alpha]_D^{23}$ —114° (c = 0,968; Chlf.); 67%. — (+)-1-*Methyl-2.2-diphenylcyclopropancarbonsäuremethylester*, F. 75,5—77,5°, aus (+)-**XII** mit CH_2N_2; $[\alpha]_D^{24}$ +16° (c = 0,960; Chlf.); 80% opt. Reinheit; 91%. — *[1-Methyl-2.2-diphenylcyclopropyl]-diphenylcarbinol* [(—)-**VIII**], F. 136 bis 137°, aus vorst. Verb. mit C_6H_5MgBr; $[\alpha]_D^{22}$ —48° (c = 1,43; Chlf.); 58%. — Ringöffnungs-Rkk.: Durch Erhitzen der Ausgangs-Verbb. mit TS in Chlf.: *β-Benzylidenpropiophenon* (**II**), F. 89,5—90,5° bzw. 90—91°, aus trans- bzw. cis-**I**; 41 bzw. 10%. *Oxim*, F. 106,5—108°. — *1.1.4-Triphenylbuten-(1)-on-(4)*, $C_{22}H_{18}O$, F. 126—126,5°, aus **III**; 90%. Ozonolyse des Prod. in Essigsäureäthylester ergab Benzoesäure (**XIII**), F. 120 bis 121°, sowie Benzophenon (**XIV**), isoliert als 2.4-Dinitrophenylhydrazon (**XV**), F. 232—235°. — *1.1.4-Triphenyl-3-methylbuten-(1)-on-(4)*, $C_{23}H_{20}O$, F. 102—102,5°, aus **V**; 90%. Ozonolyse ergab **XIII** u. **XIV**, F. 47—49,5°. — *1.1.4-Triphenyl-3-methylbutadien*, $C_{23}H_{20}$, $Kp._{0,2}$ 171—177°, aus **VII**; 95%. Oxydation mit $KMnO_4$ ergab **XIII** u. **XIV**, dieses isoliert als **XV**. — *1.1.4.4-Tetraphenylisopren*, F. 137—138°, aus **VIII**; 80%. — *1-[p-Methoxyphenyl]-1.4-diphenylbuten-(1)-on-(4)*, $C_{23}H_{20}O_2$, F. 82—89°, aus **IV**; 92%. Oxydation mit $KMnO_4$ ergab p-Methoxybenzophenon, F. 60—61,5°, u. **XIII**. — *1.1-Dimethyl-3-phenylinden*, F. 48—50°, aus **VI**; 36%. *Nitroderiv.*, F. 138—140°. — *α.α-Dimethyl-[2-benzoylphenyl]-essigsäure*, F. 196—198°, aus vorst. Verb. durch Oxydation mit $KMnO_4$.

H.-G. FLOSS. B 225□

Aktivierungsenergien der katalytischen Dehydrierung von primären und sekundären Alkoholen. I. Brihta und P. Luetić. (Croat. chem. Acta **28.** 93—100. 1956. Zagreb, Yugoslavia, Inst. for Indust.) (Engl.; Auszug: Kroat.)

Die relativen Geschw. k u. die Aktivierungsenergien E_a der Dehydrierung folgender Alkohole an RANEY-Cu zwischen 150 u. 250° wurden bestimmt: *Methanol* k = 100; E_a = 21860 (cal/Mol); *A.* 219; 15010; *Propanol-(1)* 340; 12140; *Propanol-(2)* 1520; 6030; *n-Butanol* 281; 12420; *Butanol-(2)* 1560; 5920; *3-Methylbutanol-(1)* 336; 12160. Die Weiterzers. des aus CH_3OH gebildeten CH_2O bei 135—235° erfordert nur einen E_a-Wert von 8300. Aus dem Vgl. des Einfl. der CH_3-Gruppen auf die E_a-Werte der Dehydrierung u. Dehydratisierung u. des Unterschieds im Verh. von KW-Stoffen u. Alkoholen wird geschlossen, daß der Primärschritt der Alkohol-Dehydrierung in der Spaltung der O—H-Bindung besteht. G. PÖTZSCHER. B 225□

Anwendung radioaktiver Isotope zur Untersuchung des Mechanismus einiger Oxydationsreaktionen. 2. Mitt. Dezsö Gál, Ferenc Dutka, László Guczi und Imre Kende. (Magyar Kémiai Folyóirat [Ung. Z. Chem.] **65.** 294—98. Aug. 1959. Budapest, M. Tud. Akad. Talajtani és Agrokém. Kutató Intézet, Izotóp Labor.) (Ung.; Auszug: Engl.) — 1. vgl. C. **1961.** 3619.

Es wurde der Oxydationsmechanismus von *Styrol* (**I**) mit O_2 in u. ohne Brombenzol-Lsg. u. *Mercaptoessigsäure* (**II**) mit Hilfe der kinet. Isotopen-Meth. (vgl. NEIMAN, C. **1958.** 7401) untersucht. Benzaldehyd, als Zwischenprod. der Oxydation von **I**, wird nur in sehr geringer Menge weiteroxydiert. Pyridin wirkt katalyt. auf die Entstehung des Benzaldehyds, wirkt jedoch inhibierend auf die Weiteroxydation. Die Unters. der Oxydation von **II** bei 50° in wss. Lsg. (**II**-Konz. 0,1867m) bei pH 8 (Borat- oder Laugepuffer) ergab, daß die Konz. des Prod. (Dithiodiessigsäure) in Abhängigkeit von der Zeit ein Maximum durchläuft. Die Bldg. des Sulfidions (S″) ist der bestimmte Schritt der Rk., seine Bldg.-Geschw. ist auch gegen Ende der Rk. größer als die seiner Abnahme; dies erklärt seine stetig steigende Bldg. im Laufe der Reaktion. Zusatz von Na_2S am Rk.-Anfang beschleunigt die Oxydation. G. HALMI. B 225□

Untersuchung der Autoxydation der Alkyl- und Halogenderivate von 1.1-Diphenyläthan und Isopropylbenzol. T. I. Jurshenko und M. A. Diki. (Доклады Академии Наук СССР [Ber. Akad. Wiss. UdSSR] **137.** 1137—40. 11/4. 1961. Lwow, Polytechn. Inst.) (Russ.)

Es wurde die Autoxydation von *Isopropylbenzol, p-Chlor-, p-Brom-, p-Jodisopropylbenzol, 9-Methylfluoren, 1.1-Diphenyläthan, -propan, -butan* u. der *p-Methyl-, p-Äthyl-, p-Isopropyl-, p-tert.-Butyl-, p-Chlor-, p-Brom-* u. *p-Jodderivv.* der vorst. *1.1-Diphenylalkane* bei 80, 90 u. 100° untersucht. In die Verbb. wurde in Ggw. von 1% 5%ig. NaOH Luft eingeleitet u. die gebildete Hydroperoxidmenge jodometr. bestimmt. Zur Vermeidung der Induktionsperiode wurden zu Beginn 0,5% der reinen Hydroperoxide oder ihrer Konzentrate zugesetzt. Die Anreicherung der Hydroperoxide wird in Abhängigkeit von der Oxydationszeit graph. dargestellt. Die gebildete Hydroperoxidmenge ist in den meisten Fällen der Rk.-Zeit direkt proportional, in einigen Fällen nimmt die Anreicherungs-Geschw. mit der Rk.-Zeit ab, u. die Hydroperoxidmenge erreicht einen fast konst. Wert. Der Einfl. der Substituenten u. der Struktur der Verbb. wird ausführlich diskutiert. HELMUT SCHÄFER. B 225□

Über den Mechanismus der Reaktion von Siliciumhydriden mit Organohalogeniden in der Gasphase. A. D. Petrow, Je. A. Tschernyschew und Guan-lian Li. (Доклады Академии Наук СССР [Ber. Akad. Wiss. UdSSR] **137.** 876—79. 1/4. 1961. Inst. für org. Chem. der Akad. der Wiss. der UdSSR.) (Russ.)

Die Rk. von Chlorbenzol (**I**) mit Trichlorsilan (**II**) bei 500—700° verläuft in 2 Richtungen: $C_6H_5Cl + HSiCl_3 \rightarrow C_6H_5SiCl_3 + HCl$ (**A**) u. $\rightarrow C_6H_6 + SiCl_4$ (**B**). Ein quant. Maß, ob die Rk. nach **A** oder **B** abläuft, ist das mol. Verhältnis der nach **A** u. **B** gebildeten Rk.-Prodd. (Verhältnis **A** : **B**), für das für die Rk. von Halogeniden (RCl) mit **II** (Molverhältnis 2 : 1, 580°, Verweilzeit 27—30 Sek.) folgende Werte erhalten wurden: RCl = **I** 2,4; p-Chlortoluol 4,2; o-Chlortoluol 2,6; 2.5-Dimethylchlorbenzol 3,6; 2.4.6-Trimethylchlorbenzol 3,2; p-Dichlorbenzol 1,9; α-Naphthylchlorid 6,2; β-Naphthylchlorid 9,7; o-Chlordiphenyl 0,7; Vinylchlorid 17,0; Perchloräthylen 1,9; Allylchlorid 6,7; Brombenzol 0,1; α-Naphthylbromid 1,1; Fluorbenzol 1,0; Benzylchlorid 0; Methylchlorid 0. Für die Rk. von **I** mit verschiedenen Siliciumhydriden (Molverhältnis 2 : 1, 540°, 28 Sek. Verweilzeit) wurden nachst. Werte gefunden: **II** 2,4; Methyldichlorsilan 1,0; Äthyldichlorsilan 0,5; Phenyldichlorsilan 1,1; Triphenylsilan 0,1. — Die Rk.-Richtung wird somit durch die Natur der Rk.-Teilnehmer bestimmt: Ist der aromat. Kern durch elektronenabgebende Substituenten substituiert, so erhöht sich das Verhältnis **A** : **B**, bei Elektronenacceptoren als Substituenten wird es erniedrigt. Gesätt. Alkylhalogenide reagieren ausschließlich nach **B**. Die Substitution von Chlor durch Alkyl oder Aryl in den Si-Hydriden erniedrigt das Verhältnis ebenfalls. — Der Rk.-Mechanismus wird diskutiert. HELMUT SCHÄFER. B 225□

Nucleophile Reaktionen von Äthylenderivaten. 2. Mitt. **Substitutionsmechanismus von Chlor in 1-Arylsulfonyl-2-chloräthylenen; Reaktionen mit Alkoholaten.** Lillia Maioli und Giorgio Modena. (Gazz. chim. ital. **89.** 854—65. März 1959. Bologna, Univ., Ist. di Chim. ind.) (Ital.) — 1. vgl. C. **1961.** 796.

Vff. untersuchen titrimetr. die Kinetik der nucleophilen Substitution von Cl durch OCH_3 bzw. OC_2H_5 von cis- u. trans-Arylsulfonylchloräthylenen. Die Geschw.-Konst. $k \cdot 10^3$ (Liter·Mol^{-1}·s^{-1}) der Rk. mit CH_3ONa in Methanol bei 0° betragen für *trans-1-Phenylsulfonyl-2-chloräthylen* 1,05; *cis-* (*cis*-I) 0,96 (E 21,2 kcal/Mol; ln A 34,6; 0—25°) u. *trans-1-p-Tolylsulfonyl-2-chloräthylen* (*trans*-I) 0,64 (16,9; 26,2); *cis-* 4,30 (20,0; 33,8; 0—12,8°) u. *trans-1-p-Chlorphenylsulfonyl-2-chloräthylen* 2,52 (16,4; 26,5; 0—25°); *trans-1-m-Chlorphenylsulfonyl-2-chloräthylen* 4,05; *cis-* 28 u. *trans-1-p-Nitrophenylsulfonyl-2-chloräthylen* 16,8; für die Rk. mit C_2H_5ONa in A. cis-I 31,0 (22,2; 40,0; 0—12,8°) u. trans-I 2,48 (15,8; 25,6; 0—25°). Elektronendonator-Gruppen verzögern, Acceptor-Gruppen erhöhen die Reaktivität; die HAMMETTsche Beziehung ist für die cis- bzw. trans-Verbb. erfüllt mit einem ϱ-Wert von 1,56 bzw. 1,60. Der ster. Verlauf, die Gesamtretention der Konfiguration u. die kinet. Merkmale zeigen, daß die Substitution durch Angriff an dem an das austretende Halogen gebundenen C-Atom mit einem Mechanismus erfolgt, der dem von nucleophilen aromat. Substitutionen analog ist.

Versuche: 1-Arylsulfonyl-2-methoxyäthylene, durch Rk. (10—30 Min.) von äquimol. Mengen der Chloräthylene mit Na-Methylat in 0,1—0,02 m Lsgg. bei Raum-Temp.: *cis-*, F. 87° (Bzl. u. Ligroin) u. *trans-1-p-Tolyl-*, $C_{10}H_{12}O_3S$, F. 67° (Bzl.–Ligroin). — *cis-*, F. 68—69° (Bzl.–Ligroin) u. *trans-1-p-Chlorphenyl-*, $C_9H_9ClO_3S$, F. 42—43° (Bzl.–PAe.). — *cis-*, 155—156° (A.), u. *trans-1-p-Nitrophenyl-*, $C_9H_9NO_5S$, F. 142—143° (A.). — Durch 1—2std. Erhitzen bei 150°/20 mm Hg werden die cis- zu den trans-Verbb. isomerisiert, die umgekehrte Umwandlung wurde nicht beobachtet. — 1-Arylsulfonyl-2.2-dimethoxyäthane, aus vorst. cis–trans-Isomerenpaar durch Rk. mit Spuren von Na-Methylat in CH_3OH: *1-p-Tolyl-*, $C_{11}H_{16}O_4S$, F. 50—51° (Ligroin). — *1-p-Chlorphenyl-*, $C_{10}H_{13}ClO_4S$, F. 77—78° (Bzl.–PAe.). — *1-p-Nitrophenyl-*, $C_{10}H_{13}NO_6S$, F. 117—118° (A.).

G. PLATZER. B 225□

Kleinringverbindungen. 29. Mitt. Eine erneute Untersuchung der Solvolyse von Cyclopropylcarbinylchlorid in wässerigem Äthanol. Isomerisierung von Cyclopropylcarbinol. Marjorie C. Caserio, William H. Graham und John D. Roberts. (Tetrahedron [London] **11.** 171—82. Okt. 1960. Pasadena, Calif., California Inst. of Technol., Gates and Crellin Labor. of Chem.) (Engl.) — 28. vgl. SILVER u. Mitarbeiter, J. Amer. chem. Soc. **82.** [1960.] 2646; 20. vgl. C. **1959.** 15330.

Die Solvolyse von Cyclopropylcarbinylchlorid (I) in 80%ig. A. bei 97° wurde erneut mit Hilfe der Dampfphasenchromatographie kinet. untersucht. Neben der Solvolyse trat in erheblichem Umfang eine Umlagerung auf, folgende Prodd. (in der Reihenfolge ihrer fallenden Bldg.-Menge) wurden erkannt: *Cyclopropylcarbinyläthyläther*, *Cyclobutylchlorid* (II), *Cyclobutyläthyläther*, *Allylcarbinylchlorid* (III) u. *Allylcarbinyläthyläther*, ferner in geringen Mengen *Cyclopropylcarbinol* (IV), *Cyclobutanol* (V) u. *Allylcarbinol* (VI). Ferner wurde die Isomerisierung von I mit $ZnCl_2$ bei 25° untersucht, sie lieferte ein Gemisch von II u. I im Verhältnis 36 : 1, das etwa dem Gleichgewicht entspricht. Die Geschw. der Umsetzung von II u. I (Solvolyse u. Isomerisierung) betragen $1{,}37 \cdot 10^{-5}$ bzw. $4{,}17 \cdot 10^{-4}$ s^{-1} (bei 97° in 80%ig. A.). Dieser Unterschied wird auf Differenzen in den Stabilitäten der Grundzustände dieser Verbb. zurückgeführt. Ferner wurde mit Hilfe der kernmagnet. Resonanzspektren die Veränderung der Stellung von D bei der Umlagerung von $D_{2(\alpha)}$-I bei 97° in W. verfolgt. Nach einer Rk.-Zeit von 140 Min. betrug das Verhältnis I : II : III 7,5 : 3,2 : 1,0, daneben war auch die Bldg. geringer Mengen der entsprechenden Alkohole zu verzeichnen. Vff. konnten abschätzen, daß in dem erhaltenen Gemisch ca. 24% I enthalten sind, in dem D eine andere Stellung eingenommen hat. Bei der Rk. von $D_{2(\alpha)}$-IV bzw. $D_{4(2.4)}$-V mit $SOCl_2$ konnten mit kernmagnet. Resonanzspektren nachgewiesen werden, daß bei der Bldg. von I bzw. II eine erhebliche Verschiebung der D-Atome auftritt. So enthielt I einen ca. 66%ig. Anteil mit einer CH_2-Gruppe in α-Stellung u. II einen solchen von 33%, was nahezu der statist. Verteilung der D-Markierung entspricht. Hieraus ist zu schließen, daß die 3 CH_2-Gruppen von IV u. V während der Rk. etwa äquivalent werden. Wegen der Gleichheit der Prod.-Zus. der Rkk. von IV u. V (67—69% I + 27—30% II) wird weiter angenommen, daß bei beiden Rkk. gleiche kation. Zwischenstufen (nicht-klass. Bicyclobutonium-Kation, vgl. MAZUR u. Mitarbeiter, J. Amer. chem. Soc. **81.** [1959.] 4390) durchlaufen werden. Bei der Einw. von $SOCl_2$ auf IV bzw. V in Ggw. von Tri-n-butylamin in einem nicht ionisierenden Lsgm. (Ae. oder Pentan) wurden etwas abweichende Ergebnisse erzielt. V lieferte 45% I, 50% II u. 5% III. Vff. zeigten, daß 66% der Rk. über die ion. Stufe unter Umlagerung u. 34% als S_N2-Verdrängungs-Rk. ohne Umlagerung verlaufen. Ferner ergab sich, daß nur ca. 16,5% der CH_2-Gruppe von $D_{4(2.4)}$-V in die α-Stellung von I eintritt. Da in diesem Fall die Isotopenumlagerung nur zu 50% der Gleichgewichtsverteilung entspricht, dürfte das symm. Ion nicht die einzige Zwischenstufe der Rk. sein. Zu einem ähnlichen Schluß führte die Desaminierung von $^{14}C_{(\alpha)}$-Cyclopropylcarbinylamin mit HNO_2, bei der keine Gleichgewichtsverteilung des ^{14}C in den Prodd. (IV u. V) zu verzeichnen war. Zur Erklärung nehmen Vff. das Auftreten dreier unsymm. Bicyclobutoniumionen an, die zwar schnell aber nicht sofort miteinander ein Gleichgewicht bilden. Vff. stellten weiter fest, daß **IV** in verd. wss. Säure sich leicht umlagern läßt u. **V** sowie eine kleine Menge **VI** ergibt. Bei Verw. von $D_{2(\alpha)}$-**IV** konnte nach Oxydation des erhaltenen **V** zu *Cyclobutanon* (**VII**) mit kernmagnet. Resonanzspektren die Bldg. von 67% $D_{2(2)}$- u. 33% $D_{2(3)}$-**VII** ermittelt werden. Bei dieser Rk. tritt also eine statist. Verteilung der mit D-markierten CH_2-Gruppe auf. Die kernmagnet. Resonanzspektren von **I**, $D_{2(\alpha)}$-**I**, $D_{2(\alpha)}$-**IV**, $D_{4(2.4)}$-**V**, **V**, **VII** u. $D_{4(2.4)}$-**VII** sind angegeben.

Versuche: $D_{2(\alpha)}$-*Cyclopropylcarbinol* ($D_{2(\alpha)}$-**IV**), $Kp._{746}$ 121—122,5°, durch Red. von Cyclopropancarbonsäure mit $LiAlD_4$; 75% (Ausbeute). — $D_{4(2.4)}$-*Cyclobutanol* ($D_{4(2.4)}$-**V**), $Kp._{745}$ 122,5—123,0°, durch 37std. Erhitzen von 3 Teilen **VII** mit 4 Teilen D_2O in Ggw. von 0,1 m Na-Acetat auf 97° im Rohr, Wiederholung der Rk. u. Red. mit $LiAlH_4$; n_D^{25} 1,4315. — *Cyclobutanol* (**V**), Kp. 121—124° (97% rein), durch Erhitzen von **IV** mit wss. HCl während 100 Min. auf dem Dampfbad u. Neutralisieren; 72%. — *Cyclopropylcarbinylchlorid* (**I**), $Kp._{748}$ 85,5°, durch Zugabe von $SOCl_2$ zu **IV** u. Tri-n-butylamin in Ae. unterhalb 6°; 86%, daneben 3% **II**. B. Gnauck. B 225□

Imidazol-Katalyse. 7. Mitt. **Die Abhängigkeit der Imidazolkatalyse der Esterhydrolyse von der Art der Acylgruppe.** Upendra K. Pandit und Thomas C. Bruice. (J. Amer. chem. Soc. **82.** 3386—90. 5/7. 1960. Baltimore, Md., Johns Hopkins School of Med., Dep. of Physiol. Chem.) (Engl.) — 6. vgl. Bruice, J. Amer. chem. Soc. **81.** [1959.] 5444.

Vff. verfolgten UV-spektroskop. (bei 295 mμ) bei 30° u. konst. Ionenstärke ($\mu = 0{,}65$) die Hydrolyse folgender 2-[Imidazolyl-(4)]-phenylbenzoate in 47,5%ig. wss. A. zwischen pH ca. 4,1—6,6: *2-[Imidazolyl-(4)]-phenyl-p-methoxy-* (k_1, k-Wert für die intramol. Teilnahme der nichtprotonierten Imidazolylgruppe an der Rk.) 12 (in 10^5 $Min.^{-1}$), $pK'_{app.}$ 5,22; *-o-brom-*, 24, 5,12; *unsubstituiert* (**I**), 51,6, 5,02; *-p-brom-*, 75, 5,26; *-p-nitrobenzoat*, 820, 5,10. Beim Vgl. der Daten von **I** mit denen des entsprechenden Essigsäureesters (vgl. Schmir u. Bruice, J. Amer. chem. Soc. **80.** [1958.] 1173) ergibt sich, daß die Solvolyse dieser Verb. 4mal schneller erfolgt als die von **I** u. der $pK_{app.}$-Wert von **I** kleiner ist als für das Acetat. Für die Rkk. ergibt sich ein ρ-Wert von 1,67. Vff. schließen, daß die positive Ladung am Carbonyl-C-Atom des Esters bei der Katalyse durch die Imidazolgruppe ebenso bedeutsam ist wie die Stabilität der hydrolysierten Gruppe. Kinet. verfolgt (mittels pH-Stat.) wurde ferner die Hydrolyse folgender Ester bei 78° in H_2O zwischen pH 6—9 ($\mu = 1{,}0$): *2-[Imidazolyl-(4)]-äthylacetat* (**IV**) [10^3 k_1 in $Min.^{-1}$] 1,8 [10^{11} $k_{OH}K_W$ in Liter/Mol·Min., k-Wert für die Katalyse durch OH^-] 9,1; *-äthylhydrogensuccinat* (**II**) 2,0, 3,0; *-äthyl-β-pyridiniopropionatchloridhydrochlorid* (**III**) 7,6, 61,0. Der kleinere k_{OH}-Wert für **II** wird der Abstoßung des OH^- durch das Carboxylanion zugeschrieben. Der hohe k_{OH}-Wert von **III** ist sowohl auf die elektrostat. Anziehung von OH^- als auch auf den induktiven Effekt der Pyridiniumgruppe zurückzuführen, der hohe k_1-Wert dagegen nur auf den induktiven Effekt. Daß die Teilnahme der Imidazolylgruppe bei **II**—**IV** nachgewiesen werden konnte, beweist, daß die aliphat. Ester eine Hydrolyse durch nucleophile Katalyse der Imidazolylgruppe erleiden, obwohl die Imidazolylgruppe mehrere Größenordnungen schwächer bas. ist als die abgespaltenen Alkylationen. Verss., *4-[2-Hydroxyphenyl]-imidazol* (**V**) aus o-Glykoloylphenylacetat oder -benzoat, o-Acetoxyglykoloylphenylacetat oder o-Acetoxy-ω-chloracetophenon nach der Synth. von Weidenhagen u. Herrmann [1935] darzustellen, scheiterten. Die Verb. konnte aber aus o-Benzyloxyacetophenon durch Oxydation mit SeO_2 zum entsprechenden Glyoxal, anschließende Umsetzung nach Weidenhagen u. Herrmann unter Bldg. von 2-Benzyloxyphenylimidazol u. Debenzylierung in einer Gesamtausbeute von 40% dargestellt werden.

Versuche: *o-Benzyloxyacetophenon*, $C_{15}H_{14}O_2$, F. 40° (PAe.), durch Zugabe von o-Hydroxyacetophenon u. Benzylchlorid zu Na-Äthylat in A. u. 5std. Kochen; 68% (Ausbeute). — *4-[2-Hydroxyphenyl]-imidazol* (**V**), F. 174—175° (Xylol oder W.), durch Zugabe vorst. Verb. in Dioxan zu SeO_2 in wss. Dioxan, 5std. Kochen, Filtrieren des roten Öls (Glyoxal-Deriv.) in abs. A. über Carboxymethylcellulose, Zugabe von abs. A., $CuSO_4$, 28%ig. NH_4OH u. 36%ig. Formalin, 48std. Stehen bei Raum-Temp., 2tägiges Erwärmen auf 100°, Zugabe von wss. NH_4OH, 1½std. Erhitzen auf 100°, Suspendieren des dunkelgrünen Cu-Komplexes in W., Ansäuern mit HCl, 2std. Sättigen mit H_2S bei 100° (→ *4-[2-Benzyloxyphenyl]-imidazol, Hydrochlorid*, $C_{16}H_{15}ClN_2O$, F. 165,5—166,5° [Chlf.-Ae.]), Lösen in Eisessig, 2std. Einw. von 16%ig. HBr in Eisessig bei Raum-Temp., 3std. Erhitzen auf 100° u. Gießen in W.; 40%. — 2-[Imidazolyl-(4)]-phenylbenzoate (als Hydrochloride), durch 20std. Einw. von überschüssigem Oxalylchlorid auf die substituierte Benzoesäure bei Raum-Temp., Zugabe von **V** zum Säurechlorid u. Erhitzen bis zur Bldg. einer homogenen Schmelze u. zum negativen $FeCl_3$-Test u. Zugabe von viel abs. Ae.: *Unsubstituiert* (I), *Hydrochlorid*, $C_{16}H_{13}ClN_2O_2$, F. 233° (Zers.; Chlf.–Methanol–Ae.); 67%. — *-p-nitrobenzoat, Hydrochlorid*, $C_{16}H_{12}ClN_3O_4$, F. 223–225° (Zers.; Chlf.–Methanol–Ae.); 87%. — *-p-methoxybenzoat, Hydrochlorid*, $C_{17}H_{14}ClN_2O_3$, F. 195–196° (Bzl.–Chlf.–Methanol); 53%. — *-p-jodbenzoat, Hydrochlorid*, $C_{16}H_{12}ClJN_2O_2$, F. 175–176° (Bzl.); 59%. — *-p-brombenzoat, Hydrochlorid*, $C_{16}H_{12}BrClN_2O_2$, F. 175–176° (Bzl.); 50%. — *-o-brombenzoat, Hydrochlorid*, $C_{16}H_{12}BrClN_2O_2$, F. 185–187° (Zers.; Bzl.–Methanol). — *-p-chlorbenzoat, Hydrochlorid*, $C_{16}H_{12}ClN_2O_2$, F. 199–200° (Bzl.); 44,5%. — *-p-fluorbenzoat, Hydrochlorid*, $C_{16}H_{12}ClFN_2O_2$, F. 194–195° (Chlf.–Methanol); 40%. — *Mono-2-[imidazolyl-(4)]-äthylsuccinat* (II), *Hydrochlorid*, $C_9H_{13}ClN_2O_4$, F. 112–114° (aus Toluol-Methanol durch Ae.-Zusatz), durch 24std. Kochen von O-Acetyl-4-[2-hydroxyäthyl]-imidazol in 1n-HCl, 4std. Trocknen des Öls bei 50° u. 1 mm (→ *4-[2-Hydroxyäthyl]-imidazolhydrochlorid*), Zugabe von abs. Toluol, dann von Bernsteinsäureanhydrid u. 5std. Kochen unter Dekantieren der sd. Toluolphase; 50%. — *2-[Imidazolyl-(4)]-äthyl-β-pyridiniopropionatchloridhydrochlorid* (III), $C_{13}H_{17}Cl_2N_3O_2$, F. 208,8–209,2° (Chlf.–Methanol), durch Suspendieren von 1-[2-Carboxyäthyl]-pyridiniumchlorid in überschüssigem Oxalylchlorid, 24std. Einw. bei Raum-Temp., Zugabe des Säurechlorids zu **V** u. 3std. Erhitzen auf 100°; 10%. B. GNAUCK. B 225□

Über die Hydratation asymmetrischer disubstituierter Acetylene. A. A. Petrow und B. Ss. Kupin. (Журнал Общей Химии [J. allg. Chem.] **29** (**91**). 3153–54. Sept. 1959. Leningrad, Technol. Lensowjet-Inst.) (Russ.)

Die Hydratation von Methyläthylacetylen nach KUTSCHEROW liefert als Rk.-Prod. 58% *Diäthylketon* (I) u. 42% *Methyl-n-propylketon* (II); aus Methyl-n-propylacetylen wird überwiegend *Äthyl-n-propylketon* (56%) neben *Methyl-n-butylketon* (44%) erhalten. Methyl-tert.-butylacetylen gibt mehr *Äthyl-tert.-butylketon* (65%) als *4.4-Dimethylpentanon-(2)* (35%), während aus Methylisopropylacetylen *4-Methylpentanon-(2)* in größerer Menge (54%) als *Äthylisopropylketon* (46%) entsteht. Nach den Ergebnissen verläuft bei Acetylenen, die mit zwei prim. oder mit einem prim. u. einem tert. Alkylrest substituiert sind, die Wasseranlagerung (OH-Gruppe) bevorzugt in Richtung des den größeren prim. bzw. den tert. Alkylrest tragenden C-Atoms. Bei Methyl-sek.-alkylacetylenen liegen die Verhältnisse umgekehrt. Die Zus. der Rk.-Gemische wurde durch IR-Spektrometrie (z. B. für I bei 1120, für II bei 1170 cm^{-1}) ermittelt.

H.-E. TOUSSAINT. B 225□

Einwirkung von Stickoxid auf die thermische Zersetzung von Propionaldehyd. 1. Mitt. **Allgemeine Bemerkungen. Versuchsmethodik.** Ferenc Márta. (Magyar Kémiai Folyóirat [Ung. Z. Chem.] **67**. 216–19. Mai 1961. Szeged, Univ., Lehrstuhl für anorgan. u. analyt. Chemie.) (Ung.; Auszug: Engl.)

Die bisherigen Unterss. von HINSHELWOOD, SEMENOFF u. a. werden erörtert u. die Gründe besprochen, die eine weitere Unters. dieser Frage erfordern. Die bestehenden Meinungsverschiedenheiten werden diskutiert. Die benutzte App., Meth. zur Herst. der notwendigen Substanzen u. deren Reinigung werden beschrieben [*Propionaldehyd* (Kp. 48 bis 49°, durch Chromsäureoxydation des Alkohols), *NO*, C_2H_6, *CO*, H_2, N_2].

I. NÁRAY-SZABÓ. B 225

Einwirkung von Stickoxid auf die thermische Zersetzung von Propionaldehyd. 2. Mitt. **Die thermische Zersetzung des Propionaldehyds.** Ferenc Márta. (Magyar Kémiai Folyóirat [Ung. Z. Chem.] **67**. 219–31. Mai 1961.) (Ung.; Auszug: Engl.) — 1. vgl. vorst. Referat.

Aus den experimentellen Ergebnissen (Temp.-Bereich 515–565°) wird gefolgert, daß die therm. Zers. des *Propionaldehyds* (I) keine monomol. Rk. erster Ordnung ist, sondern eine der 3/2. Ordnung, die im wesentlichen durch den von RICE u. HERZFELD vorgeschlagenen Mechanismus u. ββ-Abbruch bestimmt wird. Der Kettencharakter der Rk. zeigt sich auch durch die Bruttoaktivierungsenergie von 52 kcal, die bedeutend kleiner ist, als man nach dem mol. Schritt erwarten könnte [Gesamt-Rk.-Geschw.-Konst.: $k = 4{,}08 \cdot 10^{12} \exp(-52400/1{,}98\,T)$ $Mol^{-1/2} \cdot Liter^{1/2} \cdot s^{-1}$]. In der Rk. müssen also Elementarvorgänge mit geringerer Aktivierungsenergie in genügender Anzahl vorhanden sein. Es wurde die Einw. von inertem Gas (N_2) u. von den Prodd. der Rk. selbst (O, C_2H_6, H_2) untersucht u. gefunden, daß diese die Geschw. der Rk. überhaupt nicht beeinflussen u. die homogene Natur der Rk. beweisen. Es wurde gezeigt, daß die evtl. sek. Zers. des C_2H_6 unter den gewählten experimentellen Bedingungen überhaupt nicht ins Gewicht fällt u. die Auswertung der Experimente vom Standpunkte der I-Zers. dadurch nicht gestört wird. Die Druckzunahme während der Rk. entsprach immer dem doppelten Anfangsdruck, eine weitere Zers. des entstandenen C_2H_6 konnte also nicht beobachtet werden. Auf Grund von Literaturdaten wurde die zusammengesetzte Konst. der Geschw.-Gleichung aufgelöst u. die Geschw.-Konst. der Start-Rk. bestimmt, sowie auch die Aktivierungsenergie des Startschrittes u. die Aktions-Konst. desselben. Auf Grund der einzelnen Konst. wurde die Rk. als eine Ketten-Rk. aufgefaßt mit folgenden Elementar-Rkk.: $C_2H_5CHO \rightarrow C_2H_5 + CHO$ (1); $CHO + C_2H_5CHO \rightarrow C_2H_5CO + H_2 + CO$ (1′); $C_2H_5 + C_2H_5CHO \rightarrow C_2H_6 + C_2H_5CO$ (2); $C_2H_5CO \rightarrow C_2H_5 + CO$ (3); $C_2H_5 + C_2H_5 \rightarrow C_2H_6 + C_2H_4$ (4). Hieraus konnte Vf. die RICE-HERZFELDsche Gleichung ableiten u. Kettenlänge u. Radikal-Konz. bestimmen. I. NÁRAY-SZABÓ. B 225

Irreversible Photobleichung der Lösungen fluorescierender Farbstoffe. 4. Mitt. **Photoreaktionen in Methanol, Isopropanol und Ketonen sowie die allgemeine Folgerung für die Photobleichung von Eosin.** Masashi Imamura. (Bull. chem. Soc. Japan **30.** 249—54. April 1957. Kita-ku, Osaka, Osaka City Univ., Inst. of Polytechn.) (Engl.) — 3. vgl. C. **1958.** 11485; 5. vgl. C. **1962.** 8576.

Es wurden die Quantenausbeuten der Photo-Rk. der Lsgg. von *Eosin* in Mischungen von W. mit *Methanol* (**I**), *Isopropanol* (**II**), *n-Butanol, Aceton* (**III**) u. *Methyläthylketon* (**IV**), jeweils 0—100 Vol.-%, in Abhängigkeit von der Temp. (20—40°) in An- u. Abwesenheit von O_2 gemessen. In Ggw. von O_2 nimmt die Quantenausbeute k mit zunehmender Lsgm.-Konz. nach der Gleichung $1/k = 1/k_0 + K \cdot q$ ab, wobei $q = [\text{Lsgm.}]/[H_2O] < 0{,}1$ ist. Bei **III** u. **IV** erfolgt jedoch über 70 Vol.-% wieder ein starker Anstieg von k. Unter anaeroben Bedingungen steigt k bei **I** von 0 auf den Grenzwert $4 \cdot 10^{-4}$ (bei 34°), der bei 40 Vol.-% erreicht wird, während bei **II** ein Maximum von ca. $17 \cdot 10^{-4}$ (bei 27°) bei 50 Vol.-% besteht. Bei **III** wird ein Grenzwert von $2 \cdot 10^{-4}$ bei 20 Vol.-% erreicht (27°). Die l. c. aufgestellten Rk.-Geschw.-Gleichungen wurden unter Berücksichtigung eines Desaktivierungsprozesses korr., wodurch sich die experimentellen Ergebnisse befriedigend erklären. Vf. sieht als Primärprozeß der aeroben Entfärbung von Eosin in wss. Lsg. im Licht die Einw. von O_2 auf den Triplettzustand des Farbstoffes an.
W. PENN. B 226□

Energieübertragung in durch γ-Strahlen angeregten flüssigen Kohlenwasserstoffen. G. R. Freeman. (J. chem. Physics **33.** 957—58. Sept. 1960. Edmonton, Alberta, Univ., Dep. of Chem.) (Engl.)

Vf. diskutiert für γ-bestrahlte *Bzl.–Cyclohexan* (*C*)-Gemische die Frage, welchem von den beiden Energieübertragungsmechanismen (1) $C^* + \text{Bzl.} \rightarrow C + \text{Bzl.}^*$ oder (2) $C^+ + \text{Bzl.} \rightarrow C + \text{Bzl.}^+$ der Vorzug zu geben ist. Er kommt zu dem Ergebnis, daß (2) nicht grundsätzlich ausgeschlossen werden kann. A. MASCHKE. B 226□

Die Bestimmung der Energie der Bindungen zwischen dem Nickelkatalysator und den reagierenden Atomen. Pál Tétényi, Lajos Babernics und Klára Schächter. (Magyar Kémiai Folyóirat [Ung. Z. Chem.] **66.** 378—80. Okt. 1960. Budapest, M. Tud. Akad. Közp. Kémiai Kutató Intézet.) (Ung.)

Vff. bestimmen mittels kinet. Meth. die Bindungsenergie Q zwischen einem Ni-Katalysator u. den reagierenden Atomen aus der Aktivierungsenergie ΔH der Dehydrierung von *Propanol-(2)* (ΔH 10,5 kcal/Mol) u. *Cyclohexan* (9,6 kcal/Mol) u. Adsorptionswärme von H_2 (—24,1 kcal/Mol). Daraus ergeben sich folgende Q-Werte: Q_{Ni-H} 64,1 (kcal/Mol), Q_{Ni-O} 39,0, Q_{Ni-C} 19,9. Nach diesen Ergebnissen ist für die Dehydrierung Ni ein guter Katalysator. G. HALMI. B 227

Metallkatalyse in der technischen Praxis. 6. Mitt. Miklós Magyar und László Töll. (Magyar Kémiai Folyóirat [Ung. Z. Chem.] **66.** 297—303. Aug. 1960. Veszprém, Vegyipari Egyetem, Fiz.-Kém. Tanszék.) (Ung.) — 5. vgl. Magyar Kémiai Folyóirat [Ung. Z. Chem.] **65.** [1959.] 379; 3. vgl. C. **1960.** 12272.

Unters. der Kinetik der Hydrierungs-Rk. des Bzl. an Ni-Kontakten bei 15—50 at u. 175—275°. Die Rk. ist bzgl. Bzl. nullter u. bzgl. H_2 1. Ordnung. Die Geschw. wird durch die Konz. des gebildeten Cyclohexans gebremst. G. HALMI. B 227□

Metallkatalyse in der technischen Praxis. 7. Mitt. Miklós Magyar. (Magyar Kémiai Folyóirat [Ung. Z. Chem.] **66.** 303—05. Aug. 1960.) (Ung.) — 6. vgl. vorst. Referat.

Es wird eine Berechnungs-Meth. zum Reaktorentwurf auf Grund gegebener kinet. Kurven aufgeführt, u. es werden am Beispiel der Gasphasenhydratation des *Acetylens* bei 360—440° folgende kinet. Daten ermittelt: Aktivierungsenergie 21893 cal/Mol, log A 10,0294. G. HALMI. B 227□

Isomerisierung von n-Heptan. Aluminiumchlorid–Kohlenwasserstoff-Komplex als Katalysator. H. J. Hepp und L. E. Drehman. (Ind. Engng. Chem. **52.** 207—10. März 1960. Bartlesville, Okla., Phillips Petroleum Co., Res. and Dev. Dep.) (Engl.)

Bei der Isomerisierung von *n-Heptan* in der fl. Phase in Ggw. eines bei der Alkylierung von KW-Stoffen gebildeten $AlCl_3$/KW-Stoff-Komplexes als Katalysator wird die Ausbeute an isomeren Heptanen durch Zusatz von Isobutan beträchtlich erhöht, d.h. Disproportionierungs-Rkk. werden zurückgedrängt. A. MASCHKE. B 227□

Säurekatalysierte Addition von Phosphin an Olefine. M. C. Hoff und Philip Hill. (J. org. Chemistry **24**. 356—59. März 1959. Whiting, Ind., Standard Oil Co., Res. Dep.) (Engl.)

Olefine addieren PH_3 in Ggw. von nichtoxydierenden Säurekatalysatoren wie Methansulfonsäure unter Bldg. von Monoalkylphosphinen (MAP) u. geringen Mengen an Dialkylphosphinen in guten Ausbeuten. Die Rk. erfolgt leicht bei 30—60° u. 20—40 at PH_3. Da tert. Olefine sehr leicht reagieren, scheint ein Carboniumionen-Mechanismus wahrscheinlich. Etwa stöchiometr. Mengen des Katalysators werden benötigt, da MAP mit dem Katalysator unter Bldg. von Monoalkylphosphoniumsalzen reagieren. Auch andere Säurekatalysatoren, wie Mineralsäuren (HF, H_3PO_4 + P_2O_5), Sulfonsäuren (Benzolsulfonsäure), aliphat. Säuren (CF_3COOH) u. LEWIS-Säuren (BF_3-Ätherat) katalysieren die Addition. Nach jeweils 16 Std. wurden die Gleichgew.-Ausbeuten erzielt. Untersucht wurden *Propen, Dodecen-(1), Isobuten, 2-Äthylhexen-(1), C_{12}-Polypropen* (I), *C_{26}-Polybuten, C_{65}-Polybuten, 4-Methylcyclohexen-(1), 1-Methylcyclopenten-(1)* u. *Monochlordiisobuten.* Die Reaktivität der Olefine u. die Wirksamkeit der Katalysatoren wurden bestimmt. PH_3 wurde aus P u. Phosphortetrajodid durch Zusatz von W. bei 80° hergestellt. Aus dem Addukt von PH_3 u. I konnte durch Oxydation mit H_2O_2 *tert.-Dodecylphosphonigsäure,* aus dieser mit HNO_3-*phosphonsäure,* beide als Öl, dargestellt werden. U. WOLLNIK. B 227 □

Über organische Katalysatoren. 60. Mitt. **Chelatkatalysen.** 10. Mitt. Wolfgang Langenbeck, Manfred Augustin und Fritz Helmut Richter. (Chem. Ber. **94**. 831—33. 21/3. 1961. Halle, Univ., Org.-chem. Inst.) (Dt.) — 59. bzw. 9. vgl. SCHÜTZE u. SCHUBERT, C. **1960**. 7810.

Es wurden die Katalase-Wrkg. von Chelaten des *N.N'.N''-Trimethyldiäthylentriamins* (I) u. des *N.N'.N''.N'''-Tetramethyltriäthylentetramins* (II) untersucht. Das Mn-II Chelat zeigte sich aktiver als das Mn-I-Chelat. Mn dürfte mit I koordinativ gesätt. Chelate bilden, während Mn-II koordinativ ungesätt. ist u. somit das Substrat zu binden vermag. Dagegen bildet Cu mit I ein ungesätt., akt. bzw. mit II ein gesätt. inakt. Chelat. Der Wert A (Aktivität des Chelats/Aktivität des Metallions) ist ein Maß für den katalyt. Einfluß des Chelatliganden. Die höchsten A-Werte von ca. 1000 ergab Mn-II. Die Fe-, Cu-, Co-, Ni-Chelate von I u. II ergaben kleinere A-Werte. Die manometr. in der WARBURG-App. gemessenen Werte nach 60 Min. erreichten nur 70% der durch Titration mit $KMnO_4$ ermittelten.

Versuche: *N.N'.N''-Trimethyldiäthylentriamin* (I), $C_7H_{19}N_3$, Kp.$_1$ 60°, aus 1 Mol Äthylenchlorid u. 6 Mol Methylamin (III) im Autoklaven durch 2std. Erhitzen auf 70° u. anschließende fraktionierte Destillation; 10—12 g (Ausbeute). Bei Umsetzung von Äthylenbromid mit III kann man den Autoklaven umgehen; 10 g. *Trihydrochlorid*·H_2O, $C_7H_{19}N_3 \cdot 3HCl \cdot H_2O$ (zur Analyse im Vakuum über P_2O_5 entwässert), F. 158°. *Tripikrat*, $C_7H_{19}N_3 \cdot 3\, C_6H_3N_3O_7$, F. 221°. — *N.N'.N''.N'''-Tetramethyltriäthylentetramin* (II), $C_{10}H_{26}N_4$, Kp.$_1$ 92°, bei der Darst. von I als Nebenprod.; 5—6 g. Ohne Autoklaven 4 g. *Tetrahydrochlorid*, $C_{10}H_{26}N_4 \cdot 4\, HCl$, F. 230°. *Tetrapikrat*, F. 237°.
M. AUGUSTIN. B 227 □

C. Präparative organische Chemie. Naturstoffe

Kondensationen von Estern mit in α-Stellung verzweigten Organomagnesiumhalogeniden. 3. Mitt. **Einwirkung von Isopropyl- und tert.-Butylmagnesiumchlorid auf Propionsäure- und Buttersäureäthylester.** Yvette Maroni-Barnaud und Jacques Émile Dubois. (Bull. Soc. chim. France **1959**. 928—32. Juni. Univ. de la Sarre, Inst. de Chim.-Phys.) (Franz.) — 2. vgl. C. **1956**. 1273.

Widerspruchsvolle Literaturangaben über den Verlauf von GRIGNARD-Rkk. aliphat. Ester ließen eine Nachprüfung unter einheitlichen Bedingungen interessant erscheinen. Bei der Rk. von Propionsäureäthylester (I) mit Isopropyl–MgCl fallen nebeneinander *2-Methylpentanon-(3), 2-Methylpentanol-(3)* u. *2.4-Dimethylheptandion-(3.5)* sowie über dreifache Kondens. als nicht zu trennendes Gemisch *2.4.6-Trimethyl-5-äthylheptanol-(5)-on-(3)* u. *2.4-Dimethyl-3-äthyl-3-hydroxypentansäureäthylester* an; *2-Methyl-3-ketopentansäureäthylester* wird nur in Spuren, Diäthylketon gar nicht gebildet. Aus I u. tert.-Butyl–MgCl werden kein Keton, Diketon, dreifach kondensierter Hydroxyester u. dreifach kondensiertes Ketol erhalten; *2.2-Dimethylpentanol-(3)* u. *2-Methyl-3-ketopentansäureäthylester* sind die beiden einzigen Produkte. Buttersäureäthylester (II) gibt mit Isopropyl–MgCl in Analogie zur Umsetzung von I hauptsächlich *2-Methylhexanon-(3), 2-Methylhexanol-(3)* u. *4-Methyl-2-äthyl-3-propyl-3-hydroxypentansäureäthylester.* Nach dem

Ergebnis hängt die Richtung der Grignard-Rk. maßgebend davon ab, ob ein sek. oder tert. Alkyl–Mg-Halogenid umgesetzt wird. Der Mechanismus der Rkk. wird eingehend diskutiert.

Versuche: *2-Methylpentanon-(3)*, $C_6H_{12}O$, Kp.$_{740}$ 112–113°, durch 12std. Stehen von I mit Isopropyl–MgCl (1:2 Mol) in Ae.; n_D^{25} 1,3961; 21% (Ausbeute). *2.4-Dinitrophenylhydrazon*, F. 111–113°, aus A. orangerote Nadeln. Daneben *2-Methylpentanol-(3)* ($C_6H_{14}O$, Kp.$_{740}$ 127–128°, n_D^{25} 1,4150; 15%) u. *2.4-Dimethylheptandion-(3.5)*, $C_9H_{16}O_2$, Kp.$_2$ 55–60°, n_D^{25} 1,4320, D.$_4^{25}$ 0,946; 27% [*Cu-Komplex*, F. 142°, aus PAe. graugrüne Nadeln]. — *2.2-Dimethylpentanol-(3)*, $C_7H_{16}O$, Kp.$_5$ 30–32°, durch 5tägiges Stehen von I mit tert.-Butyl–MgCl (1:2 Mol) in Ae.; n_D^{25} 1,4198; 27%; daneben *2-Methyl-3-ketopentansäureäthylester*, $C_8H_{14}O_3$, Kp.$_5$ 62–67°, n_D^{25} 1,4215; 26%. — *2-Methylhexanon-(3)*, $C_7H_{14}O$, Kp.$_{748}$ 131,5–132°, durch 12std. Stehen von II mit Isopropyl–MgCl (1:2 Mol) in Ae.; n_D^{25} 1,4029; 25%. *2.4-Dinitrophenylhydrazon*, F. 90°, aus A. orangefarbene Nadeln. Daneben *2-Methylhexanol-(3)* ($C_7H_{16}O$, Kp.$_2$ 38–40°, n_D^{25} 1,4190; 32%) u. *4-Methyl-2-äthyl-3-propyl-3-hydroxypentansäureäthylester*, $C_{13}H_{26}O_3$, Kp.$_2$ 92°, n_D^{25} 1,4410, D.$_4^{25}$ 0,937; 22%. H.-E. Toussaint. 460□

Organische Verbindungen des Phosphors. 1. Mitt. **Über die Darstellung primärer Phosphine durch reduktive Methoden.** F. Pass und H. Schindlbauer. (Mh. Chem. **90.** 148–56. 21/4. 1959. Wien, TH, Inst. für chem. Technol. organ. Stoffe.) (Dt.) — 2. vgl. C. **1960.** 17086; vgl. auch Horner u. Mitarbeiter, C. **1959.** 9202.

Die Red. verschiedener organ. P-Verbb. mit $LiAlH_4$ (LAH) zu prim. Phosphinen wird beschrieben. Zur Klärung des Red.-Verlaufes wird nach verschiedenen Meth. *Tetraphenylcyclotetraphosphin* [„*Phosphobenzol*" (I)] dargestellt u. das chem. Verh. von I untersucht. Vgl.-Analysen zur Struktur-Best. werden vorgenommen. Eine Na-Dispersion ist ebenfalls für die Red. von Phenyldichlorphosphin (III) geeignet, so daß *Phenylphosphin* (II) u. I leicht zugänglich sind.

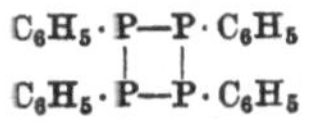

I

Versuche (Temp.-Angaben korr.; Rkk. mit LAH unter Luft- u. Feuchtigkeitsausschluß, Aufarbeitung unter N_2): Phosphine: *Cyclohexyl-*, Kp.$_{760}$ 146°, durch Zutropfen von 0,299 Mol Cyclohexylphosphonyldichlorid in Ae. zu 0,58 Mol LAH in Ae., ½ std. Kochen u. Zers. mit HCl (1:1); n_D^{20} 1,4895; 90% (Ausbeute). — *n-Amyl-*, $C_5H_{13}P$, Kp.$_{760}$ 104°, aus 0,158 Mol LAH in Ae. u. 0,144 Mol n-Amylphosphonsäuredibutylester analog vorst. Verb.; n_D^{20} 1,4129; 40%. — *n-Hexyl-*, $C_6H_{15}P$, Kp.$_{760}$ 127,5 bis 128°, aus 0,105 Mol LAH u. 0,09 Mol n-Hexylphosphonsäuredibutylester analog vorvorst. Verb.; n_D^{20} 1,4527; 47%. — *n-Dodecyl-*, Kp.$_5$ 141°, aus 0,41 Mol LAH u. 0,277 Mol Dodecylphosphonsäuredibutylester; n_D^{20} 1,4622; 60% (gibt bei der Oxydation *Dodecylphosphonigsäure*, $C_{12}H_{27}O_2P$). — *Phenyl-* (II), Kp.$_{760}$ 159–160°, Kp.$_{10}$ 40°, a) aus 1 Mol LAH u. 1,7 Mol Phenyldichlorphosphin (III) in Ae.; n_D^{20} 1,5796; 75%; b) durch Zutropfen von 0,5 Mol III in Toluol (To) zu 2 g-Atom einer 20,3%ig. Na-Dispersion (mittlere Teilchengröße 3–5 μ) in To bei 105°, 1std. Kochen u. Zugabe von A. bei 60°; 60%; c) durch Zutropfen von HCl (1:1) zu I in Petroleum u. 3½ std. Rühren bei 95°; 39 bzw. 70%; d) durch Zugabe von I zu LAH in Ae., 1std. Kochen, Zugabe von HCl (1:1) u. 1std. Kochen; 9,8%; e) durch Eintragen von 0,0946 Mol LAH u. 0,0463 Mol I in THF, 4std. Kochen u. Versetzen mit HCl (1:1) in der Kälte; 76,5%. — *p-Äthylphenyl-*, Kp.$_{760}$ 200°, durch Zugeben von 0,435 Mol p-Äthylphenyldichlorphosphin zu 1,74 g-Atom Na-Dispersion in Xylol bei 90° analog II nach b). — *Tetraphenylcyclotetra-* (I), $C_{24}H_{20}P_4$, F. 154,5–155° (CS_2; geschlossenes Rohr), durch a) Zutropfen von 0,346 Mol III zu 0,346 Mol II in Ae. u. Kochen bis zur beendeten HCl-Entw.; 84,3%; b) Zutropfen von 0,037 Mol LAH in Ae. zu 0,072 Mol III in Ae. bei 0° u. 12std. Rühren bei Raum-Temp.; 66,5%; c) Zutropfen von 0,982 Mol III zu ca. 2 Mol LiH in Tetrahydrofuran (THF), 1std. Kochen u. Fällen mit Bzl.; 52%; d) Zutropfen von 3,16 g-Atom Na-Dispersion in Octan (Oc) zu 1,58 Mol III in Oc bei 105°, Zugabe von A. bei 70° u. Zugabe von W.; 72%. G. Reisner. 460□

Organische Deuteriumverbindungen. 19. Mitt. **Synthese einiger deuterierter Laurinsäuren und ihrer Methylester.** M. Elaine Isabelle und L. C. Leitch. (Canad. J. Chem. **36.** 440–48. März 1958. Ottawa, Canada, Nat. Res. Council, Div. of Pure Chem.) (Engl.) — 18. vgl. C. **1958.** 14018.

Die Synth. deuterierter Laurinsäuren u. ihrer Methylester wird beschrieben. Für die Rk. von Alkylhalogeniden mit Ag-Acetyliden wird ein radikal. Rk.-Mechanismus angenommen.

Versuche: *Lauroylchlorid*, durch 4std. Erwärmen von Laurinsäure mit $SOCl_2$, Einengen im Vakuum u. Dest.; n_D^{20} 1,4455. — *D(COOH)-Laurinsäure*, durch 1std. Erwärmen vorst. Chlorids mit D_2O auf dem Wasserbad u. Extraktion mit Pentan;

D_3-Methylester, F. 10°, durch Eindestillieren von Ae. u. CD_3Br in ein mit Ag-Laurat gefülltes Rohr, Einfrieren, Evakuieren, Abschmelzen, 20std. Erhitzen auf 85°, Filtration u. Dest.; n_D^{20} 1,4329; 85,7% (Ausbeute). — *Undecin-(10)-säuremethylester*, $Kp._1$ 69 bis 71°, durch 4std. Kochen von 30 g der freien Säure mit Methanol u. etwas H_2SO_4; n_D^{20} 1,4465; 32 g. — *Ag-Undecin-(10)-säuremethylester* (I), $C_{12}H_{19}AgO_2$, F. 76—78°, durch mehrstd. Schütteln von 10 g vorst. Ester mit ammoniakal. $AgNO_3$-Lsg. (aus 8,5 g $AgNO_3$ in 100 ml W. unter Zusatz von NH_4OH bis zur Lsg. des Nd.); 13,2 g. — *Dodecin-(10)-säuremethylester*, durch mehrstd. Erhitzen vorst. Ag-Deriv. mit CH_3J, Filtration u. Dest.; n_D^{20} 1,4529; 45%. *Freie Säure* (II), $C_{12}H_{20}O_2$, F. 51° (PAe.), durch kurzes Erhitzen des Methylesters mit Alkali in 50%ig. A., Verdünnen u. Ansäuern bei 0°. — *Tridecin-(10)-säuremethylester*, durch mehrstd. Erhitzen von 8 g I mit 4 g Äthyljodid im Rohr auf 80°; n_D^{20} 1,4504; 1,2 g. — *3 $D_{(12)}$-Dodecin-(10)-säuremethylester*, durch mehrstd. Erhitzen von I mit CD_3J im Rohr auf 65°; n_D^{20} 1,4514; 50%. — *12.12.12-Trichlorlaurinsäuremethylester*, $Kp_{0,5}$ 128—130°, durch 4std. Erhitzen von Undecen-(10)-säuremethylester in Chlf. mit wenig Dibenzoylperoxid im Rohr auf 110°, Zugabe von weiterem Peroxid u. 12—15std. Erhitzen u. Dest.; n_D^{20} 1,4695. — *3 $D_{(12)}$-Laurinsäuremethylester*, a) durch portionsweises 1std. Eintragen von RANEY-Ni in die Lsg. von II in 2%ig. NaOH bei 100°, Filtration, Ansäuern u. Erhitzen des Ag-Salzes der erhaltenen *Säure* (F. 42—43°) mit CH_3Br; b) durch Eintropfen vorst. Trichlor-Verb. in die Suspension von Zn-Staub in Dioxan–D_2O unter Rühren, mehrstd. Rühren bei 90°, 4std. Kochen, Filtration, Eindampfen, Lösen in Ae., Filtration u. Dest.; n_D^{20} 1,4332; 80,3%. — *3 $D_{(12)}$-Laurinsäure*, durch Hydrolyse vorst. Esters. — *4 $D_{(12.12.12.COOH)}$-Laurinsäure*, durch Hydrolyse des Chlorids mit D_2O. — *3 $D_{(12)}$-Laurinsäure-D_3-methylester*, durch Rk. von Ag-3 $D_{(12)}$-Laurat mit CD_3Br; n_D^{20} 1,4337; 92%. — *2.2-Dichlorlaurinsäuremethylester*, $Kp._1$ 92—94°, durch 15std. Erhitzen von Decen-(1), Dichloressigsäuremethylester u. Dibenzoylperoxid auf 100°, Eindampfen bei 50 Torr u. Dest.; n_D^{20} 1,4594; 28—30%. — *2 $D_{(2)}$-Laurinsäuremethylester*, durch mehrstd. Rühren vorst. Verb. mit CH_3COOD u. Zn-Staub bei Raum-Temp., Gießen in W. u. Extraktion mit Pentan; n_D^{22} 1,4342. *Freie Säure*, durch Hydrolyse. *3 $D_{(2.2.COOH)}$-Laurinsäure*, durch Rk. des Chlorids mit D_2O. — *2.2-Dichlorlauroylchlorid*, Kp. 82—83°, durch mehrstd. Erhitzen von Dichloracetylchlorid mit Decen-(1) u. Dibenzoylperoxid; n_D^{20} 1,4629. *Freie Säure*, durch mehrstd. Rühren des Chlorids mit W. u. Extraktion mit Äther [*Amid*, F. 62 bis 64° (A.), aus dem Chlorid]. — *2 $D_{(2)}$-Laurinsäure-D_3-methylester*, durch Rk. von Ag-2 $D_{(2)}$-Laurat mit CD_3Br. — *n-Decylmalonsäurediäthylester*, $Kp._{0,5}$ 120—124°, durch Zugabe von A. zu K-Staub in Ae., 4std. Kochen, Zugabe von Oxalsäurediäthylester u. Laurinsäuremethylester, 25std. Rühren, Gießen auf Eis–HCl, Eindampfen der Ae.-Phase, Erhitzen u. Decarboxylierung des Rückstandes bei 150° im Vakuum. — *3 $D_{(2.COOH)}$-n-Decylmalonsäure*, F. 116° (Chlf.), durch Zugabe von n-Decylmalonester zu NaOD unter N_2, mehrstd. Rühren unter Erwärmen, Ansäuern mit D_2SO_4 u. Extraktion mit Äther. — *3 $D_{(10)}$-n-Decylmalonsäurediäthylester*, durch Kondens. von Oxalsäurediäthylester mit 3 $D_{(12)}$-Laurinsäuremethylester; n_D^{20} 1,4373. *Freie Säure*, F. 111—113°. — *6 $D_{(2.2.12.12.12.COOH)}$-Laurinsäure*, durch Decarboxylierung der entsprechenden Malonsäure bei 140°. *Methylester*, durch Rk. des Ag-Salzes mit CH_3J. *Trideuteromethylester*, analog durch Rk. mit CD_3J. L. LAMZA. 480

Die Fluorierung von 1.2.3.4-Tetrachlorbutadien mit Chlorfluoriden. J. Muray. (J. chem. Soc. [London] **1959**. 1884—87. Mai. Widnes, Lancs., Widnes Labor., Res. Dep., Gen. Chem. Div., Imp. Chem. Ind. Ltd.) (Engl.)

Durch Umsetzung von 1.2.3.4-Tetrachlorbutadien (I) mit Chlorfluoriden wurden *Tetrachlorhexafluor-*, *Pentachlorpentafluor-* (III) u. *Hexachlortetrafluorbutane* erhalten. Ihre Dechlorierung mit Zn-Staub lieferte die entsprechenden *Perfluor-* bzw. *Chlorfluorbutadiene.*

Versuche: *1.2.3.4-Tetrachlorbutadien* (I), $C_4H_2Cl_4$, F. 49,5° (A.), Kp. 189°, durch fraktionierte Dest. der Nebenprodd. der techn. Trichloräthylen-Synth., Kühlen auf —20° u. Filtration; daneben aus dem Filtrat das fl. *Isomere vom Kp. 188°*; n_D^{20} 1,5557. — *1.1.2.3.4.4-Hexachlor-1.2.3.4-tetrafluorbutan* (IV), $C_4Cl_6F_4$, Kp. 209°, durch Einleiten von 10 Liter/Std. eines Gemisches aus 1 Vol. ClF_3 u. 5 Voll. N_2 in 3800 g I unter Rühren, Steigern der Einleitungs-Geschw. auf 40 Liter/Std., wobei nach 10 Std. das ClF_3 nur noch mit dem gleichen Vol. N_2, nach 20 Std. gar nicht mehr verd. wird, Beenden der Rk., wenn n_D^{20} 1,4449 ± 0,001 ist u. Dest.; n_D^{20} 1,455; 50%; daneben *1.2.3.4-Tetrachlor-1.1.2.3.4.4-hexafluorbutan* (II, $C_4Cl_4F_6$, Kp. 135°; n_D^{20} 1,385; 3%), ein *Prod. vom Kp. 172°* ($C_4Cl_5F_5$; n_D^{20} 1,423; 20%) u. ein *Prod. vom $Kp._{760}$ 245°* ($C_4Cl_7F_3$, $Kp._{20}$ 92°; n_D^{20} 1,457). — *Pentachlorpentafluorbutan* (III), Kp. 172°, durch Einleiten (18 Liter/Std.) eines Gemisches aus 1 Vol. ClF u. 3 Voll. N_2 in 382 g I, allmähliche Verringerung des N_2-Stroms, unverd.

Einleiten von ClF nach 15 Std., Beendigung, wenn n_D 1,418 ist, u. Dest.; 15%; daneben 25% *Gemisch aus Hexachlortetrafluorbutan* u. H-haltigen *Chlorfluorbutanen*. — *Tetrachlortetrafluorbutan*, Kp. 135°, durch Einleiten von unverd. ClF in ein Gemisch aus Chlorfluorbutanen (Nebenprodd. von I) bei 150—155°; n_D^{20} 1,385; 70%; daneben 10% III. — *Perfluorbutadien*, Kp. 5,5°, durch Eintropfen von II (ca. 2 g/g Zn) in ein Gemisch aus 400 g Zn, 1,2 Liter Butanol u. 5 ml Essigsäure bei 85—95°, 3 std. Kochen des abdest. Prod. über P_2O_5 u. fraktionierte Dest.; 65%. — *3-Chlor-1.1.2.4.4-pentafluorbutadien*, Kp. 38°, analog vorst. Verb. aus III; 60%. — *Gemisch aus isomeren Dichlortetrafluorbutadienen*, Kp. 79 ± 1°, analog vorst. Verb. aus IV; n_D^{25} 1,404; 48%. — *Dibromhexafluorbuten*, $C_4Br_2F_6$, Kp. 102°; n_D^{20} 1,396. — *Dibromdichlorhexafluorbutan*, $C_4Br_2Cl_2F_6$, aus $C_4Br_2F_6$ u. Cl_2 bei 120° unter Belichtung (5300—4500 Å). — *Dibromchlorpentafluorbuten*, $C_4Br_2ClF_5$, Kp. 137°, aus C_4ClF_5 u. Br_2 bei 20—150°; n_D^{20} 1,4325. — *Dibromdichlortetrafluorbuten*, $C_4Br_2Cl_2F_4$, Kp.$_{10}$ 80°, aus $C_4Cl_2F_4$ u. Br_2; n_D^{20} 1,477.

L. LAMZA. 500□

Untersuchung über δ-ungesättigte Alkohole. Jean Colonge und Philippe Lasfargues. (Bull. Soc. chim. France **1962**. 177—82. Jan. Lyon, École Supér. de Chim. Ind.; Fac. des Sci., Chim. organ.) (Franz.)

Vff. beschreiben die Darst. von δ,ε-ungesätt. Alkoholen durch Rk. von $CH_2{=}CH\cdot CH_2CH_2CH_2MgBr$ (I) bzw. $CH_2{=}CHCH_2CH_2CH(CH_3)MgBr$ (II) mit Aldehyden u. Ketonen sowie durch Umsetzung von GRIGNARD-Verbb. mit 6-Formyl-Δ^2-dihydropyran. Bei der letztgenannten Rk. entstehen zunächst *6-[1-Hydroxyalkyl]-Δ^2-dihydropyrane*, die durch Hydrierung, Umsetzung mit PBr_3 u. schließlich reduktive Ringaufspaltung mit Na in 6-substituierte *trans-Hexen-(5)-ole-(1)* übergehen. Umsetzungen der Prodd. mit H_3PO_4, HClO, Brom u. HBr sowie einige weitere Folge-Rkk. sind ferner beschrieben.

Versuche: *1-Brompenten-(4)*, Kp.$_{75}$ 56°, aus Penten-(4)-ol-(1) u. PBr_3 in Ggw. von Pyridin; $D._4^{20}$ 1,263; n_D^{20} 1,464; 65% (Ausbeute). — *2-Bromhexen-(5)*, Kp.$_{28}$ 42°, aus Hexen-(5)-ol-(2); $D._4^{25}$ 1,191; n_D^{25} 1,4605; 60%. — *Hepten-(6)-ol-(2)*. — Folgende Alkohole aus I bzw. II u. Aldehyden bzw. Ketonen in Ae. bei 0—5°: *Hepten-(6)-ol-(2)* (III), $C_7H_{14}O$, Kp.$_{12}$ 61°; $D._4^{21}$ 0,847; n_D^{21} 1,437; 62%. *Acetat*, $C_9H_{17}O_2$, Kp.$_{20}$ 76°; $D._4^{25}$ 0,883; n_D^{25} 1,421. *Allophanat*, $C_9H_{16}N_2O_3$, F. 147° (50%ig. A.). *Dinitrobenzoat*, $C_{14}H_{16}N_2O_6$, F. 47° (A.). — *2-Methylhepten-(6)-ol-(2)* (IV), $C_8H_{16}O$, Kp.$_{17}$ 69°; $D._4^{20}$ 0,835; n_D^{20} 1,4385; 73%. — *2-Methylhexen-(5)-ol-(1)* (V), $C_7H_{14}O$, Kp.$_{12}$ 68°, aus I u. gasförmigem HCHO bei 0° (mit Trioxymethylen gelang die Rk. nicht); $D._4^{20}$ 0,843; n_D^{20} 1,438; 57%. *Acetat*, Kp.$_{20}$ 76°; $D._4^{25}$ 0,875; n_D^{25} 1,425. *Allophanat*, $C_9H_{16}N_2O_3$, F. 136° (A.). — *3-Methylhepten-(6)-ol-(2)*, $C_8H_{16}O$, Kp.$_{24}$ 78—80°; $D._4^{25}$ 0,850; n_D^{25} 1,439; 61%. *Allophanat*, $C_{10}H_{18}N_2O_3$, F. 108° (A.). — *2.3-Dimethylhepten-(6)-ol-(2)*, $C_9H_{18}O$, Kp.$_{18}$ 79°; $D._4^{25}$ 0,842; n_D^{25} 1,441; 27%. — *2.3-Dimethylheptadien-(2.6)*, C_9H_{16}, Kp. 121°, neben vorst. Verb.; $D._4^{20}$ 0,708; n_D^{20} 1,432. — *Hexen-(5)-ol-(1)* (VI), $C_6H_{12}O$, Kp.$_{25}$ 73°, nach COLONGE u. REYMERMIER (C. **1956**. 5524); $D._4^{23}$ 0,835; n_D^{23} 1,434; 80%. *Dinitrobenzoat*, $C_{13}H_{14}N_2O_6$, F. 50° (A.). — *2-Methyltetrahydropyran*, $C_6H_{12}O$, Kp.$_{750}$ 103°, aus VI u. H_3PO_4 (langsames Erhitzen); $D._4^{20}$ 0,852; n_D^{20} 1,418; 72%. — *2.5-Dimethyltetrahydropyran*, $C_7H_{14}O$, Kp. 116°, analog aus V; $D._4^{20}$ 0,841; n_D^{20} 1,420; 67%. — *2.6-Dimethyltetrahydropyran*, $C_7H_{14}O$, Kp. 116°, analog aus III; $D._4^{25}$ 0,838; n_D^{25} 1,418; 75%. — *2.3.6-Trimethyltetrahydropyran*, $C_8H_{16}O$, Kp. 128°; $D._4^{20}$ 0,838; n_D^{20} 1,425. — *2-Methylheptadien-(2.6)*, C_8H_{14}, Kp. 116°, aus IV u. H_3PO_4; $D._4^{20}$ 0,710; n_D^{20} 1,431; 83%. — *2-Methylheptan*, C_8H_{18}, Kp. 117°, aus vorst. Verb. u. H_2/RANEY-Ni; $D._4^{20}$ 0,715; n_D^{20} 1,402. — *6-Chlorhexandiol-(1.5)* (VII), $C_6H_{13}ClO_2$, Kp.$_{10}$ 150—155°, durch Zugeben von VI zu einer wss. Lsg. von KH_2PO_4, Kühlen auf +5° unter Rühren u. langsames Zufügen von Eau de Javelle; $D._4^{25}$ 1,169; n_D^{25} 1,480; 40%. *Bis-p-nitrobenzoat*, $C_{20}H_{19}ClN_2O_8$, F. 93° (A.). — *5.6-Dichlorhexanol-(1)*, $C_6H_{12}Cl_2O$, Kp.$_{17}$ 125—126°, aus VI neben VII; $D._4^{20}$ 1,189; n_D^{20} 1,484. — *1-Methoxyhexen-(5)*, $C_7H_{14}O$, Kp. 125—130°, aus VI u. $NaNH_2$, dann CH_3J in Bzl.; $D._4^{20}$ 0,792; n_D^{20} 1,412; 61%. — *1-Methoxy-6-chlorhexanol-(5)*, $C_7H_{15}ClO_2$, Kp.$_{13}$ 116°, aus vorst. Verb.; $D._4^{20}$ 1,074; n_D^{20} 1,458; 42%. *Dinitrobenzoat*, $C_{14}H_{17}ClN_2O_7$, F. 51° (A). — *2.6-Epoxy-1-methoxyhexan*, $C_7H_{14}O_2$, Kp.$_{12}$ 63—65°, aus vorst. Verb. u. KOH in Ae.; $D._4^{20}$ 0,928; n_D^{20} 1,425; 60%. — *1-Chlorheptandiol-(2.6)* (VIII), $C_7H_{15}ClO_2$, Kp.$_{17}$ 155 bis 160°, aus III; n_D^{25} 1,477. — *1.2-Dichlorheptanol-(6)*, $C_7H_{14}Cl_2O$, Kp.$_{17}$ 132—133°, aus III neben vorst. Verb.; $D._4^{25}$ 1,142; n_D^{25} 1,475. — *2-Chlormethyltetrahydropyran* (IX), $C_6H_{11}ClO$, Kp.$_{12}$ 53—54°, aus VII u. 85%ig. H_3PO_4 (langsame Dest.); $D._4^{20}$ 1,075; n_D^{20} 1,461; 31%. Gibt beim Behandeln mit Na-Pulver VI. — *Hexantriol-(1.2.6)*, Kp.$_{15}$ 195 bis 200°, aus VII u. sd. wss. K_2CO_3; n_D^{25} 1,475; 56% (bezogen auf VI). — *2-Methyloltetrahydropyran*, Kp.$_{13}$ 77—79°, aus vorst. Verb. u. H_3PO_4 (langsame Dest.); $D._4^{25}$ 1,021; n_D^{25} 1,4560; 39%. *Dinitrobenzoat*, F. 84,5° (A.). — *2-Chlormethyl-6-methyltetrahydropyran*, $C_7H_{13}ClO$, Kp.$_{15}$ 63—64°, aus VIII; $D._4^{25}$ 1,030; n_D^{25} 1,453; 40%. — *2-Brommethyl-*

tetrahydropyran (**X**), $C_6H_{11}BrO$, Kp.$_{18}$ 75—78°, aus vorvorst. Verb. u. PBr_3 in Bzl. in Ggw. von Pyridin bei <0°, dann 15 Min. langes Kochen; D.$_4^{25}$ 1,376; n_D^{25} 1,487; 40%. — *2-[N-Phenylaminomethyl]-tetrahydropyran*, $C_{12}H_{17}NO$, F. 62° (PAe.), Kp.$_{15}$ 165—166°, aus **IX** u. Anilin (6 Std. bei 165°, dann 12std. Stehen); 75%. — *4.8-Epoxy-2-carboxy-octansäurediäthylester*, $C_{13}H_{22}O_5$, Kp.$_{18}$ 163—164°, aus **X** u. Malonsäurediäthylester in Ggw. von C_2H_5ONa in sd. A. (12 Std.); D.$_4^{25}$ 1,060; n_D^{25} 1,446; 54%. — *4.8-Epoxyoctansäure*, $C_8H_{14}O_3$, Kp.$_{15}$ 157°, aus vorst. Ester u. alkohol. KOH, dann 1std. Erhitzen (180°); D.$_4^{25}$ 1,087; n_D^{25} 1,461; 63%. *S-Benzylisothiuroniumsalz*, $C_{16}H_{24}N_2O_3S$, F. 157° (W.). — *1.5;8.12-Diepoxydodecan*, $C_{12}H_{22}O_2$, Kp.$_{12}$ 132°, aus **X** u. Mg in Ae.; D.$_4^{25}$ 0,971; n_D^{25} 1,468; 26%; daneben 29% **VI**. — *2.6-Epoxyhexen-(1)*, $C_6H_{10}O$, Kp. 111°, aus **X** u. KOH in Diäthylenglykol (Erhitzen auf 130°); D.$_4^{25}$ 0,904; n_D^{25} 1,448; 43%. Ozonspaltung gab *HCHO*. — *1.5-Epoxyocten-(1)-ol-(6)*, $C_8H_{14}O_2$, Kp.$_{12}$ 82—85°, aus 6-Formyl-Δ^2-dihydropyran u. C_2H_5MgBr; D.$_4^{25}$ 1,013; n_D^{25} 1,464; 81%. *Dinitrobenzoat*, $C_{15}H_{16}N_2O_7$, F. 73° (A.). — *1.5-Epoxy-7-methylocten-(1)-ol-(6)*, $C_9H_{16}O_2$, Kp.$_{12}$ 90—92°; D.$_4^{25}$ 0,994; n_D^{25} 1,468; 83%. — *1.5-Epoxyoctanol-(6)*, $C_8H_{16}O_2$, Kp.$_{12}$ 82°, aus vorvorst. Verb. u. H_2/RANEY-Ni; D.$_4^{26}$ 0,976; n_D^{26} 1,4520. *Dinitrobenzoat*, $C_{15}H_{18}N_2O_7$, F. 93° (A.). — *1.5-Epoxy-7-methyloctanol-(6)*, $C_9H_{18}O_2$, Kp.$_{12}$ 87—89°, aus vorvorst. Verb. u. H_2/RANEY-Ni; D.$_4^{25}$ 0,956; n_D^{25} 1,4525; 90%. *Dinitrobenzoat*, $C_{16}H_{20}N_2O_7$, F. 95° (A.). — *1.5-Epoxy-6-bromoctan* (**XI**), $C_8H_{15}BrO$, Kp.$_{13}$ 114—115°, aus vorvorst. Verb. u. PBr_3 in Bzl. in Ggw. von Pyridin (12 Std. bei 0°); D.$_4^{25}$ 1,196; n_D^{25} 1,468; 22%. — *1.5-Epoxy-7-methyl-6-bromoctan*, $C_9H_{17}BrO$, Kp.$_{14}$ 110—120°; D.$_4^{25}$ 1,175; n_D^{25} 1,490; 20%. — *1.5-Epoxy-7-methylocten-(6)*, Kp.$_{10}$ 57°, neben vorst. Verbindung. — *Octen-(5)-ol-(1)*, $C_8H_{16}O$, Kp.$_{13}$ 83—85°, aus **XI** u. Na-Pulver in abs. Ae.; D.$_4^{25}$ 0,868; n_D^{25} 1,447; 67%. — *7-Methylocten-(5)-ol-(1)*, $C_9H_{18}O$, Kp.$_{12}$ 95°; D.$_4^{25}$ 0,867; n_D^{25} 1,451. — *5-Bromhexen-(5)-ol-(1)* (**XII**), $C_6H_{11}BrO$, Kp.$_{18}$ 115°, durch Anlagern von Br_2 an **VI** in abs. Ae. bei 0° unter Rühren u. anschließendes 2std. Behandeln mit pulverisiertem KOH unter Kochen; D.$_4^{25}$ 1,360; n_D^{25} 1,402; 60—70%. *Dinitrobenzoat*, $C_{13}H_{13}BrN_2O_6$, F. 41° (A.). *Acetat*, $C_8H_{13}BrO_2$, Kp.$_{16}$ 116°; D.$_4^{20}$ 1,290; n_D^{20} 1,465. — *5.5.6-Tribromhexyl-(1)-acetat*, C_8H_{13}·Br_3O_2, Kp.$_{1,5}$ 118°, aus vorst. Acetat u. Br_2; D.$_4^{20}$ 1,855; n_D^{20} 1,533. — *5.6-Dibromhexanol-(1)*, $C_6H_{12}Br_2O$, Kp.$_{14}$ 150°, aus **VI** u. Br_2; D.$_4^{20}$ 1,701; n_D^{20} 1,531. *Acetat*, C_8H_{14}·Br_2O_2, Kp.$_3$ 120°, aus **VI**-Acetat u. Br_2; D.$_4^{20}$ 1,567; n_D^{20} 1,502. — *1.5-Dibromhexen-(5)*, $C_6H_{10}Br_2$, Kp.$_{12}$ 97—99°, aus **XII** u. PBr_3; D.$_4^{20}$ 1,625; n_D^{20} 1,517; 56%. — *6-Bromhepten-(6)-ol-(2)*, $C_7H_{13}BrO$, Kp.$_{12}$ 104°; D.$_4^{20}$ 1,302; n_D^{20} 1,489. *Dinitrobenzoat*, $C_{14}H_{15}$·BrN_2O_6, F. 60° (A.). *Acetat*, $C_9H_{15}BrO_2$, Kp.$_{20}$ 119°; D.$_4^{20}$ 1,243; n_D^{20} 1,466. — *6.6.7-Tribromheptyl-(2)-acetat*, $C_9H_{15}Br_3O_2$, Kp.$_3$ 136°; D.$_4^{20}$ 1,743; n_D^{20} 1,525. — *6.7-Dibromheptanol-(2)*, $C_7H_{14}Br_2O$, Kp.$_{14}$ 150°; D.$_4^{20}$ 1,627; n_D^{20} 1,524. — *3-Methyl-6-bromhepten-(6)-ol-(2)*, $C_8H_{15}BrO$, Kp.$_{21}$ 124°; D.$_4^{20}$ 1,296; n_D^{20} 1,487. — *3-Methyl-6.7-dibromheptanol-(2)*, $C_8H_{16}Br_2O$, Kp.$_{18}$ 156—160°; D.$_4^{25}$ 1,610; n_D^{25} 1,525. — *1-Bromhexen-(5)*, Kp.$_{17}$ 47°, aus **VI** u. PBr_3 in Ggw. von Pyridin bei 0°, dann 12std. Stehen; D.$_4^{25}$ 1,209; n_D^{25} 1,464; 56%; daneben *1.5-Dibromhexan*. — *Hexen-(5)-yl-(1)-malonsäurediäthylester*, $C_{13}H_{22}O_4$, Kp.$_{12}$ 138—140°, aus vorst. Verb. u. Na-Malonsäurediäthylester in sd. abs. A. (8 Std.); D.$_4^{25}$ 0,969; n_D^{25} 1,4363; 70%. — *Octen-(7)-säure*, $C_8H_{14}O_2$, Kp.$_{12}$ 126°, aus vorst. Verb.; D.$_4^{25}$ 0,933; n_D^{25} 1,441; 85%. *Methylester*, $C_9H_{16}O_2$, Kp.$_{15}$ 84°; D.$_4^{25}$ 0,895; n_D^{25} 1,4285. — *Octanolid-(1.4)*, $C_8H_{14}O_2$, Kp.$_{15}$ 122°, aus vorst. Säure u. sd. 50%ig. (Vol.) H_2SO_4 (5 Min.), dann Zugabe von W. u. 1std. Kochen; D.$_4^{25}$ 0,976; n_D^{25} 1,443; 76%. *Hydrazinolacton*, F. 75° (Essigester). *Phenylhydrazinolacton*, F. 106° (Essigester). — *Octandiol-(1.4)*, $C_8H_{18}O_2$, Kp.$_{10}$ 139°, aus vorst. Lacton u. $LiAlH_4$ in sd. Ae. (30 Min.); D.$_4^{25}$ 0,935; n_D^{25} 1,4515; 83%. *Bis-dinitrobenzoat*, $C_{22}H_{22}N_4O_{12}$, F. 115° (A.). — *2-n-Butyltetrahydrofuran*, $C_8H_{16}O$, Kp. 158, Kp.$_{20}$ 58°, durch Dest. vorst. Verb. über 85%ig. H_3PO_4; D.$_4^{25}$ 0,850; n_D^{25} 1,4265; 60%. J. ROTHE. 560□

Über die Darstellung und Eigenschaften von Thiophosphorigsäurealkylestern $(RO)_2P(S)H$. Taro Yamasaki. (Sci. Rep. Res. Inst. Tôhoku Univ., Ser. A **11**. 73—79. Febr. 1969. Res. Inst. Mineral Dressing and Metallurgy.) (Engl.)

Durch Umsetzung von Dialkylphosphiten mit P_2S_5 im Mol-Verhältnis 5:1 werden *O.O'-Dialkylthiophosphite* dargestellt. O.O'-Diäthylthiophosphit (I) gibt mit Cl_2 *Chlorthiophosphorsäure-O.O'-diäthylester*, I-Na-Salz adsorbiert elementaren S unter Bldg. von *Na-O.O'-Diäthyldithiophosphat*. Durch Kernresonanzspektroskopie wird für O.O'-Dimethylthiophosphit die Konst. $(CH_3O)_2P(S)H$ gesichert.

Versuche: Dialkylphosphite, nach SAUNDERS [1945] u. MOLOWAN [1953]: *Dimethyl-*, Kp.$_7$ 60°; n_D^{20} 1,4020; D.^{20} 1,1962. — *Diäthyl-*, Kp.$_{10}$ 71°; n_D^{20} 1,4061; D.^{20} 1,0735. — *Di-n-propyl-*, Kp.$_{10}$ 100°; n_D^{20} 1,4159; D.^{20} 1,0173. — *Diisopropyl-*, Kp.$_{20}$ 91—92°; n_D^{20} 1,4064; D.^{20} 0,9946. — *Di-n-butyl-*, Kp.$_{10}$ 115—117°; n_D^{20} 1,4227; D.^{20} 0,9862. — *Diisobutyl-*, Kp.$_{12}$ 111—112°; n_D^{20} 1,4189; D.^{20} 0,9742. — O.O'-Dialkylthiophosphite, durch Erhitzen von 0,2 Mol Dialkylphosphit mit 0,04 Mol P_2S_5 unter Rühren auf 85—130° mit N_2 bis zur beginnenden Trübung, Kühlen, Filtrieren, Waschen mit Ae. u. Dest. der vereinigten Filtrate: *Dimethyl-*, $C_2H_7O_2PS$, Kp.$_9$ 56—57°; 1½ Std. lang bei 95—98°; n_D^{19} 1,4831; D.^{17} 1,1942; 25% (Ausbeute). — *Diäthyl-* (I), $C_4H_{11}O_2PS$, Kp.$_7$ 67—68°, 1½ Std. lang bei 110—130°; n_D^{17} 1,4589; D.^{16} 1,0812; 31%. — *Di-n-propyl-*, $C_6H_{15}O_2PS$, Kp.$_6$ 93—94°, 40 Min. lang bei 110—120°; n_D^{20} 1,4531; D.^{15} 1,0299; 46%. — *Diisopropyl-*, $C_6H_{15}O_2PS$, Kp.$_{12}$ 83—84°; 40 Min. lang bei 90—110°; n_D^{20} 1,4492; D.^{20} 1,0102; 42%. — *Di-n-butyl-*, $C_8H_{19}O_2PS$, Kp.$_9$ 121—122°, ½ Std. lang bei 90—110°; n_D^{20} 1,4447; D.^{20} 0,9918; 49%. — *Diisobutyl-*, $C_8H_{19}O_2PS$, Kp.$_{11}$ 109—110°, ½ Std. lang bei 85—120°; n_D^{20} 1,4451; D.^{20} 0,9843; 55%. — *Chlorthiophosphorsäure-O.O'-diäthylester*, Kp.$_8$ 68—71°, durch Einleiten von 0,03 Mol Cl_2 in die Lsg. von 3 g I in CCl_4 bei 15—25°; n_D^{28} 1,4538; 2,2 g. *Phenylhydrazid*, F. 74°. — *Ni-Bis-[O.O'-diäthyldithiophosphat]*, F. 105°, durch Zugabe von 0,7 g Na zur Lsg. von 4,6 g I in 10 ml Ae., 10 Min. langes Kochen, Eindampfen, Lösen des gebildeten *Na-O.O'-Diäthylthiophosphits* in Dioxan, Zugabe von 1 g S in Dioxan, 4std. Kochen, Filtration, Eindampfen im Vakuum, Lösen in Methanol u. Umsetzung mit einem Ni-Salz; 85%. — *^{35}S-Na-O.O'-Diäthyldithiophosphat*, durch Red. von H_2SO_4 mit 5 mc ^{35}S mit $H_3PO_4/SnCl_2$ u. J_2/KJ u. Umsetzung mit I-Na-Salz. L. LAMZA. 590

Reaktionen der Fluorolefine. Reaktion der Fluorolefine mit Schwefelwasserstoff. A. W. Fokin, A. A. Skladnew und I. L. Knunjanz. (Доклады Академии Наук СССР [Ber. Akad. Wiss. UdSSR] **138.** 1132—35. 1/6. 1961.) (Russ.)

Vff. untersuchen die photochem. Rk. (mit UV-Licht) von Tetrafluoräthylen (I) u. Trifluorchloräthylen (II) mit H_2S in Ggw. von Spuren Aceton als Sensibilisator. Bei äquimol. Mengen H_2S u. I entstehen *1.1.2.2-Tetrafluoräthylmercaptan* (**III**) u. *Bis-[1.1.2.2-tetrafluoräthyl]-sulfid* (**IV**) im Verhältnis 2:1. Beim Verhältnis I:H_2S = 2:1 bilden sich nur 70% **IV** u. kein **III** neben geringen Mengen hochsd. Telomerer der Zus. $H(CF_2)_nCF_2SH$. Aus **II** entstehen unter gleichen Bedingungen *1.1.2-Trifluor-2-chloräthylmercaptan* (**V**), *Bis-[2-chlor-1.1.2-trifluoräthyl]-sulfid* u. *-disulfid* neben Telomeren der Zus. $H(CFClCF_2)_nSH$. Der radikal. Verlauf dieser Ketten-Rkk. wird diskutiert. Die Struktur von **V** ergibt sich aus dessen Hydrolyse bei der nur *Fluorchlorthionessigsäure* (**VI**) entsteht. Umwandlungs-Prodd. von **III** u. **V** werden durch Rkk. mit W., Methanol, A., Butanol, Hexanol, Diäthylamin, Essigsäure u. Äthylmercaptan dargestellt. In den IR-Spektren von **III** u. **V** liegt die charakterist. Sulfhydrylbande bei 2608 bzw. 2612 cm^{-1}.

Versuche: *1.1.2-Trifluor-2-chloräthylmercaptan* (**V**), Kp. 64°, aus 20 g **II** u. 6 g H_2S in Ggw. von 5 Tropfen Aceton in einer Quarzampulle durch 6std. Bestrahlung mit UV-Licht bei Zimmer-Temp.; D.$_4^{20}$ 1,4750; n_D^{20} 1,3880; 42,5% (Ausbeute). Daneben *Bis-[2-chlor-1.1.2-trifluoräthyl]-sulfid* (Kp.$_{60}$ 71,5°; D.$_4^{20}$ 1,4350; n_D^{20} 1,3920; 10%) u. *Bis-[2-chlor-1.1.2-trifluoräthyl]-disulfid* (Kp.$_2$ 70°; D.$_4^{20}$ 1,7496; n_D^{20} 1,4910; 31%). — Analog *1.1.2.2-Tetrafluoräthylmercaptan* (**III**; Kp. 31°; D.$_4^0$ 1,4910; n_D^0 1,3230) neben *Bis-[1.1.2.2-tetrafluoräthyl]-sulfid* (**IV**; Kp. 100—102°; D.$_4^{20}$ 1,6240; n_D^{20} 1,3280). — *Fluorchlorthionessigsäure* (**VI**), Kp.$_3$ 43°, man mischt 7 g **V** u. 1,8 g W. unter Kühlen u. rührt 30 Min. lang bei 70°; D.$_4^{20}$ 1,470; n_D^{20} 1,4320; 18%. *Äthylester*, Kp.$_{60}$ 71°, man mischt äquimol. Mengen **V** u. A. unter Kühlen u. erhitzt 1 Std. lang auf 100°; D.$_4^{20}$ 1,246; n_D^{20} 1,4636; 66%. *Methylester*, Kp.$_{60}$ 59°; D.$_4^{20}$ 1,327; n_D^{20} 1,4726. *n-Butylester*, Kp.$_{23}$ 81—83°; D.$_4^{20}$ 1,162; n_D^{20} 1,4572. *n-Hexylester*, Kp.$_5$ 86°; D.$_4^{20}$ 1,064; n_D^{20} 1,4574. *Diäthylamid*, Kp.$_7$ 93°, man läßt die gekühlte Lsg. von 4,4 g **V** u. 8,4 g Diäthylamin in Ae. auf Zimmer-Temp. erwärmen, filtriert u. dest.; D.$_4^{20}$ 1,199; n_D^{20} 1,5220. 51%. — *Fluorchlorthionessigsäureessigsäureanhydrid*, Kp.$_2$ 60°; D.$_4^{20}$ 1,351; n_D^{20} 1,3935. — *Fluorchlordithioessigsäureäthylester*, Kp.$_{40}$ 60°; D.$_4^{20}$ 1,330; n_D^{20} 1,4885. — *Difluorthioessigsäure*, Kp.$_5$ 70°, analog **VI** aus **III**; D.$_4^{20}$ 1,688; n_D^{20} 1,4880. *Methylester*, Kp. 94°; D.$_4^{20}$ 1,331; n_D^{20} 1,4012. *Äthylester*, Kp. 105°; D.$_4^{20}$ 1,180; n_D^{20} 1,3888. *Diäthylamid*, Kp.$_{10}$ 70°; D.$_4^{20}$ 1,143; n_D^{20} 1,4970. — *Difluorthionessigsäureessigsäureanhydrid*, Kp.$_4$ 55°; D.$_4^{20}$ 1,358; n_D^{20} 1,3869. — *Difluordithioessigsäureäthylester*, Kp.$_{60}$ 80°; D.$_4^{20}$ 1,261; n_D^{20} 1,4990. RENATE RICHTER. 600□

Photochemische Spaltung von Cyclohexadienonen. D. H. R. Barton und G. Quinkert. (Proc. chem. Soc. [London] **1958.** 197—98. Juli. London, Imp. Coll.) (Engl.)

6.6-Disubstituierte Cyclohexadienone werden bei Bestrahlen mit UV-Licht in mit W. gesätt. Ae. in die entsprechenden *Hexadien-(3.5)-säuren* gespalten. Bei der Ringspaltung entsteht vermutlich prim. ein Keten. Die IR-Maxima sind angegeben.

Versuche: Hexadien-(3.5)-säuren-(1): *6-Methyl-6-acetoxy-* (I), F. 86—87° (PAe.), aus 6-Methyl-6-acetoxycyclohexadienon (II); 79% (Ausbeute). *Anilid*, F. 105 bis 106°, durch Bestrahlen von **II** in abs. Ae. in Ggw. von Anilin; 79%. — *6.6-Dimethyl-*,

F. 48—50° (PAe.), aus 6.6- Dimethylcyclohexadienon; 64%; gibt bei Ozonolyse 44% *Aceton. p- Bromphenacylester*, F. 108—108,5°. — *6.6-Diacetoxy-4-methyl-*, F. 70—71° (PAe.), aus 4-Methyl-6.6-diacetoxycyclohexadienon; 54%. — *6-Acetoxyheptansäure-(1)*, durch Hydrieren von **I**; Öl. *p-Bromphenacylester*, F. 59—60°. — *5-Oxohexan-1-carbonsäuremethylester, 2.4-Dinitrophenylhydrazon*, durch Hydrolyse vorst. Säure, Oxydation mit CrO_3, Methylieren mit Diazomethan u. Rk. mit 2.4-Dinitrophenylhydrazin (**III**). — *5-Oxohexen-(3)-carbonsäure-(1)-methylester, 2.4-Dinitrophenylhydrazon*, F. 119—120°, durch Hydrolyse von **I** mit methanol. HCl u. Rk. mit **III**. W. LIEBSCHER. 810

Imide durch Reaktion von ungesättigten Amiden mit Kohlenmonoxid. J. Falbe und F. Korte. (Angew. Chem. **74**. 291—92. 21/3. 1962. Schloß Birlinghoven, Siegkreis, Shell Grundlagenforsch. GmbH.) (Dt.)

Aliphat. u. alicycl. α,β- u. β,γ-ungesätt. Carbonsäureamide liefern in Ggw. von RANEY-Co, Co-Salzen u. Co-Carbonylen mit CO bei 160—280° u. 100—300 at *Succin-* oder *Glutarimide* in Ausbeuten von 65—95%. — Acrylamid z. B. ergibt 81% *Succinimid*. Bei längerkettigen Carbonsäureamiden tritt teilweise Isomerisierung ein. So entstehen aus Crotonamid 68% *α-Methylsuccinimid* u. 19% *Glutarimid*. Cyclohexen-(1)-carbonsäureamid gibt 91% *Hexahydrophthalimid*. J. ROTHE. 820□

Orientierung der Kondensation von Estern mit Organomagnesiumverbindungen. Eine neue Methode zur Synthese von β-Hydroxyestern. Yvette Maroni-Barnaud. (Ann. Chimie [13] **4**. 249—301. März/April 1959. Paris, Univ., Fac. des Sci.) (Franz.)

Ein im wesentlichen auf Literaturangaben basierender Überblick über die Rkk. von aliphat. Carbonsäureestern mit in α-Stellung verzweigten aliphat. GRIGNARD-Verbb. zeigt den maßgebenden Einfl. der α-Verzweigung (sek.- oder tert.-Alkyl-Mg-Halogenid) sowie der Natur der Säure- u. auch der Alkoholkomponente des Esters auf die Richtung der Umsetzung. Neben den als normale Prodd. erwarteten *tert. Alkoholen* fallen auch die *unsymm. Ketone* sowie über deren weitere Kondens. *β-Ketoalkohole* u. *β-Hydroxyester* an. Auf Basis der Erkenntnisse wird für letztere, die bisher überwiegend durch REFORMATSKI-Kondens. dargestellt werden, ein neues Synth.-Verf. ausgearbeitet, bei dem man zunächst Essigsäure-tert.-butylester (**I**) mit Isopropyl-MgCl (**II**) umsetzt (bei der Rk. läßt sich *Acetessigsäure-tert.-butylester* fassen) u. in einer zweiten Stufe ein Keton oder einen Aldehyd zusetzt. Bei dieser Durchführung des Verf. fallen *β-Hydroxycarbonsäure-tert.-butylester* (**E**) mit 40—70% Ausbeute an, während die einstufige Umsetzung der drei Komponenten weit unbefriedigendere Ergebnisse liefert. Die Verseifung der **E** unter Erhaltung der OH-Gruppe gelingt am besten mit HCl in sd. Dioxan; konz. H_2SO_4/Eis führt gleichzeitig zur Dehydratisierung, was am Beispiel der Umwandlung von β-Methyl-β-hydroxybuttersäure-tert.-butylester (**III**) in *β.β-Dimethylacrylsäure* gezeigt wird. Zahlreiche neue **E** werden beschrieben. Der Mechanismus der Rkk. wird ausführlich diskutiert. Es läßt sich nicht entscheiden, ob die Bldg. der **E** über einen ion. oder über einen Komplex als Zwischen-Prodd. annehmenden Mechanismus erfolgt.

Versuche: *Acetessigsäure, tert.-Butylester*, $Kp._5$ 45—49°, durch 3std. Erwärmen von **I** mit **II** in Ae.; n_D^{25} 1,4183; 26% (Ausbeute) [*Cu-Deriv.*, F. 105—106°]. *Isopropylester*, $Kp._5$ 42—50°, aus Essigsäureisopropylester u. **II**; n_D^{25} 1,4166; 31% [*Cu-Deriv.*, F. 176—177°]; daneben *β.γ-Dimethyl-β-hydroxyönanthsäureisopropylester*, $Kp._{1,5}$ 66 bis 67°, $D._4^{25}$ 0,934, n_D^{25} 1,4281; 8%. — Zu nachst. β-Hydroxysäuren gelangt man durch $^1/_4$std. Kochen der **E** mit konz. HCl in Dioxan; die tert.-Butylester (**E**) werden durch Zutropfen von **I** zu **II** (1:1 Mol) in Ae. bei 0°, Rühren bis zum Aufhören der Propan-Entw., rasches Zutropfen des Ketons bzw. Aldehyds (0,5 Mol), 3std. Erwärmen unter Rühren, Gießen auf Eis, Zugeben von verd. HCl u. Ausäthern erhalten: *β-Methyl-β-hydroxybuttersäure*, $Kp._1$ 88°, $D._4^{25}$ 1,077, n_D^{25} 1,4382; 50%. *tert.-Butylester* (**III**), $Kp._5$ 58—59°, $D._4^{25}$ 0,935, n_D^{25} 1,4170; 44% [wird durch $SOCl_2$ in Pyridin/Bzl. zu einem *Gemisch* aus isomeren *ungesätt. Estern*, $Kp._2$ 88—94°, dehydratisiert]. — *β-Äthyl-β-hydroxyönanthsäure*, F. 38°; 93—94%. *tert.-Butylester*, $Kp._2$ 69—70°, $D._4^{25}$ 0,929, n_D^{25} 1,4283; 59%. — *β.γ-Dimethyl-β-hydroxyönanthsäure*, $Kp._1$ 93—94°, $D._4^{25}$ 1,049, n_D^{25} 1,4500; 96%. *tert.-Butylester*, $Kp._{1,5}$ 68—69°, $D._4^{25}$ 0,927, n_D^{25} 1,4278; 40%. — *β-Äthyl-β-hydroxycapronsäure*, $Kp._2$ 132—133°, $D._4^{25}$ 1,026, n_D^{25} 1,4531; 81%. *tert.-Butylester*, $Kp._{1,5}$ 79—80°, $D._4^{25}$ 0,920, n_D^{25} 1,4301; 49%. — *β.δ-Dimethyl-β-hydroxycapronsäure*, $Kp._1$ 106—107°, $D._4^{25}$ 1,005, n_D^{25} 1,4462; 78%. *tert.-Butylester*, $Kp._{1,5}$ 71,5—72°, $D._4^{25}$ 0,910, n_D^{25} 1,4251; 31%. — *β.γ-Dimethyl-β-hydroxycapronsäure*, $Kp._{1,5}$ 117—118°, $D._4^{25}$ 1,027, n_D^{25} 1,4530; 91%. *tert.-Butylester*, $Kp._2$ 76—76,5°, $D._4^{25}$ 0,921, n_D^{25} 1,4311; 42%. — *β.γ.γ-Trimethyl-β-hydroxyönanthsäure*, F. 76°; 70%. *tert.-Butylester*, $Kp._{1,5}$ 70—71°, $D._4^{25}$ 0,927, n_D^{25} 1,4329; 70%. — *β-n-Propyl-β-hydroxycapronsäure*, $Kp._{1,5}$ 137 bis 138°, $D._4^{25}$ 0,998, n_D^{25} 1,4498; 82%. *tert.-Butylester*, $Kp._{1,5}$ 82—83°, $D._4^{25}$ 0,913, n_D^{25} 1,4310; 56%. — *β-Methyl-β-hydroxypelargonsäure*, $Kp._1$ 140—141°, $D._4^{25}$ 0,980, n_D^{25} 1,4498; 93%. *tert.-Butylester*, $Kp._1$ 95—96°, $D._4^{25}$ 0,905, n_D^{25} 1,4320; 70%. — *β-Iso-*

butyl-δ-methyl-β-hydroxycapronsäure, tert.-Butylester, $Kp._1$ 95—96°, $D._4^{25}$ 0,898, n_D^{25} 1,4339; 64%. — *β-Hydroxypelargonsäure*, F. 58—59°; 73%. *tert.-Butylester*, $Kp._2$ 108 bis 109°, $D._4^{25}$ 0,914, n_D^{25} 1,4339; 41%. — *β.β-Diphenyl-β-hydroxypropionsäure-tert.-butylester*, F. 93°, Nadeln; 70%. — *β-Phenyl-β-hydroxybuttersäure-tert.-butylester*, $Kp._1$ 100 bis 101°, $D._4^{25}$ 1,018, n_D^{25} 1,4858; 26%; daneben *β.δ-Diphenyl-β.δ-dihydroxycapronsäure-tert.-butylester*, F. 163°, 60%. — *1-Hydroxycyclohexylessigsäure-tert.-butylester*, $Kp._2$ 88 bis 89°, $D._4^{25}$ 0,983, n_D^{25} 1,4510; 43%; daneben *1-Hydroxy-2-[1-hydroxycyclohexyl]-cyclohexylessigsäure-tert.-butylester*, F. 111—112°, 16%. — *β.β-Dimethylacrylsäure*, F. 68—69°, durch Lösen von III in konz. H_2SO_4 u. Gießen auf Eis; 50%.

H.-E. TOUSSAINT. 850□

Über ein allgemeines Verfahren zur Darstellung von aliphatischen α-Ketosäuren. Jean Schreiber. (Bull. Soc. chim. France [5] **1956.** 1361—63. Okt. Strasbourg, Fac. de Pharmacie, Labor. de Pharmacie Chim.) (Franz.)

Die Anwendung von NaH an Stelle von $NaOC_2H_5$ als Kondens.-Mittel bei der Umsetzung von Alkancarbonsäureäthylestern (I) mit Oxalsäurediäthylester (II) führt zu nahezu quant. Ausbeuten an *β-Alkyloxalessigsäurediäthylestern*, die man durch Verseifen u. Decarboxylieren in HBr/Eisessig in *α-Ketoalkancarbonsäuren* (III) überführt. Die niederen III-Glieder werden durch Dest., die höheren über die *Bisulfit-Verbb.* gereinigt.

Versuche: Alkancarbonsäureäthylester (I), durch azeotrope Veresterung der Säuren: *n-Buttersäure-*, n_D^{20} 1,3940. — *n-Valeriansäure-*, n_D^{20} 1,4010. — *Capronsäure-*, n_D^{20} 1,4071. — *n-Heptansäure-*, n_D^{20} 1,4140. — *Caprylsäure-*, n_D^{20} 1,4175. — *Pelargonsäure-*, n_D^{20} 1,4220. — *Caprinsäure-*, n_D^{20} 1,4257. — *n-Undecansäure-*, n_D^{20} 1,4287. — *Laurinsäure-*, n_D^{20} 1,4321. — *Myristinsäure-*, n_D^{20} 1,4372. — *Palmitinsäure-*, $n_D^{24,5}$ 1,4393. — *Stearinsäure-*, n_D^{33} 1,4390. — *α-Ketoalkancarbonsäuren* (III), durch Zutropfen der I zu II u. NaH in Ae. unter Rühren u. Feuchtigkeitsausschluß, 12—15std. Erwärmen unter Rühren, Stehen über Nacht, Zers. mit Essigsäure u. dann 20%ig. H_2SO_4 unter Eiskühlung, Ausäthern, Eindampfen, Zugeben eines Gemisches aus Eisessig u. 40%ig. HBr (2:1), Erhitzen auf 115° unter Abdestillieren des gebildeten Essigesters u. Fraktionieren bzw. (ab C_{11}) Reinigen über die Bisulfit-Verb.: *α-Ketovaleriansäure*, $Kp._{12}$ 81°; 45% (Ausbeute). — *α-Ketocapronsäure*, $Kp._6$ 78°; 60%. — *α-Ketoheptansäure*, $Kp._6$ 87°, F. 29°; 48%. — *α-Ketocaprylsäure*, $Kp._6$ 96—97°, F. 32°; 75%. — *α-Ketononansäure*, $Kp._4$ 101—102°, F. 43°; 63%. — *α-Ketodecansäure*, $Kp._6$ 118—120°, F. 46°; 70%. — *α-Ketoundecansäure*, F. 53°; 48%. — *α-Ketododecansäure*, F. 56°; 70%. — *α-Ketotridecansäure*, F. 59°; 65%. — *α-Ketopentadecansäure*, F. 65°; 65%. — *α-Ketoheptadecansäure*, F. 71°; 67%. — *α-Ketononadecansäure*, F. 76°; 60%.

H.-E. TOUSSAINT. 870□

Synthese tertiärer aliphatischer Hydrazine über gemischte Organomagnesiumverbindungen. B. W. Ioffe und L. Je. Poroschin. (Журнал Общей Химии [J. allg. Chem.] **29** (**91**). 3154—56. Sept. 1959. Leningrad, Univ.) (Russ.)

Die Rk. der N'.N'-Dialkylhydrazone aliphat. Aldehyde mit Alkyl-Mg-Halogeniden stellt ein günstiges Verf. zur Synth. von *N.N.N'-Trialkylhydrazinen* dar; als Nebenprodd. fallen unter Spaltung der N—N-Bindung *Dialkylamine* an.

Versuche: N.N-Dimethylhydrazine: *N'-Äthyl-*, $C_4H_{12}N_2$, $Kp._{747}$ 74,9—75°, durch Zutropfen von 0,8 Mol Formaldehyd-N.'N'-dimethylhydrazon zu CH_3MgJ in Diisoamyläther, 2std. Erhitzen auf dem Wasserbad u. Gießen auf Eis/HCl; $D._4^{20}$ 0,7647, n_D^{20} 1,4027; 75% (Ausbeute). — *N'-n-Propyl-*, $C_5H_{14}N_2$, $Kp._{748}$ 101,5—101,8°, analog mit C_2H_5MgBr; $D._4^{20}$ 0,7715, n_D^{20} 1,4097; 68%. — *N'-n-Butyl-*, $C_6H_{16}N_2$, $Kp._{748}$ 127 bis 128°, $D._4^{20}$ 0,7800, n_D^{20} 1,4162; 58%. — *N'-sek.-Butyl-*, $C_6H_{16}N_2$, $Kp._{757}$ 112—112,4°, $D._4^{20}$ 0,7693, n_D^{20} 1,4092; 70%. — *N'-n-Amyl-*, $C_7H_{18}N_2$, $Kp._{765}$ 151,5—152,2°; $D._4^{20}$ 0,7870, n_D^{20} 1,4220; 58%. — *N'-sek.-Amyl-*, $C_7H_{18}N_2$, $Kp._{755}$ 134,7—135°, $D._4^{20}$ 0,7760, n_D^{20} 1,4155; 66%. — *N'-[α.β-Dimethylpropyl]-*, $C_7H_{18}N_2$, $Kp._{758}$ 130,5—131,3°, $D._4^{20}$ 0,7806, n_D^{20} 1,4167; 48%. — N.N-Diäthylhydrazine: *N'-n-Propyl-*, $C_7H_{18}N_2$, $Kp._{758}$ 141,6°, $D._4^{20}$ 0,7858, n_D^{20} 1,4196; 31%. — *N'-Isopropyl-*, $C_7H_{18}N_2$, $Kp._{769}$ 128,7°, $D._4^{20}$ 0,7739, n_D^{20} 1,4193; 39%. — *N'-sek.-Butyl-*, $C_8H_{20}N_2$, $Kp._{748}$ 151,5—151,6°, $D._4^{20}$ 0,7878, n_D^{20} 1,4218; 42%. — *N'-n-Amyl-*, $C_9H_{22}N_2$, $Kp._{18}$ 77,7—78,2°, $Kp._{758}$ 180 bis 181,6°, $D._4^{20}$ 0,7999, n_D^{20} 1,4290; 17% (daneben 29% *Diäthylamin*). — *N'-[α.β-Dimethylpropyl]-*, $C_9H_{22}N_2$, $Kp._{751}$ 168,6°, $D._4^{20}$ 0,7963, n_D^{20} 1,4267; 22%. — *N'-sek.-Hexyl-*, $C_{10}H_{24}N_2$, $Kp._{90}$ 121,5°, $D._4^{20}$ 0,7963, n_D^{20} 1,4297; 31%. — *N.N.N'-Tri-n-propylhydrazin*, $C_9H_{22}N_2$, $Kp._{756}$ 176,1—177,8°, $D._4^{20}$ 0,7937, n_D^{20} 1,4269; 23%.

H.-E. TOUSSAINT. 910□

Darstellung und Eigenschaften des Diazopropins. H. Reimlinger. (Angew. Chem. **74.** 252. 7/4. 1962. Brüssel, Union Carbide European Res. Assoc.) (Dt.) — Vgl. C. **1959.** 14376.

Vf. synthetisierte *N-Nitroso-N-acetylpropargylamin* (**I**), Kp.$_{10-4}$ 23° (Dest. im Wasserstrahlvakuum kann zu Explosionen führen!), durch Nitrosierung von N-Acetylpropargylamin bei 0° in Eisessig. Durch Zers. von **I** mit CH_3ONa in abs. CH_3OH/CCl_4 bei −15° (15 Min.) entstand *3-Diazopropin-(1)* (**II**), F. −65°, welches in Ae. oder CH_2Cl_2 bei Raum-Temp. längere Zeit ohne Zers. haltbar ist. *5-Äthinylpyrazol*, F. 55°, wurde erhalten aus **II** u. C_2H_2 in Ae. bei 12—15 at (mehrstd. Schütteln). Zers. von **I** mit BaO u. $Ba(OH)_2$ in n-Decanol, Dest. des gebildeten **II** bei 0°/0,1 mm unter N_2 in eine Kühlfalle, Lösen in CH_2Cl_2 u. Behandeln mit p-Nitrobenzoesäure gab unter N_2-Abspaltung *p-Nitrobenzoesäurepropargylester*, F. 89°. J. Rothe. 910□

Chemie der Acetylenäther. 27. Mitt. **Reaktionen von 1.1-Diazido-1-äthoxyäthan mit nucleophilen Reagentien.** Y. A. Sinnema und J. F. Arens. (Recueil Trav. chim. Pays-Bas **76.** 949—61. Nov. 1957. Groningen, Univ., Organ. Chem. Labor.) (Engl.) — 26. vgl. C. **1959.** 14687; 28. vgl. C. **1962.** 12256.

Die Umsetzung von 1.1-Diazido-1-äthoxyäthan (**I**) bzw. -propan (**II**) mit Na-Äthanthiolat, Äthylmercaptan (**VII**), Anilin (**IX**), Essig- u. Propionsäure sowie HN_3 wird untersucht. Bei Einw. von HN_3 auf **I** wird prim. 1 Mol N_2 eliminiert, wonach das Intermediär-Prod. von HN_3 unter Bldg. von *1-Azido-1-äthoxyäthan* red. wird. Bei der Rk. von 1-Äthoxy-3-methylbutin-(1)-ol-(3) (**III**) mit HN_3 werden prim. 2 Mol HN_3 unter Bldg. von (intermediärem) *1-Äthoxy-1.1-diazido-3-hydroxybutan* angelagert, das nach N_2-Abspaltung durch weitere HN_3 zu *1-Azido-1-äthoxy-3-methyl-3-hydroxybutan* (**IV**) red. wird. In analoger Rk.-Folge wird aus 1-Äthoxybutin-(1)-ol-(3) (**V**) *1-Azido-1-äthoxy-3-hydroxybutan* (**VI**) gebildet. **IV** bzw. **VI** liefern bei Einw. von H_2SO_4 in Ggw. von 2.4-Dinitrophenylhydrazin (**VIII**) *β-Methylcrotonaldehyd-* bzw. *Crotonaldehyd-2.4-dinitrophenylhydrazon.*

Versuche: *Dithioorthoessigsäuretriäthylester* (*1.1-Bis-[äthylmercapto]-1-äthoxyäthan*), $C_8H_{18}OS_2$, Kp.$_{10}$ 102—102,5°, durch Eintragen von 0,15 Mol **VII** in die Lsg. von 0,15 g-Atom Na in abs. A., Eintropfen von 0,075 Mol **I** unter Rühren u. Kühlung, 1 std. Rühren bei Raum-Temp., Filtration von NaN_3 u. Dest.; n_D^{20} 1,4948; 5,3 g (Rohausbeute). — *N.N'-Diphenylacetamidin*, $C_{14}H_{14}N_2$, F. 131—132° (A.), durch 7 std. Rk. von 0,002 Mol vorst. Esters mit 0,019 Mol **IX** bei 130—170° u. Eindampfen; 70%. — *1.1-Diazido-1-äthoxypropan* (**II**), $C_5H_{10}N_6O$, Kp.$_9$ 46—47°, durch Zusammengeben von 0,089 Mol 1-Äthoxypropin-(1) u. 0,332 Mol HN_3 in Bzl., 20 std. Rk. bei Raum-Temp. u. Dest.; n_D^{20} 1,4483; explosiv; 37%. — *1-Phenyl-5-äthyltetrazol*, $C_9H_{10}N_4$, F. 46,5—47,5°, durch 14 std. Erhitzen von 0,024 Mol **II** u. 0,129 Mol **IX** auf 80—90°; aus A. Nadeln; 40%. — *Acetiminoäthyläther*, Kp.$_{115}$ 45—46°, durch Eintropfen von überschüssigem **VII** in Na-Äthylat-Lsg. (aus 3,6 g Na), Eindampfen, Zugabe von **VII**, Eintropfen von 0,064 Mol **I** in **VII**, 1 std. Erwärmen auf 45°, Filtration u. Dest.; n_D^{20} 1,4070; 4 g (roh); daneben 1 g *Diäthylsulfid* (Kp.$_{36}$ 66—67°; n_D^{20} 1,5056). — *5-Methyltetrazol*, $C_2H_4N_4$, F. 145—146° (Amylacetat), durch Lösen von 0,075 Mol **I** in Toluol, Zugabe von 0,258 Mol **VII**, 6 std. Erwärmen auf 60° unter N_2 u. 2 tägiges Stehen; 17% (roh). — *1-Äthoxy-1-acetoxyäthan*, $C_6H_{12}O_3$, Kp.$_{45}$ 55—56°, a) aus Äthylvinyläther u. Essigsäure nach Gershtein u. Shostakovski [1948]; n_D^{20} 1,3901; 80%; b) durch 9 std. Erhitzen von 0,1 Mol **I** u. 0,1 Mol Eisessig in Bzl. auf 65—85° u. Dest.; 4,3 g (roh); daneben *N-Acetylglycinäthylester* [$C_6H_{11}NO_3$, F. 47—48°, Kp.$_{1-1,5}$ 118—130°; aus abs. A. Nadeln; 2,65 g (roh)]; liefert beim Hydrolysieren *Acetaldehyd*. — *N-Acetylalaninäthylester*, Kp.$_{10}$ 129—131°, F. 38 bis 39° (Chlf.), durch 12 std. Erhitzen von 0,044 Mol **II** u. 0,045 Mol Eisessig in Bzl. auf 65—85° u. Dest.; aus Chlf. hygroskop. Nadeln; 1,3 g (roh). — *N-Propionylglycinäthylester*, $C_7H_{13}NO_3$, F. 51—52°, durch 7 std. Erhitzen von 0,1 Mol **I** mit 0,1 Mol Propionsäure auf 60—80° u. Dest.; aus Ae. hygroskop. Nadeln; 1 g. — *1-Azido-1-äthoxyäthan*, Kp.$_{70-35}$ 40—60°, durch 9 std. Erhitzen von 0,01 Mol **I** mit 0,029 Mol HN_3 in Bzl. auf 75—85° u. Dest.; das Destillat ist durch etwas **I** u. Bzl. verunreinigt; 20%; liefert beim Behandeln mit **VIII** in alkohol. H_2SO_4 *Acetaldehyd-2.4-dinitrophenylhydrazon* [F. 146 bis 147° (A.)]. — *1-Azido-1-äthoxy-3-methyl-3-hydroxybutan* (**IV**), $C_7H_{15}N_3O_2$, Kp.$_{14}$ 96—97°, durch 8 std. Erwärmen von 0,055 Mol **III** u. 0,265 Mol HN_3 in Bzl. auf 70° u. Dest.; n_D^{20} 1,4453; 5,6 g (roh); liefert mit **VIII** in alokohol. H_2SO_4 *β-Methylcrotonaldehyd-2.4-dinitrophenylhydrazon* (F. 177—178°; aus A. rote Nadeln). — *1-Azido-1-äthoxy-3-hydroxybutan* (**VI**), $C_6H_{13}N_3O_2$, Kp.$_{11}$ 94—95°, durch 14 std. Erhitzen von 0,05 Mol **V** mit 0,265 Mol HN_3 in Bzl. auf 78°; n_D^{20} 1,4435; 1,7 g (roh); liefert mit **VIII** in Ggw. von alkohol. H_2SO_4 *Crotonaldehyd-2.4-dinitrophenylhydrazon* (F. 183—185°; aus A. Nadeln). — *Diphenyldisulfid*, F. 57—58,5° (A.), durch ½ std. Erwärmen von 0,05 Mol Phenylazid u. 0,154 Mol Thiophenol auf 160°, Lösen in Ae., Waschen mit HCl u. Eindampfen; 6,3 g; daneben **IX** (durch Alkalisieren der sauren Waschlaugen). L. Lamza. 920

Phosphatidsäuren und Derivate. 10. Mitt. **Diastereoisomerie von O.N.N-Tribenzylglycerin-α-cephalinen.** M. A. Hoefnagel, L. J. Stegerhoek und P. E. Verkade.

(Recueil Trav. chim. Pays-Bas 79. 605—09. Juni 1960. Delft, Netherlands, TU, Labor. of organ. Chem.) (Engl.) — 9. vgl. C. **1962.** 1571.

Bei der Umsetzung von Ag-Benzyl-[diacylglycerin]-α-phosphaten mit 2-Dibenzylaminoäthylbromid (I) werden 2 diastereoisomere *O.N.N-Tribenzylglycerin-α-cephaline* (C) gebildet, die bei der Hydrogenolyse das gleiche *Glycerin-α-cephalin* liefern. Die Stereochemie der **C** wird ausführlich diskutiert.

Versuche: *O.N.N-Tribenzyl-[distearoylglycerin]-α-cephalin* (II), $C_{62}H_{100}NO_8P$, F. 51—52° (PAe.), durch Rk. von 1 g I mit 2,71 g Ag-Benzyl-[distearoylglycerin]-α-phosphat (vgl. l. c.), Lösen des Roh-Prod. (3,22 g) in warmem PAe. (Kp. 40—60°) u. kurzes Kühlen auf 0°; 41% (Ausbeute); daneben 39% des niedrigschm. Isomeren [$C_{62}H_{100}NO_8P$, F. 34,5—35,5° (abs. A.), durch Eindampfen der Mutterlauge im Vakuum, Lösen des Öls in warmem absol. A. u. Kühlen]; 1,34 g (roh). — *Distearoylglycerin-α-cephalin*, F. 188—189°, durch Hydrogenolyse von **II** oder seinem Diastereoisomeren. L. LAMZA. 920□

Synthese und Hydratation einiger primärer α-Acetylenamine. Israel Marszak und Michel Koulkes. (Bull. Soc. chim. France [5] **1956.** 93—96. Jan. Centre Nat. de la Rech. sci. u. Labor. Central des Services Chim. de l'État.) (Franz.) — Vgl. C. **1954.** 10693.

1-Bromheptin-(2) oder vorteilhafter 1-Jodheptin-(2) werden über die Anlagerungs-Verbb. mit Hexamethylentetramin in *1-Aminoheptin-(2)* (I) übergeführt, dessen Struktur durch die Hydrierung zu *1-Aminoheptan* bestätigt wird. Die Hydratisierung von **I** in Ggw. von HgO u. H_2SO_4 führt zu *1-Aminoheptanon-(3)*. Auch die Hydratisierung des analog synthetisierten 1-Aminooctins-(2) u. 1-Aminononins-(2) liefert allein die *β-Ketoamine*.

Versuche: *1-Bromheptin-(2)-Hexamethylentetramin-Komplex*, $C_{13}H_{23}BrN_4$, Zers. bei 180°, aus den Komponenten in A. (2 Tage); 30% (Ausbeute). — *1-Jodheptin-(2)-Hexamethylentetramin-Komplex*, $C_{13}H_{23}JN_4$, Zers. bei 155°, analog Vorst.; 80%. — *1-Aminoheptin-(2)* (I), $C_7H_{13}N$, Kp.$_{15}$ 68°, durch 3tägiges Stehen des vorst. Komplexes in wss.-alkohol. HCl, Alkalisieren u. Ausäthern; n_D^{17} 1,4610, $D._4^{20}$ 0,8469; 63%. *Hydrochlorid*, $C_7H_{14}ClN$, F. 163—164° (A.-Ae.). *Pikrat*, $C_{13}H_{16}N_4O_7$, F. 116—117° (Bzl.). *Benzoylderiv.*, $C_{14}H_{17}NO$, F. 38—39° (wss. Methanol). — *1-Aminoheptan*, durch Hydrieren von I in A. über RANEY-Ni. *Pikrat*, F. 121—122. — *1-Aminoheptanon-(3)*, *Hydrochlorid* (II), $C_7H_{16}ClNO$, F. 142—143° (A.-Ae.), durch $^3/_4$std. Kochen von I mit HgO in wss.-alkohol. H_2SO_4, Filtrieren u. Zugeben von $BaCl_2$; 60%. — *1-Dimethylaminoheptanon-(3)*, Kp.$_{12-13}$ 81—83°, durch 8std. Erhitzen von II nach Neutralisieren mit NH_4OH mit 90%ig. Ameisensäure u. 30%ig. Formaldehyd, Zugeben von konz. HCl, Einengen, Alkalisieren u. Ausäthern; 75%. *Jodmethylat*, F. 128°. — *1-Bromoctin-(2)-Hexamethylentetramin-Komplex*, $C_{14}H_{25}BrN_4$, Zers. bei 180°; 54%. — *1-Jodoctin-(2)-Hexamethylentetramin-Komplex*, $C_{14}H_{25}JN_4$, Zers. bei 170°; 75%. — *1-Aminooctin-(2)* (III), $C_8H_{15}N$, Kp.$_{10}$ 75°, analog I aus vorst. Komplex; n_D^{14} 1,4620, $D._4^{20}$ 0,8458; 65%. *Hydrochlorid*, $C_8H_{16}ClN$, F. 153—154° (A.-Ae.). *Pikrat*, $C_{14}H_{18}N_4O_7$, F. 100—101° (Bzl.). — *1-Aminooctan*, durch Hydrieren von III über RANEY-Ni. *Pikrat*, F. 112°. — *1-Aminooctanon-(3)*, *Hydrochlorid*, $C_8H_{18}ClNO$, F. 150—151°, analog II aus III; 72%. — *1-Bromnonin-(2)-Hexamethylentetramin-Komplex*, $C_{15}H_{27}BrN_4$; 55%. — *1-Jodnonin-(2)-Hexamethylentetramin-Komplex*, $C_{15}H_{27}JN_4$, Zers. bei 170°; 85%. — *1-Aminononin-(2)* (IV), $C_9H_{17}N$, Kp.$_7$ 82°, analog I aus vorst. Komplex; $D._4^{20}$ 0,8847, n_D^{18} 1,4618; 85%. *Hydrochlorid*, $C_9H_{18}ClN$, F. 161—162° (A.-Ae.). *Pikrat*, $C_{15}H_{20}N_4O_7$, F. 107—108° (Bzl.). — *1-Aminononan*, durch Hydrieren von IV über RANEY-Ni. *Pikrat*, F. 110—111°. — *1-Aminononanon-(3)*, *Hydrochlorid*, $C_9H_{20}ClNO$, F. 161—162°, analog II aus IV; 60%. H.-E. TOUSSAINT. 940□

Darstellung von Morpholon-(2)-Derivaten und Hydroxyaminosäuren durch Reaktion von Epoxypropan mit Natriumsalzen von α-Aminosäuren. Maurice Pascal. (C. R. hebd. Séances Acad. Sci. **244.** 1514—16. 11/3. 1957. Montpellier, Hérault, Inst. de Chim.) (Franz.) — Vgl. C. **1959.** 7750.

Durch Rk. von Epoxypropan mit den Na-Salzen von α-Aminosäuren erhielt man über die *Hydroxyaminosäuren* durch Cyclisierung die entsprechenden *Morpholon-(2)-Derivv.*

Versuche: *4.6-Dimethylmorpholon-(2)* (I), $C_6H_{11}NO_2$, Kp.$_4$ 92—94°, a) durch Zugabe von Epoxypropan zu einer aus Na_2CO_3 u. Sarkosin dargestellten wss. Lsg. von Na-N-Methyl-α-aminoacetat; 65% (Ausbeute); b) durch 4std. Kochen von Na-Chloracetat u. N-Methylisopropanolamin in wss. Lösung. *Hydrochlorid*, $C_6H_{11}NO_2$·HCl; krist. aus Alkohol. *Pikrat*, F. 160—162° (A.). *Äthojodid*, $C_8H_{16}JNO_2$. *Cu-Komplex der N-Methyl-N-[2-hydroxypropyl]-aminoessigsäure*, $(C_6H_{12}NO_3)_2Cu$, durch Erhitzen einer wss. Lsg. von I mit CuO; blaue Prismen. — *4-[2-Hydroxyisopropyl]-6-methylmorpholon-(2)*, Kp.$_1$ 151—153°, Kp.$_2$ 190—192°, a) aus Epoxypropan u. Glykokoll; 70%; b) durch 4std. Kochen von Na-Chloracetat u. Diisopropanolamin. *Hydrochlorid*,

$C_8H_{15}NO_3 \cdot HCl$, F. 192—195° (A./Ae.). — *N.N-Bis-[2-hydroxypropyl]-aminoessigsäure*, $C_8H_{17}NO_4$, F. 145—146°, durch mehrstd. Erhitzen vorst. Verb. auf 130°. *Cu-Komplex*, $(C_8H_{16}NO_4)_2Cu$; blaue Kristalle. J. RUHNKE. 950□

Die Struktur von Evolidin. H. D. Law, I. T. Millar, H. D. Springall und A. J. Birch. (Proc. chem. Soc. [London] **1958**. 198. Juli. Keele, Staffordshire, Univ. Coll. of North Staffordshire; Manchester, Univ. of Manchester.) (Engl.)

Die Hydrolyse von aus Blättern von Evoliaxanthoxyloides gewonnenem Evolidin [I; F. 277—279° (Aceton, A. oder wss. Methanol); $[\alpha]_D^{16}$ —129° (A.)] gibt ein Gemisch von *α-Aminosäuren* u. NH_3. I gibt mit 1-Fluor-2.4-dinitrobenzol (II) kein 2.4-Dinitrophenyl-Deriv., die Aminosäure-Zus. wird unter Verw. eines Ionenaustauschers vom MOORE-STEIN-Typ, die Aminosäure-Folge durch partielle Hydrolyse mit konz. HCl bei 35 u. 80°, anschließende Trennung der Oligopeptide durch Papierelektrophorese u. Verteilungschromatographie u. Best. der N-endständigen Reste nach SANGER u. EDMAN bestimmt. Es werden sowohl α- wie β-Asparagylleucin nachgewiesen, da unter den angewandten Bedingungen eine Umlagerung des α-Isomeren in das β-Isomere erfolgt. Für I wird die Struktur *Cyclo-[Ser·Phe·Leu·Pro·Val·Asp (β-NH_2)·Leu]* vorgeschlagen. Alle Reste besitzen L-Konfiguration (bestimmt durch Behandlung des Hydrolysats mit II, Abtrennung der α-Dinitrophenylaminosäuren durch Verteilungschromatographie u. Messung der opt. Drehung). W. LIEBSCHER. 950

Perfluoralkylbor-Verbindungen. J. J. Lagowski und P. G. Thompson. (Proc. chem. Soc. [London] **1959**. 301—02. Okt. Cambridge, Univ., Chem. Labor.) (Engl.)

Bis-[trifluormethyl]-Hg ergibt mit Borhalogeniden (II) oder substituierten II bei oder unterhalb Raum-Temp. neben BF_3 oder dessen Deriv. *Trifluormethylhalogenide* u. wahrscheinlich eine instabile *Trifluormethylbor-Verb.* (gibt durch Hydrolyse *Trifluormethan*). Auch Bis-[pentafluoräthyl]-Hg reagiert > 190° mit II unter Bldg. von BF_3. Vff. nehmen auf Grund von KMR- u. IR-Spektren die Bldg. von BF_3 über instabile Perfluoralkylbor-Verb. (I) an. Setzt man die Aktivität des B-Atoms durch Verw. von stabilen Boradditions-Verbb. oder Borazol-Derivv. herab, erhält man stabilere I. Durch Zugabe von Methyl-Li zu einer äther. Lsg. von Heptafluor-n-propyljodid (III) u. Tri-B-chlortri-N-phenylborazol bei —50° wird ein I-haltiger Rückstand erhalten, der bei milder Hydrolyse *Heptafluorpropan* gibt. Eine Hydrolyse von III unter gleichen Bedingungen erfolgt nicht. Heptafluor-n-propyl-Li gibt mit II lediglich *Hexafluorpropen*. D. BORRMANN. 980

Thermische Isomerisierung von hydroborierten Olefinen. T. J. Logan. (J. org. Chemistry **26**. 3657—60. Okt. 1961. Cincinnati, Ohio, Procter and Gamble Co., Miami Valley Labor.) (Engl.)

Untersucht wird der Einfl. der Kettenlänge u. von Hydroxylgruppen auf das Ausmaß u. die Richtung der Verschiebung des B-Atoms längs einer KW-Stoff-Kette. Aus Oleylalkohol (I) wird durch Rk. mit Diboran (II) zu einem polymeren *Tris-[tristearylboran]-borat* (III) hydroboriert u. verestert. III gibt durch Oxydation u. anschließende Hydrolyse ein Gemisch aus *Octadecandiol-(1.9)* u. *Octadecandiol-(1.10)*, während nach therm. Isomerisierung durch Oxydation u. Verseifung 10—13% *Octadecandiol-(1.18)*, isoliert als Harnstoffaddukt, u. ein Gemisch aus *Octadecandiol-(1.4)* (IV) u. wenig *Octadecandiol-(1.5)* (V) erhalten wird. Die therm. Verschiebung des B-Atoms erfolgt also in beiden Richtungen der Kette. Die Bldg. von IV wird mit der Ausbldg. eines 6-Ringes durch Koordination von B mit dem Elektronenpaar der Hydroxylgruppe erklärt, die eine weitere Verschiebung in Richtung auf die Hydroxylgruppe verhindert. Längeres Erhitzen hat keinen Einfl. auf die Zus. des Isomerengemischs. Trikosen-(11) (IX) gibt durch Hydroborierung, therm. Isomerisierung u. Oxydation ein Gemisch aus *isomeren Trikosanolen*, das 80% *n-Trikosylalkohol* enthält. Die Kettenlänge hat also keinen Einfl. auf das Ausmaß der Verschiebung. Verbb. mit O-haltigen funktionellen Gruppen [I oder Undecanon-(2)] verhindern, wahrscheinlich infolge Komplex-Bldg. mit dem B-Atom, die Isomerisierung.

Versuche: *Octadecandiol-(1.9) — Octadecandiol-(1.10)-Gemisch*, $C_{18}H_{38}O_2$, F. 64,5 bis 65,5° (Bzl.), a) durch 2std. Zugabe von BF_3-Ätherat in Bis-[2-äthoxyäthyl]-äther (VI) zu I u. $NaBH_4$ in VI unter Einleiten von N_2 < 43°, 2std. Rühren, Zugabe von W., NaOH, anschließende Oxydation mit 30%ig. H_2O_2 u. Mischen mit W.; 36,5% (Ausbeute); b) durch 10 Min. langes Kochen von I mit Pyridin/Acetanhydrid (VII), Verdünnen mit W., Ausäthern, $1^1/_2$std. Zutropfen des rohen *Oleylacetats* in Methylendichlorid in eine Lsg. von 40%ig. Peressigsäure u. wasserfreiem Na-Acetat in Methylendichlorid bei 35° unter Rühren, 1std. Rühren, Gießen in W., Eindampfen der organ. Phase u. Red. des erhaltenen rohen *9.10-Epoxyoctadecanol-(1)* in Ae. mit $LiAlH_4$; 53%; gibt durch Oxydation mit CrO_3 ein Gemisch von *Ketostearinsäuren* (F. 66,5—68°). — *Trioleyl-*

borat, durch 24std. Dest. von I u. B_2O_3 in Bzl. in einer SOXHLET-App. über wasserfreies $CuSO_4$, Eindampfen u. Erhitzen auf 280°/1,0 Torr unter Einleiten von N_2; gelbes Öl; 100%; hydrolysiert beim Stehen an der Luft. — *Octadecandiol-(1.18)*, $C_{18}H_{38}O_2$, F. 91,5 bis 93,5°, durch Rk. von I in VI mit II (durch Zugabe von $NaBH_4$ in VI zu BF_3-Ätherat), 4std. Erhitzen der gelatinösen Masse auf 160°, Oxydation, Hydrolyse, 10 Min. langes Kochen des erhaltenen Diol-Gemisches mit Pyridin/VII, Ausäthern, Lösen in Aceton, Versetzen bei 0° mit Harnstoff (VIII), 2std. Rühren, Filtrieren, Zers. des VIII-Addukts mit W. u. Verseifen des erhaltenen *1.18-Diacetoxyoctadecans* [$C_{22}H_{42}O_4$, F. 57—58° (A.)] mit alkohol. KOH; 13,5%; daneben IV- u. wenig V-*Diacetat* (aus der Aceton-Lsg.); b) durch Rk. vorst. Verb. mit II in VI, 20std. Erhitzen des erhaltenen III in VI auf 160°, Oxydation, Hydrolyse, Isolierung als *Diacetat* über das VIII-Additions-Prod. u. Hydrolyse; 13%. — *Octadecandiol-(1.6)* — *Octadecandiol-(1.7)-Gemisch*, F. 70,5—71,0° (Ae.), durch Epoxydierung von Petroselinsäuremethylester u. anschließende Reduktion. — *4-Ketostearinsäure*, $C_{18}H_{34}O_3$, F. 92—93,5° (Ae.), a) durch Verseifung von IV-Acetat, 2std. Zugabe von CrO_2 in Essigsäure zum freien Diol bei 32—35°, 1std. Rühren bei 35 bis 40°, Gießen in W. u. Ausäthern; b) durch 3std. Zutropfen von Tetradecyl-MgBr in Ae. zu Bernsteinsäureanhydrid in Ae./Pyridin unter Rühren bei —80°, 2std. Rühren bei —80°, mehrstd. Stehen bei —80° u. Hydrolyse bei Raum-Temperatur. — *Octadecandiol-(1.4)* (IV), F. 62,0° (Ae.), durch Red. vorst. Verb. mit $LiAlH_4$. — *n-Trikosylalkohol*, $C_{23}H_{48}O$, F. 73,5—74,5° (A.), a) durch Lösen von IX u. $NaBH_4$ in VI, Zugabe von BF_3-Ätherat in VI, 4std. Erhitzen auf 185—190°, Oxydation, Isolierung über das *Acetat* als VIII-Addukt u. Verseifung; 80%; b) analog a) durch 69std. Erhitzen auf 185—190°; 82%. W. LIEBSCHER. 980□

Eine neue Möglichkeit zur Darstellung von Phosphinborinpolymeren. Anton B. Burg und Peter J. Slota jun. (J. Amer. chem. Soc. **82**. 2145—48. 5/5. 1960. Los Angeles, Calif., Univ. of Southern California, Dep. of Chem.) (Engl.)

Durch Umsetzung von $NaBH_4$ mit Dimethylphosphinsäurechlorid (I) oder Diäthylchlorphosphin (IV) in Bis-[β-methoxyäthyl]-äther (III) entsteht *trimeres Dimethyl-* (II) bzw. *trimeres Diäthylphosphinylborin* (V). Bei der analogen Rk. von $NaBH_4$ mit einem Gemisch aus IV u. Äthyldichlorphosphin (VII) wird in 52%ig. Ausbeute ein PH-Bindungen enthaltendes *Öl* gebildet, das bei der therm. Zers. H_2, *Äthan*, *Äthyl-* u. *Diäthylphosphin* u. einen borreichen Rückstand liefert, aus dem etwas V isoliert werden konnte. II u. geringe Mengen der tetrameren Verb. (insgesamt ca. 23%) wurden auch beim Erhitzen des 1:1-Addukts aus Dimethyl-[dimethylamino]-phosphin (VI) u. BH_3 >160° neben H_2, *Dimethylphosphin*, *Tetramethyldiphosphin*, *N.N-Dimethylaminoborin*, *Bis-[dimethylamino]-borin* u. einem halbplast. Rückstand der Zus. $\{B_3H_5[(CH_3)_2P]_2(CH_3)_2N\}_x$ erhalten. Bei der analogen therm. Zers. des 1:1-Addukts aus VI u. B_2H_6 >200° entstand neben 51,5% II, H_2, *Dimethylphosphin* u. *Aminoborinen* eine thermoplast. glasartige Verb. der Zus. $\{B_{20}H_{37}[(CH_3)_2P]_7[(CH_3)_2N]_3\}_x$ mit Netzstruktur.

Versuche: *Dimethylphosphinsäure, Dimethylamid*, Kp.$_2$ 89—91°, durch $1^1/_2$std. Eintropfen von 0,5 Mol Dichlorphosphorsäuredimethylamid in die Lsg. von 1,1 Mol Methyl-MgBr in 800 ml Ae. bei —10° unter Rühren, zuletzt bei Siedetemp., 3,5std. Kochen, Versetzen mit 77 g festem NH_4Cl, 4std. Rühren u. Dest. der Ae.-Phase; $n_D^{22,5}$ 1,453; 46% (Ausbeute). *Diäthylamid*, Kp.$_{1,5}$ 78°, Kp.$_{26}$ 131—142°, analog, n_D^{23} 1,452; 35%. — *Dimethylphosphinsäure*, F. 91° (Bzl.), durch 8std. Kochen vorst. Amide mit konz. HCl, Alkalisieren, Entfernung der Amine durch Wasserdampf-Dest., Ansäuern u. Trennung vom NaCl mit A.; 75%. *Chlorid* (I), F. 67°, aus 80 mMol Säure u. 80mMol PCl_5 in Benzol. — *Trimeres Dimethylphosphinylborin* (II), $[(CH_3)_2PBH_2]_3$, F. 85°, durch Eintragen der Lsg. von 65 mMol I in 40 ml III in die Lsg. von 80 mMol $NaBH_4$ in 40 ml III unter N_2, erneutes Zusetzen von 100 mg $NaBH_4$ bei Abflauen der Rk., 7,5std. Erhitzen auf 170°, Filtration u. Einengen u. Sublimation im Hochvakuum; 2,5 g. — *Diäthylchlorphosphin* (IV), Kp. 130—132°, durch Kochen von PCl_3 mit Tetraäthylblei; erwärmt man nur gelinde, wird ein *azeotropes Gemisch aus* IV u. (33%) *Äthyldichlorphosphin* (VII) vom Kp. 123—135° gebildet. — *Trimeres Diäthylphosphinylborin* (V), Kp.$_{1,5}$ 133—134°, a) durch $^3/_4$std. Eintropfen der Lsg. von 0,32 Mol IV in 100 ml III in die Lsg. von 0,42 Mol $NaBH_4$ in 50 ml III unter N_2, Filtration u. Hochvakuum-Dest.; n_D^{25} 1,521; 70%; daneben *Addukt aus* IV u. BH_3 u. 3,5 g einer *Fraktion vom Kp.*$_{1,5}$ *211—242°* (vermutlich die *tetramere Verb.*); b) durch 8std. Rk. von 46 g des vorst. azeotropen Gemisches aus IV u. VII mit 17 g $NaBH_4$ in III bei 170°, Eindampfen im Hochvakuum, Extraktion des Rückstands mit Bzl., Dest., Erhitzen einer 8 g-Probe des erhaltenen aus V u. $(C_2H_5)_5HP_3B_3H_6$ bestehenden Öls vom Kp.$_3$ 158—162° [n_D^{25} 1,521; 17 g] unter N_2 auf 330—385° u. Dest.; 3 g; daneben 65 mMol H_2, 1,34 mMol *Äthan*, 2,18 mMol *Äthylphosphin*, 0,63 mMol *Diäthylphosphin* u. braunen, borreichen Rückstand. — *Dimethyl-[dimethylamino]-phosphin* (VI)-BH_3-*1:1Addukt*, F. 9,5—12°, man kondensiert 15,05 mMol

VI bei -196^0 auf einen Kühlfinger, läßt 7,72 mMol B_2H_6 einwirken, die Temp. in 18 Std. auf 0^0 steigen u. reinigt durch fraktionierte Kondens. auf einem Kühlfinger von -78^0. — *Bis-[dimethylamino]-borin*, durch 30std. Erhitzen von 4,67 mMol vorst. Addukts auf 200° im Rohr u. Dest.; 1,79 mMol; daneben 2,57 mMol H_2, 1,77 mMol *Dimethylphosphin*, 97,8 mg destillativ nicht trennbares Gemisch aus 0,743 mMol *N.N-Dimethylaminoborin*, 0,455 mMol *Tetramethyldiphosphin*, 80 mg Gemisch aus II u. der entsprechenden *tetrameren Verb.*, sowie ein halbplast. Rückstand der Zus. $\{B_3H_5[(CH_3)_2 \cdot P]_2 (CH_3)_2N\}_x$. L. Lamza. 980□

Anlagerung von Hydridsilanen an α,β-ungesättigte Säuren und ihre Ester. A. D. Petrow, Ss. I. Ssadych-Sade und Je. I. Filatowa. (Журнал Общей Химии [J. allg. Chem.] **29** (**91**). 2936—39. Sept. 1959. Inst für organ. Chem. der Akad. der Wiss. der UdSSR.) (Russ.)

Triäthylsilan (I) wird an Acrylsäure (II)-methylester in Ggw. von 0,1 n H_2PtCl_6 allein in 1.4-Stellung zu *1-Triäthylsilyloxy-1-methoxypropen-(1)* (III), an Methacrylsäuremethylester (IV) dagegen in 1.2-Stellung unter Bldg. von *β-Triäthylsilylisobuttersäuremethylester* angelagert. Trichlorsilan (V) reagiert mit II-Estern ebenfalls in 1.2-Stellung. Bei der Rk. von α,β-ungesätt. Säuren u. ihren Estern mit Dialkylchlor- u. Alkyldichlorsilanen tritt unter den genannten Bedingungen gleichzeitig 1.2- u. 1.4-Addition ein, so daß bis zu 3 isomere Verbb. nebeneinander isoliert werden.

Versuche: 1-Methoxypropene-(1): *1-Triäthylsilyloxy-* (III), $C_{10}H_{22}O_2Si$, $Kp._5$ 70°, durch Zugeben von II-Methylester zu I in 0,1n $H_2PtCl_6 \cdot 6\,H_2O$ in Isopropanol u. 1std. Erhitzen auf 150°; $D._4^{20}$ 0,8923, n_D^{20} 1,4390; 82% (Ausbeute). — *1-Methyldiäthylsilyloxy-* (VI), $Kp._6$ 61°, analog III aus II-Methylester u. Methyldiäthylsilan; $D._4^{20}$ 0,8758, n_D^{20} 1,4278. — *1-Äthyldibenzylsilyloxy-*, $Kp._3$ 176—178°, $D._4^{20}$ 1,0466, n_D^{20} 1,5479. — *1-Methyldichlorsilyloxy-*, $C_5H_{10}Cl_2O_2Si$, $Kp._{25}$ 68—68,5°, analog III aus II-Methylester u. Methyldichlorsilan; $D._4^{20}$ 1,1316, n_D^{20} 1,4300; 10% [liefert mit $C_2H_5 \cdot MgBr$ VI]; daneben *α-Methyldichlorsilylpropionsäuremethylester*, $Kp._{25}$ 81—81,5°, $D._4^{20}$ 1,1783, n_D^{20} 1,4420, 17,5%, u. *β-Methyldichlorsilylpropionsäuremethylester*, $Kp._{24}$ 96 bis 97°, $D._4^{20}$ 1,1832, n_D^{20} 1,4445, 4%. — *1-Diäthylchlorsilyloxy-*, $C_8H_{17}ClO_2Si$, $Kp._3$ 67°, aus II-Methylester u. Diäthylchlorsilan; $D._4^{20}$ 1,0261, n_D^{20} 1,4461; daneben *α-Diäthylchlorsilylpropionsäuremethylester*, $C_8H_{17}ClO_2Si$, $Kp._3$ 78—79°, $D._4^{20}$ 1,0252, n_D^{20} 1,4460. — *Propionsäure*, Kp. 141—142°, durch Verseifen des nachst. Esters mit verd. HCl; n_D^{20} 1,3835 (daneben *Triäthylsilanol*, Kp. 154—155°). *Triäthylsilylester*, $C_9H_{20}O_2Si$, $Kp._8$ 68—68,5°, analog III aus I u. II; $D._4^{20}$ 0,8918, n_D^{20} 1,4250; 56%. *Methylester*, Kp. 76 bis 77°, durch 3std. Erwärmen von III mit verd. HCl auf 70—80°; $D._4^{20}$ 0,9093, n_D^{20} 1,3779. — *β-Triäthylsilylisobuttersäure*, Kp. 126—127°, durch $2^1/_2$std. Kochen des Methylesters mit NaOH u. Ansäuren mit HCl; $D._4^{20}$ 0,9299, n_D^{20} 1,4560. *Methylester*, $C_{11}H_{24}O_2Si$, Kp. 80—80,5°, analog III aus IV u. I bei 140°; $D._4^{20}$ 0,8976, n_D^{20} 1,4430; 30%. — *β-Methyldiäthylsilylisobuttersäuremethylester*, $C_{10}H_{22}O_2Si$, $Kp._2$ 62—63°, $D._4^{20}$ 0,8866, n_D^{20} 1,4350; 41%. — *β-Trichlorsilylpropionsäuremethylester*, $C_4H_7Cl_3O_2Si$, $Kp._{25}$ 90—92°, analog III aus II-Methylester u. V; $D._4^{20}$ 1,3250, n_D^{20} 1,4483; 9%. — *β-Trimethylsilylpropionsäure*, $Kp._{17}$ 113°, durch Verseifen des Methylesters; $D._4^{20}$ 0,9195, n_D^{20} 1,4290. *Methylester*, Kp. 69°, aus vorst. Ester u. CH_3MgJ; $D._4^{20}$ 0,9046, n_D^{20} 1,4186. *Amid*, F. 96—97°. H.-E. Toussaint. 980□

Darstellung einiger Di-β-chloräthyl-α-hydroxyalkylphosphonate. Ju-Yu Chen und Kwei-Fen Chiu. (Acta chim. sinica **24**. 203—204. April 1958. Nankai Univ., Dep. of Chem.) (Chin.; Auszug: Engl. S. 204.)

Durch Rk. von Di-β-chloräthylphosphit mit aromat. Aldehyden, Zimtaldehyd u. Cyclohexanon in Ggw. von Na-Methylat werden folgende *Phosphonsäure-bis-[β-chloräthyl]-ester* dargestellt: *β.β.β-Trichlor-α-hydroxyäthyl-*, F. 88—93°. — *α-[Furyl-(2)]-hydroxymethyl-*, F. 46—48°. — *α-Hydroxybenzyl-*, F. 64—66°. — *α-[5-Nitrofuryl-(2)]-hydroxymethyl-*, F 94—96°. — *1'-Hydroxycyclohexyl-*, F. 75—78°. — *α-Styrylhydroxymethyl-*, F. 68—70°. — *α-Hydroxy-p-nitrobenzyl-*, F. 148—150°. — *α-Hydroxy-o-nitrobenzyl-*, F. 102—104°. — *α-Hydroxy-m-nitrobenzyl-*, F. 114,5—116°. — *α-Hydroxy-p-chlorbenzyl-*, F. 107—108°. W. Liebscher. 980

Untersuchung der Gesetzmäßigkeiten der Autoxydation von Polyalkylbenzolen. Autoxydation von Isopropyl-o-xylolen in flüssiger Phase. R. N. Wolkow und Ss. W. Sawgorodni. (Журнал Общей Химии [J. allg. Chem.] **31** (**93**). 2629—35. Aug. 1961. Woronesh, Univ.) (Russ.)

Es wurde die Autoxydation von 4-Isopropyl-(I) u. 3-Isopropyl-o-xylol (II) durch Luft-O_2 bei 110—120° in Ggw. von Mn-Resinat u. Co-Acetat untersucht. Die Zus. des Rk.-Gemisches wird in Abhängigkeit von der Rk.-Tiefe graph. u. tabellar. angegeben. — I liefert ein *prim.* u. zwei *sek. Hydroperoxide*. Letztere wandeln sich bereits bei geringer

Oxydationstiefe in *prim. Alkohole* u. *Säuren* um. Bereits bei einer Umwandlungstiefe von ca. 30% bilden sich 5—7 Mol% *Ketone*. In den ersten Stadien der Autoxydation reagiert die Isopropylgruppe ca. 2mal schneller als die Methylgruppen. Mit zunehmender Oxydationstiefe gleichen sich die Rk.-Geschw. einander an. I liefert relativ wenig Prodd. mit 2 oxydierten Gruppen (*Acetyl-* u. *Hydroxyisopropyltoluylsäuren, Isopropylphthalide, Diole*). II dagegen liefert bereits bei geringer Oxydationstiefe *3.3.7-Trimethylphthalid* (III).

Versuche: *3-Isopropyl-o-xylol* (II), $C_{11}H_{16}$, Kp. 204,5°, durch Alkylierung von o-Xylol mit Propylen in Ggw. von $BF_3 \cdot H_3PO_4$ (1,5—2 : 1 : 0,15—2 Mol) bei 20—30°; n_D^{20} 1,5102. — *4-Isopropyl-o-xylol* (I), Kp. 199,5°, durch 5—6 std. Erhitzen von I-II-Gemisch mit $BF_3 \cdot H_3PO_4$ auf 80°, wobei II vollständig zu I isomeriert wird; $D._4^{20}$ 0,8713; n_D^{20} 1,4995. — Bei der Autoxydation von I (vgl. Журнал Общей Химии [J. allg. Chem.] **29.** [1959.] 3672) Red. der Peroxide mit Sulfit u. Aufarbeitung des Rk.-Gemisches wurden erhalten: *Säuregemisch*, das ca. 55% *2-Methyl-4-isopropylbenzoesäure* (IV; $C_{11}H_{14}O_2$, F. 89° aus PAe.) u. ca. 45% *2-Methyl-5-isopropylbenzoesäure* (V) enthält. Die Oxydation von IV mit 25%ig. HNO_3 im Rohr liefert *Trimellitsäure* [F. 228 bis 232° (Zers.)], die Decarboxylierung *m-Cymol*, dessen Oxydation mit 15%ig. HNO_3 *m-Toluylsäure* (F. 110—111°). Zur Identifizierung von V wurde das IV-V-Gemisch in Chinolin in Ggw. von Cu quant. zu den *Cymolen* decarboxyliert, die zu den entsprechenden *Phthalsäuren* (*Dimethylisophthalat*, F. 67°; *Dimethylterephthalat*, F. 141°) oxydiert wurden. Weiter wurden isoliert bzw. identifiziert: *3.4-Dimethylacetophenon-*(*2.4-Dinitrophenylhydrazon*, F. 253° aus Toluol); *3.4-Dimethylphenyldimethylcarbinol* (Dehydratisierung mit $KHSO_4$ liefert *3.4-Dimethylisopropenylbenzol*), *4-Isopropyl-* u. *5-Isopropyl-2-methylbenzylalkohol*. Die Spaltung von 100 g des aus I erhaltenen Rk.-Gemisches, das 20% Hydroperoxide enthält, durch Erhitzen mit 0,1 g H_2SO_4 auf 50° lieferte *Aceton* (*2.4-Dinitrophenylhydrazon*, F. 125°) u. *3.4-Dimethylphenol* (F. 62,5° aus PAe.; gibt *3.4-Dimethylphenoxyessigsäure*, F. 162°). — Die Autoxydation von II lieferte *2.3-Dimethylphenyldimethylcarbinol, 2.3-Dimethylacetophenon, Isopropyltoluylcarbonsäuren* u. wenig *Lactone, Hydroxysäuren* u. *Ketosäuren*, deren Geh. im Rk.-Gemisch tabellar. angegeben wird. Es wurde relativ viel *3.3.7-Trimethylphthalid* (III; F. 60,5° aus PAe.) isoliert. Die Oxydation von III mit $KMnO_4$ liefert *3.3-Dimethylphthalid-7-carbonsäure* (F. 185°), die Spaltung mit KOH *Aceton* u. *o-Toluylsäure* (F. 105°).

Helmut Schäfer. 1010 □

Pentafluorbenzol. R. Stephens und J. C. Tatlow. (Chem. and Ind. **1957.** 821—22. 22/6. Edgbaston, Birmingham, Univ., Chem. Dep.) (Engl.)

Fluorierung von Bzl. (vgl. Godsell, Stacey u. Tatlow, C. **1957.** 2974) liefert ein *Polyfluorcyclohexan*-Gemisch, das 5—10% (Ausbeute) *1 H·2 H·4 H·5 H-Oktafluorcyclohexan* (I, Kp. 118°, F. 60—62°) enthält. Durch 4std. Kochen von I mit wss. 18n KOH entsteht *Pentafluorbenzol* (II, C_6HF_5, Kp. 88—89°, n_D^{18} 1,3931; 45%) neben *1 H·5 H-Hexafluorcyclohexadien*(*1.4*) u. *1 H·4 H·5 H-Heptafluorcyclohexen*. Chlorierung von II bei 20° u. UV-Bestrahlung ergeben *Hexachlorpentafluorcyclohexan* ($C_6HCl_6F_5$, Kp.$_{0,5}$ 92°, n_D^{20} 1,4740). Nucleophile Reagentien wirken auf II substituierend; durch Rk. mit methanol. 1n Na-Methylat-Lsg. entsteht *Tetrafluoranisol* ($C_7H_4F_4O$, Kp. 145°, n_D^{20} 1,4292). 36std. Rk. von II mit 20%ig. Oleum bei 15° gibt *Pentafluorbenzolsulfonsäure* (krist. hygroskop. Masse); ihre Metallsalze sind etwas oberflächenakt.; *S-Benzylthioharnstoffsalz*, $C_{14}H_{11}F_5N_2O_3S_2$, F. 176—178°; *Anilinsalz*, $C_{12}H_8F_5NO_3S$, F. 298—300°.

G. Ziebarth. 1010 □

Untersuchung des Nebenproduktes, das bei der Nitrierung von Toluol entsteht. Je. Ju. Orlowa und Ss. Ss. Romanowa. (Журнал Прикладной Химии [J. angew. Chem.] **31.** 1541—47. Okt. 1958.) (Russ.)

Beim Vermischen von Toluol mit Nitrosylschwefelsäure in H_2SO_4 bildet sich eine schwarze *Komplex-Verb.* der Zus. *Toluol*$\cdot(NO \cdot SO_4H)_2 \cdot (H_2SO_4)_3$. Die Beständigkeit des Komplexes hängt von den Bedingungen seiner Bldg. ab: Bei Zunahme der H_2SO_4-Konz., der Temp. u. der Konz. an Stickoxiden wird ein beständiger Komplex gebildet, mit zunehmender Konz. an Nitrotoluol im Rk.-Gemisch nimmt die Beständigkeit ab. Der Komplex wird durch H_2SO_4 bei $>65°$ oder durch verd. HNO_3 bei 40—50° zersetzt. Die Bldg. des Komplexes bei der Nitrierung von Toluol mit Nitriergemisch wird verhindert, wenn Toluol immer mit frischem, HNO_2-haltigem Gemisch nitriert wird. Wenn das Nitriergemisch dunkelt, soll die Temp. nicht über 65° steigen, da sich sonst Schaum u. ein brauner amorpher Stoff bilden. Bes. leicht bildet sich der Komplex zu Beginn der Nitrierung.

Helmut Schäfer. 1010 □

Die Verwendung von Dichlorcarbamid als ein Halogenierungsreagens. 1. Mitt. **Halogenierung von Phenolen.** F. G. Kathawala, A. N. Kothare und V. V. Nadkarny. (J. Univ. Bombay [N. S.] **27.** Nr. 5. Sect. A. 14—20. März 1959. Bombay, St. Xavier's Coll.) (Engl.)

Chlorphenole, Chloresorcine u. *Chlor-p-nitrophenole* werden durch Rk. von Dichlorcarbamid (**I**) mit den entsprechenden Phenolen dargestellt. Die Brom- u. Jod-Derivv. werden gewonnen mittels **I** in Ggw. von KBr bzw. KJ.

Versuche: Phenole: *2-Chlor-*, C_6H_5ClO, Kp. 174—176°, a) durch Rk. von 0,5 Mol **I** u. 1 Mol Phenol in W.; 24% (Ausbeute); daneben *4-Chlorphenol* (**II**), C_6H_5ClO, Kp. 215—217°; 27,5%) u. *2.4-Dichlorphenol* (**III**; $C_6H_4Cl_2O$, Kp. 208—210°; 42%); b) in Essigsäure; 15,5%; daneben 16,2% **II** u. 27% **III**; c) in Chlf.; 21%; daneben 24% **II** u. 48% **III**; d) in Tetrachlorkohlenstoff; 17%; daneben 18,5% **II** u. 32,7% **III**. — Resorcine: *4-Chlor-*, $C_6H_5ClO_2$, F. 102—103°, a) in W.; 53%; daneben *4.6-Dichlorresorcin* (**IV**; $C_6H_4Cl_2O_2$, F. 111—113°; 59%); b) in Essigsäure; 42%; daneben 36% **IV**; c) in Chlf.; 32%; daneben 33% **IV**; d) in Tetrachlorkohlenstoff; 37%; daneben 41% **IV**. — 4-Nitrophenole: *2-Chlor-*, $C_6H_4ClNO_3$, F. 109—111°, a) durch Rk. von 0,5 bzw. 1,5 Mol **I** u. p-Nitrophenol (**V**) in Essigsäure; 46,6% bzw. 82,7%; b) in Chlf.; 49,2% bzw. 92,8%; c) in Tetrachlorkohlenstoff; 51,2% bzw. 81,2%; d) in Essigester; 46,3% bzw. 86,4%. — *2.6-Dichlor-*, $C_6H_3Cl_2NO_3$, F. 124—125°, analog vorst. Verb. in W.; 47,7% bzw. 77,2%. — *2.6-Dibrom-* (**VI**), $C_6H_3Br_2NO_3$, F. 138—140° (Zers.; A.), durch Schütteln von **I**, **V** u. KBr in W. in Ggw. von 5%ig. H_2SO_4 bei 28—30°; 43,9% bzw. 85,9%. — *2-Brom-*, $C_6H_4BrNO_3$, F. 113—114°, a) in Essigsäure; 22,5% bzw. 17,8%; daneben **VI**; 10,3% bzw. 25,9%; b) in Chlf.; 24,3% bzw. 18,8%; daneben **VI**; 12,2% bzw. 27,1%; c) in Essigester; 21,1% bzw. 0%; daneben **VI**; 11,2% bzw. 42,7%. — *2.6-Dijod-* (**VII**), $C_6H_3J_2NO_3$, a) durch Rk. von **I** mit **V** in Essigsäure bei Ggw. von KJ; 42,2% bzw. 51,2%; b) in Essigester; 29,1% bzw. 38,4%. — *2-Jod-*, $C_6H_4JNO_3$, F. 92—94°, a) in W.; 80,5%; daneben 47,5% **VII**; b) in Chlf.; 48.9%; daneben 33,5% **VII**. W. Hampel. 1060□

Über einige neue Aryloxyisobuttersäure-Derivate und verwandte Verbindungen. Marc Julia (unter Mitarbeit von Michèle Baillargé und Georgette Tchernoff). (Bull. Soc. chim. France [5] **1956.** 776—83. Mai. Paris, École Polytechn. et Inst. Nat. de la Rech. Agronom.) (Franz.) — Vgl. C. **1957.** 3523.

Die Kondens. von Acetonchloroform (**I**) [oder von Aceton u. Chlf.] mit Phenol (**II**) in Ggw. von alkal. Agentien zu *α-Phenoxyisobuttersäure* (**III**) wurde unter verschiedenen Bedingungen untersucht; die Anwendung von K-tert.-Butylat gab keine Verbesserung gegenüber KOH-Pulver. **III**-*Äthylester* wird direkt durch Rk. von α-Bromisobuttersäureäthylester (**IV**) mit **II** dargestellt. Die aus p-Chlorphenol (**V**), Aceton u. Chlf. zugängliche *α-[p-Chlorphenoxy]-isobuttersäure* (**VI**) wurde in zahlreiche *Ester* u. *Amide* übergeführt. Ersetzt man bei der Darst. von **VI** das Aceton durch Methyläthylketon, so wird *α-[p-Chlorphenoxy]-α-methylbuttersäure* (**VII**) erhalten. Aus einer Reihe von Phenolen wurden über Kondens. mit Aceton u. Chlf. u. nachfolgendes Verestern zahlreiche *α-Aryloxyisobuttersäureäthylester* synthetisiert. Die Kondens. von α-Brom-α-phenylessigsäureäthylester mit Phenolen lieferte *α-Aryloxy-α-phenylessigsäureäthylester*, die zu den *Säuren* verseift wurden. Die genannten u. einige weitere beschriebene Verbb. sind zur Prüfung ihrer herbiciden Wirksamkeit von Interssee. Als Wuchsstoffe waren die meisten Substanzen wirkungslos; lediglich *α-[m-Methoxyphenoxy]-α-phenylessigsäure* zeigte an Maiswurzeln eine dem Auxin entgegengesetzte Wirkung.

Versuche: *α-Phenoxyisobuttersäure* (**III**), F. 96°, a) durch Zugeben von 18 g **I** zu 10 g **II** u. KOH in wss. Dioxan, 3std. Stehen, 1std. Erhitzen auf dem Wasserbad, Gießen in W., Ansäuern u. Ausäthern; 4 g (Ausbeute); b) durch Zugeben von KOH-Pulver u. dann Chlf. zu **II** u. Aceton, langsames Erwärmen unter Rühren u. 1std. Kochen; 67%; c) durch Zugeben von **I** zu K in tert.-Butanol, 1std. Rühren, Einengen, Gießen in W. u. Ausäthern; 16,6%; d) durch Verseifen des Äthylesters. *Äthylester*, $Kp._{15}$ 125 bis 127°, durch 24std. Kochen von 10 g **IV** mit 4 g **II** in absol. Methyläthylketon in Ggw. von K_2CO_3; 2,4 g. — *α-[p-Chlorphenoxy]-isobuttersäure* (**VI**), F. 116—117°, aus **V**, Aceton, Chlf. u. NaOH nach Galimberti u. Defranceschi [1947]; 50—70%. *Chlorid*, $Kp._{11-12}$ 125—135°, durch Stehen von 107 g **VI** mit $SOCl_2$ in Chlf. bei 18° über Nacht; 108 g. *Methylester*, $C_{11}H_{13}ClO_3$, $Kp._{18}$ 138°, durch Stehen von **VI**-Chlorid mit Methanol in absol. Bzl. in Ggw. von Pyridin über Nacht u. Gießen in W.; $n_D^{20,4}$ 1,5145; 75%. *Äthylester*, $C_{12}H_{15}ClO_3$, $Kp._{10}$ 138°, $n_D^{23,6}$ 1,5022, a) durch 5std. Kochen von **V** mit Na-Pulver in Toluol, Stehen über Nacht, Zugeben von **IV** u. 6std. Kochen; 67%; b) durch 12std. Kochen von **VI** mit absol. A. in Ggw. von konz. H_2SO_4; c) analog dem Methylester; 75%. *n-Propylester*, $C_{13}H_{17}ClO_3$, $Kp._{11}$ 157°, analog dem Methylester; n_D^{20} 1,4994; 55%. *n-Butylester*, $C_{14}H_{19}ClO_3$, $Kp._{12}$ 162—165°, n_D^{22} 1,4959; 71%. *n-Amylester*, $C_{15}H_{21}\cdot ClO_3$, $Kp._{0,5}$ 118—119°, $n^{23,7}_D$ 1,4949; 57%. *n-Hexylester*, $C_{16}H_{23}ClO_3$, $Kp._{0,5}$ 129—130°, $n_D^{23,6}$ 1,4922; 64%. *n-Heptylester*, $C_{17}H_{25}ClO_3$, $Kp._{0,5}$ 147°, $n_D^{20,8}$ 1,4918; 65%. *n-Octylester*,

$C_{18}H_{27}ClO_3$, Kp.$_{0,5}$ 150°, n_D^{19} 1,4932; 86%. *n-Decylester*, $C_{20}H_{31}ClO_3$, Kp.$_{0,1}$ 161°, n_D^{20} 1,4900; 84%. *n-Dodecylester*, $C_{22}H_{35}ClO_3$, Kp.$_{0,3}$ 190°, $n_D^{21,6}$ 1,4876; 79%. *n-Tetradecylester*, $C_{24}H_{39}ClO_3$, Kp.$_{0,4}$ 195—197°, $n_D^{21,8}$1,4855; 97%. *n-Hexadecylester*, $C_{26}H_{43}ClO_3$, Kp.$_{0,4}$ 217—220°, F. 27—28°, n_D^{18} 1,4851; 74%. *n-Octadecylester*, $C_{28}H_{47}ClO_3$, Kp.$_{0,02}$ 195°, $n_D^{23,6}$ 1,4842; 76%. *Allylester*, $C_{13}H_{15}ClO_3$, Kp.$_{0,1}$ 97°, $n_D^{21,4}$ 1,5109; 71%. *Cyclopentylester*, $C_{15}H_{19}ClO_3$, Kp.$_{0,5}$ 141°, $n_D^{19,2}$ 1,5138; 79%. *Cyclohexylester*, $C_{16}H_{21}ClO_3$, Kp.$_{0,4}$ 132°, n_D^{20} 1,5134; 92%. *Phenylester*, $C_{16}H_{15}ClO_3$, Kp.$_{0,5}$ 149°, $n_D^{18,8}$ 1,5502; 77%. *p-Chlorphenylester*, $C_{16}H_{14}Cl_2O_3$, Kp.$_{0,5}$ 175°; 76%. *Benzhydrylester*, $C_{23}H_{21}ClO_3$, F. 110°, aus A. Nadeln. *Benzylester*, $C_{17}H_{17}ClO_3$, durch Neutralisieren von **VI** mit wss. NaOH, Zugeben von Benzylchlorid, 1std. Kochen u. Gießen in W.; $n_D^{22,4}$ 1,5458; 55%. *p-Chlorbenzylester*, $C_{17}H_{16}Cl_2O_3$, Kp.$_{0,5}$ 180°, analog dem Benzylester; n_D^{22} 1,5538; 60%. *β-Diäthylaminoäthylester*, Kp.$_{0,2}$ 142—145°, durch 2std. Kochen von **VI**-Chlorid mit β-Diäthylaminoäthanol in Bzl.; 70% [*Hydrochlorid*, $C_{16}H_{24}ClNO_3 \cdot HCl$, F. 154°]. *Amid*, $C_{10}H_{12}ClNO_2$, F. 122° (A.); 90%. *Methylamid*, $C_{11}H_{14}ClNO_2$, F. 60° (Ligroin); 82%. *Äthylamid*, $C_{12}H_{16}ClNO_2$, F. 47° (PAe.); 80%. *n-Butylamid*, $C_{14}H_{20}ClNO_2$, Kp.$_{0,8}$ 160°, n_D^{19} 1,5180; 70%. *Isobutylamid*, $C_{14}H_{20}ClNO_2$, F. 66° (PAe.); 88%. *Cyclohexylamid*, $C_{16}H_{22}ClNO_2$, F. 114° (Ligroin); 70%. — α-Aryloxyisobuttersäureäthylester, durch Umsetzen des jeweiligen Phenols mit Aceton u. Chlf. nach BARGELLINI [1906] u. Kochen der erhaltenen Säuren mit absol. A. in Ggw. von konz. H_2SO_4 über Nacht: α-[*o-Chlorphenoxy*]-, $C_{12}H_{15}ClO_3$, Kp.$_{18}$ 152°, n_D^{24} 1,5001; 17%. — α-[*m-Chlorphenoxy*]-, $C_{12}H_{15}ClO_3$, Kp.$_{18}$ 154°, n_D^{24} 1,4996; 15%. — α-[*p-Bromphenoxy*]-, $C_{12}H_{15}BrO_3$, Kp.$_{14}$ 164°, n_D^{24} 1,5188; 54,5%. — α-[*p-Jodphenoxy*]-, $C_{12}H_{15}JO_3$, Kp.$_{3,2}$ 138°, n_D^{22} 1,5478; 47,5%. — α-[*p-Fluorphenoxy*]-, $C_{12}H_{15}FO_3$, Kp.$_{18}$ 134°, n_D^{22} 1,4738; 40%. — α-[*2.4-Dichlorphenoxy*]-, $C_{12}H_{14}Cl_2O_3$, Kp.$_1$ 114°, n_D^{21} 1,5140; 43,5%. — α-[*2.4.5-Trichlorphenoxy*]-, $C_{12}H_{13}Cl_3O_3$, Kp.$_1$ 135—136°, n_D^{21} 1,5279; 56%. — α-[*2.4.6-Trichlorphenoxy*]-, $C_{12}H_{13}Cl_3O_3$, Kp.$_{0,3}$ 123°, n_D^{23} 1,5255; 19%. — α-[*p-Nitrophenoxy*]-, $C_{12}H_{15}NO_5$, Kp.$_{0,15}$ 133°, n_D^{22} 1,5310; 52%. — α-[*p-Tolyloxy*]-, Kp.$_8$ 140—142°, n_D^{19} 1,4909; 35%. — α-[*p-Methoxyphenoxy*]-, $C_{13}H_{18}O_4$, Kp.$_4$ 139°, $n_D^{22,6}$ 1,4962; 54%. — α-*Pentachlorphenoxy*-, $C_{12}H_{11}Cl_5O_3$, Kp.$_{15}$ 232—235°, F. 68° (PAe.); 16%. — α-[*p-Methoxyphenoxy*]-*isobuttersäure*, $C_{11}H_{14}O_4$, F. 57° (PAe.). — α-[*p-Chlorphenoxy*]-α-*methylbuttersäure* (**VII**), $C_{11}H_{13}ClO_3$, F. 85° (Ligroin,) durch Zugeben von NaOH-Pulver u. dann Chlf. zu **V** in Methyläthylketon unter gelindem Erwärmen, 3std. Kochen, Gießen in W., Ansäuern u. Ausäthern; 33%. *Äthylester*, $C_{13}H_{17}ClO_3$, Kp.$_{0,2}$ 99°, n_D^{22} 1,5034. — α-*Phenoxy-α-methylbuttersäure*, analog **VII**. *S-Benzylthiuroniumsalz*, $C_{11}H_{14}O_3 \cdot C_8H_{10}N_2S$, F. 108—109° (wss A.). — *1-Phenoxycyclohexan-1-carbonsäure*, $C_{13}H_{16}O_3$, F. 93° (PAe.), analog **VII** aus **II** u. Cyclohexanon. *Äthylester*, $C_{15}H_{20}O_3$, Kp.$_{0,25}$ 111°, n_D^{23} 1,5112. — *1-[p-Chlorphenoxy]-cyclohexan-1-carbonsäure*, $C_{13}H_{15}ClO_3$, F. 143° (wss. A.), analog **VII** aus **V** u. Cyclohexanon; 25%. *Äthylester*, $C_{15}H_{19}ClO_3$, Kp.$_{0,2}$ 123°, n_D^{21} 1,5221. — α-Aryloxy-α-phenylessigsäuren: α-*Phenoxy*-, $C_{14}H_{12}O_3$, F. 107°, durch Verseifen des Äthylesters. *Äthylester* (**VIII**), $C_{16}H_{16}O_3$, Kp.$_{0,4}$ 148°, durch Zugeben von α-Brom-α-phenylessigsäureäthylester (Kp.$_{13}$ 150—152°) zu **II** u. NaOH in absol. A. u. 3std. Kochen; $n_D^{18,8}$ 1,5521; 60%. — α-[*p-Chlorphenoxy*]-, $C_{14}H_{11}ClO_3$, F. 160° (wss. A.). *Äthylester*, $C_{16}H_{15}ClO_3$, Kp.$_{0,2}$ 141°, analog **VIII**; n_D^{20} 1,5552; 76%. — α-[*2.4-Dichlorphenoxy*]-, $C_{14}H_{10}Cl_2O_3$, F. 132° (Bzl.). *Äthylester*, $C_{16}H_{14}Cl_2O_3$, Kp.$_{0,4}$ 162°, analog **VIII**; $n_D^{22,8}$ 1,5630; 43%. — α-[*m-Chlorphenoxy*]-, $C_{14}H_{11}ClO_3$, F. 96° (Bzl.-PAe.). — α-[*m-Methoxyphenoxy*]-, $C_{15}H_{14}O_4$, F. 96° (Bzl.-PAe.). — *p-Chlorphenylacetonitril*, Kp.$_{12-13}$ 136—140°, aus p-Chlorbenzylchlorid; 79%. — *p-Chlorphenylessigsäure*, Kp.$_{12}$ 175°, F. 96—97°, durch Verseifen des vorst. Nitrils; 81%. — α-*Brom-p-chlorphenylessigsäureäthylester* (**IX**), Kp.$_{13}$ 158—163°, durch Zugeben von Br_2 zu vorst. Säure u. rotem P, Erhitzen auf dem Wasserbad, Zusetzen von absol. A., Stehen über Nacht u. Gießen in W.; 60%. — α-*Phenoxy-α-[p-chlorphenyl]-essigsäure*, $C_{14}H_{11}ClO_3$, F. 135°. *Äthylester*, $C_{16}H_{15}ClO_3$, F. 57° (wss. A.), Kp.$_{0,2}$ 145 bis 150°, analog **VIII** aus **IX** u. **II**; 54%. — α-[*p-Chlorphenoxy*]-α-[*p-chlorphenyl*]-*essigsäure*, $C_{14}H_{10}Cl_2O_3$, F. 135° (Bzl.-PAe.). *Äthylester*, $C_{16}H_{14}Cl_2O_3$, F. 52° (PAe.), Kp.$_{0,2}$ 165 bis 167°, analog **VIII** aus **IX** u. **V**. H.-E. TOUSSAINT. 1060□

Aromatische Verbindungen aus Blätteralkoholen. A. Hatanaka, M. Ohno und Y. Inouye. (Angew. Chem. **74**. 291. 21/4. 1962. Kyoto, Japan, Univ., Inst. für chem. Forschung.) (Dt.)

Die von TAKEI, SAKATO u. OHNO [1935] durch Erhitzen von Blätteralkohol [cis-Hexen-(3)-ol-(1)] mit Na erhaltene Verb. (**I**) vom Kp. 240° ist in Wirklichkeit *2-n-Propyl-5-äthylbenzylalkohol* u. nicht 3-Propylnonen-(3)-ol-(1) oder 3-Propylnonadien-(3.5)-ol-(1), wie damals angenommen wurde. **I** (Kp.$_{12}$ 138—139°; n_D^{20} 1,5150; *3.5-Dinitrobenzoat*, F. 78°) nimmt mit PtO_2 keinen H_2 auf u. reagiert weder mit $KMnO_4$-Lsg. bei Raum-Temp., noch mit Br_2. $KMnO_4$-Oxydation gab 100% *Benzol-1.2.4-tricarbonsäure*, F. 208°. **I** wurde auch analog aus trans-Hexen-(3)-ol-(1), cis- u. trans-Hexen-(2)-ol-(1) sowie aus trans-

Hexen-(2)-al-(1) (Blätteraldehyd) erhalten; als Nebenprodd. entstanden dabei ohne Ausnahme *n-Hexanol* u. *Capronsäure.* — Analog: *2-Methylbenzylalkohol*, $Kp._{17}$ 115—117°, aus trans-Buten-(2)-ol-(1); n_D^{20} 1,5082. *3.5-Dinitrobenzoat*, F. 128—129°. Oxydation gab *o-Toluylsäure.* — *2-Äthyl-5-methylbenzylalkohol* (?), $Kp._{11}$ 110—120°, aus Penten-(3)-ol-(1); n_D^{20} 1,5080. *3.5-Dinitrobenzoat*, F. 76°. J. ROTHE. 1070□

Der Einfluß der sterischen Hinderung bei der Stephen-Reaktion und die Synthese einiger substituierter Benzaldehyde. Pang Chang, Kwei-Che Chiang und Ray-Chiu Hsu. (Acta chim. sinica **24.** 141—46. April 1958. Peking, Univ., Dep. of Chem.) (Chin.; Auszug: Engl. S. 146.)

Die Unters. der STEPHEN-Red. von Halogen-, Methoxy- u. Carbomethoxybenzonitrilen zeigt, daß das Ausbleiben der Red. bei 2.6-Dichlorbenzonitril u. 2.6-Dimethoxybenzonitril neben der ster. Hinderung auf andere bisher noch unbekannte Faktoren zurückzuführen ist. Die *Benzonitrile* werden durch SANDMEYER-Rk. der entsprechenden Amine dargestellt. Beim Vers., durch Red. von Penta-O-acetyl-D-gluconnamed Penta-O-acetyl-D-glucose darzustellen, wird in 32,8%ig. Ausbeute *Penta-O-acetyl-D-gluconamid* ($C_{16}H_{23}NO_{11}$, F. 181—182°) erhalten.

Versuche: Benzonitrile: *o-Chlor-*, F. 41°, $Kp._8$ 94—105°; 73,0% (Ausbeute). — *m-Chlor-*, F. 40°, $Kp._{13}$ 88°; 71,0%. — *p-Chlor-*, F. 94°; 75,7%. — *o-Brom-*, F. 52°; 66,0%. — *o-Jod-*, F. 53°; 40,3%. — *m-Jod-*, F. 40°; 44,2%. — *p-Jod-*, F. 112—113°; 51,4%. — *o-Methoxy-*, $Kp._{4,7}$ 110—118°; 58,1%. — *2.6-Dichlor-*, F. 143°; 47,1%. — Benzaldehyde: *o-Chlor-*, $Kp._{15}$ 119—120°; 62,2%. — *m-Chlor-*, $Kp._{15}$ 120—121°; 86,5%. — *p-Chlor-*, F. 46—47°; 92,2%. — *o-Brom-*, $Kp._{15}$ 128—130°; 49,7%. — *o-Jod-*, F. 37—37,5°; 62,9%. — *m-Jod-*, F. 57°; 77,1%. — *p-Jod-*, F. 77—78°; 71,4%. — *o-Methoxy-*, $Kp._3$ 92—95°; 62,6%. — *o-Methyl-*, $Kp._2$ 81—83°; 11,0%. W. LIEBSCHER. 1120

Malonsäure-o- und -p-chloranilidhydrazide als Reagentien für Carbonylverbindungen. Km. Susamma Jacob und P. I. Ittyerah. (Agra Univ. J. Res. **10.** Nr. 2. 105—07. Juli 1961. Agra, St. John's Coll., Chem. Dep.) (Engl.)

Malonsäure-o- u. -p-chloranilidhydrazid werden als Reagentien zur Entdeckung u. Identifizierung verschiedener Aldehyde benutzt.

Versuche: o-Chloranilinocarbonylacetylhydrazone, durch Zugabe des Aldehyds in A. zu der äquimol. Menge des Säurehydrazids in A., Erwärmen, ½ std. Stehen bei Raum-Temp., Filtrieren u. Umkristallisieren aus A.: *o-Nitrobenzaldehyd-*, $C_{16}H_{13}ClN_4O_4$, F. 227°; 83% (Ausbeute). — *m-Nitrobenzaldehyd-*, $C_{16}H_{13}ClN_4O_4$, F. 197°; 67%. — *p-Nitrobenzaldehyd-*, $C_{16}H_{13}ClN_4O_4$, F. 218°; 76%. — *Vanillin-*, $C_{17}H_{16}ClN_3O_4$, F. 197°; 74%. — *Veratraldehyd-*, $C_{18}H_{18}ClN_3O_4$, F. 176°; 94%. — p-Chloranilinocarbonylacetylhydrazone: *o-Nitrobenzaldehyd-*, $C_{16}H_{13}ClN_4O_4$, F. 209°; 74%. — *m-Nitrobenzaldehyd-*, $C_{16}H_{13}ClN_4O_4$, F. 218°; 78%. — *p-Nitrobenzaldehyd-*, $C_{16}H_{13}ClN_4O_4$, F. 130°; 90%. — *5-Chlorsalicylaldehyd-*, $C_{16}H_{13}Cl_2N_3O_3$, F. 213°; 70%. — *3.5-Dichlorsalicylaldehyd-*, $C_{16}H_{12}Cl_3N_3O_3$, F. 117°; 66%. — *5-Bromsalicylaldehyd-*, $C_{16}H_{13}BrClN_3O_3$, F. 213°; 87%. — *3.5-Dibromsalicylaldehyd-*, $C_{16}H_{12}Br_2ClN_3O_3$, F. 242°; 82%. — *3-Nitrosalicylaldehyd-*, $C_{16}H_{13}ClN_4O_5$, F. 217°; 81%. — *5-Nitrosalicylaldehyd-*, $C_{16}H_{13}ClN_4O_5$, F. 154°; 90%. — *4-Chlor-3-nitrosalicylaldehyd-*, $C_{16}H_{12}Cl_2N_4O_5$, F. 212°; 71%. — *2-Methyl-4-[N.N-bis-(β-cyanäthyl)-amino]-benzaldehyd-*, $C_{23}H_{23}ClN_6O_2$, F. 215°; 73%.

P. GOLINSKE. 1120□

Eine neue Darstellung der Perbenzoesäure. A. Kergomard und J. Bigou. (Bull. Soc. chim. France [5] **1956.** 486—87. März. Clermont-Ferrand, Fac. des Sci., Labor. de Chim. gén.) (Franz.) — Vgl. C. **1960.** 2495.

Zur Darst. der *Perbenzoesäure* (I), die sich für die Oxydation von Olefinen zu Epoxiden in zahlreichen Fällen als günstiger als Peressigsäure oder Perphthalsäure erwiesen hat, wird nach eingehender Unters. der maßgebenden Faktoren folgendes Verf. empfohlen: Man tropft 0,8 Mol 30%ig. H_2O_2 bei anfangs —5 bis —10°, dann höchstens +10° zu 1,6 Mol NaOH in W., kühlt auf 3°, tropft 0,5 Mol Benzoylchlorid bei höchstens 5° zu, filtriert, säuert mit 10%ig. H_2SO_4 gegen Helianthin an u. extrahiert 3mal mit abnehmenden Mengen Chlf. unter Zusatz von Eis zur wss. Phase. Die Ausbeute an **I** in der Chlf.-Lsg. beträgt 70—80%; auf dem Filter verbleibt *Dibenzoylperoxid.* Bei analoger Arbeitsweise kann auch von Na_2O_2 ausgegangen werden. H.-E. TOUSSAINT. 1210□

Einwirkung von Organomagnesiumhalogeniden auf Diaroyldisulfide. Mohamed A. Elkaschef und Michael H. Nosseir. (J. chem. Soc. [London] **1958.** 2893—95. Aug. Gizeh, Egypt, Nat. Res. Centre, Organ. Chem. Unit.) (Engl.)

Bei der Rk. von 3 Mol Phenyl-MgBr u. 1 Mol Dibenzoyldisulfid (**III**) oder Bis-[p-anisoyl]-disulfid u. Zers. des Mg-Komplexes mit H_2SO_4 bilden sich *Thiobenzoesäuretriphenylmethylester* (**I**) bzw. *p-Methoxythiobenzoesäure-p-methoxyphenyldiphenylmethylester* u. bei der Zers. mit NH_4Cl *Triphenylmethanol* u. *Thiobenzoesäure* oder *p-Methoxy-*

thiobenzoesäurephenylester. Bei der Umsetzung von p-Methoxyphenyl- oder α-Naphthyl-MgBr mit III entsteht *Thiobenzoesäure-p-methoxyphenylester* oder *-α-naphthylester.* Aus 6 Mol Phenyl-MgBr u. III bildet sich *Triphenylmethanol.*

Versuche: *Thiobenzoesäuretriphenylmethylester* (I), $C_{26}H_{20}OS$, F. 188° (PAe.), durch Zugabe einer auf 0° abgekühlten GRIGNARD-Lsg. aus Mg u. Brombenzol (II) in Ae. zu III in Bzl., 2 std. Kochen, mehrstd. Stehen, Zugabe von konz. H_2SO_4, Abtrennen der organ. Schicht, Ae.-Extraktion der wss. Schicht u. Abdestillieren der Lösungsmittel. — *Triphenylmethan,* F. 91°, durch 6 std. Kochen von I in Essigsäure–HCl in Ggw. von Zn-Pulver u. Zugabe zu Wasser. — *Triphenylmethanol,* F. 163° (PAe.); a) analog I u. Zers. mit NH_4Cl-Lsg. u. Eis; 1,2 g (Ausbeute); daneben *Thiobenzoesäure* aus der wss. Schicht nach Ansäuern; b) analog I aus 6,4 g II, Mg u. 2,74 g III; 1,2 g. — *Thiobenzoesäure-p-methoxyphenylester,* $C_{14}H_{12}O_2S$, F. 102° (A.), durch 3½ std. Kochen von 2,74 g III u. einer GRIGNARD-Lsg. aus 5,6 g Bromanisol u. Zers. mit H_2SO_4 oder NH_4Cl; 1,5 g. — *Thiobenzoesäure-α-naphthylester,* $C_{17}H_{12}OS$, F. 119° (PAe.), durch 3 std. Kochen von III u. α-Naphthyl-MgBr analog I. — *p-Methoxythiobenzoesäure-p-methoxyphenyldiphenylmethylester* (IV), $C_{28}H_{24}O_3S$, F. 178° (PAe.), durch 5½ std. Kochen von 3,3 g Bis-[p-anisoyl]-disulfid u. Phenyl-MgBr aus 3,2 cm³ II u. Zersetzen mit Säuren; 2,8 g. — *p-Methoxybenzoesäure* (V), F. 184°, durch Red. von IV. — *p-Methoxyphenyldiphenylmethanol,* F. 84° (PAe.), durch 1 std. Kochen von IV mit HCl; daneben V. — *p-Methoxythiobenzoesäurephenylester,* $C_{14}H_{12}O_2S$, F. 99° (PAe.), a) analog IV u. Zers. mit NH_4Cl u. Eis; 0,8 g, b) durch Kochen von äquimol. Mengen von p-Anisoylchlorid u. Thiophenol.

H. SMALLA. 1210

N-substituierte Vanillinsäureamide. Harold Monsimer und Souren Avakian. (J. org. Chemistry **27.** 1093—94. März 1962. Philadelphia, Pa., Nat. Drug Co., Res. Labor., Div. of Richardson-Merrell.) (Engl.)

18 hergestellte *Vanillinsäureamide* wurden auf ihre physiolog. Wirksamkeit untersucht.

Versuche: *N-Äthyl-N-vanilloylglycinamide,* durch Zugabe einer Lsg. von 0,13 Mol Amin u. 9 g Triäthylamin in 50 ml abs. Bzl. zu einer gekühlten Lsg. von 0,13 Mol Acetylvanilloylchlorid in 100 ml abs. Bzl., 1 std. Stehen bei Raum-Temp., Abfiltrieren, Einengen, 2 std. Erhitzen des Rückstandes mit 12 g K_2CO_3 in 100 ml W. auf dem Wasserbad, Zugabe von KOH, Chlf.-Extraktion, Ansäuern u. erneute Chlf.-Extraktion der wss. Phase: *N'.N'-Dimethyl-,* F. 56—57°; 70% (Ausbeute). — *N'.N'-Diäthyl-,* F. 91—92°; 40%. — *N'.N'-Diallyl-,* F. 112—113° (CH_3OH-Ae.); 30%. — *N'-Isopropyl-,* F. 140 bis 142°; 80%. — *N'.N'-Tetramethylen-,* F. 144—145°; 40%. — *N.'N'-Pentamethylen-,* F. 74—76°; 30%. — *N-Allyl-N-vanilloylglycinamide: N'.N'-Diäthyl-,* F. 94—95°; 0%. — *N'.N'-Diallyl-,* F. 88—89°; 55%. — *N'.N'-Tetramethylen-,* F. 149—150°; 40%. — *N'.N'-Pentamethylen-,* F. 133—134°; 46%. — *N-Vanilloyl-N'.N'-diäthyl-β-alaninamid,* F. 124—125°; 40%. — *N-Vanilloyl-N-äthyl-N'.N'-diäthyl-β-alaninamid,* Glas; 55%. — *Vanillinsäureamide: N-Allyl-,* F. 86—87°; 25%. — *N.N-Diallyl-,* F. 63 bis 64°; 64%. — *N.N-Tetramethylen-,* F. 128—129°; 40%. — *N-β-Diäthylaminoäthyl-,* F. 115—116°; 45%. — *N-γ-Dimethylaminopropyl-,* F. 139—140°; 40%.

GISELA SCHREIBER. 1250□

Benzylthioharnstoffe. 4. Mitt. S. P. Kharida, P. R. Pathan, P. S. Satpanthi und J. J. Trivedi. (J. Indian chem. Soc. **37.** 705—09. Nov. 1960. Ahmedabad, M. G. Sci. Inst., Chem. Dep.) (Engl.) — 3. vgl. C. **1961.** 2596.

Durch Rk. der entsprechenden Amine mit den substituierten Benzylisothiocyanaten werden *Benzylthioharnstoffe* dargestellt, die am anderen N-Atom Aryl-, Heteroaryl- oder andere Reste tragen. Folgende Verbb. wurden auf diese Weise dargestellt: 3-Benzylthioharnstoffe: *1-[o-Chlorphenyl]-,* $C_{14}H_{13}ClN_2S$, F. 113°. — *1-[m-Chlorphenyl]-,* $C_{14}H_{13}ClN_2S$, F. 117°. — *1-[p-Chlorphenyl]-,* $C_{14}H_{13}ClN_2S$, F. 118°. — *1-[o-Bromphenyl]-,* $C_{14}H_{13}BrN_2S$, F. 143°. — *1-[m-Bromphenyl]-,* $C_{14}H_{13}BrN_2S$, F. 118°. — *1-[p-Bromphenyl]-,* $C_{14}H_{13}BrN_2S$, F. 132°. — *1-[o-Tolyl]-,* $C_{15}H_{16}N_2S$, F. 131°. — *1-[m-Tolyl]-,* $C_{15}H_{16}N_2S$, F. 116°. — *1-[p-Tolyl]-,* $C_{15}H_{16}N_2S$, F. 120°. — *1-[o-Methoxyphenyl]-,* $C_{15}H_{16}N_2OS$, F. 140°. — 3-[2-Chlorbenzyl]-thioharnstoffe: *1-Phenyl-,* $C_{14}H_{13}ClN_2S$, F. 176°. — *1-[o-Chlorphenyl]-,* $C_{14}H_{12}Cl_2N_2S$, F. 130°. — *1-[m-Chlorphenyl]-,* $C_{14}H_{12}Cl_2N_2S$, F. 158°. — *1-[p-Chlorphenyl]-,* $C_{14}H_{12}Cl_2N_2S$, F. 175°. — *1-[o-Bromphenyl]-,* $C_{14}H_{12}BrClN_2S$, F. 132°. — *1-[m-Bromphenyl]-,* $C_{14}H_{12}BrClN_2S$, F. 130°. — *1-[p-Bromphenyl]-,* $C_{14}H_{12}BrClN_2S$, F. 162°. — *1-[o-Tolyl]-,* $C_{15}H_{15}ClN_2S$, F. 183°. — *1-[m-Tolyl]-,* $C_{15}H_{15}ClN_2S$, F. 117°. — *1-[p-Tolyl]-,* $C_{15}H_{15}ClN_2S$, F. 142°. — *1-[o-Methoxyphenyl]-,* $C_{15}H_{15}ClN_2OS$, F. 153°. — *1-[p-Methoxyphenyl]-,* $C_{15}H_{15}ClN_2OS$, F. 170°. — 3-[3-Chlorbenzyl]-thioharnstoffe: *1-Phenyl-,* $C_{14}H_{13}ClN_2S$, F. 91°. — *1-[o-Chlorphenyl]-,* $C_{14}H_{12}Cl_2N_2S$, F. 80°. — *1-[m-Chlorphenyl]-,* $C_{14}H_{12}Cl_2N_2S$, F. 85°. — *1-[p-Chlorphenyl]-,* $C_{14}H_{12}Cl_2N_2S$, F. 125°. — *1-[p-*

Bromphenyl]-, $C_{14}H_{12}BrClN_2S$, F. 126°. — *1-[o-Tolyl]*-, $C_{15}H_{15}ClN_2S$, F. 93°. — *1-[m-Tolyl]*-, $C_{15}H_{15}ClN_2S$, F. 118°. — *1-[p-Tolyl]*-, $C_{15}H_{15}ClN_2S$, F. 95°. — *1-[o-Methoxyphenyl]*-, $C_{15}H_{15}ClN_2OS$, F. 151°. — *1-[p-Methoxyphenyl]*-, $C_{15}H_{15}ClN_2OS$, F. 183°. — 3-[4-Chlorbenzyl]-thioharnstoffe: *1-Phenyl*-, $C_{14}H_{13}ClN_2S$, F. 136°. — *1-[o-Chlorphenyl]*-, $C_{14}H_{12}Cl_2N_2S$, F. 142°. — *1-[m-Chlorphenyl]*-, $C_{14}H_{12}Cl_2N_2S$, F. 146°. — *1-[p-Chlorphenyl]*-, $C_{14}H_{12}Cl_2N_2S$, F. 185°. — *1-[o-Bromphenyl]*-, $C_{14}H_{12}BrClN_2S$, F. 161°. — *1-[m-Bromphenyl]*-, $C_{14}H_{12}BrClN_2S$, F. 164°. — *1-[p-Promphenyl]*-, $C_{14}H_{12}BrClN_2S$, F. 182°. — *1-[o-Tolyl]*-, $C_{15}H_{15}ClN_2S$, F. 118°. — *1-[m-Tolyl]*-, $C_{15}H_{15}ClN_2S$, F. 145°. — *1-[p-Tolyl]*-, $C_{15}H_{15}ClN_2S$, F. 162°. — *1-[o-Methoxyphenyl]*-, $C_{15}H_{15}ClN_2OS$, F. 140°. — *1-[p-Methoxyphenyl]*-, $C_{15}H_{15}ClN_2OS$, F. 132°. — 3-[4-Brombenzyl]-thioharnstoffe: *1-Phenyl*-, $C_{14}H_{13}BrN_2S$, F. 142°. — *1-[o-Chlorphenyl]*-, $C_{14}H_{12}BrClN_2S$, F. 149°. — *1-[m-Chlorphenyl]*-, $C_{14}H_{12}BrClN_2S$, F. 95°. — *1-[p-Chlorphenyl]*-, $C_{14}H_{12}BrClN_2S$, F. 185°. — *1-[p-Bromphenyl]*-, $C_{14}H_{12}Br_2N_2S$, F. 186°. — *1-[o-Tolyl]*-, $C_{15}H_{15}BrN_2S$, F. 139°. — *1-[m-Tolyl]*-, $C_{15}H_{15}BrN_2S$, F. 95°. — *1-[p-Tolyl]*-, $C_{15}H_{15}BrN_2S$, F. 157°. — *1-[o-Methoxyphenyl]*-, $C_{15}H_{15}BrN_2OS$, F. 145°. — *1-[p-Methoxyphenyl]*-, $C_{15}H_{15}BrN_2OS$, F. 124°. — 3-[2-Methylbenzyl]-thioharnstoffe: *1-Phenyl*-, $C_{15}H_{16}N_2S$, F. 189°. — *1-[o-Chlorphenyl]*-, $C_{15}H_{15}ClN_2S$, F. 174°. — *1-[m-Chlorphenyl]*-, $C_{15}H_{15}ClN_2S$, F. 136°. — *1-[p-Chlorphenyl]*-, $C_{15}H_{15}ClN_2S$, F. 148°. — *1-[p-Bromphenyl]*-, $C_{15}H_{15}BrN_2S$, F. 166°. — *1-[o-Tolyl]*-, $C_{16}H_{18}N_2S$, F. 196°. — *1-[m-Tolyl]*-, $C_{16}H_{18}N_2S$, F. 140°. — *1-[p-Tolyl]*-, $C_{16}H_{18}N_2S$, F. 138°. — *1-[o-Methoxyphenyl]*-, $C_{16}H_{18}N_2OS$, F. 144°. — *1-[p-Methoxyphenyl]*-, $C_{16}H_{18}N_2OS$, F. 160°. — 3-[4-Methylbenzyl]-thioharnstoffe: *1-Phenyl*-, $C_{15}H_{16}N_2S$, F. 131°. — *1-[o-Chlorphenyl]*-, $C_{15}H_{15}ClN_2S$, F. 114°. — *1-[m-Chlorphenyl]*-, $C_{15}H_{15}ClN_2S$, F. 120°. — *1-[p-Chlorphenyl]*-, $C_{15}H_{15}ClN_2S$, F. 174°. — *1-[p-Bromphenyl]*-, $C_{15}H_{15}BrN_2S$, F. 179°. — *1-[o-Tolyl]*-, $C_{16}H_{18}N_2S$, F. 107°. — *1-[m-Tolyl]*-, $C_{16}H_{18}N_2S$, F. 129°. — *1-[p-Tolyl]*-, $C_{16}H_{18}N_2S$, F. 124°. — *1-[o-Methoxyphenyl]*-, $C_{16}H_{18}N_2OS$, F. 129°. — *1-[p-Methoxyphenyl]*-, $C_{16}H_{18}N_2OS$, F. 138°. — 3-[2.5-Dimethylbenzyl]-thioharnstoffe: *1-Phenyl*-, $C_{16}H_{18}N_2S$, F. 141°. — *1-[o-Chlorphenyl]*-, $C_{16}H_{17}ClN_2S$, F. 150°. — *1-[m-Chlorphenyl]*-, $C_{16}H_{17}ClN_2S$, F. 130°. — *1-[p-Chlorphenyl]*-, $C_{16}H_{17}ClN_2S$, F. 157°. — *1-[p-Bromphenyl]*-, $C_{16}H_{17}BrN_2S$, F. 152°. — *1-[o-Tolyl]*-, $C_{17}H_{20}N_2S$, F. 117°. — *1-[m-Tolyl]*-, $C_{17}H_{20}N_2S$, F. 99°. — *1-[p-Tolyl]*-, $C_{17}H_{20}N_2S$, F. 142°. — *1-[o-Methoxyphenyl]*-, $C_{17}H_{20}N_2OS$, F. 112°. — *1-[p-Methoxyphenyl]*-, $C_{17}H_{20}N_2OS$, F. 137°. — 3-[Pyridyl-(2)]-thioharnstoffe: *1-Benzyl*-, $C_{13}H_{13}N_3S$, F. 165°. — *1-[2-Chlorbenzyl]*-, $C_{13}H_{12}ClN_3S$, F. 174°. — *1-[3-Chlorbenzyl]*-, $C_{13}H_{12}ClN_3S$, F. 126°. — *1-[4-Chlorbenzyl]*-, $C_{13}H_{12}ClN_3S$, F. 179°. — *1-[2-Brombenzyl]*-, $C_{13}H_{12}BrN_3S$, F. 186°. — *1-[3-Brombenzyl]*-, $C_{13}H_{12}BrN_3S$, F. 128°. — *1-[4-Brombenzyl]*-, $C_{13}H_{12}BrN_3S$, F. 176°. — *1-[2-Methylbenzyl]*-, $C_{14}H_{15}N_3S$, F. 174°. — *1-[3-Methylbenzyl]*-, $C_{14}H_{15}N_3S$, F. 97°. — *1-[4-Methylbenzyl]*-, $C_{14}H_{15}N_3S$, F. 184°. — *1-[2.4-Dimethylbenzyl]*-, $C_{15}H_{17}N_3S$, F. 167°. — *1-[2.5-Dimethylbenzyl]*-, $C_{15}H_{17}N_3S$, F. 158°. — 3-[4.5-Dihydro-1.3-thiazolyl-(2)]-thioharnstoffe: *1-Benzyl*-, $C_{11}H_{13}N_3S_2$, F. 90°. — *1-[2-Chlorbenzyl]*-, $C_{11}H_{12}ClN_3S_2$, F. 115°. — *1-[4-Chlorbenzyl]*-, $C_{11}H_{12}ClN_3S_2$, F. 98°. — *1-[2-Methylbenzyl]*-, $C_{12}H_{15}N_3S_2$, F. 176°. — *1-[3-Methylbenzyl]*-, $C_{12}H_{15}N_3S_2$, F. 133°. — *1-[4-Methylbenzyl]*-, $C_{12}H_{15}N_3S_2$, F. 130°. — *1-[3.4-Dimethylbenzyl]*-, $C_{13}H_{17}N_3S_2$, F. 138°. — *1-[2.4-Dimethylbenzyl]*-, $C_{13}H_{17}N_3S_2$, F. 169°. — *1-[2.5-Dimethylbenzyl]*-, $C_{13}H_{17}N_3S_2$, F. 168°. — 3-[1.3-Thiazolyl-(2)]-thioharnstoffe: *1-Benzyl*-, $C_{11}H_{11}N_3S_2$, F. 164°. — *1-[2-Chlorbenzyl]*-, $C_{11}H_{10}ClN_3S_2$, F. 195°. — *1-[4-Chlorbenzyl]*-, $C_{11}H_{10}ClN_3S_2$, F. 183°. — *1-[4-Brombenzyl]*-, $C_{11}H_{10}BrN_3S_2$, F. 179°. — *1-[3-Methylbenzyl]*-, $C_{12}H_{13}N_3S_2$, F. 127°. — *1-[4-Methylbenzyl]*-, $C_{12}H_{13}N_3S_2$, F. 155°. — *1-[2.5-Dimethylbenzyl]*-, $C_{13}H_{15}N_3S_2$, F. 174°. — 3-[Biphenylyl-(2)]-thioharnstoffe: *1-Benzyl*-, $C_{20}H_{18}N_2S$, F. 112°. — *1-[2-Chlorbenzyl]*-, $C_{20}H_{17}ClN_2S$, F. 140°. — *1-[3-Chlorbenzyl]*-, $C_{20}H_{17}ClN_2S$, F. 195°. — *1-[4-Chlorbenzyl]*-, $C_{20}H_{17}ClN_2S$, F. 235°. — *1-[2-Brombenzyl]*-, $C_{20}H_{17}BrN_2S$, F. 95°. — *1-[2-Methylbenzyl]*-, $C_{21}H_{20}N_2S$, F. 175°. — *1-[3.4-Dimethylbenzyl]*-, $C_{22}H_{22}N_2S$, F. 216°. — *1-[2.4-Dimethylbenzyl]*-, $C_{22}H_{22}N_2S$, F. 231°. — *1-[2.5-Dimethylbenzyl]*-, $C_{22}H_{22}N_2S$, F. 272°. — 3-[β-Hydroxyäthyl]-thioharnstoffe: *1-[2-Chlorbenzyl]*-, $C_{10}H_{13}ClN_2OS$, F. 110°. — *1-[4-Chlorbenzyl]*-, $C_{10}H_{13}ClN_2OS$, F. 211°. — *1-[2-Methylbenzyl]*-, $C_{11}H_{16}N_2OS$, F. 112°. — *1-[2.4-Dimethylbenzyl]*-, $C_{12}H_{18}N_2OS$, F. 114°. — *1-[2.5-Dimethylbenzyl]*-, $C_{12}H_{18}N_2OS$, F. 135°. P. GOLINSKE. 1280□

Umlagerungen von Triazenen. 1. Mitt. Über die Umlagerung asymmetrischer Triazene zu Aminoazoverbindungen. W. M. Beresowski und L. Ss. Tultschinskaja. (Журнал Общей Химии [J. allg. Chem.] **31** (**93**). 2774—79. Aug. 1961. Allunions-Vitamin-Forschungsinst.) (Russ.)

Es wurden *1-Phenyl-3-[3.4-dimethylphenyl]-triazen* (**I**), *1-[3.4-Dimethylphenyl]-3-p-tolyltriazen* (**II**) u. *1-[3.4.5-Trimethylphenyl]-3-[3.4-dimethylphenyl]-triazen* (**III**) synthetisiert u. die Umlagerung der Verbb. beim Erhitzen in Anilin (**IV**), 3.4-Dimethylanilin (**V**), p-Toluidin (**VI**) u. 3.4.5-Trimethylanilin (**VII**) untersucht.

Versuche: *1-Phenyl-3-[3.4-dimethylphenyl]-triazen* (I), $C_{14}H_{15}N_3$, F. 95,8—96,1° (Zers.; A.), aus **IV** u. **V**; gelbe, lange Plättchen; 97,5% (Ausbeute). — *1-[3.4-Dimethylphenyl]-3-p-tolyltriazen* (**II**), $C_{15}H_{17}N_3$, F. 111—112° (Zers.; A.), aus **V** u. **VI**; gelbe Plättchen; 96,5%. — *1-[3.4.5-Trimethylphenyl]-3-[3.4-dimethylphenyl]-triazen* (**III**), $C_{17}H_{21}N_3$, F. 110,5—111,5° (Zers.; A.), aus **V** u. **VII**; gelbe Prismen; 90%. — Umlagerung der Triazene: Man gibt zu 20 g **IV—VII**, die 1,25 g **IV—VII**-Hydrochlorid enthalten, 10 g **I—III**, rührt 3 Std. lang bei 35°, 3 Std. bei 40—45°, 3 Std. bei 50—60° u. 1 Std. bei 70°, filtriert u. trennt durch Kristallisation. Es werden erhalten: Aus **I** in **V**: *3.4.3'.4'-Tetramethyl-6'-aminoazobenzol* (**VIII**), $C_{16}H_{19}N_3$, F. 184,7—185,6° (A.); orangegoldene Plättchen; 60,5%. Aus **I** in **IV**: 1,44 g **VIII** u. 8,5 g eines Gemisches, aus dem *4-Aminoazobenzol* (F. 123—124°; orangegelbe Kristalle) u. *3.4-Dimethyl-4'-aminoazobenzol* (**IX**; $C_{14}H_{15}N_3$, F. 128,5—129,5°; dunkelorangefarbene Prismen) isoliert werden. Durch Hydrierung von 4 g **IX** in 30 ml A. an 3 g RANEY-Ni (2 Std., 60 at/70—90°) werden *3.4-Dimethylanilin* (**V**; F. 48—50°; 28%) u. *p-Phenylendiamin* (F. 136—138° aus W.; 52%) erhalten. — Aus **II** in **V**: 70,5% **VIII**. Aus **II** in **VI**: *3.4.4'-Trimethyl-6-aminoazobenzol* (**X**), $C_{15}H_{17}N_3$, F. 158—159,5° (A.); orangefarbene Prismen; 22,5%. — Bei der Hydrierung von 2 g **X** in 30 ml A. an 1 g RANEY-Ni werden *p-Toluidin* (**VI**; 29,5%; *Acetyl-Deriv.*, F. 148—150° aus W.) u. *1.2-Dimethyl-4.5-diaminobenzol* (F. 127—128°; 65,2%) erhalten. Aus **III** in **V**: *2.3.4.3'.4'-Pentamethyl-6-aminoazobenzol*, $C_{17}H_{21}N_3$, F. 158—159° (A.); orangefarbene Prismen; 80%. Die Hydrierung liefert **V**. Aus **III** in **VII**: *2.3.4.3'.4'.5'-Hexamethyl-6-aminoazobenzol*, $C_{18}H_{23}N_3$, F. 169—170,8° (A.); orangerote Plättchen; 90%. HELMUT SCHÄFER. 1310□

Amidomethylierung der 2-Chlorbenzoesäure. Price Truitt und Linda Truitt Creagh. (J. org. Chemistry **27**. 1066—67. März 1962. Denton, Texas, North Texas State Univ., Dep. of Chem.) (Engl.)

N-Hydroxymethylchloracetamid (**I**) substituiert in Ggw. von konz. H_2SO_4 2-Chlorbenzoesäure (**II**) zu *2-Chlor-5-[chloracetylaminomethyl]-benzoesäure* (**IV**), die zu *3-Carboxy-4-chlorbenzylaminhydrochlorid* (**III**) hydrolysiert wurde, das zu *4-Chlorbenzylamin* decarboxyliert, zu *m-Toluylsäure* hydriert u. zu *4-Chlorisophthalsäure* oxydiert wurde.

Versuche: *2-Chlor-5-[chloracetylaminomethyl]-benzoesäure* (**IV**), $C_{10}H_9Cl_2NO_3$, F. 147 bis 148° (Dimethylformamid), durch Zugabe von **I** bei 20° in 30 Min. zu **II** in konz. H_2SO_4 unter Rühren, 12std. Rühren, Gießen auf Eis, 2tägiges Stehen u. Extraktion mit Ae.; 65% (Ausbeute). — *3-Carboxy-4-chlorbenzylamin*, $C_8H_8ClNO_2$, F. 295—297° (Zers.), durch Einw. von Na-Acetat auf **III**. *Hydrochlorid* (**III**), $C_8H_9Cl_2NO_2$, F. 243—244° (Aceton + Ae.), durch 4std. Kochen von **IV** mit konz. HCl u. 12std. Stehen; 92%. — *m-Toluylsäure*, F. 110—112° (W.), durch 1std. Stehen von **III**, $NaHCO_3$ u. Formalin in A., anschließende Hydrierung in Ggw. von 5%ig. Pd-Kohle bei 50° u. 35 lbs./sq.in., Aufnehmen in wss. NaOH u. Ansäuern. — *N-[4-Chlorbenzyl]-benzamid*, F. 140—141°, durch trockne Dest. von 4 g **III** mit 8 g Natronkalk u. Stehen des Destillats mit 1 ml Pyridin u. einigen Tropfen Benzoylchlorid; 50 mg. — *4-Chlorisophthalsäure*, F. 293 bis 295° (Dioxan), durch 1std. Kochen von 5 g **III**, 6 g $K_2Cr_2O_7$, 8 ml konz. H_2SO_4 u. 14 ml W., Zugabe von weiteren 5 g $K_2Cr_2O_7$ u. 5 ml H_2SO_4 u. 2std. Kochen; 1,3 g. — **III**-*Methylester*, $C_9H_{11}Cl_2NO_2$, F. 217—220° (CH_3OH), durch 3std. Einleiten von HCl in **III** in sd. CH_3OH u. 12std. Stehen; 70%. — **IV**-*Methylester*, $C_{11}H_{11}Cl_2NO_3$, F. 83—84° (A + W.), durch Eintropfen von 1 ml konz. H_2SO_4 in 7 g **IV** in 50 ml sd. CH_3OH, 1std. Kochen, 12std. Stehen u. Kühlen im Eisbad. — *3-Carboxy-4-chlorbenzylcarbaminsäure-n-propylester*, $C_{12}H_{14}ClNO_4$, F. 131—133° (A.; Chlf.), durch gleichzeitiges Eintropfen von 4n wss. NaOH u. Chlorameisensäure-n-propylester in eine eisgekühlte Lsg. von **III** in wss. 4n NaOH innerhalb von 3 Std., Abfiltrieren u. Ansäuern des Filtrats.

GISELA SCHREIBER. 1350□

Über die Beziehung zwischen der Struktur und den Eigenschaften der Farbstoffe, die Benzanilidderivate darstellen. 3. Mitt. Bis-azofarbstoffe aus 4.4'-Diaminoderivaten von Phenylacetanilid und Benzoesäurebenzylamid. B. M. Krassowitzki und W. B. Smeljakowa. (Журнал Общей Химии [J. allg. Chem.] **31** (**93**). 2256—59. Juli 1961. Charkow, Gorki-Univ.) (Russ.)

Es werden *p.p'-Diaminobenzoesäurebenzylamid* (**I**) u. *p.p'-Diaminophenylacetanilid* (**II**) dargestellt. **I** u. **II** werden mit H-Säure zu den entsprechenden Bis-azofarbstoffen gekuppelt. Diese haben gegenüber Baumwolle eine wesentlich geringere Affinität als der entsprechende Farbstoff aus p.p'-Diaminobenzanilid u. H-Säure, die Absorptionsmaxima sind in das Gebiet kürzerer Wellen verschoben (540 u. 544 mμ gegenüber 558 mμ).

Versuche (FF. korr.): *p.p'-Dinitrobenzoesäurebenzylamid*, $C_{14}H_{11}N_3O_5$, F. 214—215° (Eisessig), durch 12std. Kochen von 10 g p-Nitrobenzylaminhydrochlorid u. 13 g p-Nitrobenzoylchlorid in 100 ml Pyridin; 26% (Ausbeute). — *p.p'-Diaminobenzoesäure-*

benzylamid (**I**), $C_{14}H_{15}N_3O$, F. 197°, durch 1std. Kochen von 1 g vorst. Verb. mit 15 ml Phenylhydrazin auf dem Sandbad; 52%. — *p.p'-Dinitrophenylacetanilid*, $C_{14}H_{11}N_3O_5$, F. 241° (Eisessig), durch 10std. Kochen von p-Nitrophenylacetylchlorid (aus 6 g Säure) u. 5 g p-Nitroanilin in 60 ml Bzl.; 60%. — *p.p'-Diaminophenylacetanilid* (**II**), $C_{14}H_{15}N_3O$, F. 166°, durch Eintragen von 5 g vorst. Verb. in 1 Std. in 70 ml 10%ig. Essigsäure u. Fe-Späne in der Siedehitze u. 1std. Erhitzen; 25%. — *Bis-azofarbstoffe* aus **I** u. **II**: Man diazotiert **I** u. **II** mit der berechneten Menge $NaNO_2$ in HCl, kuppelt im alkal. Gebiet mit H-Säure, läßt 12 Std. stehen u. chromatographiert an Al_2O_3.

HELMUT SCHÄFER. 1350□

Katalytische Reaktion von Alkyldichlorsilanen mit Halogenderivaten des Benzols. G. N. Malnowa, Je. P. Michejew, A. L. Klebanski und N. P. Filimonowa. (Доклады Академии Наук СССР [Ber. Akad. Wiss. UdSSR] **123.** 693—95. 1/12. 1958.) (Russ.)

Bei der Rk. von Alkyldichlorsilanen mit Halogenbenzolen zu *Alkylhalogenphenyldichlorsilanen* bei 250—260°, Mol-Verhältnis Halogenbenzol: Alkyldichlorsilan 3:1 erwies sich $B(OH)_3$ (0,3%) als geeigneter Katalysator. Die Ausbeuten sind um so geringer, je größer das Dipolmoment des Halogenbenzols ist. Die Zus. der entstandenen Isomerengemische wurde durch RAMAN-Spektren ermittelt.

Versuche: *Methylchlorphenyldichlorsilan* (20% *o*-, 45% *m*- u. 35% *p*-), Kp. 232 bis 238°, aus Methyldichlorsilan u. Chlorbenzol; n_D^{20} 1,5338—1,5342; $D._4^{20}$ 1,2920 bis 1,2965; 27% (Ausbeute). — *Äthylchlorphenyldichlorsilan* (*o*-, *m*- u. *p*-), Kp. 255—258°, aus Äthyldichlorsilan u. Chlorbenzol; n_D^{20} 1,5298—1,5317; $D._4^{20}$ 1,2592—1,2621; 25%. — *Methylfluorphenyldichlorsilan* (25% *o*-, 60% *m*- u. 15% *p*-), Kp. 196—199,7°, aus Methyldichlorsilan u. Fluorbenzol; n_D^{20} 1,4960—1,4998; $D._4^{20}$ 1,2438—1,2492; 18%.

B. CELMS. 1380

Die Dimerisierung von Vinyl- und Allylsilanen mit Trialkylaluminium. William K. Johnson und Kenneth A. Pollart. (J. org. Chemistry **26.** 4092—95. Okt. 1961. Dayton, Ohio, Monsanto Chem. Co., Res. and Engng. Div.) (Engl.)

Vinyl- u. Allylsilane werden mit Triisobutyl-Al (**I**) bei 200° während 12—24 Std. dimerisiert. Die gaschromatograph. Unters. der niedriger sd. Dimeren zeigt, daß vorwiegend einheitliche Prodd. entstehen u. nicht Isomerengemische. Aus Triphenylallylsilan z. B. bildet sich *2-Triphenylsilylmethyl-5-triphenylsilylpenten-(1)* (**II**), das durch eine Olefin-Austausch-Rk. mit **I** u. Spaltung der Aluminium-Verb. mit Essigsäure in *1.5-Bis-[triphenylsilyl]-2-methylpentan* (**III**) übergeführt wird. **III** wird auch auf anderem Wege gewonnen. Die IR-Spektren von **II** u. **III** sind sehr ähnlich. Die Dimerisate aus Allylsilanen entsprechen dem diskutierten ZIEGLERschen Mechanismus. Bei der Rk. von Vinyltriphenylsilan (**IV**) mit **I** bildet sich bei 140° *Tris-[β-triphenylsilyläthyl]-Al* (**V**), das bei 200° mit **IV** *1.4-Bis-[triphenylsilyl]-buten-(1)* (**VI**) bildet. Es wird angenommen, daß die Rk. mit anderen Trialkylvinylsilanen den gleichen Verlauf nehmen. **VI** kann durch „Hydroaluminierung" u. Spaltung mit Butanol in *1.4-Bis-[triphenylsilyl]-butan* (**VII**) übergeführt werden. **VII** wird auch aus 1.4-Dichlorbutan (**XII**) u. Triphenylsilyl-Li (**IX**) gewonnen, **V** durch Äthanolyse in *Äthyltriphenylsilan* übergeführt.

Versuche: *1.4-Bis-[trimethylsilyl]-buten-(1)*, $C_{10}H_{24}Si_2$, Kp.$_{17}$ 81—83°, durch 12std. Erhitzen von 0,5 Mol Vinyltrimethylsilan mit 0,01 Mol **I** im Einschlußgefäß auf 200°; n_D^{25} 1,4354; 64% (Ausbeute). — *1.4-Bis-[triäthylsilyl]-buten-(1)*, $C_{16}H_{36}Si_2$, Kp.$_{15}$ 171 bis 173°, durch 60std. Erhitzen von 0,175 Mol Vinyltriäthylsilan u. 0,05 Mol **I** auf 145 bis 200°; n_D^{25} 1,4653; 56%. — *2-Trimethylsilylmethyl-5-trimethylsilylpenten-(1)*, $C_{12}H_{28}$·Si_2, Kp.$_{22}$ 109—110°, durch 27std. Erhitzen von 0,83 Mol Allyltrimethylsilan u. 0,025 Mol **I** auf 200° im verschlossenen Gefäß; n_D^{25} 1,4439; 68%. — *1.4-Bis-[triphenylsilyl]-buten-(1)* (**VI**), $C_{40}H_{36}Si_2$, F. 240° (Bzl.), durch 24std. Erhitzen von 0,1 Mol **IV** mit 0,005 Mol **I** auf 195°; Kristalle; 64%. — *2-Triphenylsilylmethyl-5-triphenylsilylpenten-(1)* (**II**), $C_{42}H_{40}Si_2$, F. 108° (A.), durch 24std. Erhitzen von 0,188 Mol Allyltriphenylsilan u. 0,01 Mol **I** auf 200°; 36%. — *3-[Trimethylsiloxy]-1-chlorbutan* (**VIII**), $C_7H_{17}ClOSi$, Kp.$_{21}$ 59—60°, durch Versetzen von 0,2 Mol 4-Chlorbutanol-(2) u. 0,2 Mol Trimethylchlorsilan in Bzl. mit NH_3; n_D^{25} 1,4174; 56%. — *3-Hydroxybutyltriphenylsilan* (**X**), $C_{22}H_{24}OSi$, F. 105—106° (Isooctan), aus 20 mMol **VIII** in 20 ml Tetrahydrofuran (THF) u. 20 mMol **IX** in THF u. Hydrolyse; Kristalle; 83%. — *3-Chlorbutyltriphenylsilan* (**XI**), $C_{22}H_{23}ClSi$, F. 73,5—74° (Methanol), durch 20 Min. langes Erhitzen von 30 mMol **X**, Pyridin u. $SOCl_2$ auf dem Dampfbad u. chromatograph. Reinigung; 76%. — *1.3-Bis-[triphenylsilyl]-butan*, $C_{40}H_{38}Si_2$, F. 163—164° (Isobutanol), aus 10 mMol **XI** in THF u. 10 mMol **IX** in THF; 67%. — *1.4-Bis-[triphenylsilyl]-butan* (**VII**), $C_{40}H_{38}Si_2$, F. 215 bis 216° (Hexan), a) aus 15 mMol **XII** u. 30 mMol **IX** in THF; 64%; b) durch 20 Min. langes Kochen von 6 mMol **VI** in 50 ml o-Xylol u. 10 mMol **I** u. Versetzen mit Isobutanol;

63%. — *α-Methylglutarsäurediäthylester*, $C_{10}H_{18}O_4$, Kp.$_{18}$ 124—130°, aus Methylmalonsäureäthylester u. Acrylsäuremethylester, 12std. Kochen mit 12n HCl, therm. Decarboxylierung u. Veresterung mit A./HCl; n_D^{25} 1,4220. — *2-Methylpentandiol-(1.5)*, $C_6H_{14}O_2$, Kp.$_{19}$ 143—145°, durch 2std. Kochen von 0,3 Mol vorst. Verb. in 300 ml Ae. mit 0,4 Mol $LiAlH_4$ in 100 ml Ae. u. Hydrolyse; n_D^{25} 1,4511; 53%. — *2-Methyl-1.5-dichlorpentan*, $C_6H_{12}Cl_2$, Kp.$_{21}$ 85—86°, durch 1std. Rühren von 0,1 Mol vorst. Verb. u. 1 ml Pyridin mit 0,4 Mol $SOCl_2$ u. 3std. Kochen; n_D^{25} 1,4555; 70%. — *2-Methyl-1.5-bis-[triphenylsilyl]-pentan* (III), $C_{42}H_{42}Si_2$, F. 126—127° (A.), a) aus 15 mMol vorst. Verb. u. 30 mMol IX in THF; 63%; b) durch 1½std. Kochen von 3 mMol II u. 3 mMol I in 15 ml o-Xylol, Zers. mit Eisessig u. chromatograph. Reinigung; 10%.

K. RÜHLMANN. 1380□

Über Darstellung und Eigenschaften von Methanphosphonsäure- und Methanthionophosphonsäureestern. Eustache Gryszkiewicz-Trochimowski, Marie Bousquet und Jean Quinchon. (Bull. Soc. chim. France **1961**. 1222—25. Juni. Vers-le-Petit, Seine-et-Oise, Centre d'Études du Bouchet.) (Franz.)

Die Darst. von *Diestern* der *Methanphosphonsäure* u. *Methanthionophosphonsäure* nach 3 verschiedenen Meth. wird beschrieben.

Versuche: Methanphosphonsäureester, a) durch Zutropfen von 1 Mol Methanphosphonsäuredichlorid in Toluol zu 2 Mol Na-Alkoholat in einem großen Überschuß des entsprechenden Alkohols, 4½std. Kochen, Filtrieren u. Eindampfen; b) wie a) unter Verw. von Toluol an Stelle des überschüssigen Alkohols; c) durch Zutropfen von 1 Mol CH_3POCl_2 in Bzl. oder Toluol zu 2 Mol Alkohol + Triäthylamin in Bzl. u. 4½std. Kochen: *-dimethyl-*, Kp.$_{10}$ 58—59°, nach a); n_D^{20} 1,4136, $D._4^{20}$ 1,1602; 75% (Ausbeute). — *-diäthyl-*, Kp.$_7$ 68—69°; nach a); n_D^{20} 1,4137, $D._4^{20}$ 1,0515; 80%. — *-di-n-propyl-*, Kp.$_{10}$ 95—96°, nach a); n_D^{20} 1,4200, $D._4^{20}$ 1,0034; 66%. — *-diisopropyl-*, Kp.$_{10}$ 78—79°, nach a); n_D^{20} 1,4112, $D._4^{20}$ 0,9849; 50%. — *-di-n-butyl-*, Kp.$_5$ 108—110°, nach a); n_D^{20} 1,4257, $D._4^{20}$ 0,9760; 64%. — *-di-n-amyl-*, Kp.$_4$ 125—126°, nach c); n_D^{20} 1,4315, $D._4^{20}$ 0,9572; 83%. — *-diisoamyl-*, Kp.$_1$ 93—94°, nach a); n_D^{20} 1,4280, $D._4^{20}$ 0,9510; 71%. — *-dineopentyl-*, Kp.$_1$ 73—73,5°, nach b); n_D^{20} 1,4228, $D._4^{20}$ 0,9353; 64%. — *-dipinakolyl-*, Kp.$_3$ 107—108°, nach b); n_D^{20} 1,4372, $D._4^{20}$ 0,9458; 32%. — *-dicyclohexyl-*, Kp.$_2$ 140—141°, nach c); n_D^{20} 1,4750, $D._4^{20}$ 1,0660; 70%. — *-bis-[2.3-O-isopropylidenglyceryl]-*, Kp.$_3$ 147—148°, n_D^{20} 1,4532, $D._4^{20}$ 1,1737; nach a) 52%; nach c) 66%. — Methanthionophosphonsäureester: *-dimethyl-*, Kp.$_8$ 52—52,5°, nach a) aus CH_3PSCl_2; n_D^{20} 1,4743, $D._4^{20}$ 1,1435; 92%. — *-diäthyl-*, Kp.$_8$ 66—68°, nach a); n_D^{20} 1,4633, $D._4^{20}$ 1,0556; 90%; oder durch Rk. von 1 Mol Methyldichlorphosphin mit 2 Mol A. u. 2 Mol $(C_2H_5)_3N$ in Bzl. unter A., 3std. Kochen mit 1 Val S-Pulver u. Aufarbeitung [Meth. d)]; 70%. — *-di-n-propyl-*, Kp.$_8$ 95—96°, n_D^{20} 1,4626, $D._4^{20}$ 1,0170; nach a) 71%; nach d) 72%. — *-diisopropyl-*, Kp.$_4$ 60—62°, nach d); n_D^{20} 1,4508, $D._4^{20}$ 0,9926; 71%. — *-di-n-butyl-*, Kp.$_5$ 110—111°, n_D^{20} 1,4628, $D._4^{20}$ 0,9886; nach a) 75%; nach d) 57%. — *-di-n-amyl-*, Kp.$_{2,5}$ 124—125°, nach a); n_D^{20} 1,4625, $D._4^{20}$ 0,9657; 68%. — *-diisoamyl-*, Kp.$_3$ 108—109°, nach a); n_D^{20} 1,4590, $D._4^{20}$ 0,9614; 50%. — *-dineopentyl-*, Kp.$_2$ 90—92°, F. 40,5—53°, nach b); 40%. — *-dipinakolyl-*, Kp.$_3$ 99—100°, nach b); n_D^{20} 1,4631, $D._4^{20}$ 0,9658; 50%. — *-dicyclohexyl-*, Kp.$_{1,5}$ 135—136°, nach a); n_D^{20} 1,5048, $D._4^{20}$ 1,0709; 65%. — *-bis-[2.3-O-isopropylidenglyceryl]-*, Kp.$_{0,3}$ 155—156°, n_D^{20} 1,4792, $D._4^{20}$ 1,1648; 61%.

K. F. SCHNEIDER. 1380□

Die Pseudophenylester der unterchlorigen Säure: Derivate des 4-Chlorcyclohexadien-(1.5)-ons-(3). Roland Fort. (Ann. Chimie [13] **4**. 203—47. März/April 1959. Conservatoire Nat. des Arts Métiers, Labor. de Chim. tinctoriale.) (Franz.)

Beim Chlorieren von Pentachlorphenol (I) als Na-Salz in CCl_4, beim Umsetzen von I in CCl_4 mit tert.-Butylhypochlorit oder beim Behandeln von I mit HOCl wird eine von früheren Autoren u. a. als „*Hexachlorphenol*“ (BARRAL [1895]) bezeichnete Verb. erhalten, für die nunmehr auf Grund der eingehenden chem. u. physikal. (bes. spektroskop.) Unters. die Struktur eines *1.2.4.4.5.6-Hexachlorcyclohexadien-(1.5)-ons-(3)* (II) nachgewiesen wird. Beim Erhitzen in Festsubstanz auf hohe Temp. oder in Lsg. mit Katalysatoren, wie $AlCl_3$, wird II leicht zu *1.2.4.5.6.6-Hexachlorcyclohexadien-(1.4)-on-(3)* isomerisiert, das auch bei der Chlorierung von I in Ggw. von $AlCl_3$ anfällt. Mit Benzaldehyd reagiert II zu *Benzoesäurepentachlorphenylester*, mit Na-Benzolsulfinat zu *Benzolsulfonsäurepentachlorphenylester*. Die Rk. von II mit I-Na-Salz führt zu einem II-*Dimeren*, das vermutlich *1.2.4.5.6-Pentachlor-6-pentachlorphenoxycyclohexadien-(1.4)-on-(3)* (III) darstellt; die gleiche Verb. wird durch Behandeln von II mit $NaHSO_3$ erhalten. Zahlreiche weitere *Polychlorcyclohexadien-(1.5)-one-(3)* wurden dargestellt u. ihre Eigg. u. Umwandlung in *Polychlorcyclohexadien-(1.4)-one-(3)* untersucht. Nach dem Gesamtergebnis der umfangreichen Arbeit sind Arylhypochlorite als solche nicht beständig, sondern lagern sich unter den Bedingungen ihrer Synth. in *4-Chlorcyclohexadien-(1.5)-one-(3)* um.

Versuche: Cyclohexadien-(1.5)-one-(3): *1.2.4.4.5.6-Hexachlor-* (**II**), C_6Cl_6O, Kp.$_{0,1}$ 110—112°, F. 51°, aus PAe. gelbe monokline Kristalle, a) durch Eintragen von I-Na-Salz in die Lsg. von Cl_2 in CCl_4 u. weiteres ½ std. Einleiten von Cl_2; b) durch Schütteln der Lsg. von I in CCl_4 mit wss. HOCl; c) durch Zugeben von I zu tert.-Butylhypochlorit in CCl_4 u. 2 std. Stehen. — *1.2.4.4.5-Pentachlor-6-brom-*, C_6BrCl_5O, F. 46° (PAe.), analog II; gelb. — *2.4.4.6-Tetrachlor-1.5-dibrom-* (**IV**), $C_6Br_2Cl_4O$, F. 96—97° (Hexan), gelb. — *1.2.4.4.5-Pentachlor-6-methyl-* (**V**), $C_7H_3Cl_5O$, F. ab 48° (unter Isomerisierung). — *2.4.4.6-Tetrachlor-1.5-dimethyl-* (**VI**), $C_8H_6Cl_4O$, F. 68° (PAe.). — *2.4.4.6-Tetrachlor-*, $C_6H_2Cl_4O$, Kp.$_{0,2}$ 105°. — *Gemisch* aus *1.2.4.4.6-* u. *2.4.4.5.6-Pentachlor-*, C_6HCl_5O, Kp.$_{0,2}$ 110—112°, analog II aus 2.3.4.6-Tetrachlorphenol (**VII**). — *Gemisch* (**VIII**) aus *2.4.4.6-Tetrachlor-5-methyl-* u. *2.4.4.6-Tetrachlor-1-methyl-*, $C_7H_4Cl_4O$, gelbes Öl, aus 2.4.6-Trichlor-m-kresol (**IX**). — *1.2.4.5.6-Pentabrom-4-chlor-* (**X**), C_6Br_5ClO, gelbes Öl. — *1.1-Dichlor-1.2-dihydronaphthalinon-(2)*, $C_{10}H_6Cl_2O$, gelbes, instabiles Öl. — Cyclohexadien-(1.4)-one-(3): *1.2.4.5.6.6-Hexachlor-* C_6Cl_6O, F. 106—107°, aus Hexan quadrat. Prismen, a) durch Chlorieren von I in CCl_4 in Ggw. von $AlCl_3$- b) durch 1 std. Erhitzen von II auf 150°. — *2.4.6.6-Tetrachlor-1.5-dimethyl-* (**XI**), $C_8H_6Cl_4O$, F. 107—108° (PAe.), a) durch Chlorieren von 2.4.6-Trichlor-m-xylenol in Essigsäure, b) durch Erwärmen von **VI** in Lösung. — *1.2.4.5.6-Pentachlor-6-methyl-*, $C_7H_3Cl_5O$, F. 95° (Bzl.–Hexan), durch Chlorieren von 2.3.5.6-Tetrachlor-p-kresol in Essigsäure. — *2.4.6.6-Tetrachlor-1.5-dibrom-*, $C_6Br_2Cl_4O$, F. 95° (PAe.), durch Isomerisieren von **IV** in sd. CCl_4 in Ggw. von $AlCl_3$. — *1.2.4.6.6-Pentachlor-*, C_6HCl_5O, F. 111° (CCl_4), durch Chlorieren von **VII** in Eisessig in Ggw. von J_2. — *2.4.6.6-Tetrachlor-5-methyl-*, $C_7H_4Cl_4O$, F. 88° (wss. Essigsäure), a) durch Erwärmen von **VIII** in CCl_4 in Ggw. von $AlCl_3$, b) aus **IX** u. $Ca(OCl)_2$ in Essigsäure. — *2.4.6.6-Tetrachlor-*, $C_6H_2Cl_4O$, F. 117° (CCl_4–Hexan), durch Chlorieren von 2.4.6-Trichlorphenol in Essigsäure in Ggw. von J_2. — *1.2.5.6.6-Pentabrom-4-chlor-*, F. 122°, durch Isomerisieren von **X** in Lösung. — *1.2.4.5.6-Pentachlor-6-methyl-*, F. 99°, durch Erhitzen von **V** über den Schmelzpunkt. — *1.2.4.5.6-Pentachlor-6-pentachlorphenoxy-* (**III**), $(C_6Cl_5O)_2$, F. 177°, a) aus **II** u. I-Na-Salz in CCl_4 unter Erwärmen, b) aus **II** u. $NaHSO_3$ in CCl_4. — *Verb.* $(C_6Br_2Cl_3O)_2$, F. 190°, analog **III** aus **IV**. — *Verb.* $C(_8H_6Cl_3O)_2$, instabil, analog **III** aus **VI**. — *Chloranil*, F. 290°, durch 3 std. Erhitzen von **II** in konz. H_2SO_4 auf 130°; daneben **I**. — *Benzoesäurepentachlorphenylester*, F. 163° (A.), durch kurzes Kochen von **II** mit Benzaldehyd; 80% (Ausbeute). — *Benzoesäure-2.4.6-trichlor-3-methylphenylester*, F. 152°, analog Vorst. aus **XI**. — *Benzolsulfonsäure, Pentachlorphenylester*, F. 154°, durch Zugeben von **II** zu Na-Benzolsulfinathydrat in Methanol, Erwärmen auf 40—50° u. Stehenlassen. *2.4.6-Trichlor-3.5-dibromphenylester*, F. 155°, analog Vorst. aus **IV**. *2.3.5.6-Tetrachlor-4-bromphenylester*, F. 165°. *2.4.6-Trichlor-3-methylphenylester*, F. 143° (auch aus **XI**). *2.3.4.6-Tetrachlorphenylester*, F. 142°. H.-E. Toussaint. 1960 □

Die Reaktion von Tropoiden und Chinon-Derivaten. 1. Mitt. **Reaktion einiger Tropolone mit p-Benzochinondibenzolsulfonimid.** Shuichi Seto, Hiromi Yamazaki und Yukio Nishiyama. (Bull. chem. Soc. Japan **33.** 1081—84. Aug. 1960. Sendai, Tohoku Univ., Chem. Res. Inst. of Non-Aqueous Solutions.) (Engl.)

Beim Zusammengeben der Chlf.-Lsgg. von Tropolon u. p-Benzochinondibenzolsulfonimid (**I**) tritt eine Orangerotfärbung auf, die bei Zugabe von etwas Triäthylamin (**VIII**) in eine Gelbfärbung übergeht. Nach kurzer Zeit beginnt *5-[2.5-Dibenzolsulfonamidophenyl]-tropolon* (**II**) auszukristallisieren. 3-Brom- sowie 3.7-Dibromtropolon reagieren etwas langsamer mit **I** unter Bldg. von *3-Brom-* (**III**) bzw. *3.7-Dibrom-5-[2.5-di-benzolsulfonamidophenyl]-tropolon* (**IV**). Durch Hydrogenolyse von **III** u. **IV** in Ggw. von Pd/Kohle entsteht **II**. Durch Bromierung in Chlf. gehen **II** u. **III** in **IV** über. **I** reagiert leicht mit 4-Isopropyltropolon unter Bldg. von *4-Isopropyl-5-[2.5-dibenzolsulfonamidophenyl]-tropolon* (**V**). Bei der Rk. von **I** mit 3-Brom-6- bzw. 3.7-Dibrom-4-isopropyltropolon entstehen *3-Brom-6-isopropyl-* (**VI**) bzw. *3.7-Dibrom-4-isopropyl-5-[2.5-dibenzolsulfonamidophenyl]-tropolon* (**VII**). Bei der Hydrogenolyse von **VI** u. **VII** erhält man **V**. Auch 3-Isopropyltropolon reagiert leicht mit **I** unter Bldg. von *3-Isopropyl-5-[2.5-dibenzolsulfonamidophenyl]-tropolon*. Versetzt man die Lsg. von 5-Methyltropolon u. **I** in Chlf. mit **VIII**, so erfolgt allmähliche Braunschwarzfärbung. Beim Stehen des Rk.-Gemisches krist. *p-Phenylendibenzolsulfonamid* (F. 240—241°) aus. Aus dem Filtrat wurde die Hälfte des eingesetzten 5-Methyltropolons in reiner Form zurückgewonnen. In gleicher Weise verlief die Umsetzung von **I** mit 5-Bromtropolon. Während bekannt war, daß **I** spezif. die p-Stellung von Phenolen angreift, zeigen vorst. Rkk., daß bei Tropolonen der Angriff von **I** auf die der p-Stellung entsprechende 5-Stellung erfolgt.

Versuche: 5-[2.5-Dibenzolsulfonamidophenyl]-tropolone: *Unsubstituiert* (**II**), $C_{25}H_{20}N_2O_6S_2$, F. 233—235° (Zers.; Chlf./Bzl.), a) durch Zugeben einer Chlf.-Lsg. von 0,8 g Tropolon zu einer Lsg. von 1 g **I** in Chlf., Versetzen mit einigen Tropfen **VIII** u. 1 std. Stehen; 1,3 g (Ausbeute; daneben 0,46 g nicht umgesetztes Tropolon),

b) durch Zugeben von 200 mg 5%ig. Pd/Kohle zur Lsg. von 90 mg III in 0,1n NaOH u. Schütteln mit Wasserstoff bei Raum-Temp. bis die H-Aufnahme beendet ist; 25 mg, c) aus 50 mg IV wie vorst.; 15 mg. — *3-Brom-* (III), $C_{25}H_{19}BrN_2O_6S_2$, F. 210—213° (Zers.; aus Chlf./A.), durch Versetzen der Lsg. von 130 mg 3-Bromtropolon u. 100 mg I in Chlf. mit 1 Tropfen VIII u. 2tägiges Stehen; 135 mg (daneben 70 mg 3-Bromtropolon). — *3.7-Dibrom-* (IV), $C_{25}H_{18}Br_2N_2O_6S_2$, F. 211—213° (Zers.), a) durch Versetzen der Chlf.-Lsg. von 180 mg 3.7-Dibromtropolon u. 100 mg I mit 1 Tropfen VIII u. 5tägiges Stehen; aus A./Chlf. blaßgelbe Kristalle; 165 mg (daneben 85 mg des Tropolons); b) durch 2tägige Einw. von 60 mg Br_2 auf 70 mg II in Chlf.; 10 mg; c) analog b) aus 60 mg Br_2 u. 50 mg III; 10 mg. — *4-Isopropyl-* (V), $C_{28}H_{26}N_2O_6S_2$, F. 254—256° (Zers.; Chlf./A.), a) durch Versetzen der rötlich-orangefarbenen Chlf.-Lsg. von 110 mg 4-Isopropyltropolon u. 100 mg I mit 1 Tropfen VIII u. ½std. Stehen; 135 mg (daneben 60 mg des Tropolons); b) durch Hydrogenolyse von 50 mg VI analog II nach b); 30 mg; c) analog b) aus 100 mg VII; 50 mg. — *3-Brom-6-isopropyl-* (VI), $C_{28}H_{25}BrN_2O_6S_2$, F. 242—243° (Zers.), durch 7tägiges Stehen der Chlf.-Lsg. von 170 mg 3-Brom-6-isopropyltropolon, 100 mg I u. 1 Tropfen VIII; 150 mg (daneben 85 mg des eingesetzten Tropolons). — *3.7-Dibrom-4-isopropyl-* (VII), $C_{28}H_{24}Br_2N_2O_6S_2$, F. 195—197° (Zers.), durch 10tägiges Stehen der Chlf.-Lsg. von 400 mg 3.7-Dibrom-4-isopropyltropolon, 200 mg I u. 1 Tropfen VIII; aus Chlf./A. blaßgelbe Kristalle; 330 mg (daneben 210 mg des Tropolons). — *3-Isopropyl-*, $C_{28}H_{26}N_2O_6S_2$, F. 207—215° (Zers.), aus 3-Isopropyltropolon analog V nach a); 140 mg (daneben 60 mg des Tropolons). — 5-[2.5-Dibenzolsulfonamidophenyl]-tropone: *2-Acetoxy-*, $C_{27}H_{22}N_2O_7S_2$, F. 200—201° (Chlf.), durch 20 Min. langes Erhitzen von 100 mg II mit Acetanhydrid auf 140°; 60 mg. — *2-Methoxy-*, $C_{26}H_{22}N_2O_6S_2$, F. 190—191°, durch Zugeben von äther. CH_2N_2 zu einer Suspension von 100 mg II in Methanol u. mehrstd. Stehen; aus Methanol Nadeln; 70 mg. D. HOLZNER. 1980□

Neue Methoden für die Darstellung von 4-Methoxy- (oder Hydroxy-) cyclohexylessigsäuren und einigen ihrer Derivate. M. A. Karim. (Indian J. appl. Chem. **23.** 217—20. 1960. Karachi, Pakistan, Central Testing Labor.) (Engl.)

Beim Vers., *4-Methoxycyclohexylessigsäure* (I) durch Hydrieren von Homoanissäure (III) an RANEY-Ni darzustellen, wird nur *Cyclohexylessigsäure* (II) erhalten. Auch mit PtO_2 als Katalysator wird ein beträchtlicher Teil II erhalten. Bei Benutzung von RuO_2 erfolgt eine Decarboxylierung, so daß *1-Methyl-4-methoxycyclohexan* erhalten wird. Diese Decarboxylierung kann durch Veresterung vermieden werden. Analog kann p-Hydroxyphenylessigsäuremethylester an RuO_2 in Essigester zu *4-Hydroxycyclohexylessigsäure* hydriert u. zu der entsprechenden Säure verseift werden.

Versuche: *Cyclohexylessigsäure* (II), F. 27—28°, Kp.$_{0,5}$ 70—75°, a) durch 6std. Hydrieren von 50 g III in wss. NaOH an RANEY-Ni bei 150 ± 5°/200 at, Filtrieren, Ansäuern des Filtrats mit konz. H_2SO_4, Extrahieren mit Ae. u. Dest. im Vakuum; 39% (Ausbeute); b) durch 35std. Hydrieren von III in A, an PtO_2 bei Raum-Temp./1 at; 46%. *Amid*, F. 171°. *Anilid*, F. 136,5°. — *1-Methyl-4-methoxycyclohexan*, $C_8H_{16}O$, Kp.$_{27}$ 60—70°, durch 6std. Hydrieren von III in Essigester an RuO_2 bei 170°/190 at, Filtrieren u. Dest. im Vakuum; n_D^{21} 1,4450; 80%. — *4-Methoxycyclohexylessigsäure, Methylester* (Ia), $C_{10}H_{18}O_3$, Kp.$_{18}$ 65—75°, durch 6std. Hydrieren von 4-Methoxyphenylessigsäuremethylester in Essigester an RuO_2 bei 170°/220°, Filtrieren u. Dest. im Vakuum; n_D^{21} 1,4528; 76%. *β-[3.4-Dimethoxyphenyl]-äthylamid*, F. 85—86°. — *2-[4-Methoxycyclohexyl]-äthanol*, $C_9H_{18}O_{21}$, Kp.$_{27}$ 130—140°, durch Zutropfen von Ia zu $LiAlH_4$ in Ae., 33std. Kochen, Versetzen mit W. u. 10%ig. H_2SO_4 u. Dest. der Ae.-Phase im Vakuum; n_D^{21} 1,4650; 53%. — *4-Methoxycyclohexylessigsäure* (I), $C_9H_{16}O_3$, Kp.$_{0,5}$ 125—135°, a) durch 23std. Kochen von Ia mit methanol. KOH, Eindampfen im Vakuum, Ansäuern mit verd. HCl, Ausäthern u. Dest. des Isomerengemisches im Vakuum; n_D^{21} 1,4692; 84%; b) neben II nach b); 29%. *Chlorid*, $C_9H_{15}ClO_2$, Kp.$_{21}$ 100—115° (Gemisch der Stereoisomeren), durch 3std. Stehen von I mit $SOCl_2$ bei Raum-Temp., 4std. Kochen u. Dest. im Vakuum; n_D^{21} 1,4709; 94%. *Tryptamid*, F. 96—101°, Kp.$_{0,2}$ 300°. — *4-Hydroxycyclohexylessigsäure, Methylester*, $C_9H_{16}O_3$, Kp.$_{21}$ 95—134°, durch Überführen von p-Hydroxyphenylessigsäure in Ae. in den entsprechenden *Methylester* mit äther. CH_2N_2 in der Kälte, Lösen in Essigester, 6std. Hydrieren an RuO_2 bei 170°/220 at u. Dest. im Vakuum; n_D^{21} 1,4669; 74%. *Freie Säure*, F. 110—120,5°, durch 10std. Kochen des Methylesters in A. mit 20%ig. wss. NaOH, Eindampfen im Vakuum, Ansäuern mit verd. HCl, Extrahieren mit Ae., Eindampfen u. Umkristallisieren des erstarrten Öls aus Ae. u. PAe.; 77%. *β-[3.4-Dimethoxyphenyl]-äthylamid*, F. 97—99°. — *β-[4-Hydroxycyclohexyl]-äthanol*, $C_8H_{16}O_2$, Kp.$_{20}$ 170—175°, durch Red. vorst. Methylesters in Ae. mit äther. $LiAlH_4$; 70%. P. GOLINSKE. 2050□

Ganglioplegica. 10. Mitt. **Derivate des Cyclohexylamins.** Z. J. Vejdělek, M. Rajšner und M. Protiva. (Collect. czechoslov. chem. Commun. **25.** 245—53.

Jan. 1960. Prag, Forschungsinst. für Pharmazie u. Biochemie.) (Dt.) — 9. vgl. C. **1962.** 10923.

Cyclohexanon, 2-Methyl-, 2.2-Dimethyl- (**I**). 2.2.6-Trimethyl- u. 2.2.6.6-Tetramethylcyclohexanon (**II**) wurden über die *Oxime* in die entsprechenden *prim. Cyclohexylamine* (**A**) übergeführt u. daraus durch Methylierung die entsprechenden *N-Cyclohexyldimethylamine* dargestellt. Die aus den **A** u. $HCOOCH_3$ erhaltenen *N-Cyclohexylformamide* wurden mit $LiAlH_4$ zu den entsprechenden *N-Cyclohexylmethylaminen* reduziert. Durch Rk. von HCN mit 2.3.3-Trimethyl-Δ^1- bzw. 2-Methyl-Δ^1-cyclohexen wurden *N-[1.2.2-Trimethylcyclohexyl-(1)]-* (**IX**) bzw. *N-[1-Methylcyclohexyl-(1)]-formamid* (**X**) dargestellt u. durch Red. mit $LiAlH_4$ in *N-[1.2.2-Trimethylcyclohexyl-(1)]-* bzw. *N-[1-Methylcyclohexyl-(1)]-* bzw. *N-[1-Methylcyclohexyl-(1)]-methylamin* (**VIII**) übergeführt. Das durch Hydrolyse von **IX** u. **X** erhaltene *1.2.2-Trimethyl-* bzw. *1-Methylcyclohexyl-(1)-amin* wurden mit HCOOH/HCHO zu den entsprechenden tert. *Dimethylaminen* (**VI, VII**) methyliert. Einige der dargestellten sek. u. tert. Amine mit einem Di-, Tri- bzw. Tetramethylcyclohexylrest zeichnen sich durch bes. hohe gangliopleg. u. hypotensive Wirksamkeit aus.

Versuche (FF. korr.): *2.2.6.6-Tetramethylcyclohexylaminhydrochlorid,* $C_{10}H_{22}ClN$, F. > 300° (A.–Ae.), durch Red. von **II**-Oxim mit Na in sd. A. u. Wasserdampf-Dest. der Base in vorgelegte 5%ig. HCl; 82% (Ausbeute). — Analog folgende Cyclohexylamine (**A**): *Unsubstituiert,* Kp. 133—135°; 50%. *Hydrochlorid,* $C_6H_{14}ClN$, F. 206—207° (A.–Ae.). — *cis-2-Methyl-,* Kp. 151—153°, durch Red. mit Na-Amalgam; 20%. *Hydrochlorid,* $C_7H_{16}ClN$, F. 266—267° (A.–Aceton). — *trans-2-Methyl-,* Kp. 145—152°, n_D^{21} 1,4647; 88%. *Hydrochlorid,* $C_7H_{16}ClN$, F. 279° (A.–Aceton). — *2.2-Dimethyl-* (**III**), $C_8H_{17}N$, Kp. 159—160°; 79%. *Hydrochlorid,* $C_8H_{18}ClN$, F. 276° (A.–Aceton). — *2.2.6-Trimethyl-* (**IV**), *Hydrochlorid,* $C_9H_{20}ClN$, F. 265° (A.–Ae.); 69%. — *1.4-Diaminocyclohexan,* Kp.$_{15}$ 84—88°, aus Cyclohexandion-(1.4)-dioxim; 59%. *Dihydrochlorid,* $C_6H_{16}Cl_2N_2$, F. > 300° (A.) — Dimethylamine: *N-[2.2.6-Trimethylcyclohexyl]-* (**V**), $C_{11}H_{23}N$, Kp. 194—196°, durch 8std. Erhitzen von **IV** mit 80%ig. HCOOH u. 36%ig. HCHO auf 100°; 81%. *Hydrochlorid,* $C_{11}H_{24}ClN$, kein F. (zu hygroskop.). Analog: *N-Cyclohexyl-,* Kp. 160°; 55%. *Hydrochlorid,* $C_8H_{18}ClN$, F. 215—216° (A.–Ae.). *Methojodid,* $C_9H_{20}JN$, F. 264 bis 265° (A.). — *N-[cis-2-Methylcyclohexyl]-,* $C_9H_{19}N$, Kp. 169—170°; 72%. *Hydrochlorid,* $C_9H_{20}ClN$, F. 180—181° (Ae.–Aceton). *Methojodid,* $C_{10}H_{22}JN$, F. 238,5° (Zers.; A.). *trans-Form-,* $C_9H_{19}N$, Kp. 166—168°; 80%; *Hydrochlorid,* $C_9H_{20}ClN$, F. 153—154° (A.–Aceton); *Methojodid,* $C_{10}H_{22}JN$, F. 235,5° (Zers.; A.). — *N-[2.2-Dimethylcyclohexyl-,* $C_{10}H_{21}N$, Kp. 175—176°; 64%. *Hydrochlorid,* $C_{10}H_{22}ClN$, F. 180—181° (Aceton). — *1.4-Bis-[dimethylamino]-cyclohexan,* $C_{10}H_{22}N_2$, Kp.$_{15}$ 117°; 57%. *Dihydrochlorid,* $C_{10}H_{24}Cl_2N_2$, F. > 350° (A.). *Bis-Methojodid,* $C_{12}H_{28}J_2N_2$, F. 276° (A.). — Formamide: *N-[2.2-Dimethylcyclohexyl]-,* $C_9H_{17}NO$, Kp.$_{0,5}$ 110—111°, durch 13std. Kochen von **III** mit überschüssigem $HCOOCH_3$; 74%. Analog: *N-Cyclohexyl-,* $C_7H_{13}NO$, Kp.$_{0,5}$ 112—113°; 30%. — *N-[cis-2-Methylcyclohexyl]-,* $C_8H_{15}NO$, Kp.$_{0,5}$ 98°; 70%. *trans-Form,* $C_8H_{15}NO$, Kp.$_{0,3}$ 96—98%; 63%. — *1.4-Bis-[formylamino]-cyclohexan,* $C_8H_{14}N_2O_2$, F. 226° (A.); 68%. — Methylamine: *N-[1-Methylcyclohexyl-(1)]-* (**VIII**), Kp. 150—151°, durch Red. von **X** mit $LiAlH_4$, 3std. Erhitzen unter Rückfluß, Zerlegen mit W. u. 20%ig. NaOH, Ausziehen der Base aus der äther. Schicht mit 4n HCl, Abdampfen des sauren Auszugs im Vakuum zur Trockne, Lösen des Hydrochlorids in W., Freisetzen der Base u. Ausäthern; 87%. *Hydrochlorid,* $C_8H_{18}ClN$, F. 145—146° (A.–Ae.). — Analog **VIII**: *N-Cyclohexyl-,* Kp. 146—148°; 85%. *Hydrochlorid,* $C_7H_{16}ClN$, F. 178° (Aceton). — *N-[cis-2-Methylcyclohexyl]-,* $C_8H_{17}N$, Kp. 158—159°; 84%. *Hydrochlorid,* $C_8H_{18}ClN$, F. 150° (A.–Aceton). *trans-Form,* $C_8H_{17}N$, Kp. 160—162°; 79%. *Hydrochlorid,* $C_8H_{18}ClN$, F. 147° (Aceton). — *N-[2.2-Dimethylcyclohexyl]-,* $C_9H_{19}N$, Kp. 166—167°; 87%. *Hydrochlorid,* $C_9H_{20}NCl$, F. 213° (Aceton), — *1.4-Bis-[methylamino]-cyclohexan,* $C_8H_{18}N_2$, F. 100° (PAe.); 50%. *Dihydrochlorid,* $C_8H_{20}Cl_2N_2$, F. 227–228° (A.–Ae.). — *1.2.2-Trimethylcyclohexanol-(1),* Kp.$_{10}$ 63—65°; n_D^{21} 1,4688; aus CH_3MgJ u. **I**; 82%. — *2.3.3-Trimethyl-Δ^1-cyclohexen,* Kp.$_{742}$ 144—145°; n_D^{21} 1,4578; durch Dest. von 46 g vorst. Verb. mit 0,2 g J_2 unter Normaldruck; 37,3 g. — *N-[1.2.2-Trimethylcyclohexyl-(1)]-formamid* (**IX**), $C_{10}H_{19}NO$, Kp.$_3$ 123—127°, durch Versetzen von 26 g vorst. Verb. in 85 cm³ Eisessig u. 11 cm³ konz. H_2SO_4, bei höchstens 10° mit 32 g NaCN. Zugabe von 25 cm³ Eisessig u. 32 cm³ konz. H_2SO_4. 3std. Rühren unter Kühlung, Gießen auf Eis, Neutralisieren mit 20%ig. NaOH (pH 6—6,5) u. Ausäthern; 24,2 g (78%) neben 3,5 g Ausgangsverbindung. — *N-[1-Methylcyclohexyl-(1)]-formamid* (**X**), $C_8H_{15}NO$, Kp.$_{10}$ 129°, F. 28°, wie **IX** aus 2-Methyl-Δ^1-cyclohexen; 77%. — *N-[1.2.2-Trimethylcyclohexyl-(1)]-methylamin,* $C_{10}H_{21}N$, Kp. 184 bis 186°, wie **VIII** aus **IX**; 76%. *Hydrochlorid,* $C_{10}H_{22}ClN$, F. 218—219° (Aceton–PAe.). — *N-[1.2.2-Trimethylcyclohexyl-(1)]-amin,* $C_9H_{19}N$, Kp. 167—168°, durch 48std. Kochen von 9,5 g **IX** mit 28 cm³ 10%ig. wss. NaOH in 30 cm³ A., Verdünnen mit W., Alkalisieren u. Wasserdampf-Dest. der Base in vorgelegte verd. HCl; 5,72 g (73%). *Hydro-*

chlorid, $C_9H_{20}ClN$, F. >330° (A.-Ae.). — *1-Methylcyclohexyl-(1)-amin*, Kp. 140—142°, aus **X** wie vorst. Verb.; 81%. *Hydrochlorid*, $C_7H_{16}ClN$, F. 270° (Zers.; A.-Ae.). — *N-[1.2.2-Trimethylcyclohexyl-(1)]-dimethylamin* (**XI**), $C_{11}H_{23}N$, Kp. 190—192°, aus vorvorst. Verb. wie **V**; 66%. *Hydrochlorid*, $C_{11}H_{24}ClN$, kein F. (zu hygroskop.). *Pikrat*, $C_{17}H_{26}N_4O_7$, F. 198° (Zers.; A.). — *N-[1-Methylcyclohexyl-(1)]-dimethylamin* (**XII**), Kp. 165—167°, aus vorvorst. Verb. wie **V**; 86%. *Hydrochlorid*, $C_9H_{20}ClN$, F. 183° (A.-Ae.). *Methojodid*, $C_{10}H_{22}JN$, F. 255° (Zers.; A.). A. EMR/Prag. 2110

Antimonylverbindungen. 1. Mitt. **Harries' Dipyrogallol und dessen Antimonylverbindung.** Kai-Chi Yuan. (Acta chim. sinica **24.** 123—25. April 1958. Shanghai, First Med. Coll., School of Pharmacy, Dep. of organ. Chem.) (Chin.; Auszug: Engl.)

HARRIES' Dipyrogallol (**I**; 2.3.4.2'.3'.4'-Hexahydroxydiphenyl) bildet sowohl mit überschüssigem $SbCl_3$ in gesätt. NaCl-Lsg. oder mit Brechweinstein eine I-*Antimonyl-1:1-Verb.*, die in n-HCl unlösl. ist u. aus 2n HCl umkrist. werden kann, während mit 3n HCl Hydrolyse zu **I** erfolgt. **I** krist. wasserfrei in Form von Nadeln, als *Monohydrat* in Form von Prismen. W. LIEBSCHER. 2260

Neue Methoden zur Darstellung einiger Stilben-Derivate. Darius Molho und Jean Coillard. (Bull. Soc. chim. France [5] **1956.** 78—93. Jan. Lyon, Fac. des Sci., Labor. de Chim. biol.) (Franz.)

Die Kondens. von Phenylbrenztraubensäure (**I**) mit Resorcinmonomethyläther (**II**) in Ggw. von $AlCl_3$ führt zu *3-Benzal-6-methoxycumaranon-(2)* (**III**), das durch KOH/Dimethylsulfat in den *Methylester* der *α-[2.4-Dimethoxyphenyl]-zimtsäure* (**IV**) übergeführt wird. **IV** läßt sich durch Erhitzen mit Cu in Chinolin zu *2.4-Dimethoxystilben* (**V**) decarboxylieren. Resorcindimethyläther (**VI**) gibt durch Kondens. mit **I** direkt **IV**. Zahlreiche substituierte Phenylbrenztraubensäuren wurden ebenso wie **I** mit Polyphenolen u. Polyphenoläthern zu **III**- bzw. **IV**-Derivv. umgesetzt. Bei der Rk. von **I** mit Phloroglucintrimethyläther (**VII**) wird neben *α-[2.4.6-Trimethoxyphenyl]-zimtsäure* auch die Bldg. einer weiteren Verb. beobachtet, die als *α-Keto-β-phenyl-γ-benzyl-γ-butyrolacton* (**VIII**) identifiziert wurde u. durch MICHAEL-Addition von 2 Moll. **I** entsteht. Im Gegensatz zu **I** liefern p-Methoxyphenyl- (**IX**) u. 3.4-Dimethoxyphenylbrenztraubensäure (**X**) mit **VI** nicht die **IV**-Derivv., sondern *3-[p-Methoxybenzal]-* bzw. *3-[3.4-Dimethoxybenzal]-6-methoxycumaranon-(2)*, d. h. unter den Rk.-Bedingungen tritt eine teilweise Desalkylierung ein. **VII** gibt dagegen mit **IX** wiederum *α-[2.4.6-Trimethoxyphenyl]-p-methoxyzimtsäure*. Bei der Kondens. von **I** mit Phenol fällt ein kompliziertes Gemisch an, aus dem sich als identifizierbare Verbb. *3-Benzalcumaranon-(2)* (**XI**), *α-[p-Hydroxyphenyl]-zimtsäure* u. **VIII** isolieren ließen; **XI** wird zu *α-[o-Hydroxyphenyl]-zimtsäure* hydrolysiert. Aus Anisol u. **I** wird dagegen in guter Ausbeute *α.α-Bis-[p-methoxyphenyl]-β-phenylpropionsäure* (**XII**) erhalten, die sich zu *1.1-Bis-[p-methoxyphenyl]-2-phenyläthan* decarboxylieren läßt. Analog **V** wurden zahlreiche weitere *Polymethoxystilbene* synthetisiert. Der Mechanismus der durchgeführten Rkk. wird bes. im Hinblick auf die Beziehungen der dargestellten Substanzen zu Natur-Prodd. ausführlich diskutiert.

Versuche: Cumaranone-(2): *3-Benzal-6-methoxy-* (**III**), $C_{16}H_{12}O_3$, F. 131—132° (A.), durch anteilweises Zugeben von 16 g $AlCl_3$ zu 16 g **I** u. 15 g **II** in Dichloräthan, langsames Erhitzen, 2std. Kochen, Einengen u. Zers. mit Eis/HCl; gelb; 18 g (Ausbeute). — *3-Benzal-4-methyl-6-hydroxy-*, $C_{16}H_{12}O_3$, F. 216° (wss. A.), analog **III** aus 16 g **I** u. 15 g Orcin; gelb; 9,6 g. — *3-Benzal-6-hydroxy-*, $C_{15}H_{10}O_3$, F. 174°; gelb. — *3-Benzal-4.6-dimethoxy-*, $C_{17}H_{14}O_4$, F. 176° (A.), analog **III** aus 9 g **I** u. 10 g Phloroglucindimethyläther (**XIII**); citronengelb; 12,5 g. — *3-Benzal-4.6-dihydroxy-* (?), $C_{15}H_{10}O_4$, F. 244°, aus 16 g **I** u. 15 g Phloroglucin; 0,1 g. — *3-[p-Methoxybenzal]-6-hydroxy-*, $C_{16}H_{12}O_4$, F. 190°, analog **III** aus 5 g **IX** u. 6,5 g Resorcin (**XIV**); aus A. orangefarbene Nadeln; 3 g. — *3-[p-Methoxybenzal]-6-methoxy-*, $C_{17}H_{14}O_4$, F. 171° (A.); gelb; a) analog **III** aus 4 g **II** u. 15 g **IX**; 5 g; b) ebenso aus 3 g **VI**; 2 g. — *3-[p-Methoxybenzal]-4.6-dimethoxy-*, $C_{18}H_{16}O_5$, F. 167° (A.), analog **III** aus 4,6 g **XIII** u. 5 g **IX**; gelb; 6 g. — *3-[3.4-Dimethoxybenzal]-6-hydroxy-*, $C_{17}H_{14}O_5$, F. 205° (A.), analog **III** aus 7 g **X** u. 5 g **XIV**; orangefarben; 4 g [daneben *gelbe Verb. vom F. 305°*; gibt durch Methylieren mit Dimethylsulfat *Verb. vom F. 240°* (A.)]. — *3-[3.4-Dimethoxybenzal]-6-methoxy-*, $C_{18}H_{16}O_5$, F. 193° (A.), aus 11 g **X** u. 7,5 g **II**; gelb; 10 g. — *3-[3.4-Dimethoxybenzal]-4.6-dimethoxy-*, $C_{19}H_{18}O_6$, F. 173° (A.), aus 11 g **X** u. 9 g **XIII**; gelb; 10,5 g. — *3-[3.4.5-Trimethoxybenzal]-6-hydroxy-*, F. 180°. — *3-[3.4.5-Trimethoxybenzal]-6-methoxy-*, F. 149° (A.), aus 13 g 3.4.5-Trimethoxyphenylbrenztraubensäure u. 7,5 g **II**; gelb; 8 g; daneben *Verb. vom F. 250°*. — *3-[3.4.5-Trimethoxybenzal]-4.6-dimethoxy-*, $C_{20}H_{20}O_7$, F. 159—160°; gelb. — *3-Benzal-* (**XI**), $C_{15}H_{10}O_2$, F. 79°, analog **III** aus 10 g **I** u. 8 g Phenol; citronengelb; daneben 0,5 g **VIII** u. *gelbe Verb. vom F. 148°* sowie *α-[p-Hydroxyphenyl]-zimtsäure*, $C_{15}H_{12}O_3$, F. 221° (A.). — *3-Benzal-5-methyl-*, $C_{16}H_{12}O_2$, F. 77°, analog **III** aus 8 g p-Kresol u. 9 g **I**; 1 g. — Zimtsäuren: *α-[2.4-Dimethoxyphenyl]-* (**IV**), $C_{17}H_{16}O_4$, F. 180° (Bzl.), durch Verseifen des

Methylesters mit sd. alkohol. KOH. *Methylester*, $C_{18}H_{18}O_4$, F. 108° (A.), durch langsames Zugeben von Dimethylsulfat zu **III** in 20%ig. KOH während 1 Std. auf dem Wasserbad u. starkes Alkalisieren. — Analog: *α-[6-Methyl-2.4-dimethoxyphenyl]-*, $C_{18}H_{18}O_4$, F. 209° (A.). *Methylester*, $C_{19}H_{20}O_4$, F. 125° (A.). — *α-[2.4.6-Trimethoxyphenyl]-*, $C_{18}H_{18}O_5$, F. 194° [auch analog **III** aus 19 g **VII** u. 16 g **I**; 15,5 g, daneben **VIII**]. *Methylester*, C_{19}·$H_{20}O_5$, F. 146°. — *α-[2.4-Dimethoxyphenyl]-p-methoxy-*, $C_{18}H_{18}O_5$, F. 168—169°. *Methylester*, $C_{19}H_{20}O_5$, F. 140°. — *α-[2.4.6-Trimethoxyphenyl]-p-methoxy-*, $C_{19}H_{20}O_6$, F. 186° [auch analog **III** aus **IX** u. **VII**]. *Methylester*, $C_{20}H_{22}O_6$, F. 142° (A.). — *α-[2.4-Dimethoxyphenyl]-3.4-dimethoxy-*, $C_{19}H_{20}O_6$, F. 167°. *Methylester*, $C_{20}H_{22}O_6$, F. 124° (A.). — *α-[2.4.6-Trimethoxyphenyl]-3.4-dimethoxy-*, $C_{20}H_{22}O_7$, F. 162°. *Methylester*, $C_{21}H_{24}O_7$, F. 138°. — *α-[2.4-Dimethoxyphenyl]-3.4.5-trimethoxy-*, $C_{20}H_{22}O_7$, F. 161°. *Methylester*, $C_{21}H_{24}O_7$, F. 98°. — *α-[2.4.6-Trimethoxyphenyl]-3.4.5-trimethoxy-*, $C_{21}H_{24}O_8$, F. 162°. *Methylester*, $C_{22}H_{26}O_8$, F. 110—112° (A.). — *α-[o-Hydroxyphenyl]-*, $C_{15}H_{12}O_3$, F. 160°, aus **XI** in alkohol. KOH bei 0°. — Stilbene, durch 2std. Erhitzen der entsprechenden α-Arylzimtsäuren mit Cu-Bronze in Chinolin auf 230°: *2.4-Dimethoxy-* (**V**), $C_{16}H_{16}O_2$, F. 62—63° (A.). *Pikrat*, $C_{22}H_{19}N_3O_9$, F. 78°. — *6-Methyl-2.4-dimethoxy-*, $C_{17}H_{18}O_2$, ölig. *Pikrat*, $C_{23}H_{21}$·N_3O_9, F. 124—125°. — *2.4.6-Trimethoxy-*, $C_{17}H_{18}O_3$, F. 57°, aus A. Nadeln. *Pikrat*, $C_{23}H_{21}N_3O_{10}$, F. 111,5° (A.). — *2.4.4'-Trimethoxy-*, $C_{17}H_{18}O_3$, F. 89° (A.). — *2.4.6.4'-Tetramethoxy-*, $C_{18}H_{20}O_4$, F. 75° (A.). — *2.4.3'.4'-Tetramethoxy-*, $C_{18}H_{20}O_4$, F. 117° (A.). — *2.4.6.3'.4'-Pentamethoxy-*, $C_{19}H_{22}O_5$, F. 131° (A.). — *2.4.3'.4'.5'-Pentamethoxy-*, $C_{19}H_{22}O_5$, F. 132° (A.). — *2.4.6.3'.4'.5'-Hexamethoxy-*, $C_{20}H_{24}O_6$, F. 143° (A.). — *α.α-Bis-[p-methoxyphenyl]-β-phenylpropionsäure* (**XII**), $C_{23}H_{22}O_4$, F. 156°, analog **III** aus 16 g **I** u. 12 g Anisol; aus A. Nadeln; 18 g. — *p.p'-Dimethoxybenzophenon*, F. 144°, durch Oxydation von **XII** mit alkal. $KMnO_4$ [*Oxim*, F. 133°]; daneben *p-Methoxybenzoesäure*, F. 183° (W.), u. *Benzoesäure*, F. 122° (W.). — *1.1-Bis-[p-methoxyphenyl]-2-phenyläthan*, $C_{22}H_{22}O_2$, F. 92°, durch 2std. Erhitzen von **XII** mit Cu-Pulver in Chinolin auf 220°; aus A. Nadeln. — *α.α-Bis-[p-hydroxyphenyl]-β-phenylpropionsäure, Hydrat*, $C_{21}H_{18}O_4 \cdot H_2O$, F. 140° (wird wieder fest u. schmilzt dann bei 192°; wss. A.), durch 2std. Erhitzen von **XII** mit Pyridinhydrochlorid auf 180° u. Gießen in Wasser. — *α-Keto-β-phenyl-γ-benzyl-γ-butyrolacton* (**VIII**), $C_{17}H_{14}O_3$, F. 175° (W.), nach HEMMERLÉ [1917] durch 3std. Kochen von **I** in verd. Essigsäure. H.-E. TOUSSAINT. 2260□

Einwirkung von Natrium auf Phenyliminoäther. 2. Mitt. **Kondensation einiger o- und p-substituierter Derivate des Phenylbenziminophenyläthers.** Roland Jaunin und Gabriel Séchaud. (Helv. chim. Acta **39**. 1257—62. 1/8. 1956. Lausanne, Univ., Labor. de Chim. org.) (Franz.) — 1. vgl. C. **1955**. 9787.

N-Phenyl-o- (**I**) u. -p-toluyliminophenyläther (**II**) sowie -o-methoxybenziminophenyläther (**III**) gehen bei der Einw. von Na in sd. Ae. analog dem unsubstituierten N-Phenylbenziminophenyläther in substituierte *Benzildianile* über. N-Phenyl-p-methoxybenziminophenyläther (**IV**) bleibt unter diesen Bedingungen prakt. unverändert, liefert jedoch bei längerem Erhitzen mit Na in Di-n-butyläther ein Substanzgemisch, aus dem sich nach saurer Hydrolyse *p.p'-Dimethoxybenzil*, *p-Methoxybenzanilid*, *N-[p-Methoxybenzyl]-anilin* u. *N.N'-Diphenyl-p-methoxybenzamidin* isolieren ließen. Die Rkk. verlaufen vermutlich über einen radikal. Mechanismus.

Versuche: N-Phenylbenziminophenyläther, durch Erhitzen des jeweiligen Anilids mit PCl_5 in abs. Toluol auf 70° bis zum Aufhören der HCl-Entw., Eindampfen im Vakuum, Lösen in Chlf., Eintragen von Na-Phenolat u. Stehen über Nacht: *-o-toluyl-* (**I**), $C_{20}H_{17}NO$, F. 89—90° (A.); 62% (Ausbeute). — *-p-toluyl-* (**II**), $C_{20}H_{17}NO$, F. 86—87° (A.); 50%. — *-o-methoxybenz-* (**III**), $C_{20}H_{17}NO_2$, $Kp._{0,9}$ 185—187°, F. 71—72° (A.); 53%. — *-p-methoxybenz-* (**IV**), $Kp._{0,15}$ 190—192°, F. 83—85° (A.); 38%. — *o-Tolil*, F. 91—93°, durch 1std. Kochen des Dianils mit 60%ig. H_2SO_4 neben *Anilin*. *Dianil* (**V**), $C_{28}H_{24}N_2$, F. 177—180° (Tetrahydrofuran–A.), durch 1std. Erwärmen von **I** mit Na-Pulver in Ae. unter Reinst-N_2, Neutralisieren mit Eisessig, Ausziehen des gebildeten *Phenols* [→ *2.4.6-Tribromphenol*, F. 91—92°; 95%] mit verd. NaOH u. Einengen; 69%. — *p-Tolil*, F. 103—104° (A.) [gibt mit KOC_2H_5 in Ae. *p-Tolilsäure*, F. 130—131°]. *Dianil*, $C_{28}H_{24}N_2$, F. 150—150,5°, analog **V** aus **II**; aus Dioxan–Methanol gelbe Blättchen; 48%; daneben *p-Toluylsäureanilid*, F. 148°; 6%. — *o.o'-Dimethoxybenzil*, F. 129—130° [gibt mit KOC_2H_5 in Ae. *o.o'-Dimethoxybenzilsäure*, F. 159—160°]. *Dianil*, $C_{28}H_{24}N_2O_2$, F. 203 bis 204°, analog **V** aus **III**; aus Dioxan–A. gelbe Blättchen; 31%. — *p.p'-Dimethoxybenzil*, F. 130—132° (A.), a) analog **V** aus **IV** bei nachfolgender Hydrolyse; 0,7%; b) durch 13std. Kochen von **IV** mit Na in Di-n-butyläther unter Reinst-N_2, Ausziehen von Phenol mit verd. NaOH, $^1/_2$std. Kochen mit 20%ig. HCl u. Ausäthern; 3,7% [gibt mit KOC_2H_5 in Ae. *p.p'-Dimethoxybenzilsäure*, F. 163—164°]; daneben *p-Methoxybenzanilid*, F. 168° (A.); 13,7%; *N-[p-Methoxybenzyl]-anilin*, F. 62—64° (Isopropanol); 5%;

u. *N.N'-Diphenyl-p-methoxybenzamidin*, F. 133,5—134° (A.); 6% [*Hydrochlorid*, F. 250 bis 257°]. H.-E. TOUSSAINT. 2370□

Darstellung eines substituierten Benzils durch Spaltung eines Isoflavons. Pierre Crabbé. (Bull. Soc. chim. belges **70.** 189—92. März/April 1961. Mexico, D.F., Mexico, Res. Labor. Syntex S.A.) (Franz.)

Vf. erhält *2-Hydroxy-2'.6-dimethoxy-4.5-methylendioxybenzil* ($C_{17}H_{14}O_7$, F. 147 bis 148°) durch 12std. Kochen von 2'.5-Dimethoxy-6.7-methylendioxyisoflavon (Tlatlancuayin) in A. mit KOH, während O_2 durch die Lsg. geleitet wird, Abkühlen, Zugabe von W., Extraktion mit Ae. u. Umkristallisieren aus Methylenchlorid/Hexan. Der Rk.-Mechanismus wird diskutiert. UV- u. IR-Spektren der Verb. sind angegeben. GOTTFRIED SCHREIBER. 2380□

Über die Herstellung von 2-Methyl-1-naphthylamin-6-sulfonsäure und Möglichkeit ihrer Verwendung als Zwischenprodukt für Azofarbstoffe. Wincenty Wojtkiewicz und Jerzy Szadowski. (Zeszyty naukowe Politechn. Łódzkiej, Chem. **1961.** Nr. 9. 113—20. Łódź, Politechn., Kat. Technol. Barwników.) (Pol.)

2-Methyl-1-nitronaphthalin-6-sulfonsäure (I) wird auf 2 Wegen erhalten: Durch Sulfurierung u. Nitrierung von 2-Methylnaphthalin (II) oder in der umgekehrten Reihenfolge. Durch Red. mit Fe in saurer Lsg. entsteht aus I die chromatograph. einheitliche *2-Methyl-1-aminonaphthalin-6-sulfonsäure* (III). Die freie Säure ist in W. schwer lösl., das *Na-* u. *NH_4-Salz* leicht löslich. Der aus diazotiertem III u. β-Naphthol dargestellte *Azofarbstoff* färbt Wolle rot mit einem satten Gelbstich. Die CH_3-Gruppe im α-Naphthylamin-Kern hat somit einen hypsochromen Effekt im Gegensatz zur CH_3-Gruppe im Anilinkern.

Versuche: *2-Methyl-1-nitronaphthalin-6-sulfonsäure* (I), a) durch Nitrierung von 1 Mol II in 500 g 65%ig. H_2SO_4 mit 290 g Nitriergemisch ($HNO_3 : H_2SO_4 : H_2O$ = 25 : 55 : 20) bei 0—5° zu *1-Nitro-2-methylnaphthalin* [F. 80—81° (A.); 70% (Ausbeute)] u. anschließende Sulfurierung mit $H_2SO_4 \cdot H_2O$ bei 30—40° ($^1/_2$Std.) u. 95—97° (4 Std.); 81%; b) durch 8std. Erwärmen von 0,5 Mol II mit 70 g $H_2SO_4 \cdot H_2O$ auf 95—97°, Verdünnen mit 126 g 93%ig. H_2SO_4 unter Zusatz einiger Tropfen HNO_3, Kühlen auf 10°, Zugabe von 45,5 g 67%ig. HNO_3, Eingießen des Rk.-Gemisches nach 12std. Stehen in 1 Liter W., Fällen des *Ca-Salzes*, Überführen des Ca-Salzes mit Na_2CO_3 in das *Na-Salz* u. Ansäuern. *Anilinsalz*, F. 263—265° (Zers.), aus dem I-Na-Salz u. Anilinhydrochlorid; gelbe Nadeln. *o-Toluidinsalz*, F. 252—253° (Zers.); gelbe Nadeln. — *2-Methyl-1-aminonaphthalin-6-sulfonsäure* (III), durch Red. von I mit Fe-Spänen u. HCl; 40% (aus dem Na-Salz) bzw. 94% (aus der freien Säure). *N-Acetylverb.*, *Na-Salz*, aus 0,05 Mol III in 200 ml W. u. 5 ml 20%ig. NH_4OH u. 25 g Acetanhydrid bei 60—65° unter Einhaltung von pH 7 durch laufende Neutralisation mit 10%ig. Na_2CO_3-Lsg.; 73%. *o-Toluidinsalz*, F. 133—135° (Zers.); Blättchen. — *2-Methyl-2'-hydroxy-1.1'-azonaphthalin-6-sulfonsäure*, durch Diazotieren von 5,95 g III u. Kuppeln mit 3,7 g β-Naphthol in alkal. Lsg. bei 10°; 9 g. F. URBAN. 2700□

Oxydation der 2.2-Dimethyl-3-[6-methoxynaphthyl-(2)]-Δ^3-pentensäure mit Selendioxid. Alain Horeau und Jean Jacques. (Bull. Soc. chim. France [5] **1956.** 1467—71. Okt. Paris, Coll. de France, Labor. de Chim. organ. des Hormones.) (Franz.)

Während die Oxydation des Äthylesters der 2.2-Dimethyl-3-[6-methoxynaphthyl-(2)]-Δ^3-pentensäure (I) mit SeO_2 zum *Diäthylester* des *Bis-{4-carboxy-4-methyl-3-[6-methoxynaphthyl-(2)]-penten-(2)-yl-(1)}-selenids* (II) führt, der sich zum freien II verseifen läßt, wird die freie I zu einem Gemisch aus *2.2-Dimethyl-3-[6-methoxynaphthyl-(2)]-Δ^3-pentenolid-(1.4)* (III) u. zwei diastereomeren *2.2-Dimethyl-3-[6-methoxynaphthyl-(2)]-3-hydroxypentanoliden-(1.4)* (**IV a, b**) oxydiert. **IV a** u. **IV b** werden beim Erhitzen mit $KHSO_4$ zu III dehydratisiert. Die Verseifung des Lactons III mit alkohol. KOH liefert *α.α-Dimethyl-β-[6-methoxynaphthyl-(2)]-lävulinsäure*. **IV a** geht beim Erhitzen mit Ameisensäure in **IV b** über.

Versuche: *Bis-{4-carboxy-4-methyl-3-[6-methoxynaphthyl-(2)]-penten-(2)-yl-(1)}-selenid* (II), $C_{36}H_{38}O_6Se$, F. 239° (abs. A.), durch 1std. Erhitzen von 1 g des Diäthylesters mit NaOH in Glykolmonomethyläther u. Ansäuern mit Essigsäure; 0,9 g (Ausbeute). *Dimethylester*, $C_{38}H_{42}O_6Se$, F. 173—175°. *Diäthylester*, $C_{40}H_{46}O_6Se$, F. 132—133° (Essigsäure), durch 9std. Kochen von I-Äthylester mit SeO_2 in Essigsäure, Einengen u. Chromatographieren in Cyclohexan an Al_2O_3; 35%; gibt durch $1^1/_2$std. Kochen mit Ameisensäure wieder I-*Äthylester*, F. 48—49°. — *2.2-Dimethyl-3-[6-methoxynaphthyl-(2)]-Δ^3-pentenolid-(1.4)* (III), $C_{18}H_{18}O_3$, F. 146—147°, a) durch 6std. Kochen von 14 g I mit SeO_2 in Essigsäure, Verdünnen mit W., Ausäthern, Eindampfen u. Chromatographieren in Bzl. an Al_2O_3; aus Cyclohexan Nadeln; 0,18 g [daneben 0,94 g **IV a** u. 0,71 g **IV b**]; b) durch 10 Min. langes Erhitzen von 0,4 g **IV a** mit $KHSO_4$ auf 180—190°; 309 mg; c) ebenso aus 0,4 g **IV b**; 309 mg. — *2.2-Dimethyl-3-[6-methoxynaphthyl-(2)]-3-hydroxypentanolid-(1.4)*, *Form* **IV b**,

$C_{18}H_{20}O_4$, F. 205—206° (Cyclohexan), a) neben III; b) durch 30 Sek. langes Erhitzen von 0,1 g **IV a** in Ameisensäure; 80 mg. *Form* **IV a**, $C_{18}H_{20}O_4$, F. 186—187° (Cyclohexan), neben **III**. — *α.α-Dimethyl-β-[6-methoxynaphthyl-(2)]-lävulinsäure*, F. 125—126° (verd. Essigsäure), durch $^1/_2$std. Kochen von 309 mg **III** in alkohol. NaOH, Verdünnen mit W. u. Ansäuern mit Essigsäure; 293 mg. *Methylester*, $C_{19}H_{22}O_4$, F. 105—107° (PAe.), mit äther. CH_2N_2 [*Oxim*, $C_{19}H_{23}O_4N$, F. 172—173° (wss. Methanol)]. H.-E. TOUSSAINT. 2700□

Untersuchung auf dem Gebiet der Hydroxyderivate des Anthracens. 5. Mitt. **Über die Struktur der Bisulfitverbindungen der Nitrosoanthrole.** M. W. Gorelik, A. N. Rodionow und Ss. W. Bogdanow. (Журнал Общей Химии [J. allg. Chem.] **29** (**91**). 2852—54. Sept. 1959. Wiss. Woroschilow-Forsch.-Inst. für organ. Zwischenprodd. u. Farbstoffe; Physikochem. Karpow-Inst.) (Russ.) — 4. vgl. C. **1960**. **3860**.

Während die UV-Spektren von *4-Nitrosoanthrol-(1)* [*1.4-Anthrachinon* (**I**)-*4-oxim*] u. **I**-*Dioxim* Absorptionsmaxima bei 230 u. 310 mμ aufweisen, zeigen ihre Bisulfit-Verbb. nur ein solches bei 270 mμ. Eine gleiche Änderung der Spektren wird auch beim Übergang von **I** zu 2.3-Dihydro-1.4-anthrachinon (**II**) beobachtet. Das Maximum bei 265 bis 270 mμ wird auf Syst. wie in **II** zurückgeführt, bei denen 2 CO-Gruppen mit einem aromat. Kern in Konjugation stehen; bei *3.4-Dihydro-1.2-anthrachinon*, wo 1 CO-Gruppe nicht konjugiert ist, erscheint dieses Maximum um 35—40 mμ hypsochrom verschoben. Die nach früheren Unterss. angenommenen Strukturen für die Bisulfit-Verbb. von **I**-4-Oxim u. **I**-Dioxim als 2.3-Dihydro-2-sulfonsäuren werden durch die UV-spektroskop. Ergebnisse bestätigt. Auch weisen die IR-Spektren u. a. die für die C—H-Valenzschwingungen in CH_2-Gruppen charakterist. Frequenzen bei 2840—2950 cm^{-1} auf.

Versuche: *1.4-Anthrachinon* (**I**), F. 223—224° (Aceton), durch Zugeben von K-Nitrosodisulfonat in 3%ig. NaH_2PO_4-Lsg. zu Anthrol-(1) in Aceton bei 15—20°, 1 std. Stehen u. Verdünnen mit W.; 96% (Ausbeute). — *2.3-Dihydro-1.4-anthrachinon* (**II**), F. 170° (Zers.; Bzn.), durch Red. von **I** mit $NaHSO_3$ in W.–Ae.-Gemisch, Ausziehen des gebildeten *Anthracendiols-(1.4)* mit Ae. u. 10 Min. langes Erhitzen im Vakuum auf 210—220°; braungelbe Blättchen. H.-E. TOUSSAINT. 2800□

Untersuchung auf dem Gebiet der Hydroxyderivate des Anthracens. 6. Mitt. **Reaktionsfähigkeit von Nitrosoanthrolen und Nitrosoanthrolsulfonsäuren.** M. W. Gorelik und Ss. W. Bogdanow. (Журнал Общей Химии [J. allg. Chem.] **29** (**91**). 3258—63. Okt. 1959.) (Russ.) — 5. vgl. vorst. Referat.

Während 2-Nitrosoanthrol-(1) [**I**; 1.2-Anthrachinon-2-oxim] im Gegensatz zu 1-Nitrosoanthrol-(2) [**II**; 1.2-Anthrachinon-1-oxim] u. 4-Nitrosoanthrol-(1) [**III**; 1.4-Anthrachinon-4-oxim] keine Bisulfit-Verb. gibt, reagieren alle 3 Verbb. in gleicher Weise mit Hydroxylaminhydrochlorid (**IV**) zu den entsprechenden *Dioximen*, d. h. die geringere Rk.-Fähigkeit von **I** gegenüber $NaHSO_3$ läßt sich nicht damit erklären, daß **I** ausschließlich in der benzoiden Form vorliegt. Jedoch ist die Carbonylgruppe in **I** gegenüber einem nucleophilen Angriff deutlich weniger reaktionsfähig als in **II**, u. während **II** mit **IV** nach 1 std. Erhitzen quant. das Dioxim bildet, beträgt die Ausbeute aus **I** nach 20 Std. erst 70%. **I**- u. **II**-Ag-Salz liefern mit CH_3J die *Oximmethyläther*, die mit alkal. **IV** in *Anthra-[1'.2':3.4]-furazan* umgewandelt werden. **III**-Na-Salz gibt analog den *Oximmethyläther*, aus dem mit O-Methylhydroxylaminhydrochlorid (**VII**) *1.4-Anthrachinondioximdimethyläther* erhalten wird. Beim Methylieren von **III**-Ag-Salz wird eine Verb. von gleicher Zus. u. gleichem F. wie aus dem Na-Salz gebildet. doch gab der Misch-F. eine starke Depression, u. auch die Spektren zeigten Unterschiede. Die Methylierung von **I** u. **II** führt in Analogie zu den Verhältnissen bei den Naphtholen im UV-Spektrum zu einer bathochromen, bei **III** dagegen zu einer hypsochromen Verschiebung der Absorptionskurven. 2-Nitrosoanthrol-(1)-sulfonsäure-(4) (**V**) u. 1-Nitrosoanthrol-(2)-sulfonsäure-(4) (**VI**) besitzen ähnliche, geringfügig ins langwellige Gebiet verschobene Spektren wie die nicht sulfonierten Verbb. **I** u. **II**. **VI** tauscht bekanntlich im Gegensatz zu **V** die SO_3H-Gruppe leicht bei der Umsetzung mit wss. Alkalien oder aromat. Aminen aus. Die Rk. von Bisulfit mit den Chinonoxim-Formen von **II** u. **III** sowie die Rk. von **VI** mit Alkali oder Aminen lassen sich als die 1.4-Addition eines nucleophilen Agens an das konjugierte Syst. C=C—C=O auffassen. Da in **I** u. **V** die C=C-Doppelbindung nicht mit der Keto-, sondern mit der Oximinogruppe in Konjugation steht, wird die geringere Rk.-Fähigkeit dieser Verbb. im Vgl. zu **II**, **III** u. **VI** auf eine Desaktivierung der Doppelbindung infolge des schwach elektronenanziehenden Charakters der Oximino-Gruppierung zurückgeführt.

Versuche: *2-Nitrosoanthrol-(1)* [**I**; *1.2-Anthrachinon-2-oxim*], durch 1 std. Kochen von 1.2-Anthrachinon mit **IV** in 90%ig. A.; 52% (Ausbeute) (daneben *Verb. vom F. 178 bis 180°*, aus A. Blättchen). *Methyläther*, F. 134°. — *Anthra-[1'.2':3.4]-furazan*, F. 175 bis 175,5°, durch 20 std. Kochen von **I** oder **I**-Methyläther mit **IV** in 90%ig. A.; 64%. — *4-Nitrosoanthrol-(1)* [**III**; *1.4-Anthrachinon-4-oxim*], aus 1.4-Anthrachinon (**VIII**) u. **IV**;

37% [gibt mit weiterem **IV** **VIII**-*Dioxim*, F. 232° (Zers.)]. *Methyläther*, $C_{15}H_{11}NO_2$, F. 135°, durch rasches Schütteln von **III** mit Dimethylsulfat in wss. NaOH; aus A. hellgelbe Nadeln. — *Verb. $C_{15}H_{11}NO_2$*, F. 134—135,5°, durch 3std. Kochen von **III**-Ag-Salz mit CH_3J in A.-Ae.; aus A. hellgelbe Nadeln. — *1.4-Anthrachinondioximdimethyläther*, $C_{16}H_{14}N_2O_2$, F. 160,5—161°, aus A. hellgelbe Nadeln, a) durch 1std. Kochen von 1 g **VIII** mit **VII** in A.; 0,51 g; b) analog aus **III**-Methyläther u. **VII**; c) aus **VIII**-Dioxim u. Dimethylsulfat in wss. NaOH. — *1.2-Anthrachinondioximdimethyläther*, $C_{16}H_{14}N_2O_2$, F. 104,5 bis 105°, durch 2std. Kochen von 0,4 g **II**-Methyläther mit **VII** in A.; 0,31 g.

H.-E. Toussaint. 2800 □

Untersuchung auf dem Gebiet der Anthracenderivate. 7. Mitt. Reaktionsfähigkeit von 1.2-Anthrafurazan und 1.2-Anthraselenodiazol. M. W. Gorelik und Ss. W. Bogdanow. (Журнал Общей Химии [J. allg. Chem.] **30** (**92**). 2949—54. Sept. 1960.) (Russ.) — 6. vgl. vorst. Referat.

1.2-Anthrachinondioxim (**I**) geht bei der Einw. von Alkali leicht in *Anthra-[1'.2':3.4]-furazan* (**II**) über, das durch CrO_3 zu *1.2-Furazano-9.10-anthrachinon* (**III**) oxydiert wird. Durch Red. mit $SnCl_2$ u. anschließendes Umsetzen mit SeO_2 liefert **I** *Anthra-[1'.2':3.4]-selenodiazol* (**IV**), dessen CrO_3-Oxydation ebenfalls ein *9.10-Chinon* (**V**) liefert; dieses ist auch aus 1.2-Diaminoanthrachinon (**VI**) u. SeO_2 zugänglich. Erwartungsgemäß vermindern die elektrophilen Heteroatome in **II** u. **IV** die Rk.-Fähigkeit der meso-Stellungen im Vgl. zum unsubstituierten Anthracen, so daß z. B. mit Maleinsäureanhydrid keine Rk. eintritt u. sich auch eine definierte Bromierung prakt. nicht erreichen läßt. Dennoch sind, wie die leichte Oxydierbarkeit der Verbb. zu den Chinonen zeigt, die 9- u. 10-Stellung die reaktionsfähigsten des Moleküls. Die UV-Spektren von **II**, **III**, **IV** u. **V** sind wiedergegeben; die Absorptionskurve von **IV** ist gegenüber der von **II** etwas zum langwelligen Bereich verschoben, was mit dem größeren Einfl. des Se im Vgl. zum O auf die Farbigkeit organ. Verbb. in Einklang steht. Die Spektren der Oxydations-Prodd. **III** u. **V** zeigen den allg. Charakter des Anthrachinon-Spektrums.

Versuche: *Anthra-[1'.2':3.4]-selenodiazol* (**IV**), $C_{14}H_8N_2Se$, F. 186,4—186,7°, durch Zugeben von $SnCl_2$ in konz. HCl zu **I** in A. bei 60°, 20 Min. langes Kochen, Abfiltrieren des erhaltenen *1.2-Diaminoanthracendihydrochlorids*, Auswaschen mit 20%ig. NaCl-Lsg. u. Verrühren mit 5%ig. SeO_2-Lsg.; aus Essigsäure hellgelbe Blättchen; 70% (Ausbeute). — *1.2-Furazano-9.10-anthrachinon* (**III**), $C_{14}H_6N_2O_3$, F. 216—216,5°, durch anteilweises Zugeben von 73,4%ig. CrO_3 zu 1 g **II** in Eisessig, 5 Min. langes Kochen u. Verdünnen mit W.; aus Essigsäure hellgelbe Prismen; 0,96 g; gibt mit **II** in essigsaurer Lsg. eine *1:1-Molekülverb.*, $C_{14}H_6N_2O_3 \cdot C_{14}H_8N_2O$, F. 205°, aus Essigsäure purpurrote Prismen. — *1.2-Selenodiazolo-9.10-anthrachinon* (**V**), $C_{14}H_6N_2O_2Se$, F. 312° (Zers.), aus Nitrobenzol goldgelbe Blättchen, a) aus 0,3 g **IV** u. CrO_3; 0,12 g; b) durch kurzes Kochen des aus **III** mit Na_2SO_3 in sd. NaOH erhaltenen **VI** (79%) mit SeO_2 in Essigsäure; 70%.

H.-E. Toussaint. 2800 □

Untersuchung auf dem Gebiet der Anthracenderivate. 8. Mitt. Bisulfitverbindung von 1.4-Anthrachinon. M. W. Gorelik und Ss. W. Bogdanow. (Журнал Общей Химии [J. allg. Chem.] **30** (**92**). 2954—58. Sept. 1960.) (Russ.) — 7. vgl. vorst. Referat.

Die Einw. von $NaHSO_3$ auf 1.4-Anthrachinon (**I**) führt zur „*Bisulfit-Verb.*", für die die Struktur eines *1-Oxo-4-hydroxy-1.2.3.4-tetrahydroanthracen-2.4-disulfonsäure-Di-Na-Salzes* (**II**) nachgewiesen wird; daneben fällt das *Na-Salz* der *1.4-Dihydroxyanthracen-2-sulfonsäure* (**III**) an, die durch CrO_3 zu *1.4-Anthrachinon-2-sulfonsäure* (**IV**) oxydiert wird. **II** ist gegen CrO_3 unempfindlich. Durch Hydroxylaminhydrochlorid (**V**) wird **II** in essigsaurer Lsg. in **IV**-Monoxim umgewandelt. Nach dem vorgeschlagenen Mechanismus entspricht auch im Falle von **I** die Bilsulfit-Rk. einer 1.4-Addition an das konjugierte Syst. C=C—C=O. **IV** tauscht mit Aminen leicht den Sulfonsäurerest aus.

Versuche: *1-Oxo-4-hydroxy-1.2.3.4-tetrahydroanthracen-2.4-disulfonsäure-Di-Na-Salz* (**II**), $C_{14}H_{10}Na_2O_8S_2$, durch 6—8std. Rühren von **I** [F. 220° (Aceton)] mit wss. $NaHSO_3$ bei 50—60°, Ausäthern [→ *1.4-Dihydroxyanthracen*; 18,5% (Ausbeute). *Diacetylderiv.*, F. 169—169,5° (wss. A.)], Eindampfen, Auskochen mit A. [→ **III**-*Na-Salz*, 40%], Zugeben von wss. Ba-Acetat, dann 10%ig. H_2SO_4 u. Auskochen mit A.; Nadeln; λ_{max} 222, 275 u. 370 mμ; 32%. — *1.4-Diacetoxyanthracen-2-sulfonsäure-Na-Salz*, $C_{18}H_{13}NaO_7S$, durch $^1/_4$std. Kochen von **III**-Na-Salz mit Essigsäureanhydrid. — *1.4-Anthrachinon-2-sulfonsäure* (**IV**), *Na-Salz-Dihydrat*, $C_{14}H_7NaO_5S \cdot 2\,H_2O$, aus **III**-Na-Salz u. CrO_3 in 20%ig. H_2SO_4. — *1.4-Anthrachinonmonoxim-2-sulfonsäure*, $C_{14}H_9NO_5S$, durch Ansäuren von Lsgg. des Na-Salzes [liefert durch Kochen mit verd. HNO_3 in Ggw. von $NaNO_2$ eine N-haltige *Verb.*, zers. sich ab 200°, aus Essigsäure Prismen]. *Na-Salz*, $C_{14}H_8NNaO_5S$, durch 8std. Erhitzen von **II** mit **V** u. Na-Acetat in W. auf 50°; gelbe Nadeln; 83%. — *2-Phenylamino-1.4-anthrachinon*, $C_{20}H_{13}NO_2$, F. 274°, aus 0,4 g **IV**-

Na-Salz u. 3% ig. wss. Anilin bei 50°; aus Eisessig braunrote Blättchen; 0,12 g. — *2-[p-Tolylamino]-1.4-anthrachinon*, $C_{21}H_{15}NO_2$, F. 260°, analog; aus Eisessig gelbbraune Blättchen. H.-E. TOUSSAINT. 2800□

Synthese kationoider Anthrachinonfarbstoffe. Mitsuo Ichikawa. (Bull. Tokyo Inst. Technol., Ser. B **1959**. 127—31.) (Engl.)

Bei der Suche nach Polyacrylfaserfarbstoffen wird zunächst die Konst. der Orlonfarbstoffe *Latylviolett BN* (I) u. *Latylviolett 2 R* (II) chromatograph. ermittelt. **I** besteht aus einem 9:1-Gemisch von *1-Anilino-4-hydroxy-* (F. 161—161,5°) u. *1.4-Dianilinoanthrachinon* (F. 218—219°), **II** ist *2.3-Dichlor-1.4-diaminoanthrachinon* (F. 284—286°). Durch Kondens. von N.N-Diäthyläthylendiamin (**IV**), N.N-Dimethyl-1.3-diaminopropan, N.N-Dimethyl- (**III**) u. N.N-Diäthyl-p-phenylendiamin mit Chinizarin in A. in Ggw. von wenig HCl, Zn-Staub u. Borsäure bzw. mit Leukochinizarin ohne Borsäure, werden je nach den verwendeten Mol-Mengen die Mono-Kondens.-Prodd. *1-[β-Diäthylaminoäthylamino]-*, *1-[γ-Dimethylaminopropylamino]-*, *1-[p-Dimethylaminoanilino]-*, u. *1-[p-Diäthylaminoanilino]-4-hydroxyanthrachinon* bzw. die Bis-Kondens.-Prodd. *1.4-Bis-[β-diäthylaminoäthylamino]-*, *1.4-Bis-[γ-dimethylaminopropylamino]-*, *1.4-Bis-[p-dimethylaminoanilino]-* u. *1.4-Bis-[p-diäthylaminoanilino]-anthrachinon* erhalten u. durch Einw. von Dimethylsulfat in Chlor- bzw. o-Dichlorbenzol in die *Monomethomethylsulfate* bzw. *Bis-[methomethylsulfate]* übergeführt. Analog werden durch Umsetzung von 1-Chlor-, 1,5- u. 1,8-Dichloranthrachinon in Pyridin in Ggw. von wasserfreiem Na-Acetat u. etwas Cu_2Cl_2 *1-[β-Diäthylaminoäthylamino]-*, *1.5-* u. *1.8-Bis-[β-diäthylaminoäthylamino]-*, *1-[γ-Dimethylaminopropylamino]-*, *1.5-* u. *1.8-Bis-[γ-dimethylaminopropylamino]-*, *1-[p-Dimethylaminoanilino]-*, *1.5-* u. *1.8-Bis-[p-dimethylaminoanilino]-*, *1-[p-Diäthylaminoanilino]-*, *1.5-* u. *1.8-Bis-[p-diäthylaminoanilino]-anthrachinon* erhalten u. in die quartären *Methomethylsulfate* übergeführt. Von vorst. kationoiden Farbstoffen wird Orlon 42 bei pH 4 in der Siedehitze unter Verw. von 1% Farbsalz pro Faser-Gew. in $^1/_4$—$^1/_2$ Std. gut gefärbt. Die Echtheit der Orange- bis Grünlichblaufärbungen entspricht der Klasse 8 der JIS-Skala. Weitere Farbstoffe wurden durch Kondens. von Perylen-3.4.9.10-tetracarbonsäureanhydrid mit **III** u. **IV** unter Bldg. von Perylen-[3.4.9.10]-tetracarbonsäure-bis-[p-dimethylaminophenylimid] bzw. -[β-diäthylaminoäthylimid] u. deren Umsetzung mit Dimethylsulfat unter Bldg. der *Bis-[methomethylsulfate]* erhalten, sowie durch Chlorsulfonierung von Cu-Phthalocyanin u. Kondens. mit **IV** unter Bldg. eines *Poly-[β-(diäthylamino)-äthylaminosulfonyl]-Cu-phthalocyanins*, dessen *Methomethylsulfat* Orlon 42 himmelblau mit dem Echtheitsgrad 8 färbt. Die vorst. Perylen-Derivv. färben mit gleicher Echtheit violettrot. L. LAMZA. 2800

Bromierung und Azokupplung in der Reihe der Naphthofuran- und Benzindolderivate. A. N. Grinew, Schtschu-zsjun Chun und A. P. Terentjew. (Журнал Общей Химии [J. allg. Chem.] **30** (**92**). Nr. 12. 4030—34. Dez. 1960. Moskau, Univ.) (Russ.)

Aus 2-Methyl-3-carbäthoxy-1′-hydroxynaphtho-[3′.4′:4.5]-furan (**I**) wird durch Bromierung mit Dioxandibromid oder Bromsuccinimid (**VII**) *2-Methyl-3-carbäthoxy-2′-brom-1′-hydroxynaphtho-[3′.4′:4.5]-furan* (**II**) erhalten; analog erfolgt die Darst. von *2-Phenyl-3-carbäthoxy-2′-brom-1′-hydroxynaphtho-[3′.4′:4.5]-furan* (**III**). Der Nachw. der 2′-Stellung des Broms wird durch Oxydation zum entsprechenden o-Chinon-Deriv. erbracht. 1.2-Dimethyl-3-carbäthoxy-5-hydroxy-6.7-benzindol (**IV**) u. 1-Phenyl-2-methyl-3-carbäthoxy-5-hydroxy-6.7-benzindol (**V**) liefern bei der Bromierung mit Dioxandibromid *Bis-[1.2-dimethyl* (bzw. *1-phenyl-2-methyl)-3-carbäthoxy-5-hydroxy-6.7-benzindolyl-(4)*]. Wird **V** mit **VII** bromiert, so entsteht *5.5′-Oxido-bis-[1-phenyl-2-methyl-3-carbäthoxy-6.7-benzindolyl-(4)]*. Bei der Einw. von Diazoniumsalzen auf **I**, **IV**, **V** u. 2-Phenyl-3-carbäthoxy-1′-hydroxynaphtho-[3′.4′:4.5]-furan (**VIII**) werden Azofarbstoffe erhalten, wobei der Azorest in 2′-Stellung eintritt. Die Strukturaufklärung erfolgt durch Red. zu den entsprechenden NH_2-Verbb. u. nachfolgende Oxydation zu bekannten o-Chinonen.

Versuche: *2-Methyl-3-carbäthoxy-2′-brom-1′-hydroxynaphtho-[3′.4′:4.5]-furan* (**II**), $C_{16}H_{13}BrO_4$, F. 91—92° (Bzl.), a) durch Rk. von 6 g **I** mit 4 g Br_2 in 90 ml Dioxan, Zusatz von 100 ml W. nach 30 Min. u. 12std. Stehen bei 0°; 5 g (Ausbeute); b) durch 40 Min. langes Kochen von 4,05 g **I** mit 2,5 g **VII** in CCl_4; 1,26 g. — *2-Phenyl-3-carbäthoxy-2′-brom-1′-hydroxynaphtho-[3′.4′:4.5]-furan* (**III**), $C_{21}H_{15}BrO_4$, F. 141—142° (A.), a) aus 3 g **VIII** u. 2 g Br_2 in 40 ml Dioxan; 1,76 g; b) aus 4,4 g **VIII** u. 2,4 g **VII** in 16 ml CCl_4; 4 g. — *Bis-[1-phenyl-2-methyl-3-carbäthoxy-5-hydroxy-6.7-benzindolyl-(4)]*, $C_{44}H_{36}N_2O_6$, F. 257—258° (Toluol), durch Einw. von 1,76 g Br_2 in 17 ml Dioxan auf 3,45 g **V** in 30 ml Dioxan; 2,2 g. — *5.5′-Oxido-bis-[1-phenyl-2-methyl-3-carbäthoxy-6.7-benzindolyl-(4)]*, $C_{44}H_{34}N_2O_5$, F. 325—327°, aus 1 g **V** u. 0,45 g **VII** in Eisessig; 0,52 g. — 3-Carbäthoxy-1'-hydroxynaphtho-[3'.4':4.5]-furane: *2-Methyl-2'-[pnitrophenylazo]-* (IX), $C_{22}H_{17}N_3O_6$, F. 234—234,5° (Chlf.), aus 1,35 g I u. dem Diazoniumsalz von 0,9 g p-Nitroanilin bei 4° in Ggw. von 1,35 g Na-Acetat in verd. HCl unter Kühlung, mehrere Std. lang stehenlassen; rot; 2,07 g. — *2-Methyl-2'-[p-tolylazo]-* (X), $C_{23}H_{20}N_2O_4$, F. 160—162°, analog IX aus 2,7 g I u. dem Diazoniumsalz von 0,9 g p-Toluidin; hellgelb; 3,7 g. — *2-Phenyl-2'-[p-nitrophenylazo]-*, $C_{27}H_{19}N_3O_6$, F. 238—238,5°, aus 1,66 g VIII; dunkelrot; 2,35 g. — *2-Phenyl-2'-[p-tolylazo]-*, $C_{28}H_{22}N_2O_4$, F. 201—201,5°, aus 3,32 g VIII analog X; rot; 4,4 g. — 3-Carbäthoxy-5-hydroxy-6.7-benzindole: *1.2-Dimethyl-4-[p-nitrophenylazo]-*, $C_{23}H_{20}N_4O_5$, F. 180—181°, aus 1,42 g IV analog IX; dunkelrot; 1,1 g. — *1.2-Dimethyl-4-[p-tolylazo]-*, $C_{24}H_{23}N_3O_3$, F. 200,5—201,5°, aus 2,83 g IV analog X; dunkelrot; 1,4 g. — *1-Phenyl-2-methyl-4-[p-nitrophenylazo]-*, $C_{28}H_{22}N_4O_5$, F. 255—256°, aus 1,73 g V analog IX; dunkelrot; 1,2 g. — *1-Phenyl-2-methyl-4-[p-tolylazo]-*, $C_{29}H_{25}N_3O_3$, F. 217—217,5°, aus 3,45 g V analog X; rot; 2,78 g. — *2-Methyl-3-carbäthoxy-1'.2'-dioxonaphtho-[3'.4':4.5]-furan*, F. 140—140,5°, durch Behandeln von X mit Zn-Staub in Essigsäure u. anschließende Oxydation mit Chromsäure; orangenfarben. *Phenazin-Deriv.*, F. 194° (A.). — *2-Phenyl-3-carbäthoxy-1'.2'-dioxonaphtho-[3'.4':4.5]-furan*, F. 191—191,5° (A.), durch Oxydation von III mit Chromsäure. G. HEY. 3051□

Zur Kenntnis des Thiophens. 9. Mitt. **Umsetzungen mit 2.3-Dichlorthiophenaldehyd-(5).** Elmar Profft und Dietmar Gerber. (J. prakt. Chem. [4] 16 (287). 8—12. März 1962. Merseburg, TH für Chem. Leuna-Merseburg, Inst. für Organ. Chem.) (Dt.) — 8. vgl. C. **1962.** 5660.

Das Rk.-Vermögen von 2.3-Dichlorthiophenaldehyd-(5) (I) wurde durch Umsetzung mit Stoffen, die über eine akt. Methylengruppe verfügen, überprüft. Der Aldehyd erwies sich als außerordentlich reaktionsfähig.

Versuche: *[2.3-Dichlorthenyliden-(5)]-malonsäuredimethylester*, $C_{10}H_8Cl_2O_4S$, F. 102°, durch 7 Wochen langes Stehen von I u. Malonsäuredimethylester in Ggw. von etwas Piperidin bei 18°; aus A. Nadeln; 34% (Ausbeute). — *[2.3-Dichlorthenyliden-(5)]-malonsäurediäthylester*, $C_{12}H_{12}Cl_2O_4S$, F. 35°, analog vorst. Verb.; 62%. — *[2.3-Dichlorthenyliden-(5)]-malonsäure*, $C_8H_4Cl_2O_4S$, F. 217°, durch Verseifen vorst. Verb. mit alkohol. KOH u. Ansäuern mit verd. KOH; aus W./Aceton gelbe Nadeln; 87%. — *[2.3-Dichlorthenyliden-(5)]-cyanessigsäureäthylester*, $C_{10}H_7Cl_2NO_2S$, F. 171°, durch Zugabe einiger Tropfen Piperidin in A. zu I u. Cyanessigsäureäthylester in A. u. 24 std. Stehen; aus A. gelbe Nadeln; 80%. — *α-[2.3-Dichlorthenyliden-(5)]-p-nitrobenzylcyanid*, $C_{13}H_6Cl_2N_2O_2S$, F. 215—217°, durch mehrstd. Stehen von I u. p-Nitrobenzylcyanid in Ggw. von Piperidin; aus A. gelbe Kristalle; 59%. — *3-[2.3-Dichlorthenyliden-(5)]-2.4-dioxo-n-pentan*, $C_{10}H_8Cl_2O_2S$, F. 89—90°, durch 3 tägiges Stehen von I u. Acetylaceton in A. in Ggw. von Piperidin bei —15° u. fraktionierte Kristallisation; aus A. gelbe Nadeln; 25%. — *5-[1.1.3.3-Tetraacetylpropyl-(2)]-2.3-dichlorthiophen*, $C_{15}H_{16}Cl_2O_4S$, F. 178—179°, neben vorst. Verb.; aus A. Nadeln; 27,6%. — *1-[2.3-Dichlorthenyliden-(5)]-1-benzoylaceton*, $C_{15}H_{10}Cl_2O_2S$, F. 164—165°, durch 4 tägiges Stehen von I u. Benzoylaceton in A. in Ggw. von Piperidin bei 20°; aus A. gelbe Nadeln; 46,5%. — *5-[1.3-Dibenzoyl-1.3-diacetylpropyl-(2)]-2.3-dichlorthiophen*, $C_{25}H_{20}Cl_2O_4S$, F. 216—218°, neben vorst. Verb.; aus A. Nadeln; 24,8%. — *α-[2.3-Dichlorthenyliden-(5)]-α-benzoylessigsäureäthylester*, $C_{16}H_{12}Cl_2O_3S$, F. 131°, durch 2 Wochen langes Stehen von I u. Benzoylessigsäureäthylester in A. in Ggw. von Piperidin bei —5°; aus A. gelbe Nadeln; 47,8%. *2.4-Dinitrophenylhydrazon*, $C_{22}H_{16}Cl_2N_4O_6S$, F. 218—219°, aus A. orangefarbene Kristalle. — *α.α'-Dibenzoyl-β-[2.3-dichlorthienyl-(2)]-glutarsäurediäthylester*, $C_{27}H_{24}Cl_2O_6S$, F. 219—221° (Zers.) neben vorst. Verb.; aus A. Nadeln; 10,3%. — *ω-[2.3-Dichlorthenyliden-(5)]-acetophenon*, $C_{13}H_8Cl_2OS$, F. 161°, neben vorst. u. vorvorst. Verb.; aus A. gelbe Nadeln; 14%. — *α.α'-[2.3-Dichlorthenyliden-(5)]-bis-[β-oxobuttersäureäthylester]*, $C_{17}H_{20}Cl_2O_6S$, F. 150 bis 152°, durch mehrtägiges Stehen von I u. Acetessigsäureäthylester in A. mit etwas Piperidin bei —5 bis —10°; aus A. Nadeln; 47,6%. — *β-[2.3-Dichlorthienyl-(5)]-α.α'-bis-[α-carbäthoxyacetyl]-glutarsäurediäthylester*, $C_{23}H_{28}Cl_2O_{10}S$, F. 153—155°, durch 2 tägiges Stehen von I u. Acetondicarbonsäurediäthylester mit Piperidin bei —5°; aus A. Nadeln; 42,6%. P. GOLINSKE. 3071□

Zur Kenntnis des Thiophens. 10. Mitt. **Über Umsetzungen mit 2.3-Dichlorhiophen-5-aldehyd.** Elmar Profft und Horst Mitternacht. (J. prakt. Chem. [4] **16** (**287**). 13—17. März 1962.) (Dt.) — 9. vgl. vorst. Referat.

Es wurden Azomethine des 2.3-Dichlorthiophen-5-aldehyds (I) dargestellt. Die KNOEVENAGEL-Rk. u. die PERKIN-Synth. wurden an I überprüft. Die Darst. von *[2.3-Dichlorthenyliden-(5)]-malonsäure* bzw. von *β-[2.3-Dichlorthenyliden-(5)]-acrylsäure* (II) wurde beschrieben. Die erhaltenen Carbonsäuren des 2.3-Dichlorthiophens wurden durch einige Derivv. charakterisiert. Die Hydrierung von II mit Na-Amalgam in alkal. Lsg. führte unter Abspaltung eines Cl-Atoms zur Bldg. von *β-[3-Chlorthienyl-(5)]-propionsäure.*

Versuche: *[2.3-Dichlorthenyliden-(5)]-α-naphthylamin*, $C_{15}H_9Cl_2NS$, F. 119°, durch Zugabe von I in A. zu α-Naphthylamin in A.; aus A. gelbe Nadeln; 82,4% (Ausbeute). — *[2.3-Dichlorthenyliden-(5)]-β-naphthylamin*, $C_{15}H_9Cl_2NS$, F. 123°, mit β-Naphthylamin; aus A. gelbe Kristalle; 73,5%. — *[2.3-Dichlorthenyliden-(5)]-anilin*, $C_{11}H_7Cl_2NS$, F. 56°, durch Zugabe von I zu Anilin; aus A. gelbe Blättchen; 71,4%. — *p-[2.3-Dichlorthenyliden-(5)-amino]-phenol*, $C_{11}H_7Cl_2NOS$, F. 207°, durch ½std. Kochen von p-Aminophenol u. I in A.; aus A. gelbe Kristalle; 60%. — *p-[2.3-Dichlorthenyliden-(5)-amino]-nitrobenzol*, $C_{11}H_6Cl_2N_2O_2S$, F. 175°, aus p-Nitranilin u. I in A.; aus A. gelbe Nadeln; 75,8%. — *o-[2.3-Dichlorthenyliden-(5)-amino]-nitrobenzol*, $C_{11}H_6Cl_2N_2O_2S$, F. 61°, aus I u. o-Nitroanilin; aus A. gelbe Nadeln; 48,5%. — *α-[2.3-Dichlorthenyliden-(5)-amino]-pyridin*, $C_{10}H_6Cl_2N_2S$, F. 89,5°, durch ½std. Kochen von I u. α-Aminopyridin in A.; aus Aceton/W. gelbe Nadeln; 62,9%. — *[2.3-Dichlorthenyliden-(5)]-malonsäure*, $C_8H_4Cl_2O_4S$, F. 218° (Zers.), durch Erhitzen von I in 8%ig. alkohol. NH_3 mit Malonsäure auf 100°, Zugabe von W. u. Ansäuern mit HCl; aus 33%ig. Aceton gelbes Pulver; 64,7%. *Monohydrat*, $C_8H_4Cl_2O_4S \cdot H_2O$, durch Stehen des Filtrats; gelbe Nadeln. *Dichlorid*, F. 128—131°, durch 3—4std. Kochen der Säure mit PCl_5 in PAe.; aus PAe. gelbe Kristalle; 82,6%. *Dimethylester*, $C_{10}H_8Cl_2O_4S$, F. 102°, durch ¼std. Kochen des Dichlorids mit Methanol; aus Methanol Nadeln; 42,8%. — *β-[2.3-Dichlorthienyl-(5)]-acrylsäure* (II), $C_7H_4Cl_2O_2S$, F. 235—236° (Essigsäure/W.), a) durch 10—15 Min. langes Erhitzen vorst. Säure auf 225°, Extrahieren mit gesätt. $NaHCO_3$-Lsg. u. Ansäuern; 42%; b) durch 8—10std. Erhitzen von I, Acetanhydrid u. Na-Acetat auf 145—150°, Ausziehen mit schwach sodaalkal. W., Kochen, Filtrieren u. Ansäuern mit HCl; 63,4%. *Chlorid*, durch 3—4std. Kochen der Säure mit $SOCl_2$; aus Bzl. gelbbraunes Pulver; 70%. *Amid*, $C_7H_5Cl_2NOS$, F. 153° (W.), durch Einleiten von NH_3 in eine benzol. Lsg. des Chlorids; 51,1%. *α-Naphthylamid*, $C_{17}H_{11}Cl_2NOS$, F. 217—218°, durch Zugabe von α-Naphthylamin zu dem Chlorid in Ae.; aus A. Nadeln. *Methylester*, $C_8H_6Cl_2O_2S$, F. 89°, durch ½std. Erhitzen des Chlorids mit Methanol; aus Methanol Nadeln; 48%. *Äthylester*, $C_9H_8Cl_2O_2S$, F. 85,5° (A.), analog dem Methylester; 25%. *Propylester*, $C_{10}H_{10}Cl_2O_2S$, F. 48° (Propanol); 22,9%. — *β-[3-Chlorthienyl-(5)]-propionsäure*, $C_7H_7ClO_2S$, F. 78°, durch Erhitzen vorst. Säure in verd. NaOH, Zugabe von Na-Amalgam, Abtrennen des Hg u. Ansäuern mit HCl; aus HCl-saurem W. Nadeln; 12%. P. Golinske. 3071□

Zur Kenntnis des Thiophens. 11. Mitt. **Ester und Äther des 2.3-Dichlorthenyl-(5)-alkohols und 2.3-Dichlorthenyl-(5)-amine.** Elmar Profft und Peter Lux. (J. prakt. Chem. [4] **16 (287)**. 18—25. März 1962.) (Dt.) — 10. vgl. vorst. Referat.

Es wird über Ester u. Äther des 2.3-Dichlorthenyl-(5)-alkohols (II) u. über *2.3-Dichlorthenyl-(5)-amine* berichtet, die aus 2.3-Dichlor-5-chlormethylthiophen (I) erhalten werden.

Versuche: *2.3-Dichlorthenyl-(5)-alkohol* (II), F. 46°, Kp.$_{13}$ 138—139°, durch 4std. Kochen von I mit W. u. Dest. des gelben Öls im Vakuum; aus Ligroin Blättchen; 79% (Ausbeute); b) durch 2std. Kochen von I mit einer wss. Suspension von PbO in W.; 77%; c) durch Verseifen mit $CaCO_3$; d) durch 2std. Kochen von I mit wss. Soda; 46%. *p-Nitrobenzoyl-Deriv.*, $C_{12}H_7Cl_2NO_4S$, F. 126°. *2.3-Dichlorthenoyl-(5)-Deriv.*, $C_{10}H_4Cl_4O_2S_2$, F. 120°. — *Bis-[2.3-dichlorthenyl-(5)]-äther*, $C_{10}H_6Cl_4OS_2$, F. 54°, durch Extraktion des Dest.-Rückstandes vorst. Verb. mit Methanol; aus Methanol Nadeln. — Carbonsäure-[2.3-dichlorthenyl-(5)-ester]: *Essigsäure-*, $C_7H_6Cl_2O_2S$, Kp.$_{13}$ 137°, durch 4std. Kochen von I mit wasserfreiem K-Acetat in Essigsäure; n_D^{20} 1,5400; 84%. — *Propionsäure-*, $C_8H_8Cl_2O_2S$, Kp.$_{13}$ 147°, aus I, K-Propionat u. Propionsäure; n_D^{20} 1,5332; 86%. — *n-Buttersäure-*, $C_9H_{10}Cl_2O_2S$, Kp.$_{13}$ 158°, aus I, K-n-Butyrat u. n-Buttersäure; n_D^{20} 1,5261; 80%. — *Isobuttersäure-*, $C_9H_{10}Cl_2O_2S$, Kp.$_{12}$ 150°; n_D^{20} 1,5229; 81%. — *Oxalsäure-bis-*, $C_{12}H_6Cl_4O_4S_2$, F. 150°, durch ½std. Kochen von I u. Ag-Oxalat in abs. Bzl., Eindampfen u. Extrahieren mit Aceton; aus Aceton Prismen; 78%. — *2.3-Dichlorthenoyl-(5)-chlorid*, C_5HCl_3OS, Kp.$_{13}$ 116°, durch Erhitzen von 2.3-Dichlorthiophen-5-carbonsäure mit $SOCl_2$ auf 70°; n_D^{20} 1,6138; 59%. — *2.3-Dichlor-5-brommethylthiophen*, $C_5H_3BrCl_2S$, Kp.$_{12}$ 129°, durch Einleiten von HBr in eine Lsg. von II in Bzl. unter Kühlung; n_D^{20} 1,621; 59,5%. — *2.3-Dichlor-5-jodmethylthiophen*, $C_5H_3Cl_2JS$, F. 48°, durch 10 Min. langes Kochen von I mit NaJ in Aceton; aus Methanol sternförmige Kristalle; 95%. — Alkyl-[2.3-dichlorthenyl-(5)]-äther: *Methyl-*, $C_6H_6Cl_2OS$, Kp.$_{12}$ 113°, durch 2std. Kochen von I mit Na in Methanol, Verdünnen mit W., Abtrennen des Äthers u. Dest.; n_D^{20} 1,5468; 84%. — *Äthyl-*, $C_7H_8Cl_2OS$, Kp.$_{13}$ 124°, analog vorst. Verb.; n_D^{20} 1,5336; 82%. — *n-Propyl-*, $C_8H_{10}Cl_2OS$, Kp.$_{13}$ 135°; n_D^{20} 1,5263; 75%. — *Isopropyl-*, C_8H_{10}-

Cl_2OS, Kp.$_{13}$ 128°; n_D^{20} 1,5225; 82%. — *β-Hydroxyäthyl-*, $C_7H_8Cl_2O_2S$, Kp.$_{12}$ 176°; n_D^{20} 1,5564; 71%. — *n-Butyl-*, $C_9H_{12}Cl_2OS$, Kp.$_{12}$ 147°; n_D^{20} 1,5212; 72%. — *Isobutyl-* $C_9H_{12}Cl_2OS$, Kp.$_{12}$ 138°; n_D^{20} 1,5191; 74%. — *Benzyl-*, $C_{12}H_{10}Cl_2OS$, Kp.$_{12}$ 203°; n_D^{20} 1,5843; 69%. — *Phenyl-*, $C_{11}H_8Cl_2OS$, F. 71° (Ligroin); 82%. — *p-Chlorphenyl-*, $C_{11}H_7Cl_3OS$, F. 62°; aus Ligroin Nadeln; 85%. — *p-Nitrophenyl-*, $C_{11}H_7Cl_2NO_3S$, F. 151°; aus A. Nadeln; 90%. — *p-Hydroxybenzyl-*, $C_{12}H_{10}Cl_2O_2S$, F. 79°; aus A. Blättchen; 84%. — *2.3-Dichlorthenyl-(5)-amin*, $C_5H_5Cl_2NS$, Kp.$_{13}$ 126°, durch 4std. Erwärmen von I u. Hexamethylentetramin in Chlf. auf 40—50°, Lösen der Anlagerungs-Verb. in konz. HCl/A., Dest. bis fast zur Trockne, Alkalisieren mit NaOH, Dampf-Dest. u. Fraktionieren; n_D^{20} 1,5878; 83%. *Acetyl-Deriv.*, $C_7H_7Cl_2NOS$, F. 79°. *Benzoyl-Deriv.*, $C_{12}H_9Cl_2NOS$, F. 128°. *[2.3-Dichlorthenoyl-(5)]-Deriv.*, $C_{10}H_5Cl_4NOS_2$, F. 132°. — *Tris-[2.3-dichlorthenyl-(5)]-amin*, $C_{15}H_9Cl_6NS_3$, F. 151°, durch 5tägiges Stehen von I in konz. alkohol. NH_3; aus Aceton Nadeln; 38%. — *Bis-[2.3-dichlorthenyl-(5)]-amin*, $C_{10}H_7Cl_4NS_2$, F. 61°, durch Extrahieren der eingedampften Mutterlaugen vorst. Verb. mit Methanol; aus A. Nadeln; 30%. *Acetyl-Deriv.*, $C_{12}H_9Cl_4NOS_2$, F. 105°. *Benzoyl-Deriv.*, $C_{17}H_{11}Cl_4NOS_2$, F. 94°. *[2.3-Dichlorthenoyl-(5)]-Deriv.*, $C_{15}H_7Cl_6NOS_3$, F. 170°. — *N-[2.3-Dichlorthenyl-(5)]-piperidin, Hydrochlorid*, $C_{10}H_{14}Cl_3NS$, F. 235° (W.), durch Zutropfen von I zu Piperidin, ½std. Erhitzen auf 100°, Verdünnen mit W., Ausäthern u. Einleiten von HCl in die äther. Lsg.; 72%. *Pikrat*, F. 218°. — *N-[2.3-Dichlorthenyl-(5)]-benzylamin, Hydrochlorid*, $C_{12}H_{12}Cl_3NS$, F. 269°, analog vorst. Verb.; 74%. *Benzoyl-Deriv.*, $C_{19}H_{15}Cl_2NOS$, F. 102°. *[2.3-Dichlorthenoyl-(5)]-Deriv.*, $C_{17}H_{11}Cl_4NOS_2$, F. 106°. — *N-[2.3-Dichlorthenyl-(5)]-anilin, Hydrochlorid*, $C_{11}H_{10}Cl_3NS$, F. 212°, durch 3std. Erhitzen von I in Anilin u. Umwandeln in das Hydrochlorid; 68%. *Acetyl-Deriv.*, $C_{13}H_{11}Cl_2NOS$, F. 91°. — *N-[2.3-Dichlorthenyl-(5)]-p-toluidin, Hydrochlorid*, $C_{12}H_{12}Cl_3NS$, F. 217°; 56%. — *N.N-Bis-[2.3-dichlorthenyl-(5)]-p-toluidin*, $C_{17}H_{13}Cl_4NS_2$, F. 95°, neben vorst. Verb.; aus A. Nadeln. P. GOLINSKE. 3071□

Zur Kenntnis des Thiophens. 12. Mitt. **Über Chlorthiophenaldehyde.** Elmar Profft und Hans-Enno Petzold. (J. prakt. Chem. [4] **16** (287). 26—36. März 1962.) (Dt.) — 11. vgl. vorst. Referat.

Aus chlorierten Tetrahydrothiophenen wurden *Chlorthiophene* dargestellt. Das benutzte Verf. ließ sich auf größere Substanzmengen ausdehnen. Die Chlormethylierung von 2.3-Dichlorthiophen wurde untersucht, wobei auch *4.5-Bis-[chlormethyl]-2.3-dichlorthiophen* erhalten wurde. Hieraus wurde *2.3-Dichlor-4.5-diformylthiophen* gewonnen. Durch Chlormethylierung von 2.3.5-Trichlorthiophen (II) wurde *2.3.5-Trichlor-4-chlormethylthiophen* dargestellt, das in *2.3.5-Trichlor-4-formylthiophen* übergeführt werden konnte. Durch Kondens. von 2.3-Dichlor-5-formylthiophen (I) mit substituierten Acetophenonen wurden *Chalkone* dargestellt. Aus dem Azlacton von I konnte durch Ringaufspaltung eine Reihe N-substituierter *β-[2.3-Dichlorthienyl-(5)]-α-benzoylaminoacrylsäureamide* erhalten werden.

Versuche: ω-[2.3-Dichlorthenyliden-(5)]-acetophenone: *Unsubstituiert*, $C_{13}H_8Cl_2OS$, F. 143—144°, durch Versetzen von I u. Acetophenon in A. mit 4%ig. alkohol. KOH u. Stehen im Eisschrank; aus Bzn. gelbe Nadeln; 66% (Ausbeute). — *p-Methyl-*, $C_{14}H_{10}Cl_2OS$, F. 130°, analog vorst. Verb.; 69%. — *p-Chlor-*, $C_{13}H_7Cl_3OS$, F. 180°; 82%. — *p-Methoxy-*, $C_{14}H_{10}Cl_2O_2S$, F. 152°; 79%. — *p-n-Propoxy-*, $C_{16}H_{14}Cl_2O_2S$, F. 100°; 71%. — *o-Hydroxy-*, $C_{13}H_8Cl_2O_2S$, F. 154°; 26%. — α.β-Dibrom-β-[2.3-dichlorthienyl-(5)]-propiophenone: *Unsubstituiert*, $C_{13}H_8Br_2Cl_2OS$, F. 134,5° (Bzn.), durch Zugabe von Br_2 in CCl_4 zu dem entsprechenden Thenylidenacetophenon in CCl_4; 89%. — *p-Methyl-*, $C_{14}H_{10}Br_2Cl_2OS$, F. 139°, analog vorst. Verb.; 65%. — *p-Chlor-*, $C_{13}H_7Br_2Cl_3OS$, F. 123°; 60%. — *p-Methoxy-*, $C_{14}H_{10}Br_2Cl_2O_2S$, F. 142° (Zers.); 79,5%. — *p-n-Propoxy-*, $C_{16}H_{14}Br_2Cl_2O_2S$, F. 126°; 88,5%. — *o-Hydroxy-*, $C_{13}H_8Br_2Cl_2O_2S$, F. 164° (Zers.); 75,5%. — *α-Hydroxy-α-[2.3-dichlorthienyl-(5)]-acetonitril*, $C_6H_3Cl_2NOS$, F. 81°, durch Schütteln von I in Ae. mit $NaHSO_3$, Abtrennen der *Bisulfit-Verb.*, Schütteln mit NaCN in W., Abtrennen der Ae.-Phase u. Eindampfen; aus PAe. Nadeln; 55%. — *α-Acetoxy-α-[2.3-dichlorthienyl-(5)]-acetonitril*, $C_8H_5Cl_2NO_2S$, zersetzt sich, ohne zu schmelzen, aus einer äther. Lsg. vorst. Verb. durch 20 Min. langes Kochen mit Acetylchlorid; 14,5%. — *α-Propionyloxy-α-[2.3-dichlorthienyl-(5)]-acetonitril*, $C_9H_7Cl_2NO_2S$, F. 127° (Zers.) analog vorst. Verb. durch ½std. Erwärmen mit Propionylchlorid; 18%. — *α-Benzoyloxy-α-[2.3-dichlorthienyl-(5)]-acetonitril*, $C_{13}H_7Cl_2NO_2S$, F. 78°, durch Zutropfen von NaCN in W. zu I u. Benzoylchlorid in Bzl., 1std. Rühren, Eindampfen der benzol. Lsg. u. mehrtägiges Stehen; aus Bzn. gelbe Kristalle; 40,5%. — *2-Phenyl-4-[2.3-dichlorthenyliden-(5)]-oxazolon-(5)*, $C_{14}H_7Cl_2NO_2S$, F. 228—229°, durch 20 Min. langes Kochen von 2 g I u. 2 g Hippursäure in Acetanhydrid; orangerote Nadeln; 59%; daneben durch Einengen der Mutterlauge *Isomeres*, $C_{14}H_7Cl_2NO_2S$, F. 168°; gelbes

Pulver; 0,1 g. — *β-[2.3-Dichlorthienyl-(5)]-α-benzoylaminoacrylsäure, Amid*, $C_{14}H_{10}\cdot Cl_2N_2O_2S$, F. 210° (Zers.), durch Einleiten von NH_3 in eine sd. Lsg. vorst. Verb. in A. bis zur Entfärbung; aus A. Nadeln; 66,5%. *Dimethylamid*, $C_{16}H_{14}Cl_2N_2O_2S$, F. 214°, durch Erwärmen vorst. Verb. mit einer 15,4%ig. Lsg. von Dimethylamin in Dioxan; aus A. gelbe Kristalle; 53%. *Diäthylamid*, $C_{18}H_{18}Cl_2N_2O_2S$, F. 187°, durch Kochen von Diäthylamin u. vorst. Verb. in A. bis zur Entfärbung; aus A. gelbe Kristalle; 49%. *Piperidid*, $C_{19}H_{18}Cl_2N_2O_2S$, F. 198°, durch Rk. vorst. Verb. mit Piperidin in A.; 79%. *Benzylamid*, $C_{21}H_{16}Cl_2N_2O_2S$, F. 184°, durch 1std. Kochen mit Benzylamin in A.; Nadeln; 83%. — *4.5-Bis-[chlormethyl]-2.3-dichlorthiophen*, $C_6H_4Cl_4S$, F. 27°, Kp.$_2$ 120°, durch Fraktionieren neben *5-Chlormethyl-2.3-dichlorthiophen* (durch Chlormethylierung von 2.3-Dichlorthiophen); 10%. — *2.3-Dichlor-4.5-diformylthiophen*, $C_6H_2Cl_2O_2S$, F. 96°, durch 20std. Kochen vorst. Verb. mit 20%ig. $Pb(NO_3)_2$-Lsg. u. Dampf-Dest.; aus Bzn. gelbe Nadeln; 18%. *Dioxim*, $C_6H_4Cl_2N_2O_2S$, F. 204° (Zers.; A.). — *4-Chlormethyl-2.3.5-trichlorthiophen*, $C_5H_2Cl_4S$, Kp.$_{15}$ 131°, durch Einleiten von HCl in ein Gemisch aus **II**, Paraformaldehyd, $ZnCl_2$ u. CCl_4, weiteres 4std. HCl-Einleiten bei 70° in die homogene Lsg. u. fraktionierte Dest. des goldgelben Öls im Vakuum; 48%. — *2.3.5-Tri chlor-4-formylthiophen*, C_5HCl_3OS, F. 58°, durch 40std. Erhitzen vorst. Verb. mit 20%ig. wss. $Pb(NO_3)_2$ u. konz. HNO_3 (150° Bad-Temp.), Dampf-Dest., Extrahieren des Destillats mit Ae., Eindampfen, Schütteln des Öls mit gesätt. $NaHSO_3$-Lsg. u. Zers. mit Soda; aus Ae. Nadeln; 9%. *Semicarbazon*, $C_6H_4Cl_3N_3OS$, F. 237° (Zers.; Bzn.).

P. Golinske. 3071 □

Triarylmethanverbindungen als Redox-Indicatoren in der Schoenemann-Reaktion. 2. Mitt. **Synthese der Triarylmethane.** D. Morison Smith, R. Blanchfield, J. L. Thompson und G. A. Grant. (Canad. J. Chem. **35.** 156—62. Febr. 1957. Ottawa, Ontario, Canada, Defence Res. Chem. Labor.) (Engl.) — 1. vgl. C. **1958.** 13201.

Durch Kondens. einer Anzahl substituierter Thiophenaldehyde mit Dimethylanilin in Ggw. von wasserfreiem $ZnCl_2$ wurde eine Reihe von *4.4′-Thenyliden-bis-[N.N-dimethylanilinen]* dargestellt. Diese Verbb. wurden auf ihre Eignung als Redoxindicatoren bei der Schoenemann-Rk. zum Nachw. von Alkylfluorphosphorsäureestern in Lsg. überprüft (Angabe der Absorptionsmaxima).

Versuche: *4.4′-[Thenyliden-(2)]-bis- N.N-dimethylanilin]*, $C_{21}H_{24}N_2S$, F. 93—95°, durch Kondens. von Thiophen-2-aldehyd mit Dimethylanilin (**I**). — *4.4′-[5-Methylthenyliden-(2)]-bis-[N.N-dimethylanilin]*, $C_{22}H_{26}N_2S$, F. 131—133°, durch Formylieren von 2-Methylthiophen u. Kondens. des erhaltenen *5-Methylthiophen-2-aldehyds* mit **I**. — *4.4′-[5-Äthylthenyliden-(2)]-bis-[N.N-dimethylanilin]*, $C_{23}H_{28}N_2S$, F. 119—122°, durch Acetylierung von Thiophen (**II**) zum *2-Acetothienon*, Red. dieser Verb. durch modifizierte Wolff-Kishner-Rk. zum *2-Äthylthiophen*, Formylieren u. Kondens. des so erhaltenen *5-Äthylthiophen-2-aldehyds* mit **I**. — *4.4′-[5-Propylthenyliden-(2)]-bis-[N.N-dimethylanilin]*, $C_{24}H_{30}N_2S$, F. 130,5—132,5°, analog vorst. Verb. nach Friedel-Crafts-Acylierung von **II** mit Propionylchlorid. — *4.4′-[5-Phenylthenyliden-(2)]-bis-[N.N-dimethylanilin]*, F. 92—93° (A./W.), durch Formylieren von 2-Phenylthiophen u. Kondens. des erhaltenen *5-Phenylthiophen-2-aldehyds* mit **I**. — *4.4′-[5-Chlorthenyliden-(2)]-bis-[N.N-dimethylanilin]*, $C_{21}H_{23}ClN_2S$, F. 133—135°, durch Formylieren von 2-Chlorthiophen u. Kondens. des erhaltenen *5-Chlorthiophen-2-aldehyds* mit **I**. — *4.4′-[5-Bromthenyliden-(2)]-bis-[N.N-dimethylanilin]*, $C_{21}H_{23}BrN_2S$, F. 150—152°, durch Formylieren von 2-Bromthiophen in Ggw. von $POBr_3$ u. Kondens. des erhaltenen *5-Bromthiophen-2-aldehyds* mit **I**. — *4.4′-[5-Acetamidothenyliden-(2)]-bis-[N.N-dimethylanilin]*, $C_{23}H_{27}N_3OS$, F. 219 bis 226°, durch Nitrierung von **II**, Red. mit Sn, Acetylierung des Sn-Salzes zum *2-Acetamidothiophen*, Überführung in *5-Acetamidothiophen-2-aldehyd* durch modifizierte Vilsmeier-Rk. u. Kondens. mit **I**. — *4.4′-[3-Methylthenyliden-(2)]-bis-[N.N-dimethylanilin]*, $C_{22}H_{26}N_2S$, F. 115,5—118,5°, durch Rk. von P_4S_7 mit Mono-Na-pyrotartrat zum *3-Methylthiophen* [**III**; 33—38% (Ausbeute)], Formylieren u. Kondens. des erhaltenen *3-Methylthiophen-2-aldehyds* mit **I**. — *4.4′-[3.4-Dimethylthenyliden-(2)]-bis-[N.N-dimethylanilin]*, $C_{23}H_{28}N_2S$, F. 128—134°, durch Hinsberg-Kondens. von Thiodiglykolsäureester mit Diacetyl in abs. Methanol zu *3.4-Dimethylthiophen-2.5-dicarbonsäure* (50%), Decarboxylierung in Ggw. von Cu-Pulver zu *3.4-Dimethylthiophen* (20%), Formylieren u. Kondens. des erhaltenen *3.4-Dimethylthiophen-2-aldehyds* mit **I**. — *4.4′-[4.5-Dimethylthenyliden-(2)]-bis-[N.N-dimethylanilin]*, $C_{23}H_{28}N_2S$, F. 129—132°, durch Formylieren von **III**, Red. des erhaltenen *Aldehyds* nach Huang-Minlon zum *2.3-Dimethylthiophen*, Formylieren u. Kondens. des erhaltenen *4.5-Dimethylthiophen-2-aldehyds* mit **I**. — *4.4′-[5-Äthyl-4-methylthenyliden-(2)]-bis-[N.N-dimethylanilin]*, $C_{24}H_{30}N_2S$, F. 129—131°, analog vorst. Verb. aus **III** über *2-Äthyl-3-methylthiophen*. — *4.4′-[4-Äthyl-5-methylthenyliden-(2)]-bis-[N.N-dimethylanilin]*, $C_{24}H_{30}N_2S$, durch Cyclisieren von Na-β-Äthyllävulinat mit P_4S_7 zu *2-Methyl-3-äthylthiophen* (10—20%), Formylieren zum *4-Äthyl-5-methylthiophen-2-aldehyd* u. Kondens. mit I. — *4.4'-[4-Methyl-5-propylthenyliden-(2)]-bis-[N.N-dimethylanilin]*, $C_{25}H_{32}N_2S$, F. 104—106°, durch FRIEDEL-CRAFTS-Acylierung von III mit Propionylchlorid, Red. nach HUANG-MINLON, Formylieren u. Kondens. mit I. — *4.4'-[3.4-Diphenylthenyliden-(2)]-bis-[N.N-dimethylanilin]*, $C_{33}H_{32}N_2S$, F. 188 bis 195°, durch HINSBERG-Kondens. von Benzil u. Thiodiglykolsäure zur *3.4-Diphenylthiophen-2.5-dicarbonsäure*, Decarboxylierung mit Cu-Chromit in Chinolin zum *3.4-Diphenylthiophen* (aus A.; 35%), Formylieren u. Kondens. des erhaltenen *3.4-Diphenylthiophenaldehyds-(2)* mit I. — *4.4'-[5-Brom-4-methylthenyliden-(2)]-bis-[N.N-dimethylanilin]*, $C_{22}H_{25}BrN_2S$, F. 146—149°, durch Bromieren von III mit N-Bromsuccinimid, Formylieren nach der modifizierten VILSMEIER-Rk. in Ggw. von $POBr_3$ zum *5-Brom-4-methylthiophen-2-aldehyd* u. Kondens. mit I. M. MEISEL. 3071

Nachweis der CHO-Gruppe in den Porphyrinen. 2. Mitt. Lorenzo Mangoni und Rodolfo A. Nicolaus. (Ann. Chimica **49**. 531—37. März 1959. Roma u. Napoli, Univ., Ist. di Chim. organ.) (Ital.) — 1. vgl. Ann. Chimica **48**. [1958.] 400; vgl. auch C. **1958**. 8062.

3-Äthyl-5-methylpyrrol-2-carbonsäureäthylester (I) wird zum *4-Aldehyd* formyliert, dessen Oxim man zu *3-Äthyl-5-methyl-4-cyanpyrrol-2-carbonsäureäthylester* dehydratisiert. Dessen Oxydation mit Br_2/SO_2Cl_2 liefert den *2-Äthylester der 3-Äthyl-4-cyanpyrrol-2.5-dicarbonsäure* (II), die sich mit einem Prod. des Abbaus von Phäophorbid b mittels Hydroxylamin/Essigsäureanhydrid u. dann $KMnO_4$ im chromatograph. Verh. als ident. erwies.

Versuche: *3-Äthyl-5-methyl-4-formylpyrrol-2-carbonsäureäthylester*, $C_{11}H_{15}NO_3$, F. 110—111° (Ligroin), durch 2std. Erhitzen von 1,8 g I mit $POCl_3$ in Dimethylformamid auf 100°, Verdünnen mit W. u. Ansäuern mit Na-Acetat (Kongorot); 1,53 g (Ausbeute). *Oxim*, $C_{11}H_{16}N_2O_3$, F. 161—162°; aus wss. A. Nadeln. — *3-Äthyl-5-methyl-4-cyanpyrrol-2-carbonsäureäthylester*, $C_{11}H_{14}N_2O_2$, F. 138,5—139,5° (Ligroin; Nadeln), durch 4std. Kochen von 0,8 g des vorst. Oxims in Essigsäureanhydrid in Ggw. von Na-Acetat; 0,65 g. — *3-Äthyl-4-cyanpyrrol-2.5-dicarbonsäure* (II), $C_9H_7N_2O_4$, F. 259—260° (Zers.; Bzl.-Essigester), durch ½ std. Erhitzen des nachst. 2-Äthylesters mit 2n KOH. *2-Äthylester*, $C_{11}H_{12}N_2O_4$, F. 237° (Zers.), durch Zutropfen von SO_2Cl_2 zu 1,8 g vorst. Esters u. Br_2 in Eisessig/Essigsäureanhydrid unter Kühlung, 12std. Stehen, Gießen auf Eis, 1std. Stehen, Verdünnen mit W., 20 Min. langes Erhitzen auf 60° u. Gießen in Eiswasser; aus A. Nadeln; 0,86 g. *Dimethylester*, $C_{11}H_{12}N_2O_4$, F. 103—104°, aus Ligroin Nadeln. H.-E. TOUSSAINT. 3081 □

Benzofuro-[3.2:b]-indole. D. C. Schroeder, P. O. Corcoran, C. A. Holden und M. C. Mulligan. (J. org. Chemistry **27**. 586—91. 9/2. 1962. Summit, N.J., Ciba Pharmac. Prod., Inc., Res. Dep.) (Engl.)

Mehrere *Benzofuro-[3.2:b]-indole* werden synthetisiert, u. einige der dabei auftretenden Zwischenprodd. werden untersucht.

Versuche: Salicylsäureäthylester: *O-Carbäthoxymethyl-*, $C_{13}H_{16}O_5$, $Kp._{0,1}$ 123 bis 128°, durch Zugabe von O-Carbäthoxymethylsalicylsäure zu HCl in abs. A./Bzl., 3½ std. Kochen u. Dest. bei 0,1 Torr; 89% (Ausbeute). — *5-Chlor-O-carbäthoxymethyl-*, $C_{13}H_{15}ClO_5$, F. 43—45° (A.), durch Zugabe von Bromessigsäureäthylester zu KOH u. dem entsprechenden Salicylsäureäthylester in abs. A., 12std. Kochen, Filtrieren u. Einengen des Filtrats; 33%. — *5-Brom-O-carbäthoxymethyl-*, $C_{13}H_{15}BrO_5$, analog vorst. Verbindung. — *5-Jod-O-carbäthoxymethyl-*, $C_{13}H_{15}JO_5$, F. 73—75°; 37%. — *5-Nitro-O-carbäthoxymethyl-*, $C_{13}H_{15}NO_7$, F. 70—71°; 76%. — *O-Hydrazinocarbonylmethyl-*, $C_{11}H_{14}N_2O_4$, F. 117—119°, durch 24std. Rk. von $N_2H_4 \cdot H_2O$ mit dem entsprechenden O-Carbäthoxymethylsalicylsäureäthylester in A. bei Raum-Temp. u. fraktionierte Kristallisation; 53%. — *5-Nitro-O-hydrazinocarbonylmethyl-*, $C_{11}H_{13}N_3O_6$, F. 153°, analog vorst. Verb.; 25%. — *5-Jod-O-hydrazinocarbonylmethyl-*, $C_{11}H_{13}JN_2O_4$, F. 133—135°; 47%. — *O-Hydrazinocarbonylmethylsalicylsäurehydrazid* (I), $C_9H_{12}N_4O_3$, F. 164—166°, analog vorst. Verb.; 30%. — *5-Nitro-O-hydrazinocarbonylmethylsalicylsäurehydrazid*, $C_9H_{11}N_5O_5$, F. 174—176°, analog I; 23%. — *O-[β-Phenylhydrazinocarbonylmethyl]-salicylsäureäthylester*, $C_{17}H_{18}N_2O_4$, F. 120—121°, analog den vorst. Verbb. bei zusätzlichem 3std. Kochen; 49%. — *5-Brom-O-[benzylaminocarbonylmethyl]-salicylsäure, Äthylester*, $C_{18}H_{18}BrNO_4$, F. 104—105°, analog den Hydraziden; 46%. *Benzylamid*, $C_{23}H_{21} \cdot BrN_2O_3$, F. 115°, neben dem Äthylester; 10%. — *5-Nitro-O-[β-(p-dimethylaminobenzyliden)-hydrazinocarbonylmethyl]-salicylsäureäthylester*, $C_{20}H_{22}N_4O_6$, F. 179—181°, durch Zugabe des entsprechenden Aldehyds zu dem Hydrazid in A., 2—3std. Kochen, Kühlen, Filtrieren u. Umkristallisieren aus A.; 40%. — *5-Nitro-O-{β-[thenyliden-(2)]-hydrazinocarbonylmethyl}-salicylsäureäthylester*, $C_{16}H_{15}N_3O_6S$, F. 212—213°, analog vorst. Verb.; 93%. — *5-Jod-O-{β-[chinolyl-(4)-methyliden]-hydrazinocarbonylmethyl}-salicylsäureäthylester*, $C_{21}H_{18}JN_3O_4$, F. 217—218°, analog vorst. Verb.; 77%. — *O-[2.2.2-Trichloräthyliden-*

hydrazinocarbonylmethyl]-salicylsäure-[2.2.2-trichloräthylidenhydrazid], $C_{13}H_{10}Cl_6N_4O_3$, F. 201—202°, durch 1std. Erhitzen von I u. Chloral in Isopropanol auf 100°, Kühlen, Filtrieren u. Umkristallisieren aus Chlf./Isopropanol (1 : 1); 75%. — 2.3-Dihydrobenzofurane: *2-Carbäthoxy-3-oxo-*, $C_{11}H_{10}O_4$, F. 60—62° (A.), durch Zutropfen des entsprechenden O-Carbäthoxymethylsalicylsäureesters zu Na-Äthylat in abs. Bzl., 4std. Kochen, Kühlen, Gießen in W., Alkalisieren (Lackmus) u. Ansäuern der wss. Phase mit verd. HCl; 70%. — *2-Carbäthoxy-3-oxo-5-chlor-*, $C_{11}H_9ClO_4$, F. 126—127°, analog vorst. Verb.; 55%. — *2-Carbäthoxy-3-oxo-5-jod-*, $C_{11}H_9JO_4$, F. 120—122°; 90%. — *3-Oxo-*, $C_8H_6O_2$, F. 97° (A.), durch Suspensieren des entsprechenden 2-Carbäthoxybenzofurans in 5%ig. wss. NaOH, 1wöchiges Stehen, Verdünnen mit verd. H_2SO_4, Extrahieren mit Bzl. u. Eindampfen im Vakuum; 65%. — *3-Oxo-5-chlor-*, $C_8H_5ClO_2$. F. 114,5—116°, analog vorst. Verb. (2wöchiges Stehen); 27%. — *3-Oxo-5-jod-*, $C_8H_5JO_2$, F. 130—131°, analog vorst. Verb. (4wöchiges Stehen); 27%. — *2-Phenylazocarbonyl-3-oxo-*, $C_{15}H_{10}N_2O_3$, F. 180—181° (A.), nach MERRIMAN [1911]; 7,5%. — *2-Carbäthoxy-3-phenylhydrazono-*, $C_{17}H_{16}N_2O_3$, F. 126—128° (A.), neben vorst. Verb.; lederfarbene Kristalle; 60%. — *2-Phenylazocarbonyl-3-phenylhydrazono-*, $C_{21}H_{16}N_4O_2$, F. 189—190°, nach MERRIMAN [1911] mit überschüssigem Phenylhydrazin; 35%. — *3-Thiosemicarbazono-*, $C_9H_9N_3OS$, F. 176—178° (A./W.), durch 1std. Kochen des Ketons mit Thiosemicarbazid in möglichst wenig A./W. (8 : 2), Kühlen u. Filtrieren der Nadeln; 85%. — *3-Thiosemicarbazono-5-jod-*, $C_9H_8JN_3OS$, F. 212—213°, analog vorst. Verb.; aus A./W. Nadeln; 60%. — *2-Carbäthoxy-3-semicarbazono-5-chlor-*, $C_{12}H_{12}ClN_3O_4$, F. 243—244°, analog vorst. Verb.; 25%. — *3-Phenylhydrazono-*, $C_{14}H_{12}N_2O$, F. 168 bis 170°; 48%. — *2-Carbäthoxy-3-hydroxybenzofuran, Hydraziniumsalz* $C_{11}H_{14}N_2O_4$ F. 137—138° (A.), durch Zugabe von $N_2H_4 \cdot H_2O$ zu 2-Carbäthoxy-3-hydroxybenzofuran in A. u. Kühlen; Nadeln; 74%. — Benzofuro-[3.2 : b]-indole: *Unsubstituiert*, $C_{14}H_9$·NO, F. 197—199°, nach CAWLEY u. PLANT [1938]; 90%. — *2-Chlor-*, $C_{14}H_8ClNO$, F. 185 bis 187°, analog vorst. Verb.; 25%. — *8-Nitro-*, $C_{14}H_8N_2O_3$, F. 255°, analog vorst. Verb.; 4%. — *N-[β-Piperidinoäthyl-*, $C_{21}H_{22}N_2O$, F. 109—110°, analog den Thianaphtheno-[3.2 : b]-indolen (WERNER u. Mitarbeiter, C. **1957**. 13971); 76%. — *N-[2-Dimethylaminopropyl]-*, *Hydrochlorid*, $C_{19}H_{21}ClN_2O$, F. 235—236°, analog vorst. Verb.; 27%.

P. GOLINSKE. 3081 □

Chemie des C_4H_8P-Ringes: das Aminophosphin $[CH_3]_2NPC_4H_8$, das Cyclophosphin C_4H_8PH und das tetracyclische Trimere $[C_4H_8PBH_2]_3$. Anton B. Burg und Peter J. Slota jun. (J. Amer. chem. Soc. **82**. 2148—51. 5/5. 1960. Los Angeles, Calif., Univ. of Southern California, Dep. of Chem.) (Engl.)

Durch Umsetzung von N.N-Dimethylaminodichlorphosphin (**VI**) mit BrMg–$(CH_2)_4$–MgBr (**VII**) wurde *Tetramethylen-[dimethylamino]-phosphin* (**I**) dargestellt u. mit 2 Mol HCl unter Bldg. von *Tetramethylenphosphinigsäurechlorid* (**II**) u. *Dimethylaminhydrochlorid* (**VIII**) gespalten. Aus **II** u. 2 Mol Dimethylamin wird unter HCl-Abspaltung **I** erhalten. **I** setzt sich mit 1 Mol CH_3J unter Bldg. eines nichtflüchtigen quart. *Salzes* um. Das leichtflüchtige *1 : 1-Addukt* aus **I** u. BH_3 liefert bei der therm. Zers. neben *Bis-[dimethylamino]-borin* (**III**) u. etwas *trimerem Tetramethylenphosphinylborin* (**IV**; $[C_4H_8PBH_2]_3$) das cycl. sek. *Tetramethylenphosphin* (**V**), das vom begleitenden **III** durch dessen Spaltung mit HCl zu **VIII** u. *polymerem N.N-Dimethylaminochlorborin* $[(CH_3)_2 \cdot NBHCl]_x$ getrennt werden konnte. Die cycl. Struktur von **V** wurde durch sein IR-Spektrum bestätigt. **IV** wurde auch durch therm. Zers. des 1 : 1-Addukts aus **V** u. BH_3 in guter Ausbeute erhalten.

Versuche: *Tetramethylen-[dimethylamino]-phosphin* (**I**), Kp. 170° (berechnet), durch gleichzeitiges 2std. Eintropfen der Lsgg. von 920 mMol **VII** in 600 ml Ae. sowie 930 mMol **VI** in 500 ml Ae. bei —78° unter Rühren u. unter N_2, 1std. Rühren bei —78°, Erwärmen (in 1 Std.) auf Raum-Temp., 1std. Kochen, Abdekantieren u. Dest.; 9 g (Ausbeute); durch Versetzen des Dekantationsrückstandes mit Ae., Einleiten von 200 g NH_3-Gas unter Rühren, Filtration u. Dest. wurden noch 1 g erhalten. — *Tetramethylenphosphinigsäurechlorid* (**II**, Kp. 165° (berechnet), aus 1,502 mMol **I** u. 2,931 mMol HCl; 92,3%; erstarrt bei —78° glasartig, liefert bei Berührung mit Hg ein *lederfarbenes, sublimierbares Prod.* u. bei Rk. mit überschüssigem Dimethylamin 60% **I**. — *Tetramethylenphosphin* (**V**), F. —88°, Kp. 105° (berechnet), durch langsames Erwärmen von 0,768 mMol **I** u. 0,370 mMol B_2H_6 von —196° auf Raum-Temp. im Rohr, kurzes Erwärmen auf 220°, Öffnen des Rohres, 21std. Erhitzen auf 210°, Dest., portionsweises Umsetzen der Fraktion vom $Kp._{10}$ 0° (56,1 mg) aus **V** u. *Bis-[dimethylamino]-borin* (**III**) mit 0,9 mMol HCl durch Erwärmung von —78° auf Raum-Temp., Isolierung von **V**-*Hydrochlorid* durch Sublimation, Reinigung durch fraktionierte Kondens. im Hochvakuum u. Freisetzung der Base durch Zusatz von Dimethylamin; 30%; daneben 0,146 m Mol H_2, 0,065 mMol *Dimethylamin*, 0,02 mMol *N.N-Dimethylaminoborin*, 10 mg nachst.

Verb. sowie nach der HCl-Spaltung nichtflüchtiges, *polymeres N.N-Dimethylaminochlorborin.* — *Trimeres Tetramethylenphosphinylborin* (**IV**), $[C_4H_8PBH_2]_3$, F. 169—169,3° (Aceton), durch Behandeln von 0,354 mMol **V** mit 0,177 mMol B_2H_6, 46std. Erhitzen im Rohr auf 198° u. Hochvakuumsublimation; 99,7% (roh); daneben 0,358 mMol H_2 u. 0,07 mMol **V**. L. Lamza. 3091 □

Eine neue Methode zur Darstellung von 2-Phenyl-4-amino-1.2.3-triazol. Z. Muljiani, A. N. Kothare und V. V. Nadkarny. (J. Univ. Bombay [N. S.] **27.** Nr. 5. Sect. A 21—23. März 1959. Bombay, St. Xavier's Coll.) (Engl.)

Die Darst. von *2-Phenyl-4-amino-1.2.3-triazol* durch Hofmannschen Abbau von 2-Phenyl-1.2.3-triazol-4-carbonsäureamid (**I**) wird beschrieben.

Versuche: *2-Phenyl-4-amino-1.2.3-triazol*, $C_8H_8N_4$, F. 70° (W.), durch 2std. Erwärmen von **I** mit NaOCl auf 35—40°, 2std. Kochen u. Extrahieren mit Ae.; 77,2% Ausbeute. W. Hampel. 3153 □

Untersuchungen über flüchtige Pflanzenstoffe. 179. Mitt. **Synthese von cis- und trans-2-[2-Methyl-Δ^1-propenyl]-4-methyltetrahydropyran.** Yves-René Naves und Paul Tullen. (Helv. chim. Acta **44.** 1867—72. 1/12. 1961. Vernier-Genève, L. Givaudan Cie., S. A., Labor. de Rech.) (Franz.) — 178. vgl. C. **1962.** 10846.

Durch Oxydation von β-Citronellylacetat (I) mit O_2 im UV-Licht u. Red. des peroxidhaltigen Gemisches mit Na_2SO_3 werden *2.3-Epoxydihydrocitronellylacetat* (**II**), *2.6-Dimethyl-$\Delta^{1.3}$-octadienyl-(8)-acetat* (**III**) u. das *8-Monoacetat* (**IV a**) des *2.6-Dimethyl-Δ^3-octendiols-(2.8)* (**IV**) erhalten. Cyclisieren von **IV** mit 5%ig. H_2SO_4 bei Raum-Temp. liefert *2-[2-Methyl-Δ^1-propenyl]-4-methyltetrahydropyran* mit einem Verhältnis der cis-trans-Isomeren von 85:15. — IR-Spektren vgl. Original.

Versuche: *β-Citronellol*, durch Red. von (+)-β-Citronellal nach Meerwein-Ponndorf; $D._4^{20}$ 0,8551; n_C^{20} 1,45358; n_D^{20} 1,45612; n_F^{20} 1,46228; $[\alpha]_D^{20}$ +4,26°; Reinheit (gaschromatograph.) 99%. *Acetyl-Deriv.* (I), Kp.$_4$ 87—88°; $D._4^{20}$ 0,8894; n_C^{20} 1,44045; n_D^{20} 1,44300; n_F^{20} 1,44920; $[\alpha]_D^{20}$ +2,59°. — *2.3-Epoxydihydrocitronellol*, $C_{10}H_{20}O_2$, Kp.$_{2,5}$ 104—105°, aus **II** u. sd. wss.-methanol. KOH (1½ Std.); $D._4^{20}$ 0,9397; n_C^{20} 1,45253; n_D^{20} 1,45505; n_F^{20} 1,46042; $[\alpha]_D^{20}$ −2,38°. *Acetyl-Deriv.* (**II**), $C_{12}H_{22}O_3$, Kp.$_{3,5}$ 95—96°, a) aus **I** u. Perbenzoesäure in Chlf.; b) aus 821 g **I** u. feuchtem O_2 im Vibromischer bei 50° im UV-Licht (56 Std.) bis zur Bldg. von 260 g Peroxid, Rk. mit 400 g $Na_2SO_3 \cdot 10\,H_2O$ u. 2 Liter W. im Vibromischer bei 40° (27 Std.), Extrahieren mit PAe., Abdest. des unveränderten **I** (516 g) u. Fraktionieren von 131 g des Rückstandes (298,5 g); $D._4^{20}$ 0,9514; n_C^{20} 1,43752; n_D^{20} 1,43970; n_F^{20} 1,44512; $[\alpha]_D^{20}$ +2,19°; 23 g (Ausbeute); Reinheit 98—99%. — *2.6-Dimethyl-$\Delta^{1.3}$-octadienol-(8), Acetyl-Deriv.* (**III**), $C_{12}H_{20}O_2$, Kp.$_3$ 81—82°, neben **II** nach b); $D._4^{20}$ 0,9119; n_C^{20} 1,46455; n_D^{20} 1,46825; n_F^{20} 1,47722; $[\alpha]_D^{20}$ +11,07°; 32 g; Reinheit 97,6%. — *2.6-Dimethyloctanol, Acetat*, $C_{12}H_{24}O_2$, Kp.$_3$ 71—72°, a) aus **III** u. H_2 an Adams-Pt in Äthylacetat bei 20°; $D._4^{20}$ 0,8652; n_C^{20} 1,42383; n_D^{20} 1,42605; n_F^{20} 1,43143; $[\alpha]_D^{20}$ +2,66°; b) durch Hydrieren von **I**. — *2.6-Dimethyl-Δ^3-octendiol-(2.8)* (**IV**), $C_{10}H_{20}O_2$, Kp.$_{2,5}$ 108—110°, durch Verseifen von **IV a**; $D._4^{20}$ 0,9378; n_C^{20} 1,46675; n_D^{20} 1,46950; n_F^{20} 1,47615; $[\alpha]_D^{20}$ +2,85°. *8-Monoacetyl-Deriv.* (**IV a**), $C_{12}H_{22}O_3$, Kp.$_{3,5}$ 105—106°, neben **II** nach b); $D._4^{20}$ 0,9571; n_C^{20} 1,45113; n_D^{20} 1,45376; n_F^{20} 1,46015; $[\alpha]_D^{20}$ +2,0°; 25 g; Reinheit 97,2%. — *2.6-Dimethyloctandiol-(2.8)*, $C_{10}H_{22}O_2$, Kp.$_3$ 115—116°, a) aus **IV** u. H_2 an Adams-Pt in Äthylacetat bei 20°; $D._4^{20}$ 0,9292; n_C^{20} 1,45675; n_D^{20} 1,45905; n_F^{20} 1,46450; $[\alpha]_D^{20}$ +2,48°; b) aus (+)-2-Hydroxydihydrocitronellal u. H_2 an Raney-Ni in A. bei 60°; $[\alpha]^{20}$ +2,50°. — *(+)-2-[2-Methyl-Δ^1-propenyl]-4-methyltetrahydropyran*, Kp.$_{15}$ 72—73°, durch Emulgieren von 20 g **IV** u. 5%ig. H_2SO_4 im Vibromischer bei Raum-Temp. (3 Std.); $D._4^{20}$ 0,8723; n_C^{20} 1,45370; n_D^{20} 1,45665; n_F^{20} 1,46355; $[\alpha]_D^{20}$ +38,10°; 10,7 g. F. Heller. 3211 □

Sulfurierung organischer Verbindungen. 13. Mitt. **Sulfurierung von ortho-allylierten Phenolen und Phenoläthern.** Yves Mollier und Noël Lozac'h. (Bull. Soc. chim. France **1958.** 651—56. Mai. Caen, Fac. des Sci.) (Franz.) — 12. vgl. C. **1959.** 2112; vgl. auch C. **1961.** 6483.

Beim Erhitzen von 2-Allyl-4-methylphenol (**II**) mit S in Diäthylphthalat auf 240° wird allein *6-Methyl-2-thiocumarin* gebildet; 4-Methyl-2-[β-methylallyl]-phenol (**VII**) liefert dagegen nebeneinander *3.6-Dimethyl-2-thiocumarin* (**XXI**) u. *3.6-Dimethyldithiocumarin* (**XXIII**). Letzteres wird auch bei der Sulfurierung von 4-Methyl-2-[β-methylallyl]-anisol (**XVII**) gebildet, wobei als Nebenprod. *4-Methyl-5-[2-methoxy-5-methylphenyl]-1.2-dithiacyclopenten-(4)-thion-(3)* (**XXIV**) anfällt. Die Sulfurierung zahlreicher weiterer o-Allylphenole u. o-Allylanisole wurde untersucht; aus ersteren bilden sich meist als Hauptprodd. die 2-Thiocumarine, aus den o-Allylphenoläthern die Dithiocumarine u. die 5-Aryl-1.2-dithiacyclopenten-(4)-thione-(3). Zum Vgl. wurde **XXIII** auch durch Erhitzen von 3.6-Dimethyl-1-thiocumarin (**XXVI**) mit P_2S_5 dargestellt, das man aus 2-Methylmercapto-5-methylbenzaldehyd über Reformatski-Kondens., Verseifen u. Cyclisieren mittels $SOCl_2$ synthetisierte.

Versuche: *2-Allyl-6-methoxyphenol* (**I**), $Kp._{12}$ 122°, durch Rk. von Guajacol mit Allylbromid (**XXV**) u. Umlagerung des erhaltenen *Allyläthers* durch 1std. Erhitzen aus 230°. — *2-Allyl-4-methylphenol* (**II**), $Kp._{14}$ 117°, analog **I** aus p-Kresol u. **XXV**. — *2-Allyl-6-methylphenol* (**III**), $Kp._{13}$ 109°. — *2-Methoxy-6-[β-methylalyl]-phenol* (**IV**), $Kp._{15}$ 136°. — *4-Methoxy-2-[β-methylallyl]-phenol* (**V**), $Kp._{13-14}$ 148°. — *2-Methyl-6-[β-methylallyl]-phenol* (**VI**), $Kp._{14}$ 110°. — *4-Methyl-2-[β-methylallyl]-phenol* (**VII**), $Kp._{12}$ 122—124°. — *1-Allylnaphthol-(2)* (**VIII**), $Kp._{14}$ 182°, durch Umsetzen von β-Naphthol mit **XXV** in Ggw. von K_2CO_3 u. 1std. Erhitzen des erhaltenen *Äthers* auf 210°; 60% (Ausbeute). — *2-Allylnaphthol-(1)* (**IX**), $Kp._2$ 140°; 60%. — *2.3-Dimethoxyallylbenzol* (**X**), $Kp._{12}$ 118°, aus **I** u. Dimethylsulfat (**XXVII**). — *Hydrochinonmonomethyläther*, F. 54°, $Kp._{14}$ 136°, durch partielles Methylieren von Hydrochinon mit **XXVII**. — *2-Allyl-4-methoxyphenol*, $Kp._{14}$ 147°, aus vorst. Verb. u. **XXV** unter anschließender Umlagerung. — *2-Allyl-1.4-dimethoxybenzol* (**XI**), $Kp._{14}$ 127°, aus vorst. Verb. mit **XXVII**. — *2-Allyl-6-methylanisol* (**XII**), $Kp._{13}$ 95°, analog **XI**. — *2-Allyl-4-methylanisol* (**XIII**), $Kp._{13}$ 101°. — *1.2-Dimethoxy-3-[β-methylallyl]-benzol* (**XIV**), $Kp._{13}$ 126°. — *1.4-Dimethoxy-2-[β-methylallyl]-benzol* (**XV**), $Kp._{14}$ 139°. — *2-Methoxy-3-[β-methylallyl]-toluol* (**XVI**), $Kp._{13}$ 101°. — *4-Methyl-2-[β-methylallyl]-anisol* (**XVII**), $Kp._{13}$ 115°. — *3-Allyl-2-hydroxybenzoesäuremethylester* (**XVIII**), $Kp._{14}$ 141°, durch Umlagerung von Salicylsäuremethylesterallyläther; n_D^{18} 1,539. — *1-Allyl-2-methoxynaphthalin* (**XIX**), $Kp._{16}$ 171°, aus **VIII** u. **XXVII**. — *2-Allyl-1-methoxynaphthalin* (**XX**), $Kp._2$ 110°. — *4-Methylmercaptotoluol*, $Kp._{13}$ 90—92°, durch Methylieren von p-Methylthiophenol mit **XXVII**. — *3-Chlormethyl-4-methylmercaptotoluol*, $Kp._6$ 137°, durch 2std. Einleiten von HCl in die Lsg. von 35%ig. Formaldehyd u. vorst. Verb. in konz. HCl bei 20°, Gießen auf Eis u. Ausziehen mit Chlf.; 34%. — *2-Methylmercapto-5-methylbenzaldehyd*, $Kp._{10}$ 150°, durch Zugeben von Hexamethylentetramin in wenig W. zu 4 g vorst. Verb. in Eisessig, 3std. Kochen, Verdünnen mit dem gleichen Vol. W., 1std. Erhitzen, Zugaben von konz. HCl, $^1/_4$std. Kochen, Ausziehen mit Bzl. u. Reinigen über die Bisulfit-Verb.; 2 g. — *α-Methyl-β-hydroxy-β-[2-methylmercapto-5-methylphenyl]-propionsäureäthylester*, $Kp._8$ 170°, durch 2std. Erhitzen vorst. Verb. mit Zn u. α-Brompropionsäureäthylester in Bzl. u. Zers. mit verd. H_2SO_4. — *3.6-Dimethyl-1-thiocumarin* (**XXVI**), F. 92—93°, durch 48std. Stehen vorst. Verb. in wss.-alkohol. KOH, Einengen, Ansäuern, Ausäthern, $1^1/_2$std. Kochen mit $SOCl_2$ u. einigen Tropfen Pyridin, Eindampfen u. Ausäthern. — Sulfurierung der o-Allylphenole bzw. ihrer Äther: **A**) durch Zugeben zu S in Diäthylphthalat bei 240°, $1^1/_2$std. Rühren bei 240°, Verdünnen mit Ae., 12std. Stehen, Verdünnen mit Aceton, Zusetzen von $HgCl_2$, Zers. des Nd. mit wss. Na_2S u. Ausäthern; **B**) durch Zugeben zu S in sd. Benzoesäureäthylester, $1^1/_2$std. Kochen u. Aufarbeiten wie vorst.: 2-Thiocumarine: *6-Methyl-*, $C_{10}H_8OS$, F. 159,5°, aus Cyclohexan gelbe Nadeln, a) aus **II** nach **A**; b) durch 12std. Kochen von 6-Methylcumarin mit P_2S_5 in Xylol u. Aufarbeiten wie unter **A**. — *8-Methyl-*, $C_{10}H_8OS$, F. 128° (Cyclohexan), aus **III** nach **A**; gelb. — *3.6-Dimethyl-* (**XXI**), $C_{11}H_{10}OS$, F. 156° (Cyclohexan), aus **VII** nach **A**; rotorangefarben; daneben **XXIII**. — *3.8-Dimethyl-*, $C_{11}H_{10}OS$, F. 114° (Cyclohexan), aus **VI** nach **A**; gelb. — *6-Methoxy-3-methyl-* (**XXII**), $C_{11}H_{10}O_2S$, F. 122°, aus **V** nach **A**; aus Cyclohexan gelbe Nadeln; daneben *6-Methoxy-3-methyldithiocumarin*. — *5.6-Benzo-*, $C_{13}H_8OS$, F. 150° (abs.A.), aus **VIII** nach **A**; orangefarben. — *7.8-Benzo-*, $C_{13}H_8OS$, F. 165,5°, aus **IX** nach **A**; gelb. — Dithiocumarine: *8-Methyl-*, $C_{10}H_8S_2$, F. 138° (Cyclohexan), aus **XII** nach **B**. — *3.6-Dimethyl-* (**XXIII**), $C_{11}H_{10}S_2$, F. 155,5°, aus Cyclohexan rote Nadeln, a) neben **XXI** aus **VII** nach **A**; b) neben **XXIV** aus **XVII** nach **B**; c) durch $^3/_4$std. Kochen von **XXVI** mit P_2S_5 in Xylol. — *3.8-Dimethyl-*, F. 166° (Bzl.), aus **XVI** nach **B**; rot. — *5.6-Benzo-*, $C_{13}H_8S_2$, F. 143°, aus **XIX** nach **B**. — *7.8-Benzo-*, $C_{13}H_8S_2$, F. 183°, aus **XX** nach **B**; aus Cyclohexan rote Nadeln. — *6-Methoxy-*, $C_{10}H_8OS_2$, F. 128,5° (Cyclohexan), aus **XI** nach **B**; rotorangefarben; daneben *5-[2.5-Dimethoxyphenyl]-1.2-dithiacyclopenten-(4)-thion-(3)*, $C_{11}H_{10}O_2S_3$, F. 121°, aus Bzl.-Cyclohexan orangefarbene Nadeln. — *8-Methoxy-*, $C_{10}H_8OS_2$, F. 161°, aus **X** nach **B**; gelborangefarben; daneben *5-[2.3-Dimethoxyphenyl]-1.2-dithiacyclopenten-(4)-thion-(3)*, $C_{11}H_{10}O_2S_3$, F. 119°, aus Cyclohexan rote Plättchen. — *6-Methoxy-3-methyl-*, $C_{11}H_{10}OS_2$, F. 165°, a) neben **XXII** aus **V** nach **A**; b) aus **XV** nach **B**; daneben *4-Methyl-5-[2.5-dimethoxyphenyl]-1.2-dithiacyclopenten-(4)-thion-(3)*, F. 92° (abs. A.), rotorangefarben. — *8-Methoxy-3-methyl-*, $C_{11}H_{10}OS_2$, F. 185°, a) aus **XIV** nach **B**; b) aus **IV** nach **A**; daneben *4-Methyl-5-[2-hydroxy-3-methoxyphenyl]-1.2-dithiacyclopenten-(4)-thion-(3)*, $C_{11}H_{10}O_2S_3$, F. 128° (Bzl.-PAe.), rot. — *-8-carbonsäuremethylester*, $C_{11}H_8O_2S_2$, F. 204,5°, aus **XVIII** nach **B**. — 1.2-Dithiacyclopenten-(4)-thione-(3): *5-[2-Methoxyphenyl]-*, F. 95,5°, aus 2-Methoxyallylbenzol. — *5-[2-Methoxy-5-methylphenyl]-*, $C_{11}H_{10}OS_3$, F. 143,5° (Bzl.), aus **XIII** nach **B**;

rot. — *4-Methyl-5-[2-methoxy-5-methylphenyl]-* (**XXIV**), F. 107°, neben **XXIII** aus **XVII** nach **B**; aus abs. A. rotorangefarbene Plättchen. — *5-[2-Hydroxy-3-methoxyphenyl]-*, $C_{10}H_8O_2S_3$, F. 199,5°, aus **I** nach **A**; aus abs. A. braune Nadeln.

H.-E. TOUSSAINT. 3211 □

Die Synthese von Penduletin. S. E. Flores, J. Herrán und H. Menchaca. (Tetrahedron [London] **4.** 132—34. Okt. 1958. Mexico, Univ., Nac. Autónoma de Mexico, Inst. de Quím.) (Engl.)

Durch Kondens. von 2.6-Dihydroxy-ω.3.4-trimethoxyacetophenon (**I**) u. p-Benzyloxybenzoesäureanhydrid u. Entbenzylieren des erhaltenen *5-Hydroxy-3.6.7-trimethoxy-4'-benzyloxyflavons* wird *4'.5-Dihydroxy-3.6.7-trimethoxyflavon* dargestellt, das mit natürlichem Penduletin ident. ist.

Versuche: *4.6-Diaminoveratrol*, F. 106—107°, durch Hydrieren von 20 g 4.6-Dinitroveratrol an Pd-Kohle in A. bei 20° u. 585 mm u. Eindampfen im Vakuum unter CO_2; 12 g (Ausbeute); $FeCl_3$-Rk. purpurfarben, mit HNO_2 dunkelrot. — *4.5-Dimethoxyresorcin*, F. 115—116° (nach Trocknen im Vakuum), aus 10 g vorst. Verb. u. $SnCl_2$ in W. bei 120° im Rohr (48 Std.); 1 g. — *2.6-Dihydroxy-ω.3.4-trimethoxyacetophenon* (**I**), nach GOLDWORTHY u. ROBINSON (J. chem. Soc. [London] **1937.** 46). — *p-Benzyloxybenzoesäureanhydrid*, F. 118—119°. — *5-Hydroxy-3.6.7-trimethoxy-4'-benzyloxyflavon*, F. 132—134°, a) aus **I** u. vorst. Verb. nach der Meth. von GOLDSWORTHY u. ROBINSON (l. c.) u. Reinigung durch Chromatographie an Magnesol; b) durch Benzylieren von Penduletin. — *4'.5-Dihydroxy-3.6.7-trimethoxyflavon* (*Penduletin*), durch Entbenzylieren vorst. Verb. nach HEAP u. ROBINSON [1929] u. Chromatographie an Magnesol.

F. HELLER. 3211 □

Chemische Bestandteile von Coniferen und verwandten Arten. 48. Mitt. Struktur von Kayaflavon. Nobusuke Kawano. (Chem. pharmac. Bull. [Tokyo] **9.** 358—59. Mai 1961. Nagasaki, Univ., Pharmac. Fac.) (Engl.) — 47. vgl. J. pharmac. Soc. Japan [Yakugakuzasshi] **81.** [1961.] 236.

Für Kayaflavon (**I**) wurde folgende Struktur durch Abbau des entsprechenden *Triäthyläthers* mit $Ba(OH)_2$ bekräftigt. Durch den Abbau entstehen *2-Hydroxy-4.6-diäthoxyacetophenon*, *Anissäure* u. *4-Methoxy-3-[2-hydroxy-3-acetyl-4-äthoxy-6-methoxyphenyl]-benzoesäure*.

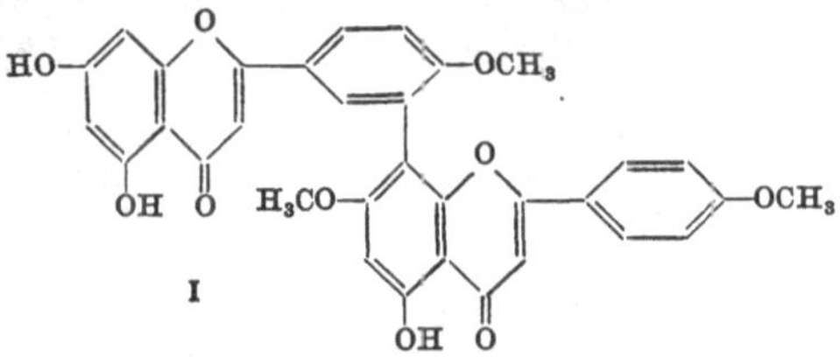

I

Versuche: *Kayaflavontriäthyläther*, F. 236—237°, durch 3std. Kochen von 2,7 kg trockener Blätter von *Torreya nucifera* mit Trichloräthylen, Filtrieren, Einengen, 2tägiges Stehen, Filtrieren, Lösen in 5%ig. NaOH, Filtrieren, Ansäuern, Lösen der gelben Kristalle in Pyridin, Versetzen mit A., mehrstd. Stehen u. Äthylieren von 1 g des erhaltenen *Kayaflavons* [**I**; 4,1 g (Ausbeute)]; aus Essigsäure/A. (1: 1) blaßgelbe Prismen; 0,83 g. — *4-Methoxy-3-[2-hydroxy-3-acetyl-4-äthoxy-6-methoxyphenyl]-benzoesäure*, $C_{19}H_{20}O_7$, F. 287—288°, durch 40std. Kochen von 700 mg vorst. Verb. mit $Ba(OH)_2 \cdot 8\,H_2O$ in Methanol u. Trennen der Abbauprodd.; aus Aceton Prismen; 240 mg; daneben *2-Hydroxy-4.6-diäthoxyacetophenon* (F. 81—83°; aus 50%ig. A. Nadeln; 130 mg) u. *Anissäure* (F. 180 bis 182°; aus W. Nadeln; 140 mg).

P. GOLINSKE. 3211 □

Substitutionsreaktionen am Pyridinkern bei erhöhten Temperaturen. 1. Mitt. Bromierung von 2.6-Dibrompyridin. H. J. den Hertog, W. P. Combé und C. R. Kolder. (Recueil Trav. chim. Pays-Bas **77.** 66—72. Jan. 1958. Wageningen, Agric. Univ., Labor. of Organ. Chem.) (Engl.)

2.6-Dibrompyridin (**I**) reagiert bei 480° mit Br_2 in Ggw. eines Bimsstein-$FeBr_2$-Katalysators (**K**) bei 0,5 Min. Kontaktzeit unter Bldg. von *2.3.6-Tribrom-* (**II**) u. *2.3.5.6-Tetrabrompyridin* (**III**). Aus äquimol. Mengen Pyridin u. Br_2 werden mit **K** bei 480° nur *2-Brompyridin* u. **I** gebildet. Bei der Bromierung von **I** bei ca. 500° in Ggw. von Bimsstein allein und 2,7—2,9 Min. Kontaktzeit wird hauptsächlich *2.4.6-Tribrom-* (**IV**) neben wenig *2.3.4.6-Tetrabrom-* u. (bei 530°) etwas *2.3.4.5.6-Pentabrompyridin* gebildet. Erhöhung der Rk.-Temp. von 455 auf 530° läßt die Ausbeuten an **IV** von 3% auf 36% steigen.

Versuche: Pyridine: *2.3.6-Tribrom-* (**II**), a) durch Leiten eines vorgeheizten Gemisches von je 32 g Br_2 u. **I** durch eine mit **K** gefüllte Röhre bei 480° innerhalb 90 Min., Alkalisieren u. Ae.-Extraktion; 40—50% (Ausbeute); daneben 10—15% *2.3.5.6-Tetrabrom-* (**III**); b) analog a) in Ggw. von Bimsstein-$CuBr_2$; 10%. — *2.4.6-Tribrom-* (**IV**), durch Leiten von 0,127 Mol I u. 0,175 Mol Br_2 durch eine Bimssteinröhre bei 500°, Alkalisieren, Ae.-Extraktion u. Fraktionierung; 22,2%; daneben 1,3% *2.3.4.6-Tetrabrompyridin.* L. LAMZA. 3231

Die Reaktion von Tropin mit Benzoylchlorid und Alkali: Eine neue Wasserstoffübertragungsreaktion. Barbara J. Calvert und J. D. Hobson. (Proc. chem. Soc. [London] **1962.** 19—20. Jan. Birmingham, Univ., Chem. Dep.) (Engl.)

Bei der Rk. von Tropin (I) mit einem Überschuß Benzoylchlorid (II) u. wss. NaOH wurden als Prodd. 2.4-Dibenzylidentropinon (**IIIa**; F. 152°; Ausbeute 45%) u. geringe Mengen eines 2. Isomeren (**IIIb**) vom F. 130° gefunden, die beide ein fast ident. UV-Spektrum hatten. **IIIb** scheint das weniger stabile Isomere zu sein, es wird durch heiße Essigsäure quant. in **IIIa** umgewandelt. Eine Gleichgewichtsmischung von **IIIa** u. **IIIb** wird bei Bestrahlung jeder der beiden Isomeren erhalten. Wird die Rk. von I mit II vorzeitig unterbrochen, so lassen sich Tropinon u. Benzaldehyd isolieren; die Bldg. dieser Prodd. spricht für eine intramol. H-Übertragung in einem N-Benzoylammoniumkation von I als Zwischenprodukt. Pseudotropin oder N-Benzoylnortropin geben die Rk. nicht.

W. SCHRAMM. 3231 □

Eine einfache Synthese des Viridicatins. Bernd Eistert und Herbert Selzer. (Z. Naturforsch. **17b.** 202. März 1962. Saarbrücken, Univ., Inst. für organ. Chem.) (Dt.)

Vff. beschreiben die Synth. des von CUNNINGHAM u. FREEMAN (C. **1950/54.** 3280 S) aus *Penicillium viridicatum Westling* isolierten *Viridicatins* (I) aus Isatin (II) u. Phenyldiazomethan (III).

Versuche: *Viridicatin* (I, *3-Hydroxy-4-phenylcarbostyril*), $C_{15}H_{11}NO_2$, F. 267—268°, durch Zugabe von 3 g II zu einer äther. Lsg. von III (vgl. YATES u. SHAPIRO, J. org. Chemistry **23** [1958.] 759) u. dreitägiges Stehen bei Raum-Temp.; aus CH_3OH Nadeln; 3 g (Ausbeute); mit methanol. $FeCl_3$ blaugrün. — *N-Methylviridicatin* (**IV**), $C_{16}H_{13}NO_2$, F. 208—209°, analog I aus N-Methylisatin; aus CH_3OH Nadeln. — *3-Methoxy-N-methyl-4-phenylcarbostyril*, $C_{17}H_{15}NO_2$, F. 198—199°, a) aus **IV** in CH_3OH u. äther. Diazomethan; b) durch Kochen von I mit Dimethylsulfat in CH_3OH, Zugabe von NaOH-Pillen binnen 20 Min., Abkühlen u. Verdünnen mit W.; aus Cyclohexan Nadeln.

J. PFIRSCHKE. 3231 □

Chemische und biologische Versuche mit Pseudo-Reduktonen und Derivaten derselben. Hans von Euler und Hans Hasselquist. (Ark. Kemi **11.** Nr. 44. 419—22. 1957. Stockholm, Univ., Vitamin-Inst.) (Dt.)

Bei der Einw. von NH_3 auf Benzoylformoin (I) wurde eine *Verb.* $C_{16}H_{12}N_2O$ erhalten, deren UV-Spektrum mit dem von DUNN u. Mitarbeitern (J. chem. Soc. [London] **1949.** 2707) dargestellten *2-Hydroxy-3.5-diphenylpyrazin* ident. ist. Intraperitoneale Injektion von in W. suspendiertem I bewirkt eine Verlängerung der Lebensdauer bei YOSHIDA-ASCITES-Ratten. Die Keimung von Gerstensamen, eingeweicht in wss. I-Suspension, wurde um 2 bzw. 5 Tage verzögert. Chlorophyllhemmung wird nicht beobachtet.

Versuche: *Benzoylformoin* (I), F. 189—189,5°, aus Phenylglyoxal mit KCN in 50%ig. CH_3OH; aus A. gelbe Stäbchen; ca. 100% (Ausbeute); gibt mit äthanol. $FeCl_3$ eine schnell verschwindende Rotviolettfärbung. — *2-Hydroxy-3.5-diphenylpyrazin*, $C_{16}H_{12}N_2O$, F. 272—273°, aus I u. 12%ig. NH_4OH-Lsg. unter N_2 durch Erhitzen des zuerst gebildeten Ammoniumsalzes auf 100° u. Ansäuern mit HCl; aus Aceton gelbe Nadeln. — *Bromdiphenacyl*, F. 161°, aus Bromacetophenon in abs. A. unter Einw. von $NaOC_2H_5$; aus Ae. Nadeln; red. TILLMANS Reagens in alkal. Lsg. sehr langsam.

A. NEUBAUER. 3272

Synthesen in der Reihe der Isoxanthinderivate. 6. Mitt. **Halogenderivate von Isocoffein-8-malonsäureester.** Je. Ss. Tschaman und Je. Ss. Golowtschinskaja. (Журнал Общей Химии [J. allg. Chem.] **31** (**93**). 2645—50. Aug. 1961. Chem.-Pharmazeut. Allunions-Ordshonikidse-Forschungsinst.) (Russ.) — 5. vgl. C. **1961.** 13185.

Durch Halogenierung von Isocoffein-8-malonsäurediäthylester (I) werden *Isocoffein-8-brom-* (II) u. *-chlormalonsäurediäthylester* (III) dargestellt. Die Hydrolyse von II u. III liefert *8-Hydroxymethylisocoffein* (IV), das in *8-Acetoxymethyl-*, *8-Diphenylacetoxymethyl-*, *8-Chlormethyl-* u. *8-Äthoxymethylisocoffein* sowie durch Oxydation in *Isocoffein-8-carbonsäure* übergeführt wird. Analog werden durch Halogenierung von Coffein-8-malonsäurediäthylester (V) *Coffein-8-brom-* (VI) u. *-chlormalonsäurediäthylester* (VII) dargestellt. Deren Hydrolyse u. Decarboxylierung liefert *8-Brom-*, *8-Chlor-* u. *8-Hydroxymethylcoffein.* Das Brom in II u. VI besitzt elektropositiven Charakter, wird leicht oxydiert, wobei I bzw. V zurückgebildet werden.

Versuche: *Isocoffein-8-brommalonsäurediäthylester* (II), $C_{15}H_{19}BrN_4O_6$, F. 170 bis 172° (Zers.; Äthylacetat), man gibt zu 5 g I in 40 ml Chlf. bei 20° tropfenweise 2,5 g Br_2 in 10 ml Chlf., rührt 20 Min. lang, kocht 4 Std. lang, behandelt mit 50 ml 5%ig. $NaHCO_3$-Lsg. u. dampft die Chlf.-Lsg. ein; 84% (Ausbeute). — *Isocoffein-8-chlormalonsäurediäthylester* (III), $C_{15}H_{19}ClN_4O_6$, F. 207—208° (Zers.; Äthylacetat), man gibt zu 5 g I in 30 ml Chlf. 5 ml SO_2Cl_2 in 10 ml Chlf. u. läßt 12—15 Std. lang bei 20° stehen; 82%. — *8-Hydroxymethylisocoffein* (IV), $C_9H_{12}N_4O_3$, F. 253—255° (Chlf.), a) durch 3—4std. Kochen von 23 g III mit 400 ml verd. HCl; 81%; b) analog aus II; 50%. — *Isocoffein-8-carbonsäure*, F. 250—260°, man gibt zu 1 g IV in 50 ml W. bei 40° in 25—30 Min. tropfenweise 20 ml 5%ig. $KMnO_4$-Lsg., filtriert, säuert auf pH 6 an u. dampft im Vakuum auf 10 bis 15 ml ein; 0,5 g. Liefert bei 2std. Kochen in W. *Isocoffein*, F. 270—272°. — *8-Acetoxymethylisocoffein*, $C_{11}H_{14}N_4O_4$, F. 169—171° (A.), aus 1 g IV u. 5 ml Acetanhydrid (1 Std. lang kochen); 0,85 g. — *8-Diphenylacetoxymethylisocoffein*, $C_{23}H_{22}N_4O_4$, F. 225—226°, (Dimethylformamid), durch 3std. Kochen von 0,75 g IV, 1 g Diphenylacetylchlorid u. 0,5 ml Pyridin in 30 ml Bzl.; 1,4 g. — *8-Chlormethylisocoffein*, $C_9H_{11}ClN_4O_2$, Zers. (bei schnellem Erhitzen) bei 185—185,5° (Dichloräthan), durch 4std. Kochen von 5,5 g IV u. 7 ml $SOCl_2$ in 20 ml Chlf.; 85%. — *8-Äthoxymethylisocoffein*, $C_{11}H_{16}N_4O_3$, F. 153—155° (Äthylacetat), durch 3std. Erhitzen von 1,8 g 8-Chlormethylisocoffein mit Na-Äthylat (0,17 g Na in 10 ml A.); 0,75 g. — *Coffein-8-brommalonsäurediäthylester* (VI), $C_{15}H_{19}BrN_4O_6$, F. 162—164° (Äthylacetat), man gibt zu 13,4 g V in 100 ml Chlf. bei 20° 6,7 g Br_2 in 10 ml Chlf. u. rührt 2 Std. lang bei 70—85°; 80%. — *8-Brommethylcoffein*, F. 206—208° (A.), durch 4std. Kochen von 3 g VI in 60 ml 10%ig. HCl; 0,5 g. — *8-Hydroxymethylcoffein*, F. 222—225° (A.), a) als Nebenprod. bei der Darst. vorst. Verb.; 0,72 g; b) durch 4std. Kochen von 0,4 g VII mit 10 ml 20%ig. HCl; 70%. — *Coffein-8-chlormalonsäurediäthylester* (VII), $C_{15}H_{19}ClN_4O_6$, F. 141—142° (Äthylacetat), durch 5std. Kochen von 10,65 g V u. 3 ml SO_2Cl_2 in 60 ml Chlf.; 73%. HELMUT SCHÄFER. 3272□

Über Orceinfarbstoffe. 13. Mitt. Synthese und Acetylierungsgeschwindigkeit des Iso-α-aminoorceins. Hans Musso und Sven-Peter Mannsfeld. (Chem. Ber. 94. 2585—89. 1961. Göttingen, Univ., Organ.-chem. Inst.) (Dt.) — 12. vgl. C. **1961**. 17948; 14. vgl. C. **1962**. 1609.

Für α-Aminoorcein wurde die Konstit. *4.5-Dimethyl-6-[2'.4'-dihydroxy-6'-methylphenyl]-7-aminophenoxazon-(2)* (I) angenommen, da es sich ca. 100mal schneller an der Aminogruppe acetylieren ließ als 7-Amino-4-methylphenoxazon-(2) (II), bei dem keine O → N-Transacetylierung stattfinden kann (vgl. MUSSO u. BEECKEN, C. **1961**. 5797). Zur Sicherung der Konstit. von I wird I mit dem aus Toluchinondichlordiimid (III) u. 4.6.4'.6'-Tetrahydroxyditolyl-(2.2') (IV) synthetisierten *3-[2'.4'-Dihydroxy-6'-methylphenyl]-4.6-dimethyl-7-aminophenoxazon-(2)* [V; *Iso-α-aminoorcein*] verglichen. Das N-Acetyl-Deriv. von V zeigt im Gegensatz zum I-Acetat eine geschwächte CO-Bande bei 6,06 μ, die für alle 3 substituierten Phenoxazon-(2)-Farbstoffe charakterist. ist. Außerdem finden sich im IR-Spektrum von V bei 3 μ die Banden der asymm. u. der symm. N-H-Valenzschwingungen der nicht intramol. assoziierten H_2N-Gruppe, während bei I durch Ausbldg. von Brückenbindungen zwischen der H_2N- u. der benachbarten HO-Gruppe nur eine verwaschene Bande zu erkennen ist. Der Vgl. der Acetylierungs-Geschw. von I, II, V sowie 7-Amino-, 7-Amino-4.5-dimethyl- u. 7-Amino-4.6-dimethylphenoxazon-(2) u. x-Chloriso-α-aminoorcein (VI), β- u. γ-Aminoorcein zeigt jedoch im Gegensatz zu den Ergebnissen früherer Unterss. (vgl. l. c.), daß (im Falle der frisch im Hochvakuum getrockneten Präpp.) die Farbstoffe mit 6ständigem Orcinrest langsamer acetyliert werden als die Modell-Verbb.; Feuchtigkeitsspuren erhöhen die Rk.-Geschw. nur bis zu 2 Zehnerpotenzen. IR-Spektren s. Original.

Versuche: *Iso-α-aminoorcein* (V), $C_{21}H_{18}N_2O_4$, durch 3std. Kochen von 772 mg IV u. 653 mg III in abs. A., Eindampfen im Vakuum, gemeinsame Extraktion des Rückstands zusammen mit dem Rückstand eines zweiten Ansatzes aus 318 mg IV u. 245 mg III mit der Oberphase des Systems Aceton/Dibutyläther/Butanol/Eisessig/W. (9 : 5 : 2 : 2 : 5) unter Erwärmen, Chromatographie der filtrierten Lsg. an 21 4·50 cm-Cellulosepulversäulen u. Kristallisieren der abgetrennten Zone A (R_D = 0,38) aus Methanol; violette Blättchen, die bis 350° nicht schmelzen, sondern sich langsam zersetzen; 14,8 mg (Ausbeute); daneben *x-Chloriso-α-aminoorcein* [VI; $C_{21}H_{17}ClN_2O_4$, durch Aufarbeitung der Zone B (R_D = 0,51); violette Blättchen. *Acetat*, $C_{27}H_{23}ClN_2O_7$, F. 247—249° (Bzl./Cyclohexan), durch Acetylierung von VI, einmalige Chromatographie an Kieselgur mit Bzl./Chlf. u. Kristallisation der Hauptzone (43 mg); rote Nadeln; 8,9 mg]. *Acetat*, $C_{27}H_{24}N_2O_7$, F. 191—193°, durch 3std. Eindampfen des Gemisches aus 72,3 mg rohem V mit 3 ml Pyridin u. 3 ml Acetanhydrid, Chromatographie des Rückstandes in Bzl. an neutralem Kieselgel, Eluieren mit Chlf. u. Chlf./Essigester (7 : 3) u. erneute Chromatographie der hellroten Zone (40 mg); aus Bzl./Cyclohexan rote Kristalle. L. LAMZA. 3282□

Organosiliciumverbindungen. 1. Mitt. **Die Anwendung der Wurtz-Reaktion auf die Synthese von Tetraarylsilanen.** Tung-Yin Yu, Lin-Yuen Hsu und Shih-Huei Wu. (Acta chim. sinica **24.** 170—73. April 1958. Fuh-Tan Univ., Dep. of Chem.) (Chin.; Auszug: Engl. S. 173.)

Durch Wurtz-Rk. werden *Triphenyl-p-tolyl-* [$C_{25}H_{22}Si$, F. 140°; 30% (Ausbeute)] u. *Diphenyldi-p-tolylsilan* ($C_{26}H_{24}Si$, F. 121—122°; 59%) dargestellt. Durch Bromieren von 4.4'-Dimethyldiphenyläther in CS_2 u. Umsetzen des erhaltenen *4.4'-Dimethyl-2.2'-dibromdiphenyläthers* ($C_{14}H_{12}Br_2O$, F. 77,5—79°; 93%) mit Diphenyldichlorsilan u. Na wird *2.7-Dimethyl-9.9-diphenylsilaxanthen* ($C_{26}H_{22}OSi$, F. 174°; 41%) erhalten. Bei der Anwendung der Wurtz-Rk. auf o-substituierte Aryl-Verbb. werden auch bei höherer Temp. nur geringe Mengen der entsprechenden *Triarylchlorsilane* erhalten. — *Tetra-β-naphthylsilan*, $C_{40}H_{28}Si$, F. 216—217°; 30%. — *Tri-α-naphthylchlorsilan*, $C_{30}H_{21}ClSi$, F. 209—210°; 4,2%. — *Tri-o-tolylchlorsilan*, $C_{21}H_{21}ClSi$, F. 106—107°; 15%. — *9-Chlor-9-[2-(p-tolyloxy)-5-methylphenyl]-2.7-dimethylsilaxanthen*, $C_{28}H_{25}ClO_2Si$, F. 220—222°; 22%. W. Liebscher. 3292

Eine neue Darstellungsweise von symm.-Triazin. Carol L. Sloan und William A. Barber. (J. org. Chemistry **27.** 1073—74. März 1962. Stamford, Conn., Amer. Cyanamid Co., Central Res. Div.) (Engl.)

Symm.-Triazin wurde durch Dehydratation von Formamid (I) mit Ca-Carbid (oder -Hydrid, -Nitrid sowie Li-Carbid) in Ggw. von $FeCl_3$ hergestellt.

Versuche: *symm.-Triazin*, F. 82—83°, durch Zutropfen einer 10%ig. Lsg. von wasserfreiem $FeCl_3$ u. I zu Ca-Carbid bei 100° u. Erhitzen auf 150° unter Verw. einer Linde-Molekularsiebkolonne 4 A; 19% Ausbeute. Gisela Schreiber. 3313□

Über „C-Glykoside". W. Treibs. (Naturwissenschaften **49.** 85. 2. Febr.-H. 1962. Heidelberg.) (D .) — Vgl. C. **1962.** 5282.

Aus Acetobr mglucose oder analogen Halogenzuckern u. metallorgan. Verbb., z. B. des Na, Zn, Mg oder Li, werden unter geeigneten Bedingungen Ester von „C-Glykosiden" u. durch deren Verseifung die freien Zucker-Derivv. der allg. Formel Z—R (Z = Zuckerrest, R = Alkyl, Aryl, heterocycl. Rest, Cyclopentadienyl usw.) erhalten. Die meist recht beständigen „C-Glykoside" sind in W. löslich. P. Golinske. 3400□

Darstellung einiger Anabasin-N-ameisensäureester. G. W. Lasurjewski und Ju. N. Forosstjan. (Журнал Общей Химии [J. allg. Chem.] **29** (**91**). 3498—3500. Okt. 1959.) (Russ.)

Durch Kondens. von Anabasin mit den entsprechenden Chlorkohlensäureestern wurden die *Methyl-*, *Äthyl-*, *n-Propyl-* u. *Isobutylester* der *Anabasin-N-carbonsäure* (*2-[Pyridyl-(3)]-piperidin-1-carbonsäure*) dargestellt.

Versuche: *Chlorkohlensäure, Methylester*, Kp. 71—72°, man leitet in 100 ml Dioxan $COCl_2$ ein, gibt unter starkem Kühlen tropfenweise 50 ml Methanol zu, gießt in W. u. dest. die organ. Schicht. *Äthylester*, Kp. 93—94°, analog vorst. Verb. in Chloroform. *n-Propylester*, Kp. 115—116°. *Isobutylester*, Kp. 128—129°. — *Anabasin-N-carbonsäure, Methylester*, $C_{12}H_{16}N_2O_2$, Kp.$_2$ 134—135°, man gibt zu $^1/_8$ Mol Anabasin, 17 g K_2CO_3 u. 10 ml W. in 150 ml Ae. unter Eiskühlung tropfenweise $^1/_8$ Mol Chlorkohlensäuremethylester u. läßt unter period. Durchschütteln 1 Tag lang stehen; D_4^{20} 1,1232; n_D^{20} 1,5345; 95% (Ausbeute); *Hydrochlorid*, $C_{12}H_{17}ClN_2O_2$, F. 187—188° (abs. A.). *Äthylester*, $C_{13}H_{18}\cdot N_2O_2$, Kp.$_2$ 146—147°; D_4^{20} 1,0875; n_D^{20} 1,5223; 93%; *Hydrochlorid*, $C_{13}H_{19}ClN_2O_2$, F. 195 bis 196°. *n-Propylester*, $C_{14}H_{20}N_2O_2$, Kp.$_2$ 160—161°; D_4^{20} 1,0771; n_D^{20} 1,5215; 96%; *Hydrochlorid*, $C_{14}H_{21}ClN_2O_2$, F. 201—202°. *Isobutylester*, $C_{15}H_{22}N_2O_2$, Kp.$_2$ 164—165°; D_4^{20} 1,0536; n_D^{20} 1,5174; 91%; *Hydrochlorid*, $C_{15}H_{23}ClN_2O_2$, F. 206—207°.

Helmut Schäfer. 3500□

Alkaloiduntersuchungen. 21. Mitt. **Eine Teilstruktur von Casimiroedin.** Carl Djerassi, C. Bankiewicz, A. L. Kapoor und B. Riniker. (Tetrahedron [London] **2.** 168—72. Mai 1958. Detroit, Mich., Wayne State Univ., Dep. of Chem.) (Engl.) — 20. vgl. C. **1962.** 7904.

Durch Spaltung mit HJO_4 wird aus Dihydrocasimiroedin (**I**) eine amorphe *Verb.* $C_{20}H_{25}N_3O_5$ (**II**) erhalten, die durch Red. mit Zn/Eisessig reines **II** u. in geringer Menge *N-Dihydrocinnamoyl-N-methylhistamin* (**III**) liefert. Hydrolyse von **II** mit $Ba(OH)_2$ gibt *N-Methylhistamin* (**IV**) u. *N.N-Bis-[β-imidazolyl-(4)-äthyl]-methylamin* (**V**), mit HCl wird neben **IV** *Dihydrozimtsäure* (**VI**) erhalten. Die Bldg. von **V** ist auf eine während der Hydrolyse ablaufende Kondens.-Rk. zurückzuführen. Die Vers.-Ergebnisse ergeben für Casimiroedin eine Teilformel als ein durch den $C_6H_{10}O_5$-Rest substituiertes N-Cinnamoyl-N-methylhistamin, der $C_6H_{10}O_5$-Rest ist wahrscheinlich ein Zuckerrest.

Versuche: *Verb.* $C_{20}H_{25}N_3O_5$ (II), F. ca. 125° (nach 48std. Trocknen bei 60°/0,01 mm), durch 4std. Stehen von 10 g I u. 11 g HJO_4 in W. bei Raum-Temp., Extrahieren bei pH 1,8 mit Chlf., Zugeben von NaOH bis pH 5,5 u. Extrahieren mit Chlf., 2std. Rühren des Extraktrückstandes (5,7 g) mit Zn-Staub in Eisessig bei 60°, Chromatographie in Chlf. an sauer gewaschenem Al_2O_3 u. Eluieren mit Chlf./CH_3OH; $[\alpha]_D$ −3° (c = 0,70; Chlf.), −5° (c = 0,85; 1%ig. HCl), −14° (c = 0,91; 1%ig. NaOH). — *N-Methylhistamin* (IV), $Kp._{0,005}$ 170° (Bad-Temp.), durch 20std. Kochen von 1,45 g II u. verd. HCl (1 : 1), Extrahieren von VI (0,76 g) mit Ae., Eindampfen der wss. Lsg., Fällen als Dipikrat (0,3 g) u. Zerlegen in CH_3OH an bas. Amberlite IRA-400; viscoses Öl. *Dipikrat* (IV a), $C_{18}H_{17}N_9O_{14}$, F. 187—189° (CH_3OH), a) aus 58 mg IV u. 140 mg Pikrinsäure (VII) in CH_3OH; 108 mg; b) aus der Mutterlauge von V a nach a) u. b); 1,5 g bzw. 172 mg. *Monostyphnat*, $C_{12}H_{14}N_6O_8$, F. 235—245° (Aceton/CH_3OH), aus 45 mg IV u. 115 mg Styphninsäure in CH_3OH; fast unlösl. in CH_3OH. *Distyphnat*, $C_{18}H_{17}N_9O_{16}$, F. 203—204°, aus den Komponenten in W.; aus A. gelbe Nadeln. *N-Dihydrocinnamoyl-Deriv.* (III), $C_{15}H_{19}N_3O$, F. 134—135° (CH_3OH/Ae.), neben II; ca. 10%; pK$_\alpha$ 6,5 (33% in Dimethylformamid). — *N.N-Bis-[β-imidazolyl-(4)-äthyl]-methylamin* (V), *Tripikrat* (V a), $C_{29}H_{26}\cdot N_{14}O_{21}$, F. 225—227° (Aceton), a) durch 24std. Kochen von 5,7 g II u. $Ba(OH)_2$ in W., Sättigen mit CO_2, Ansäuern des Filtrats mit HCl, Extrahieren von VI (F. 40—42°; 2,06 g) mit Ae., Zugeben von VII in CH_3OH zur wss. Lsg. u. Waschen des Nd. mit heißem CH_3OH; 300 mg; b) aus 2,0 g 4-[β-Chloräthyl]-imidazol u. CH_3NH_2 in CH_3OH im Rohr bei 95—100° (15 Std.), Eindampfen im Vakuum, Zugeben von VII in CH_3OH u. fraktionierte Kristallisation aus CH_3OH; 252 mg. *Hydrochlorid*, F. 233—235°, hygroskopisch. F. HELLER. 3500□

Zur Kenntnis des Papaverin-Nachweises durch die Coralyn-Reaktion. Studium des Verhaltens einiger Papaverin-Analogen. 14. Mitt. über Derivate des Berbins. Walther Awe, Herbert Halpaap und Otto Hertel. (Arzneimittel-Forsch. **10.** 936—40. Nov. 1960. Braunschweig, TH, Inst. für Pharmaz. Technol.) (Dt.) — 13. vgl. C. **1961.** 15392.

Die sog. Coralyn-Rk. (Rk. von Papaverin (I) mit Acetanhydrid (AA)/H_2SO_4) tritt nicht ein, wenn $C_{(9)}$ in I substituiert ist oder wenn im aromat. Ring des Benzylrestes eine Methylendioxygruppe an $C_{(3')}$ u. $C_{(4')}$ steht: *9-Methylpapaverin*, Eupaverin (alt) u. *1-[3.4-Methylendioxybenzyl]-6.7-methylendioxyisochinolin* reagieren so nicht. Alkoxygruppen an diesen beiden C-Atomen sind erforderlich, können jedoch auch an $C_{(2')}$ u. $C_{(3')}$ stehen. Veränderungen an den Äthergruppen des Isochinolinringes sind dagegen auf die Rk. ohne Einfluß. Die Coralyn-Rk. tritt auch bei der Umsetzung von I mit Acetyl- (AC) oder Benzoylchlorid (BC) in Ggw. von $ZnCl_2$ ein. Bei der Rk. von 1-[3.4-Diäthoxybenzyl]-6.7-diäthoxy- (III), 1-[3.4-Dimethoxybenzyl]-6.7-methylendioxy- (IV), 1-[3.4-Dimethoxybenzyl]-5.6-dimethoxy- (V) u. 1-[2.3-Dimethoxybenzyl]-5.6-dimethoxyisochinolin (VI) entstehen die entsprechenden Coralynanalogen. Diese zeigen in wss. Lsg. grüne Fluorescenz. Ihre UV-Spektren sind angegeben.

Versuche: *Coralyn, Sulfoacetat* (II), F. 276—278° (Zers.), a) durch Erhitzen von AA/konz. H_2SO_4 (5 : 1) bis zur weinroten Färbung auf 100°, Zugabe von I, Erhitzen auf 100° u. Rühren mit Methanol; b) durch Erhitzen von I in AA/konz. H_2SO_4 auf 100°; aus Methanol/W. (1 : 1) gelbe Nadeln. *Chlorid*, durch Eintragen von $ZnCl_2$ in die Lsg. von I u. AC, ½ std. Erhitzen u. Zutropfen von Methanol; gelbe Kristalle. Gibt mit Zn-Staub in saurer Lsg. *Coralydin* (F. 148—150°). — *9-Phenylnorcoralynchlorid*, Zers. beginnt bei ca. 270°, durch 5 Min. langes Erhitzen von I mit BC in Ggw. von $ZnCl_2$; gelbe Nadeln. — *9-Phenylnorcoralydin*, $C_{27}H_{29}NO_4$, F. 173,5°, durch 18std. Kochen von 1,5 g vorst. Verb. mit 120 ml 5%ig. H_2SO_4, 60 ml Eisessig u. 15 ml 25%ig. Ameisensäure in Ggw. von Zn-Pulver, Filtrieren, Alkalisieren mit NH_4OH u. Extrahieren mit Methylchlorid; aus Methanol/Chlf. Nadeln; 0,52 g (Ausbeute). — *Acetoeupaverinsemimethanolat*, $C_{21}H_{17}NO_5\cdot ½CH_3OH$, F. 169°, aus Eupaverin (VIII) analog II nach a), Verdünnen mit W., Kochen, Filtrieren, Zugabe von NH_4OH, Extrahieren mit Chlf. u. Filtrieren über Al_2O_3; aus Methanol Nadeln. — *Eupaverinsulfosäure*, $C_{19}H_{15}NO_7S$, F. 320° (Zers.), aus 1 g VIII analog II nach b) u. Eingießen in W.; aus W. Nadeln; 0,4 g. — *9-Methylenpapaverin*, F. 155°, aus I u. Formaldehyd im Rohr u. Chromatographie an Al_2O_3. — *9-Methylpapaverin*, F. 154°, aus vorst. Verb. durch katalyt. Hydrierung. — 6.7.8.9.16.17-Hexadehydroberbiniumsulfoacetate: *2.3.12.13-Tetraäthoxy-9-methyl-* (VII), F. 257 bis 262° (Zers.), durch 10 Min. langes Erhitzen von III mit AA u Zutropfen von konz. H_2SO_4; gelbe Nadeln; ca. 100%. — Analog VII: *2.3-Methylendioxy-12.13-dimethoxy-9-methyl-*, F. 235° (Zers.), aus IV; intensiv gelbe Nadeln. — *3.4.12.13-Tetramethoxy-9-methyl-*, F. 254° (Zers.), aus V; tiefgelbe Nadeln. *Jodid*, F. 263° (Zers.), aus A. braungelbe Nadeln. — *3.4.13.14-Tetramethoxy-9-methyl-*, F. 235° (Zers.), aus VI; gelbe Nadeln.

G. TEEGE. 3500□

Struktur von Tylophorin. T. R. Govindachari, M. V. Lakshmikantham, K. Nagarajan und B. R. Pai. (Chem. and Ind. **1957**. 1484—85. 9/11. Madras, Presidency Coll., Chem. Dep.) (Engl.)

Durch folgende Abbau-Rkk. wird gezeigt, daß *Tylophorin* ($C_{24}H_{27}NO_4$) wahrscheinlich *2.3.6.7-Tetramethoxyphenanthro-[9.10:6'.7']-dehydroindolizidin* (I) darstellt. Milde Oxydation von Tylophorinmethohydroxid ergab *2.3.6.7-Tetramethoxyphenanthren-9.10-dicarbonsäureanhydrid* [$C_{20}H_{16}O_7$, F. 315—325° (Zers.)], u. dessen *Imid* [$C_{20}H_{17}NO_6$, F. 355° (Zers.)]. Durch Rk. des Anhydrids mit äther. Diazomethan-Lsg. erhielt man den *Dimethylester* (II, $C_{22}H_{22}O_8$, F. 246—247°), der auch aus Tylophorinmethin (III; $[\alpha]_D^{30}$ ±0°) durch Oxydation mit alkal. H_2O_2 u. anschließender Veresterung erhalten wurde. Oxydation von Tylophorinmethojodid (VII) ergab *m-Hemipinsäure*, die als *N-Äthylimid* (F. 230 bis 231°) identifiziert wurde. Einw. von Bromcyan auf I ergab ein *Bromcyanamid* (V; F. 163°), welches mit Diäthylamin eine *Verb. vom F. 157°* liefert. Behandlung von V mit $NaBH_4$ ergab ein *Hydroxycyanamid* (F. 195—198°), welches zu I hydrolysiert wurde. Die Red. von III ergab *Isotylophorinmethohydroxid.* VII wurde durch heißes Alkali zum *Isomethojodid* isomerisiert. EMDE-Abbau des Isomethochlorids ergab *Isodihydrohomotylophorin* (IV; $C_{25}H_{31}NO_4$, F. 200—202°, $[\alpha]_D^{30}$ ±0°), das zu einer *nichtbas. Verb.* $C_{25}H_{27}\cdot NO_4$ (F. 235°; gibt positive Fichtenspan- u. EHRLICH-Rk. u. liefert bei Hydrierung IV) dehydriert wurde. HOFMANNscher Abbau von IV ergab *Isodihydrohomotylophorinmethin,* $C_{26}H_{33}NO_4$ (F. 142°), bei dessen Oxydation u. Trennung des Rk.-Prod. nach Veresterung II u. eine *Verb.* $C_{21}H_{22}O_6$ (VI, F. 185—186°) entstand. VI wurde zu einer *Säure* vom *F. 225—227°* hydrolysiert, welche bei Decarboxylierung *2.3.6.7-Tetramethoxy-9-methylphenanthren* (F. 188—189°) ergab. Eine Struktur für I, die eine Kondens. des heterobicycl. Syst. an der 9.8-Stellung einschließt, wurde nicht ausgeschlossen, ist jedoch unwahrscheinlich. *Phenanthro-[9.10:6'.7']-dehydroindolizidin* wurde aus Phenanthren-9-aldehyd durch Kondens. mit δ-Nitrobutylbenzoat, anschließende Red. mit $LiAlH_4$ zu *4-Amino-5-[phenanthryl-(9)]-pentanol,* Cyclisierung des *N-Formyl-Deriv.* mit $POCl_3$ u. anschließende Hydrierung dargestellt. A. NEUBAUER. 3500

Algencarotinoide. 1. Mitt. **Fucoxanthinmonoacetat.** Arne Jensen. (Acta chem. scand. **15**. 1604—05. 1961. Trondheim, Norway, N. T. H., Norwegian Inst. of Seaweed Res.) (Engl.)

Vf. erhält durch 3—4std. Acetylierung von aus *Fucus serratus* isoliertem Fucoxanthin (I) (F. 158—159°) in Pyridin/Acetanhydrid bei Raum-Temp. papierchromatograph. gereinigtes *Fucoxanthinmonoacetat* (II), $C_{42}H_{58}O_7$, F. 118—119°. Verteilungsverhältnisse in Petroläther/wss. Methanol u. R_F-Werte von I u. II sind angegeben. Vf. nimmt, auf Grund des IR-Spektrums u. Vgl. des R_F-Wertes von II mit denen von Zeaxanthin u. Lutein an, daß I außer der (in II acetylierten) sek. oder prim. Hydroxygruppe noch zwei wahrscheinlich tert. Hydroxygruppen enthält. Vf. vermutet auf Grund des Vgl. der UV-Absorptionsspektren von I u. β-Citraurin das Auftreten von 8 C—C-Doppelbindungen u. einer C—O-Doppelbindung oder von einer terminalen Allengruppe u. 7 C—C-Doppelbindungen u. einer C—O-Doppelbindung, die alle konjugiert sind. GOTTFRIED SCHREIBER. 3550□

Algencarotinoide. 2. Mitt. **Die Fucoxanthole — Reduktionsprodukte des Fucoxanthins.** Arne Jensen. (Acta chem. scand. **15**. 1605—07. 1961.) (Engl.) — 1. vgl. vorst. Referat.

Das Fucoxanthin (I)-Mol. enthält zwei nichtident. CO-Gruppen, von denen die eine mit dem chromophoren Rest in Konjugation steht. Bei Red. dieser Ketofunktion mit $LiAlH_4$ erhält Vf. das *Semifucoxanthol.* Weitere Red. ergibt das *Fucoxanthol a* (II; $C_{40}H_{60}O_6$, F. 187—189°) u. das *Fucoxanthol b* (III; $C_{40}H_{60}O_6$, F. 181—182°). Die IR- u. UV-Absorptionsmaxima von II u. III stimmen mit denen des Flavoxanthins, das 8 konjugierte C—C-Doppelbindungen enthält, überein. Die Verss. des Vf. bekräftigen die Annahme, daß I eine Estergruppe enthält. Die bei der J_2-katalysierten Isomerisierung entstehenden Prodd. werden angegeben. Vf. erhält bei Acetylierung von III in Pyridin/Acetanhydrid je nach Rk.-Zeit (2—200 Min.) *3 Monoacetate, 2 Diacetate,* $C_{44}H_{64}O_8$, u. ein *Triacetat,* $C_{46}H_{66}O_9$, F. 168°, Kristalle aus Ae./Petroläther, in wechselnden Ausbeuten. Die Verteilungsverhältnisse in PAe./wss. Methanol der beschriebenen Verbb. sind angegeben. GOTTFRIED SCHREIBER. 3550□

Mutatochrom aus β-Carotin durch Einwirkung von Bleitetraacetat. Cornel Bodea, Elena Nicoara und Tamara Salontai. (Liebigs Ann. Chem. **648**. 147—50. 11/12. 1961. Cluj, Landwirtschaftl. Hochschule, Biochem. Labor.) (Dt.)

Durch Einw. von Pb-Tetraacetat auf β-Carotin in Bzl. erhalten Vff. außer *Isokryptoxanthin, Isozeaxanthin* u. *Retrodehydrocarotin* (I) noch *β-Carotin-5.8-epoxid* (II; *Mutatochrom,* F. 162°, orangefarbene rhomb. Platten mit abgerundeten hellgelben

Ecken) u. *Isokryptoxanthin-5.8-epoxid*. Letzteres geht beim Behandeln mit salzsaurem $CHCl_3$ in I über. Die für II angegebene Struktur wird durch das IR-Spektrum bekräftigt. Ein Rk.-Mechanismus für die II-Bldg. wird angegeben. GOTTFRIED SCHREIBER. 3550□

Die Struktur von Germacron („Germacrol"). I. Ognjanoff, D. Ivanoff, V. Herout, M. Horák, J. Plíva und F. Sorm. (Chem. and Ind. **1957.** 820—21. 22/6. Prague, Czech. Acad. of Sci., Inst. of Chem., Dep. of Natural Subst.) (Engl.)

Vff. weisen für das aus *Geranium macrorrhizum L.* von WIENHAUS u. SCHOLZ [1929] isolierte *Germacrol* im Gegensatz zu TREIBS (vgl. C. **1955.** 7916) die Struktur *1.7-Dimethyl-4-isopropylidencyclodecadien-(7.10)-on-(5)* nach u. schlagen die Bezeichnung *Germacron* (I, $C_{15}H_{22}O$) vor. Als Beweis dafür dienen neben den IR-, UV- u. RAMAN-Spektren folgende Rkk.: Hydrierung von I an PtO_2 in Eisessig ergibt *Hexahydrogermacron* ($C_{15}H_{28}O$). Dessen Red. mit $LiAlH_4$ liefert *Hexahydrogermacrol* (II, $C_{15}H_{30}O$). Red. von I mit Al-Isopropylat oder $LiAlH_4$ ergibt den Alkohol *Germacrol* (III, $C_{15}H_{24}O$), der durch Oxydation nach OPPENAUER wieder in I übergeführt werden kann. Dehydrierung von III mit S liefert *Guajazulen* (*Trinitrobenzoladdukt*, F. 151°). Durch Hydrierung von III an PtO_2 in Eisessig wird der gesätt. bicycl. KW-Stoff *Selinan* ($C_{15}H_{28}$) erhalten. Dehydratisierung von III durch Kochen mit Ameisensäure oder durch Pyrolyse gibt einen *ungesätt. KW-Stoff* mit 4 Doppelbindungen, der katalyt. zu *Eleman* ($C_{15}H_{30}$) hydriert wird. I läßt sich in *Tetrahydrogermacron* ($C_{15}H_{26}O$, Ozonisierung → 1 Val *Aceton*) mit einer α,β-ungesätt. Ketogruppe überführen, dieses mit $LiAlH_4$ zu *Tetrahydrogermacrol* ($C_{15}H_{28}O$) reduzieren, das durch Hydrierung u. Hydrogenolyse in einen *gesätt. KW-Stoff* $C_{15}H_{30}$ (IV) übergeht. IV wird auch durch Dehydratisierung von II mit $KHSO_4$ u. anschließende Hydrierung in Eisessig erhalten. Ozonisierung von I ergibt 1,5—1,6 Val *Aceton*, $KMnO_4$-Oxydation in Aceton *Lävulin-* u. *Oxalsäure*. G. ZIEBARTH. 3600□

Absolute Konfiguration des Guajols. Ken'ichi Takeda und Hitoshi Minato. (Tetrahedron Letters [London] **1960.** Nr. 22. 33—37. Okt. Osaka, Shionogi & Co. Ltd., Res. Labor.) (Engl.)

Durch Abbau-Verss. werden die Methylgruppen des *Guajol* (I) an $C_{(1)}$ u. $C_{(4)}$ als α-ständig bestimmt. Das bei der versuchten Synth. des Linderazulens (vgl. TAKEDA u. NAGATA, Pharmac. Bull. [Tokyo] **1.** [1953.] 164) *α,β-ungesätt. Keton* (III, F. 47—49°, $[\alpha]_D^{24}$ +176,7°) läßt sich auch aus I gewinnen. Durch Rk. von I mit OsO_4 oder $KMnO_4$ erhält man das entsprechende *Triol* (F. 106—107°, $[\alpha]_D^{24}$ +7°), dessen Behandlung mit

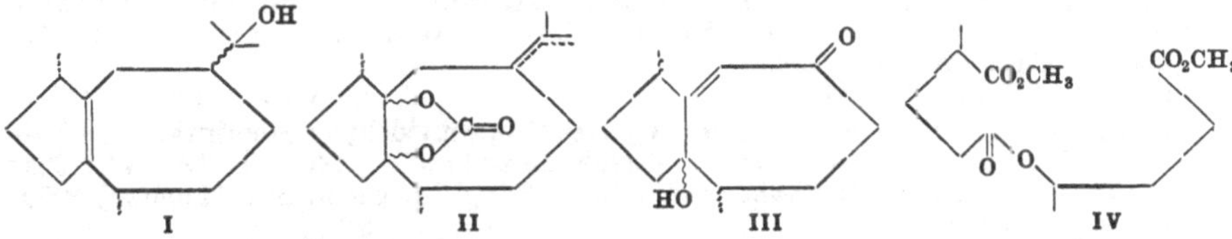

I II III IV

Phosgen zu einer Mischung *ungesätt. Dioxycarbonyl-Verbb.* (II) führt. Ozonisierung von II gibt in 60%ig. Ausbeute das entsprechende *Keton* (F. 113—114°, $[\alpha]_D^{21}$ +2,9°. *2.4-Dinitrophenylhydrazon*, F. 241—243°), das durch 3std. Stehen in alkohol. KOH neben 94% $KHCO_3$ in sehr guter Ausbeute III liefert. Dessen Ozonolyse in Äthylacetat mit nachfolgender oxydativer Aufarbeitung führt zu *2.6-Dimethyl-5-ketononandisäure*, deren *Dimethylester* ($Kp._{1,5}$ 134°, $[\alpha]_D^{24}$ +17,1°) sich durch BAEYER-VILLIGER-Rk. (vgl. EMMONS u. LUCAS, C. **1955.** 8596) zu IV ($Kp._{2,5}$ 139°, $[\alpha]_D^{21}$ +16,7°) oxydieren läßt. Durch Verseifung von IV mit methanol. K_2CO_3 erhält man *α-Methylglutarsäure* (F. 85—86°, $[\alpha]_D^{13}$ +17,9°) u. *γ-Methylbutyrolacton* (V, $Kp._{23}$ 99—100°, $[\alpha]_D^{23}$ −35,1°), die sich als ident. erweisen mit S(+)-α-Methylglutarsäure bzw. S(−)-γ-Methylbutyrolacton. V wurde außerdem in *γ-Hydroxyvaleriansäurehydrazid* (F. 91,5—92,5°, $[\alpha]_D^{22}$ +16,6°) übergeführt. R. MAYER-MADER. 3600□

Studien in der Santoninreihe. 8. Mitt. **Die relative Konfiguration von Desmotroposantoninen.** Huang-Minlon und Wei-zan Chow. (Sci. sinica **7.** 1272—79. Dez. 1958. Shanghai, Acad. Sinica, Organ.-chem. Forschungsinst.) (Dt.) — 7. vgl. Acta chim. sinica **22.** [1956.] 578.

In *l*-α- (*l*-α-I), d-α- (d-α-I), *l*-β- (*l*-β-I) u. d-β-Desmotroposantonin (d-β-I) werden durch Red. mit Zn/verd. Essigsäure, Methylierung der erhaltenen *Desmotroposantonigsäuren* zu den entsprechenden *Methylestern*, Umsetzen mit Phenyl-MgBr (II) zu den *2-[1.4-Dimethyl-3-hydroxy-5.6.7.8-tetrahydronaphthyl-(6)]-1.1-diphenylpropanolen-(1)* (A) u. Dehydratisierung die Asymmetriezentren am $C_{(5)}$ u. $C_{(11)}$ eliminiert. Die stereoisomeren A verhalten sich bei der Wasserabspaltung verschieden: das α-Isomere wird durch

Acetanhydrid dehydratisiert, während aus dem β-Isomeren das entsprechende *2-[1.4-Dimethyl-3-acetoxy-5.6.7.8-tetrahydronaphthyl-(6)]-1.1-diphenylpropanol-(2)* (**V**) entsteht, das erst bei Rk. mit $SOCl_2$/Pyridin W. abspaltet. Diese Erscheinung wird mit der ster. verschiedenen Lage der OH-Gruppe zum tert. H-Atom erklärt. Aus *l*-α-**I** u. *l*-β-**I** wird *d-2-[1.4-Dimethyl-3-acetoxy-5.6.7.8-tetrahydronaphthyl-(6)]-1.1-diphenylpropen-(1)* (*d*-**IV**), aus d-α-**I** u. d-β-**I** *l*-**IV** erhalten. Durch diese Rk.-Folge wird die Annahme eines sog. Vicinaleffektes gestützt, durch den die mit der Regel der opt. Superposition nicht übereinstimmende Änderung der opt. Drehung beim alkalibedingten Übergang von *l*-β-**I** → *l*-α-**I** u. d-β-**I** → d-α-**I** erklärt wird.

Versuche: *d-β-Desmotroposantonigsäuremethylester*, $C_{16}H_{22}O_3$, F. 96—97°, durch Red. von *l*-β-**I** mit Zn/verd. Essigsäure u. anschließender Methylierung mit Diazomethan oder 3%ig. methanol. HCl; $[\alpha]_D$ +42,82° (c = 1,06; A.). — *d-2-[1.4-Dimethyl-3-acetoxy-5.6.7.8-tetrahydronaphthyl-(6)]-1.1-diphenylpropen-(1)* (*d*-**IV**), $C_{29}H_{30}O_2$, F. 148—149°, a) durch Zugabe von 6,6 g d-α (im Original irrtümlich *l*-α-. Der Referent.) — Desmotroposantonigsäuremethylester in abs. Bzl. zu **II** [aus 67,5 g Brombenzol (**III**)] in abs. Ae. unter Rühren, 3std. Kochen, Gießen in NH_4Cl-haltiges Eiswasser, Versetzen mit wenig Essigsäure, Eindampfen der organ. Phase, Abtreiben des gebildeten *Diphenyls* mit Wasserdampf, Kochen des Rückstandes mit Eisessig/Acetanhydrid, mehrstd. Stehen bei Raum-Temp., Einengen im Vakuum, Zugabe von W. u. Ausäthern; $[\alpha]_D^{11}$ +53,22 (c = 0,977; Chlf.); aus Methanol/Chlf. dicke rechtwinklige Platten; 1,4 g (Ausbeute); b) durch Rk. von **II** mit vorst. Verb., Dehydratisieren analog a) u. fraktionierte Kristallisation aus Methanol/Chlf.; daneben *d-2-[1.4-Dimethyl-3-acetoxy-5.6.7.8-tetrahydronaphthyl-(6)]-1.1-diphenylpropanol-(1)* [*d*-**V**; F. 171—173° (Methanol/Chlf.); gibt durch 1std. Stehen mit $SOCl_2$/Pyridin u. Gießen in Eiswasser *d*-**IV**]. *l*-**IV**, $C_{29}H_{30}O_2$, F. 148—149° (Methanol/Chlf.), a) durch Rk. von 1,7 g *l*-α-Desmotroposantonigsäuremethylester mit **II** (aus 11,3 cm³ **III**) u. Dehydratisierung von 1 g des erhaltenen gelblichen Kristallisats (2,6 g) mit Eisessig/Acetanhydrid; $[\alpha]_D$ —53,05 (c = 0,754; Chlf.); 0,47 g; b) aus 1,7 g *l*-β-Desmotroposantonigsäuremethylester u. **II**, Behandeln von 1 g des erhaltenen Rk.-Prod. (2,7 g) wie unter a), 1std. Stehen von 0,27 g des erhaltenen *l*-**V** [F. 171—172° (Methanol/Chlf.); 0,45 g] mit $SOCl_2$/Pyridin bei Raum-Temp. u. Gießen in Eiswasser; 0,24 g. — *dl*-**IV**, F. 152—154°, durch Kristallisation äquimol. Mengen *d*- u. *l*-**IV** aus Methanol; aus Methanol/Chlf. rhomb. Kristalle. W. LIEBSCHER. 3600

Studien in der Santoninreihe. 8. Mitt. **Die relative Konfiguration von Desmotroposantoninen.** Huang-Minlon und Wei-zan Chow. (Acta chim. sinica **24**. 210—16. Juni 1958.) (Chin.; Auszug: Engl.)

Ident. mit vorst. Referat. W. LIEBSCHER. 3600

Synthese von Diterpenen. 4. Mitt. **(±)-Desisopropyldehydroabietinsäuremethylester.** J. A. Barltrop und A. C. Day. (Tetrahedron [London] **14**. 310—19. Okt. 1961. Oxford, Univ., Dyson Perrins Labor.) (Engl.) — 3. vgl. J. chem. Soc. [London] **1960**. 4613; 2. vgl. C. **1960**. 14708.

Durch Kondens. von 1-Methoxy-5-methylcyclohexadien-(1.4) u. Phenäthylbromid mit KNH_2 in fl. NH_3 wird *2-Phenäthyl-3-methyl-Δ²-cyclohexenon* (**I**) erhalten, das mit H_3PO_4 zu *1-Oxo-12-methyl-1.2.3.4.9.10.11.12-oktahydrophenanthren* (**II**) cyclisiert wird. Daneben wird *3-Methyl-1.2.3.4-tetrahydrophenanthren* isoliert, das wahrscheinlich aus dem neben **I** gebildeten *2-Phenäthyl-5-methyl-Δ⁵-cyclohexenon* entstanden ist. Durch Rk. mit Li-Acetylid in fl. NH_3 wird **II** in *1-Äthinyl-1-hydroxy-12-methyl-1.2.3.4.9.10.11.12-oktahydrophenanthren* (**III**) übergeführt, das mit HCOOH zu *1-Acetyl-12-methyl-3.4.9.10.11.12-hexahydrophenanthren* (**IV**) isomeriesiert wird. Das aus **IV** durch Red. mit Na in fl. NH_3 erhaltene *gesätt. Keton* gibt über das *Enolactat 1-Brom-1-acetyl-12-methyl-1.2.3.4.9.10.11.12-oktahydrophenanthren*, das durch FAWORSKI-Umlagerung *(±)-trans-Desisopropyldehydroabietinsäure* (**V**)-*methylester* liefert, der durch direkten Vgl. mit einem aus **V** hergestellten Präp. identifiziert wird. — UV-Spektren (Werte) vgl. Original.

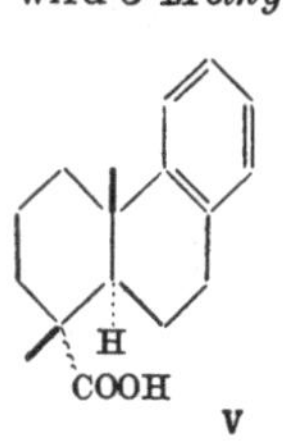

V

Versuche: *1-Acetyl-1-methyl-Δ²-cyclohexen*, $C_9H_{14}O$, Kp.$_{10}$ 58—67°, durch Zutropfen von CH_3J zu 10 g 1-Acetyl-Δ¹-cyclohexen u. K-tert.-Butylat in tert.-Butanol bei 0° unter N_2 u. 2½std. Stehen bei Raum-Temp.; n_D^{14} 1,4668; 3,7 g (Ausbeute). *Semicarbazon*, $C_{10}H_{17}N_3O$, F. 136° (CH_3OH). — *2-Phenäthyl-3-methyl-Δ²-cyclohexenon* (**I**), $C_{15}H_{18}O$, Kp.$_{0,1}$ 118—120°, a) nach SAHA, BAGCHI u. DUTTA (C. **1955**. 11567); n_D^{16} 1,5525 erstarrt langsam bei Raum-Temp.; b) durch Rühren von 100 g 1-Methoxy-5-methylcyclohexadien-(1.4) u. KNH_2 in fl. NH_3 (20 Min.), Zutropfen von Phenäthylbromid in abs. Ae. in 2 Std., Zers. mit NH_4Cl u. W. u. 2std. Kochen des Rk.-Prod. mit 2n H_2SO_4; n_D^{17} 1,5512; 54 g. *Semicarbazon*, F. 183—184°. *2.4-Dinitrophenylhydrazon*, F. 172°. —

1-Oxo-12-methyl-1.2.3.4.9.10.11.12-oktahydrophenanthren (II), $C_{15}H_{18}O$, Kp.$_{0,7}$ 115—120°, a) aus dem nach a) dargestellten I mit H_3PO_4 bei 150—155°; n_D^{18} 1,5643; b) ebenso aus dem nach b) dargestellten I u. Chromatographie von 960 mg des Rk.-Prod. an Al_2O_3 neben 60 mg eines *gesätt. Ketons* u. 360 mg „Fraktion 1"; 480 mg. *Semicarbazon*, F. 225 bis 227°. — *3-Methyl-1.2.3.4-tetrahydrophenanthren*, $C_{15}H_{16}$, Kp.$_{13}$ 155° (Bad-Temp.), durch Chromatographie der neben II nach b) erhaltenen „Fraktion 1" (2,03 g) an Al_2O_3; n_D^{19} 1,6110; 1,64 g. *Pikrat*, $C_{21}H_{19}N_3O_7$, F. 104,5—105,5°; aus A. orangegelbe Nadeln. — *2-Phenäthyl-3-methylanisol*, $C_{16}H_{18}O$, Kp.$_{13}$ 153° (Bad-Temp.), neben vorst. Verb.; n_D^{18} 1,5636; 198 mg. — *3-Methylphenanthren*, F. 61—62° (A.), aus 1 g vorvorst. Verb. u. Pd-Kohle bei 300° unter N_2 (1 Std.), Chromatographie an Al_2O_3 u. Reinigung über das Pikrat; 736 mg Rohprodukt. *Pikrat*, $C_{21}H_{15}N_3O_7$, F. 137—138°; aus A. orangegelbe Nadeln. — *1-Äthinyl-1-hydroxy-12-methyl-1.2.3.4.9.10.11.12-oktahydrophenanthren* (III), $C_{17}H_{20}O$, a) aus Li-Acetylid in fl. NH_3 u. 8,5 g II in Tetrahydrofuran im Autoklaven bei Raum-Temp. (46 Std.) u. Chromatographie des Rk.-Prod. in Bzn./Bzl. (9 : 1) an inaktiviertem Al_2O_3; 1,9 g; b) aus 12,3 g II, K-tert.-Butylat u. Acetylen in tert.-Butanol/abs. Ae. bei —5° u. Reinigung über das *Ag-Salz* (F. 118—119°); 1,25 g. — *1-Acetyl-12-methyl-3.4.9.10.11.12-hexahydrophenanthren* (IV), $C_{17}H_{20}O$, Kp.$_{0,04}$ 108—111° (Bad-Temp.), a) durch 2½ std. Kochen von 1,71 g III, 90%ig. HCOOH u. wenig A. u. Chromatographie in Bzn. an inaktiviertem Al_2O_3; n_D^{17} 1,5740; 887 mg; b) aus III u. P_2O_5 in Bzl.; 8%. *2.4-Dinitrophenylhydrazon*, $C_{23}H_{24}N_4O_4$, F. 209—213°; aus A./Äthylacetat orangegelb. — *3-[1-Methyl-2-carboxytetralyl-(1)]-propionaldehyd*, durch Rk. von 23 mg IV mit OsO_4 in sd. Ae./Pyridin (1 Std.), mehrstd. Stehen bei Raum-Temp., Eindampfen im Vakuum, ½ std. Kochen mit $LiAlH_4$ in Tetrahydrofuran u. Oxydieren der Hydroxy-Verb. (24 mg) mit Pb-Tetraacetat/Eisessig bei Raum-Temp. (12 Std.); 29 mg; SCHIFF-Rk. positiv. *Methylester*, durch Rk. der Säure (19 mg) mit CH_2N_2; viscoses Öl; 12 mg; SCHIFF-Rk. positiv. — *1-Cinnamoyl-12-methyl-3.4.9.10.11.12-hexahydrophenanthren*, $C_{24}H_{24}O$, durch ½ std. Kochen von 190 mg IV u. Benzaldehyd mit alkohol. KOH; nach Chromatographie an Al_2O_3 gelbes Glas; 112 mg. — *Verb. $C_{20}H_{26}O$ oder $C_{19}H_{24}O$*, Kp.$_{0,05}$ 115° (Bad-Temp.), durch 1½ std. Stehen von 320 mg IV, CH_3J u. Na-tert.-Amylat in Bzl. unter N_2 bei Raum-Temp. u. Chromatographie in Bzn./Bzl. (9 : 1) an inaktiviertem Al_2O_3; blaßgelbes Öl; 140 mg; gibt keine Benzyliden-Verb. u. kein 2.4-Dinitrophenylhydrazon. — *1-Acetyl-12-methyl-1.2.3.4.9.10.11.12-oktahydrophenanthren*, $C_{17}H_{22}O$, Kp.$_{0,15}$ 107° (Bad-Temp.), durch Zugeben von Na zu 368 mg IV in Ae./fl. NH_3, ¼ std. Stehen, Zers. mit NH_4Cl, Oxydation des Rk.-Prod. mit CrO_3/Eisessig bei Raum-Temp. u. Chromatographie an Al_2O_3; 305 mg. *Enolacetat*, aus 368 mg Keton u. sd. Acetanhydrid in Ggw. von p-Toluolsulfonsäure; braunes Öl; 290 mg. — *1-Acetyl-1-brom-12-methyl-1.2.3.4.9.10.11.12-oktahydrophenanthren*, aus 332 mg vorst. Enolacetat, N-Bromsuccinimid in tert.-Butanol/n-H_2SO_4 im Dunkeln bei Raum-Temp. (3 Std.); braunes Öl; 300 mg. — (±)-*trans-Desisopropyl-dehydroabietinsäure* (V), F. 174—175°, nach GHATAK u. Mitarbeitern (C. 1961. 8679). *Methylester*, $C_{18}H_{24}O_2$, F. 114—115°, a) aus V u. äther. CH_2N_2; b) durch 6 std. Kochen von 300 mg vorst. Verb. mit CH_3ONa in abs. CH_3OH, Verestern mit CH_2N_2 u. Chromatographie an Al_2O_3; aus Bzn. Platten; 9 mg. F. HELLER. 3600□

Vielkernige aromatische Kohlenwasserstoffe. 6. Mitt. Die Synthese von 1.2.9-Trimethylpicen und die Struktur von α-Amyrin. Donald D. Phillips und Donald E. Tuites. (Chem. and Ind., Brit. Ind. Fair Rev. **1956.** R 29—R 30. April. Ithaca, N.Y., Cornell Univ., Baker Labor of Chem.) (Engl.) — 5. vgl. C. **1960.** 4178; 7. vgl. **1959.** 6123.

α-Amyrin (I) hat im Gegensatz zu der von MEISELS u. Mitarbeitern (C. **1950.** I. 1099) angenommenen Struktur wahrscheinlich folgenden Aufbau: Durch Synth.. von *1.2.9-Trimethylpicen* (II) wird bewiesen, daß die bei der Dehydrierung von I entstehende Verb. vom F. 306° nicht mit II ident. ist, sondern vermutlich 2.9-Dimethylpicen (III) darstellt. Die Bldg. von III wird durch eine Ringweitung von 5- zum 6-Ring bei der Dehydrierung erklärt.

I

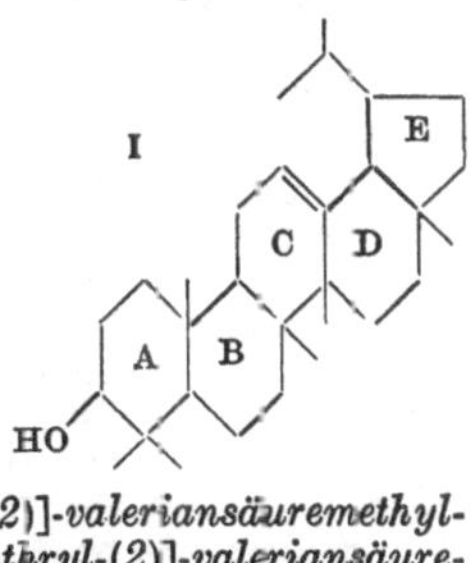

Versuche: *1.2.9-Trimethylpicen* (II), F. 252—254°, durch Umsetzen von γ-[9.10-Dihydrophenanthryl-(2)]-valeriansäuremethylester nach FRIEDEL-CRAFTS mit Methylbernsteinsäureanhydrid zu *γ-[7-(β-Carboxybutyryl)-9.10-dihydrophenanthryl-(2)]-valeriansäuremethylester*, katalyt. Red. zu *γ-[7-(γ-Carboxybutyl)-9.10-dihydrophenanthryl-(2)]-valeriansäuremethylester*, Dehydrieren u. Cyclisieren zu *γ-{3-Oxo-4-methylcyclohexeno-[1.2:7'.8']-phenanthryl-(2')}-valeriansäuremethylester*, Rk. mit Methyl-MgJ zu *γ-{3-Hydroxy-3.4-dimethylcyclohexeno-[1.2:7'.8']-phenanthryl-(2')}-valeriansäuremethylester*, Verseifung unter Ringschluß zu *3.4-Dimethyl-$\Delta^{1.3}$-cyclohexadien-o-[1.2:7'.8']-3''-methyl-6''-oxocyclohexeno-[1''.2'':1'.2']-phenanthren*, Red. mit $LiAlH_4$ u. Dehydratisierung. P. BECKER. 3600□

Die Stereochemie der 20-Isosapogenine. M. E. Wall und H. A. Walens. (Chem. and Ind. **1957.** 818—19. 22/6. Philadelphia, Pa., Agricult. Res. Serv., Eastern Util. Res. and Dev. Div.) (Engl.)

Durch Oxydation von *20-Isotigogeninacetat* (**V**) mit Chromsäure in Essigsäure wird *5α.20β.22α.25D-Spirostan-3β.20α-diol-3-acetat* (**I**, $C_{29}H_{46}O_5$, F. 238—240°; $[\alpha]_D^{25}$ —71°) erhalten. Die zusätzliche Hydroxylgruppe ist tert., da sie gegen Chromsäure resistent ist u. sich in heißem Pyridin mit Acetanhydrid nicht acetylieren läßt. Dehydratisierung von **I** mit $SOCl_2$ führt zu *5α.22a.25D-$\Delta^{20,21}$Spirosten-3β-ol-3-acetat* (**II**, $C_{29}H_{44}O_4$, F. 190—191°, $[\alpha]_D^{25}$ —89,5°). Die Identität der Struktur von **II** u. Tigogenin (**IV**) an $C_{(22)}$ u. $C_{(25)}$ wird durch die Ähnlichkeit der IR-Spektren von **II** u. **IV**-*Acetat* sowie durch die Beständigkeit von **II** gegen alkohol. HCl bewiesen. Rk. von **II** mit OsO_4 ergibt *5α.20β.22a.25D-Spirostan-3β.20α.21-triol-3-acetat* (**III**, $C_{29}H_{46}O_6$, F. 217—220°, $[\alpha]_D^{25}$ —67°). Mit Perjodsäure entsteht aus **III** *Formaldehyd* u. *20-Oxo-5α.21-nor-22a.25D-spirostan-3β-ol-3-acetat*, $C_{28}H_{42}O_5$, F. 180—191°, $[\alpha]_D^{25}$ —87°), das auch aus **II** durch Ozonisierung zugänglich ist. Durch Hydrierung an PtO_2 wird **II** in *5α.20β.22a-25D-Spirostan-3β-ol-3-acetat* (**V**) übergeführt. **III** gibt mit p-Toluolsulfonylchlorid das *21-Tosylat*, das durch Rk. mit $LiAlH_4$ u. anschließende Acetylierung **I** liefert. G. ZIEBARTH. 3650□

Steroide und verwandte Naturprodukte. 4. Mitt. **Reduktion von Lactonen zu cyclischen Äthern.** George R. Pettit, Usha R. Ghatak, Brian Green, T. R. Kasturi und David M. Piatak. (J. org. Chemistry **26.** 1685—86. 17/5. 1961. Orono, Maine, Univ., Dep. of Chem.) (Engl.) — 3. vgl. C. **1962. 3826.**

Die Red. einiger 5-, 6- u. 7gliedriger Lactone u. Ameisensäureester zu Äthern wird mit $LiBH_4$ oder $NaBH_4$ an Stelle von $LiAlH_4$ ausgeführt. Vorläufige Unterss. zeigen, daß die Rk. bei Estern u. Lactonen prim. Alkohole zur vollständigen Umwandlung in die entsprechenden Alkohole u. Glykole führt.

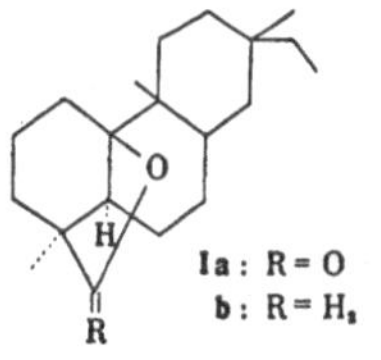

Versuche (opt. Drehwerte in Chlf.): Durch Zugabe des Esters in BF_3-Ätherat-Lsg. zur gekühlten Lsg. des Hydrids in Ae., Tetrahydrofuran (**III**) oder **III**-Diglyme, $^3/_4$std. Kühlen u. 2std. Kochen der Mischung: *Diterpenoidäther* **Ib**, $C_{20}H_{34}O$, Kp.$_{0,03}$ 110°, aus Rosenonolacton nach Umlagerung zu 0,8 g *γ-Lacton* **Ia** mit $LiAlH_4$; $[\alpha]_D^{22}$ +81,9°; 0,45 g (Ausbeute). — *12α.15-Oxido-12-nor-13β-methyl-11β.14α-abietin*, $C_{20}H_{34}O$, Kp.$_{0,2-0,3}$ 120—122°, aus Dihydroabietinsäure-γ-lacton; a) mit $LiAlH_4$; 55—81 %; b) mit $LiBH_4$; 64 %; c) mit $NaBH_4$; 80 %; $[\alpha]_D^{22}$ —35,3°. — *3-Methoxy-$\Delta^{1,3,5,10}$-D-homo-17a-oxaöstratrien*, $C_{19}H_{26}O_2$, F. 150—151°, aus der 17-Oxo-Verb. mit $NaBH_4$; aus Methanol Blättchen, $[\alpha]_D^{22}$ +83,6°; 71 %. Red. von 0,2 g mit Li in tert.-Butanol u. fl. NH_3 → 0,145 g *3-Oxo-Δ^4-D-homo-17a-oxaöstraen* ($C_{18}H_{26}O_2$, F. 163 bis 164,5°, Nadeln, $[\alpha]_D^{20}$ +41,5°). — *3β-Acetoxy-B-homo-7a-oxa-5α-cholestan*, $C_{29}H_{50}O_3$, F. 103—104°, aus 0,73 g 3β-Hydroxy-7-oxo-B-homo-7a-oxa-5α-cholestan mit $LiAlH_4$ u. Rk. des Prod. mit Acetanhydrid–Pyridin; Blättchen, $[\alpha]_D^{20}$ —20,4°; 0,38 g. — *3β-Methoxy-5α-lanostan*, $C_{31}H_{56}O$, F. 137—138°, aus 1,34 g 5α-Lanostan-3β-formiat (F. 136 bis 138°, $[\alpha]_D^{22}$ +36,8) mit $NaBH_4$; $[\alpha]_D^{20}$ +49,9°; 0,36 g. — *3-β-Methoxycholestan*, analog vorst. Verbindung. F. KLATT. 3700□

Über Steroide. 51. Mitt. **Derivate des 5α- und 5β-B-Norandrostans.** J. Joska, J. Fajkoš und F. Šorm. (Collect. czechoslov. chem. Commun. **25.** 2341—57. Sept. 1960. Prague, Czechosl. Acad. of S', Inst. of Chem., Dep. of Natural Products.) (Engl.) — 50. vgl. C. **1962.** 13044; 44. vgl. C. **1961.** 7953.

Zum Unterschied von normalen Δ^5-Steroiden entsteht durch Hydrierung von Δ^5-B-Norsteroiden vorwiegend das *5β-Deriv.* neben wenig *5α-Derivat.* Aus 3β-Acetoxy-17-keto-Δ^5-B-norandrosten (**I**) u. *3β*-Acetoxy-Δ^5-B-norcholesten entstehen durch Hydrierung u. anschließende Verseifung *3β-Hydroxy-17-keto-5β-* (**IIb**) u. *-5α-B-norandrostan* (**IIa**) bzw. *3-β-Hydroxy-5β-* (**XVIb**) u. *-5α-B-norcholestan* (**XVIa**). Die Konfiguration am $C_{(5)}$ wurde **IIa, IIb** bzw. **XVIa** u. **XVIb** auf Grund der polarograph. verfolgten Oxydations-Geschw. mit CrO_3 (axiale OH-Gruppen oxydieren sich viel schneller als äquatoriale) zugesprochen u. an Hand von Dispersionskurven der opt. Drehung von aus **IIa** bzw. **IIb** hergestelltem *17β-Hydroxy-3-keto-5α-* (**XIIa**) bzw. *-5β-B-norandrostan* (**XIIb**) u. schließlich auf chem. Wege bestätigt. Das *p-Toluolsulfonat* (**IIIb**) von **IIb** liefert durch Acetolyse u. anschließende Verseifung *3α-Hydroxy-17-keto-5β-B-norandrostan* (**IVb**), aus dem durch Oxydation *3.17-Diketo-5β-B-norandrostan* (**VIb**) entsteht, das mit der aus **IIb** durch Oxydation entstandenen Verb. ident. ist. Das gleiche trifft auch für die entsprechenden *5α-Derivv.* (**IIIa, IVa, VIa**) zu. Übereinstimmend mit dem üblichen ster. Verlauf der

Red. von 3-Ketogruppen mit $LiAlH[O-C(CH_3)_3]_3$ (Bldg. des thermodynam. stabileren äquatorialen Alkohols) entsteht durch Red. von 17β-Benzoyloxy-3-keto-5β-B-norandrostan (**XI b**) *17β-Benzoyloxy-3α-hydroxy-5β-B-norandrostan* (**XIII**) bzw. durch Red. von 17β-Benzoyloxy-3-keto-5α-B-norandrostan (**XI a**) *17β-Benzoyloxy-3β-hydroxy-5α-B-norandrostan* (**Xa**). Die Red. von 17-Keto-B-norsteroiden mit $LiAlH[O-C(CH_3)_3]_3$ ist im ster. Sinn derjenigen von 17-Ketosteroiden gleich u. liefert *17β-Alkohole*. Im Zusammenhang mit der Unters. der Oxydations-Geschw. von steroiden 3-Alkoholen mit CrO_3 wird die Darst. von *17β-Benzoyloxy-3β-hydroxy-* u. *-3α-hydroxy-5β-androstan* beschrieben.

Versuche (FF. im KOFLER-Block; $[\alpha]_D^{20}$ mit einer Genauigkeit von ±1° in Chlf.; Ligroin, falls nicht anders vermerkt, vom Kp. 100—105°): *3β-Hydroxy-17-keto-5β-B-norandrostan* (**II b**), $C_{18}H_{28}O_2$, F. 43—46°, nach Erstarren F. 84—85° (CH_3OH), Kp. 30—60°, $[\alpha]_D^{20}$ +86° (c = 2,9), durch Hydrierung von 25 g **I** an 2 g ADAMS-Pt in 750 cm³ CH_3OH bis zur Aufnahme von 1 Mol H_2, dann filtrieren, zur Trockne eindampfen, in 200 cm³ Eisessig lösen, mit 5g CrO_3 in 70 cm³ 50%ig. Essigsäure 24 Std. stehen lassen, den Vakuumabdampfrückstand in 1200 cm³ CH_3OH lösen, 3 Std. mit 30 g K_2CO_3 in 150 cm³ W. kochen u. den Rückstand (20 g) in Bzl. an Al_2O_3 (Aktivität III—VI) trennen; 14,2 g (rein). *Acetat*, $C_{20}H_{30}O_3$, F. 76—78° (wss. A.), $[\alpha]_D^{20}$ —77° (c = 2,94). — *3β-Hydroxy-17-keto-5α-B-norandrostan* (**II a**), $C_{18}H_{28}O_2$, F. 154—155° (Ligroin), $[\alpha]_D^{20}$ +46,5° (c = 2,06), neben **II b** aus den weiteren benzol. Fraktionen; 1,2 g (rein). *Acetat*, $C_{20}H_{30}O_3$, F. 127—128° (wss. CH_3OH), $[\alpha]_D^{20}$ +43° (c = 2,7). — *3β-Tosyloxy-17-keto-5β-B-norandrostan* (**III b**), $C_{25}H_{34}O_4S$, F. 107—108° (CH_3OH), $[\alpha]_D^{20}$ +35° (c = 2,24), aus **II b** u. p-Toluolsulfochlorid in Pyridin, 48 Std. bei 20°; 70% (Ausbeute). — *3α-Hydroxy-17-keto-5β-B-norandrostan* (**IV b**), $C_{18}H_{28}O_2$, F. 111—112° (Ligroin), $[\alpha]_D^{20}$ +78° (c = 1,29), durch 6std. Kochen von 3 g **III b** mit 30 cm³ Eisessig, 3 cm³ Acetanhydrid u. 3 g frisch geschmolzenem Na-Acetat, Lösen des rohen *3α-Acetats* in 80 cm³ CH_3OH, 2std. Kochen mit 3 g K_2CO_3 in 30 cm³ W., Trennen des rohen Rk.-Gemisches an Al_2O_3 (Aktivität III—IV) u. Eluieren mit Bzl.-Ae. (4:1); 0,58 g (rein) daneben *17-Keto-Δ²-* oder *-Δ³-5β-B-norandrosten* (**V b**), $C_{18}H_{26}O$, F. 73—74° (CH_3OH), $[\alpha]_D^{20}$ +90° (c = 2,0); 1,02 g. **IV b**-*Acetat*, $C_{20}H_{30}O_3$, F. 111° (CH_3OH), $[\alpha]_D^{20}$ +89° (c = 1,46). — *17-Keto-5β-B-norandrostan*, $C_{18}H_{28}O$, F. 80—81° (wss. CH_3OH), $[\alpha]_D^{20}$ +74° (c = 1,74), aus **V b** an Pt in Eisessig; 80%. — *3.17-Diketo-5β-B-norandrostan* (**VI b**), $C_{18}H_{26}O_2$, F. 119 bis 120° (Ligroin, Kp. 60—80°). $[\alpha]_D^{20}$ +63,5° (c = 2,2), aus **II b**, **IV b** oder **XII b** durch 24std. Oxydation mit CrO_3 in Eisessig bei Normaltemp.; 85, 70 bzw. 64%. — *3β-Tosyloxy-17-keto-5α-B-norandrostan* (**III a**), $C_{25}H_{34}O_4S$, F. 169—170° (Ae.-Chlf.). $[\alpha]_D^{20}$ +22,6° (c = 2,71), aus **II a** wie **III b**; 65%. — *3α-Hydroxy-17-keto-5α-B-norandrostan* (**IV a**), $C_{18}H_{28}O_2$, F. 167° (Ligron), $[\alpha]_D^{20}$ +36° (c = 2,03), aus **III a** wie **IV b**; 24%; daneben *17-Keto-Δ²-* oder *-Δ³-5α-B-norandrosten* (**V a**), $C_{18}H_{26}O$, F. 95° (wss. CH_3OH), $[\alpha]_D^{20}$ +143° (c = 2,37). **IV a**-*Acetat*, $C_{20}H_{30}O_3$, F. 157° (CH_3OH), $[\alpha]_D^{20}$ +53° (c = 2,5). — *3.17-Diketo-5α-B-norandrostan* (**VI a**), $C_{18}H_{26}O_2$, F. 141—142° (Ligroin), $[\alpha]_D^{20}$ +115, (c = 1,83), aus **II a** wie **VI b**; 86%. — *3β-Formyloxy-17-keto-5β-B-norandrostan* (**VII b**), $C_{19}H_{28}O_3$, F. 73—74° (wss. Aceton), $[\alpha]_D^{20}$ +77° (c = 1,87), aus **II b** durch 1½ std. Erhitzen in 85%ig. HCOOH auf 60°; 77%. — *3β-Formyloxy-17β-hydroxy-5β-B-norandrostan* (**VIII b**), $C_{19}H_{30}O_3$, F. 87—88° (wss. CH_3OH), $[\alpha]_D^{20}$ +16° (c = 2,15), aus **VII b** durch ¼ std. Red. mit $LiAlH[O-C(CH_3)_3]_3$ bei 0° in Tetrahydrofuran; 91%. — *3β-Formyloxy-17β-benzoyloxy-5β-B-norandrostan* (**IX b**, $C_{26}H_{34}O_4$, F. 114—115°, $[\alpha]_D^{20}$ +44,2° (c = 2,35), aus **VIII b** u. Benzoylchlorid in Pyridin (28 Std.); 57%. —*17β-Benzoyloxy-3β-hydroxy-5β-B-norandrostan* (**X b**), $C_{25}H_{34}O_3$, F. 110—111°, nach Erstarren F. 153 bis 154° (PAe.), $[\alpha]_D^{20}$ +50,5° (c = 1,74), durch ½ std. Stehen von 1 g **IX b** in 25 cm³ CH_3OH mit 0,2 g NaOH in 25 cm³ CH_3OH; 0,83 g. — *17β-Benzoyloxy-3-keto-5β-B-norandrostan* (**XI b**), $C_{25}H_{32}O_3$, F. 144—146° (Ligroin, Kp. 60—80°), $[\alpha]_D^{20}$ +41° (c = 1,65), aus **X b** wie **VI b**; 85%. — *17β-Hydroxy-3-keto-5β-B-norandrostan* (**XII b**), $C_{18}H_{28}O_2$, F. 155—156° (PAe.), $[\alpha]_D^{20}$ +17,8° (c = 2,02), (von **XI b**) durch 2std. Kochen von **XI b** mit methanol. NaOH; 78%. *Acetat*, $C_{20}H_{30}O_3$, F. 119—120°, $[\alpha]_D^{20}$ —4,5° (c = 1,34). — *3β-Formyloxy-17-keto-5α-B-norandrostan* (**VII a**), $C_{19}H_{28}O_3$, F. 106—107° (wss. Aceton), $[\alpha]_D^{20}$ +36° (c = 2,56), aus **II a** wie **VII b**, jedoch 7 Std. bei 80°; 70%. — *3β-Formyloxy-17β-hydroxy-5α-B-norandrostan* (**VIII a**), $C_{19}H_{30}O_3$, F. 165° (wss. CH_3OH), $[\alpha]_D^{20}$ —37° (c = 2,96), aus **VII a** wie **VIII b**; 78%. — *3β-Formyloxy-17β-benzoyloxy-5α-B-norandrostan* (**IX a**), $C_{26}H_{34}O_4$, F. 130° (CH_3OH), $[\alpha]_D^{20}$ +22,5° (c = 2,32), wie **IX b** aus **VIII a**; 65%. — *17β-Benzoyloxy-3β-hydroxy-5α-B-norandrostan* (**X a**), $C_{25}H_{34}O_3$, F. 189 bis 190° (Ligroin), $[\alpha]_D^{20}$ +23,5° (c = 1,51), wie **X b** aus **IX a** (87%) oder wie **VIII b** aus **XI a**; 70%. — *17β-Benzoyloxy-3-keto-5α-B-norandrostan* (**XI a**), $C_{25}H_{32}O_3$, F. 185—186° (Ligroin), $[\alpha]_D^{20}$ +80° (c = 1,68), aus **X a** wie **VI b**; 67%. — *17β-Hydroxy-3-keto-5α-B-norandrostan* (**XII a**), $C_{18}H_{28}O_2$, F. 173—174° (Ligroin), $[\alpha]_D^{20}$ +38° (c = 1,69), wie **XII b** aus 83 mg **XI a**; 40 mg; — *17β-Benzoyloxy-3α-hydroxy-5β-B-norandrostan* (**XIII**),

$C_{25}H_{34}O_3$, F. 139—140° (PAe.), $[\alpha]_D^{20}$ +53° (c = 2,43), aus **XIb** wie **VIIIb** oder aus 127 mg des Acetats (**XV**) durch 20std. Schütteln mit 0,12 cm³ konz. HCl in 7,5 cm³ CH_3OH u. 0,5 cm³ Chlf. bei 30°; 69%. — *3α-Acetoxy-17β-hydroxy-5β-B-norandrostan* (**XIV**), $C_{20}H_{32}O_3$, F. 147—148° (CH_3OH), $[\alpha]_D^{20}$ +10° (c = 1,39), aus **IVb**-Acetat wie **VIIIb**; 66%. — *3α.17β-Diacetoxy-5β-B-norandrostan*, $C_{22}H_{34}O_4$, F. 76—77°, $[\alpha]_D^{20}$ +17,5° (c = 1,7), aus **XIV** u. Acetanhydrid in Pyridin; 73%. — *3α.17β.Dihydroxy-5β-B-norandrostan*, $C_{18}H_{30}O_2$, F. 190—191° (Essigester), $[\alpha]_D^{20}$ +29° (c = 1,38), aus vorst. Verb. wie **XIIb**; 77%. — *3α-Acetoxy-17β-benzoyloxy-5β-B-norandrostan* (**XV**), $C_{27}H_{36}O_4$, F. 143—144° (CH_3OH), aus **XIII** u. Acetanhydrid oder aus **XIV** u. Benzoylchlorid in Pyridin; 55 bzw. 82%. — *3β-Hydroxy-5β-B-norcholestan* (**XVIb**), $C_{26}H_{46}O$, F. 71—72° (CH_3OH), $[\alpha]_D^{20}$ +19,5° (c = 3,92), wie **IIb** aus 25 g 3β-Acetoxy-Δ^5-B-norcholesten; 16 g; daneben *3β-Hydroxy-5α-B-norcholestan* (**XVIa**), $C_{26}H_{46}O$, F. 130—131° (CH_3OH), $[\alpha]_D^{20}$ −9,3°; 0,4 g; Trennung der beiden analog **IIa** bzw. **IIb**. **XVIa**-*Acetat*, $C_{28}H_{48}O_2$, F. 68—69° (CH_3OH), $[\alpha]_D^{20}$ −11° (c = 1,28). — *3-Keto-5α-B-norcholestan*, $C_{26}H_{44}O$, F. 96—97° (CH_3OH), $[\alpha]_D^{20}$ +28° (c = 1,51), aus **XVIa** wie **VIb**; 76%. — *3α-Hydroxy-5β-B-norcholestan* (**XVIIb**), $C_{26}H_{46}O_0$, F. 96—97° (CH_3OH), $[\alpha]_D^{20}$ +16,5° (c = 2,19), aus 3β-Tosyloxy-5β-B-norcholestan wie **IVb**; 20%; das bei der Verseifung des rohen **XVIIb**-*Acetats* entstandene Δ^2- oder *Δ^3-5β-B-Norcholesten* wurde nicht in reiner Form isoliert. — *3β-Tosyloxy-5α-B-norcholestan*, $C_{33}H_{52}O_3S$, F. 124—125° (CH_3OH), $[\alpha]_D^{20}$ −19° (c = 1,42), aus **XVIa** wie **IIIb**. — *3α-Hydroxy-5α-B-norcholestan* (**XVIIa**), $C_{26}H_{46}O$, F. 119—120° (CH_3OH), $[\alpha]_D^{20}$ −4° (c = 1,62°), aus 0,3 g vorst. Verb. wie **IVb**; an Al_2O_3 (Aktivität I) wandert zunächst Δ^2- oder *Δ^3-5α-B-norcholesten* [F. 81° (CH_3OH), $[\alpha]_D^{20}$ +46° (c = 1,56°); 95 mg (rein)] in benzol. Lsg., dann folgt **XVIIa**; 53 mg (rein). — *3β.17β-Dihydroxy-5β-B-norandrostan*, $C_{18}H_{30}O_2$, F. 138—139° (Essigester), $[\alpha]_D^{20}$ +11,8° (c = 1,8), aus **IIb** wie **VIIIb**; 73%. — *3β.17β-Diacetoxy-5β-B-norandrostan*, $C_{22}H_{34}O_4$, F. 82—83° (CH_3OH), $[\alpha]_D^{20}$ +9,6 (c = 2,1), aus vorst. Verb. u. Acetanhydrid in Pyridin oder durch Hydrierung von **XVIII** (s. unten) an Pt in Eisessig; 60%. — *3β.17β-Diacetoxy-5ξ-hydroxy-B-norandrostan-6-carbonsäurelacton-(6 → 5)*, $C_{23}H_{32}O_6$, F. 160—163° (CH_3OH), $[\alpha]_D^{20}$ +34,6° (c = 1,62), durch 1 std. Oxydation von 1,9 g 3β.17β-Diacetoxy-Δ^5-androsten mit CrO_3 in Essigsäure bei 55° u. Lactonisierung der rohen, über das Na-Salz isolierten Säure durch 48std. Stehen mit Benzoylchlorid in Pyridin; 0,175 g. — *3β.17β-Diacetoxy-Δ^5-B-norandrosten* (**XVIII**), $C_{22}H_{32}O_4$, F. 125 bis 126° (CH_3OH), $[\alpha]_D^{20}$ −109° (c = 2,1), aus vorst. Verb. durch 5 Min. langes Erhitzen auf 190—195°; 91%. — *3β-Formyloxy-17-keto-5β-androstan*, $C_{20}H_{30}O_3$, F. 163—164° (CH_3OH), $[\alpha]_D^{20}$ +88° (c = 2,3), aus der 3β-Hydroxy-Verb. wie **VIIb**; 95%. — *3β-Formyloxy-17β-hydroxy-5β-androstan*, $C_{20}H_{32}O_3$, F. 112—114° (Ligroin, Kp. 40—80°), $[\alpha]_D^{20}$ +11° (c = 2,7), aus vorst. Verb. wie **VIIIb**; 64%. — *3β-Hydroxy-17β-benzoyloxy-5β-androstan*, $C_{26}H_{36}O_3$, F. 138° (CH_3OH), $[\alpha]_D^{20}$ +70° (c = 1,9), durch Behandeln von 1,5 g vorst. Verb. in Pyridin mit 3 cm³ Benzoylchlorid partielles Verseifen des öligen *3-Formyloxy-17-benzoyloxy-Deriv.* (0,85 g) durch ½ std. Schütteln mit 0,17 g KOH in 50 cm³ CH_3OH; 0,55 g. — *3α-Acetoxy-17-keto-5β-androstan*, $C_{21}H_{32}O_3$, F. 83—85°, $[\alpha]_D^{20}$ +105° (c = 1,84), aus der 3α-Hydroxy-Verb. u. Acetanhydrid in Pyridin; 70%. — *3α-Acetoxy-17β-benzoyloxy-5β-androstan*, $C_{28}H_{38}O_4$, F. 149—151° (CH_3OH), $[\alpha]_D^{20}$ + 80° (c = 2,28), durch Red. von 0,108 g vorst. Verb. analog **VIIIb** u. Behandeln des rohen öligen *17-Alkohols* mit Benzoylchlorid in Pyridin; 0,102 g. — *3α-Hydroxy-17β-benzoyloxy-5β-androstan*, $C_{26}H_{36}O_3$, F. 143—144° (CH_3OH), aus vorst. Verb. wie **XIII** aus **XV**; 74%.

A. EMR/Prag. 3700

Über Steroide. 52. Mitt. Darstellung und einige Reaktionen von 18-Amino-5α-pregnan-3β.20ξ-diol. V. Černý und F. Šorm. (Collect. czechoslov. chem. Commun. **25**. 2841—48. Nov. 1960.) (Engl.) — 51. vgl. vorst. Referat.

Dihydroconessin (**I**) wurde mit BrCN zu *N.N'-Dicyan-5.6-dihydroconinimin* umgesetzt, dieses zu *5.6-Dihydroconimin* (**II**) hydrolysiert u. **II** auf dem Wege *Bis-chloramin* u. *Ketimin* in *N-Desmethyl-3-keto-$\Delta^{N,20}$-5α-conenin* (**III**) übergeführt. Durch Benzoylierung von **III** wurde *18-Benzoylamino-5α-pregnan-3.20-dion* (**IV**) dargestellt. Die Red. von **IV** mit $LiAlH_4$ lieferte *18-Benzylamino-5α-pregnan-3β.20ξ-diol* (**VI**), mit $LiAlH[OC(CH_3)_3]_3$ *18-Benzoylamino-5α-pregnan-3β.20ξ-diol* (**VII**). Das aus **VI** u. N-Chlorsuccinimid entstandene *Chloramin* lieferte durch HCl-Abspaltung die entsprechende *18-Benzylidenamino-Verb.* (**IX**), aus dem durch Hydrolyse *18-Amino-5α-pregnan-3β.20ξ-diol* (**X**) entsteht. Der Vers., die NH_2-Gruppe von **X** auf dem Wege Chloramin, Ketimin durch Sauerstoff zu ersetzen, ergab nur *3β-Hydroxy-N-desmethyl-$\Delta^{N,20}$-5α-conenin* (**XI**). Durch Einw. von HNO_2 auf **X** bildet sich eine stickstofffreie Verb. $C_{21}H_{34}O_2$, der die Konstit. eines *18-Desmethyl-D-homo-$\Delta^{13,14}$-5α-pregnen-3β.20ξ-diols* zugeschrieben wird.

Versuche (FF. im KOFLER-Block; $[\alpha]_D^{20}$ in Chlf.): *N.N'-Dicyan-5.6-dihydroconimin*, $C_{24}H_{36}N_4$, F. 185—186° (A.), $[\alpha]_D^{20}$ + 90° (c = 1,73), durch portionsweise Zugabe von 5 g BrCN in Bzl. zu 1,7 g **I** u. 3std. Kochen; 1,26 g. — *5.6-Dihydroconimin* (**II**), $C_{22}H_{38}N_2$, F. 132—133° (wss. Methanol), $[\alpha]_D^{20}$ + 29° (c = 2,17), durch 48std. Kochen von 1,1 g vorst. Verb. mit 20 g KOH in 15 cm³ W. u. 80 cm³ Methanol; 0,87 g. — *18-Benzoylamino-5α-pregnan-3.20-dion* (**IV**), $C_{28}H_{37}NO_3$, F. 175—176° (Ae.-CH_2Cl_2), $[\alpha]_D^{20}$ + 108° (c = 2,03), a) durch 40 Min. langes Stehen von 6,25 g **II** u. 5,82 g N-Chlorsuccinimid in CH_2Cl_2, Vakuum-Dest., Kochen mit 5 g Na in 500 cm³ CH_3OH, Vakuum-Dest., Hydrolyse des *Ketimins* mit 700 cm³ 2n H_2SO_4 über Nacht, Umfällen der freigesetzten *Base* (**III**; F. ca. 100—115°; 5 g) aus 5%ig. HCl u. Schütteln mit 10 cm³ C_6H_5COCl in 5%ig. KOH (10 Min.); Reinigung in Bzl. an Al_2O_3; 2,02 g; b) aus 0,1 g 3β-Hydroxy-18-benzoylamino-5α-pregnan-20-on (**V**) u. 0,1 g CrO_3 in 8 cm³ Pyridin, 15 Std. bei Raum-Temp.; 50 mg (rein). — *18-Benzylamino-5α-pregnan-3β.20ξ-diol* (**VI**), $C_{28}H_{43}NO_2$, F. 186,5 bis 187,5°, nach Erstarren, F. 206—207° (A.), $[\alpha]_D^{20}$ + 6° (c = 1,55; Dioxan), aus 0,5 g **IV** u. 0,5 g $LiAlH_4$, 2 Std. in kochendem Tetrahydrofuran (THF); 0,25 g (rein); ebenso aus **VIII**, **XII** oder **XIII** (s. unten). — *18-Benzoylamino-5α-pregnan-3β.20ξ-diol* (**VII**), $C_{28}H_{41}NO_3$, F. 207—210° (A.), $[\alpha]_D^{20}$ + 17° (c = 1,58), aus 0,1 g **IV** u. $LiAlH[OC(CH_3)_3]_3$, in THF, 10 Min. bei 0°; 70 mg (rein). — *3β-Acetoxy-18-benzoylamino-5α-pregnan-20-on* (**VIII**), $C_{30}H_{41}NO_4$, F. 145—146° (Diisopropyläther), aus 0,86 g **V** u. Acetanhydrid in Pyridin über Nacht; 0,715 g (rein). — *3β-Acetoxy-18-benzoylamino-5α-pregnan-20ξ-ol*, $C_{30}H_{43}NO_4$, F. 232—234° (A.), $[\alpha]_D^{20}$ + 29° (c = 1,72), aus 0,825 g **VIII** analog **VII**; 0,726 g. — *18-Benzylidenamino-5α-pregnan-3β.20ξ-diol* (**IX**), durch ½ std. Einw. von N-Chlorsuccinimid auf 0,768 g **VI** in CH_2Cl_2, 1std. Kochen des durch Abdampfen im Vakuum erhaltenen rohen *Chloramins* mit 0,8 g Na in 40 cm³ CH_3OH u. Verdünnen mit W.; 0,686 g. — *18-Amino-2α-pregnan-3β.20ξ-diol* (**X**), $C_{21}H_{37}NO_2$, F. 242—244° (Diisopropyläther-THF), $[\alpha]_D^{20}$ + 3° (c = 1,53; THF), aus 0,686 g **IX** u. 250 cm³ 2n H_2SO_4 unter Einleiten von Wasserdampf bis zur Auflösung; 0,31 g (rein). — *3β-Hydroxy-N-desmethyl-$\Delta^{N,20}$-5α-conenin* (**XI**), $C_{21}H_{33}NO$, F. 185—186° (wss. Methanol), aus 0,148 g **X** analog **IV** (einschließlich der Behandlung mit 2n H_2SO_4); 70 mg (rein). — *18-Benzoylamino-3β-benzoyloxy-5α-pregnan-20-on* (**XII**), $C_{35}H_{43}NO_4$, F. 153—154° (Methanol), $[\alpha]_D^{20}$ + 43° (c = 3,05), durch Behandeln einer feinen Suspension von 4,45 g **XI** in 1200 cm³ 5%ig. NaOH mit 45 cm³ C_6H_5COCl, Abtrennen des durch Ausziehen mit CH_2Cl_2 u. Abdest. im Vakuum bei höchstens 40° erhaltenen *Rohprod.* durch 3tägiges Stehen in 40 cm³ Pyridin u. 5 cm³ W. vom *Benzoesäureanhydrid*, Gießen in verd. HCl, Extraktion mit CH_2Cl_2 u. Reinigung des öligen Prod. in Bzl. an Al_2O_3; 4,17 g. — *18-Benzoylamino-3β-benzoyloxy-5α-pregnan-20ξ-ol* (**XIII**), $C_{35}H_{45}NO_4$, F. 232—233,5° (A.), aus 1,5 g **XII** wie **VII**; 1,1 g. — *18-Desmethyl-D-homo-$\Delta^{13.14}$-5α-pregnen-3β.20ξ-diol*, $C_{21}H_{34}O_2$, F. 170,5—172° (wss. A. oder Methanol), aus 45 mg **X** in wss. Essigsäure u. einer wss. Lsg. von 167 mg $NaNO_2$, 6 Std. bei 0° u. 16 Std. bei 20°; 37 mg (rein). *Diacetat*, $C_{25}H_{38}O_4$, F. 134—135° (wss. A.), $[\alpha]_D^{20}$ + 30° (c = 1,67). Gibt durch Oxydation mit CrO_3 in Pyridin bei Raum-Temp. über Nacht das *Diketon* $C_{21}H_{30}O_2$, F. 151—153° (A.), $[\alpha]_D^{20}$ + 65°; dem IR-Spektrum nach liegt eine Carbonylgruppe als Methylketon vor. A. Emr/Prag. 3700

Über Steroide. 53. Mitt. **18-Benzoylaminoprogesteron und einige seiner Reaktionen.** A. Kasal, V. Černý und F. Šorm. (Collect. czechoslov. chem. Commun. **25.** 2849 bis 2854. Nov. 1960.) (Engl.) — 52. vgl. vorst. Referat.

Durch Benzoylierung von N-Desmethyl-$\Delta^{4.N,20}$-conadienin-3-on (**I**) bildet sich *18-Benzoyliaminoprogesteron* (**II**), das an Pd zu *18-Benzoylamino-5α-pregnan-3.20-dion* hydriert wird. Die Acetylierung von **I** liefert ein Gemisch, das auf Grund der Papierchromatographie u. des IR-Spektrums aus *18-Acetamidoprogesteron* (**III**) u. zwei weiteren *Steroiden* besteht, die durch Ringschluß der Acetyl- u. der Acetylaminogruppe von **III** entstanden sind u. dementsprechend in 17.18-Stellung einen anellierten 2-Methylen-N-acetylpyrrolidin- bzw. 2-Methyl-N-acetyl-Δ^2-pyrrolinring enthalten. Gegen die Erwartung lassen sich diese zwei Verbb. durch Einw. von Säure nicht in **III** umwandeln. Das mit $HClO_4$ behandelte Gemisch liefert kein **III**, sondern einheitliches **I**. In Übereinstimmung hiermit wird auch aus **II** durch Einw. von $HClO_4$ einheitliches **I** zurückgebildet.

Versuche (FF. im Kofler-Block; $[\alpha]_D^{20}$ in Chlf.): *18-Benzoylaminoprogesteron* (**II**), $C_{28}H_{35}NO_3$, F. 195—198° (Aceton), $[\alpha]_D^{20}$ + 161°, a) durch ½ std. Schütteln von 0,15 g reinem **I** (F. 181—183°) in 2 cm³ CH_2Cl_2 u. 2 cm³ Bzl. mit 40 cm³ 5%ig. NaOH unter portionsweiser Zugabe von 2,3 cm³ Benzoylchlorid; 0,19 g (rein); b) ebenso aus 17 g rohem, aus 18 g Conimin (vgl. Buzzetti u. Mitarbeiter, C. **1959.** 17167) hergestelltem **I**; 4,7 g; aus der Mutterlauge durch Chromatographie (Chr) an Al_2O_3 weitere 2 g. — *18-Benzoylamino-5α-pregnan-3.20-dion*, $C_{28}H_{37}NO_3$, F. 174° (Ae.), durch Hydrieren von 1 g **II** in A. an 5%ig. Pd/$CaCO_3$; 0,36 g; aus der Mutterlauge durch Chr an Al_2O_3 noch 0,1 g. — *18-Benzoylamino-5α-pregnan-3β.20ξ-diol*, F. 209°)Methanol), $[\alpha]_D^{20}$ + 19°, aus 0,36 g vorst. Verb. u. $LiAlH[OC(CH_3)_3]_3$ in Tetrahydrofuran, 30 Min. bei Raum-Temp.; 0,34 g. A. Emr/Prag. 3700

Über Steroide. 54. Mitt. **Einige Derivate des (20R)-3β.20-Dihydroxy-Δ^5-pregnen-18-säurelactons-(18 → 20).** L. Lábler und F. Šorm. (Collect. czechoslov. chem. Commun. **25.** 2855—62. Nov. 1960.) (Engl.) — **53.** vgl. vorst. Referat.

Das aus 3β-Hydroxy-18.20-oxido-20-methoxy-Δ^5-pregnen (**I**) dargestellte *3β-20-Dihydroxy-18.20-oxido-Δ^5-pregnen* liefert durch Red. mit $LiAlH_4$ *(20 R)-Δ^5-Pregnen-3β.18.20-triol* (**II**). Da das durch Hydrierung des **II**-Triacetats (**III**) erhaltene *(20 R)-3β.18.20-Triacetoxy-5α-pregnan* (**IV**; F. 128—129°, $[\alpha]_D^{20}$ +31°) mit dem von KAMBER u. Mitarbeitern (C. **1962.** 4551) beschriebenen (20 S)-3β.18.20-Triacetoxy-5α-pregnan (F. 105—106°, $[\alpha]_D^{20}$ +23°) nicht ident. ist, wird **II, III, IV** u. allen nachst. Verbb. am $C_{(20)}$ die (20R)-Konfiguration zugeschrieben (zur Nomenklatur der Stereochemie am $C_{(20)}$ vgl. KAMBER l. c.). Durch partielle Verseifung bildet sich aus **III** *(20 R)-18.20-Diacetoxy-3β-hydroxy-Δ^5-pregnen* (**V**). Das 3β-[Tetrahydropyranyl-(2)-oxy]-Deriv. von **V** liefert durch Hydrolyse die entsprechende *3β-[Tetrahydropyranyl-(2)-oxy]-18.20-dihydroxy-Verb.*, aus der durch Oxydation mit CrO_3 in Pyridin *(20 R)-20-Hydroxy-3β-[tetrahydropyranyl-(2)-oxy]-Δ^5-pregnen-18-säurelacton-(18 → 20]* (**VII**) entsteht. Das aus **VII** dargestellte *(20 R)-3β.20-Dihydroxy-Δ^5-pregnen-18-säurelacton-(18 → 20)* (**VIII**) bzw. sein *3-Acetat* liefert durch OPPENAUER-Oxydation das entsprechende *3-Keto-Δ^4-pregnen-Deriv.* bzw. durch Hydrierung das entsprechende *5α-Pregnanderivat.*

Versuche (FF. im KOFLER-Block; $[\alpha]_D^{20}$ in Chlf.; verwendetes Al_2O_3 von der Aktivität **III—IV**): *3β.20-Dihydroxy-18.20-oxido-Δ^5-pregnen* (roh), F. 145 — 150°, durch Lösen von 0,3 g **I** in 5 cm³ Essigsäure u. Fällen mit 5 cm³ W.; 0,237 g. — *(20 R)-Δ^5-Pregnen-3β.18.20-triol* (**II**), *Hydrat*, $C_{21}H_{34}O_3 \cdot H_2O$, F. 242—243° (Chlf.), $[\alpha]_D^{20}$ —52° (c = 2,1; Methanol), aus 0,235 g vorst. Verb. u. $LiAlH_4$ in Tetrahydrofuran, 2 Std. bei Raum-Temp. 0,2 g (rein). — *(20 R)-3β.18.20-Triacetoxy-Δ^5-pregnen* (**III**), $C_{27}H_{40}O_6$, F. 131—131,5° (Hexan), $[\alpha]_D^{20}$ —13° (c = 2,4), aus 0,23 g **II** u. Acetanhydrid über Nacht in Pyridin; Reinigung in Hexan an Al_2O_3; 0,188 g. — *(20 R)-3β.18.20-Triacetoxy-5α-pregnan* (**IV**), $C_{27}H_{42}O_6$, F. 128—129° (Hexan), $[\alpha]_D^{20}$ + 31° (c = 2,0), aus 0,141 **III** an PtO_2 in Eisessig; 0,114 g (rein). — *(20 R)-18.20- Diacetoxy-3β-hydroxy-Δ^5-pregnen* (**V**), $C_{25}H_{38}O_5$, F. 175° (Ae.), $[\alpha]_D^{20}$ —10° (c = 1,6), durch 1std. Kochen von 0,24 g **IV** in 20 cm³ Methanol mit 0,052 g $KHCO_3$ in 2,6 cm³ W.; Reinigung in Bzl. an Al_2O_3. — *(20 R)-18.20-Diacetoxy-3-keto-Δ^4-pregnen* (**VI**), ölig, Rn 0,78 (in Formamid–Cyclohexan), aus 0,448 g **V** u. Al-Isopropylat, 1 Std. in kochendem Toluol–Cyclohexanol; 0,45 g. — *(20 R)-18.20-Dihydroxy-3-keto-Δ^4-pregnen*, $C_{21}H_{32}O_3$, F. 207—208° (Aceton), $[\alpha]_D^{20}$ + 82,5° (c = 1,3), aus 0,45 g **VI** u. n-Methanol. KOH, 19 Std. bei Raum-Temp. unter N_2; 0,122 g (rein). — *(20 R) -18.20 - Diacetoxy - 3β-tetrahydropyranyl - (2) -oxy]-Δ^5-pregnen*, $C_{30}H_{46}O_6$, F. 136 bis 138° (Hexan), $[\alpha]_D^{20}$ —6° (c = 1,7), aus 0,63 g **V** u. 2.3-Dihydropyran in Chlf. in Ggw. von etwas konz. HCl, 22 Std. bei Raum- Temp.; 0,75 g (roh); Reinigung in Hexan an Al_2O_3. — *(20 R)-3β-[Tetrahydropyranyl-(2)-oxy]-18.20-dihydroxy-Δ^5-pregnen*, $C_{26}H_{42}O_4$, F. 224 bis 225° (Chlf.-Hexan), $[\alpha]_D^{20}$ —66° (c = 1,7), aus 0,65 g vorst. Verb. wie **II**; 0,6 g (roh). — *(20 R) -3β- [Tetrahydropyranyl - (2) - oxy] - 20 - hydroxy - Δ^5 - pregnen - 18 - säurelacton - (18 → 20)* (**VII**), $C_{26}H_{38}O_4$, F. 166—170° (Hexan), $[\alpha]_D^{20}$ —34° (c = 2,0). aus 0,2 g vorst. Verb. u. 0,4 g CrO_3 in Pyridin, 15 Std. bei Raum-Temp.; 0,185 g (roh); Reinigung in Bzl.–Hexan an Al_2O_3. — *(20 R)-3β.20-Dihydroxy-Δ^5-pregnen-18-säurelacton-(18 → 20)* (**VIII**), $C_{21}H_{30}O_3$, F. 208—210° (Aceton), $[\alpha]_D^{20}$ —45° (c = 1,8), aus 66 mg **VII** in 6,6 cm³ Eisessig u. 1,2 cm³ W. bei Raum-Temp. über Nacht; 38 mg. — *(20 R)-3β-Acetoxy-20-hydroxy-Δ^5-pregnen-18-säurelacton-(18 → 20)*, $C_{23}H_{32}O_4$, F. 204—205° (Ae.-Hexan), $[\alpha]_D^{20}$ —49° (c = 2,0), wie **III** aus 0,18 g **VIII**; 0,2 g (roh). — *(20 R)-3β-Acetoxy-20-hydroxy-5α-pregnan-18-säurelacton-(18 → 20)*, $C_{23}H_{34}O_4$, F. 209° (Ae.), $[\alpha]_D^{20}$ ± 0° (c = 2,0), aus 0,132 g vorst. Verb. wie **IV**; 0,133 g (roh). — *(20 R)-20-Hydroxy-3-keto-Δ^4-pregnen-18-säurelacton-(18 → 20)*, $C_{21}H_{28}O_3$, F. 206—207° (Ae.-CH_2Cl_2), $[\alpha]_D^{20}$ + 102°, aus 90 mg **VIII** wie **VI**; 46 mg (rein). A. EMR/Prag. 3700

Über Steroide. 55. Mitt. **Bromierung von 3β-Acetoxy-5α-androstan-16-on.** J. Fajkoš und J. Joska. (Collect. czechoslov. chem. Commun. **25.** 2863—77. Nov. 1960.) (Engl.) — 54. vgl. vorst. Referat.

Die Bromierung von 16-Ketosteroiden bzw. ihren Enolacetaten verläuft in ster. Hinsicht gleich derjenigen der 17-Ketone (vgl. C. **1959.** 11580). Aus 3β-Acetoxy-16-keto-5α-androstan (**I**) dargestelltes *3β.16-Diacetoxy-5α-Δ^{16}-androsten* (**II**) liefert mit Br_2 *3β-Acetoxy-17α-brom-16-keto-5α-androstan* (**V**). Aus **I** bzw. **V** u. Br_2 bildet sich *3β-Acetoxy-15β.17β-dibrom-16-keto-5α-androstan* (**XIII**). Die Konst. von **II, V** u. **XIII** sowie die Konfiguration der Br-Atome von **V** u. **XIII** bzw. von dem entsprechenden *16α-* bzw. *16β-Hydroxy-Deriv.* (**VIII** bzw. **XV**) wurde auf chem. Wege bewiesen. Die Verschiebung der C=O-IR-Absorptionsbande der **V** bzw. **XIII** entsprechenden *3β-Hydroxy-Verb.* (**VII** bzw. **XIV**) gegenüber der C=O-Absorptionsbande von *3β-Hydroxy-16-keto-5α-andro-*

stan (**XII**) sowie die Verschiebung der OH-IR-Absorptionsbande der *vicinalen Bromalkohole* (**VI, IX, XV, XIX, XXIII, XXV** u. **XXVII**) gegenüber der OH-Absorptionsbande von *3β-Acetoxy-16β-hydroxy-5α-androstan* (**III**) sind tabellar. angegeben. Am D-Ring weisen die vicinalen *cis-Bromalkohole* eine negative $\Delta\nu$(OH)-Verschiebung von 5—7 cm^{-1}, die vicinalen *trans-Bromalkohole* eine negative $\Delta\nu$(OH)-Verschiebung von 65—71 cm^{-1} auf.

Versuche (FF. im KOFLER-Block; $[\alpha]_D^{20}$ mit einer Genauigkeit von $\pm 1^0$ in Chlf.; Umlösung der Verbb. aus Methanol): *3β.16-Diacetoxy-5α-Δ^{16}-androsten* (**II**), $C_{23}H_{34}O_4$, F. 120—121° (Methanol mit Spuren Pyridin), $[\alpha]_D^{20}$ —60° (c = 1,77), aus **I** [F. 106°, $[\alpha]_D^{20}$ —165° (c = 1,67)] u. Isopropylenacetat in Ggw. von konz. H_2SO_4, 2 Std. in der Siedehitze unter Abdest. des gebildeten Acetons; 62% (Ausbeute); Reinigung in PAe. an Al_2O_3 (Aktivität I). — *3β-Acetoxy-16β-hydroxy-5α-androstan* (**III**), $C_{21}H_{34}O_3$, F. 58—62° (PAe.; wss. Methanol), $[\alpha]_D^{20}$ —16,7° (c = 1,8), aus **I** an PtO_2 in CH_3COOH; 21%. — *3β.16β-Diacetoxy-5α-androstan* (**IV**), $C_{23}H_{36}O_4$, F. 109°, $[\alpha]_D^{20}$ —8° (c = 1,42), a) aus **III** u. $(CH_3CO)_2O$ in Pyridin; 70%; b) aus **II** an 5%ig. Pd/$CaCO_3$ in Dioxan; 93%. — *3β-Acetoxy-17α-brom-16-keto-5α-androstan* (**V**), $C_{21}H_{31}BrO_3$, F. 167—168°, $[\alpha]_D^{20}$ —47° (c = 2,46), a) aus **II** in CCl_4 u. Br_2 in CCl_4 bei —10°; 58%; b) aus 3β-Acetoxy-16β-hydroxy-17α-brom-5α-androstan (**VI**) u. CrO_3 in CH_3COOH, 24 Std. bei Raum-Temp.; 70%; liefert durch Hydrierung an Pd/$CaCO_3$ in A.-Dioxan 75% **I**. — *3β-Hydroxy-17α-brom-16-keto-5α-androstan* (**VII**), $C_{19}H_{29}BrO_2$, F. 180—181°, $[\alpha]_D^{20}$ —50° (c = 3,37), aus **V** u. konz. HCl in Chlf.-Methanol (1:10), 20 Std. bei 30°; 78%; gibt durch Acetylierung analog **IV** unter a) 81% **V**. — *3β-Acetoxy-16α-hydroxy-17α-brom-5α-androstan* (**VIII**), $C_{21}H_{33}BrO_3$, F. 138 bis 140°, $[\alpha]_D^{20}$ —38,5° (c = 2,6), aus **V** u. $NaBH_4$ in A., 20 Std. bei 0°; 61%; liefert durch Oxydation mit CrO_3 in CH_3COOH 85% **V**. — *3β.16α-Dihydroxy-17α-brom-5α-androstan* (**IX**), $C_{19}H_{31}BrO_2$, F. 183—184° (wss. Methanol), $[\alpha]_D^{20}$ —38° (c = 2,0), aus **VIII** oder **X** wie **VII**; 77 bzw. 68%. — *3β.16α-Diacetoxy-17α-brom-5α-androstan* (**X**), $C_{23}H_{35}BrO_4$, F. 152—153°, $[\alpha]_D^{20}$ + 32° (c = 2,32), aus **IX** oder **VIII** wie **IV** unter a); 82%. — *3β.16α-Diacetoxy-5α-androstan* (**XI**), $C_{23}H_{36}O_4$, F. 176°, $[\alpha]_D^{20}$ —34,2° (c = 1,14), aus **X** wie **IV** unter b), jedoch in A. u. unter wiederholtem Zusatz von frischem Katalysator; 46%. — *3β-Hydroxy-16-keto-5α-androstan* (**XII**), $C_{19}H_{30}O_2$, F. 186—187°, $[\alpha]_D^{20}$ —185° (c = 2,15), durch 48std. Kochen von **X** mit methanol. KOH; 80%. — *3β-Acetoxy-15β.17α-dibrom-16-keto-5α-androstan* (**XIII**), $C_{21}H_{30}Br_2O_3$, F. 218—219° (Chlf.-Methanol), $[\alpha]_D^{20}$ —78° (c = 2,87), a) aus **I** u. Br_2 in CH_3COOH in Ggw. von A. u. 48%ig. HBr, 24 Std. bei 20°; 34%; b) aus **V** wie unter a), jedoch 3 Tage bei 30°; 54%. — *3β-Hydroxy-15β.17α-dibrom-16-keto-5α-androstan* (**XIV**), $C_{19}H_{28}Br_2O_2$, F. 163—165°, $[\alpha]_D^{20}$ —63,5° (c = 1,66), aus **XIII** wie **VII**, 3 Tage bei 20°; 79%; liefert durch Acetylierung analog **IV** unter b) 83% **XIII** u. durch Hydrierung analog **XI** in A.-Dioxan 67% **I**. — *3β-Acetoxy-16β-hydroxy-15β.17α-dibrom-5α-androstan* (**XV**), $C_{21}H_{32}Br_2O_3$, F. 207—210° (A.), $[\alpha]_D^{20}$ —80° (c = 2,45), aus **XIII** wie **VIII**; 62%; durch Oxydation analog **V** unter b) → 88% **XIII**. — *3β.16β-Dihydroxy-15β.17α-dibrom-5α-androstan* (**XVI**), $C_{19}H_{30}Br_2O_2$, F. 174—176°, $[\alpha]_D^{20}$ —83° (c = 1,43), aus **XV** oder **XVII** wie **VII** (48 Std.); 76 bzw. 58%. — *3β.16β-Diacetoxy-15β.17α-dibrom-5α-androstan* (**XVII**), $C_{23}H_{34}Br_2O_4$, F. 168—170° (A.), $[\alpha]_D^{20}$ —24° (c = 1,82), aus **XV** oder **XVI** wie **IV** unter a); 86%; durch Hydrierung in A. analog **XI** → 63% **IV**. — *3β.16β-Diacetoxy-15β-brom-5α-androstan* (**XVIII**), $C_{23}H_{35}BrO_4$, F. 198—199°, $[\alpha]_D^{20}$ —11,2° (c = 1,78), aus **XVII** analog **XI** innerhalb 15 Std.; 47%; durch weitere Hydrierung an Pd/$CaCO_3$ entstehen 80% **IV** u. durch Behandeln mit Methanol. KOH 65% **XII**. — *3β.16β-Dihydroxy-15β-brom-5α-androstan* (**XIX**), $C_{19}H_{31}BrO_2$, F. 177—178°, $[\alpha]_D^{20}$ —53° (c = 0,95), aus **XVIII** wie **VII**; 73%; durch Acetylierung analog **IV** unter a) entstehen 78% **XVIII**. — *3β-Acetoxy-5α-Δ^{15}-androsten*, $C_{21}H_{32}O_2$, F. 73—74°, Methanolsolvat, F. 43—45°, $[\alpha]_D^{20}$ —53° (c = 1,74), durch 3std. Kochen von **XVIII** in A. mit Zn-Staub (aktiviert mit HCl); Reinigung an Al_2O_3 in Bzl.; 40%. — *3β-Hydroxy-5α-Δ^{15}-androsten*, $C_{19}H_{30}O$, F. 149°, $[\alpha]_D^{20}$ —50° (c = 0,92), durch 2std. Kochen vorst. Verb. mit wss. K_2CO_3-Lsg. in A.-Methanol; 81%. — *3β-Acetoxy-5α-androstan*, $C_{21}H_{34}O_2$, F. 86 bis 87°, $[\alpha]_D^{20}$ —8,2° (c = 0,98), aus vorst. Verb. wie **III**; 88%. — *3β-Hydroxy-15β-brom-16β.17β-oxido-5α-androstan* (**XX**), $C_{19}H_{29}BrO_2$, F. 220—221° (Ae.-Äthylacetat), $[\alpha]_D^{20}$ —143° (c = 2,43), durch 20 Min. langes Kochen von 2 g **XV**, **XVII** oder **XXII** (s. unten) mit 2 g KOH in 200 cm^3 A.; 0,73 g. — *3β-Acetoxy-15β-brom-16β.17β-oxido-5α-androstan* (**XXI**), $C_{21}H_{31}BrO_3$, F. 209—210°, $[\alpha]_D^{20}$ —152° (c = 2,16), aus **XX** wie **IV** unter a); gibt durch Verseifung 80% **XX** u. durch Behandeln mit 40%ig. HBr analog nachst. Vers. u. Acetylierung 87% **XVII**. — *3β.16β-Diacetoxy-15β-brom-17α-jod-5α-androstan* (**XXII**), $C_{23}H_{34}BrJO_4$, F. 150°, $[\alpha]_D^{20}$ + 8° (c = 1,16), durch 15std. Stehen von **XXI** mit 56%ig. HJ in Chlf.-Methanol bei 30° u. Acetylieren des Rohprod. analog **IV** unter a); 84%; liefert in A. an Pd/$CaCO_3$ 75% **XVIII**. — *3β.16β-Dihydroxy-15β-brom-17α-jod-5α-androstan* (**XXIII**), $C_{19}H_{30}BrJO_2$, F. 188—190° (Ae.-Äthylacetat), $[\alpha]_D^{20}$ —58° (c = 1,07;

Methanol), aus **XXII** wie **VII**; 77%; durch Acetylierung → 65% **XXII**. — *3β.16β-Diacetoxy-15β-brom-17α-chlor-5α-androstan* (**XXIV**), $C_{23}H_{34}BrClO_4$, F. 189—191° (A.), $[\alpha]_D^{20}$ −21° (c = 1,56), durch 15std. Stehen von **XXI** mit einer Lsg. von HCl u. $CH_3 \cdot COOH$ in Chlf.-CH_3COOH u. Acetylieren des Rohprod. analog unter a); 90%. — *3β.16β-Dihydroxy-15β-brom-17α-chlor-5α-androstan* (**XXV**), $C_{19}H_{30}BrClO_2$, F. 185—186° (PAe.-Methanol), $[\alpha]_D^{20}$ −78° (c = 2,83) aus **XXIV** wie **VII**; 66%; durch Acetylierung → 84% **XXIV**. — *3β.16β-Diacetoxy-17α-chlor-5α-androstan* (**XXVI**), $C_{23}H_{35}ClO_4$, F. 136 bis 137° (A.), $[\alpha]_D^{20}$ −7° (c = 2,63), aus **XXIV** wie **XI**; 76%. — *3β.16β-Dihydroxy-17α-chlor-5α-androstan* (**XXVII**), $C_{19}H_{31}ClO_2$, F. 172°, $[\alpha]_D^{20}$ −22° (c = 1,82), aus **XXVI** wie **VII**; 69%; durch Acetylierung → 75% **XXVI**. — *3β-Hydroxy-16β.17β-oxido-5α-androstan*, $C_{19}H_{30}O_2$, F. 148—149°, $[\alpha]_D^{20}$ + 31° (c = 1,16), durch 20std. Kochen von **XXVI** mit methanol. KOH; 90%. A. EMR/Prag. 3700

Einige einfache Steroide mit Sauerstoff an $C_{(18)}$: Die Konstitution von Conessin. N. L. McNiven. (Chem. and Ind. **1957**. 1296—97. 28/9. Shrewsbury, Mass., Worcester Found. for Exp. Biol.) (Engl.)

Das aus Conessin (**V**) dargestellte 18-Amino-5α-pregnan (**IV**) gibt durch SOMMELET-Rk. *18-Oxo-5α-pregnan* (**I**; F. 106—109°). Als Nebenprod. entsteht infolge Oxydation an der Luft *5α-Pregnan-18-säure* [**II**; $C_{21}H_{34}O_2$, F. 264—266° (sublimiert), $[\alpha]_D^{27}$ + 39° (Bzl.), $[\alpha]_D^{28}$ + 34° (Dioxan); *Methylester*, $C_{22}H_{36}O_2$, F. 108—108,5°, aus **II** u. Diazomethan; $[\alpha]_D^{25}$ + 17° (Chlf.)], die auch aus **I** durch Oxydation mit Ag_2O erhalten wird. **I**-*Semicarbazon* ($C_{22}H_{37}N_3O$, F. 231—233°) gibt durch WOLFF-KISHNER-Red. *5α-Pregnan* (F. 85,5—87,5°). Mit $NaBH_4$ wird **I** zu *18-Hydroxy-5α-pregnan* [**III**; $C_{21}H_{36}O$, F. 117 bis 117,5°, $[\alpha]_D^{24}$ + 23° (Chlf.); *18-O-Benzoyl-Deriv.*, $C_{28}H_{40}O_2$, F. 89—90°, aus **III** mit Benzoylchlorid/Pyridin; $[\alpha]_D^{24}$ + 12° (Chlf.)] reduziert. Die Bldg. von **I** aus **IV** sowie dessen leichte Oxydierbarkeit zu **II** ist ein weiterer Beweis dafür, daß in **V** das Ring-N-Atom an $C_{(18)}$ gebunden ist. — Die IR-Maxima sind angegeben. W. LIEBSCHER. 3700

Faworski-Umlagerung bei der Bildung von 17-Methylsteroiden. Die Konfiguration von $C_{(17)}$-Bromiden. N. L. Wendler, R. P. Graber und G. G. Hazen. (Tetrahedron [London] **3**. 144—59. Juli 1958. Rahway, N.J., Merck & Co., Inc.) (Engl.)

Die Identität des durch Bromierung von 3α-Acetoxypregnan-11.20-dion (**I**) erhaltenen *17-Brom-Deriv.* (**II**) mit dem durch Einw. von N-Bromsuccinimid auf das $\Delta^{17,20}$-Enolacetat von **I** erhaltenen *Brom-Deriv.* wird IR-spektroskop. gesichert. **II** ist ster. einheitlich (Papierchromatographie) u. besitzt 17α-Br-Konfiguration. Bei der Einw. von $NaBH_4$ auf **II** wird dessen $C_{(20)}$-Ketogruppe unter Bldg. des entsprechenden *Bromhydrins* red., das mit Alkalien unter Konfigurationsumkehr das *β-Oxid* (**XX**) liefert. **XX** läßt sich durch Red. mit $LiAlH_4$, Acetylierung u. Reoxydation am $C_{(11)}$ in *3α-Acetoxy-17β-hydroxy-17-isopregnan-11-on* (**VII**) überführen, das auch aus 3α-Acetoxyätiocholan-11.17-dion (**VIII**) durch Rk. mit Na-Acetylid zu *17α-Äthinylätiocholan-3α.17β-diol-11-on* u. dessen Hydrierung zugänglich ist. Zum Vgl. wird auch das $C_{(17)}$-Isomere von **VII**, *3α-Acetoxy-17α-hydroxypregnan-11-on*, durch selektive Red. von 3α-Acetoxy-17α-hydroxypregnan-11.20-dion (**X**), Überführung in das *$C_{(20)}$-Mesylat*, dessen Rk. mit Na-Methylat unter Bldg. des *α-Oxids* [**XII**; *3α-Acetoxy-17α.20-epoxypregnan-11-on*] u. analoge Rk.-Folge [dargestellt. Durch Kochen von **II** mit 3%ig. Na-Methylat-Lsg. wird unter FAWORSKI-Umlagerung nach Acetylierung ein Gemisch aus 60% *3α-Acetoxy-11-keto-17α-methylätiansäuremethylester* (**XIV**) u. 40% *3α-Acetoxy-11-keto-17β-methyl-17-isoätiansäuremethylester* (**XV**) gebildet. Die Konfiguration von **XIV** wird durch die Rk.-Folge **XIV** → *17α-Methylpregnan-11.20-dion-3α-olacetat* (**XVI**) → *3α.17β-Dihydroxy-17α-methylätiocholan-11-on* (**XVII**) u. Vgl. von **XVII** mit dem aus **VIII** u. Methyl-MgJ erhaltenen authent. Präp. bewiesen. Durch analoge Rk.-Folge wird **XV** in *3α.17α-Dihydroxy-17β-methylätiocholan-11-on* (**XIX**) übergeführt, dessen Konfiguration durch Vgl. mit authent., durch Bromierung von **I** mit 2 Mol Br_2 unter Bldg. von *3α-Acetoxy-17α.21-dibrompregnan-11.20-dion* (**IV**), dessen FAWORSKI-Umlagerung zum *17-Carboxymethylen*-Deriv., Decarboxylierung, Epoxydierung, $LiAlH_4$-Red., Acetylierung u. Oxydation dargestelltem Präp. gesichert wird. Beide epimeren Carbinole **XVII** u. **XIX** liefern bei der KÄGI-MIESCHER-Umlagerung das $\Delta^{\alpha,\beta}$-Keton *3'.3'-Dimethylcyclopentano-[1'.2':1.2]-4-oxo-4bβ-methyl-7α-acetoxy-Δ^2-dodekahydrophenanthren*. Der Ablauf der FAWORSKI-Umlagerung erfolgt bei den 17-Brom- u. 17-Methylpregnanen nicht nach dem von LOFTFIELD (vgl. C. **1953**. 6009) gesicherten Mechanismus; im Falle der 17α-Brom-20-ketosteroide findet prim. $C_{(17)} \rightarrow C_{(21)}$-Bromwanderung statt, dann folgt Cyclisierung unter Bldg. zweier *Cyclopropanon-Derivv.*, die bei der Spaltung epimere Ester liefern.

Versuche: *3α-Acetoxy-17α-brompregnan-11.20-dion* (**II**), F. 168—171° (Ae.), F. 174 bis 175° (Aceton), a) durch Bromierung von **I** nach ENGEL (vgl. C. **1959**. 15362); b) durch Rk. des $\Delta^{17,20}$-Enolacetats von **I** mit N-Bromsuccinimid nach ANDERSON u. Mitarbeitern (vgl. C. **1955.** 7223). — *3α-Acetoxy-17β-hydroxy-17-isopregnan-11-on* (**VII**), $C_{23}H_{36}O_4$, F. 203,5—205,5, a) durch 1std. Rk. von 1,18 g **II** in Tetrahydrofuran (THF) u. Methanol mit 100 mg $NaBH_4$ bei Raum-Temp., Zugabe von Essigsäure, Eindampfen, Extraktion mit Äthylacetat (**E**), Eindampfen, erneute Red. mit 100 mg $NaBH_4$, Lösen des erhaltenen *Bromhydrins* (1 g) in Methanol, Versetzen mit wss.-methanol. KOH, 2std. Stehen bei Raum-Temp., Eindampfen, Extraktion mit **E**, Lösen des erhaltenen *β-Oxids* (**XX**; 0,8 g) in THF, 3std. Kochen mit $LiAlH_4$, Zusatz von **E** u. gesätt. Na_2SO_4-Lsg., Eindampfen der organ. Phase, Acetylierung des Rückstands mit Acetanhydrid (**III**)/Pyridin, Oxydation des *Acetats* mit 230 mg CrO_3 in Eisessig, Chromatographie an sauergewaschenem Al_2O_3 u. Eluieren mit Bzl.–Ae.; 80 mg (Ausbeute); daneben 600 mg *3α.20-Diacetoxypregnan-11-on*; b) durch Rk. von 5 g **VIII** mit Na-Acetylid unter Bldg. von *17α-Äthinylätiocholan-3α.17β-diol-11-on* [F. 214—216° (**E**); 330 mg], ³/₄std. Hydrierung über Pd-Kohle in abs. A. u. Einw. von **III**/Pyridin. — *3α-Acetoxy-17α.20-epoxypregnan-11-on* (**XII**), $C_{23}H_{34}O_4$, F. 128—129°, durch 1std. Rk. von **X** mit $NaBH_4$ in wss. Dimethylformamid, Zugabe von Essigsäure u. W., Extraktion des Nd. mit Ae., Eindampfen, Behandeln mit Methansulfonylchlorid (**IV**) in Pyridin, 2std. Rk. des *Mesylats* mit wss.-methanol. KOH, Eindampfen, Extraktion mit Ae.–**E** u. Chromatographie; aus Ae. Prismen, die bei 80° Kristall–Ae. verlieren u. sich bei 112° in Nadeln umwandeln; daneben *3α.20-Diacetoxy-17α-hydroxypregnan-11-on*, $C_{25}H_{38}O_6$, F. 244—246,5°. — *3α-Acetoxy-17α-hydroxypregnan-11-on*, $C_{23}H_{36}O_4$, F. 145,5°, durch 3std. Kochen von rohem **XII** mit $LiAlH_4$ in THF, Acetylierung mit **III**/Pyridin, Oxydation mit CrO_3 u. Chromatographie; daneben *3α.21-Diacetoxy-17α-hydroxypregnan-11-on*. — *3α-Acetoxy-11-keto-17β-methyl-17-isoätiansäuremethylester* (**XV**), $C_{24}H_{36}O_5$, F. 156—157° (Ae./PAe.), a) durch Eintragen von 1 g **II** in die Lsg. von 1 g Na in 30 ml Methanol, 3½std. Kochen, Eindampfen im Vakuum, Lösen in wss. **E**, Eindampfen, Einw. von **III**/Pyridin, Chromatographie an sauer gewaschenem Al_2O_3 u. Eluieren mit Bzl.–PAe.; $[\alpha]_D^{25}$ + 46° (c = 1; Chlf.); Nadeln; 236 mg; daneben *3α-Acetoxy-11-keto-17α-methylätiansäuremethylester* [**XIV**; $C_{24}H_{36}O_5$, F. 168—170° (unter Umwandlung in massive Prismen vom F. 182—184°); aus Ae. blättchenförmige Prismen; $[\alpha]_D^{25}$ + 63,7° (Chlf.); 361 mg]; b) analog a) aus 21,3 g **II**; 7,3 g; daneben 8,6 g **XIV**. — *3α-Hydroxy-11-keto-17α-methylätiansäure*, F. 280—281,5° (Aceton; Capillare), a) durch Bromierung von 0,134 Mol Pregnan-11.20-dion-3α-olacetat, 3std. Kochen mit methanol. Na-Methylat, Zugabe von KOH u. weiteres 40std. Kochen, Entfernung des gummiartigen Prod. mit Chlf. u. Ansäuern der wss. Phase mit 2n HCl; $[\alpha]_D^{25}$ + 36° (c = 1; Dioxan); 29,7 %; b) durch Hydrolyse von **XIV** mit wss.-methanol KOH. *Methylester*, F. 163,5—165° (Ae.), aus der freien Säure mit Diazomethan (**IX**) in Ae.; $[\alpha]_D^{25}$ + 42° (c = 1; Chlf.). — *3α-Acetoxy-11-keto-17α-methylätiansäure*, F. 262—264,5° (Acetonitril; Capillare), durch 1std. Rk. vorst. Säure mit **III** in Pyridin bei 70°, Zugabe von W., erneutes ³/₄std. Erwärmen, Gießen in Eiswasser u. Ansäuern mit HCl; 1,7 g. *Säurechlorid*, $C_{23}H_{33}ClO_4$, F. 189—192° (Ae.; Capillare), durch Versetzen der freien Säure mit Oxalylchlorid (**V**) in Bzl. bei 10°, 2std. Stehen bei Raum-Temp., kurzes Kochen u. Eindampfen im Vakuum; 66,8 %. — *21-Chlor-17α-methylpregnan-11.20-dion-3α-olacetat*, $C_{24}H_{35}ClO_4$, F. 165—175° (Acetonitril), durch Eintragen der Lsg. vorst. Chlorids in Bzl.–Ae. in äther. **IX** bei 0°, 15std. Stehen bei 0°, Einengen, Zugabe von 0,5 g HCl in Ae., ½std. Stehen, Waschen mit $NaHCO_3$-Lsg. u. Eindampfen; 38,5 %. — *17α-Methylpregnan-11.20-dion-3α-olacetat* (**XVI**), $C_{24}H_{36}O_4$, F. 189,5—191° (**E**), durch portionsweises Eintragen von Zn in die Lsg. vorst. Verb. bei 40°, Zugabe von W. nach 1std. Rk., Chromatographie des Nd. an sauergewaschenem Al_2O_3 u. Eluieren mit Bzl.–Hexan (1:1); 59,8 % (roh). — *11α.17α-Dimethylätiocholan-3α.11β.17β-triol-3-acetat*, $C_{23}H_{38}O_4$, F. 140 bis 142°, durch Zugabe von **VIII** zu benzol. Methyl-MgJ-Lsg., 2std. Kochen, Hydrolysieren mit W. u. NH_4Cl-Lsg., Acetylieren, Adsorbieren an Al_2O_3 u. Eluieren mit 1—5 % Ae. in Bzl.; Nadeln. — *3α-Acetoxy-17β-hydroxy-17α-methylätiocholan-11-on*, $C_{22}H_{34}O_4$, F. 210—213°, als Nebenprod. bei der Darst. vorst. Verb. durch Eluieren mit 10—20 % Ae. in Bzl.; Prismen. — *3α.17β-Dihydroxy-17α-methylätiocholan-11-on* (**XVII**), $C_{20}H_{32}O_3$, F. 203,5—205,5° (Aceton–Hexan), a) durch 2std. Kochen vorst. Verb. mit wss.-methanol. KOH; b) durch Eintropfen von Peroxytrifluoressigsäureanhydrid (**XIII**; aus Trifluoressigsäureanhydrid u. 90 %ig. H_2O_2 in CH_2Cl_2 bei 0°) in **XVI** in CH_2Cl_2 unter Zusatz von Na_2HPO_4 in 10 Min. bei 0°, kurzes Rühren, 2std. Rühren ohne Kühlung unter portionsweiser Zugabe von CH_2Cl_2, ½std. Kochen, Zugabe von W., Eindampfen der organ. Phase, 2³/₄std. Kochen mit wss.-methanol. KOH, Eindampfen, Zugabe von W., Extraktion mit Chlf., Neutralwaschen, Filtration durch $MgSO_4$, Eindampfen im Vakuum, Chromatographie an neutralem Al_2O_3 u. Eluieren mit Aceton–Ae. u. Aceton; daneben beim vorhergehenden Eluieren mit Bzl. u. Ae.–Bzl. *17α-Methylpregnan-11.20-dion-3α-ol* (F. 146—148,5°). — *3α-Hydroxy-11-keto-17β-methyl-17-isoätiansäure*, $C_{21}H_{32}O_4$, F. 260—263°, a) durch 48std. Erhitzen von **XV** mit 10 %ig. methanol. KOH unter N_2 im Rohr auf 170°, Eindampfen, Extraktion mit Ae., Ansäuern der wss. Phase mit HCl u. Extraktion des Nd. mit E; aus E Prismen; 76%; b) durch 48std. Kochen von **XV** mit wss.-methanol. KOH. — *21-Chlor-17β-methyl-17-isopregnan-11.20-dion-3α-olacetat*, $C_{24}H_{35}ClO_4$, F. ca. 173°, durch 3std. Rk. von 2,09 g vorst. Säure mit **III**/Pyridin bei 25°, Eindampfen im Vakuum, Lösen in E, Eindampfen, erneutes zweimaliges Eindampfen nach vorherigem Zusatz von E, dann analog mit Ae. u. Bzl., Trocknen durch azeotrope Dest. mit Bzl., 3std. Einw. von **V** bei 25°, Eindampfen, Lösen in Bzl., Eintropfen in äther. **IX** bei —15°, ½std. Stehen bei —15°, dann bei 0° über Nacht, Eindampfen, Lösen in Ae. u. Eindampfen, mehrstd. Einw. von äther. HCl-Lsg. bei 25°, Gießen auf Eis, Extraktion mit Ae., Filtration durch $MgSO_4$ u. Eindampfen; aus Ae. Prismen; 2,71 g (roh). — *17β-Methyl-17-isopregnan-11.20-dion-3α-olacetat* (**XVIII**), $C_{24}H_{36}O_4$, F. 171—174° (Ae.-PAe.), durch ½std. Eintragen von Zn in die Lsg. von 2,5 g vorst. Verb. in Eisessig bei 25°, 1std. Erhitzen auf dem Wasserbad, Zugabe von W., Extraktion mit Ae., Waschen mit $NaHCO_3$-Lg., Filtration durch $MgSO_4$, Chromatographie an sauer gewaschenem Al_2O_3 u. Eluieren mit Bzl.-PAe. u. Bzl.; 1,39 g. — *3α.17α-Dihydroxy-17β-methylätiocholan-11-on* (**XIX**), $C_{20}H_{32}O_3$, F. 195—197,5°, a) durch 20 Min. langes Eintropfen von **XIII** in die Lsg. von 2 mMol **XVIII** u. Na_2HPO_4 in CH_2Cl_2, mehrstd. Stehen bei 25°, 1std. Kochen, Zugabe von W., Extraktion mit CH_2Cl_2, Eindampfen, 3std. Kochen mit wss.-methanol. KOH, Eindampfen, Extraktion mit Ae., Chromatographie an Al_2O_3, Eluieren von entalkyliertem **XVIII** mit Ae.-Bzl. u. Eluieren mit Aceton-Ae.; Prismen; 26 mg; b) durch Einw. von 13 g Br_2 auf 14,96 g **I** in Eisessig bei Raum-Temp., ½std. Erwärmen auf 40—50°, Zugabe von W., Extraktion des Nd. mit E, Waschen mit $NaHCO_3$-Lsg., Eindampfen, 2std. Kochen des erhaltenen *3α-Acetoxy-17α.21-dibrompregnan-11-20-dions* [(**IV**), F. 173—175° (Aceton); 16 g] mit wss.-methanol. KOH, Eindampfen, Lösen in W., Extraktion mit Ae., Ansäuern, 1std. Kochen der erhaltenen *17-Carboxymethylen-Verb.* [$C_{21}H_{30}O_4$, F. 247° (Aceton-Hexan)] mit Cu in Chinolin, Verdünnen mit Ae., Filtration durch Supercel, Extraktion mit HCl, Eindampfen der äther. Lsg., Chromatographie, 18std. Behandeln der erhaltenen *17-Methylen-Verb.* [$C_{20}H_{30}O_2$, F. 147—147,5° (Ae.-PAe.)] mit Perbenzoesäure in Bzl., Eindampfen, Lösen in THF, 2std. Kochen mit $LiAlH_4$, Acetylierung mit **III**/Pyridin, Oxydation mit CrO_3 in Eisessig, Chromatographie u. Verseifung; $[\alpha]_D^{25}$ +39,6° (c = 1; Aceton). — *3α-Acetoxy-21-methansulfonyloxypregnan-11.20-dion*, $C_{24}H_{36}O_7S$, F. 164,5 bis 166° (Aceton/Ae.), durch 18std. Rk. von 3α-Acetoxy-21-hydroxypregnan-11.20-dion mit **IV** bei 0—5°. — *3α-Acetoxy-21-brompregnan-11.20-dion*, $C_{23}H_{33}BrO_4$, F. 164—165,5°, durch 2std. Kochen vorst. Verb. mit LiBr; aus Ae. Nadeln. — *3'.3'-Dimethylcyclopentano-[1'.2':1.2]-4-oxo-4bβ-methyl-7α-acetoxy-Δ²-dodekahydrophenanthren*, $C_{22}H_{32}O_3$, F. 129—131,5° (Ligroin), durch 2std. Erhitzen von **XVII** oder **XIX** mit Ameisensäure auf 100°; Prismen. L. LAMZA. 3700

Oxydation von kristallinem Cholesterin. A. L. J. Beckwith. (Proc. chem. Soc. [London] **1958.** 194—95. Juli. Adelaide, South Australia, Univ. of Adelaide, Organ. Chem. Dep.) (Engl.)

Zur Unters. der Autoxydation von Cholesterin (**I**) wurde dieses in W. suspendiert u. mit FENTONS Reagens behandelt. Das Rk.-Gemisch enthielt nach Verteilung zwischen 90%ig. Methanol u. Hexan, Acetylieren der Methanol-lösl. Fraktion u. Chromatographie an Al_2O_3 *Cholesterylacetat*, *7-Oxocholesterylacetat* u. *25-Hydroxycholesterinmonoacetat* (**II**; $C_{29}H_{48}O_3$, F. 140—142°; $[\alpha]_D^{20}$ —42°). **II** gibt durch Hydrolyse *25-Hydroxycholesterin* (**III**; $C_{27}H_{46}O_2$, F. 178—180°; $[\alpha]_D^{20}$ —38°), das durch Kochen mit Acetanhydrid in das *Diacetat* ($C_{31}H_{50}O_4$, F. 119—120°; $[\alpha]_D^{25}$ —35°) übergeführt wird. **III** wurde auch nach 5tägigem Bestrahlen von krist. **I** mit UV-Licht u. aus gealtertem, käuflichem **I** isoliert. Die Bldg. von **III** aus **I** in Ggw. von Luft-O_2 wird durch die Anordnung der krist. 3-Hydroxysteroide in Form von Doppelschichten mit benachbarten OH-Gruppen u. Oxydation am ungeschützten $C_{(25)}$-Atom erklärt. W. LIEBSCHER. 3700

Die Identifizierung von Strophanthilin A als β-Anhydrosarmentogenin. Wei-Yuan Huang und Yuh-Cheng Chen. (Acta chim. sinica **24.** 151—54. April 1958. Acad. Sinica, Inst. of organ. Chem.) (Chin.; Auszug: Engl.)

Das aus dem Rohextrakt von *Strophanthus divaricatus* (Lour.) HOOK u. ARN. durch milchsaure Hydrolyse isolierte *Sarmentogenin* (*3β.11α-Dibenzoat*, $C_{37}H_{42}O_7$, F. 289—292°; $[\alpha]_D$ +13,9°) wird durch weitere Behandlung mit Säure oder durch $POCl_3$/Pyridin zu *β-Anhydrosarmentogenin* [*3β.11α-Dihydroxy-Δ^{14.20.22}-cardadienolid* (**I**); F. 201—202°; $[\alpha]_D$ —26,8 ± 1°. *Diacetat*, F. 198—200°; $[\alpha]_D$ —40,1 ± 1°] dehydratisiert. **I** ist ident. mit *Strophanthilin A*. W. LIEBSCHER. 3700

Steroide mit unnatürlicher Konfiguration. 6. Mitt. **Oxydation und Reduktion von Epilumisterin.** G. D. Meakins und M. W. Pemberton. (J. chem. Soc. [London] **1961.** 4676—78. Okt. Oxford, Univ., Dyson Perrins Labor.) (Engl.) — 5. vgl. C. **1961.** 6508.

$\Delta^{5.7.22}$-Lumistatrien-3α-ol (I; Epilumisterin) gibt mit OsO_4 u. Red. des Komplexes mit $LiAlH_4$ *$\Delta^{7.22}$-Lumistadien-3α.5β.6β-triol* (II), das auch durch Epoxydieren von I mit Perbenzoesäure u. Rk. des *5β.6β-Epoxy-$\Delta^{7.22}$-lumistadien-3α-ols* mit Benzoesäure zu II-*Monobenzoat* u. dessen Red. mit $LiAlH_4$ erhalten wird. Die Konfiguration von II wird durch CrO_3-Oxydation zu *5β-Hydroxy-$\Delta^{7.22}$-lumistadien-3.6-dion* bewiesen. Durch Li/A. in fl. NH_3 wird I zur *5β-Dihydroverb.*, durch H_2/Pt zur *5β-Tetrahydroverb.* reduziert. — IR-Spektren vgl. Original.

Versuche (FF. korr.; opt. Drehung in Chlf.): *$\Delta^{5.7.22}$-Lumistatrien-3α-ol* (I; *Epilumisterin*), F. 112—113° (Aceton/CH_3OH), aus dem Dinitrobenzoyl-Deriv. an alkal. Al_2O_3; $[\alpha]_D$ +221° (c = 1,0); 1,7 g (Ausbeute). *Acetyl-Deriv.*, F. 115—116° (A.); $[\alpha]_D$ +129° (c = 0,8). *3.5-Dinitrobenzoyl-Deriv.*, F. 185—196° (A./Äthylacetat), durch Zugeben von 5 g I/Lumisterin-Komplex (F. 157—159°; $[\alpha]_D$ +195°) in verd. A. zu Digitonin in verd. A. bei 60°, Abkühlen, Abtrennen des I-Digitonids, 1½ std. Erhitzen mit Pyridin auf 90°, Eindampfen im Vakuum, Extrahieren mit Ae. u. Verestern des rohen I (2,2 g); $[\alpha]_D$ +131° (c = 1,1); 2,8 g. — *$\Delta^{7.22}$-Lumistadien-3α.5β.6β-triol* (II), $C_{28}H_{46}O_3$, F. 228 bis 231° (W./CH_3OH), a) aus 500 mg I, OsO_4 u. Pyridin in abs. Ae. bei 20° (3 Tage) u. Zers. des Komplexes mit $LiAlH_4$ in sd. Ae. (2 Std.); 350 mg; b) aus 210 mg I, Perbenzoesäure u. Benzoesäure in Bzl./Xylol bei 5° (4 Tage), Chromatographie an Al_2O_3 u. Red. des äther. Eluats mit $LiAlH_4$; $[\alpha]_D$ —20° (c = 0,6); 35 mg. — *5β-Hydroxy-$\Delta^{7.22}$-lumistadien-3.6-dion*, F. 182—184°, aus 100 mg II u. 8n H_2CrO_4 in Aceton; $[\alpha]_D$ —20° (c = 0,8); 50 mg. — *5β.6β-Epoxy-$\Delta^{7.22}$-lumistadien-3α-ol*, $C_{28}H_{44}O_2$, F. 160—161° (Aceton), aus 210 mg I u. Perbenzoesäure in Bzl./Xylol bei 5° (20 Std.) u. Chromatographie an Al_2O_3; $[\alpha]_D$ +76° (c = 1,1); 100 mg. — *$\Delta^{7.22}$-5β-Lumistadien-3α-ol*, F. 137—139° (A.), durch Zugeben von Li zu 250 mg I in Ae./fl. NH_3, Zugeben von A. nach ½ Std. u. Chromatographie an inaktiviertem Al_2O_3; $[\alpha]_D$ +47° (c = 0,8); 200 mg. *3.5-Dinitrobenzoyl-Deriv.*, F. 166—168°. — *Δ^7-5β-Lumisten-3α-ol*, F. 144—145° (A.), aus 775 mg I u. H_2 an ADAMS-Pt in Eisessig, Spaltung der Acetylverbb. mit $LiAlH_4$ u. Chromatographie; $[\alpha]_D$ +60° (c = 0,7); 500 mg. *Acetylderiv.*, F. 115—119°; $[\alpha]_D$ +5° (c = 0,5). F. HELLER. 3700□

D-Homo-Umlagerung von Corticosteroiden. Beziehungen zwischen den D-Homo-Derivaten aus der Pregnanreihe mit Sauerstoff an $C_{(11)}$. N. L. Wendler und D. Taub. (Chem. and Ind. **1957**. 822—23. 22/6. Rahway, N.J., Merck & Co., Inc.) (Engl.) — Vgl. C. **1960**. 15756.

D-Homoanellierung von 17α-Hydroxy-21-acetoxypregnan-3.11.20-trion mit Al-tert.-Butylat ergibt *17α-Hydroxy-17β-acetoxymethyl-D-homoätiocholan-3.11.17a-trion* [I; $C_{23}H_{32}O_6$, F. 144—146° u. 171—173°; $[\alpha]_D$ +87° (Chlf.)]. Bromierung von I u. anschließende HBr-Abspaltung mit Semicarbazid ergibt *17α-Hydroxy-17β-acetoxymethyl-Δ^4-D-homoätiocholen-3.11.17a-trion* (F. 198—200°), das auch durch Homoanellierung aus *Cortison-21-acetat* erhältlich ist. Durch Verseifung von I entsteht die *17β-Hydroxymethyl-Verb.* ($C_{21}H_{30}O_5$, F. 212—215°). Deren *p-Toluolsulfonsäureester* liefert bei Behandlung mit methanol. KOH das entsprechende *Epoxid* ($C_{21}H_{28}O_4$, F. 264—268°), das sich mit 15%ig. HBr in Eisessig bei 15° zum *17α-Hydroxy-17β-brommethyl-Deriv.* [$C_{21}H_{29}BrO_4$, F. 225—230° (Zers.)] öffnen läßt. Daraus entsteht durch Rk. mit H_2 an Pd/$CaCO_3$ *17α-Hydroxy-17β-methyl-D-homoätiocholan-3.11.17a-trion* (II; $C_{21}H_{30}O_4$, F. 220—224°). II entsteht auch aus *3.17α-Dihydroxy-17β-methyl-D-homoätiocholan-11.17a-dion* ($C_{21}H_{32}O_4$, F. 177—178°) durch Oxydation mit N-Bromsuccinimid. G. ZIEBARTH. 3750□

Derivate der Podocarpsäure. 4. Mitt. Reduktion des aromatischen Ringes. Roy H. Bible jun. und Robert R. Burtner. (J. org. Chemistry **26**. 1174—80. April 1961. Chicago, Ill., Wayne State Univ., Dep. of Chem.) (Engl.) — 3. vgl. Tetrahedron [London] **11**. [1960.] 22—29; vgl. auch C. **1958**. 1000.

Die Hydrierung des aromat. Ringes der Podocarpsäure (II) ergibt *trans-anti-cis-Perhydropodocarpsäure* (I). Sie wurde durch eine Reihe von Rkk. in eine Verb. mit trans-anti-trans-Struktur, *1β-Methoxycarbonyl-1α.4aβ-dimethyl-trans-anti-trans-perhydrophenanthron-(6)* (VI) übergeführt. Die Umwandlung erfolgt bei der Dehydrobromierung von *1β-Methoxycarbonyl-1α.4aβ-dimethyl-5α-brom-trans-anti-cis-perhydrophenanthron-(6)* (IV), das seinerseits durch CrO_3-Oxydation von I u. Veresterung der gebildeten *Ketosäure* (III) entsteht. Auch durch BIRCH-Red. von O-Methylpodocarpinol (XI) konnte VI durch nachfolgende Hydrolyse u. Hydrierung gewonnen werden. Die stereochem. Verhältnisse wurden durch Rkk. sowie durch Unters. der IR- u. UV-Spektren u. opt. Drehwerte der Verbb. aufgeklärt.

Versuche (UV- u. IR-Spektren sind angegeben; FF. korr.; opt. Daten in 1%ig. alkohol. Lsg.): *trans-anti-cis-Perhydropodocarpsäure* (I), $C_{17}H_{28}O_3$, F. 234,5—236° (wss. Isopropanol), durch 2stufige Hydrierung von 50 g II an PtO_2 in Essigsäure bei 60—76° u. 67 at; $[\alpha]_D$ +23°; 14,2 g (Ausbeute). *Acetylderiv.* (I a), $C_{19}H_{30}O_4$, F. 134,5—136° (wss.

Methanol); $[\alpha]_D$ -11^0. *Methylester*, $C_{18}H_{30}O_3$, Kp.$_{0,15}$ 154°, aus I mit Dimethylsulfat (DS) in wss.-methanol. KOH; $[\alpha]_D$ $+31^0$. *Acetylderiv.*, $C_{20}H_{32}O_4$, F. 82—84° (wss. Methanol), aus **I a** u. DS; $[\alpha]_D$ -1^0. Neben **I** *Desoxyperhydropodocarpsäure* [$C_{17}H_{28}O_2$, F. 136—171° (wss. Methanol); $[\alpha]_D$ $+52^0$ (1% A.); 3,3 g]. — *1β-Carboxy-1α.4aβ-dimethyl-trans-anti-cis-perhydrophenanthron-(6)* (**III**), $C_{17}H_{26}O_3$, F. 167,5—174° (wss. Methanol), durch Oxydation von 100 g **I** mit 8n Chromsäure in Aceton; $[\alpha]_D$ $+35^0$; 93,5 g. *Methylester* (**III a**), $C_{18}H_{28}O_3$, F. 120—121,5° (wss. Methanol) oder 110—113° (wss. Methanol bzw. nach Sublimation im Vakuum), aus **III** mit DS; $[\alpha]_D$ $+41^0$. 40std. Stehen von 5,1 g **III** mit $NaBH_4$ in wss. A. bei Zimmer-Temp. → 4,98 g *Gemisch vom F. 235—240°*; $[\alpha]_D$ $+23^0$ (IR-Spektrum deutet auf Mischung aus 70% **I** u. 30% **VIII**). — *1β-Methoxycarbonyl-1α.4aβ-dimethyl-5α-brom-trans-anti-cis-perhydrophenanthron-(6)* (**IV**), $C_{18}H_{27}BrO_3$, F. 152 bis 153° (Hexan), aus 14,5 g **III a** u. N-Bromsuccinimid (NBS) in CCl_4 im diffusen Sonnenlicht unter Eiskühlung; $[\alpha]_D$ $+167^0$; 6,7 g. Hydrierung der Mutterlauge an Pd/$CaCO_3$ → 4,9 g **III a**. — *1β-Methoxycarbonyl-1α.4aβ-dimethyl-5β-brom-trans-anti-cis-perhydrophenanthron-(6)*, F. 143,5—147° (Hexan), durch 48std. Stehen von 1,79 g **IV** in 48%ig. HBr u. Essigsäure bei Zimmer-Temp.; $[\alpha]_D$ $+59 \pm 4^0$; 0,21 g. — *1β-Methoxycarbonyl-1α.4aβ-dimethyl-trans-anti-trans-1.2.3.4.4aβ.4bα.5.6.8aβ.9.10.10aα-dodekahydrophenanthron-(6)* (**V**), $C_{18}H_{26}O_3$, F. 126,5—129° (wss. Methanol), a) durch ½std. Kochen von 4,31 g **IV** mit Kollidin unter N_2 u. Ausäthern; 0,52 g; b) durch 6std. Kochen von 6,7 g **IV** mit LiCl u. Li_2CO_3 in Dimethylformamid (DMF); 1,13 g; $[\alpha]_D$ $+72^0$. — *1β-Hydroxymethyl-1α.4aβ-dimethyl-trans-anti-cis-perhydrophenanthrol-(6)*, $C_{17}H_{30}O_2$, F. 120—123° (wss. Methanol), durch 4tägige Red. von 5 g **I** mit $LiAlH_4$ in Ae. bei Zimmer-Temp.; $[\alpha]_D$ -52^0; 1,2 g. — *1β-Methoxycarbonyl-1α.4aβ-dimethyl-5α.7α-dibrom-trans-anti-cis-perhydrophenanthron-(6)* (**VII**), $C_{18}H_{26}Br_2O_3$, F. 162—164,5° (wss. Methanol), aus 10 g **IV** mit NBS in CCl_4; $[\alpha]_D$ $+5^0$; 14,4 g. 1½std. Kochen von 0,5 g **VII** mit LiCl in DMF → 0,27 g *Podocarpsäuremethylester*, F. 204,5—208°. — *1β-Carboxy-1α.4aβ-dimethyl-trans-anti-cis-perhydrophenanthrol-(6α)* (**VIII**), $C_{17}H_{28}O_3$, F. 253—256° (wss. Methanol), durch 1std. Red. von 0,5 g **III** mit Na in sd. n-Propanol; $[\alpha]_D$ $+52^0$; 0,33 g. — *1β-Hydroxymethyl-1α.4aβ-dimethyl-6-methoxy-1.2.3.4.4aβ.5.8.9.10.10aα-dekahydrophenanthren* (**IX**), $C_{18}H_{28}O_2$, F. 100—103°, durch 1std. Red. von 20 g **XI** mit 10 g Li in tert.-Butanol–Tetrahydrofuran (THF)–fl. NH_3; Nadeln aus Hexan; 19,3 g. — *1β-Hydroxymethyl-1α.4aβ-dimethyl-1.2.3.4.4aβ.6.7.8aβ.9.10.10aα-dodekahydrophenanthron-(6)* (**X**), $C_{17}H_{26}O_2$, F. 111—112° (Essigester), durch ½std. Kochen von 19,3 g **IX** mit GIRARD-T-Reagens in Essigsäure, Gießen in wss. $NaHCO_3$-Lsg., Ausäthern u. Ansäuern der wss.-alkal. Phase; 7,4 g. *Semicarbazon*, $C_{18}H_{29}N_3O_2$, F. 255° (Zers.; A.). Neben **X** *1β-Hydroxymethyl-1α.4aβ-dimethyldodekahydrophenanthren*, $C_{17}H_{28}O$, F. 108—109° (80%ig. Methanol), aus der äther. Phase; 3,2 g. — *1β-Formyl-1α.4aβ-dimethyl-1.2.3.4.4aβ.6.7.8aβ.9.10.10aα-dodekahydrophenanthron-(6)*, aus 10,6 g **X** durch Oxydation mit Chromschwefelsäure in Aceton; 10 g. — *1β-Carboxy-1α.4aβ-dimethyl-1.2.3.4.4aβ.6.7.8aβ.9.10.10aα-dodekahydrophenanthron-(6)*, aus 10 g vorst. Verb. durch Oxydation mit Chromsäure in 66%ig. Essigsäure bei 15—20°; 7,5 g. — *1β-Methoxycarbonyl-1α.4aβ-dimethyl-1.2.3.4.4aβ.6.7.8.-8aβ.9.10.10aα-dodekahydrophenanthron-(6)*, $C_{18}H_{26}O_3$, F. 116—118° (Methanol), aus 7 g vorst. Verb. mit DS; $[\alpha]_D$ -8^0; 5,5 g. — *1β-Hydroxymethyl-1α.4aβ-dimethyl-trans-anti-trans-perhydrophenanthron-(6)* (**XII**), $C_{17}H_{28}O_2$, F. 105° (Essigester), durch Red. von 2 g **X** mit Li in tert.-Butanol, THF u. fl. NH_3; $[\alpha]_D$ $+18,8^0$; 2 g. *Acetat*, $C_{19}H_{30}O_3$, F. 114,5 bis 116° (Hexan), mit Acetanhydrid in Pyridin; $[\alpha]_D$ $+13,5^0$. — *1β-Formyl-1α.4aβ-dimethyl-trans-anti-trans-perhydrophenanthron-(6)* (**XIII**), aus **XII** mit Chromschwefelsäure in Aceton. — *1β-Carboxy-1α.4aβ-dimethyl-trans-anti-trans-perhydrophenanthron-(6)* (**XIV**), a) durch Oxydation von 5,3 g **XII** mit CrO_3 in verd. Essigsäure; 3 g; b) analog aus **XIII**. — *1β-Methoxycarbonyl-1α.4aβ-dimethyl-trans-anti-trans-perhydrophenanthron-(6)* (**VI**), $C_{18}H_{28}O_3$, F. 116,5—121,5° (wss. Methanol oder wss. Aceton), a) durch Hydrierung von 0,3 g **V** in A. an Pd/Kohle bei Zimmer-Temp.; $[\alpha]_D$ $+48^0$ (0,5%ig. alkohol. Lsg.); 0,16 g; b) aus 2,22 g **XIV** mit DS in wss.-methanol. NaOH; $[\alpha]_D$ $+51^0$; 0,65 g. — *1β-Carboxy-1α.4aβ-dimethyl-trans-anti-trans-perhydrophenanthrol-(6β)* (**XV**), $C_{17}H_{28}O_3$, F. 248—250°, a) durch 2std. Red. von 3 g **XIV** mit $NaBH_4$ in sd. wss.-alkohol. NaOH unter Rühren, Ansäuern u. Verdünnen mit W.; 1 g; b) analog a) mit Na in n-Propanol; Nadeln aus Essigester; $[\alpha]_D$ $+41,4^0$. *Acetat*, $C_{19}H_{30}O_4$, F. 152—154° (Hexan), aus 530 mg **XV** mit Acetanhydrid in Pyridin; $[\alpha]_D$ $+5,5^0$; 436 mg. — *1β-Hydroxymethyl-1α.4aβ-dimethyl-6ξ-äthinyl-trans-anti-trans-perhydrophenanthrol-(6ξ)* (**XVI a**), $C_{19}H_{30}O_2$, F. 217 bis 219°, durch 5std. Rühren einer mit Acetylen gesätt. Lsg. von **XII** u. 35 g K in tert.-Butanol/Toluol bei 5°, Zusatz von W., Ausäthern der wss. Schicht, Einengen der organ. Schicht u. Kristallisation aus Essigester; Nadeln aus A.; $[\alpha]_D$ $+3,5^0$; 3,03 g. Daneben 4,33 g *Isomeres* [**XVI b**; F. 165° (Acetonitril), durch Eindampfen der vereinigten Mutterlaugen u. Chromatographie des Rückstandes mit Bzl.–Essigester an Silicagel; $[\alpha]_D$ $+39,5^0$].

— *1β-Hydroxymethyl-1α.4aβ-dimethyl-6ξ-carboxyäthinyl-trans-anti-trans-perhydrophenanthrol-(6ξ)* (**XVII**), durch 24std. Kochen von 2,95 g **XVI a** mit CH_3MgBr in THF, Behandeln mit CO_2, Eingießen in 5%ig. H_2SO_4, Einengen, Aufnehmen der harzigen Säure in wss. Diäthanolamin bei 65°, Filtrieren u. Ansäuern; 1,52 g. — *1β-Hydroxymethyl-1α.4aβ-dimethyl-6ξ-carboxyäthyl-trans-anti-trans-perhydrophenanthrol-(6ξ)-γ-lacton* (**XVIII a**), $C_{20}H_{32}O_3$, F. 179—180° (Essigester), durch Hydrierung von 1,5 g **XVII** in A., Kochen mit 10%ig. NaOH u. Ansäuern; $[\alpha]_D$ +17°; 0,8 g. — *Isomeres* (**XVIII b**), F. 235—240°, analog **XVIII a** aus 4,3 g **XVI b** über 1,4 g **XVII**-*Isomeres*; Tafeln aus Essigester; $[\alpha]_D$ +23,6°; 1,17 g. H. KRAUSE. 3950□

Das Vorkommen eines 3-substituierten Furanringes in Limonin und Obakunon. Takashi Kubota und Takashi Tokoroyama. (Chem. and Ind. **1957**. 1298. 28/9. Osaka, Osaka City Univ., Inst. of Polytechn.) (Engl.)

Das aus Limonin (**I**; $C_{26}H_{30}O_8$, F. 293°) durch $LiAlH_4$-Red. erhaltene *Pentol* $C_{26}H_{40}O_8$ (**II**; F. 304—305°) bildet mit Acetylendicarbonsäurediäthylester (**III**) bei 100—120° ein *amorphes Addukt*, das durch Hydrieren in Essigester über Pd/Kohle, Pyrolyse des erhaltenen amorphen Prod. bei 120—200°/1 Torr u. anschließende Hydrolyse ein Säuregemisch gibt, aus dem *Furan-3.4-dicarbonsäure* (**IV**; F. 204,5—206°), *Bernsteinsäure* (**V**) u. *Maleinsäure* (**VI**) isoliert werden. **II**-*Pentaacetat* [$C_{36}H_{50}O_{13}$, F. 188—189° (Zers.)] gibt mit **III** ein *Addukt* $C_{44}H_{60}O_{17}$ (F. 183—184°), das durch Hydrieren, Pyrolyse u. Hydrolyse **IV**, **V** u. **VI** liefert. Obakunon (**VII**; $C_{26}H_{30}O_7$, F. 228—229°) sowie das aus **VII** durch $LiAlH_4$-Red. u. Acetylieren des erhaltenen *Pentolmonohydrats* $C_{26}H_{40}O_7 \cdot H_2O$ (**VIII**) dargestellte *amorphe Acetat* geben mit **III** *amorphe Addukte*, aus denen durch Hydrierung, Pyrolyse u. Hydrolyse **IV**, **V** u. **VI** erhalten werden. Diese Ergebnisse, die Auswertung der IR- u. UV-Spektren sowie der positive Ausfall der für den Furanring charakterist. Farb-Rkk. (EHRLICH-, $SbCl_3$-, Acetanhydrid/H_2SO_4- u. Anilin–HCl-Rk.) beweisen das Vork. eines 3-substituierten Furanringes in **I** u. **VII**. W. LIEBSCHER. 3950

Die Oxydation substituierter 2.4'-Dihydroxybenzophenone durch alkalisches Kaliumferricyanid. A. I. Scott. (Proc. chem. Soc. [London] **1958**. 195. Juli. Glasgow, Univ., Dep. of Chem.) (Engl.)

Durch Behandeln von Griseofulvin (**I**) mit SeO_2 in tert.-Butanol wird (—)-*Dehydrogriseofulvin* [(—)-**II**; F. 270—272°; $[\alpha]_D$ —26°; λ_{max} 238, 292, 330 mμ (A.), ν_{max} 1726, 1671 cm^{-1} (KCl-Preßling)] erhalten. (—)-**II** wird über Pd-Kohle in A. langsam zu *2.4'-Dihydroxy-3-chlor-4.6.2'-trimethoxy-6'-methylbenzophenon* (**III**) hydriert, das mit alkal. $K_3Fe(CN)_6$-Lsg. in 40%ig. Ausbeute zu (±)-*Dehydrogriseofulvin* (F. 269—271°) oxydiert wird. Analog wird (±)-Geodinmethylester (**IV**) zu *3'.5'-Dichlor-4.2'-dihydroxy-6.6'-dimethoxy-4'-methylbenzophenon-2-carbonsäuremethylester* (F. 205°) umgesetzt, der durch Oxydation in Ae. mit alkal. $K_3Fe(CN)_6$-Lsg. in 33%ig. Ausbeute **IV** zurückbildet. Durch diese in vitro-Rk.-Folge wird die von BARTON u. COHEN sowie ERDTMAN u. WACHTMEISTER („Festschrift Arthur Stoll", Birkhäuser, Basel, **1957**. 117; 144) u. BIRCH u. Mitarbeitern (C. **1958**. 11487) vertretene Biogenese von **I** aus Essigsäure über **III** u. dessen oxydative Kupplung durch ein einelektronübertragendes Oxydationsmittel gestützt. W. LIEBSCHER. 3950

Ein neuer Strukturvorschlag für Gibberellsäure. B. E. Cross, John Frederick Grove, J. MacMillan, J. S. Moffatt, T. P. C. Mulholland, J. C. Seaton und N. Sheppard. (Proc. chem. Soc. [London] **1959**. 302—03. Okt. Welwyn, Herts., Imp. Chem. Ind. Ltd., Akers Res. Labor. and Cambridge, Univ., Chem. Labor.) (Engl.) — Vgl. C. **1962**. 7170.

Durch Ozonolyse von Gibberellsäuremethylester (**I**) wird *2.4b.7-Trihydroxy-8-methyl-2.9a-endo-[α-oxoäthylen]-1.2.3.4.4a.4b.7.8.8a.9a-dekahydrofluoren-8.9-dicarbonsäuremethylesterlacton-(8 → 4b)* [**II**; $C_{19}H_{22}O_7$, F. 229—231° (Zers.)] erhalten, das durch CrO_3-Oxydation ein *Keton* $C_{19}H_{20}O_7$ (**III**) gibt. Der Methylester des aus **II** erhaltenen *4b.7-Dihydroxy-8-methyl-2-oxo-9a-carboxymethyl-1.2.3.4.4a.4b.7.8.8a.9a-dekahydrofluoren-8.9-dicarbonsäuremethylesterlacton-(8 → 4b)-monohydrats* ($C_{19}H_{22}O_8 \cdot H_2O$) wird durch MnO_2 zum *Keton* $C_{20}H_{22}O_8$ (**IV**) oxydiert. **III** u. **IV** weisen auf Grund ihres UV-Spektrums eine —CH=CH—CO—-Gruppierung auf. Während der Dimethylester von 2.6.7-Trihydroxy-8-methyl-2.9a-endo-[α-methylenäthylen]-1.2.3.4.4a.6.7.8.8a.9a-dekahydrofluoren-8.9-dicarbonsäure (**IX**) durch MnO_2 sofort zum *Ketol* $C_{21}H_{26}O_7 \cdot H_2O$ oxydiert wird, gibt **I** erst unter energischeren Bedingungen ein *α,β-ungesätt. Keton* $C_{20}H_{22}O_6$ (**V**; F. 185—187°), welches zu *2.4b-Dihydroxy-7-oxo-8-methyl-2.9a-endo-[α-methyläthylen]-perhydrofluoren-8.9-dicarbonsäuremethylesterlacton-(8 → 4b)* (**VI**; $C_{20}H_{26}O_6$, F. 129—131°) hydriert wird. **VI** wird im Gemisch mit dem *α-Methylepimeren* (F. 160,5—162,5°) durch CrO_3-Oxydation des durch Hydrieren von **I** dargestellten Tetrahydrogibberellsäuremethylestergemisches erhalten. Bei der Bldg. von **V** aus **I** erfolgt also keine Umlagerung. Diese Ergebnisse sowie die Bldg. von *Gibberellensäure* (**VII**; *2.7-Dihydroxy-8-methyl-2.9a-endo-[α-methylenäthylen]-1.2.3.4.7.8.8a.9a-oktahydrofluoren-8.9-diacarbonsäure*) bei der Behand-

lung von Gibberellsäure (**VIII**) mit verd. Säure lassen sich nur mit der 2.4b.7-Trihydroxy-8-methyl-2.9a-endo-[α-methylenäthylen]-1.2.3.4.4a.4b.7.8.8a.9a-dekahydrofluoren-8.9-dicarbonsäurelacton-(8 → 4b)-Struktur von **VIII** vereinbaren. Bei der MnO_2-Oxydation von **VII**-Dimethylester wird ein *Dienon* $C_{21}H_{24}O_6$ (F. 134—136°) erhalten. Das p-Toluolsulfonat des aus α-Dihydrogibberellsäuremethylester mit Säure erhaltenen *Ketoesters* C_{20}·$H_{26}O_6$ (F. 226°) gibt mit Kollidin *2.8-Dimethyl-4b-hydroxy-2.9a-endo-[α-oxoäthylen]-1.2.3.4.4a.4b.5.8.8a.9a-dekahydrofluoren-8.9-dicarbonsäuremethylesterlacton-(8 → 4b)* (?; F. 164°). Das durch Relactonisierung von **IX** u. anschließendes Methylieren erhaltene **I**-Isomere vom F. 174° stellt *2.6.7-Trihydroxy-8-methyl-2.9a-endo-[α-methylenäthylen]-1.2.3.4.4a.6.7.8.8a.9a-dekahydrofluoren-8.9-dicarbonsäuremethylesterlacton-(8 → 6)* dar.
D. Borrmann. 3950

D. Makromolekulare Chemie

Photoelektrische Messungen der Strömungsdoppelbrechung. Harold Wayland. (C. R. hebd. Séances Acad. Sci. **249.** 1228—30. 5/10. 1959. Pasadena, Calif., Inst. of Technol., Div. of Engng.; Strasbourg, Centre de Recherches sur les Macromol.) (Franz.)

Beschreibung der apparativen Anordnung, bei der der Faraday-Effekt zur Modulierung in einem photoelektr. Polarimeter Verw. findet. Vorläufige Messungen lieferten befriedigende Ergebnisse. C. Gottfried. 4000

Verfahren zur genauen Messung des Infrarot-Dichroismus von orientierten Filmen. Richard S. Stein. (J. appl. Polymer Sci. **5.** 96—99. Jan./Febr. 1961. Amherst, Mass., Univ., Dep. of Chem.) (Engl.)

Eine Meth. zur direkten u. genauen Messung des IR-Dichroismus eines Films mit einem Einstrahl-Spektrometer wird beschrieben (Modulation des durch die Probe fallenden Strahls mittels eines rotierenden Polarisators statt eines Zerhackers; der Detektorausschlag ist dann proportional der Differenz der Hauptabsorptionen der Probe). Die mathemat. Grundlagen der Meth. werden abgeleitet. R. Schäff. 4000□

Wechselwirkung zwischen gleichgroßen und gleichschnell sedimentierenden Kugeln bei der Bewegung durch ein viscoses Medium. G. F. Eveson, E. W. Hall und S. G. Ward. (Brit. J. appl. Physics **10.** 43—47. Jan. 1959. Edgebaston, Birmingham, Univ., Dep. of Mining.) (Engl.)

An Kügelchen aus *Perspex* u. *Cellulosenitrat*, deren mittlere Durchmesser ca. 0,27 bis ca. 0,45 cm betragen, wurde in Rizinusöl bei 20° die Wechselwrkg. zwischen 2 gleich großen u. gleichschnell sedimentierenden kugelförmigen Teilchen beim Sedimentieren unter den Bedingungen des laminaren Fließens in einem viscosen Dispersionsmittel untersucht. Variiert wurden dabei die Abstände zwischen den Kugelmittelpunkten u. der Winkel der Verbindungslinie zwischen beiden Mittelpunkten mit der Horizontalen. Die Ergebnisse werden durch einfache empir. Gleichungen erfaßt. Es wurde gefunden, daß beim gemeinsamen Fallen von 2 gleichen Kugeln, deren Verbindungslinie der Mittelpunkte einen Winkel mit der Horizontalen bildet, in einem viscosen Medium eine gegenseitige Wechselwrkg. auftritt, die eine Zunahme der gleichförmigen Geschw. über die beim individuellen Fallen solcher Kugeln zu erwartende normale Stokes-Geschw. verursacht. Außer in den Fällen, in denen die Verbindungslinie der Kugelmittelpunkte horizontal oder vertikal ist, weichen die Wege der Kugeln um einen kleinen Winkel von der Vertikalen ab, dessen Größe sich durch die von v. Smoluchowski angegebene Beziehung berechnen läßt. Während des gesamten Fallens bleibt die relative Lage der Kugeln zueinander unverändert; sie rotieren nicht. E. Uhlein. 4000

Röntgenographische Untersuchung der Einwirkung von Wärme auf den strukturellen Zustand eines im Vakuum mit γ-Strahlen bestrahlten Polyäthylens. Yves de Zarauz. (C. R. hebd. Séances Acad. Sci. **249.** 1348—50. 12/10. 1959. Paris, C.N.R.S., Labor. de Rayons X.) (Franz.)

Zur Unters. gelangte ein *Niederdruckpolyäthylen* (**I**), das zunächst bei Zimmer-Temp. 36 Std. lang in einem Vakuum von 10^{-4} mm Hg entgast u. hierauf ebenfalls im Vakuum bei 20° mit γ-Strahlen von ^{60}Co mit Dosen von 50, 100 u. 150 Mr bestrahlt worden war. Röntgenograph. wurde gefunden, daß bei gewöhnlicher Temp. die Struktur des nichtbestrahlten **I** u. des mit 50 Mr bestrahlten **I** die gleiche war. Bei einer Bestrahlung mit 150 Mr wurde eine geringe Abnahme des Kristallinitätsgrades festgestellt, der zuvor 68% betrug. Wird das bestrahlte **I** erhitzt, dann ist die Kristallinität/Temp.-Kurve ident. mit der des nichtbestrahlten **I**. Der Punkt des Verschwindens des kristallinen Diagramms, der sog. F., liegt bei der gleichen Temp. von 131°. Erhitzt man dagegen auf 250°, kühlt langsam ab u. erhitzt erneut, dann ist der Verlauf der Kurve ein anderer; aus ihr ist ersichtlich, daß der Kristallinitätsgrad beträchtlich abgenommen hat u. daß sich F. auf 126° erniedrigt hat. C. Gottfried. 4010

Erneute kritische Besprechung der Übergangserscheinungen zweiter Ordnung in Polyäthylen. Ryuichi Nakane. (J. physic. Soc. Japan **15.** 1040—48. Juni 1960. Tokyo, Electrical Communication Labor.) (Engl.) — Vgl. C. **1961.** 11732.

Unter Bezugnahme auf eine frühere Unters. (vgl. C. **1960.** 10955) berichtet Vf. zuerst über dilatometr. Messungen an *Marlex 50/15* (I) als Repräsentant von Niederdruckpolyäthylen u. an *Alathon 10* (II) als Repräsentant von Hochdruckpolyäthylen u. diskutiert an Hand dieser Messungen die Übergangserscheinungen 2. Ordnung in den Polyäthylenen. Die Unterss. wurden an nicht behandelten Proben, an Proben, die nach Schmelzen bei -78^0 abgeschreckt worden waren sowie schließlich an Proben, die nach Schmelzen allmählich angelassen worden waren. Rechnerisch ergab sich aus den Meßergebnissen der jeweiligen 3 Proben, die verschiedene Kristallinität haben, daß sich die Kristallinität des Polyäthylens mit der Temp. oberhalb -30^0 ändert. Beobachtet wurde außerdem ein Übergang bei -55^0, unterhalb welcher Temp. der Ausdehnungs-Koeff. der kristallinen Phase gleich dem der amorphen Phase ist. Es wird angenommen, daß dies der wahre Übergang 2. Ordnung ist. An dem niedrigmol. *Polyäthylen DYGT* (Molgew. ca. 7000) durchgeführte Messungen brachten Ergebnisse, die mit denen von **II** nahezu ident. sind. Für **I** wurden noch die spezif. Voll. der kristallinen Phase u. der nichtkristallinen Phase angegeben: sie betragen $1{,}0019 + 0{,}000234\ (T + 55)$ bzw. $1{,}1300 + 0{,}000234\ (T + 55)$. Hypothet. wird eine rohe Beschreibung des Übergangs 2. Ordnung gegeben.

C. Gottfried. 4010

Sauerstoffabsorption durch unterstützte Filme aus Polyäthylen. T. H. Meltzer, J. J. Kelley und R. N. Goldey. (J. appl. Polymer Sci. **3.** 84—89. Jan./Febr. 1960. Yardley, Pa., Electr. Storage Battery Comp., Carl F. Norberg Res. Center.) (Engl.)

Zur Messung des zeitlichen Verlaufes der O_2-Aufnahme von geschmolzenem *Polyäthylen* (I) wurde **I** auf ein Netz aus Moneldraht aufgebracht. Die Verss. wurden unter Verw. mehrerer Handels-Prodd. zwischen 139 u. 166° ausgeführt. Die O_2-Aufnahme setzt nach einer gewissen Induktionszeit t_i ein, die durch den Zusatz eines Antioxydationsmittels A erhöht wird; bei Vervielfachung der A-Konz. nimmt t_i weniger zu, als sie dem Vielfachen entspricht. Der Temp.-Einfl. ist für die einzelnen Proben sehr verschieden. Verss. mit *Äthylen–Propylen-Copolymeren* verschiedener Zus. zeigen, daß die Oxydierbarkeit mit wachsendem CH_3-Geh. zunimmt. Zwischen dem Geh. β an Doppelbindungen u. der Oxydierbarkeit besteht kein klarer Zusammenhang (Verss. mit partiell hydrierten *Polybutadien*-Proben); während zu Beginn der Oxydation die O_2-Aufnahme um so größer ist, je höher β, kehren sich die Verhältnisse nach einem gewissen Oxydationsgrad um. Die Oxydierbarkeit steigt mit Verbreiterung der Molgew.-Verteilung (vermutlich infolge der Zunahme der Zahl der Endgruppen). Die **I**-Oxydation wird durch rostfreien Stahl beschleunigt; Cu beschleunigt nur am Anfang, während es nach einem gewissen Oxydationsgrad inhibierend wirkt. Über die mit Al, Ag u. Pt erhaltenen Ergebnisse vgl. die graph. Darst. im Original. O. Fuchs. 4010□

Polyäthyliden aus Diazoäthan auf Metallkatalysatoren: Chromatographische Analyse der entwickelten Gase und Reaktionsmechanismus. A. G. Nasini, G. Saini, L. Trossarelli und E. Campi. (J. Polymer Sci. **48.** 435—42. Dez. 1960. Torino, Italy, Univ., Chem. Dep.) (Engl.)

Diazoäthan (I) wurde in Ggw. verschiedener Metalle in Ae. zersetzt. Die Menge m des dabei entstandenen *Polyäthylidens* (II) u. die Art u. Menge der entwickelten gasförmigen Neben-Prodd. (Gaschromatographie) wurden bestimmt. Es ist m = 0 für Ag, Zr, Rh, Pd, Mo, Al, Cr, Au, Cd, Zn, Pt u. Ta; dagegen wurde **II** erhalten mit W (m = 20% bezogen auf **I**), Mg (26), Cu (32), V (45), Ni (48), Mn u. Fe (je 50), Co (62) u. Ti (88): Das gasförmige Haupt-Prod. bei der Bldg. von **II** ist Buten-(2), während bei der **I**-Zers. ohne **II**-Bldg. bes. Äthylen entsteht. Die Zus. der gasförmigen Prodd. hängt stark von der Natur des Metalles ab (Bldg. von C_2H_4, C_2H_6, C_3H_6, C_4H_8, C_4H_{10}). Bei Verw. von Xylol statt Ae. erfolgt mit Cu keine **II**-Bildung. Auf Grund dieser Ergebnisse wird ein einfacher Rk.-Mechanismus für die Polymerisation von **I** vorgeschlagen. O. Fuchs. 4010□

Messung der Röntgenstreuung von biaxial orientierten Proben von isotaktischem Polypropylen. Hiroshi Sobue und Yoneho Tabata. (J. appl. Polymer Sci. **2.** 62—65. Juli/Aug. 1959. Tokyo, Japan, Univ., Fac. of Engng., Dep. of Appl. Chem.) (Engl.)

Durch wiederholtes Strecken u. Walzen von *isotakt. Polypropylen* wird eine hoch biaxial orientierte Probe erhalten, in der nach röntgenograph. Unterss. die (0 1 0)-Ebene in der Walzrichtung liegt. O. Fuchs. 4010□

• **Kristallisation und Orientierung von isotaktischem Polypropylen-Film durch Dehnen.** Hiroshi Sobue und Yoneho Tabata. (J. appl. Polymer Sci. **2.** 66—70. Juli/Aug. 1959. Tokyo, Japan, Univ., Fac. of Engng., Dep. of Appl. Chem.) (Engl.)

Ein Film (0,03 mm Dicke, 30% kristalliner Anteil im Ausgangszustand) aus *isotakt. Polypropylen* wurde gedehnt. Durch röntgenograph. Analyse u. Best. der Dichte wurde festgestellt, daß der Kristallisationsgrad proportional dem Dehnungsverhältnis V zunimmt. Schon bei kleinem V tritt neben der normalen stabilen kristallinen Struktur eine quasikristalline Struktur auf, die oberhalb 100° in den normalen stabilen Zustand umgewandelt wird. Durch starkes Recken bei Raum-Temp. tritt eine biaxiale Orientierung auf [bevorzugte Orientierung der (1 1 0)-Ebene der Kristallite senkrecht zur Filmoberfläche im Querschnitt senkrecht zur Reckrichtung]. Diese Erscheinung wird auf die Kohäsions-Wechselwrkg. zwischen den Gitterebenen u. die Kompressionsspannung beim Reckvorgang zurückgeführt. O. Fuchs. 4010□

Über das Auftreten von Oberflächenrissen in dem Zug ausgesetztem Polyvinylchlorid. Jean-Claude Bauwens und Georges A. Homès. (C. R. hebd. Séances Acad. Sci. **250.** 2203—05. 21/3. 1960.) (Franz.)

Setzt man Proben von *Polyvinylchlorid* (PVC) von ca. 1 mm Dicke einem Zug aus, bis Deformationsbanden auftreten, so zeigt die mkr. Betrachtung das Vorhandensein von Rissen senkrecht zum ausgeübten Zug an. Sobald diese ca. 0,1 mm lang sind, dehnen sie sich nicht weiter aus. Das Auftreten der durch Oberflächenfehler angeregten Risse kann durch die Theorie von Griffith [1920] erklärt werden, dagegen nicht das Aufhören der weiteren Ausdehnung der Risse bei konst. Zug. Hierfür stellen Vff. eine eigene Erklärung auf, wonach das Rißwachstum aufhört, sobald plast. Deformation eintritt. S. Neue. 4010□

Über die Chlorwasserstoffabspaltung von Polyvinylchlorid. Charles Sadron, Jacques Parrod und Jean-Pierre Roth. (C. R. hebd. Séances Acad. Sci. **250.** 2206—08. 21/3. 1960. Strasbourg, Centre de Recherches sur les Macromol.) (Franz.)

Durch Erhitzen von *Polyvinylchlorid* (PVC) in Dimethylformamid-Lsg. unter Zusatz von einem zweiten Lsgm., wie Tetrahydrofuran (I), Dioxan (II) oder Cyclohexanon (III), in Ggw. von LiCl auf 80° im N_2-Strom erhält man infolge HCl-Abspaltung ein *Polymeres* mit konjugierten Doppelbindungen. In Ggw. von **I** u. **II**, aber auch in Abwesenheit eines zweiten Lsgm. ändert sich die Farbe von Rosa über Violett zu Purpur, in Ggw. von **III** von Gelb über Orange zu Braunschwarz. Beim violetten Prod. findet man ein UV-Absorptionsmaximum bei 5300 Å, beim braunen mehrere. Der Vgl. mit den von Bohlmann u. Mannhardt untersuchten Absorptionsmaxima einer Reihe von reinen Dimethylpolyenen der allg. Formel $CH_3-(CH=CH)_n-CH_3$ unter Anwendung der Gleichung $\lambda^2_{max} = k' (n + 1)$ mit $k' = 1{,}75 \cdot 10^6$ führt zu dem Schluß, daß im braunen Prod. Polyene mit $n = 7-12$ enthalten sind, während in den violetten Lsgg. Sequenzen von 15 konjugierten Doppelbindungen vorherrschen. — LiBr verhält sich hinsichtlich der HCl-Abspaltung wie LiCl; das Acetat liefert ein braunrotes Produkt. $MgCl_2$ u. $AlCl_3$ spalten ebenfalls HCl ab; die Chloride von Cu, Ni, Co, Zn sind inaktiv. S. Neue. 4010 □

Glasumwandlungen in Polymeren. T. F. Schatzki. (J. appl. Polymer Sci. **5.** S1—S2. Jan./Febr. 1961. Emeryville, Calif., Shell Developm. Co.) (Engl.)

Die von Saito u. Nakajima (C. **1961.** 3671) ermittelten Glasumwandlungs-Temp. T_g von kristallisierbaren u. nichtkristallisierbaren Polymeren u. die Theorie der Glasumwandlung von Williams, Landel u. Ferry (C. **1957.** 3831) werden krit. erörtert. Jedes der von Saito u. Nakajima behandelten 6 Polymeren zeigt eine Glasumwandlung mit Relaxationszeiten, deren Temp.-Abhängigkeit durch die Gleichung von Williams u. Mitarbeitern wiedergegeben ist. Bei den 3 kristallisierbaren Polymeren findet eine zusätzliche Umwandlung bei einer Nachbar-Temp. statt. Diese 2. Umwandlung vermindert die Probenmenge, die die Glasumwandlung eingeht; zumindest beim *Vinylchlorid–Vinylidenchlorid-Copolymerisat* kann sie auch durch Dilatometrie beobachtet werden. Beim nichtkristallisierbaren *Polyvinylacetat* ergibt die Schnelldilatometrie einen zu hohen T_g-Wert. R. Schäff. 4010□

Mechanismus der Emulsionspolymerisation von Vinylidenchlorid. 1. Mitt. Peter M. Hay, John C. Light, Leon Marker, Robert W. Murray, Anthony T. Santonicola, Orville J. Sweeting und James G. Wepsic. (J. appl. Polymer Sci. **5.** 25—30. Jan./Febr. 1961. New Haven, Conn., Olin Mathieson Chem. Corp., Film Div.) (Engl.)

Der Einfl. der Konz. von Na-Laurylsulfat (**I**; *Sipon WD* der American Alcolac Co.) u. des Aktivators [Redox-Syst. aus $(NH_4)_2S_2O_8$ u. $Na_2S_2O_5$] auf die Geschw. der Emulsionspolymerisation von *Vinylidenchlorid* (**II**) bei 36° wurde untersucht. Dabei wurden 3 Abschnitte (Phasen) beobachtet. Zunächst findet eine normale Emulsionspolymerisation mit einer Geschw. proportional der $[\text{Katalysator-Konz.}]^{0,6}$ u. der $[\text{I-Konz.}]^{0,6}$ statt. Dann fällt die Geschw. auf weniger als die Hälfte ab. Der Umsatz (%) nimmt mit der **I**-Konz. zu (die 2. Phase fällt bei sehr hohen **I**-Konzz., 10 g **I**/100 g **II**, aus). In der 3. Phase nimmt die

Geschw. wieder zu u. kann höher als zu Beginn liegen; sie hängt von der [Katalysator-Konz.][1,0] ab u. ist unabhängig von der I-Konzentration. Katalysatorzugabe am Ende der 1. Phase beeinflußt die Geschw. der 2. Phase nicht, erhöht aber die der 3. Phase. Diese Beobachtungen zeigen, daß der Mechanismus dieser Polymerisation nicht vollständig auf der Grundlage der bekannten Theorien erklärt werden kann. Im vorliegenden Fall wird eine Koagulation der Teilchen nach der 1. Phase angenommen, die den stationären Zustand stört, bzw. eine Änderung des Transportmechanismus für das Monomere nach der 1. Phase erörtert. R. Schäff. 4010□

Mechanismus der Emulsionspolymerisation von Vinylidenchlorid. 2. Mitt. **Einfluß der Aggregation von Polymerteilchen auf die Kinetik.** John C. Light, Leon Marker, Anthony T. Santonicola und Orville J. Sweeting. (J. appl. Polymer Sci. **5.** 31—38. Jan./Febr. 1961.) (Engl.) — 1. vgl. vorst. Referat.

Die vorher angenommene Koagulationstheorie zur Deutung der Abweichung des Mechanismus der *Vinylidenchlorid*-Emulsionspolymerisation von den bekannten Theorien wird eingehend erörtert u. mathemat. untersucht. Die entwickelte Theorie setzt voraus, daß nach Entfernung von überschüssigem Emulgator (Na-Laurylsulfat) aus der Lsg. durch Adsorption an der Oberfläche der wachsenden Polymerteilchen eine Koagulation (Prozeß 2. Ordnung) mit einer spezif. Geschw.-Konst. einsetzt u. daß die Polymerisations-Geschw. pro Teilchen linear mit dem Teilchen-Vol. wächst. Die abgeleiteten Gleichungen sagen ein Minimum in der Umsatz-Geschw. einige Zeit nach dem Beginn der Koagulation voraus. Die Daten für die 3. Phase dieser Polymerisation können auch durch die Theorie gedeutet werden. Wie gezeigt wird, kann die Teilchenkoagulation allein nicht alle Beobachtungen vollständig erklären (vor allem übertrifft das Ausmaß der Verlangsamung in der 2. Phase deutlich die Voraussage der Theorie).

R. Schäff. 4010□

Mechanismus der Emulsionspolymerisation von Vinylidenchlorid. 3. Mitt. **Einfluß der Rührgeschwindigkeit auf die Kinetik.** Charles P. Evans, Peter M. Hay, Leon Marker, Robert W. Murray und Orville J. Sweeting. (J. appl. Polymer Sci. **5.** 39—47. Jan./Febr. 1961.) (Engl.) — 2. vgl. vorst. Referat.

Der Rühreffekt (variable Rühr-Geschw., unterbrochenes Rühren, nach der 1. Phase veränderte Rühr-Geschw.) auf die Polymerisations-Geschw. bes. in der 1. Phase der Emulsionspolymerisation von *Vinylidenchlorid* nach der vorher beschriebenen Rezeptur wurde untersucht. Es wurde gefunden, daß die Geschw. in der 1. Phase mit steigender Rühr-Geschw. abnimmt, dagegen in der 2. Phase zunimmt, während sie in der 3. Phase von der Rühr-Geschw. unabhängig ist. Vermutlich rührt die Verlangsamung in der 2. Phase von der Monomerverarmung infolge der langsamen Diffusion von den zusammengeflossenen Tröpfchen her. Die Verbesserung wird durch Monomerübergang z. Z. der Kollision zwischen einem Polymerteilchen u. einem Monomertröpfchen verursacht. Diese Kollisionen können stattfinden, wenn die Abstoßungskräfte zwischen Monomertröpfchen u. Polymerteilchen wegen der Emulgatorverarmung vermindert werden.

R. Schäff. 4010□

Stereospezifische Polymerisation von Styrol. 3. Mitt. **Kinetische Charakteristika bei der Katalyse mit $Al(C_2H_5)_3$ und $TiCl_4$.** F. Danusso, D. Sianesi und B. Calcagno. (Chim. e Ind. [Milano] **40.** 628—33. Aug. 1958. Milano, Politecnico, Ist. di Chim. ind.) (Ital.) — 2. vgl. Chim. e Ind. [Milano] **40.** [1958.] 450.

Bei der Polymerisation von Styrol in Bzl. mit Katalysatoren aus $Al(C_2H_5)_3$ u. $TiCl_4$ im Mol-Verhältnis 2,5—4,0 bei 40—70° zu *isotakt. Polystyrol* ergaben sich eine ausgezeichnete Reproduzierbarkeit von kinet. Messungen sowie übereinstimmende Polymerisationsausbeuten in der homogenen koll. Suspension mit bzw. ohne mechan. Rühren. Die gesamte Polymerisation bietet das kinet. Bild einer komplexen Rk.-Ordnung. Die eingehende Unters. zeigte jedoch eine lineare Beziehung zwischen der nach gleichen Zeiten erhaltenen Polymerausbeute u. der Monomer-Anfangskonzentration. Die Start-Geschw. ist der eingesetzten Katalysator-Konz. sowie der eingesetzten Monomer-Konz. direkt proportional. Während des Polymerisationsprozesses nimmt die Aktivität des Katalysators nach einer Zeitfunktion ab, für die unter den gegebenen Bedingungen eine 1. Ordnung in bezug auf die Katalysator-Konz., dagegen keine Abhängigkeit von der Monomer-Konz. gefunden wurde. H.-E. Toussaint 4010□

Über Umsetzungen an Poly-p-lithiumstyrol. 3. Mitt. **Ein einfacher Weg zur Darstellung von Poly-p-mercaptostyrol.** D. Braun. (Chimia [Schweiz] **14.** 24—25. 15/1. 1960. Mainz, Univ., Organ. Chem. Inst.) (Dt.) — 2. vgl. C. **1962.** 11583.

Ein einfacher Weg zur Darst. von *Poly-p-mercaptostyrol* (I) mit 17% S aus Poly-p-lithiumstyrol (II) wird beschrieben: Zugabe von S zu II in Bzl., Eingießen in mit HCl angesäuertes Methanol, Lösen in 2n NaOH u. Umfällen mit 2n HCl (72% Umsatz). Der

Strukturbeweis von I wurde durch IR-Analyse erbracht (Wiedergabe des Spektrums von I u. p-Isopropylthiophenol). Mit J_2, H_2O_2 oder durch Einleiten von Luft in die I-Lsg. erfolgt Ausflockung des Polymeren unter Ausbildung von Disulfidbrücken. Das so vernetzte Polymere ist unlösl., geht jedoch durch Erwärmen in 2n NaOH u. wenig Thioglykolsäure wieder in Lösung. Mit $Hg(NO_3)_2$ bildet I das *Poly-Hg-Mercaptid*.

R. SCHÄFF. 4010□

Über die partielle Umsetzung des Poly-p-bromstyrols zu Polystyrol-4-carbonsäure. Bertrand Houel. (C. R. hebd. Séances Acad. Sci. **250.** 2209—10. 21/3. 1960. Bellevue, Seine-et-Oise, C.N.R.S., Labor. de Chim. macromol.) (Franz.)

Durch Einw. von n-Butyl-Li in einem Gemisch aus Ae. u. Bzl. auf Poly-p-bromstyrol bei Zimmer-Temp. entsteht *Poly-p-styryl-Li* (I) in 15 Std. als gelbe Fällung. Durch Einw. von trockenem CO_2 entsteht aus I unter Erwärmung u. Entfärbung ein Prod., das nach Behandlung mit W. u. Umfällung mit wss. HCl-Lsg. (aus Aceton) einen gelblichen festen Körper ergibt. Er ist hart u. brüchig sowie etwas hygroskop., lösl. in Basen, A., Methanol, Aceton, Tetrahydrofuran, unlösl. in Ae., Bzl., aliphat. KW-Stoffen u. Chlf.; SZ. theoret. 378, gefunden 200. Das Defizit an Säuregruppen ist nicht durch unvollständige Carbonatbildung, sondern durch das Eintreten einer Neben-Rk., Bldg. von Butylstyrolgruppen, zu erklären. S. NEUE. 4010□

Über die Struktur eines räumlich gebauten, aus 2.4.6-Tris-[hydroxymethyl]-phenol erhaltenen Polykondensates. H. Kämmerer, M. Grossmann und G. Umsonst. (Makromolekulare Chem. **39.** 39—51. 1960. Mainz, Univ., Organ.-chem. Inst.) (Dt.)

2.4.6-Tris-[hydroxymethyl]-phenol wurde unter N_2 auf 130° erhitzt. Gemessen wurde der zeitliche Verlauf des bei der Polykondens. auftretenden Gew.-Verlustes Δg u. der Menge ΔW an abgespaltenem Wasser. Bis t = 840 Min. ist $\Delta g = \Delta W$. Aus dem ΔW-Wert folgt, daß sich Dimethylenätherbrücken gebildet haben. Bei der Behandlung des Polykondensates (I) in Bzl. mit HBr wird nach 36 Std. lösl. 2.4.6-Tris-[brommethyl]-phenol erhalten; aus dessen Menge u. aus ΔW folgt, daß 98% Dimethylenätherbrücken vorhanden sind. Ca. 2% freie CH_2OH-Gruppen liegen als Endgruppen vor. Bei höherem t wird auch etwas Formaldehyd abgespalten (Bldg. von Methylenbrücken). Die verschiedenen Möglichkeiten der Struktur des räumlich aufgebauten Netzwerkes von I (Vorliegen verschiedener Arten von Mehrkernringen) werden diskutiert. O. FUCHS. 4010□

Chemorheologische Untersuchung von vulkanisierten flüssigen Polysulfidpolymeren. P. C. Colodny und A. V. Tobolsky. (J. appl. Polymer Sci. **2.** 39—45. Juli/Aug. 1959. Princeton, N.J., Univ., Frick Chem. Labor.) (Engl.)

Das verwendete *Polysulfid-Polymere* (I; Molgew. 1710 aus der Analyse der End-SH-Gruppen) wurde durch Kondens. eines Gemisches aus 98 Mol-% *Bis-β-chloräthylformal* u. 2 Mol-% *1.2.3-Trichlorpropan*, Waschen u. Behandeln mit NaSH u. Na_2SO_3 hergestellt. Die Vulkanisation von I erfolgte entweder durch Oxydation der End-SH-Gruppen zu Disulfidbindungen oder durch Umsetzen dieser Endgruppen mit polyfunktionellen Reagentien bei 70°. Hierzu wurden verwendet: Cumolhydro- (II), Methyläthylketon-, Di-tert.-butyl- u. tert.-Butylhydroperoxid (III), PbO_2, MnO_2, p-Chinondioxim (IV), Diphenylmethan-4.4'-diisocyanat (V), 2.4-Toluylendiisocyanat (VI), N-Methylpyrrolidon-(2) (VII) u. N.N-Dimethylanilin. Von den so erhaltenen Vulkanisaten wurden bei 140° Preßlinge hergestellt. Gemessen wurde bei 80° die Spannungsrelaxation über einen größeren Zeitbereich (t bis 100 Std.). Die Ergebnisse lassen sich durch $f/f_0 = \exp(-t/\tau)$ darstellen, wobei f = Spannung, f_0 = f-Wert für t = 0,01 Std., τ = Relaxationszeit. τ beträgt für IV in Ggw. von 0,3 bzw. 1,5 g S auf 100 g I bei der Vulkanisation 52 bzw. 4,2 Stunden. Ferner wurden folgende τ-Werte gefunden: 38 (II), 50 (III), 0,68 (PbO), 32 (MnO_2), 120 (V), ~200 (VI), 64 (VII); diese Werte hängen stark von der Ggw. anderer Zusätze bei der Vulkanisation ab. Mit den übrigen genannten Verbb. wurde keine Vulkanisation erzielt. Wird I mit γ-Strahlen von ^{60}Co bestrahlt, so erfolgt keine Vernetzung, sondern nur ein Abbau. Auch bei der Oxydation von I mit Ozon tritt keine Vulkanisation auf, wohl aber in Ggw. von NaOH + Phenol. Da die Vulkanisations-Geschw. durch die Ggw. von ion. Stoffen erhöht wird, nehmen Vff. an, daß bei der Vulkanisation ein Ionen-Rk.-Mechanismus vorliegt. O. FUCHS. 4010□

Polymerisation im festen oder fast festen Zustand. C. H. Bamford, A. D. Jenkins und J. C. Ward. (J. Polymer Sci. **48.** 37—51. Dez. 1960. Maidenhead, Berks., England, Courtaulds Ltd., Res. Labor.) (Engl.)

Ein Teil der Ergebnisse wurde bereits früher (vgl. C. **1961.** 3674) mitgeteilt; vgl. auch C. **1962.** 4187. Über die Photopolymerisation von fester *Methacrylsäure* (I) ohne u. mit Azo-bis-isobutyronitril vgl. C. **1961.** 3286. Wird I unter einem Druck von 0,1 Torr H_2 bei −195° einer Hochfrequenzentladung ausgesetzt, so entstehen Radikale, deren Konz. c durch Messen der Elektronenspinresonanz bestimmt wurde. Wird die Probe anschließend erwärmt, so fällt c sehr rasch auf einen Grenzwert ab, der um so höher liegt, je niedriger die Temperatur. Bei Zusatz von O_2 zum vorbehandelten I bilden sich RO_2··-Radikale. Aus den Verss. folgt: Primär entstehen an der I-Oberfläche bei der Entladung kleine Radikale, die sich z. T. bei nicht zu tiefer Temp. in einer bimol. Rk. gegenseitig vernichten. Ein Teil der Radikale diffundiert in das feste I ein. Daneben werden auch Radikale gebildet, die auch bei 13° stabil sind u. nicht diffundieren können. Die durch die Radikale ausgelöste Polymerisation breitet sich von der Oberfläche aus in das Kristallinnere aus. Das Polymere tritt entweder in glasiger oder in faseriger Form auf; beide Formen sind amorph u. nicht orientiert; das Kristallgitter hat keinen Einfl. auf die Struktur des Polymeren. O. Fuchs. 4010□

Neue Arten von Kettenreaktionen beim Polymerabbau. N. Grassie. (J. Polymer Sci. **48.** 79—89. Dez. 1960. Glasgow, Schottland, Univ., Chem. Dep.) (Engl.)

An Hand bekannter Daten über die therm. Zers. von Hochpolymeren werden die möglichen Rk.-Mechanismen (radikal. Rk., mol. Prozesse, autokatalyt. Vorgänge, Umlagerungen) diskutiert. Behandelt werden: *Polymethylmethacrylat* (radikal. Abbau von Monomerem, der durch den Einbau von 0,25 Mol-% Acrylonitril blockiert wird); *Polyvinylacetat* (Vorliegen einer mol. Ketten-Rk., die durch die abgespaltene Essigsäure beschleunigt wird); *Polyvinylchlorid* (primär Abspaltung von Cl-Atomen, die der Polymerkette H entziehen; Mechanismus noch z. T. unklar); *Poly-tert.-butylmethacrylat* (gibt durch Abschirmung des β-H-Atoms durch die Butylgruppe kein Monomeres, Rk. wird durch Methacrylsäure beschleunigt); *Polymethacrylonitril* (Umlagerung, Beschleunigung durch nucleophile Verbb., wie Phenol, Säure, Amid, OH-Ionen); *Polyacrylonitril* (Umlagerung, z. T. Vernetzung, Beschleunigung durch Cumol oder Phenylacetonitril). O. Fuchs. 4010□

Der Mechanismus der Verzögerung und Inhibierung der Radikalpolymerisation. 6. Mitt. **Der Einfluß von p-Benzochinon auf die sensibilisierte Copolymerisation von Styrol und Methylmethacrylat.** J. C. Bevington und N. A. Ghanem. (Makromolekulare Chem. **43.** 61—67. 1961. Birmingham, England, Univ., Dep. of Chem.) (Engl.) — 1. vgl. C. **1960.** 12012.

Die Copolymerisation von *Methylmethacrylat* (I) u. *Styrol* (II) (Mischungsverhältnis 4,4:1) wurde bei 60° in Ggw. von Azo-bis-isobutyronitril ausgeführt. Dem Polymerisationsansatz wurde ^{14}C-p-Benzochinon (III) zugesetzt. Gemessen wurden der zeitliche Verlauf des Umsatzes U u. der Geh. β an ^{14}C im Copolymeren (IV); zur Meth. vgl. C. **1956.** 446 u. 2195. III wirkt als Inhibitor; die Geschw. der Copolymerisation steigt mit wachsendem U an. Ferner nimmt β mit wachsendem U ab. Daraus folgt, daß III während der Copolymerisation verbraucht wird. Das I/II-Verhältnis in IV beträgt 2,8 (IR-spektroskop. bestimmt). Unter der Annahme, daß die Copolymerisation durch 1 Mol III abgebrochen wird, berechnet sich die Zahl der I- bzw. II-Einheiten in IV z. B. für U = 1,13% zu 552 bzw. 197, entsprechend zu 330 u. 118 für U = 4,35%. Bei wachsendem U steigt das Molgew. an. Der Unterschied der Wrkg. von III bei der Copolymerisation von I/II u. bei der Homopolymerisation von I u. II (vgl. C. **1956.** 446 u. 2195) läßt sich qual. verstehen. O. Fuchs. 4010□

Struktur von gehärteten Polyestern. M. Bohdanecký, J. Mleziva, A. Šternschuss und V. Zvonař. (J. Polymer Sci. **53.** 49—54. Aug. 1961. Pardubice, Tchécoslow., Inst. of Synthetic Resins and Lacquers.) (Franz.)

Zur Analyse des *Copolymeren* (I) aus *Styrol* (II) u. ungesätt. Polyester (III; bes. Verss. mit *Polyfumarsäureester*) wird I in Glykol mit KOH bei erhöhter Temp. hydrolysiert; die Menge an freier Säure wird gravimetr. u. konduktometr. bestimmt. Auf diese Weise ist es möglich, die Kinetik der Copolymerisation zu untersuchen. Der II-Geh. in I steigt mit zunehmendem Umsatz etwas an. Wird der Polymerisationsansatz mit wachsenden Mengen Dibutylphthalat verd., so geht der III-Geh. in I durch ein Maximum. Der III-Geh. in I ist stets kleiner als der des Ausgangsgemisches. In der Zusammenfassung (nicht im Text) wird darauf hingewiesen, daß das Molgew. u. die Zus. von I durch nicht polymerisierende Säuren geregelt werden kann; auch auf den Einfl einer Isomerisierung von III wird hingewiesen. Nähere Angaben u. Hinweise, auf die Bezug genommen wird, fehlen. O. Fuchs. 4010□

Infrarotspektren des cis- und trans-Isomeren von Poly-[cyclohexylen-(1.4)-dimethylenterephthalat]. C. A. Boye. (J. Polymer Sci. **55.** 263—74. Nov. 1961. Kingsport, Tenn., Div. of Eastman Kodak Comp., Tennessee Eastman Comp., Res. Labor.) (Engl.)

Von *Poly-trans-* (**I a**; F. 320°) u. *Poly-cis-cyclohexylen-(1.4)-dimethylenterephthalat* (**I b**; F. 260°), hergestellt aus Dimethylterephthalat u. trans- bzw. cis-Cyclohexylen-(1.4)-dimethanol, von *trans-* (**II a**; F. 130—131°) u. *cis-Cyclohexylen-(1.4)-dimethanol* (**II b**;

F. 85—87°) u. von einigen weiteren niedermol. Verbb. wurden die IR-Spektren aufgenommen. Die Spektren von amorphem u. kristallinem **I a** u. **I b** u. von in CS_2 gelöstem **II a** u. **II b** sind im Original angegeben. Ferner wurde von **I a** u. **I b** unter Verw. von polarisiertem Licht der IR-Dichroismus bestimmt. Aus dem Vgl. der Spektren folgt: Die „kristallinen“ Banden von **I a** sind prakt. dieselben wie die von Polyäthylenterephthalat, Äthylenglykol u. Propandiol-(1.3)-dibenzoat. Die Spektren von kristallinem u. amorphem **I a** unterscheiden sich stärker als die von kristallinem u. amorphem **I b**. Bei Hexandiol-(1.6)-dibenzoat jedoch ist die kristalline Bande wegen der längeren Glykolkette nach längeren Wellen verschoben. Daraus folgt, daß die kristallinen Banden nicht nur mit der $-OC\cdot C_6H_4\cdot CO$-Gruppe verknüpft sind, sondern daß sie auch von der Steifheit der Estergruppen der Glykolkettensegmente abhängen. Für **I a** u. **I b** wird eine Bandenzuordnung tabellar. angegeben. O. FUCHS. 4010□

Untersuchung der Röntgenbeugung von Poly-[cyclohexylen-(1.4)-dimethylenterephthalat]. C. A. Boye. (J. Polymer Sci. **55.** 275—84. Nov. 1961. Kingsport, Tenn., Div. of Eastman Kodak Comp., Tennessee Eastman Comp., Res. Labor.) (Engl.)

Von kristallinem *Poly-trans-* (**I a**) u. *Poly-cis-cyclohexylen-(1.4)-dimethylenterephthalat* (**I b**) wurde die Röntgenbeugung aufgenommen (zu **I a** u. **I b** vgl. vorst. Ref.). Unter der Annahme einer Polymerketteneinheit pro Elementarzelle wurde die Kristall-Dichte der triklinen Elementarzelle zu 1,265 $g\cdot cm^{-3}$ berechnet. Die Faseridentitätsperiode von **I a** beträgt 14,2 Å gegenüber 14,7, berechnet für vollständig gestreckte Ketten; der Unterschied wird auf eine Rotation um die $O-CH_2-CH$-Bindung zurückgeführt. **I a** besitzt die äquatorial substituierte Sesselform des Cyclohexanringes. Für **I b** ergibt sich ein Kristall-Vol. von 346 $Å^3$ u. eine Kristalldichte von 1,313. Wird für **I b** eine trikline Elementarzelle angenommen, so lassen sich 3 der beobachteten Beugungsmaxima nicht wiedergeben, wohl aber die übrigen; vermutlich liegen auch andere Kristallarten vor. Aufnahmen von Proben mit verschiedenen cis–trans-Verhältnissen zeigen das Vorliegen einer kontinuierlichen Deformation des Kristallgitters zwischen 15 u. 100% trans-Konzentration. Durch Querrecken u. Hitzebehandlung von **I a**-Filmen wird eine Kristallorientierung verursacht, so daß die (1 0 0)-Ebenen etwa parallel zur Filmebene liegen. Aus der Röntgenkleinwinkelbeugung ergibt sich eine kristalline Struktur der Periode 145 Å (**I a**) bzw. 154 Å (**I b**). Aus der Linienverbreiterung berechnet sich die Kristallitgröße von **I a** zu 56,3 Å (= halbe aus dem Kleinwinkeldiagramm berechnete Identitätsperiode). Daraus folgt, daß sich ein **I a**-Mol. vom Molgew. 10000 über 5 Kristallite erstreckt. O. FUCHS. 4010□

Über die Entstehung von Orientierungen in Nylon 6 durch Kontakt mit der Spaltfläche von KCl. J. Willems. (Experientia [Basel] **15.** 175. 15/5. 1959. Krefeld.) (Dt.)

Vf. stellte zunächst durch Aufbringen einer Lsg. von *Nylon 6* in Kresol auf die (1 0 0)-Fläche von KCl bei 195° einen Film dar, auf den nach Ablösen des KCl-Kristalls mit W. Pentachlorphenol (**I**) aufgedampft wurde. Hierbei orientieren sich die nadelförmigen Kriställchen von **I** in 4 Stellungen, die um 45° gegeneinander gedreht sind. C. GOTTFRIED. 4010

Reaktionsmechanismus der anionischen Polymerisation von Lactamen. Georges Champetier und Hikar Sekiguchi. (J. Polymer Sci. **48.** 309—19. Dez. 1960. Paris, France, École Supérieure de Phys. et de Chim. Ind.) (Franz.)

ε-Caprolactam (**I**) wurde in Ggw. von metall. K u. von N-Benzoyl-α-pyrrolidon (**II**) verschiedener Konz. unter N_2 bei 209° polymerisiert (72 Std.). Das pulverisierte Rk.-Prod. wurde am Soxhlet mit A. zwecks Entfernung der restlichen Ausgangs-Prodd. extrahiert. Von dem so erhaltenen *Poly-ε-caprolactam* (**III**) wurde der Polymerisationsgrad u. die Zahl der Aminoendgruppen bestimmt. Entsprechend dem früher (vgl. C. **1961.** 12489) für die Polymerisation von α-Pyrrolidon entwickelten Schema wird folgender Rk.-Mechanismus für die I-Polymerisation diskutiert: Stattfinden von lactamolyt. Rkk. zwischen Amiden u. Lactamanion u. von aminolyt. Rkk. zwischen Amiden u. der Endaminogruppe von **III**, wobei das Amid je als cycl. Amid, als cycl. N-carbonyliertes Amid u. als lineares Amid von **III** vorliegen kann; wird für die beiden nicht-N-carbonylierten Amide gleiche Rk.-Fähigkeit u. eine merklich größere für das N-carbonylierte Amid angenommen, so wird eine gute Übereinstimmung mit den experimentellen Ergebnissen erhalten. Zahlenwerte für die entsprechenden Geschw.-Konst. werden nicht angegeben. Das Gleichgewicht zwischen cycl. u. linearen Amiden u. das zwischen den Ketten läßt sich so gut erklären; die Gleichgewichte hängen von der **II**-Konz. ab. O. FUCHS. 4010□

Polykondensationsreaktionen in fester Phase. 2. Mitt. **Polykondensation von ζ-Aminoönanthsäure in fester Phase in Gegenwart von Katalysatoren.** A. W. Wolochina und G. I. Kudrjawzew. (Высокомолекулярные Соединения [Hochmolekulare Verbind.] **1.** 1724—32. Nov. 1959. Allunions Forsch.-Inst. für Kunstfasern.) — 1. vgl. C. **1961.** 10967.

Untersucht wurde die Wirksamkeit einiger bas., saurer u. neutraler Katalysatoren (KT) bei der Polykondens. (Pk.) der ζ-Aminoönanthsäure (I) in fester Phase: MgO, Na_2CO_3, Camphersulfonsäure, CH_3COOH, H_3BO_3, NH_4-Oxalat, Zn-Acetat, $(NH_4)_2SO_4$, TiO_2 u. anderer. Der Verlauf der Pk. von I zu *Polyönanthamid* (II) in Abhängigkeit vom KT, der Temp. u. Rk.-Dauer wird beschrieben u. tabellar. angegeben. Es wird gezeigt, daß außer TiO_2 alle genannten KT die Pk. beschleunigen, wobei jedoch H_3BO_3 (1%) am wirksamsten ist. Außerdem ist H_3BO_3 ein schwacher Stabilisator der Makromoll. von II, was zur Bldg. höhermol. Polyamide führt. Bei 1% H_3BO_3 sind für die Herst. von II mit einer für das Formen einer festen Faser günstigen Viscosität ca. 10 Std. (ohne KT ca. 18 Std.) erforderlich. Bei einer Temp.-Erhöhung im letzten Stadium der Pk. wird nach 6 Std. ein hochviscoses II erhalten. ELSE HEINEMANN. 4010

Untersuchungen über Polykondensationsreaktionen von Nylon-Salz. 2. Mitt. Die Geschwindigkeit der Polykondensationsreaktion von Nylon-66-Salz in Gegenwart von Wasser. Naoya Ogata. (Makromolekulare Chem. **43.** 117—31. 1961. Minato-ku, Nagoya, Japan, Toyo Rayon Co., Ltd., Res. Dep., Nylon Labor.) (Engl.) — 1. vgl. Makromolekulare Chem. **42.** [1960.] 52.

Hexamethylendiammoniumadipat (I) wurde in Ggw. von verschiedenen Mengen W. (Molverhältnis 0,5—10) verschieden lang auf Temp. zwischen 200 u. 220° erhitzt. Von dem dabei entstandenen Polymeren wurden bestimmt: Das Gew. (bzw. der Gew.-Verlust bei der Kondens. durch Wasserabspaltung), die Zahl der Endgruppen u. die relative Viscosität. Die Kondens.-Rk. verläuft sehr schnell u. erreicht nach ca. 5 Std. ein Gleichgewicht. Die durch $K = [A][W + A]/[a - A]^2 = K_1/K_2$ (a = Anfangs-Konz. der Amino- bzw. Carboxylgruppen, W = Wasser-Geh. am Anfang, A = Konz. der Amidgruppen im Gleichgewicht, K_1 bzw. K_2 = Geschw.-Konst. für die Kondens. bzw. Depolymerisation) definierte Gleichgewichts-Konst. steigt mit fallender Wasser-Konz. u. wachsender Temp. an; die Rk.-Wärme beträgt —2 kcal/Mol für 1 Mol. W./1 Mol. I u. —6 für 6 Moll. W./1 Mol. I. K_1 fällt mit steigendem Wasser-Geh. u. fallender Temp. gemäß $K_1 = 13{,}1/W^{0{,}025} - 4830/T$ ab. Es liegt eine Polykondens.-Rk. 2. Ordnung mit einer Aktivierungsenergie von 22 kcal/Mol vor. O. FUCHS. 4010□

Physikalisch-chemische Untersuchung der Bildung von Furfurol-Anilin-Harzen. M. Ss. Barwinok, W. Ss. Kuprin, W. W. Masurek und G. I. Ssemenow. (Доклады Академии Наук СССР [Ber. Akad. Wiss. UdSSR] **132.** 826—28. 1/6. 1960.) (Russ.)

Der Chemismus der Harz-Bldg. aus *Furfurol* (I) u. *Anilin* (II) wird auf Grund der Lichtabsorption der aceton. Lsgg. mit Zusatz von HCl (20 Mol-% I + II, 0,0015% HCl) bei 530—560 mμ, der Viscosität des Syst. I–II–HCl (0,012%) u. des therm. Effekts des Syst. I–II–HCl (0,048%) untersucht. Die Unters. wird ergänzt durch chem. Analyse, Synth. u. quant. Hydrierung. Die physikal. Daten zeigen Maxima beim Verhältnis I : II = 1 : 2, die opt. Dichte ein zweites Maximum beim Verhältnis 2 : 1 u. Minima bei 1 : 1 u. 1 : 4. Es zeigt sich, daß die zunächst aus I u. II gebildete SCHIFFsche Base ein weiteres Mol. II anlagert, worauf Umlagerung zu *N-Phenyl-5-[phenylaminomethyl]-pyrrolinon-(3)* (III) erfolgt. III läßt sich in reiner Form nicht isolieren, bei der Hydrierung entsteht *N-Phenyl-5-[phenylaminomethyl]-pyrrolidon-(3)*, $C_{17}H_{18}N_2O$, F. 83—83,5°, sowie eine weitere *Verb.* $C_{17}H_{18}N_2O$, F. 114,5—115°. Die Hydrierung erfolgt bei 18° in Äthylacetat in Ggw. von $Pd/CaCO_3$. R. K. MÜLLER. 4010□

Asymmetrische Synthese von optisch aktiven, diisotaktischen Polymeren aus cyclischen Monomeren. G. Natta, M. Farina, M. Peraldo und G. Bressan. (Makromolekulare Chem. **43.** 68—75. 1961. Milano, Politecnico, Ist. di Chim. Ind.) (Engl.)

Wird *Benzofuran* (I) mit den von NATTA u. Mitarbeitern (vgl. C. **1962.** 6052) früher verwendeten Katalysatoren bei —80 bis —100° polymerisiert, so wird das opt. inakt. *Polybenzofurylen-(2.3)* erhalten; IR-Aufnahmen stehen hiermit in Einklang. Wird aber der Katalysator (z. B. $AlC_2H_5Cl_2$) zuerst mit opt. akt. Verbb. (β-Phenylalanin, Campher-10-sulfonsäure, Tetramethylammoniumcampher-10-sulfonat, Brucin) umgesetzt, so wird mit dem modifizierten Katalysator ein *opt.-akt. I-Polymeres* (II) gewonnen; die Rotationsdispersionskurve in Dioxan als Lsgm. zeigt ein Maximum bei 3030 Å ([M] = —800). In II enthält jede Monomereinheit 2 C-Atome in der Kette, die asymm. sind. II enthält prakt. keine asymm. Endgruppen, die vom Katalysator herrühren. Die asymm. Synth. wird auf die orientierende Wrkg. des negativ asymm. Gegenions zurückgeführt.

O. FUCHS. 4010□

Die durch Bestrahlung ausgelöste Pfropfpolymerisation von 4-Vinylpyridin auf Terylene. M. R. Houlton und J. K. Thomas. (Int. J. appl. Radiat. Isotopes **11.** 45—47. Aug. 1961. Wantage, Berks., Isotope Res. Div. [A.E.R.E.], Res. Labor.) (Engl.)

Der Mechanismus der nach Bestrahlung von trockenem *Terylene*-Gewebe in Luft durchgeführten Pfropfcopolymerisation von *4-Vinylpyridin* (I) in wss. Lsg. in Abwesenheit von O_2 wurde untersucht. Bei steigender Polymerisations-Temp. (bei 1,5 Mrad-Dosis) nimmt die Pfropfung infolge Bestrahlung ab. Die aufgepfropfte Menge steigt mit der Gesamtdosis der Bestrahlung des Gewebes infolge der Zunahme der Konz. peroxid. u. radikal. Gruppen mit der Bestrahlungsdosis. Die Anfärbbarkeit solcher Gewebe mit sauren Wollfarbstoffen ist befriedigend, wenn mindestens 10 Gew.-% I aufgepfropft sind. Eine antistat. Ausrüstung wurde durch Quaternierung der N-Atome durch Behandlung mit einer 5%ig. methanol. Lsg. von Dimethylsulfat erreicht. Durch weitere Verss. zur Pfropfung von I auf *Polyacrylonitril* u. *Polypropylen* wurde eine deutliche Verbesserung der Anfärbbarkeit dieser Materialien festgestellt. R. Schäff. 4010□

Elektrische Leitfähigkeit einiger polymerer Koordinationsverbindungen. Seiichi Kanda und Shinichi Kawaguchi. (J. chem. Physics **34.** 1070–71. März 1961. Osaka, Kita-ku, Osaka City Univ., Inst. of Polytechn., Dep. of Chem.) (Engl.)

Die elektr. Leitfähigkeit von Preßlingen ($5 \cdot 10^3$ kg/cm) aus *Rubeanato-* (I), *2.5-Dihydroxy-p-benzochinato-* (II) u. *1.6-Dihydroxyphenazinatokupfer(II)* (III) wurde mit Gleich- (g) u. Wechselstrom (w) bei ca. 10^{-3} Torr ermittelt. Für I gilt bei -10 bis $+80^0$ $R = R_0 \cdot \exp(\Delta E/kT)$ mit $R_w(30^0) = 5 \cdot 10^4$ ($\Omega \cdot$cm), $\Delta E_w = 0{,}2$ (eV), $R_g(30^0) = 2{,}5 \cdot 10^5$, $\Delta E_g = 0{,}3$. Bei 90^0 erfolgt Zers., wobei R, jedoch nicht ΔE zunimmt. Bei III ist $R_g(60^0) = 10^{13}$, ΔE_g $(60-160^0) = 1$, $R_w(60^0) = 10^7$, $dR_w/dT > 0$ (bei 60^0) bzw. < 0 (bei -80^0). Mit II wurden keine reproduzierbaren Ergebnisse erhalten: $R_g(100^0) =$ ca. 10^{10}, $dR_g/dT < 0$, $R_w(20^0) =$ ca. 10^7, $dR_w/dT > 0$. — I entsteht aus einer alkohol. Lsg. von Rubeansäure u. wss. $CuSO_4$. A. Blaschette. 4010□

Polymerisation von Bor enthaltenden Vinylmonomeren. 1. Mitt. B-Trivinyl-N-triphenylborazin und B-Triallyl-N-triphenylborazin. Joseph Pellon, W. G. Deichert und W. M. Thomas. (J. Polymer Sci. **55.** 153–60. Nov. 1961. Stamford, Conn., American Cyanamid Co., Central Res. Div., Chem. Res. Dep.) (Engl.)

Tri-B-allyl- (I) u. *Tri-B-vinyltri-N-phenylborazin* (II) lassen sich mit Dibenzoylperoxid (III), Azo-bis-isobutyronitril (IV), BF_3-Ätherat, Na oder Na-Naphthalin unter Bedingungen, unter denen *Styrol* (V) leicht polymerisiert, nicht polymerisieren. Erst bei höheren Konzz. (8% u. mehr) an Di-tert.-butylperoxid ist I z. T. polymerisierbar (dabei Bldg. von unlösl. Prodd.), nicht aber II (Verss. bei 130^0). Eine Copolymerisation von I mit *Vinylacetat* (VI) u. *Dibutylfumarat* (VII) war bei Verw. von III nicht möglich. Die r-Werte der Copolymerisation von I (= Komponente 2) mit V bzw. mit *Methylmethacrylat* (VIII) betragen: $r_1 = 42{,}9$ u. $r_2 = 0$ bzw. 8,6 u. 0. Die r-Werte der Copolymerisation von II (= 2. Komponente) mit V, VI u. VIII betragen: $r_1 = 0{,}70$, $r_2 = 0$, 0 u. 0 bzw. 0,26 u. 0 (Verss. mit IV); II gibt mit VII u. *Maleinsäureanhydrid* kein Copolymerisat. Vgl.-Verss. zeigen, daß I weniger reaktionsfähig ist als Triallylcyanurat u. Diallylphthalat (z. T. Bldg. von festen Gelen). Die Rk.-Trägheit von II wird auf ster. Einfl. der Phenylgruppen zurückgeführt.

Versuche: I, nach der von Groszos u. Stafiej (vgl. C. **1959.** 2051) angegebenen Methode. — II, $C_{24}H_{24}B_3N_3$, F. 187–189^0, eine Lsg. von 23,4 g Vinylbromid in 50 cm^3 Tetrahydrofuran (IX) wurde mit einer Lsg. von 5,3 g Mg in 100 cm^3 IX gemischt; das Gemisch wurde langsam zu einer Lsg. von 15 g Tri-B-chlortri-N-phenylborazin in 100 cm^3 IX gegeben; dann Erhitzen am Rückfluß, Verdampfen von IX, Waschen mit W. u. Lösen in Hexan. O. Fuchs. 4010□

Polymerisation von Bor enthaltenden Vinylmonomeren. 2. Mitt. p-Vinylphenylboronsäure. Joseph Pellon, L. H. Schwind, M. J. Guinard und W. M. Thomas. (J. Polymer Sci. **55.** 161–67. Nov. 1961.) (Engl.) — 1. vgl. vorst. Referat.

p-Vinylphenylboronsäure (I) läßt sich therm. bei 130^0 oder mit Peroxiden, Azo-bis-isobutyronitril (II) oder $(NH_4)_2S_2O_8$ ebenso leicht polymerisieren wie Styrol (Verss. in Substanz u. in Lsg. zwischen 70 u. 130^0). Bei der Polymerisation tritt prakt. kein Verlust an B auf. *Poly-p-vinylphenylboronsäure* (III) ist ein Polyelektrolyt, lösl. in wasserhaltigen Fll. (A., Dioxan, Aceton, Tetrahydrofuran) u. verd. NaOH, unlösl. in W. u. in organ. Fll. allein; es gibt klare, farblose, spröde Filme. Beim Erhitzen wird III ab ca. 200^0 durch Dehydratisierung vernetzt, von 380^0 ab erfolgt ein starker Gew.- Verlust. Die r-Werte der Copolymerisation von I mit *Acrylamid* (= Komponente 1) betragen $r_1 = 0$, $r_2 = 1{,}0$ (Polymerisation bei 60^0 mit II). Durch Röntgenbestrahlung bei Raum-Temp. findet keine Polymerisation von I statt. — I, $C_8H_9BO_2$, F. 200–205^0 (Zers.), durch Umsetzen von p-Vinylphenylmagnesiumhalogenid mit einem Borsäureester.

O. Fuchs. 4010□

Umlagerung eines Polymethylsiloxans durch Chlorwasserstoff. Frank R. Mayo. (J. Polymer Sci. **55.** 57–63. Nov. 1961. Schenectady, N.Y., Gen. Electr. Res. Labor.) (Engl.)

Lineares *Dekamethyltetrasiloxan* (I) wurde bei 23^0 in Ggw. verschiedener Zusätze mit wss. HCl der D. 1,143 behandelt (Rk.-Zeit zwischen 1 u. 72 Std. variiert). Das Rk.-Prod.

wurde nach Neutralisation durch Dest. im Vakuum aufgetrennt. Hierbei wurden lineares *Oktamethyltrisiloxan* (II) u. *cycl. Oktamethyltetrasiloxan* (III) isoliert; der Rückstand bestand aus I u. höhersd. Produkten. Daneben traten auch Chlorsilane auf (erkenntlich am Gew.-Verlust). Die Geschw. der zu II u. III führenden Spaltungs- u. Umlagerungs-Rkk. steigt in Ggw. von W. mit wachsender HCl-Konz. u. zunehmender Wassermenge an. Zum Beispiel beträgt die II- u. III-Menge in Ggw. von 10 cm^3 HCl pro 10 cm^3 I 0,65 bzw. 0,17 g, aber in Ggw. von 30 cm^3 HCl 0,99 bzw. 0,23 (je nach 24 Std.); oder mit 10 cm^3 HCl wurden nach 4 Std. 0,01 g II u. 0,23 g III gebildet, während mit 10 cm^3 gesätt. HCl-Lsg. 0,40 bzw. 0,41 g entstanden. Die Rkk. verlaufen autokatalytisch. Bei Zusatz von Bzl. oder Chlf. zum Rk.-Gemisch werden diese Zahlen erniedrigt, bei Zusatz von Methanol oder Tetrahydrofuran aber erhöht. Gegen trockenes HCl u. sehr verd. wss. HCl-Lsg. ist I beständig. O. Fuchs. 4010□

Darstellung und Vernetzungseigenschaften von Siliciumtetrachlorid–Tetramethyldisiloxandiol-Kondensationsprodukten. Frank R. Mayo. (J. Polymer Sci. 55. 65–70. Nov. 1961. Schenectady, N.Y., Gen. Electr. Res. Labor.) (Engl.)

Beim Mischen verd. benzol. Lsgg. von $SiCl_4$, Tetramethyldisiloxandiol-(1.3) u. Pyridin (Rk.-Temp. wird durch Kühlen unter 40° gehalten) entstehen *Oktamethylspiro-[5.5]-pentasiloxan* [I, $C_8H_{24}O_6Si_5$, F. 117 bis 122° (Bzl.)] sowie Verbb. der Struktur II–IV, wobei Q = $Si(O_{1/2})_4$ u. D = $-O_{1/2}Si(CH_3)_2O_{1/2}-$. I bis IV sind unlösl. in W., lösl. in Benzol. Das Molgew. von III beträgt 2000 bis 4000, das von IV 100000–200000. Die Bldg. von III u. IV wird durch Zusatz von W. begünstigt. Beim Erhitzen von I–IV auf 270° oder durch Zusatz von bas. Stoffen entstehen unlösl. Harze. I–IV eignen sich zur Vernetzung von Silicongummi.

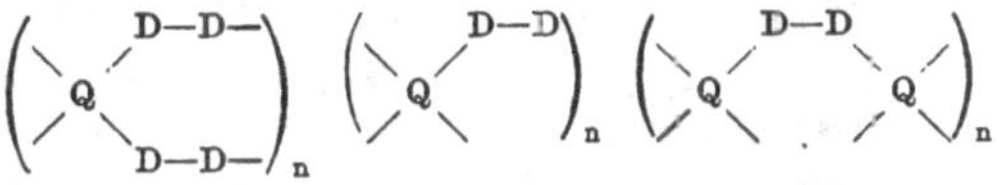

II III IV

O. Fuchs. 4010□

Hydrolytische Stabilität von Seitengruppen in Polymeren mit anorganischen Kettenmolekülen. A. A. Shdanow und K. A. Andrianow. (J. Polymer Sci. 55. 89–94. Nov. 1961. Moskau, USSR, Inst. für metallorg. Verbind. der Akad. der Wiss. der UdSSR.) (Engl.)

Bei der Hydrolyse von *Tris-[triäthylsiloxy]-Al* (I), $Al[OSi(C_2H_5)_3]_3$, entsteht unter Abspaltung von Triäthylsilanol ein *Poly-O-triäthylsilylalumoxan* der Struktur $-Al(R)-O-Al(R)-O-$ [R = $OSi(C_2H_5)_3$]. Ähnlich verhalten sich *Tetrakis-[triäthylsiloxy]-Ti* (II), $Ti[OSi(C_2H_5)_3]_4$, u. *Tetrakis-[triäthylsiloxy]-Sn* (III), $Sn[OSi(C_2H_5)_3]_4$. Die Geschw.-Konst. der Hydrolyse von I, II u. III (in Einheiten von $Std.^{-1}$) wurden viscosimetr. zu $2{,}45 \cdot 10^{-3}$ bzw. $0{,}09 \cdot 10^{-3}$ bzw. $200 \cdot 10^{-3}$ bestimmt, je in Ggw. von 2,33 Mol W./1 Mol I bis III. Bei der hydrolyt. Abspaltung der Seitengruppen in den Polymeren erfolgt Gel-Bldg.; beträgt die Zeit bis zur Gel-Bldg. t Zeiteinheiten, so gilt $\ln t = -kM + c$, wobei M = vorhandene Wassermenge. Für k von I–III wurde gefunden: 5,52, 1,33 bzw. 8,51. Vff. nehmen an, daß prim. eine Koordinations-Verb. aus W. u. I–III entsteht u. daß diese Komplexe anschließend zerfallen. Das verschiedene Verh. von I–III wird auf die verschiedene Größe des Zentralatoms zurückgeführt. Experimentelle Einzelangaben (Temp., Lsgm.) werden nicht gemacht. O. Fuchs. 4010□

Phenolharz–Nitrilkautschuk-Copolymere. G. R. Sprengling und E. J. Traynor. (J. appl. Polymer Sci. 5. 100–03. Jan./Febr. 1961. Pittsburgh, Pa., Westinghouse Res. Labor., Insulat. Dep.) (Engl.)

Niedermol. *Phenol–Formaldehyd-Harze* mit maximalem Methylolgruppen-Geh. bei dem angewendeten CH_2O/Phenol-Verhältnis wurden mit relativ niedermol. *Nitrilkautschuken* (I) zur Rk. gebracht (beispielsweise wurden 770 g Phenol mit 578 ml 37%ig. CH_2O in Ggw. von 8,4 g NaOH bei 60° 2 Std. kondensiert, auf pH 6–5 mit HCl neutralisiert, anschließend 56 g Hycar 1312 (fl. I) zugefügt u. erhitzt; das W. wurde bei 80–100° im Vakuum abdest., das Rk.-Bad auf 115° nacherhitzt u. NaCl aus der Lsg. des Harzes in A. oder Aceton abfiltriert). Mit Baumwollelinterspappe wurden flexible, kalt stanzbare Schichtstoffe hergestellt. Es wird angenommen, daß der Kautschuk in das Harz durch eine Chroman-Rk. eingebaut wird. Die für eine wirksame Weichmachung erforderliche I-Menge hängt direkt vom CH_2O/Phenol-Verhältnis ab. Da der Kautschuk gebunden ist, ist er nicht mehr extrahierbar u. führt beim Erhitzen nicht zur Blasenbildung.

R. Schäff. 4030□

Anhydro-, Desoxyderivate und ungesättigte Derivate von Polysacchariden. 1. Mitt. **Desoxycellulose aus Cyanäthylcellulose.** Ss. N. Danilow und A. A. Lopatenok. (Журнал Общей Химии [J. allg. Chem.] 28 (90). 3184–88. Dez. 1958. Leningrad, Technolog. Lensowjet-Inst.) (Russ.)

Bei dem Vers. der Darst. von *Desoxycellulose* (I) aus β-Cyanäthylcellulose (II) durch Behandeln mit Na in fl. NH_3 erfolgt nur eine teilweise Desoxydierung von II. Als Haupt-Rk. tritt eine direkte Abspaltung von *Acrylonitril* ein. In den Rk.-Prodd. werden ferner *Acrylsäure* (III) u. *Polyacrylonitril* gefunden, wobei III wahrscheinlich aus intermediär gebildeter β-Hydroxypropionsäure entsteht. III wird an Hand seines Bromierungs-Prod. u. durch Analyse des Pb-Salzes identifiziert. Nicht gefunden wurden Propionitril u. Propionsäure, ebenfalls keine β-Carboxyäthylcellulose. I wird als *Essigsäure-* bzw. *Salpetersäureester* nachgewiesen u. enthält 0,4 Methylengruppen auf ein Glucoseglied.

Versuche: *Alkalicellulose*, aus Cellulose durch 2 Std. langes Weichen im 16fachen Vol. 18%ig. NaOH; enthält 29,5—30% α-Cellulose u. 16% NaOH. — *β-Cyanäthylcellulose* (II), $C_6H_7O_2(OH)_{1,46}(OCH_2CH_2CN)_{1,54}$, aus vorst. Alkalicellulose durch langsame Zugabe von 6—12 Mol Acrylonitril in 2 Std. unter Kühlung u. 1—2 Tage langes Stehen bei 18°; Substitutionsgrad 1,5—2%; quant. Ausbeute. — *Desoxycellulose* (I), $C_6H_7 \cdot O_2H_{0,45}(OH)_{2,55}$ aus 10 g II (Substitutionsgrad 1,54) in 300 ml fl. NH_3 u. 5 g Na unter Kühlung mit CO_2/Aceton durch 2—5std. Rühren in ca. 1 Std., Entfernen von NH_3 u. Zugabe von feuchtem Ae. u. Methanol. — *Acetyldesoxycellulose*, $C_6H_7O_2H_{0,45} \cdot (OCOCH_3)_{2,55}$, aus I, Acetanhydrid u. Essigsäure (1 : 1) in Ggw. von $HClO_3$. *Nitrodesoxycellulose*, $C_6H_7O_2H_{0,45}(ONO_2)_{2,55}$, durch Nitrierung von I in Methylenchlorid.

G. Stoeck. 4050□

Anhydro-, Desoxyderivate und ungesättigte Derivate von Polysacchariden. 2. Mitt. **Synthese von Anhydrocellulose aus p-Toluolsulfonsäureestern.** Ss. N. Danilow und A. A. Lopatenok. (Журнал Общей Химии [J. allg. Chem.] **28** (**90**). 3189—91. Dez. 1958.) (Russ.) — 1. vgl. vorst. Referat.

Es wird *Anhydrocellulose* (I) durch Rk. von Tosylcellulose (II) mit Na in fl. NH_3 erhalten. Die I besitzt die allg. Zus. $C_6H_7O_2(OH)_{3-2x} \cdot a\text{-}O_x$, wobei a-O die O-Atome der Anhydridringe, x ihre Anzahl u. 3—2 x die Anzahl der restlichen OH-Gruppen bedeuten. Von den I werden *Acetate* dargestellt.

Versuche: *Tosylcellulose* (II) mit einem *Substitutionsgrad* von *1,8—2,75* aus regenerierter Cellulose (Cu–NH_3-Lsg.) u. p-Toluolsulfochlorid in Pyridin bei 15—20° in 48 Std.; S-Geh. 13—14%; faseriges Prod., gut lösl. in organ. Lösungsmitteln. — Anhydrocellulosen (I): $C_6H_7O_2(OH)_{2,5}a\text{-}O_{0,25}$, aus der entsprechend substituierten II durch Behandeln mit Na (6 g-Atome auf ein Glucosekettenglied) in fl. NH_3 (auf 1 g II 25—75 ml) in 12 Stunden. — $C_6H_7O_2(OH)_{1,66}a\text{-}O_{0,67}$, analog. — $C_6H_7O_2(OH)_{1,2}a\text{-}O_{0,9}$, analog durch 2maliges Behandeln in 12 Stunden. — $C_6H_7O_2(OH)_{0,9}a\text{-}O_{0,9}$, analog mit 7,5 g-Atomen Na in 48 Std.; alle dargestellten Prodd. sind in Schweizers Reagens teilweise lösl., enthalten kein S u. Halogen u. weniger als 1% Methylpentosane. — Die *Acetyl-Derivv.* wurden aus den entsprechenden I durch 24 Std. langes Stehen mit einem Gemisch von Acetanhydrid u. Essigsäure in Ggw. von $HClO_3$ bei 20° erhalten.

G. Stoeck. 4050□

Hydratation der „V“-Amylosehelix. B. Zaslow und Richard L. Miller. (J. Amer. chem. Soc. **83**. 4378—81. 5/11. 1961. Tempe, Ariz., State Univ., Chem. Labor.; Ames, Iowa, State Univ.) (Engl.)

Vff. untersuchten röntgenograph. die Strukturänderungen, die bei 35° bei der Hydratation von wasserfreier *„V“-Amylose* (I) u. vom wasserfreien *Amylose-Jod-Komplex* (II) auftreten. Die Hydratisierung erfolgte in einem geschlossenen Gefäß bei verschiedenen Wasserdampfdrucken, die dadurch erhalten wurden, daß in das Hydratationsgefäß verschiedene kristallwasserhaltige Verbb. eingelegt worden waren. Es wurde zunächst beobachtet, daß bei Wasserdampfdrucken $<$24 mm Hg eine Hydratisierung nicht eintritt. Andererseits wurden hydratisierte I u. hydratisierter II bei diesen Wasserdampfdrucken innerhalb von 2 Wochen nicht dehydratisiert. In den ersten Stadien der Hydratisierung bildet sich innerhalb der ersten 10 Std. ein amorpher Zustand aus. Bei weiterer Hydratisierung greift das W. bei beiden Substanzen an kristallograph. äquivalenten Plätzen auf der Außenseite der I-Helix an. Dichtemessungen ergaben, daß so hydratisierte I ein Mol. W./Glucoseeinheit auf der Außenseite der Helix enthält. Da bei weiterer Hydratisierung eine Gitteraufweitung nicht mehr auftritt, erfolgt der Angriff des W. innerhalb der Helix; hierauf wird die Helix langsam zerstört u. es folgt Bldg. der ausgedehnteren „B“-Struktur. Bei II wird das Innere der Helix durch die Jod-Moll. blockiert, so daß das W. hier nicht angreifen kann. Das W. dringt in Zwischengitterplätze ein u. verursacht ein Aufspalten des II-Aggregats in kleine Fragmente. Festgestellt konnte ein hydratisierter II mit einem pseudohexagonalen Gitterabstand von 13,6 Å werden. C. Gottfried. 4050

Über den enzymatischen Auf- und Abbau von Amylose. E. Husemann. (Makromolekulare Chem. **35**. 239—49. Jan. 1960. Freiburg/Br., Univ., Inst. für makromol. Chem.) (Dt.)

Zusammenfassung der vom Vf. u. Mitarbeitern früher (vgl. C. **1959.** 11925) mitgeteilten Ergebnisse. Zu ergänzen ist: Beim Abbau von hochmol. *Amylose* (I) mit β-Amylase bleiben bis zu einem Abbau von 75% der Polymerisationsgrad u. die Molgew.-Verteilung von I unverändert (gilt auch für 0,1% ig. Lsgg.). Daraus folgt, daß die einmal angegriffenen Ketten ganz oder fast ganz abgebaut werden, ehe das Enzym zu einer anderen Kette überwechselt. Insgesamt folgt aus den Verss. die Möglichkeit der Darst. sehr einheitlicher I beliebiger Größe. Auf den Einfl. der Reinheit der Enzyme wird besonders hingewiesen. O. FUCHS. 4050□

Die Zusammensetzung von Pyrodextrinen. 3. Mitt. **Thermische Polymerisation von Lävoglucosan.** M. L. Wolfrom, A. Thompson, R. B. Ward, D. Horton und R. H. Moore. (J. org. Chemistry **26.** 4617—20. Nov. 1961. Columbus, Ohio, Ohio State Univ., Dep. of Chem.) (Engl.) — 2. vgl. C. **1960.** 6519.

Beim Erhitzen von 1.6-Anhydro-β-D-glucopyranose (I) u. Acetylierung der Fraktionen wurden *4-O-[2.3.4.6-Tetra-O-acetyl-α-D-glucopyranosyl]-2.3-di-O-acetyl-1.6-anhydro-β-D-glucopyranose* (*1.6-Anhydromaltosehexaacetat*; II), *2-O-[2.3.4.6-Tetra-O-acetyl-α-D-glucopyranosyl]-3.4-di-O-acetyl-1.6-anhydro-β-D-glucopyranose* (*1.6-Anhydrokojibiosehexaacetat*), *2-O-[2.3.4.6-Tetra-O-acetyl-β-D-glucopyranosyl]-3.4-di-O-acetyl-1.6-anhydro-β-D-glucopyranose* (*1.6-Anhydrosophorosehexaacetat*) u. *4-O-[2.3.4.6-Tetra-O-acetyl-β-D-glucopyranosyl]-2.3-di-O-acetyl-1.6-anhydro-β-D-glucopyranose* (*1.6-Anhydrocellobiosehexaacetat*) sowie drei *Anhydrotrisaccharidnonaacetate* unbekannter Konstit. erhalten. Die Identität der Anhydrodisaccharidacetate wurde durch Ringsprengung mit $TiCl_4$ u. Peracetylierung unter Anomerisierung bewiesen.

Versuche: *β-Maltoseoktaacetat* (III), F. 157—158° (A.), durch 3std. Kochen von 200 mg II in Chlf. mit $TiCl_4$ u. einer Spur Essigester, Gießen in Eiswasser, 2std. Umsetzung des Chlf.-Extrakts mit Hg(II)-Acetat in Essigsäure, 1minütiges Kochen des in Chlf. lösl. Anteils mit Acetanhydrid/Na-Acetat, Gießen in Eiswasser, Chromatographie des Chlf.-Extrakts an Magnesol/Celite (5 : 1) in Bzl./2-Methylpropanol-(2) (100 : 1) u. Extraktion mit Aceton; 7,5 mg (Ausbeute). — I (100 g) wurde 20 Min. auf 250° erhitzt u. die wss. Lsg. des Prod. an Nuchar C Unground in 4 Fraktionen getrennt. Die 1. Fraktion enthielt *D-Glucose* u. I. — *1.6-Anhydromaltosehexaacetat* (II), F. 183° (A.), durch Kochen von 12,9 g der 2. Fraktion mit Acetanhydrid/Na-Acetat, Gießen auf Eis, Extraktion mit Chlf., Waschen u. Aufnehmen des Eindampfrückstandes mit A.; $[\alpha]_D^{28}$ +49,5° (c = 2; Chlf.); 3,25 g. — Chromatographie der eingedampften Mutterlauge von II in Bzl. an Magnesol/Celite (Entw. mit 1% 2-Methylpropanol-(2) in Bzl.] gab 4 Zonen, die mit Aceton extrahiert wurden. — *Tri-O-acetyl-1.6-anhydro-β-D-glucopyranose*, F. 109—110°, aus Zone 1. — *1.6-Anhydrokojibiosehexaacetat*, durch Reinigung des Materials aus Zone 2 (3,8 g) an Magnesol/Celite; Sirup; $[\alpha]_D^{30}$ +58° (c = 3; Chlf.); 500 mg. — *β-Kojibioseoktaacetat*, F. 122—123°, aus vorst. Verb. analog III; $[\alpha]_D^{20}$ +112° (c = 0,8; Chlf.); 91 mg. — *1.6-Anhydrosophorosehexaacetat*, $C_{24}H_{32}O_{16}$, F. 170—171,5° (A.), aus dem Extrakt von Zone 3; $[\alpha]_D^{29}$ —40,6° (c = 1,4; Chlf.); 925 mg. — *β-Sophoroseoktaacetat*, F. 187°, aus 200 mg vorst. Verb. analog III; 58 mg. — *1.6-Anhydrocellobiosehexaacetat*, F. 94—96° (A.), aus dem Extrakt von Zone 4; $[\alpha]_D^{23}$ —52° (c = 3; Chlf.); 590 mg. Beim Impfen einer Lsg. mit Kristallen der stabilen Modifikation dieser Verb. krist. eine Substanz vom F. 142°. — Fraktion 3 des Polymerisations-Prod. von I (5,4 g) wurde analog Fraktion 2 acetyliert u. aufgearbeitet (5 Zonen). — *Anhydrotrisaccharidnonaacetat I*, $C_{36}H_{48}O_{24}$, F. 256—256,5° (A.), aus Zone 1 der 3. Fraktion; $[\alpha]_D^{25}$ +20° (c = 0,3; Chlf.); 82 mg. — *Anhydrotrisaccharidnonaacetat II*, $C_{36}H_{48}O_{24}$, F. 209—209,5° (A.), aus Zone 3; $[\alpha]_D^{24}$ +26° (c = 3; Chlf.); 110 mg. — *Anhydrotrisaccharidnonaacetat III*, $C_{36}H_{48}O_{24}$, F. 230—230,5° (A.), aus Zone 4 u. 5; $[\alpha]_D^{24}$ —46,9° (c = 0,8; Chlf.); 162 mg. — Angaben über Röntgendiagramme s. Original. W. WILLENBERG 4050□

Die Verwendung von Carbodiimiden bei der Synthese von Polypeptiden. J. H. Bradbury und D. C. Shaw. (Austral. J. Chem. **12.** 300—03. Mai 1959. Geelong, Victoria, C.S.I.R.O., Wool Res. Labor., Div. of Textile Ind.) (Engl.)

Vff. erhielten bei der Polymerisation von Glycin (I) u. 1-Äthyl-3-[2-morpholinoäthyl]-carbodiimid (II) in wss. Lsg. unter verschiedenen Rk.-Bedingungen (Tabelle vgl. Original) bis zu 22% unlösl. *Polyglycine* vom durchschnittlichen zahlenmäßigen Polymerisationsgrad (PG) 8 ± 1 (Endgruppentitration). Cyclisierung kann durch Fällung des Polymeren (P) nach Erreichung einer gewissen Kettenlänge vermieden werden. Die Polymerisation von γ-Benzyl-L-glutamat u. II in 10%ig. Dioxan/W. ergibt 20% unlösl. P mit einem zahlenmäßigen PG von 5,5 ± 0,2 u. einem durchschnittlichen Gew.-PG von 9,3 ± 3 (Intrinsicviscosität), ist also beachtlich polydispers u. enthält, wenn überhaupt, nur wenig cycl. Verbindungen. Die Verw. von >10%ig. Dioxan oder 1-Cyclohexylcarbodiimid bzw. Dicyclohexylcarbodiimid ergibt P von wesentlich niedrigerem Molgewicht. Hier scheint die Cyclisierung nur eine untergeordnete Rolle zu spielen. Als Grund für die Unmöglichkeit der Darst. von **P** mit höherem PG wird Bldg. von *Acylharnstoff* angenommen.

Versuche: *Polyglycin*, durch Zufügen von **II** zu einer eine vorher bestimmte Menge HCl enthaltenden Lsg. von **I** bei Raum-Temp. u. mehrstd. Stehen, Abtrennung des unlösl. **P** u. chromatograph. Trennung der überstehenden Flüssigkeit. — *Poly-γ-benzylglutamat*, analog in Dioxan/W. bei einem Anfangs-pH-Wert von 5.

Gerhard Müller/Bitterfeld. 4070 □

Der Einfluß des pH-Wertes auf die Denaturierung von Lysozym. A. N. Glazer. (Austral. J. Chem. **12**. 304—07. Mai 1959. Sydney, Univ., Dep. of Biochem.) (Engl.)

Vf. untersucht den Einfl. des pH-Wertes auf die Denaturierung von *Lysozym* (**I**) durch Harnstoff (**II**) bzw. Guanidinhydrochlorid (**III**) im pH-Bereich 2—10,5 in 0,5- bzw. 1%ig. Lsgg. durch Best. der Viscosität η u. opt. Drehung nach 24 Std. bei 30°. **I** ist in Ggw. von **II** oder **III** am beständigsten bei pH 4—8. Zugabe von 0,02 Mol Cystein bewirkt Zunahme der η-Änderung im alkal. Gebiet, was dafür spricht, daß S—S-Bindungen bei der Erhaltung der nativen Konfiguration von **I** eine maßgebende Rolle spielen.

Gerhard Müller/Bitterfeld. 4070 □

Aminosäurezusammensetzung von Algenproteinen. Ezz Eldin M. Taha und Abd Elaziz M. Allam. (Egypt. J. Chem. **2**. 363—64. 1959. Cairo, Dokki National Res. Centre.) (Engl.)

Die Zus. der Proteine einer ägypt., unter optimalen Bedingungen gezüchteten Art von *Chlorella ellipsoidea* wird untersucht. Durch saure Hydrolyse u. eindimensionale Papierchromatographie mit wassergesätt. Phenol (**A**) bzw. Butanol–Essigsäure–W.-Gemisch (**B**) als bewegliche Phase wurden *Asparaginsäure, Glutaminsäure, Serin, Glycin, Threonin, Alanin* u. *Methionin* bzw. mit **B** weiterhin *Lysin, Histidin, Arginin, Tyrosin, Valin, Phenylalanin* u. *Leucin*, durch Chromatographie des alkal. Hydrolysats mit **A** als bewegliche Phase außerdem *Tryptophan* identifiziert. Die gleichen Ergebnisse zeigte die zweidimensionale Papierchromatographie.

L. Lamza. 4070

E. Biologische Chemie. Physiologie. Medizin

E_1. Allgemeine Biologie und Biochemie

Moderne Anschauungen über den Ursprung des Lebens. A. I. Oparin. (Scientia [Asso] [6] **95** (**54**). 322—26. Okt. 1960. Moscou, Acad. of Sci. of the URSS, A. N. Bach Inst. of Biochem.) (Franz.)

Allg. Ausführungen. — Nach Vf. verlief die Entstehung des Lebens auf der Erde über folgende 3 Stufen: 1. Bldg. einfacher organ. Substanzen (KW-Stoffe u. ihre Derivv.); 2. Umwandlung dieser Substanzen in Proteine, Nucleinsäuren, Porphyrine, Lipide usw.; 3. Umwandlung dieser letztgenannten Moll. in polymol. komplexe Syst., die nachfolgend in primitive Lebewesen umgewandelt wurden. — 2 Literaturangaben.

H. Kockert. 4100 □

Korrektur der Meßfehler in der Mikrophotometrie. J. P. Viret. (Experientia [Basel] **16**. 559—61. 15/12. 1960. Heerbrugg, Suisse, Labor. de Microscopie appl.) (Franz.)

Die bei mikrophotometr. Messungen auftretenden Fehler u. ihre Korrektur werden besprochen.

K. Maier. 4100 □

Über die von den Genen MM und MN gebildete Blutgruppensubstanz. G. Uhlenbruck. (Z. Immunitätsforsch. exp. Therap. **121**. 420—24. Aug. 1961. London, Lister Inst. of Prevent Med.) (Dt.)

Anti-M-Serum vom Kaninchen präcipitiert *MN-Blutgruppensubstanz* (**I**), die durch Phenol–NaCl-Extraktion gewonnen wurde. **I** hemmt auch die Myxovirusagglutination. Die MN- u. Myxovirusreceptoren sind wahrscheinlich an ein Mol. gebunden, aber nicht ident., weil die Behandlung der **I** mit *Neuraminidase* die Virushemmung aufhebt, die MN-Präcipitation dagegen nicht. Aus Thrombocyten wurde ein Myxovirusinhibitor isoliert, der *Neuraminsäure*, aber kein **I** enthält.

E. Fischoeder. 4130 □

Untersuchung der antimitotischen Eigenschaften von Sarkomycin auf die Meristemzellen von Allium sativum L. Guy Deysson und Rene Truhaut. (C. R. Séances Soc. Biol. Filiales **154**. 548—51. 1960. Villejuif, Seine, Inst. Gustave Roussy, Centre Clin. et Thérapeut.; Paris, Fac. de Pharmacie.) (Franz.)

Sarkomycin (**I**) hemmt ausschließlich die Präprophase von *A. sativum* (Wurzelmeristem), besitzt jedoch weder mitoklast., noch chromatoklast. Aktivität. Die **I**-Wrkg. zeigt sich erst in 1000fach höheren Konzz. als denen von Azaserin oder Carcinophilin.

K. Maier. 4150 □

Der Einfluß von Äthylendiamintetraessigsäure auf die Ionenaufnahme und -retention durch Protoplasmateilchen. Dan Mertz. (Physiol. Plantarum [Copenhagen] **14.** 844—50. 1961. Columbia, Univ. of Missouri, Dep. of Botany.) (Engl.)

Während der Homogenisierung wird von den Mitochondrien u. Mikrosomen nur wenig Ca adsorbiert. In Ggw. von Äthylendiamintetraessigsäure wird ein Teil des von den Mitochondrien aufgenommenen Ca wieder freigesetzt. E. LÜCK. 4150□

Biosynthese der Proteine. F. Leuthardt. (Bull. schweiz. Akad. med. Wiss. **17.** 46—49. Okt. 1961. Zürich, Univ., Biochem. Inst.) (Dt.)

Übersicht. — Diskutiert werden Möglichkeiten für das Zustandekommen der Peptidbindung u. der Aminosäuresequenzen. S. GROITZSCH. 4150□

Die Rolle des Kerns und des Cytoplasmas bei der Eiweißsynthese. J. Brachet. (В Памет на Методий Попов [In memoriam Methodi Popoff] **1958.** 125—33.) (Franz.; Auszug: Russ.) — Vgl. C. **1961.** 1585.

Die einzellige Alge *Acetabularia* ist selbst beim Fehlen eines Kerns fähig, Eiweiß u. *Ribonucleinsäure* (**I**) zu synthetisieren; nach 15 Tagen verringert sich die Geschwindigkeit. Dies beweist, daß die Protoplasma-**I** nicht nur aus dem Zellkern stammt. Die Entkernung von Amöben führt zur schnellen Verringerung des Geh. an cytoplasmat. **I**. Dabei wirkt sie sich auf die einzelnen Fermente verschieden aus. Während die Fermenttätigkeit der Mitochondrien mit u. ohne Kern gleich verläuft, sind die der Mikrosomen bes. empfindlich. In Zellen mit verstärkter mitot. Teilungstätigkeit u. solchen mit akt. Synth. der Eiweiße baut der Zellkern die Aminosäuren schneller in die Proteine ein als das Cytoplasma. CH. HEESE. 4150□

Ribosenucleinsäure und die Eiweißsynthese in der Zelle. 1. Mitt. Dieter Hess. (Mikrokosmos **49.** 65—69. März 1960. Freiburg/Br.) (Dt.)

Übersicht. — Chemie der *Nucleinsäuren*. Vork. der *Ribonucleinsäure* (*RNS*) in der Zelle. RNS u. *Protein*-Synth. Beziehungen zwischen dem Kern u. der RNS des Zellplasmas. H. KOCKERT. 4150□

Wechselwirkungen zwischen Glykoproteinen und Nucleinsäuren. Marvin Tunis und Herbert Weinfeld. (Arch. Biochem. Biophysics **87.** 210—16. April 1960. Buffalo, N.Y., Roswell Park Memorial Inst., Dep. of Med. C.) (Engl.)

Patienten mit Leukämie scheiden im Urin neben *Desoxyribonuclease I* noch eine hitzestabile, nicht dialysierbare Substanz aus, die nach Mischung mit *Desoxyribonucleinsäure* (DNS) die Fällung der DNS durch Trichloressigsäure verhindert. Aus menschlichem Serum konnten schließlich zwei Polypeptide, α_1-*Säureglykoprotein* (**I**) u. α_2-*Glykoprotein* (**II**), isoliert werden, die ebenfalls die Präzipitation der DNS hemmen. **I** wurde aus normalem menschlichem Serum sowie aus Urin von an nephrot. Syndromen erkrankten Kindern isoliert. Dazu wird Urin im Vakuum um das 10fache konz., durch Zentrifugation geklärt u. mit $(NH_4)_2SO_4$ fraktioniert gefällt. Der bei 100%ig. Sättigung bei pH 3,7 erhaltene Nd. wird in W. gelöst u. gegen W. bei 4° dialysiert. Das Innendialysat wird lyophilisiert. Es enthält 57% Protein, 11,8% Hexose, 10,1% Sialsäure u. ist elektrophoret. homogen. 0,5 oder 1,0 mg DNS oder *Ribonucleinsäure* (RNS) werden in 4 ml 0,01m NaCl-Lsg. gelöst u. 0,1 oder 0,2 ml einer **I**- oder **II**-Lsg. wechselnden Geh. u. anschließend 1 ml 38% wss. Trichloressigsäure-Lsg. zugegeben u. die opt. Dichte bei 660 mμ gegen gleichbehandelten Nucleinsäuren-freien Vgl. verfolgt. **I** hemmt nur die DNS-Fällung. Die RNS-Fällung bleibt sogar bei großem **I**-Überschuß unbeeinflußt. Dagegen hemmt **II** die Fällung sowohl von DNS als auch von RNS. **I** u. **II** sind nucleasenfrei. Ihre Aktivität ist nicht enzymat. bedingt. Werden sie vorher 5 Min. in 0,05n NaOH auf 98° erhitzt, so ist die Aktivität von **II** vermindert, die von **I** deutlich erhöht. Das gleiche wird nach 5 Min. Erhitzen in 0,05n HCl beobachtet. Die Aktivität der Glykoproteine ist nicht auf deren Geh. an Sialsäure zurückzuführen. Ansteigende Salz-Konzz. vermindern die **II**-Wrkg. u. steigern etwas die **I**-Aktivität. Werden die Glykoproteine mit Pepsin oder Trypsin behandelt, so werden sie inaktiviert. L. TRÄGER. 4150□

Ein aus Ribosomen durch Salz freigesetztes Ribonucleinsäure-Partikel. David Elson. (Biochim. biophysica Acta [Amsterdam] **53.** 232—34. 14/10. 1961. Rehovoth, Israel, Weizmann Inst. of Sci.) (Engl.)

In Abhängigkeit von pH-Wert u. NaCl-Konz. können gereinigte Ribosomen (70 S) aus *Escherichia coli* reversibel in 50 S- u. 30 S-Ribosomen dissoziieren. Die 30 S-Ribosomen bleiben unverändert, die 50 S-Ribosomen werden dagegen in solche mit kleinerer Sedimentations-Konst. (47 S bzw. 43 S) umgewandelt, sofern die NaCl-Konzz. hoch sind. Gleichzeitig treten neue Teilchen (5 S) auf. Bei diesen 5 S-Teilchen handelt es sich anscheinend um Ribonucleinsäure. Sie sind frei von *Pseudouridylsäure* u. enthalten 21,7% *Adenin*, 27,4% *Guanin*, 28,3% *Cytosin* u. 22,6% *Uracil*.

S. DITTMANN-MITZSCHERLICH. 4150□

Dichtegradientsedimentationsanalyse mit hohem Trennvermögen. J. R. Britten und R. B. Roberts. (Science [Washington] **131.** 32—33. 1/1. 1960. Washington, D.C., Carnegie Inst. of Washington, Dep. of Terrestrial Magnetism.) (Engl.)

Das Prinzip der Stabilität einer in einer Fl.-Säule mit Dichtegradient befindlichen Probe wird besprochen u. eine Meth. zur Trennung von Ribonucleoproteinpartikeln (Ribosomen) von *E. coli* mittels Sedimentation in der Ultrazentrifuge beschrieben (Gradient: 20—5%ig. Saccharose-Lsg.) K. MAIER. 4150□

Die Größe rasch markierter Ribonucleinsäuren in menschlichen Amnionzellen. Ping-Yao Cheng. (Biochim. biophysica Acta [Amsterdam] **53.** 235—36. 14/10. 1961. New York, N.Y., Rockefeller Found. Virus Labor.) (Engl.)

Menschliche Amnionzellen wurden mit *³H-Cytidin* 40 oder 5 Min. lang markiert. Die markierten Ribonucleinsäure-Präpp. wurden isoliert, ihre Größe wurde durch Sedimentationsanalyse bestimmt. Folgende Fraktionen wurden gefunden: 4—8 S, 30 S, 20 S, 34 S, 25 S, 15 S. S. DITTMANN-MITZSCHERLICH. 4150□

Die Reinigung von Flavinadenindinucleotid aus Kulturen von Eremothecium ashbyii. P. Cerletti und R. Strom. (Ital. J. Biochem. **9.** 361—70. Nov./Dez. 1960. Rom, Univ., Ist. di Chim. Biol. dell'Univ. di Roma, Centro per gli Studi di Enzimol. del C.N.R.) (Engl.)

Eremothecium ashbyii wird unter Fortfall zeitraubender u. kostspieliger Fäll- u. Extraktionsarbeiten direkt mit W. bei 80° extrahiert. Die Extrakte enthalten *Riboflavin* (I) u. *Flavinadenindinucleotid* (II) im Verhältnis 2:1; das Nährmedium enthält die Verbb. im Verhältnis 4:1. Außerdem ist in etwas geringerer Menge als **II** *Flavinmononucleotid* (**I**-5-phosphat, **III**) nachweisbar. Zur Reinigung der mit den Nährmedien vereinigten Extrakte werden die Lsgg. auf Dowex 1·2 (200—400 mesh, Cl^--Form) chromatographiert. Eine Lsg. von ca. 10 μMol Gesamtflavinen wird nach Einstellung des pH-Wertes auf 5 auf 0,65 cm²·2 cm Austauscher gebracht u. mit NaCl/HCl-Lsgg. ansteigender Ionenstärke u. pH-Wert eluiert. **I** wird vom Austauscher nicht gebunden u. fließt sofort durch. Durch Elution bei pH 5 erscheint zunächst **III** u. bei pH 4 schon weitgehend gereinigt **II**. Zur Reinigung der rohen Ausgangsextrakte werden weitere säulenchromatograph. Meth. herangezogen. So wird mit sehr gutem Erfolg das Gemisch auf carboxylierter WHATMAN-Cellulose nach Aktivierung mit 0,2n NaOH durch Elution mit W. aufgetrennt. Hier werden die Verbb. in der Reihenfolge **II**, **III** u. **I** von der Säule freigegeben. Dabei sind jedoch **II** u. **III** noch jeweils durch die andere Komponente verunreinigt. Noch bessere Trennung erhält man auf unbehandelter Cellulose, die mit 0,1n Ammoniumformiat-Lsg. auf pH 7,4 gepuffert wird. Mit der gleichen Lsg. wird auch eluiert. Dazu werden die mit NH_4OH auf pH 7,4 eingestellten rohen Extrakte (ca. 10 μMol Gesamtflavin in 10 ml W.) auf eine 12,5 cm²·100 cm Cellulose-Säule gebracht. **II** erscheint zusammen mit **I**-5'-Pyrophosphat gefolgt von **III** u. schließlich **I**. L. TRÄGER. 4150□

Chromatographie und Nucleotidsequenzen der nach Ultraviolettbestrahlung von Salmonella typhi-murium synthetisierten Desoxyribonucleinsäure. T. Hudnik-Plevnik und L. A. Stocken. (Nature [London] **192.** 554—55. 11/11. 1961. Oxford, Univ., Dep. of Biochem.) (Engl.)

Wachstum u. UV-Bestrahlung von *Salmonella typhi-murium* erfolgten nach KANAZIR u. Mitarbeiter (C. **1960.** 16786). 1 μc *³²P*/ml wurde 120 Min. nach Bestrahlung zugesetzt. 90 Min. nach ³²P-Zusatz wurden die bestrahlten Bakterien u. die Kontrollen gesammelt u. gewaschen. *Desoxyribonucleinsäure* (I) wurde nach der Meth. von ZAMENHOF u. Mitarbeitern (C. **1957.** 1204) isoliert. *Ribonucleinsäure* wurde durch Behandlung mit *Ribonuclease* u. Fällung mit *Äthoxyäthanol* nach KIRBY (C. **1958.** 1054) entfernt. **I** wurde an „Ecteola" nach BENDICH u. Mitarbeiter (C. **1959.** 5166) chromatographiert. Beim Eluieren wurde die opt. Dichte bei 260 mμ verfolgt u. in den vereinigten Fraktionen die Radioaktivität sowie **I** nach der Meth. von CERIOTTI (C. **1954. 1793**) bestimmt. Beim Vgl. von Bestrahlungs-Verss. u. Kontrollen ergaben sich Unterschiede in den eluierten Fraktionen bzgl. Menge u. spezif. Radioaktivität. Die *Nucleotid*-Sequenzen wurden nach BURTON u. PETERSEN (Biochem. J. **75.** [1960.] 17) bestimmt. Dabei fanden sich einige Unterschiede zwischen der **I** aus bestrahlten Bakterien u. Kontrollen. Die Struktur von **I** scheint also durch UV-Bestrahlung verändert worden zu sein.

H. LOHSCHELDER. 4150□

Die Veränderung des Gehaltes an Ribonucleinsäure und Nucleotiden während der Differenzierung und Reifung der Zellen des Gehirns eines gesunden Menschen. W. P. Gurbanow. (Проблемы Гематологии и Переливания Крови [Probleme Hämatol. Blutübertrag.] **6.** Nr. 11. 3—11. Nov. 1961. Zentral-Inst. für Ärztefortbldg.; 3. Lehrstuhl für Therapie.) (Russ.)

Übersicht an Hand der Literatur. — 44 Literaturangaben. O. LEBTAG. 4150□

Die Rolle der Ribonucleinsäure bei den Wundprozessen. R. Zanew. (В Памет на Методий Попов [In memoriam Methodi Popoff] **1958.** 455—67.) (Bulg.; Auszug: Russ.) — Vgl. C. **1958.** 1625; C. **1959.** 6832. 8959.

Verletzung des Gewebes führt zu schneller Spaltung der *Ribonucleinsäure.* Ihre Spalt-Prodd. bewirken eine Ansammlung von Leukocyten um die Wunde (Aktivierung der Phagocytose um 300%) u. Dehnung der Capillaren u. begünstigen somit die Heilung. Vf. erörtert ein Schema der Bldg. eines leukocytären Infiltrates bei Verwundungen. CH. HEESE. 4150□

Die Rolle der Desoxyribonucleinsäure bei der Zellschädigung durch Bestrahlung. Henry S. Kaplan. (Nat. Acad. Sci. Nat. Res. Council, Publ. **1961.** 104—16.) (Engl.)

Vortag u. Diskussion. — 4 Literaturangaben. H. KOCKERT. 4150□

Ein tumorinduzierender Faktor bei Drosophila. Herschel K. Mitchell. (Science [Washington] **133.** 876. 24/3. 1961. Pasadena, Calif., California Inst. of Technol., Biol. Div.) (Engl.)

Es wird über den erfolglosen Verlauf von Wiederholungsexperimenten zum Nachw. eines tumorinduzierenden Faktors der *tu-e*-Mutante von Drosophila berichtet. W. GUTSCHE. 4160□

Cancerogene Aktivität vom Naphthacen sich ableitender polycyclischer Kohlenwasserstoffe. Antoine Lacassagne, Nguyen P. Buu-Hoï und François Zajdela. (C. R. hebd. Séances Acad. Sci. **250.** 3547—48. 30/5. 1960.) (Franz.)

Subcutane Injektion (3·0,6 mg im Abstand von 1 Monat) von *Naphtho-[2'.3':3.4]-pyren* (I) u. *Phenanthro-[2'.3':3.4]-pyren,* die beide einen Naphthacenkern enthalten, ruft bei Mäusen (Stamm XVII *nc*) z. T. Sarkom-Bldg. am Injektionsort hervor, wobei I deutlich stärker cancerogen wirkt. I findet sich neben 3 weiteren sarkomogenen KW-Stoffen im Teer des Tabakrauchs. K. MAIER. 4160□

Wirkung von Δ^4-Cholesten-3.6-dion auf die Auslösung und Entwicklung von Tumoren. Ilse Kühl und K. Schubert. (Experientia [Basel] **16.** 549—50. 15/12. 1960. Jena, Akad. der Wiss., Inst. für Mikrobiol. u. exp. Therapie.) (Dt.)

Die schwach cancerogene Wrkg. von *Δ^4-Cholesten-3.6-dion* (I) wurde an weißen u. schwarzen Mäusen bestätigt: bei I-behandelten Tieren traten an verschiedenen Organen Tumoren auf, die bei Kontrolltieren ausblieben. Die Tumoren sind allerdings hinsichtlich histolog. Struktur, Grad der Malignität u. Neigung zur Bldg. von Metastasen ungewöhnlich, u. Vff. empfehlen, bei der Prüfung schwacher Cancerogene nicht allein lokal zu beobachten, sondern allg. auf tumoröse Veränderungen verschiedener Organe zu achten. S. DITTMANN-MITZSCHERLICH. 4160□

Permeabilität der Ehrlich-Tumorasciteszellen gegenüber Wasser. H. G. Hempling. (J. gen. Physiol. **44.** 365—79. Nov. 1960. New York, N.Y., Cornell Univ., Med. Center, Dep. of Physiol. and Biophys.) (Engl.)

Da die Zellmembran die erste Barriere der Tumorzelle zur Umgebung darstellt, könnte eine funktionelle Beschreibung dieser Barriere zur Aufhellung der Mechanismen führen, die den Zutritt u. den Austritt von Bestandteilen des Stoffwechsels regulieren. — Als ein Gesichtspunkt dieses Problems wurde die Permeabilität von EHRLICH-Ascitestumorzellen gegenüber *W.* untersucht. In hyperosmot. NaCl-Lsg. zeigte sich in den ersten 9 Monaten einer wöchentlichen Transplantationsserie ein mittlerer Permeabilitäts-Koeff. von 6,4 μ^3/μ^2atm $\pm$ 0,8; am Ende einer 2-Jahresperiode war der Permeabilitäts-Koeff. auf 1,6 $\pm$ 0,09 gesunken, ohne daß eine signifikante Veränderung des Zell-Vol. eine Erklärung für diesen Unterschied geboten hätte. — Es wurden auch Unterss. über die Einfl. der Temp. durchgeführt. — Theoret. mathemat. Ableitung von Formeln für die Wasserpermeation. U. TAUSENDFREUND. 4160□

Die Wirkungen entkoppelnder Agentien auf Aufnahme und Einbau von Glycin in transplantable Tumoren. D. B. Ellis und P. G. Scholefield. (Cancer Res. **21.** 650—57. Juni 1961. Montreal, P.Q. Canada, McGill-Montreal Gen. Hosp. Res. Inst.) (Engl.)

Dinitrophenol (I) (0,05 mm) hemmte den Einbau von *^{14}C-Glycin* in das *Protein* der soliden u. der Ascitesform von EHRLICH-Carcinom u. Sarkom 37 zu ca. 60%. Dagegen wurde die *Glycin*-Aufnahme der Ascitestumoren nur zu 25% gehemmt, während sie bei den soliden Tumoren gar nicht beeinflußt wurde. Zugabe von *Glucose* bewirkte Umkehrung der I-Wrkg., wenn *Bicarbonatpuffer* verwendet wurde. *Decanoat* u. *Dicumarol* wirkten entkoppelnd u. führten zu ähnlicher Wrkg. wie I. W. GUTSCHE. 4160□

Die Wirkung von Vincaleukoblastin auf sich teilende Zellen in vivo. J. Harry Cutts. (Cancer Res. **21.** 168—72. Febr. 1961. London, Canada, Univ. of Western Ontario, Collip Med. Res. Labor.) (Engl.)

Vincaleukoblastin, ein Alkaloid aus *Vinca rosea* L. wurde an der Leukämie L 1210 u. am Ehrlich-Ascitescarcinom der Maus sowie an Rattenknochenmark in vivo auf cytostat. Wirksamkeit geprüft. Es arretiert die sich teilenden Zellen in der Metaphase. Durch *Tryptophan* oder *Glutaminsäure* konnte diese Wrkg. vorübergehend gehemmt werden. W. Gutsche. 4160□

Einflüsse geringer Dosen verschiedener Corticosteroide auf die Häufigkeit chemisch induzierter subkutaner Sarkome bei Mäusen. Takashi Nakai. (Cancer Res. **21.** 221—27. Febr. 1961. Cincinnati, Ohio, University of Cincinnati, Coll. of Medicine, Dep. of Dermatology.) (Engl.)

Tägliche Injektionen von *Dexamethason, Triamcinolon, Methylprednisolon, Prednisolon* u. *Hydrocortison* in niedrigen Dosen hatten schwach hemmende Wrkg. auf das Wachstum subkutan mittels *Methylcholanthren* (gelöst in *Trioctanoin*) erzeugter Sarkome. Die tumorhemmende Wrkg. ging parallel mit der entzündungshemmenden Wirkung. W. Gutsche. 4160□

Screening-Ergebnisse der Krebschemotherapie der National Service Center Screening Laboratories. 5. Mitt. Joseph Leiter, A. R. Bourke, Saul A. Schepartz und I. Wodinsky. (Cancer Res. **20.** 734—920. Nov. 1960. Bethesda, Md., Nat. Inst. of Health, Nat. Cancer Inst.) (Engl.) — 4. vgl. Cancer Res. **20.** [1960.] 539.

An den transplantierten Mäusetumoren Sarkom 180, Mammaadenocarcinom 755 u. einer ascit. Form der Leukämie L-1210 wurden 1635 Verbb. auf cytostat. Wrkg. untersucht. Nur folgende 9 Verbb. zeigten in dem Screeningtest einen positiven Effekt: *Tris-[äthylenimino]-phosphinoxid, 2.5-Dipropionamido-3.6-diaziridinyl-p-benzochinon, N.N-Bis-[2-chloräthyl]-2.3-dimethoxyanilin, 3-Äthyl-4-[p-methoxyphenyl]-2-methylcyclohexen-(3)-carbonsäure, 5-Diazouracil, 1-Methyl-1-nitrosoharnstoff, 2'-Desoxy-5-fluoruridin, N-[3-Chlor-4-(2.4-diaminopteridinyl-(6)-methyl)]-N-methylglutaminsäure* u. *Brenztraubenaldehyd-bis-[aminohydrazon]*. G. Kimmerle. 4160

Tastende Versuche in Hinsicht auf eine Chemotherapie des Krebses unter besonderer Berücksichtigung des Nucleinsäurestoffwechsels. Arnold D. Welch. (Nat. Acad. Sci.-Nat. Res. Council, Publ. **1961.** 83—103.) (Engl.)

Vortrag u. Diskussion. — Unter anderem wird über die hemmende Wrkg. von *5-Jod-2'-desoxyuridin* u. *5-Brom-2'-desoxyuridin* auf Neoplasmen bei Mensch u. Tier berichtet. — 11 Literaturangaben. H. Kockert. 4160□

Versuche zur Erzeugung entscheidend wirksamer Tumor-Abwehr. Hans von Euler. (Ark. Kemi **16.** Nr. 21. 239—45. 1960. Stockholm, Univ., Vitamin-Inst.) (Dt.)

Es wurde durch Verreiben von Jensen-Sarkom mit einem Gemisch von 30 g A. (abs.), 10 g Glycerin u. 60 g W. eine zellarme Tumorsuspension hergestellt u. a) normalen, b) durch vorhergehende Sarkomimplantation tumortragenden Ratten injiziert. Bei dem genet. reinen Rattenstamm BD III wurde eine geringere Regressionsrate der Tumoren (Gruppe b) als bei einem norweg. nicht näher bezeichneten Stamm gefunden. Den Verss. gehen einige theoret. Erörterungen zum Problem der Resistenz gegen Tumoren voraus. W. Gutsche. 4160□

Bentley Glass, ed., Survey of biological progress. Vol. 4. London: Academic P. 1962. (XIII + 465 S. m. Abb., Tab. u. Diagr.) 80 s.

—, Application à la biochimie et à la chimie structurale de la spectroscopie des radiofréquences. Compte rendu du colloque organisé à Bruxelles, les 6 et 7 avril 1961. Bruxelles: Palais des Académies 1961. (363 S. m. Abb., Tab. u. Diagr.) 300 fr.

E$_2$. Enzymologie. Gärung

Struktur und Synthese eines Katalysators zur aeroben Oxydation von Cytochrom c. Jui H. Wang und William S. Brinigar. (Proc. nat. Acad. Sci. USA **46.** 958—63. Juli 1960. New Haven, Conn., Yale Univ., Sterling Chem. Labor.) (Engl.)

Da bei der durch Cytochromoxydase oder Cytochrom a spezif. katalysierten Oxydation von *Cytochrom c* durch mol. O_2 nur ein Elektron pro Mol. abgezogen wird, untersuchen Vff., ob die aerobe Oxydation von Cytochrom a ebenfalls durch einen Einelektronenmechanismus erfolgt. Aus den Berechnungen folgt, daß ein solcher Mechanismus nicht vorliegt. Die Diskussion führt zu Vorstellungen über den Aufbau eines synthet. Mol., das über einen Zwei- oder Vierelektronenmechanismus die Oxydation von Cytochrom c katalysiert. Es werden die Bedingungen erörtert, die ein solcher Katalysator erfüllen muß. Die Darst. einer Substanz mit den gewünschten Eigg. gelang aus Häm, einem zweizähnigen Liganden u. einem Polykation. Als Liganden wurden 4.4'-Dipyridyl, 1.2-Di-[pyridyl-(4)]-äthylen u. 1.2-Di-[pyridyl-(4)]-äthan verwendet, als Polymeres diente Poly-L-Lysin. 2 mg Hämin u. 15,4 μVal des Liganden wurden in 5 ml warmer 0,05 formaler KOH-Lsg. gelöst, die Lsg. wurde mit $Na_2S_2O_4$ im Überschuß red. u. mit 3 ml 0,2 formaler Tris-[hydroxymethylamino]-methan-Lsg. als Puffer (pH 7,65), die 0,65 mg Poly-L-lysin enthielt, versetzt. Nach 10 Min. langem Stehen wurde der schwarze Nd. abzentrifugiert, zweimal mit 7—8 ml der Puffer-Lsg., die 1 mMol des Liganden/Liter enthielt, gewaschen, in der gleichen Puffer-Lsg. suspendiert, im Mörser zerrieben u. sofort verwendet. Kinet. Messungen über die katalyt. Wrkg. der Substanzen mit den 3 verschiedenen Liganden werden mitgeteilt. GERHARD SCHULZE. 4210□

Zwei Cytochrome des c-Typs aus im Licht und im Dunkeln gezüchteter Euglena. J. A. Gross und J. J. Wolken. (Science [Washington] **132.** 357—58. 5/8. 1960. Pittsburgh, Pa., Univ. of Pittsburgh, School of Med., Eye and Ear Hosp., Biophysic. Res. Labor.) (Engl.)

Im Licht gezüchtete photosynthet. akt. *Euglena gracilis*-Zellen lieferten bei Extraktion mit wss. 2%ig. Digitonin-Lsg. einen Farbstoffproteinkomplex, der isoliert wurde; hieraus wurde durch Fraktionierung mit Aceton u. $(NH_4)_2SO_4$ ein *Cytochrom* des c-Typs abgetrennt (λ_{max} red.: 552, 523, 416, 315 mμ, oxydiert: 524, 412, 355 mμ). Analog wurde aus nichtphotosynthet. Dunkelzellen von *Euglena* ein anderes *Cytochrom* des *c*-Typs abgetrennt (red.: 556, 525, 412 mμ, oxydiert: 530, 421 mμ). Im Licht gewachsene Zellen enthielten 5mal mehr Cytochrom als Dunkelzellen. K. MAIER. 4210□

Die Quantenausbeute bei der Cytochromoxydation in einem photosynthetischen Bacterium. John M. Olson. (Science [Washington] **135.** 101—02. 12/1. 1962. Waltham, Mass., Brandeis Univ., Dep. of Biochem.; Philadelphia, Pa., Univ. of Pennsylvania, Johnson Found.) (Engl.)

Chromatium, Stamm D, wurde mit aktin. Licht (AL; 100 W, Filter: 1 cm H_2O, Wratten 88 A, Bausch & Lomb Interferenzfilter 2. Ordnung) bestrahlt. Die Anfangs-Geschw. der Absorptionsänderung d(D_{423}—D_{170})/dt jeder Wellenlänge des AL gegen die Absorptionsgröße des AL aufgetragen, dividiert durch den differentiellen Absorptionsindex von *Chromatiumcytochrom* (I), ergab eine Quantenausbeute von 1,0 Elektron pro Photon bei 862—908 mμ bzw. 0,8 bei 589 mμ. Unter Annahme einer prim. Umwandlung von Strahlungs- in chem. Energie unter Einschluß von I u. simultaner Bldg. eines energiereichen Reduktanden (Redoxpotential ungefähr gleich der H_2-Elektrode) würde bei *Bakteriochlorophyll* die thermodynam. Quantenausbeuten der Energieumwandlung aus dem niedrigsten Anregungszustand heraus ca. 30% betragen. J. BOELTER. 4210□

Sauerstoff- und Licht-induzierte Oxydation von Cytochrom, Flavoprotein und Pyridinnucleotid in einer Chlamydomonasmutante. Britton Chance und Ruth Sager. (Plant Physiol. **32.** 548—61. Nov. 1957. New York, N.Y., Columbia Univ., Dep. of Zool.; Philadelphia, Pa., Univ. of Pennsylvania.) (Engl.)

Die Fermente der Atmungskette einer schwachgrünen *Chlamydomonas*-Mutante mit geringem *Chlorophyll*-Geh. wurde spektrophotometr. untersucht. *Pyridinnucleotid* (I), *Flavoproteine* (II) u. *Cytochrom a* u. *b* (III) wurden in für Mikroorganismen typ. Mengen gefunden. End-Oxydase war im Vgl. zu den III nur in so geringer Menge vorhanden, daß sie nicht sicher identifiziert werden konnte. Aus den Veränderungen der Absorptionsspektren nach Belichtung unter aeroben u. anaeroben Bedingungen wurde der Einfl. von Licht u. O_2 auf diese Fermente untersucht. I wird sowohl aerob als auch anaerob durch Licht beeinflußt, II dagegen kaum. III ist hochempfindlich gegen Belichtung unter anaeroben Bedingungen, wird aber aerob nur wenig beeinflußt. Invers zu III verhält sich *Cytochrom f*. W. SCHENK. 4210□

D- und L-Milchsäure-Cytochrom c-Reduktasen der Hefe: Die reversible Einwirkung von Inhibitoren an den aktiven Zentren. Agnar P. Nygaard. (J. biol. Chemistry **236.** 2779—82. Okt. 1961. Oslo, Univ. of Oslo, John Throne Holst's Inst. for Nutrit. Res.) (Engl.)

D-Milchsäure-Cytochrom c-Reduktase (*D*-I) wurde durch *Myristat*, *Laurat*, *Caprylat*, *Butyrat* u. *Acetat* in abnehmender Reihenfolge vollständig kompetitiv gehemmt. *Formiat* hemmte nichtkompetitiv. Die Hemmung schien vom EI-Typ zu sein, d. h., ein Mol. Inhibitor steht mit einer Acceptorstelle in Wechselwirkung. Die Hemmungs-Konst. K_i verschiedener α-Ketocarbonsäuren: *Oxalat* (II), *Glyoxylat*, *Oxalacetat* u. *α-Ketoglutarat* in bezug auf I nahm mit sinkender Ionenstärke ab, während K_i der Fettsäuren konst. blieb. Dicarbonsäuren des Typs HOOC—$(CH_2)_n$—COOH (n = 2—8) hatten prakt. keinen Einfluß. *L*-I wurde nur von II als Ketosäure gehemmt, jedoch war K_i 100mal höher als für *D*-I. Die Fettsäuren hatten bzgl. *L*- u. *D*-I qual. den gleichen Effekt. Die Hemmung von *D*-I durch Kationen war mit *Protamin* (III) als polyvalentem Ion am stärksten. Ca^{2+}, Mg^{2+} u. Co^{2+} hemmten stärker als Na^+, K^+ u. NH_4^+, *Arginin* u. *Tris*. *Glycylglycin* u. *Histidin* mit geringer Ladung bei pH 6,8 waren prakt. ohne Wirkung. Krist. *Chymotrypsinogen*, *Chymotrypsin* u. *Lysozym* (IV), bei neutralem pH positiv geladen, waren ebenfalls acceptorkompetitive Inhibitoren von *D*-I. *Serumalbumin* hemmt nicht.

L-I wurde in etwa gleicher Weise durch **III**, di- u. monovalente Kationen sowie **IV** gehemmt. Es wird angenommen, daß L-I mehr als eine Acceptorstelle für *Cytochrom c* mit verschiedener Salzempfindlichkeit besitzt. J. BOELTER. 4210□

Folsäureabbau durch die Peroxydase aus Cicer arietinum. D. S. Ghanekar und B. M. Braganca. (Experientia [Basel] **16.** 548—49. 15/12. 1960. Bombay, Indian Cancer Res. Center, Enzyme Chem. Dep.) (Engl.) — Vgl. auch C. **1961.** 2694.

Es wurde der Mechanismus der *Folsäure* (I)-Verminderung in Samenkörnern während der Germinationszeit an Hand der Samen von *Cicer arietinum* untersucht; dabei wird eine *Peroxydase* nachgewiesen, die **I** zu 2-Amino-4-hydroxy-6-formylpteridin u. p-Aminobenzoylglutaminsäure umwandelt. Rohe Fermentextrakte aus den genannten Samen sind zur Freisetzung des aromat. Amins u. gleichzeitig des Carbonsäure-Deriv. aus **I** fähig; die Aktivität entwickelt sich progressiv mit der Germination; nach 96 Std. Keimung im Dunkeln bauen die Samenextrakte 50% der zugefügten 300 μg **I** innerhalb 60 Min. ab; trockene Samen sind unwirksam. Es läßt sich an Hand von Inaktivierungs-Verss. mit Versene zeigen, daß ein Metallion für die maximale Wrkg. des Enzym-Syst. verantwortlich ist; auch erwies sich, daß H_2O_2 als essentieller Bestandteil des Enzym-Syst. anzusehen ist. **I** wird unter aeroben Bedingungen in Ggw. kleiner Mengen H_2O_2 unter Bldg. von noch mehr H_2O_2 oxydiert. Der Eingriff der Peroxydase an **I** geht an der C_9—C_{10}-Bindung vor sich. *Katalase* hemmt in kleinen Mengen das Syst. völlig; da die Samen nur kleinste Menge davon enthalten, ist es wahrscheinlich, daß in vivo dieser peroxydat. Abbau von **I** bei der Verminderung des **I**-Geh. während der Keimung eine Rolle spielt. U. TAUSENDFREUND. 4210□

An „Milchmikrosomen" gebundene Peroxydase und Katalase. A. van Maele und R. Vercauteren. (Naturwissenschaften **49.** 14—15. 1. Jan.-H. 1962. Gent, Belgien, Univ., Veterinary Coll., Dep. of Physiol. Chem.) (Engl.)

„Milchmikrosomen" (nach MORTON, Nature [London] **171.** [1953.] 734 hergestellt) enthalten außer *Xanthinoxydase* (I) u. *alkal. Phosphatase* (II) auch *Peroxydase* (**III**) u. *Katalase* (**IV**). **I**, welche von lösl. Lactoperoxydase infolge ihrer Verb. mit den Lipoproteine (**V**)-darstellenden Teilchen verschieden ist, wirkt besser mit Pyrogallol als mit Mesidin oder Malachitgrün. Mit den Mikrosomen können gekoppelte Oxydationen durchgeführt werden, z. B. Hypoxanthin u. Nitrit in Ggw. von O_2. Geeignete Donatoren sind Kaliumferrocyanid, Nitrit u. Ascorbinsäure. — Mittels eines Saccharosegradienten können die Teilchen gereinigt werden, wobei eine scharfe bräunliche **V**-Fraktion u. eine farblose Schicht ohne **I**-Wrkg. erhalten wird. Bei Behandlung der Gradiententeilchen mittels $NaHCO_3$-Lsg. oder mittels alkohol., mit W. gesätt. n-Butanol werden **III** u. **II** völlig lösl. gemacht. Dementsprechend enthalten die Mikrosomen nur noch **I** u. **IV** u. es können gekoppelte Oxydationen (Nitrit als Donator), die nach der Gradientenbehandlung noch möglich waren, nicht mehr stattfinden. A. HESSE. 4210□

Das lösliche und nicht Cytochrom enthaltende, Nitrat reduzierende System in den Kotyledonen von Bohnensamenkeimen der Vigna sesquipedalis. Kazuchiyo Ohmachi, Shigehiko Taniguchi und Fujio Egami. (J. Biochemistry [Tokyo] **46.** 911—15. Juli 1959. Nagoya, Univ., Fac. of Sci., Dep. of Chem.) (Engl.)

Das *Nitrat*-reduzierende Syst. wurde durch Zentrifugieren abgetrennt. Vff. fanden, daß die Eletronenübertragung zur Nitrat-Red. in den Kotyledonen der Bohnen über *Diphosphorpyridinnucleotid-Flavinadenindinucleotid* u. eine Schwermetallkomponente erfolgt. W. HILLER. 4210□

Die Photoreduktion von Methylrot und Tetrazoliumblau durch Spinatchloroplasten und Chromatophoren von Rhodospirillum rubrum. Owen K. Ash, Waldo S. Zaugg und Leo P. Vernon. (Acta chem. scand. **15.** 1629—38. 1961. Provo, Utah, Bugham Young Univ., Dep. of Chem. und Stockholm, Nobel-Inst., Biochem. Abt.) (Engl.)

Spinatchloroplasten katalysieren die Photo-Red. von *Methylrot* (I) u. *Tetrazoliumblau* (II) in einer HILL-Reaktion. Zusatz von *3-[3.4-Dichlorphenol]-1.1-dimethylharnstoff* (10^{-5}m) hemmt die Red. von **I** u. **II**. Zusatz von Ascorbinsäure u. 2.6-Dichlorphenolindophenol führte zur Reaktivierung. *Rhodospirillum*-Chromatophoren (RC) allein katalysieren im Gegensatz zu Spinatchloroplasten die Photo-Red. nicht, jedoch in Ggw. von **I** u. **II**. Die Aktivität des RC-Syst. wurde durch *Chinacrin* in sehr starkem Maße gesteigert. Die Steigerung war sowohl im weißen als auch im roten Licht vorhanden im Gegensatz zu Flavinmononucleotid, das diese Wrkg. nur im weißen Licht zeigt. Die Inhibitoren der Atmung, *Antimycin A* u. *2-Heptyl-4-hydroxychinolin-N-oxid*, stimulierten die Photo-Red. der RC von **I** u. **II** nicht. Sie hemmten jedoch stark die über Bernsteinsäure erfolgende Photo-Red. von Diphosphopyridinnucleotid. W. HILLER. 4210□

Photoreduktion von Methylrot und Tetrazoliumblau durch Ascorbat: Katalyse durch Chlorophyll und Porphyrine in wässerigem Medium. Leo P. Vernon. (Acta chem. scand. **15.** 1639—50. 1961. Stockholm, Med. Nobel Inst., Biochem. Abt.) (Engl.) — Vgl. vorst. Referat.

Methylrot (**I**) u. *Tetrazoliumblau* (**II**) werden durch *Ascorbinsäure* photored. in Ggw. von *Chlorophyll a* (**III**), *Chlorophyll b* (**IV**), *Phäophytin a*, *Phäophytin b*, *Protoporphyrin IX* (**V**), *Hämatoporphyrin IX* u. *Koproporphyrin III* unter anaeroben Bedingungen in wss. Lösung. *Chinacrin* (**VI**) hatte keinen signifikanten Einfl. auf die Aktivierung der Photo-Red. des **II** durch **III**, **IV** u. **V**. β-Carotin ergab geringe Abnahme. Bei der Photo-Red. von **I** fand eine maximale Rk. statt, wenn neben Ascorbat noch *2.6-Dichlorphenolindophenol* (**VII**) vorhanden war. **VI** hemmte hier die Rk., mit **IV** war keine Aktivität vorhanden. Auf die Photo-Red. von **I** u. **II** waren Fe-Porphyrine, Hämoproteine u. Flavinmononucleotid inaktiv. *Ascorbinsäure* konnte durch Glutathion ersetzt werden, die Aktivität der Photo-Red. war hierbei jedoch geringer. Unter aeroben Bedingungen wird die Photooxydation von *red. Diphosphopyridinnucleotid* durch **III**, **IV**, **V**, red. **VII**, Ascorbat u. *red. Cytochrom c* katalysiert. W. HILLER. 4210□

Die Photoreduktion von Pyridinnucleotiden durch Ascorbat: Katalyse durch Chlorophyll und Porphyrine in wässerigem Medium. Leo P. Vernon. (Acta chem. scand. **15.** 1651—59. 1961. Stockholm, Med. Nobel Inst., Biochem. Abt.) (Engl.) — Vgl. vorst. Referat.

Die Photo-Red. von *Di-* (**I**) u. *Triphosphopyridinnucleotid* (**II**) wurde in Ggw. von Ascorbinsäure u. *photosynthet. Pyridinnucleotidreduktase* (**V**) durch *Chlorophyll a* (**III**)–*b* (**IV**) *Hämatoporphyrin IX*, *Protoporphyrin IX* u. *Koproporphyrin III* katalysiert. *Phäophytin a* u. *b* katalysierten in geringerem Maße. *Fe-Porphyrine* u. *Hämoproteine* katalysierten nicht. **II** wurde schneller red. als **I**. Bei **III** u. **IV** wurden die besseren Ergebnisse mit einer nicht gereinigten Mischung erhalten. Wurde mit gereinigten **III** u. **IV** gearbeitet, so fand mit **III** keine Photo-Red. von **II** statt, u. mit **IV** wurde **II** weniger schnell red. als **I**. Zusatz von *2.6-Dichlorphenolindophenol* u. *Chinacrin* verursachten Hemmung. In Abwesenheit von **V** katalysierte nur Hämatoporphyrin die Photo-Red. von **I** in geringem Maße. W. HILLER. 4210□

Die Dehydraseaktivität einer thermotoleranten Hefe. L. G. Loginowa und E. P. Gushewa. (Микробиология [Mikrobiologie] **30.** 917—20. Sept./Okt. 1961. Moskau, Inst. für Mikrobiol. der Akad. der Wiss. der UdSSR.) (Russ.; Auszug: Engl.)

Saccharomyces cerevisiae Rasse XII, eine Hefe, die bei 40° gut wächst, hat eine verminderte Aktivität des Dehydrase-Syst. des Tricarbonsäurecyclus u. der Glucodehydrase gegenüber der mesophilen Ausgangsform. Diese Besonderheit ist eine erworbene, erblich gefestigte Eigenschaft. K. SATTLER. 4210□

Untersuchungen über die Milchsäuredehydrogenase im Blutserum und in der Ascitesflüssigkeit; 100 Beobachtungen. José Enrique López. (Acta ci. venezolana **12.** 153—57. Dez. 1961. Venezuela, Univ. de Carababo, Cátedra de Med., Inst. de Anatomia Patol.) (Span.)

Die Mittelwerte der nach DROBLEWSKI u. LADUE (Proc. Soc. exp. Biol. Med. **90.** [1955.] 210) im Blutserum (u. in der Ascites-Fl.) bestimmten *Milchsäuredehydrogenase* betragen bei Gesunden 245 Einheiten (—), bei Lebercirrhose 515 (155), bei maligner Neoplasie 725 (1150), bei Herzinsuffizienz 710 (276), bei Nierenentzündung 500 (137) u. bei Tuberkulose 560 (116). P. LOCH. 4210□

Über die extracelluläre Glutathionreduktase von Escherichia coli. N. I. Prosskurjakow und L. K. Menschich. (Микробиология [Mikrobiologie] **31.** 5—9. Jan./Febr. 1962. Moskau, Univ., Biolog.-Bodenkundl. Fakultät.) (Russ.; Auszug: Engl.)

Aus der Kultur-Fl. von *E. coli* Stamm 3995 wurde durch Adsorption an ein Ca-Phosphatgel u. wiederholte Elution mit Phosphatpuffer, weitere Fraktionierung u. Dialyse ein teilweise gereinigtes Präp. von *Glutathionreduktase* (**I**) erhalten. Die Wrkg.-Optima liegen bei pH 6,9—7,8 u. 30—40°. Das *p-Chlormercuribenzoat* wirkt hemmend, so daß **I** als Ferment mit funktionellen Sulfhydrylgruppen betrachtet werden kann. K. SATTLER. 4210□

Die Bildung von Spermidin aus Spermin durch Serumaminoxydase. U. Bachrach und Ruth Bar-Or. (Biochim. biophysica Acta [Amsterdam] **40.** 545. 3/6. 1960. Jerusalem, Hebrew Univ., Hadassah Med. School, Dep. of Clin. Microbiol.) (Engl.)

Bei Einw. von *Serumaminoxydase* (**I**; Schafserum) auf *Spermintetrahydrochlorid* (**II**) in Tris-[hydroxymethyl]-aminomethan-Puffer (pH 6,8) entsteht quant. *Spermidin* (**III**; R_F 0,13), dessen Bldg. papierchromatograph. verfolgt wird (Kurve). Die Bldg. von **III** aus **II** erfolgt scheinbar zu Beginn der von **I** gesteuerten Polyaminoxydation u. zeigt starke Ähnlichkeit mit dem bei Bakterien beobachteten Polyaminabbau. G. KIRSTEN. 4210□

Bestimmung von Coeruloplasminoxydase in Serum. Richard J. Henry, Neil Chiamori, S. L. Jacobs und Milton Segalove. (Proc. Soc. exp. Biol. Med. **104.** 620—24. Aug./Sept. 1960. Los Angeles, Calif., Bio-Sci. Res. Found.) (Engl.)

Eine modifizierte Best. von *Coeruloplasminoxydase* (I) in Serum nach der Meth. von Ravin (Lancet **270.** [1956.] 726) wird beschrieben, wobei p-Phenylendiamin (II) als Substrat dient, dessen Oxydation spektrophotometr. (Kurven) gemessen wird. Vff. untersuchen den Einfl. von pH, Temp., Serumstabilität u. Äthylendiamintetraessigsäure (III) auf die Best. von I. Die katalyt. Oxydation von I durch freie Metallionen wird durch Zusatz von Azid zu einer Serumblindprobe ausgeschaltet. III verhindert zwar die Oxydation von II durch Cu-Ionen, hemmt aber gleichzeitig auch die I-Aktivität im Serum. G. Kirsten. 4210□

Verlust einer essentiellen enzymatischen Funktion als Folge der Eliminierung eines Kerntyps eines dicaryotischen Mycels von Coprinus. Alan H. Mehler und Georges Prévost. (C. R. hebd. Séances Acad. Sci. **250.** 588—90. 18/1. 1960. Gif-sur-Yvette, Seine-et-Oise, Labor. de Génétique Physiologique.) (Franz.)

Das aus den beiden Uracil (I) benötigenden Stämmen *ur* 4 u. *ur* 7 des Basidiomyceten *Coprinus fimetarius* resultierende dicaryot. Mycel entwickelt sich auf I-freiem Nährboden. Das Protoplasma dieses Mycels, das alle zur I-Bldg. erforderlichen Enzyme synthetisieren kann, verliert die Fähigkeit zur Synth. eines hierfür essentiellen Enzyms, wenn eine seiner Kerntypen eliminiert wird. Das Cytoplasma besitzt demnach nicht die Fähigkeit zur Bldg. eines spezif. Enzyms. K. Maier. 4210□

Mechanismus der Synthese von Purinnucleotiden in Herzmuskelextrakten. David A. Goldthwait. (J. clin. Invest. **36.** 1572—78. Nov. 1957. Cleveland, Ohio, Western Reserve Univ., Dep. of Biochem.) (Engl.)

An Herzmuskelextrakten wird die Fähigkeit zur Synth. von Purinnucleotiden untersucht u. die an den Rkk. beteiligten Enzyme nachgewiesen. Es werden Herzmuskelextrakte mit radioakt. Adenosin unter Zugabe von *Adenosintriphosphat* (ATP), mit Adenin unter Zusatz von *5-Phosphoribosylpyrophosphat* (PRPP) bzw. *Ribose-5-phosphat* (R-5-P) u. ATP sowie mit Glycin unter Zusatz von PRPP bzw. R-5-P u. Glutamin versetzt u. die im synthetisierten Nucleotid fixierten Verbb. in Abhängigkeit zur Zeit (Angabe in Mikromol) bestimmt. Vf. stellt fest, daß die Synth. hauptsächlich durch Phosphorylierung von Adenosin bzw. Kondens. von Adenin u. Hypoxanthin erfolgt, während die Neusynth. des Purinringes aus Verbb. niedrigeren Molgew. (Glycin) von untergeordneter Bedeutung ist. A. Täufel. 4210□

Einfluß von pH-Wert und Harnstoff auf die Aktivität von Adenosindesaminase von Säugetieren. T. G. Brady und M. O'Sullivan. (Biochem. J. **80.** 17P. 1961. Cork, Univ. Coll., Dep. of Biochem.) (Engl.)

Der Einfl. des pH-Wertes auf gereinigte *Adenosindesaminase* (I) wurde im pH-Bereich 3,5—11 bis zu 24 Std. bei 37^0 getestet. I zeigt keinen Abfall der Aktivität zwischen pH 5 u. 9, wurde aber bei <4 u. $>9{,}5$ schnell inaktiviert. Die durch *Harnstoff* (II) bei Konzz. >8 m hervorgerufene Inaktivierung ist pH- u. temperaturabhängig. Spektrophotometr. Titration von I bei 295 mμ in Ggw. u. Abwesenheit von II zeigt keine signifikanten Unterschiede, womit angezeigt ist, daß H-Bindungen von *Tyrosin*-Resten in diesem Enzym nicht vorkommen. S. Vierkötter. 4210□

Überblick über die Verteilung und die Natur von Adenosindesaminasen in Säugetieren. T. G. Brady und C. I. O'Donovan. (Biochem. J. **80.** 17P. 1961. Cork, Univ. Coll., Dep. of Biochem.) (Engl.) — Vgl. vorst. Referat.

Adenosindesaminase (I)-Aktivität (A) wurde in allen getesteten Organen von Ratte, Meerschweinchen, Kaninchen, Katze u. Hund gefunden. Die höchsten A wurden im Hirn u. im Verdauungstrakt festgestellt. Sowohl *Adenosin* (II) als auch *Desoxyadenosin* (III) wurden als Substrate verwendet. Beide Verbb. wurden von den getesteten Geweben desaminiert. Die Gewebe von Kaninchen u. Hund desaminierten II schneller als III, während die Gewebe der anderen Vers.-Tiere beide Substrate in meist gleichen Geschw. desaminierten. S. Vierkötter. 4210□

Aminosäure-aktivierende Enzyme in Rattenlebermitochondrien. Valda M. Craddock und M. V. Simpson. (Biochem. J. **80.** 348—52. 1961. New Haven, Conn., Yale Univ., Dep. of Biochem.) (Engl.)

In Rattenlebermitochondrien wurden *Aminosäure* (I)-*aktivierende Enzyme* (II) festgestellt. Durch die Reversibilität der durch I katalysierten Rk. konnte der II-abhängige Austausch von *anorgan. Pyrophosphat* (III) mit der endständigen III-Gruppe des *ATP* als Test für die Ggw. von II benutzt werden. I-Gemische, die *Tryptophan* (IV), Phenylalanin, Methionin, *Leucin* (V), Valin, Isoleucin u. Alanin enthielten, zeigten eine relativ hohe Stimulierung des III-Austausches. Bei Prüfung der einzelnen I zeigte sich, daß nur IV u. V einen merklichen Effekt ausübten. S. Vierkötter. 4210□

Kristallisation von deuterierter Ribonuclease. J. Bello und D. Harker. (Nature [London] **192.** 756. 25/11. 1961. Buffalo, N.Y., Roswell Park Memorial Inst., Dep. of Biophys.) (Engl.)

Ribonuclease, bei der alle austauschbaren H-Atome bzw. alle bis auf $H_{(20)}$ gegen *Deuterium* ausgetauscht waren, krist. aus 55%ig. wss. 2-Methylpentandiol-(2.4) (deuteriertes Lsgm.) in der von KING u. Mitarbeitern (Acta crystallogr. [Copenhagen] **9.** [1956.] 460) beschriebenen Form II. Einige Ergebnisse der Röntgenaufnahmen werden diskutiert. H. LOHSCHELDER. 4210□

Erhöhte 5-Nucleotidase-Aktivität in Verbindung mit Weißmuskelerkrankung. J. R. Schubert, O. H. Muth, J. E. Oldfield und L. F. Remmert. (Proc. Soc. exp. Biol. Med. **104.** 568—69. Aug./Sept. 1960. Corvallis, Oreg., Oregon Agr. Exp. Stat.) (Engl.)

Die Bedingungen zur Best. von *5-Nucleotidase* (I)-Aktivität in der Skelettmuskulatur von Lämmern werden untersucht u. der I-Geh. mittels Adenosin-5'-monophosphat bzw. p-Nitrophenylphosphat als Substrat durch Best. des freigesetzten P festgestellt. Lämmer mit sog. Weißmuskelerkrankung („white muscle disease") zeigen eine bis zu 12fach erhöhte I-Aktivität gegenüber gesunden Kontrolltieren. G. KIRSTEN. 4210□

Bestimmung der 5-Nucleotidase in Blutserum. Diana M. Campbell. (Biochem. J. **82.** 34P. Febr. 1962. London, Postgraduate Med. School, Dep. of Chem. Pathol.) (Engl.) — Vgl. vorst. Referat.

Die Wrkg. von *5-Nucleotidase* (I), welche die Dephosphorylierung von Nucleotiden mit einer Phosphatgruppe am $C_{(5)}$ des Riboseteiles katalysiert, wird bei pH 7,5 mit Adenosin-5-phosphat (II) als Substrat bestimmt. Da bei diesem pH auch die anwesende unspezif. *alkal. Phosphatase* (III) das II angreift, müssen zwei Best. durchgeführt werden. Zunächst wird die Hydrolyse in Ggw. von Nickelchlorid (IV) ermittelt, wodurch I gehemmt wird u. nur III wirksam bleibt. Dann wird die Gesamthydrolyse durch I + III ohne Zusatz von IV ermittelt. In beiden Fällen wird die Bldg. von anorgan. Phosphat gemessen. — Patienten mit hepatobiliärer Erkrankung haben einen erhöhten Geh. an Serum-I. A. HESSE. 4210□

Histochemischer Nachweis der Mitochondrien-Adenosintriphosphatase mit der Blei-Adenosintriphosphattechnik. Max Wachstein, Elizabeth Meisel und Alexander Niedzwiedz. (J. Histochem. Cytochem. [Baltimore] **8.** 387—88. Sept. 1960. Brooklyn, N.Y., St. Catherine's Hosp., Dep. of Pathol.) (Engl.)

Die *Pb-Adenosintriphosphat-Technik* ist auch zum Nachw. von Mitochondrien-*Adenosintriphosphatase* (I) in Leber- u. Nieren-Zellen sowie von I in quergestreifter u. Herzmuskulatur (Cytoplasma) geeignet. Es wird empfohlen, gereinigte Gläser gegen die Schnittfläche des frisch entnommenen Organs zu drücken u. nach Lufttrocknung sofort im Pb-Adenosintriphosphatmedium zu inkubieren (15 Min.); durch Fixierung in kaltem neutralem *Formol* oder 80%ig. *A.* bzw. Präinkubation in *Acetatpuffer*, pH 4, kann die I-Aktivität der Mitochondrien vollständig ausgelöscht werden. U. TAUSENDFREUND. 4210□

Isolierung und Eigenschaften oxydative Phosphorylierung bewirkender Sarkosomen des Schweineuterus. Danièle Gautheron, Yves Gaudemer und François Zajdela. (C.R. hebd. Séances Acad. Sci. **250.** 3064—66. 2/5. 1960. Paris, Fac. des Sciences, Lab. de Chim. biol.) (Franz.)

Aus dem Uterusmuskel des nichtträchtigen Schweins wurden Sarkosomen (Sark.) durch differentielle Zentrifugierung isoliert. Intaktheit u. Reinheit der Präpp. wurden phasenkontrastmkr. u. durch Messung von Atmung u. Phosphorylierung in Ggw. verschiedener Substrate kontrolliert. Sark. oxydieren rasch red. Diphosphopyridinnucleotid (P/O ca. 0,6). Die Hemmung der oxydativen Phosphorylierung durch 2.4-Dinitrophenol zeigt, daß die Phosphorylierungen mit der Atmungskette zusammenhängen. Uterusmuskel enthält ca. 7mal weniger Sark. als Herzmuskel. Sie oxydieren die einzelnen Substrate 3mal langsamer als Herzmuskelsarkosomen. Die erhaltenen P/O-Werte können, ausgenommen mit Succinat als Substrat, durch eine hypoton. Behandlung verbessert werden. K. MAIER. 4210□

Elektronentransport und Phosphorylierungsinhibitoren bei Tetrahymena und Beweis für ihre Bildung durch eine Phospholipase. Herbert J. Eichel. (Biochim. biophysica Acta [Amsterdam] **43.** 364—66. 23/9. 1960. Philadelphia, Pa., Hahnemann Med. Coll., Dep. of Biol. Chem.) (Engl.)

Präpp. von *Tetrahymena pyriformis* wurden 24 Std. bei 0° gehalten, dann gekocht, um das Hemmstoff produzierende Enzym zu zerstören. Die oxydative Phosphorylierung der Lebermitochondrien war bei Zusatz der bei 0° gehaltenen Präpp. gehemmt, bei Zusatz der bei 0° gehaltenen u. gekochten Präpp. trat eine Hemmung erst bei größeren zugesetzten Mengen ein. Die Substanz, die in *Tetrahymena*-Präpp. den Elektronentransport u. die Phosphorylierung hemmt, scheint eine Fettsäure, möglicherweise ein Lyophosphatid zu sein, das aus dem Abbau eines Phospholipids durch Protozoenphospholipase stammt. W. HILLER. 4210□

Synthese einer modifizierten Phosphatase in Gegenwart eines Pyrimidinanalogen durch E. coli. Shiro Naono und François Gros. (C. R. hebd. Séances Acad. Sci. **250.** 3889—91. 8/6. 1960.) (Franz.)

Die von *E. coli*-Kulturen in Ggw. von 5-Fluoruracil gebildete *alkal. Phosphatase* (I) unterscheidet sich in der Substrataffinität nicht von normaler alkal. I, weist aber eine viel größere Hitzeempfindlichkeit auf. K. MAIER. 4210□

Bestimmung der nichtspezifischen alkalischen Phosphatase und der spezifischen Glucose-6-phosphatase. Diana M. Campbell. (Biochem. J. **82.** 33P. Febr. 1962. London, Postgraduate Med. School, Dep. of Chem. Pathol.) (Engl.)

Alkal. Phosphatase wird an der Einw. auf Glucose-1-phosphat (I) bei pH 9,2 u. 37^0 untersucht, wobei die Rk. nach 15 Min. mittels Sulfosalicylsäure unterbrochen wird, der entstehende Nd. sofort (wegen der Empfindlichkeit von I gegen Säure) abfiltriert u. im Filtrat das anorgan. Phosphat in Cu^{2+} enthaltendem Acetatpuffer von pH 4 (bei dem keine Spaltung von I erfolgt) colorimetr. bestimmt wird. — *Glucose-6-phosphatase* (II) wird analog mit Glucose-6-phosphat als Substrat bei pH 6,5 bestimmt, wobei die Einw.-Zeit wegen der ungewöhnlich großen Wärmeempfindlichkeit von II auf 10 Min. bei 37^0 begrenzt wird. A. HESSE. 4210□

Einflußfaktoren auf die Geschwindigkeit von Aminosäure-abhängigem Pyrophosphataustausch. Priscilla Hele. (Biochem. J. **81.** 26P—27P. Okt. 1961. London, Hammersmith Hosp.) (Engl.)

pH-5-Fraktionen aus Rattenlebern katalysieren die Geschw. von Leucin- u. Isoleucin-abhängigem Pyrophosphataustausch. Die Rk.-Bedingungen in Abhängigkeit von der $MgCl_2$-Konz., dem Ribonucleinsäure-Geh. u. dem Alter der Spendertiere werden untersucht u. dabei gefunden, daß 2 Isoleucin-abhängige Austausch-Rkk. des Pyrophosphats stattfinden. R. PREUSSMANN. 4210□

Der Phosphorumsatz der bei der Einwirkung von Ultraviolettstrahlen erhaltenen Variante von Aspergillus niger T-1. 3. Mitt. **Die Rolle der Phosphatase im Stoffwechsel.** Chun-jui Ssun. (Микробиология [Mikrobiologie] **29.** 806—12. Nov./Dez. 1960. Moskau, Inst. für Mikrobiol. der Akad. der Wiss. der UdSSR.) (Russ.; Auszug: Engl.) — 2. vgl. C. **1961.** **13964.**

Zur Gewinnung des *Phosphatase*-(I)-Präp. wurde das Mycel mit gekühltem, trockenem Aceton behandelt, über P_2O_5 getrocknet, zerrieben u. mit W. bei Zimmer-Temp. 1 Std. lang extrahiert. Das Rk.-Gemisch enthält: 2 ml Puffer, 0,5 ml 0,01 m Na-β-Glycerinphosphat als Substrat u. 0,5 ml Ferment-Extrakt. Nach 20 Min. Bebrütung bei 37^0 wurde die Ferment-Wrkg. durch 1 ml 20%ig. Trichloressigsäure unterbrochen. Die I-Aktivität wurde ausgedrückt in der Zunahme von Orthophosphat in g/mg des Acetonpräparats. Das pH-Optimum liegt beim Ausgangsstamm 6/5 u. der Mutante T-1 etwa bei 2,1. Eine alkal. I wurde nicht gefunden. Auf Medium 1 (Nährmedium nach SHURAWSKI mit 5% Saccharose) ist die I-Aktivität in jungen (48 Std.) Mycelien am höchsten u. sinkt mit zunehmendem Alter bei beiden Stämmen ab. Auf Medium 2 (Citronensäure-Nährboden mit 20% Saccharose) steigt die I-Aktivität stark an. Bei Zugabe von P zu Medium 2 sinken bei der Mutante T-1 die Citronensäureausbeute u. die I-Aktivität ab; die Biomasse nimmt zu. Die I-Aktivität der Mutante T-1 ist in allen Fällen höher als die des Ausgangsstammes. K. SATTLER. 4210□

Die Reinigung und die Eigenschaften von 2-Ketogluconokinase aus Aerobacter aerogenes. E. W. Frampton und W. A. Wood. (J. biol. Chemistry **236.** 2578—80. Okt. 1961. Urbana, Ill., Univ. of Illinois, Dep. of Dairy Sci., Labor. of Bacteriol.) (Engl.)

Aus zellfreien Extrakten von *Aerobacter aerogenes* wurde *2-Ketogluconokinase* (I) durch mehrfache fraktionierte Fällung mit $(NH_4)_2SO_4$ u. Adsorption an Ca-Phosphatgel gereinigt, wobei eine 124fache Anreicherung mit einer 81%ig. Ausbeute (bezogen auf die ursprüngliche Fermentaktivität) erreicht wurde. Die MICHAELIS-Konst. K_m für *2-Ketogluconat* (II) wurde zu $4{,}6 \cdot 10^{-3}$ m bestimmt. Die I-Aktivität wurde nicht durch *red. Glutathion* oder *Äthylendiamintetraessigsäure* beeinflußt, ging jedoch durch Dialyse verloren u. konnte durch Zusatz von Cofaktoren nicht wiederhergestellt werden. Die Darst. von *2-Keto-6-phosphogluconat* erfolgte durch Inkubation einer I-Fraktion mit II, *ATP*, *$MgCl_2$* (4 Std. bei 30^0), Abtrennung durch Ionenaustauschchromatographie (Dowex-1-Formiat) u. Ausfällung als Ba-Salz. J. BOELTER. 4210□

Die Reinigung und die Eigenschaften der Erythritkinase aus Propionibacterium pentosaceum. Darold Holten und Herbert J. Fromm. (J. biol. Chemistry **236.**

2581—84. Okt. 1961. Grand Forks, N. Dak., Univ. of North Dakota, School of Med., Guy and Bertha Ireland Res. Labor., Dep. of Biochem.) (Engl.)

Erythritkinase (I) wurde aus zellfreien Extrakten von *Propionibacterium pentosaceum* nach Behandlung mit *Streptomycin*, Adsorption der Verunreinigungen an Ca-Phosphatgel, fraktionierter Fällung mit $(NH_4)_2SO_4$ u. Adsorption von I an Ca-Phosphatgel um das 120fache angereichert. Das Präp. war frei von *Adenosintriphosphatase*-Aktivität. Die Darst. von *L-Erythrit-1-phosphat* (II) erfolgte durch Inkubation (150 Min. bei 28°) von I, *Erythrit* (III) u. *³²P-ATP*, Ausfällung von II als Ba-Salz u. Freisetzung von II durch HCl. Keine II-Bldg. erfolgte mit *ADP* oder *Guanosintriphosphat* anstelle von *ATP*. Keine Phosphatester wurden mit folgenden Polyolen gebildet: *Ribit*, *D-Mannit*, *Äthylenglykol*, *Glycerin*, *D-Arabit*, *D-Xylit*, *D-Sorbit* u. *Dulcit*. Das optimale Mg^{2+}/ATP-Verhältnis betrug 2 : 1. Der optimale pH-Wert wurde zu 8,6 gefunden. Die scheinbaren MICHAELIS-Konst. K_m für III u. ATP betrugen $8{,}76 \cdot 10^{-4}$ u. $4{,}8 \cdot 10^{-3}$ molar. Die ADP-Bldg. war der Phosphatester-Bldg. äquivalent. Die gefundene Spezifität von I für III läßt eine III-Best. auf dieser Grundlage möglich erscheinen.

J. BOELTER. 4210□

Der β-Hemmstoff von lagernden Kartoffelknollen als Hemmstoff für α-Amylase. Torsten Hemberg und Inga Larsson. (Physiol. Plantarum [Copenhagen] **14.** 861—67. 1961. Stockholm, Univ., Inst. of Physiol. Bot.) (Engl.)

Der β-Hemmstoff aus den Schalen lagernder Kartoffeln, der papierchromatograph. vorgereinigt worden war, unterdrückt weitgehend die Wrkg. der *α-Amylase*, nicht aber die der *β-Amylase*. Ähnlich wirken *trans-Zimtsäure* u. *Salicylsäure*. Die Wrkg. des β-Hemmstoffes wird durch 40 Min. langes Erhitzen auf 120° nicht beeinträchtigt.

E. LÜCK. 4210□

Gewinnung der kristallinen α-Amylase von Aspergillus oryzae. R. W. Feniksowa und G. A. Molodowa. (Микробиология [Mikrobiologie] **30.** 607—10. Juli/Aug. 1961. Moskau, Allunionsinst. für die Alkohol-Ind.) (Russ.; Auszug: Engl.)

Aus einer Oberflächenkultur von *Aspergillus oryzae* wurde eine krist. *α-Amylase* mit einer amylolyt. Aktivität von 6000 E./g gewonnen. Das Präp. hydrolysiert sowohl Stärke als auch Dextrine (Dextrinaseaktivität 23000 E./g). K. SATTLER. 4210□

Untersuchungen über die Hemmung von Cellulase spaltenden Fermenten. Birgitta Norkrans und Lennart Wahlström. (Physiol. Plantarum [Copenhagen] **14.** 851—60. 1961. Göteborg, Univ., Botany Dep.) (Engl.)

10^{-3} m *Gluconsäure* (I) u. *Glucono-1.5-lacton* (II) hemmen *p-Nitrophenyl-β-glucosidase* vollständig u. in 10^{-5} m Lsg. zu 50%. Die *Cellobiasen* von *Polyporus annosus* u. *Trichoderma viride* werden von I in ähnlichen Konzz. gehemmt. Die Rk. von *Cellulase* gegenüber langkettigen Anhydro-Glucose-Derivv. wird von I u. II nicht gehemmt.

E. LÜCK. 4210□

Ein unterschiedlicher Diffusionsfaktor bei Hyaluronidasen (auf Chondroitinschwefelsäure wirkend). A. Castaigne. (Anesthésie, Analgésie Réanimat. **16.** 567—86. Juni/Juli/Aug. 1959. Toulouse.) (Franz.) — Vgl. auch CAMPAN, C. **1962.** 13116.

Neben der *Hyaluronidase* (I) existiert ein anderes Diffusionsenzym (*Thiomucase, 84-04 C*, II), das Chondroitinschwefelsäure depolymerisiert. Eine Best.-Meth. u. Isolier-Meth. für II werden angegeben. II erleichtert die Penetration von Stoffen durch die Haut, subkutane Gewebe u. peri- u. intraartikuläre Gewebe stärker als I. Diese Diffusions-Wrkg. von II wird im Gegensatz zu I durch Heparin nicht gehemmt. G. KIMMERLE. 4210

Mechanismus der Rhodanese-Wirkung: Polarographische Studien. John R. Green und John Westley. (J. biol. Chemistry **236.** 3047—50. Nov. 1961. Chicago, Ill., Univ., Dep. of Biochem.) (Engl.)

Die Benutzung eines HEYROVSKY-Polarographen mit einer Hg-Tropfelektrode erlaubte weitere Unterss. des Wrkg.-Mechanismus der Rinderleber-*Rhodanese* (I; *Thiosulfat-Cyanid-Transpherase*). Die Stöchiometrie der Rkk. von krist. I mit den Substrationen $S_2O_3^{2-}$, SO_3^{2-}, SCN^- u. CN^- führte zur Aufstellung folgender Rk.-Gleichungen: 1. Enzym + 2 $S_2O_3^{2-}$ ⇌ Enzym-S_2 + 2 SO_3^{2-}; 2. Enzym-S_2 + 2 CN^- ⇌ Enzym + 2 SCN^-; die Unterss. identifizierten krist. I als ein Enzym–Substrat-Intermediär-Prod. (Enzym-S_2 der Gleichungen 1. u. 2.), das 2 Atome aktivierten Substratschwefels pro Mol. enthält.

S. VIERKÖTTER. 4210□

Cholinesterase im Crustaceenmuskelreceptororgan. E. A. Maynard und D. M. Maynard. (J. Histochem. Cytochem. [Baltimore] **8.** 376—79. Sept. 1960. Ann Arbor, Mich., Univ. of Michigan, Mental Health Res. Inst. and Dep. of Zool.) (Engl.)

Die *Cholinesterase* (I)-Aktivität in den sensor. Neuronen von Krebsen (hier *Homarus americanus*) scheint eine Rolle bei der Determination der Rk.-Charakteristica bzgl. schnell oder langsam raegierender Receptoren zu spielen, da histochem. Nachw. von I (nach der Acetyl- bzw. Butyrylthiocholin-Meth.) einen höheren Geh. in den schnell adaptierenden Neuronen als in den langsamer adaptierenden Neuronen des Muskelreceptororgans ausweist. U. TAUSENDFREUND. 4210□

Beobachtungen über die Einwirkung von Rattenleberpräparaten auf Kollagen. D. Mary Frankland und C. H. Wynn. (Biochem. J. **81.** 25P. Okt. 1961. Manchester, Univ., Rheumatism Res. Centre.) (Engl.)

Während bisher kein Gewebeenzym bekannt war, das *Kollagen* abbaut, gelingt es, aus Rattenleberhomogenaten durch Zentrifugieren Fraktionen mit deutlicher Aktivität zu isolieren, wobei 2 Mitochondrienfraktionen am stärksten wirksam sind. Durch Fraktionierung mit Aceton u. Ammonsulfat gelingt es, die Aktivität um 150% zu steigern. Im Gegensatz zu *bakterieller Kollagenase* wird diese Aktivität nicht durch Cystein gehemmt. R. PREUSSMANN. 4210□

Fibrinase. 1. Mitt. **Die Reinigung von Substrat und Enzym.** Ariel G. Loewy, Katy Dunathan, Robert Kriel und Howald L. Wolfinger jun. (J. biol. Chemistry **236.** 2625—33. Okt. 1961. Haverford, Pa., Haverford Coll., Dep. of Biol.) (Engl.)

Fibrinogen (I) wurde aus menschlichem Plasma durch mehrfache Fraktionierung mit $(NH_4)_2SO_4$ von *Fibrinase* (II) gereinigt u. angereichert. **II** wurde gleichfalls aus Plasma durch Fraktionierung mit $(NH_4)_2SO_4$, Hitzeaktivierung u. Chromatographie an einer DEAE-Cellulosekolonne gereinigt u. gegenüber der Konz. im Plasma auf das 8000fache angereichert. *Cystein* (0,0025—0,005m) bewirkte keinen Anstieg der **II**-Reaktivierung. Ebensowenig wurde inakt. **II** durch akt. **II** reaktiviert. **II**-freies **I** zeigte in Kreuz-Verss. mit *Antifibrinase*-Serum (aus Kaninchenblut) keine Aktivität, während **II**-Präpp. von einer bestimmten Konz. eine solche Aktivität zeigten. *Antifibrinogen*-Serum zeigte in Kreuz-Verss. mit **II** keine Aktivität. Nach Geldiffusions-Verss. erwies sich **II** als aus zwei Komponenten verschiedener Aktivität bestehend. J. BOELTER. 4210□

Fibrinase. 2. Mitt. **Einige physikalische Eigenschaften.** Ariel G. Loewy, Albert Dahlberg, Katy Dunathan, Robert Kriel und Howard L. Wolfinger jun. (J. biol. Chemistry **236.** 2634—43. Okt. 1961.) (Engl.) — 1. vgl. vorst. Referat.

Aus menschlichem Plasma isolierte *Fibrinase* (I) wurde durch Geldiffusion in zwei Komponenten aufgespalten, wobei durch Verdünnung oder Aufbewahren bei 4^0 eine teilweise Umwandlung der enzymakt. Komponente in die andere stattfand. Durch niedrigen pH-Wert oder Hitze-Einw. konnte die Dissoziation in die Komponenten gesteigert werden. Dagegen bewirkten *Cystein*, in geringerem Maße *Glycin*, *Alanin* u. *Arginin* eine Hemmung der **I**-Dissoziation. Die Bldg. eines **I**–*Fibrinogen*-Komplexes unter nativen Bedingungen wie auch durch Mischung der gereinigten Komponenten konnte immunoelektrophoret., durch Geldiffusion u. Präcipitin-Meth. nachgewiesen werden. Für **I** wurde ein Molgew. von 350000 gefunden. Es wird eine Dissoziation von **I** in drei Untereinheiten angenommen. J. BOELTER. 4210□

Fibrinase. 3. Mitt. **Einige enzymatische Eigenschaften.** Ariel G. Loewy, Katy Dunathan, Jonathan A. Gallant und Barbara Gardner. (J. biol. Chemistry **236.** 2644—47. Okt. 1961.) (Engl.) — 2. vgl. vorst. Referat.

Die Wechselzahl [unlösl. *Fibrin* (III)/mg *Fibrinase* (I)] von aus menschlichem Plasma isolierter **I** wurde mit u. ohne Zusatz von *Cystein* (II) bei verschiedenen **I**-Konzz. bestimmt. Zusatz von **II** erhöhte teilweise die Wechselzahl. Die Verzögerungsperiode (VP) vor der **III**-Bldg. bei konst. **I**-Konz. wurde mit steigender *Fibrinogen* (**IV**)-Konz. verlängert. Die VP stand in umgekehrter Beziehung zur **I**-Konz.; danach war die **III**-Bldg. der **I**-Konz. direkt proportional. Lösl. **III** konnte durch **I** in unlösl. **III** in Ggw. von Ca^{2+} umgewandelt werden. *Thrombin* war für die Rk. nicht notwendig. In Ggw. von **IV** erwies sich **I** als inakt., so daß **III** u. nicht **IV** als Substrat für **I** angenommen werden muß. **I** konnte durch sehr geringe Mengen *p-Chlormercuribenzoat* (**V**) oder hohe Ag^+-Konzz. u. teilweise durch *Jodacetat* (**VI**) gehemmt werden, während die Koagulationsmischung durch Ag^+, **V** u. **VI** an der **III**-Bldg. gehemmt wurde. Die Hemmung durch **V** u. Ag^+ konnte durch **II** rückgängig gemacht werden. Es wird angenommen, daß während der Rk. neue SH-Gruppen in Erscheinung treten, wodurch die verschiedenen Hemmungscharakteristika während der Rk. erklärt werden. J. BOELTER. 4210□

Fibrinase. 4. Mitt. **Die Wirkung auf die Fibrinlöslichkeit.** Ariel G. Loewy, Jonathan A. Gallant und Katy Dunathan. (J. biol. Chemistry **236.** 2648—55. Okt. 1961.) (Engl.) — 3. vgl. vorst. Referat.

Es wurden Löslichkeits-Verss. an *Fibrin* (II) unternommen, das aus *Fibrinase* (I)-haltigem *Fibrinogen* des menschlichen Plasmas gewonnen worden war. Sie erwiesen die Existenz dreier Formen von **II**. Lösl. **II** (**IIa**) wurde in Ggw. von *EDTA* u. Abwesenheit von **I** u. Ca^{2+} bei pH 4,5—9 erhalten u. war in 1 m *Harnstoff* (**III**)-Lsg. (pH 8), 0,001 m *Na-Dodecylsulfat* (**IV**) oder 0,05 m *Cetyltrimethylammoniumbromid* (**V**) löslich. Ein stabilisiertes **II** (**IIb**) bildete sich in Ggw. von **I**, Ca^{2+} u. *Cystein* (**VI**) oder *Sulfit* (**VII**) bzw. entstand aus unlösl. **II** (**IIc**) durch Behandlung mit **VI** oder **VII**. **IIb** war nicht in 8 m **III**, jedoch in **IV** oder **V** (0,01 m) löslich. **IIc** erwies sich in 8 m **III**, nicht jedoch in 1 m **IV** zwischen pH 2,2 u. 9,5 als löslich. Die spontane Umwandlung von **IIb** in **IIc** u. die Hemmung der Umwandlung des **VI**-stabilisierten **IIb** in **IIc** durch *Jodacetat* lassen auf die kreuzweise Bindung über Disulfidbrücken schließen, wobei die Abwesenheit freier SH-Gruppen in **IIa** durch eine Disulfidaustausch-Rk. von intramol. zu intermol. Disulfiden erklärt würde. J. BOELTER. 4210□

Der Trypsininhibitor von Alfalfa. Juan Soto Ramirez und H. L. Mitchell. (J. agric. Food Chem. **8.** 393—95. Sept./Okt. 1960. Manhattan, Kans., Kansas Agric. Exp. Stat.) (Engl.)

Aus Alfalfamehl wurde durch Wasserextraktion, Dialyse u. A.-Fällung ein *Trypsininhibitor* (I) isoliert, der möglicherweise ein Polypeptid oder nichtkoagulierbares Protein ist. Hitze inaktivierte **I** langsam, saure Hydrolyse setzte Aminosäuren frei. **I** wirkt nichtkompetitiv: Elektrophorese in Boratpuffer, pH 8,6, ließ 2 Komponenten erkennen. K. MAIER. 4210□

Wirkung des Labfermentes auf Casein. Studium des durch Calcium fällbaren Caseins. Jean Garnier und René Chevalier. (C. R. hebd. Séances Acad. Sci. **252.** 350—52. 9/1. 1961.) (Franz.)

Vff. verfolgen durch Zentrifugieren die fortschreitende Fällung des *Caseins* im Verlauf der Einw. des *Labfermentes.* Dieser Vorgang ist temperaturabhängig. Bei 0° wird eine lineare Zunahme der Caseinfällung nachgewiesen, was einer Rk. nullter Ordnung entspricht. Bei 10 u. 20° folgt die Fällung einer Rk. 1. Ordnung (Temp.-Koeff. ungefähr 12). Durch Best. des Gesamt-N_2, des N_2-Geh. der nach dem Zentrifugieren überstehenden Fl. u. des durch Differenz ermittelten N_2-Geh. des Nd. wird festgestellt, daß die Fällung des Caseins nur bis ungefähr 70% proportional dem Grad der Proteolyse verläuft. Die restlichen 30% werden für den Prozeß der Aggregation nicht eingesetzt. A. TÄUFEL. 4210□

Histochemischer Nachweis der Aminopeptidaseaktivität in den Leukocyten von Blut und Knochenmark. G. Adolph Ackerman. (J. Histochem. Cytochem. [Baltimore] **8.** 386. Sept. 1960. Columbus, Ohio, Ohio State Univ., Dep. of Anatomy.) (Engl.)

Aminopeptidase (**I**) wurde in Leukocyten von Blut u. Knochenmark folgendermaßen nachgewiesen: Fixierung lufttrockener Ausstriche in 1% Osmiumtetroxid (in gereinigtem Dimethylformamid, wasserfrei) bei —10° für 2 Min.; 10 Min. W.; Inkubation in einer Lsg. aus 4 mg Alanyl-β-naphthylamid in 5 ml W., 5 ml 0,1 m SÖRENSEN-Phosphatpuffer, pH 6,7, 1 mg $MgSO_4$ u. 5 mg „fast garnet" (GENERAL DYESTUFF DIV., GEN. ANILIN & FILM CORP., N.Y.) für 6—18 Std. bei Zimmer-Temp.; Wässerung, Einbettung in Glycerogel. Hemmung der Rk. kann durch 0,001 m $HgCl_2$, 0,01 m *Versene* u. 0,001 m $ZnSO_4$ plus 0,1 m $CaCl_2$ erzielt werden; zur Aktivierung führen 0,001 m $CoCl_2$, 0,001 m $MgSO_4$, 0,001 m $ZnSO_4$; ohne Einfl. bleibt 0,1 m *Äthylmaleimid.* Die Rk. wird verhütet durch vorherige Behandlung mit *abs. A.*, *abs. Methanol* oder 10%ig. wss. *Formol*; eine mäßige Rk. kommt durch Formaldehyd- oder Osmiumtetroxid-Dampf-Fixierung zustande. Cytoplasmat. **I**-Aktivität war nachweisbar in Neutrophilen, Monocyten, Eosinophilen u. den reifer entwickelten Myelocyten; keine Rk. wurde mit Lymphocyten, Basophilen u. Promyelocyten erzielt. Die **I**-Aktivität steigt bei der Granulopoiese, bes. in den letzten Reifungsstadien. In leukäm. Zellen ist die **I**-Aktivität bei akuter myeloischer (myeloblast.) Leukämie gesteigert u. bei chron. myeloischer Leukämie vermindert oder gesteigert. U. TAUSENDFREUND. 4210□

DieReinigung eines Proteinase-A-Inhibitors aus Schafserum. Charles J. Martin. (J. biol. Chemistry **236.** 2672—76. Okt. 1961. Pittsburgh, Pa., Univ. of Pittsburgh, School of Med., Biochem. Dep.) (Engl.)

Aus dem Serum von Lämmerblut wurde durch Fraktionierung mit $(NH_4)_2SO_4$, Dialyse gegen 0,1 m Phosphatpuffer, Chromatographie an einer IRC-50-Kolonne sowie an DEAE-Cellulose ein *Proteinase-A-Inhibitor* (**I**) erhalten, der sich chromatograph., in der Ultrazentrifuge sowie elektrophoret. bei verschiedenem pH als einheitliche Komponente erwies. Mit *Anthron* u. *Carbazol* wurde eine positive Kohlenhydrat-Rk. erhalten. Mit einem *Proteinase-A* (**II**)-Präp. niederen Reinheitsgrades war die Hemmung durch **I** bis zur 65%ig. Hemmung der **I**-Konz. proportional; eine vollständige Hemmung erfolgte nicht stöchiometrisch. Dagegen wurde eine hochgereinigte **II**, frei von A_1-*Esterase*, vollständig u. im stöchiometr. Verhältnis gehemmt, wobei die zur **II**-Hemmung notwendige **I**-Menge unabhängig von anderen Komponenten des Enzym-Präp. war. **I** erwies sich als stabil zwischen pH 3 u. 10 sowie bei Aufbewahrung bei —20°. Bei Raum-Temp. (4 Tage) verlor **I** 90% der Aktivität. J. BOELTER. 4210□

Die Induktion von Tyrosin-α-ketoglutarattransaminase in der Rattenleber. 1. Mitt. Der hormonale Aspekt. Francis T. Kenney und Robert M. Flora. (J. biol.

Chemistry **236.** 2699—2702. Okt. 1961. Oak Ridge, Tenn., Oak Ridge Nat. Labor., Biol. Div.) (Engl.)

Verschiedene Aminosäuren wurden SPRAGUE-DAWLEY-Ratten in NaCl-Lsg. intraperitoneal injiziert. *Tryptophan* (**I**), ebenso wie *Tyrosin* (**II**), bewirkten einen 7—10fachen Anstieg des hepat. *Tyrosin-α-ketoglutarattransaminase* (**III**)-Gehalts. Weniger wirksam waren *Phenylalanin*, *Methionin* (**IV**), *Leucin* u. *Glutathion*, während *Cystein*, *Glutamin*, *Histidin*, *Arginin* u. *Glutamat* unwirksam blieben. *Celit* (**V**) erwies sich als ebenso wirksam wie **I**; *Bentonit*, ebenso wie **V** parenteral appliziert, zeigte einen etwas schwächeren Effekt. Bei adrenalektomierten Tieren waren die genannten Verbb. nahezu unwirksam, während der durch *Hydrocortisonsemisuccinat* um etwa das 3fache gesteigerte **III**-Geh. durch zusätzliche Applikation von **II** oder **IV** nochmals um das 3fache erhöht wurde. *Hydrocortison* (**VI**) bewirkte allein eine 10fache Zunahme von **III** in adrenalektomierten Tieren, die durch Zusatz von **I**, **II**, **IV** u. **V** noch etwas gesteigert werden konnte. Verss. mit ^{14}C-**VI** ergaben, daß durch **V** eine 2—3fache Anreicherung von **VI** in der Leber gegenüber nur mit **V** behandelten Tieren bewirkt wurde. Es wird angenommen, daß die **III**-Induktion durch Nebennierenhormon bewirkt wird. J. BOELTER. 4210 □

Untersuchungen über den die Glutamyltranspheraseaktivität in Zellen von Säugetieren kontrollierenden Mechanismus. P. Fottrell und J. Paul. (Biochem. J. **80.** 17P—18P. 1961. Glasgow, Univ., Dep. of Biochem.) (Engl.)

Vff. fanden, daß die Aktivität (A) von *Glutamyltranspherase* (**I**) in subkutanen Fibroblasten der Maus u. in den Epithelzellen menschlicher Leber auf das 8—10fache ansteigt, wenn die Zellen in einem *Glutamin* (**II**)-freien Medium wachsen. Ersatz von **II** durch *Glutaminsäure* (**III**; 20 mm) im Nährmedium resultierte in einer ansteigenden **I**-A, erneute Einführung von **II** dagegen zu einem Absinken der **I**-A auf das ursprüngliche Niveau. 0,2 mm *p-Fluorphenylalanin* u. 0,2 mm *8-Azaguanin* als Inhibitoren der *Protein-* u. *Ribonucleinsäure*-Synth. verursachten kein Anwachsen der **I**-A, ebenso wie 2 µm *Fluordesoxyuridin*. — **I** kann durch *Stickstoff*, **II**, **III**, *DPNH* u. *Ascorbinsäure* stabilisiert werden, *Jodessigsäure* hemmt. Vff. schließen aus den Ergebnissen auf notwendige Mitwrkg. von *SH*-Gruppen im oder nahe dem akt. Zentrum der **I**.
S. VIERKÖTTER. 4210 □

Einbau von ^{14}C-Leucin in Serumalbumin durch eine isolierte Mikrosomenfraktion der Rattenleber. P. N. Campbell, Barbara A. Kernot und L. F. Smith. (Biochem. J. **81.** 25P—26P. Okt. 1961. London, Middlesex Hosp. Med. School, Courtaulds Inst. of Biochem.; Cambridge, Univ., Dep. of Biochem.) (Engl.)

Der Einbau von *^{14}C-Leucin* in Serumalbumine in vitro wird durch Rattenleber-Mikrosomenfraktionen bewirkt. Ein Vgl. dieser Albuminfraktionen mit solchen, bei denen der Einbau in vivo erfolgt, zeigt prakt. ident. Banden der Radioaktivität im Radioautogramm, die sich nur in den relativen Intensitäten unterscheiden.
R. PREUSSMANN. 4210 □

Die Proaktivatorfunktion von menschlichem Plasmin, demonstriert an der Bestimmung der Lysinesterase. Daniel L. Kline und Jacob B. Fishman. (J. biol. Chemistry **236.** 2807—12. Okt. 1961. New Haven, Conn., Yale Univ., School of Med., Dep. of Physiol.) (Engl.)

Die Hydrolyse von *Lysinmethylesterdihydrochlorid* (**I**) durch *Plasmin* (**II**) aus menschlichem Blut konnte durch Sojabohnen-*Trypsininhibitor* (**III**) vollständig gehemmt werden. Dagegen wurde bei Zusatz eines Aktivators (**IV**), der aus *Plasminogen* (**V**) durch Zusatz von *Streptokinase* (**VI**) u. A.-Fraktionierung erhalten wurde, innerhalb eines größeren Konz.-Bereiches von **III** die **I**-Hydrolyse zwar erniedrigt. Sie blieb dann jedoch konstant. Offenbar wurde jetzt **I** durch **IV** hydrolysiert. Die Best. von **IV** in Ggw. von **II** war auf diese Weise möglich. Die Bedingungen für eine **V**-Best. nach derselben Technik werden diskutiert. **IV** besaß neben der **I**-hydrolysierenden noch eine caseinolyt. Aktivität. Der Zusatz steigender Mengen **VI** zu **V** führte anfangs zu einem starken **II**-Anstieg, während die **IV**-Konz. niedrig blieb. Bei höheren Konzz. fiel die **II**-Konz. fast auf Null ab, wogegen die **IV**-Aktivität anstieg. Die Aktivität solches **IV**, der mit Hilfe eines großen Überschusses **VI** hergestellt worden war, konnte durch Ansäuern (pH 2) u. Neutralisation herabgesetzt werden. Der **II**-Geh. nahm dabei stark zu. In Ggw. von *Glycerin* wurde **V** langsam in **II** umgewandelt. J. BOELTER. 4210 □

Mikrosomale Tyrosinase aus Puppen der Drosophila melanogaster. Kurze Mitt. E. Jenny, A. Hicklin und F. Leuthardt. (Helv. chim. Acta **44.** 1395—99. 1/8. 1961. Zürich, Univ., Biochem. Inst.) (Dt.; Auszug: Engl.)

Beim Zentrifugieren von Homogenaten von Puppen der *Drosophila melanogaster* wurde (nach Verwerfen der bei 15000·*g* in 10—15 Min. abzentrifugierten Mitochondrien u. Zelltrümmer) bei 105000·*g* in 60—120 Min. ein Sediment erhalten, das in Anlehnung an die Verhältnisse bei Säugetieren als mikrosomal bezeichnet wird; hiermit wird nur etwas über das Sedimentations-Verh. u. nichts über die Art der Teilchen ausgesagt. — Diese Mikrosomen besitzen eine sehr akt. *Tyrosinase* (I), die sowohl *Tyrosin* (**II a**) als auch *3.4-Dihydroxyphenylalanin* (*Dopa*, **II b**) spaltet. Die Larven von Drosophila enthalten dagegen keine **I**. Orientierende Verss. ergaben, daß auch in Puppen von *Ephestia kühnielli* (Mehlmotte), *Tenebrio molitor* (Mehlwurm) u. *Dermestes lardarius* (Speckkäfer) wenigstens ein Teil der I-Aktivität an Mikrosomen gebunden zu sein scheint. — I von Drosophila zeigt folgende Eigg.: I besitzt *Kresolase* (III)- wie auch *Catecholase* (IV)-Wrkg.; die Oxydation von **II a** erfolgt mit einer von der Konz. abhängigen Induktionsperiode, die durch Zusatz eines Diphenols aufgehoben wird; III- u. IV-Wrkg. werden durch Phenylthioharnstoff, Dimercaptopropanol, Cystein, p-Nitrophenol oder α.α'-Dipyridyl gehemmt. Die scheinbare K_m beträgt für Oxydation von **II a** $7 \cdot 10^{-4}$m, für Oxydation von **II b** $9 \cdot 10^{-4}$m. Unter äquivalenten Substrat-Konzz. wird **II b** vielfach schneller umgesetzt als **II a**. Mikrosomen-Präpp. enthalten 400 Einheiten III/mg Protein u. 1500 Einheiten IV/mg Protein. Die I-Lsgg. können bei -30^0 tagelang ohne wesentlichen Verlust an Wrkg. aufbewahrt werden. — I wird bei Umsatz von **II b**, nicht aber bei Oxydation von **II a** inaktiviert. — I wird durch Chloramphenicol gehemmt. — Verss., I in eine echt gelöste Form zu bringen, schlugen fehl. A. HESSE. 4210□

Enzymatische Bildung und Decarboxylierung von Phosphatidylserin. Louise Fencil Borkenhagen, Eugene P. Kennedy und Linda Fielding. (J. biol. Chemistry **236**. PC28—PC30. Juni 1961. Boston, Mass., Harvard Med. School, Dep. of Biol. Chem.) (Engl.)

Vff. erbrachten den Beweis für das Vork. folgender Rk.-Folge in zellfreien Leberextrakten von Ratten: 1. Phosphatidyläthanolamin (III) + L-Serin ⇌ Phosphatidylserin + Äthanolamin; 2. Phosphatidylserin (IV) → Phosphatidyläthanolamin + CO_2; es resultiert: *L-Serin* (I) → *Äthanolamin* (II) + CO_2. Die Rk. wird durch Ca^{2+} aktiviert. II wird durch das gleiche Enzym-Präp. leicht in ein *Lipid* eingebaut. I u. II zeigen kompetitive Verdrängung vom akt. Zentrum des Enzyms. Die mit $^{14}C_{(3)}$-I u. $^{14}C_{(1,2)}$-II durchgeführten Verss. zeigen, daß das von beiden Substanzen sich ableitende Phospholipid III ist. I erfährt demnach im gleichen Schritt der Rk.-Folge eine Decarboxylierung, wie mit $^{14}C_{(COOH)}$-I u. $^{14}C_{(1)}$-I nachgewiesen wurde. Mit *Dipalmitoyl-L-α-glycerophosphoryl-DL-*$^{14}C_{(1)}$-I als Substrat konnte auch eine *Phosphatidylserindecarboxylase* in den Mitochondrien der Rattenleber nachgewiesen werden. — Weder freies I noch Phosphoserin sind Intermediär-Prodd., bei der enzymat. Decarboxylierung von IV. Die *Phospholipide* der Rkk. 1. u. 2. fungieren als katalyt. Intermediär-Prodd. im Cyclus der Umwandlung von I zu II u. CO_2. S. VIERKÖTTER. 4210□

Die Lipidsynthese in Aortapräparationen von für Atherosklerose empfänglichen oder resistenten Tauben. Hugh B. Lofland, Thomas B. Clarkson und Camillo Artom. (Arch. Biochem. Biophysics **88**. 105—09. Mai 1960. Winston-Salem, N.C., Wake Forest Coll., Bowman Gray School of Med., Dep. of Biochem. and the Vivarium.) (Engl.)

Wurden zerkleinerte Aorten von Atherosklerose-empfindlichen (AE) u. -resistenten (AR) Taubenstämmen mit $^{14}C_{(1)}$-Acetat inkubiert, so zeigten sich zwischen beiden Stämmen keine signifikanten Unterschiede in den Digitonin-fällbaren Substanzen. Bei AE-Stämmen werden Läsionen vorwiegend in der distalen Hälfte der Aorta thoracia gefunden; diese ist sowohl bei den AE- als auch AR-Stämmen aktiver für die Inkorporation von ^{14}C in die Lipide. Der totale Geh. an Fettsäuren u. unverseifbaren Substanzen sowie an Cholesterin war bei AE u. AR im distalen Teil höher als im proximalen, u. die AR-Stämme zeigten geringere Geh. als die AE-Stämme. W. HILLER. 4210□

Untersuchung der Lecithinaseaktivität einiger Sporenbakterien des Bodens. K. Böttcher. (Микробиология [Mikrobiologie] **30**. 673—78. Juli/Aug. 1961. Berlin, Inst. für Bodenkunde u. Pflanzenernährung.) (Russ.; Auszug: Engl.)

Es wird die Lecitho-Vitellin-Rk. beschrieben, die als systemat. Kennzeichen bei Bakterien wertvoll ist. *Bac. cereus*, *Bac. mycoides* u. andere sporenbildende Bakterien hydrolysieren das Lecithin des Eigelbs. *Bac. megatherium* (einschließlich der Variante phosphaticum) besitzt auch in einer 20tägigen Kultur keine Lecithinaseaktivität. K. SATTLER. 4210□

Über die Neuraminidase aus Diphtherie-Toxin. K. Heide und H. Haupt. (Naturwissenschaften **49**. 15—16. 1. Jan.-H. 1962. Marburg/Lahn, Behringwerke A. G.) (Dt.)

Die von POULIK bei Einw. von *Diphtherietoxin* (I) auf menschliches *Transferrin* (II) u. von SCHULTZE bei Einw. von RDE (Receptor destroying enzyme) aus *Vibrio cholerae* auf II beobachtete Aufspaltung in zwei Komponenten konnte in Ggw. von *Neuraminidase* (III) in I zurückgeführt werden. Ferner wurde gezeigt, daß im *Diphtherieantitoxin* ein Antikörper gegen III vorhanden ist, dieser hemmt III spezif. u. ist gegen RDE unwirksam. III besitzt nur geringe Wrkg. in bezug auf die Hemmung der Hämagglutination; die Abspaltung von *Neuraminsäure* aus Serumproteinen erfolgt jedoch, auch ohne Ggw. von Ca^{2+}, prakt. momentan. A. HESSE. 4210☐

Reinigung von Thyroxindejodase aus dem Muskel (Kaninchen, Ratte). Serge Lissitzky, Marie-Thérèse Bénévent und Marie Roques. (C. R. Séances Soc. Biol. Filiales **154.** 755—57. 1960. Marseille, Fac. de Méd. et de Pharmacie, Labor. de Chim. biol.) (Franz.)

Vff. beschreiben die Isolierung u. Reinigung von die Dejodierungs-Rk. von *L-Thyroxin* u. *3.5.3'-Trijod-L-thyronin* katalysierender *Thyroxindejodase* (I) aus Kaninchenmuskelgewebe durch Zentrifugation, Dialyse, Ammoniumsulfatfraktionierung u. Chromatographie an DEAE-Cellulose (Fraktionierungsschema vgl. Original). I wird nach Lyophilisation als weißes Pulver erhalten, das gut wasserlösl. ist. Wird I in evakuierten Ampullen aufbewahrt, so macht sich zeitabhängig nur ein geringfügiger Aktivitätsverlust bemerkbar (20%/Monat). Elektrophoret. konnten in den reinsten I-Präpp. 4—5 Proteinfraktionen nachgewiesen werden; I verhält sich wie ein *γ-Globulin*. — Die spezif. I-Aktivität der Mitochondrien aus Muskelgewebe liegt um ein vielfaches höher als die der lösl. Fraktion. Die Mitochondrien sind demnach das Ausgangsmaterial der Wahl zur Isolierung u. Reinigung von I. Die Isolierung von I aus Mitochondrien wird ebenfalls beschrieben (Fraktionierungsschema vgl. Original). H. KOCKERT. 4210☐

Zellprotein-Thyroxin-Verbindung und Dejodierung des Hormons. Serge Lissitzky, Marie Roques und Marie-Thérèse Bénévent. (C. R. Séances Soc. Biol. Filiales **153.** 803—07. 30/9. 1959. Marseille, Fac. de Méd. et de Pharm., Labor. de Chim. Biol.) (Franz.)

Inkubation von *3'.5'-¹³¹J-L-Thyroxin* (I) mit Gewebeschnitten in KREBS-RINGER-Phosphat-Lsg. (pH 6,4 u. 7,2) u. papierradiograph. Unters. der Dejodierung von I zeigten, daß sich in Leber, Niere u. Muskeln eine konst. Menge von I vorfindet, die gegen eine Dejodierung durch seine Verb. mit einem spezif. Zell-*Protein* geschützt wird. Die Hemmung der Dejodierung des Schilddrüsenhormons ist proportional der mit dem Protein verbundenen Hormonmenge. Vff. nehmen an, daß dieser Protein–I-Komplex die Menge an freiem I reguliert, die den Geweben für die Dejodierung zur Verfügung gestellt wird u. damit einen bestimmten Hormontiter in den Zellen garantiert. Die Aufnahmefähigkeit der Gewebezellen für I ist eine Funktion dieses Regulationsmechanismus u. abhängig von der Bindung des I an das spezif. Zellprotein. B. GÖRLICH. 4210☐

Die Enzyme von Schistosoma mansoni (Sambon, 1907). Qualitativer Nachweis einer Histaminoxydase und einer Succinodehydrogenase in der Cercarie in vivo und dem ausgewachsenen Schistosom in vitro. A. Dodin, A. Capron und E. R. Brygoo. (C. R. Séances Soc. Biol. Filiales **154.** 575—78. 1960. Madagascar, Inst. Pasteur; Lille, Fac. de Méd., Labor. de Parasitol.) (Franz.)

Die *Histaminoxydase* (I)-Aktivität der Cercarie von *S. mansoni* ist erst ab der 3. Std. nach der Freisetzung aus dem Zwischenwirt (*Biomphalaria madagascariensis*) nachweisbar, erreicht in der 8. Std. ein Maximum u. ist nach 24 Std. nicht mehr feststellbar. Die I-Aktivität des ausgewachsenen Tieres ist im Bereich des oralen u. ventralen Saugnapfes deutlich größer. Die *Succinodehydrogenase* (II)-Aktivität der Cercarie ist auf die äußeren seitlichen Zweige des caudalen Ausscheidungsorgans beschränkt. Die II-Aktivität des ausgewachsenen Tieres findet sich im Cuticulabereich des ganzen Körpers. Enzym-Nachw. durch Tetrazoliumsalzreduktion. K. MAIER. 4210☐

Enzymatische O-Methylierung von N-Acetylserotonin zu Melatonin. Julius Axelrod und Herbert Weissbach. (Science [Washington] **131.** 1312. 29/4. 1960. Bethesda, Md., Nat. Inst. of Mental Health, Labor. of Clin. Science, and Nat. Heart Inst., Labor. of Clin. Biochem.) (Engl.)

Aus Rinderepiphysen wurde *Hydroxyindol-O-methyltranspherase* (I) durch Hitzebehandlung, $(NH_4)_2SO_4$-Fraktionierung, Adsorption u. Elution [$Al(OH)_3$-Cγ-Gel] ca. 20fach angereichert. I überträgt die CH_3-Gruppe von S-Adenosylmethionin auf die OH-Gruppe von *N-Acetylserotonin* unter Bldg. des Hormons *Melatonin* u. methyliert auch die OH-Gruppe von Serotonin. Im Unterschied zu *Brenzcatechin-O-methyltranspherase* benötigt I kein Mg^{2+} u. ist speziell in der Epiphyse lokalisiert. K. MAIER. 4210☐

Der enzymatische Abbau von Heparitinsulfat. Alfred Linker und Phyllis Sampson. (Biochim. biophysica Acta [Amsterdam] **43.** 366—68. 23/9. 1960. New York, N.Y., Columbia Univ., Coll. of Phys. and Surg., Dep. of Med.) (Engl.)

Wurden Flavobakterien an *Heparin* (I) oder *Heparitinsulfat* (II) adaptiert, so bauten die in den Extrakten enthaltenen „induzierten Enzyme" (i.E.) beide Substrate ab. Bei Verw. des i.E. zeigte sich in allen Fällen, daß ein Verlust der Carbazol-Rk. für Uronsäuren mit der Hydrolyse einherging. Wurde II durch i.E. abgebaut, so wurden papierchromatograph. 4 Hauptprodd. festgestellt. *N-Acetylglucosamin* wurde sicher identifiziert. Bei den 3 weiteren Komponenten scheint es sich um ein Ketosäure-Deriv. des Hyaluronats, um 2-Desoxy-2-sulfonamino-D-glucose u. um ein Glucosamin-O-sulfat zu handeln. Der Abbau des II scheint auf Grund dieser Befunde dem der anderen Mucopolysaccharide ähnlich zu sein u. über die ungesätt. Uronide zu gehen. Wurde die N-sulfatfreie Verb. mit dem Flavobakterienenzym inkubiert, so war die reduzierende Fähigkeit nur halb so groß wie bei Verw. von II. W. HILLER. 4210□

Eine enzymatische Synthese der Alkaloide Hygrin, Cuskhygrin, Isopelletierin und Methylisopelletierin. Hans Tuppy und Monier Shaker Faltaous. (Mh. Chem. **91.** 167–75. 29/2. 1960. Wien, Univ., Inst. für Biochem.) (Dt.)

Bei der Einw. von *Diaminoxydase* (aus Schweinenieren) auf ein bei pH 7,6 gepuffertes u. belüftetes Gemisch von N-Methylputrescin u. Acetessigsäure entstehen *Hygrin* u. *Cuskhygrin*. Cadaverin u. N-Methylcadaverin gehen bei der enzymat. Oxydation in Ggw. von Acetessigsäure in *Isopelletierin* u. *Methylisopelletierin* über. Die Ausbeuten liegen bei 26–36%; sie lassen sich verbessern, wenn man zum Abfangen des bei der Oxydation der Diamine entstehenden H_2O_2 Katalase zusetzt. Die Autoren nehmen für die Alkaloid-Synth. in vivo einen analogen Verlauf an.

Versuche: *Methylisopelletierinpikrat*, F. 158–159°, aus 100 mg N-Methylcadaverin-dihydrochlorid u. 500 mg Na-Acetoacetat in W. durch Neutralisieren, Versetzen mit 0,5m Phosphatpuffer vom pH 7,6 u. Diaminoxydase-Lsg. (1200 Permanganat-Einheiten/ml), Sättigen mit O_2, 40std. Inkubieren in O_2-Atmosphäre, Ansäuern mit verd. HCl, 20 Min. langes Erhitzen auf 100°, Abzentrifugieren des Proteins, Einengen im Vakuum, Alkalisieren, Ausäthern u. Pikratfällung; 30% (Ausbeute). – *Isopelletierinpikrat*, F. 148–149°, analog vorst. Verb.; 36%. – *Hygrinpikrat*, F. 149–150°, mit Acetessigsäure; 26%. – *Cuskhygrinpikrat*, F. 215–216°, mit Acetondicarbonsäure, neben *Hygrin*, an der Cellulosesäule im Syst. Butanol–Eisessig–W. (3:1:1) getrennt; 17%. B. FÖHLISCH. 4210□

Enzyme der Meerschweinchenlunge. Vishwa Nath Singh, Sunanda Mitra, T. A. Venkitasubramanian und R. Viswanathan. (Enzymologia [Den Haag] **21.** 337–44. 15/4. 1960. Delhi, India, Univ. of Delhi, Vallabhbhai Patel Chest Inst.) (Engl.)

In normaler Meerschweinchenlunge wurden die Aktivitäten folgender Enzyme bestimmt: Der Respirationsquotient an Lungengewebeschnitten von 0,2–0,5 mm Dicke manometr. nach WARBURG, in Lungenhomogenat *Bernsteinsäuredehydrogenase* mittels Triphenyltetrazoliumchlorid nach KUHN u. ABOOD (Science [New York] **109.** [1949.] 144), *Cytochromoxydase* manometr. nach SCHNEIDER u. POTTER (J. biol. Chemistry **149.** [1943.] 217) mit Ascorbinsäure, *Adenosintriphosphatase* (I) nach DU BOIS u. POTTER (J. biol. Chemistry **150.** [1945.] 185) u. mit Molybdänblau nach FISKE u. SUBBAROW (J. biol. Chemistry **66.** [1925.] 375), *Äpfelsäuredehydrogenase* manometr. nach POTTER (J. biol. Chemistry **165.** [1946.] 311), *Milchsäuredehydrogenase* manometr. nach VESTING u. KNOEPFELMACHER (J. biol. Chemistry **183.** [1950.] 63), *Fumarase* nach LAKI (Hoppe-Seyler's Z. physiol. Chem. **273.** [1942.] 248) durch $KMnO_4$-Titration u. *Glutaminsäure-Oxalessigsäure-Transaminase* nach TONHAZY (Arch. Biochemistry **28.** [1950.] 36), über Brenztraubensäure-2.4-dinitrophenylhydrazon. Die Aktivität aller Enzyme war sehr gering, nur die I-Aktivität war sehr groß. W. SCHÖNBORN. 4210□

Experimentelle Begassosis. 1. Mitt. **Lungenenzyme in vivo.** Vishwa Nath Singh, Sunanda Mitra, T. A. Venkitasubramanian und R. Viswanathan. (Enzymologia [Den Haag] **21.** 345–49. 15/4. 1960.) (Engl.) — Vgl. vorst. Referat.

Meerschweinchen wurden 20 Tage lang je 2 Std. Begassestaub ausgesetzt unter Bedingungen, die vergleichsweise beim Menschen Begassosis hervorrufen. Der Respirationsquotient des Lungengewebes dieser Tiere war gegenüber dem von unbehandelten Kontrolltieren signifikant erhöht, während im Nieren- u. Lebergewebe keine Erhöhung eintrat. Das Lungengewebe der behandelten Tiere zeigte erhöhte Aktivität der *Bernsteinsäuredehydrogenase*, *Äpfelsäuredehydrogenase*, *Fumarase* u. *Glutamin-Oxalessigsäure-Transaminase*; die Aktivität der *Milchsäuredehydrogenase*, *Adenosintriphosphatase* u. *Cytochromoxydase* war nicht erhöht. W. SCHÖNBORN. 4210□

Experimentelle Begassosis. 2. Mitt. **Lungenenzyme in vitro.** Vishwa Nath Singh, Sunanda Mitra, T. A. Venkitasubramanian und R. Viswanathan. (Enzymologia [Den Haag] **21.** 350–55. 15/4. 1960.) (Engl.) — 1. vgl. vorst. Referat.

Zu Lungenhomogenat gesunder Meerschweinchen wurde 1% Begassestaub (bzw. ein wss. Begasseextrakt) zugesetzt u. die Enzymaktivitäten im Vgl. zu unbehandeltem Gewebe bestimmt. Die Aktivität von *Bernsteinsäuredehydrogenase* wurde durch Begassestaub um 75–80% gesenkt, jedoch nicht durch den wss. Extrakt. Ebenfalls wurden die

Aktivitäten der *Adenosintriphosphatase* u. der *Glutaminsäureoxalessigsäure-Transaminase* durch Begassestaub erhöht. Der Respirationsquotient u. die übrigen Enzyme (*Cytochromoxydase, Äpfelsäuredehydrogenase, Milchsäuredehydrogease* u. *Fumarase*) blieben unbeeinflußt. W. SCHÖNBORN. 4210□

Die chemische Analyse von anterioren und posterioren Blastomeren von Ciona intestinalis. William E. Berg. (Biol. Bull. **113.** 365—75. Dez. 1957. Berkeley, Calif., Univ. of California, Dep. of Zool.) (Engl.)

Unbefruchtete Eier von *Ciona intestinalis* werden durch *Protease* in Seewasser vom Choriongewebe befreit u. befruchtet. Nach der ersten Teilung werden die Blastomeren abgetrennt u. nach der nächsten Zellteilung in anteriore (a.Z.) u. posteriore Zellen (p.Z.) getrennt. In beiden Zellarten werden die *Bernsteinsäuredehydrogenase* (**I**), die *saure Phosphatase* (**II**)- u. *Alkaliphosphatase* (**III**)- u. die *Apyrase* (**IV**)-Aktivitäten sowie *Ribonucleinsäure* (**V**)- u. *Protein* (**VI**)-Geh. bestimmt. Die **I**-Aktivität der p.Z. ist um 100% höher, die **II**-Aktivität um 12% niedriger u. die **IV**-Aktivität um 30% höher als die der a.Z., die **III**-Aktivität ist in beiden Zellarten gerade nachweisbar, aber nicht mehr bestimmbar. Das pH-Optimum für die **IV**-Aktivität der a.Z. u. p.Z. unterscheidet sich nur wenig u. liegt bei pH 8. Die a.Z. enthalten 9% weniger **V**, obgleich der **VI**-Geh. der a.Z. u. der p.Z. gleich ist. A. GUDE. 4210

E_3. Mikrobiologie. Bakteriologie. Immunologie

Chemische Methoden der Abtrennung der Zellen von gewöhnlichen Mikroben. Ch. Nakamura. (Микробиология [Mikrobiologie] **30.** 628—32. Juli/Aug. 1961. Japan. Forsch.-Inst. für Mikroalgen.) (Russ.; Auszug: Engl.)

Durch Zugabe von anorgan. u. organ. Elektrolyten, bes. $Al_2(SO_4)_3$ oder $KAl(SO_4)_2 \cdot 12\,H_2O$ (1—2%) u. $CaCl_2$ (0,1—0,4%), u. Polyacrylsäurepolymerem (0,1—0,2%) wird schnelles Koagulieren u. Absetzen von Mikroorganismen erreicht. K. SATTLER. 4300□

Eine einfache Vorrichtung für kontinuierliche Mikrobenkulturen. C. J. E. A. Bulder. (Experientia [Basel] **16.** 565—66. 15/12. 1960. Delft, Technol. Univ., Labor. of Microbiol.) (Engl.)

Beschreibung einer einfachen App. zur kontinuierlichen Züchtung von Mikroorganismen, z. B. von Hefen. K. MAIER. 4300□

Über die Lyophilisierung von saprophytischen Mikroorganismen. M. B. Kupletskaja. (Микробиология [Mikrobiologie] **30.** 717—21. Juli/Aug. 1961. Moskau, Univ., Biolog. Bodenkundl. Fak.) (Russ.; Auszug: Engl.)

Bei der Lyophilisierung verschiedener Saprophyten (Fäulnis–Knöllchen–Essigsäurebakterien, Azotobacter, Chromatium u. Hefe) waren die besten Schutzmedien: a) Milch + Glucose (7%); b) Gelatine (1%) + Saccharose (10%). Alle Kulturen waren nach der Lyophilisierung noch lebensfähig, wobei Azotobacter u. bes. Torula utilis beim Austrocknen eine hohe u. alle übrigen eine niedrigere Absterberate hatten. Durch Aufbewahrung bei $+3^0$ blieb die Lebensfähigkeit der Kulturen trotz des ungenügenden Vakuums in den Ampullen über 1 Jahr erhalten, während Parallelproben bei 30^0 rasch abstarben. K. SATTLER. 4310□

Über die Quellen der Kohlenstoffernährung der stickstoffbindenden Mikroorganismen der Clostridium-Gattung. W. T. Jemzew. (Микробиология [Mikrobiologie] **31.** 18—23. Jan./Febr. 1962. Leningrad, Allunions-Inst. für landwirtsch. Mikrobiol.) (Russ.; Auszug: Engl.)

Cl. pasteurianum u. andere nahe verwandte Buttersäurebakterien nehmen C-Verbb. sehr selektiv auf, verändern jedoch ihre Anforderungen in Abhängigkeit von der Zus. des Mediums. Die Unterss. wurden auf N-freien Elektivnährböden durchgeführt. Im Boden werden danach bei wechselnden Umweltsbedingungen auch verschiedene C-Quellen in Anspruch genommen. Untersucht wurde der Verbrauch von Glucose (**I**), Fructose (**II**), Galaktose (**III**), Maltose (**IV**), Lactose (**V**), Saccharose (**VI**), Raffinose (**VII**), Dextrin (**VIII**), Stärke (**IX**), Mannit (**X**), Glycerin (**XI**). Ohne Zusätze wurden nur **I, II, VI** u. **VII**, mit Pepton **I, II, III, IV, VI, VII, VIII** u. **X** verbraucht. Im Boden stehen dem *Cl. pasteurianum* u. a. N-fixierenden Buttersäurebakterien die organ. Substanzen des Bodens u. die Wurzelausscheidungen der Pflanzen (während der Vegetationsperiode) zur Verfügung. K. SATTLER. 4310□

Dynamik der Veränderung der Aminosäuremenge im Nährboden bei der Züchtung von Actinomyces citreofluorescens. A. M. Besborodow. (Микробиология [Mikrobiologie] **30.** 977—84. Nov./Dez. 1961. Leningrad, Inst. für Antibioticaforsch.) (Russ.; Auszug: Engl.)

Aus synthet. Medien mit reinen Aminosäuren wurden *Glutaminsäure* (**I**), *α-Alanin* (**II**), *Asparaginsäure* (**III**) u. *Histidin* (**IV**) von *Actinomyces citreofluorescens* am intensivsten aufgenommen; I u. II werden in jeder Altersstufe der Kultur intensiver aufgenommen als III u. IV. I, II, III u. IV sind am besten als einzige C- u. N-Quellen in einem synthet. Medium geeignet. K. SATTLER. 4310□

Die aktivierende Wirkung der Produkte der Milcheiweißhydrolyse durch proteolytische Bakterienarten auf die Entwicklung von Str. lactis. L. A. Liberman. (Мікробіологічний Журнал (Київ) [Mikrobiol. J. (Kiew)] **23.** Nr. 6. 54—59. 1961. Inst. für Mikrobiol. der Akad. der Wiss. der UkrainSSR.) (Ukrain.; Auszug: Russ.)

Die als Folge der Entw. der proteolyt. Mikroben *Bac. mesentericus vulgatus* Flügge, *Bac. cereus* Frankland, *Micrococcus caseolyticus* Freundlichi u. *Ps. fluorescens* Migula eintretende Anreicherung der Milch mit Serum aktiviert die Vermehrung u. Säure-Bldg. der Kulturen von *Str. lactis* in der Milch. Die aktivierenden Eigg. der bei der Behandlung des avitaminisierten Caseins mit Trocken-Präpp. der Proteasen von Bac. mesentericus oder mit krist. Pankreatin lassen vermuten, daß die Aktivierung der Kulturen von Str. lactis in der Milch durch die bei der Einw. der Proteasen auf Milch entstehenden Prodd. erfolgt. O. LEBTAG. 4310□

Über die Bedeutung der Eiweißstoffe für die Lebenstätigkeit einiger Anaeroba. W. F. Kondratjewa und W. N. Schwedowa. (Микробиология [Mikrobiologie] **30.** 21—26. Jan./Febr. 1961. Leningrad, Chem.-Pharmaz. Inst.; Leningrad, Inst. für ärztliche Fortbildung.) (Russ.; Auszug: Engl.)

Bact. sporogenes wächst nur auf einem Medium mit Eiweiß oder dessen Teilhydrolyse-Prodd., synthet. Nährmedien sind nicht geeignet, auch wenn sie Aminosäuren in verschiedenen Kombinationen, Kohlenhydrate u. Vitaminkomplexe enthalten. Fleischextraktstoffe regen das Wachstum von Bact. sporogenes, *Bact. histolyticus* u. *Bact. perfringens* stark an. Bact. sporogenes u. Bact. histolyticus besitzen eine hohe proteolyt. Aktivität. Sie verursachen einen Anstieg des Amin-N um das 2—6fache, während Bact. perfringens bestenfalls das 2,5fache erreicht. K. SATTLER. 4310□

Durch Aminosäuren ausgelöste kugelige Bakterienformen. Jean Guillaume, Jean-Claude Derieux und Francis Wattel. (C. R. hebd. Séances Acad. Sci. **250.** 3900—02. 8/6. 1960. Lille, Inst. Pasteur.) (Franz.)

Glykokoll u. die *Aminosäuren* (I) der D-Reihe außer D-Prolin u. D-Asparaginsäure lösen die Bldg. von Sphäroblasten aus *E. coli* u. den meisten Enterobacteriaceen aus. Die Induktion der Transformation von E. coli in Sphäroblasten hängt anscheinend mehr von den I-Konzz. als von der spezif. Wrkg. einer Aminosäure ab. K. MAIER. 4310□

Der Einfluß von Thiamin auf Wachstum und Fettbildung durch Penicillium lilacinum Thom. Kaiser Naguib. (Canad. J. Microbiol. **5.** 355—61. Aug. 1959. Cairo, Univ. of Cairo, Fac. of Sci., Botan. Dep.) (Engl.)

Bei verschieden hohen Gaben von *Thiamin* (I; 0,25, 2,5 u. 5,0 mg/Liter Hydrochlorid) wird das Wachstum u. die Fett-Bldg. unterschiedlich beeinflußt. Bei niedrigen Gaben tritt eine Förderung ein, bei hohen eine Hemmung. Niedrige Gaben von I fördern anscheinend die oxydative Decarboxylierung von Pyruvat u. steigern bei fettbildenden Pilzen die Fett-Synth. von C_2-Körpern. Bei hohen Gaben von I scheint die Decarboxylierung zur Alkohol-Bldg. zu führen. Die Rkk. der *Cocarboxylase*, von der I ein wesentlicher Bestandteil ist, stehen anscheinend mit den anderen H aufnehmenden Fermenten im Konkurrenzgleichgewicht, so daß der H von red. Nicotinamidadenindinucleotid nach der Decarboxylierung auf Acetaldehyd übertragen wird u. Alkohol-Bldg. erfolgt. W. HIRTE. 4310□

Der Bedarf einer thermotoleranten Hefe an zusätzlichen Wachstumsfaktoren. L. G. Loginowa, N. F. Gerassimowa und L. M. Sseregina. (Микробиология [Mikrobiologie] **31.** 29—33. Jan./Febr. 1962. Moskau, Inst. für Mikrobiol. der Akad. der Wiss. der UdSSR.) (Russ.; Auszug: Engl.)

Bei der thermotoleranten Hefe *Saccharomyces cerevisiae* Rasse XII verstärkte ein Zusatz von Tween 80, Ergosterin u. Oleinsäure Vermehrung u. Gärung. Bes. günstig war eine Kombination von 0,8 (Vol.) Tween 80 u. 0,004—0,008% Ergosterin. K. SATTLER. 4310□

Anreicherung der radioaktiven Isotopen von Strontium, Ruthenium, Cäsium und Cer durch einige Bakterien. T. W. Sharowa. (Микробиология [Mikrobiologie] **30.** 871—76. Sept./Okt. 1961. Leningrad, Zoolog. Inst. der Akad. der Wiss. der UdSSR.) (Russ.; Auszug: Engl.)

Die Unterss. erfolgten mit ^{90}Sr, ^{106}Ru, ^{137}Cs u. ^{144}Ce an Bakteriengemischen aus W. u. Boden u. Einzelkulturen (*Azotobacter chroococcum, Bac. mycoides, Sarcina lutea*) auf fl. u. festem Nährmedium, dem die Isotopen als Mineralsalze bis zu einer Aktivität von ca. 10 μc/Liter zugesetzt wurden. Auf fl. Medium ist der Anreicherungs-Koeff. (Impulszahl/Zell-Gew.) wesentlich höher als auf festem. Der Anreicherungs-Koeff. hängt ferner ab von den physiko-chem. Eigg. des Elements u. den physiolog. Besonderheiten der Bakterien. Durch die Anreicherung von Isotopen können die Bakterien bei der Übertragung der Radioaktivität über die Nahrungskette eine Gefahr bedeuten. K. SATTLER. 4310□

Die Wirkung der Röntgenstrahlen auf die photosynthetisierenden Schwefelpurpurbakterien. W. A. Lambina. (Микробиология [Mikrobiologie] **30.** 601—06. Juli/Aug. 1961. Moskau, Inst. für Mikrobiol. der Akad. der Wiss. der UdSSR.) (Russ.; Auszug: Engl.)

Bei Bestrahlung von *Chromatium vinosum* mit Röntgenstrahlen von 2—10 kr werden Zellteilung, Biomasse-Bldg. u. Photo-Synth. in den ersten Tagen gefördert, am 5. Tage aber im Vgl. zur Kontrolle gehemmt. Bei 10—30 kr tritt Hemmung, aber keine reguläre Veränderung im Verhältnis C-Verbrauch/Biomasse ein. Im Dunkeln kann durch Röntgenstrahlen von 0,5—30 kr keine Beschleunigung der Entw. erreicht werden. K. SATTLER. 4310□

Einfluß der phosphorsauren Salze auf die Vermehrung der Essigsäurebakterien und auf ihre Oxydationstätigkeit auf Nährböden mit Glucose. Ss. A. Schtschelkunowa. (Микробиология [Mikrobiologie] **30.** 703—09. Juli/Aug. 1961. Leningrad, Univ.) (Russ.; Auszug: Engl.)

Durch Zugabe von KH_2PO_4, K_2HPO_4 oder Na_2HPO_4 (0,4—0,6 %) zu einem Glucose-Nährmedium wird die Pufferkapazität des Mediums erhöht u. die Vermehrung u. oxydative Tätigkeit der Kulturen von *Acetobacter suboxydans* u. *Acetobacter melanogenum* verstärkt. Den größten Effekt zeigen K_2HPO_4 u. Na_2HPO_4 bei Neutralisierung des Mediums mit Essigsäure. K. SATTLER. 4310□

Die Anpassung der Ökotypen von Nitrosomonas an die Konzentration der organischen Stoffe im Nährboden. O. M. Uljanowa. (Микробиология [Mikrobiologie] **31.** 77—84. Jan./Febr. 1962. Moskau, Inst. für Mikrobiol. der Akad. der Wiss. der UdSSR.) (Russ.; Auszug: Engl.)

Durch Zugabe von organ. Substanzen, bes. *Thioharnstoff, Asparagin, Albumin, Maltose* u. *Pepton,* zu einem mineral. Medium wurde die Vermehrung u. Nitrifizierungsaktivität von *Nitrosomonas* gehemmt. *Glucose, Galaktose, Saccharose, lösl. Stärke, Harnstoff, Bouillon, K-Acetat, K-Lactat, K-Citrat, Na-Acetat* u. *Na-Butyrat* hemmten weniger stark. Die Wrkg. war proportional der Konz. bis zum völligen Abbruch der Nitrifizierung, jedoch ohne Baktericidie. Bei *Nitrosomonas* wird eine natürliche Resistenz u. Adaptationsfähigkeit gegenüber organ. Stoffen beobachtet. Bes. resistent sind Isolate aus Belebtschlamm, Mist u. Tschernosem, weniger resistent solche aus Sand- u. Hochgebirgsböden. K. SATTLER. 4310□

Aufnahme von Galaktose durch Hefe während ihrer Verwertung im Stoffwechsel. M. Burger und Libuše Hejmová. (Folia Microbiol. [Praha] **6.** 136—37. 1961. Prag, Czech. Acad. of Sci., Inst. of Biol., Dep. of Microbiol.) (Engl.)

Während in *Saccharomyces cerevisiae* R XII beim *Glucose*-Stoffwechsel die Aufnahme des Zuckers durch die Zellen der langsamste Schritt ist, findet man beim adaptiven *Galaktose*-Stoffwechsel diesen Zucker vor, während u. nach der Adaption u. während der Deadaption in freier Form in den Zellen, d. h. seine Aufnahme ist nie geschwindigkeitsbestimmend. H.-G. FLOSS. 4320□

cis-9.10-Methylenhexadecansäure aus den Phospholipiden von Escherichia coli. Tsuneo Kaneshiro und Allen G. Marr. (J. biol. Chemistry **236.** 2615—19. Okt. 1961. Davis, Calif., Univ. of California at Davis, Dep. of Bacteriol.) (Engl.)

Escherichia coli-Zellen wurden mit A. sowie mit 30%ig. Methanol u. Chlf. (1:1) extrahiert, die *Phospholipide* (PL) an Kieselsäure chromatograph. abgetrennt u. die Fettsäuren der PL als Methylester z. T. nach katalyt. Hydrierung gaschromatograph. durch Vgl. ihrer Retentions-Vol. mit authent. Substanzen als *Myristin-, Palmitin-, Palmitolein-* u. *Lactobacillinsäure* identifiziert. Daneben wurden noch drei weitere Säuren gefunden, die durch katalyt. Hydrierung, IR-Spektren sowie oxydativen Abbau mit Perameisensäure u. CrO_3 als *cis-11.12-Oktadecensäure, Ölsäure* sowie *cis-9.10-Methylenhexadecansäure* identifiziert wurden. J. BOELTER. 4315□

Die Intensität des Gasumsatzes bei Wasserbakterien. Ju. Ss. Beljatzkaja-Potajenko. (Микробиология [Mikrobiologie] **31.** 135—39. Jan./Febr. 1962. Minsk, Beloruss. Lenin-Univ.) (Russ.; Auszug: Engl.)

Wie Beobachtungen an dem eutrophen Batorin-See zeigten, kann die Geschw. des O_2-Verbrauchs einer Bakterienzelle durch die Größe $0{,}10 \cdot 10^{-9}$ mg O_2/Tag bei 20° ausgedrückt werden. Wasserbakterien benutzen für ihr Wachstum unter natürlichen Bedingungen ca. 40—60% der veratembaren organ. Substanz. K. SATTLER. 4320□

Der Kohlensäureverbrauch und seine Rolle im Stoffwechsel der Schimmelpilze. Ss. A. Barinowa. (Микробиология [Mikrobiologie] **31.** 10—17. Jan./Febr. 1962. Moskau, Inst. für Mikrobiol. der Akad. der Wiss. der UdSSR.) (Russ.; Auszug: Engl.)

In Ggw. von CO_2 verbrauchen die Konidien von *Aspergillus niger* N 4mal u. P 7mal schneller als ohne CO_2. Während des Aufquellens u. Auskeimens der Konidien verbraucht Asp. niger $^{14}CO_2$ fast proportional zur Gew.-Zunahme. Während des späteren Wachstums von Asp. niger, *Asp. terreus, Asp. oryzae* u. *Rhizopus nigricans* bleibt der $^{14}CO_2$-Verbrauch zurück u. hört schließlich ganz auf. CO_2 wird offensichtlich nicht für die Bldg. von Aminosäuren, Purin- u. Pyrimidinbasen verbraucht, sondern nimmt wie ein Katalysator nur kurzzeitig am Stoffwechsel teil. K. SATTLER. 4320□

Der Einfluß der relativen Luftfeuchtigkeit auf die Citronensäurebildung bei Aspergillus niger. G. I. Shurawski und I. W. Aglisch. (Микробиология [Mikrobiologie] **30.** 886—89. Sept./Okt. 1961. Leningrad, Allunions-Inst. für Konditoreiind.) (Russ.; Auszug: Engl.)

Wenn bei der Citronensäureproduktion die Zucker-Lsg. oder Melasse in hoher Schicht (8—10 cm) vergoren wird, dann muß die Belüftung der Gärkammern mit vorgetrockneter Luft durchgeführt werden, bis sich eine relative Feuchtigkeit von 75—50% einstellt. Wird in niedriger Schicht (1—2 cm) vergoren, dann darf nicht mit trockener Luft belüftet werden, weil sich durch zu starke Wasserverdampfung die Zucker-Konz. dabei soweit erhöht, daß sie den Pilz hemmt. K. SATTLER. 4320□

Hydroxybrenztraubensäurebildung bei Aspergillus niger. Francis J. Behal. (Arch. Biochem. Biophysics **88.** 110—12. Mai 1960. Augusta, Ga., Med. Coll. of Georgia, Dep. of Biochem.) (Engl.)

Aspergillus niger-Kulturen, mit *3-Phosphoglycerinsäure* (I) als einziger C-Quelle im Medium, bildeten innerhalb 4std. Inkubation bei 37° 150 μg *Hydroxybrenztraubensäure* (II) pro 100 g I. Bei Glycerinsäure als einziger C-Quelle bildete sich keine II. *Jodessigsäure* (III) hemmt das Wachstum von *A. niger* schon bei geringen Konzz. völlig, während Fluorid, Arsenit, Fluoracetat u. Malonat nur die Sporen-Bldg. hemmten. Das Wachstum wird erst bei höheren Konzz. gehemmt. Die Toxizität von III wird durch I, das Li-Salz der II, Serin u. NaF aufgehoben. W. HILLER. 4320□

Isotopenuntersuchungen über die Diaminopimelinsäuresynthese durch Escherichia coli. Jean C. Edelman und Charles Gilvarg. (J. biol. Chemistry **236.** 3295—99. Dez. 1961. New York, N.Y., New York Univ., School of Med., Dep. of Biochem.) (Engl.)

Die Anreicherung von *N-Succinyl-L-diaminopimelinsäure* (I) in Kulturen der Mutante D-1 (α) von *Escherichia coli* wurde mittels Ninhydrintest verfolgt. Nach Beendigung des logarithm. Wachstums wurde einheitlich markierte *^{14}C-Asparaginsäure* (II) zugesetzt. I wurde aus der überstehenden Fl. nach GILVARG (J. biol. Chemistry **234.** [1959.] 6) isoliert u. zur Best. der ^{14}C-Verteilung teilweise abgebaut. Der Succinyl-Rest wurde durch 6std. Kochen mit 3n HCl abgespalten u. durch Ae.-Extraktion isoliert. I wurde mit *2.4-Dinitrofluorbenzol* zu *N^1-Succinyl-N^2-dinitrophenyl-L-diaminopimelinsäure* umgesetzt u. nach Hydrolyse mit 6n HCl u. Ae.-Extraktion *Mono-N-dinitrophenyldiaminopimelinsäure* (III) isoliert. I wurde als Ammoniumsalz bei 72° durch Zutropfen von 0,335m $KMnO_4$ zu *N-Succinyl-α-aminoadipinsäure* oxydiert, die in *α-Aminoadipinsäure* übergeführt wurde. Letzte wurde durch SCHMIDT-Rk. zu *Ornithin* umgesetzt. Die bei den I-Hydrolysen angefallene *Bernsteinsäure* wurde durch SCHMIDT-Rk. abgebaut u. das freigesetzte CO_2 isoliert. Es fand sich eine asymm. ^{14}C-Verteilung, aus der hervorgeht, daß II in den Mol.-Teil eingebaut wird, der die Succinyl-Gruppe trägt. Die Struktur möglicher Zwischenstufen bei der Biosynth. von *Diaminopimelinsäure* wird diskutiert. H. LOHSCHELDER. 4320□

Über den Ursprung der ungesättigten Fettsäuren in Clostridia. Howard Goldfine und Konrad Bloch. (J. biol. Chemistry **236.** 2596—2601. Okt. 1961. Cambridge, Mass., Harvard Univ., James Bryant Conant Labor.) (Engl.)

Die Inkubation von *Clostridia kluyveri* (C.k.) u. *Clostridia butyricum* (C.b.) mit *$^{14}C_{(1)}$-Acetat* (I) unter anaeroben Bedingungen führte zu einem Einbau von 33% des eingesetzten I in die ungesätt. *Fettsäuren* (II). Die Inkubation von $^{14}C_{(COOH)}$-II mit C.b. führte nur mit den C_8- u. C_{10}-II zu einem nennenswerten Einbau von Aktivität; in C_{12}-, C_{14}-, C_{16}- u. C_{18}-II wurde ^{14}C kaum eingebaut. Die Decarboxylierung von ^{14}C-II aus den II von C.b. hatte zum Resultat, daß deren COOH-Gruppe nur in geringem Maße markiert war. Ebenso wurde im anderen endständigen C-Atom durch Abbau nach KUHN-ROTH nur wenig Aktivität gefunden. Die Inkubation von C.b. mit I u. *Oleat* (III) führte vor allem zu einfach ungesätt. C_{18}-II. Die Inkubation von $^{14}C_{(1)}$-III mit C.b. in Ggw. von *Biotin* ergab einen Aktivitätseinbau von 17% in die gesätt. u. von 83% in die ungesätt. II. Bei diesen waren 92% der Aktivität in der C_{18}-II vorhanden. In den gesätt. II wurde dagegen eine *C_{19}-Cyclopropansäure* bevorzugt markiert. Die Ergebnisse lassen auf einen ^{14}C-Einbau in die gesätt. II unter Kettenverlängerung bzw. von einem solchen aus *$^{14}C_{(1)}$-Octanoat* u. *$^{14}C_{(1)}$-Decanoat* in die ungesätt. II unter Einführung einer Doppelbindung schließen. Die Zufuhr einer C_1-Einheit dürfte dabei zu einer ^{14}C-Cyclopropansäure führen. J. Boelter. 4320□

Die Bildung von Vitamin B_{12} durch Actinomyces olivaceus auf synthetischem Nährboden. I. W. Konowa und A. I. Borissowa. (Микробиология [Mikrobiologie] **30.** 27—34. Jan./Febr. 1961. Moskau, Inst. für Mikrobiol. der Akad. der Wiss. der UdSSR.) (Russ.; Auszug: Engl.)

Auf synthet. Medium (nach Dulaney, modifiziert) mit 2% Glucose u. 0,54% Ammoniumsuccinat bildet *Act. olivaceus* submers maximal 0,4—0,7 g Trockenmycel u. 131—332 γ *Vitamin* B_{12} (I) auf 100 ml Kulturflüssigkeit. Das Mycel enthält 182—663 γ I/g. Die Entw. verläuft in zwei Phasen: (3—4 Tage) Bldg. der Hauptmasse des Mycels u. 40% der maximalen I-Menge (ausschließlich im Mycel); kein Wachstum mehr, aber 24—48 Std. nach Aufhören des Wachstums starker Anstieg des I-Gehalts (60%). Nach Eintritt der Autolyse befindet sich fast alles I im Medium. K. Sattler. 4320□

Toxinbildung im Boden durch einige Pilzarten der Gattung Penicillium. T. G. Mirtschink und K. P. Greschnych. (Микробиология [Mikrobiologie] **30.** 1045—49. Nov./Dez. 1961. Moskau, Univ., Biolog.-Bodenkundl. Fak.) (Russ.; Auszug: Engl.)

Die Toxin-Bldg. von *Penicillium cyclopium* u. *Penicillium purpurogenium* erfolgt nach Infektion in sterilen u. unsterilen Rasen-Podsolböden unabhängig von der Zugabe von organ. Substanz. Die unter sterilen u. unsterilen Bedingungen im Boden u. im künstlichen Medium gebildeten Toxine sind identisch. K. Sattler. 4320□

Verwertung von 1-Aminopropanol-(2) durch ein Bodenbakterium. S. F. Gottlieb und M. Mandel. (Canad. J. Microbiol. **5.** 363—68. Aug. 1959. Amherst, Mass., Univ. of Massachusetts, Dep. of Bacteriol.) (Engl.)

Ein aerobes gramnegatives Bakterium, welches *DL-1-Aminopropanol-(2)* (I) als alleinige C-, N-, Energie- u. Wachstumsquelle in einem mineralhaltigen Medium benötigt, wurde aus dem Boden isoliert. Das Bakterium oxydiert Milchsäure u. eine Anzahl von C_2- u. C_3-Verbindungen. In Ggw. von Nitrophenol bleibt der Sauerstoffverbrauch gleich. Die erhaltenen Ergebnisse werden im Zusammenhang mit dem Abbau von *Vitamin* B_{12} (II) diskutiert. Der Abbau des komplex zusammengesetzten II-Mol. dürfte für eine Bakterienart allein zu schwierig sein u. erfordert wahrscheinlich eine Bakterienpopulation. W. Hirte. 4320□

Einfluß der Desinfektionsmittel auf die biochemischen und serologischen Eigenschaften von E. coli. A. M. Maltschenkow. (Микробиология [Mikrobiologie] **30.** 1028—32. Nov./Dez. 1961. Leningrad, Militärmed. Akad.) (Russ.; Auszug: Engl.)

Untersucht wurde die Wrkg. von *Furacilin, Phenol, Formol, Sublimat, Rivanol, Chloramycin,* H_2O_2, $KMnO_4$, *Hexachlorophen* u. *Heptylresorcin.* Die Gifte senken das Zuckerspaltvermögen, steigern aber die proteolyt. Kapazität. Am stabilsten sind die antigenen Eigg., die sich nur nach längerer Einw. der Gifte ändern. Der Umfang der Änderung in enzymat. u. serolog. Hinsicht hängt von der Dauer der Exposition sowie von der Konz. u. der chem. Natur des Stoffes ab. K. Sattler. 4330□

Bakteriologische Untersuchungen im Darm wirksamer Sulfonamid-Präparate. Bl. Freytag. (Arzneimittel-Forsch. **10.** 165—70. März 1960. München, Staatl. Bakteriol. Unters.-Anst.) (Dt.)

Von den bakteriolog. untersuchten Präpp. *Formophthalylsulfanilylcarbamid* (I), *Phthalylsulfathiazol, Sulfaguanidin* u. *Formo-N^4-phthalylsulfaguanidin* (II) waren I u. II gegen darmpathogene Keime äußerst wirksam. I hatte auch eine gute baktericide Wirkung. E. Carstens. 4330□

Fungicide Aktivität einiger neuer, aus Citrus-(+)-Limonen synthetisierter Aminoalkohole. Roger Patrick und W. F. Newhall. (J. agric. Food Chem. **8.** 397—99. Sept./Okt. 1960. Gainesville, Fla., Univ. of Florida, Coll. of Agric., Agric. Exp. Station.) (Engl.)

Mehrere aus (+)-*Limonen* synthetisierte Derivv. von *2-Amino-p-menthanol-(1)* (I; J. org. Chemistry **23.** [1958.] 1274) erwiesen sich als fungicid (Prüfung auf Gazestückchen nach Infizierung mit Schimmel aus Vorratsraum u. an Valenciaorangen). *Tetrahydrocarvon,* Inkubationsperiode der infizierten Gazestückchen 57 (Tage), Grenzkonz. 1 : 100; I, 53, 1 : 1000, *2-Methylamino-p-menthanol-(1),* 43, 1 : 100, *2-Dimethylamino-p-menthanol-(1),* 43, 1 : 1000; *2-Dimethylamino-Δ^8-p-menthanol-(1),* 31,1 : 1000; *Salicylanilid,* 43, 1 : 10000. K. Maier. 4330□

Chromatographische Untersuchung der Antibiotica Actinomycetenursprungs mit Indicatoreigenschaften. N. O. Blinow, G. S. Jakubow, L. A. Wetlugina und Ju. M. Chochlowa. (Микробиология [Mikrobiologie] **30.** 642—50. Juli/Aug. 1961. Moskau, Allunions-Inst. für Antibioticaforsch.; Inst. für Mikrobiol. der Akad. der Wiss. der UdSSR; Inst. für Mikrobiol. u. Virolog. der Akad. der Wiss. der KasachSSR.) (Russ.; Auszug: Engl.)

Die 20 Antibiotica-Präpp. mit Indicator-Eigg. (blau-alkal.; rot-sauer) werden papierchromatograph. in 5 Gruppen aufgeteilt. Es werden die Bedingungen für die chromatograph. Trennung dieser Gruppe angegeben u. ein Schema zur Klassifizierung der Antibiotica mit Indicator-Eigg. vorgeschlagen. K. SATTLER. 4340□

Antibakterielle Aktivität acyclischer Dekapeptidanaloger des Gramicidins S. Bernard F. Erlanger und Louise Goode. (Science [Washington] **131.** 669—70. 4/3. 1960. New York, N.Y., Columbia Univ., Coll. of Phys. and Surg., Dep. of Microbiol.) (Engl.)

Drei antibakteriell wirksame synthet. acycl. *Dekapeptidanaloge* (*I, II, III*; C. **1958.** 11783, C. **1958.** 11784, C. **1960.** 4806) von *Gramicidin S* (I) besitzen offensichtlich einen anderen Wrkg.-Mechanismus als **I.** Während **I** auf *E. coli B* sofort wirkt, hemmt *I* erst nach mehreren Zellteilungen vollständig. Gemische von **I** mit *I* oder *III* zeigten einen synergist. Effekt. K. MAIER. 4340□

Einige neue säurestabile Penicilline. F. P. Doyle, J. H. C. Nayler, H. Smith und E. R. Stove. (Nature [London] **191.** 1091—92. 9/9. 1961. Brockham Park, Betchworth, Surrey, Beecham Res. Labor., Ltd., Organic Chem. Dep.) (Engl.)

Mit dem Ziel, ein säurestabiles Penicillin mit breitem antibakteriellen Spektrum zu finden, wurden einige α-substituierte Benzylpenicilline: *α-Methoxy-* (I), *α-Chlor-* (II) u. *α-Aminobenzylpenicillin* (III) hergestellt: 6-Aminopenicillansäure wurde in wss. $NaHCO_3$ mit Aceton-Lsg. entweder des gemischten Anhydrids der Äthoxyameisensäure u. der entsprechenden α-substituierten Phenylessigsäure oder des Chlorids der letzteren behandelt, die entstandenen Penicilline wurden aus dem angesäuerten Rk.-Gemisch in Ae., dann in wss. $NaHCO_3$ extrahiert u. bei niedriger Temp. wasserfrei gemacht. Hydrierung einer wss. Lsg. des Na-Salzes von α-Benzyloxycarbonylaminobenzylpenicillin mit einem Pd-Katalysator ergab **III.** Die Best. der Halbwertszeit der bei pH 1,3 u. 35° gehaltenen Penicillinproben zeigte, daß **I, II** u. **III** viel säurestabiler als Penicillin G, **II** u. **III** noch stabiler als Penicillin V sind. Die Säurestabilität könnte durch Einführung elektrophiler Substituenten in die α-Stellung der Seitenkette zustande kommen. Hinweise für quant. Beziehungen zwischen Stabilität u. induktivem Einfl. der Substituenten ergaben die ermittelten pK_a-Werte der Seitenkettensäuren. **III**, das gegen Säuren stabilste der neuen Penicilline, ist wirksam in vitro u. in vivo gegen weiten Bereich grampositiver u. gramnegativer Bakterien. W. KNÖBEL. 4340□

Wirkung von Chloramphenicol auf das Überleben von mit ultraviolettem Licht bestrahlten Escherichia coli. Hiromu Okagaki. (J. Bacteriol. **79.** 277—91. Febr. 1960. Ube, Japan, Yamaguchi Med. School, Dep. of Anatomy and Cytochem. Labor.) (Engl.)

Bei 7 verschiedenen Stämmen von *E. coli* wurde der Einfl. von *Chloramphenicol* (I) auf vorher UV-bestrahlte Zellsuspensionen untersucht. Bei 6 Stämmen wirkte **I** unter diesen Bedingungen bactericid. Nur bei E. coli B war ein entgegengesetzter Effekt des Antibioticums aufgetreten: Höhere Überlebenszahlen UV-bestrahlter Zellen durch I-Zusatz. Die abtötende I-Wrkg. wurde nur nach vorheriger UV-Bestrahlung erzielt. Bei verschiedenen Stämmen mußte das Absterben durch **I** durch Verbb. wie Aminosäuren oder Pyrimidine induziert werden. D. CLAUS. 4340□

Aus der Chemie neuerer Antibiotica. 2. Mitt. **Tetracycline — chemische Umwandlungen, Syntheseversuche, Wirkungsmechanismus und Biogenese.** H. Budzikiewicz. (Österr. Chemiker-Ztg. **62.** 237—44. Aug. 1961. Wien, Univ., Organ.-Chem. Inst.) (Dt.) — Vgl. C. **1961.** 13933.

Überblick. — 43 Literaturangaben. F. O. W. MEYER. 4340□

Einfluß von Ölen auf die Biosynthese von Hydroxytetracyclin durch eine Kultur von Act. rimosus. N. W. Orlowa. (Микробиология [Mikrobiologie] **30.** 710—16. Juli/Aug. 1961. Moskau, Allunions-Inst. für Antibioticaforschung.) (Russ.; Auszug: Engl.)

Actinomyces rimosus vermag als einzige C-Quelle für Wachstum u. *Hydroxytetracyclin* (I)-Bldg. verschiedene Fette u. Öle, bes. *Sonnenblumen-*, *Soja-*, *Lein-*, *Oliven-*, *Cocosöl* u. *Pottwalfett* zu benutzen. 3—4% Fett bringen die gleiche Mycelmasse wie 3% Stärke, während sich die I-Bldg. zwischen 47% der Kontrolle bei Cocosöl u. 115% bei Olivenöl bewegt. Sonnenblumen- u. Sojaöl u. Pottwalfett ergeben 91—93% **I.** Alle Fette werden nach 114std. Fermentation zu 40—60% verbraucht, wobei sich die JZ. vermindert. Der Geh. an anorgan. P übt auf das Wachstum, den Ölverbrauch u. die I-Bldg. den wesentlichsten Einfl. aus. Die optimale Konz. ist bei Fetten höher als bei Stärke. Eine Verstärkung der Belüftungsintensität bleibt prakt. ohne Wrkg. auf den Ölverbrauch u. die Biosynth. von **I.** K. SATTLER. 4340□

Einfluß der Antibiotica auf den Brenztraubensäureverbrauch durch die ruhenden Zellen von E. coli. A. I. Korotjajew. (Микробиология [Mikrobiologie] **31.** 24—28. Jan./Febr. 1962. Kuban. Med. Inst.) (Russ.; Auszug: Engl.)

Bei *E. coli* wurde der Einfl. von *Lävomycetin* (**I**), *Streptomycin* (**II**), *Chlortetracyclin* (**III**), *Hydroxytetracyclin* (**IV**) u. *Penicillin* (**V**) auf den anaeroben Pyruvat-Verbrauch untersucht. Dabei wurde festgestellt, daß **V** keinen Einfl. hat, während **I**, **II**. **III** u. **IV** den Pyruvat-Verbrauch stark hemmen. Die Wrkg. von **II** ist viel schwächer als die von **III** u. **IV**. Die Wrkg. dieser Antibiotica beruht offenbar zu einem Teil auf dieser Pyruvathemmung. K. SATTLER. 4340□

Der Wirkungsmechanismus von Lävomycetin (Chloramphenicol). 5. Mitt. **Einfluß des Lävomycetins auf den Pyruvatverbrauch durch die ruhenden Zellen von Bacterium coli unter stationären Bedingungen.** A. I. Korotjajew. (Микробиология [Mikrobiologie] **30.** 47—53. Jan./Febr. 1961. Kuban. Med. Inst.) (Russ.; Auszug: Engl.) — 4. vgl. C. **1962.** 7946.

Escherichia coli verbraucht unter bestimmten Bedingungen (resting cells) Brenztraubensäure über eine Spaltung in Essig- u. Ameisensäure (gleichzeitig entsteht wenig Milchsäure) u. synthetisiert ein adaptives Ferment (Hydrogenlyase), daß die weitere Spaltung der Ameisensäure katalysiert. *Lävomycetin* unterdrückt die Synth. dieses Ferments u. hemmt die Spaltung von Pyruvat. Pyruvat gilt als wichtige Quelle für die Acetylierung von Coenzym A, u. so wird angenommen, daß das Antibioticum über eine Störung dieser Acetylierung wirkt. K. SATTLER. 4340□

Die Wirkung von Anisomycin auf das Wachstum und die Atmung von Candida. Birgitta Norkrans und Ulla Nedlich. (Physiol. Plantarum [Copenhagen] **14.** 818 bis 825. 1961. Stockholm, Royal Pharmac. Inst., Dep. of Microbiol.) (Engl.)

Anisomycin (**I**), ein Antibioticum aus verschiedenen Streptomyces-Arten, hemmt in Konzz. von 25 γ/ml die Entw. von *Candida pseudotropicalis* u. *C. robusta*. Andere Candida-Arten u. *Saccharomyces cerevisiae* verlangen wenigstens 100 γ/ml. **I** verringert die Atmungsgeschwindigkeit. E. LÜCK. 4340□

Die Chemie des Kanamycins. 2. Mitt. **Das Abbauprodukt „B" von Kanamycin.** Hiroshi Ogawa, Teiichirō Itō, Shigeharu Inoue und Shinichi Kondō. (J. Antibiotics [Tokyo], Ser. A **11.** 70—71. März 1958. Meiji Seika Co., Ltd.) (Engl.) — 1. vgl. C. **1960.** 6887.

Das Abbau-Prod. „*B*" wird als *Methyl-6-amino-6-desoxy-α-D-glucopyranosid, Hydrochlorid*, $C_6H_{12}NO_4(OCH_3)\cdot HCl$, F. 182° (Zers.); *N-Acetyl-Deriv.*, $C_6H_{11}NO_4(OCH_3)\cdot(CH_3CO)$, F. 158—159°, $[\alpha]_D^{19}$ +131° (c = 0,5; Methanol) erkannt; beim Erhitzen mit 4 n HCl entsteht *5-Aminomethylfurfurol, Hydrochlorid*, F. 117—118° (Zers.), *2.4-Dinitrophenylhydrazon*, F. 183°. P. GREGORZEWSKI. 4340□

Abbauuntersuchungen an Kanamycin. Kenji Maeda, Masao Murase, Hayashi Mawatari und Hamao Umezawa. (J. Antibiotics [Tokyo], Ser. A **11.** 73—79. März 1958. Tokyo, Nat. Inst. of Health.) (Engl.)

Kanamycin besteht aus *Desoxystreptamin* (**I**), $C_6H_{14}N_2O_3$, F. 220,5—221° (Zers.), *6-Desoxy-6-amino-D-glucose* (**II**), $C_6H_{13}NO_5$, F. 128° (Zers.) u. *3-Amino-3-desoxy-D-aldohexopyranosid* (**III**), $C_6H_{13}NO_5$, F. 128° (Zers.). **II** ist sowohl an **I** als auch an **III** glykosid. gebunden. P. GREGORZEWSKI. 4340□

Eine thermophile Micromonospora und die Bildung des Antibioticums T-12 bei submerser und Oberflächenfermentation bei 50—60°. A. Je. Kossmatschew. (Микробиология [Mikrobiologie] **31.** 66—71. Jan./Febr. 1962. Moskau, Inst. für Mikrobiol. der Akad. der Wiss. der UdSSR.) (Russ.; Auszug: Engl.)

Der beschriebene Stamm T 12/3 steht dem *Thermoactinomyces* (*Micromonospora*) *thalpophilus* (WAKSMAN u. CORKE, 1953) nahe. Der Pilz war submers in einem 45-Liter-Fermentor bei 51° innerhalb 21—24 Std. gut züchtbar u. erbrachte eine antibiot. Aktivität von 17000 E./ml Aceton-Extrakt des Mycels. Es wurde ein Konzentrat des Antibioticums T-12 gewonnen u. auf sein antibiot. Spektrum u. seine chemotherapeut. Eigg. untersucht. Die einmalige Applikation von 4000 E. ist für weiße Mäuse ungiftig. K. SATTLER. 4340□

Die Actinomyceten als Produzenten von Heptaen-Antibioticis. A. I. Korenjako, Ju. M. Chochlowa, N. I. Nikitina und A. W. Putschnina. (Микробиология [Mikrobiologie] **30.** 633—41. Juli/Aug. 1961. Moskau, Inst. für Mikrobiol. der Akad. der Wiss. der UdSSR.) (Russ.; Auszug: Engl.)

Untersucht wurden 118 Kulturen des weitverbreiteten *Actinomyces levoris*. Unabhängig vom Ort der Isolation bildeten alle ein *Heptaenantibioticum* vom *Candicidin-Typ*. *Stamm 2339* bildet zusätzlich ein Antibioticum gegen grampositive Bakterien. K. SATTLER. 4340□

Über die antibiotischen Eigenschaften von Mikroorganismen, die aus verschiedenen Tiefen des Ozeans gewonnen wurden. Je. N. Krassilnikowa. (Микробиология [Mikrobiologie] **30.** 651—57. Juli/Aug. 1961. Moskau, Inst. für Mikrobiol. der Akad. der Wiss. der UdSSR.) (Russ.; Auszug: Engl.)

Aus verschiedenen Tiefen des Ozeans wurden Mikroorganismen isoliert, bestimmt u. auf antibiot. Eigg. untersucht. 27 von 326 Stämmen waren antibiot. wirksam. Der Hauptanteil entfiel auf Sporenbildner, die auch das breiteste u. aktivste antibiot. Spektrum aufwiesen. Die größte Aktivität wurde auf eiweißhaltigen Medien erreicht. Die bактericide Wrkg. von Seewasser ist sehr wahrscheinlich nicht nur den Meeresmikroben, sondern auch anderen Faktoren zuzuschreiben. K. SATTLER. 4340□

Die antibiotischen Eigenschaften einiger Stämme von Gibberella. A. M. Malkow und N. W. Rosmanowa. (Микробиология [Mikrobiologie] **31.** 153—57. Jan./Febr. 1962. Leningrad, Technol. Inst. für Nahrungsmittelind.) (Russ.; Auszug: Engl.)

Die Stämme *Gibberella fujikuroi, G. fujikuroi Slowakai* u. *Gibberella 82* haben antibiot. Wrkg. gegen *Bac. mesentericus, Bac. subtilis, Sarcina sp., Bact. coli, Proteus vulgaris.* Gegenüber Pilzen sind sie wirkungslos. Das reine krist. Gibberellin besitzt keine antibiot. Wirkung. K. SATTLER. 4340□

Die antibiotischen Eigenschaften von Dendrodochin. W. I. Bilai. (Микробиология [Mikrobiologie] **30.** 1023—27. Nov./Dez. 1961. Kiew, Inst. für Mikrobiol. der Akad. der Wiss. der UkrainSSR.) (Russ.; Auszug: Engl.)

Dendrodochin (I) ist ein Toxin des Pilzes *Dendrodochium toxicum Pidopl. et Bil.*, dem Erreger einer alimentären Toxikose von Tieren u. Menschen. Es wirkt antibiot. gegen phytopathogene u. pathogene Mycelpilze u. gegen Hefen, bestimmte grampositive u. gramnegative Bakterien sind dagegen sehr resistent. Die Empfindlichkeit gegen I: 30—40 (γ/ml) fungicid bei *Botrytis cinerea* u. *Polyspora Tini*, fungistat. 5—20; Erreger von Dermatomykosen fungicid 40—500, fungistat. 14—100. Von den Hefen waren am empfindlichsten *Candida stellatoidea, Saccharomyces vini „Feodosia"*, bei denen 14 fungicid u. 5—10 fungistat. sind. Diese Kulturen sind als Testkulturen für die quant. Bestimmung geeignet. K. SATTLER. 4340□

Zur Methodik der Bestimmung der Säureresistenz von Weinhefe. L. W. Tjurina. (Микробиология [Mikrobiologie] **30.** 1066—69. Nov./Dez. 1961. Allunions-„Magaratsch"-Inst. für Weinbereitung und Weinzucht.) (Russ.; Auszug: Engl.)

Auf nephelometr. Wege können keine säureresistenten Heferassen selektiert werden. Auf Grund von Unterss. an 60 Weinhefekulturen wird empfohlen, die Selektion durch Vergärung des Mostes bei pH 2,6—2,5 durchzuführen u. den unvergorenen Zucker zu bestimmen. K. SATTLER. 4350□

Über die Beständigkeit der experimentell erhaltenen Varianten von Aspergillus niger. A. A. Imschenetzki, L. I. Ssolnzewa und N. F. Kuranowa. (Микробиология [Mikrobiologie] **30.** 624—27. Juli/Aug. 1961. Moskau, Inst. für Mikrobiol. der Akad. der Wiss. der UdSSR.) (Russ.; Auszug: Engl.) — Vgl. C. **1961.** 12137.

Die Fähigkeit zur *Citronensäure*-Bldg. ließ bei 3,5jähriger Aufbewahrung in Sand u. Erde sowohl bei der Ausgangskultur von *Aspergillus niger* als auch bei der Variante T-1 schnell nach. Dieser Abfall ist also auch für normale u. nicht nur durch Bestrahlung erhaltene Kulturen charakteristisch. Bei kurzzeitiger Aufbewahrung (7—9 Monate) bleibt die Aktivität voll erhalten. K. SATTLER. 4350□

Eine Untersuchung von Bakterienarten aus dem Pansen, die Ammoniak aus Proteinhydrolysaten erzeugen. H. A. Bladen, M. P. Bryant und R. N. Doetsch. (Appl. Microbiol. **9.** 175—80. März 1961. Beltsville, Md., Agric. Res. Center, Agric. Res. Service, Animal Husbandry Res. Div., Dairy Cattle Res. Branch; College Park, Md., Univ. of Maryland, Dep. of Microbiol.) (Engl.)

Von 271 frisch isolierten Pansenbakterienarten ist *Bacteroides ruminicola* gewöhnlich das bedeutendste Ammoniak-produzierende Bakterium. Daneben sind von Bedeutung *Selenomonas ruminantium, Peptostreptococcus elsdenii* u. einige Stämme der Gattung *Butyrivibrio.* D. PÖHLAND. 4350□

Untersuchung von anaeroben Proactinomyceten. Die kulturell-physiologischen Eigenschaften. L. W. Kalakutzki. (Микробиология [Mikrobiologie] **30.** 921—27. Sept./Okt. 1961. Moskau, Inst. für Mikrobiol. der Akad. der Wiss. der UdSSR.) (Russ.; Auszug: Engl.)

Es wurden 32 Kulturen von *Proactinomyceten* isoliert u. ihre kulturell-physiolog. Eigg. beschrieben. Alle Stämme sind katalaseakt., reduzieren Nitrate zu Nitriten, vergären Glucose, nicht aber Stärke, Lactose u. Raffinose. Sie sind empfindlich gegen Penicillin, Streptomycin, Hydroxytetracyclin, Mycetin u. unempfindlich gegen Polymyxin B. Das Wachstum in Ggw. von O_2 hängt ab von der Zus. des Mediums u. dem CO_2-Partialdruck. Ein niedriges Redoxpotential ist vorteilhaft. Die auf Grund des Benzidintests vermuteten Cytochrom-Syst. konnten spektroskop. nicht nachgewiesen werden. Erwärmung bis 45° wird noch gut (4—5 Tage), die bis 50° nur kurz (2 Std.) vertragen. Getrocknet sind die Zellen bei Zimmer-Temp. an der Luft 1 Monat lebensfähig. K. SATTLER. 4350□

Die Wirkung des Antidiphtherieserums auf das Enzymsystem des Diphtheriebacillus. Eugenia Soru, Maria Istrati und Maria Dumitresco. (Arch. roum. Pathol. exp. Microbiol. **16.** 243—46. Juni 1957. Bukarest, Inst. „Dr. I. Cantacuzino".) (Franz.)

Es wurde die Wrkg. des Diphtherieserums auf folgende Enzym-Syst. von *Corynebacterium diphteriae* geprüft: *Atmungsenzyme, Oxydoreduktionsenzyme* (*Katalase* (**I**), *Peroxydase* (**II**), *Succinodehydrogenase* (**III**), *Cytochromoxydase*), *proteolyt. Enzyme* (**IV**; bei pH 1,6; 3,0; 5,0; 7,0; 9,0), *Phosphatasen* (**V**; bei pH 5,5; 7,0; 9,0), *Pyrophosphatase, Adenosintriphosphatase* (**VI**), *Carbohydrasen* (*Amylase, Maltase, Saccharase, Galaktase*). Immun- u. Normalseren regten die endogene Atmung an, übten aber keine spezif. Wrkg. auf **III** u. **II** aus. Die **I**-Wrkg. von Kulturfiltraten wurde durch Immunsera (I.S) intensiv gehemmt, die der intakten Bakterienzelle aber erst nach 24 std. Kontakt mit I.S., da die I-Antikörper nur langsam in das Zellinnere diffundieren. pH-abhängig ist die Hemmung der **IV** durch I.S.; desgleichen wird auch die Wrkg. der **V**, der **VI**, der *Amidasen* (*Urease, Asparaginase, Glutaminase*) sowie auch die der Carbohydrasen durch I.S. inhibiert, da in I.S. gemäß den Ergebnissen viel antienzymat. Antikörper enthalten sind, die die Schutz-Wrkg. der therapeut. Seren bewirken. L. MACHER. 4370□

Hitzelabile Serumsysteme im Süßwasserfisch. Harry A. Feldman und Louise T. Miller. (Science [Washington] **131.** 35—36. 1/1. 1960. Syracuse, State Univ. of New York, Dep. of Preventive Med.) (Engl.)

Serumproben von 12 Süßwasserfischarten wurden auf die Fähigkeit zur unspezif. Abtötung von *Toxoplasma* (RH-Stamm) untersucht. Ausgenommen 2 Proben fand sich diese Eig. in allen Seren. 25—30 Min. Hitze-Einw. bei 53—56° oder Zymosan zerstörten sie. In allen Seren, außer in einem ,wurde die Verw. von Kaninchenerythrocyten im Indicator-Syst. Komplement nachgewiesen. Vermutlich ist das hitzelabile, antitoxoplasmat. Syst. der Süßwasserfische dem der Säuger oder Vögel ähnlich oder mit ihm identisch. K. MAIER. 4370□

Über die Schutzwirkung des nativen Antibioticums von Act. globisporus 81 gegenüber der Phagolyse. T. F. Kuimowa. (Микробиология [Mikrobiologie] **30.** 658—64. Juli/Aug. 1961. Moskau, Univ., Biolog. Bodenkundl. Fak.) (Russ.; Auszug: Engl.)

Im Filtrat einer 4—5 tägigen Kultur-Fl. von *Actinomyces globisporus* 81 sind die Zellen durch ein natives Antibioticum gegen Phagolyse geschützt, ohne daß sich die Empfindlichkeit der Sporen u. des Mycels gegenüber den Actinophagen verändert. Der Antiphagenstoff wirkt inaktivierend auf die freien Phagenteilchen. K. SATTLER. 4374□

Über das Verhalten einiger Halophyten gegenüber verschiedenen Konzentrationen von Natriumchlorid. B. I. Kurotschkin. (Микробиология [Mikrobiologie] **31.** 72—76. Jan./Febr. 1962. Astrachan, Med. Inst.) (Russ.; Auszug: Engl.)

Es wird festgestellt, daß Stämme von *Serratia salinaria* (je nach ihrer Herkunft) verschiedene Anforderungen an die untere Salz-Konz. des Mediums stellen. Für Kulturen aus den Seen BASKUNTSCHAK, TINAKI u. PETSCHATNOJE beträgt das Minimum der Salz-Konz. 20 bzw. 12 bzw. 10%. K. SATTLER. 4380□

Purin-Antagonisten und Wachstum von Tetrahymena. Virginia C. Dewey, G. W. Kidder und D. G. Markees. (Proc. Soc. exp. Biol. Med. **102.** 306—08. Nov. 1959. Aurora, N.Y., Amherst Coll., Biol. Labor. and Wells Coll., Dep. of Chem.) (Engl.) — Vgl. C. **1959.** 14774.

Der hemmende Einfl. von *Purin*-Verbb. (A) auf Acetat (**I**)-Stoffwechsel u. Sterin-Synth. wird an Kulturen von *Tetrahymena pyriformis*, Stamm W (T.p.), untersucht (vgl. l. c.), u. zwar ohne oder nach Zusatz von **I**, *β*-Sitosterin (**II**) u. Adenin (**III**). Die Wrkg. von *8-Azaguanin* sowie *2-* bzw. *8-Azaadenin* wird durch **III** aufgehoben, wogegen **I** oder **II** fast ohne Einfl. sind. Die Wrkg. von *6-Methyl-* bzw. *6-Chlorpurin* läßt sich durch **II** bzw. durch **III** in Ggw. von **I** oder **II** aufheben, während gegen die Wrkg. von *Purin* bzw. *6-Methoxypurin* **II** oder **III** fast gleich stark wirksam sind. *1-Desaza-6-methylpurin* wird in seiner Wrkg. nur durch **III** beeinflußt. *6-Mercaptopurin* ist als Wuchsinhibitor von T.p. unwirksam. Vff. diskutieren die Strukturunterschiede der A hinsichtlich der beobachteten antagonist. Wrkg. auf T.p im Vgl. zu **I**–**III** oder Gemischen derselben bei verschiedenen A-Konzz., haben jedoch keine Erklärung für die Tatsache, daß einige der A sowie *Protopin* u. *α-Phenylbuttersäure* (ein Antagonist von **I**) trotz Zusatz von **I**–**III** den Tod von T.p.-Kulturen herbeiführen können. G. KIRSTEN. 4380□

Kohlenhydrate in einigen marinen Zooplanktonarten. J. E. G. Raymont und S. Krishnaswamy. (J. Marine biol. Assoc. United Kingdom **39.** 239—48. Juni 1960. Southampton, Univ., Dep. of Zool.) (Engl.)

Der Geh. an *Kohlenhydraten* (Glykogen + Monosaccharide) wurde bei *Calanus finmarchicus* zu 0,4%, bei *Neomysis integer* zu 1,3% u. bei *Pleurobrachia pileus* zu 0,2%

festgestellt. Bei allen 3 Species nimmt der Kohlenhydrat-Geh. beim Hungern ab. Er wechselt mit der Nahrungsaufnahme u. dient als Energiequelle. P. NACHTWEY. 4380□

Erwin Neter, Medical microbiology. 4th edit. Philadelphia: F. A. Davis. 1962. (545 S. m. Abb.) $ 7,50.

E_4. Pflanzenchemie. Pflanzenphysiologie. Pflanzenpathologie

Einfluß der Inhibitoren auf die Jarowisation der Pflanzen. S. M. Schwedskaja und A. Ss. Krushilin. (Физиология Растений [Pflanzenphysiologie] 8. 613—18. 1961. Moskau, Timirjasew-Inst. für Pflanzenphysiol. der Akad. der Wiss. der UdSSR.) (Russ.; Auszug: Engl.)

Um Einblick in die Rolle der Zucker bei der Jarowisation zu bekommen, wurde die Inhibitor-Wrkg. von *Natriumazid, Monojodessigsäure, Malonsäure* u. *Diäthyldithiocarbamat* in der Jarowisationsperiode untersucht. Bei Unterss. an Rüben- u. Kohlpflanzen waren die Wachstumshemmungen mit NaN_3 am größten, wobei schwermetallhaltige Fermente angegriffen wurden. Die Ergebnisse zeigen die Bedeutung der Zucker bei der Jarowisation. BERND JOHANNSEN. 4404□

Die Verteilung von normalen und toxischen Bormengen in Blättern von Citrus jambhiri. J. J. Oertli. (Agronomy J. **52.** 530—32. Sept. 1960.) (Engl.)

Sämlinge von *Citrus jambhiri* erhielten in Quarzsandkultur mit dem Gießwasser verschiedene *B*-Mengen. Die ersten Schäden traten 2 Wochen nach Verabreichung hoher B-Gaben an den Blättern auf. In Blättern, die erste B-Schadensymptome zeigten, betrug der B-Geh. 0,13—0,73 ppm (Frischgewicht). Der Chlorophyll- u. Trockensubstanz-Geh. nimmt mit steigender B-Konz. in den Blättern ab. Aus der Verteilung des B in den Blättern konnten keine Schlüsse auf seine Funktion gezogen werden.

W. HILLER. 4410□

Ein Polysaccharid aus Tamarindenkernen. N. A. Khan und B. D. Mukherjee, (Chem. and Ind. **1959.** 1413—14. 7/11. Dacca, Pakistan Council of Sci. and Ind. Res., East Regional Labor., Div. of Food and Nutr.) (Engl.)

Aus gemahlenen Tamarindenkernen (*Tamarindus indica*) wird durch sukzessives Extrahieren mit PAe., Chlf. u. abs. A. (48 Std.) aus der alkohol. Lsg. ein fasriges *Polysaccharid* (I) vom Molgew. 52350 erhalten, das 3 Moll. *Glucose* (**A**), 1 Mol. *Galaktose* (**B**) u. 2 Moll. *Xylose* (**C**) in β-Bindung enthält. Vff. schlagen für I die Benennung *Tikernose* vor. I wird bei 30—70° von Takadiastase hydrolysiert, dagegen nicht von Diastase. Hydrolyse von *methyliertem* I liefert nach Papierchromatographie (Butanol.–A.–W.–NH_3 40 : 10 : 49 : 1) je 1 Mol. *2.3.4.6-Tetra-O-methylgalaktose, 2.3.4-Tri-O-methylxylose, 3.4-Di-O-methylxylose, 2.3.6-Tri-O-methylglucose* u. 2 Moll. *2.3-Di-O-methylglucose*. Aus vorst. Befunden u. dem IR-Spektrum (Abb.) leiten Vff. die Struktur -[**A**(**B**)—**A**(**C**—**C**)—**A**]ₙ- ab.

G. KIRSTEN. 4420□

Nahrungswert von reinen Cerealien und Hülsenfrüchten. 3. Mitt. Der essentielle Aminosäuregehalt von einigen rein gezüchteten Stämmen von Cerealien und Hülsenfrüchten. R. G. Chitre, D. B. Desai, S. Ganapathy, J. S. Kumana und S. M. Vallury. (Indian J. med. Res. **44.** 573—76. Juli 1956. Bombay, Seth G. S. Med. College, I.C.M.R. Nutrition Research Unit.) (Engl.) — 2. vgl. C. **1962.** 12735.

Der Geh. an essentiellen Aminosäuren wird bei 35 reinen Cerealien u. Hülsenfrüchten bestimmt. G. KIMMERLE. 4420

N-Bestandteile von Volvaria volvacea. C. A. Orillo und A. R. Carangal jun. (Philippine Agriculturist **45.** 29—35. Juni/Juli 1961. Central Exp. Stat. Contribution No. 2077.) (Engl.)

Der eßbare Pilz *Volvaria volvacea* enthält 16 natürlich vorkommende Aminosäuren, vorherrschend sind *Asparaginsäure, Serin* u. *Glutaminsäure*. P. GREGORZEWSKI. 4420□

Betain und Phosphatide in den Pflanzen. E. Kahane und A. Simenauer. (В Памет на Методий Попов [In memoriam Methodi Popoff] **1958.** 149—52. Paris, Centre National de la Recherche Scientifique.) (Franz.; Auszug: Russ.)

Vff. stellten das Fehlen von *Betain* in den gereinigten *Phosphatiden* von *Beta vulgaris* u. *Cicer arietinum* fest. Entgegengesetzte Resultate erhielt man wahrscheinlich infolge Verwechslung des Betains mit Cholin oder infolge des Übergangs der in W. lösl. Stoffe in die Lipidextrakte. CH. HESSE. 4420□

Bioflavonoide aus indischen Pflanzen und Früchten. K. Ganju und B. Puri. (Indian J. med. Res. **47.** 563—70. Sept. 1959. Ind., New Delhi, Lady Irwin Coll., Dep. of Nutrit.) (Engl.)

Beschrieben wird die Meth. der Isolierung u. Reinigung der *Bioflavonoide* (I) (Flavone, Flavonole, Chalkone, Flavanone, 3-Hydroxyflavanone) aus frischen lufttrockenen, ind. Pflanzen. Tabellar. verzeichnet werden die R_F-Werte von 22 Proben authent. Flavonoide (Rundfilterchromatographie — ohne Angabe des Laufmittels), ferner eine Tabelle mit 12 Pflanzen u. 24 Früchten mit I-Geh. sowie 12 Blattgemüsen mit Geh. an Vitamin P u. K. Angegeben sind 15 Pflanzen u. 13 Früchte, in denen I nicht gefunden wurden. P. NACHTWEY. 4420□

Über das „Lespecapitosid", ein schwierig zu hydrolysierendes Flavonosid aus den Blättern von Lespedeza capitata Michx. René-Raymond Paris und Alain Charles. (C.R. hebd. Séances Acad. Sci. **254.** 352—53. 8/1. 1962. Paris, Fac. de Pharmacie, Labor. de Matière méd.) (Franz.)

Vff. isolierten aus trockenen, pulverisierten Blättern von *Lespedeza capitata* Michx durch Extraktion mit Essigsäureäthylester ein Flavonosid, *Lespecapitosid* (I) genannt, $C_{21}H_{20}O_{11} \cdot H_2O$, F. 286—288° (40%ig. wss. A.-wss. Aceton; MAQUENNE-Block) bzw. F. 246—248° (KOFLER-Bank); schwachgelbe, geruch- u. geschmacklose Nadeln; Rohausbeute, ca. 1%; *Acetyl-Deriv.* F. 162°. Die Substanz enthält 8 Hydroxygruppen. I ist nur schwer hydrolysierbar (2—5%ig. H_2SO_4 auf dem Wasserbad 2—6 Std.; 1%ig. HCl in der Kälte in Aceton 1 Monat lang): in allen Fällen wurden im Hydrolysat nur Spuren reduzierender Zucker nachgewiesen. Wird I dem alkal. Abbau unterworfen, so konnte in der phenol. Fraktion der Abbau-Prodd. *Phloroglucin* nachgewiesen werden, u. aus der sauren Fraktion wurde *Protocatechusäure* abgetrennt. I scheint eine Flavonheterosid (*Hexitylluteolin*) zu sein. — Die λ_{max}-Werte von I im UV u. die Bandenlagen im IR sind angegeben. H. KOCKERT. 4420□

Untersuchungen an Sterinen aus Mahuaöl. R. P. Singh. (Indian J. appl. Chem. **22.** 61—64. 1959. Varanasi, B. H. Univ., Res. Labor.) (Engl.)

Aus dem unverseifbaren Anteil (A; 2,53%) des Öls (B) aus Samen von *Madhuca indica* (früher *Bassia latifolia*) läßt sich ein *Sterin, $C_{29}H_{50}O$*, isolieren, das mit β- u. γ-Sitosterin isomer ist, ca. 20% von A ausmacht u. eine OH-Funktion in β-Konfiguration sowie eine Doppelbindung aufweist. Aus dem durch Kaltpressen bei 450 atm gewonnenen B [D.^{30} 0,8956; F. 28—30°; Ep. 20—22°; n_D^{40} 1,4586; SZ. 28,64; JZ. (nach WIJS) 58,03] wird A durch $5^1/_2$std. Kochen mit alkohol. KOH u. Extrahieren mit PAe erhalten.

Versuche ($[\alpha]_D$ in Chlf.): *$C_{29}H_{50}O$*, F. 121—122° (A.), durch $3^1/_2$std. Kochen von 42,89 g Fraktion A in CH_3OH, mehrtätigem Stehen bei 0° u. Chromatographieren der Lsg. in PAe. an Al_2O_3; $[\alpha]_D^{30}$ —58,1°; 6,50 g (Ausbeute). *Digitonid*, F. 220° (Zers.). *Acetylderiv.*, $C_{31}H_{52}O_2$, F. 113—114° (abs. A.); $[\alpha]_D^{30}$ —52,9°. *Benzoyl-Deriv.*, $C_{36}H_{54}O_2$, F. 128—130°; $[\alpha]_D^{30}$ —26,5°. *Dibrom-Deriv.*, $C_{29}H_{50}Br_2O$, F. 107—108°; aus Bzl./A. Nadeln. G. KIRSTEN. 4420□

Untersuchungen über Centaurea behen. L. 1. Mitt. Nisar Ahmad und George Hahn. (Pakistan J. sci. ind. Res. **2.** 55—61. Jan. 1959. Karachi, Pakistan Council of Scientific and Industrial Res., Central Labor.) (Engl.)

Aus den Wurzeln von *Centaurea behen* werden durch PAe.-Extraktion *Taraxasterolacetat, Taraxasterol* u. *Myristinsäure-ψ-taraxasterolester* isoliert u. identifiziert. *Taraxasterolacetat*, $C_{32}H_{52}O_2$, F. 249—250° (aus Äthylacetat), α_D^{27} +98° (Chlf.). *Brom-Deriv.* (aus Aceton; F. 211°, Zers.). — *Taraxasterol*, $C_{30}H_{50}O$, F. 220° (Nadeln aus PAe.), α_D^{30} +97°, α_D^{35} +98° (Chlf.), durch Verseifung vorst. Verb. oder durch Isolierung aus *Centaurea behen.* — *Myristinsäure-ψ-taraxasterolester*, $C_{44}H_{76}O_2$, Kp.$_{0,01}$ 325°. — *ψ-Taraxasterol*, $C_{30}H_{50}O$, F. 215—216° (Nadeln aus A. u. PAe.), α_D^{38} +51° (Chlf.), durch Verseifung vorst. Verb. oder durch Isomerisierung von Taraxasterol. *Acetat*, F. 238° (aus Äthylacetat). — *Myristinsäure*, F. 49° (aus PAe.), durch Verseifung von Myristinsäure-ψ-taraxasterolester. — *Anilid*, F. 82° (aus A.-W.), durch Umsetzen mit Phenylcarbaminsäure. D. GROSS. 4420□

Clivimin und Clivatin, zwei neue Alkaloide aus Clivia miniata. Hans-G. Boit und Burkhard Mehlis. (Naturwissenschaften **48.** 603. 2. Sept.-H. 1961. Berlin, Humboldt Univ., Chem. Inst.) (Dt.)

Aus Blättern von *Clivia miniata* wurde durch Chromatographie an Al_2O_3 u. fraktionierte Fällung *Lycorin* (47% der Gesamtbasen), *Clivonin* (3%) u. ein neues als *Clivimin* bezeichnetes Alkaloid (25%) isoliert. Die Rhizome enthalten *Lycorin* (76%), *Hippeastrin* (3%), *Clivonin* (2%), *Clivimin* (3%) u. das noch nicht beschriebene *Clivatin* (1,5%). —

Versuche: *Clivimin* (I), $C_{30}H_{28}N_2O_8$, F. 264—266° (Zers.) oder F. 287—288° (im Vakuum), $[\alpha]_D^{25}$ +32° (c = 0,25; $CHCl_3$), Prismen (Bzl.). — Monoperchlorat, F. 305—307° (Zers.). I geht bei Verseifung mit 8%ig. alkohol. NaOH quant. in *Clivonin* ($C_{17}H_{19}NO_5$) u. eine noch nicht identifizierte Säure über. — *Clivatin*, $C_{21}H_{25}NO_7$, F. 166—169°, $[\alpha]_D^{25}$ +52° (c = 0,2; $CHCl_3$). — Das in Zwiebeln von *Narcissus odorus* var. *rugulosus* gefundene Alkaloid *Rulodin* (C. **1959.** 523) besitzt entgegen früheren Angaben die

Bruttoformel $C_{17}H_{21}NO_4$, F. 193°, $[\alpha]_D^{25}$ −15° (c = 0,2; $CHCl_3$)). — Hydrojodid, F. 135—136° (Zers.). W. HILLER. 4420□

Untersuchungen über die Bestandteile des Petrolätherextraktes von Adiantum Capillus Veneris. Giancarlo Berti, Francesco Bottari, Antonio Marsili und Luciano Mazzanti. (Ricerca sci. **30.** 2146—47. Dez. 1960. Pisa, Univ., Ist. di Chim. farm. e tossicol. e Ist. di Farmacol.) (Ital.)

Durch 30std. Extraktion von Frauenhaar (*Adiantum capillus veneris*) mit PAe. (Kp. 40—70°), Chromatographie an saurem Al_2O_3, Einengen des Lsgm. u. Eluierung des Filtrats mit steigende Mengen Ae. enthaltendem PAe. werden folgende Verbb. gewonnen: $C_{28}H_{54}O_2$, ein Estergemisch, F. 85—90°, graugrünliches Pulver aus Äthylacetat/PAe., das mit alkohol. KOH zur Säure $C_{16}H_{32}O_2$, F. 85—95° (Bzl./Bzn.) verseift wird; $C_{25}H_{40}O$ oder $C_{26}H_{42}O$, ein Keton vom F. 222—224°, Nadeln aus PAe., $[\alpha]_D^{23}$ +80,06° (Chlf.), IR-Spektrum 5,90 μ, gibt keine Farb-Rk. mit $C(NO_2)_4$ u. die Best. von C-Methylgruppen nach der Meth. von KUHN-ROTH ist negativ, liefert durch Chromatographie an saurem Al_2O_3 (Aktivität I) vollkommene Racemisierung (2.4-Dinitrophenylhydrazon, $C_{32}H_{46}O_4N_4$, F. 245—249°); die Red. mit $LiAlH_4$ gibt den entsprechenden Alkohol $C_{25}H_{42}O$ oder $C_{26}H_{44}O$, F. 195—197° u. $C_{30}H_{52}O_2$, ein Diol, F. 243—245° (Bzl./Bzn.), $[\alpha]_D^{20}$ +14 84° (Chlf.), gibt negative Rk. mit $C(NO_2)_4$ u. Br_2, 0,3 C-Methylgruppen u. nur eine acetylierbare OH-Gruppe: Monoacetat, $C_{32}H_{54}O_3$, F. 300—305° u. Mono-(3.5-dinitrobenzoat), F. 272—273°, mit einer starken IR-Bande bei 2,86 u. 2,80 μ.
G. PLATZER. 4420□

Über die stimulierende Wirkung der Calciumchloridlösungen auf Pflanzen. P. A. Genkel, A. N. Mjagkowa und I. W. Zwetkowa. (В Памет на Методий Попов (София) [In memoriam Methodi Popoff (Sofia)] **1958.** 137—44.) (Russ.; Auszug: Engl.)

Hirsesamen werden 18 Std. in einer 1/40 m $CaCl_2$-Lsg. eingeweicht. Nach 24std. Trocknen werden sie ausgesät. Diese Behandlung hatte zur Folge, daß die Salz- u. Hitzeresistenz der Pflanzen erhöht, der Wasservorrat vergrößert u. der Ertrag in Trockengebieten erhöht wurde. $CaCl_2$ erhöht die Viscosität des Protoplasmas u. die Hitzeresistenz des Gewebes, während KCl die entgegengesetzte Wrkg. hervorruft.
CH. HEESE. 4450□

Die Entwicklung von Hämagglutininen in den Saaten von Vicia Cracca. K. O. Renkonen. (Ann. Med. exp. Biol. fenn. **38.** 26—29. 1960. Helsinki, Univ., Dep. of Serol. and Bacteriol.) (Engl.)

Salzextrakte junger Saaten von *Vicia cracca* hemmen die normalen Agglutinine (AG) der Pflanze. Der Geh. an Inhibitor (I) nimmt während der Entw. der Saaten langsam zu u. fällt allmählich wieder ab. Plötzlich treten AG in Erscheinung. Der krit. Entw.-Abschnitt der AG fällt mit dem krit. Keimabschnitt der Saaten zusammen. I in den grünen Saaten ist ziemlich thermostabil, I wird nicht wie die AG durch Aceton gefällt, I ist unspezif. u. hemmt mehr oder weniger die AG anderer Saaten, wirkt aber sehr schwach gegen die Human-Isoagglutinine. Die grünen Saaten von *Vicia villosa* enthalten einen ähnlichen Inhibitor. G. BRATFISCH. 4450□

Nitratakkumulation in einzelnen Hafersorten in verschiedenen Wachstumsstadien. Azam Gul und B. J. Kolp. (Agronomy J. **52.** 504—06. Sept. 1960. Laramie, Wyo., Wyoming Agricult. Exp. Stat., Div. of Plant Science.) (Engl.)

Der NO_3^--Geh. von 12 Hafersorten schwankte von 2,61—3,53% (lufttrocken) im Mittel. Er nimmt mit zunehmendem Alter ab. Im Stadium der Reife ist der NO_3^--Geh. nur halb so groß im Vgl. zum Blütenstadium. Der an 2 verschiedenen Standorten gewachsene Hafer zeigte Unterschiede im NO_3^--Geh. von 100%. Zwischen der Höhe des NO_3^--Geh. in den Pflanzen u. dem Pflanzenertrag bzw. der Pflanzenhöhe existiert keine Korrelation. W. HILLER. 4450□

Beziehungen zwischen Reifezustand, Phosphatstoffwechsel und Kaliumernährung. F. Alten und A. Niemann. (Agrochimica [Pisa] **3.** 223—29. Juni 1959. Hannover, Landw. Forschungsanst. Büntehof.) (Dt.)

Inhaltlich ident. mit der C. **1961.** 2327 referierten Arbeit. W. HILLER. 4460□

Bestimmung des Korrekturkoeffizienten für die Selbstabsorption der ^{14}C-Strahlung bei der Bestimmung der Intensität der Photo- und Chemosynthese in Gewässern. Ju. I. Ssorokin. (Микробиология [Mikrobiologie] **31.** 121—28. Jan./Febr. 1962. „Borok"-Inst. für Biol. der Stauseen der Akad. der Wiss. der UdSSR.) (Russ.; Auszug: Engl.)

Es wird eine Meth. beschrieben, mit der eine Kurve der Selbstabsorption bei $BaCO_3$-Sedimenten aufgestellt werden kann. Sie beruht auf der Best. der Ausgangsaktivität von ^{14}C in einer dünnen Schicht organ. Substanz. Dazu werden Kurven der Selbstabsorption

u. eine Tabelle mit Korrektur-Koeff. zur Best. der Ausgangsaktivität von ^{14}C in $BaCO_3$ vorgelegt. Die Selbstabsorptionskurven sind unter den verschiedenen, bei der Best. der Produktivität von Photo- u. Chemo-Synth. angewandten Auszählbedingungen im allg. gleich. Der Einfl. der Selbstdispersion auf den Verlauf der Selbstabsorptionskurven der ^{14}C-Strahlung in den $BaCO_3$-Sedimenten wird diskutiert. K. SATTLER. 4460☐

Aufnahme von molekularem Wasserstoff durch die grünen Blätter bei Belichtung. G. A. Ssanadse. (Физиология Растений [Pflanzenphysiologie] **8.** 555—59. 1961. Tbilissi, Inst. für Botanik der Akad. der Wiss. der GrusinSSR.) (Russ.; Auszug: Engl.)

Gasanalyt. Unterss. zeigen, daß die grünen Blätter bei Belichtung in einer H_2-Atmosphäre keinen H_2 aufnehmen, sondern nur bei gleichzeitiger Ggw. von CO_2. Bei Dunkelheit werden geringe Mengen eines Stoffes ausgeschieden, der sich chromatograph. wie H_2 verhält. Daneben wird C_5H_8 festgestellt, dessen Bldg. von der CO_2-Konz. abhängig ist. Vf. nimmt an, daß die C_5H_8-Bldg. in jener Phase der Photosynth. erfolgt, wo CO_2 an den photoreduzierenden Prozessen teilnimmt. BERND JOHANNSEN. 4460☐

Die Verwertung der verschiedenen organischen Verbindungen durch Kulturen von Chlorella vulgaris und Scenedesmus obliquus. L. A. Minejewa. (Микробиология [Mikrobiologie] **30.** 586—92. Juli/Aug. 1961. Moskau, Univ., Biolog.-Bodenkundl. Fak.) (Russ.; Auszug: Engl.)

Es wurden Reinkulturen auf synthet. Medium bei 24—26°, einem Anfangs-pH von 7,0 u. 5,6 bei Belichtung oder im Dunkeln mit oder ohne Begasung durch CO_2 gezüchtet. Folgende Substanzen wurden auf ihre Eignung als C-Quelle untersucht: *Glucose* (**I**), *Galaktose* (**II**), *Lactose* (**III**), *Maltose* (**IV**), *Fructose* (**V**), *Saccharose* (**VI**), *Xylose* (**VII**), *Arabinose* (**VIII**), *Dextrin* (**IX**) u. *Stärke* (**X**) sowie *Ameisen-*, *Essig-*, *Propion-*, *Milch-*, *Brenztrauben-*, *Butter-*, *Citronen-*, *Wein-*, *Bernstein-*, *Äpfel-*, *Glykol-*, *Glyoxyl-* u. *Glyoxalsäure.* Einige Zucker (**I, II, IV, V**) fördern das Wachstum im Licht u. halten es im Dunkeln aufrecht, während andere (**VI, III, VIII, VII, IX, X**) diese Wrkg. nicht haben. Die Wrkg. der Säuren hängt stark von den Kulturbedingungen (pH, Licht) ab. Nur Acetat unterhält im Dunkeln bei pH 7 ein gutes Wachstum beider Kulturen, während Brenztrauben-, Milch- u. Glykolsäure das Wachstum im Licht bei pH 5,6 fördern. Alkohole werden nicht als C-Quelle verwertet. Aldehyde wirken toxisch. Harnstoff u. Asparaginsäure werden nur als N-Quellen beansprucht. *Chlorella* ist dem heterotrophen Ernährungstyp besser angepaßt als *Scenedesmus.* K. SATTLER. 4460☐

Molybdän als ein die primäre Produktivität im Castle Lake, Kalifornien, begrenzender Faktor. Charles R. Goldman. (Science [Washington] **132.** 1016—17. 14/10. 1960. Davis, Univ. of California, Dep. of Zool.) (Engl.)

Der in Nordkalifornien gelegene Castle Lake weist auf Grund von Unterss. der Phytoplanktonpopulationen mittels einer ^{14}C-Meth. einen Mangel an Spurenelementen auf. Zusatz von 0,005—0,1 Teilen Mo (Na_2MoO_4)/10^6 erhöhte im See wie in Kulturen während des ganzen Jahres die Geschw. der Photosynthese. K. MAIER. 4460☐

Die Aufnahme von Kationen durch Vallisneriablätter. H. Winter. (Acta bot. neerl. **10.** 341—93. Dez. 1961. Groningen, Bot. Lab.) (Engl.)

Die von *Vallisneria spiralis* absorbierten Kationen können in 3 Gruppen eingeteilt werden: 1. auswaschbare, 2. austauschbare u. 3., weder auswaschbare noch austauschbare. Die Anionen gehören dagegen nur den Gruppen 1 oder 3 an. Rb^+ findet sich bei höherer Temp. bevorzugter unter 3, bei niederen unter 2. Ca^{2+} ist nicht fähig, in seinen Eigg. von Gruppe 2 nach 3 überzugehen; es kann jedoch von vornherein in Gruppe 3 aufgenommen werden. Gruppe 2 ist in der Zellwand lokalisiert, Gruppe 3 im äußeren Teil des Cytoplasmas. Untersucht wurden $^{86}RbCl$, ^{36}KCl, K_2SO_4, $RbCl$, KCl, $NaCl$, $MgCl_2$, $CaCl_2$, $^{86}Rb_2SO_4$, $^{45}CaCl_2$, $LaCl_3$, der Temp.-, K_2SO_4-, *Jodacetamid-* u. *HCN*-Einfl. auf die $^{86}RbCl$-Aufnahme sowie der $Ca(CN)_2$-Einfl. auf die $^{45}CaCl_2$-Aufnahme.

W. HILLER. 4470☐

Einfluß der Konzentration der Nährlösung auf die Aufnahme der Elemente der Mineralernährung durch die Pflanzen. S. I. Shurbitzki und W. N. Chuan. (Физиология Растений [Pflanzenphysiologie] **8.** 587—95. 1961. Moskau, Timirjasew-Inst. für Pflanzenphysiol. der Akad. der Wiss. der UdSSR.) (Russ.; Auszug: Engl.)

Bei Verss. mit in Sand- u. Wasserkulturen gezüchteten Gurken nimmt bei Steigerung der Salz-Konz. in der Nährlsg. die Aufnahme der Nährstoffelemente *P*, *N* u. *K* unterschiedlich zu. Gewöhnlich überwiegt dabei in den ersten Tagen die Aufnahme von N, dann aber die von K. Die P-Aufnahme verringert sich bei höheren Konzz. mit der Zeit.

BERND JOHANNSEN. 4470☐

Untersuchungen über die Entwicklung von Bruchstücken von Artischockendeckblättern. Maria Toponi. (C. R. hebd. Séances Acad. Sci. **250.** 2439—41. 28/3. 1960.) (Franz.)

Gewebe von Artischockendeckblätterstücken vermag sich in Nähragar, dem anorgan. Salze, Glucose oder Saccharose sowie Wuchsstoffe zugesetzt sind, zu entwickeln. *Indolylessigsäure* (I) ist unwirksam, während *2.4-Dichlorphenoxyessigsäure* (II) u. *Kinetin* (III) starkes Wachstum auslösen. Cocosmilch hat keine Wrkg., während eine Kombination mit II deren Effekt verstärkt. I steigert die III-Wrkg. sehr stark. Die Entw. der Explantate läßt eine gewisse Polarität u. Dorsiventralität erkennen. K. MAIER. 4485□

Die Wirkung von Auxin und Saccharose auf Wachstum und Gestalt von Erbsenstengelsektionen. P. Bult und M. H. van Raalte. (Acta bot. neerl. **10**. 451—59. Dez. 1961. Univ. of Groningen, Bot. Labor.) (Engl.)

In Abwesenheit von *Saccharose* (I) wird das Dickenwachstum (DW) nur gering, das Längenwachstum (LW) hingegen stark durch Zusatz von *Indolyl-(3)-essigsäure* (II) gefördert. Die optimale Konz. liegt bei 10 μg II/ml. Bei Zusatz von 2% I steigen das LW u. DW stärker an. Das LW besitzt 2 Maxima bei 0,1 u. 100 μg II/ml, das DW nur 1 Maximum bei 1—10 μg II/ml. Das bedeutet, daß starkes DW das LW hemmt. Bei 1% I war das Minimum des LW bei 1—10 μg II/ml stärker ausgeprägt. W. HILLER. 4485□

Die Vermehrung von Althea rosea Benth. und Hook (Holly Hock) durch Luftabsenker mit Hilfe von Wachstumsregulatoren. D. S. Lingaraj. (Current Sci. **29**. 488. Dez. 1960. Hebbal, Bangalore, Coll. of Agric., Div. of Bot.) (Engl.)

Indolyl-(3)-buttersäure (I) u. *Naphthylessigsäure* (II) wurden einzeln oder in Kombination in Konzz. von 2000, 3000 u. 4000 ppm angewendet. Die behandelten Stengelteile wurden mit verschiedenen Feuchtigkeit haltenden Materialien behandelt u. umwickelt. Bei allen Behandlungen u. Konzz. war 100%ig. Bewurzelung zu verzeichnen, die Kontrollen bewurzelten zu 30%. Die längsten Wurzeln waren nach Behandlung mit I bei 3000 ppm vorhanden. — II-Behandlung ergab in den verschiedenen Konzz. keine unterschiedlichen Wurzellängen. I + II-Anwendung brachte keine Vorteile. W. HILLER. 4485□

Die Wirkung von α-Alkylphenylessigsäuren und 1.2-Benzo-Δ^1-cycloalken-3-carbonsäuren auf das Pflanzenwachstum. Kazuyoshi Kawazu, Toshio Fujita, Tatsuo Mitsui, Jiro Kato und Masayuki Katsumi. (Nature [London] **187**. 694—95. 20/8. 1960. Kyoto, Kyoto Univ., Dep. of Bot.) (Engl.)

Nachst. Verbb. werden am Erbsentest auf ihre Wuchsstoff-Eigg. geprüft: *1.2-Benzo-Δ^1-cyclobuten-3-carbonsäure* (I), F. 74,5—75,5°, *Indan-1-carbonsäure* (II), F. 57,5—58,5°, *1.2.3.4-Tetrahydro-1-naphthoesäure* (III), F. 83—84°, *1.2-Benzo-Δ^1-cyclohepten-3-carbonsäure* (IV), F. 117—118°, *1.2-Benzo-Δ^1-cycloocten-3-carbonsäure* (V), F. 109—110°, *α-Methyl-* (VI), $Kp._{25}$ 160—163°, *α-Äthyl-* (VII), F. 40—41°, *α-n-Propyl-* (VIII), F. 51 bis 52°, *α-n-Butyl-* (IX), $Kp._4$ 149—151°, u. *α-n-Amylphenylessigsäure* (X), F. 35—36°. Die Wirksamkeit der Verbb. war erst bei Konzz. über $5 \cdot 10^{-6}$m vorhanden, das Wrkg.-Maximum lag zwischen 1,5 u. $2{,}5 \cdot 10^{-4}$m. I, II, III, VI, VII u. VIII zeigten starke Wrkg., IV hatte keine Wrkg., V, IX u. X hemmten das Wachstum leicht. W. HILLER. 4485□

Die Gegenwart von indolähnlichen Verbindungen in der parthenocarpen Guajavafrucht. G. Rangaswami und T. T. Kaliaperumal. (Current Sci. **29**. 485—86. Dez. 1960. Annamaleinagar, Annamalai Univ., Dep. of Agric.) (Engl.)

Wasser- u. Ae.-Extrakt der Rollenkörner erzeugen in kastrierten Blüten in ca. 50% der Fälle Parthenocarpie. Die Wrkg. der synthet. Auxine war geringer, sie war bei *Naphthylessigsäure* 33%. *Naphthoxyessigsäure* ca. 25%, *2.4-Dichlorphenoxyessigsäure* 20%. *Indolyl-(3)-essigsäure* u. *-buttersäure* waren unwirksam. Der aus Pollenkörnern u. Eizellen erhaltene Extrakt wurde chromatographiert. Nur in der sauren Fraktion konnten indolähnliche Komponenten gefunden werden, u. zwar nur in kurz nach der Blüte gesammelten Pollen u. in 5 Tage nach Selbstbestäubung gesammelten Ovarien. Die beiden gefundenen indolähnlichen Substanzen konnten nicht identifiziert werden. W. HILLER. 4485□

Voruntersuchungen über die Wirkung von Gibberellsäure auf das Wachstum von Spinat (Spinacia oleracea). O. S. Jauhari, R. D. Singh und V. S. Dikshit. (Current Sci. **29**. 484—85. Dez. 1960. Kanpur, Govt. Agric. Coll.) (Engl.)

Spinat wurde mit *Gibberellsäure* (I)-Konzz. von 0—250 ppm 40, 55 u. 70 Tage nach der Aussaat behandelt. Die Höhe der Pflanzen, Zahl der Zweige u. Blätter, das Frisch- u. Trocken-Gew. zeigten die höchsten Werte bei 10 ppm, sie sanken bis zur höchsten Konz. hin ab. 250 ppm ergaben in allen Kriterien noch ca. doppelt so hohe Werte wie 0 ppm. W. HILLER. 4485□

Über die Veränderungen der morphologischen Merkmale der Blätter einiger Pflanzen unter der Einwirkung von Gibberellin. A. I. Sakordonetz. (Український Ботанічний Журнал [Ukrain. bot. J.] **18**. Nr. 1. 14—18. 1961. Inst. für Botanik der Akad. der Wiss. der UkrainSSR, Abt. für Pflanzenphysiol.) (Ukrain.; Auszug: Engl.)

In Verss. mit Tomate, Sonnenblume u. Hanf bewirkte die Behandlung mit *Gibberellin*-Lsgg. (200 mg/Liter) Veränderungen der Blattform, bedingt durch Abschwächung bzw. Beseitigung der Ungleichmäßigkeit der Blattspreiten. O. LEBTAG. 4485 □

Die Gurkenranke — ein neues Testorgan für Gibberellsäure. E. Galun. (Experientia [Basel] **15.** 184—85. 15/5. 1959. Rehovoth, Weizmann Inst. of Sci., Plant Genetics Sect.) (Engl.)

Zur Testung von *Gibberellsäure* (I) entwickelte Vf. folgenden Text: Gurkenranken werden von Unterglasgurken (Inzuchtlinien) geerntet. Von den Ranken werden 2 Abschnitte von 2 Regionen benutzt (25—35 u. 35—45 mm von der Spitze) u. in eine Puffer-Saccharose-Lsg., die ein Stück mit I getränktes Filtrierpapier enthält, gelegt. Die Längenzunahme der Rankenstücke ist ein Kriterium für die I-Konzentration. W. HILLER. 4485 □

Der Einfluß von Maleinsäurehydrazid auf das Pflanzenwachstum. S. Narayanaswami. (Sci. and Cult. [Calcutta] **25.** 460—63. Febr. 1960. Vallabh Vidyanagar [via Anand], Sardar Vallabhbrai, Dep. of Bot.) (Engl.)

Übersicht: Anwendungen; Wrkg.: Wurzel, Stengel, Blätter, Blüten, Staubgefäße, Pollen, Früchte, Samen, Speicherorgane, Pflanzengewebe, Zellen, Bodenmikroorganismen, Unkräuter. — 20 Literaturangaben. K. MAIER. 4485 □

Azulenderivate als Pflanzenwachstumsregulatoren. Robert M. Muir und Corvin Hansch. (Nature [London] **190.** 741—42. 20/5. 1961. Iowa City, Iowa, Univ. of Iowa, Dep. of Bot.) (Engl.)

Azulenyl-(1)-essigsäure (I), *-1-acetonitril* (II), *-1-carbonsäure* (III) u. *1-Naphthoesäure* (IV) wurden an Erbsengeweben auf ihre Wuchsstoff-Eigg. geprüft. **IV** ist sehr wirksam, **III** fördert die Elongation des Erbsengewebes nicht. **I** u. **IV** haben in niedrigen Konzz. ($< 10^{-4}$ m) geringere Wrkg. als Indolyl-(3)-essigsäure u. α-Naphthylessigsäure, bei höheren Konzz. haben sie jedoch gleiche Wirkung. **II** war völlig inaktiv. Bei den Azulenen scheint wie bei den Naphthalinen die $C_{(8)}$-Position in wachstumsregulator. Hinsicht akt. zu sein. W. HILLER. 4485 □

Untersuchung des Einflusses von Penicillin auf die höheren Pflanzen. M. D. Popow. (Український Ботанічний Журнал [Ukrain. bot. J.] **18.** Nr. 1. 3—13. 1961. Bulgar. Akad. der Wiss., Popoff-Inst. für Biol.) (Ukrain.; Auszug: Engl.)

Auf Grund von Verss. mit Reis u. Bohne, deren Saatgut mit *Penicillin* behandelt wurde, kommt Vf. zu dem Ergebnis, daß sowohl im Feld- als auch im Vegetations-Vers. Keimenergie, Stärke des Anfangswachstums u. Produktivität der Pflanze durch Penicillin positiv beeinflußt werden; Stengel u. Wurzel verschieden stark. O. LEBTAG. 4485 □

Veränderung des Gehaltes an gebundenem und löslichem Eisen in verschiedenen Organen des Apfelbaumes bei Chloroseerkrankung. Ss. M. Iwanow und B. A. Orgijan. (Физиология Растений [Pflanzenphysiologie] **8.** 636—37. 1961. Kischinew, Biolog. Inst. der Moldau-Zweigstelle der Akad. der Wiss. der UdSSR.) (Russ.)

Vff. bestimmten die pH-Änderungen des Zellsaftes u. den Geh. an lösl. u. gebundenem *Fe* in den Wurzeln, im Holz, Bast u. in den Blättern des Apfelbaumes bei Chloroseerkrankung. In den Wurzeln war der Geh. an Gesamt-Fe am größten, der Anteil an gelöstem Fe aber relativ gering. Der pH des Zellsaftes veränderte sich nur wenig mit der Entw. der Chlorose. Ein Zusammenhang zwischen dem Fe-Geh. u. dem pH fehlt. BERND JOHANNSEN. 4490 □

Die Resorption von Glucose und Fructose im Darm von Oxycarenus hyalinipennis (Costa) (Heteroptera; Lygaeidae). Premlata Bhatnagar und K. N. Saxena. (Naturwissenschaften **48.** 579—80. 1. Sept.-H. **1961.** Delhi, Univ. of Delhi, Dep. of Zool.) (Engl.)

Oxycarenus hyalinipennis erhielten Baumwolle, die mit 10% *Glucose* (I) bzw. *Fructose* (II) u. Bromphenolblau (III) getränkt war. Der Darm der Insekten wurde nach verschiedenen Zeiten analysiert. Der hintere Darmteil wurde von **III** in 90 Min. erreicht. **I** nimmt im ersten Ventriculus ab, u. ist noch im zweiten nachzuweisen. Nach 105 Min. ist **I** nicht mehr nachzuweisen, ohne den dritten Ventriculus u. den hinteren Darmteil erreicht zu haben. Die Verhältnisse bei **II** sind ähnlich. **II** ist schon nach 75 Min. nicht mehr nachzuweisen. **II** wird bevorzugter als **I** aufgenommen. W. HILLER. 4490 □

Fungitoxizität von Rhodaninderivaten. F. J. Allan, G. G. Allan und G. Crank. (J. appl. Chem. **11.** 68—70. Febr. 1961. Paisley, Paisley Techn. Coll., Dep. of Chem.) (Engl.)

Die Fungitoxizität einer Reihe von Rhodanin-Derivv. wurde geprüft, indem Baumwollgarn mit einer 2%ig. Lsg. der entsprechenden Substanz getränkt u. in Bodenproben bei 85° F längere Zeit inkubiert wurde. *3-Phenyl-5-[phenanthryl-(9)-methylen]-rhodanin* zeigt die beste Schutzwirkung. Folgende Verbb. wurden getestet: **Rhodanine:** *5-[Naph-*

thyl-(1)-methylen]-, 3-Äthyl-5-[naphthyl-(1)-methylen]-, 3-Phenyl-5-[naphthyl-(1)-methylen]-, 5-[Naphthyl-(2)-methylen]-, 3-Äthyl-5-[naphthyl-(2)-methylen]-, 3-Phenyl-5-[naphthyl-(2)-methylen]-, 5-[Anthryl-(9)-methylen]-, 3-Äthyl-5-[anthryl-(9)-methylen]-, 3-Phenyl-5-[anthryl-(9)-methylen]-, 5-[Phenanthryl-(9)-methylen]-, 3-Äthyl-5-[phenanthryl-(9)-methylen]-, 5-Benzyliden-, 5-[2-Methylbenzyliden]- u. *Pentachlorphenol.* P. GREGORZEWSKI. 4495□

E5. Tierchemie. Tierphysiologie. Tierpathologie

Methodische Beispiele über die Verwendung von Laboratoriumszentrifugen. Oertel. (Lab. sci. [Milano] **9.** 101—08. Juli/Aug. 1961. Halle.) (Ital.)

Übersicht über die prakt. Verw. von Labor.-Zentrifugen, deren Anwendungsmöglichkeiten in der physiolog. Chemie (allg. Biologie u. Virologie), zur Best. der Viscosität von Plasma mit Beispielen. G. PLATZER. 4500□

Kapazitätselektrode für chronische Reizung. Alexander Maurc. (Science [Washington] **132.** 356. 5/8. 1960. New York, N.Y., Rockefeller Inst.) (Engl.)

Beschreibung einer zur elektr. Reizung während längerer Perioden geeigneten Elektrode unter Ausschaltung der Gefahr einer Verunreinigung der Gewebe mit Elektrodenprodukten. Die Kapazitätselektrode besteht aus einem mit Teflon isolierten Draht, der sich in einem ausgehöhlten, mit Elektrolyt (RINGER-Lsg.) gefüllten Polyäthylenblock befindet. K. MAIER. 4500□

Biochemische Untersuchungen über eine marine, holzbohrende Molluske (Martesia striata). R. Nagabhushanam. (J. sci. ind. Res. [New Delhi], Sect. C **20.** 171—73. Juni 1961. New Orleans, Tulane Univ., Zool. Dep.) (Engl.)

Erwachsene Exemplare enthalten 3% (Trocken-Gew.) *Glykogen* (I) unabhängig von der Jahreszeit vor allem in den Gonaden u. Muskeln. 10tägiger Aufenthalt in planktonfreiem Seewasser verursacht 62% ig. I-Abnahme. Der Ca-Geh. im Gewebe ist sehr gering. P. GREGORZEWSKI. 4520□

Elektrophorese von Histonen und Histon-Fraktionen auf Stärke-Gel. E. W. Johns, D. M. P. Phillips, P. Simson und J. A. V. Butler. (Biochem. J. **80.** 189—93. Juli 1961. London, Chester Beatty Res. Inst., Inst. of Cancer-Res., Royal Cancer Hosp.) (Engl.) — Vgl. C. **1961.** 16899.

Histone liefern bei der Chromatographie über Carboxymethylcellulose eine *Lysin* (I)-reiche Fraktion (F_1), eine I-arme Fraktion (F_2) u. eine *Arginin*-reiche Fraktion (F_3). Vff. chromatographieren das nach einer modifizierten Meth. aus Kalbsthymus gewonnene Gesamt-Histon über Carboxymethylcellulose u. unterwerfen die hierbei gewonnenen Histonfraktionen (F_1, F_2, F_3) einer Elektrophorese über Stärke-Gel. In 0,01n HCl liefert das ganze Histon 10 Banden mit den Hauptgruppen E_1, E_2 u. E_3. F_1 erweist sich hinsichtlich der Banden ident. mit E_2, F_2 mit E_1 u. F_3 mit E_3. Die bei der Chromatographie gewonnenen Fraktionen F_1, F_2 u. F_3 zeigen nach der Vereinigung das gleiche Elektrophoresediagramm wie das ursprüngliche Histonpräparat. Analyt. Unterss. ergaben, daß F_3 mindestens 2 Proteine sowie reichlich *Alanin* als endständige Gruppe enthält. F_1 zeigt einen Geh. von ca. 25,5% I, einen hohen Geh. an *Prolin* (II) u. einen niedrigen Geh. an sauren Aminosäuren. F_2 enthält ca. 10% *Glycin* u. vorwiegend II als N-endständige Gruppe. B. GÖRLICH. 4520□

2-Aminoäthansulfinsäure. 1. Mitt. **Isolierung aus einer Molluske, Identifizierung und Verbreitung.** Shunji Ouchi. (J. Biochemistry [Tokyo] **46.** 765—69. Juni 1959. Fukuoka, Kyushu Univ., Fac. of Sci.) (Engl.)

2-Aminoäthansulfinsäure (I), $C_2H_7NO_2S$, F. 175—177°, wurde aus *Septiver virgatus* isoliert. Sehr hohe Geh. an I zeigte *Trichomya hirusta*, hohe Geh. *Anthopleura stella*, geringe Geh. *Mytilus edulis, Barbatia obtusoides, Adula strata, Diadumene luciae.* Keine I konnte festgestellt werden bei: *Brachidontes senhousia, Tegula agyrostoma bsilipata, Monodonta labio, Patelloida saccharina lanx, Cellana nigrolineata, Nerita japonica, Thais clavigera, Lunella coronata coreensis, Heliocidaris crassispina, Temnopleurus toreumaticus, Loimia medusa.* W. HILLER. 4520□

Autonome Aktivierung und Blockierung von Blutzufluß, -abfluß und Gewicht der Hundemilz. Harold D. Green, Kenneth Ottis und Thomas Kitchen. (Amer. J. Physiol. **198.** 424—28. Febr. 1960. Winston-Salem, N.C., Wake Forest Coll., Bowman Gray School of Med., Dep. of Physiol. and Pharmacol.) (Engl.)

Reizung der Milznerven u. *Adrenalin* (I) verminderten bei Hunden in Pentobarbitalnarkose die arterielle Blutzufuhr, erhöhten venösen Blutabfluß sowie Druck u. verminderten das Gew. der Milz. Progressive Steigerung der adrenerg. Blockade (*Phenoxybenzamin,* II) hob die Zuflußverminderung (Vasoconstriction) teilweise auf u. verringerte Abfluß u. Gew.-Abnahme. Cholinerg. Substanzen (Acetylcholin, Methacholinhydrochlorid) erhöhten Zufluß, Abfluß u. Gewicht. Unterbrechung des Zuflusses war von keiner Vasodilation gefolgt. Atropin hatte keine sichtbare Wrkg. auf den Zuflußdilator oder auf Abfluß u. Gew.-Rk. nach I, *Arterenol* (III) oder Nervreizung nach II-Blockade. Die Befunde lassen sich mit der Annahme vereinbaren, daß Zu- u. Abfluß von 2 getrennten Mechanismen, möglicherweise unter Beteiligung zweier getrennter Gruppen von Nervenfasern, gesteuert wurden: Durch einen arteriolaren Zuflußconstrictor, vielleicht mit III, u. durch einen Aktivator des Leerungsmechanismus, vielleicht mit I als Mittlersubstanz. K. MAIER. 4550□

Magnesium in Blut und Geweben während der Kälteakklimatisierung. R. E. Neubeiser, W. S. Platner und J. L. Shields. (J. appl. Physiol. **16.** 247—49. März 1961. Columbia, Mo., Univ. of Missouri, School of Med., Dep. of Physiol. and Pharmacol.)(Engl.)

Bei SPRAGUE-DAWLEY-Ratten unter Kälte-Einw. war die *Mg*-Konz. im Herzen u. Skelettmuskel am 10. Tag u. im Serum am 1., 5., 10. u. 20. Tag erhöht. Das hierfür erforderliche Mg stammte wahrscheinlich aus dem peripheren hypotherm. Gewebe, z. B. der Haut. K. ZINGRAF. 4550□

Verteilung und Toxizität von Kalium bei Hypothermie. Herbert E. Hoff, Stephanie Deavers und Russell A. Huggins. (J. appl. Physiol. **16.** 250—52. März 1961. Houston, Tex., Baylor Univ. Coll. of Med., Dep. of Physiol.) (Engl.)

Bei Morphin–Pentobarbital-narkotisierten, unterkühlten Hunden (mittlere Rectal-Temp. 27,9°) betrug das mittlere Verteilungs-Vol. von *K* nach Infusion von *KCl* (bis zum Verschwinden von P-Wellen im EKG) 73% des Körper-Gew., bei intakten Tieren 67%. Durch die Hypothermie wurde die letale Konz. von K im Serum auf 8,9 mVal/Liter herabgesetzt. K. ZINGRAF. 4550□

Die Verteilung antigener Gruppen über die γ-Globulinmoleküle der Maus. Brigitte A. Askonas und J. H. Humphrey. (Nature [London] **190.** 1177—78. 24/6. 1961. London, Mill Hill, Nat. Inst. for Med. Res.) (Engl.)

Es wird gezeigt, daß die F- u. S-Spezifität normaler *γ-Globuline* u. 5563 Myelom-γ-Globuline von Mäusen in jedem Protein-Mol. gleichzeitig vorhanden sind.
D. ZIEBARTH. 4551□

Ein neuer Test zur Erkennung von anaphylaktischer Empfindlichkeit: Die basophile Reaktion. Walter B. Shelley und Lennart Juhlin. (Nature [London] **191.** 1056—58. 9/9. 1961. Philadelphia, Pa., Univ. of Pennsylvania, School of Med., Dep. of Dermatol.) (Engl.)

Es wird eine neue Meth. zur Erkennung einer Anaphylaxie angegeben. Sie basiert darauf, daß bei dieser Rk. *Histamin* aus den basophilen Leukocyten (b.L.) freigesetzt wird, wodurch es zur Degranulierung bzw. Zerstörung dieser Zellen kommt. Wird Blut von allerg. Personen mit dem betreffenden Allergen (Penicillin, Prochlorperazin, Bienengift, Kälteexposition) in vitro zusammengebracht, so wird ein Vorliegen einer anaphylakt. Empfindlichkeit dann angenommen, wenn bei 50% u. mehr der ausgezählten 20 b.L. die oben genannten Veränderungen festzustellen sind. G. KIMMERLE. 4551

Über die Ausschleusung nucleolärer Substanz im Milchdrüsenepithel der weißen Maus. W. Weber und K. Kriesten. (Experientia [Basel] **16.** 540—42. 15/12. 1960. Köln, Univ., Zool. Inst.) (Dt.)

Bei Fixierung von Brustdrüsenschnitten der Maus aus verschiedenen Lactationsstadien (in CARNOY) u. Färbung mit Gallocyanin-Chromalaun bzw. Eisenhämatoxylin läßt sich ein Abstrom von Substanz aus dem Nucleolus in das Plasma nachweisen, ohne daß vorerst über das weitere Schicksal der Nucleolarsubstanz eine Aussage möglich ist. Damit gewinnt die Funktion des Kernes bei der Sekretion der Milchdrüse einen neuen, bisher unberücksichtigt gebliebenen Aspekt. U. TAUSENDFREUND. 4555□

Placenta-Extrakte. Eine elektrochromatographische Untersuchung. R. Bondivenne, M. Coulet, G. Betail, N. Busch und R.-Y. Mauvernay. (Ann. pharmac. franc. **19.** 523—31. Juli/Aug. 1961. Riom, Centre Européen de Rech. Fond. et Appl.) (Franz.)

Placentaextrakte werden mit Amberlite IR-120 behandelt, dieses mit 14n NH_4OH eluiert. Der hieraus erhaltene Rückstand wird in Eisessig (I)/Pyridin/W. (II, pH 3,9) 6 Std. mit 400 V der Elektrophorese unterworfen. Die bas. Aminosäuren werden dann wiederum in n NH_4OH (pH 11,7) bzw. in II (pH 6,5) getrennt. Der verwendete Elektrophorese-App. ist beschrieben. Unter Elektrochromatographie verstehen Vff. die Koppelung von Elektrophorese (n Essigsäure, pH 2,3) u. Chromatographie (Butanol/I/W.). Damit werden die neutralen Aminosäuren aufgetrennt. Die Ergebnisse aus menschlichen u. tier. Placentaextrakten werden gegenübergestellt. W. HOLLAND. 4559□

Nachweis eines Placentahormons mit Hemmwirkung auf den Uterus. O. Stamm, J. Monnier und U. Loos. (Bull. Soc. Chim. biol. **43.** 1347—55. 1961. Genève, Hôp. cantonal, Centre de Transfusion u. Clin. univ. de Gynécol. et d'Obstétrique.) (Franz.)

Vff. isolierten aus dem Urin schwangerer Frauen ein *Placentahormon* (I), das auf die Motilität des isolierten Uterus von Nagetieren hemmend wirkt. Das biolog. hochakt. Präp. übt in Mengen von 0,3—0,9 γ auf den isolierten Uterus der Ratte die gleiche Wrkg. aus wie 1 γ *Histaminhydrochlorid*. Nach intraperitonealer Injektion von 0,15—0,45 γ I in weiße Ratten macht sich eine Hyperämie des Ovars bemerkbar. I ist elektrophoret. heterogen. Die vorläufigen Analysenergebnisse zeigen, daß der biolog. akt. Bestandteil des I-Präp. ein *Glykoproteid* ist. H. KOCKERT. 4559□

Wirkung von im Gelbkörperstadium beim Schwein injiziertem Stilböstrol, unter besonderer Berücksichtigung der langdauernden Aufrechterhaltung des Corpus luteum. Y. Nishikawa und Y. Waide. (Bull. nat. Inst. agric. Sci. [Chiba, Japan], Ser. G Nr. **14**. 1—13. März 1958.) (Jap.; Auszug: Engl.)

Durch Injektion von 1—3 mg *Stilböstrol* im Gelbkörperstadium (vom Ende des Östrus bis zum 12. Tag danach) kann beim Schwein die Rückkehr des Östrus für die Dauer von 84—173 Tagen verhindert werden bei gleichzeitiger Aufrechterhaltung des Corpus luteum. Spätere Injektion (z. B. am 16. Tag) hat keinen derartigen Erfolg, ein evtl. Erfolg einer Injektion am 14. oder 15. Tag hängt vom individuellen Vorhandensein eines noch funktionierenden Corpus luteum ab. Der nach der langsamen Degeneration des Gelbkörpers im Verlaufe der Postinjektionsperiode wiederauftretende Östrus ist als normal anzusehen, es kommt zur erfolgreichen Konzeption. Diese Vorgänge sind für das Schwein charakterist., sie lassen sich bei Rind u. Ziege nicht nachahmen. U. TAUSENDFREUND. 4559□

Untersuchungen über die direkte Wirkung von Östrogen auf die Milchsekretion und auf die Milchzusammensetzung bei der lactierenden Ziege. T. Goto, T. Jōke und M. Oshima. (Bull. nat. Inst. agric. Sci. [Chiba, Japan], Ser. G Nr. **14**. 67—79. März 1958.) (Engl.)

An der intakten lactierenden Ziege konnte mit Hilfe von Instillationen von 50 μg *Östrogen* in Olivenöl oder Propylenglykol in den Zitzenkanal eine direkte Beeinflussung der Milchsekretion (Hemmung) nachgewiesen werden, während 20 mg *Progesteron* oder 5 mg *Testosteron* keinen Einfl. ausübten. Zusammen mit der Verminderung der Milchausbeute u. in Abhängigkeit davon kommt es zu einem Anstieg des Geh. der Milch an *Fett, Gesamtfeststoffen, Gesamt-P, anorgan. P, Phosphokreatin-P* u. *Nucleinsäure-P*. Parallel zur Verminderung der Milchsekretion kommt es zu einer Verminderung des *Lactose-* u. *Ester-P*-Geh.; letzter steigt bei Wiederholung der Milchsekretionsfunktion stark an, was auf eine geringe Wirksamkeit der Stoffwechselvorgänge nach der schweren Depression der Funktion durch Östrogen hinweist. Die Aktivität der *alkal. Phosphatase* der Milch steigt bei Verminderung der Milchsekretion, was mit einer Vermehrung der abgestoßenen Zellen in der Milch zusammenhängen dürfte. Es ist nach diesen Befunden anzunehmen, daß der P-Geh. der Milch die Funktion der Brustdrüse wiederzuspiegeln vermag. U. TAUSENDFREUND. 4559□

Wirkung fortlaufender Injektion von Östrogen auf die Fortpflanzungsfähigkeit von Haustieren. 11. Mitt. Experimentelle Ergebnisse an Kühen unter besonderer Berücksichtigung der Hemmung des Follikelwachstums, des Auftretens anomalen sexuellen Verlangens und cystischer Ovarien. Y. Nishikawa und T. Sugie. (Bull. nat. Inst. agric. Sci. [Chiba, Japan], Ser. G Nr. **14**. 15—26. März 1958.) (Jap.; Auszug: Engl.) — 10. vgl. Bull. nat. Inst. agric. Sci. [Chiba, Japan], Ser. G Nr. **12**. [1956.] 249.

Durch tägliche Injektion von 10—20 mg *Stilböstrol* für die Dauer von 10—20 Tagen, beginnend mit dem 5. Tag nach der Ovulation, läßt sich bei Kühen das Wachstum der Follikel hemmen (es werden 25—47 Tage zur Bldg. eines 1 cm großen Follikels benötigt); es kommt zu einem auch bei Pferden unter den gleichen Vers.-Bedingungen beobachtbaren, anormalen (stierähnlichen) sexuellen Verh.; im Ovar kommt es zu einer cyst. Vergrößerung einzelner Follikel, die jedoch im normalen Cyclus münden. U. TAUSENDFREUND. 4559□

Wirkung fortlaufender Injektion von Östrogen auf die Fortpflanzungsfähigkeit von Haustieren. 12. Mitt. Experimentelle Ergebnisse an Ziegen unter besonderer Berücksichtigung der Hemmung des Follikelwachstums, des Auftretens anomalen sexuellen Verlangens und der Ovarfunktion. Y. Nishikawa und H. Onuma. (Bull. nat. Inst. agric. Sci. [Chiba, Japan], Ser. G Nr. **14**. 27—34. März 1958.) (Jap.; Auszug: Engl.) — 11. vgl. vorst. Referat.

Durch tägliche Injektion von 0,5—5 mg *Stilböstrol* für die Dauer von 7—20 Tagen, beginnend mit dem 3.—8. Tag nach dem Ende der Läufigkeit, läßt sich bei Ziegen die Ovarfunktion vollständig hemmen; es kommt wie bei Rindern u. Pferden zu einem anormalen (bockähnlichen) sexuellen Verh. bei einigen der Tiere; im Gegensatz zu früheren Unterss. ließen sich bei der jetzigen Vers.-Reihe keinerlei cyst. Follikel (wie sie auch beim Rind auftreten) feststellen; die Ovarfunktion ließ sich außerhalb der Befruchtungszeit nicht aktivieren (wie es bei Pferden möglich war). U. TAUSENDFREUND. 4559□

Wirkung fortlaufender Injektion von Östrogen auf die Fortpflanzungsfähigkeit von Haustieren. 13. Mitt. **Wirkung fortlaufender Östrogeninjektion auf die Fortpflanzungsdrüsen beim Schwein, unter besonderer Berücksichtigung der Hemmung des Follikelwachstums und der Gelbkörpererhaltung.** Y. Nishikawa und Y. Waide. (Bull. nat. Inst. agric. Sci. [Chiba, Japan], Ser. G Nr. **14**. 35—43. März 1958.) (Jap.; Auszug: Engl.) — 12. vgl. vorst. Referat.

Durch tägliche Injektion von 1—2 mg *Stilböstrol* für die Dauer von 7—10 Tagen, beginnend mit dem 3.—7. Tag nach der Östrusbeendigung, läßt sich bei Schweinen der Östrus für lange Zeit unterdrücken; die Rückkehr des Östrus kann, ähnlich wie bei einmaliger Injektion im Gelbkörperstadium, um 65—111 u. mehr Tage verzögert werden; wie bei Pferd, Rind u. Ziege konnte auch hier zwischen dem 53. u. 111. Tage eine Hemmung des Follikelwachstums festgestellt werden; bereits bestehendes Corpus luteum wird, ebenso wie bei einmaliger Injektion im Gelbkörperstadium, für lange Zeit aufrechterhalten, so daß damit das Ausbleiben des Östrus erklärt ist; nach Zusammenbruch des Gelbkörpers kommt es wieder zum Follikelwachstum ohne Entstehung cyst. Follikel. U. TAUSENDFREUND. 4559□

Wirkung fortlaufender Injektion von Östrogen auf die Fortpflanzungsfähigkeit von Haustieren. 14. Mitt. **Wirkung auf die Erhaltung des Corpus luteum, unter besonderer Berücksichtigung der Tierarten.** Y. Nishikawa, T. Sugie, H. Onuma und T. Fujisaki. (Bull. nat. Inst. agric. Sci. [Chiba, Japan], Ser. G Nr. **14**. 45—58. März 1958.) (Jap.; Auszug: Engl.) — 13. vgl. vorst. Referat.

Nach dem Schema der vorhergehenden Mitt. wurden *Stilböstrol*-Injektionen bei Pferden, Kühen u. Ziegen durchgeführt, um die Beeinflussung des Gelbkörpers zu prüfen. Beim Pferd zeigte sich ein vom Schwein her bekanntes Verh. (vgl. 13. Mitt.), der Gelbkörper blieb unter dem Einfl. der Injektionen länger als normal erhalten. Im Gegensatz dazu hatte die Östrogeninjektion bei Ziegen keinen Einfl. auf die Aufrechterhaltung des Corpus luteum u. förderte bei Kühen den Zusammenbruch des Gelbkörpers. U. TAUSENDFREUND. 4559□

Multiple Wirkungen von Östron und Testosteronpropionat bei ihrer Kombination; gleichzeitige Wirkungen auf die Vaginalkeratinisierung und das Uteruswachstum. R. A. Edgren und D. W. Calhoun. (Experientia [Basel] **16**. 544—46. 15/12. 1960. Chicago, Ill., G. D. Searle & Co., Div. of Biol. Res.) (Engl.)

An der ovarektomierten Maus wird gezeigt, daß zwischen den Wrkg. von *Östron* (**I**) u. *Testosteronpropionat* (**II**) je nach Organspezifität ein Synergismus oder ein Antagonismus bestehen kann. Die durch Injektion von 1,0 μg **I** (in Maisöl) verursachte Verhornung des Vaginalepithels kann durch gleichzeitige Injektion von 500 μg **II** gehemmt werden, während das durch **I** geförderte Wachstum des Uterus durch gleichzeitige **II**-Verabreichung eine noch weitere Förderung erfährt. Umgekehrt werden die durch **II** bewirkte Mucifikation des Vaginalepithels durch **I**-Beigabe ebenfalls gefördert. U. TAUSENDFREUND. 4559□

Anregung des Aminosäurentransports im isolierten Zwerchfell durch Zusatz von Wachstumshormonen in vitro. J. L. Kostyo, J. Hotchkiss und E. Knobil. (Science [Washington] **130**. 1653—54. 11/12. 1959. Boston, Mass., Harvard Med. School, Dep. of Physiol.) (Engl.)

Der Transport von $^{14}C_{(1)}$-*α-Aminoisobuttersäure* in die Zellen des isolierten Rattenzwerchfells sinkt unter dem Einfl. der Hypophysektomie unter die Norm ab; dagegen wird die Transport-Geschw. nach Zusatz von 2,5—25 μg Affen- oder Rinderwachstumshormon/ml Medium bis auf das Doppelte gesteigert. K. ZINGRAF. 4560□

Die Wirkung des adrenocorticotropen Hypophysenhormons auf die Nebennierenzellen von Rana esculenta mit positiver MacManus-Reaktion. Marc Maillet. (C.R. Séances Soc. Biol. Filiales **154**. 582—83. 1960. Paris, Fac. de Méd., Labor. d'Histol.) (Franz.)

Injektion von *ACTH* ruft bei *R. esculenta* eine funktionelle Erregung der MAC MANUS-positiven Nebennierenlipoidzellen (Sudan III-Färbung) hervor. Die STILLING-schen Zellen erleiden eine charakterist. Degranulation. K. MAIER. 4560□

Beitrag zu den Veränderungen des Glutathions in der Rattenleber durch Steroidhormone. J. Gebhard, F. Hohensee und T. Kusch. (Endokrinologie **37**. 91—95. Febr. 1959. Jena, Labor. des VEB Jenapharm.) (Dt.)

Durch Adrenalektomie wird der *Glutathion* (**I**)-Geh. in der Rattenleber etwa auf die Hälfte des Normalwertes gesenkt. Diese Verminderung wird durch Verabfolgung von Steroidhormonen mehr oder weniger vollständig ausgeglichen. Nur *Desoxycorticosteron* ist hier ohne Wirkung. — Die von anderen Autoren gefundene Verringerung des I-Geb. nach Gabe von Glucocorticoiden in der Leber intakter Tiere muß als tox. Effekt bzw. als die Folge einer Steroiddiabetes gedeutet werden.

S. GROITZSCH. 4561□

Steroid–Pyrogen-Untersuchungen bei Laboratoriums- und Haustieren. Robert H. Palmer, Bela Ratkovits und Attallah Kappas. (J. appl. Physiol. 16. 345—47. März 1961. Chicago, Ill., Univ. of Chicago and Argonne Cancer Res. Hosp., Dep. of Med.) (Engl.)

Die 5β-H-Steroidmetabolite *Ätiocholanolon* (*3α-Hydroxyätiocholan-17-on*), *Pregnanolon* (*3α-Hydroxypregnan-20-on*), *11-Ketopregnanolon* (*3α-Hydroxypregnan-11.20-dion*) u. der 5α-H-Steroidmetabolit *Androsteron* wurden bei 11 Labor.- u. Haustierarten i.m., i.v. sowie durch Katheter in die laterale Gehirnkammer injiziert, ohne daß Pyrogen-Rkk. auftraten. Das Auftreten solcher Rkk. beim Menschen scheint artspezif. zu sein.

K. ZINGRAF. 4561□

Von der Jahreszeit abhängige Ausscheidung von 17-Ketosteroiden und formaldehydogenen Steroiden im Harn des gewöhnlichen Hamsters (Cricetus cricetus). G. Kayser und J. Schwartz. (C. R. Séances Soc. Biol. Filiales **154.** 778—80. 1960. Strasbourg, Fac. de Méd., Labor. de la Clin. méd. A et Inst. de Physiol.) (Franz.)

Vff. stellten in ca. 2 Jahre sich hinziehenden Unterss. an Hamstern fest, daß mit steigender Temp., also während der Sommermonate eines jeden Jahres, die Gew.-Zunahme der Tiere u. die Ausscheidung von *17-Ketosteroiden* u. *formaldehydogenen Steroiden* in Harn ein Maximum erreichen. In den Wintermonaten wird bei geringem Körper-Gew. auch eine verminderte Steroidausscheidung beobachtet.

H. KOCKERT. 4561□

Untersuchungen über Harnsteroide auf dem Gebiete der tierischen Fortpflanzung. 2. Mitt. **Die Ausscheidungen von 17-Ketosteroiden und Corticosteroiden im Harn des weiblichen Schafes.** J. Masaki, K. Hiroe und T. Tomizuka. (Bull. nat. Inst. agric. Sci. [Chiba, Japan], Ser. G Nr. **14.** 59—65. März 1958.) (Engl.) — 1. vgl. Bull. nat. Inst. agric. Sci. [Chiba, Japan], Ser. G Nr. **12.** [1956.] 223.

Zur Unters. der Beziehungen zwischen den sexuellen Vorgängen u. der Nebennierenrindenfuktion beim ♀ Schaf wurden die Ausscheidungen der *17-Ketosteroide* u. der *Corticosteroide* im Harn untersucht: es konnten keinerlei Cyclusschwankungen nachgewiesen werden; während der Gestationsperiode kam es ebenfalls nicht zu Schwankungen, außer zu einem Anstieg der Corticosteroide nach dem Wurf; dagegen ließ sich ein Einfl. der wettermäßigen Veränderungen beobachten, wobei zu Zeiten hoher Temp. u. hoher Luftfeuchtigkeit die Ausscheidung anstieg u. zu Zeiten niedriger Temp. u. niedriger Luftfeuchtigkeit die Ausscheidung sank (diese Schwankungen waren bei den Corticosteroiden stärker ausgeprägt); eine enge Beziehung zwischen Nebennierenfunktion u. Geschlechtsvorgängen scheint demnach beim Schaf nicht zu bestehen.

U. TAUSENDFREUND. 4561□

Die Wirkung störender Chromogene bei der spektrophotometrischen Bestimmung von Wiederkäuerharnandrogenen. W. S. Ruliffson, A. M. Gawienowski und J. S. Hughes. (J. agric. Food Chem. **8.** 395—97. Sept./Okt. 1960. Manhattan, Kans., Kansas State Univ., Agric. Exp. Stat.) (Engl.)

Die Absorptionsmaxima der bei Behandlung von Harn-*17-Ketosteroiden* nach ALLEN, PINCUS u. ZIMMERMAN entstehenden Chromogene werden durch Ggw. von nichtsteroiden Ketonen u. Nicht-17-Ketosteroidchromogenen, wie sie bes. im Wiederkäuerharn vorkommen, nach kürzeren Wellenlängen verschoben (oder verschwinden teilweise) u. erhöht.

K. MAIER. 4561□

Einfluß des Cortisons auf den Verlauf der experimentellen Staphylokokkeninfektion. G. I. Iljin. (Бюллетень Экспериментальной Биологии и Медицины [Bull. exp. Biol. Med.] **51** (**26**). Nr. 6. 46—49. Juni 1961. Leningrad, Akad. der med. Wiss. der UdSSR, Inst. für exp. Biol., Abt. pathol. Anat., Labor. für Inf.-Pathol.) (Russ.; Auszug: Engl.)

Die Widerstandsfähigkeit von Mäusen gegenüber einer Staphylokokkeninfektion wird mit Hilfe von *Cortison* (**I**) unterdrückt. Einmalige Einführung von **I** führt zu einer Entw. der experimentellen Staphylokokkeninfektion bei Tieren, bei denen sonst eine in die Lungen gesetzte Infektion mit diesen Keimen resultatlos bleibt. Unter dem Einfl. von **I** tritt eine Verminderung der phagocytären Tätigkeit der Lungenmakrophagen u. eine Hemmung der leukocytären Rk. in den ersten Std. nach der Ansteckung ein. So konnte die Vermehrung der Staphylokokken im Lungengewebe bei durch **I** vorbereiteten Mäusen stattfinden. In der Weiterentw. hört aber das Wachstum der Keime auf. Bei Einführung von größeren Mengen der Erreger geht der größte Teil der Vers.-Tiere, die mit **I** bearbeitet wurden, zugrunde. Bei den Überlebenden treten schwere Erkrankungen der Lunge auf. Ein Teil der Vers.-Tiere überlebt die Infektion auch unter diesen Bedingungen. I stört als die phagocytäre Aktivität der Makrophagen u. die Auswanderung der Leukocyten, die unter normalen Bedingungen an der Vernichtung der Staphylokokken beteiligt sind. F. DU MANS. 4561□

Anwendung von Hormonpräparaten bei der Behandlung von Unterleibstyphus. O. P. Scheremet. (Педіатрія, Акушерство и Гінекологія [Київ] [Pädiatrie, Geburtshilfe Gynäkol. (Kiew)] **24.** Nr. 1. 12—15. 1962. Kiew, Med. Inst., Lehrstuhl für Kinderkrankheiten; 5. Kinderklinik.) (Ukrain.)

Patienten mit Unterleibstyphus, Paratyphus A oder Paratyphus B (83% davon Kinder) wurden in der Kontrolle (55 Patienten) mit *Synthomycin* (**I**) oder *Lävomycetin* (**II**) behandelt. 45 Patienten erhielten neben I oder II insgesamt 350—500 bzw. 900—1000 mg (Kinder bzw. Erwachsene) *Cortison* (**III**), 100—300 bzw. 300—450 mg *Prednisolon* (**IV**) oder 400—450 E. *ACTH*. Die Kombination von I oder II mit III, IV oder ACTH führte in den meisten Fällen zu einer Abkürzung der Fieberperiode u. zu einem rascheren Verschwinden der Intoxikationserscheinungen. Die Häufigkeit der Recidive u. die Stärke der VIDAL-Rk. wurden durch die Kombination nicht merklich beeinflußt. Nebenerscheinungen wurden nicht beobachtet. O. LEBTAG. 4561□

Anwendung von Corticosteroiden im akuten Stadium der Poliomyelitis und bei anderen Neuroinfektionen. I. L. Bogdanow, Ja. M. Balaban, K. O. Dubinska und N. W. Alexejewa. (Педіатрія, Акушерство и Гінекологія [Київ] [Pädiatrie, Geburtshilfe Gynäkol. (Kiew)] **24.** Nr. 1. 9—11. 1962. Kiew, Inst. für Infektionskrankh. der Akad. der med. Wiss. der UdSSR.) (Ukrain.)

Durch Behandlung von Patienten mit akuter Poliomyelitis u. Neuroinfektionen mit *Cortison* (**I**), *Prednisolon* (**II**) oder *Prednison* (**III**) konnte in 33% der Fälle eine völlige Heilung, bei 63% eine Besserung erzielt werden. Mit II u. III traten keine tox. Erscheinungen auf, jedoch nach I. Durch die angewandten mittleren Dosen von I, II u. III wurde die Immunogenese nicht unterdrückt. O. LEBTAG. 4561□

Die Aufnahme von Brenzcatechinaminen durch eine Teilchenfraktion des Nebennierenmarks. Norman Kirshner. (Science [Washington] **135.** 107—08. 12/1. 1962. Durham, N.C., Duke Univ., Med. Center, Dep. of Biochem. and Exp. Surg.) (Engl.)

Chromaffin-Granula (C) aus Rindernebennierenmark wurden bei 37° in einer isoton. Lsg. mit *^{14}C-DL-Adrenalin* (**I**), *^{14}C-Noradrenalin* (**II**) oder *^{14}C-Hydroxytyramin* (**III**) inkubiert u. die Aufnahme der Substanzen durch die Granula durch Radioaktivitätsmessung von Überstand u. Teilchenfraktion nach dem Zentrifugieren bestimmt. I u. II wurden unverändert aufgenommen. III wurde teilweise in II umgewandelt, das seinerseits von den Granula aufgenommen wurde. Zusatz von *ATP* (10 μMol) stimulierte die I-Aufnahme um das 2—3fache, zusammen mit *Mg^{2+}* auf das 5fache, während Mg^{2+} allein unwirksam blieb. Die Aufnahme war bei 37° 20mal größer als bei 0°. *Reserpin* (**IV**) hemmte die I- u. III-Aufnahme. Diese Hemmung konnte nicht durch Dialyse rückgängig gemacht werden. *EDTA* bewirkte eine vollständige Hemmung der I-Aufnahme, die durch Zusatz von Mg^{2+} rückgängig gemacht werden konnte. EDTA war in Abwesenheit von ATP u. Mg^{2+} kaum wirksam. Markiertes ATP, *ADP*, *Phosphat* oder *Pyrophosphat* wurden unter den Bedingungen der I-Aufnahme nicht von den Granula aufgenommen. J. BOELTER. 4561□

Wirkung von Norepinephrin auf den Gehalt an freien Fettsäuren im Plasma des Menschen. Robert F. Klein, E. Harvey Estes jun. und Morton D. Bogdonoff. (J. appl. Physiol. **16.** 342—44. März 1961. Durham, N.C., Duke Univ., Med. Center, Dep. of Med.) (Engl.)

Nach i.v. Injektion von *Norepinephrin* (**I**) bei Normalpersonen trat ein Dosisabhängiger Anstieg der freien *Fettsäuren* (**II**) im Plasma ein. Der Zeitpunkt des Wrkg.-Maximums hing von der Infusionsdauer ab. Nach der Infusion sank die Konz. der freien II wieder ab. Exogenes I scheint endogene Fettmobilisierungsmechanismen zu hemmen. K. ZINGRAF. 4561□

Nebennierenbrenzcatechinamine beim Escherichia coli-Endotoxinschock. Florian Nykiel und Vincent V. Glaviano. (J. appl. Physiol. **16.** 348—50. März 1961. Chicago, Ill., Univ. of Illinois, Coll. of Med., Dep. of Physiol.) (Engl.)

Nach Drainage der linken Nebenniere bewirkte die Injektion von 1 mg *E. coli-Endotoxin* (**I**) pro kg bei Hunden eine Abnahme des Blutdruckmittelwertes u. der Nebennierendurchblutung sowie eine Zunahme der *Adrenalin* (**II**)-Konz. im venösen Blut der Nebenniere. Die Freisetzung von II wurde durch Splanchnicus-Schnitt verhütet. Bei intakter Nebenniere trat eine Zunahme der II-Ausschüttung nur bei starker Abnahme des arteriellen Druckes ein. Die Stimulierung der Nebenniere durch I verläuft daher über Reflexe, die ihren Ursprung im Hypothalamus oder in den peripheren Barorezeptoren haben. K. ZINGRAF. 4561□

Trijodthyroninaufnahme durch Erythrocyten. L. Korsgaard Christensen. (Endocrinology **66.** 138—40. Jan. 1960. Copenhagen, Gentofte Hosp., Med. Dep. C.) (Engl.)

Es wird wahrscheinlich gemacht, daß die Erythrocyten-Aufnahme von *Trijodthyronin* (I; als ^{131}J-I) ein quant. Vorgang ist u. nur von der Serum-Konz. des ungebundenen ^{131}J-I abhängt. Die gleichen Bindungsorte sind auch für eine Bindung von *Thyroxin* zuständig. U. TAUSENDFREUND. 4562□

Die Wirkung des thyreotropen Hormons auf den Katalasegehalt der Schilddrüse. R. Pérez Castrillo, B. von Shilling und V. Chávez. (Acta ci. venezolana **12.** 161—63. Dez. 1961. Caracas, Venezuela, Univ. Central, Cátedra Farmacol., Inst. de Méd. Exp.) (Span.)

In Verss. an Ratten wird festgestellt, daß die *Katalase*-Aktivität durch Verabfolgen von thyreotropem Hormon (500 mE.) erhöht wird. Gleichzeitig wird dadurch die Jodfixierung in der Schilddrüse erhöht. — Im Gegensatz hierzu wird die Katalaseaktivität in Schilddrüsenextrakten durch Zugeben von Propylthiouracil erniedrigt. P. LOCH. 4562□

Beurteilung der Homogenität mehrerer Thyreoglobulinpräparate. Mary Jane Spiro. (J. biol. Chemistry **236.** 2901—07. Nov. 1961. Boston, Mass., Harvard Med. School and Massachusetts Gen. Hosp., Dep. of Med.) (Engl.)

Schilddrüsen von Schafen, Kälbern u. Menschen wurden mit 0,9% ig. NaCl bei 5° extrahiert u. die Extrakte nach DERRIEN u. Mitarbeiter (Biochim. biophysica Acta [Amsterdam] **2.** [1948.] 454) durch Fällung mit Phosphat oder durch Fällung mit A. nach Meth. 10 von COHN u. Mitarbeitern (C. **1951.** II. 581) zur Isolierung des *Thyreoglobulin* (I) fraktioniert. Die Präpp. erwiesen sich bei Grenz-, Stärkesäulen- oder Papierelektrophorese als homogen, während bei Stärkegelelektrophorese 3 Banden auftraten, wobei die Hauptmenge in der mittleren Bande vorlag. Dem entsprach das Verh. in der Ultrazentrifuge, wo 90% des Proteins mit $S = 19$, zwei andere Anteile mit $S = 6$ u. $S = 28$ auftraten. Die schnellste Bande der Elektrophorese entsprach der am langsamsten in der Ultrazentrifuge sedimentierenden Komponente u. umgekehrt. Wenn die Banden einzeln durch Elektrodialyse eluiert u. erneut der Stärkegelelektrophorese unterworfen wurden, ergab sich wieder Auftrennung in 3 Banden. Durch Fraktionierung von I-Präpp. nach EDELHOCH (C. **1961.** 8006) in der Ultrazentrifuge wurde ein weitgehend homogenes Präp. erhalten, das jedoch nach 18 std. Dialyse gegen dest. W. u. Lyophilisierung bei der Stärkegelelektrophorese wieder 3 Banden aufwies. Bei der Chromatographie eines Präp. an DEAE-Cellulose-Säulen bei 5° unter Verw. verschiedener Puffer-Lsgg. ergaben sich unterschiedliche Fraktionierungsmuster. Keine Fraktion war homogen. Nach Einw. von *Trypsin* zeigten Ausgangssubstanz u. einzelne der eluierten Fraktionen gleichartige Peptidverteilungsmuster bei zweidimensionaler Papierchromatographie/Elektrophorese. Aus den Verss. wird geschlossen, daß die Heterogenität der I-Präpp. nicht chem., sondern physikal. Art ist u. durch Dissoziation u. Aggregation bedingt wird. H. LOHSCHELDER. 4562□

Das Reserpin bei experimenteller Thyreotoxikose: Seine Wirkung auf die Adenosinnucleotide des Herzgewebes. E. Mascitelli-Coriandoli. (Experientia [Basel] **16.** 546—47. 15/12. 1960. Mailand, Farmavigor S.p.A., Forschungslabor.) (Dt.)

Es wurde geprüft, ob u. wie *Reserpin* (I) die Einw. der Schilddrüse auf den Adenosinnucleotid-Geh. des Herzmuskels beeinflußt. Zufügung von 5 mg I/100 g Kost übt allein keinen Einfl. auf die körperliche Entw. der Vers.-Tiere (Ratten) aus; Zugabe von 0,4% *Schilddrüsentrockensubstanz* hingegen hemmt die körperliche Entw. u. verursacht einen starken Abfall der Konzz. von *Adenosintriphosphat* (ATP), *Adenosindiphosphat* (ADP) u. *Adenosinmonophosphat* (AMP) im Herzgewebe (u. in anderen Geweben); durch Kombination von I mit Schilddrüsensubstanz jedoch kommt es zu einer weiteren Verminderung des Körperwachstums u. zu einer Erhöhung der Mortalität sowie der Gewebe-Konzz. an ATP, ADP u. AMP; I ist demnach an sich nicht zu einer Veränderung der Nucleotid-Konzz. im Herzmuskel fähig, es wirkt nur, wenn der Stoffwechsel dieser Substanzen durch einen Schilddrüsenhormon-Überschuß bereits geschädigt ist; in vivo wirkt demnach I nicht so stark wie in vitro, wo es einen wirksameren Faktor der Dissoziation der oxydativen Phosphorylierungsprozesse darstellt. U. TAUSENDFREUND. 4562□

Die Anregung der Insulinfreisetzung aus dem Rattenpankreas durch Carbutamid und Tolbutamid in vitro. P. R. Bouman und J. H. Gaarenstroom. (Metabolism, clin. and exp. **10.** 1095—99. Dez. 1961. Groningen, Univ. of Groningen, Dep. of Pharmacol.) (Engl.)

Rattenzwerchfell zusammen mit Pankreas inkubiert nimmt mehr Glucose auf, wenn das Pankreas zuvor allein mit einem Zusatz von *Tolbutamid* oder *Carbutamid* u.

Glucose vorinkubiert wurde. Dieser Effekt tritt an Ratten mit einem durch Alloxan erzeugten Diabetis nicht auf. Sulfathiazol ist ohne Effekt. P. LANGE. 4564□

Cycloheptolamide und Acetohexamide in der Therapie des Diabetes mellitus. Marios C. Balodimos, William J. Stimson, Donald C. Tanner, James A. Reid, und Robert H. Williams. (Metabolism, clin. and exp. **10.** 1063—73. Dez. 1961. Seattle, Wash., Univ. of Washington, School of Med., Dep. of Med.) (Engl.)

Zwei neue Antidiabetica: *Cycloheptolamide* (UPJOHN COMP.; *Cycloheptylorinase, Cyclotolheptamide,* N^1*-Cycloheptyl-*N^2*-[p-tolylsulfonyl]-harnstoff*; I) u. *Acetohexamide* (LILL RES. LABOR.; N^1*-Cyclohexyl-*N^2*-[p-acetylphenylsulfonyl]-harnstoff*; II) wurden klin. an Diabetikern auf ihre Eigg. geprüft. I erwies sich in Tagesdosen von 100—600 mg (2—3mal unterteilt) als sicheres Medikament. Für II betrugen die Tagesdosen 250 bis 1000 mg, jedoch sprachen hierauf nur $^2/_3$ der sonst auf Sulfonylharnstoffe reagierenden Patienten an. Erheblichere tox. Wrkg. wurden bei keinem der beiden Medikamente beobachtet, sie bieten jedoch gegenüber Tolbutamid u. Chlorpropamid keinerlei Vorteile. P. LANGE. 4564□

Die Quelle des Acetylcholins im Froschherzen bei direkter elektrischer Reizung. Inderjit Singh, Sunita Inderjit Singh und O. P. Bhatnagar. (Proc. Indian Acad. Sci., Sect. B **51.** 249—54. Juni 1960. New Delhi, Med. Coll., Dep. of Physiol.) (Engl.)

Froschherzen werden in eine obere Hälfte (Sinus venosus, Aurikel, obere Ventrikelhälfte) u. eine untere Ventrikelhälfte geschnitten u. in RINGER-Lsg. + Eserin elektr. gereizt. Die Verletzung des Herzens führt in beiden Hälften zur Freisetznng von *Acetylcholin* (I). Bei elektr. Reizung wird von der oberen Ventrikelhälfte weniger I freigesetzt als in der unteren. Daraus ergibt sich, daß die Herzmuskelfasern mehr I enthalten, als das Nervengewebe. P. LOCH. 4569□

Die Wirkungen von Acetylcholin auf den Umsatz von Phosphatidsäure und Phosphoinositid in sympathischen Ganglien und in verschiedenen Teilen des Zentralnervensystems in vitro. Mabel R. Hokin, Lowell E. Hokin und Weldon D. Shelp. (J. gen. Physiol. **44.** 217—26. Nov. 1960. Madison, Wis., Univ. of Wisconsin, Dep. of Physiol. Chem.) (Engl.)

Bei der Prüfung der Wrkg. von *Acetylchloin* (I; 10^{-4}, $5 \cdot 10^{-3}$ u. 10^{-2}m) auf den Einbau von ^{32}P in die einzelnen Phosphatide verschiedener Hirnstrukturen, unter Verw. von Hirnschnitten u. Ganglienschnitten in vitro ergab sich eine deutliche Anregung der ^{32}P-Inkorporierung in *Phosphoinositid* (II) u. *Phosphatidsäure* (III), nicht jedoch in Phosphatidylcholin u. Phosphatidyläthanolamin, in Schnitten des Ganglion stellatum u. Ganglion coeliacum der Katze. In einer Reihe von Strukturen des Katzen- u. Meerschweinchenhirns wurde durch I der Einbau von ^{32}P vorwiegend in II u. III gefördert. I übte keinen oder nur geringen Einfl. auf den Phosphatidumsatz der Kleinhirnrinde u. des unteren Vierhügelgebietes aus. Der Phospholipoid-Effekt kann vermutlich am besten durch die Beteiligung am akt. Transport von Na^+ aus der Zelle durch die postsynapt. Membran cholinerg. Neurone als Rk. auf I gedeutet werden. U. TAUSENDFREUND. 4569□

Die Wirkung von DL-5-Hydroxytryptophan und 5-Hydroxytryptamin auf die elektrische Hirnrindenaktivität des „Mittelbrücken-Prätrigeminus-Präparats". Vorl. Mitt. A. Glässer und P. Mantegazzini. (Experientia [Basel] **16.** 213—14. 15/5. 1960. Milano, Labor. Ric. Farmitalia.) (Engl.)

An der Mittelbrücken-Prätrigeminus-Katze, mit oder ohne Mittelhirn-Hemisektion, führt *5-Hydroxytryptophan* (8—20 mg, direkt in den Hirnkreislauf injiziert), unabhängig von Blutstrommodifikationen oder evtl. extracerebralen Stoffwechsel-Prodd. zu einem für Schlafzustand typ. Elektroencephalogramm. Der Zustand ist reversibel u. wird leicht durch Hör- u. Gesichtsreize aktiviert. Die elektroencephalograph. akt. Dosen sind meist ohne Einfl. auf Carotisstrom u. Hirnblutdruck. Unter gleichen Bedingungen injiziertes *5-Hydroxytryptamin* (2—80 μg) läßt entweder das Elektroencephalogramm sowie Carotisstrom u. Blutdruck unverändert oder führt zu einer arousal reaction. U. TAUSENDFREUND. 4569□

Zwei aus der Blutgruppensubstanz A des Menschen isolierte serologisch aktive Trisaccharide. I. A. F. Lister Cheese und W. T. J. Morgan. (Nature [London] **191.** 149—50. 8/7. 1961. London, Lister Inst. of Preventive Med.) (Engl.)

Durch Hydrolyse (0,1n HCl, 100°, 30 Min.) der *Blutgruppensubstanz A* u. Auftrennung der Oligosaccharidfraktion über eine Aktivkohle-„Celite"-Säule werden 2 serolog. akt. Trisaccharide (I) u. (II) isoliert. — I: *O-α-N-Acetylgalaktosaminoyl-(1 → 3)-O-β-galaktosyl-(1 → 4)-N-acetylglucosamin*; $[\alpha]_D$ +147°, papierchromatograph. Analyse $R_{Lactose}$ 0,97 (Butanol : Pyridin : H_2O 3 : 1 : 1, WHATMAN 3 MM), Papierelektrophorese M_G: 0,39 (Boratpuffer, p_H 10); I gibt mit Benzidin-Trichloressigsäure-Reagens (BTR) gelbbraune

Färbung; partielle Hydrolyse ergibt *O-α-N-Acetylgalaktosaminoyl-(1 → 3)-galaktose* u. *O-β-Galaktosyl-(1 → 4)-N-acetylglucosamin*; Perjodatoxydation führt zu Bldg. von 1,00 Mol HCHO auf 590 g Zucker. — **II**: *O-α-N-Acetylgalaktosaminoyl-(1 → 3)-O-β-galaktosyl-(1 → 3)-N-acetylglucosamin*; $[\alpha]_D$ +136°, $R_{Lactose}$ 1,10, M_G 0,39 (Behandlung wie I); **II** gibt mit BTR dunkelgrünbraune Färbung; partielle Hydrolyse von **II** gibt *O-α-N-Acetylgalaktosamin-(1→ 3)-galaktose*; Perjodatoxydation liefert unbefriedigende Ergebnisse (hohe Alkaliempfindlichkeit). Bes. **I** aber auch **II** behindern die Agglutination von A-Zellen durch Anti-A-Körper. A. TÄUFEL. 4572 □

Die Bestimmung von Kupferionen in Kupferproteinen. Gary Felsenfeld. (Arch. Biochem. Biophysics **87.** 247—51. April 1960. Pittsburgh, Pa., Univ., Dep. of Biophys.) (Engl.)

2.2'-Bichinolin in Eisessig wird zur Best. von *Cu* in *Hämocyanin* (I) herangezogen. Wird I aus der Schnecke *Busycon canaliculatum* im N-Strom von Sauerstoff befreit, so liegt Cu nur als Cu^{1+} vor; trägt I Sauerstoff, so liegt Cu zu gleichen Teilen als Cu^{1+} u. Cu^{2+} vor. Dagegen liegt *Cu* in I aus der Hufeisenkrabbe *Limulus polyphemus* unabhängig vom Sauerstoff-Geh. des Proteins nur als Cu^{1+} vor. Allerdings wird zugesetztes anorgan. Cu^{2+} sofort in Cu^{1+} überführt, was auf reduzierende Komponenten in diesem Protein hinweist. Setzt man jedoch mehr als 3 Mol p-Mercuribenzoat/Mol Gesamt-Cu hinzu, so werden die reduzierenden Gruppen blockiert u. ca. 3 Sulfhydrylgruppen pro Cu-Atom inaktiviert. Danach liegt Cu in diesem I im sauerstofffreien Zustand zu 83% als Cu^{1+} vor, im sauerstoffhaltigen zu 43%. Die Best. des Verhältnisses Cu^{1+}/Cu^{2+} in Ggw. reduzierender Komponenten gelingt außerdem in Ggw. von Äthylendiamintetraessigsäure, Dinatriumsalz, wobei Cu^{2+} durch Komplexbildung stabilisiert wird. L. TRÄGER. 4572 □

Untersuchungen über die Biosynthese in vitro von Hämoglobin mit Hilfe von Tracern. A. Breccia, G. Giustina und E. Lazzarini. (Energia nucleare **6.** 557—66. Sept. 1959. Milano, Politecn. Ist. di Fis.) (Ital.)

Übersicht über den augenblicklichen Stand der Hämoglobin-Biosynth., bes. über die Homogenität oder Heterogenität von normalem Globin. GERHARD SCHMIDT. 4572 □

Interpretation von elektrophoretischen, Löslichkeits- und Denaturierungsmessungen zur Untersuchung von Hämoglobinunterschieden. Harvey A. Itano. (Federat. Proc. **16.** 748—56. Sept. 1957. Bethesda, Md., Nat. Inst. of Health, Nat. Inst. of Arthritis and Metabolic Dis.) (Engl.) •

Elektrophoret. Messungen, Löslichkeits- u. Denaturierungs-Messungen zur Unters. der verschiedenen *Hämoglobin*-Typen, bes. der Hämoglobine *A, F, S, C, D* u. *X* werden zusammengestellt u. interpretiert. — 42 Literaturangaben, 8 Abbildungen. EBERHARD RIEDEL. 4572 □

Säulenchromatographie menschlicher Hämoglobine. Martin Morrison und Jean L. Cook. (Federat. Proc. **16.** 763—66. Sept. 1957. Rochester, N.Y., Univ. of Rochester, School of Med. and Dent., Dep. of Biochem. and Med.) (Engl.)

Es wird über eine säulenchromatograph. Auftrennung von menschlichen *Hämoglobinen* (Hb) aus wss. Phosphat/Citrat-Puffer-Lsg. bei pH 6,3 (Na-Ionen-Konz. 65 mÄquival./Liter) durch Adsorption an IRC-50-Kationenaustauscherharz u. Eluierung mit stufenweise konz. Na-Ionen-Lsg. bei 4° berichtet. Die relativen Beweglichkeiten der Hb werden mit Hb-*F* > *A* > *E* > *S* > *C* angegeben. Vergleichweise gelten bei elektrophoret. Auftrennung bei pH 8,6 die Beweglichkeiten Hb-A > F > S > E > C, bei pH 6,5 (I.P.) Hb-C > S > E > A > F. Eine z. T. in *Methämoglobin* (Met-Hb) übergeführte Hb-A-Lsg. kann chromatograph. aufgetrennt werden, wobei für die Beweglichkeiten der Fraktionen folgende Reihenfolge der Fe^{2+}/Fe^{3+}-Verhältnisse besteht: 4/0(Hb) > 3/1 > 2/2 > 1/3 > 0/4(Met-Hb). — 13 Literaturangaben. EBERHARD RIEDEL. 4572 □

Beobachtungen über einige „schnelle" Hämoglobine: K, J, N und „Barts". J. A. M. Ager und H. Lehmann. (Brit. med. J. **1958. I.** 929—31. 19/4. London, St. Thomas's Hosp.) (Engl.) — Vgl. C. **1958.** 4845.

Vff. untersuchten papierelektrophoret. u. chromatograph. die schnell wandernden *Hämoglobine* (Hb) *K, J, N* u. BARTS u. stellten Identitäts-Vgl. zu anderen bekannten schnell laufenden Hb an. So soll zwischen dem *Hb-K* u. *Liberia II* kein merklicher Unterschied bestehen. *Hb-J* u. *Hb-N* wandern elektrophoret. schneller als *Hb-K*; *Hb-J* könnte nach Ansicht von Vff. ident. mit *Liberia I* sein. Bei einem 4 Wochen altem Kinde wurde ein Hb festgestellt, daß bei der Papierelektrophorese bei pH 8,3 ident. mit *Liberia I* sein könnte, jedoch bei pH 6,5 sich zwischen Hb-N u. Hb-H bewegt. Bei Chromatographie war BARTS-Hb das am schnellsten laufende Human-Hämoglobin. G. BRATFISCH. 4572

Diskussion der Stellungsunterschiede der Mercaptogruppen bei vier Hämoglobinen. Makio Murayama. (Federat. Proc. **16.** 756—59. Sept. 1957. Philadelphia, Pa., Univ. of Pennsylvania, Graduate School of Med., Dep. of Biochem.) (Engl.)

Die Stellung der *SH*-Gruppen bei den *Hämoglobinen* (Hb) *A*, *S*, *C* u. *F* wird mittels argentometr. u. mercurimetr. amperometr. Titration bei 0° u. 38° untersucht. Durch dieses Verf. können einzelständige von paarweise zugeordneten SH-Gruppen, die mit $HgCl_2$ —S—Hg—S-Brücken bilden, unterschieden werden. Hb-A besitzt ein Verhältnis von einzelständigen zu paarweise angeordneten SH-Gruppen von 4/4 (2 Paare), Hb-S von 2/6 (3 Paare), Hb-C bei 38° von 8/0, dagegen bei 0° von 4/4 (2 Paare) analog Hb-A, Hb-F ein Verhältnis von 0/6 (3 Paare). — 30 Literaturangaben.

EBERHARD RIEDEL. 4572□

Über Hämoglobinkomponenten bei normalem menschlichen Blut. H. G. Kunkel und A. G. Bearn. (Federat. Proc. **16.** 760—72. Sept. 1957. New York, N.Y., Rockefeller Inst. for Med. Res.) (Engl.)

Aus Bluthämolysaten werden elektrophoret. neben der Hauptfraktion aus *Hämoglobin* (Hb)-*A* eine langsamere, geringere Fraktion Hb-A_2 u. eine schnellere heterogene Fraktion (a) abgetrennt. Bei normalen Vers.-Personen beträgt der Anteil an Hb-A_2 2,54—3,3%, bei Patienten mit Thalassämie 5,11—11%. Zur weiteren Unters. der Hb-Typen werden ihre spezif. Aktivitäten nach i.v. Injektion von ^{59}Fe bei 2 Vers.-Personen bestimmt, wobei bes. eine gegenüber Hb-A geringere Aktivität der a festgestellt wird. — 9 Literaturangaben. EBERHARD RIEDEL. 4572□

Die Aminosäurenzusammensetzung des Hämoglobins der Schildkröte Emys caspica. John G. Georgatsos. (Enzymologia [Den Haag] **22.** 13—16. 1/6. 1960. Thessaloniki, Greece, Aristotelian Univ., Dep. of Biochem.) (Engl.)

Mit Hilfe der zweidimensionalen Papierchromatographie (WHATMAN Nr. 1; Lsgm.-Syst.: H_2O-gesätt. Phenol einerseits u. Pyridin–Amylalkohol–A.–H_2O [80 : 70 : 35 : 60] andererseits; 1%ig. Ninhydrin-Lsg. zur quant. Best.) bestimmte Vf. die *Aminosäuren* (I)-Zus. des *Hämoglobins* der Schildkröte *Emys caspica*: *Arginin* 4,7 (mg I/100 mg des Proteins); *Histidin* 3,9; *Lysin* 9,0; *Tyrosin* 3,5; *Threonin* 5,5; *Leucine* 18,2; *Asparaginsäure* 6,4; *Glycin* 3,5; *Serin* 7,4; *Alanin* 8,2; *Prolin* 1,0; *Glutaminsäure* 16,4; *Valin* 7,5; *Methionin* 1,1; *Phenylalanin* 4,9; *Amid-NH_3* 1,0. K. ZINGRAF. 4572□

Diskussion physikalischer und chemischer Untersuchungen über Pferdeglobinkomponenten. David B. Smith, Arne Haug und Strathearn Wilson. (Federat. Proc. **16.** 766—69. Sept. 1957. Ottawa, Canada, Nat. Res. Council, Div. of Appl. Biol.) (Engl.)

Die Abhängigkeiten der Molgew. (M_w) der aus Pferde-*Oxyhämoglobin* gewonnenen *Globine* in NaCl/HCl- oder HCOOH-Lsg. vom pH u. der Ionenstärke (IS) der Lsg. im pH-Bereich 1,8—3,5 u. bei IS 0,05, 0,10 u. 0,20 werden untersucht. Aus unfraktionierten Globin-Lsgg. (pH 2, IS 0,05) werden elektrophoret. 2 Globinkomponenten isoliert. Insgesamt werden 4 Globinkomponenten festgestellt, die den 2 Grundtypen zugeordnet werden, deren eine als Endgruppensequenz einen *Valyl–Glutamyl-* oder *Valyl–Glutaminyl-* u. deren andere einen *Valyl–Leucyl-Rest* enthält, die sich im *Tyrosin-* u. *Tryptophan-*Geh. unterscheiden u. die beide ein M_w $\simeq$16000 besitzen. — 16 Literaturangaben.

EBERHARD RIEDEL. 4572□

Die verkürzte Lebensdauer der Erythrocyten bei der Hämoglobin-H-Erkrankung als Folge abnormer Eigenschaften des Hämoglobins H. Der Vorteil der Splenectomie. Demetrios A. Rigas und Robert D. Koler. (Blood **18.** 1—17. Juli 1961. Portland, Oreg., Univ. of Oregon Med. School, Div. of Exp. Med.) (Engl.)

Hämoglobin (Hgb) *H* denaturiert in 40—45 Tagen alten Erythrocyten (E) u. bildet in ihnen Innenkörper, welche die Lebensdauer der E dadurch abkürzen, daß sie in der Milz sofort abgebaut werden. Nach Splenektomie hört der Abbau auf, auch solcher E, die außer Hbg H auch *Hbg A* in für den O-Transport ausreichender Menge besitzen.

E. FISCHOEDER. 4572□

Die hereditäre Methämoglobinämie: Eine neue Variante mit dominantem Erbgang des Methämoglobins A. Philip L. Townes und George R. Lovell. (Blood **18.** 18—33. Juli 1961. Rochester, N.Y., Univ., School of Med. and Dent.) (Engl.)

Bei einem 28jährigen Patienten, dessen Vater u. Großvater an Blausucht litten, wurde eine *Methämoglobin*-Konz. von 19% gefunden. Die spektrophotometr. Befunde sprachen für das Vorliegen einer Methämoglobin-A-Variante. Als Ursache der ererbten Störung wird ein Versagen der enzymat. Red. im Ablauf der normalen Glykolyse angesehen. E. FISCHOEDER. 4572□

Hämsynthese in dem löslichen Präparat aus Vogelerythrocyten. Yoshiko Kagawa, Shigeki Minakami und Yoshimasa Yoneyama. (J. Biochemistry [Tokyo] **46.** 771—80. Juni 1959. Tokyo, Univ., Fac. of Med., Dep. of Physiol. Chem. and Nutrit.) (Engl.)

Der ^{59}*Fe*-Einbau in das *Häm* verlief in den ersten 4 Std. linear. Der optimale pH-Wert lag zwischen 7,0 u. 7,4. Maximaler Einbau erfolgte bei einer *Protoporphyrin*-Konz. um $5 \cdot 10^{-5}$ m. Reduzierende Verbb. u. anaerobe Bedingungen waren günstig für die Häm-Synthese. *Ascorbinsäure* (I) bewirkte doppelt so raschen Einbau. Bei Abwesenheit von I hatten *Cystein* u. *Glutathion* die gleiche Wirkung. Starke Hemmung trat auf, wenn Trispuffer u. Phosphatpuffer verwendet wurden. *Äthylendiamintetraessigsäure* hemmte die Rk. völlig, was auf Chelat-Bldg. des Fe zurückzuführen ist. *Cyanid* hemmte nicht, *Malonat*, *Monojodaceat* u. *2.4-Dinitrophenol* hemmten schwach, *Cu*, *Ag*, *Hg* u. Kükenserum zeigten mittlere Hemmung. W. HILLER. 4573□

Chemische Untersuchung der Struktur der Membran von roten Blutkörperchen. Tibor Fehér. (Magyar Kémiai Folyóirat [Ung. Z. Chem.] **66.** 453—60. Nov. 1960. Szeged, Tud. Egyet. Szerves-Kémiai Intézet.) (Ung.)

Vf. behandelte menschliche rote Blutkörperchen u. deren einzelne Fraktionen nach der von ihm modifizierten SANGERschen Meth. (Aminoendgruppen-Best.). *Arginin* u. *Serin* konnten sowohl aus den roten Blutkörperchen wie auch aus dem mit Ae. hämolysierten Stroma isoliert werden. — Vf. neigt zu der Annahme, daß die Bausteine der Membranoberfläche sowohl aus *Eiweißstoffen* wie auch aus *Lipoid*-Moll. bestehen. G. HALMI. 4573□

Die Aufnahme des bivalenten Manganion durch reife normale menschliche Erythrocyten. Robert I. Weed und Aser Rothstein. (J. gen. Physiol. **44.** 301—14. Nov. 1960. Rochester, N.Y., Univ. of Rochester, School of Med. and Dent., Dep. of Med. and Radiat. Biol.) (Engl.)

Die Permeation von *Mn^{2+}* durch die Membran menschlicher Erythrocyten zeigen unterhalb $5 \cdot 10^{-4}$ m bei physiolog. pH eine lineare Beziehung zwischen Aufnahme von Mn^{2+} u. Mn^{2+}-Konz. (oberhalb dieser Konzz. werden die Bewegungen durch physikochem. Veränderungen des Ions selbst verzerrt); die Permeabilitäts-Konst. für diese Einwärtsbewegung von Mn^{2+} ist 2,87–0,13$\cdot 10^{-9}$ cm/s; die Eintritts-Geschw. wird durch Substrat-Zufügung (wie Glucose oder Adenosin) oder von Stoffwechselhemmstoffen (wie Jodacetat oder Fluorid) nicht beeinflußt; *Co^{2+}*, *Ca^{2+}* u. *Mn^{2+}* scheinen nicht in Wettbewerb mit Mn^{2+} zu treten, vermindern jedoch in, im Verhältnis zu Mn^{2+} hohen Konzz. die Eintritts-Geschw., wobei Ca^{2+} am wirksamsten ist; die Permeabilitäts-Konst. für die Auswärtsbewegung ist mit 1,38—0,21$\cdot 10^{-9}$ cm/s, nur etwa halb so groß wie die für die Einwärtsbewegung; diese langsamere Auswärtsbewegung ist der Grund für den Befund, daß 40—60% des durch die Erythrocyten aufgenommenen Mn^{2+} nicht ultrafiltrierbar ist; weniger als 5—10% Mn^{2+} scheinen an das Stroma gebunden zu sein. Der Eintritt u. Austritt von Mn^{2+} ist am Erythrocyten offenbar ein passiver Diffusionsvorgang ohne die Beteiligung von Trägern, Transport oder Stoffwechsel. U. TAUSENDFREUND. 4573□

Untersuchungen über den Eisenstoffwechsel bei Kindern. Urszula Radwanska. (Poznańskie Towarzystwo Przyjaciół Nauk, Wydział lekarski, Prace Komisji Med. doświadczalnej **20.** 1—54. 1961. Poznań, Z I Klin. Chorób Dziecięcych A. M.) (Pol.)

In umfangreichen Unterss. an 343 an keiner Infektion erkrankten Kindern im Alter von 2 Wochen bis zu 7 Jahren bestimmte Vf. den Serum-*Fe*-Spiegel, den *Hämoglobin* (I)-Geh. u. die Erythrocytenzahl. — Bei ca. 28% bis zu 3 Jahre alten Kindern wurde eine Anämie mit einem I-Serumspiegel $<$10,45 g% festgestellt. Ferner wurde festgestellt, daß bei 1—7 Jahre alten Kindern mit einem I-Spiegel von 11—12 g% in ausgeprägtem Maße Fe über den Verdauungstrakt resorbiert wird, was als Zeichen eines *Fe*-Mangels angesehen werden muß; dieses Phänomen wird bes. stark bei 1—3 Jahre alten Kindern beobachtet. — Die Unterss. zeigen, daß ein gestörtes Gleichgewicht im Fe-Stoffwechsel bes. häufig bei kleinen Kindern vorkommt u. hier durch Verabfolgung von Fe als prophylakt. Maßnahme angegangen werden kann. H. KOCKERT. 4574□

Direkte Bestimmung des Eisengehaltes und das Eisenbindevermögen des Serums. Arthur L. Levy und Patricia Vitacca. (Clin. Chem. [New York] **7.** 241—48. Juni 1961. New York, N.Y., St. Vincent's Hosp., Chem. Dep.) (Engl.)

Nach Inkubation des Serums mit einem Phosphatpuffer–Ascorbinsäure-Gemisch bei saurem pH bildet *Fe^{2+}* mit *Terpyridin* (I) einen farbigen Komplex, dessen opt. Dichte bei 552 mμ abgelesen wird. Das Fe-Bindevermögen wird bestimmt, indem das Serum bei alkal. pH mit einem bekannten Fe-Überschuß inkubiert wird. Nur der nichtgebundene Überschuß reagiert mit I, u. das Bindevermögen wird durch Subtraktion ermittelt. Werte von 8 μg Fe/100 ml Serum waren noch meßbar. K. ZINGRAF. 4574□

Die Glykoproteide des menschlichen Plasmas. H. E. Schultze. (Bull. schweiz. Akad. med. Wiss. **17.** 77—91. Okt. 1961. Marburg/Lahn, Behringwerke A.G.) (Dt.)

Nach einer Übersicht wird die Möglichkeit aufgezeigt, bisher als einheitlich betrachtete Glykoproteine, wie *Transferrin* (I) u. *Haptoglobin* (II), mittels Stärkegel-Elektrophorese zu differenzieren. In beiden Fällen erfolgte *Neuraminsäure*-Abspaltung, die bei I eine Vergrößerung, bei II eine Verminderung der elektrophoret. Heterogenität zur Folge hatte. Die Heterogenität schien von der Zus. der gebundenen Zucker abhängig zu sein. — 147 Literaturangaben. S. GROITZSCH. 4574□

Die Eiweißzusammensetzung des Blutserums bei der durch teilweise Verengung der Pfortader und Ischämie der Leber verursachten experimentellen Hypertension. F. A. Morochow. (Бюллетень Экспериментальной Биологии и Медицины [Bull. exp. Biol. Med.] **51** (**26**). Nr. 6. 50—53. Juni 1961. Leningrad, San.-Hyg. med. Inst., Lehrst. für Pathophysiol.) (Russ.; Auszug: Engl.)

Bei Verss. an Hunden mit einer Dauer von 2—17 Monaten nimmt bei Hypertension der Gesamteiweiß-Geh. im Blut im Durchschnitt um 0,2 Gew.-% zu. Dieser Anstieg erfolgt auf Kosten der *Globuline*, es besteht gleichzeitig eine im Durchschnitt 0,4% betragende Senkung der *Albumine*. Am stärksten steigen die β-Globuline, weniger stark die α_2- u. γ-Globuline. Die α_1-Fraktion bleibt ohne Veränderung. F. DU MANS. 4574□

Die Verteilung von koagulierenden Proteinen im normalen Mäuseplasma. Robert C. Allen, Hans Meier und Warren G. Hoag. (Science [Washington] **135.** 103—04. 12/1. 1962. Bar Harbor, Maine, Roscoe B. Jackson Mem. Labor.) (Engl.)

Plasma (P) von *C57 BL/6 J*-Mäusen (♂ u. ♀) wurde in Veronalpuffer (pH 8,6) elektrophoret. aufgetrennt. Ferner wurden die Verteilung sowie die Aktivitäten der koagulierenden Faktoren bestimmt. 80% der *Prothrombin*-Aktivität wurde im α_1-*Globulin* u. 20% im *Albumin* gefunden. Im Gegensatz zum menschlichen P wurde eine vollständige Trennung der koagulierenden Proteine erreicht. *Faktor V* u. *VII* konnten frei von anderen Faktoren erhalten werden. In bezug auf α-, β-, γ-*Globulin* u. *Albumin* zeigten menschliches u. Mäuse-P ein ähnliches Verhalten. J. BOELTER. 4574□

Über die Gc-Komponenten von Hirschfeld. 1. Mitt. **Lage im Stärkegel-Elektrophoresebild.** H. E. Schultze, H. Biel, H. Haupt und K. Heide. (Naturwissenschaften **49.** 16—17. 1. Jan.-H. 1962.) (Dt.)

Die α-Globuline Gc 1—1, Gc 2—1 u. Gc 2—2 liegen im Stärkegel-Elektrophoresebild im Bereich des Postalbumin-Syst. u. sind wahrscheinlich mit diesem identisch. Von den 3 Banden stehen nur die beiden schneller wandernden im Zusammenhang mit dem Gc-Syst., sie enthalten aber außer den Gc-Komponenten auch noch andere Serumproteine (α_2-HS-Mucoid, Zn-α_2-Glykoprotein). In Verss. mit einer α-Globulinfraktion, in der die Gc-Komponenten zu mehr als 50% angereichert waren, verhielt sich diese Fraktion in der Immunelektrophorese u. im Stärkegel wie die im Serumverband beobachteten Gc-Komponenten. E. FISCHOEDER. 4574□

Einfluß von Glutathion auf Serumcholesterin bei Kaninchen. R. Altschul und R. Moroz. (Experientia [Basel] **16.** 543—44. 15/12. 1960. Saskatoon, Canada, Univ. of Saskatchewan, Dep. of Anatomy, Labor. of Gerontol.) (Engl.)

Bei Kaninchen wird nach i.m. Injektion von 0,1 g *red. Glutathion* innerhalb 24 Std. ein starker Anstieg des Serum-Geh. an *Cholesterin* (I) beobachtet; kleinere Dosen oder perorale Verabreichung haben keinen derartigen Einfluß. Nach *oxydiertem Glutathion*, DL-*Cystein* oder *Glykokoll* läßt sich kein eindeutiger u. unmittelbarer Einfl. auf das Serum-I nachweisen. U. TAUSENDFREUND. 4574□

Korrektur zur Arbeit: „Mikrobestimmung von polyolefinischen Fettsäuren". Jens G. Nørby. (Acta chem. scand. **15.** 2051. 1961.) (Engl.) — Vgl. C. **1962.** 2800.

Es muß der inkorrekte Ausdruck $-k_5' \cdot 0{,}961$ gegen den Ausdruck $-k_5' \cdot 0{,}091$ ausgetauscht werden. K. TÄUFEL. 4574□

Die Ferrichloridprobe auf Phenylbrenztraubensäure im Harn. O. Meulemans. (Clin. chim. Acta [Amsterdam] **5.** 152—53. Jan. 1960. Utrecht, Univ., Dep. of Pediatrics.) (Holl.) — Vgl. C. **1962.** 8323.

4 ml Harn werden mit 1 ml Lsg. von 11 g $MgCl_2$, 14 g NH_4Cl_2 u. 22,5 ml 25%ig. NH_3 im Liter versetzt, nach 5 Min. Nd. abfiltriert, mit 10%ig. HCl angesäuert u. mit 1 bis 3 Tropfen 10%ig. $FeCl_3$-Lsg. versetzt. Bei Ggw. von *Phenylbrenztraubensäure*, die vorher durch Phosphate maskiert gewesen sein kann, Grünfärbung. K. MAIER. 4577□

Zur Methodik der Endolymphgewinnung. L. Schreiner. (Naturwissenschaften **49.** 184. 2. April-H. 1962. München, Univ., Klinik u. Poliklinik für Hals-, Nasen-, Ohrenkranke.) (Dt.)

Mit der beschriebenen Meth. lassen sich aus einem Kaninchenohr ca. 10 μl Perilymphe u. 2 μl Endolymphe gewinnen. P. LOCH. 4578□

Ist Chrom für Mensch und Tier notwendig? W. Tj. Binnerts. (Voeding **21.** 579—85. 15/12. 1960. Wageningen, Landbouwhogeschool, Labor. voor Fysiol. der Dieren.) (Holl.)

Literaturübersicht. — Vork. u. mögliche Funktion von *Cr* in Nahrungsmitteln, bei Regulierung des Blutzucker-Geh. u. im Stoffwechsel von Nucleinsäuren, Cholesterin u. Fettsäuren werden besprochen. — 31 Literaturangaben. G. KIRSTEN. 4585□

Die Verteilung markierten Kohlenstoffs in riffbildenden Korallen mit und ohne Zooxanthelae. T. F. Goreau und N. I. Goreau. (Science [Washington] **131.** 668—69. 4/3. 1960. Mona, Jamaica, Univ., Coll. of the West Indies, Physiol. Dep.; New York, N.Y., Zool. Soc.) (Engl.)

Die radioautograph. Unters. der ^{14}C-Aufnahme u. -Verteilung in den riffbildenden Korallen *Manicina areolata* u. *Montastrea annularis* an Kolonien, mit u. ohne Zooxanthellae, im Licht u. unter Lichtausschluß, zeigte, daß Korallen keine Nährstoffe aus ihren Zooxanthellae erhalten können. Die physiolog. Rk. der Korallen auf die Ggw. von Zooxanthellae beruht auf der Abscheidung von Spurenmengen vitamin- oder hormonähnlicher Stoffe durch die Algensymbionten, nicht auf deren Nährwert an sich. K. MAIER. 4585□

Untersuchungen über den Proteinwert von Cerealien und Hülsenfrüchten. 1. Mitt. **Wirkung der Fütterung auf Wachstum, Bluthämoglobin und Plasmaprotein bei jungen Ratten.** R. G. Chitre und S. M. Vallury. (Indian J. med. Res. **44.** 555—63. Juli 1956. Bombay, Seth G. S. Med. Coll., I.C.M.R. Nutrition Res. Unit.) (Engl.)

Verschiedene Cerealien u. Hülsenfrüchte wurden als einzige Proteinquelle an junge Ratten verfüttert. Dabei wurden Unterschiede in ihrer Wrkg. auf Wachstum, Hämoglobin u. Serumproteine gefunden. G. KIMMERLE. 4585

Untersuchungen über den Proteinwert von Cerealien und Hülsenfrüchten. 2. Mitt. **Wirkung der Fütterung auf Gesamtprotein, Fett und Glycogen-Gehalt von Lebern von jungen Ratten.** R. G. Chitre und S. M. Vallury. (Indian J. med. Res. **44.** 565—71. Juli 1956. Bombay, Seth G. S. Med. College, I.C.M.R. Nutrition Res. Unit.) (Engl.) — 1. vgl. vorst. Referat.

Verschiedene Cerealien u. Hülsenfrüchte wurden als einzige Proteinquelle an junge Ratten verfüttert. Bei Protein-hochwertigen Nahrungsmitteln finden sich größere Mengen an Leberprotein u. geringere Mengen an Glykogen u. Fett in der Leber als bei minderwertigen Produkten. G. KIMMERLE. 4585

Aminosäurenzusammensetzung von Proteiden der mit verschiedenen Lösungsmitteln extrahierten Olivenkernpreßkuchen. Marie-Thérèse François und Suzanne Heinrich. (C. R. hebd. Séances Acad. Sci. **251.** 275—76. 11/7. 1960. Nancy, Fac. de Pharmacie, Labor. de Matière Méd.) (Franz.)

Nachdem Fette u. Kohlenhydrate aus den Preßkuchen extrahiert sind, werden die Proteine bei pH 5,7 gefällt, diese hydrolysiert u. papierchromatographiert. Folgende Aminosäuren wurden gefunden: *Argenin, Threonin, Leucin, Isoleucin, Valin, Tyrosin, Lysin, Tryptophan, Phenylanalin, Alanin, Asparaginsäure* u. *Glutaminsäure.* Außerdem ist die Ggw. von S-haltigen Aminsäuren wahrscheinlich. S. GROITZSCH. 4585□

Erhitzte Fette. 1. Mitt. **Untersuchungen über die Wirkung des Erhitzens auf die chemische Natur von Baumwollsaatöl.** David Firestone, William Horwitz, Leo Friedman und Glen M. Shue. (J. Amer. Oil Chemists' Soc. **38.** 253—57. Mai 1961. Washington, District of Columbia, Dep. of Health, Educ. and Welfare, Food and Drug Admin.) (Engl.)

Baumwollsaatöl (**I**; jeweils 3,5 kg) wird innerhalb 30 Min. auf 205 ± 2° während 40 Tagen — jeden Tag 7—8 Std. — an der Luft unter gelegentlichem Rühren erhitzt; period. Entnahme von Proben (200 g) für die Unters.; Herst. der Methylester der Gesamtfettsäuren, die der Harnstoffaddukt- u. der mikromol. Dest.-Fraktionierung unterworfen werden; die erhaltenen mono- u. polymeren Rk.-Prodd. werden spektrophotometr. geprüft. Herst. analoger Präpp. erhitzten Öles (225 ± 3°; 170—195 Std.; dauerndes Rühren) für die Verfütterung an Ratten; Herst. der Äthylester der Gesamtfettsäuren, die molekulardest. werden; Fraktionierung des monomeren Anteils über die Harnstoffaddukt-Bldg. u. gaschromatograph. Unters. der Fraktionen. Die Fraktion der Polyester werden nach JAMES (Nutrit. Rev. **17.** [1959.] 27) hergestellt. Die mit Harnstoff nicht fällbaren monomeren Ester werden katalyt. hydriert; Molgew.-Best. nach GAY [1933]; Best. der Viscosität, des Geh. an Epoxydsauerstoff, an Carbonylsauerstoff, an Hydroxyl, der DK, der JZ. (WIJS), der Peroxidzahl, der Säurezahl. Prüfung der Fraktionen im Tier-Vers. während 6 Monaten, wobei 10—20% der Casein–Saccharose-Diät aus den zu testenden Substanzen bestehen. Nach den Ergebnissen werden beim zeitlich langen Erhitzen von **I** auf 225° an der Luft Mono- u. Dimere gebildet, die mit Harnstoff keine Addukte liefern u. für Ratten tox. sind. Diese tox. Fraktionen enthalten mäßige Mengen an

Carbonyl u. an Hydroxyl; sie sind gegenüber der katalyt. Hydrierung widerstandsfähig. In der dimeren Fraktion wird die Ggw. von cycl. Struktur vermutet. Die Bldg. der mit Harnstoff nicht fällbaren mono- u. dimeren Fraktion ist mit Polymerisierung sowie mit anderen Rkk. an der Linolsäure verknüpft. K. TÄUFEL. 4585□

Biologische Untersuchungen an Thiamin-verwandten Verbindungen. 5. Mitt. **Die Antithiaminwirkung von Thiaminanhydrid und seinem Sulfon für Lactobacillus fermenti.** T. Motoyama und Y. Sahashi. (Jap. J. Nutrit. **19.** 171—73. Juli 1961. Inst. of Public Health; Sankyo Co., Shinagawa Factory.) (Jap.; Auszug: Engl.) — **4.** vgl. Jap. J. Nutrit. **19.** [1961.] **133.**

Selbst in 50—500facher Menge zu *Thiamin* zugesetzt, hemmt *Thiaminanhydrid* oder *Thiaminanhydridsulfon* nicht das Wachstum von *Lactobacillus fermenti.* Die beiden Verbb. zeigen keine antagonist. Wrkg. gegenüber Thiamin. P. GREGORZEWSKI. 4587□

Biologische Untersuchungen an Thiamin-verwandten Verbindungen. 6. Mitt. **Die Antipyridoxinwirkung von Thiaminanhydrid und seinem Sulfon für Saccharomyces carlsbergensis.** T. Motoyama und Y. Sahashi. (Jap. J. Nutrit. **19.** 174. Juli 1961. Inst. of Public Health; Sankyo Co., Shinagawa Factory.) (Jap.; Auszug: Engl.) — **5.** vgl. vorst. Referat.

Thiaminanhydrid, 2-Methyl-4-amino-5-hydroxymethylpyrimidin u. *2-Methyl-4-amino-5-aminomethylpyrimidin* zeigen bei *Saccharomyces carlsbergensis* Antipyridoxinwirkung. P. GREGORZEWSKI. 4587□

Lebensmittelchemische Untersuchungen über Teeblätter im Verfahren der Herstellung von Grünem Tee. 2. Mitt. **Änderungen im Gehalt an Thiamin, Riboflavin und Ascorbinsäure.** Junzo Hayashi, Shigetaka Sawa, Kazuaki Fujino und Kiichi Iwamoto. (Vitamins [Kyoto] **8.** 224—25. 1955. Kusatsu, Shiga Agr. Coll.) (Jap.; Auszug: Engl.)

Vff. untersuchen die Änderungen im Geh. an den *Vitaminen* B_1 (**I**), B_2 (**II**) u. *C* (**III**) während der 6 Verarbeitungsstufen der *Tee*-Herstellung. In den auf das Dämpfen folgenden Vorgängen zeigt sich eine allmähliche Abnahme an **I** u. **II** u. erhebliche Zerstörung von **III** beim „Rollen" (twisting). Im Endprod. werden nur 61% von Gesamt-**III** u. 39% seiner reduzierenden Form wiedergefunden. L. SCHULER. 4587□

Beitrag zur Kenntnis der Thiaminase in menschlichen Faeces. Tadashi Kawakami. (Vitamins [Kyoto] **8.** 213—17. 1955. Niigata Univ., Med. Abt.) (Jap.; Auszug: Engl.)

Bei manchen Menschen (ca. 21% der Durchschnittsbevölkerung) kann nach dem üblichen Zentrifugier-Verf. usw. keine *Thiaminase* (**I**) im Überstand von Faecesaufschlämmungen gefunden werden, doch läßt sich die Ggw. von **I** nach Zusatz eines **I**-Aktivators, *Pyridin* (**II**), nachweisen: Zu 1 ml des Faecesauszugs (1:10) wird **II** bis zu einer Endkonz. von 10^{-3}m zugegeben u. die enzymat. Zers. von Thiamin durchgeführt. Nach diesem Verf. kann bei manchen Menschen **I** in den Faeces nachgewiesen werden, nachdem *S*-Pulver eingenommen wurde. Bakterien, welche diese **I** erzeugen, konnten weder unter aeroben, noch unter anaeroben Kulturbedingungen aufgefunden werden. L. SCHULER. 4587□

Über die erhöhte Riboflavinbildung durch Hefe. E. M. Dikanskaja. (Микробиология [Mikrobiologie] **31.** 35—42. Jan./Febr. 1962. Moskau, Zweigstelle des Inst. für Hydrolyse u. Sulfit-Alkohol-Ind.) (Russ.; Auszug: Engl.)

Die *Hefe O-3* (*Torulospis famata* LODDER u. KREGER VAN RIJ nahestehend) bildet unter bestimmten Bedingungen große Mengen (ca. 35 γ/ml Kultur-Fl.) *Riboflavin* (**I**). Fe hemmt, Co fördert die Bldg. von **I**, unterdrückt aber die Vermehrung u. den Zuckerverbrauch. Als C-Quellen mit guter Synth.-Leistung kommen Glucose, Mannose, Xylose, Arabinose u. als N-Quelle NH_4-N in Frage. Pepton fördert das Wachstum, gestattet aber keine **I**-Synthese. Das **I**-Maximum wird erreicht, wenn die Vermehrung der Hefe zurückgeht u. der Zucker zum größten Teil verbraucht ist. K. SATTLER. 4587□

Pyridoxalphosphat und Tryptophanstoffwechsel alloxandiabetischer Ratten. P. Fasella, C. Baglioni, C. Turano und N. Siliprandi. (Clin. chim. Acta [Amsterdam] **5.** 146—48. Jan. 1960. Rome, Univ. of Rome, Inst. of Biol. Chem., and Nat. Res. Council, Centre of Enzymol.) (Holl.)

Der *Pyridoxal-5-phosphat*-Geh. von Leber, Niere u. Herz alloxandiabet. Ratten ist nicht signifikant verändert. Das chromatograph. Bild der Harnmetabolite mit Tryptophan gefütterter alloxandiabet. Ratten unterscheidet sich, abgesehen von einer geringen Zunahme von Xanthurensäure u. Anthranilglucuronid, nicht wesentlich von dem der normalen Tiere. K. MAIER. 4587□

Über die Ausscheidung von 4-Pyridoxinsäure im Harn und deren Bedeutung. Kozo Yamada, Shunji Sawaki und Eiichi Ogawa. (Vitamins [Kyoto] **8.** 242—46. 1955. Nagoya Univ., Med. Abt.) (Jap.; Auszug: Engl.)

Vff. bestimmen die 24-Std.-Ausscheidung (AS) von *Pyridoxin-4-carbonsäure* (I) im Harn von verschiedenartigen Kranken nach einem modifizierten Verf. von HUFF [1944] u. von SARETT [1949]. Die AS nach einer Injektion von 30 mg *Vitamin* B_6 (II) ist signifikant niedriger bei Kranken mit Nephritis, Pankreatitis bzw. Hepatitis. *Antabus* (III) hemmt die Oxydation von *Pyridoxal* (IV) zu I, in vivo u. in vitro; die Harnausscheidung nach Injektion von II u. *Pyridoxamin* (II a) wird durch III nicht herabgesetzt. Vff. nehmen an, daß IV hauptsächlich durch Aldehydase in I umgewandelt wird, aber der Hauptanteil an II u. II a wird in irgendeiner anderen Weise in I umgewandelt.

L. SCHULER. 4587 □

Fluorometrische Bestimmung von Vitamin B_6. 7. Mitt. **Fraktionierte Bestimmung von Pyridoxin, Pyridoxamin und 4-Pyridoxinsäure im Harn.** Kohei Fujino. (Vitamins [Kyoto] **8.** 239—41. 1955. Tokyo, Kitasato Inst.) (Jap.; Auszug: Engl.) — 6. vgl. Vitamins [Kyoto] **7.** [1954.] 644.

Das Verf. des Vf. (l. c.) für die fluorometr. Best. von *Pyridoxin* (I) ist nicht direkt auf Harn anwendbar, bei dem der I-Spiegel niedrig ist u. *Pyridoxin-4-carbonsäure* (II) vorwiegt, da diese störend wirkt u. I vortäuscht. Daher muß für korrekte Ergebnisse erst II aus der Lsg. entfernt werden, u. zwar durch eine Passage durch Amberlite IRA-410, in Acetatform, u. dann ein Teil des Eluats auf I analysiert werden. Ein anderer aliquoter Teil wird dem Nitrit-Verf. unterworfen u. so der Gesamtwert von I u. *Pyridoxamin* erhalten.

L. SCHULER. 4587 □

Ein mikrobiologisches Analysenverfahren für Vitamin B_6, Biotin, Inosit und Pantothensäure unter Benutzung von Saccharomyces carlsbergensis. Saburo Fukui, Tatsuo Sakamoto und Yoshio Tani. (Vitamins [Kyoto] **8.** 218—23. 1955.) (Jap.; Auszug: Engl.)

Ein mikrobiolog. Analysen-Verf., gegründet auf der Verw. von *Saccharomyces carlsbergensis* u. gewissen Abänderungen im Kulturmedium u. der Verf.-Technik von ATKIN (vgl. GYÖRGY, Vitamin Methods **1.** [1950.] 445) wird für *Vitamin* B_6, *Biotin, Inosit* u. *Pantothensäure* ausgearbeitet, um als Norm zu dienen. Dabei werden auch die Einfl. der Extraktions-Verff. für die Vitamine aus ihren natürlichen Quellen u. evtl. anderer Faktoren auf die Ergebnisse der Analyse untersucht.

L. SCHULER. 4587 □

Über den Einfluß radioaktiv bestrahlter Pantothensäure auf das Blut. 1. Mitt. **Der Einfluß radioaktiver Strahlen auf Pantothensäure.** W. A. Ritschel. (Sci. pharmac. [Wien] **29.** 250—57. 31/12. 1961. Dacca, East Pakistan, Residential Area, Dhanmandi Road No. 17.) (Dt.)

Die biolog. Wirksamkeit von *Panthenol* u. *Na-Pantothenat* wird durch α- u. β-Bestrahlung vermindert, Cystein wirkt schützend.

P. GREGORZEWSKI. 4587 □

Hypersynchronisierende Wirkung von Thiamin und Folsäure am Gehirn des Frosches. G. La Grutta, S. Abbadessa, T. Ajello und V. La Grutta. (Boll. Soc. ital. Biol. sperim. **37.** 1117—19. 15/11. 1961. Palermo, Univ., Ist. di Fisiol.) (Ital.)

Vff. stellten nach lokaler Applikation von *Thiamin, Cocarboxylase* u. *Folsäure* am Gehirn des Frosches sowie der Katze u. der Taube eine Hypersynchronisation der bioelektr. Aktivität fest.

H. KOCKERT. 4587 □

Synthese des radioaktiven ^{36}Cl-Dichlormethotrexats. Vincent T. Oliverio und Jack D. Davidson. (J. pharmac. Sci. **50.** 353—54. April 1961. Bethesda, Md., Nat. Cancer Inst., Gen. Med. Branch, Clin. Pharmacol. and Exper. Therapeut. Sect.) (Engl.)

Vff. beschreiben die Synth. des Folsäureantagonisten *^{36}Cl-Dichlormethotrexats* (I), die in Anlehnung an die von ANGIER u. Mitarbeiter (C. **1960.** 5174) gegebenen Vorschrift durchgeführt wurde. I fiel mit einer Ausbeute von 50% u. einer radioakt. Reinheit von 97% an.

Versuche: 7,85 ml radioakt. HCl, 1,6n, 250 μc ^{36}Cl, wird mit 4n NaOH neutralisiert, das Na^{36}Cl zur Trockne eindampfen u. in 3 ml 30%ig. H_2O_2 suspendiert. Hieraus wird ^{36}Cl entwickelt u. in eine Lsg. von 1,28 g Methothrexat [4-Amino-N^{10}-methylpteroylglutaminsäure (I)] in 10 ml Dimethylformamid eingeleitet. Nach 1 std. Schütteln ist die Bldg. des im Benzolring (an $C_{(3)}$ u. $C_{(5)}$) dichlorierten I vollendet. Das Rohprod. wird durch Eingießen in Eiswasser bei pH 3 (Na-Acetat) gefällt, gereinigt, als Mg-Salz abgeschieden u. hieraus das *^{36}Cl-Dichlormethotrexat* freigemacht.

H. P. FIEDLER. 4587 □

5.6-Dimethylbenzimidazol, synthetische Vorstufe für die Vitamin-B_{12}-Gewinnung auf mikrobiologischem Wege. E. Bâla, Z. Dumitrescu und J. Marcus. (Pharmazie **16.** 357—59. Juli 1961. Bukarest, Chem.-Pharmazeut. Forsch.-Inst.) (Dt.)

Für die Darst. des *5.6-Dimethylbenzimidazols* wird eine neue, vom p-Nitrotoluol ausgehende Synth. beschrieben. Das p-Nitrotoluol wird mittels $\alpha.\beta$-Dichlordimethyläther chlormethyliert, durch nachfolgende Hydrierung des entstandenen *o-Chlormethyl-*

p-nitrotoluols entsteht *4-o-Xylidin.* Die Nitrierung in Ggw. von Essigsäureanhydrid mit anschließender Hydrolyse ergibt *4-Amino-5-nitro-o-xylol,* das durch Hydrierung in *4.5-Dimethyl-o-phenylendiamin* übergeführt wird. *5.6-Dimethylbenzimidazol* bildet sich durch nachfolgenden Ringschluß mittels Ameisensäure.

Versuche: *Dichlordimethyläther* aus CH_2O, H_2SO_4 u. NH_4Cl bei 8—10° unter Rühren innerhalb 6 Std.; 70—75%. — *2-Chlormethyl-4-nitrotoluol,* F. 57—60° (Methanol), durch Zutropfen von Chlorsulfonsäure zu einem Gemisch aus vorst. Verb. u. p-Nitrotoluol unter Rühren bei 8—10° während 3—5 Std. u. weiterem Rühren bei 15°; 60—70%. — *4-o-Xylidin,* F. 45—47°, aus vorst. Verb. durch Hydrierung in Eisessig bei 5—10 at in Ggw. von Pd-Kohle; 87—88%. — *5-Acetylamino-4-nitro-o-xylol,* F. 102 bis 107° (A.), aus der in Essigsäureanhydrid gelösten vorst. Verb. u. HNO_3 (d — 1,45) bei 30—35° durch 2½ std. Rühren u. nachfolgendes Zerlegen mit Eis; 55—60%. — *4-Amino-5-nitro-o-xylol,* F. 135—140°, aus vorst. Verb. durch 3std. Hydrolyse mit 80%ig. H_2SO_4; 98%. — *4.5-Dimethyl-o-phenylendiamin,* F. 126°, durch Hydrierung der vorst. Verb. in A. (5—10 atü; 70°; Pd-Kohle innerhalb 1 Std.; 86—88%. — *5.6-Dimethylbenzimidazol,* F. 202—203° (W.-A.), durch 4std. Erhitzen vorst. Verb. mit 88%ig. HCOOH u. HCl unter Rückfluß, Verdünnen mit W. u. Ausfällen mit NH_4OH bei pH 7,5—8; 94%.

B. SCHOBESS. 4587 □

Untersuchungen zum Stoffwechselverhalten des Aquocobamids und Vitamin-B_{12}-Coenzyms. E. E. Gabbe und H. C. Heinrich. (Int. Z. Vitaminforsch. [Bern] **31.** 355—59. 1961. Hamburg, Univ., Physiol.-chem. Inst.) (Dt.)

Sehr verd. Lsgg. von *^{60}Co-5.6-Dimethylbenzimidazolylcyanocobamid* (I) u. *^{60}Co-5.6-Dimethylbenzimidazolylaquocobamid* (II) (1 ng—1 µg/ml) sind extrem instabil gegen Licht bzw. *CN^-*-Ionen. II wird durch photolyt. Cyanidabspaltung aus I gewonnen u. über Carboxymethylcellulose mit dest. W. chromatographiert, wobei unverändertes I rasch durchläuft, während II am oberen Ende des Austauschers haften bleibt. II wird schließlich mit 0,1n Essigsäure eluiert. Die Essigsäure wird aus dem Eluat mit Dowex-2 entfernt. Die so erhaltenen I-Lsgg. sind im Dunkeln bei CN^--Zusatz, pH 7, haltbar. II ist im Licht in Abwesenheit von CN^- bei pH 3 wenige Tage haltbar. CN^--Zusatz führt II in I zurück. ^{60}Co-II wird nach dem Radiovitamin-B_{12}-Fäcesexkretionstest nach oraler Gabe von gesunden Menschen in gleichem Umfang wie ^{60}Co-I resorbiert. Da II jedoch wesentlich stärker intravital gebunden wird, wird durch eine i.m. Sättigungs- u. Ausschwemmungsdosis von 2mal 1 mg I nur $^1/_3$—$^1/_6$ der vorher injizierten II-Menge im Harn ausgeschieden. Bei Patienten mit perniciöser Anämie bedarf II ebenso wie I des *Intrinsic-Factors* zur Resorption. Auch Ratten resorbieren II stärker als I. Der II-Einbau in Leber u. Dünndarm ist größer als der von I, der in die Niere jedoch gleich der von I. Wird Ratten ^{60}Co-II intraperitoneal injiziert, so ist gegenüber ^{60}Co-I die Inkorporation in die Niere verringert, in der Leber jedoch erhöht. Der Depoteffekt von II unterscheidet sich von dem aller sonstigen Vitamin-B_{12}-Depotpräparate. *^{58}Co-* oder *^{60}Co-5.6-Dimethylbenzimidazolcobamidcoenzym* (III) verhält sich bei Ratten nach intraperitonealer Injektion wie II. Auch beim Menschen unterscheidet sich die die Serumproteine sättigende III-Dosis nicht von der II-Dosis. Der Ausschwemmungseffekt von i.m. injiziertem II ist dem durch III erzielten Effekt gleich. III bedarf zur Resorption ebenso wie I u. II des Intrinsicfactor. Jedoch wird III nicht so gut resorbiert. L. TRÄGER. 4587 □

Untersuchungen über Vitamin-B_{12}-Coenzym in Ratte und Küken. M. E. Coates, B. M. Doran und G. F. Harrison. (Int. Z. Vitaminforsch. [Bern] **31.** 359. 1961. Shinfield, Nat. Inst. for Res. in Dairying.) (Engl.)

Die Aufnahme von *^{58}Co-Dimethylbenzimidazolcobamidcoenzym* (I) gegenüber *^{58}Co-Cyanocobalamin* (II) durch den Dünndarm in der lebenden Ratte wird verglichen. Die Aufnahme von I u. II ist gleich. Wird den Ratten gleichzeitig Magenextrakt gegeben, so wird in beiden Fällen die Aufnahme um den gleichen Betrag angehoben. Wird I i.m. Küken gegeben, so scheint I nur 78% der Aktivität von II aufzuweisen. Durch *Vitamin-B_{12}-anilid* werden sowohl I als auch II in ihrer Wuchsstoff-Wrkg. bei Küken gehemmt. I scheint für die Beseitigung des Vitamin-B_{12}-Mangels bei Küken günstiger zu sein als II.

L. TRÄGER. 4587 □

Vitamin B_{12} als Coenzym des Propionsäurestoffwechsels. P. Overath. (Int. Z. Vitaminforsch. [Bern] **31.** 360—61. 1961. München, Univ., Chem. Labor.; Max-Planck-Inst. für Zellchem.) (Dt.)

Extrakte aus *Propionibacterium shermanii* katalysieren den Einbau von *^{14}C-Propionat* (I) in *Succinat.* Nach Behandlung mit Aktivkohle geht diese Eig. der Extrakte verloren, kann jedoch durch Zusatz von *Acetylcoenzym A* (II) u. *Dimethylbenzimidazolcobamidcoenzym* (III) wieder hergestellt werden. Der I-Einbau in Succinat wird durch *Avidin* gehemmt, was auf die Beteiligung von *Biotin* (IV) an der Rk. hinweist. II kann durch katalyt. Mengen *Methylmalonyl-Coenzym A* (V) ersetzt werden. Danach wird I mit Hilfe von II zu *Propionyl-Coenzym A* umgesetzt u. dieses mit einem CO_2-IV-Enzymkomplex in V übergeführt. V wird katalyt. durch III + Enzym zu *Succinyl-Coenzym A* (VI) isomerisiert. Dieses Enzym wurde aus den Bakterien 16fach angereichert u. enthält noch III-Spuren. Es ist nach den Resultaten aus dem Ultrazentrifugieren u. der Elektrophorese zufolge einheitlich. Die Gleichgewichts-Konst. der Isomerisierung VI/V wurde zu 0,04 bestimmt. Dabei verläuft diese als Folge der Verschiebung der mit Coenzym A veresterten Carboxylgruppe. L. TRÄGER. 4587 □

Vitamin B_{12} und Methylmalonylcoenzym-A-isomerase. B. C. Johnson, S. Kirschfeld, C. Biswas, S. Gurnani und J. Erfle. (Int. Z. Vitaminforsch. [Bern] **31.** 361—62. 1961. Urbana, Ill., Univ., Div. of Animal Nutrit.) (Engl.)

Die für die Isomerisierung von *Methylmalonylcoenzym A* (I) zu *Succinylcoenzym A* in Tieren wirksame *Isomerase* (II) wird weder durch Belichtung noch durch *Cyanid*behandlung gehemmt. Demnach wird das *5.6-Dimethylbenzimidazolcobamidcoenzym* (III) durch diese Behandlung nicht vom Holoferment II abgelöst. III enthält *Adenin* (IV), was durch Einbau von ^{14}C-IV mit Hilfe eines Rattenleberenzymsyst. nachgewiesen wird. *Avidin*-Zusatz blockiert die Rück-Rk. zu *Propionylcoenzym A*. ^{14}C- u. $^{3}H_{(CH_3)}$-I sind hergestellt worden. L. TRÄGER. 4587 □

Untersuchungen über die Monocarbonsäurederivate des Vitamins B_{12}. A. Mertha, E. Csányi und A. Simon. (Int. Z. Vitaminforsch. [Bern] 31. 368. 1961. Budapest, Forsch.-Inst. für die pharmazeut. Ind., „Chinoin Arzneimittel u. Chem.-Fabrik".) (Dt.)

Aus dem Nährmedium von *Propionibacterium shermanii* kann *5.6-Dimethylbenzimidazolcyanocobamsäurepentaamid* (II) isoliert werden, das bei *Escherichia coli 113-3* als kompetitiver *Vitamin-B_{12}* (I)-Antagonist wirkt. Stellt man durch Hydrolyse mit Salzsäure aus I die 3 isomeren II dar, so weisen diese mit den Hemmungsindices 1000 u. 40 verschiedene antagonist. Aktivitäten auf, wobei der natürlichen II der bessere Hemmindex 40 zukommt u. die dritte II-Isomere kein Hemmstoff ist. Die hemmenden II-Isomeren greifen in das myeloide Syst. von gesunden Ratten ein. L. TRÄGER. 4587 □

Chemische Struktur und Wirkung hochwirksamer B_{12}-Antivitamine aus der Reihe der Alkanolamin-Analoga des Vitamins B_{12}. W. Friedrich, H. C. Heinrich und P. Riedel. (Int. Z. Vitaminforsch. [Bern] **31.** 368—69. 1961. Hamburg, Univ., Physiol.-chem. Inst.) (Dt.)

Wurden das gemischte Anhydrid aus *Cobyrinsäure-abcdeg-hexamid* u. *Kohlensäureäthylester* mit *α-Ribazolphosphorsäureaminoalkylestern* kondensiert, so bildeten sich komplette *Vitamin B_{12}* (I)-Alkanolaminanaloge, die sich bei *Escherichia coli 113-3* mit dem Hemmungsindex 3 : 1 als bisher wirksamste I-Antagonisten herausstellten, so z. B. *2-Methyl-2-aminoäthanolcobamid* u. *2-Methyl-2-aminopropanolcobamid*. Die Kettenverlängerung zwischen C_1 u. C_2 der 2-Aminoäthanol-Gruppe in I durch eine Methylengruppe führt zu dem I-Antagonisten *3-Aminopropanol-(1)-cobamid*. Die Substitution an C_2 oder C_1 durch Benzyl oder Phenyl hebt die Bioaktivität gegenüber E. coli ebenfalls auf. Alle so dargestellten I-Antagonisten sind an C_3' der Ribose mit Phosphorsäure verestert. Die C_2'-Isomeren sind fast oder völlig unwirksam bei E. coli 113-3 u. *Ochromonas malhamensis* u. vermögen überdies nur noch sehr schwach mit I bzgl. der intravitalen Bindung u. I-Retention zu konkurrieren. L. TRÄGER. 4587 □

Strukturspezifität des Vitamin-B_{12}-Stoffwechsels und der Vitamin-B_{12}-Bioaktivität. H. C. Heinrich. (Int. Z. Vitaminforsch. [Bern] **31.** 369—74. 1961. Hamburg, Univ., Physiol.-chem. Inst.) (Dt.) — Vgl. vorst. Referat.

Um zu zeigen, welche Teile der *Vitamin B_{12}* (I)-Struktur biol. funktionelle Träger der Bioaktivität sind, werden die durch gesteuerte Biosynth. gewonnenen I-Analoga im Exkretionstest verglichen. Danach sezten *Cobinamid* (*Faktor B*), *3.5.6-Trimethylbenzimidazoldicyanocobamid* (*Faktor Nm*), *5.6-Diäthylbenzimidazolcyanocobamid* oder *2-Methyladenincyanocobamid* (*Faktor A*) die intestinale Resorption von 0,50 μg ^{60}Co-I nicht herab u. werden daher wahrscheinlich auch nicht resorbiert. Dagegen konkurrieren *5.6-Dichlorbenzimidazolcyanocobamid* oder *Benzimidazolcyanocobamid* mit der intestinalen I-Resorption. *5-Hydroxybenzimidazolcyanocobamid* (*Faktor III*) reduziert die I-Aufnahme nicht so stark, wird aber selbst noch resorbiert. Die Ergebnisse konnten nach oraler Verabfolgung bei gesunden Menschen oder an Perniciosa erkrankten Patienten bestätigt werden. Danach ist die intakte koordinative Bindung zwischen dem zentralen Co-Atom u. dem $N_{(3)}$ des Benzimidazols Voraussetzung für die normale Resorption. Der Ersatz der beiden in 5.6-Position befindlichen CH_3-Gruppen durch 2 Cl-Atome oder 2 H-Atome ist ohne Einfl. auf die Resorbierbarkeit. Faktor III wird beim Menschen 3—5fach schlechter resorbiert als I. Beim Meerschweinchen ist die Resorbierbarkeit jedoch nur auf die Hälfte herabgesetzt. Wird die Hydroxygruppe in

Faktor III durch Methylierung veräthert unter Bldg. von *5-Methoxybenzimidazolcyanocobamid* (*Faktor III m*), so wird dieses Prod. beim Menschen wieder 3—4mal besser resorbiert als Faktor III u. die Resorbierbarkeit beträgt etwa 75% von I beim Menschen. Beim Meerschweinchen werden dagegen Faktor III m u. I gleich gut resorbiert. Der entsprechende *Äthyläther* (*Faktor III e*) ist weniger gut wirksam. Alle I-Analoga benötigen bei Perniciosa-Patienten *Intrinsic factor* (II) zur Aufnahme. Die schlecht durch den Menschen oder durch das Meerschweinchen resorbierbaren I-Analoga weisen die gleiche Bindung zu II auf wie die gut resorbierbaren, so daß die wechselnden Resorptionen nicht auf die unterschiedliche Stabilität der I-II-Komplexe zurückgeführt werden können. Selbst der völlig unwirksame, inkomplette Faktor B wird in im vitro-Vers. durch II gebunden. Die nicht mit I konkurrierenden unwirksamen Analoga werden nach intraperitonealer Injektion in Ratten vorwiegend mit dem Harn ausgeschieden (50mal mehr als I), da die Retention u. der Einbau in Niere u. Leber stark herabgesetzt ist. I-Analoga, die die Purinbasen Adenin, Hypoxanthin, 2-Methyladenin oder 2-Methylhypoxanthin enthalten, zeigen nur noch 51—57% des Ausschwemmeffekts von I nach Angebot von ^{60}Co-I. Enthalten die Analoga Guanin bzw. 2-Methylmercaptoadenin, so sinkt die Konkurrenzfähigkeit auf 41% bzw. 31% ab. Die Xanthin- u. 2-Methylmercaptohypoxanthin-Analoga zeigen nur noch 11% bzw. 6% der ausschwemmenden Wrkg. von I. L. TRÄGER. 4587 □

Über Vitamin-B_{12}-Aktivität verschiedener Faserstoffe. Sachiko Ueno. (Vitamins [Kyoto] **8.** 246—47. 1955. Kyoto Univ., Abt. Ingen. Wiss.) (Japan.; Auszug: Engl.)

Bei der Best. von *Vitamin B_{12}* mittels *Lactobacillus leichmannii* treten bisweilen hohe Leerwerte auf, die evtl. von den Baumwollpfropfen verursacht sein könnten. Doch erweist sich der wahre I-Geh. in diesen als äußerst gering, da nur Werte von 2,0 bis 2,5 mγ/g Baumwolle bzw. 1,6 mγ/g an alkalistabilem Faktor gefunden werden. Wasserauszüge von *Acetat-*, *Vinylon-* u. *Viscosefaser* ergeben keinen wachstumsfördernden Effekt in der biolog. Prüfung, wohl aber, in geringem Grade, bei Zusatz der festen Fasern zum Medium. L. SCHULER. 4587 □

Klinische Untersuchungen über die Einflüsse des Vitamin-B-Komplexes auf die Wanderungsgeschwindigkeit neutrophiler Leukocyten. 5. Mitt. **Einfluß von Vitamin B_{12}.** Yoshimasa Fukuda. (Vitamins [Kyoto] **8.** 226—31. 1955. Kyoto Univ., Med. Abt.) (Japan.; Auszug: Engl.) — **4.** vgl. Vitamins [Kyoto] **7.** [1954.] 283.

Im allg. vergrößert *Vitamin B_{12}* (I) die Migrations-Geschw. der Neutrophilen, welche bei Erkrankungen mit makrocytärer Anämie herabgesetzt ist. In einigen Fällen von Leber- u. auch anderen Erkrankungen hat I ähnliche Wrkg., welche dabei nicht notwendigerweise von dem Typ der begleitenden Anämie abhängig sind. L. SCHULER. 4587 □

Klinische Untersuchungen über die Einflüsse des Vitamin-B_{12}-Komplexes auf die Wanderungsgeschwindigkeit neutrophiler Leukocyten. 6. Mitt. **Wirkungsvergleich von Folsäure und Vitamin B_{12}.** Yoshimasa Fukuda. (Vitamins [Kyoto] **8.** 231—34. 1955.) (Japan.; Auszug: Engl.) — **5.** vgl. vorst. Referat.

Bei denselben Versuchspersonen werden die Einfl. von *Folsäure* (I) u. *Vitamin B_{12}* (II) auf die Migrations-Geschw. (MG) der Neutrophilen verglichen: I u. II wirken beschleunigend auf die herabgesetzte MG; in einigen Fällen zeigt II keine Wrkg., wo I wirksam ist. L. SCHULER. 4587 □

Klinische Untersuchungen über die Einflüsse des Vitamin-B-Komplexes auf die Wanderungsgeschwindigkeit neutrophiler Leukocyten. 7. Mitt. **Einfluß von Vitamin B_{12} und Methionin.** Yoshimasa Fukuda. (Vitamins [Kyoto] **8.** 234—39. 1955.) (Jap.; Auszug: Engl.) — 6. vgl. vorst. Referat.

Vf. vergleicht die Einfl. von *Vitamin B_{12}* (I) u. *Methionin* (II) bei einzelnen u. bei gemeinsamen Gaben von I u. II auf die Migrations-Geschw. (MG) der Neutrophilen, vorwiegend bei Leberkranken: beide Vitamine heben die herabgesetzte MG, zeigen aber einige Unterschiede im Wrkg.-Mechanismus. In einigen Fällen ist die gleichzeitige Verabreichung von I u. II von deutlich erhöhter Wirkung. L. SCHULER. 4587 □

Statistische Verteilung von Serumvitamin B_{12} und Abhängigkeit der Blutwerte von dem Vitamin-B_{12}-Gehalt in einer größeren Bevölkerungsgruppe nach schwerer Infektion mit Diphyllobothrium latum. B. von Bonsdorff, R. Gräsbeck, W. Nyberg und M. Saarni. (Int. Z. Vitaminforsch. [Bern] **31.** **414.** 1961. Helsingfors, 4. Med. Univ. Dep.; Vasa, Central Hosp.) (Engl.)

1345 Personen mit Befall durch den Bandwurm *Diphyllobothrium latum* werden hinsichtlich der Anzahl Bandwurmeier in den Fäces, Blutbild u. *Vitamin-B_{12}* (I)-Geh. im Serum untersucht. Der I-Geh. ist nach Infektion signifikant erniedrigt. Unterschreitet er 60—90 $\mu\mu$g I/ml, so nimmt darüber hinaus noch die Erythrocytenzahl ab u. ihr Durchmesser wächst. Dagegen stehen Hämoglobin-Konz. u. Hämatocritwert scheinbar in keinem Zusammenhang zur beobachteten I-Konzentration. L. TRÄGER. 4587 □

Die defekte Vitamin-B_{12}-Resorption bei Pankreas-Insuffizienz. H. O. Nieweg, J. Abels, W. Veeger und N. Hellemans. (Int. Z. Vitaminforsch. [Bern] 31. 415 bis 416. 1961. Groningen, Univ., Dep. of Med.) (Engl.)

Von 4 Patienten mit Steatorrhoe zeigen 2 beim SCHILLING-Test verminderte *Vitamin-B_{12}* (I)-Resorption bei gleichzeitig stark saurer Duodenalflüssigkeit. Werden daher bei einem Patienten mit totaler Pankreatektomie gleichzeitig mit radioakt. I noch 10 g *Na-Bicarbonat* gegeben, so steigt die I-Resorption ebenso wie nach Angebot von 12 g *Pankreatin* an. Besonders verstärkt sich der Effekt bei gleichzeitigem Angebot von Na-Bicarbonat u. Pankreatin. 25 ml menschlicher Magensaft sind dagegen ohne Einfluß. L. TRÄGER. 4587 □

Radiometrische Testung des Stoffwechsel-Verhaltens von Vitamin-B_{12}-Depôt-Präparationen. E. E. Gabbe, H. C. Heinrich und D. Weist. (Int. Z. Vitaminforsch. [Bern] 31. 421—23. 1961. Hamburg, Univ., Physiol.-chem. Inst.) (Dt.)

Vff. erläutern die Möglichkeiten u. Vorteile bei der Prüfung der Depot-Präpp. von *Cyanocobalamin* (I) bei Anwendung von 0,3—0,7 μC ^{60}*Co*-I, wobei für den Menschen keine nennenswerten Strahlenbelastungen auftreten. Danach liegt ein gutes I-Depot-Präp. vor, wenn frühestens ab 12. Tag nach der Injektion die niedrigen I-Ausscheidungen mit dem Harn beginnen u. die hohe anfängliche I-Harnexkretion unmittelbar nach Injektion ausbleibt. Vielmehr soll der maximale Geh. im Serum über mehrere Tage gleich hoch bleiben. Die Abwanderung eines guten Depot-I-Präp. von der Injektionsstelle soll langsamer sein als von freiem I. Noch 10 Tage nach Injektion ist an der Injektionsstelle mehr Aktivität nachweisbar als 2—4 Std. nach Injektion von freiem I. Dieses Verh. gilt für I, das an körperfremde Träger (*Al-Stearat* oder *Zn-Stannat*) adsorptiv gebunden ist. ^{60}*Co-Aquocobamid* (II) verhält sich etwas anders, obgleich es gegenüber I ebenfalls einen deutlichen Depoteffekt aufweist, der jedoch nicht durch geringe Löslichkeit, sondern durch verzögerten Übergang in die Blutbahn zustande kommt. Für die Deckung des jährlichen I-Bedarfs genügen 5 Injektionen von je 500 μg II. L. TRÄGER. 4587 □

Durch Vitamin B_{12} behandelte hämolytische Faktoren bei perniciöser Anämie. E. H. Reisner jun. (Int. Z. Vitaminforsch. 31. 412. 1961. New York, N.Y., St. Luke's Hosp.) (Engl.)

Wird Patienten mit perniciöser Anämie *Vitamin-B_{12}* (I) gegeben, so beobachtet man eine baldige Wiederherstellung der Hämatopoese verbunden mit einem Rückgang des *Bilirubin-* u. *Urobilinogen-*Geh., sowie einen Anstieg des Hämoglobinwertes u. der Anzahl der roten Blutkörperchen. Werden die Zellen mit ^{51}*Cr* markiert, so erhöht sich nach I-Angebot die Halbwertszeit der roten Blutkörperchen. Werden normale Blutzellen über Nacht mit Plasma von Patienten mit perniciöser Anämie inkubiert, so werden sie beschleunigt abgebaut gegenüber der Behandlung mit Plasma gesunder Probanden. Das Plasma der Patienten muß demnach einen hämolyt. Faktor enthalten. L. TRÄGER. 4587 □

Die Verwendung von Mikroorganismen bei der Synthese von Vitamin C. S. G. Rasumowskaja. (Микробиология [Mikrobiologie] 31. 172—78. Jan./Febr. 1962. Leningrad, Shdanow-Univ.) (Russ.; Auszug: Engl.)

Von *d-Glucose* ausgehend, werden die verschiedenen Wege zur Synth. von *l-Ascorbinsäure* dargestellt (über *Sorbit*; *d-Gluconsäure*; *d-Galacturonsäure* usw.). Die oxydativen Stufen dieser Umsetzungen mit selektiv oxydierenden Mikroorganismen (Acetobacter) werden eingehend erörtert. — 41 Literaturangaben. K. SATTLER. 4587 □

Über Vitamin C im Blut. 3. Mitt. Bestimmung von Vitamin C in Blut und Plasma mit 2.4-Dinitrophenylhydrazin. Tetsuzo Tahahashi. (Vitamins [Kyoto] 8. 203 bis 208. 1955. Tokyo, Inst. Publ. Health.) (Jap.; Auszug: Engl.) — 2. vgl. Vitamins [Kyoto] 7. [1954.] 656.

Bei Kontroll-Verss. zur Best. der *Ascorbinsäure* (I) in Gesamtblut wurde nie die gesamte eingesetzte I-Menge wiedergefunden, wenn die Oxydation nach der Enteiweißung stattfand (l. c.). Vf. findet die Erklärung durch den Befund, daß I an das Mittel zum Enteiweißen adsorbiert wird. Dehydro-I (II) konnte stets gut wiedererhalten werden, sie wird nicht adsorbiert. Wenn man das verbesserte Verf. auf die Best. von I in Plasma anwendet, darf das als Antioxydans zugesetzte $SnCl_2$ auf 0,5% erniedrigt werden, da eine Oxydation von I zu II durch Hämoglobin nicht erfolgt. Der Geh. an Gesamt-I im Plasma ist nach den Verss. im allg. niedriger als jener im Gesamtblut, während der II-Geh. für beide keinen Unterschied zeigt. L. SCHULER. 4587 □

Veränderung des Gehaltes an Vitamin C bei Kindern im akuten Stadium der paralytischen Formen von Poliomyelitis. S. N. Reschetnikowa. (Педiатрiя, Акушерство и Гiнекологiя (Київ) [Pädiatrie, Geburtshilfe, Gynäkol. (Kiew)] 24. Nr. 1. 15—18. 1962. Simferopol, Med. Inst., Lehrstuhl für Kinderkrankheiten.) (Ukrain.)

Durch Beobachtungen an 103 Kindern im Alter von 5 Monaten bis 16 Jahren wird festgestellt, daß in der akuten Phase der Poliomyelitis in der paralyt. Form im Blut der mittlere *Ascorbinsäure* (I)-Geh. von 0,9 auf 0,34 mg-% absinkt. Im Liquor ist hierbei der I-Geh. mit 0,75 mg-% höher. Bei zusätzlicher Zufuhr von 200 mg I wird der I-Geh. im Blut nach einigen Tagen bis zur Norm erhöht. Mit 400 mg I läßt sich diese Normalisierung des I-Geh. rascher erzielen. Nach Einstellung der I-Zufuhr wird der I-Geh. im Blut sowie die I-Ausscheidung mit dem Harn rasch vermindert. Für die Aufrechterhaltung eines normalen I-Spiegels im Organismus von Poliomyelitiskranken im akuten Stadium ist die Zufuhr von mindestens 400 mg I täglich erforderlich. O. LEBTAG. 4587

l-Ascorbinsäure bei chronischer Herzinsuffizienz. Jan Hasik. (Poznańskie Towarzystwo Przyjaciół Nauk, Wydział lekarski, Prace Komisji Med. doświadczalnej **20.** 1—38. 1961. Poznań, II. Klin. Chorób Wewnętrznych A. M.) (Pol.)

Vf. stellte fest, daß die *Ascorbinsäure* (I)-Konz. im Blutserum von an chron. Herzinsuffizienz erkrankten Patienten um ca. 0,20 mg/100 ml niedriger liegt als bei gesunden Versuchspersonen. Der I-Serumspiegel der Patienten liegt im Durchschnitt im Sommer bei 0,83 mg/100 ml, im Winter bei 0,73 mg/100 ml. Die I-Ausscheidung im Urin der Patienten liegt im Winter (ca. 22,30 mg /24 Std.-Urin) über 50% niedriger als im Sommer (ca. 50,64 mg); die Ausscheidungsmenge liegt am Tage höher als in der Nacht. — In patholog. Organ-Fll. (Exsudaten usw.) sind merkliche Mengen an I enthalten. — Nach Verabfolgung Hg-haltiger Diuretica (*Salyrgan*) an die Patienten sinkt die I-Konz. im Blutserum merklich ab u. steigt im Urin gleichzeitig an. — *Cedilanid* u. *Strophantin* verändern nicht den I-Serumspiegel, verursachen jedoch einen leichten Anstieg der I-Ausscheidung im Urin. H. KOCKERT. 4587 □

Colorimetrische Bestimmung von Ascorbinsäure in Multivitaminpräparaten mit 2-Nitro-4-methoxyanilin. Yoshitomo Kochi und Sizuka Kasahara. (Vitamins [Kyoto] **8.** 199—202. 1955. Osaka, Nat. Hyg. Labor.) (Jap.; Auszug: Engl.)

Das ROCHE-Verf. (vgl. SCHMALL u. Mitarbeiter, C. **1954.** 7685) wird wie folgt abgeändert: Für das Diazoreagens wird zu 0,1 ml eines Gemisches aus gleichen Teilen Eisessig, der 4% *2-Nitro-4-methoxyanilin* enthält, u. 10%ig. HClO, 1 ml 2%ig. NaOH gegeben. Ist die braune Farbe der Amino-Verb. verschwunden, werden 15 ml A. zur Lsg. zugesetzt. Für die Best. von *Vitamin C* (I) wird zu 1 ml einer Lsg. von ca. 1 mg I in 8%ig. Metaphosphorsäureeisessig (nach ROCHE) in einem 50 ml-Meßkolben das Diazoreagens gegeben, mit 2 ml 10%ig. NaOH alkalisiert u. nach 1 Min. aufgefüllt. Der I-Geh. wird berechnet aus der Farbintensität der Lsg. bei 570 mμ. L. SCHULER. 4587 □

Über die biologische Aktivität von Vitamin-A-Derivaten. 1. Mitt. Saburo Komori, Toshio Akawa, Atsushi Watanabe und Tadayuki Kobayashi. (Vitamins [Kyoto] **8.** 209—13. 1955. Osaka Univ.) (Jap.; Auszug: Engl.)

Bei der Analyse auf *Vitamin-A* (I)-Geh. nach der USP Pharmakopoe an Ratten zeigen auch *N-[Diphenylyl]-* u. *N-[β-Naphthyl]-urethane* von I, $C_{10}H_7NH \cdot COOA$ (A = I-Rest), eine I-Wrkg., aber schwächer als *I-Palmitat* (II). Die *Polyäthylenglykoläther* von I zeigen fast keine Aktivität. Zusatz von *Vitamin-D_2* zur Probe ergibt gute Wachstums-Wrkg. (TAKATA). Die geringe biolog. Wrkg. der Urethan-Derivv. scheint von ihrer geringen Lipophilie im Vgl. zu II herzurühren. L. SCHULER. 4587 □

Vitamin-A-Aktivität von β-Apc-8'-carotinal. Wilbur Marusich, Elmer De Ritter, James Vreeland und Rudolph Krukar. (J. agric. Food Chem. **8.** **390**—93. Sept./Okt. 1960. Nutley, N.J., Hoffmann-La Roche Inc., Food and Agric. Prods. Labor.) (Engl.)

All-trans-Apocarotinal-(8') (I) in Öl-Lsg. zeigte im curativen Rattenwachstumstest eine Wirksamkeit von 1070000—1330000 U. S. P.-Einheiten *Vitamin A* (II)/g. Möglicherweise bildet I eine Zwischenstufe der biol. β-Carotin → II-Umwandlung. Mit Gelatine u. Zucker stabilisiertes I gibt spektrophotometrisch (λ_{max} 454—455 mμ) u. nach der Meth. von BUNELL u. Mitarbeitern (Food Technol. **12.** [1958.] 536) Resultate, die mit denen der biol. Best. gut übereinstimmten. K. MAIER. 4587 □

Über Antioxydantien für Vitamin A. Takajiro Mori. (Vitamins [Kyoto] **8.** 193—98. 1955. Tokyo Univ. (Jap.)

Übersicht über *Antioxydantien* (I) gegen *Vitamin-A* (II) aus Holzteerfraktionen (Kp. 260—280°), deren verschiedenen sauren u. neutralen Anteilen; ferner über Margarineausgangsstoffe u. ihren Zusammenhang mit der Zers. von II, sowie über die vergleichsweise Wirksamkeit von I (0,02%) wie z. B. Nordihydroguaretsäure (NDGA), Propylgallol, Ascorbinsäure, Sesamol usw., weiter über die I-Wrkg. von Milch u. Milch-Prodd., über hydrophile Kolloide (außer Proteinen) u. deren I-Wrkg., den Zusammenhang zwischen Emulgierbarkeit u. I-Wrkg. u. über abgeleitete Proteine u. deren Hydrolysate als I. — 12 Literaturangaben. L. SCHULER. 4587 □

Über den Einfluß begaster Milchprodukte auf die Magensekretion. I. Ju. Romanowa. (Вопросы Питания [Fragen der Ernähr.] **20.** Nr. 5. 18—21. Sept./Okt. 1961. Krasnodar, Med. Inst., Lehrstuhl für Biochemie) (Russ.; Auszug: Engl.)

Verss. an Hunden zeigen, daß mit CO_2 gesätt. Milch bzw. Molke die Sekretion von Magensaft, HCl u. Pepsin bedeutend erhöht. S. BARYSCHNIKOW. 4594

Die klinische Bedeutung der chromatographischen Analyse der freien Aminosäuren des Magensaftes. I. T. Abassow. (Клиническая Медицина [Klin. Med.] **39** (**42**). Nr. 10. 143—48. Okt. 1961. Baku, Aserbaidshan. Alikischibekow-Inst. für Röntgenologie u. Radiologie) (Russ.; Auszug: Engl.)

Vortrag über den neueren Stand der Frage. — 9 Literaturangaben.

O. LEBTAG. 4594□

Abtrennung, Bestimmung und Analyse von Calciumseifen in menschlichen Fäces. H. G. Sammons und Sheila M. Wiggs. (Clin. chim. Acta [Amsterdam] **5.** 141—45. Jan. 1960. Birmingham, Little Bromwich General Hosp., Metabolic Res. Unit; Univ. of Birmingham, Dep. of Med. Biochem. and Pharmacol.) (Holl.)

Aus Fäceshomogenat in W. wurden durch Ausschütteln mit Ae. *Ca-Seifen* (I) in Form einer äther. Suspension abgetrennt u. durch Zentrifugieren isoliert (Umkristallisation aus Chlf.-Ae.). Bei stärkerer Alkalisierung des Fäceshomogenats (NaOH) nimmt der I-Geh. stark zu, was auf eine Rk. zwischen anorgan. Ca-Salz im Homogenat u. den bei Alkalizusatz gebildeten Na-Seifen hindeutet. Die isolierten I wurden durch 1 std. Kochen mit n methanol. HCl oder Stehenlassen über Nacht bei 37° in die Methylester übergeführt u. dieser an einer Celite-Säule mit 30% Polyäthylenglykoladipat getrennt u. quant. bestimmt. Die Zus. einer normalen Probe war: *n-Octadecansäure*, 49,2%, *n-Heptadecansäure*, 1,3%, *n-Hexadecansäure*, 38,8%, *n-Pentadecansäure*, 0,4%, *n-Tetradecansäure*, 1,9%, *n-Dodecansäure* 0,3%, *Δ^{9-10}-Octadecensäure*, 7,0%, *Δ^9-Hexadecensäure*, 1,1%.

K. MAIER. 4594□

Eine Schnellmethode zur Isolierung kristallisierten Stercobilins aus Fäces. A. J. Moolenaar. (Clin. chim. Acta [Amsterdam] **5.** 149. Jan. 1960. Leiden, Univ. Hosp., Dep. of Endocrinol. and Diseases of Metabolism.) (Holl.)

Krist. *Stercobilin*, $C_{33}H_{46}N_4O_6 \cdot HCl$, ist aus Fäces durch mehrmaliges Homogenisieren mit 96%ig. A., Zusatz einer 1%ig. äthanol. J_2-Lsg. zum A.-Extrakt bis zur schwach positiven EHRLICH-Rk., Fällen mit Lsg. bas. Pb-Acetats (ca. 18% PbO), fällen des Pb-Überschusses mit konz. HCl (End-pH 2), Einengen bei pH 5, 3malige Ae.-Extraktion, 3malige Chlf.-Extraktion bei pH 1, Eindampfen der Chlf.-Extrakte im Vakuum u. Umkristallisation aus Aceton mit 10—25% Ausbeute isolierbar. K. MAIER. 4594□

Mobilisierung freier Fettsäuren bei Hunden während respiratorischer Acidose. William T. McElroy jun. und John J. Spitzer. (J. appl. Physiol. **16.** 339—41. März 1961. Philadelphia, Pa., Hahnemann Med. Coll. and Hosp., Dep. of Physiol.) (Engl.)

Bei intakten Hunden sind bei experimenteller Acidose die Konzz. von *Glucose* u. freien *Fettsäuren* (I) erhöht, während der pH-Wert des Blutes, die Herzfrequenz u. der Blutdruck zunächst absinken, innerhalb von 30 Min. aber wieder zum Ausgangswert zurückkehren. Bei Tieren, bei denen die Verbindung zwischen Nebennieren u. Kreislauf unterbunden war, zeigten der Blutzucker u. die freien I bei Acidose nur wenig oder keine Veränderung. pH u. Herzfrequenz verhielten sich dagegen wie bei intakten Tieren. Bei adrenalektomierten Tieren erreichte der Blutdruck während der Acidose den Ausgangswert nicht mehr. Unter dem Streß der respirator. Acidose tritt offenbar eine Sympathicusentladung ein, die zur Freisetzung von Nebennierenmarkaminen führt; diese erhöhen dann nicht nur die Konz. von Glucose, sondern auch von I im Blut.

K. ZINGRAF. 4596□

Über die Querstreifung von Kollagenfibrillen im Dünnschnitt. H. Gansler und Th. Nemetschek. (Naturwissenschaften **49.** 184—85. 2. April-H. 1962. Hamburg, Univ. des Saarlandes, Med. Fak., Elektronenmkr. Abt.; Essen, Bergbau Forschg. G.m.b.H., Forschungsinst. des Steinkohlenbergbauvereins.) (Dt.)

Meth. u. Interpretation der Abbildungen. P. LOCH. 4597□

Isolierung von radioaktivem Hydroxyprolin aus einem nachweislichen Heteropolysaccharid–Protein-Komplex aus Tierhaut nach Applikation von ^{14}C-Prolin. Stig D. Schultz-Haudt und Nicolay Eeg-Larsen. (Biochim. biophysica Acta [Amsterdam] **51.** 560—66. 19/8. 1961. Oslo, Univ., Dental Fac., Dep. of Physiol.) (Engl.) — Vgl. Biochim. biophysica Acta [Amsterdam] **46.** [1961.] 311.

Aus Meerschweinchenhautpulver wird mit 5%ig. Trichloressigsäure in der Kälte ein Extrakt erhalten, der nach Dialysieren, Fällen mit 70%ig. A. u. Lyophilisieren (vgl. l. c.) mittels Papierelektrophorese in Veronalpuffer (pH 8,6) in 2 Proteinkomponenten getrennt wird (Abb.). Eine dieser Komponenten reagiert mit HJO_4-SCHIFF-Reagens u. enthält im Proteinteil des nachweislichen Polysaccharid-Protein-Komplexes (A) *Hydroxyprolin* (I). Das Molverhältnis I : *Prolin* (II) deutet auf die Ggw. von *Kollagen* (III) in A hin. Bei Injektion von ^{14}C-II in Meerschweinchen findet sich sowohl dies bereits nach 6 Std. im Extrakt als auch angereichert in A wieder. Vff. diskutieren die vermutliche Rolle von A im Frühstadium der Fibrogenese von III in Meerschweinchenhaut.

GOTTFRIED KIRSTEN. 4597□

Saccharosenephrose. Elektronenmikroskopische und histologische Beobachtungen. David T. Janigan, Armando Santamaria und Benjamin F. Trump. (J. Histochem. Cytochem. [Baltimore] **8.** 385—86. Sept. 1960. Kansas City, Kans., Univ. of Kansas, Med. Center, Dep. of Pathol. and Oncol.; Seattle, Wash., Univ. of Washington, Dep. of Anatomy.) (Engl.)

Es ist zu vermuten, daß die bei der *Saccharose*-Nephrose elektronenmkr. zu beobachtenden Veränderungen an den *saure Phosphatase*-Tröpfchen der Nierenzellen (*Lysosomen*) für die Zellschädigung durch Freigabe von *Hydrolasen* verantwortlich sind. Der Mechanismus, durch welchen die Tröpfchen verändert werden, ist allerdings noch unklar; es kann sich um osmot. Störungen in der intrazellular-Fl. aber auch um Aufnahme von Saccharose durch Pinocytose u. ihren Einbau in die Tröpfchen handeln.

U. TAUSENDFREUND. 4597□

Gaschromatographische Analyse von langkettigen Fettsäuren in Gangliosiden. E. G. Trams, L. E. Giuffrida und A. Karmen. (Nature [London] **193.** 680—81. 17/2. 1962. Bethesda, Md., Nat. Inst. of Health, Nat. Heart Inst.; Nat. Inst. of Neurol. Diseases and Blindness.) (Engl.)

Die aus dem Gehirn des Menschen u. verschiedenen Tierspecies isolierten *Ganglioside* (I) wurden gereinigt u. nach Hydrolyse die Methylester der Fettsäuren der gaschromatograph. Analyse unterworfen. — Danach ist der *Stearinsäure*-Anteil in den I bei allen Species am höchsten. Die Fettsäuren-Zus. der I von Mensch u. Affe zeigt große Ähnlichkeit. — Die prozentuale Zus. der I an C_{14}–C_{24}-Säuren aus dem Gehirn von Mensch, Affe, Rind, Schwein, Huhn, Tümmler, Hai u. Alligator wird tabellar mitgeteilt.

H. KOCKERT. 4598□

Histochemische Bedeutung der in der Purkinjezelle des Kleinhirns der ausgewachsenen Katze durch die Perjodsäure-Schiff-Reaktion nachweisbaren Einschlüsse. Lévi Chouinard. (C. R. hebd. Séances Acad. Sci. **250.** 3061—63. 2/5. 1960. Québec, Univ. Laval, Fac. de Méd., Dep. d'Anatomie, Paris, Labor. d'Evolution des Étresorganisés.) (Franz.)

Die in der Purkinjezelle des Katzenkleinhirns enthaltenen Einschlüsse mit positiver Perjodsäure-SCHIFF-Reaktion haben Glykoproteidcharakter. K. MAIER. 4598

Interhemisphärische Effekte von Rindenschäden auf die Biochemie des Hirns. David Krech, Mark R. Rosenzweig und Edward L. Bennett. (Science [Washington] **132.** 352—53. 5/8. 1960. Berkeley, Calif., Univ. of California, Dep. of Psychol. and Lawrence Radiation Labor.) (Engl.)

Einseitige Schädigungen in der Seh- u. der das Körpergefühl betreffenden Rinde des Rattenhirns rufen in der entgegengesetzten Hemisphäre eine geringe, aber signifikante Zunahme der Rindencholinesteraseaktivität hervor, wobei Hemmunterschiede zu bestehen scheinen. Im subcorticalen Hirn trat keine Veränderung der Enzymaktivität auf.

K. MAIER. 4598□

Über die Funktion der Corticothalamusneuronen. Thomas E. Ogden. (Science [Washington] **131.** 40. 1/1. 1960. London, Nat. Hosp., Dep. of Appl. Elektrophysiol.) (Engl.)

Die Thalamus-Rkk. auf periphere Nervreizung werden durch Aktivität in den Corticothalamusneuronen, z. B. während oder nach einer durch Penicillin-Einw. auf die Rinde ausgelösten Spitzenpotential (Katze in Nembutalnarkose), gedämpft. Eine nicht krampferregende Strychnindosis (i. v.) verkehrt diese Aktivitätsabnahme in eine Erhöhung.

K. MAIER. 4598□

Ralph Isadore Dorfman, ed., Methods in hormone research. Vol. 1: Chemical determinations. New York, London: Academic P. 1962. (XIII + 423 S. m. Abb., Tab. u. Diagr.) 5 £. 14 s. 6 d.

John Quintin Griffith, The rat in laboratory investigation. 2nd edit. New York: Hafner. 1962. (542 S. m. Abb.) $ 18,50.

M. F. Guly, Die Biochemie des Fettumsatzes. Kiew: Verl. der Akad. der Wiss. der UkrainSSR. 1961. (264 S.) [Russ.]

Alexander Haddow and Sidney Weinhouse, eds., Advances in cancer research. Vol. 6. New York: Academic P. 1962. (524 S. m. Abb.) $ 13,—.

Penelope M. Jenkin, Animal hormones. New York: Pergamon. 1962. (319 S. m. Abb.) $ 7,50.

K. M. Smith and **M. A. Lauffer**, eds., Advances in virus research. Vol. 8. New York: Academic P. 1962. (414 S. m. Abb.) $ 12,—.

—, Radioisotopes in tropical medicine: proceedings of the symposium on the use of radioisotopes in the study of endemic and tropical diseases jointly organized by the International Atomic Energy Agency and the World Health Organization and held in Bangkok, 12—16 December, 1960. Vienna: I.A.E.A.; London: H.M.S.O. 1962. (377 S. m. Abb., Tab. u. Diagr.) 42 s.

E_6. Pharmakologie. Therapie. Toxikologie. Hygiene

Wirkungen von Jodessigsäure auf den Einbau von Phosphor-32 in die Desoxyribonucleinsäure einiger strahlenempfindlicher Organe von Röntgenbestrahlung ausgesetzten Ratten. M. Quintilliani, M. Boccacci und L. Tentori. (Nature [London] **192.** 573—74. 11/11. 1961. Rome, Ist. Superiore di Sanità, Dep. of Biol. Chem.) (Engl.)

♂ WISTAR-GLAXO-Ratten erhielten i. v. 40 mg *Jodessigsäure* (I)/kg [Gruppe (Gr.) 1] oder wurden einer Röntgenstrahlung von 150 r (220 kV, 15 mA, 0,5 mm Cu u. 1 mm Al als Filter, 26 r/min) ausgesetzt (Gr. 2) oder wurden 30 Min. nach I-Gabe bestrahlt (Gr. 3) oder dienten als Kontrollen (Gr. 4). Sofort nach Bestrahlung bzw. 36 Min. nach I-Gabe wurden i. m. 25 μc ^{32}P injiziert u. die Tiere 2 Std. später mit Ae. getötet. Thymus, Milz u. 15 cm des Dünndarms wurden entfernt u. die Organe von 4 Tieren jeder Gr. zur Extraktion von *Desoxyribonucleinsäure* (I) nach BOCCACCI u. Mitarbeiter (Scientif. Reports of Inst. Sup. Sanità **1.** [1961.] 97) vereinigt. Die Werte für die korr. spezif. I-Aktivität zeigen eine Hemmung der ^{32}P-Aufnahme bei Gr. 1 u. Gr. 2 (außer beim Darm). Bei Gr. 3 entspricht die Hemmung etwa der Summe der Effekte von Gr. 1 u. 2. Wenn ^{32}P 4 Std. nach der Bestrahlung injiziert wurde, war die Strahlen-Wrkg. intensiver, die I-Wrkg. geringer u. die Kombination wieder ca. additiv.

H. LOHSCHELDER. 4601□

Einfluß der ionisierenden Strahlen auf den Gehalt an freiem und gebundenem Acetylcholin in der Leber und im Gehirn. N. N. Demin und N. W. Kornejewa. (Бюллетень Экспериментальной Биологии и Медицины [Bull. exp. Biol. Med.] **51 (26).** Nr. 6. 53—56. Juni 1961.) (Russ.; Auszug: Engl.)

In Verss. an bestrahlten weißen Ratten dient als Testobjekt für die Best. des *Acetylcholins* (I) die Rückenmuskulatur des Blutegels. Die frühe Periode der akuten Strahlenerkrankung wird durch den Abfall, z. T. vollständigen Schwund des freien I in der Leber, u. zwar bereits 2 Std. nach der Bestrahlung, charakterisiert. Innerhalb der nächsten 48 Std. tritt eine allmähliche Normalisierung seiner Werte ein. Auch im Gehirn geht die Menge des freien I zurück, jedoch geschieht das erst innerhalb von 2 Tagen nach Bestrahlung; der Rückgang ist geringfügig. Der Geh. an gebundenem I bleibt in der Leber, vor allem aber im Gehirn recht stabil. F. DU MANS. 4601□

Wirkung von ^{90}Sr auf die Entwicklung des Hühnerembryos. J. Otsuka und T. Nakajima. (Bull. nat. Inst. agric. Sci. [Chiba, Japan], Ser. G Nr. **14.** 93—101. März 1958.) (Jap.; Auszug: Engl.)

Nach Injektion von mehr als 500 μc ^{90}Sr in das Eiklar des Hühnerembryos wird die Embryo-Entw. gestoppt, es kommt nach 10 Tagen zum Absterben. Nach Injektion von 100 μc ^{90}Sr überleben die Embryos 19 oder 21 Tage, sie können jedoch nicht bis zum Schlüpfen gebracht werden. Nach Injektionen von 1—10 μc kommt es zum normalen Schlüpfen. Ein großer Prozentsatz von ^{90}Sr wird in den Knochen u. der Leber der Embryos abgelagert. Histolog. läßt sich eine Zerstörung des Knochenmarks der Diaphyse von Humerus, Femur u. Tibia nachweisen, die Leberzellen atrophieren u. der darin enthaltene Polysaccharid-Geh. sinkt. ^{90}Sr schädigt nach der Ablagerung in Knochen u. Leber vermutlich die Hämatopoese sehr stark. U. TAUSENDFREUND. 4601□

Verminderung der Strahlungsempfindlichkeit trockener Bakteriensporen mit Schwefelwasserstoff. E. L. Powers und B. F. Kaleta. (Science [Washington] **132.** 959—60. 7/10. 1960. Argonne, Ill., Argonne Nat. Labor., Div. of Biol. and Med. Res.) (Engl.)

H_2S vermindert den letalen Effekt von Röntgenstrahlen auf trockene Bakteriensporen (*B. megatherium*) um ca. 50% bei Einw. nach der Bestrahlung, um ca. 75% bei Einw. während derselben. Die erste Wrkg. beruht auf Entfernung von Radikalen, die bei Kombination mit O_2, die zweite auf der Entfernung von Radikalen, die ohne O_2 tox. werden. Es wird eine Deutung der Wrkg. von SH-Verbb. beim Schutz gegen Strahlungsschäden diskutiert. K. MAIER. 4601□

Untersuchung der Nierenfunktion und Nierenbiopsien bei akuten durch intravenös verabfolgtes Uranylacetat bei Hunden verursachten Nierenschäden. J. Steffen. (Poznańskie Towarzystwo Przyjaciół Nauk, Wydział lekarski, Prace Komisji Med.

doświadczalnej **21.** 118—38. 1961. Poznán, Zakład Patol. Ogélnej i Doświadczalnej Akad. Med.) (Pol.; Auszug: Engl.)

Vf. verursachte bei ♀ Hunden einen akuten Nierenschaden durch i. v. Verabfolgung von 2 mg/kg *Uranylacetat* (**I**) u. untersuchte danach die Nierenfunktion. — Am 1. Tage nach der **I**-Intoxikation zeigte sich bei den Tieren eine Polyurie verbunden mit einer verminderten Konzentrierungsfähigkeit u. hoher *K*-Clearance. Vom 3. bis zum 7. Tage nach der **I**-Gabe lagen alle Clearancewerte (Kreatinin-, p-Aminohippurat-, K-Clearance) niedrig, ohne daß eine Oligurie zu verzeichnen war. Die ersten Zeichen der Erholung von der Vergiftung zeigten sich zwischen 11 u. 14 Tagen nach der **I**-Verabfolgung. — In Nierenschnitten (Biopsie) konnten nur für nephrotox. Schäden typ. Veränderungen festgestellt werden; Zeichen für eine Nierenischämie lagen nicht vor. H. KOCKERT. 4606□

Äthionin-Verabreichung bei der Ratte. 1. Mitt. **Wirkungen auf Leber und Plasmalipide und die Verteilung des Nahrungsfettes.** Pamela M. Harris und D. S. Robinson. (Biochem. J. **80.** 352—60. 1961. Oxford, Sir William Dunn School of Pathol., External Staff of the Med. Res. Counc.) (Engl.)

Die Verabreichung von *L-Äthionin* (**I**) an ♀ Ratten resultiert in einem markanten u. rapiden Anstieg des Geh. der Leber (L.) an *veresterten Fettsäuren* (**II**). **II** sowie die *Phosphatide* u. *Cholesterin* im Plasma (P.) nehmen ab (24 Std. nach Injektion 50% des Normalwerts). Bei ♂ Tieren war der Anstieg von **II** geringer. Die Konz. der *unveresterten Fettsäuren* im P. wird im Gegensatz zu **II** erhöht, die P.-*Protein*-Konz. fiel auf 75% gegenüber dem Normalwert ab. Nach Gaben von **I** werden Futteraufnahme u. Körper-Gew. red., die Menge des im Magen u. Darmtrakt zurückgehaltenen Futters stieg an. Das Anwachsen der Konz. an **II** nach Verfütterung fettreichen Futters ist ähnlich bei normalen u. **I**-behandelten Tieren. **I** hat keinen Einfl. auf die Aktivität des „Clearing factor" im P. nach *Heparin*-Injektion. Nach **I**-Behandlung wurde die Geschw. der Entfernung von ^{14}*C-Fettsäuren* (**III**) der Chylomikronen aus dem Blutkreislauf stark erniedrigt. Ein markanter Effekt von **I** auf den Prozentsatz des in der L. deponierten markierten Materials nach Injektion von ^{14}C-**III** der Ch. konnte nicht nachgewiesen werden.
S. VIERKÖTTER. 4607□

Isolierung von DAPN (Diphosphoacetylpyridinnucleotid) aus dem Gehirn bei der Acetylpyridinvergiftung. A. Brunnemann, H. Coper und H. Herken. (Naturwissenschaften **49.** 185—86. 2. April-H. 1962. Berlin, Freie Univ., Pharmakol. Inst.) (Dt.)

Ratten erhalten 100 mg/kg *3-Acetylpyridin* intraperitoneal injiziert. 4 Std. später wird in ihren Hirnen *3-Acetylpyridinadenindinucleotid* (*Diphosphoacetylpyridinnucleotid, DAPN*) nachgewiesen. Der Anteil beträgt 6—10% von den Gesamtpyridinadenindinucleotiden. — Zur enzymat. Darst. von DAPN in vitro wird 0,1 m 3-Acetylpyridin mit Nicotinamidadenindinucleotid in $^1/_{15}$m Phosphatpuffer (pH 7,5) gelöst u. 1 Std. mit Nucleosidase (Hirnmikrosomen) inkubiert. Nach Adsorption an Dowex 1·10 (Formiatform) werden die Dinucleotide durch Gradientenelution mit Ameisensäure erhalten, die papierchromatograph. vollständig aufgetrennt werden. P. LOCH. 4607□

Pharmakologische und toxikologische Untersuchungen an 5-Benzylidenrhodanin. Salah A. Tawab, Ahmed Mustafa und Ahmed Fathy A. Shalaby. (Arch. int. Pharmacodynam. Thérap. **124.** 159—64. 1/2. 1960. Cairo, Univ., Dep. of Pharmacol. and Chem.) — Vgl. C. **1960.** 4918.

5-Benzylidenrhodanin, F. 204°, wirkt blutdrucksteigernd; DL_{50} (Maus, i. p., 48 Std.) 6 mg/100 g. Bei chron. Verabreichung (0,1% im Futter) traten leichte Hyperplasie der Schilddrüse, Leberschwellung ohne Herdnekrose auf. K. MAIER. 4607□

Der Einfluß von Decarboxylaseinhibitoren auf den durch Hexafluordiäthyläther bedingten Krampfschwellenwert. Edward B. Truitt jun. und Ethel M. Ebersberger. (Science [Washington] **135.** 105—06. 12/1. 1962. Baltimore, Md., Univ. of Maryland, School of Med., Dep. of Pharmacol.) (Engl.)

Mäuse erhielten in verschiedenen Intervallen vor der Applikation von *Hexafluordiäthyläther* intraperitoneal *α-Methyldihydroxyphenylalanin* (**I**) u. *α-Methyl-m-tyrosin* (**II**) injiziert, die auch in Dosen von 500 mg/kg die Krampfschwelle innerhalb von 17 Std. nicht erniedrigten. Dies trat erst bei einer **II**-Dosis von 1000 mg/kg ein. Dagegen zeigten 10 mg *Reserpin* (**III**)/kg oder 50 mg *Tetrabenazin* (**IV**)/kg eine erhebliche Herabsetzung der Krampfschwelle. **IV** war jedoch nur kurz wirksam, verlängerte aber die Wrkg.-Dauer von **III**. Offenbar steht die erniedrigende Wrkg. von **III** u. anderer *5-Hydroxytryptamin* (**V**) freisetzender Substanzen mit einer zeitweiligen Erniedrigung des **V**-Geh. im Gehirn in Beziehung. J. BOELTER. 4607□

Einfluß der Präparate von Zizyphorus Bunge auf den Gehalt an Gesamtcholesterin und dessen Ester im Blutserum bei Kaninchen. 1. Mitt. Sch. Sh. Shangosin.

(Вестник Академии Наук Казахской ССР [Nachr. Akad. Wiss. KasachSSR] **17.** Nr. 3. 58—64. März 1961.) (Russ.)

In Verss. an gesunden erwachsenen Kaninchen ist der Wert des Gesamtcholesterins im allg. im Serum des arteriellen Blutes höher, der des Cholesterinesters niedriger als im venösen. Er ist bei ♂ niedriger als bei ♀. Präpp. aus *Zizyphorus* bleiben auf beide Werte ohne Einfluß. F. du Mans. 4608□

Antiödem-Eigenschaften von Äscin. R. J. Girerd, G. Di Pasquale, B. G. Steinetz, V. L. Beach und W. Pearl. (Arch. int. Pharmacodynam. Thérap. **133.** 127—37. Aug./Sept. 1961. Morris Plains, N.J., Warner-Lambert Res. Inst.) (Engl.)

Bei Ratten wurden Entzündungen u. Ödeme durch Injektion von Eiklar oder Pepton bzw. durch Implantation von Wattekügelchen hervorgerufen. — Durch Verabfolgung von *Äscin*, einem Saponin der Roßkastanie, kann die durch Eiklar hervorgerufene anaphylactoide Rk., die sich u. a. durch erhöhte Capillarpermeabilität in den Extremitäten zu erkennen gibt, unterdrückt werden. — Im Wattekügelchentest ist Äscin, wenn es i. v. gegeben wird, ohne Wirkung. Bei s. c. Verabfolgung stellt es ein lokal wirksames Reizmittel dar, das die Granulom-Bldg. um die Wattekügelchen herum verhindert. — Am entzündeten Bindegewebe übt Aescin keine direkten günstigen Wrkg. aus. P. Loch. 4608□

Angriffspunkte der Wirkung der Gesamtalkaloide von Rauwolfia und Reserpin auf das Schlafzentrum. Ed. Frommel und Ph. Gold. (Acta pharmacol. toxicol. [Köbenhavn] **13.** 345—56. 1957. Genève, Univ., Fac. de Méd., Inst. de Thérap. expérim.) (Engl.)

Die Gesamtalkaloide von *Rauwolfia serpentina* (I), nicht jedoch *Reserpin* (II), potenzieren die hypnot. Wrkg. von *Phenobarbital* (III) beim Meerschweinchen; beide beeinflussen indessen die Wrkg. von *Pentothal* (IV) nicht. *Atropin* (V) erhöht die hypnot. Wrkg. von **IV** nach vorheriger Verabreichung von **I**, u., in geringem Maße, auch nach **II**. **III** verlängert nach Vorbehandlung mit **I** (u. in geringerem Maße auch nach **II**) die Dauer des durch **IV** eingeleiteten Schlafes. Die längste Schlafdauer nach **IV** erhält man durch Verabreichung von **III** + **V** nach Vorbehandlung mit **I**; nach Vorbehandlung mit **II** ist sie dagegen kürzer. K. Zingraf. 4608□

Wirkung von Nicotin und Genuß des Rauchens. J. H. Burn. (Advancement of Sci. **17.** 494—98. März 1961.) (Engl.)

Allg. Ausführungen, Diskussion von Ergebnissen anderer Autoren u. z. T. eigene Unterss. über folgende Problemkomplexe: Wrkg. von *Nicotin* (I) auf den Blutstrom in der Haut. Erklärung der Vasoconstriction durch die Wrkg. von **I**. Wrkg. von **I** am Kaninchenohr. Die Wrkg. von *Reserpin* (II). **I** im durchströmten Kaninchenohr nach **II**; ähnliche Beobachtungen am Kaninchenherzen. Beobachtungen über die Aufrichtung der Haare im Tier-Vers. unter **I**-Einfluß. Die Gründe des Rauchens u. anderes. — In Unterss. über die Wrkg. von **II**-Injektionen auf den *Noradrenalin* (III)-Geh. in der Brustaorta von Kaninchen stellte Vf. fest, daß **II** den **III**-Geh. merklich senkt (normale Tiere: 0,47 μg **III**/g; mit **II** behandelte Tiere: <0,11). In der Haut des Kaninchenohrs werden analoge Beziehungen zwischen der **II**-Wrkg. u. dem **III**-Geh. festgestellt. — **I** verursacht an den Gefäßen des Kaninchenohrs Vasoconstriction durch Freisetzung von **III** (oder *Adrenalin*); bei **II**-behandelten Tieren wird diese Wrkg. von **I** nicht beobachtet. — 19 Literaturangaben. H. Kockert. 4608□

Pharmakologie von Hayatinmethojodid. S. N. Pradhan, C. Ray und K. S. Varadan. (J. sci. ind. Res. [New Delhi], Sect. C **17.** 107—14. Juli 1958. Lucknow, Central Drug Res. Inst.)

Niedere Dosen von *Hayatinmethojodid* (I), einem Alkaloid von *Cissampelos pareira Linn.*, haben beim Hund nur eine geringe Wrkg. auf den Blutdruck, aber höhere Dosen bewirken eine Senkung. Durch Vorbehandlung mit Antihistaminicis kann dieser Effekt verhindert werden. Am isolierten oder in situ befindlichen Kaninchenherzen hat **I** kaum einen Effekt. Bei Hunden wirken niedere **I**-Dosen depressiv auf die Atmung, in höheren Dosen paralytisch. Die Intercostalmuskeln werden vor dem Zwerchfell gelähmt. Bei oraler Verabreichung besitzt **I** keine curariformen Wirkungen. Nach i. v. Injektion von **I** nehmen Magen- u. Gallensekretion zu. In niederen Dosen hat **I** keine ganglienblokkierenden Eigg. u. nur geringe in höheren Dosen. Die intradermale Injektion von **I** verursacht eine Histaminreaktion. Die curariformen Wrkg. von **I** können durch Physostigmin oder K-Salze verhindert werden. Bei der Taube wirkt **I** wie Curare. G. Kimmerle. 4608□

Untersuchungen über die Giftigkeit von Fischöl. 11. Mitt. **Giftigkeit des thermisch polymerisierten Öls.** Noboru Matsuo. (J. Oil Chemists' Soc. Japan **9.** 37—41. Jan. 1960. Tôkyô-Musasino, Seikei-Daigaku.) (Jap.) — 8. vgl. C. **1959.** 3891; vgl. auch C. **1959.** 3889.

Methylester der aus dem Öl vom Tintenfisch isolierten stark ungesätt. Fettsäuren wurden im CO_2-Strom 10 Std. auf 250° erhitzt. Das Prod. wirkte oral verabreicht auf Mäuse toxisch. Aus diesem Prod. wurde durch Versetzen mit Harnstoff ein cycl. Ester isoliert, der nach Vakuum-Dest. eine viel stärkere Toxizität als das Ausgangs-Prod. zeigte. Ferner wurde das Öl im CO_2-Strom 10 Std. auf 250° erhitzt u. das Prod. mit Aceton ausgezogen, wobei der acetonlösl. Teil giftiger war als der acetonunlösl. Teil. Vf. schließt daraus, daß das cycl. Monomer tox. ist. E. MAEKAWA. 4609□

Untersuchungen über das Gift aus Vipera palestinae. Fraktionierung durch Ionenaustauschchromatographie. Shaoul Kochwa, Chaja Perlmutter, Simon Gitter, Jadwiga Rechnic und Andre de Vries. (Amer. J. trop. Med. Hyg. **9**. 374—80. Juli 1960. Petah Tigva, Israel, Beilinson Hosp., Rogoff Med., Res. Inst. of Labour Siet. Fund.) (Engl.)

Vff. trennen das dialysierte *Gift von Vipera* (*xanthina*) *palestinae* (**I**, DL_{100} : 45 µg/20 g Maus) durch Chromatographie an DEAE-Cellulose (Elutionsmittel: 0,005—0,2 m Phosphatpuffer-Lsgg.) in 5 Fraktionen, deren biochem. u. immunolog. Eigg. untersucht werden. Die 1. Komponente (a) besitzt neurotox. Wrkg. u. enthält ein *Antikoagulans* (**I**), *Protease* (**II**), ein *violettes Pigment* (**III**) u. 10 Antigene. **I** verlängert die Gerinnungs-, Recalcifizierungs- u. QUICK-Prothrombinzeit, hemmt die *Thrombin-* (**IV**) u. Thromboplastin-Bldg., beeinflußt jedoch nicht durch **IV** induzierte Gerinnung des Plasmas oder Fibrinogens. In der 2. Fraktion werden ein *Hämorrhagin* (**V**), **II**, *L-Aminosäureoxydase* (**VI**), *gelbes Pigment* u. 7 Antigene gefunden. Die 3. Fraktion (c) enthält geringere Mengen **V**, einen die Erythrocytensedimentation stimulierenden Faktor, **II**, *Lecithinase* (**VII**), **VI**, ein weiteres gelbes Pigment u. 3 Antigene. Auch in der 4. Fraktion (d) lassen sich geringe Mengen **V**, **VII**, ein Prokoagulans u. 2 Antigene nachweisen. **V** aus b besitzt starke Wrkg. auf Peritoneum, Diaphragma u. Muskelschichten der Abdominalwand, während **V** aus c u. d nur eine geringe Blutinfiltration der Gewebe verursacht. Die 5. Fraktion (e) zeigt neurotox. u. **II**-Wrkg. u. enthält 4 Antigene. a läßt sich durch erneute Chromatographie über CM-Cellulose in 3 Unterfraktionen aufteilen, von denen die 1. nur **II**-Aktivität aufweist, die 2. eine schwache neurotox. Wrkg. besitzt, die jedoch in der 3., das **I** enthaltenden Fraktion fehlt. Beim Vermischen der 2. u. 3. Komponente wird die Toxizität erheblich gesteigert; die letzte Fraktion enthält also einen das Neurotoxin potenzierenden Faktor. Pferdeantiserum von PASTEUR neutralisiert die paralyt.-neurotox. Eigg. von a u. die krampfauslösenden Wrkg. von e sowie die verschiedenen **V**, **I** u. **II**. Der gelbe Farbstoff scheint *Flavinadenindinucleotid* zu sein, das die prosthet. Gruppe von **VI** darstellt. P. FAHRNLAENDER. 4609□

Eine quantitative Untersuchung der Giftsekretion bei Vipera palestinae. Elazar Kochva. (Amer. J. trop. Med. Hyg. **9**. 381—90. Juli 1960. Israel, Tel-Aviv-Univ., Dep. of Zool.) (Engl.)

Vipera palestinae zeigt bei Haltung in Einzelkäfigen u. sorgfältiger Pflege eine mehr als 3 Jahre lang anhaltende Giftsekretion, wobei die in Intervallen von 2—4 Wochen abgezogene Giftmenge ohne Veränderung des Körper-Gew. fortlaufend ansteigt. Die DL_{50} u. DL_{100} des 19,7—23,4% Trockenmasse enthaltenden Giftes betragen 0,038 bzw. 0,055 mg/15 g Körper-Gew. (Maus). Erhöhung der Umgebungs-Temp. während der Wintermonate steigert die Giftausbeute. Bei Verss. mit Mäusen wird festgestellt, daß mit 1—12 Bissen durchschnittlich 50 mg/pro Biß frisches Gift injiziert werden, entsprechend 11% des in den Drüsen vorhandenen Giftes; wobei durch den Druck der eigenen Muskeln schließlich die Giftdrüsen vollständig entleert werden. In ca. 20% der Fälle werden jedoch keine nachweisbaren Giftmengen abgegeben. Die Wrkg. eines Schlangenbisses hängt u. a. auch von der in den Drüsen vorhandenen Giftmenge, der Konz. des Giftes, dem Funktionszustand der Giftdrüsen u. der injizierten Giftmenge ab. Die minimale letale Dosis Viperagift für den Menschen wird zu 75 mg angegeben.
P. FAHRNLAENDER. 4609□

Beiträge zur oralen Resorption von Sulfadimethylpyrimidin. I. Ellö. (Pharmazie **16**. 354—56. Juli 1961.) (Dt.)

In vorliegender Arbeit wurde der Zusammenhang zwischen Resorption, Verabreichungsform u. Hilfsstoffen pharmakolog. untersucht, da diese einen Einfl. auf die Resorption der Pharmaka ausüben. Vf. diskutiert einige Arbeiten über die orale Resorption verschiedener Sulfonamide, die in Tabletten, Suspensionen u. Emulsionen *per os* verabreicht wurden, in denen der günstigste Einfl. der Fette auf die orale Resorption der Sulfonamide dargestellt war. Vf. untersucht, ob *Sulfadimethylpyrimidin* (**I**), wenn es in Öl suspendiert ist, besser resorbiert wird, als in Tabletten. Es werden Suspensionen mit wss. Medium, die *Tween 60* variiert enthielten u. Suspensionen mit „Öl-in-Wasser"-Emulsionsgrundlagen, denen unterschiedliche Mengen der Ölphase der Emulsion zugefügt waren, an gesunde Personen gegeben. **I** wird gleich anderen Sulfonamiden aus

Suspensionen viel schneller resorbiert als aus Tabletten. Der Fett-Geh. bewirkt keinen günstigen Einfl. auf die Resorption, jedoch scheint *Tween 60* die Resorption günstig zu beeinflussen. H. KALA. 4610□

Veränderungen in der Leber von Albinoratten nach Gaben von p-Aminosalicylsäure. R. M. L. Mehrotra, Satish Chandra, M. P. Singh und N. N. Gupta. (Indian J. med. Res. **47**. 500—06. Sept. 1959. Lucknow (Lakhnau), India, Med. Coll., Dep. of Pathol. and Bact. and Dep. of Med.) (Engl.)

Tox. Wrkg. von *p-Aminosalicylsäure* (I) verfolgen Vff. über mehr als 12 Monate: Vergrößerung von Zellen u. Leberlappen, körnige Struktur der Oberfläche, Dunkelfärbung des Querschnittes, Erhöhung des Glykogen-Geh. von 3 auf >9%, Absinken des N- u. Lipoid-Geh. unter die Norm. Vermutet wird, daß daran Änderungen in der Sekretion von Thyroxin oder direkte Wrkg. von I auf die Enzym-Syst. der Leber schuld seien. P. NACHTWEY. 4610□

Über eine quantitative Bestimmung von Nialamid. E. Beccuti. (Giorn. Batteriol. Virol. Immunol. **58**. 497—98. Nov./Dez. 1960. Turin, Ospedale Maria Vittoria, Labor. sperimentale di Ric. farm.) (Ital.)

Nialamid (I, *N-Benzyl-β-isonicotinylhydrazinopropionamid*) lagert leicht Methyljodid (II) im Pyridinring an. Das ionisierte Jod kann dann quant. bestimmt werden. 100 mg I werden mit 2 ml II in Methanol 1 Std. bei 60° gehalten u. dann eingedampft. Der Rückstand (I-II) wird in W. aufgenommen u. mit $AgNO_3$ gefällt, der Nd. mit NH_4· SCN titriert. W. HOLLAND 4610□

Herabsetzung der Toxizität von Penicillin für Meerschweinchen. W. J. Kaipainen (Ann. Med. exp. Biol. fenn. **38**. 30—34. 1960. Helsinki, Univ., Dep. of Serol. and Bacteriol.) (Engl.)

Eine intraperitoneale Injektion von 100000 I. E. *Penicillin* an Meerschweinchen an 2 aufeinanderfolgenden Tagen hatte Appetitlosigkeit, Gew.-Verlust am 3. Tage u. den Tod der Tiere nach 2—3 Wochen zur Folge. Gleichzeitig oral verabreichter Rumensaft von geschlachteten Kühen hatte zwar in den ersten 2 Wochen keinen Einfl. auf die Appetitlosigkeit, aber in der 3. Woche begannen die Tiere wieder zu fressen u. blieben am Leben. Kontrolltiere, die keinen Rumensaft erhielten oder aber hierfür Penicillinase, starben innerhalb von 2—3 Wochen. G. BRATFISCH. 4611□

Vermittlung zweiwertiger Metallionen bei der Bindung von Tetracyclin an Makromoleküle. Kurt W. Kohn. (Nature [London] **191**. 1156—58. 16/9. 1961. Bethesda, Md., Nat. Cancer Inst., Gen. Med. Branch, Clin. Pharmacol. and Exper. Therapeut. Serv.) (Engl.)

Mit der Meth. der Gleichgewichtsdialyse wird das Bindungsvermögen von Proteinen u. Desoxyribonucleinsäuren (DNS) für *Tetracyclin* (I) untersucht. In Abwesenheit bivalenter Metallionen bindet Albumin (Humanserum) oder DNS kein I oder doch nur geringe Mengen, Zn^{2+} fördert das Bindungsvermögen von DNS, dem Ca^{2+}, Mn^{2+} u. Mg^{2+} mit abnehmender Wrkg. folgen. An hitzedenaturierte DNS (15 Min. 100°) wird mehr I gebunden. Die gebundene I-Menge ist der Konz. des ungebundenen I proportional. Die bei der Chelat-Bldg. zwischen I u. Ca^{2+} oder Zn^{2+} auftretende Fluorescenz wird durch Ggw. von Albumin oder DNS in gleicher Weise verstärkt. — Die Beobachtungen führen zu der Annahme, daß die untersuchten Makromoll. die Tetracyclochelate mittels der Metallkomponente binden. Biolog. Folgen werden erörtert. W. KNÖBEL. 4611□

Der Einfluß der Antibiotica auf den Glycidmetabolismus der Erythrocyten in vitro. J. Šonka, L. Käspárek und V. Kohoutek. (Folia Haematol. [Leipzig] **77**. 459—73. 1960. Prag, Karls-Univ., III. Med. Klinik.) (Dt.)

Es wurde der Einfl. von *Actinomycin C*, *Bacitracin* (I), *Carbomycin* (II), *Chloromycetin* (III), *Chlortetracyclin*, *Erythromycin* (IV), *Neomycin*, *Novobiocin*, *Oleandomycin* (V), *Hydroxytetracyclin* (VI), *Penicillin* (VII), *Polymyxin*, *Rovomycin* (VIII), *Seromycin* (IX), *Streptomycin* (X), *Tetracyclin* (XI) u. *Viomycin* (XII) auf den *Glucose* (XIII)-Verbrauch u. die *Ribose* (XIV)-*phosphat*-Bldg. gewaschener, menschlicher Erythrocyten untersucht. Durch **I, III, VI** u. **XII** wird der **XIII**-Verbrauch erhöht, durch **II, V, VIII, IX** u. **X** dagegen vermindert. Die **XIV**-Bldg. wird durch **I, III, IV, VI, VII** u. **XI** bei normalem oder erhöhtem **XIII**-Verbrauch vermehrt. Lediglich **X** bewirkt eine Verminderung sowohl des **XIII**-Verbrauchs als auch der **XIV**-Bildung. L. LACHHEIN. 4611□

Einige Fragen, die mit der Anwendung der Antibiotica zusammenhängen. I. G. Rufanow und A. M. Marschak. (Клиническая Медицина [Klin. Med.] **39** (**42**). Nr. 10. 87—97. Okt. 1961.) (Russ.)

Übersicht an Hand der engl., amerikan. u. deutschen Literatur. — 71 Literaturangaben. O. LEBTAG. 4611□

Der Einfluß von einigen auf das Zentralnervensystem wirksamen Stoffen auf die alkalische Phosphatase-Aktivität im Rattengehirn. I. M. Chak, R. P. Das und Sujata Lahiri. (J. sci. ind. Res. [New Delhi], Sect. C **17.** 122—34. Juli 1958. Lucknow, Central Drug Res. Inst.)

Im Rattengehirn kommt es nach Verabreichung von folgenden ZNS-wirksamen Stoffen zu folgenden Veränderungen der alkal. Phosphataseaktivität: *Lysergsäurediäthylamid* 1 mg/kg intraperitoneal −41,3%, *Adrenochrom* (*Monosemicarbazondihydrat*) 5 mg/kg intramuskulär +11,4%, *Barbital-Na* 100 mg/kg intraperitoneal +215,3%, *Seconal* 40 mg/kg intraperitoneal +14,0%, *Gesamtrauwolfiaalkaloide* (Serpina) 12,5 mg/kg oral +61,7%, *Serpasil* (*Reserpin*) 12,5 mg/kg oral −17,3%, *Strychnin* 3,2 mg/kg intraperitoneal −27,2%, *Metrazol* 50,0 mg/kg intraperitoneal +33,0%.

G. KIMMERLE. 4620

Beobachtungen über die pharmakologischen Wirkungen der Isomeren von Atropin. Edward F. Domino und Roy D. Hundson. (J. Pharmacol. exp. Therapeut. **127.** 305—12. Dez. 1959. Ann Arbor, Mich., Univ. of Michigan, Dep. of Pharmacol.) (Engl.)

Die zentralen u. peripheren Wrkg. von *l-Hyoscyamin-d-10-camphersulfonat* (I) u. *d-Hyoscyamin-d-10-camphersulfonat* (**II**) werden bei Ratten, Hunden u. Affen untersucht. 6 verschiedene Teste der zentralen Nerven-Syst.-Aktivität werden verwendet: 1. Spontanes EEG bei Hunden; 2. mittlere Dauer der EEG-Veränderungen nach Stimulation des N. ischiadicus bei Hunden; 3. spontanes EEG bei Affen mit implantierten Elektroden; 4. EEG-Veränderungen bei Affen gegen verschiedene periphere Stimuli; 5. Verh. von Affen; 6. bedingtes Verweigerungs-Verh. bei Ratten. Zur Best. der peripheren cholinerg. Muscarin-Wrkg. werden folgende Teste durchgeführt: Depressive Wrkg. des arteriellen Blutzuckers auf Methacholin; spontane Herzfrequenz bei nichtnarkotisierten Hunden nach Decamethoniumgabe. In allen diesen Testen der peripheren zentralen Aktivität war **I** stärker wirksam als **II**. Die Größe des Unterschiedes der Wirksamkeiten der beiden Isomeren hing von der Reinheit von **II** ab. G. KIMMERLE. 4620

Unterschiede zwischen atropinähnlichen und ganglienblockierenden Stoffen in ihrer Wirkung an der Mäusepupille. Laszlo Gyermek. (J. Pharmacol. exp. Therapeut. **127.** 313—17. Dez. 1559. Chicago, Ill., Univ. of Illinois, Coll. of Med., Dep. of Pharmacol.) (Engl.)

Der Einfl. von *Carbaminoylcholin* (**I**, 2 mg/kg subkutan) auf die bei Mäusen durch cholinerg. blockierende Stoffe bedingte Mydriasis wird untersucht. Eine Vorbehandlung mit **I** verändert die durch *Atropinsulfat*, *Scopolaminhydrobromid* u. *Benactyzinhydrochlorid* (tert. Amine mit postganglionären parasympath. blockierenden Eigg.) hervorgerufene Mydriasis nicht. Andererseits wurden durch **I** die mydriat. Effekte von Ganglienblockern (*Hexamethoniumbromid*, *Mecamylaminhydrochlorid*, *p-Phenylbenzyltropaniumbromid*) gehemmt. **I** hatte auf die mydriat. Wrkg. von Verbb., die an den parasympath. Effectororganen u. autonomen Ganglien wirken, nur einen geringen Einfl.: z. B. bei *Methylatropiniumbromid*, *p-Phenylbenzylatropiniumbromid*, *Methyl-dl-mandelyltropiniumbromid*, *n-Butylscopolaminiumbromid*, *Methantelinbromid*.

G. KIMMERLE. 4620

Die psychopharmakologischen Mittel. A. W. Sneshnewski. (Клиническая Медицина [Klin. Med.] **39** (**42**). Nr. 10. 126—34. Okt. 1961. Moskau, Zentr. Inst. für Ärztefortbildung.) (Russ.)

An Hand der Literaturangaben gibt Vf. eine Übersicht über die bekannten psychotropen Verbb., deren chem. Formel, Anwendungsgebiet, tägliche Dosis u. Nebenerscheinungen. O. LEBTAG. 4620☐

Veränderungen der maximalen audiogenen und Elektroschock-Krämpfe bei Mäusen durch psychopharmakologische Arzneimittel. Gergory B. Fink und Ewart A. Swinyard. (J. Pharmacol. exp. Therapeut. **127.** 318—24. Dez. 1959. Salt Lake City, Univ. of Utah Coll. of Pharmacy and Coll. of Med.; Dep. of Pharmacol.) (Engl.)

Die Dauer der Komponenten der maximalen Krämpfe, die bei Mäusen durch Töne (audiogene Krämpfe, MAS) oder Elektroschock (MES) entstehen, werden gemessen u. der Einfl. von psychomotor. Stoffen darauf untersucht. *Chlorpromazinhydrochlorid* (Thorazin), *Promazinhydrochlorid* (Sparin), *Triflupromazinhydrochlorid* (Vesprin) u. *Hydroxyzinhydrochlorid* (Atarax) waren gegen MAS-Herumrennen oder MES-ton. Extension nicht wirksam, verhüteten aber die ton. Extensorkomponente von MAS in hohen Dosen. *Reserpin* steigerte die Schwere der Krämpfe, u. fast alle Tiere starben. In nichttox. Dosen verhinderten *Meprobamat* (Equanil), *Phenaglycodol* (Ultran), *Luminal-Na* u. *Diphenylhydantoin-Na* (Dilantin-Na) das MAS-Rennen u. die MAS- u. MES-ton. Extension. G. KIMMERLE. 4620

Beitrag zur experimentellen Untersuchung von Tranquilizern und toxikomanogenen Arzneimitteln. J. J. Desmarez. (Ann. Soc. roy. Sci. méd. natur. Bruxelles **13.** 125—80. 1960. Brüssel, Univ., Labor. de Méd. légale et Labor. de Pharmacodynamie.) (Franz.)

In einer Übersichtsarbeit werden Definition, Einteilung, pharmakolog. Eigg. u. die Test-Meth. von psychoakt. Verbb. besprochen. Die pharmakolog. u. toxikolog. Eigg. von *Chlorpromazin*, *Reserpin*, *Meprobamat*, *Diesin* (*Togolamin*), *R. 1625* (*Haloperidol*) u. *Hollatressin* werden angegeben. G. KIMMERLE. 4620

Perphenazine und Reserpin als Antiemetica gegen Enterotoxin von Staphylokokken. H. Suhiyama, M. S. Bergdoll und R. G. Wilkerson. (Proc. Soc. exp. Biol. Med. **103.** 168—72. Jan. 1960. Chicago, Ill., Univ. of Chicago, Food Res. Inst.)

Perphenazine (*Trilafon*, **I**) u. *Reserpin* (*Serpasil*, **II**) haben eine signifikante antiemet. Wrkg. gegen Erbrechen auf Staphylokokken-Enterotoxin (**III**) bei Affen; *Chlorpromazin* (*Thorazine*) u. *Cyclizinlactat* (*Marezine*) besitzen nur geringe oder keine Schutzwirkung. **I** (50 μg/kg i.v.) zeigt den besten Schutz u. verhindert Erbrechen, auch bei Verabreichung 45 Min. nach der Aufnahme von **III**. Zum Schutz der Tiere (Affen) mit **II** ist Vorbehandlung notwendig. Die wirksamen Dosen der Drogen senken das medulläre Brechzentrum nicht sehr. **I** zeigt eine gewisse Schutz-Wrkg. bei mit i.v. Injektion von **III** gereizten Hunden. H. AMAN. 4620□

Die analgetische Wirkung von Analgeticis, Antihistaminicis und Chlorpromazin bei Freiwilligen. Willy Hougs und Arne P. Skouby. (Acta pharmacol. toxicol. [Köbenhavn] **13.** 405—09. 1957. Copenhagen, GEA, Res. Labor.; Hellerup, Denmark, Copenhagen County Hosp., Med. Dep. N.) (Engl.)

Die Wärmeschmerzschwelle wurde bei Freiwilligen durch Mepyramin (**I**), Chlorpyramin (**II**), Meclozin, Chlorcyclizin (**III**) u. Chlorpromazin (**IV**) i.m. oder oral in therapeut. Dosen erhöht. Die maximale Erhöhung war der durch gleiche Dosen von Pethidin u. Methadon bewirkten ähnlich u. größer als nach Morphin; dagegen war die Wrkg.-Dauer im allg. kürzer. Tripelennamin, Cyclizin, Diphenhydramin, Antazolin, Promethazin, Chlorpheniramin u. Pheniramin waren in gleicher Dosierung wirkungslos. **II** u. **III**, nicht aber **I** u. **IV**, erhöhten die Schmerzschwelle auch bei lokaler Anwendung in Konzz. von 10^{-3}. K. ZINGRAF. 4627□

Die pharmakologischen Eigenschaften der Metabolite von 1.2-Diphenyl-3.5-dioxo-4-n-butylpyrazolidin. G. Wilhelmi. (Arzneimittel-Forsch. **10.** 129—33. Febr. 1960. Basel, J. R. Geigy, Pharmakol. Labor.) (Dt.)

Von den beiden bekanntgewordenen Metaboliten des *Butazolidins* (**I**; *1.2-Diphenyl-3.5-dioxo-4-n-butylpyrazolidin*) ist das *1.2-Diphenyl-4-[3'-hydroxybutyl]-pyrazolidindion-(3.5)* schwach oder gar nicht wirksam. *1-[p-Hydroxyphenyl]-2-phenyl-4-butylpyrazolidindion-(3.5)* (**II**) hat keine sicher nachweisbare analget. Wrkg., auch hemmt es verschiedene experimentelle Entzündungen schwächer als **I**. Beim Formalinödem der Ratte, beim Granulombeuteltest der Ratte sowie im Spätstadium der Formalinperitonitis ist **II** wirksamer als **I**. Die DL_{50} von **II** liegt eindeutig niedriger als bei **I**, jedoch ist die Reizung der Magenschleimhaut nach **II** geringer. E. CARSTENS. 4627□

Gefäßreaktionen im Hypophysenstiel. W. Curtis Worthington jun. (Endocrinology **66.** 19—31. Jan. 1960. Charleston, S.C., Med. Coll. of South Carolina, Dep. of Anatomy.) (Engl.)

An der lebenden Maus wurde der Einfl. von Arzneimitteln auf das Gefäß-Syst. des Hypophysenstieles untersucht. *Na-Pentobarbital* besitzt eine Eigenwrkg. auf das Gefäß-Syst., die sich in einer Verringerung des Portalblutstroms bei Erweiterung der Arterien u. Arteriolen zu erkennen gibt; diese Rk. ist zwar vorübergehend, muß jedoch bei Zusatzdosen zur Vertiefung der Narkose in Rechnung gestellt werden. *Morphinsulfat* (2—3 mg/100 g) bewirkt ebenfalls Verminderung des Portalstroms u. Dilatation von Arterien u. Arteriolen. *Epinephrin* führt bei lokaler Applikation (Verdünnung 1:5 Mill.) zur Arterienverengung u. Verminderung des Portalstroms; nach subkutaner oder i.v. Injektion von 2—5 μg/kg folgt eine graduelle Beschleunigung des Portalstroms u. minimale vorübergehende Verengung von Arterien u. Arteriolen (nur 1 Min. anhaltend); subletale Dosen haben stärkere Wrkg., die auch länger anhalten. *Norepinephrin* hat in normalen Dosen, lokal oder system. verabreicht, unterschiedliche Folgen; in subletalen Dosen sind die Ergebnisse jedoch einheitlich u. zeigen starke Vasoconstriction bis zur Unterbindung des Blutstroms. *Mecholylchlorid* bewirkt bei lokaler Anwendung (1:1000 bis 1:100000) Arterien- u. Arteriolenerweiterung mit Beschleunigung des Portalstroms. Es wird auch über die Ergebnisse physikal. Reize am (wie bei den anderen Verss.) operativ exponierten Hypophysenstiel berichtet. U. TAUSENDFREUND. 4627

Einige pharmakologische Wirkungen des Doppelprocain (Azoprocain). René Hazard, Jacques-R. Boissier, Charles Malen und Suzanne Larno. (C. R. hebd. Séances Acad. Sci. **246.** 2949—51. 19/5. 1958. Paris, Fac. de Méd., Labor. de Pharmacol.)

Vff. stellten *Azoprocain* (I, Azobenzol-p.p'-dicarbonsäure-bis-[β-diäthylaminoäthylester]-dihydrochlorid, F. 224—226°, Base, F. 69—70°, rote Plättchen) dar u. prüften seine pharmakolog. Wirkungen. **I** ist 1,5 mal so tox. wie *Procain* (**II**) bei der Maus, sonst zeigt es die gleichen Wrkg. wie **II** bei entsprechend geringeren Dosen. — Intravenös injiziert, verursacht **I** bei Maus u. Kaninchen Krämpfe, in höheren Dosen Paralyse. Auf vegetativ innervierte Organe wirkt es wie **II**, vermindert je nach Dosierung die elektr. Reizbarkeit des Vagus, steigert bei intaktem Vagus die Adrenalin-Wrkg. u. hebt die Wrkg. des Nicotins auf den Blutdruck auf. — **II** vermindert umgekehrt beim Hund die Hochdruck-Wrkg., die bei hohen Acetylcholindosen in Ggw. von Atropin auftritt. Auf den Dünndarm des Meerschweinchens wirkt es je nach Konz. tonus- u. peristaltiksteigernd oder -mindernd; provozierte Spasmen durch Acetylcholin werden vermindert oder aufgehoben Beim Hund in Ggw. von Atropin bei i.v. Gabe deutlicher u. länger anhaltender Abfall des Carotisdruckes. Starke Erweiterung der peripheren Gefäße u. starker sympathicolyt. Effekt. In 2mal schwächeren Dosen zur Lokalanästhesie an der Cornea des Hundes zu verwenden. S. GROITZSCH. 4627 □

Der in vitro-Stoffwechsel von Mephenesin, 3-o-Tolyloxypropandiol-(1.2). Alfred R. Maass, Paul L. Carey, Robert E. Hamilton und Arthur E. Heming. (Proc. Soc. exp. Biol. Med. **103.** 154—57. Jan. 1960. Philadelphia, Pa., Smith, Kline & French. Labor.) — Vgl. C. **1959.** 16114.

Mephenesin (**I**) wird in vitro von Ratten- u. Mäuseleberschnitten oxydativ in *3-[o-Tolyloxy]-milchsäure* (**II**) umgewandelt. Steigende Substrat-Konzz. hemmen den **I**-Stoffwechsel deutlich, während zunehmende **II**-Konzz. ohne Einfl. sind. Jodessigsäure hemmt die **I**-Umwandlung, aldehydabfangende Agenzien (10^{-3} m $NaHSO_3$, NH_2OH, Semicarbazid) beeinflussen diese nicht. K. MAIER. 4628 □

Antiveratrinaktivität von Cumarin und dessen Derivaten. R. B. Arora, T. R. Seshadri und N. R. Krishnaswamy. (Arch. int. Pharmacodynam. Thérap. **124.** 150 bis 158. 1/2. 1960. Safdarjang, New Delhi, All India Inst. of Med. Sci., Dep. of Pharmacol.; Delhi, Univ. of Delhi, Dep. of Chem.)

Bei der Prüfung auf Antiveratrinwirksameit am Froschsartoriusmuskel erwies sich *Cumarin* (**III**) als weniger wirksam als *Chinin* (**I**), während mehrere Derivv. stärker waren. Sie können möglicherweise zur Behandlung gewisser Formen der menschlichen Myotonie Anwendung finden. Geprüfte Verbb.: 3-Phenylcumarine: *α-Methylfurano-[2'.3':-7.8]-*, $3\cdot10^{-5}$ [Konz., die die *Veratrin* (**II**)-Rk. verhindert]; $3\cdot10^{-5}$ (Konz., die die **II**-Rk. auslöscht); 14 (zur Auslöschung erforderliche Zeit in Min.). — *α-Methyldihydrofurano-[2'.3':7.8]-*, $3\cdot10^{-5}$; $3\cdot10^{-5}$; 8. — *7-Methoxy-*, $3\cdot10^{-5}$; $3\cdot10^{-5}$; 4. — *7-Methoxy-4-methyl-*, $1\cdot10^{-5}$; $1\cdot10^{-5}$; 30. — *Na-Salz*: keine Wirkung. — *7-Hydroxy-4-methyl-*, $1\cdot10^{-5}$; $1\cdot10^{-5}$; 9. — 4-Phenylcumarine: *7-Methoxy-*, $3\cdot10^{-5}$; $3\cdot10^{-5}$; 10. — *6-Hydroxy-7-methoxy-*, $1\cdot10^{-5}$; $1\cdot10^{-5}$; 7. — *6.7-Dimethoxy-*, $1\cdot10^{-5}$; $1\cdot10^{-5}$; 8. — *7-Hydroxy-*, 1,10^{-5}; $1\cdot10^{-5}$; 2. — *6.7-Dihydroxy-*, $3\cdot10^{-4}$; $3\cdot10^{-4}$; 4. — *7.8-Dihydroxy-*, $3\cdot10^{-4}$; $3\cdot10^{-4}$; 6. — *7.8-Dimethoxy-*, $3\cdot10^{-4}$; $3\cdot10^{-4}$; 4. — Cumarine: *Unsubstituiert*, $3\cdot10^{-4}$; $3\cdot10^{-4}$; 8. — *3-Methyl-*, $1\cdot10^{-5}$; $1\cdot10^{-5}$; 4. — *3-Methoxy-*, $3\cdot10^{-4}$; $3\cdot10^{-4}$; 7. — *6-Amino-*, $3\cdot10^{-4}$; $3\cdot10^{-4}$; 22. — *4-Hydroxy-*, $1\cdot10^{-4}$; $1\cdot10^{-4}$; 2. — *3-p-Nitrophenyl-*, $3\cdot10^{-4}$; $3\cdot10^{-4}$; 7. — *4.7-Dihydroxy-*, $3\cdot10^{-4}$; $3\cdot10^{-4}$; 6. — *4-Methyl-7-methoxy-*, $3\cdot10^{-4}$; $3\cdot10^{-4}$; 10. — *4-Methyl-5.7-dimethoxy-*, unlöslich. — *4-Methyl-7-hydroxy-*, keine Wirkung. — *Chinin*, $1\cdot10^{-5}$; $1\cdot10^{-5}$; 10. — *Chinidin*, $1\cdot10^{-5}$; $1\cdot10^{-5}$; 8. — *α-Methylfurano-[2'.3':7.8]-cumarin*, $1\cdot10^{-5}$; $1\cdot10^{-5}$; 16. — α-Methyldihydrofurano-[2'.3':7.8]-cumarine: *Unsubstituiert*, $3\cdot10^{-4}$; $3\cdot10^{-4}$; 2. — *-4-methyl-*, $1\cdot10^{-5}$; $1\cdot10^{-5}$; 2. — *-6-methoxy-* $3\cdot10^{-4}$; $3\cdot10^{-4}$; 4. K. MAIER. 4628 □

Quartäre Ammoniumsalze von 8-[Dialkylaminoalkoxy]-theobrominen und -coffeinen als curareartige Substanzen. Diptish C. Chakravarty und James W. Jones. (J. Amer. pharmac. Assoc., sci. Edit. **48.** 607—08. Okt. 1959. Iowa City, Iowa, State Univ. of Iowa, Coll. of Pharm.) — Vgl. C. **1960.** **4837.**

Drei *8-[Dialkylaminoalkoxy]-theobromine* werden aus den entsprechenden Na-Dialkylaminoalkoholaten u. 8-Chlortheobromin u. aus diesen verschiedene quart. Ammoniumsalze dargestellt. Diese Verbb. werden an Ratten u. Kaninchen auf ihre Curare-Wrkg. geprüft u. mit der der entsprechenden Coffein-Derivv. verglichen. Die Theobromin-Verbb. sind jedoch im Gegensatz zu den Coffein-Verbb. unwirksam.

Versuche: *8-Chlortheobromin* (**I**), F. 297°, aus Theobromin in Chlf. durch 6std. Einleiten von Cl_2 bei Siede-Temp., aus Eisessig; 98% (Ausbeute). — 8-[Dialkylaminoalkoxy]-theobromine, aus dem entsprechenden Na-Aminoalkoholat (aus Na u. dem entsprechenden Alkohol in Bzl.) u. **I** durch 2std. Kochen: Theobromine: *8-[Dimethyl-*

aminoäthoxy]-, F. 149—150°; 26%; *8-[Diäthylaminoäthoxy]*-, F. 172—173°; 25%; *8-[Diäthylaminopropoxy]*-, F. 162—168°, 23%. — *Quartäre Salze*, aus den 8-[Dialkylamino-alkoxy]-theobrominen u. den entsprechenden Alkylhalogeniden in abs. Alkohol: 8-[Dimethylaminoäthoxy]-theobromine: *Methojodid*, F. 87—88°; 23%. *Äthojodid*, F. 126—128°, 20%; *Benzylchlorid*, F. 131—133°; 12%; 8-[Diäthylaminoäthoxy]-theobromine: *Methojodid*, F. 106—107°; 20%; *Äthojodid*, F. 96—98°, 25%; *Benzylchlorid*, F. 111—112°, 10%; 8-[Diäthylaminopropoxy]-theobromine: *Methojodid*, F. 56—57°; 25%; *Äthojodid*, F. 76—78°; 24%; *Benzylchlorid*, F. 102—103°, 13%.

P. GREGORZEWSKI. 4628□

Über einige pharmakodynamische Wirkungen des Isopropylnoradrianols. M. Gilson, A. Dresse und J. Lecomte. (C. R. Séances Soc. Biol. Filiales **155**. 1715—18. 1961. Liège, Univ., Inst. Léon Fredericq, Clinique Ophtalmol.) (Franz.)

Bei der Suche nach einer Substanz, die den intraokularen Druck senkt, ohne die Pupille zu erweitern (wie Adrenalin), wurde *Aludrin* (I; *N-Isopropylnoradrenalin*) gefunden, welches jedoch eine Beschleunigung des Herzrhythmus als lästige Nebenwrkg. zeigt. Dagegen vermindert *Isopropylnoradrianol* [II; *1-[m-Hydroxyphenyl]-2-isopropylaminoäthanol-(1)*] den Ophtalmotonus, ohne auf die Pupille zu wirken u. ohne den lästigen Einfl. auf Blutdruck u. Herzrhythmus zu zeigen (bei therapeut. Dosen). Die Verss. wurden an Katzen unter Dial u. an Kaninchen u. Ratten unter Nembutal durchgeführt. Die Substanzen werden in 0,01 n HCl gelöst (1 mg/ml) u. vor Gebrauch mit 0,9%ig. wss. NaCl verdünnt. Der Blutdruckabfall beträgt bei der Ratte nach 1 µg II/100 g (i.v.) 15—20 Torr u. dauert 15—30 Sekunden. Mit 5 µg/100 g beträgt der Abfall 50 Torr während 8—10 Minuten. Tachycardie wird nicht beobachtet. Die Wrkg. von I ist um das 100—200fache stärker. Analog bewirken bei der Ratte 100—200 µg II/kg einen leichten Blutdruckabfall, ein Effekt, der sich bei erneuter Injektion nicht wiederholt, sondern invertiert wird. I wirkt ähnlich, jedoch um das 150—200fache stärker. Bei der Katze bleibt der Herzrhythmus nach 25—100 µg II/kg unverändert u. die anfängliche Hypotension wird bei Wiederholung invertiert. Die Wrkg. von I ist auch hier um den Faktor 50 größer. Bei der Ratte vermindern I u. II zeitweilig den Darmtonus (0,04—0,4 µg/ml), ersteres mit 50fach stärkerer Wirkung. Mit II entsteht bei der Ratte keine Mydriasis. Mit I entsteht manchmal eine Mydriasis, die wahrscheinlich durch eine reflektor. Adrenalinsekretion bedingt ist. Da bei II die Inhibitions-Wrkg. 50—200 mal schwächer ist als bei I, kann II bei Glaukom prakt. ohne Nebenwrkg. auf den Herzkreislauf-App. intraokular verabfolgt werden. M. BLASCHETTE-HUTTINGER. 4628□

Zur Wirkung von 2-Aminoäthylnitrat-p-toluolsulfonat (Nilatil) bei coronaren Durchblutungsstörungen. W. Ehrenberger. (Wiener Z. inn. Med. Grenzgebiete **41**. 323—24. Aug. 1960. Wien, II. Med. Univ.-Klinik.) (Dt.)

Die im Tierexperiment deutlich lang anhaltend coronarerweiternde Substanz ergab bei klin. Prüfung an einer kleinen Patientenzahl in Dosen 1—2 mg per os einen günstigen Effekt bei pectanginösen Beschwerden ohne wesentliche Nebenwirkung.

H. JORDAN. 4630□

2-[Oktahydroazocinyl-(1)]-äthylguanidinsulfat (CIBA 5864-SU), ein neues synthetisches antihypertensiven Agens. R. A. Maxwell, R. P. Mull und A. J. Plummer. (Experientia [Basel] **15**. 267. 15/7. 1959. Summit, N.J., CIBA Pharm. Prod., Inc., Res. Dep.) (Engl.) — Vgl. C. **1962**. 4245.

2-[Oktahydroazocinyl-(1)]-äthylguanidinsulfat [I; $(C_{10}H_{22}N_4)_2 \cdot H_2SO_4$, F. 276—281° (wss. A., Zers.)] wird auf seine antihypertensiven Eigg. im Tier-Vers. geprüft. 7,5—15 mg I/kg Körper-Gew. senken den arteriellen Blutdruck bei hypertensiven Hunden beträchtlich. Vff. diskutieren die nach einer i.v. Injektion beobachtete Wrkg., die durchschnittlich 5—20 Tage anhält u. folgern, daß die I-Wrkg. auf einer Hemmung der Abgabe u./oder Verteilung von Übermittlerstoffen in den sympath. Nervenenden beruht. Die Darst. von I erfolgt durch Rk. von Oktahydroazocin u. Chloracetonitril zu *Oktahydroazocinyl-(1)-acetonitril* ($C_9H_{16}N_2$, Kp.$_{14}$ 114—118°; n_D^{24} 1,4720), Red. mit $LiAlH_4$ zu *2-[Oktahydroazocinyl-(1)]-äthylamin* ($C_9H_{20}N_2$, Kp.$_{14}$ 108—111°; n_D^{22} 1,4830) u. dessen Rk. mit S-Methylisothioharnstoffsulfat zu I. G. KIRSTEN. 4630□

Untersuchungen über die mit ^{203}Hg markierte Verteilung von Mercaptomerin-Natrium. Benjamin Calesnick, Arthur Wase und Vincent R. Altarelli. (Proc. Soc. exp. Biol. Med. **103**. 22—25. Jan. 1960. Philadelphia, Pa.; Hahnemann Med. Coll., Dep. of Pharmacol. and Biochem.) (Engl.)

Nach i.m. Injektion von mit ^{203}*Hg* markiertem *Mercaptomerin-Na* (I; 330 µc bzw. 3,5 mg I/kg) wurden in der ersten Std. 91,7% I in der Niere gefunden. Bis zu 28 Tagen ließ sich die Radioaktivität im Plasma u. in der Nierenrinde nachweisen. Nach i.v. I-Injektion nahm die Plasma-Konz. in den ersten 5 Min. stark ab. E. CARSTENS. 4634□

Die akute Wirkung einer organischen Quecksilberverbindung auf die Rattenniere. Eine histochemische Untersuchung. John N. Bickers, E. H. Bresler und Robert Weinberger. (J. Pharmacol. exp. Therapeut. **128.** 283—88. März 1960. New Orleans, La.; Veterans Administr. Hosp.; Tulane Univ. School of Med., Dep. of Med.) (Engl.)

Die Wrkg. von *Meralluridnatrium* (*Mercuhydrin*; I) auf die *Bernsteinsäuredehydrogenase, Di-* u. *Triphosphopyridinnucleotiddiaphorase, Glucose-6-phosphatase* u. *β-Glycerophosphatase* wurde untersucht. Sie war bei allen 5 Enzymen gleichmäßig abhängig von der Dosierung von I u. wurde erst deutlich, wenn ein nierenschädigender Effekt nachzuweisen war. E. CARSTENS. 4634 □

Die Wirkung von Dimercaprol auf die renale Ausscheidung von Quecksilberverbindungen. I. M. Weiner, K. Garlid, D. Sapir und G. H. Mudge. (J. Pharmacol. exp. Therapeut. **127.** 325—31. Dez. 1959. Baltimore, Md., Johns Hopkins Univ., School of Med., Dep. of Pharmacol. and Experimental Therapeutics.) (Engl.)

Nach Verabreichung von ^{203}*Hg-Cystein* ist die durch *2.3-Dimercaptopropanol* (BAL) bedingte Hg-Ausscheidung der Nieren pH-abhängig: bei alkal. Urin Zunahme der Ausscheidung, bei saurem Urin keine Veränderung. Aber die Abnahme von Hg aus dem Nierenparenchym veränderte sich mit dem Harn-pH nicht. Mit alkal. Urin wird das Hg ausgeschieden, bei saurem Urin verteilt sich das Hg wieder im Körper. Nach Verabreichung von ^{203}*Hg-Chlormerodrin-Cystein* steigert BAL die Harnausscheidung von Hg ohne Beeinflussung durch den Harn-pH. Nach Gaben von ^{203}*Hg-Mersalyl–Cystein* hat BAL wenig Einfl. auf die Hg-Ausscheidung im Urin. G. KIMMERLE. 4634

Die Wirkung von Acetazolamid auf den Grundumsatz des Menschen. A. J. Coppen und A. G. Mezey. (J. appl. Physiol. **16.** 367—68. März 1961. London, Univ., Maudsley Hosp., Inst. of Psychiatry.) (Engl.)

Im Gegensatz zu Tier-Verss., welche nach wochenlanger Anwendung von *Acetazolamid* (I) eine deutliche Verringerung des O_2-Verbrauches ergeben hatten, trat beim Menschen nach i.v. Injektion von I keine Veränderung des Grundumsatzes ein.
K. ZINGRAF. 4634 □

Eine vergleichende antiemetische Untersuchung von o-Chlorprocainamid und Chlorpromazin bei Hunden. K. Staniszewski. (Arch. int. Pharmacodynam. Thérap. **124.** 263—73. 1/2. 1960. North Chicago, Abbott Labor., Dep. of Pharmacol.)

o-Chlorprocainamid (*Hydrochlorid*; I) hat bei Hunden eine 8,65fache schwächere antiemet. Wrkg. gegenüber Apomorphin als *Chlorpromazin* (II), schützt aber Hunde gegen oral u. i.v. gegebenes $CuSO_4$, während II hierzu kaum in der Lage ist. Gegen die emet. Wirksamkeit von *Lanatosid C* oder *Hypoglycin A* sind I u. II unwirksam. I verändert nicht die Spontanaktivität u. das Verh. der Tiere. Niedrige I-Dosen dämpfen Chemoreceptoren in der auslösenden Zone, höhere aktivieren das Brechzentrum. Im Unterschied zu II senkt I die Körper-Temp. nicht. K. MAIER. 4646 □

Die Wirkung einiger Phosphate auf die Caries bei Ratten bei kurzdauerndem Experiment. K. G. König, Th. M. Marthaler und H. R. Mühlemann. (Arch. oral Biol. **3.** 258—69. Juni 1961. Zürich, Univ., Dental Inst., Exp. Caries Res. Labor.) (Engl.)

In Verss. mit Ratten, die bei cariogener Diät gehalten werden, wird festgestellt, daß Zulagen von *Ortho-*, *Meta-* u. *Pyrophosphat* das Auftreten der Caries verhindern. Phosphorsäure ist hierauf ohne Wrkg., verursacht aber an den Molaren lingualwärts Defekte.
P. GREGORZEWSKI. 4655 □

Einfluß von Phosphor–Calcium- und Fluorverbindungen auf die experimentelle Caries bei weißen Ratten. Ju. A. Fedorow. (Доклады Академии Наук СССР [Ber. Akad. Wiss. UdSSR] **137.** 1481—84. 21/4. 1961. Zentr. Forsch.-Inst. für med. Radiol; Leningrad, 1. Med. Pawlow-Inst.) (Russ.)

Bei Jungratten wird mit Hilfe einer mit Kohlenhydraten angereicherten Diät Zahncaries hervorgerufen. Außer dem Cariesbefall wird die Speicherung von ^{32}P durch das harte Zahngewebe u. der Geh. an anorgan. P u. Ca im Blutserum der Tiere verfolgt. Dabei kann eine hohe Wirksamkeit der P–Ca-Verbb. bei der Prophylaxe der experimentellen Zahncaries festgestellt werden. Die Anticaries-Wrkg. von Ca-Glycerophosphat (I) ist doppelt so hoch wie die von NaF. Der Cariesbefall der Zähne wird bis auf $^1/_3$ vermindert. Die Gefahr der Fluorose u. anderer Intoxikationserscheinungen, die manchmal bei Verabreichung von F-Verbb. bei der Prophylaxe der Zahncaries besteht, wird vermindert. I ist nicht nur völlig unschädlich (auch bei hoher Dosierung), es übt außerdem eine günstige Wrkg. auf das Zentralnerven-Syst. u. zahlreiche Stoffwechselprozesse aus.
F. DU MANS. 4655 □

John Adriani, The chemistry and physics of anesthesia. 2nd edit. Springfield (Illinois): Thomas. 1962. (849 S. m. Abb.) $ 28,50.

Arthur Grollman, Pharmacology and therapeutics. 5th edit., revised, enlarged. Philadelphia: Lea & Febiger. 1962. (1131 S. m. Abb.) $ 12,50.

Samuel Meites, Manual of practical micro and general procedures in clinical chemistry. Springfield (Illinois): Thomas. 1962. (354 S. m. Abb.) $ 11,50.

Clarence Wilbur Taber, Cyclopedic medical dictionary. 9th edit. Philadelphia: Davis; Oxford: Blackwell Scientific. 1962. (1341 S. m. Abb., Tab. u. Diagr.) 54 s.

F. Pharmazeutische Chemie. Desinfektion

Siliconisieren von Arzneiflaschen. H. v. Czetsch-Lindenwald, Hassan Abdine und A. Adel Sakr. (Pharmaz. Ind. **23.** 427—30. Sept. 1961. Alexandria, Univ., Pharmazeut. Inst., Abt. für Pharmazeut. Technol.) (Dt.)

Geprüft wurden verschiedene Literaturhinweise, nach denen sich das Siliconisieren von Flaschenglas qualitätsverbessernd auswirkt. Es wurde ein Präp. entwickelt, das die physikal. Unterschiede zwischen siliconisierten u. unbehandelten Flaschen bes. deutlich macht, eine Suspension aus Natriumalginat 1,0, ZnO 10,0, Glycerin 30,0 u. H_2O 59,0. Auf unbehandeltem Glas haftet diese Suspension u. bildet einen weißen Film, von behandeltem Glas rinnt sie ab. An Hand von EDTA-Titrationen der Vorschrift des neuen ÖAB IX u. einer verfeinerten Test-Meth. mit Methylrot wurde nach Verss. mit mehreren hundert Flaschen gezeigt, daß durch Siliconisierung minderwertiges Glas derart veredelt werden kann, daß es das Prädikat „alkaliarm" auch nach der verfeinerten Prüfung in Anspruch nehmen kann, ohne es stofflich zu sein. Gebrauchte Flaschen werden nicht derart beeinflußt wie neue, zweifache Behandlung verbessert nur geringfügig.
F. O. W. MEYER. 4758□

Die Fabrikation von Gelatinekapseln. G. Müller. (Fette, Seifen, Anstrichmittel **62.** 395—99. Mai 1960. Köln.) (Dt.)

Inhaltlich ident. mit der C. **1961.** 3404 referierten Arbeit. J. SEIDEMANN. 4766□

Probleme der Standardisierung von Drogen zugleich vorläufige Norm zur Qualitätskennzeichnung von Drogen. B. Ebner und J. Richter. (Pharmazie **15.** 659—63. Nov. 1960. Berlin, Staatl. Inst. für Arzneimittelprüfung.) (Dt.)

Vorschläge für die Standardisierung arzneilicher Drogen u. deren Einteilung in vier Qualitätsstufen. F. v. GIZYCKI. 4782□

Chemische Merkmale arzneilich wichtiger Pflanzenfamilien. 1. Mitt. Dikotyledonen. V. E. Tyler jun. und C. I. Abou-Chaar. (Pharmazie **15.** 628—34. Nov. 1960. Seattle, Wash., Univ., Coll. of Pharm., Drugplant Labor.) (Engl.)

Die von WEHMER vor 30 Jahren gegebene Chemotaxonomie bedarf der Ergänzung u. Korrektur auf Grund der seither gewonnenen Erkenntnisse. Vf. gibt auf Grund der Literatur eine Übersicht über die chem. Charakteristiken arzneilich wichtiger Dikotyledonenfamilien. — 53 Literaturangaben. F. v. GIZYCKI. 4782□

Die gegenwärtigen Handelsdrogen von Flos und Herba Millefolii. K. B. Lenkey. (Pharmac. Acta Helvetiae **36.** 43—55. Jan./März 1961. Beil. zu: Schweiz. Apotheker-Ztg. Zofingen, Schweiz, Siegfried-A. G., Pharmakognost. Labor.) (Dt.)

Von den zur Zeit als Stammpflanzen für *Herba* u. *Flos Millefolii* ermittelten Achilleaarten enthalten *A. millefolium* u. *A. pannonica* ost- u. südosteuropäischer Herkunft Azulen. Da auch azulenfreie Drogen von anderen Stammpflanzen im Handel sind, ist eine Prüfung auf Azulen-Geh. erforderlich. F. v. GIZYCKI. 4782□

Über die Stammpflanzen der Crataegus-Drogen. F. Hoffmann. (Pharmac. Acta Helvetiae **36.** 30—39. Jan./März 1961. Beil. zu: Schweiz. Apotheker-Ztg. Zürich, ETH, Pharmaz. Inst.) (Dt.)

Vf. fand auf Grund des papierchromatograph. ermittelten Geh. an *Flavonoiden* (I), die nach den vorliegenden Angaben für die pharmakolog. Wrkg. maßgeblich sind, daß die beiden für Crataegus-Drogen u. -Zubereitungen in Betracht kommenden Stammpflanzen *Crataegus oxyacantha L. em. Jacq.* u. *C. monogyna Jacq.* gleichwertig sind. Die Blätter der untersuchten Pflanzen enthielten mehr I als die Früchte. F. v. GIZYCKI. 4782□

Lophophora (Anhalonium) Coulter. J. Jeuch. (Pharmac. Acta Helvetiae **36.** 40—42. Jan./März 1961. Beil. zu: Schweiz. Apotheker-Ztg. Baden, Schweiz, Apotheke zur Hochbrücke.) (Dt.)

Diskussion der nur als Varietäten von *Lophophora williamsii Coulter* anzusehenden verschiedenen als „*Peyotl*" oder „*Mescal*" bezeichneten Species. F. v. GIZYCKI. 4782□

Untersuchungen an der Frangula- und Fallax-Rinde. 1. Mitt. F. Benzinger und J. Lehner. (Dtsch. Apotheker-Ztg. **101.** 627—30. 1/6. 1961. Zagreb, Univ., Inst. für Pharm. Technol.) (Dt.)

Vff. halten auf Grund ihrer Unters. die als Verfälschung der offizinellen Rinde von *Rhamnus Frangula* auftretende Rinde von *Rhamnus Fallax* für der ersteren gleichwertig. Bei der Extraktion der mit Aceton von Begleitstoffen gereinigten Rinden mit 90%ig. A.

lieferte *Rh. Fallax* fast 1/3 mehr an Anthrachinonglykosiden, berechnet als wasserfreies *Glucofrangulin* als Hauptglykosid beider Rinden, als Rh. Frangula, während der Geh. an freien Anthrachinonen bei beiden Rinden gleich war. F. v. GIZYCKI. 4782 □

Phytochemische Untersuchungen über die Flora Ägyptens. 3. Mitt. Die Alkaloide von Haloxylon salicornium (Moq.-Tand.) Boiss. Vorl. Bericht. Finn Sandberg, Lilian Svanqvist, Monica Ödberg und Lars Sonmark. (Svensk farmac. Tidskr. **64.** 541—47. 30/7. 1960. Stockholm, Kungl. Farm. Inst., Dep. Pharmacogn. u. Cairo-Mataria, Desert Inst.) (Engl.) — 2. vgl. C. **1960.** 9611.

In der zur Familie der *Chenopadiaceae* gehörenden Pflanze *Haloxylon salicornium*, einer typ. Wüstenpflanze, die zur Heilung von Krankheiten der Atmungswege, bes. Schnupfen, verwendet wird, liegen die Alkaloide in ziemlich komplexer Form vor. Sie werden nach Mischen des Pflanzenmaterials mit NH_4OH durch Chlf. + Ae. extrahiert. Die Papierchromatographie läßt 8 Alkaloide erkennen, die wahrscheinlich von tert. Natur sind. Aus dem Extrakt wird ein Alkaloid als Hydrochlorid isoliert, $C_{16}H_{27}ClN_2O_2$, F. 193,5—196°. Außerdem liegen 8 weitere, in Ae. unlösl. Alkaloide von phenol. oder quatern. Natur vor. R. K. MÜLLER. 4782□

Phytochemische Untersuchungen über die Flora Ägyptens. 4. Mitt. Die Saponine von Anabasis articulata (Forsk.) Moq.-Tand. in DC. und Anabasis setifera Moq.-Tand. Finn Sandberg und Ahmed F. Shalaby. (Svensk farmac. Tidskr. **64.** 677—90. 30/9. 1960.) (Engl.) — 3. vgl. vorst. Referat.

Aus *Anabasis articulata* werden 4 saure Saponine vom Triterpentyp (Anabasissaponine A, B, C u. D) isoliert, aus *Anabasis setifera* 3 (A, B u. C). Der Gesamtgeh. an Saponinen beträgt 12 bzw. 0,33%. Die Saponine sind mäßig oberflächenakt., aber nur äußerst wenig hämolyt. wirksam, prakt. nicht hämolytisch. Die Saponine werden durch mehrstd. Kochen der Stengel u. Blätter am Rückfluß mit 95%ig. A. gewonnen. Ihre Reinigung u. Trennung wird ausführlich beschrieben. Der Zuckerteil der Anabasissaponine besteht durchweg aus Glucose u. Glucuronsäure. R. K. MÜLLER. 4782□

Über das gemeinsame Vorkommen von Triterpenen und Sterinen im Blatt von Salvia triloba und Pirus malus. 6. Mitt. Zur Kenntnis der Biochemie der Triterpene. Carl-Heinz Brieskorn, Helmut Klinger und Wulfran Polonius. (Arch. Pharmaz. Ber. dtsch. pharmaz. Ges. **294/66.** 389—91. Juli 1961. Würzburg, Univ., Inst. für Pharm. u. Lebensmittelchem.) (Dt.) — 5. vgl. C. **1957.** 11097.

Beim Aufarbeiten von 10 kg *Salvia triloba*-Trockendroge können erstmalig 100 mg (1 mg-%) *β-Sitosterin* (I), F. 136,5—137,5°, das im freien Zustand vorliegt, nachgewiesen werden. Bei der Dünnschichtchromatographie (Kieselgel G MERCK; Chlf.-Aceton, 9 : 1) u. nachfolgendem Besprühen mit $SbCl_3$ in Chlf. erwies sich **I** als ident. mit einer authent. I-Probe. Beide Prodd. lieferten auch das gleiche IR-Spektrum. Auch in den Blättern von *Pirus malus* (Landsberger Reinette) wird I (0,035%) nachgewiesen, ferner *Ursolsäure* (II; 0,2%), F. 282,5—283,5°, II-Methylester, F. 170,5—171,5°. Bei der Dünnschichtchromatographie (Kieselgel G MERCK; Methanol-Aceton-CCl_4, 5 : 20 : 75) liefert **II** den gleichen R_F wie eine authent. Probe. Durch die vorliegenden Unterss. wird bestätigt, daß in beiden Blättern die Triterpene (**III**) von Sterinen (**IV**) begleitet sind. Das mengenmäßig stark unterschiedliche Vorkommen läßt erkennen, daß die Biosynth. der **III** bevorzugt abläuft bzw. daß das Blatt mehr **III** als **IV** benötigt. Wahrscheinlich erfolgt die Biosynth. von **II** u. Oleanolsäure sowie von **I** über eine gemeinsame, noch unbekannte Vorstufe. H. P. FIEDLER. 4782□

Über ein Elemi aus Java von Canarium vulgare Leenh. M. K. Meßmer. (Schweiz. Apotheker-Ztg. **98.** 651—54. 3/9. 1960. Zürich.) (Dt.)

Die Species *Canarium vulgare Leenh.* kann an Stelle der von der Schweizer Pharmakopoe V vorgeschriebenen Species *Canarium luzonicum* (*Blume*) *Asa Gray* zur Elemigewinnung dienen. Beide Elemitypen (Harzbalsame) liefern analoge Kennzahlen u. Konstanten. H. P. FIEDLER. 4782□

Neuere viscositätserhöhende Hilfsstoffe. Rolf Klevstrand. (Svensk farmac. Tidsskr. **64.** 157—66. 20/2. 1960. Oslo-Blindern, Univ., farmas. inst., avd. for galen. farmasi.) (Norw.)

Als viscositätserhöhende Mittel, bes. für Arzneimittel-Lsgg., werden besprochen: Methylcellulose, Carboxymethylcellulose, Äthylhydroxyäthylcellulose, Alginate, Polyvinylpyrrolidon u. Carbopol 934 (I). Der Zusatz von **I** zu einer S-Suspension in A., danach von n/10 NaOH (0,4 g je g **I**) zur Erhöhung des pH auf ca. 7 führt zu einem stabilen S-Liniment nach VIDAL. R. K. MÜLLER. 4786□

Das Verhalten der Natriumalginate und ihrer Lösungen beim Lagern. 3. Mitt. Rosmarie Bolliger und K. Münzel. (Pharmac. Acta Helvetiae **34.** 79—104. Febr.

1959. Beilage zu: Schweiz. Apotheker-Ztg. Basel, F. Hoffmann-La Roche & Cie. AG, Pharm. Forsch. Abt.) (Dt.) — 2. vgl. C. **1959.** 10334.

Alginat (I)-Pulver sollen kühl u. trocken aufbewahrt werden, weil sonst Depolymerisationen eintreten. Als Konservierungsmittel für I-Lsgg. (pH 6—6,8) eignen sich, 0,1% p-Hydroxybenzoesäuremethyl- oder -propylester, Phenylmercurinitrat (1 : 50000), Thimerosal N. F. X (1 : 50000) oder 1,5% Na-Benzoat, nicht geeignet sind quatern. Ammonium-Verbindungen. Die Viscosität (V.) nichtkonservierter Lsgg. nimmt während der Lagerung schneller ab als die der konservierten I-Lsgg.; da die V.-Stabilität der I-Lsgg. temperaturabhängig ist, sollen I-Lsgg. nicht über 70° erhitzt werden. Bei pH 7 zeigen die I-Lsgg. die größte V.-Stabilität, bei pH 8—10 ist der V.-Abfall während der Lagerung erträglich, bedeutend stärker aber bei pH $\leqq 5$. Lichtschutz verzögert die V.-Abnahme. Ein- u. mehrwertige Alkohole bedingen eine hohe Anfangs-V. u. verhindern den V.-Abfall der Lsgg. während der Lagerung weitgehend. Elektrolyte (Na-Benzoat oder -Chlorid) stabilisieren die V. der I-Lösungen. H. P. FIEDLER. 4786□

Verbesserungsvorschlag zur Herstellung homöopathischer Urtinkturen aus Frischpflanzen. Wolfgang Schwabe und Helmut Schwöbel. (Dtsch. Apotheker-Ztg. **101.** 633—34. 1/6. 1961. Karlsruhe, Dr. Willmar Schwabe GmbH.) (Dt.)

Vff. schlagen vor, zur Erzielung von Tinkturen mit gleichmäßigem Arznei-Geh. einen mittleren Trockensubstanzwert festzulegen u. erläutern seine Berechnung u. Anwendung. F. v. GIZYCKI. 4790□

Zur Haltbarkeit der Mutterkornalkaloide und insbesondere des Ergotamins im Drogenextrakt. P. Heinänen, L. Tudermann, A. Anttonen und A. Laaksonen. (Sci. pharmac. [Wien] **29.** 32—39. 31/3. 1961. Helsinki, Univ., Pharmazeut. Inst.) (Dt.)

In dem Mutterkornextrakt des finn. Arzneibuches verschwindet das *Ergotamin* (I) schon nach 1 Monat Lagerzeit fast völlig, während in dem des dän. Arzneibuches durch Zusatz von Ascorbinsäure eine gewisse Stabilisierung erreicht wird. Die papierchromatograph. Unters. der gelagerten Extrakte zeigte, daß aus dem verschwindenden I eine neue, noch nicht identifizierte Substanz (X_1) u. aus dem *Ergotaminin* eine weitere (X_2) wahrscheinlich durch Isomerisierung entsteht. — 20 Literaturangaben.

F. v. GIZYCKI. 4790□

Eine Auswertung der Fähigkeit von Antischweißmitteln, den Schweißfluß zu hemmen. William J. O'Malley und John E. Christian. (J. Amer. pharmac. Assoc., sci. Edit. **49.** 402—04. Juni 1960. Lafayette, Ind., Purdue Univ., School of Pharmacy.) (Engl.)

Beschreibung einer in-vivo-Meth. zur Best. des Schweißflusses (Best. der Feuchtigkeit in Gasen u. Dämpfen durch Leitfähigkeitsmessungen). Von 7 untersuchten Antischweißmitteln, die *Al(OH)$_3$-Gel, AlCl$_3$* u. *Formaldehyd, Al-Chlorhydroxid*-Komplexe mit *AlCl$_3$* u. *HCHO, Al-Methionat, Na-Al-Lactat* u. *Hexachlorophen, Al-Chlorhydrate* bzw. *Al-Sulfamat* enthielten u. mit 24%ig. $Al_2(SO_4)_3 \cdot 18\ H_2O$-Lsg. verglichen wurden, erwies sich *Al-Methionat* als günstigstes Mittel. Die Art der Applikation als Stift, Salbe oder Schüttelmixtur hatte keinen Einfl. auf die Wirksamkeit. S. ERBE. 4790□

Die Abgabe von Kupfer aus Injektionsspritzen und Ampullenfüllapparaten. Svend Aage Schou. (Svensk farmac. Tidskr. **64.** 141—47. 10/2. 1960. København, Rigshospitalens apotek.) (Dän.) — Vgl. C. **1958.** 10146.

In Lsgg. von *Nicotinsäure* (I), *Metaoxedrinhydrochlorid* u. *Pyridoxinhydrochlorid* vom pH 6 wird nach Kontakt mit Cu der Cu-Geh. nach der Dithiocarbamat-Meth. bestimmt. Dieselbe Meth. wird benutzt, um in I-Lsgg. auf Cu-Geh. zu prüfen, nachdem 4 Proben nacheinander in Injektionsspritzen u. Ampullenfüll-App. mit 10 Min. Abstand gefüllt u. wieder entleert wurden. Als zum Gebrauch ungeeignet werden solche Spritzen u. App. angesehen, die $>0,2$ bzw. $0,02\ \mu g/ml$ Cu an die Lsg. abgegeben haben.

R. K. MÜLLER. 4790□

Hämolytische Wirkung bakteriostatischer Zusatzstoffe in sterilen Injektionslösungen. Gunnar Wallenius und Bertil Åman. (Svensk farmac. Tidskr. **64.** 634—38. 10/9. 1960. Uppsala, Akad. sjukhus, Centrallabor. u. Sjukhusapotek.) (Schwed.)

In Mehrdosenbehältern mit wss. Lsgg. für Injektionszwecke werden häufig Konservierungsmittel zugesetzt. Von den nach dem Schwed. Arzneibuch zugelassenen Zusatzstoffen können einige unter bestimmten Umständen unerwünschte Nebenwrkg. zeigen. Vff. zeigen, daß Chlorkresol u. Chlorbutol hämolyt. wirken können. Wenn NaCl-Lsgg. mit diesen Stoffen zu Blutproben zugegeben werden, z. B. bei der Best. von Blutgruppen, Kreuztests vor der Transfusion oder Waschen von Erythrocyten (etwa bei der Markierung mit radioakt. Chromat), wird eine mehr oder weniger deutliche Schädigung der Erythrocyten beobachtet, die zur Hämolyse führt, wodurch falsche Labor.-Ergebnisse u. diagnost. Fehler entstehen können. Vff. fordern einen Hinweis auf der Packung.

R. K. MÜLLER. 4790□

Vergleichende Untersuchung über die Stabilität von Benzylpenicillin-Natrium und von Phenoxymethylpenicillin in hydrophilen und fetthaltigen Salben und Suppositorienmassen. B. Gradnik und F. Rota. (Schweiz. Apotheker-Ztg. **98.** 649—51. 3/9. 1960. Milano, Farmaceutici Midy.) (Franz.)

Vff. überprüften die Haltbarkeit von *Benzylpenicillin-Na* (**I**; Penicillin G) u. von *Phenoxymethylpenicillin* (**II**; Penisillin V) in verschiedenen Zubereitungen: **III**: Salbengrundlage aus 5 (%) Paraffinöl u. 95 Vaseline; **IV**: 18 Cetylalkohol, 12 Paraffinöl, 30 Vaseline, 20 Propylenglykol u. 20 W.; **V**: 46 Tween 61, 4 Ketostearylalkohol u. 50 Kakaobutter u. **VI**: Kakaobutter. Den Zubereitungen wurden keine Puffer-Lsgg. oder Konservierungsmittel zugesetzt; sie wurden bei 20—25° (**III**, **IV** u. **V**) oder bei 10, 20 bis 25 u. 40° (**VI**) aufbewahrt. In verschiedenen Zeitabständen (bis 1 Jahr) wurde jodometr. der **I**- bzw. **II**-Geh. ermittelt. In **III** sind **I** u. **II** beständig. In **IV** erweist sich **II** stabiler als **I**, wenngleich auch die Haltbarkeit von **II** nicht zufriedenstellend ist. Die Aktivität von **I** nimmt bereits am 3.—4. Tag um 20% ab, nach 40 Tagen beträgt der Verlust in beiden Zubereitungen ca. 20%. In **V** nimmt die Aktivität von **I** u. **II** allmählich ab; nach 3 Monaten beträgt der Verlust 25%. In **VI** ist **II** stabiler als **I**; während **II** keinen Aktivitätsverlust zeigt, verliert **I** in **VI**, bei 20—25° aufbewahrt, 80%, bei 40° aufbewahrt, 70% u. 40% seiner Aktivität, wenn die Zubereitung in einer Kammer mit einem Feuchtigkeits-Geh. von 80% aufbewahrt wird. **I** u. **II** werden von der Rectumschleimhaut in gleicher Weise gut resorbiert. H. P. Fiedler. 4792□

NFN-Namen. Von Nordiska farmakopenämnden (Nordischer Pharmakopöe-Ausschuß) anerkannte Namen. 18. Liste. Anonym. (Svensk farmac. Tidskr. **64.** 440—49. 30/5. 1960.) (Schwed.) — 17. vgl. Svensk farmac. Tidskr. **63.** [1959.] 536.

Verzeichnis von 107 Namen neuer Arzneimittel mit Angabe der chem. Bezeichnungen u. der Verw.-Zwecke. R. K. Müller. 4800□

Ein neuer hochreaktionsfähiger Aluminiumhydroxidkomplex zur Behandlung der Magenhyperacidität. 1. Mitt. **Über die Geschwindigkeit der in-vitro-Säureneutralisation.** E. T. Hinkel jun., M. P. Fisher und M. L. Tainter. (J. Amer. pharmac. Assoc., sci. Edit. **48.** 380—83. Juli 1959. Rensselaer, N.Y., Sterling-Winthrop Res. Inst.) (Engl.)

Es wurden Tabletten (*Creamalin*, Winthrop Labors.) geprüft, welche einen neuen, hochreaktionsfähigen polymeren Al-Hydroxidhexitolkomplex (**I**) in einer Menge, die 320 mg getrocknetem Al-Hydroxidgel (**II**) entspricht, u. 75 mg Mg-Hydroxid enthalten. 1 g **I** bindet 318 ml 0,1n HCl u. ist damit in seinem Säurebindungsvermögen dem bisher üblichen **II** überlegen. Da **I** schon in 30 Min. 85% seines Säurebindungsvermögens abgesättigt hat, wirkt **I** auch schneller antacid als **II**. H. P. Fiedler. 4804□

Ein neuer hochreaktionsfähiger Aluminiumhydroxidkomplex zur Behandlung der Magenhyperacidität. 2. Mitt. **In-vitro-Pufferkapazität und Dauer der Wirkung.** E. T. Hinkel jun., M. P. Fisher und M. L. Tainter. (J. Amer. pharmac. Assoc., sci. Edit. **48.** 384—88. Juli 1959.) (Engl.) — 1. vgl. vorst. Referat.

Im Vgl. zu einem klin. erprobten, fl. Aluminiumhydroxidgel zeigen *Creamalin*-Tabletten im in vitro-Test prakt. die gleiche Pufferkapazität u. Wrkg.-Dauer; im Vgl. zu anderen Tabletten erweisen sie sich als überlegen. Selbst bei Überdosierung wird die physiolog. zweckmäßige pH-Grenze (3,5—4,5) kaum überschritten.

H. P. Fiedler. 4804□

Vorschläge zur Arzneibuch-Analytik. L. Rosenthaler. (Dtsch. Apotheker-Ztg. **101.** 243—46. 2/3. 1961.) (Dt.)

Vf. empfiehlt für die Arzneibuchanalytik mikrochem. Rkk. für Al^{3+}, NH_4^+, Sb^{3+}, Pb^{2+}, Fe^{2+}, Fe^{3+}, K^+, Ca^{2+}, Cu^{2+}, Li^+, Mg^{2+}, Na^+, Hg^+, Hg^{2+}, Ag^+, Bi^{3+}, Zn^{2+}, ClO_3^-, BO_3^{3-}, NO_3^-, Cl^-, SO_4^{2-}, PO_4^{3-}, Br^-, $H_2PO_2^-$, AsO_3^{3-}, As_2O_3, NO_2^-, SO_3^{2-}, $S_2O_3^{2-}$, CO_3^{2-}, HCO_3^- u. J^-. S. Erbe. 4880□

Über Verbrauch und Beurteilung von Tinkturen und Fluidextrakten. A. Przybilka. (Dtsch. Apotheker-Ztg. **101.** 239—41. 2/3. 1961. Osnabrück, Schinkel-Apotheke.) (Dt.)

Zur Charakterisierung u. Prüfung von Tinkturen u. Extrakten wird die Best. der Dichte u. der Capillaranalyse empfohlen. Dichten u. Capillarleitbilder für 30 Tinkturen u. Extrakte werden angegeben. — 28 Literaturangaben. S. Erbe. 4880□

Abtrennung von Zersetzungsprodukten des Phenobarbital-Natriums mittels Papierchromatographie. A. J. Kapadia, J. E. Goyan und J. Autian. (J. Amer. pharmac. Assoc., sci. Edit. **48.** 407—09. Juli 1959. Ann. Arbor, Univ. of Michigan, Coll. of Pharm.) (Engl.)

Mittels der aufsteigenden Papierchromatographie ist es möglich, die in wss. Lsg. vorliegenden Zers.-Prodd. des *Phenobarbital-Na* zu trennen u. zu identifizieren. Als

Lsgm. eignet sich mit Boratpuffer (pH 10) gesätt. n-Amylalkohol oder ein Gemisch aus 125 (ml) Isopropylalkohol, 75 n-Hexyl-, n-Heptyl- oder n-Octylalkohol, 50 Methylalkohol u. 50 28% ig. NH_4OH. Zur Identifizierung der *Barbiturate* (I) wird das Papier mit 1% ig. Co-Nitrat-Lsg. besprüht u. getrocknet. Rosa gefärbte Flecken zeigen die I an. Wird als Sprühreagens Cu-Sulfat verwendet, erscheint Phenyläthylessigsäure als blaugrüner Fleck. Eine 0,04% ig. Bromkresolgrün (II)-Lsg. in A., die durch Zugabe von NaOH auf blaugrün eingestellt ist, läßt die sauren Komponenten gelb u. die bas. Prodd. als blaue Flecken erscheinen. Die Barbitursäuren werden durch II nicht angefärbt. *Harnstoff* (III liefert gelbe Flecken, wenn das Papier mit einer 2%ig. p-Dimethylaminobenzaldehyd-Lsg. in 1,2n HCl besprüht wird. War das Filtrierpapier gepuffert, lieferten die oben genannten Prodd. nach dem Auftragen der Sprühreagentien bis auf III keine gefärbten Flecke; in diesem Fall ist die Identifizierung im UV-Licht erforderlich.

H. P. Fiedler. 4880□

Komplexometrische Theophyllin-Bestimmung. Z. Blagojević, P. Bradić und M. Bunović. (Schweiz. Apotheker-Ztg. **98.** 654—57. 3/9. 1960. Belgrad, Fac. de Pharm., Inst. de Pharm. chim.) (Franz.)

100 mg des zuvor 4 Std. bei 100° getrockneten *Theophyllins* (I) werden in 100 ml Methanol gelöst. Zu 1—2 ml dieser Lsg. gibt man 10 ml einer 0,5% ig. Lsg. von neutralem Cu-Acetat in Methanol. Die gut verschlossenen Gläschen läßt man 3 Std. stehen u. zentrifugiert dann 15 Min. bei 1500 U/min, die überstehende Lsg. wird dekantiert u. der Nd. 3mal mit je 15 ml Methanol gewaschen. Der Nd. wird schließlich 30 Min. bei 100° getrocknet u. in 3 ml verd. Essigsäure gelöst. Die Lsg. wird mit 3 ml wss. Na-Acetat Lsg. (125 g in 500 ml W.) versetzt, zum Sieden erhitzt, die heiße Lsg. mit α-Pyridylazo-β-naphthol-Indicator versetzt u. mit einer 0,05 m Lsg. des Di-Na-Salzes der Äthylendiamintetraessigsäure bis zur Gelbfärbung titriert. 1 ml dieser Lsg. entspricht 0,018 mg wasserfreiem I. In analoger Weise kann auch der Cu-Überschuß im Filtrat bestimmt werden: Zur Dekantierungs- u. Wasch-Fl. werden 3 ml verd. Essigsäure u. 3 ml Na-Acetat-Lsg. gegeben. Die Lsg. wird erhitzt u., wie oben angegeben, weiterbehandelt. In beiden Fällen werden reproduzierbare Werte erhalten; Fehlergrenze der Meth. ±2%.

H. P. Fiedler. 4880□

Digitalis und Arzneibuch. L. Fauconnet. (Pharmac. Acta Helvetiae **36.** 10—15. Jan./März 1961. Beil. zu: Schweiz. Apotheker-Ztg. Lausanne, Univ., Labor. de Pharmacogn.) (Franz.)

Überblick über die Entw. der Therapie mit Digitaliszubereitungen u. ihrer quant. Wert-Best. nach biolog. u. chem. Methoden. Vf. empfiehlt die getrennte Best. einzelner Wirkstoffe. F. v. Gizycki. 4880□

Die Bestimmung von Reserpin in Tabletten durch Infrarot-Spektrophotometrie. William R. Maynard jun. (J. Assoc. off. agric. Chemists **41.** 676—79. Aug. 1958. Richmond, Va., Virginia Dep. Agric., Div. of Chem. and Foods.)

Eine IR-Meth. zur Best. von *Reserpin* (I), sowie der üblichen Nebenalkaloide in Tabletten u. Kapseln wird beschrieben. Eine 5,0 mg I enthaltende, gepulverte Tablettenprobe wird mit 5,0 ml Chlf. geschüttelt, filtriert u. das Filtrat bei einer Schichtdicke von 1,0 mm, einer Spaltbreite von 100 u. λ 5,78 μ gemessen. Der Vgl. wird gegen 10,0 mg I-Standard in 5,0 ml Chlf. durchgeführt. Auf Verunreinigung durch Nebenalkaloide wird in folgender Weise geprüft: die Absorption von *Rescinnamin* (II) wird bei 7,58 μ gemessen u. mit einem Standard verglichen. Wird bei 6,1 μ die Gesamtabsorption von I u. II bestimmt u. ist zuvor für I u. II die Absorption bei 6,1 μ aus dem Standard bestimmt, so ergibt sich der I-Geh. nach Abzug des II zukommenden Anteils. *Deserpidin* zeigt bei 6,1 μ keine u. gibt bei Anwesenheit aller 3 Alkaloide bei 5,78 μ eine zusätzliche Absorption. Verunreinigungen unter 3% würden schwierig festzustellen sein, da die Banden zu schwach sind. Bei Anwesenheit von Verunreinigungen würden KBr-Preßlinge wahrscheinlich zuverlässigere Ergebnisse liefern als Chlf.-Lösungen. H. Althoff. 4880

A. Nattermann & Cie. (Erfinder: Ernst Klenk, Hildegard Debuch und Hans Eikermann), Köln/Rh., **Lysolecithin** mit ungesätt. u. essentiellen Fettsäuren wird erhalten, wenn man man die an sich bekannte Lecithinhydrolyse durch Schlangengiftenzyme auf die isolierten Cholinphosphorsäurediglyceridester der Sojabohne anwendet. — 5,7 g des kephalinfreien Cholinesters der Diglyceridphosphorsäure werden in 570 cm^3 peroxidfreien Ae. gelöst, mit 6 cm^3 einer wss. Lsg. von 18 mg Schlangengift (Crotalus adamenteus) versetzt u. 24 Std. bei Raum-Temp. unter öfterem Schütteln stehengelassen. Das Lsgm. wird ohne Rücksicht auf den Bodensatz im Vakuum abdest., wobei 2,9 g Cholinester der Monoglyceridphosphorsäure mit 28% mehrfach ungesätt., essentiellen Fettsäuren, berechnet auf Gesamtfettsäuren, anfallen. Das Lysolecithin wirkt zwar hämolysierend, kann aber bei geeigneter Konz. dennoch i.v. injiziert werden. — Mittel zur Behandlung von *Kreislauf-* u. *Gefäßkrankheiten.* (**D. A. S. 1 078 282** Kl. 30h vom 10/7. 1957, ausg. 24/3. 1960.) W. HEYER. 4791

Rohm & Haas Co., Philadelphia, Pa., übert. von: Francis M. Thurmon, Boston, Mass., V.St.A., **Hautsalbe,** enthaltend in Salbengrundlage 2—35% eines sauren Kationenaustauscherharzes, welches einen pH-Wert von 3—5,5 erzeugt. Man kann auch eine entsprechende Lotion herstellen. Die Mittel sind geeignet zur Behandlung von Entzündungen, Infektionen u. zur Beseitigung von Gerüchen. (**A. P. 2 919 230** vom 29/10. 1953, ausg. 29/12. 1959.) K. KOEBKE. 4793

Ernst Ulsperger, Berlin, **Herstellung von Carbamidsäureestern aliphatischer Polyhydroxyverbindungen** durch Umsetzung von Polyhydroxy-Verbb. mit 3 bis 15 OH-Gruppen mit höhermol. Alkylisocyanaten oder durch Umsetzung von Tetraacetylglucopyranosylisocyanat-(1) mit höhermol. Alkoholen in Dimethylformamid (I) bei 60—150°. — 3 (Mol) Glycerin u. 1 n-Heptylisocyanat werden in I einige Zeit erhitzt, das erkaltete Rk.-Prod. wird in sd. W. aufgenommen u. der Kristallisation überlassen: *α-[N-(n-Heptyl)-carbaminsäure]-glycerinester,* F. 53—58° (Ae.). — Analog: *N-[n-Octyl]-carbaminsäuremannitester-(1),* F. 151,5—153,5° (A.). — *Saccharose-N-[n-dodecyl]-urethan* (Isomerengemisch), F. 110°. — *N-[n-Heptyl]-α-D-galactopyranoseurethan-(6),* F. 125 bis 126° (Methanol–PAe.). — *N-[β-D-Glucopyranosyl]-carbaminsäure-n-octylester,* F. 169° (erweicht bei 138,5°). — *Detergentien, Hämolytica, Cytostatica.* (**D. P. [DDR] 22 206** Kl. 12o vom 5/3. 1957, ausg. 16/10. 1961 [Wirtschaftspatent].) L. GROSSNER. 4807

Chemische Fabrik C. H. Boehringer Sohn (Erfinder: Hans Merz), Ingelheim/Rh., **Herstellung eines Morphinderivates.** *6-Acetyl-7.8-dihydro-3-äthylmorphin* (I) u. dessen Salze erhält man durch Acetylierung von 7.8-Dihydro-3-äthylmorphin (II) oder durch katalyt. Hydrierung von 6-Acetyl-3-äthylmorphin u. Reinigung der Rk.-Prodd. über das Bitartrat. — 79 (g) II werden mit 160 Acetanhydrid 2 Std. auf 100° erwärmt, nach mehrstd. Stehen wird mit 500 cm³ W. versetzt, mit NH_3 auf pH 7 eingestellt, filtriert u. durch weiteren Zusatz von NH_3 gefällt. Der trockene Nd. wird in 600 cm³ A. mit 55 Weinsäure in 170 cm³ A. heiß versetzt, das erhaltene Bitartrat wird in 120 cm³ W. gelöst u. die Base wie oben mit NH_3 gefällt: I, F. 138—140°; $[\alpha]_D$ —95° (1% in A.); Ausbeute 96%. I-*Hydrochlorid,* F. 237—239°. I-*Hydrobromid,* F. 234—235°. I-*Bitartrat,* F. 180—182°. I-*Phosphat,* F. 225°. I-*Perchlorat,* F. 199—200°. — *Hustenstillendes Mittel.* (**D. P. [DDR] 22 500** Kl. 12p vom 19/2. 1960, ausg. 29/12. 1961 [Ausschließungspatent].) L. GROSSNER. 4807

Helmut Röhnert und Ernst Carstens, Radebeul, und Hermann Barth, Dresden, **Herstellung von 3.4.5-Trimethoxybenzoylamiden** der allg. Formel I (R = Alkylrest mit mindestens 2 C-Atomen, Cycloalkylrest oder die Gruppen $-CH_2-COOR'$ oder $-CH_2-CH_2-NR'R'$, wobei R' = niedermol. Alkylrest), durch Umsetzung von 3.4.5-Trimethoxybenzoylchlorid (II) mit einem entsprechenden Amin. — Zu 65 (g) Butylamin in 250 ml W. werden bei <40° 30 II in 250 ml Essigester gegeben, es wird 3 Std. gerührt, die organ. Schicht abgetrennt u. aufgearbeitet: *3.4.5-Trimethoxybenzoylbutylamid,* F. 127°; Ausbeute 80—90%. — Weitere 3.4.5-Trimethoxybenzoylamide: *n-Hexyl-,* F. 109 bis 110°. — *Cyclohexyl-,* F. 180°. — *Carbäthoxymethyl-,* F. 110—111°. — *Diäthylaminoäthyl-,* F. 92—94°. — *Tranquillosedativa.* (**D. P. [DDR] 22 186** Kl. 12o vom 11/5. 1959, ausg. 12/10. 1961 [Wirtschaftspatent].) L. GROSSNER. 4807

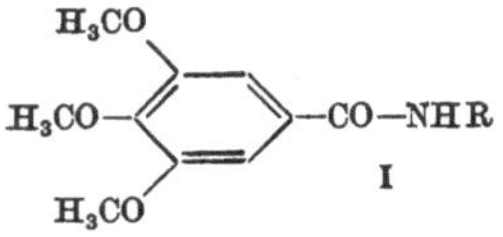

Ernst Carstens, Radebeul, und Hans-Joachim Heidrich, Dresden, **Herstellung von Sulfonylharnstoffen** der allg. Formel $H_2N-(CH_2)_n-SO_2-NH-CO-NHY$, (n = 0—8; Y = Alkyl oder Cycloalkyl), aus aliphat. Sulfonamiden, Sulfonylisocyanaten, -halogeniden, -guanidinen, -harnstoffen, -thioharnstoffen u. -urethanen. — Zu 50,8 g 2-Phthalimidoäthansulfonylamid in 300 ml n-NaOH werden 400 ml Aceton u. 24 g n-Butylisocyanat gegeben, nach mehrstd. Stehen wird das Aceton abdest., der Rückstand mit W. versetzt u. filtriert. Der beim Ansäuern des Filtrats mit HCl erhaltene Nd. wird 2mal mit Soda-Lsg./HCl umgefällt. 10 g umgefällter Nd. (F. 115—117°), 65,5 ml 95%ig. A. u. 1,7 g 88%ig. Hydrazinhydrat werden 3 Std. am Rückfluß gehalten, danach wird abgesaugt u. das Filtrat eingedampft. Die Rückstände werden in 75 ml W. mit verd. HCl kongosauer gestellt, es wird filtriert u. das Filtrat eingedampft: *N-[2-Aminoäthansulfonyl]-N'-[n-butyl]-harnstoffhydrochlorid,* F. 124—126° (A.). — Aus Sulfamid u. Cyclohexylisocyanat *Aminosulfonylcyclohexylharnstoff,* F. 138,5—140°. — Aus Aminosulfonylisopropylurethan u. n-Butylamin *N-Aminosulfonyl-N'-[n-butyl]-harnstoff,* F. 148—149°. — *Orale Antidiabetica.* (**D. P. [DDR] 22 101** Kl. 12o vom 14/10. 1958, ausg. 9/10. 1961 [Wirtschaftspatent].) L. GROSSNER. 4807

Beecham Research Laboratories Ltd. (Erfinder: Alan Queen), **Herstellung von S-Estern des Thiopropylensulfids** der allg. Formel I, in der R eine Alkylgruppe mit 2—12 C-Atomen, eine substituierte Alkylgruppe mit nicht >12 C-Atomen in der Alkylgruppe, oder eine substituierte oder unsubstituierte Arylgruppe. Aralkylgruppe mit nicht >12 C-Atomen in der Alkylgruppe, Alkoxygruppe mit nicht >12 C-Atomen in der Alkylgruppe, Cycloalkylgruppe mit nicht >12 C-Atomen oder eine heterocycl. Gruppe enthält. Man erhält I durch Rk. eines 3-Mercaptopropylensulfids mit einer Verb. der allg. Formel R·COX (II), in der R für eine substituierte oder unsubstituierte Alkylgruppe mit nicht >12 C-Atomen in der Alkylgruppe, Arylgruppe, Aralkylgruppe mit nicht >12 C-Atomen in der Alkylgruppe, Alkoxygruppe mit nicht >12 C-Atomen in der Alkylgruppe, Cycloalkylgruppe mit nicht >12 C-Atomen oder heterocycl. Gruppe steht u. X ein Halogenatom bedeutet, u. anschließende Behandlung des erhaltenen Prod. mit einer schwachen Base, z. B. $NaHCO_3$. — Beispiele für **II**: Chloracetylchlorid, Chlorbenzoylchlorid, Äthylchlorformiat, Propionylbromid, für **I**: *3-Chloracetylthiopropylensulfid*, $Kp._{0,2}$ 88°; *3-Äthoxycarbonylthiopropylensulfid*, $Kp._{0,01}$ 60°; *3-[Äthoxycarbonyl]-acetylthiopropylensulfid*, $Kp._{0,15}$ 110—111°; *3-Benzoylthiopropylensulfid*, $Kp._{0,05}$ 116°; *3-p-Chlorbenzoylthiopropylensulfid*, F. 74°; *3-Propionylthiopropylensulfid*, $Kp._{0,2}$ 94—96°. Weitere 22 Beispiele. — *Medikamente.* (**Aust. P. 226 520** vom 17/9. 1957, ausg. 25/2. 1960.) H. NEBELSIEK. 4807

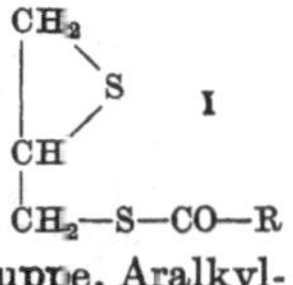

I

T. & H. Smith Ltd., Edinburgh, Schottland (Erfinder: Robert Goodman Johnston, William Barnes, Colin Grant Haining, Frederick Randall Smith und William Young Samuel), **Herstellung von als Lokalanästhetica dienenden quaternären N-Verbindungen** der allg. Formel I (X = Cl, Br, J; R = Alkyl C_3—C_8, Benzoyl- oder Chlorbenzoylmethyl-, 2-Phenoylmethyl- oder Styrylmethylrest) erhält man durch Rk. von ω-Diäthylamino-2.6-dimethylacetanilid (II) mit einer Verb. der allg. Formel RX bei ca. 100° u. in Ggw. eines polaren Lösungsmittels. — Man erhitzt z. B. 11,99 (g) II mit 7,81 Zimtsäurechlorid (III) u. 50 cm³ Aceton 11 Std. unter Rückfluß u. erhält nach 2maligem Waschen des Nd. mit je 25 cm³ abs. Ae. u. Trocknen bei 50° 13,49 II-III, F. 202—203° (Essigester–Isopropanol). — Weiter II-Salze mit: *n-Propylbromid*, F. 200—201°. — *n-Butylbromid*, F. 160—161°. — *2-Thenoylmethylbromid*, F. 189°. — *n-Amylbromid*, F. 116—118°. — *n-Hexylbromid*, F. 112—115°. — *n-Octylbromid*, F. 118—119°. — *Phenacylchlorid*, F. 165—166°. — *m-Chlorphenacylbromid*, F. 168—169°. (**E. P. 866 604** vom 31/5. 1958, ausg. 26/4. 1961.) O. MÜLLER-MEININGEN. 4807

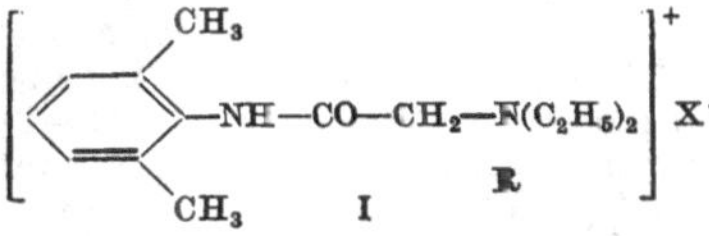

I

F. Hoffmann-La Roche & Co. Akt.-Ges., Basel (Erfinder: Hugo Gutmann, Birsfelden, Otto Straub, Bottmingen, und Paul Zeller, Neuallschwil), Schweiz, **Herstellung von substituierten Säurehydraziden** der allg. Formel $(R_1)(R_2)(R_3)C—CO—NH—NH—R_4$ (R_1 u. R_2 = niedere Alkylreste oder gemeinsam = niederer Alkylenrest; R_3 = H oder niederer Alkylrest; R_4 = Aralkylrest oder alicycl. oder gesätt. aliphat. KW-Stoffrest mit ≦ 6 C-Atomen), u. deren *Salzen* durch Umsetzung der entsprechenden Säure, bes. der Trimethylessigsäure (I), der Cyclobutan- oder Cyclohexancarbonsäure oder eines ihrer funktionellen Derivv., bes. des Esters, Halogenids, Amids oder Anhydrids, mit einem entsprechend substituierten Hydrazin, bes. Isopropyl- oder Benzylhydrazin (II) in Ggw. eines N.N'-disubstituierten Carbodiimids, bes. Dicyclohexylcarbodiimid (III), bei 15—30°, ggf. in Ggw. eines Lsgm., oder durch Kondens. des unsubstituierten Säurehydrazids mit einer aromat., araliphat. oder einer bis zu 6 C-Atomen enthaltenden alicycl. oder gesätt. aliphat. Carbonyl-Verb., bes. Aceton oder Benzaldehyd, u. entweder katalyt. Red. des erhaltenen Hydrazons oder Umsetzung des letzteren mit einer GRIGNARD-Verb. u. Hydrolyse des gebildeten Additionsproduktes. — 10,2 (g) I, 10,1 Triäthylamin u. 15,8 II-Monohydrochlorid werden in 300 cm³ CH_3CN 1 Std. bei Raum-Temp. gerührt; nach Zugabe von 20,6 III wird 3 Std. bei ≦ 30° gerührt, danach filtriert, eingedampft, in Ae. aufgenommen, der Ae.-Extrakt mit $NaHCO_3$-Lsg. gewaschen, mit 3n HCl extrahiert, der Säureauszug mit NaOH auf pH 7—8 gebracht u. ausgeäthert: *1-Trimethylacetyl-2-benzylhydrazin*, F. 68—69°. Analog folgende Hydrazine: *1-Cyclopropylcarbonyl-2-isopropyl-*, F. 123—126° (Essigester). — *1-Cyclohexylcarbonyl-2-isopropyl-*, F. 122—123° (Essigester–PAe.). — *1-Cyclopropylcarbonyl-2-[sek.-butyl]-*, F. 92—93° (Essigester). — *1-Cyclobutylcarbonyl-2-benzyl-*, F. 95—97° (Bzl. u. W.). — *1-Trimethylacetyl-2-isopropyl-*, F. 83—84° (PAe.). — *1-Cyclobutylcarbonyl-2-isopropyl-*, F. 116—118° (Essigester). — *1-Isobutyryl-2-isopropyl-*, F. 66—68° (PAe.). — *1-[2-Äthylcaproyl]-2-isopropyl-*, F. 89 bis 90° (PAe.). — *Heilmittel*; Inhibitoren der Monoaminoxydase. — Vgl. D. A. S. 1 087 136;

C. **1961.** 15841. (**D. P.** [**DDR**] **20 161** Kl. 12q vom 27/6. 1958, ausg. 9/11. 1960 [Ausschließungspatent]. **F. P. 1 204 741** vom 1/7. 1958, ausg. 27/1. 1960. Beide Schwz. Prior. 3/7. u. 11/10. 1957. **Oe. P. 208 348** vom 26/6. 1958, ausg. 25/3. 1960. Schwz. Prior. 3/7. 1957.) L. GROSSNER. 4807

A. H. Robins Co., Inc., Richmond, Va., V.St.A., **Herstellung aromatischer Ester von Pyrrolidinolen-(3).** Man läßt ein 1-Cycloalkylpyrrolidinol-(3), dessen Cycloalkylrest 5—7 C-Atome aufweist, mit etwa der äquivalenten Menge einer Verb. der Formel Ar—C(=O)X reagieren (X = Halogen; Ar = Phenylrest, ggf. substituiert durch einen Alkoxyrest mit 1—4 C-Atomen oder durch 1—3 Alkylreste mit je 1—4 C-Atomen). — Zum Beispiel entsteht aus 1-Cyclohexylpyrrolidinol-(3) u. Benzoylchlorid in Bzl. bei 20—25 *1-Cyclohexyl-3-benzoyloxypyrrolidinhydrochlorid*, F. 157—159°. — Analog: *1-Cyclohexyl-3-[2'.4'.6'-trimethylbenzoyloxy]-pyrrolidinhydrochlorid*, F. 183—185°. — *1-Cyclohexyl-3-[p-(n-butoxy)-benzoyloxy]-pyrrolidinhydrochlorid*, F. 148—149°. — *Ar = Phenyl, Cycloalkyl (R)* = C_5H_9, F. 123—124°. — *Ar = Phenyl, R* = C_8H_{11}, F. 157 bis 159°. — *Ar = Phenyl, R* = C_7H_{13}, F. 155—156°. — *Ar = o-Toluyl, R* = C_6H_{11}, F. 145 bis 147°. — *Ar = Mesitylyl, R* = C_6H_{11}, F. 183—185°. — *Ar = p-Toluyl, R* = C_6H_{11}, F. 154—156°. — *Ar = p-[n-Butoxy]-phenyl, R* = C_6H_{11}, F. 148—149°. — *Ar = p-Methoxyphenyl, R* = $-CH_2-C(H)(CH_3)_2$, F. 127—129°. — *Ar = p-Methoxyphenyl, R* = C_2H_5, F. 123—124°. — *Pharmazeutica.* (**Holl. P. 97 077** vom 16/4. 1958, ausg. 15/2. 1961. **E. P. 855 430** vom 15/4. 1958, ausg. 30/11. 1960. Beide A. Prior. 16/4. 1957.) F. BÖHM. 4807

Ciba Pharmaceutical Products, Inc., Summit, übert. von: Renat Herbert Mizzoni, Long Valley, N.J., V.St.A., **Herstellung von 1.3-disubstituierten Phenyl-2-thioharnstoff,** dad. gek., daß man ein Phenylisothiocyanat, welches in 4-Stellung eine Alkoxygruppe mit 4—5 C-Atomen oder eine niedermol. N.N-Dialkylaminoalkoxygruppe enthält, mit einem Anilin, welches in 4-Stellung den Rest Py—[C(R)=CH]$_n$— trägt, wobei Py eine Pyridylgruppe, R = H, ein niedermol. Alkyl- oder ein monocycl. Arylrest u. n = 1—2 ist, in z. B. A., CH_3OH, Aceton, Äthylmethylketon oder Dioxan bei Raum-Temp. oder bei erhöhter Temp. unter Rückfluß umsetzt. — Aus 4-[2''-Pyridyl-(2)-äthenyl]-anilin u. 4-Isopentyloxyphenylisothiocyanat → 1-[*4'-Isopentyloxyphenyl*]*-3-{4''-[2'''-pyridyl-(2)-äthenyl]-phenyl}-2-thioharnstoff*, F. 143,5—146°. — Analog werden folgende Thioharnstoffe hergestellt: *1-[4'-Isobutyloxyphenyl]-3-{4''-[2'''-pyridyl-(2)-äthenyl]-phenyl}-*, F. 139°; *1-[4'-n-Butyloxyphenyl]-3-{4''-[2'''-pyridyl-(2)-äthenyl]-phenyl}-*, F. 168—169°; *1-[4'-Isopentyloxyphenyl]-3-{4''-[2'''-methyl-2'''-pyridyl-(2)-äthyl]-phenyl}-*, F. 124,5—125,5°; *1-[4'-Isobutyloxyphenyl]-3-{4''-[2'''-methyl-2'''-pyridyl-(2)-äthenyl]-phenyl}-*, F. 113—114°. — *Tuberkulosemittel.* (**A. P. 2 949 459** vom 26/1. 1959, ausg. 16/8. 1960.) W. HEYER. 4807

W. R. Grace & Co., New York, N.Y., übert. von: Bernard Rudner, Pittsburgh, Pa., V.St.A., **Herstellung von Aralkylhydraziniumsalzen** der allg. Formel $[R^1R^2C(OH)-A-N(R^3)(R^4)-NH_2]X$ (R^1 = Phenyl, Alkyl-, Halogen-, Alkoxyphenyl oder Benzyl; R^2 = H, Alkyl, Cycloalkyl, Phenyl, Alkoxy-, Halogen- oder Alkylphenyl; R^3 u. R^4 = niedermol. Alkyl oder zusammen mit N ein Piperidino-, Morpholino-, Piperazino- oder Pyrrolidinorest; A = Alkylen; X = Amin). — Man löst z. B. 10 (g) 3-(Piperidino)-1-cyclohexyl-1-phenylpropanol-(1)-hydrochlorid („Artan"-Hydrochlorid) in 200 cm³ mit Na_2CO_3 gesätt. W., extrahiert die freie Base mit 250 cm³ Chlf. u. behandelt die wasserfreie Chlf.-Lsg. mit NH_2Cl-Dampf, filtriert NH_4Cl ab u. erhält durch Eindampfen des Filtrats 10,9 Rohprod., das man durch Umfällen aus einer CH_3OH-Lsg. mit Essigester reinigt. Man erhält hierbei 89% *1-Amino-1-[3-phenyl-3-cyclohexyl-3-hydroxypropyl]-piperidiniumchlorid*, F. 227—228°; *Pikrat*, F. ca. 267°; *Hexafluorphosphat*, F. 173°. — Methylstyroloxid + Dimethylhydrazinhydrobromid → *1.1-Dimethyl-1-[2-hydroxy-2-phenylpropyl]-hydraziniumbromid*, F. 136—138° (Essigester–Isopropanol); *Pikrat*, F. 141—143°. — Opt.-akt. *d-10-Campfersulfonat*, F. 171—172° (Zers.). — 2-Methyläthylamino-1-phenylpropanol-(1)-(„Methamin")-hydrochlorid + $ClNH_2$ (I) → racem. *1-Äthyl-1-methyl-1-[1'-(α-hydroxybenzyl)-äthyl]-hydraziniumchlorid*, $C_{12}H_{21}ClN_2O$, F. 162—164° (CH_3OH–A.), *Diäthylbarbiturat*, F. 181—182°. — N-Aminomorpholinhydrochlorid + Benzyläthylenoxid → *4-Amino-4-[2'-hydroxy-3'-phenylpropyl]-morpholiniumchlorid*; *Pikrat*, F. 128—129°. — N-[3-Cyclohexyl-3-phenyl-3-hydroxypropyl-(1)]-pyrrolidin-(„Procyclidin")-hydrochlorid + I → *1-Amino-1-[3'-phenyl-3'-hydroxy-3'-cyclohexylpropyl]-pyrrolidiniumchlorid*, $C_{19}H_{31}ClN_2O$, F. 201—202° (Isopropanol); *Fluorphosphat*, F. 170—171°; *Pikrat*, F. 68—72°; *Jodid*, F. 187—190°, *Sulfat*, F. ca. 217° (Zers.); *o-Acetoxybenzoat*, F. 156—158°. — 1.1-Diphenyl-3-dimethylaminopropanol-(1)- + NH_2OH-o-Sulfonsäure → *1.1-Dimethyl-1-[3'.3'-diphenyl-3'-hydroxypropyl]-hydraziniumsulfat*, F. 233° (Zers.). — *Blutdrucksenkende Mittel.* (**A. P. 2 957 873** vom 4/8. 1958, ausg. 25/10. 1960.) O. MÜLLER-MEININGEN. 4807

F. Hoffmann-LaRoche & Co. Akt.-Ges., Basel (Erfinder: Hugo Gutmann, Birsfelden, Otto Straub, Bottmingen, und Paul Zeller, Neuallschwil), Schweiz, **Herstellung von Nicotinsäurehydrazidderivaten,** dad. gek., daß man ggf. substituierte Nicotinsäure in Ggw. eines Carbodiimids oder in Form ihrer Ester, Halogenide oder Amide mit einem substituierten Hydrazin kondensiert u. das gebildete Hydrazid ggf. in ein Salz überführt oder daß man die Säure in ihr Hydrazid überführt, dieses mit einer nichtaromat. Carbonyl-Verb. kondensiert u. das gebildete Hydrazon katalyt. reduziert. — 12,3 (g) Nicotinsäure (I), 10,1 Triäthylamin u. 150 cm^3 Acetonitril werden $\frac{1}{2}$ Std. mit 11,05 Isopropylhydrazin verrührt u. 20,63 Dicyclohexylcarbodiimid zugesetzt. Nach 4std. Rühren $< 30^0$ wird filtriert, eingedampft u. mit Bzl. extrahiert. — *1-Nicotinoyl-2-isopropylhydrazin,* F. 104—105°. — Die gleiche Verb. auch aus I-Hydrazid u. Aceton über 1-Nicotinoyl-2-isopropylidenhydrazin oder aus I-Methylester. — *1-Nicotinoyl-2-[butyl-(2')]-,* $Kp._{0,03}$ 116°, *-2-cyclohexyl-,* F. 119—121°, u. *1-[6'-Methylnicotinyol]-2-isopropylhydrazin,* F. 117—118,5°, aus I u. Butyl-(2)-hydrazin, I-Hydrazid u. Cyclohexanon bzw. 6-Methyl-I-hydrazid über 1-[6'-Methylnicotinoyl]-2-isopropylidenhydrazin. — *Heilmittel.* (**D. P. [DDR] 19 581** Kl. 12p vom 1/4. 1958, ausg. 6/8. 1960 [Ausschließungspatent]. Schwz. Prior. 9/4. 1957.) S. BÖTTCHER. 4807

Sterling Drug, Inc., New York, N.Y., V.St.A., **Herstellung von 6-Methoxy-8-[5-n-propylaminopentylamino]-chinolin.** Man erhitzt 40 (g) 5-n-Propylaminopentylchloridhydrochlorid (hergestellt aus 5-n-Propylaminopentanolhydrochlorid u. $SOCl_2$), 50 W. u. 69,6 6-Methoxy-8-aminochinolin 20 Std. auf 80° u. 4 Std. auf 99—102°, verd. mit 200 W., stellt den pH-Wert vorsichtig mit NaOH auf 4,5 u. mit Na-Acetat auf 5,1 ein, erwärmt auf 65° u. extrahiert 4mal mit je 200 Bzl. Die Extrakte werden mit W. gewaschen, das zu dem extrahierten Rk.-Gemisch gegeben wird, aus der beim Abkühlen das rohe Salz auskrist., das gereinigt u. über die freie Base in das Monophosphat, F. 82 bis 88° (korr.), übergeführt wird. — ***Mittel gegen Malaria.*** (**Ind. P. 62 703** vom 30/12. 1957, ausg. 16/3. 1960.) C. LÜTTGEN. 4807

F. Hoffmann-La Roche & Co. Akt.-Ges. (Erfinder: Hedwig Besendorf, Basel, Arnold Brossi, Riehen, und Otto Schnider, Basel), Schweiz, **Herstellung von 1-Phenyläthyltetrahydroisochinolinverbindungen** der allg. Formel I (R_1 = F, Cl oder Br; R_2 = H oder gerad- oder verzweigtkettiges Alkyl mit 1—4 C-Atomen; n = 1—3; R_1 kann eine beliebige Stellung im Benzolring haben), dad. gek., daß man ein 1-Alkanoyl-2-[β-acylaminoäthyl]-4.5-dimethoxybenzol mit einem Halogenbenzaldehyd kondensiert, das gebildete Styrylketon in Ggw. von sauren Kondens.-Mitteln, bes. CH_3COOH, zur 3.4-Dihydroisochinolin-Verb. cyclisiert, diese in bekannter Weise red., das entstandene substituierte 1-Phenyl-1.2.3.4-tetrahydroisochinolin in bekannter Weise am N methyliert u. die N-Methyl-Verb. ggf. in ein Salz überführt.

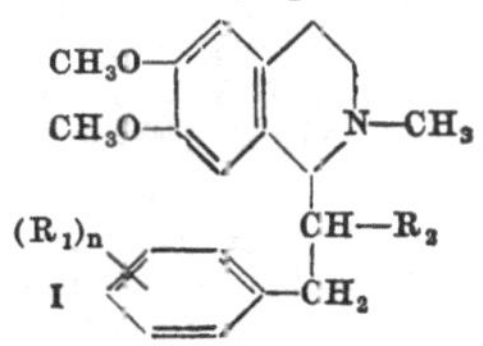

I

— Aus 2-[β-Acetylaminoäthyl]-4.5-dimethoxyacetophenon u. p-Chlorbenzaldehyd → *2-[β-Acetylaminoäthyl]-4.5-dimethoxy-[4'-chlorbenzyliden]-acetophenon,* F. 155°, daraus *1-[4'-Chlorstyryl]-6.7-dimethoxy-3.4-dihydroisochinolinhydrochlorid,* F. 196°; ebenso: *1-[2'-Chlorstyryl]-,* F. 200°; *1-[3'.4'-Dichlorstyryl]-,* F. 160—162°; *1-[3'-Chlorstyryl]-,* F. 200°, u. *1-[2'.4'-Dichlorstyryl]-6.7-dimethoxy-3.4-dihydroisochinolinhydrochlorid,* F. 216°. Durch Hydrieren in 80%ig. CH_3OH in Ggw. von Pt-Oxid erhält man das *1-[4'-Chlorphenäthyl]-6.7-dimethoxy-1.2.3.4-tetrahydroisochinolinhydrochlorid,* F. 238°; *-freie Base,* F. 69—70°, bzw. die entsprechende Verb.: *1-[2'-Chlorphenäthyl]-,* F. 189°; *1-[3'-Chlorphenäthyl]-,* F. 203—205°; *1-[2'.4'-Dichlorphenäthyl]-,* F. 250°; *1-[4'-Bromphenäthyl]-,* F. 233—235°, u. *1-[4'-Fluorphenäthyl]-,* F. 227—229°. Durch Methylieren am N-Atom mit z. B. CH_2O u. H_2 in Ggw. von RANEY-Ni → *1-[4'-Chlorphenäthyl]-2-methyl-6.7-dimethoxy-1.2.3.4-tetrahydroisochinolin,* F. 110—111°; *Hydrochlorid,* F. 105—106°, ebenso das entsprechende *1-[2'-Chlorphenyl]-, Hydrobromid,* F. 164°; *1-[3'.4'-Dichlorphenäthyl]-,* F. 94°, *Hydrochlorid,* F. 120°; *1-[3'-Chlorphenäthyl]-, Hydrochlorid,* F. 112°; *1-[2'.4'-Dichlorphenäthyl]-,* F. 108°; *1-[4'-Bromphenäthyl]-,* F. 116°, u. *1-[4'-Fluorphenäthyl]-,* F. 127—129°, *Hydrochlorid,* F. 109°. *1-[4'-Chlor-α-methylphenäthyl]-2-methyl-6.7-dimethoxy-1.2.3.4-tetrahydroisochinolin, Hydrobromid,* F. 194°. — *Analgetica, Spasmolytica,* sowie Zwischenprodd. zur Herst. von Arzneimitteln. (**D. A. S. 1 108 222** Kl. 12p vom 22/8. 1959, ausg. 8/6. 1961. Schwz. Prior. 4/9. 1958.) W. HEYER. 4807

Abbott Laboratories, North Chigaco (Erfinder: William Lionel Hartop jun., Waukegan), Ill., V.St.A., **Kristalline Alkalithiobarbiturate** (I) werden erhalten aus amorphen Alkalisalzen von 5-[Äthyl-5-α-methylbutyl]- bzw. 5-Allyl-5-[α-methylbutyl]- bzw. 5-Allyl-5-Δ^2-cyclohexenyl-2-thiobarbitursäure, indem letztere so lange in einem Dialkyläther, Alkylcarbonsäurealkylester oder Dialkylketon, ggf. unter Zusatz eines weiteren Lsgm. mit größerem Lösungsvermögen, gelöst oder aufgeschlämmt oder mit Dämpfen solcher Lsgm. behandelt werden, bis das betreffende I eine gleichmäßige weiße Farbe aufweist, worauf es von dem Lsgm. abgetrennt wird. Für die Ausgangs- u. Endverbb. sind die Werte des Röntgenbeugungsdiagramms angegeben. Die kristallinen I haben vor den amorphen I folgende Vorteile: Sie sind stabiler, weiß, nicht hygroskop., sehr leicht wasserlösl. u. leicht zu reinigen. — *Heilmittel.* (**D. A. S. 1 119 866** Kl. 12p vom 7/11. 1959, ausg. 21/12. 1961.) F. Hirsch. 4807

Badische Anilin- & Soda-Fabrik Akt.-Ges., Ludwigshafen/Rh. (Erfinder: Walter Reppe, Heidelberg, und Matthias Seefelder, Ludwigshafen/Rh.), **Barbitursäurederivate** der allg. Formel I (R_1, R_2, R_3 = H, aliphat., cycloaliphat., araliphat. oder aromat. Reste oder paarweise Glieder eines cycloaliphat. Ringes) werden erhalten durch Rk. eines Malonsäure-Deriv. der allg. Formel II [Y, Z = veresterte Carboxylgruppen, Y außerdem ggf. auch eine Nitrilgruppe] in Ggw. einer Verb. eines Metalls der 2. Nebengruppe des Period. Syst., bes. eines Salzes eines solchen Metalls mit einer organ. Säure, bei 120—300° in fl. oder dampfförmigem Zustand, ggf. in Ggw. eines Lsgm. oder Verdünnungsmittels mit Acetylen (III) u. Umsetzung des 2 Vinylgruppen enthaltenden Malonsäure-Deriv. in an sich bekannter Weise mit Harnstoff oder Guanidin, wobei im letzteren Fall die Iminogruppe durch saure Hydrolyse gegen O vertauscht wird. — 520 (Teile) Isopropylidenmalonsäurediäthylester werden mit 16 Zinkstearat mit einem III/N_2-Gemisch (2:1) bei 25 atü auf 180° erhitzt. Von Zeit zu Zeit wird weiteres III nachgepreßt. Wenn der Druck konst. bleibt, kühlt man das Gemisch ab, entspannt u. dest. → 430 Vinylisopropenylmalonsäurediäthylester (IV), $Kp._{18}$ 120°. Man trägt in 550 abs. A. zunächst 23 Na u. dann 103 Guanidincarbonat ein u. erhitzt 30 Min. unter Rückfluß. Danach werden 142 IV zugefügt u. 5 Std. unter Rückfluß erhitzt, der A. im Vakuum abdestilliert, der Rückstand mit 2100 HCl (19%) 3 Std. zum Sieden erhitzt, wobei 100 Destillat abgezogen wird. Der abgekühlte Rückstand wird mehrmals mit Ae. geschüttelt, die äther. Lsg. getrocknet u. der Ae. abdest. → 90 *5-Vinyl-5-isopropenylbarbitursäure,* F. 149,5° (aus Bzl.). — Analog wird erhalten aus Vinylcyclohexen-(1)-ylmalonsäurediäthylester ($Kp._{0,4}$ 116—118°) *5-Vinyl-5-cyclohexen-(1)-ylbarbitursäure,* F. 166—168° (aus Bzl.). — *Schlafmittel.* (**D. A. S. 1 119 867** Kl. 12p vom 10/6. 1959, ausg. 21/12. 1961.) F. Hirsch. 4807

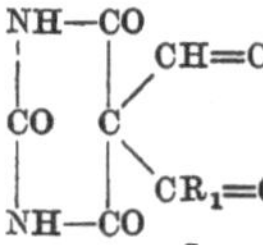

I

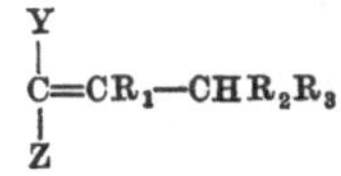

II

Knoll Akt.-Ges., Chemische Fabriken, Ludwigshafen/Rh. (Erfinder: Leonhard Schuler, Heidelberg, und Laszlo Suranyi, Mannheim), **Herstellung substituierter Pyrimidine.** Amidine vom Typus $H_2N-C(R)=NH$ (oder ihre Salze) werden mit α-Acetyl-γ-butyrolacton in Ggw. von bas. Kondens.-Mitteln umgesetzt u. die 5-β-Hydroxyäthylgruppe der erhaltenen Pyrimidine (I) in an sich bekannter Weise in eine Aminoäthylgruppe vom Typus $-CH_2-CH_2-NR_1R_2$ umgewandelt. Man erhält Verbb. der allg. Formel II. In dieser ist R ein Alkyl-, Cycloalkyl-, Aralkyl- oder Arylrest, R_1 u. R_2 sind H-Atome oder niedrigmol. Alkylreste. Die erste Stufe des Verf. wird in alkohol. Lsg. in Ggw. von Alkalihydroxiden oder -alkoholaten durchgeführt, die zweite Stufe (Weiterverarbeitung des β-Hydroxyäthyl-I) in Chlf. mit Thionylchlorid + HCl-Gas, wobei ein β-Chloräthyl-I entsteht, dieses wird im Druckgefäß mit NH_3 in das β-Aminoäthyl-I umgesetzt. — Hergestellt werden: *2.4-Dimethyl-5-[β-aminoäthyl]-6-hydroxypyrimidin·HCl,* F. 240°; *2.4-Dimethyl-5-[β-diäthylaminoäthyl]-6-hydroxypyrimidin,* F. 98°, *Hydrochlorid,* F. 209°. Die erhaltenen I können mittels Dialkylsulfaten, Alkyl- oder Aralkylhalogeniden in die entsprechenden quatern. Salze übergeführt werden, z. B. in β-[4-Methyl-6-hydroxypyrimidyl-(5)]-äthyltrimethylammoniummethylsulfat. Verw. als „Arzneimittel". (**D. A. S. 1 117 128** Kl. 12p vom 3/4. 1959, ausg. 16/11. 1961.) A. Kalix. 4807

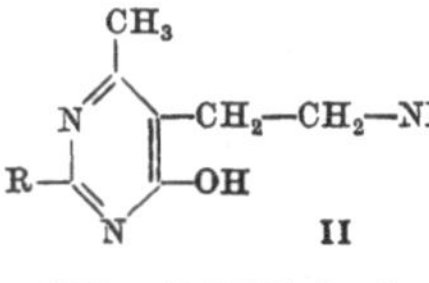

II

Lepetit S. p. A., Mailand, Italien (Erfinder: Emilio Testa, San Simone, Schweiz), **Herstellung von 5.5-Diäthyltetrahydro-1.3-oxazindion-(2.4)** (I) durch Einleiten von HCl in eine Lsg. von 1 (Mol) α.α-Diäthyl-β-hydroxypropionsäure (II) u. 1—2 Alkalicyanat in einem mit W. nicht mischbaren Lsgm. bei 0—5°, Erhitzen der erhaltenen α.α-Diäthyl-β-carbamyloxypropionsäure (III) mit überschüssigem $SOCl_2$ u. Behandlung des Rk.-Prod. mit abs. Pyridin ≦45° während 30—60 Minuten. — In 117,5 (g) II, 90 NaOCN u. 2000 ml abs. Chlf. wird bei 0—5° 4 Std. HCl eingeleitet, wobei nach 2 Std. noch 45 NaOCN zugesetzt werden. Der Nd. wird in W. suspendiert, mit Ae. extrahiert, Ae. verdampft u. der Rückstand aus W. umkrist.: 62% III, F. 133°. 7 III u. 120 (ml)

$SOCl_2$ werden 1 Std. auf 80—90° erhitzt, überschüssiges $SOCl_2$ wird verdampft, der Rückstand 45 Min. bei 40° mit 200 Pyridin behandelt, in 500 W. gegossen, kongosauer gestellt, in Ae. aufgenommen u. aus Ligroin umkrist.: 66% I, F. 97—98°. — *Belebungsmittel.* (**Oe. P. 212 323** vom 23/11. 1959, ausg. 12/12. 1960. A. Prior. 8/6. 1959.) L. GROSSNER. 4807

Chemiewerk Homburg, Zweigniederlassung der Deutschen Gold- und Silber-Scheideanstalt vormals Roessler, Frankfurt/M. (Erfinder: Erwin Kohlstaedt, Frankfurt/M., und Karl-Heinz Klingler, Langen), **Alkylxanthinderivate** der allg. Formel T—(Alkylen)—NH—CH(R)—CH(OH)—R' oder deren Salze [T = 1.3- bzw. 3.7-Dialkylxanthinyl-(7 bzw. 1)-rest, R = H oder niedermol. Alkylgruppe, R' = Hydroxyalkylrest] werden erhalten durch katalyt. Hydrierung einer Verb. der allg. Formel T—(Alkylen)—NH—CH(R)—CO—R'' [R'' = R' oder Benzyloxyaryl], bes. bei 30—60°. — 5,5 g 7-[β-(β'-p-Hydroxyphenyl-β'-hydroxyäthylamino)-äthyl]-theophyllin-HCl werden in 375 cm³ W. gelöst u. unter Zusatz von 0,8 g Platinoxid bei 45° mit H_2 geschüttelt. Nach Filtration wird im Vakuum eingedampft, der Rückstand in Methanol gelöst, filtriert u. das Filtrat mit Essigester versetzt → 4,2 g *7-[β-(β'-p-Hydroxyphenyl-β'-hydroxyäthylamino)-äthyl]-theophyllin-HCl*, F. 182—184°. — Analog werden hergestellt (theophyllin-HCl = **I**): *7-[β-(β'-3.4-Dihydroxyphenyl-β'-hydroxyäthylamino)-äthyl*-I, F. 176—178°. — *7-[β-(β'-p-Hydroxyphenyl-β'-hydroxypropylamino-)äthyl]*-I, F. 208—209°. — *7-[β-(β'-m-Hydroxyphenyl-β'-hydroxypropylamino)-äthyl]*-I, F. 174 bis 176°. — *Blutdruckerhöhendes Mittel.* (**D. A. S. 1 119 868** Kl. 12p vom 5/5. 1959, ausg. 21/12. 1961.) F. HIRSCH. 4807

Ciba Ltd. (Erfinder: Georg Huber, Edgar Lederer, Jean Marcel Asselineau, Judith Polonsky, Hubert Bloch und Hans Noll), **Ester von Disacchariden wie Cellobiose, Maltose und Trehalose** mit wenigstens 2, bes. aliphat. Carbonylsäuren, vor allem mit mehr als 10 C-Atomen. — Herst.-Beispiel: Man löst Trehalosedihydrat heiß in Dimethylformamid, dampft nach Zusatz von Bzl. im Vakuum zur Trockne, wiederholt die vorst. Maßnahmen 2mal, löst den Rückstand in Dimethylformamid, erhitzt nach Zusatz von Pyridin auf 70—80°, fügt in 3 Portionen Behensäurechlorid zu, kühlt das Gemisch nach 18std. Stehen bei 50—55° u. gießt in Eiswasser. Der getrocknete u. aus Alkylacetat u. A. umkrist., in einer Ausbeute von 73% der Theorie erhaltene Nd. von *6.6'-Dibehenoyl-α.α'-trehalose* hat F. 71—73°; $[\alpha]_D^{24}$ $+60 \pm 4°$ (in Chlf. c = 0,57). Ferner wurden hergestellt: *4.6;4'.6'-Dibenzyliden-α.α'-trehalose*, F. 195 bis 198°, $[\alpha]_D^{23}$ $+88 \pm 4°$ (c = 0,89; A.); *2.2'-Dibehenoyl-4.6;4'.6'-dibenzyliden-α.α'-trehalose*, F. 179—182°; *6.6'-Bis-[2''-eicosyl-3''-acetoxytetracosanoyl]-trehalose*, F. 53—55°; *6.6'-Bis-[2''-eicosyl-3''-hydroxytetracosanoyl]-hexaacetyltrehalose*, F. 55°; *6.6'-Bis-[3''.x-dihydroxymycoloyl)-hexaacetyltrehalose*, F. 40°; *6.6'-Tris-[3''-acetoxy-x''-methoxymycolanoyl]-trehalose*, F. 37—38°; *6.6'-Bis-[2''-eicosyltetracosen-(2'')-oyl]-trehalose*, F. 97 bis 100°; *6.6'-[3''.x''-dihydroxymycoloyl]-2.3.4.2'.3'.4'-hexaacetyltrehalose*, F. 38—39°; *6.6'-Bis-[3''-acetoxy-x''-methoxymycoloyl]-trehalose*, F. 38°; *6.6'-Bis-[3''-hydroxy-x''-methoxymycoloyl]-2.3.4.2'.3'.4'-hexaacetyltrehalose*, F. 39°; *6.6'-Dibehenoylhexaacetyl-α.α'-trehalose*, F. 51°; *6.6'-Dipalmitoyl-α.α'-trehalose*, F. 104—110°; *6.6'-Distearoyl-α.α'-trehalose*, F. 64—67°; *6.6'-Dimontanoyl-α.α'-trehalose*, F. 92—97°; *6.6'-Dibehenoylcellobiose*, F. 118—119°; *6.6'-Distearoyllactose*, F. 78—82°; *1.1'.6'-Tribehenoylsaccharose*, F. 80—82°. — *Pharmazeutica.* (**Aust. P. 220 800** vom 17/7. 1956, ausg. 16/4. 1959. Schwz. Prior. 20/7. u. 4/8. 1955 u. 5/5. 1956. **Ind. PP. 55 584** vom 10/10. 1955 u. **57 484** vom 30/5. 1956, beide ausg. 15/10. 1957.) K. DEMMLER. 4807

F. Hoffmann-La Roche & Co. Akt.-Ges., Basel, Schweiz (Erfinder: Konrad Bernhauer und Siegfried Spaude, Aschaffenburg), **Herstellung von Cobalaminen.** *Nucleotidhaltige Hydroxo(Aquo)-cobalamine* erhält man aus nucleotidhaltigen Cyancobalaminen, bes. aus 5.6-Dimethylbenzimidazolcyancobalamin (**I**) durch Red. mittels Ti^{3+}-Ionen in saurer oder neutraler wss. Lsg., worauf bei Red. in saurer Lsg. das red. Cobalamin mittels p-Chlorphenol an Kieselgur gefällt u. durch Luft-O_2 oxydiert wird, bei Red. in neutraler Lsg. das gebildete $Ti(O'H)_4$ abfiltriert, HCN durch Inertgasstrom, beseitigt u. das Cobalamin durch Einleiten von Luft in die Lsg. oxydiert wird. — Zu 507 mg **I** in 50 ml W. wird 1 ml 15%ig. $TiCl_3$-Lsg. gegeben, die Lsg. auf pH 7 eingestellt, wobei das Cobalamin zu dem braunen Vitamin B_{12r} red. wird. 0,2 g werden $NaHCO_3$ zugesetzt, 2 Std. wird CO_2 eingeleitet, die Lsg. belüftet u. nach Absaugen von $Ti(OH)_4$ u. Einstellen auf pH 7 zum Trocknen eingeengt. Der Rückstand wird mit 200 ml Methanol extrahiert, der Extrakt zum Trocknen eingeengt, in 80%ig. wss. Aceton aufgenommen u. durch Zusatz von Aceton krist.: 455 mg *5.6-Dimethylbenzimidazolhydroxo(aquo)-cobalamin*; Reinheit 96%. (**D. P. [DDR] 22 145** Kl. 12p vom 27/1. 1960, ausg. 12/10. 1961 Ausschließungspatent]. Schwz. Prior. 6/2. 1959.) L. GROSSNER. 4809

Merck & Co., Inc., Rahway, N.J., V.St.A., **Herstellung von 16.20-Diketo-17α-hydroxysteroiden der Pregnanserie.** Man behandelt $\Delta^{4.16}$-Pregnadien-11β.21-diol-3.20-dion-21-acetat in tert.-Butanol mit H_2O_2 u. OsO_4 u. erhält nach dem Aufarbeiten des Rk.-Prod. *Δ^4-Pregnen-11β.17α.21-triol-3.16.20-trion-21-acetat.* Analog aus $\Delta^{4.16}$-Pregnadien-21-ol-3.11.20-trion-21-acetat → *Δ^4-Pregnen-17α.21-diol-3.11.16.20-tetron-21-acetat.* (**Ind. P. 62 199** vom 5/11. 1957, ausg. 28/4. 1960.) C. Lüttgen. 4809

Upjohn Co., Kalamazoo, Mich., V.St.A., **6β.21-Dihydroxy-Δ^4-pregnen-3.11.20-trion** (I) erhält man durch Ketalisierung von 21-Acetoxy-Δ^4-pregnen-3.11.20-trion (II) mit Äthylenglykol in Ggw.von p-Toluolsulfonsäure → II-*3-Äthylenketal,* F. 187,5—191°; $[\alpha]_D$ 54°, welches sich mit Perbenzoesäure in Chlf. epoxydieren läßt → *5.6-Oxido-21-acetoxypregnan-3.11.20-trion-3-äthylenketal,* F. 255—263°; $[\alpha]_D$ 40°; daraus durch Spaltung der Oxidogruppe mit verd. H_2SO_4 in Ggw. von Aceton → *5α.6β-Dihydroxy-21-acetoxyallopregnan-3.11.20-trion,* F. 236—238,5°; $[\alpha]_D$ 76°, welches sich durch Rk. mit Acetanhydrid überführen läßt → *6β.21-Diacetoxy-Δ^4-pregnen-3.11.20-trion,* F. 186—187,5°; $[\alpha]_D$ 144°; daraus durch Hydrolyse mit äthanol. KOH → I, F. 202—208°. — Zwischenprodd. zur Herst. von Heilmitteln. (**E. P. 784 187** vom 4/11. 1955, ausg. 2/10. 1957. A. Prior. 17/12. 1954.) U. Sievers. 4809

Rudolf Siebert, Alfred Schubert, Dieter Onken und Karl Heller, Jena, **Herstellung von 11α.17α.21-Trihydroxy-Δ^4-pregnen-3.20-dion** (I) durch mikrobielle Hydroxylierung von Reichsteins Substanz S (II). Tieghemella CLXXVI wird 30 Std. bei 28° in 20 Ansätzen auf je 100 ml Nähr-Lsg., bestehend aus 3 (%) Glucose, 0,75 Pepton u. 0,6 Maisquellwasser, in Schüttelkultur gezüchtet, darauf werden jedem Ansatz 60 mg **II** in Aceton zugesetzt, u. es wird weitere 28 Std. geschüttelt. Die vereinigten Kulturfiltrate werden 8 mal mit dem halben Vol. CH_2Cl_2 ausgeschüttelt, die Extrakte werden auf 10 ml eingeengt, mit Ae. verd., u. der Nd. wird aus Aceton umkrist.: *epi*-**I**, F. 210°; $[\alpha]_D^{23}$ +115° (Chlf.). (**D. P. [DDR] 21 912** Kl. 12o vom 31/7. 1959, ausg. 6/9. 1961 [Wirtschaftspatent].) L. Grossner. 4809

Laboratoires Français de Chimiothérapie, Paris (Erfinder: Gaston Amiard, Noisy-le-Sec, Bernard Goffinet und Léon Velluz, Paris), Frankreich, **18-Norsteroid-16-ketone.** Man acetyliert z. B. 18-Nor-D-homo-13ξ-androstan-3β-ol-17-on (I), F. 174°, $[\alpha]_D^{20}$ —20°, mit Acetanhydrid in Ggw. von Pyridin → I-*3-Acetat* (**Ia**), F. 174°; $[\alpha]_D^{20}$ —30°, welches sich durch Rk. mit 40%ig. äther. Perphthalsäure-Lsg. in Ae. überführen läßt → *16.17-Seco-18-nor-D-homo-13ξ-androstan-3β.16.17-triol-17-on-3β-acetatlacton* (**Ib**), F. 210—212°; $[\alpha]_D^{20}$ —45°; daraus durch Verseifung mit methanol. KOH (20%) in Methanol–W. → *16.17-Seco-18-nor-D-homo-13ξ-androstan-3β.16.17-triol-17-on* (**II**), F. 166°; *Dibenzoat des Methylesters,* F. 126°. — **II** läßt sich mit CrO_3–Eisessig oxydieren → *16.17-Seco-18-nor-D-homo-13ξ-androstan-16.17-diol-3.16.17-trion* (**III**), F. 261—262°; *Dimethylester,* F. 135°; daraus durch Cyclisierung mit K-tert.-Butylat in Bzl. unter Rückfluß → *18-Nor-13ξ-androstan-3.16-dion,* F. 170°. — Man kann auch **Ia** zunächst mit CrO_3–Essigsäure oxydieren → *16.17-Seco-18-nor-D-homo-13ξ-androstan-3β.16.17-triol-16.17-dion-3β-acetat* (**IV**), F. 231—232°; $[\alpha]_D^{20}$ —33°, welches sich durch Rk. mit 20%ig. methanol. KOH in Methanol unter Rückfluß überführen läßt → *16.17-Seco-18-nor-D-homo-13ξ-androstan-3β.16.17-triol-16.17-dion,* F. 262° (gibt keine F.-Depression mit **III**). — **Ib** läßt sich mit CrO_3 in Aceton u. in Ggw. von konz. H_2SO_4 oxydieren → **IV**; *Dimethylester,* F. 108—109°; $[\alpha]_D^{20}$ —35°; daraus durch Cyclisierung mit Na-tert.-Butylat in Toluol unter N_2 u. Rückfluß → *18-Nor-13ξ-androstan-3β-ol-16-on,* F. 137°; $[\alpha]_D^{20}$ 75°; *3-Acetat,* F. 156°; $[\alpha]_D^{20}$ 54°. — **V**-*Dibenzyliden-Deriv.,* F. 170°. — *Heilmittel* sowie Zwischenprodd. zu deren Herstellung. (**D. A. S. 1 107 224** Kl. 12o vom 26/6. 1959, ausg. 25/5. 1961. F. Prior. 25/7. 1958. **F. P. 1 238 734** vom 25/7. 1958, ausg. 2/12. 1960.) U. Sievers. 4809

Upjohn Co., Kalamazoo, Mich., V.St.A., **6α-Fluorsteroide der Androstan- und Östranreihe.** Man dehydriert z. B. 6α-Fluor-17β-hydroxy-17α-methyl-Δ^4-androsten-3-on (I) mit einer Kultur von *Septomyxa affinis* unter üblichen aeroben u. submersen Bedingungen → *6α-Fluor-17β-hydroxy-17α-methyl-$\Delta^{1.4}$-androstadien-3-on,* F. 161—163°, welches sich in seine 17-Ester nach üblichen Meth. überführen oder auch durch SeO_2-Dehydrierung von I herstellen läßt. — Bei analoger Behandlung erhält man aus 6α-Fluor-17β-hydroxy-17α-methyl-19-nor-Δ^4-androsten-3-on → *6α-Fluor-17α-methylöstradiol.* — Analog: *6α-Fluor-17β-hydroxy-17α-äthinyl-$\Delta^{1.4}$-androstadien-3-on.* — *6α-Fluor-17α-äthinylöstradiol.* — *Heilmittel* sowie Zwischenprodd. zu deren Herstellung. (**E. P. 878 706** vom 25/11. 1958, ausg. 4/10. 1961. A. Prior. 29/11. 1957 u. 9/6. 1958.) U. Sievers. 4809

Organon Laboratories Ltd., London, England, **Herstellung von Cyclopentanpolyhydrophenanthrenderivaten.** Vgl. Aust. P. 159 451; C. **1958.** 14504. Außer dem

Testosteronphenylpropionat können andere physiolog. wirksame Cyclopentanpolyhydrophenanthren-Derivv. (Steroidhormone) in gleicher Weise hergestellt werden. Beispiele: Δ^5-Pregnen-3.21-diol-20-on-21-β-phenylpropionat, F. 110,5—112° (Methanol); Desoxycorticosteron-21-β-phenylpropionat, F. 139—139,5°; Östradiol-3-β-phenylpropionat, F. 90,5—92° (Ae. + n-Hexan), F. 104,5—105,5° (Isopropyläther); Östradiol-3.17-di-β-phenylpropionat, F. 130—130,5° (Aceton); Östradiol-17-β-phenylpropionat, F. 119,5—121,5° (Ae. + n-Hexan). Die Veresterung der entsprechenden Ausgangsstoffe können mit β-Phenylpropionsäure oder deren Anhydrid, bes. bei ca. 100°, in einem Lsgm. (Pyridin, Bzl.) durchgeführt werden. (**Aust. P. 167 346** vom 23/4. 1953, ausg. 19/4. 1956. E. Prior. 6/10. 1952.) W. Gräger. 4809

C. F. Boehringer & Söhne G.m.b.H., Mannheim (Erfinder: Onno Onnen, Hohensachsen, und Wilhelm Peschke, Mannheim), **Herstellung von 2.2-disubstituierten 5-Acylamino-4-[p-nitrophenyl]-dioxanen-(1.3)** der allg. Formel I, in der R_1 u. R_2 ggf. substituierte Alkylreste bedeuten oder auch zu einem gemeinsamen Ring verbunden sein können, dad. gek., daß man in die entsprechenden nitrogruppenfreien 1.3-Dioxane durch Behandlung mit Mischungen aus wasserfreier HNO_3 u. Carbonsäureanhydriden eine Nitrogruppe einführt. — 2.2-Dimethyl-5-dichloracetylamino-4-phenyl-dioxan-(1.3) wird in Essigsäureanhydrid suspendiert u. bei —15° unter Rühren Eisessig u. ein Gemisch aus HNO_3 (D. 1,52) u. Chlf. eingetropft. Man rührt noch 3 Std. bei 0°. Nach erfolgter Aufbereitung u. Umkristallisation aus verd. Methanol erhält man 2.2-Dimethyl-5-dichloracetylamino-4-[p-nitrophenyl]-dioxan-(1.3), F. 155—157°, $C_{14}H_{16}Cl_2N_2O_5$. — Aus threo-2.2-Pentamethylen-5-dichloracetylamino-4-phenyldioxan-(1.3) u. Propionsäureanhydrid sowie Chlf. erhält man threo-2.2-Pentamethylen-5-dichloracetylamino-4-[p-nitrophenyl]-dioxan-(1.3), F. aus wss. Methanol 162—163°. — *Zwischenprodd. für die Chloramphenicolsynthese.* (**D. B. P. 974 692** Kl. 12q vom 27/3. 1952, ausg. 30/3. 1961 Anmeldung bekanntgemacht 16/12. 1954.) G. König. 4811

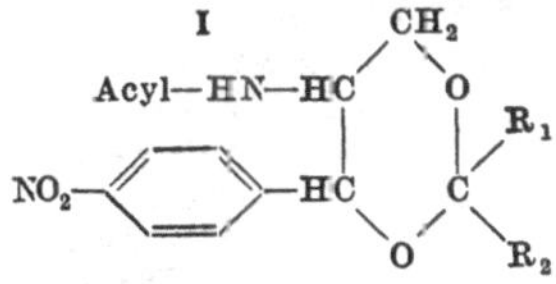

Percy May, London, England, **Chloramphenicol und dessen Derivate.** 1-Nitrophenyl-2-acylaminodiole-(1.3) sowie ihre 1-O- u. 3-O-Monoacyl-Derivv. erhält man durch Behandlung von Verbb. der allg. Formel $NO_2\cdot C_6H_4\cdot CH(OR_1)\cdot CH(NHR_3)$—$CH_2OR_2$ mit Ferrosalzen in Ggw. von Wasser. Hierbei sind R_1 u. R_2 H-Atome, NO_2-Gruppen oder Acylreste, wobei mindestens eine NO_2-Gruppe vorhanden sein muß; R_3 ist ein Acylrest. Die Rk. kann mit wss. Suspensionen oder mit Lsgg. der Ausgangs-Prodd. in wassermischbaren aliphat. Alkoholen mit 6 C-Atomen durchgeführt werden, ggf. unter Zusatz von nitritzerstörenden Mitteln, wie Harnstoff. Auf diese Weise erhält man z. B. *Chloramphenicol* mit 90% Ausbeute aus *l*-threo-1-[p-Nitrophenyl]-2-dichloracetylaminopropandiol-(1.3)-3-mononitrat (F. 90°). — Ferner werden hergestellt: *l-threo-1-[p-Nitrophenyl]-2-dichloracetylaminopropandiol-(1.3)-O*^{1}*-palmitat*, F. 109—110°, $[\alpha]_D^{24}$ —42,75° in Äthylacetat; *l-threo-1-[p-Nitrophenyl]-2-dichloracetylaminopropandiol-(1.3)-O*^{3}*-palmitat*, F. 89—91°, $[\alpha]_D^{24}$ +5,6° in Äthylacetat; *D-(—)-1-[p-Nitrophenyl]-2-dichloracetylaminopropandiol-(1.3)*, F. 149°. — *Heilmittel.* (**E. P. 811 846** vom 18/7. 1955, ausg. 15/4. 1959.) A. Kalix. 4811

Farbenfabriken Bayer Akt.-Ges., Leverkusen (Erfinder: Wilfried Kaufmann und Klaus Bauer, Wuppertal), **Herstellung von 6-Aminopenicillansäure,** dad. gek., daß man Suspensionen oder Extrakte von solchen penicillinspaltenden Bakterien, die bevorzugt die Amidbindung in der 6-Stellung des Penicillin-Mol. angreifen, bzw. aus diesen gewonnene Enzyme oder Enzymanreicherungen auf Penicilline einwirken läßt. Beispiele mit E. coli- u. Bact. proteus-Stämmen. (**D. A. S. 1 111 778** Kl. 30h vom 18/4. 1959, ausg. 27/7. 1961.) H. Schindler. 4811

Albert Boehringer, Ernst Boehringer, Ilse Liebrecht, Julius Liebrecht und Walter Mayer-List in Firma C. H. Boehringer Sohn (Erfinder: Horst Neumann, Paul Viemann und Herbert Hafer), **Injizierbare Lösungen von Salzen von Antibiotica der Tetracyclingruppe,** z. B. Tetracyclin (I)- oder Hydroxy-I-hydrochlorid mit einem pH 5,0—7,0 können erhalten werden, wenn man die wss. Lsg. dieser Salze mit einem Alkali- oder Erdalkalibisulfit u. einem physiolog. verträglichen Carbonsäureamid, z. B. den Carbonsäureamiden der Essig- oder Milchsäure, mischt u. gleichzeitig eine anorgan. oder organ. Base, wie Äthanol- oder Diäthanolamin, in genügender Menge zur Einstellung des gewünschten pH hinzufügt. (**Aust. P. 225 322** vom 3/10. 1957, ausg. 10/12. 1959. D. Prior. 25/11. 1956.) O. Roick. 4811

Magyar Állam (Erfinder: Ladislaus Gócza, Julius Kollár und Adalbert Oberrecht), Budapest, Ungarn, **Reinigung von Streptomycin** erfolgt durch Umfällen

des Streptomycin-3-HCl—$CaCl_2$-Doppelsalzes bei 66° aus einem 0—10% W. enthaltendem Methanol durch Zugabe von $CaCl_2$. Das ausgesalzene $CaCl_2$-Doppelsalz wird mit dem Salz einer anorgan. Säure mit einer organ. Base, z. B. Triäthylaminsulfat, zur Rk. gebracht u. das anfallende Ca-Salz der anorgan. Säure abfiltriert. Mittels Methylalkohol wird das Streptomycinsalz, z. B. das *Streptomycinsulfat*, bei einem pH < 6 ausgefällt. An Stelle des Triäthylaminsulfats kann man auch Triäthylaminphosphat anwenden u. erhält dann *Streptomycinphosphat*. (**Ung. P. 144 677** vom 7/6. 1956, ausg. 15/3. 1959.)
G. König. 4811

Chas. Pfizer & Co., Inc., Brooklyn, N.Y., V.St.A., **Pharmazeutische Präparate,** gek. durch einen Geh. an *Erythromycindiestern* der Essig- oder Propionsäure. (**Ind. P. 62 196** vom 5/11. 1957, ausg. 26/5. 1960.) C. Lüttgen. 4811

VEB Arzneimittelwerk Dresden (Erfinder: Heinz Tönjes und Heinrich Pötter), Radebeul, **Zerlegung eines in der Hauptsache 1.4-Bis-[p-hydroxyphenyl]-2.3-diisonitrilbutadien-(1.3) enthaltenden Antibioticums** auf chromatograph. Wege, dad. gek., daß man den rohen oder gereinigten Wirkstoffkomplex in geeigneten polaren organ. Lsgm. (I) löst bzw. die bei der Aufarbeitung des Komplexes anfallenden Rohextrakte mittels Polyamidpulver (**II**) in die Komponenten X, Y_1, Y_2 u. Z zerlegt u. diese einzeln oder gemeinsam eluiert bzw. auswäscht u. die Komponenten einzeln oder in Kombination miteinander in bekannter Weise aufarbeitet. Als **I** u. zur Elution werden verwendet: (Iso-) Propanol, Methanol, A., Methyl- oder Äthylacetat, Aceton, Methyläthylketon oder Kombinationen von mehreren obiger Elutionsmittel. Neben den Verunreinigungen bleibt die biolog. inakt. Komponente Z am **II** adsorbiert, so daß außer der Einzel-Darst. von X, Y_1 u. Y_2 noch folgende Kombinationen hergestellt werden können: $X + Y_1$, $X + Y_2$, $X + Y_1 + Y_2$ u. $Y_1 + Y_2$, die verschiedene therapeut. Wrkg. besitzen. Das Ausgangsantibioticum ist der als *Brevicid* bekannte Komplex. — Mengenbeispiele. Die Ausbeuten betragen z. B. 78 (%) X, 15,5 Y_1, 4,5 Y_2, 1 Z u. 1 Verunreinigungen. (**D. A. S. 1 116 866** Kl. 30h vom 8/10. 1960, ausg. 9/11. 1961.)
H. Schindler. 4811

Burroughs Wellcome & Co. (Australia) Ltd., London, England, **Pharmazeutische Präparate,** bes. gegen Infektionen von Schistosoma mansoni, die als wirksamen Bestandteil 1.4-Bis-[p-dimethylaminophenoxy]-butan oder 1.6-Bis-[p-dimethylaminophenoxy]-hexan bzw. deren Salze, bes. Hydrochloride, enthalten. (**Aust. P. 167 319** vom 18/3. 1954, ausg. 12/3. 1956.) W. Gräger. 4815

Glaxo Laboratories Ltd., Greenford, England (Erfinder: John Harold Chapman, William Graham und Ronald Major Evans), **Herstellung von Tetrajodanthranilsäure (I)-Derivaten** der allg. Formel **II** (R = H, Alkali oder NH_4, Alkyl C_1—C_6). Man versetzt z. B. eine Lsg. von 250 (g) Tetrajodphthalsäureanhydrid in 500 cm^3 Dimethylsulfoxid (**III**) mit 81 cm^3 konz. NH_3, läßt 10 Min. bei Raum-Temp. stehen, gibt dann 15 NaOH gelöst in wenig W. u. nach weiteren 30 Min. 360 cm^3 A. u. 800 cm^3 Chlf. zu, saugt vom ausgeschiedenen tetrajodphthalaminsaurem Na ab, wäscht dieses mit W., trocknet u. behandelt es mit 2 Äquivalenten NaClO in 500 cm^3 W. 75 Min. bei Normal-Temp., zerstört überschüssiges Cl_2 mit Na-Metabisulfit, setzt 15,4 NaOH zu u. erhitzt 75 Min. auf 60—70°, gießt das warme Gemisch in HCl, wäscht den Nd. mit W., löst ihn in verd. NaOH u. erhält beim Abkühlen 242 g gelbes *Na-Salz* von **I**. Statt **III** kann man als Lsgm. auch Dimethylformamid (**IV**) verwenden. — Man suspendiert 5 (g) Na_2CO_3 in einer Lsg. von 33,1 des Na-Salzes in 300 cm^3 **IV**, setzt 6,3 (5 cm^3) Dimethylsulfat zu u. rührt ca. 12 Std. bei Normal-Temp., verd. das Gemisch mit ca. 400 cm^3 sd. W. u. erhält so 27,25 g (83%) I-*Methylester*, F. 155—157°. — I-*Äthylester*, F. 125—128°. — *Röntgenkontrastmittel* für die Bronchographie. (**E. P. 860 292** vom 12/5. 1958, ausg. 1/2. 1961.)

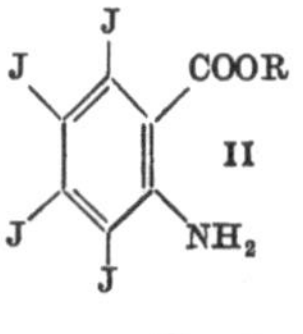

II

O. Müller-Meiningen. 4825

Glaxo Laboratories Ltd., Greenford (Erfinder: Alexander Bertus Arnold Jansen, Havant, und Thomas Ronald Carrington, Gerrards Cross), England, **Röntgenkontrastmittel,** gek. durch einen Geh. an wirksamen Verbb. der Formel **I**, worin R_1 u. R_2 gleich oder verschieden sind u. einen Alkyl-, Aryl- oder Aralkylrest bedeuten, wobei jeder Rest ggf. durch eine oder mehr OH-Gruppen, Halogenatome, Alkyl- oder Alkoxyreste substituiert sein kann, oder R_1 ein H bedeutet u. R_2 eine der oben angegebenen Bedeutungen besitzt oder R_1 u. R_2 zusammen mit einem benachbarten N-Atom einen heterocycl. Ring bilden, u. nichttox. Salzen derselben, z. B. *2-Carboxy-3.4.5.6-tetrajodbenzdiäthylamid*. (**D. A. S. 1 112 251** Kl. 30h vom 25/3. 1959, ausg. 3/8. 1961.)

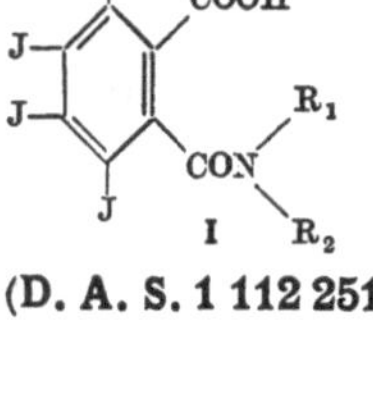

I

K. Koebke. 4825

Sanwa Gomū Kogyo Goshi Kaisha (Erfinder: Hideshi Kato), Tokyo, Japan, **Kautschukmischung** gegen Wasserekzem aus Halbvulkanisat, das 10—15% (der Kautschukmenge) Tetrathiuramdisulfid (**I**) u. die etwa äquivalente Menge ZnO enthält, wobei dauernd über längere Zeit akt. S entsteht. — Verw. in Innenteilen von Schuhwerk. — Eine solche Mischung besteht aus 100 (Teilen) Kautschuk, 100 $CaCO_3$, 10 **I**, 1,5 Stearinsäure, 1 Salicylsäure als Vulkanisationsverzögerer, 2 undecylensaurem Zn; **II** u. 10 ZnO. Vulkanisation 5 Min. bei 130°. — Man kann auch einen langsam HCl abspaltenden Stoff, wie eine Vinylharzmischung, zusetzen; so verwendet man die vorst. halbvulkanisierte Kautschukmischung zusammen mit einer solchen aus 100 Vinylchloridharz, 50 Weichmacher (D.O.P.), 5 Stabilisiermittel (Ba-St), 0,2 Phenol, 2 **II** u. 1,5 **I**. (**Jap. A. SS. 338/1960** u. **339/1960** vom 22/8. 1956, ausg. 19/1. 1960.)

M. PANKOW. 4829

Ciba Ltd. (Erfinder: Charles Ferdinand Huebner), **Δ^{17}-16β-Carbalkoxy-3-epialloyohimbine** der allg. Zus. **I** (R = niedrige Alkylreste, wie CH_3 oder C_2H_5), erhält man durch Behandlung des Toluolsulfonsäureesters eines 16β-Carbalkoxy-17-acyloxy-18-hydroxy-3-epialloyohimbans oder eines Säureadditions-Prod. dieser Verb. mit einem Li-Halogenid in Ggw. einer organ. Base u. Erhitzen der so erhaltenen Halogen-Verb. unter Rückfluß mit Zn in Eisessig. — *Zwischenprodd.*, mit Alkylhalogeniden, z. B. Dodecylchlorid, umgesetzt *Antiseptica*. — Aus dem 18-Toluolsulfonsäureester von 16β-Carbomethoxy-17-[3.4.5-trimethoxybenzoyloxy]-18-hydroxy-3-epialloyohimban (F. 227 bis 230°, erhältlich aus Isoraunescin durch Behandlung mit Toluolsulfonylchlorid) erhält man so durch 6std. Erhitzen auf dem Dampfbad mit LiBr die Br-Verb., F. 207°, die durch 15 Min. langes Rückflußerhitzen mit Zn-Staub in Eisessig den β,γ-ungesätt. Ester, Kristalle aus Methanol, F. 223—225°, ergibt. (**Aust. P. 222 546** vom 3/10. 1957, ausg. 30/7. 1959. A. Prior. 13/11. 1956.)

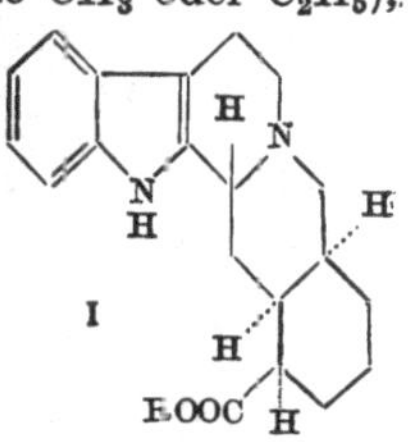

I

O. ROECK. 4833

Monsanto Chemical Co., St. Louis, Mo., V.St.A. (Erfinder: David John Beaver und Richard Olis Zerbe), **Herstellung von Dihydroxydiarylmethanen** erfolgt durch Rk. eines chlorsubstituierten aromat. Aldehyds mit einem 3.6-Dialkylphenol unter Wasserabspaltung in Ggw. eines sauren Katalysators. — Man erhitzt z. B. ein Gemisch aus 82,1 (g) 6-tert.-Butyl-m-kresol (**II**), 44 2.4-Dichlorbenzaldehyd u. 4 cm^3 konz. HCl 4 Std. auf 95°, gibt nach dem Abkühlen 100 cm^3 Heptan zu u. erhält *2.4-Dichlorphenyl-bis-[2-methyl-4-hydroxy-5-tert.-butylphenyl]-methan*, F. 209,9—210,4° (Heptan). — **II** + 5-Chlorsalicylaldehyd → *2-Chlor-6-hydroxyphenyl*-Verb., F. 214,2 bis 215,9°. — **II** + o-Chlorbenzaldehyd → *2-Chlorphenyl*-Verb., F. 226,3—226,9°. — *Antiseptica* u. *Germicide*. (**E. P. 869 476** vom 16/9. 1958, ausg. 31/5. 1961.)

O. MÜLLER-MEININGEN. 4833

Monsanto Chemicals Ltd. (Erfinder: Joseph Patrick Brown), London, England, **2-Allylphenole**, die im Benzolkern durch 1 oder 2 Halogenatome u. 1 oder 2 aliphat. Gruppen substituiert sind, wobei der Benzolkern entweder in der p-Stellung nicht oder völlig substituiert ist, werden durch die CLAISEN-Umlagerung aus den entsprechenden Phenylallyläthern hergestellt. — Beispiele: 2-Allyl-4-chlor-3.5-dimethylphenol, F. 62—63°; 2-Allyl-4.6-dichlor-3.5-dimethylphenol, F. 32—34°; 2-Allyl-4-chlor-5-methylphenol, F. 32—34°; 2-Allyl-4-chlor-3-methylphenol, oder die entsprechenden Bromverbindungen. Verwendbar sind diese Verbb. oder ihre Salze als *Bactericide* u. *Fungicide* zusammen mit inerten Verdünnungsmitteln (Talkum, Seifen, Wachsen, Vinylpolymerisaten, Phenol- oder Melaminharzen). (**E. P. 844 329** vom 26/2. 1958, ausg. 10/8. 1960.)

W. GRÄGER. 4833

J. R. Geigy Akt.-Ges., Basel, Schweiz, **Herstellung bactericider Verbindungen** der allg. Formel **I**, in der A einen gesätt. aliphat. oder cycloaliphat. Rest, der am α,β- oder α,γ-C-Atom mit den N-Atomen verbunden ist, R_1 einen evtl. substituierten Benzylrest u. R_2 H, einen aliphat., araliphat. oder Cyclohexylrest bedeutet, wobei entweder R_1 oder R_2 eine lipophile aliphat. Gruppe enthalten muß. Man gibt 8,8 (Teile) NaOH in 50 W. unter Kühlen bei 20—30° in eine Lsg. von 29 1-Dodecyl-2-iminoimidazolidinchlorhydrat in 100 W., worauf 14 Benzylchlorid zugegeben u. 24 Std. gerührt wird. Das Rk.-Gemisch äthert man aus, wäscht den Extrakt mit NaCl-Lsg. neutral gegen Phenolphthalein, trocknet über K_2CO_3 u. leitet HBr ein. Das ölig ausfallende Rk.-Prod. krist. beim Abkühlen in Eis/NaCl-Lsg., es wird abgefiltert u. umkrist. *1-Dodecyl-2-imino-3-benzylimidazolidinhydrobromid*, F. 116—117°. Die Verb. ist auch

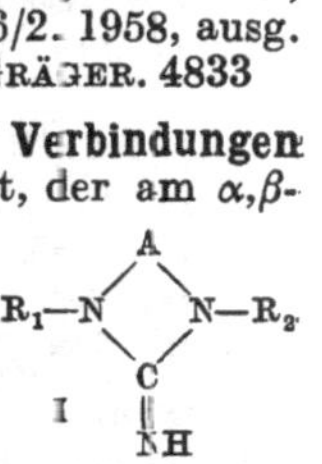

I

erhältlich durch Zugabe von ClCN zu N-Dodecyl-N'-benzyläthylendiamin in Benzol. — Analog folgende Imidazolidinhydrochloride: *1-Dodecyl-2-imino-3-[3'.4'-dichlorbenzyl]-*, F. 136—137°, *1-[4'-Dodecylbenzyl]-2-imino-*, F. 212—214°, *1-[4'-Dodecylbenzyl]-imino-3-benzyl-*, F. 153—158°, *1-Dodecyl-2-imino-3-benzyl-4.5-tetramethylen-*, F. 157—158°, *1-[4'-Dodecylbenzyl]-2-imino-3-cyclohexyl-*, F. 195—196°, sowie *1-Dodecyl-2-imino-3-benzylhexahydropyrimidinhydrobromid*, F. 94—95°. (**Ind. P. 62 593** vom 16/12. 1957, ausg. 4/2. 1960.) C. LÜTTGEN. 4833

VEB Farbenfabrik Wolfen, Wolfen (Erfinder: **Karl-Heinz Boltze** und **Hermann Hofmann**, Jena), *Lösungsvermittler für organische Arzneimittel.* (**Ung. P. 145 101** vom 7/3. 1957, ausg. 15/8. 1959. D. Prior. 24/11. 1955. — C. **1959.** 4900 [D. P. [DDR] 14 652].)

Röhm & Haas G.m.b.H., *Austauschmasse für medizinische Gipsbandagen.* (**Aust. P. 224 739** vom 3/7. 1957, ausg. 19 11. 1959. D. Prior. 4/7. u. 3/12. 1956 u. 9/3. 1957. — C. **1960.** 17305 [Oe. P. 202 279].)

Miles Laboratories, Inc. (Erfinder: **Otis Earl Fancher**), *Sedatives und hypnotisch wirkendes Mittel.* (**Aust. P. 224 725** vom 22/5. 1957, ausg. 19/11. 1959. A. Prior. 6/6. 1956. — C. **1960.** 17305 [A. P. 2 854 379].)

Asta-Werke Akt.-Ges., Chemische Fabrik, Brackwede (Erfinder: **Herbert Arnold**, Bielefeld, **Norbert Brock**, Wadersloh, und **Engelbert Kühas**, Gadderbaum), *Herstellung spasmolytisch wirksamer Verbindungen.* (**D. P. [DDR] 20 305** Kl. 12o vom 17/6. 1958, ausg. 15/11. 1960 [Ausschließungspatent]. — C. **1961.** 5182 [D. A. S. 1 052 982].)

Temmler-Werke Vereinigte Chemische Fabriken, Hamburg-Neugraben, *Arzneimittel gegen Fettleibigkeit.* (**Oe. P. 212 49**▪ vom 16/4. 1958, ausg. 27/12. 1960. Belg. Prior. 17/4. 1957. — C. **1961.** 228 [Belg. P. 556 756].)

Ortho Pharmaceutical Corp., Raritan (Erfinder: **William Oroshnik**, Plainfield), N.J., V.St.A., *Monoferrodicalciumcitrat.* (**D. A. S. 1 119 249** Kl. 12o vom 10/4. 1954, ausg. 14/12. 1961. A. Prior. 13/4. 1953. — C. **1959.** 11004 [F. P. 1 159 177].)

Danske Medicinal- & Kemikalie-Co. A/S, Kopenhagen, Dänemark, *Herstellung von 2-Methyl-2-hydroxy-4-[2.2.2-trichlor-1-hydroxyäthoxy]-pentan.* (**E. P. 871 030** vom 2/12. 1957, ausg. 21/6. 1961. Dän. Prior. 8/12. 1956. — C. **1959.** 11663 [D. A. S. 1 049 842].)

Asta-Werke Akt.-Ges., Chemische Fabrik, Brackwede/Westf., *Herstellung von Carbinolen.* (**Holl. P. 99 989** vom 18/2. 1958, ausg. 15/12. 1961. D. Prior. 23/2. 1957. — C. **1961.** 8036 [Oe. P. 205 020].)

Chemopharma, Národní Podnik, Usti nad Labem (Erfinder: **Zdeněk Buděšínský, Václav Musil, Alois Šváb** und **Emil Zikmund**, Prag), Tschechoslowakei, *Herstellung von Derivaten der p-Toluolsulfonylaminoessigsäure.* (**D P. [DDR] 22 191** Kl. 12o vom 14/4. 1958, ausg. 12/10. 1961 [Wirtschaftspatent]. Tschech. Prior. 30/4. 1957. — C. **1961.** 937 [Oe. P. 203 482].)

Merck & Co., Inc., Rahway, übert. von: **John Weijlard**, Westfield, N.J., V.St.A., *Herstellung von D-2.2-Diphenyl-3-methyl-4-dimethylaminobutyronitril.* (**Can. P. 553 895** vom 14/11. 1953, ausg. 4/3. 1958. A. Prior. 22/1. 1952. — C. **1962.** 5766 [A. P. 2 906 772].)

J. R. Geigy Akt.-Ges. (Erfinder: **Willy Stoll, Wilfried Graf** und **Erich Schmid**), *Substituierte Benzolsulfonamide.* (**Aust. P. 224 723** vom 10/4. 1957, aug. 19/11. 1959. Schwz. Prior. 19/4. 1956. — C. **1960.** 8273 [Oe. P. 199 643].)

Dr. Karl Thomae G.m.b.H., Deutschland, *Tertiäre Amine.* (**F. P. 73 357** vom 9/9. 1957, ausg. 30/11. 1960. D. Prior. 23/10. 1956. Zusatz zu F. P. 1 173 129; C. 1962. 2469. — C. **1961.** 6598 [Oe. P. 200 131].)

F. Hoffmann La-Roche & Co. Akt.-Ges., Basel (Erfinder: **Hugo Gutmann**, Birsfelden, **Balthasar Hegedüs**, Binningen, und **Paul Zeller**, Neuallschwil), Schweiz, *Herstellung substituierter Aminosäurehydrazide.* (**D. P. [DDR] 21 815** Kl. 12q vom 24/6. 1958, ausg. 25/8. 1961 [Ausschließungspatent]. Schwz. Prior. 4/7., 25/10. 1957 u. 12/2. 1958. — C. **1961.** 5537 [D. A. S. 1 087 135].)

Ciba Ltd., Basel, übert. von: **Karl Hoffmann** und **Ernst Urech**, Binningen, Schweiz, *Herstellung von Thiaazacycloheptadienen.* (**Can. P. 554 134** vom 18/2. 1955, ausg. 11/3. 1958. Schwz. Prior. 3/3. 1954. — C. **1958.** 4574 [Oe. P. 191 424].)

Ciba Ltd., Basel, übert. von: **Karl Hoffmann** und **Ernst Urech**, Binningen, Schweiz, *Herstellung von Thiaazacycloheptadienen.* (**Can. P. 554 135** vom 18/2. 1955, ausg. 11/3. 1958. Schwz. Prior. 3/3. 1954. — C. **1959.** 13887 [F. P. 1 161 339].)

Soc. des Usines Chimiques Rhône-Poulenc, Paris (Erfinder: **Paul Gailliot**, Paris, und **Jean Robert**, Gentilly/Seine), Frankreich, *Iminodibenzylderivate.* (**D. P. [DDR] 16 585** Kl. 12p vom 28/7. 1956, ausg. 23/3. 1959 [Ausschließungspatent]. F. Prior. 28/7. 1956. — C. **1961.** 15485 [D. A. S. 1 072 623].)

Imperial Chemical Industries Ltd., London, England, *Herstellung von Ferrocenderivaten.* (**Ind. P. 64 775** vom 29/7. 1958, ausg. 12/8. 1960. E. Prior. 12/8. 1957. — C. **1961.** 3410 [E. P. 819 108].)

Sandoz Akt.-Ges., Basel, Schweiz, *Herstellung von 3.5-Dioxopyrazolidinderivaten.* (**Holl. P. 99 967** vom 3/10. 1957, ausg. 15/12. 1961. Schwz. Prior. 4/10. u. 1/11. 1956, 9/2. u. 30/8. 1957. — C. **1960.** 14114 [Oe. P. 201 059].)

Sandoz Akt.-Ges., Basel, Schweiz, *Herstellung von 3.5-Dioxopyrazolidinderivaten.* (**Holl. P. 99 922** vom 7/1. 1957, ausg. 15/12. 1961. Schwz. Prior. 7/1., 27/9. u. 28/11. 1956. — C. **1960.** 9311 [F. P. 1 167 110].)

Ciba Akt.-Ges. (Erfinder: **Albrecht Hüni**), Basel, Schweiz, *Herstellung von 2-[p-tert.-Butyl-o.o'-dimethylphenylmethyl]-imidazolin.* (**Schwz. P. 357 401** vom 10/7. 1956, ausg. 30/11. 1961. — C. **1959.** 6570 [D. A. S. 1 049 387].)

Ciba Ltd. (Erfinder: **Karl Hoffmann** und **Alfred Hunger**), *Herstellung von Derivaten der Benzimidazolylessigsäure.* (**Aust. P. 230 550** vom 19/6. 1958, ausg. 27/10. 1960. Schwz. Prior. 17/7. 1957. — C. **1961.** 18045 [D. A. S. 1 081 464].)

Knoll Akt.-Ges., Chemische Fabriken, Ludwigshafen/Rh., *Herstellung heterocyclischer Verbindungen.* (**E. P. 872 535** vom 24/7. 1957, ausg. 12/7. 1961. D. Prior. 27/7. 1956. — C. **1961.** 16575 [Oe. P. 204 558].)

Soc. des Usines Chimiques Rhône-Poulenc, Paris, Frankreich, *Salze von Estern des Piperidylphenylmethanols*. (**E. P. 850 826** vom 17/9. 1957, ausg. 5/10. 1960. F. Prior. 26/9. 1956, 6/2., 7/2. u. 9/8. 1957. — C. **1962**. 1714 [Oe. P. 203 006] u.C. **1961**. 14385 [F. PP. 70 999 u. 71 000].)

Soc. des Usines Chimiques Rhône-Poulenc, Paris, Frankreich, *Ester von substituierten Piperidylphenylmethanol*. (**E. P. 851 972** vom 2/7. 1958, ausg. 19/10. 1960. F. Prior. **11**/7. 1957. Zusatz zu E. P. 850 826; s. vorst. Referat. — C. **1961**. 10664 [F. P. 1 205 149].)

Sandoz Akt.-Ges., Basel, Schweiz, *Herstellung von 4-Hydrazinopiperidinderivaten*. (**Holl. P. 99 923** vom 7/1. 1957, ausg. 15/12. 1961. Schwz. Prior. 7/1., 26/4., 23/5., 20/9., 25/9., 28/9., 24/10. u. 12/11. 1956. — C. **1960**. 9985 [Oe. P. 197 825].)

F. Hoffmann-La Roche & Co. Akt.-Ges., Basel, Schweiz, *Herstellung von Nicotinsäurehydrazidderivaten*. (**Holl. P. 99 994** vom 3/4. 1958, ausg. **15/12**. 1961. Schwz. Prior. 9/4. 1957. — C. **1962**. 1715 [Oe.P. 205 976].)

A/B Bofors (Erfinder: **Bo Thuresson of Ekenstam, Börje Per Harald Egnér** und **Bror Gösta Petterson**), *Alkylierte Tetrahydrochinaldinsäureamide*. (**Aust. P. 224 721** vom 17/1. 1957, ausg. 20/4. 1961. — C. **1959**. 11006 [Oe. PP. 195 929 u. 195 930].)

American Cyanamid Co., New York, N.Y., V.St.A., *Herstellung von Dimethylaminopropylidenxanthenen*. (**Ind. P. 62 658** vom 23/12. 1957, ausg. 16/6. 1960. — C. **1960**. 12435 [Oe. P. 202 143].)

American Cyanamid Co., New York, N.Y., V.St.A., *Herstellung von 3-amino-6-substituierten Pyridazinen*. (**Holl. P. 99 956** vom 9/7. 1957, ausg. 15/12. 1961. A. Prior. 9/7. 1956. — C. **1960**. 16183 [A. P. 2 891 953].)

Ciba Akt.-Ges., Basel (Erfinder: **Jean Druey**, Riehen, und **Hans Ulrich Daeniker**, Basel), Schweiz, *Herstellung von Diphthalaziniumverbindungen*. (**Schwz. P. 357 072** vom 10/1. 1957, ausg. 15/11. 1961. — C. **1961**. 11431 [D. A. S. 1 056 614].)

Établissements Clin-Byla, Paris (Erfinder: **Josef Schmitt**, L'Hay-les-Roses), Frankreich, *Phenthiazinderivate*. (**E. P. 871 002** vom 25/6. 1957, ausg. 21/6. 1961. F. Prior. **6**/7. 1956. Zusatz zu F. P. 816 582; C. 1961. 17676. — C. **1962**. 18048 [F. P. 71 342].)

Soc. des Usines Chimiques Rhône-Poulenc, Paris, Frankreich, *Phenthiazinderivate*. (**E. P. 871 412** vom 15/4. 1959, ausg. 28/6. 1961. F. Prior. 24/4. 1958. — C. **1961**. 6957 [D. A. S. 1 092 476].)

Sandoz Ltd., Basel, Schweiz, *Stabile wasserhaltige Lösungen von Podophylliumglucosiden*. (**Ind. P. 62 763** vom 6/1. 1958, ausg. 31/1. 1961. E. Prior. 3/12. 1957. — C. **1959**. 5898 [Oe. P. 199 796].)

Miroslav Semonský und **Antonín Cerný**, Prag, Tschechoslowakei, *Umwandlung der Amide der l-Lysergsäure* bzw. *der l-Isolysergsäure*. (**Ung. P. 144 725** vom 21/5. 1957, ausg. 15/3. 1959. Tschech. Prior. 22/5. 1956. — C. **1961**. 8397 [D. A. S. 1 092 923].)

Ciba Ltd. (Erfinder: **Robert Armistead Lucas**), *18-O-[4'-Acylaminobenzoyl]-reserpsäuremethylester und deren Salze*. (**Aust. P. 230 516** vom 16/5. 1958, ausg. 27/10. 1960. A. Prior. 4/6. 1957. — C. **1961**. 9900 [D. A. S. 1 092 925].)

F. Hoffmann-La Roche & Co. Akt.-Ges. (Erfinder: **Andre Grussner, Joseph Hellerbach** und **Otto Schnider**), *Herstellung von heterocyclisch substituierten Morphinanen*. (**Aust. P. 230 501** vom 27/11. 1958, ausg. 20/10. 1960. Schwz. Prior. 4/12. 1957. — C. **1962**. 2093 [D. P. [DDR] 20 416].)

Eastman Kodak Co., V.St.A. (Erfinder: **George Young Brokaw**), *Gewinnung von Tocopherolkonzentraten*. (**F. P. 1 170 126** vom 23/9. 1955, ausg. 9/1. 1959. A. Prior. 23/9. 1954. — C. **1958**. 7209 [E. P. 774 855].)

Tadeus Reichstein, Basel, Schweiz, *Herstellung von Hydrophenanthrenverbindungen*. (**Holl. P. 99 616** vom 23/5. 1956, ausg. 15/11. 1961. Schwz. Prior. 24/5. 1955. — C. **1960**. 17544 [D. A. S. 1 027 198].)

Tadeus Reichstein, Basel, Schweiz, *Herstellung von Polyhydrophenanthrenderivaten*. (**Holl. P. 99 661** vom 14/1. 1955, ausg. 15/11. 1961. — C. **1960**. 12779 [D. A. S. 1 018 859].)

Upjohn Co., Dover, Del., V. St. A., *Dehydratisierung von Steroiden*. (**Holl. P. 98 546** vom 9/9. 1957, ausg. 17/7. 1961. — C. **1960**. 2970 [D. A. S. 1 054 991] u. C. **1959**. 3584 [D. A. S. 1 029 375].)

Schering Akt.-Ges., Deutschland, *Herstellung von 16.17-Methylen-20-ketosteroiden*. (**F. P. 1 253 512** vom 22/3. 1960, ausg. 24/5. 1961. D. Prior. 25/3. 1959. — C. **1962**. 952 [D. A. S. 1 096 902].)

N. V. Organon (Erfinder: **Pieter Modderman, Willem Jacob van der Burg** und **Leendert Antonius van Dijck**), Oss, Holland, *Herstellung von 20-Monoenolacylaten von 11.20-Diketosteroiden*. (**D. A. S. 1 117 118** Kl. 12o vom 12/11. 1959, ausg. 16/11. 1961. Holl. Prior. 12/11. u. 15/11. 1958. — C. **1962**. 3266 [Holl. PP. 96 763 u. 96 764].)

Ciba Soc. An., Basel, Schweiz, *Herstellung von halogenierten Pregnanen*. (**Belg. P. 538 431** vom 24/5. 1955, ausg. 3/7. 1959. Schwz. Prior. 25/5. 1954. — C. **1959**. 2559 [D. A. S. 1 021 367].)

American Cyanamid Co. (Erfinder: **William Shardlow Allen** und **Seymour Bernstein**), *Pregnadien-Derivate*. (**Aust. P. 224 703** vom 31/12. 1957, ausg. 12/11. 1959. A. Prior. 16/1. 1957. — C. **1961**. 17304 [E. P. 851 501].)

Schering Akt.-Ges. (Erfinder: **Emanuel Kaspar, Martin Schenck** und **Karl Junkmann**), Berlin, *Progestativ wirksame Carbonsäureester des $\Delta^{1.4}$-Pregnadien-17α-ol-3.20-dions*. (**Schwz. P. 356 764** vom 28/5. 1957, ausg. 31/10. 1961. D. Prior. 20/6. 1956. — C. **1958**. 12482 [D. A. S. 1 020 977].)

Ciba Ltd., Basel, Schweiz, *Allopregnan- und Pregnan-3β.16α-diol-20-one*. (**Ind. PP. 62 327** vom 13/1. 1958 u. **64 488** vom 27/6. 1958, beide ausg. 10/1. 1961. — C. **1961**. 4813 [D. A. S. 1 079 631].)

Ciba Ltd., Basel, Schweiz, *16-Norallopregnan-16α.3β-diol-20-on*. (**Ind. P. 62 857** vom 15/1. 1958, ausg. 19/11. 1960. — C. **1962**. 1716 [F. P. 1 217 319].)

Ciba Ltd., Basel, Schweiz, *Pregnanolonverbindungen*. (**Ind. PP. 62 858** vom 15/1. 1958 u. **64 800** vom 30/7. 1958, beide ausg. 6/1. 1961. — C. **1962**. 952 [F. P. 1 222 546].)

Schering Akt.-Ges., Berlin, *Herstellung von Estern von 17α-Alkyl-17β-hydroxy-Δ^4-3-ketosteroiden der Androstan- oder Östranreihe*. (**Holl. P. 99 985** vom 4/2. 1958, ausg. 15/12. 1961. D. Prior. 23/2. 1957. — C. **1959**. 16735 [D. A. S. 1 057 109].)

Laboratoires Français de Chimiothérapie, Paris, Frankreich, *Herstellung von einem Acylderivat des 19-Nortestosterons*. (**E. P. 841 167** vom 9/12. 1957, ausg. 13/7. 1960. F. Prior. 10/12. 1956. Zusatz zu E. P. 817 735; C. 1961. 4818. — C. **1961**. 15837 [D. A. S. 1 060 390].)

Schering Akt.-Ges. (Erfinder: **Otto Engelfried, Emanuel Kaspar, Martin Schenck** und **Alfred Popper**), Berlin, *Herstellung von therapeutisch wertvollen Carbonsäureestern von in 17-Stellung substituierten 19-Nortestosteronen.* (**Schwz. P. 356 761** vom 27/5. 1957, ausg. 31/10. 1961. D. Prior. 16/6. 1956. — C. **1959.** 2232 [D. A. S. 1 017 166].)

Laboratoires Laroche-Navarron, Le Vallois, Frankreich, *Gewinnung von Hormonen des Cortin-Typs.* (**Belg. P. 563 714** vom 4/1. 1958, ausg. 17/6. 1960. F. Prior. 16/1. 1957. — C. **1961.** 14389 [E. P. 831 849].)

Armour & Co., Chicago, Ill., V.St.A., *Chymotrypsin-Lösung.* (**Belg. P. 568 907** vom 25/6. 1958, ausg. 2/12. 1960. A. Prior. 5/7. 1957. — C. **1961.** 18423 [Holl. P. 95 508].)

Eduard Belik, Milos Herold und **Jiří Doskočil,** Rostoky, Ungarn, *Antibiotica.* (**Ung. P. 144 909** vom 7/9. 1956, ausg. 15/6. 1959. — C. **1957.** 10017 [D. A. S. 1 007 953].)

Glaxo Laboratories Ltd., Greenford, England, *Antibiotisches Arzneimittel.* (**Ind. P. 62 969** vom 29/1. 1958, ausg. 15/6. 1960. E. Prior. 18/2. 1957. — C. **1960.** 14795 [E. P. 820 658].)

Merck & Co., Inc. (Erfinder: **Robert G. Denkewalter** und **James Crillin**), *Abtrennen von Antibioticis.* (**Aust. P. 230 515** vom 8/5. 1958, ausg. 27/10. 1960. A. Prior. 21/5. 1957. — C. **1960.** 16525 [D. A. S. 1 062 891].)

Ciba Ltd., Basel, Schweiz, *Herstellung eines basischen Antibioticums.* (**Holl. P. 99 618** vom 9/6. 1956, ausg. 15/11. 1961. Schwz. Prior. 10/6. 1955. — C. **1958.** 5167 [D. A. S. 1 012 032].)

C. F. Boehringer & Soehne G.m.b.H., Mannheim, *Herstellung von D.L-threo-1-Phenyl-2-nitropropandiol-(1.3).* (**Ind. P. 64 519** vom 1/7. 1958, ausg. 9/6. 1960. E. Prior. 5/6. 1958. — C. **1960.** 6594 [D. A. S. 1 064 937].)

Abbott Laboratories, Chicago, Ill., V.St.A. (Erfinder: **Merlin H. Peterson**), *Ausbeuteerhöhung bei der Penicillinfermentation.* (**E. P. 860 633** vom 14/11. 1958, ausg. 8/2. 1961. — C. **1961.** 17305 [A. P. 2 871 164].)

American Cyanamid Co., New York, N.Y., V.St.A., *Herstellung von antibiotischen Tetracyclinpräparaten.* (**Holl. P. 99 968** vom 21/10. 1957, ausg. 15/12. 1961. A. Prior. 31/1. 1957. — C. **1961.** 3090 [E.P. 822 422].)

American Cyanamid Co., New York, N.Y., V.St.A., *Gewinnung von Tetracyclin aus angesäuerten Gärbrühen.* (**Oe. P. 215 597** vom 10/12. 1956, ausg. 12/6. 1961. A. Prior. 11/5. 1956. — C. **1960.** 13779 [E. P. 821 310].)

American Cyanamid Co., New York, N.Y., V.St.A., *Herstellung von Demethyl-Antibiotica der Tetracyclinreihe.* (**Holl. P. 99 951** vom 28/5. 1957, ausg. 15/12. 1961. A. Prior. 28/5. 1956. — C. **1960.** 3639 [D. A. S. 1041 213].)

American Cyanamid Co., New York, übert. von: **Joseph P. Petisi,** Tappan, N.Y., und **James H. Boothe,** Montvale, N.J., V.St.A., *tert.-Butylanhydrotetracycline.* (**Can. P. 554 098** vom 21/1. 1956, ausg. 11/3. 1958. A. Prior. 14/2. 1955. — C. **1960.** 5583 [D. A. S. 1 015 796].)

American Cyanamid Co., New York, übert. von: **Raymond G. Wilkinson,** Pearl River, N.Y., und **James H. Boothe,** Montvale, N.J., V.St.A., *Tetracyclinnitrile.* (**Can. P. 554 099** vom 12/1. 1956, ausg. 11/3. 1958. A. Prior. 14/2. 1955. — C. **1962.** 6514 [F. P. 1 224 009].)

Takeda Pharmaceutical Industries Ltd., Osaka (Erfinder: **Koiti Nakazawa,** Amagasaki, **Motoo Shibata** und **Kazuo Tanabe,** Toyonaka/Osaka, **Hiroichi Yamamoto,** Kobe, **Sueo Tatsuoka,** Osaka, **Tsunaharu Kusako,** Amagasaki, **Akira Miyake,** Nishinomiya, **Michitaka Inoue,** Osaka, **Yuteka Shiraishi,** Kobe, **Hidesuke Iwasaki,** Toyonaka/Osaka, und **Masahiko Imanishi,** Osaka), Japan, *Fermentative Herstellung von Dihydrostreptomycin.* (**Schwz. P. 357 833** vom 23/3. 1957, ausg. 15/12. 1961. Jap. Prior. 24/3. u. 28/3. 1956. — C. **1959.** 5240 [D. A. S. 1 028 745].)

Chas. Pfizer & Co., Inc. (Erfinder: **W. D. Celmer**), Brooklyn, N.Y., V.St.A., *Acylester des Oleandomycins.* (**Belg. P. 568 412** vom 7/6. 1958, ausg. 2/10. 1960. A. Prior. 7/6. 1957 u. 7/3. 1958. — C. **1962.** 2096 [D. P. [DDR] 20 429].)

Koninklijke Nederlandsche Gist-en Spiritusfabriek N.V., Holland, *Herstellung des Antibioticums „Pimaricin“.* (**F. P. 1 220 814** vom 7/3. 1957, ausg. 27/5. 1960. Holl. Prior. 13/3. 1956. — C. **1959.** 9332 [Holl. P. 87 323].)

Abbott Laboratories (Erfinder: **Charles Arthur Stainbrook**), *Reinigung und Isolierung des Antibioticums Ristocetin.* (**Aust. P. 225 977** vom 14/8. 1958, ausg. 21/1. 1960. A. Prior. 20/8. 1957. — C. **1960.** 1949 [D. A. S. 1 057 732].)

Farbenfabriken Bayer Akt.-Ges., Leverkusen (Erfinder: **Klaus Bauer** und **Wilfried Kaufmann,** Wuppertal), *Partieller Abbau von Laevanen.* (**Schwz. P. 351 262** vom 6/8. 1956, ausg. 28/2. 1961. D. Prior. 28/10. 1955. — C. **1957.** 11386 [D. A. S. 1 002 506].)

Joachim Drescher, *Depotimpfstoff.* (**Aust. P. 224 321** vom 13/3. 1958, ausg. 29/10. 1959. D. Prior. 19/3. 1957. — C. **1959.** 4248 [D. A. S. 1 041 647].)

G. Analyse. Laboratorium

Genaues Hochdruckmanometer. Vladimír Kmoníček. (Jemná Mechan. Optika. **4.** 2—9. 1959. Praha, ČSAV, Úst. pro výzk. strojů.) (Tschech.)

Für die genaue Kompensationsmessung hoher, mit der Zeit wenig veränderlicher Drücke wird ein Deformationsmanometer entwickelt, bei dem die Deformation durch Vol.-Kompensation angezeigt wird. Vf. beschreibt die Konstruktion, den Ausgleich von Temp.-Änderungen u. die Eichung. R. K. MÜLLER. 5016□

Charakteristika einiger Kohlenstoffthermometer-Heizungen bei tiefen Temperaturen und in Magnetfeldern bis zu 100 Kilogauss. E. W. Hornung und D. N. Lyon. (Rev. sci. instruments **32.** 684—87. Juni 1961. Berkeley, Calif., Univ. of California, Dep. of Chem. and Chem. Engng., Low Temp. Labor.) (Engl.)

Es wurden einige Kohlenstoffthermometer mit unterschiedlicher Größe der Kohleteilchen hergestellt. Dabei wurden robustere Herst.-Verff. angewandt, bei denen der Kohlenstoff in einer Mischung mit Araldit u. Pyrexglaspulver auf Pyrexglas aufgetragen wurde. Ihr Widerstand wurde als Funktion der Temp. zwischen 1,217 u. 20,355° K u. als Funktion des magnet. Feldes von 0—94500 Gauß gemessen. Ein einfacher Zusammenhang zwischen Widerstand u. Temp. bzw. Magnetfeld besteht nicht. Für geringe Feldstärken ergab sich in einigen Fällen eine quadrat. Abhängigkeit, jedoch nie für hohe. Der Verlauf der Abhängigkeitsfunktion läßt jedoch Mischungen verschiedener Kohlesorten denkbar erscheinen, die keine Abhängigkeit vom Magnetfeld aufweisen.

R. RISTOW. 5016□

Rückgewinnung von Chloroform nach der Verwendung zur Solventextraktionsanalyse. H. Green. (B.C.I.R.A. Journal **9**. 382—84. Mai 1961.) (Engl.)

Meth. zur Chlf.-Rückgewinnung aus Extraktionsrückständen, die 8-Hydroxychinolin, Diäthyldithiocarbamat oder Acetylaceton enthalten unter Verw. von $KMnO_4$-Lsg., konz. HCl, NaOH, wasserfreiem $CaCl_2$ u. Destillation. Ausbeute 90—95%.

W. WESLY. 5034□

Eine magnetisch gelagerte Gleichgewichts-Ultrazentrifuge. J. W. Beams, R. D. Boyle und P. E. Hexner. (Rev. sci. Instruments **32**. 645—50. Juni 1961. Charlottesville, Va., Univ. of Virginia.) (Engl.)

Eine verbesserte magnet. gelagerte Gleichgewichts-Ultrazentrifuge zur Best. von Molgew. oder mittleren Molgew. wird beschrieben. Der Rotor wird magnet. im Vakuum gelagert, nachdem er durch eine Druckluft-Turbine oder einen Elektromotor auf die Arbeits-Geschw. gebracht u. von der Antriebswelle gelöst wurde. Während des freien Laufes verliert er ca. 1 Ups täglich. Die Rotations-Geschw. wird durch einen Lichtimpuls gemessen u. ein verbessertes Jamin-Interferometer dient zur Messung der Konz. in der Zelle vor u. nach Gleichgewichtseinstellung. Für monodisperse Stoffe wird für einen großen Molgew.-Bereich eine Genauigkeit von 0,1% erzielt.

R. RISTOW. 5036□

Erzielung tiefer Temperaturen in den Köpfen von Laboratoriumskolonnen. Ju. N. Garber und Ss. I. Selenewskaja. (Заводская Лаборатория [Betriebs-Lab.] **26**. 116. 1960. Dnepropetrowsk, Metallurg. Inst.) (Russ.)

Vff. beschreiben eine App. zur Erzielung niedriger Temp. in den Kühlern von Labor.-Rektifikationskolonnen, wie sie bei der Rektifikation niedrigsiedender Stoffe im Vakuum erforderlich sind. Als Kühlmittel wird eine zirkulierende $CaCl_2$-Lsg. bestimmter Konz. verwendet, die von einem Vorratsgefäß aus in einen durch fl. N_2 gekühlten Kugelrückflußkühler gepumpt wird. Von dort gelangt die bis zu —30° abgekühlte Lsg. in das Kühlsyst. der Kolonne u. zurück in das Vorratsgefäß. Die App. wird zur Erhöhung der Trennwrkg. der Kolonne, zur Trennung azetroper Gemische u. zur Unters. des Gleichgewichtes „Fl.–Dampf" benutzt. H.-P. PIETSCH. 5038□

Modifizierte Destillationsfalle. Anton Jurecic. (Chemist-Analyst **49**. 113. Dez. 1960. Philadelphia, Pa., Borden Chem. Co.) (Engl.)

In einer Modifizierung der üblichen Dest.-App. ASTM nach Verf. D 322 für die Unters. von Fll. höherer oder niedrigerer Dichte als W. faßt der unterhalb des Rückflußrohres liegende Teil des Kollektorrohres 2 ml u. besteht aus dem kon. Ende eines Zentrifugenröhrchens. Zur besseren Isolierung hat der Rückflußteil der Falle einen größeren Durchmesser als üblich u. ist aus dickwandigem Glas hergestellt.

L. JOHANNSEN. 5038□

Ein Vakuum-Fraktionensammler. N. W. Jacobson und J. Miller. (Chem. and Ind. **1957**. 1621. 14/12. Nedlands, W. Australia, Univ.) (Engl.)

In einem vakuumdichten Glasbehälter ist eine Messing-Lochscheibe zur Aufnahme von sieben Vorlage-Probengläsern um eine senkrechte Mittelachse drehbar angeordnet, so daß durch Drehung von außen das jeweilige Probenglas unter den im Innern des Gefäßes mündenden Vorstoß gebracht werden kann. Der App. ist aus Normalschliffteilen zusammengesetzt. W. BETCKE. 5038□

Ein Apparat zur gleichzeitigen Messung der Strömungsdoppelbrechung und der Viscosität. H. G. Jerrard. (Rev. sci. Instruments **26**. 1007—17. Nov. 1955. Southampton, Univ., Dep. of Phys.) (Engl.)

Eingehende Beschreibung eines App., in dem mit Hilfe eines Syst. sich drehender konzentr. Zylinder in einer zwischen diesen befindlichen Fl. ein Strömungs-Geschw.-Gradient von der Größe 4000 π/s (höhere Werte sind möglich) erzeugt u. die dadurch hervorgerufene Doppelbrechung in der Fl. mit Hilfe eines entsprechenden opt. Syst. gemessen werden kann. Der Zwischenraum zwischen den Zylindern beträgt 0,3—0,8 mm, der mittlere Durchmesser 25 mm, die Umdrehungs-Geschw. des äußeren Zylinders

2500/min u. mehr. Die Verbindung des inneren Zylinders mit einem Be/Cu-Torsionsdraht gestattet eine Viscositätsbestimmung. W. BETCKE. 5040□

Ein einfacher Apparat zur Dichtebestimmung. J. W. Smith. (Chem. and Ind. **1958.** 885—86. 12/7. Chatswood, N.S. Wales, Australia, C.S.I.R.O., Coal Res. Sect.) (Engl.)

Vas Vol. poröser Körper (Aktivkohle) wird in einem evakuierbaren, Hg enthaltenden Glaskugel-Syst. aus Druckschwankungen bestimmt. Als inertes Füllgas wird He verwendet. W. BETCKE. 5042□

Eine neue Methode zur Bestimmung kleinster Dichtedifferenzen. Gösta Brogren und Bengt Stebler. (Z. Naturforsch. **17a.** 86—87. Jan. 1962. Göteborg, Chalmers TH, Phys. Inst.) (Dt.)

Vff. verbessern die von JOHNSTON u. HUTCHISON (J. chem. Physics **8.** [1940.] 869) angegebene Meth. zur Best. sehr kleiner Dichteänderungen von Kristallen. Die experimentelle Vers.-Anordnung besteht aus einem Wasserbad, das auf $\pm$ 0,0001^0 genau bei einer Temp. konst. gehalten werden kann, die innerhalb eines gewählten Temp.-Intervalles von ca. 0,004^0 liegt. In diesem Wasserbad befindet sich eine Röhre mit den Kristallen u. ein BECKMANN-Thermometer. In einem äußeren Wasserbad befinden sich ein Kontaktthermometer, ein Präzisionsthermometer, eine elektr. Heiz-Vorr. mit Wärmezufuhr über ein Relais mit Kontaktthermometer u. eine Heizvorr. mit konst. Wärmezufuhr. Man mißt nun nicht die Schwebe-Temp. der Kristalle u. der Referenzkristalle, sondern den Schwebedruck, das ist der bei konst. Temp. zum Freischweben benötigte Überdruck. Die Meßvorr. wird an einer Vers.-Reihe mit Quarzplättchen ($3\times5\times0{,}5$ bis $15\times25\times1$ mm^3) getestet u. Veränderungen der Dichte von Einkristallen aus SiO_2 u. Si bei sehr geringer Bestrahlung durch Neutronen festgestellt. Die Variationen der Dichte verschiedener Plättchen aus ein u. demselben Einkristall waren nicht unbedeutend.
A. FRANCO-BEYER. 5042□

Eine Vorrichtung zur Messung von extrem kleinen Gewichts-, Volumen- und Dichte-Änderungen. Wolfgang K. Haller und Glenn L. Calcamuggio. (Rev. sci. Instruments **26.** 1064—68. Nov. 1955. Toledo, Ohio, Univ., Inst. of Silicate Res.) (Engl.)

Das Prinzip der Meth. zur Messung kleinster Gew.-Schwankungen beruht auf der Ausballancierung des Auftriebs eines auf den äußeren Druck ansprechenden, die zu wägenden Probe tragenden Schwimmers durch Druckänderung. Als Schwimmer dient eine kleine gläserne Hohlkugel mit an einer Stelle membranartig verd. Wandung. Sie trägt ein mit feinen Ni-Drähten befestigtes Ni-Schälchen, das zur Probenaufnahme dient. Das ganze Syst. mit Probe wird in eine Fl. (z. B. dest. W.) getaucht, auf die von außen ein meßbarer Druck einwirken kann. Der Druck wird so eingestellt, daß der Auftrieb ausballanciert ist. Veränderungen des Gew., des Vol. oder der Dichte der Probe werden durch entsprechende Druckänderungen kompensiert u. lassen sich nach vorangehender Eichung aus diesen quant. bestimmen. — Der durch Korrosion in dest. W. verursachte Gew.-Verlust von Silicatglas konnte mit einer Genauigkeit von 0,0003% bei 3 g Proben-Gew. bestimmt werden. W. BETCKE. 5048□

Elektrische Zuleitungen für Druckgefäße bis zu 30 Kilobar. R. H. Cornish und Arthur L. Ruoff. (Rev. sci. Instruments **32.** 639—41. Juni 1961. Ithaka, N.Y., Cornel Univ.) (Engl.)

Es werden 3 Meth. zur Einführung elektr. Leitungen in eine Druckkammer besprochen, von denen die 3. als bes. sicher, bequem u. arbeitssparend empfohlen wird. Es ist mit dieser möglich, 8 u. mehr Leitungen in die Druckkammer einzuführen. Die Art der verwendeten Leitungen u. ihre Einführung erlauben die Anwendung von 30 Kilobar Überdruck bei Flüssigkeiten. R. RISTOW. 5048□

Statistische Methoden bei chemischen Analysen. Allgemeine Prinzipien. Per Gotaas. (Tidsskr. Kjemi, Bergves. Metallurgi **19.** 131—33. 15/10. 1959. Oslo, Norsk Regnesentral.) (Norw.)

Überblick über die Meth. der statist. Auswertung von Analysen u. die dabei verwendeten Gleichungen. R. K. MÜLLER. 5050□

Über eine Vergleichstüpfelplatte. Georg P. Skalos. (Mikrochim. Acta [Wien] **1962.** 32—36. Athen, Nat. TH, Inst. für analyt. Chem.) (Dt.)

Es wird ein neuer Typ einer Tüpfelplatte vorgeschlagen. Die damit erzielbare Vergrößerung der Schichtdicke des Rk.-Gemisches führt zu einer Herabsetzung der Erfassungsgrenze auf ein Drittel bis ein Viertel. Außerdem eignet sich die neue Vgl.-Tüpfelplatte besser zu annähernd quant. Schätzungen u. zum Vgl. mit einer Blindprobe.
J. PETERS. 5050□

Ein Beitrag zur Entwicklung der Harztüpfelmethode mittels Zentrifugierens der fein zerriebenen Ionenaustauscherteilchen. Masatoshi Fujimoto. (Bull. chem. Soc.

Japan 33. 864—66. Juni 1960. Hongo, Tokio, Univ. Tokio, Wiss. Fak., Chem. Inst., Labor. für anal. Chem.) (Dt.)

Zur Verbesserung der Erfassungsgrenzen von qual. Nachw.-Rkk. bei denen charakterist. gefärbte Rk.-Prodd. entstehen, wird eine Meth. beschrieben, die auch der Tüpfel-Meth. weit überlegen ist. Dazu werden 0,5 bzw. 1 g völlig gereinigtes, farbloses Ionenaustauscherharz fein zerrieben u. in entionisiertem W. suspendiert. In einem Spitzröhrchen wird dann 1 Tropfen einer hochverd. Probe-Lsg. mit 1 Tropfen der Harzsuspensionen versetzt u. 1—3 Min. nach Zusatz von 1 Tropfen der Reagenz-Lsg. 1 Min. lang bei 1000—3000 U/min zentrifugiert. Die Anfärbung der in der Spitze angesammelten Harzteilchen ist mit einer 20fach vergrößernden Lupe leicht zu erkennen. Die Erfassungsgrenze des Co^{2+}-Nachw. mit 1 m NH_4SCN unter Verw. eines stark bas. Harzes in der Cl^--Form liegt bei 0,023 μg, die des Cu^{2+}-Nachw. mit 0,001%ig. 1-(2-Pyridylazo)-2-naphthol (PAN) unter Verw. eines stark sauren Harzes in der H^+- oder NH_4^+-Form bei 0,00008 μg. W. HEIN. 5050□

Aktivierungsanalyse. A. H. W. Aten jun. (Chem. Weekbl. 56. 94—98. 13/2. 1960.) (Holl.)

Grundzüge, Ausführung u. Anwendung der Aktivierungsanalyse mit schnellen Neutronen. W. WESLY. 5052□

Radioaktivierungsanalyse im Kernreaktor. G. B. Cook. (Pure appl. Chem. 1. 15—30. 1960. Harwell, A.E.R.E., Isotope and Res. Div.) (Engl.)

Vf. gibt einen Überblick über die Grundlagen u. die experimentellen Meth. der Radioaktivierungsanalyse im Reaktor (zerstörungsfreie Analyse u. chem. Abtrennung der erzeugten radioakt. Nuclide). Auf die möglichen Fehlerquellen wird eingegangen. H. SCHROEDER. 5052□

Radioaktivierungsanalyse in der Industrie. P. Leveque. (Pure appl. Chem. 1. 53—60. Saclay, Seine-et-Oise, C.E.N., Sect. des Applicat. des Radioéléments.) (Franz.) Vgl. C. **1960.** 10828.

Vf. berichtet über Anwendungsmöglichkeiten der Radioaktivierungs- u. Röntgenfluorescenzanalyse mit Anregung durch β^--Strahlen in der Industrie. H. SCHROEDER. 5052□

Erfahrungen bei der Anwendung der Radioaktivierungsanalyse in den USA. G. W. Leddicotte. (Pure appl. Chem. 1. 61—80. 1960. Oak Ridge, Tenn., Union Carbide Nucl. Comp., Oak Ridge Nat. Labor.) (Engl.)

Die Nachw.-Grenzen verschiedener Analysen-Meth. (Gravimetrie: 10^{-2}%, Colorimetrie: 10^{-5}%, Radioaktivierung: 10^{-8}—10^{-10}%) u. einer Reihe von Elementen mittels Radioaktivierung (**RA**) werden beschrieben. Die bei der **RA** nötigen Arbeitsgänge sind in einem Schema dargestellt. Neben einem Hinweis auf die Möglichkeit, **RA** mittels geladenen Teilchen (Deuteronen, α-Teilchen) durchzuführen, wird auf die Anwendungen der Neutronenaktivierung eingegangen: Anwendung in der Biochemie (Tabelle), in der Petrochemie (Tabelle), in der Metallurgie (Tabellen) u. in der Geochemie. H. SCHROEDER. 5052□

Störungen bei Aktivierungsanalysen durch Neutronenbeschuß. W. Gebauhr. (Z. analyt. Chem. **185.** 339—56. 1962. Erlangen, Siemens-Schuckertwerke AG., Forsch.-Labor.) (Dt.)

Wird die Aktivierungsanalyse, z. B. in der Halbleitertechnik, zur Best. von Verunreinigungen ($< 10^{-4}$%) eingesetzt, so kann die nach der Abtrennung der Nuclide u. deren radiochem. Reinigung gemessene, meist nur geringe Aktivität nicht ohne weiteres dem chem. isolierten Element zugeordnet werden. Es kann zu Fehlaussagen führen, wenn man nur das Auftreten einer (n, γ)-Rk. in Rechnung stellt. Vielmehr müssen auch die übrigen in Frage kommenden, weit weniger häufig auftretenden Kern-Rkk. beobachtet werden. Vf. versucht, möglichst alle fraglichen Stör-Rkk. zu erfassen u. ihren qual. u. quant. Einfl. an einigen Beispielen zu erläutern. An Hand eines sehr umfangreichen Zahlenmaterials werden ausführlich die Schwellwert-Rkk., die Uranspaltung, die radioakt. Folge-Prodd. der prim. Nuclide u. der doppelte Einfang von Nucliden mit hohem Einfangsquerschnitt besprochen. W. HEIN. 5052□

Anwendung des γ-Spektrographen bei der Aktivierungsspurenanalyse. Serge May. (Bull. Soc. chim. France **1961.** 1089—95. Juni. Gif-sur-Yvette, Centre d'Etudes nucl. de Saclay, Serv. de Physico-Chem. Appl.) (Franz.)

Vf. beschreibt das Prinzip der Aktivierungsspurenanalyse mittels des γ-Spektrographen u. gibt von 63 Elementen die zur Verfügung stehenden Isotope, Halbwertszeiten, Strahlungsarten, Aktivierungsquerschnitte, % der Sättigung u. Empfindlichkeiten an u. schildert die Vers.-Technik. Als Analysenbeispiele werden die Best. von *F*, von *Na* in Pb u. Al-Legg., von *P*, *S*, *Cl*, *K*, *Mn*, von *Co* in Fe, von *Ni*, *Cu*, von *Ga* in

Meteoriten, von *As*, von *Rb* u. *Cs* in Meerwasser, von *Seltenerdmetallen*, von *Hf* in Zr, von *Ta* in Nb u. von *U* beschrieben. G. KRIEN. 5052 □

Die automatische Analyse in der Kerntechnik. P. Desneiges. (Chim. analytique **42.** 120—26. März. 195—99. April 1960. Comm. a l'Electronique Appl.) (Franz.)

Vf. beschreibt einige Kontroll-App. im Werk von Marcoule zur Extraktion von Pu. Beschrieben wird außerdem das von GALLEY (vgl. C. **1960.** 13304) entwickelte Verf. der chem. Extraktion, die Best. von Pu-Spuren in Legg. der Zerfalls-Prodd. sowie die Kontrolle der Extraktion von Zerfalls-Prodd. durch Aktivitätsmessungen u. die Betriebs-Best. von U in Lösungen. C. GOTTFRIED. 5052

Systematische Analyse des Aluminiums und Eisens einer „Schmelzzone" nach Bestrahlung im Reaktor. Ph. Albert. (Pure appl. Chem. **1.** 111—19. 1960. Vitry, Seine, C.N.R.S.) (Franz.)

Vf. beschreibt ein Schema, nach dem eine große Anzahl von Radionucliden, die bei der Bestrahlung von Al u. Fe im Reaktor gebildet werden, aufgetrennt u. bestimmt werden können. Die Ergebnisse der Best. von 48 Elementen werden angegeben. H. SCHROEDER. 5052 □

Die quantitative Bestimmung von Spalt- und Kernreaktions-Produkten. C. E. Crouthamel, Robert Heinrich und Christopher Gatrousis. (Talanta [London] **1.** 396—407. Nov. 1958. Lemont, Ill., Argonne Nat. Labor.) (Engl.)

Diskussion von radiochem. u. anderen analyt. Meth. zur Analyse von Kernbrennstoffen unter dem Gesichtspunkt einer Klassifizierung des Reaktormaterials nach seinem Geh. an ursprünglich vorhandenen u. sek. erzeugten spaltbaren Elementen u. solchen, die durch Neutroneneinfang stabilisiert werden können, mit Erwähnung papierchromatograph. u. spektrometr. Verfahren. W. BETCKE. 5052 □

Das lichtoptische Doppelmikroskop. E. Lau. (Optik **17.** 538—51. 1960.) (Dt.)

Durch Einführung einer rotierenden geätzten Mattscheibe in die Bildebene eines einfachen Mikroskops u. deren Betrachtung mit einem 2. Mikroskop (Doppelmikroskop) wird eine große Scheinapertur erzielt, so daß eine Erhöhung der Okularvergrößerung um das 5—10fache gegenüber der durch die normale Apertur gegebenen Grenze mit Erfolg möglich ist. W. BETCKE. 5056 □

Über die Bestimmung der Temperaturleitfähigkeit von Materialien. N. Ju. Taitz und E. M. Goldfarb. (Заводская Лаборатория [Betriebs-Lab.] **25.** 502—04. 1959. Dnepropetrowsk, Metallurg. Inst.) (Russ.)

Es wird eine Verbesserung der Meth. von BROWKIN (C. **1960.** 11754) zur Best. der Wärmeleitfähigkeit von Festkörpern bei verschiedenen Temp. angegeben. Man mißt die „Temp.-Verspätung" $\Delta\tau$ zwischen der Achse eines rotationssymm. Körpers u. dem Punkt mittlerer Temp. auf seinem Querschnitt. Der Achsenabstand des letzteren Punktes ist temp.-unabhängig u. für verschieden geformte Körper durch einfache Beziehungen gegeben. Die Wärmeleitfähigkeit ergibt sich zu $a = R^2/K\Delta\tau'$, wo R der Radius u. K ein Form-Koeff. ist. H. HUBER-EMDEN. 5060

Ein Photolyse-Blitzlichtapparat für photochemische Untersuchungen bei sehr hohen Lichtintensitäten und Energien. Stig Claesson und Lars Lindqvist. (Ark. Kemi **11.** Nr. 54. 535—59. 1957. Uppsala, Univ., Inst. of Phys. Chem.) (Engl.) — Vgl. C. **1962.** 581.

Zur Unters. von Photolyse-Rkk. wurde eine Blitzlichtanlage konstruiert, bei der 70 Kondensatoren (1400 μF, 7 kV) durch 2 Blitzlampen, die zu beiden Seiten einer Küvette sitzen, entladen werden. Der Blitz dauer 30—150 μsec, je nach Kondensatorzahl, wobei ca. 14% der elektr. Energie in Licht von 200—480 mμ Wellenlänge abgegeben werden entsprechend einer in der Küvette absorbierten Quantenzahl von $4—5\cdot10^{20}$ bzw. $1—7\cdot10^3$ Einstein. Die beiden in Serie geschalteten, mit Ar (ca. 30 mm Hg), O_2 (ca. 5 mm Hg) oder Mischungen beider gefüllten Lampen bestehen aus geraden, langen Quarzrohren. Die Anschlüsse für die W-Elektroden sind so konstruiert, daß sie mit der Vakuumentladung nicht direkt in Berührung kommen. Die verbundenen Elektroden der Photolyselampen dienen als interne Zündelektroden. Die Lichtintensität wächst erst u. sinkt dann kontinuierlich mit der Zeit, wobei innerhalb der Zeit τ (1/e bis 1/e des Maximums) 80% der Lichtenergie abgegeben werden. Die spektrale Verteilungskurve zeigt ein starkes Kontinuum. Die Lichtausbeute ist entlang der Lampe konstant. Lampen u. Küvette sind von einem MgO-überzogenen Reflektor umgeben. Zur spektrograph. Registrierung der Absorption (Strahlengang parallel zu den Lampenachsen) wurde eine O_2-gefüllte kurze Kapillarblitzlampe (20 μsec Blitzdauer) mit darumgewickelter Zündelektrode verwendet. Da die Zündverzugszeit der Photolyselampe schwankt, erfolgt die Synchronisation der Spektrographenblitzlampe u. einer vor der Küvette gegen Streulicht angebrachten rotierenden Blende nicht durch den Zündimpuls der

Photolyselampen, sondern durch den Impuls, den Spulen an den Enden der Photolyselampen durch den rasch ansteigenden Entladungsstrom erhalten. Der Spektrographenblitz fällt nur dann auf den Spektrographenschlitz, wenn die Photolyselampe nicht brennt. Für kontinuierliche Registrierung der Änderung der Lichtabsorption in einem engen Spektralbereich wurde eine Anordnung mit folgendem Strahlengang benutzt: Xenonhochdrucklampe–Blende–Filter–Küvette–2 Linsen, die zwecks Schwächung des Streulichtes voneinander 5 m Abstand haben – Spiegelmonochromator – Vakuumphotozelle, deren Spannung nach Kompensation der Streulichtkomponente durch eine gegengeschaltete zweite Photozelle dem Y-Eingang eines Oscillographen zugeführt wird. Die Demonstration beider Registriersyt. an benzol. Lsgg. von Chlorophyll b ergibt eine Halbwertszeit für das Abklingen der angeregten Zustände von ca. 1000 µsec. Es werden die Möglichkeiten zur Erzielung höherer Lichtausbeute diskutiert. R. Junge. 5063 □

Die spektrale Verteilung von sauerstoffgefüllten Blitzlichtlampen, bestimmt mittels chemischer Aktinometrie. Stig Claesson und Gunnar Wettermark. (Ark. Kemi **11.** Nr. 54. 561—65. 1957.) (Engl.) — Vgl. vorst. Referat.

Das Licht der l. c. beschriebenen mit O_2 (5 mm Hg) gefüllten Blitzlampe wurde im Bereich 240—430 mµ, unterteilt durch Glasfilter (Kantenfilter), durch Aktinometrie mit Eisen(III)-oxalat nach Hatchard u. Parker (C. **1957.** 5496) auf seine spektrale Intensitätsverteilung untersucht. Die Zahl der emittierten Quanten hat bei 300 mµ ein Maximum u. fällt nach kürzeren Wellenlängen hin ab. R. Junge. 5063 □

Ergebnisse der spektrochemischen Analyse unter Verwendung einer kombinierten elektrischen Entladung als Lichtquelle. G. D. Cristescu und M. Giurgea. (Оптика и Спектроскопия [Optik u. Spektroskopie] **11.** 424—26. Sept. 1961. Bukarest, Parchon-Univ.) (Russ.)

Vff. beschreiben die spektralanalyt. Anwendung einer kombinierten Hochfrequenz- u. Gleichstromentladung (vgl. Cristescu, C. **1961.** 17101). Die Analysensubstanz wird in Form zerstäubter Lsg. zugeführt. Bei Aufnahme mit einem kleinen Fuess-Spektrographen konnten *Pb* (λ = 4057,82 Å) bis $5 \cdot 10^{-8}$ Mol/cm³ u. *V*(λ = 4379,2; 4384,7; 4389,9; 4395,2; 4406,6 u. 4408,5 Å) bis $5 \cdot 10^{-7}$ Mol/cm³ (bei Zerstäubung in *Ar* bis 10^{-8} Mol/cm³) bestimmt werden. R. Gerbatsch. 5063 □

Ein neuer stigmatischer Spektrograph mit Plangitter zur Kontrolle und Forschung. H. Bückert, A. Giavino und B. Polli. (Metallurgia ital. **53.** 226—28. Mai 1961. Milano, OPTICA S.p.A.) (Ital.)

Es wird ein neuer Spektrograph mit Plangitter zur Unters. u. Überwachung der Industrieproduktion beschrieben. Die stigmat. Montierung gestattet die Verw. von verschiedenartigen Zusatzteilen für den Schlitz u. die Auswahl des brauchbarsten Beleuchtungssystems. Die Rotation des Gitters ermöglicht die Wahl des Wellenlängenbereichs u. des für verschiedene Probleme erforderlichen Diffraktionsgrades. Mit einem einzigen App. können so die Spektrographen mit Quarz- u. Glasoptik ersetzt werden. G. Platzer. 5063 □

Die quantitative spektrographische Analyse von metallfreien Materialmengen mit der Möglichkeit zum Nachweis ihrer Molekülzusammensetzung. A. Fiorenza und M. Lachin. (Metallurgia ital. **53.** 203—08. Mai 1961. Pirelli Soc. p. Az., Labor. Gomma.) (Ital.)

Die spektrograph. Analyse von metallfreien Materialmengen (anorgan. Verbb. in Pulverform) ist weniger zweckmäßig als die von Metallen wegen der mühevollen Probenvorbereitung u. auch wegen der Unvollkommenheit der analyt. Ergebnisse, die nur auf den Nachw. u. die Best. der kation. Komponenten allein begrenzt bleiben. Zur Vermeidung dieser Nachteile wurde eine neue Meth. ausgearbeitet, deren Prinzipien u. Technik beschrieben werden, u. für die keine Vorbehandlung der Proben notwendig ist. Mit dieser Meth., die die durch die Verschiedenheit der Mol.-Zus. bestimmten Störungseffekte u. die durch die unterschielichen Matrizen bedingte Veränderung ausnützt, können die verschiedenen in einem Gemisch anwesenden Verbb. (Al–Si–Zn, Zn–Ca) auch wenn dasselbe Element zu mehreren Komponenten gehört, unter festgelegter Programmierung nachgewiesen u. bestimmt werden. G. Platzer. 5063 □

Neue Methode zur quantitativen spektralanalytischen Bestimmung der Elemente. W. W. Gussarski und I. A. Kusowlew. (Заводская Лаборатория [Betriebs-Lab.] **26.** 1375—78. 1960.) (Russ.)

Ausgehend von der Scheibe-Lomakinschen Gleichung u. unter Annahme der exponentiellen Konst. b = 1 wird durch Näherungsrechnung gezeigt, daß für einen bestimmten Bereich eine lineare Abhängigkeit zwischen der Schwärzungsdifferenz von Linie u. Untergrund Δ S, u. der Größe (lg C/C′ + 1) (C-Konz., C′-Konst.) u. sogar zwischen Δ S und C besteht. Wenn man einen Fehler von 10% zuläßt, verlaufen die Eichkurven in den Koordinaten [Δ S; C] zwischen etwa Δ S = 0,10 u. Δ S = 0,55—0,60 geradlinig. Da sie außerdem durch den Nullpunkt gehen, genügt prinzipiell schon eine Eichprobe zur Aufstellung der Eichkurve. Geradlinigkeit der Schwärzungskurve wird vorausgesetzt. Die Gültigkeit dieser Vorstellungen wurde an der Best. von Si, Fe u. Ni in Mg-Legg. mit Wechselstrombogenanregung überprüft. R. Gerbatsch. 5063 □

Ein Vorschlag für eine abstimmbare Strahlungsquelle für das ferne Infrarot unter Verwendung von Schwebungen zwischen zwei optischen Masern. D. C. Lainé. (Nature [London] **191.** 795—96. 19/8. 1961.) (Engl.)

Unter Heranziehung bekannter Typen von opt. Masern sowie der Temp.-Abhängigkeit von opt. Festkörper-Masern werden Möglichkeiten zur Realisierung leistungsfähiger Strahlungsquellen mit kontinuierlich zu veränderner Frequenz für das ferne IR diskutiert. Für eine Mischung der Frequenzen von zwei Masern werden der Hg-Bogen u. der Kaltkathoden-Bogen von Froome (Froome, C. **1961.** 15285) in Betracht gezogen. H.-J. Eichhoff. 5063 □

Bibliographie der analytischen Flammenspektroskopie 1956 bis März 1959. 2. Mitt. R. Mavrodineanu. (Appl. Spectroscopy **13.** 149—55. 1959. Yonkers, N.Y., Boyce Thompson Inst. Plant Res., Inc.) (Engl.) — 1. vgl. Appl. Spectroscopy **13.** [1959.] 132.

Fortsetzung einer Literaturzusammenstellung über analyt. Flammenspektroskopie, enthält die Zitate 274—543, hauptsächlich Literatur des Jahres 1957. R. Gerbatsch. 5063 □

Untersuchungen an Zerstäubern für die Emissions- und Absorptions-Flammenphotometrie. R. Herrmann. (Optik **18.** 422—30. Sept. 1961. Gießen, Univ.-Hautklinik, Labor. für med. Phys.) (Dt.)

Es wurden die wesentlichsten Zerstäuber-Eigg. u. ihre Abhängigkeiten von der Bauweise des Zerstäubers, bes. von der Größe der Ringspaltfläche, behandelt. Auf die Zusammenhänge zwischen diesen Eigg. u. den Erfordernissen bei flammenphotometr. Emissions- u. Absoptions-Unterss. wurde eingegangen. F. Sarfert. 5063 □

Der Strahl-Verdampfer. G. L. Rounds, J. H. Hoefferle, E. F. Garner und H. J. Matoi. (Analytic. Chem. **33.** 609—12. April 1961. Fontana, Calif., Kaiser Steel Corp., Air Control and Res. Dep.) (Engl.)

Beschreibung einer Vorr. zum Vergasen von Analysenmaterial für die Flammenphotometrie im H_2/Luft-Strom. Das Material wird als wss. Lsg. mit dem Brenngasstrom mitgeführt. W. Betcke. 5064 □

Beiträge zur Hochfrequenz-Titration. Das Ausschlagsverfahren bei Anwendung kapazitiver Meßzellen. H.-B. Ricke und K. Cruse. (Z. Instrumentenkunde **69.** 10—17. Jan. 1961. Clausthal, Bergakad., Phys.-Chem. Inst.) (Dt.) — Vgl. C. **1962.** 10577.

Vff. leiten auf theoret. Wege die Ausschlagskennkurven (AK) für Strom- u. Spannungsmessungen in Abhängigkeit von der Leitfähigkeit λ u. der DK des Zelleninhalts für eine Serienkreisschaltung mit kapazitiver Meßzelle ab. Zur Prüfung der Berechnungen werden die Impedanz- u. Admittanzbeiträge eines Parallel- u. Serienkreies für wss. HCl-Lsgg. verschiedener Konz. ermittelt, wobei gute Übereinstimmung mit den abgeleiteten AK festzustellen ist. Vff. erörtern die Bedingungen für optimale Meßempfindlichkeit bei den λ- u. DK-Messungen. P. Frenzel. 5066 □

Beiträge zur Hochfrequenz-Titration. 2. Mitt. **Zur Berechnung von Kondensator-Meßzellen.** H.-B. Ricke und K. Cruse. (Z. Instrumentenkunde **69.** 39—51. Febr. 1961.) (Dt.) — 1. vgl. vorst. Referat.

Vff. erörtern das Ersatzschaltbild einer Kondensatormeßzelle u. entwickeln auf theoret. Wege allg. gültige Vorschriften zur Messung der Teilkapazitäten C verschiedener Meßzellenformen. Bes. werden die C-Werte für 3 Kondensatorzellen rotationssymm. Typs (Zylinder-, Doppelring- u. Becherzelle) näherungsweise berechnet. Vff. beschreiben die Meßanordnung, teilen graph. Eichkurven sowie die berechneten u. gemessenen C-Werte für Füllung mit Luft, Nitrobenzol bzw. Hg u. W. mit. P. Frenzel. 5066 □

Anwendung von Metanilgelb-, Astralblau-, Xylenblau- und Setoglaucin-Indicatoren in der Cerimetrie. J. Bognár und Zs. Nádler. (Acta chim. Acad. Sci. hung. **10.** 51—60. 1956. Miskolc, TU M. Rákosi für d. Schwerind., Lehrstuhl für Chem.) (Dt.) — Vgl. C. **1956.** 9811. W. Betcke. 5068 □

Einige theoretische und praktische Probleme bei der Verwendung organischer Reagentien in der chemischen Analyse. 1. Mitt. **Der Effekt von Donator-π-Bindungen auf die Stabilität schwefelhaltiger Chelatkomplexe.** K. Burger. (Talanta [London] **8.** 769—74. Nov. 1961. Budapest, L. Eötrös Univ., Inst. of Inorg. and Analyt. Chem.) (Engl.)

Eine Donator-π-Bindung zwischen einem Metall- u. einem S-Atom des Liganden erhöht die Stabilität des resultierenden Chelatkomplexes. Mit N oder O ist keine Donator-

π-Bindung möglich, daher sind Komplexe mit entsprechenden Liganden weniger stabil. Mit der Theorie über die Donator-π-Bindung läßt sich der optimale pH-Bereich für die analyt. Verw. organ. Reagentien erklären, wie Vf. für Dithizon als Beispiel zeigt. Je größer die Fähigkeit des Zentralatoms zur Bldg. von Donator-π-Bindungen ist, um so stabiler ist der Komplex u. umso niedriger liegt der günstigste pH-Bereich für die Anwendung. R. KRÄMER. 5072□

Die Reaktion von Schoenbergs Reagens mit elementarem Schwefel. William C. Neely und H. B. Williams. (Analytica chim. Acta [Amsterdam] **24.** 575—78. Juni 1961. Baton Rouge, La., Louisiana State Univ., Coates Chem. Labor.) (Engl.)

Vff. versuchen von SCHOENBERGS Reagens [N-4.4'-(Dimethoxybenzhydryliden)-benzylamin] mit elementarem S mit Hilfe der IR-Spektren im Gebiet 650—5000 cm^{-1} aufzuklären. Alle beobachteten Banden konnten nach der Gruppen-Frequenz-Meth. zugeordnet werden. K. OHLS. 5072□

Über die Dampfraumanalyse. E. Schulek und E. Pungor. (Ann. Univ. Sci. Budapestinensis Rolando Eötvös nominatae, Sect. Chim. **2.** 37—39. 1960. Budapest, Eötvös Univ., Inst. für anorg. u. anal. Chem.) (Dt.) — Vgl. C. **1962.** 9657.

Anwendungsmöglichkeiten der Dampfraumanalyse. W. LUCHSINGER. 5086□

Ein Omegatron für quantitative Gasanalyse. A. Klopfer und W. Schmidt. (Philips' techn. Rdsch. **22.** 221—29. 1960/61. Aachen, Philips Zentrallabor. GmbH.) (Dt.)

Es wird ein Omegatron zur quant. Best. von Restgasen in Elektronenröhren sowie bei Hochvakuumarbeiten beschrieben, dessen Konstruktion gegenüber der ursprünglichen durch 2 Seitenplatten erweitert ist, die zur Erreichung eines optimalen Ionenstroms bei jeder in Resonanz befindlichen Masse auf ein geeignetes Potential gebracht werden. Der niedrigste, noch meßbare Druck einer Gasart beträgt ca. 10^{-12}, der maximal zulässige 10^{-5} mm Hg. Die Massenzahlen 30 u. 31 können noch völlig getrennt werden. Die Meßgenauigkeit beträgt 10%. W. LUCHSINGER. 5086□

Neues Elektrodensystem für sehr kleine Gasproben. Takeru Higuchi und Gerald J. Papariello. (Talanta [London] **7.** 127—28. Nov./Dez. 1960. Madison, Wis., Univ. of Wisconsin, School of Pharm.) (Engl.)

Vff. beschreiben ein neues Phänomen: Werden μg-Mengen von gasförmigen Substanzen mit einem Ar–O_2-Gemisch als Trägergas (ca. 90% Ar) durch ein Vycor-Kapillarrohr getrieben, das innen eine Pt-Anode u. außen die Pt-Kathode enthält, an die bei Temp. von 500—700° eine Spannung von z. B. 280 V angelegt ist, so wird der Elektrodenstrom durch die organ. Spuren deutlich vergrößert. CO_2 bewirkt einen Abfall des Stromes. Verss. mit H_2, CH_4, *Essigsäureäthylester* wurden vorgenommen u. ein Teil der Strom-Spannungskurven mitgeteilt. H.-G. MOSLÉ. 5086□

Kontinuierliche Sauerstoffanalyse. Anonym. (Chem. Rdsch. [Solothurn] **13.** 434—35. 1/9. 1960.) (Dt.)

Zusammenfassender Bericht über die modernen Verff. zur kontinuierlichen O_2-Best. in fließenden Gasgemischen, speziell die Messung der therm. Leitfähigkeit sowie die Verw. der paramagnet. Eigg. des Sauerstoffs. H. SCHIRRWITZ. 5086□

Automatischer Gasanalysator für die Messung von Mikrosauerstoffkonzentrationen. M. T. Borok und Je. T. Alitowski. (Заводская Лаборатория [Betriebs-Lab.] **26.** 1162—64. 1960. Konstruktions-Sonderbüro für Bau der analyt. Geräte der Akad. der Wiss. der UdSSR.) (Russ.)

Beschreibung der Konstruktion u. Arbeitsweise eines automat. Gasanalysators für die Messung von Mikrosauerstoffkonzentrationen. S. BARYSCHNIKOW. 5086

Die Bestimmung kleiner Mengen von Stickoxiden in Abgasen. Wolfgang Leithe. (Mikrochim. Acta [Wien] **1962.** 166—70. Linz, Österr. Stickstoffwerke A.G., Hauptlabor.) (Dt.)

Es wird eine Meth. zur Best. der Stickoxide in Abgasen beschrieben. Die Gasprobe wird in einer BUNTE-Bürette mit 1,5%ig. H_2O_2-Lsg. geschüttelt u. das dabei gebildete HNO_3 mit 0,01n NaOH-Lsg. gegen Methylrot–Methylenblau als Mischindicator titriert. Die acidimetr. Titration ist nur dann anwendbar, wenn außer den Stickoxiden keine sonstigen, zur Bldg. starker Säuren befähigte Bestandteile (z. B. SO_2) im Abgas vorliegen. Um die Absorption der Stickoxide durch die H_2O_2-Lsg. zu beschleunigen, wurde als gegen H_2O_2 u. Stickoxide beständiges Schaummittel eine 1%ig. Lsg. von „Pril" der Fa. HENKEL u. CIE. zugesetzt. Bei diesem Zusatz ist die Absorption schon nach einer Schüttelzeit von 5 Min. prakt. vollständig. Die Ergebnisse werden mit denen der üblichen 24-Std.-Analyse (10-Liter-Gasprobe, mit überschüssigem O_2 über W. 24 Std. lang gestanden, acidimetr. Titration des HNO_3) verglichen u. eine Abweichung von im Mittel $\pm$0,5 mg HNO_3/Liter festgestellt. F. SARFERT. 5086□

Die Bestimmung von Monoäthanolamin und Ammoniak in der Luft. D. D. Williams und R. R. Miller. (Analytic. Chem. **34.** 225—27. Febr. 1962. Washington, D. C., U. S. Naval Res. Labor.) (Engl.)

Vff. beschreiben ein Verf. zur routinemäßigen Best. von NH_3 u./oder Monoäthanolamin (I) in Luft in ppm-Konzentrationen. Durch ein Glasrohr, in dem sich Ninhydrin auf Silicagel befindet, wird nacheinander in wechselnder Richtung die zu untersuchende Luft durchgeleitet. Da Ninhydrin sowohl mit NH_3 als auch mit I reagiert, befindet sich an einem Ende des Rohres H_3BO_3 als 100%ig. selektives Filter für I. Nach Erwärmen des Rohres kann man aus der Länge der beiden entstandenen purpurroten Zonen (NH_3 + I u. NH_3 allein) die Konzz. mit Hilfe von Eichkurven bestimmen.

J. Kraetsch. 5088

Bestimmung von Äthylenoxid in der Luft industrieller Räume. Je. Sch. Gronsberg. (Химическая Промышленность [Chem. Ind.] **1960.** 162—63. März. Gorki, Forsch.-Inst. für Arbeitshyg. u. Berufskrankh.) (Russ.)

Die zulässige Grenz-Konz. an *Äthylenoxid* (I) in der Luft von Betriebsräumen ist 0,001 mg/Liter. Die Best. so kleiner Mengen I kann in der Weise erfolgen, daß man I zu Glykol (II) hydratisiert, II mit HJO_4 zu CH_2O oxydiert u. CH_2O colorimetr. mit fuchsinschwefliger Säure (III) bestimmt, wobei noch 0,005 mg I nachweisbar sind. Die Eichung erfolgt mit 0—2,4 ml einer Standard-I-Lsg. von 0,02 mg/ml; das Vol. der Lsg. wird jeweils mit 10%ig. H_2SO_4 auf 5 ml aufgefüllt u. je 0,5 ml 3%ig. $NaJO_4$- oder KJO_4-Lsg. in 10%ig. H_2SO_4 zugegeben, worauf nach 30 Min. bei Raum-Temp. mit tropfenweise zugegebener 10%ig. Na_2SO_3-Lsg. auf Verschwinden der Farbe titriert u. nach Zugabe von 1 ml III colorimetriert wird. Analog wird bei der I-Best. in der Absorptions-Lsg. für I aus der Luftprobe verfahren. 1 g I entspricht 1,41 g II u. 1,37 g CH_2O.

R. K. Müller. 5088□

Eine neue Feldmethode zur Bestimmung von Organobleiverbindungen in der Luft. Louis J. Snyder und S. R. Henderson. (Analytic. Chem. **33.** 1175—80. Aug. 1961. Baton Rouge, La., Ethyl Corp., Res. and Dev. Dep.) (Engl.)

Vff. beschreiben eine einfache Feld-Meth. zur Best. von Organo-Pb-Verbb. in Luft, deren Genauigkeit im Bereich von 0—4 μg Pb/ft.^{3} u. im Bereich von 4—20 μg $\pm 15\%$ beträgt. Als Auffänger wird ein kleines Glasrohr verwendet, in dem sich J_2-Kristalle auf Glaswolle befinden. Das Pb wird mit angesäuerter KJ-Lsg. entfernt u. mit Dithizon photometr. bestimmt. Die Zers. der untersuchten Verbb., $(CH_3)_4Pb$, $C_2H_5(CH_3)_3Pb$, $(C_2H_5)_2(CH_3)_2Pb$, $(C_2H_5)_3CH_3Pb$, $(C_2H_5)_4Pb$, $(C_6H_5)_4Pb$, $(C_2H_3)_4Pb$, $(iso\text{-}C_5H_{11})_4Pb$ u. $(CH_3)_3PbJ$, erfolgte 100%ig. zu PbJ_2. Außerdem können auch Organo-Mn- u. -Hg-Verbb. mit J_2-Kristallen aus der Luft abgeschieden werden. Butylmercaptan oder H_2S stören das Verf. nicht. Weiterhin untersuchten Vff. die relativen Zers.-Geschw. sowie die intermediären Zers.-Prodd. von Tetraorgano-Pb-Verbb. bei Verw. wss. J_2-Lösungen.

J. Kraetsch. 5088□

a) Elemente und anorganische Verbindungen

Eine neue Methode zur qualitativen Analyse von Kationen mit Hilfe der Papierchromatographie. Milenko B. Ćelap und Života M. Radivojević. (Гласник Хемиског Друштва Београд [Ber. chem. Ges. Belgrad] **23/24.** 179—83. 1958/59. Beograd, Naturwiss.-math. Fak., Chem. Inst.) (Serbo-kroat.; Auszug: Engl.)

Vor der chromatograph. Best. müssen die Kationen in die einzelnen analyt. Gruppen nach bekannten Meth. aufgeteilt werden. Gruppe I (Ag, Pb, Hg, Tl), eindimensionale Chromatographie, Lsgm.: 60 ml Methanol + 40 ml 11n HNO_3, Entwickler: $(NH_4)_2S$; Gruppe II (Cu, Bi, Cd, Hg, Pb, As, Sn, Sb) zweidimensional, Lsgm.: 82 ml Isobutanol + 3 ml konz. HCl + 15 ml H_2O bzw. 60 ml Pyridin + 40 ml W., Entwickler: Gasförmiges H_2S u. $AgNO_3$; Gruppe III (Al, Ni, Cr, Mn, Co, U, Fe, Zn) zweidimensional, Lsgm.: 90 ml Aceton + 10 ml 6n HCl bzw. 75 ml Essigsäure + 25 ml Methanol, Entwickler: Salicylaldoxim, Dimethylglyoxim, Dithizon, Alizarin; Gruppe IV u. V. (Ba, Sr, Ca, Mg, K, Na, Li, Rb, Cs) zweidimensional, Lsgm.: 87 ml A. + 13 ml W. bzw. mit W. gesätt. Phenol, Entwickler: $AgNO_3$ u. $(NH_4)_2S$.

H. Cnobloch. 5106□

Bestimmung von Deuterium in Wasser bei Konzentrationen nahe der natürlichen nach dem Infrarotabsorptionsspektrum. W. A. Borgesst. (Оптика и Спектроскопия [Optik u. Spektroskopie] **11.** 558—59. Okt. 1961.) (Russ.)

Es wird eine Meth. zur Best. von 0,003—0,020% D in H_2O mit einer relativen Genauigkeit von 7% nach der OD-Schwingungsbande bei 2500 cm^{-1} beschrieben. Es wurde das IR-Spektrometer IKSs-6 mit NaCl-Prisma u. opt.-akust. Empfänger benutzt.

R. Gerbatsch. G 238□

Colorimetrische Bestimmung des Fluoridions auf Grund einer Extraktionsstörung. Z. G. Szabó, M. T. Beck und K. Tóth. (Mikrochim. Acta [Wien] **1958**. 181—85. Szeged, Univ., Inst. for Inorg. and Analyt. Chem.) (Engl.)

Die Ggw. von F^- in einer Fe^{3+} u. SCN^- enthaltenden Lsg. setzt die Bldg. von $Fe\cdot(SCN)_3$ u. somit dessen Konz. in der organ. Phase bei der Extraktion aus wss. Lsg. herab, so daß F^- auf Grund der Extinktionsabnahme des Extraktes bestimmt werden kann. 5 ml $2{,}5\cdot10^{-4}$m $FeNH_4(SO_4)_2$-Lsg. u. 8 ml 0,1 m NaSCN-Lsg. werden mit der 10—100 μg F^- (bzw. eine entsprechende Menge SiF_6^{2-}) enthaltenden Probe-Lsg. versetzt. Nach genauer pH-Einstellung auf 2,9 wird die Lsg. (50 ml) mit 15 ml n-Amylalkohol ausgeschüttelt. Vff. bestimmten die Extinktion mit einem PULFRICH-Photometer, Fehler $\pm$ 3—5%. Al, Phosphat u. komplexbildende Anionen stören stark, Mg u. Ca in größeren Mengen. W. BETCKE. G 246□

Schnellbestimmung von Chlor in Brom. Gerhard Klenert. (Kali- u. Steinsalz **3**. 198—200. Aug. 1961. Lehrte.) (Dt.)

Beschrieben wird eine Modifikation der von KLÖPPING entwickelten Meth. zur Cl-Best. in Br. Vf. empfiehlt 4n KBr-Lsg. u. Benutzung eines kalibrierten Kropfhalskolbens. H. MOENKE. G 247□

Spektralanalytische Bestimmung von Verunreinigungen in Schwefel hoher Reinheit. S. G. Fratkin und I. Ju. Andrejewa. (Заводская Лаборатория [Betriebs-Lab.] **26**. 1370—71. 1960. Forsch.-Inst. für Chem. Reagentien, Leningrader Labor.) (Russ.)

Folgende Elemente können bei Anregung im Wechselstrombogen (7A) aus einer 4 mm tiefen Bohrung von 3 mm Ø einer Graphitelektrode u. Aufnahme mit einem Spektrographen ISP-28 direkt in reinem S bestimmt werden (Analysenlinien in Å u. die kleinste bestimmbare Konz. in %): *Cu* (3247,54; 0,0001), *Ag* (3280,68; 0,0001), *Al* (3082,16; 0,0005), *Fe* (2973,24; 0,001), *Ni* (3414,76; 0,0005), *Co* (3453,50; 0,0005). Zur Auswertung dienten die Schwärzungsdifferenzen von Linie u. Untergrund, für Fe die Absolutschwärzung. Die Eichproben wurden durch Verreiben von reinem S mit den Metallsulfiden (bzw. Al_2O_3) hergestellt. Durch Zusatz von 3% NaCl zu den Proben wird die Linienintensität wesentlich verstärkt. Der Variations-Koeff. liegt zwischen 9—18% u. für Co u. Ni unter 0,001% bei 30—35%. Zur Voranreicherung werden 600 mg S mit 15 mg Kollektor (80% SiO_2 u. 20 NaCl) im Quarztiegel an Luft verbrannt, der Rückstand wird 30 Min. lang bei 500° geglüht. Anregung u. Eichproben-Herst. wie beschrieben, Ga wird als Sulfat zugesetzt. Aufnahme mit Dreistufenfilter, Auswertung leitprobenfrei mit Na 2852,9 Å als Vgl.-Linie (gegen Untergrund für Co u. Ni). Folgende Elemente wurden bestimmt: *Cu* (3247,54; $5\cdot10^{-6}$), *Ag* (3280,68; $3\cdot10^{-6}$), *In* (3256,09; $3\cdot10^{-6}$), *Ga* (2943,64; $3\cdot10^{-5}$), *Ni* (3050,82; $1\cdot10^{-5}$) u. *Co* (3412,34; $1\cdot10^{-5}$). Die Anreicherung ist nicht quant., die Ergebnisse sind aber mit einem Variations-Koeff. von 11—30% reproduzierbar. Nach der Meth. können ebenfalls Pb u. Sn bis $3\cdot10^{-5}$% u. Mn bis $1\cdot10^{-5}$% bestimmt werden. R. GERBATSCH. G 253□

Bestimmung von Spurenverunreinigungen im Selen. S. G. Fratkin und N. G. Poliwanowa. (Заводская Лаборатория [Betriebs-Lab.] **26**. 1372—74. 1960. Forsch.-Inst. für chem. Reagentien, Leningrader Labor.) (Russ.)

Es wird eine Meth. zur Best. von Verunreinigungen in Reinstselen angegeben. Die erreichten Empfindlichkeiten liegen bei Anregung mit Wechselstrombogen (8A) aus Graphitelektroden mit einer 4mm tiefen Bohrung von 3 mm Ø (Probeneinwaage 80 mg) u. Aufnahme mit dem Spektrographen ISP-22 (Belichtungszeit 40 Sek.) zwischen $1\cdot10^{-5}$ u. $1\cdot10^{-3}$%. Bei Verdampfung von 350 mg Probe aus entsprechend größerer Bohrung bei 18—19 A in 10 Sek. oder durch Aufnahme mit dem Plangitterspektrographen DFS-8 (Belichtungszeit 3·10 Sek.) mit Anregung im Gleichstrombogen 15 A u. Zusatz von 10% NaCl kann die Empfindlichkeit für *Ag* u. *Cu* auf $3\cdot10^{-6}$%, für *Bi*, *Cd*, *In* u. *Mn* auf $1\cdot10^{-5}$% für *Co*, *Hg*, *Ni*, *Pb* u. *Sn* auf $3\cdot10^{-5}$%, für *Al*, *Fe*, *Sb* u. *Te* auf $1\cdot10^{-4}$% gesteigert werden. Zur Auswertung wird die Absolutschwärzung der üblichen Hauptnachweislinien bzw. die Schwärzungsdifferenz zum Untergrund gemessen. Die Eichproben werden durch mechan. Vermischen der Metallselenide bzw. -sulfide (Te elementar) mit Reinstselen hergestellt. Der Variations-Koeff. beträgt 20—25%, er kann durch Zugabe von 50% Graphitpulver zur Probe verringert werden. R. GERBATSCH. G 254□

Spektrophotometrische Bestimmung von Zinn durch die Phosphormolybdänblaufärbung. 1. Mitt. Hiroshi Namiki. (Japan Analyst **10**. 895—900. Aug. 1961. Yokohama, Univ., Fac. of Engng.) (Jap.; Auszug: Engl.)

Verschiedene Meth. u. Bedingungen für die quant. Best. von Sn^{2+} im Hinblick auf sein Red.-Vermögen bei der Bldg. von Molbydänblau wurden geprüft. Bei konst.

H_2SO_4-Geh. wurden die Konzz. an KH_2PO_4 u. Ammoniummolybdat variiert, u. bei konst. Salz-Konz. die H_2SO_4-Konz. varriert. Als günstigste Konzz. wurden gefunden: 3,6n H_2SO_4, 0,4% KH_2PO_4 u. 0,4% Ammoniummolybdat. Im Bereich von 0—15 ppm Sn^{2+} ist die Färbung reproduzierbar. Zur Red. des Zn wurde metall. Al von ca. 99,8% Reinheit verwendet. K. ROSS. G 327□

Spektrophotometrische Bestimmung von Zinn durch die Phosphormolybdänblaufärbung. 2. Mitt. Hiroshi Namiki. (Japan Analyt 10. 900—03. Aug. 1961.) (Jap.; Auszug: Engl.) — 1. vgl. vorst. Referat.

Der Einfl. verschiedener Ionen auf die Best. von Sn^{2+} nach der Molybdänblau-Meth. wurde untersucht. Bei der Best. von Sn in W., Messing u. Stahl wurde die Trennung von störenden Ionen durch gemeinsame Fällung mit MnO_2 erreicht. Bei der Sn-Best. in Stahl ist ein Umfällen unvermeidbar. Es wird empfohlen, zunächst eine ziemlich große Probe u. dann einen aliquoten Teil zu verwenden. Bei der Sn-Best. in W. erfolgt durch die gemeinsame Fällung mit MnO_2 eine Sn-Anreicherung. 100—500 μg Sn konnten befriedigend genau bestimmt werden. K. ROSS. G 327□

Trilonometrische Bestimmung von Blei in Fluoroborwasserstoff-Elektrolyten. I. M. Jurisst und P. G. Schachowa. (Заводская Лаборатория [Betriebs-Lab.] **26.** 1354—55. 1960.) (Russ.)

20 ml der Elektrolyt-Lsg. werden mit W. auf 200 ml aufgefüllt. 10 ml der Verdünnung, 5—6 Tropfen 30%ig. H_2O_2-Lsg., 25 ml 4%ig. NaF-Lsg. u. 50 ml W. werden 15 Min. lang gekocht. Zur abgekühlten Fl. werden 10 ml 0,1n Trilon B-Lsg., 0,2 g Indicator (1 g Chromogenschwarz u. 99 g NaCl werden im Mörser vermischt) u. ammoniakal. Puffer-Lsg. (Zus. ist angegeben) bis zur Blaufärbung u. nochmals 5 ml zugefügt. Der Überschuß an Trilon-Lsg. wird mit 0,05n $ZnSO_4$-Lsg. zurücktitriert.
S. BARYSCHNIKOW. G 328

Spektrochemische Bleibestimmung in Zirkon für Blei-Alpha-Altersmessungen. Harry Rose jun. und Thomas Stern. (Amer. Mineralogist **45.** 1243—55. Nov./Dez. 1960. Washington, D.C., U.S. Geol. Survey.) (Engl.)

Eichproben-Herst.: Bleiglas-, $ZrSiO_4$- u. Silicatglaspulver wurden in einem zugeschweißten Pt-Tiegel 12 Std. lang auf 1450° erhitzt. Das Ergebnis war eine Mischung aus Zr, Baddeleyit u. Silicatglas, welche 4,60% Pb enthielt. Sie wurde stufenweise mit einer Pb-freien Substanz (68% ZrO_2, 32% SiO_2) verdünnt. Die Eichproben überdeckten den Pb-Konz.-Bereich von 1—560 ppm. Hilfselektroden: Graphit. Anod. Anregung im Gleichstromdauerbogen: 15 A. Ein Gitterspektrograph mit einer Dispersion von 5 Å/mm in der 1. Ordnung wurde benutzt. — Angabe der Arbeitsvorschrift.
H. MOENKE. G 328□

Gleichzeitige ultraviolett-spektrophotometrische Bestimmung von Eisen, Blei und Wismut mit Perchlorsäure. Masayoshi Ishibashi, Yuroku Yamamoto und Kazuo Hiiro. (Bull. Inst. chem. Res., Kyoto Univ. **36.** 24—89. Jan. 1958. Ishibashi Labor.) (Engl.)

Fe^{3+}, Pb^{2+} u. Bi^{3+} lassen sich in 1n $HClO_4$-Lsg. durch Absorptionsmessung bei 240, 208 bzw. 222 mμ in einer Lsg. bestimmen. Der mittlere Fehler beträgt 0,6% (Fe), 4,5% (Pb) bzw. 2,2% (Bi). Eichkurven für die 3 Elemente u. vergleichende Analysenergebnisse sind für eine Anzahl verschiedener Wellenlängen wiedergegeben.
W. BETCKE. G 354□

Die photometrische Bestimmung kleiner Mengen von Aquopentacyanoferrat(II) in Gegenwart von Hexacyanoferraten(II) und -ferraten(III). Ivo Murati und Smiljko Ašperger. (Analytic. Chem. **33.** 809—10. Mai 1961. Zagreb, Univ. of Zagreb, Fac. Pharm., Inst. of Inorg. and Phys. Chem.; Inst. „Rudjer Biskovic", Dep. of Phys. Chem.) (Engl.) — Vgl. C. **1960.** 12271.

Vff. beschreiben in Fortsetzung ihrer Unterss. eine photometr. Best.-Meth. von Aquopentacyanoferrat(II) in Konzz. von $2 \cdot 10^{-5}$ bis 10^{-3}m mit Nitrosobenzol in Ggw. von Hexacyanoferrat(II) (I) u. Hexacyanoferrat(III) (II), wenn die Gesamt-Konz. von I + II $\leqq$ 0,05m ist. Um Störungen durch I zu vermeiden, muß bei pH-Werten zwischen 5 u. 10 unter Vermeidung von Lichteinfall u. bei maximal 22° gearbeitet werden. Die photometr. Messungen erfolgen bei 600 mμ. II muß bei Konzz. $> 5 \cdot 10^{-4}$m mit alkal. H_2O_2-Lsg. red. werden, wobei ein Überschuß an H_2O_2 nicht zulässig ist. Die Konz. an II wurde von Vff. durch Titration eines aliquoten Teils der Lsg. mit H_2O_2 in Ggw. eines 10—15%ig. Überschusses an NaOH bzgl. der Konz. von II festgestellt, wobei die Best. des Äquivalentpunktes mit einer Pt-Elektrode (Redox-Syst. I–II) erfolgte. CN^-, S^{2-} sowie die Ionen der Schwermetalle stören. Bei 18 Best. ergaben sich bei 1 bzw. 2 unabhängigen parallelen Messungen relative Standardfehler von +5,0 u. −4,8 bzw. +4,0 u. −3,8%. J. KRAETSCH. G 354□

Isotopenverdünnungsanalyse mit Ionenaustauschern. 1. Mitt. Bestimmung von Eisen in Spuren. Jiří Starý und Jaromír Růžička. (Talanta [London] 8. 775—81. Nov. 1961. Praha, Fac. of Techn. and Nuclear Phys., Dep. of Nuclear Chem.) (Engl.)

Die Isotopenverdünnungsanalyse in Verbindung mit Ionenaustauschern wird zur Best. von Spuren von Metallen angewendet. Es werden einige theoret. Überlegungen zu dieser Meth. angegeben, aus denen die Bedingungen für die Best. von Metallen entnommen werden können. — Arbeitsvorschrift für die Fe-Best.: Man gibt zu 5 ml einer Lsg., die Fe(III) u. einen Überschuß anderer Metalle enthält, eine genau bekannte Menge (y) an radioakt. Fe u. 1 ml EDTA-Lsg., so daß weniger EDTA vorhanden ist, als stöchiometr. für die Fe-Menge erforderlich wäre. Dann fügt man HCl bis zum pH 2—3 hinzu, läßt 20—30 Min. lang bei 30—40° stehen, gibt die Lsg. mit 0,3 ml/Min. über eine Säule mit Dowex-50, wäscht mit W., verd. auf 10 ml u. mißt die Aktivität (A_2) von 3 ml mit einem Scintillationszähler. Eine Lsg., die nur radioakt. Fe enthält, wird genau so behandelt. Bestimmt man die Aktivität dieser Lsg. (A_1), so ergibt sich die gesuchte Fe-Menge zu $x = y[(A_1/A_2) - 1]$. In der Vgl.-Probe muß genau die gleiche EDTA-Menge verwendet werden. Die mittlere Genauigkeit des Mittelwertes beträgt für 10^{-7}g Fe/5 ml 1,2%, für 10^{-8} Fe/5 ml 4% u. für 10^{-9} g Fe/5 ml 4,1%. Die Meth. wurde auf die Analyse von NaJ-Kristallen angewendet. R. KRÄMER. G 354□

Die elektronischen Gesichtspunkte und deren Anwendungen bei Analysen von Metallen. M. Reggiani. (Metallurgia ital. **53.** 233—42. 268. Mai 1961. Milano, Ist. sci. di Chim. e Biochim. „G. Rozzoni".) (Ital.)

Übersicht über einige spektrophotometr. Analysenbeispiele von Stählen u. Metall-Legg. im Sichtbaren u. im UV, deren Unters. über Bedingungen u. Vorteile, Unters. von Elektronenspektren, der Mol.-Energie u. deren Bestandteile, Besonderheiten u. Beschaffenheit der Elektronenübergänge im Mol. u. die Folgen bei der Absorption der Nebenstrahlungsenergie, Ursachen u. Bedingungen der Störungen u. des Einfl. auf die genannten Übergänge u. beobachtete Rückwrkg. auf die Eigg. der Spektren, einige auffallende Beispiele von Mol.-Konfigurationen bzgl. der Neigung zur Zwischenwrkg. auf das Strahlungsfeld, Veränderungen im Mol.-Gefüge durch Einführung funktioneller Gruppen verschiedener Beschaffenheit u. Komplexierung der Moll. u. Verh. der im elektron. Mol.-App. auftretenden Modifikationen u. Veränderungen. — 11 Literaturangaben. G. PLATZER. G 354□

Identifizierung von Metallen und Legierungen mit dem „Elektro-Test"-Verfahren. Louis Guitton. (Mém. sci. Rev. Métallurgie **58.** 331—34. Mai 1961. Soc. Damac.) (Franz.)

Das „Elektro-Test"-Verf. ist eine neue Möglichkeit zur schnellen u. zerstörungsfreien Identifizierung verschiedener Metalle u. Legierungen. Es wurde aus einer Tüpfelprobe durch Anlegen einer kontinuierlichen Spannung von einigen V zwischen dem Metall u. einer Elektrode entwickelt. „Element-Rkk." kennzeichnen die Ggw. verschiedener Leg.-Elemente, wozu in bestimmten Fällen C u. Si gehören. „Leg.-Rkk." erlauben in vielen Fällen die Unterscheidung einer Leg. von einer angrenzenden Legierung. Das Verf. ist auf Edelstähle, rostfreie Stähle, Cu-Legg. u. Leichtmetall-Legg. anwendbar. — 1 farbige Tafel. H. HOCHSTEIN. 5282□

Analyse einiger Legierungen mit der Methode der Zerstäubung von Lösungen im Lichtbogen. I. A. Voinovitch und N. Liodec. (Metallurgia ital. **53.** 187—92. Mai 1961. Soc. franç. de Céram., Centre nat. d'Études et Rech. Céram., Labor. de Chim.-Phys.) (Franz.)

Bronzen u. Legg. (von Cu, Zn, Co, Cr, Fe, Mn, Pb u. Ni) werden vollständig in Säure gelöst, die Lsgg. unter Verw. eines O_2-Stroms unter Druck im Lichtbogen zerstäubt, wobei ein homogenes Medium erhalten u. der Einfl. des kristallograph. Gefüges unterdrückt wird. Die Meth. ist empfindlich u. genau. Es können 8 Bronzeanalysen/Tag ausgeführt werden. G. PLATZER. 5282□

Spektralanalyse von magnetischen Legierungen von Aluminium, Kobalt und Nickel. Je. Ss. Kudelja. (Заводская Лаборатория [Betriebs-Lab.] **26.** 1128—29. 1960. Inst. für Metallkeram. u. Speziallegierungen der Akad. der Wiss. der Ukrain-SSR.) (Russ.)

Es wird eine Meth. zur Best. von Al (4—16%), Co (11—35%), Cu (0,6—6%) u. Ni (6—28%) in den magnet. Legg. „Alni" u. „Alnico" mit Hochfrequenzfunkenanregung beschrieben. Als Analysenlinienpaare dienen Al 3082,155/Fe 3047,605 Å; Co 2663,529/Fe 2664,664 Å; Cu 3273,962/Mg 3329,930 Å; Ni 2336,586/Fe 2332,796 Å. Die Spektren werden mit dem mittleren Quarzspektrographen ISsP-28 aufgenommen. Der relative Analysenfehler beträgt 1,5—5%. R. GERBATSCH. 5282□

Chemische Analyse von halbleitenden Legierungen im System In-Sb-Te. N. N. Ssafronkowa und Ju. Ss. Ljalikow. (Заводская Лаборатория [Betriebs-Lab.] **27.**

21–22. 1961. Inst. für Chem. der Moldauischen Zweigstelle der Akad. der Wiss. der UdSSR.) (Russ.)

Die volumetr. In-Best. erfolgt mit Hilfe von 0,01 m Trilon-B-Lsg. (Eriochromschwarz als Indicator, Sb u. Te stören nicht), die Te-Best. durch Red. mit J_2 in saurem Medium. Sb(III) wird nach der üblichen bromatometr. Meth. bestimmt (Indicator: Methylrot). Die Fehlergrenze der Best. betrug: für In $\pm 0,4$ (%), für Te $\pm 0,5$, für Sb -4 bis $+0,9$. S. BARYSCHNIKOW. 5282

Untersuchung von Guß-Blei-Zinn-Bronzen (Betriebsanalyse). H. Körner. (Metall **14.** 1106–07. Nov. 1960. Hamburg-Altona.) (Dt.)

Durch Separateinwaage zur Sn- u. Sb-Best. u. Lösen der Späne zu den übrigen Best. mit Br–HBr (1 Teil Br_2 u. 1 Teil HBr), wobei die störenden Sulfosalzbildner ausgetrieben werden, kann der Analysengang wesentlich vereinfacht u. zeitlich verkürzt werden. Genaue Arbeitsvorschriften werden angegeben. F. VIER. 5282 □

N.N-Dimethylformamid, ein neues Verdünnungsmittel für die Schwereflüssigkeit Methylenjodid. Robert Meyrowitz, Frank Cuttitta und Betsy Levin. (Amer. Mineralogist **45.** 1278–80. Nov./Dez. 1960. Washington, D.C., U.S. Geol. Surv.) (Engl.)

Angabe der Eigg. der Substanz, F. -61^0, Kp. 153^0, spezif. Gew. 0,95, Flammpunkt 153^0 u. Viscosität bei 25^0 0,80 cP. H. MOENKE. 5290 □

Spektrographische Bestimmung häufiger Elemente in Gesteinen und Mineralen. A. L. Lingard. (Proc. South Dakota Acad. Sci. **39.** 48–51. 1/11. 1960. Rapid City, S.Dak., South Dakota School of Mines and Technol.) (Engl.)

Emmissionsspektroskop. Verf. — Modifikation u. Kombination der Arbeiten von JAYCOSC (J. opt. Soc. America **37.** [1947.] 162) u. OSHRY, BALLARD u. SCHRENK (J. opt. Soc. America **32.** [1942.] 672) — unter Verw. eines Prismengeräts großer Dispersion u. der Dauerbogenanregung. Graphitelektroden, Verdampfung aus der Anode, Stromstärke 12 A. Gesteins- u. Mineralproben werden bei der Probenvorbereitung im Verhältnis 1 : 9 mit NiO in einem Vibrator vermischt. Ni diente auch als Vgl.-Element. Bei Al-, Ca-, Fe-, Mg-, Mn-, Si- u. Ti-Analysen wird stets die Linie Ni 2839,0 Å als Vgl.-Linie benutzt. H. MOENKE. 5290 □

Spektrochemische Silicatanalyse unter Benutzung des Stallwood-Strahls. D. M. Shaw. (Canad. Mineralogist **6.** 467–82. 1960. Hamilton, McMaster Univ.) (Engl.)

Diskussion der Auswirkungen unregelmäßiger Spaltbeleuchtung, polarer Elementverteilung im Lichtbogen u. Selbstabsorption bei der Spurenelementanalyse im Gleichstromdauerbogen. *Ag, B, Ba, Be, Co, Cr, Cu, Ga, La, Mg, Mn, Mo, Ni, Sc, Sr, Ti, V, Y* u. *Zr* lassen sich unter Verw. von *Pd* als Vgl.-Element bestimmen. Eingesetzt wurde ein Gitterspektrograph mit einer Dispersion von 5,2 Å/mm in der 1. Ordnung. Die Standards G 1 u. W 1 wurden benutzt. H. MOENKE. 5290 □

Bestimmung der Summe der Sesquioxide und Titandioxid in Apatitkonzentraten. L. D. Nikitina. (Заводская Лаборатория [Betriebs-Lab.] **25.** 1445–46. 1959. Kombinat „Apetit“.) (Russ.)

0,50 g Substanz werden unter Erwärmen in einem Gemisch von 20 ml verd. HCl (1:1) u. 10 ml 5%ig. H_3BO_3-Lsg. gelöst. Nach Zugabe von 20 ml einer 10%ig. Lsg. von Trilon B (Überführung von Mn, Erdalkalien u. Seltenen Erdmetallen in stabile Komplexe) wird mit 25%ig. NH_3-Lsg. neutralisiert. Die Fällung von Al u. Fe erfolgt durch Zugabe von 8–10 ml 3%ig. Hydroxychinolin-Lsg. in 5%ig. Essigsäure, 22,5 ml NH_4-Acetat-Lsg., 6 ml 25%ig. NH_3-Lsg. u. W. bis zu ca. 150 ml. Nach ½ std. Erwärmen auf dem Wasserbad wird filtriert (Papierfilter). Der 5–6 mal mit heißer 2%ig. NH_4-Acetat-Lsg. gewaschene Nd. wird verascht (Pt-Tiegel) u. nach Zugabe von 20 bis 30 Tropfen konz. H_2SO_4 u. 3 ml HF bis zum Auftreten der SO_3-Dämpfe erwärmt. Nach Auflösung der entstandenen Sulfate in 6–10 ml verd. HCl (1 : 1) u. Zugabe von 5 ml 5%ig. H_3BO_3-Lsg. u. 3–5 ml Lsg. von Trilon B wird gegen Kongorot neutralisiert u. mit 10–12 ml Hydroxychinolin-Lsg., 15 ml NH_4-Acetat-Lsg., 4 ml NH_3-Lsg. u. W. bis zu 100 ml aufgefüllt, ½ Std. lang auf dem Wasserbad erwärmt, mit NH_4-Acetat-Lsg. gewaschen u. bis zur Gew.-Konstanz bei 1000^0 geglüht. S. BARYSCHNIKOW. 5292

H. Angewandte Chemie

I. Allgemeine chemische Technologie

Viscosität und Wärmeleitfähigkeit bei Gasgemischen. Johannes Ristikivi. (Tekn. Tidskr. **89.** 1325–26. 18/12. 1959. Södertälje.) (Schwed.)

In Tabellen werden die vom WÄRMETECHN. INST. der UdSSR bestimmten Werte der dynam. Viscosität u. der Wärmeleitfähigkeit von CO_2, O_2, H_2O, N_2 u. Luft u. ihre

Berechnungsgrundlagen mitgeteilt u. an Beispielen die Anwendung der Mischungsregel zur Ermittlung der Werte für Gasgemische erläutert. R. K. MÜLLER. 5800□

Eine rationelle Grundlage für die Berechnung von chemischen Reaktoren. G. F. Froment. (Ind. chim. belge **26.** 502—10. 1961. Gent, Rijksuniv., Labor. voor organ., techn. Chem.) (Fläm.)

Ausgehend von den Transportgleichungen wird eine rationelle Grundlage für die Klassifikation u. Berechnung von chem. Reaktoren skizziert; die Formen der Gleichungen werden erörtert. Der Einfl. verschiedener Faktoren auf die Rk.- u. Temp.-Profile in einem katalyt. Reaktor mit Pfropfenströmung wird (mittels eines Rechenautomaten) untersucht (Diagramme). Eine neue Art, Konvertierungen u. Selektivitäten, die sich bei verschiedenen Mischungsintensitäten ergeben, darzustellen, wird angegeben, wobei ein Syst. von 2 parallelen Rkk. als Beispiel dient. W. WESLY. 5802□

Materialprobleme der modernen Hochvakuumtechnik. H. Klumb. (Feinwerktechnik **64.** 61—63. Febr. 1960. Mainz.) (Dt.)

Beschreibung der an die Werkstoffe zur Herst. eines Hochvakuums zu stellenden Anforderungen u. der dazu geeigneten Werkstoffe u. ihrer Eigenschaften. W. WESLY. 5804□

Die Verbrennungsanalyse und ihre Anwendung bei der automatischen Kontrolle von Kesselanlagen. P. D. McCormack. (South African mechan. Engr. **10.** 187—207. Febr. 1961. Modderfontein, African Explosives and Chem. Ind. Ltd.) (Engl.)

Es wird ein Verf. zur Best. der thermochem. Parameter angegeben, die für die Kontrolle des Verbrennungsprozesses in Öfen mit KW-Stoffen als Brennmaterialien maßgebend sind. Das Verf. läßt sich auf einen weiten Mischungsbereich der Rk.-Partner anwenden, sofern die Verbrennungs-Prodd. als ideale Gase betrachtet werden können. Die passenden Parameter werden durch Best. des Gleichgewichts zwischen der Brennleistung u. dem Wärmetransport (der dem Brenngasdruck proportional ist) erhalten. Die Einfl. einer Variierung des H/C-Verhältnisses, der Wärmeabgabe u. der Vorerwärmungs-Temp. der Luft werden berechnet. Die Ergebnisse sind auf Brennmaterialien von Koks bis zu Ölen u. Gasen anwendbar. — Diskussion. W. BETCKE. 5812□

Sekundärer Strömungsvorgang in einem Mischrohr und seine Bedeutung in verfahrenstechnischer Sicht. J. Pawlowski. (Chemie-Ing.-Techn. **32.** 820—24. Dez. 1960. Leverkusen, Farbenfabriken Bayer Akt.-Ges.) (Dt.)

Es wird von einem Strömungsvorgang in einem Mischrohr berichtet, der die Fl.-Säule in mehrere strömungsbedingte Zellen aufteilt, so daß das glatte Mischrohr in einen rein hydrodynam. geformten Mehrstufenreaktor verwandelt wird, welcher kontinuierlich oder chargenweise betrieben werden kann. Nach Erläuterung der theoret. Grundlagen eines derartigen Mischreaktors werden die Ergebnisse der experimentellen Unters. über die Cellarströmung diskutiert. E. MIESSGANG. 5822□

Selektive Entschwefelung von Abgasen aus Viscosezellwollwerken mit beweglichem Adsorbent. Mikuláš Gregor und Štefan Kachaňák. (Chem. Techn. **14.** 139—43. März 1962. Bratislava, CSSR, TH, Inst. für anorgan. Technol.) (Dt.)

Bei dem Entschwefelungs-Verf. wird zunächst der H_2S mit granulierter Gasreinigungsmasse entfernt, dann folgt eine Gastrocknung u. schließlich die Adsorption des CS_2 an Aktivkohle. Das Verf. wird an Hand eines Fließbildes beschrieben. Das Verf. ist selbst bei Konz. des CS_2 von 1 g/m^3 noch lohnend, wobei der S-Geh. des verarbeiteten Gases auf ein hygien. einwandfreies Maß herabgesetzt werden kann. — 13 Literaturangaben. F. ROSENDAHL. 5850□

Der Venturi-Wäscher zur Reinigung von Sauerstoff-Stahlprozeß-Abgasen. Howard P. Willet und Daniel E. Pike. (Iron Steel Engr. **38.** Nr. 7. 126—31. Juli 1961. Gas Scrubber Div.; New York, N.Y., Chem. Construct. Corp.) (Engl.)

Beschrieben werden Aufbau, Wirkungsweise u. Leistung einer Gasreinigungsanlage mit VENTURI-Naßreinigern zur Reinigung der bei der O_2-Verw. im SIEMENS-MARTIN-Ofenprozeß auftretenden Abgase. Die Anlage wird mit einer elektrostat. wirkenden Gasreinigungsanlage verglichen. H. HOCHSTEIN. 5850□

Bei der Flüssigkeitsextraktion ist der Raffinatablauf überflüssig. A. H. P. Skelland. (Ind. Engng. Chem., int. Edit. **53.** 799—800. Okt. 1961. Chicago, Ill., Chem. Engng. Dep.; Illinois Inst. of Technol.) (Engl.)

Verss. des Vf. bewiesen, daß für die Fl./Fl.-Extraktion ein Raffinatrücklauf u. die dadurch bedingte Einrichtung eines Mischers für das Lsgm. u. den Rücklaufverteiler sich erübrigen. — 12 Literaturangaben. A. SANDER. 5862□

Trennung des Trimethylamins aus Mischungen von Ammoniak und Trimethylamin durch extrahierende Rektifizierung. Jean Issoire und Roger Pfertzel. (Génie chim. **86.** 101—09. Okt. 1961. Poudrerie nationale de Sorgues.) (Franz.)

Forschungsbericht über Rückgewinnung von $N(CH_3)_3$ aus wss. NH_3-Lsgg., gek. durch Verw. von W. als selektives Lösungsmittel. App., Arbeitsweise, bes. zur Ermittlung der Gleichgewichtszustände bzgl. der Flüchtigkeit des $N(CH_3)_3$ gegenüber wss. NH_3 sowie Vorteile des Trennverf. im Vgl. zu anderen Meth. werden ausführlich behandelt. A. Sander. 5862□

Das Eichen von Rotationsviscosimetern. Kurt Edelmann. (Materialprüfung **1.** 201—07. 20/6. 1959. Teltow-Seehof, Dt. Akad. der Wiss. zu Berlin, Inst. für Faserstoffforsch.) (Dt.)

Rotationsviscosimeter (RV) zeigen die Viscosität unmittelbar durch den Ablenkungswinkel an u. registrieren dessen Änderung. Die Geräte-Konst. für RV mit Kegel- u. Zylinderspalt werden ermittelt u. graph. dargestellt. Vgl.-Messungen zeigen die richtige Best. der Konst. u. ihre Gültigkeit für die Messung alter Newtonscher Flüssigkeiten. Bei nicht-Newtonschen Fll. gibt das RV für die aus Schubspannung u. Geschw.-Gefälle ermittelte Viscosität zu niedrige Werte. W. Wesly. 5886□

Kontinuierlicher Dichtemesser mit pneumatischem Ausgangssignal. Károly Haberényi. (Élelmezési Ipar [Lebensmittel-Ind.] **15.** 333—37. Nov. 1961. Budapest, Zuckerind., Forschungsinst.) (Ung.)

Der App. besteht aus einem mit biegsamen Anschlüssen versehenen u. auf eine Waageeinrichtung montierten U-Rohr, durch welches die zu messende Fl. strömt. Die Waage hält ein pneumat. Kraftkompensationsformer im Gleichgewicht. Der engste noch einstellbare Meßbereich beträgt 0,03 Einheiten, das Ausgangssignal ist 0,2—1,0 at. Die Meßwerte können registriert bzw. auf Fernmelder übertragen werden. K. Gärtner. 5886

Flüssigkeitsstand-Fernanzeiger mit weitem Meßbereich und großer Genauigkeit. Jozsef Bartus. (Élelmezési Ipar [Lebensmittel-Ind.] **15.** 347—50. Nov. 1961. Budapest, Zentralforschungsinst. für Lebensmittel.) (Ung.)

Vf. beschreibt zum Messen des Fl.-Standes ein Gerät unter Verw. von ^{137}Cs als Strahlenquelle. 5 mm Genauigkeit ist innerhalb des ganzen Meßbereiches, auch von hohen Behältern, leicht zu sichern. K. Gärtner. 5888

Ein registrierendes Spektralphotometer für Remissionsmessungen an fluorescierenden Körperfarben, z. B. an optisch aufgehellten Substraten. O. Koch und K. Bunge. (Chemie-Ing.-Techn. **32.** 812—15. Dez. 1960. Leverkusen, Farbenfabriken Bayer Akt.-Ges.) (Dt.)

Zur Farbmessung beliebiger fluorescierender Körperfarben, bes. opt. aufgehellter Substrate, wurde ein registrierendes Spektralphotometer entwickelt, dessen Prinzip, Aufbau u. Schaltplan beschrieben sind. Die Farbmuster können damit jeweils unter den Beleuchtungsbedingungen gemessen werden, für die der spektrale Remissionsgrad bestimmt werden soll. Als Lichtquelle wird bes. eine Xe-Hochdrucklampe (wegen ihres tageslichtähnlichen Spektrums) benutzt. Photometr. Genauigkeit $\pm 0,5\%$ (Remission), Reproduzierbarkeit der Messungen 0,2%. E. Miessgang. 5888□

Aktivierungs- und Reaktionsanalyse. P. Marmier und R. Szostak. (Schweiz. Arch. angew. Wiss. Techn. **28.** 78—83. Febr. 1962. Zürich, ETH.) (Dt.)

Die Richtung, die die Entw. neuerer Meth. der Mikroanalyse in den letzten 10 Jahren nahm, wird dargelegt. Bes. werden Tracer-Meth. u. Verff. der Massenspektroskopie aufgeführt, des weiteren wird das Verf. der Aktivierungsanalyse erläutert, u. es werden die Zusammenhänge von Bestrahlungsdauer u. Halbwertszeiten sowie die Trennung verschieden aktivierter Komponenten beschrieben. Schließlich wird die Rk.-Analyse als eine Erweiterung der Aktivierungsanalyse mit ihren vielseitigen Möglichkeiten dargestellt. Eine besondere Erwähnung innerhalb der Rk.-Analyse findet die Massenspektroskopie mit Hilfe elast. Ionenstreuung. G. Henning. 5888□

Bestimmung von Kohlenwasserstoffspuren in der atmosphärischen Luft und in flüssigem Sauerstoff. Jutta Theer. (Chem. Techn. **14.** 164—67. März 1962. Dresden, Inst. für Chemie- u. Kälteausrüst.) (Dt.)

Vf. beschreibt einen Gaschromatographen zur Best. von KW-Stoffspuren, womit aus 1 ml in 5 Min. $5 \cdot 10^{-6}$ Vol.-% KW-Stoffe bestimmt werden können. Unter Anwendung einer adsorptiven Anreicherung der KW-Stoffe an Silicagel bei -78^0 können in 10 bis 15 Min. 10^{-8} Vol.-% KW-Stoffe nachgewiesen werden. Ein Mikroflammenionisationsdetektor konnte mit einem automat. Probegeber im Dauerbetrieb betrieben werden. F. Rosendahl. 5888□

Simuliertes Kernreaktorsystem zur Wärmeerzeugung für Hochtemperaturverfahren: 1000-Stunden-Demonstrationsversuch bei 2500° F. N. H. Coates, J. P. McGee und G. E. Fasching. (U.S. Dep. Interior, Bur. Mines, Rep. Invest. **1961.** Nr. 5886. 1—15. Morgantown, W.Va., Morgantown Coal Res. Center, Bur. of Mines.) (Engl.)

Die in Kernreaktoren erzeugte Wärme soll mit hoher Temp. über einen geschlossenen Primärkreislauf von komprimiertem He für die Kohlevergasung mit Dampf u. für andere chem. Verff. ausgenützt werden. Die apparativen Voraussetzungen hierfür werden in einer Vers.-Anlage an einem He-Kreislauf untersucht. Das Vers.-Syst. umfaßt ein induktiv beheiztes, graphitgefülltes Heizrohr (an Stelle des Kernreaktors), zwei Wärmeaustauscher, Filter, Umwälzkompressor u. He-Reiniger u. arbeitet mit 265 lbs./sq.in. u. 2500° F Aufheizung. Nach Austausch des Heizrohrfutters gegen Bauelemente aus poröser Kohle lief der Vers. 1000 Std. ohne Störung u. sichtbare Schäden. He-Leakage 3—4standard c.f.h. Dauerbetrieb erscheint möglich. M. HAGEDORN. 5894□

Die Produktion von Radioisotopen. P. Graf, H. Hügli und P. Tempus. (Schweiz. Arch. angew. Wiss. Techn. **28.** 84—88. Febr. 1962. Wärenlingen, Eidgen. Inst. für Reaktorforsch.) (Dt.)

Nach einigen grundlegenden Erläuterungen über den Begriff Radioisotope werden die verschiedenen Kern-Rkk. beschrieben, die sich für die Herst. instabiler Atomarten in größerem Maßstab eignen. Der Kernreaktor mit seinem hohen Fluß von Neutronen, 10^{13}—10^{15} n/cm^2·s, bildet dank der allg. hohen Wahrscheinlichkeit von Neutroneneinfangkernprozessen den wichtigsten Lieferanten von Radioisotopen. Es werden Einzelheiten der Arbeitsweise u. der Bestrahlungseinrichtungen zur routinemäßigen Herst. von Radioisotopen in den beiden Reaktoren besprochen. Neben den zur Verfügung stehenden Neutronen-Einfl. sind einige der laufend ausgeführten Bestrahlungen für die Gewinnung von radioakt. Tracerisotopen, von Aktivierungsanalysen u. Strahlenquellen mit Erläuterung der Grundlagen der Preisberechnung zusammengestellt.
G. HENNING. 5894□

Der Methanolzerfall an Zinkoxiden verschiedener Elektronenkonzentration. Richard Menold. (Chemie-Ing.-Techn. **32.** 801—05. Dez. 1960. Leverkusen, Farbenfabriken Bayer Akt.-Ges., Ingenieur-Abt. angew. Phys.) (Dt.)

Der Methanolzerfall an mit Li u. Ga dotierten Zinkoxiden wurde untersucht. Bei Anwendung von mit Li dotierten Zinkoxidkatalysatoren konnte ein Zusammenhang zwischen der Konz. der freien Ladungsträger im ZnO u. der für den CH_3OH-Zerfall gemessenen Aktivierungsenergie festgestellt werden. Die Änderung der gemessenen Aktivierungsenergie ist dadurch bedingt, daß die 2stufige Rk. $CH_3OH \rightarrow H_2 + CH_2O \rightarrow 2\,H_2 + CO$ je nach dem Li-Geh. in verschieden starkem Maße bereits nach der ersten Stufe abbricht. Die Messungen an mit Ga dotierten ZnO-Proben zeigen, daß außer der Ladungsträger-Konz. auch noch andere Faktoren der Katalysatoroberfläche eine Rolle spielen müssen. Darst. der Meßapp., Diagramme. — 12 Literaturangaben.
E. MIESSGANG. 5904□

Die Berechnung von Wirbelschichtanlagen nach der Ähnlichkeitstheorie. Gerhard Winterstein und Günter Bieß. (Chem. Techn. **13.** 64—68. Febr. 1961.) (Dt.)

Durch die Anwendung der Ähnlichkeitstheorie ist es möglich, vom Labor.-Vers. in die Großausführung überzugehen, ohne vorher die Errichtung von Vers.-Anlagen ins Auge fassen zu müssen. Man kann nach dieser Arbeitsweise die unsicheren Werte Durchmesser u. Formfaktor vermeiden u. statt dessen die Teilchen durch ihre Grenz-Geschw. in einem strömenden Medium charakterisieren. Kennt man die Grenz-Geschw. der Teilchen in einem beliebigen Medium mit beliebiger Temp. u. das Lücken-Vol. der lockersten Schüttung, so läßt sich eine Großanlage dimensionieren, auch wenn diese dann mit einem anderen Medium bei anderer Temp. betrieben werden soll.
N. PETERS. 5904

Pittsburgh Plate Glass Co., Allegheny County, übert. von: John E. Stefanik, New Kensington, Pa., V.St.A., **Paste zum Ausfugen von Glas- und Keramikplatten,** bestehend aus 360 (Teilen) einer Lsg. von 2 Polystyrol mit einer kleinen Menge hydriertem Methylabietat in je ½ Isophoron u. Diäthylenglkyol-n-butyläther, 780 einer wss. 55—60%ig. Polyvinylacetatdispersion, Viscosität 8—10 P bei 25° u. 25—200 eines anorgan. Pigments, bes. Hämatit, Magnetit, Chromoxid, Ultramarinblau oder Cadmiumrot. Die Paste trocknet zu einer elast., wasser- u. farbfesten Masse. (**A. P. 2 882 252** vom 25/4. 1955, ausg. 14/4. 1959.) C. LÜTTGEN. 5811

Kraus-Maffei Akt.-Ges. (Erfinder: Eugen Fink), München, **Gewinnen von Feststoffen aus organischen Schlammsuspensionen.** Der Suspension wird nur so viel

Flockungsmittel zugesetzt, daß sie gerade noch geflockt wird. Den abgesetzten Feststoffen wird dann noch etwa die gleiche Menge Flockungsmittel zugesetzt, so daß dann leicht filtriert oder zentrifugiert werden kann. — Abbildung. (**D. A. S. 1 119 826** Kl. 12d vom 27/2. 1960, ausg. 21/12. 1961.) O. Steil. 5829

British Filters Ltd., Maidenhead, Berkshire, England, **Herstellen einer Filterschicht.** Ein Faserbrei, z. B. aus Cellulose oder Asbest, wird bis zu einer Schopper-Riegler-Zahl von 50—70 geschlagen, sodann Diatomeenerde zugegeben, welche in dem Gemisch gewichtsmäßig den größeren Teil darstellt. Anschließend wird geformt u. getrocknet. — Abbildung. (**D. A. S. 1 119 828** Kl. 12d vom 23/9. 1957, ausg. 21/12. 1961. **Belg. P. 560 905** vom 18/9. 1957, ausg. 20/5. 1960. Beide E. Prior. 24/9. 1956 u. 13/9. 1957.) H. Blachetzki. 5831

Dr. Madaus & Co. (Erfinder: Peter W. Patt), Köln, **Verfahren zur fortlaufenden Trennung von Stoffgemischen** in einem Lsgm. im horizontalen Gegenstrom mit zwei nicht oder nur begrenzt miteinander mischbaren Fll., die sich im rechten Winkel durchströmen. Die eine Fl. wird entlang dem Schuß, die andere entlang der Kette eines Gewebes aus Baumwolle, Wolle, Cellulose, Kunstfaser, Glas oder Asbest geführt. Die zu trennende Lsg. wird an der Stelle zugeführt, an der die beiden Extraktions-Fll. aufeinander treffen. — Abbildung. (**D. A. S. 1 117 544** Kl. 12c vom 21/1. 1959, ausg. 23/11. 1961.) O. Steil. 5863

British Thomson-Houston Co. Ltd., London, England (Erfinder: Geoffrey Charles Edward Olds und John Edwin Harris), **Zirkoniumlegierungen für Kernreaktoren,** bestehen aus 2—7 (%) *Nb*, 0,25—3 *Cu*, Rest *Zr*. Die Legg. besitzen einen niedrigen Absorptionsgrad für Neutronen, eine hohe Standfestigkeit u. einen hohen Korrosionswiderstand gegen CO_2, was für mit CO_2 gekühlte Reaktoren wichtig ist. (**E. P. 857 835** vom 16/10. 1958, ausg. 4/1. 1961.) W. Hauswald. 5895

Thayer Lindsley, New York, N.Y., V.St.A., **Verwertung der Energie von Kernreaktionen.** In geolog. Formationen von nichtmetall. nutzbaren Materialien werden Kern-Rkk. mit genau dosierter Wärme-Entw. durchgeführt. Diese wird dazu benutzt, die Mineralien durch Verdampfung oder pyrolyt. Spaltung ganz oder z. T. in gasförmige Prodd. zu überführen, die durch Bohrlöcher abgezogen werden können. — Beispiele: Lager von Kohle, Erdöl, Bitumen, Schieferöl, Kalk (Gewinnung von CO_2), Gips u. anderen S-haltigen Mineralien (Gewinnung von SO_2 u. SO_3) usw. (**Port. P. 38 020** vom 27/1. 1961, Auszug veröff. 29/3. 1961.) A. Kalix. 5895

René Jaume, Frankreich, *Filterelement.* (**F. P. 1 140 981** vom 5/1. 1956, ausg. 22/8. 1957. — **C. 1961.** 15150 [A. P. 2 883 058].)

Guy Villette, Frankreich, *Flüssigkeitsfilter.* (**F. P. 1 083 811** vom 18/9. 1953, ausg. 12/1. 1955. — **C. 1961.** 15150 [D. A. S. 1 100 599].)

Badische Anilin- & Soda-Fabrik Akt.-Ges., Deutschland, *Kontinuierliche Filtration von Suspensionen.* (**F. P. 1 200 836** vom 4/4. 1958, ausg. 24/12. 1959. D. Prior. 5/4. 1957. — **C. 1961.** 16962 [D. A. S. 1 068 669].)

California Research Corp., San Francisco, übert. von: **Neal W. Furby,** Berkeley, und **Charles D. Newnan jun.,** San Pablo, Calif., V.St.A., *Stabilisierte hydraulische Flüssigkeit.* (**Can. P. 554 122** vom 19/9. 1955, ausg. 11/3. 1958. A. Prior. 28/9. 1954. — **C. 1959.** 9690 [E. P. 777 100].)

Kurt Peters, Österreich, *Herstellung von Metallkomplexen mit organischen Säuren.* (**F. P. 1 180 025** vom 27/5. 1957, ausg. 1/6. 1959. Oe. Prior. 2/6. 1956. — **C. 1961.** 5566 [D. A. S. 1 079 599].)

II. Betriebsschutz. Feuerschutz

Bestimmung von Spuren Nickelcarbonyl in der Industrieluft. G. Pitet. (Arch. Maladies profess. Méd. Travail Sécurité soc. **21.** 674—76. Okt./Nov. 1960.) (Franz.)
Die Luft wird in mit frisch hergestelltem koll. S (Oxydation von H_2S) gesätt. Trichloressigsäure geleitet. Es bildet sich NiS, das UV-spektrograph. bestimmt wird. So können bis zu 2 γ $Ni(CO)_4$/m³ erfaßt werden. G. Kimmerle. 5948

Kampf gegen giftige Gase in der Luft. Louis Fassina. (Chim. et Ind. **84.** 529—31. Okt. 1960.) (Franz.)
Vf. macht Vorschläge zur katalyt. Oxydation des speziell bei der Verbrennung von Bzn. oder Dieselöl in Automobilen frei werdenden CO in CO_2. C. Gottfried. 5948

Kühl- und Reinigungsanlage der Abgase von LD-Konvertern. H. Rasworschegg. (Metallurgia ital. **53.** 353—62. Juli 1961. Wien, Waagner-Birò Akt.-Ges.) (Ital.)
Das LD-Verf. bei der Stahlerzeugung verunreinigt die umgebende Atmosphäre unter Verlust der erzeugten Wärme u. der ca. 2% Stahl enthaltenden Rauchmenge.

Die hohe Temp. der Abgase (ca. 2000°) erfordert für deren Reinigung entsprechende Abkühlung, die die Rückgewinnung der Wärme u. das Auffangen der wertvollen Staubmengen [Fe(II)-haltige Oxide] ermöglicht. Beschreibung einiger Betriebs- u. im Bau befindlicher Anlagen zur Dampferzeugung aus wiedergewonnener Wärme u. deren Wirtschaftlichkeit im Vgl. mit einer einfachen Abkühlungsanlage. G. PLATZER. 5948□

III. Elektrotechnik

Hochtemperaturbeständigkeit magnetischer Werkstoffe. Norman Pavlik. (J. appl. Physics, Suppl. zu **32.** Nr. 3. 372 S—373 S. März 1961. East Pittsburgh, Pa., Westinghouse Electr. Corp., Materials Labor.) (Engl.)

Es wird gezeigt, daß selbst Werkstoffe mit hohen CURIE-Punkten bei Temp. um 500° irreversiblen Änderungen mit der Temp. unterworfen sind. Die Ursachen dieser Änderungen werden untersucht. Es wird danach gezeigt, daß Fe–Co-Legg. mit Co-Geh. zwischen 27 u. 43% Co bis 600° u. mit 49% Co bis 500° unter bestimmten Bedingungen magnet. stabil sein können. Zu diesen Bedingungen gehört vor allem das Prüfsyst., das z. B. durch Oxydation der Windungen oder durch die Oxydation erzeugte mechan. Spannungen andere magnet. Eigg. hervorrufen kann. Die Fehler können durch neutrale Atmosphären vermieden werden. Diese Einfl. werden an Beispielen von Ringproben, die z. T. im Magnetfeld behandelt wurden, erläutert. H. FAHLENBRACH. 5958□

Die Oxidkathode mit einer Sandwichstruktur. Shōgo Nakamura und Eizi Sugata. (Technol. Rep. Osaka Univ. **8.** 261—71. Okt. 1958. Dep. of Commun. Engng.) (Engl.)

Vff. beschreiben Oxidkathoden mit Sandwichstruktur, die beim Arbeiten mit Gleichstrom einen stabilen Emissionsstrom großer Ladungsdichte liefern. Die mit dem Oxid bedeckte Kathode wird mit einer Ni-Kappe, die ein Loch oder einen Spalt aufweist, überzogen u. der Zwischenraum mit Oxid ausgefüllt. Stabilisierung erfolgt durch 2std. Temperung bei 1150—1200° K. Untersucht werden die Beziehungen zwischen Anodenspannung u. -strom in Abhängigkeit von der Kathoden-Temp. (790—1185° K), die anod. Stromdichteverteilung, die Geschw.-Verteilung der emittierten Elektronen, die Form des Elektronenstrahls bzw. seine Abb., die Diffusion von Ba entlang der Ni-Oberfläche, Regenerierungszeit nach Einw. von Luft bei Raum-Temp., der Einfl. eines axialen magnet. Feldes sowie Vergiftungs- u. Zerfallserscheinungen. Während des Betriebs (hohe Temp., niedrige Anodenspannung) diffundiert akt. Material (Ba) entlang der Ni-Oberfläche, gleichzeitig verdampft es. Im Gleichgewicht wird ein Teil an den Korngrenzen des Ni zurückgehalten. „Zündungserscheinungen" scheinen durch lokale Erhitzung in der Oxidoberfläche auf Grund des OHMschen Abfalls bedingt zu sein. Die Eigg. der beschriebenen Oxidkathoden sind ähnlich wie die der „Lochkathoden", erstere jedoch sind leichter herzustellen. P. FRENZEL. 5982 □

Pacific Semiconductors, Inc., übert. von: Stephen Martin, Culver City, Calif., V.St.A., **Ziehen von Kristallen** mit gleichförmigem elektr. Widerstand. Ein Stab wird horizontal in einen ihm angepaßten Tiegel gelegt u. an einem Ende geschmolzen. Aus dieser Schmelze wird dann ein Einkristall gezogen. Durch Nachschieben des Stabes wird die Schmelze ergänzt. Der Tiegel kann aus SiC, Mo oder W bestehen. — Abbildungen. (**A. P. 2 962 363** vom 9/7. 1957, ausg. 29/11. 1960.) O. STEIL. 5953

General Electric Co., übert. von: William C. Dash, Ballston Lake, N.Y., V.St.A., **Herstellung von Halbleitern** mit geringen Fehlstellen u. hoher Reinheit durch Ziehen aus der Schmelze. Auf einem verhältnismäßig dicken Stab aus gleichem Material, der radiale Einschnitte aufweist, wird z. B. durch induktives Schmelzen einer Pille aus dem Material eine tiegellose Schmelze erzeugt, aus der dann mittels eines Keimkristalls ein dünnerer krist. Stab gezogen wird. Durch Abschmelzen des dicken Stabes kann die Schmelze ergänzt werden. Ziehen von sauerstofffreien Einkristallen aus Si. (**A. P. 2 961 305** vom 27/12. 1957, ausg. 22/11. 1960.) O. STEIL. 5953

Siemens-Schuckertwerke Akt.-Ges., Berlin und Erlangen, übert. von: Adolf Herlet und Hubert Patalong, Pretzfeld, und Norbert Schink, Erlangen, **Halbleiteranordnung** mit einer Elektrode besteht aus einem *Si-Einkristall*, aus dem durch Einlegieren von *Au* mit 0,2—5% *Sb* u. Spuren von *S* eine Übergangszone größer als 1 mm² ausgebildet ist. Die Elektrode soll denselben Querschnitt wie die Übergangszone haben, u. in dieser soll fehlerhaftes Anhäufen von Leg.-Elementen vermieden werden. Der S-Geh. soll zwischen 10^{-1} u. 10^{-4}% liegen. (**A. P. 2 937 113** vom 24/10. 1958, ausg. 17/5. 1960. D. Prior. 8/11. 1957.) F. VIER. 5953

Siemens-Planiawerke Akt.-Ges. für Kohlefabrikate, Meitingen (Erfinder: Erich Fitzer, Wien, Österreich), **Molybdändisilicid enthaltende Werkstücke für hohe Temperaturen, insbesondere elektrisches Heizelement,** das aus $MoSi_2$ besteht oder zumindest dieses als zunderbeständigen Hauptbestandteil an der mit der oxydierenden Atmosphäre in Berührung stehenden Oberfläche enthält u. betriebsmäßig Zonen unterschiedlicher Temp. aufweist, dad. gek., daß diejenigen Werkstückteile, die ständigen Temp. zwischen 300 u. 700° ausgesetzt sind, eine vor Verw. des Werkstücks durch Hochtemp.-Glühung aus dem $MoSi_2$ selbst erzeugte oder eine gesondert aufgebrachte gasdichte Schutzschicht, z. B. eine elektrolyt. erzeugte *Cr*-Schicht oder eine aufgesinterte *$TiSi_2$*-Schicht, besitzen oder aus $MoSi_2$-freiem, zunderbeständigem Werkstoff bestehen, der an den Glühteil des Werkstücks angeschweißt ist, z. B. aus einer *Ag–Si*-Leg. mit 5% Si. (**D. A. S. 1 080 313** Kl. 40b vom 1/4. 1955, ausg. 21/4. 1960. Oe. Prior. 18/9. 1954.) G. APEL. 5955

Siemens-Planiawerke Akt.-Ges. für Kohlefabrikate (Erfinder: Erich Fitzer), Meitingen bei Augsburg, **Elektrische Widerstandselemente** aus Molybdän–Silicium-Legg. mit Mo-Silicid-freien Werkstückteilen, dad. gek., daß als Anschweißwerkstoff für diejenigen Werkstückteile, die Betriebs-Temp. von 300—700° ausgesetzt sind, *$TiSi_2$* verwendet wird. Das Anschmelzen von *$TiSi_2$* an *$MoSi_2$* erfolgt kurzzeitig u. die Schweißstelle soll keiner Betriebs-Temp. oberhalb 1350° ausgesetzt werden. (**D. A. S. 1 083 552** Kl. 40b vom 14/8. 1957, ausg. 15/7. 1960. **Zusatz zu D. A. S. 1080313; s. vorst. Ref.**) C. GÖTZE. 5955

Permacel Tape Corp. (Erfinder: Verne LeRoy Frantz), **Druckempfindliche Klebbänder.** Baumwolle-, Acetatseide-, Dacrongewebe oder dgl. wird mit einem aus di- oder trimeren ungesätt. Fettsäuren (aus pflanzlichen Ölen) u. Äthylendiamin erhaltenen Polyamid ausgerüstet u. danach mit üblichem druckempfindlichem Klebmittel beschichtet. — Zur Gewebeausrüstung geeignet ist z. B. eine Lsg. von 2,5 (Teilen) *Polyamid 93* (GENERAL MILLS, INC., USA) u. 1,5 alkyliertes Phenol–CH_2O-Harz in 28 Isopropanol u. 67 Toluol. Die danach beschichteten Bänder eignen sich zur Herst. von *elektr. Isolierungen.* (**Aust. P. 224 279** vom 2/7. 1957, ausg. 29/10. 1959.) H. MÖLLERING. 5957

Wolf Vielstich, Bonn, **Alkalischer Akkumulator,** dad. gek., daß als negative Elektrode eine RANEY-Ni-Elektrode u. als positive Elektrode eine Ni-Oxyd- oder eine Ag_2O-Elektrode dient. Die RANEY-Ni-Leg. besteht aus 80—20 (Gew.-%) Ni u. 20—80 Al u./oder Zn. (**D. A. S. 1 118 843** Kl. 21b vom 27/11. 1959, ausg. 7/12. 1961.) F. LAASS. 5971

Accumulatoren-Fabrik Akt.-Ges., Hagen (Erfinder: Richard Rabl, Wien, Österreich), **Separator für Akkumulatoren** aus gesintertem mikroporösem Kunststoff, dad. gek., daß er aus wenigstens zwei Schichten desselben Kunststoffs aufgebaut ist, wobei die Porengröße einer Schicht mindestens doppelt so groß ist wie die einer weiteren Schicht, z. B. aus einer Schicht mit einer Porengröße von 1—10 μ u. aus einer zweiten Schicht mit einer Porengröße von 8—50 μ. (**D. A. S. 1 118 287** Kl. 21b vom 14/1. 1960, ausg. 30/11. 1961. Oe. Prior. 18/2. 1959.) F. LAASS. 5971

RA-SA-CO Trockenaccumulatoren G. m. b. H., Augsburg (Erfinder: Rudolf Rauter, Füssen), **Herstellung von Sekundär-Trockenelementen mit Bleielektroden und schwefelsaurem thixotropem Elektrolyt,** der neben verd. H_2SO_4 auf pyrogenem Wege hergestellte, koll. dispergierte SiO_2 mit einem Reinheitsgrad von 99,9% u. einer Teilchengröße von ca. 5—20 μ enthält, dad. gek., daß die formierten, in das Gehäuse eingesetzten Elektroden unmittelbar anschließend an eine an sich bekannte Vorbehandlung in verd. H_2SO_4 für eine Zeitdauer von mindestens 15 Min. bei ständigem Absaugen der frei werdenden Gase unter Vakuum gesetzt werden u. daß der vorbereitete, aus verd. H_2SO_4 u. koll. dispergierter SiO_2 bestehende, zusatzfreie, thixotrope Elektrolyt in einem Schnellmischer verflüssigt u. in den evakuierten Raum u. das in ihm aufgestellte Elementengehäuse eingeführt wird. (**D. A. S. 1 118 841** Kl. 21b vom 5/3. 1960, ausg. 6/12. 1961.) F. LAASS. 5971

Deutsche Gold- und Silber-Scheideanstalt vormals Roessler, Frankfurt/M. (Erfinder: Otto Loebich, Hanau/M.), **Thermoelement.** Der positive Schenkel besteht aus einer Leg. mit 59—68 (Gew.-%) Au, 30—39 Pd u. 0,7—2,5 V u. der negative Gegenschenkel aus einer Leg. mit 55—71 Au, 24—40 Pd u. 0,5—7 Ni. (**D. A. S. 1 119 933** Kl. 21b vom 23/7. 1960, ausg. 21/12. 1961.) F. LAASS. 5971

General Electric Co., übert. von: Floyd A. Hummel, State College, Pa., V.St.A., **Herstellung eines Lumineszenzmaterials** der Zus. $XMgO \cdot YAl_2O_3 \cdot ZSiO_2$: AMnO, wobei X + A 1,8—2,2 (Moll.), Y 1,8—2,2, Z 4,8—8,2 u. A 0,07—0,4 bedeuten, durch Erhitzen der Komponenten auf 1200—1400°. — Beispiel eines Ausgangsgemisches:

66,5 (g) MgO, 12,5 MgF_2, 18,5 $MnCO_3$, 312 $Al_2O_3 \cdot 3\,H_2O$, 339 $SiO_2 \cdot x\,H_2O$ (13% H_2O). (**A. P. 2 961 412** vom 20/8. 1957, ausg. 22/11. 1960.) K. Demmler. 5975

General Electric Co., übert. von: Mary V. Hoffman, South Euclid, Ohio, V.St.A., **Herstellung von grünleuchtenden, mit Mangan aktivierten Zinkaluminat-Leuchtstoffen.** Man glüht ein Gemisch aus ZnO u. Al_2O_3 im Mol-Verhältnis 1:1—1:2, einer Mn-Verb. in einer Menge von 0,002—0,020 Mol pro Mol ZnO u. bis zu 2 Gew.-% Flußmittel (NaF, Na_3AlF_6, MoO_3, PbF_2), bezogen auf das gesamte Gemisch, auf 1150 bis 1350°, bes. 1250°, während 2—4 Std., bes. 3 Std., setzt nach Erkalten 0,1—5%, bes. 2%, SiO_2 zu u. erhitzt erneut auf 1150—1350°. (**A. P. 2 957 829** vom 17/6. 1958, ausg. 25/10. 1960.) K. Demmler. 5975

Clayton Mfg. Co., El Monte, Calif., übert. von: Walter E. Miller, Haworth, N.J., V.St.A., **Leitendes Diaphragma für elektrolytische Verfahren,** bestehend aus einzelnen Ionenaustauschharzteilchen, die miteinander teilweise in Berührung stehen u. ein Netzwerk von Zwischenräumen bilden, das mit einem unter Druck deformierbaren, nichtleitenden, wasserunlösl., gelartigen Material, z. B. Vaseline, amorphem Wachs, mit Al-Octoat gelierten fl. KW-Stoffen, ausgefüllt. ist. — Zeichnungen. (**A. P. 2 903 406** vom 28/6. 1956, ausg. 8/9. 1959.) K. Demmler. 5993

Wacker-Chemie G.m.b.H., Deutschland, *Siliciumcarbid-Formkörper*. (**F. P. 1 219 625** vom 1/4. 1959, ausg. 18/5. 1960. D. Prior. 3/4. 1958. — **C. 1961.** 4480 [D. A. S. 1 088 863].)

Anaconda Wire & Cable Co., New York, N.Y., übert. von: **Emil H. Olson**, Muskegon, Mich., V.St.A., *Drahtüberzugsmasse*. (**Can. P. 554 105** vom 2/12. 1952, ausg. 11/3. 1958. A. Prior. 29/12. 1951. — C. **1955.** 5621 [A. P. 2 687 387].)

Westinghouse Electric Corp. (Erfinder: **Dow A. Rogers jun.**), Pittsburgh, Pa., V.St.A., *Polymerisation von ungesättigten Verbindungen*. (**D. A. S. 1 112 299** Kl. 39c vom 6/11. 1958, ausg. 3/8. 1961. A. Prior. 20/12. 1957. — C. **1961.** 18822 [E. P. 851 779].)

General Electric Co. Ltd., London, England, *Permanentmagnet*. (**Holl. P. 99 003** vom 27/11. 1954, ausg. 15/9. 1961. E. Prior. 2/12. 1953. — C. **1958.** 11045 [E. P. 758 021].)

Cathodic Corrosion Control Ltd. (Erfinder: **John Harold Morgan**), *Korrosionsfeste Bleianoden*. (**Aust. P. 228 261** vom 30/10. 1957, ausg. 9/6. 1960. E. Prior. 31/10. 1956 u. 25/1. 1957. — C. **1962.** 7282 [Ind. P. 62 138].)

Sylvania Electric Products, Inc., V.St.A. (Erfinder: **Martha Jane Thomas, Keith Huestis Butler** und **Joseph McBride Harris**), *Strontium-Zink-Orthophosphatleuchtstoffe für Hochdruck-Quecksilberlampen*. (**F. P. 1 171 429** vom 17/1. 1957, ausg. 26/1. 1959. A. Prior. 2/3. u. 13/3. 1956. — C. **1962.** 2495 [Aust. P. 221 259].)

N.V. Philips' Gloeilampenfabrieken (Erfinder: **Popko Reinder Dijksterhuis**), Eindhoven, Holland, *Lötlegierung zur vakuumdichten Verbindung keramischer Teile*. (**Schwz. P. 355 340** vom 30/11. 1956, ausg. 15/8. 1961. Holl. Prior. 2/12. 1955. — C. **1959.** 7252 [D. A. S. 1 029 945].)

General Electric Co. Ltd., England, *Aktivierte Erdalkalihalogenphosphate*. (**F. P. 1 199 593** vom 7/3. 1958, ausg. 15/12. 1959. E. Prior. 11/3. u. 1/5. 1957. — C. **1962.** 3584 [Aust. P. 227 285].)

IV. Wasser. Abwasser

Chemisch-physikalische Untersuchungen von Böden in bezug auf die Korrosionsgefahr für Guß-, Stahl-, Schleuderbeton- und Asbestzementrohre. Hans-Erich Klotter und Arno Friske. (Vom Wasser **27.** 262—87. 1960. Karlsruhe.) (Dt.)

Die während langjähriger Unterss. gemachten Erfahrungen über das Korrosionsproblem von Böden werden mitgeteilt. Unters.-Gebiet war das nördliche Baden. Es werden die Unters.-Meth., eine Liste der zutreffenden Grenzwerte (Bewertungsmaßstäbe) u. ausführliche Praxiserfahrungen gegeben. Die Methodik umfaßt: physikal. Unterss. (Best. des Wasser-Geh., des Aufsaugevermögens, der Wasserkapazität, der Boden-Rk., der spezif. Leitfähigkeit); chem. Unters.-Meth. [Best. der Gesamtsäure, der Sulfide, der Sulfate (aus HCl-Aufschluß), der austauschfähigen Basen (quant. u. qual.), der in kaltem W. lösl. Substanzen, der in kohlensäurehaltigem W. lösl. Substanzen u. Berechnung des Säuregrades]. H. Czech. 6010□

Amerikanische Rückschau auf die Abwasserliteratur des Jahres 1959. Friedrich Sierp. (Vom Wasser **27.** 315—451. 1960. Essen.) (Dt.)

Krit. Übersicht. Es werden 636 Arbeiten über Abwasser-Unterss. u. -Behandlung u. Wasserverschmutzung ausgewertet u. weitere 261 Literaturangaben vom Vf. hinzugezogen. Analyt. Meth., häusliche Abwässer, industrielle Abwässer, industrielle radioakt. Abwässer, Wasserverschmutzung, organ. Abwässer u. radiakt. Abwässer (Biologie, Mikrobiologie, Chemie) werden behandelt. H. Czech. 6036□

Vernichtungder Psychodafliege in Rieselanlagen. J. R. Malone und J. S. Welch. (Wastes Engng. **32.** 412—13. 418. Aug. 1961.) (Engl.)

Die Fliegenplage über Rieselfeldern kann nur eingedämmt werden, wenn auch die Larven im Filterbett vernichtet werden. Die Anwendung (Zugabe in das W., Besprühung der Oberfläche, Zerstäuben mit Nebelmaschinen), die Dosierung u. die Wrkg. der benutzten Chemikalien (DDT, Kerosin, Triton, Pyretrum u. a.) werden ausführlich beschrieben. H. DORSCH. 6044□

Wesen und Wirkung der hochbelasteten biologischen Abwasserreinigung. H. Jung. (Vom Wasser **27.** 185—97. 1960. Viersen.) (Dt.)

Zusammenhängende Betrachtung des Gesamtproblems, im wesentlichen auf normale städt. Abwässer beschränkt. H. CZECH. 6044□

Änderungen am Belüftungssystem. R. L. Brown. (Wastes Engng. **32.** 553. Okt. 1961.) (Engl.)

Eine Belebtschlammanlage in den USA für die Behandlung von 10^6 gal./d städt. Abwasser wurde durch Änderung der Fließrichtungen vom konventionellen zum „Kontakt-Verf." umgebaut. Ferner werden an Stelle der korrodierenden mechan. Belüftungseinrichtung tuchbezogene Luftverteilungspilze angeordnet über eine relativ große Bodenfläche, benutzt. Für die Luftversorgung sind 3 Turbinengebläse mit einer Leistung von je 1500 cu. ft./min bei einem Gegendruck von 7,5 lb./sq. in., angetrieben von 100-HP Motoren, aufgestellt worden. Zur Verkürzung der Luftleitungen stehen diese Gebläse direkt auf dem Belebtschlammbecken; sie arbeiten nahezu geräuschlos. B. FRANZ. 6044□

Intensivierung der Prozesse der biochemischen Reinigung von industriellen Abwässern. 2. Mitt. **Mikrobiologische Charakteristik der schwefelwasserstoffhaltige Abwässer reinigenden aktiven Schlämme.** Z. I. Rogowskaja und M. F. Lasarewa. (Микробиология [Mikrobiologie] **30.** 525—29. Mai/Juni 1961.) (Russ.; Auszug: Engl.) — 1. vgl. C. **1961.** 16236.

Im Belebtschlamm aus der Reinigung der H_2S-haltigen Drainagewässer von S-Lagerstätten überwiegen Thiobazillen, von denen *Thiobacillus thiooxydans* dominiert, während *Thiobacillus denitrificans* u. a. Anaerobier seltener vorkommen. In Ggw. von genügend O_2 oxydiert *Thiobacillus thiooxydans* H_2S (130—200 mg/Liter) vollständig zu H_2SO_4. Der pH-Wert sinkt dabei von 8,3 auf 3,8. Im Belebungsbecken sind nur 0,01% der Organismen Anaerobier. Die Abbauleistung der Belebtschlämme ist abhängig vom Salz-Geh. des Wassers. 1 g eines salzfreien Schlammes oxydiert in einem stark mineralisierten W. (Rückstand 15 g/Liter bei einer Belastung von 6:1 täglich 0,37 g H_2S. In einem W. von geringerem Salz-Geh. (3 g/Liter) oxydiert derselbe Schlamm bei einer Belastung von 5:1 1,16 g H_2S. K. SATTLER. 6044□

Schutz gegen Wasserverseuchung durch Kernstrahlen. Hanns Mende. (VDI-Z. **104.** 115—19. 21/1. 1962. Butzbach/Hessen). (Dt.)

Übersicht über die Verff. zum Schutz gegen Verseuchung von Abwässern durch Kernstrahlen (Auffang- u. Abklinganlagen, Dekontaminieren durch Verdünnen, chem. Verff. u. Verdampfen, Abbeförderung u. vorläufige Lagerung von Konzentratfässern) u. den Raumbedarf solcher Anlagen. W. WESLY. 6050□

Fortschritte in der Bestimmung kleiner Radionuclid-Konzentrationen in Flüssigkeiten, vorwiegend in Abwässern. H. Krause. (Vom Wasser **27.** 228—36. 1960. Karlsruhe.) (Dt.)

Übersicht einschließlich eigener Arbeiten des Vf. über die Entw. einer Filterzentrifuge, die in Verbindung mit einer Zähleinrichtung zur kontinuierlichen u. diskontinuierlichen Messung der Radioaktivität verwendet wird. — 18 Literaturangaben. H. CZECH. 6050□

Ein verbessertes Reagens zur Bestimmung von Fluorid in Trinkwasser. C. K. Lim. (Analyst **87.** 197—201. März 1962. Penang, Malaya, Malayan Testing Labor.) (Engl.)

Vf. berichtet über Verbesserungen der Standard-Meth. von SCOTT u. SANCHIS zur Best. von F^- im Trinkwasser durch Entfärbung des rotvioletten Zr-Alizarin-Lackes. Durch Herabsetzung der Säure-Konz. von 0,1n auf 0,05n wird eine schnellere Einstellung der Extinktion auf einen konst. Wert erreicht. Verringert man das Verhältnis Alizarin S zu Zr von 2,0 auf 1,4, erreicht man eine starke Verminderung des Gelbanteils des Farblackes, der bei visuellen Best. stark stört. Die Farblack-Lsg. bereitet man, indem man in die Zr-Lsg. (0,45 g $ZrOCl_2 \cdot 8\,H_2O$ in 100 ml W.) langsam die Alizarin S-Lsg. gießt (0,70 g Alizarin S in 100 ml W.) u. nach Ansäuern mit H_2SO_4 (70 ml konz. H_2SO_4 u. 700 ml W.) mit dest. W. auf 1 Liter auffüllt. Nach 1 Std. ist die Reagens-Lsg., die am besten im Kühlschrank aufbewahrt wird, gebrauchsfertig. Zur visuellen Best. des F^- fügt man zu 50 ml der Unters.-Lsg. u. einer Reihe von F^--Standard-Lsgg. in NESSLER-Zylindern je 1 ml der Reagens-Lsg., schüttelt sofort um u. vergleicht die Färbung nach 20 Minuten. In Ggw. von Al müssen je nach der Al-Konz. Korrekturen angebracht werden. Nach dieser Meth. können im Bereich von 0—1,5 ppm F^- Unterschiede von 0,05 ppm F^- wahrgenommen werden. J. PETERS. 6060□

Spektrophotometrische Bestimmung von Submikrogramm-Mengen Orthophosphat im Rohwasser. Ken Sugawara und Satoru Kanamori. (Bull. chem. Soc. Japan **34.** 258—61. Febr. 1961. Chikusa-ku, Nagoya, Univ., Fac. of Sci., Chem. Inst.) (Engl.)

PO_4^{3-} wird aus saurer Lsg. als $(NH_4)_3[P(Mo_3O_{10})_4]$ (I) mit n-Butanol (II)/Chlf. extrahiert (bei Extraktion mit II allein gehen As, Ge u. Si mit), I wird in alkal. Lsg. in seine Komponenten gespalten u. PO_4^{3-} mit SCN^- photometr. bestimmt. Dazu werden 250 ml der 0,02—1 μg P enthaltenden Probe-Lsg. 1 Min. lang mit 10 ml konz. HCl, 15 ml II u. 10 ml II/Chlf. (3:7) ausgeschüttelt. Die wss. Schicht wird nach Zusatz von 5 ml 10%ig. NH_4-Molybdat-Lsg. mit 5 ml der II/Chlf.-Lsg. extrahiert, das nichtverbrauchte MoO_4^- mit 50 ml 0,5n HNO_3 (die 3 ml II enthalten) ausgewaschen u. die organ. Schicht mit 10 ml 1n NaOH u. 5 ml W. ausgeschüttelt. Nach 15 Min. wird die wss. alkal. Schicht mit 3 ml konz. HCl, 1 ml einer Lsg. von 1 g $Fe(NH_4)_2(SO_4)_2 \cdot 6\,H_2O$ in 100 ml 0,2n H_2SO_4, 3 ml 10%ig. KSCN-Lsg. u. 3 ml Sn(II)-Lsg. (10 g $SnCl_2 \cdot 2\,H_2O$ in 100 ml 1n HCl) versetzt. Die bernsteinfarbene Lsg. wird mit <5 ml der II/Chlf.-Lsg. extrahiert, der Extrakt mit einer Spur $SnCl_2$ versetzt, auf 5 ml aufgefüllt u. die Absorption bei 475 mμ gemessen. AsO_4^{3-}, GeO_3^{2-}, SiO_3^{2-}, VO_2^+, TiO^{2+} u. WO_4^{2-} stören in größerem Überschuß. Na^+, K^+, Mg^{2+}, Ca^{2+}, Cl^-, SO_4^-, NO_3^- u. eine Reihe anderer Ionen dürfen zugegen sein.

W. BETCKE. 6060□

Papierchromatographische Bestimmung der Abwasser- und Chlorphenole. H. Pisters. (Vom Wasser **27.** 237—61. 1960. Hameln.) (Dt.)

Die in der Literatur veröffentlichten Verff. zur papierchromatograph. Trennung von einfachen, einwertigen Phenolen ließen sich zur Trennung von Abwasserphenolen der Kokereien, Gasanstalten u. Kunststoffabriken nicht mit Erfolg anwenden. Das Verf. beruht des hohen Dampfdruckes wegen auf der Trennung der Na-Phenolate. Es wurde in NH_3-Atmosphäre getrennt. Gute Trennungen wurden mit dem Laufmittelgemisch: Isooctan (2), CCl_4 (1), konz. Na_2CO_3/NH_3-Lsg. (1), davon die organ. Phase, erzielt. Chlorphenole wurden durch 1 Teil Cyclohexan u. 2 Teile CH_2Cl_2 getrennt. Das Abwasser kann ohne Vorbehandlung auf das mit Soda-Lsg. präparierte Papier aufgetragen werden. Das Verf. ist nicht auf die Abwasseranalyse beschränkt. — 14 Literaturangaben.

H. CZECH. 6068□

Röhm & Haas G. m. b. H. (Erfinder: Ernst Trommsdorff), Darmstadt, **Wasserenthärtung,** gek. durch die Verw. von infolge Vernetzung unlösl., carboxylgruppenhaltigen Polymerisaten aus polymerisierbaren Äthylen-Derivv. als ionenaustauschende Stoffe, bes. solchen, die durch Vernetzung durch Rk. carboxylgruppenhaltiger Polymerisate mit mehrwertigen Alkoholen erhalten worden sind. (**D. B. P. 975 524** Kl. 85b vom 10/1. 1940, ausg. 21/12. 1961. Anmeldung bekanntgemacht 15/1. 1953.)

H. BLACHETZKI. 6021

George H. Graves und George W. Gray, übert. von: Frank F. Lindstaedt, San Anselmo, Calif., V.St.A., **Chlorung von Schwimmbeckenwasser (I)** u. a. größeren Wassermengen in Molkereien, Wäschereien u. Nahrungsmittelbetrieben. Man pumpt I nach Zusatz von NaCl (0,25—3%), bes. über ein Filter, um. Ein Zweigstrom wird hinter dem Filter abgetrennt u. in einer Elektrolyse-Vorr. mit Gleichstrom (z. B. 8 V, 70 A) unter solchen Bedingungen behandelt, daß nach seiner Wiedervereinigung mit dem Umwälzstrom vor dem Eintritt ins Becken in diesem der gewünschte Cl_2-Geh. aufrechterhalten wird. Vorteilhaft setzt man außerdem Pufferstoffe zu, wie Na-Tripolyphosphat, -Biborat, -Pyrophosphat, -Hexametaphosphat oder zweibas. Na-Phosphat. — Vorr., Zeichnung. (**A. P. 2 887 444** vom 25/3. 1957, ausg. 19/5. 1959.)

E. LINDEMANN. 6025

Giovanni Dati, Rom, Italien, **Mittel zur Behandlung von Kesselspeisewasser,** erhält man, indem man 1 Teil wasserfreies Na_2CO_3 bei 60—80° in 1,7 W. löst, in flachen Behältern abkühlen u. kristallisieren läßt, das 61—62% W. enthaltende Kristallisat abtrennt, mit handelsüblichem trockenem Na_2CO_3, Natriumphosphaten, K_2CO_3 u. Kastanienextrakt, Tannin, Gallussäure oder Pyrogallol vermischt u. das Gemisch bei 300—500 at verpreßt. (**It. P. 524 923** vom 18/2. 1954.) K. KOEBKE. 6031

Minister of Supply, London, England (Erfinder: Reginald Walter Blundell), **Reinigung von Öl emulgiert enthaltenden Abwässern,** z. B. Wasch- oder Kühlwässern, wie bis zu 0,1% Petroleum enthaltenden Abläufen, durch Flockungsbehandlung. Man setzt die Sulfate von Ce, La oder Nd, auch in Gemischen zu, wie sie z. B. als Nebenprodd. bei der Extraktion von Th aus Monazitsand anfallen. Die nach Zusatz der wss. Salz-Lsg. ausfallenden Flocken bilden eine das Öl enthaltende Schwimmschicht, die abgeschöpft u. nach Zusatz von verd. H_2SO_4 aufgearbeitet wird. (**E. P. 819 440** vom 19/12. 1956, ausg. 2/9. 1959.)

E. LINDEMANN. 6043

V. Anorganische Industrie

Gewinnung von Schwefelwasserstoff durch katalytische Hydrierung von Schwefel. Ja. D. Selwenski, Je. Ss. Nedumowa und W. Je. Prokopetz. (Химическая Промышленность [Chem. Ind.] **1961.** 77—84. Febr.) (Russ.)

Das Gleichgewicht der Rk. $H_2 + (1/n) \cdot S_n \rightleftharpoons H_2S$ (n = 2, 6, 8) liegt bei 350—400° auf der Seite der Bldg. von H_2S, die Wärmetönung beträgt ca. 9000 cal/Mol. Vff. beschreiben eine Vers.-Anlage, bei der auf 300—350° erhitzter H_2 in Ggw. eines W-Ni-Sulfidkatalysators durch fl. S geleitet wird. Das Verf. ermöglicht die Gewinnung von mindestens 99%ig. H_2S. Die optimalen Bedingungen sind: Eintritts-Temp. des H_2 360 bis 375°, Raum-Geschw. 1000 Liter/Liter·h, Körnung des Katalysators 5·5 mm.
R. K. MÜLLER. H 253□

Die Wirksamkeit von Alizarinrot S beim Drücken von silicatischer Gangart bei der Flotation von Pyrit. N. R. Srinivasan und R. K. Rama Murthy. (J. Indian Inst. Sci. **39.** Sect. B 93—100. Juli 1957.) (Engl.)

Der Farbstoff *Alizarinrot S*, welcher bei verschiedenen Flotationen von Sn, Be, Zr, Ti usw. zum Drücken der silicat. Gangart erfolgreiche Anwendung gefunden hatte, bewirkte bei der Pyritabtrennung mit K-Amylacetat u. Kiefernöl nur geringfügige Steigerung des Konzentrates u. der Ausbeute. Sie betrugen 47,82% S insgesamt bzw. 90,57% in 2stufiger Flotation eines Ausgangs-Prod. mit 44,55% Fe, 27,83% S u. 16,13% SiO_2. Chlorit, Quarz, Hämatit u. Magnetit waren die Begleitminerale. Nach analoger Verarbeitung der Tailings verbesserte sich die Ausbeute bis auf 94%, verminderte aber die Konzentratmenge schon ein wenig.
R. G. KAISER. 6148□

Der Flußspat. Teresio Micheletti. (Ind. mineraria [2] **8.** 523—38. Aug. 1957.) (Ital.)

Zusammenfassender Überblick über Vork., Welterzeugung, Welterserven u. Aufbereitung.
C. GOTTFRIED. 6148

Soc. des Produits Chimiques de Bezons, Frankreich (Erfinder: Michel Roussos und Marcel Patru), **Stabilisieren von Wasserstoffperoxidlösungen** durch Zusatz von organ. Mg-Verbb., wie Di-Mg-Äthylendiaminotetraacetat, Sesqui-Mg-Nitrilotriacetat, in Mengen von 0,1—5 g je Liter H_2O_2-Lösung. Weiter sind genannt: Das Sesqui-Mg-Salz der Hydroxyäthyläthylendiaminotriessigsäure, Mg-Salz der Diäthylentriaminopentaessigsäure, in welcher 3, 4 oder 5 Säuregruppen durch Mg abgesätt. sind, neutrales Mg-Salz der Anthranil-N.N'-diessigsäure, Mono-Mg-Salz der Hydroxyäthyliminodiessigsäure. (**F. P. 1 199 350** vom 17/2. 1958, ausg. 14/12. 1959.)
W. WITTHOLZ. H 241

Imperial Chemical Industries Ltd., London, übert. von: William P. McKinney, Northwich, Cheshire, England, **Nicht backendes Ammoniumchlorid** erhält man durch Zusatz von 0,01—0,05% wasserlösl. Salze langkettiger Alkylamine u. des Na-Salzes einer Alkylarylsulfonsäure, deren Alkylgruppen mindestens 8 C-Atome aufweisen, bes. *Octadecylaminacetat* u. *-hydrochlorid*, sowie *Na-Decyl-* u. *Na-Dodecylbenzolsulfonat*. (**Can. P. 553 582** vom 30/6. 1954, ausg. 25/2. 1958. E. Prior. 3/7. 1953.)
L. GROSSNER. H 243

Godfrey L. Cabot, Inc., V.St.A., **Herstellung von Ruß** durch unvollständige Verbrennung von KW-Stoffen unter Bldg. von gasförmigen Nebenprodukten. Das die Brennkammer verlassende Aerosol wird in einem Wärmeaustauscher auf ca. 1200° abgekühlt u. danach in einem zweiten Wärmeaustauscher auf 200—425° gebracht, worauf eine Trennung von Ruß u. Gas stattfindet. Das Gas wird in einer Verbrennungszone verbrannt, um daraus Energie zu gewinnen. (**F. P. 71 052** vom 18/2. 1957, ausg. 8/10. 1959. **Zusatz zu F. P. 1168 028; C. 1961. 17706.**)
M. F. MÜLLER. H 260

J. M. Huber Corp., Locust, N.J. (Erfinder: Ira Williams, Borger, Tex.), V.St.A., **Herstellung von Gasruß,** dad. gek., daß in die Verbrennungskammer an mehreren Stellen in der Nähe der Seitenwand bzw. -wände rings um das KW-Stoff-Einspritzrohr in mit diesem koaxialer Richtung ein brennbares Gemisch aus einem gas-, dampf- oder nebelförmigen Brennstoff u. einem O_2 enthaltenden Gas im Verhältnis von 90—125% der Menge, die für die vollständige Verbrennung des Brennstoffs notwendig ist, eingespritzt u. verbrannt wird u. daß das brennbare Gemisch in einer solchen Menge eingespritzt wird, das die Gase, die die Verbrennungsgase erzeugen, durch die Verbrennungskammer in einer Menge von 150—600, bes. 160—450 dm³ Gase pro dm³ Verbrennungskammer-Vol. in der Min. strömen, daß das brennbare Gemisch u. die Verbrennungsgase senkrecht gegen die Ausgangswand geführt werden u. auf diese Wand stoßen, so daß die Verbrennung heftig durcheinandergewirbelt werden u. als eine wirbelnde Masse zur Mitte der Verbrennungskammer u. zu der Auslaßöffnung strömen, daß gleichzeitig in die Verbrennungskammer aus einem durch die Mitte der Einlaßwand geführten KW-Stoff-Einspritzrohr ein sich kon. erweiternder Strahl von im wesentlichen gasförmigen KW-Stoffen eingespritzt wird, dessen freie Bldg.-Energie positiv ist, wobei der Strahl axial zur Verbrennungskammer in Richtung zur Auslaßöffnung in die wirbelnde Masse der Verbrennungsgase gerichtet ist, daß das dabei entstehende Gemisch von Ruß u. Gas durch die Auslaßöffnung u. die Rk.-Kammer strömt u. danach der Ruß von diesem Gemisch abgetrennt wird. — Vorrichtung. (**D. B. P. 974 927** Kl. 22f vom 11/9. 1952, ausg. 31/5. 1961. Anmeldung bekanntgemacht 23/12. 1954.) K. Demmler. H 260

Union Carbide Corp., New York, N.Y. (Erfinder: Donald Joseph Foster und Erich Tobler, Charleston, W.Va.), V.St.A., **Herstellung von reinen Vinylalkali-Metallen,** dad. gek., daß man Divinyl-Hg (I) zu einer Suspension von feinzerteiltem Alkalimetall (II) in einem fl. Medium gibt u. das erhaltene Vinylalkalimetall abtrennt. Als **II** dienen bes. Na, K oder Li u. als Suspensionsmittel aliphat. KW-Stoffe, wie Pentan (III), Hexan oder Heptan. — 20 cm^3 **III**, 0,02 Mol (5,1 g) **I** u. 0,04 g-Atom (0,9 g) Na werden in einem verschlossenen Rohr 24 Std. geschüttelt. Nach Entfernen von 3,5 g Hg bleibt eine Suspension von schwarzem Vinyl-Na zurück. Ausbeute 88% berechnet auf **I**. — *Zwischenprodukte.* (**D. A. S. 1 117 120** Kl. 12o vom 23/6. 1960, ausg. 16/11. 1961. A. Prior. 30/6. 1959.) J. Mühleisen. H 272

UCLAF, Paris (Erfinder: Robert Joly, Montmorency, und Robert Bucourt, Villiers-le-Bel), Frankreich, **Herstellung von Lösungen zinkorganischer Verbindungen,** dad. gek., daß man Alkylester direkt auf Zn in einem N.N-Dialkylamid einwirken läßt. Zur Initiierung der Rk. wird zweckmäßig das Jodid der Alkyl-Verb. verwendet. — In eine Suspension von 100 g Zn in 100 cm^3 Dimethylformamid (I) u. 2 cm^3 CH_3J leitet man 4 Std. lang CH_3Cl u. hält bei 80°, wobei während dieser Zeit noch 370 cm^3 **I** zugegeben werden. Nach Beendigung des Einleitens von CH_3Cl wird noch $^1/_2$ Std. erwärmt, abgekühlt u. mit 540 cm^3 **I** versetzt. Man erhält eine gelbgrüne Lsg. von $CH_3 \cdot ZnCl$ in einer Ausbeute von 70%, berechnet auf Zn. — *Zwischenprodd.*, bes. zur *Herst. von Methylchromon* aus o-Hydroxypropiophenon u. Ameisensäureäthylester. (**D.A.S. 1 119 269** Kl. 12o vom 31/5. 1960, ausg. 14/12. 1961. F. Prior. 5/6. 1959.) J. Mühleisen. H 288

E. I. du Pont de Nemours & Co., Wilmington (Erfinder: William Joseph Middleton, Claymont, Del., und William Taylor Miller, Ithaca, N.Y.), V.St.A., **Herstellung quecksilberorganischer Verbindungen** der allg. Formel $[CF_3-CRR'C-]_2Hg$, worin R eine aliphat., gesätt., polyhalogenierte KW-Stoff-Gruppe darstellt, in welcher der α-C nur an F u. C gebunden ist u. weitere Halogenatome F oder Cl sind, R' F oder, wie vorst. für R definiert, eine aliphat., gesätt., polyhalogenierte KW-Stoff-Gruppe bedeutet u. R u. R' unter Bldg. einer cycloaliphat. Gruppe mit 3—6 C-Atomen im Ring vereinigt sein können, dad. gek., daß ein Fluorolefin der allg. Formel $F_2C=CRR'$, worin R u. R' die obige Bedeutung haben, in Ggw. von wasserfreiem HF mit HgF_2 umgesetzt wird. Die Rk. erfolgt zweckmäßig bei einem Druck von 2—200 at u. einer Temp. von 75—200° im Molverhältnis von Olefin zu HgF_2 von mindestens 2 : 1. — In einem Druckgefäß wird ein Gemisch von 180 (Teilen) HgF_2, 225 Hexafluorpropylen u. 148 fl. HF 12 Std. auf 100° erhitzt. Nach Ablassen der gasförmigen Prodd. in eine Vorlage erhält man durch fraktionierte Dest. des Rückstandes als farblose Fl. 248 *Bis-[heptafluor-2-propyl]-Hg*, Kp. 116—117°, F. 21°, n_D^{25} 1,3244. Analog erhält man aus 4 H-Heptafluor-1-buten *Bis-[4H-octafluor-2-butyl]-Hg*, Kp. 172,5—173°, aus 4-Chlorheptafluorbuten-(1) *Bis-[4-chloroctafluor-2-butyl]-Hg*, $Kp._{20}$ 85—87°, $Kp._{750}$ 185°. Die Prodd. sind chem. u. therm. sehr beständig. — *Kraftübertragungs-Fll.* u. *Lsgm.* für *Polyamide* u. *Celluloseacetat.* (**D. A. S. 1 121 614** Kl. 12o vom 12/11. 1959, ausg. 11/1. 1962. A. Prior. 12/11. 1958.) J. Mühleisen. H 290

Karl Ziegler (Erfinder: Karl Ziegler, Hans-Herbert Lehmkuhl und Werner Pfohl), Mülheim/Ruhr, **Herstellung von Dialkylaluminiumhydriden (I) und Aluminiumtrialkylen (II),** dad. gek., daß man Al in Ggw. von Katalysatoren nach D. B. P. 961 537; C. **1958.** 2569, oder nach D. A. S. 1 031 792; C. **1959.** 16839, aktiviertes Al mit Al-Trialkyl u. H_2 erhitzt u. erst bei Temp. von 110—120° das Olefin mit solcher Geschw. einpreßt, daß die Olefin-Konz. in der Rk.-Mischung ständig sehr niedrig bleibt, wobei gegen Schluß der Rk. zur Herst. von **I** die Olefinzugabe gedrosselt u. H_2 nachgepreßt oder zur Herst. von **II** die Olefinzugabe verstärkt wird. Die Einleitungs-Geschw. des Olefins wird zweckmäßig so geregelt, daß in der Mischung bis zum prakt. vollständigen Verbrauch des H_2 immer mindestens so geringe Mengen von **I** vorliegen, daß eine Probe der Mischung mit Isochinolin eine deutliche Rotfärbung ergibt. Vorteilhaft wird in Ggw. inerter Lsgm., wie gesätt. KW-Stoffe, z. B. Hexan, gearbeitet. (**D. A. S. 1 118 782** Kl. 12o vom 25/5. 1955, ausg. 7/12. 1961.) J. Mühleisen. H 294

Badische Anilin- & Soda-Fabrik Akt.-Ges., Ludwigshafen/Rh. (Erfinder: Günther Hamprecht, Limburgerhof/Pfalz, und Manfred Tittel, Mannheim), **Herstellung von Dialkylaluminiumfluoriden** gemäß D. A. S. 1 102 151, dad. gek., daß man an Stelle von Dialkylaluminiumchloriden, -bromiden oder -jodiden die entsprechenden Alkylaluminiumsesquihalogenide mit Erdalkalifluoriden umsetzt. — Durch Rk. von 247,5 (Teilen) $Al_2(C_2H_5)_3Cl_3$ mit 355 BaF_2 während 3 Std. bei Temp. bis zu 200° erhält man 68 $(C_2H_5)_2AlF$. — *Katalysatoren* bes. für die *Polymerisation von ungesätt., niedrig sd. Kohlenwasserstoffen.* (**D. A. S. 1 116 660** Kl. 12o vom 30/4. 1960, ausg. 9/11. 1961. **Zusatz zu D. A. S. 1 102 151; C. 1961. 17403.**) J. Mühleisen. H 294

Soc. Générale Métallurgique de Hoboken Soc. An., Hoboken, Antwerpen, Belgien, **Selektive Abtrennung des Nickels aus wässerigen Sulfat- oder Chloridlösungen,** die bis zu 50 (Teile) Ni auf 100 Co enthalten, mittels elementaren S oder eines Sulfids unter Druck bei $>90°$ in Ggw. eines Red.-Mittels, dad. gek., daß der Ausgangs-Lsg. außer der S bildenden Verb. zwecks Einstellung des pH-Wertes auf 3—6,8 wss. NH_3-Lsg., Alkali- oder Co-Hydroxid zugesetzt u. anschließend bei 80—115° u. 3—50 atH_2 eingeleitet wird. Zum Beispiel wird das Verhältnis Ni : Co von 1 : 100 in der Ausgangs-Lsg. auf 0,020 : 100 in der behandelten Lsg. herabgesetzt. (**D. A. S. 1 119 241** Kl. 12n vom 10/12. 1958, ausg. 14/12. 1961. E. Prior. 18/12. 1957.) K. Demmler. H 356

E. I. du Pont de Nemours & Co., Wilmington, Del., übert. von: Jerome Albert Moede, Rochester, N.Y., V.St.A., **Reinigen von wässerigen Silbernitratlösungen.** Man versetzt die Lsg. mit Ag_2O bis zum pH 6,1—9,0, bestrahlt sie mit UV, trennt die dabei ausgefällten Metalloxide u. -hydroxide ab u. filtriert die $AgNO_3$-Lsg. über akt. Al_2O_3 oder MgO. (**A. P. 2 940 828** vom 29/10. 1957, ausg. 14/6. 1960.) H. Nebelsiek. H 359

Werner Riesel, Bad Köstritz, und Rudolf Peters, Gera, **Aufschluß von Rohphosphaten mit Magnesiumsulfat** oder solches enthaltenden Salzen in Ggw. von SiO_2 u. Red.-Mitteln, wobei eine für die vollständige Zers. des Mg-Salzes nicht ausreichende Sandmenge angewendet, das Aufschlußgemisch bei 1050—1200° niedergeschmolzen u. die Schmelze in W. abgeschreckt wird, während aus den Abgasen SO_2 gewonnen wird. (**D. P. [DDR] 21 982** Kl. 16 vom 7/7. 1958, ausg. 25/9. 1961 [Wirtschaftspatent].) W. Wittholz. 6149

Kaiser Aluminum & Chemical Corp., Oakland, übert. von: James C. Hicks, Menlo Park, und Leslie W. Austin, San José, Calif., V.St.A., **Herstellung von gut kristallinem Periklas.** Eine gefällte Mg-Verb. u. Cr-haltiges Material werden gemischt, ein Teil davon wird calciniert unter Bldg. eines kryptokristallines MgO enthaltenden Prod., das der Hauptmenge zugefügt wird, die auf 1600° erhitzt wird. Die Ausgangsstoffe werden so gewählt, daß ein Endprod. mit einem Geh. von mindestens 95% MgO, $\leqq 2\%$ SiO_2, $\leqq 2\%$ CaO, das bis zu 10% bzw. 10—39% (berechnet als Cr_2O_3) Cr-Material dispergiert enthält, gebildet wird. (**Can. P. 552 720** vom 7/6. 1951, ausg. 4/2. 1958.) Eberhard Riedel. 6151

Food Machinery & Chemical Corp., San José, Calif., V.St.A., *Herstellung von Wasserstoffperoxid.* (**E. P. 864 884** vom 22/11. 1957, ausg. 12/4. 1961. D. Prior. 24/11. 1956. — C. **1959.** 4933 [D. A. S. 1 037 433].)

E. I. du Pont de Nemours & Co., V.St.A., *Reinigung von Wasserstoffperoxid.* (**F. P. 1 213 086** vom 24/10. 1958, ausg. 29/3. 1960. — C. **1961.** 11474 [D. A. S. 1 096 882].)

E. I. du Pont de Nemours & Co., V.St.A. (Erfinder: **Alfred Anthony d'Addieco**), *Kaliumperoxosulfat.* (**F. P. 1 213 649** vom 24/9. 1958, ausg. 1/4. 1960. A. Prior. 31/10. 1957. — C. **1960.** 15176 [D. A. S. 1 083 236].)

Farbenfabriken Bayer Akt.-Ges., Deutschland (Erfinder: **Hans Joachim Abendroth** und **Günter Henrich**), *Herstellung von Hydrazinhydrat.* (**F. P. 1 214 581** vom 24/1. 1959, ausg. 11/4. 1960. D. Prior. 29/1. 1958. — C. **1961.** 12602 [D. A. S. 1 088 939].)

Gösta Lennart Flemmert, Schweden, *Herstellung von Fluorwasserstoffsäure.* (**F. P. 1 210 911** vom 10/9. 1958, ausg. 11/3. 1960. A. Prior. 12/9. 1957. — C. **1960.** 10017 [D. A. S. 1 075 567].)

Scientific Design Co., Inc., V.St.A. (Erfinder: **John White Colton**), *Wiedergewinnung von Chlor.* (**F. P. 1 210 752** vom 17/6. 1958, ausg. 10/3. 1960. A. Prior. 31/7. 1957. — C. **1960.** 16557 [A. P. 2 909 240].)

Farbwerke Hoechst Akt.-Ges., vormals Meister Lucius & Brüning, Deutschland, *Herstellung von Chlordioxid.* (**F. P. 1 211 858** vom 7/11. 1958, ausg. 18/3. 1960. D. Prior. 9/11. 1957. — C. **1959.** 12024 [D. A. S. 1 051 256].)

Donald Edward Ferris, Canada, *Elektrolytische Herstellung von Natriumhypochlorit.* (**F. P. 1 210 679** vom 5/4. 1958, ausg. 10/3. 1960. — C. **1960.** 12803 [A. P. 2 873 236].)

N. V. Philips' Gloeilampenfabrieken, Holland, *Gewinnung von radioaktivem Jod-131.* (**F. P. 1 211 637** vom 8/9. 1958, ausg. 17/3. 1960. Holl. Prior. 9/9. 1957. — C. **1960.** 14481 [D. A. S. 1 080 081].)

Knapsack-Griesheim Akt.-Ges., Deutschland, *Abscheidung von Phosphordampf aus Gasen.* (**F. P. 1 213 780** vom 28/10. 1958, ausg. 4/4. 1960. D. Prior. 21/12. 1957. — C. **1959.** 10034 [D. A. S. 1 048 885].)

United Kingdom Atomic Energy Authority, London, England, *Herstellung reiner Salzlösungen.* (**Belg. P. 568 103** vom 28/5. 1958, ausg. 12/8. 1960. E. Prior. 2/1. 1956. — C. **1961.** 262 [E. P. 819 034].)

Pechiney Comp. de Produits Chimiques et Électrométallurgiques (Erfinder: **Pierre Tardieu** und **René Perières**), *Aluminiumoxydherstellung.* (**Aust. P. 224 285** vom 30/7. 1957, ausg. 29/10. 1959. F. Prior. 31/7. 1956. — C. **1960.** 14485. 5281 [D. A. S. 1 068 682].)

United Kingdom Atomic Energy Authority, England (Erfinder: **Gillian Mary Carter, David Anthony Everest** und **Ronald Alfred Wells**), *Wiedergewinnung von Thorium.* (**F. P. 1 209 665** vom 26/8. 1958, ausg. 3/3. 1960. E. Prior. 26/8. 1957. — C. **1961.** 264 [D. A. S. 1 075 101].)

United Kingdom Atomic Energy Authority, England (Erfinder: **Ronald Alfred Wells, Arthur John Head** und **Norman Frank Kember**), *Wiedergewinnung von Thorium.* (**F. P. 1 214 292** vom 28/10. 1958, ausg. 7/4. 1960. E. Prior. 1/11. 1957. — C. **1961.** 4131 [D. A. S. 1 091 550].)

Permutit Co. Ltd. und **Robert Rampton Porter** (Erfinder: **Thomas Victor Arden** und **Robert Rampton Porter**), *Gewinnung von Uranverbindungen.* (**Aust. P. 226 931** vom 26/11. 1957, ausg. 17/3. 1960. E. Prior. 4/12. 1956. — C. **1961.** 1691 [E. P. 831 206].)

Cartoucherie Française, Frankreich (Erfinder: **René Dufour, Marcel Verron** und **Alphons Gabriel Le Magoarou**), *Elektrolytische Gewinnung von Mangandioxid.* (**F. P. 1 203 899** vom 28/7. 1958, ausg. 21/1. 1960. — C. **1961.** 16971 [D. A. S. 1 106 302].)

Badische Anilin- & Soda-Fabrik Akt.-Ges., Deutschland (Erfinder: **Joseph Hille** und **Wolfgang Dürrwächter**), *Herstellung von wasserfreiem Eisen(III)-Chlorid.* (**F. P. 1 212 658** vom 5/1. 1959, ausg. 25/3. 1960. D. Prior. 7/1. 1958. — C. **1959.** 12025 [D. A. S. 1 054 978].)

International Minerals & Chemical Corp., V.St.A., *Granulieren von Rohphosphat.* (**F. P. 1 212 337** vom 7/10. 1958, ausg. 23/3. 1960. — C. **1960.** 7640 [D. A. S. 1 065 823].)

VI. Silicatchemie. Baustoffe

Verhalten von Blasen im Glas. Charles H. Greene. (Centr. Glass ceram. Res. Inst., Bull. [Calcutta] **7.** 38—40. Jan./März 1960. Alfred, N.Y., Univ., Coll. of Ceram.) (Engl.)

Es wird eine Formel für die Größe der Oberflächenspannung von Blasen im Glas aufgestellt u. die freie Energie des O_2 bei der Umwandlung des As_2O_3 in As_2O_5 in Abhängigkeit von der Temp. u. seine Lsg. im Glas behandelt. Das übliche techn. Verf., bei hohen Temp. die kleinen Bläschen in große Blasen zu verwandeln u. dann auf niedrigere Temp. zu gehen, wobei die Blasen, die nicht an die Oberfläche gestiegen sind, sich im Glas lösen, wird dadurch bestätigt. Eine direkte Beobachtung der Schmelzen in Tiegeln aus Vycor 96 in monochromat. Licht unter Verw. eines Interferenzfilters ist möglich. L. KÜHNERT. 6174□

Der Einfluß minimaler Zusätze von Lithium auf die Verarbeitungseigenschaften eines Glases vom Behälterglas-Typus. W. Ronald Lester. (Centr. Glass ceram. Res. Inst., Bull. [Calcutta] **7.** 34—37. Jan./März 1960. Hartford, Conn., Emhart Glass Testing Labor.) (Engl.)

Es wird über Vgl.-Verss. von Glasschmelzen berichtet, bei denen Na_2CO_3 teilweise durch jeweils 0,25; 0,50 u. 1,00% Li_2CO_3 ersetzt wurde, weiter solche, bei denen F aus dem Gemenge entfernt wurde. Die Zus. der Gläser wird in Tabellen u. graph. Darst. angegeben. Durch die Zusätze wird das Verhältnis von Viscosität zu Temp. linear verändert, daß die Erweichungs- u. Transformations-Temp. (723 u. 546° bei den Ausgangsgläsern) wesentlich herabgesetzt werden (690 u. 509° bei 1,00% Geh. an Li_2O). Der Ersatz von 0,15% Na_2O durch 0,25% Li_2O hat den gleichen Einfl. wie 0,25% F im Ausgangsglas. Es ergibt sich durch den Zusatz von Li_2O eine Verkürzung bei der Bearbeitung. L. KÜHNERT. 6174□

Zur quantitativen Beschreibung des Polierprozesses von Glas. E. Brüche. (Sprechsaal Keram., Glas, Email **94.** 575—76. 20/11. 1961.) (Dt.)

Im Rahmen eines Überblickes über die Kenntnis des Polierprozesses von Glas wird vorgeschlagen, den Begriff „Poliergrad" (vor dem Vorliegen genauer Vermessungen von Polierkurven) nur für die Teilphasen des Polierens zu benutzen u. den gesamten Polierprozeß statt dessen durch Polierzeit bzw. Dicke der beiden Schichten u. durch die Polier-Geschw. zu beschreiben. N. PETERS. 6188□

Versuche zur Beseitigung von Spannungszuständen in Glas mit Hilfe von Ultraschall. Hans-Ulrich Borgstedt, Günther Eichkorn und Ernst Heim. (Glastechn. Ber. **34.** 529—34. Nov. 1961. Karlsruhe, TH, Inst. für physikal. Chemie u. Elektrochemie.) (Dt.)

Stark verspannte Probekörper aus drei verschiedenen Glassorten wurden bei erhöhter Temp. mit Ultraschall von 294 kHz behandelt; hierbei wurde festgestellt, daß die Behebung von Spannungszuständen in Gläsern bereits unterhalb der Transformations-Temp. erreicht werden kann. Eine Entspannung des Glases durch Beschallung erscheint auch im techn. Rahmen möglich u. sinnvoll. Sie wird aber trotz des erheblich geringeren Zeitaufwandes erst dann wirtschaftlich durchführbar sein, wenn die Auffindung eines geeigneten Mediums zur Schallkoppelung gelingt, mit dem tatsächlich in dem für jede Glasart optimalen Temp.-Bereich gearbeitet werden kann.

N. PETERS. 6200 □

Die Struktur des $K_2Pb_2Si_2O_7$ und der Bleigläser. István Náray-Szabó und Alajos Kálmán. (Silikattechnik **12.** 316—18. Juli 1961. Budapest, Ung. Akad. Wiss., Zentr. Forsch. Inst. Chemie.) (Dt.)

Zur Aufklärung der Struktur hoch-Pb-haltiger Borosilicatgläser wurden an reinen $K_2Pb_2Si_2O_7$-Plättchen opt. u. röntgenograph. Unterss. durchgeführt. Pb ist mit 3 O-Atomen zu einer flachen trigonalen Pyramide verbunden. Eine ähnliche Koordination liegt auch im Pb_3O_4 vor. R. KAISER. 6200 □

Warmpressen von geschmolzenem Quarz. Thomas Vasilos. (J. Amer. ceram. Soc. **43.** 517—19. 1/10. 1960. Wilmington, Mass., Avco Corp. Res. and Advanced Dev. Div.) (Engl.)

Quarzpulver aus verschiedenen Siebgrößen bis zu 5 μm Korngröße wird in einem für die Verss. konstruierten Röhrenofen bei Temp. von 1100, 1150 u. 1200° u. Drücken von 1000—1500 lbs./sq.in. gepreßt, wobei die Erhitzungszeit bis auf 90 Min. ausgedehnt wurde. Die angewandten Temp. blieben also weit unter dem Schmelzpunkt des Quarzes. Die Zusammenhänge zwischen der Verdichtung in Abhängigkeit von Viscosität, Zeit, angewandtem Druck u. Packungsdichte des Ausgangsmaterials werden graph. dargestellt u. eine Gleichung dafür abgeleitet. L. KÜHNERT. 6204 □

Die Wirkung von Verunreinigungen oder akzessorischen Teilchen auf die physikal.-chem. Eigenschaften von Kieselsäure. Eine Experimentaluntersuchung. J. Arvid Hedvall. (Centr. Glass ceram. Res. Inst., Bull. [Calcutta] **7.** 29—33. Jan./März 1960. Göteborg.) (Engl.)

Es werden die Vorbereitung u. Durchführung von Verss. beschrieben, bei denen Fe_2O_3 mit SiO_2 (Cristobalit) nach dem Erhitzen in O_2 bei 900° eine rötliche feste Lsg. bildet, die aber nur bei der Umwandlung des SiO_2 entsteht (β-Quarz bei 575° in α-Quarz u. bei 900° in Cristobalit). Die Unterss. der so entstandenen festen Lsg. zeigte, daß die Rk. $SiO_2 + CaCO_3 \rightarrow CaSiO_3 + CO_2$ durch die Ggw. von Fe_2O_3 gegenüber reinem Cristobalit beschleunigt wird, da Eisenoxid als Katalysator wirkt. L. KÜHNERT. 6204 □

Über eine neue Gruppe hochtemperaturbeständiger Faserstoffe (hochkieselsäurehaltige Fasern). Gottfried Wiedemann. (Silikattechnik **12.** 521—28. Dez. 1961. Dresden, Inst. für Leichtbau u. ökonom. Verw. von Werkstoffen.) (Dt.)

Der Herst.-Prozeß u. die Struktur von Faserstoffen mit sehr hohem SiO_2-Geh. zur Anwendung im Bereich hoher Temp., ihre Eigg. (mechan. Verh., Wasseradsorption, chem. u. elektr. Eigg.) werden besprochen. Die neue Werkstoffgruppe auf Glasfaserbasis kann in erster Linie für Isolationskonstruktionen im Leichtbau verwendet werden.

N. PETERS. 6218 □

Phasengleichgewicht an Luft in dem System Eisenoxid–Cr_2O_3–SiO_2. Arnulf Muan und Shigeyuki Sōmiya. (J. Amer. ceram. Soc. **43.** 531—41. 1/10. 1960. Pennsylvania State Univ., Coll. of Mineral Ind.) (Engl.) — Vgl. C. **1960.** 12810; C. **1961.** 3600.

Das für Verss. an chromithaltigen hochfeuerfesten Baustoffen für die Stahlindustrie verwendete Material aus dem Dreistoff-Syst. Fe_3O_4–Cr_2O_3–SiO_2 in Luft wird nach Zus. u. Vorbehandlung angegeben, ebenso die verwendeten Öfen u. die Messung ihrer Temperatur. Die Phasen in den abgeschreckten Proben werden mkr. untersucht. Das Phasendiagramm wird durch ein relativ großes Gebiet des Nebeneinanderbestehens von zwei unmischbaren Fll. charakterisiert. L. KÜHNERT. 6218 □

Mineralogische und kristallographische Grundlagen hochfrequenzkeramischer Baustoffe auf TiO_2-Basis. Martin Mehmel. (Silikattechnik **12.** 318—23. Juli 1961. München, TH, Inst. für Mineralogie.) (Dt.)

Nach einer theoret. Erläuterung über das Verh. eines Isolators im Bereich eines Wechselfeldes werden die physikal. Eigg. von natürlichen TiO_2-Kristallen hinsichtlich ihrer Eignung als Zusätze für Isolatoren einander gegenübergestellt. Von den 3 Kristallformen besitzt Rutil den höchsten DK-Wert (Mittel = 110). Fabrikmäßig gewonnenes TiO_2 muß durch mehrstd. Temperung bei $>100°$ in die Rutilform übergeführt werden. Durch Verw. organ. Bindemittel, oxyd. Brennatmosphäre, 2std. Temperung bei 1350° u. rasche Abkühlung auf 900° ist es gelungen, ein gleichmäßiges Gefüge feinkrist. Rutils mit guten DK-Werten zu erhalten. R. KAISER. 6220 □

Temperaturabhängigkeit der plastischen Verformung von MgO-Einkristallen. J. E. May und M. L. Kronberg. (J. Amer. ceram. Soc. **43.** 525—30. 1/10. 1960. Schenectady' N.Y., General Electric Cy. Res. Labor.) (Engl.)

Es werden die Vers.-Anordnung zur Prüfung der Spaltplättchen von MgO-Einkristallen (1—2 mm²), die Vorbereitung der Proben u. ihre chem. Zus. angegeben, die plast. Verformung in Abhängigkeit von Belastung u. Temp. untersucht u. graph. dargestellt. Durch Erwärmung u. nachfolgendes Abschrecken wird eine größere Plastizität u. eine Homogenisierung des Ausgangsmaterials bewirkt. Extrema der Festigkeits/Temp.-Kurven mit einem Minimum bei 500° u. einem Maximum bei 575° sind auf Einw. von Verunreinigungen, die als Lsg. oder Nd. Gleitschichten bilden, zurückzuführen. L. KÜHNERT. 6220□

Untersuchung der Oxydationsvorgänge in fester Lösung von Uranoxid-Thoriumoxid. E. D. Lynch, J. H. Handwerk und C. L. Hoenig. (J. Amer. ceram. Soc. **43.** 20—24. 1/10. 1960. Argonne, Ill., Argonne Nat. Labor.) (Engl.)

Es wird die Herst. von festen Lsgg. durch Sintern von U_3O_8–ThO_2 zwischen 1000 u. 1250° u. die Feststellung des Geh. an O_2 beschrieben. Um hohe Dichten zu erreichen, war eine Behandlung über 1250° hinaus nötig. Bei Zusatz von U- u. Th-Nitrat-Mischungen bildete sich die feste Lsg. erst bei 1450°. Als Kriterium der Stabilität der festen Lsg. wird die Änderung des O_2–U-Verhältnisses bei Erhitzung u. Wiederabkühlung verwandt, wobei sich eine Mischung von 70,4 Mol-% UO_2 u. 30,5 Mol-% ThO_2 als günstigste erwies. L. KÜHNERT. 6220□

Anwendungsmöglichkeiten der magnetischen Kernresonanz in der Zement- und Beton-Forschung. Paul Seligmann. (J. PCA Res. Development Lab. **2.** Nr. 3. 20—31. Sept. 1960. Portland Cement Assoc., Res. and Dev. Labor., Appl. Res. Sect.) (Engl.)

Nach einer Beschreibung des Prinzips der Meßmeth. werden am Beispiel der Unterss. des W. im Beton u. seiner Bindungsart die Meth. u. die theoret. Grundlagen eingehend erörtert. H. VÖLZ. 6222□

Matrizen-Algebra zur Berechnung mehrkomponentiger Mischungen. Fred Ordway. (J. PCA Res. Development Lab. **2.** Nr. 1. 28—36. Jan. 1960. Nat. Bur. of Stand.) (Engl.)

Vf. gibt eine einfache Einführung in die Matrizen-Algebra u. wendet sie bei einem Beispiel aus der Zementchemie an. — 19 Literaturangaben. H. VÖLZ. 6222□

Problem der Außenwandverkleidung unter besonderer Berücksichtigung der Verwendung von Betonwerkstein. W. Schaupp. (Betonstein-Ztg. **27.** 487—96. Okt. 1961. München, Akad. der bildenden Künste.) (Dt.)

Infolge der vielfach auftretenden Schwierigkeiten u. auftretenden bauphysikal. Probleme bei der Gestaltung von Außenwänden sollten auf den Baustellen nur noch trockene Fertigteile montiert werden. Bes. wird auf die Wärmedämmung an Wänden mit Fassadenputz oder Verkleidungen im Zusammenhang mit einer großformatigen Plattenbauweise eingegangen. Vf. kommt zu dem Ergebnis, daß die Großserienfertigung auf tragende Bauteile u. Installationszellen beschränkt werden sollte, Bauteile für die Wärmedämmung jedoch nachträglich außenseitig aufzukleben bzw. aufzuspritzen sind u. eine leichte Plattenverkleidung „schindelförmig", evtl. auf Lattung, über das ganze Gebäude hinwegzuziehen ist. H. SCHUMANN. 6224□

Untersuchung über den Einfluß der Lage der Würfelproben in der Presse auf die Werte ihrer Druckfestigkeit. Adrián Margarit Durán. (Rev. Ci. apl. **13.** 141—46. März/April 1959. Barcelona, Inst. de Invest. técn., Secc. de Cementos y Hormigones.) (Span.)

Bei der Unters. der Druckfestigkeit von Stampfbeton (Rüttelbeton) ergeben sich kleinere Werte, wenn der Druck auf die gepreßten Flächen einwirkt. Man muß daher bei Angabe der Druckfestigkeit berücksichtigen, ob der Druck in der Stampfrichtung oder senkrecht dazu angewandt worden ist. Auch die Zementdosierung führt zu Änderungen der Druckfestigkeit. R. K. MÜLLER. 6224□

Frostwirkung in Natur und Technik. Heinrich Pfeifer. (Betonstein-Ztg. **27.** 497—501. Okt. 1961. Köln/Rh.) (Dt.)

Für die Frostfestigkeit eines Baustoffes ist vorwiegend das Capillargefüge entscheidend. Die Verw. lehmhaltiger Zuschlagstoffe, Fettkalk u. Schmiersand, ist nicht empfehlenswert. Eine örtliche Entmischung des Betons durch zu hohen Wasser-Zementfaktor oder zu groß bemessenen Sand-Geh. muß verhindert u. durch Zusatz von Mineralkörnern mit Eigenporösität $>50\,\mu$ gebremst werden. Der hieraus resultierende Zuschlag von Ziegelmehl bewirkt wahrscheinlich eine Überführung koll. Bestandteile in irreversible Koll., die wieder andere Koll. adsorbieren. Damit wird die Oberfläche aufgerauht u. der Entmischung entgegengetreten. Die Schnellprüfung auf Naßfrostschäden als Ursachen für „Tausalzschäden" ist umstritten, wird jedoch in verschiedenen Formen angewandt u. vom Vf. eingehend erläutert. H. SCHUMANN. 6224□

Über Betonmischwasser und seinen erforderlichen Reinheitsgrad. Harold H. Steinour. (J. PCA Res. Development Lab. **2.** Nr. 3. 32—51. Sept. 1960. Portland Cement Assoc., Res. and Dev. Labor.) (Engl.)

Vf. erörtert ausführlich die Probleme, die bei der Verw. von W. entstehen, das je nach Herkunft verschiedene Mengen an gelösten oder ungelösten Verunreinigungen enthält. Die Einfll. der Verunreinigungen (Tabelle) auf die Beton-Eigg. werden beschrieben. — 66 Literaturangaben. H. VÖLZ. 6224□

Einfluß hoher Temperaturen auf Beton. Bohumil Kočí. (Inž. Stavby **7.** 448—53. 1959.) (Tschech.)

Bei steigender Temp. nimmt die Druckfestigkeit von Beton ab, bleibt aber von ca. 850° an annähernd konst.; ähnlich verhält sich der Elastizitätsmodul. Bei der Zugfestigkeit von Beton setzt sich die Abnahme mindestens bis 1000° fort. Beton mit Schamottezusatz erreicht ein Maximum der therm. Ausdehnungs-Koeff. zwischen 620 u. 850°, bei 850—950° wird der Wert negativ, erreicht aber bei 950—1000° wieder einen kleinen positiven Wert; die Wärmeleitfähigkeit nimmt hier mit steigender Temp. etwas ab. Vf. erörtert die Möglichkeiten der Herst. hitzefester Betone aus einheim. Materialien. — 18 Literaturhinweise. R. K. MÜLLER. 6224□

Über die Haltbarkeit und Volumenänderung von Beton zur Herstellung vorgespannter Bauelemente. Paul Klieger. (J. PCA Res. Development Lab. **2.** Nr. 3. 2—12. Sept. 1960. Portland Cement Assoc., Res. and Dev. Labor., Field Res. Sect.) (Engl.)

Es wurden Labor.-Verss. durchgeführt zur Feststellung der Widerstandsfähigkeit gegen Gefrieren, Tauen u. Enteisung mittels $CaCl_2$, sowie des Schwundes beim Trocknen u. des Kriechens bei Dauerbelastung. Luft-Geh. erhöht die Widerstandsfähigkeit, während sie durch den Zusatz von $CaCl_2$ als Beschleuniger abnimmt. Durch Erwärmen (zwecks Früherhärtung) wird die Haltbarkeit nicht verringert; der Trocknungsschwund u. das Kriechen unter Spannung ist geringer als bei Beton, der bei Normaltemp. behandelt wurde. Magerer Beton (W/Z-Faktor hoch) zeigt höheren Schwund u. stärkeres Kriechen als solcher mit niedrigem W/Z-Faktor. H. VÖLZ. 6224□

Volumenkontraktion von Beton. Myron A. Swayze. (ASTM Bull. **1.** Nr. 9. 700—10. Sept. 1961. Hudson, N.Y., Lone Star Cement Corp.) (Engl.)

Unterss. von 56 Zementen in Form reiner Pasten, sowie Mörtel im Verhältnis Zement: Sand = 1 : 2 u. Beton entsprechend der ASTM (C 157) ergaben innerhalb eines Jahres im Gegensatz zu Beton für Mörtel u. Pasten stärkere Schrumpfungen. Das Vol. der hydratisierten Prodd. ist geringer als das der unhydratisierten Zemente u. W., was einerseits durch Adsorption an Oberflächenteilchen hervorgerufen wird, anderseits reaktionsbedingt ist. Der Einfl. der Luftfeuchtigkeit, Größe des Oberflächen-Vol., Eigg. alkaliarmer Zemente, sowie die Vers.-Durchführung werden behandelt.

H. SCHUMANN. 6224□

Volumenänderung von Beton durch bestimmte Zuschlagstoffe. Harold Roper. (J. PCA Res. Development Lab. **2.** Nr. 3. 13—19. Sept. 1960. Portland Cement Assoc., Res. and Dev. Labor., Appl. Res. Sect.) (Engl.)

In Südafrika wurde festgestellt, daß einheim. Zuschlagstoffe zu einer schnellen Verschlechterung des Betons führt. Bei Verss. wurde gefunden, daß bei zunehmenden Anteilen von Sandstein u. Schiefer im natürlichen Sand der Schwund des Mörtels zunimmt. Bei Trocknung bei 21° tritt mehr Schwund auf als bei einer Trocknung im Ofen, bei Trocknung über $CaCl_2$ ergibt sich ein Schwund, der in linearer Beziehung zu solchem bei Ofentrocknung steht. Weiter ergibt sich eine Beziehung zwischen Schwung u. Expansion (durch Eintauchen in W.). H. VÖLZ. 6224□

Der Einfluß des umgebenden Mediums auf die Eigenschaften von Glasfasern. M. S. Aslanowa. (Silikattechnik **12.** 528—31. Dez. 1961. Moskau, Glasfaser-Inst.) (Dt.)

Nicht nur rein chem. Vorgänge verändern die physikal.-chem. Eigg. von Glasfasern, sondern auch adsorptionsakt. Mittel beeinflussen das mechan. u. elektr. Verhalten. Die Hydrophobisierung der Glasfaseroberfläche mit siliciumorgan. Stoffen verbessert die mechan. Eigg., den elektr. Widerstand u. die Adhäsion von Polymeren an Glasfasern.

N. PETERS. 6234□

Die Herstellung von Schlackenwolle und ihre Perspektive. Joachim Günther und Wolfgang Grunewald. (Silikattechnik **12.** 518—21. Dez. 1961. Unterwellenborn, Forsch.-Inst. für Roheisenerzeugung.) (Dt.)

Nach Angaben über die chem. u. physikal. Beschaffenheit der zu verblasenden Schlacken wird auf die Verblaseeinrichtung u. ihre beste wirtschaftliche Ausnutzung eingegangen. Die Weiterverarbeitung u. die Produktion von Halbzeugen kann mit Hilfe von Kunstharzbindemitteln oder durch Herst. eines Schlackenwollfilzes erfolgen. Es wird der Aufbau von drei zentralen Schlackenwollerzeugungsanlagen empfohlen.

N. PETERS. 6234□

Mario Pirtoli, Giuggianello, Lecce, Italien, **Baumaterial.** Man vermischt Zement mit Weintraubenstengeln, die man vorher mit Zementwasser oder Kalkmilch einweicht. Mit diesem Zusatz angemachter Zementmörtel ergibt Bauteile von besonderer Leichtigkeit, guter Isolierfähigkeit u. hoher Temp.-Beständigkeit. (**It. P. 524845** vom 1/3. 1954.)

K. KOEBKE. 6229

Henkel & Cie. G. m. b. H., Deutschland, übert. von: **Deutsche Gold- und Silber-Scheideanstalt vormals Roessler**, *Herstellen keramischer Massen.* (**F. P. 1 184 663** vom 13/8. 1957, ausg. 24/7. 1959. D. Prior. 16/8. 1956. — C. **1961.** 6281 [E. P. 824 143].)

Carborundum Co., V.St.A. (Erfinder: **Karl Henry Sandmeyer**), *Herstellung hochfeuerfester Körper durch Gießen.* (**F. P. 1 185 020** vom 22/10. 1957, ausg. 29/7. 1959. A. Prior. 16/11. 1956. — C. **1961.** 17714 [A. P. 2 911 313].)

Corn Products Refining Co., New York, N.Y., übert. von: **Charles J. Gogek**, Brookfield, Ill., V.St.A., *Herstellung von feuerfesten Isolierblöcken.* (**Can. P. 554 147** vom 9/8. 1955, ausg. 11/3. 1958. A. Prior. 23/5. 1955. — C. **1958.** 13611 [D. A. S. 1 023 389].)

Corn Products Co., New York, N.Y., V.St.A., *Feuerfester isolierender Block.* (**Holl. P. 99 026** vom 20/8. 1955, ausg. 15/9. 1961. A. Prior. 23/5. 1955. — C. **1958.** 13611 [D. A. S. 1 023 389].)

Egyesült Izzólámpa és Villamossági R. T. (Erfinder: **Andreas Hegedüs** und **Tivadar Millner**), Budapest, Ungarn, *Herstellung von Aluminiumoxid-Erzeugnissen.* (**Ung. P. 143 648** vom 10/10. 1953, ausg. 1/8. 1957. — C. **1960.** 15876 [D. A. S. 1 071 566] u. C. **1961.** 10334 [F. P. 1 115 587].)

G. & W. H. Corson, Inc., V.St.A., *Stabilisierte Bodenmischung für den Straßenbau.* (**F. P. 1 190 654** vom 29/11. 1957, ausg. 14/10. 1959. — C. **1962.** 1760 [E. P. 849 234].)

P. F. Konowalow u. a., Die physikalisch-mechanischen und physikalisch-chemischen Untersuchungen des Zementes. Methoden und Apparaturen. Moskau: Gosstroiisdat. 1960. 1 Rbl. 13 Kop. [Russ.]

P. N. Ssokolow, Die Technologie der Asbozementerzeugnisse. 3. überarb. u. vervollst. Ausg. Moskau: Gosstroiisdat. 1960. 1 Rbl. 01 Kop. [Russ.]

VII. Agrikulturchemie. Schädlingsbekämpfung

Beitrag zur agropedologischen Kenntnis tropischer Solonetz-Grauerden der Accra-Ebenen, Ghana. F. Hagenzieker. (Netherl. J. agric. Sci. **9.** 249—61. Nov. 1961. Kade, Univ. of Ghana, Agric. Res. Stat.) (Engl.)

Ergebnisse von Düngungs-Verss. mit Ammoniumsulfat, Superphosphat, Kaliumsulfat.

J. LEHMBERG. 6304□

Gewinne und Verluste an Mineralstoffen in einem bewässerten Boden während eines 20 Jahre dauernden Lysimeterversuchs. P. F. Pratt und H. D. Chapman. (Hilgardia **30.** 445—67. März 1961. Riverside, Univ. of California.) (Engl.)

In einem 20jährigen Lysimeter-Vers. wurden bei einem Lehmboden die *N*-Gewinne u. N-Verluste unter dem Einfl. verschiedener Winterkulturen u. Düngungsmaßnahmen untersucht. Weiter wurden die Gewinne u. Verluste des Bodens an *Ca, Mg, Na, K, Cl, S* u. *P* verfolgt.

M. WINIKER. 6304□

Der Einfluß des Salzgehaltes im Bewässerungswasser und des Grundwasserstandes auf Wachstum und mineralische Zusammensetzung junger Pampelmusenbäume. George A. Pearson, J. A. Goss und H. E. Hayward. (Proc. Amer. Soc. horticult. Sci. **69.** 197—203. Juni 1957. Riverside, Calif., U. S. Salinity Labor.) (Engl.)

In mit Lehmboden gefüllten Lysimetern wurde der Einfl. des Salz-Geh. im Beregnungsfaktor (NaCl bzw. NaCl + CaCl) u. des Grundwasserstandes auf Wachstum u. Mineralstoff-Geh. junger Pampelmusenbäume untersucht. Die Leitfähigkeit des gesätt. Bodenextraktes stieg mit dem Salz-Geh. des Bewässerungswassers an, u. wurde bei Vorhandensein von Grundwasser noch erhöht. Das Wachstum, gemessen an Frischgew. u. Stammdurchmesser, wurde mit zunehmendem Salz-Geh. verschlechtert. Bei einer Leitfähigkeit von ca. 4 mmhos war das Wachstum im Vgl. zur Kontrolle etwa um 50% vermindert. Die Na- u. Cl-Geh. der Blätter wurden stark erhöht u. erreichten die für die Wachstumsdepression verantwortlichen tox. Konzentrationen. Im Vgl. zu den Blättern war die Na- u. Cl-Akkumulation in den Wurzeln geringer.

WILFRIED WERNER. 6304□

Die Wirkungen von Bewässerung und Düngung auf Ertrag, Schwarzherzigkeit und Nährstoffaufnahme von Sellerie. Glenn H. Cannell, K. B. Tyler und C. W. Asbell. (Proc. Amer. Soc. horticult. Sci. **74.** 539—45. Dez. 1959. Riverside, Calif., Univ. of Calif., Citrus Exp. Stat.) (Engl.)

Auf einem sandigen Lehmboden wurde zu Sellerie ein faktorieller Feld-Vers. mit 3 Bewässerungs- (bewässert bei einem Saugdruck des Bodens von 0,2—0,8—5,0 bar) u. 3 Düngungsstufen [1—2—4 tons/acre eines NPK-Düngers (10—10—10)] durchgeführt. Die Erträge nahmen mit zunehmender Bodenfeuchtigkeit zu, die Häufigkeit der Schwarzherzigkeit nahm ab. Der Geh. der Blätter an Ca, Mg, N u. Mn nahm bei Trockenheit zu, an P, Mo u. B wurde geringer. Zunehmende Düngergaben erhöhten den Ertrag (bis zur mittleren N-Gabe) u. den Geh. der Blätter an Mg, P, N u. Mn. Dagegen fielen die Geh. an Na, K, B, Mo u. Zn deutlich ab. Zwischen dem Feuchtegrad des Bodens u. dem Düngungsniveau bestand keine Korrelation. WILFRIED WERNER. 6304 □

Langjährige Versuche über die Düngung von Roggen. Marian Górski und Stanisław Mercik. (Postępy Nauk Rolniczych **8** (**13**). Nr. 4. 17—27. Juli/Aug. 1961. Warszawa, SGGW, Kat. Chem. roln.) (Pol.)

Aus fast 40jährigen Düngungserfahrungen bei Roggen auf Böden des Bielice-Typs in Mittelpolen folgern Vff., daß der Ertrag am stärksten durch N-Düngung erhöht wird: 1 kg N hat im Mittel die 5fache Wrkg. von 1 kg P_2O_5 u. die 10fache von 1 kg K_2O. Der Effekt der N-Düngung ist bei Roggen, der 1 Jahr nach Leguminosen angebaut wird, gering. Mehrjähriges Auslassen der P- u. K-Düngung beeinflußt den Ertrag nur wenig, da Roggen anscheinend die Fähigkeit besitzt, genügend P u. K aus dem Boden zu assimilieren. Bei voller Mineraldüngung wird eine günstige Wrkg. von CaO auf den Ertrag beobachtet. F. URBAN. 6304 □

Mangelerscheinungen und Wachstumsunterschiede bei Pappelschößlingen bezüglich der Hauptnährstoffelemente. H. Liekens. (Agricultura [Louvain] [2] **8**. 663—87. Dez. 1960.) (Fläm.)

Vf. untersucht in Düngungs-Vers. optimale Wuchsbedingungen u. Mangelerscheinungen an Pappelschößlingen der Sorten Robusta (a), Gelrica (b) u. Serotina erecta (c) in Sandkulturen mit Nährlsgg. bzgl. der Elemente P, N, K, Ca u. Mg. Biometr. Messungen zeigen, daß die Zufuhr an N u. P für das Wachstum am notwendigsten ist, Mg dagegen nur eine untergeordnete Rolle spielt. a zeigt die langsamste Entw., b den höchsten Bedarf an K, c dagegen an Ca. Zu hohe Nährstoffzufuhr führte in einzelnen Fällen zu verringertem Schößlingswachstum. Die Symptome der einzelnen Mangelerscheinungen werden beschrieben. G. KIRSTEN. 6304 □

Harnstoff-Formaldehyd als Stickstoffquelle für Zinnien. Walter J. Kender und Norman F. Childers. (Proc. Amer. Soc. horticult. Sci. **74**. 686—91. Dez. 1959. New Brunswick, New Jersey State Univ., Agric. Exp. Stat., Dep. of Hort.) (Engl.)

Auf einem leichten Sandboden wurde der Einfl. von *Harnstoff* (I) u. *Harnstoff-Formaldehyd* (**II**) jeweils allein u. in verschiedenen Kombinationen auf Wachstum u. Blüten-Bldg. von Zinnien untersucht. Mit zunehmendem Anteil von **I** in der Gesamt-N-Gabe wurden Wachstum u. Blüten-Bldg. verbessert, der Blütendurchmesser jedoch nicht beeinflußt. Bei **I** als einziger N-Quelle wurde im Vgl. zu **II** als N-Form das Frisch- u. Trockengew. u. die Zahl der Blüten etwa verdoppelt, die Blüten-Bldg. zudem deutlich beschleunigt. Nach diesen Ergebnissen ist **II** in den angewandten Mengen u. unter den sonstigen Vers.-Bedingungen zu langsam verfügbar, um bei Zinnien ein optimales Wachstum zu ermöglichen. WILFRIED WERNER. 6304 □

Verflüchtigung von Ammoniak aus kalkreichen Böden. J. J. Lehr und J. Ch. van Wesemael. (Landbouwkund. Tijdschr. **73**. 1156—68. 2/12. 1961. Wageningen, Labor. voor Bunestingsonderz.) (Holl.)

Unterss. über die Verflüchtigung von NH_3 aus $CaCO_3$-reichen, mit $(NH_4)_2SO_4$ oder NH_4NO_3 gedüngten Böden zeigen, daß die Verluste mehr mit dem $CaCO_3$-Geh. als dem pH der Böden in Beziehung stehen. Schon wenige % $CaCO_3$ verursachen beträchtliche Verluste; bei $>$25% $CaCO_3$ verläuft die Kurve asymptotisch. Die bei 20 u. 40° ausgeführten Unterss. zeigen als mittleren Temp.-Faktor bei einem Temp.-Unterschied von 20° den Wert 3,5. $(NH_4)_2SO_4$ ruft stärkere Verflüchtigung als NH_4NO_3 hervor, bes. bei niedrigen $CaCO_3$-Gehalten. $CaCO_3$-freie Böden (pH = 7) zeigen fast keine Verflüchtigung. W. WESLY. 6304 □

Der Einfluß zunehmender Mengen von Ammoniumsulfat und organischer Substanz auf den Stickstoffverlust. M. M. Rai. (An. Edafol. Fisiol. vegetal **18**. 693—99. Nov. 1959.) (Span.)

Mit zunehmender Zufuhr von $(NH_4)_2SO_4$ zum Boden nimmt dessen N-Verlust zu. Bei gleichzeitiger Zufuhr von Kuhdung werden diese Verluste geringer.

R. K. MÜLLER. 6304 □

Über den Einfluß von im Boden gerottetem Stroh auf das Wachstum und die Nährstoffaufnahme von Roggenkeimpflanzen. W. Flaig und E. Saalbach. (Z. Pflanzenernähr., Düng., Bodenkunde **87** (**132**). 229—35. Dez. 1959. Braunschweig-Völkenrode, Forschungsanst. für Landwirtschaft, Inst. für Biochem. des Bodens.) (Dt.)

Ein Schwarzerde- u. ein Sandboden wurden ohne bzw. mit Strohzusatz 20 Tage bei 28° bebrütet. Nach dieser Rottedauer wurden die Böden im NEUBAUER-Vers. mit Roggen bepflanzt, der nach 14 Tagen geerntet u. analysiert wurde. Durch den Strohzusatz wurden das Sproß- u. Wurzeltrockengew. der Keimpflanzen sowie ihr Geh. an P, K u. Ca erhöht. Bei gleichbleibender N-Aufnahme war der N-Geh. der Pflanzen bei Strohzusatzfolge der höheren Substanzproduktion etwas verringert. Der Geh. des Bodens an lactatlösl. K u. P wurde durch den Strohzusatz erhöht. Es wird angenommen, daß die gesteigerte Trockensubstanz-Bldg. einmal auf die verbesserte Nährstoffversorgung, zum anderen aber auch auf die bei der Strohrotte entstehenden physiolog. wirksamen Stoffe zurückzuführen ist. WILFRIED WERNER. 6304□

Über Wert und Unwert von Klärschlamm und Müllkompost. E. Knickmann. (Wein-Wiss. **15**. 67—74. April 1960. Beilage zu: Dtsch. Weinbau. Geisenheim, Rhg., Hess. Lehr- u. Forschungsanst. für Wein-, Obst- u. Gartenbau, Inst. für Bodenkunde u. Pflanzenernährung) (Dt.)

Allg. Betrachtungen bzgl. der Möglichkeit eines Einsatzes von *Klärschlamm* u. *Müllkompost* als Bodenverbesserungsmittel. — 16 Literaturangaben. M. WINIKER. 6304□

Abhängigkeit der Herbicid-Wirkung auf Bodenmikroorganismen von Nährsubstrat. Käthe Voderberg. (Nachrichtenbl. dtsch. Pflanzenschutzdienst [Berlin] [N. F.] **15 (41)**. 21—23. Febr. 1961. Berlin, Humboldt-Univ., Inst. für Botanik.) (Dt.)

Labor.-Verss. mit *Leuna-M*, *Spritz-Hormit*, *Hedolit* (I), *Propham* (II, *IPC*-Mittel), *Telvar-W*, *Omnidel-Spezial*, *Omnidel* u. *Simazin* ergaben: Der Einfl. sämtlicher Mittel auf Bodenbakterien u. -streptomyceten ist selbst in Konzz., die weit über den nach praxisüblicher Herbicidanwendung in der Boden-Lsg. vorhandenen liegen, äußerst gering. Lediglich II erwies sich in der sehr hohen Konz. von 200 ppm als stärker hemmend. Das Pilzwachstum wurde hingegen durch die Herbicide stärker beeinflußt. I u. II hemmten das Mycelwachstum völlig. Diese hemmende Wrkg. läßt aber mit abnehmender Konz. nach. Außerdem ist gerade von diesen Herbiciden bekannt, daß ihr hemmender Einfl. schnell abklingt u. sogar in einen stimulierenden umschlagen kann. Die Wrkg. der Herbicide auf Pilze ist in starkem Maße vom Nährsubstrat abhängig. M. WINIKER. 6312□

Die Abhängigkeit der Herbicidwirkung auf das Wurzelwachstum verschiedener Pflanzen von äußeren Faktoren. Käthe Voderberg. (Nachrichtenbl. dtsch. Pflanzenschutzdienst [Berlin] [N. F.] **15(41)**. 68—70. April 1961. Berlin, Humboldt-Univ., Inst. für Botanik.) (Dt.)

In Labor.-Verss. hatten *Leuna-M* (*Na-Salz* der *MCPA*), das *Na-Salz* der *MCPB*, das *Na-Salz* der *2.4-DB*, *Omnidel-Spezial* (*Dalapon*), *Omnidel* (*Na-Salz* der *α.α.β-Trichlorpropionsäure*) u. *Telvar-W* (*Monuron*) die stärkste herbicide Wrkg. bei 27° in gut feuchten, aber nicht nassen Böden, bei guter Nährstoffversorgung des Substrats sowie in Böden mit geringer Adsorptionskraft. M. WINIKER. 6312□

Der Hohlsame (Bifora radians MB.), ein neu eingebürgertes Ackerunkraut und erste Versuche zu seiner Bekämpfung. S. Rauschert. (Dtsch. Landwirtsch. **12**. 86—88. Febr. 1961. Jena, Univ., Inst. für Acker- u. Pflanzenbau.) (Dt.)

Bei Verss. zur Bekämpfung von Bifora radians MB. mit *Hedolit* (I), *Spritz-Hormit* sowie *Leuna-M* hatte nur I eine gewisse Wirksamkeit. M. WINIKER. 6312□

Erfahrungen mit dem Unkrautbekämpfungsmittel W-6658 im Jahre 1960. W. Kramer. (Dtsch. Landwirtsch. **12**. 83—86. Febr. 1961. VEB Farbenfabrik Wolfen, Chem.-Biolog. Inst.) (Dt.)

W-6658 erwies sich bei Silomais sowie einer großen Anzahl anderer landwirtschaftlicher sowie gärtner. u. forstwirtschaftlicher Kulturpflanzen als wirksam.
M. WINIKER. 6312□

Untersuchungen über die Anwendung chlorierter Propionsäuren zur Vernichtung unerwünschten Pflanzenwuchses. H. Kurth. (Nachrichtenbl. dtsch. Pflanzenschutzdienst [Berlin] [N. F.] **15 (41)**. 3—7. Jan. 1961.) (Dt.)

An Hand der Literatur (26 Hinweise) sowie der Ergebnisse eigener Verss. vermittelt Vf. einen zusammenfassenden Überblick über Anwendung u. Wrkg. von *TCA*, *TCP* u. *Dalapon* (jeweils als *Na-Salz*). M. WINIKER. 6312□

Queckenbekämpfung mit Na-TCA (3 Ef) in mehrjährigen Korbweiden. H. Krüger. (Nachrichtenbl. dtsch. Pflanzenschutzdienst [Berlin] [N. F.] **15 (41)**. 7—11. Jan. 1961.) (Dt.)

Erfahrungsbericht. M. WINIKER. 6312□

Einige Reaktionen von Apfel- und Birnensämlingen auf Gibberellin. Lloyd E. Powell, J. C. Cain und R. C. Lamb. (Proc. Amer. Soc. horticult. Sci. **74**. 82—86. Dez. 1959. Geneva, N.Y., Cornell Univ., New York Agric. Exp. Stat.) (Engl.)

In Gewächshaus-Verss. wurden Apfelsämlinge mit *Gibberellin* (I)-Lsg. steigender Konz. (1, 10, 100, 100 ppm) in Intervallen von $^1/_2$, 1, 2, 4 u. 16 Wochen besprüht, so daß die Zahl der Behandlungen in Abhängigkeit von Intervall zwischen 33 u. 4 schwankte. Nur bei der höchsten Konz. u. dem kürzesten Zwischenraum ($^1/_2$ u. 1 Woche) konnten bei Apfelsämlingen meßbare Unterschiede im Vgl. zu den Kontrollen festgestellt werden: Größeres Längenwachstum, höhere Zahl der akt. Vegetationspunkte, größere Blattzahl, kleinere Blätter, kleineres Verhältnis Wurzel/oberird. Masse. Es bestanden jedoch keine signifikanten Unterschiede im Trockengewicht. — Im Gegensatz zu Apfelsämlingen reagierten Birnensämlinge auf Behandlungen mit 100, 300 u. 1000 ppm I mit einer Hemmung des Längenwachstums. WILFRIED WERNER. 6312 □

Das Ansprechen einjähriger Kirsch- sowie ausgewachsener, tragender Kirsch-, Pfirsich- und Apfelbäume auf Gibberellin. J. Hull jun. und L. N. Lewis. (Proc. Amer. Soc. horticult. Sci. **74.** 93—100. Dez. 1959. East Lansing, Michigan State Univ., Dep. of Hortic.) (Engl.)

Einjährige, im Gewächshaus in Gefäßen angezogene Kirschbäume (Sate Montmorency) wurden nach Entw. ihrer Terminalknospen mit 100, 500 oder 1000 ppm *Gibberellin* (I) besprüht. Sowohl Terminal- als auch Lateralknospen trieben unmittelbar neu aus. Frisch- u. Trockengew. der Sprosse nahmen mit steigender I-Konz. zu, das Wurzelgew. blieb unbeeinflußt. Eine nochmalige I-Behandlung nach erneuter Bldg. von Terminalknospen führte zu einem schwachen, bald absterbenden Austrieb. — Ertragsfähige Kirsch-, Pfirsich- u. Apfelbäume wurden zur Vollblüte mit 10 bzw. 100 ppm I u. nach der Blüte mit 100 ppm I gesprüht. Behandlungen zur Vollblüte zeitigten keine Wrkg. auf Blüten- u. Fruchtbesatz im Folgejahr; Spritzungen nach der Vollblüte bewirkten bei Kirschen eine teilweise, bei Pfirsichen eine vollständige Hemmung des Blütenansatzes im Folgejahr. Bei Äpfeln hatte I keine Wirkung.

WILFRIED WERNER. 6312 □

Der Einfluß einiger Faktoren auf die Absorption von Naphthylessigsäure und Naphthylacetamid durch Apfelblätter. L. J. Edgerton und C. W. Haeseler. (Proc. Amer. Soc. horticult. Sci. **74.** 54—60. Dez. 1959. Ithaca, N.Y., Cornell Univ.) (Engl.)

Im Hinblick auf die Brauchbarkeit synthet. Wuchsstoffe zum Fruchtausdünnen u. zur Bekämpfung des Vorerntefruchtabfalls führen Vf. mit Hilfe mittels ^{14}C, markierter *Naphthylessigsäure* (I) u. *Naphthylactamid* (II) Unterss. über den Einfl. klimat. Faktoren (Licht, Temp.) u. von Benetzungsmitteln auf die Absorption dieser Wuchsstoffe durch Apfelblätter durch. Die absorbierte I- u. II-Menge wurde als Differenz des nach einer bestimmten Zeit noch auf der Blattoberfläche vorhandenen I- u. II-Anteils gemessen. Die Absorption wurde durch hohe Lichtintensität merklich verlangsamt. Bei niedriger Temp. wurde die Absorption gehemmt, u. zwar im Falle von II mehr als von I. Bei erhöhten Temp. wurden I u. II gleichermaßen schnell aufgenommen. Durch Benetzungsmittelzusatz zur Sprühlsg. wurde die Aufnahme von I u. II beschleunigt. Es bestanden sortentyp. Unterschiede in der Wuchsstoffaufnahme durch Apfelblätter.

WILFRIED WERNER. 6312 □

Die Austriebsverzögerung bei der Rebe durch eine Behandlung mit α-Naphthylessigsäure und die (Spät)frostbekämpfung. J. Nigond. (C. R. hebd. Séances Acad. Agric. France **46.** 452—57. April 1960. Montpellier, I.N.R.A., Stat. de Bioclimatologie Agricole.) (Franz.)

Vortrag. Vf. berichtet über erfolgreiche Verss. zur Austriebsverzögerung von Reben mittels *α-Naphthylessigsäure*-Lsgg. (0,75 u. 1,0‰). Die erzielten Austriebsverzögerungen reichten aus, um (unter den klimat. Bedingungen Südfrankreichs) die Gefahr einer Schädigung der Reben durch Spätfröste weitgehend zu vermindern. M. WINIKER. 6312 □

Hinweise zur Abwehr von Verticillium lecanii als Parasit an Passerinia fragaefolii in Gewächshauskulturen. Herbert Kroczal. (Nachrichtenbl. dtsch. Pflanzenschutzdienstes [Braunschweig] **12.** 92—93. Juni 1960. Heidelberg, Biolog. Bundesanst., Inst. für Obstkrankheiten.) (Dt.)

Bei Gewächshauskulturen von Passerinia fragaefolii auf Potentilla anserina trat ein starker Befall durch Verticillium lecanii auf, zu dessen Bekämpfung die Fungicide *Aaventa, Fuclasin ultra, Kumulus, Solbar, Thiovit, B 500, Vitigran conc., Pomarsol* u. *Karathane* eingesetzt wurden. Die 4 letztgenannten Mittel erwiesen sich als sehr gut wirksam.

M. WINIKER. 6312 □

Versuche zur Bekämpfung des wurzelparasitischen Nematoden Pratylenchus penetrans mit chemischen Mitteln. H. Decker. (Nachrichtenbl. dtsch. Pflanzenschutzdienst [Berlin] [N. F.] **15(41).** 61—64. April 1961. Rostock, Univ., Inst. für Phytopathologie u. Pflanzenschutz.) (Dt.)

Bei Verss. zur Bekämpfung von Pratylenchus penetrans erwiesen sich Mittel auf Basis *Natrium-N-methyldithiocarbamat* oder *3.5-Dimethyltetrahydro-1.3.5-thiadiazin-thion-(2)* als hochwirksam. M. WINIKER. 6312□

Über den Einfluß von Aldrin auf Bodenbakterien. Arne Jönsson und Gösta Fahraeus. (Kungl. Lantbrukshögskolans Ann. **26.** 323—32. 1960.) (Engl.)

In Gefäß-Verss. mit Sommerweizen konnte keine Beeinflussung der Bodenbakterien durch *Aldrin* festgestellt werden. Die Bedeutung dieses Befundes für die Praxis wird diskutiert. — 14 Literaturangaben. M. WINIKER. 6312□

Spritzungen gegen Feldmäuse (Microtus arvalis Pallas) und ihre Auswirkungen auf die Grünlandfauna. Bernhard Lange und Reinder Sol. (Nachrichtenbl. dtsch. Pflanzenschutzdienstes [Braunschweig] **12.** 161—67. Nov. 1960. Oldenburg, Pflanzenschutzamt.) (Dt.)

Bei Spritzungen gegen Feldmäuse [*Endrin* (I) + *Aldrin*, I + *Toxaphen*, eine *organ. P-Verb.*] wurden auf Grünland keine nennenswerten Schädigungen des Gesamtgefüges der Bodenoberflächenfauna beobachtet. M. WINIKER. 6312□

Einflüsse auf die Flüchtigkeit von Insekticidrückständen im Boden. C. R. Harris und E. P. Lichtenstein. (J. econ. Entomol. **54.** 1038—45. Okt. 1961. Madison, Wis., Univ. of Wisconsin.) (Engl.)

In Labor.- u. Freiland-Verss. wurde gefunden, daß vom Boden für Drosophila melanogaster Meigen u. Musca domestica L. giftige Dämpfe abgegeben wurden von *Aldrin* (I), *Heptachlor*, *Phorate*, *Lindan*, *Heptachlorepoxyd* u. *Dieldrin* (II), während keine Verdampfung beobachtet wurde von *DDT*, *Sevin*, *Malathion* u. *Parathion*. Die Flüchtigkeit von I stieg an mit seiner Konz. im Boden, der Boden- u. der relativen Luftfeuchtigkeit, der Boden-Temp. u. der Wind-Geschw., sie fiel ab in trockenen Böden mit ansteigendem Geh. an Lehm u. organ. Material, in feuchten Böden mit letzterem. Das Schüttgew. war ohne Einfluß. Im Labor. konnten nach 5—7 Tagen 90—96% I in 3 verschiedenen Böden wiedergefunden werden, nur ein geringer Teil davon war in II umgewandelt. 16—36% des angewandten I verdampften aus dem Boden, zunächst schnell, dann gleichmäßig entsprechend der Bodenart. — 24 Literaturangaben.
FRITZ MÜLLER/Ludwigshafen. 6312□

Giftigkeit einiger Insekticide gegen Honigbienen im Laboratorium. C. A. Johansen. (J. econ. Entomol. **54.** 1008—09. Okt. 1961. Pullman, Wash., Washington State Univ.) (Engl.)

Die DL_{95} für Apis mellifera L. stieg 72 Std. nachdem sie in einer Nebelkammer mit Aceton-Lsgg. behandelt worden waren, folgendermaßen an: *Parathion* < *Phosdrin* < *Dieldrin* (I) < *Guthion* < *Phosphamidon* (im Mittel 0,046%) < *Sevin* < *Phorate* < *Trithion* < *DDT* (0,039%) < *Äthion* < *Phostex* (0,57%). Diese Ergebnisse können nicht ohne weiteres auf Freilandverhältnisse übertragen werden, wo noch die Rückstands-Wrkg. dazukommt: Im Labor. getötete Bienen enthielten 1,0 μg I je Biene, im Freiland 0,5 μg I. FRITZ MÜLLER/Ludwigshafen. 6312□

Beitrag zur Frage der Bienenschädlichkeit des Dichlordiphenyltrichloräthan-Kaltnebelbelages. Fritz Lukoschuss und Ernst Stein. (Nachrichtenbl. dtsch. Pflanzenschutzdienstes [Braunschweig] **12.** 90—92. Juni 1960. Bad Segeberg, Lehr- u. Vers.-Anst. für Bienenzucht; Kiel-Kitzeberg, Biolog. Bundesanst., Inst. für Getreide-, Ölfrucht- u. Futterpflanzenkrankheiten.) (Dt.)

Den Ergebnissen von 2 Freiland-Verss. zufolge scheint es möglich zu sein, *DDT*-Kaltnebel während der Blütezeit des Rapses gegen Kohlschotenmücken einzusetzen, ohne daß Bienenschädigungen eintreten. M. WINIKER. 6312□

Versuche mit konzentrierten DDT-Sprühungen zur Unterdrückung der Europäischen Kiefernschoßmotte in Forstanlagen. William E. Miller und Dean L. Haynes. (J. econ. Entomol. **54.** 1014—18. Okt. 1961. East Lansing, Mich., Lake States Forest Exp. Stat.) (Engl.)

Zur Bekämpfung von Rhyacionia buoliana Schiffermüller wurden 1956—1958 Verss. mit konz. Sprühungen von *DDT* (I) durchgeführt. Die geringste Gabe I, die 90% u. mehr Erfolg hatte, war 10 lbs/acre, die geringste Fl.-Menge 40 (gall./acre). Ölsprühungen im Sommer mit 10 oder mehr hatten Verbrennungen zur Folge.
FRITZ MÜLLER/Ludwigshafen. 6312□

Beitrag zur Biologie und Bekämpfung der stahlblauen Kiefernschonungsgespinstblattwespe (Acantholyda erythrodephala). H. Rumphorst und H. Goossen. (Anz. Schädlingskunde verein. Schädlingsbekämpfung **33.** 149—54. Okt. 1960. Münster i. Westf., Pflanzenschutzamt.) (Dt.)

Als zur Bekämpfung des Schädlings geeignet erwiesen sich *BHC*-Mittel sowie *DDT–BHC*-Kombinationspräparate. M. WINIKER. 6312□

Versuche mit Insekticiden zur Bekämpfung der grünen Pfirsichlaus an Kartoffeln Ralph Schopp, B. J. Landis und G. T. Hagel. (J. econ. Entomol. **54.** 1003—07. Okt. 1961.) (Engl.)

Da Myzus persicae Sulzer gegen *Parathion* (I) eine gewisse Widerstandsfähigkeit entwickelt hatte, wurde seit 1954 in Freiland-Verss. ein anderes Bekämpfungsmittel als Ersatz dafür gesucht. Bes. Sprühungen mit *Thiodan*-Emulsion zeigten sich dem I überlegen, ebenso *Endrin. Diazinon* u. *Phosdrin* hatten eine gute Anfangs-Wrkg., müssen aber öfter angewandt werden. *Demeton, Disyston* u. das nicht mehr hergestellte *Rohm & Haas-C-140* wirkten besser als I, *Dimethoate* war nur kurze Zeit wirksam, *American Cyanamid-18706* etwas länger. *Trithion* u. *Phorate* waren dem I unterlegen, aber immer noch besser als *Malathion, Dicaphthon, Guthion* u. *DDT. Monsanto-CP-10502, Dibrom* u. *Phosphamidon* waren wenig wirkungsvoll, *Bulan, Ronnel, Sevin* u. *Delnav* wirkten ungenügend. FRITZ MÜLLER/Ludwigshafen. 6312 □

Bekämpfung von Läusen an Vieh und Schmarotzern an Geflügel mit General Chemicals-4072. R. A. Hoffman und R. O. Drummond. (J. econ. Entomol. **54.** 1052—53. Okt. 1961. Stoneville Miss., Livestock Insects Investigations.) (Engl.)

Sprühen mit 0,1 oder 0,25%ig. Suspensionen von *General Chemicals-4072* (III) hatte 100%ig. Erfolg gegen Solenoptes capillatus Enderlein. Einmaliges Sprühen mit III tötete Bovicula caprae Gurlt im Anfang gut ab, schützte aber nicht vor Wiederbefall. — Sprühen von Geflügel mit 0,05 oder 0,1%ig. III-Suspensionen hatte gegen Menacanthus stramineus Nitzsch u. Menopon gallinae L. nach 3 Tagen einen 80%ig. Befallsrückgang zur Folge, nach 5—20 Tagen waren alle Tiere befallsfrei. FRITZ MÜLLER/Ludwigshafen. 6312 □

Vierjährige Freilandversuche zur Bekämpfung der Obstbaumspinnmilbe Metatetranychus ulmi Koch (Tetranychidae Acari). E. W. Müller. (Nachrichtenbl. dtsch. Pflanzenschutzdienst [Berlin] [N. F.] **15** (**41**). 34—38. Febr. 1961. Halle/Saale, Zweigstelle der Biolog. Zentralanst. Berlin der DAL.) (Dt.)

Als zur Bekämpfung des Schädlings geeignet erwiesen sich: *Sool* [auf Basis *p-Chlorphenyl-p-chlorbenzolsulfonat* (I)], *BERCEMA-Tetranychan* (auf Basis I), *Akarex* (auf Basis I), *Antimil* [auf Basis *Chlorbenside* (II)], *Tertexol* (auf Basis II, enthält außerdem *DDT* u. *Lindan*), *Bi 58* (*Phosphorsäurebenztriazol*, frühere Bezeichnung: *Tetrumol*), *Tinox* (*Thioglykoldimethylphosphorsäureester*, frühere Bezeichnung: *Cebetox*). M. WINIKER. 6312 □

Zum Auftreten und zur Bekämpfung von Erdbeerschädlingen in Norddeutschland. Heinrich W. K. Müller. (Anz. Schädlingskunde verein. Schädlingsbekämpf. **33.** 99—101. Juli 1960. Hamburg, Pflanzenschutzamt, Staatsinst. für Angew. Botanik.) (Dt.)

Bei Verss. zur Bekämpfung der Erdbeermilbe erwies sich *Folidol-Öl* (I) als fast ebenso wirksam wie *Endrin*, das bisher als sicherstes Bekämpfungsmittel galt. Auch zur Bekämpfung des Erdbeerwicklers ist I gut geeignet. M. WINIKER. 6312 □

Eine neue, Bermudagras befallende Eriophyidenmilbe. Donald M. Tuttle und George D. Butler jun. (J. econ. Entomol. **54.** 836—38. Okt. 1961. Tucson, Ariz., Univ. of Arizona.) (Engl.)

Gegen Aceria neocynodonis Keifer bewährte sich am besten *Diazinon* gesprüht oder *Schwefel* gestäubt. *Malathion* allein oder im Gemisch mit anderen Insekticiden oder Fungiciden wirkte ungenügend, besser mit Netzmittelzusatz. Gekörnt war am besten *Dimethoate.* FRITZ MÜLLER/Ludwigshafen. 6312 □

Chemische Untersuchungen über Lobelia decurrens Cav.-Contungia und Möglichkeiten ihrer Verwendung als Insekticid. Rosa Amelia Ramirez E. (An. Fac. Farmac. Bioquím. **7.** 495—509. 1956.) (Span.)

Angaben über den Alkaloid-, Fett-, Wachs-, Harz-, Gerbstoff-, Gummi-, Glucosid-, Zucker-, Stärke-, Eiweiß-, Farbstoff- u. Säure-Geh. von Lobelia decurrens Cav.-Contungia sowie Angaben über die Herst. von Extrakten, die als Insekticide Verwendung finden können. K. KAPPELLER. 6312 □

Untersuchungen über Bodenalgen. 3. Mitt. **Biologische Bestimmung der Bodenfruchtbarkeit mittels Algen.** Y. T. Tchan. (Plant and Soil [The Hague] **10.** 220—32. März 1959. Sidney, N.S.W., Australia, Univ., Fac. of Agric., Microbiol. Labor.) (Engl.)

Vf. diskutiert die schon bestehenden biolog. Meth. zur Best. der Bodenfruchtbarkeit (Feld-Vers. Keimpflanzen-Meth., mikrobiolog. Test) u. arbeitet ein neues Verf. zur Best. der verfügbaren Bodennährstoffe (bes. N u. P) mittels Algen als Testorganismen aus: 5—10 g Boden werden in 50 ml einer Nährlsg. gebracht, die alle Nährstoffe außer dem zu bestimmenden enthält u. 2—3 Wochen unter einer Batterie von Tageslichtlampen nach Beimpfung mit einer in N-freiem Medium suspendierten Algenkultur inkubiert. Nach der Inkubation werden die Algen abfiltriert u. mit A. extrahiert. Der Chlorophyll-Geh.

des A.-Extraktes ist ein Maß des Algenwachstums, u. durch Vgl. mit den Extrakten der Kontrollkulturen läßt sich der Geh. des zu untersuchenden Bodens an dem gesuchten Nährstoff bestimmen. Der Chlorophyll-Geh. wird photometr. gemessen, kann aber auch visuell abgeschätzt werden. WILFRIED WERNER. 6324 □

Bestimmung des Mn-, Cu-, Zn-, Co- und Mo-Gehaltes von Böden und Pflanzen. Dániel Györi. (Agrokémia és Talajtan [Agrochem. u. Bodenkunde] **10.** 425—34. Sept. 1961.) (Ung.)

Zusammenstellung ausgewählter Meth. zur Anreicherung und Best. von Mikromengen. — 18 Literaturangaben. G. BIDLÓ. 6324

Untersuchungen über die chemische Bodenanalyse als Grundlage für die Beurteilung des Nährstoffzustandes der Böden. 1. Mitt. **Übersicht der früheren Methodik bei der Bodenkartierung sowie über Planung, Umfang und Durchführung der Untersuchungen in Schweden.** Lars Fredriksson und Hans Egnér. (Kungl. Lantbrukshögskolans Ann. **26.** 173—97. 1960.) (Dt.)

51 Literaturangaben. M. WINIKER. 6324 □

Untersuchungen über die chemische Bodenanalyse als Grundlage für die Beurteilung des Nährstoffzustandes der Böden. 2. Mitt. **Chemische Extraktionsmethoden zur Phosphor- und Kaliumbestimmung.** Hans Egnér, H. Riehm und W. R. Domingo. (Kungl. Lantbrukshögskolans Ann. **26.** 199—215. 1960.) (Dt.) — 1. vgl vorst. Referat.

Zur Beurteilung des Nährstoffzustands von Böden werden 2 Extraktions-Meth. beschrieben. Durch die eine Meth. [Extraktion mit „*AL-Lsg.*" = wss. Lsg. von NH_4-Lactat (0,1 m) u. Essigsäure (0,4 m)] werden die leichtlösl. Nährstoffe, u. durch die andere Meth. (Extraktion mit 2 m HCl auf dem Wasserbad) die Nährstoffvorräte erfaßt. M. WINIKER. 6324 □

Erfolgskontrolle fungicider Bodenbehandlungen. Klaus Heinz Domsch und Peter Schicke. (Nachrichtenbl. dtsch. Pflanzenschutzdienstes [Braunschweig] **12.** 121—24. Aug. 1960. Kiel-Kitzeberg, Biolog. Bundesanst., Inst. für Getreide-, Ölfrucht- u. Futterpflanzenkrankheiten; Ingelheim/Rh., C. H. Boehringer Sohn, Wiss. Abt.) (Dt.)

Für die Erfolgskontrolle bei fungiciden Bodenbehandlungen wird ein Verf. beschrieben, das darauf basiert, daß Testpilze auf einem geeigneten Substrat (Schaumgummi) in einem weitmaschigen Träger (Kunststoffgewebe) vor der Behandlung in den Boden gebracht u. nach der Behandlung auf ihre Lebensfähigkeit untersucht werden. M. WINIKER. 6328 □

Die biologische Bestimmung von Insekticiden mit Hilfe des Salinenkrebses, Artemia salina (L.). J. H. Stevenson. (J. Sci. Food Agric. **12.** 650—52. Sept. 1961. Ascot, Berks., Imp. Coll. Field Stat.) (Engl.)

Beschreibung der Methode. M. WINIKER. 6328 □

Anwendbarkeit des Bioversuches auf Insekticidrückstände mit besonderer Berücksichtigung von Phosdrin. Yun-Pei Sun und John Sanjean. (J. econ. Entomol. **54.** 841—46. Okt. 1961. Modesto, California, Shell Dev. Co.) (Engl.)

Zur Best. von *Phosdrin* in Ggw. eines oder mehrerer von 11 cholinesterasehemmenden Insekticiden wurde ein bes. spezif. Verf. entwickelt auf Grund seiner hohen Insektentoxizität, seiner schnellen Wrkg. u. der geringen Tarnwrkg. der Pflanzenextrakte. In Pflanzenauszügen kann ohne Reinigung 1 ppm, mit Reinigung 0,1 ppm bestimmt werden. Für *Aldrin, Dieldrin* oder *Endrin* in gemischten Rückständen wird ein Verf. zum spezif. Bionachw. auf Grund der Alkalistabilität, der durch Ton katalysierten Zers. der chromatograph. Eigg. u. verschiedener Toxizität gegen Insekten vorgeschlagen. FRITZ MÜLLER/Ludwigshafen. 6328 □

Scottish Agricultural Industries Ltd. (Erfinder: Bernard Raistrick und John Stewart Raitt), Edinburgh, Schottland, England, **Herstellung von körnigen, Kaliummetaphosphat enthaltenden Düngemitteln** nach D. A. S. 1 109 716, dad. gek., daß K_2SO_4 an Stelle von KCl angewandt wird, Rk.-Temp. von 400—550° eingehalten u. die abgetriebenen SO_2-haltigen Gase wiedergewonnen u. auf H_2SO_4 verarbeitet werden. Das Mol.-Verhältnis von $H_3PO_4:K_2SO_4$ in dem Rk.-Gemisch soll ca. 2:1 betragen. Die Lsgg. von K_2SO_4 in H_3PO_4 mit ca. 65% P_2O_5-Geh. werden in Drehrohröfen eingesprüht, in denen ein Granalienbett aus Metaphosphat mit ca. 500° umläuft. Das erhaltene Prod. besteht aus sehr harten, glatten Granalien, die nicht hygroskop. u. nicht korrosiv sind u. bei der Lagerung nicht zusammenbacken. Es enthält ca. 59 (%) P_2O_5 u. 39 K_2O, der pH-Wert beträgt 4. Die wiedergewonnene H_2SO_4 dient zum Aufschluß von Rohphosphaten zu H_3PO_4, die in das Verf. zurückgeht. (**D. A. S. 1 118 232** Kl. 16 vom 17/8. 1960, ausg. 30/11. 1961. E. Prior. 5/4. 1960. **Zusatz zu D. A. S. 1 109 716; C. 1962. 6186.**) H. KARST. 6283

Monsanto Chemicals (Australia) Ltd. (Erfinder: Edgar Brent Greenhill), **Konzentrierte Lösungen von Natriumpentachlorphenolat** erhält man besser als in W. allein oder in mit W. mischbaren Lsgm., wie A., Methanol, Aceton, Isopropanol, Äthylenlgykol usw., allein, durch Auflösen in einem Gemisch aus W. u. Lösungsmittel. Die konz. Lsg. enthält 20—47 Na-Pentachlorphenolat (I) u. 80—53% des Lsgm.-Gemisches, das aus 95—25% W. u. 5—75% Lsgm. bestehen kann. — *Herbicides u. fungicides Mittel.* (**Aust. P. 225 271** vom 12/8. 1955, ausg. 3/12. 1959.) O. ROICK. 6313

Dow Chemical Co., Midland, Mich., übert. von: Robert G. Baker, Huntington Beach, Calif., V.St.A., **Fungicide Mittel,** enthaltend *p-Chlor-a-jodtoluol* (**I**) im Gemisch mit einem üblichen Trägerstoff oder in wss. Dispersion, in der **I** in Mengen von wenigstens 0,0001 (Gew.-%) vorhanden ist, oder im Gemisch mit einem Erdöldestillat, in welchem **I** in Mengen von 10—85 vorhanden ist. — Man wendet **I** bes. zum Schutz von Pflanzenwurzeln an. (**A. P. 2 919 223** vom 31/12. 1956, ausg. 29/12. 1959.) H. NEBELSIEK. 6313

Monsanto Chemical Co., St. Louis, Mo., übert. von: Samuel Allen Heininger, Dayton, Ohio, V.St.A., **Herstellung von quaternären Pyridinium- und Chinolinium-Salzen** durch Rk. eines entsprechenden N-heterocycl. tert. Amins, z. B. Pyridin, 2-, 3- oder 4-Picolin, Lutidin, Kollidin, 4-Äthylpyridin, 3-Isopropylpyridin, 4-Cyclohexylpyridin, Chinolin, Lepidin, Chinaldin, Isochinolin, 1-Methylisochinolin oder 6-Propylchinolin, mit einem β-substituierten Propionsäureester-Deriv., z. B. n-Butyl-β-chlorpropionat, Isobutyl- oder Amyl-β-chlorpropionat, Octadecyl-β-chlorpropionat, Cyclohexyl-, 2.5-Dimethylcyclohexyl-, Benzyl-, Phenäthyl-, 3-Phenylpropyl-β-chlorpropionat oder Benzyl-β-(p-toluolsulfonyl)-propionat. — Aus Pyridin u. n-Butyl-β-chlorpropionat in A. → *1-(2-Carbobutoxyäthyl)-pyridiniumchlorid.* — Analog: *1-(2-Carbononoxyäthyl)-pyridiniumchlorid*; *1-[2-(Carbo-2-äthylhexoxy)-äthyl]-pyridiniumchlorid*; *1-[2-(Carbo-2-äthylhexoxy)-äthyl]-chinoliniumchlorid*; *1-(2-Carbotridecoxyäthyl)-pyridiniumchlorid.* — *Insekticide.* (**A. P. 2 857 310** vom 9/4. 1956, ausg. 21/10. 1958.) W. HEYER. 6313

Hercules Powder Co., übert. von: George Allen Buntin, Wilmington, Del., V.St.A., **Chlorierte Tetrahydrodicyclopentadiene** (I) mit 4—10 Cl-Atomen werden durch Chlorierung von Dicyclopentadien (**II**) in CCl_4 unter UV-Bestrahlung erhalten. — In 1 (Teil) **II** in 5 CCl_4 wird unter Rühren u. UV-Bestrahlung Cl_2 eingeleitet: 10 (Std.) → 56,8 (% Cl_2)/5 (Cl je Mol.); 12 → 61,5/6; 15 → 66,4/7; 20 → 68,1/8; 26 → 71,3/9 u. 40 → 73,8/10. — **II** u. konz. HCl 6 Std. bei 60—70° → Chlordihydro-exo-**II**, $Kp._{0,3}$ 75—80°; dieses wurde chloriert wie **II**: 7 (Std.) → 52,2 (% Cl_2); 10 → 59,4; 13 → 65,4; 16 → 68,5; 22 → 70,1. — *Insekticide,* bes. mit 60—70 % Cl_2; getestet gegen Stubenfliegen (Musca domestica). (**A. P. 2837579** vom 19/2. 1952, ausg. 3/6. 1958.) A. DEBO. 6313

National Research Development Corp. (Erfinder: James Williamson), London, England, **Herstellung parasiticider Mittel.** Man fügt eine wss. Lsg. von Suramin zu einer wss. Lsg. einer bas. trypanociden Droge, d. h. 2-Amino-7-(2′-amino-1′.6′-dimethylpyrimidinio-(4′)amino)-9-p-aminophenyl-10-methylphenanthridiniumdibromid oder 2-Amino-7-(2′-amino-1′.6′-dimethylpyrimidinio-(4′)-amino-9-phenyl-10-äthylphenanthridiniumdimethansulfonat u. unterwirft das Prod. der Gefriertrocknung. (**E. P. 834 318** vom 17/6. 1957, ausg. 4/5. 1960. **Zusatz zu E. P. 809 295; C. 1962. 2468.**) H. NEBELSIEK. 6313

Farbenfabriken Bayer Akt.-Ges., Leverkusen (Erfinder: H. Malz, R. Wegler, Leverkusen, und G. Unterstenhöfer, Opladen), **Acaricide Mittel mit ovicider Wirkung,** gek. durch den Geh. an Amidophosphorsäurediarylestern der Formel $R_1R_2N-P(O)(OR_3)_2$ [R_1 u. R_2 = H oder einem ggf. chlorsubstituierten Alkylrest; R_1 u. R_2 können auch mit dem N-Atom einen Ring bilden, der ggf. weitere Heteroatome enthalten kann; falls R_2 für H steht, kann R_1 auch einen Alkylenrest bedeuten, der einen 2. Phosphorsäureamidrest trägt; R_3 = chlorsubstituierter Phenylrest, z. B. $H_2N-P(O)(O-$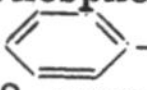$-Cl)_2$. — Wrkg. bes. gegen Milben. (**D. A. S. 1 116 468** Kl. 451 vom 3/10. 1958, ausg. 2/11. 1961.) E. PETERSEN. 6313

Soc. d'Électro-Chimie, d'Électro-Métallurgie et des Aciéries Électriques d'Ugine, Paris, Frankreich, *Herstellung von Phosphatdüngemitteln unter Verwendung der Abfall-Laugen der Acrylat- und Methacrylat-Herstellung.* (**E. P. 865 657** vom 10/3. 1959, ausg. 19/4. 1961. F. Prior. 26/12. 1958. — **C. 1962.** 3604 [D. A. S. 1 110 185].)

Dr. C. Otto & Co. G. m. b. H., Deutschland, *Herstellung von weißem Kalkstickstoff.* (**F. P. 1 203 241** vom 8/9. 1958, ausg. 15/1. 1960. — C. **1959.** 4608 [D. A. S. 1 044 786].)

N. V. Philips' Gloeilampenfabrieken, Holland, *Unkrautvernichtungsmittel.* (**F. P. 1 207 036** vom 29/5. 1958, ausg. 12/2. 1960. Holl. Prior. 31/5. 1957. — C. **1960.** 14494 [D. A. S. 1 075 891].)

Pittsburgh Coke & Chemical Co., Pittsburgh, Pa., V.St.A., *Herstellung fungicider Präparate.* (**Holl. P. 98 441** vom 5/12. 1955, ausg. 17/7. 1961. A. Prior. 6/12. 1954. — C. **1960.** 4650 [D. A. S. 1 065 659].)

Farbenfabriken Bayer Akt.-Ges., Leverkusen (Erfinder: **August Dörken** und **Gerhard Schrader**, Wuppertal), *Herstellung von Thiophosphorsäureestern.* (**Holl. P. 98 295** vom 6/6. 1958, ausg. 15/6. 1961. D. Prior. 7/6. 1957. — C. **1960.** 6636 [D. A. S. 1 062 239].)

Farbenfabriken Bayer Akt.-Ges., Leverkusen, übert. von: **Gerhard Schrader**, Wuppertal, *Dithiophosphorsäureester.* (**A. P. 2 976 311** vom 29/10. 1957, ausg. 21/3. 1961. D. Prior. 10/12. 1956. — C. **1959.** 4289 [D. A. S. 1 039 528].)

Farbenfabriken Bayer Akt.-Ges., Leverkusen, *Thionophosphonsäureester.* (**E. P. 864 632** vom 20/6. 1958, ausg. 6/4. 1961. D. Prior. 24/6. 1957. — C. **1960.** 1305 [D. A. S. 1 057 112].)

Farbenfabriken Bayer Akt.-Ges., Leverkusen (Erfinder: **Gerhard Schrader** und **August Dörken**, Wuppertal), *Herstellung von Thionophosphorsäureestern.* (**Holl. P. 98 247** vom 25/4. 1957, ausg. 15/6. 1961. D. Prior. 27/4. 1956. — C. **1961.** 10342 [D. A. S. 1 085 887].)

VIII. Metallurgie. Korrosion

Versuche über das Ausziehen von Gold und Silber aus Kalifornia- und Nevada-Erzen. A. L. Engel und H. J. Heinen. (U.S. Dep. Interior, Bur. Mines, Rep. Invest. **1961.** Nr. 5790. 1—30. Reno, Nev.) (Engl.)

Die im Labor.-Maßstab ausgeführten Verss. erstreckten sich sowohl auf Erze als auch auf Rückstände von schon behandelten Erzen. Nach mehr oder weniger starker Zerkleinerung u. Trennung nach Korngrößen auf Sieben erfolgte die Anreicherung nach verschiedenen Meth.: nach der Schwere auf dem Rüttelsieb oder in einem schwach geneigten flachen Trog mit grobem Kordgewebe am Boden, dessen Streifen quer zur Länge des Trogs u. der Fließrichtung der Aufschlämmung lagen. In den Rillen sammeln sich Teilchen von freiem *Au* an u. werden period. herausgewaschen. Amalgamation, Cyanidlaugung, Rösten u. Lösen in H_2SO_4, Flotation, Magnetscheidung u. Chlorierung wurden ebenfalls angewandt. F. HOCHSTETTER. 6360 □

Maßnahmen gegen das Zusammenfrieren von Erzen auf dem Wege der Bearbeitung derselben mit Lösungen von Calciumchlorid. W. A. Borissowetz und W. W. Smirnjakow. (Горный Журнал [Berg-J.] **1961.** Nr. 8. 74. Aug.) (Russ.)

Das Erz wird mit 15—30%ig. $CaCl_2$-Lsg. angefeuchtet u. ist so bis —55° vor dem Zusammenfrieren geschützt. Die Meth. wird beschrieben. H. JÄGER. 6360 □

Physikalische Aufbereitung von Uranerzen. Miroslav Čáp. (Rudy **7.** 97—102. März 1959. Praha, Úst. pro výzk. rud.) (Tschech.)

Vergleichende Übersicht über die rein chem. (hydrometallurg.), physikal. (Gravitations-) u. kombinierten (Flotations-) Verff. der Aufbereitung von U-Erzen. — 30 Literaturhinweise. R. K. MÜLLER. 6360 □

Gestaltungsfaktoren bei der pneumatischen Stahlerzeugung in basischen seitenblasenden Konvertern. B. R. Nijhawan und M. J. Shahani. (Blast Furnace Steel Plant **50.** 40—46. Jan. 1962. Jamshedpur, Indien, Nat. Metallurgical Labor.) (Engl.)

Nach einer allg. Erörterung der Einfl. der konstruktiven Gestaltung der seitenblasenden Konverter werden Angaben über die Kesselgestaltung (Mantel u. seine Auskleidung), die Badtiefe, Düsen, das tatsächliche Windvol., die Regel- u. Steuer-Vorr. sowie über die hierzu erforderlichen Instrumente gemacht. H. HOCHSTEIN. 6370 □

Profilbildung in Hochöfen durch Verschleiß bei Schamotte- und Kohlenstoffzustellung. Joachim Holzhey. (Neue Hütte **6.** 553—57. Sept. 1961. Freiberg.) (Dt.)

Der Einsatz von Kohlenstampfmassen im Kohlensack von Hochöfen wird behandelt u. die Zustellung eines Hochofens mit Kohlenstoffsteinen bis in den unteren Teil des Schachtes beschrieben; dabei wird eine Verschleißkontrolle mit radioakt. Isotopen u. z. T. auch mechan. durchgeführt. Es wird eine sehr schnelle Zerstörung des Schamottemauerwerks bes. im mittleren Ofenbereich festgestellt. Die Verschleiß-Geschw. der Schamotte zu Anfang der Ofenreise liegt in den hochbeanspruchten Bereichen bei über 8 mm/Tag. Bei Kohlenstoffzustellung werden dagegen nie Verschleiß-Geschw. von 2 mm/Tag überschritten. Bemerkenswert ist jedoch eine stetige Zunahme der Zerstörung. H. HOCHSTEIN. 6370 □

Die Anfangszustellung von Siemens-Martin-Öfen mit basischen Gewölben. E. R. Richards. (Proc. Conf., nat. Open Hearth Committee Iron Steel Divis., Amer. Inst. Mining metallurg. Petroleum Engr. **43.** 268—74. April 1960. Riverside, Ill., Acme Steel Co.) (Engl.)

Für die Anfangszustellung von SM-Öfen mit bas. Gewölben werden Angaben über die bei der Ofenauskleidung verwendeten feuerfesten Stoffe, über erforderliche mechan. Hilfs-Vorr., über die Ausbesserungsmannschaft u. die zur Futterausbesserung erforderliche Zeit, die Einbrennpraxis sowie über Ausbesserung der feuerfesten Auskleidung während des Betriebes gemacht. — Diskussion. H. HOCHSTEIN. 6370☐

Analyse der Betriebskennzahlen durch Verwendung einer Digitalrechenmaschine. A. P. Woods. (Proc. Conf. nat. Open Hearth Committee Iron Steel Divis., Amer. Inst. Mining metallurg. Petroleum Engr. **43.** 86—137. April 1960. Middletown, Ohio, Armco Steel Corp.) (Engl.)

Anwendung auf die Unters. des SIEMENS-MARTIN-Ofens mit Gewölbe-Sauerstofflanze. — Diskussion. H. HOCHSTEIN. 6370☐

Direkte Analog-Rechenmaschine für chemische Probleme in Hoch- und Koksöfen. Victor Paschkis. (Blast Furnace, Coke Oven, raw Mater. Committee Iron Steel Divis., Amer. Inst. Mining, metallurg., Petroleum Engr. Proc. **19.** 544—62. April 1960. New York, Columbia-Univ.) (Engl.)

Beschreibung des Aufbaus u. der Wirkungsweise einer Analog-Rechenmaschine in Verbindung mit einem Wärme- u. Masseströmungsanalysator zur Erfassung einer Anzahl von therm. Problemen in Hoch- u. Koksöfen, z. B. die Abzugsfläche sowie die Gas- u. Luft-Geschw., das Gitterwerk von verschieden konstruierten Winderhitzern, der Wärmeaustausch im Hochofen, die Auskleidung u. Kühlung des Hochofens, die Pfannenbauart sowie ferner der Verkokungsprozeß mit der Veränderung der therm. Eigg. der Beschickung während des Prozesses sowie das Verhältnis von Konstruktion u. Betriebswerten auf die Luft-Temp. u. den Wrkg.-Grad von Regeneratoren bei Koksöfen. — 18 Literaturangaben. Diskussion. H. HOCHSTEIN. 6370☐

Brennstoff- und Beheizungsfragen bei der Verwendung von Sauerstoff im Siemens-Martin-Ofen. Luis Z. Sanchez. (Proc. Conf., nat. Open Hearth Committee Iron Steel Divis., Amer. Inst. Mining metallurg. Petroleum Engr. **43.** 258—66. April 1960. Lorain, Ohio, U.S. Steel Corp.) (Engl.) H. HOCHSTEIN. 6370☐

Einfluß der Möllermaterialien und der Praxis auf den Hochofen-Kokssatz. R. V. Flint. (Blast Furnace Steel Plant **50.** 47—58. 74—76. Jan. 1962. Pittsburgh, Pa., U.S. Steel Corp.) (Engl.)

Mitt. von Kokssatzberechnungsformeln für den Hochofenbetrieb in Abhängigkeit von den Hochofenbetriebsbedingungen. — 13 Literaturangaben. H. HOCHSTEIN. 6370☐

Einfluß inerter Zusätze auf die Backfähigkeit, Verkokungsfähigkeit, Plastizität und Entgasung von Kohle. Vladimír Stuchlík. (Hutnické Listy **16.** 843—47. Dez. 1961. Ostrava, Koksárenský výzk. Výzk. á zkuš. ústavu Nové huti K. Gottwalda.) (Tschech.)

Ein Zusatz bis zu 15% *Anthrazitkohle* oder *Koksstaub* setzt die Eigg. des Hüttenkokses nicht herab; höhere Zusätze sind prakt. nicht möglich. J. TŮMOVÁ. 6370☐

Anwendung von Heizöl in Siemens-Martin-Öfen. O. Pavlík und K. Klíma. (Paliva **40.** 339—43. Nov. 1960. Ostrava, VŽUG.) (Tschech.) G. LANGE. 6370☐

Nucleare Möllersonde für Hochofen. L. R. Stone. (Blast Furnace, Coke Oven, raw Mater. Committee Iron Steel Divis., Amer. Inst. Mining, metallurg., Petroleum Engr., Proc. **19.** 40—56. April 1960. Cleveland, Ohio, Republic Steel Corp.) (Engl.)

Beschrieben u. in schemat. Zeichnungen dargestellt wird das Syst. für die nucleare Gichtsonde zur Best. der Beschickungshöhe in Hochöfen. Es wird im einzelnen über die allg. Gestaltung, Anwendung, Vorzüge, Produktionsleistung u. Automationsmöglichkeiten des Syst. berichtet. — Diskussion. H. HOCHSTEIN. 6370☐

Versuche zur Reduktion gesinterter Pyritaschen mit und ohne andere mineralische Beimischungen. Einfluß der Sintertemperatur und der Anteil zurückfließenden Feinguts im Ansatz. José A. Boned Sopena, Juan Asensio Gonzalo und Antonio Fillol Ciorraga. (Inst. Hierro Acero **13.** 882—904. Okt./Dez. 1960.) (Span.)

Bericht über App., Ausführung, Eigg. der Ansatzproben, Kinetik u. Ergebnisse der Red. u. der Anwendung statist. Meth. auf die Ergebnisse. — 41 Diagramme, 6 Tabellen. 12 Literaturhinweise. A. SANDER. 6380☐

Struktur und Eigenschaften von Schlacken der Metallhüttenprozesse. 3. Mitt. **Viskositätsmessungen an Betriebsschlacken der Blei- und Kupfergewinnungsprozesse.** Helmut Winterhager und Roland Kammel. (Z. Erzbergbau Metallhüttenwes. **14.** 319—28. Juli 1961. Aachen, TH., Inst. für Metallhüttenwesen u. Elektrometallurgie.) (Dt.) — 2. vgl. C. **1961.** 11497.

Viscositätsmessungen an Pe-Schachtofenschlacken, Flamm- u. Schachtofenschlacken, Cu-Konverterschlacken u. Schlacken, die aus Sonderprozessen stammen, bei 1050 bis 1350° ergaben, daß ähnlich wie bei den zusammengesetzten Schlacken der Grund-Syst. mit den Hauptkomponenten *CaO*, *FeO*, Al_2O_3 u. SiO_2 auch bei diesen Schlacken die Viscosität wesentlich vom SiO_2-Geh. bzw. vom Verhältnis SiO_2 zu FeO abhängt. Auch für diese Schlacken wurde versucht, eine Schlackenzähigkeitskennzahl-Viscositätsbeziehung zu ermitteln. — 18 Literaturangaben. F. VIER. 6380☐

Struktur und Eigenschaften von Schlacken der Metallhüttenprozesse. 4. Mitt. Elektrische Leitfähigkeitsmessungen an Betriebsschlacken der Blei- und Kupfergewinnungsprozesse. Helmut Winterhager und Roland Kammel. (Z. Erzberg-bau Metallhüttenwes. **14.** 441—50. Sept. 1961.) (Dt.) — 3. vgl. vorst. Referat.)
Nach Leitfähigkeitsmessungen an synthet. Schlacken des Syst. *FeO–SiO*$_2$ tritt auf den Leitfähigkeitsisothermen bei der Zus. des Fayalits ein ausgeprägtes Minimum auf. Durch Zusätze von *CaO, MgO, BaO, ZnO* u. *FeS* wird das Temp.-Leitfähigkeits-Verh. dieser synthet. Schlacken verbessert. Leitfähigkeits-Best. von Betriebsschlacken der Cu- u. Pb-Gewinnungs-Verff. zeigten, daß sich in ihnen vor allem das SiO_2/FeO-Verhältnis leitfähigkeitsbestimmend auswirkt. Der Einfl. der übrigen Schlackenkomponenten ist gering. F. VIER. 6380 □

Über die Bindemittel der Formkernsande. Lelio Orsini. (Fonderia [Milano] **8.** 229—32. Juni 1959.) (Ital.)
Überblick über die zum Agglomerisieren u. Härten von Formsanden verwendeten Hilfsmittel mit bes. Hinblick auf geeignete Kunstharze u. Beispielen ihrer prakt. Verw. u. Eigenschaften A. SANDER. 6382 □

Eine Untersuchung auf dem Gebiet des CO_2-Verfahrens. J. L. Leach und G. Haley. (Fonderia ital. **10.** 21—24. 1961. Univ. of Illinois, Inst. of Mech. Engng.) (Ital.)
Vers.-Bericht über Formsandhärtung mit Hilfe des CO_2-Verfahrens. App. u. Arbeitsweise werden beschrieben u. die Ergebnisse an Kurventafeln näher erörtert. Hoher Bindemittel-Geh. erhöht auch die Festigkeitswerte der Sande, erfordert aber größere Gasmengen. Abnehmende Korngröße der Sande benötigt erhöhte Bindemittelzusätze sowie höhere Begasungsdrucke mit CO_2. Sehr grobe Sande ergaben keine festen Mischungen. Jede Sandmischung verlangt für das Festigkeitsmaximum eine um so größere krit. Gasmenge je feiner die Sandkörnung ist. A. SANDER. 6382 □

Die Bedeutung der dielektrischen Erwärmung für die Erzeugung der Gießereikerne und ihre spezifischen Eigenschaften. Ladislav Dvořák. (Slévárenství **7.** 1—5. 15/1. 1959. Praha-Záběhlice, Vyzkumny úst. obráběcich strojů a obráběni.) (Tschech.)
Das physikal. Prinzip der Erwärmung, die elektr. Zusammenhänge, der Einfl. der Zus. der Kernmischung, der Kernform u. des Einfüllens des Kondensator-Vol. auf Leistung, Regelmäßigkeit u. Wirksamkeit der Erwärmung werden beschrieben u. die Kerntrockenplatten u. Verwendbarkeit von metall. Kernen erörtert. Kernmischungen für die dielektr. Aushärtung u. ein Plan einer dielektr. Trockenanlage für 300 kg/Kerne/Std. werden angegeben. W. WESLY. 6382 □

Die Erzeugung von Stahlwerkkokillen aus flüssigem Roheisen. Jaroslav Hrubý. (Hutnické Listy **16.** 848—52. Dez. 1961. Ostrava-Kunčice.) (Tschech.)
Die besten Ergebnisse mit Kokillen werden nach eigenen Verss. durch Zusatz von 10% fl. Stahl erzielt. Derart wird der C-Geh. herabgesetzt u. so die Neigung zum Ausscheiden von hypereutekt. Graphit beschränkt. Gleichzeitig wird so ein nötiger Geh. an *Si* u. *Mn* eingetragen. In der Mehrzahl der Fälle zeigen diese Kokillen eine wenig längere Lebenszeit als Hämatitkokillen. J. TŮMOVÁ. 6382 □

Entwicklung der quadratischen Kokille für beruhigten Stahl. Milan Tlučhoř. (Hutnické Listy **16.** 852—56. Dez. 1961. Ostrava-Kunčice.) (Tschech.)
Ergebnisse von Unterss. quadrat. Kokillen verschiedener Typen für beruhigte Blöcke von 5,5—7,5 t Gewicht. Es werden die in der Literatur empfohlenen Formen u. Ausmaße bestätigt. J. TŮMOVÁ. 6382 □

Einfluß von verschiedenen Stahlgußformen und von Schwankungen der Gußlegierungen auf den Gegendruck. Kazuro Suzuki und Hiroshi Yamaoka. (Imono, J. Japan Foundrymen's Soc. **33.** 761—70. Nov. 1961.) (Jap.; Auszug: Engl.)
Zwischen der Guß-Temp. von Stahl u. dem Gegendruck auf die Form besteht eine proportionale Beziehung. Der Gegendruck beim Guß von Al-Legg. ist viel geringer als bei Stahl. Der Gegendruck von *P-Bronze* ist etwas kleiner als der von *Stahl*; der von *Al-Legg.* ist ganz gering. W. WESLY. 6382 □

Untersuchung der Sinterung einiger spanischer Eisenerze. José Antonio Boned Sopena. (Inst. Hierro Acero **12.** 136—62. April/Juni 1959. **13.** 289—92. Jan./März 1960.) (Span.)
Fe-Erze aus verschiedenen Vork. Spaniens werden anf ihre mineralog. Zus. u. ihre physikal. Eigg. untersucht. Bei Sinter-Verss. mit einem der Erze wird ohne Zusatz starker Zerfall beobachtet, wodurch schwer verhüttbare Prodd. mit hohem Anteil an Feingut erhalten werden. Eine wesentliche Verbesserung wird durch Zusatz von 2 oder 5% *CaO* erzielt; dabei wird auch eine bessere Red. der Prodd. bei der Verhüttung (90% statt 70%) erreicht. R. K. MÜLLER. 6390 □

Entfernung von Arsen und Schwefel aus Eisenerzen durch Sinterung. Adolfo A. Buylla. (Inst. Hierro Acero **12.** 85—93. April/Juni 1959. Avilés, Empresa Nac. Siderúrgica S. A.) (Span.)

Mit einem Fe-Erz mit 0,27 (%) *S* u. 0,93 *As* u. Kiesabbrand mit 3,85 S u. 0,06 As werden unter Beheizung mit Koks bei Gas-Temp. von maximal 260—360° Sinter-Verss. durchgeführt, wobei es gelingt, As zu 77,5 bzw. 85%, S zu ca. 80% zu entfernen u. das Resterz in verhüttbarer Form zu gewinnen. R. K. MÜLLER. 6390□

Untersuchung der Kinetik der Eisenerzreduktion in einem Wirbelschichtbett mittels einer Rechenmaschine. E. C. Su. (Blast Furnace, Coke Oven, raw Mater. Committee Iron Steel Divis., Amer. Inst. Mining, metallurg., Petroleum Engr. Proc. **19.** 562—79. April 1960. Jones & Laughlin Res. Labor.) (Engl.)

Verfügbare Werte der *Magnetit*-Red. nach dem *H-Iron*-Verf. mittels H_2 im Wirbelschichtbett werden zu einer rechner.Unters. der Kinetik der Niedertemp.-Red. mittels einer elektron. Rechenmaschine benutzt. Die Gleichgewichte des Fe-O-H-Syst. werden besprochen sowie die die Red.-Geschw. beeinflussenden Faktoren, der Red.-Mechanismus sowie die Ableitung der Material-Bilanzgleichungen behandelt. Bei der rechner. Behandlung des Problems wurde das Modell für die Red. eines sphär. Oxidteilchens in einem reduzierenden Strom verwendet, bei dem sowohl die Diffusion als auch die chem. Rk. von Bedeutung sind. — 16 Literaturangaben. Diskussion. H. HOCHSTEIN. 6390□

Über Grundzüge und Ausführung von CO-reichen Schmelzen in Kupolöfen. Koji Sudo. (Imono J. Japan Foundrymen's Soc. **33.** 786—96. Nov. 1961.) (Jap.; Auszug: Engl.)

Berechnung des Luftbedarfs von Kupolofenschmelzen bei bestimmten CO/CO_2-Verhältnissen. W. WESLY. 6390□

Aufkohlen bei hohen Temperaturen. T. W. Ruffle. (Metallurgia [Manchester] **62.** 183—86. Nov. 1960. Ipsen Ind., Inc.) (Engl.)

Neben einem geeigneten Ofen ist die Überwachung der Zus. des Gases wichtig, bes. des Taupunktes. Beziehungen zwischen Aufkohlung u. Geh. des Karburierungsgases bei hohen Temp. werden angegeben. K. STEIN. 6390□

Schnellaufkohlung von flüssigem Eisen und Stahl im Siemens-Martin-Ofen. Karl-Ernst Seltz. (Neue Hütte **6.** 557—65. Sept. 1961. Gröditz.) (Dt.)

Die Grundbedingungen für ein neuentwickeltes Schnellaufkohlungs-Verf. von fl. Fe u. Stahl im SIEMENS-MARTIN-Ofen durch Injektion eines Kohlegranulats durch Preßluft zwecks Steigerung der Arbeitsproduktivität werden erörtert u. die hierbei verwendeten Geräte u. Zubehörteile sowie das Aufkohlungsmittel beschrieben. Verss. an SIEMENS-MARTIN-Öfen mit 20—60 t Fassungsvermögen ermitteln qual. Angaben über das Verh. der Stahlbegleitelemente u. der Schlackenbestandteile. Es werden ferner Angaben über die Aufkohlung harter Stahlmarken am Ende der Frischperiode im Ofen gemacht, die auch auf die Verhältnisse der Aufkohlung von Gußeisen im sauren SIEMENS-MARTIN-Ofen übertragen werden können. Es werden Betrachtungen über das Verh. des H-Geh. im Stahl angestellt. Die Sicherheitstechnik bei der Schnellaufkohlung wird behandelt u. Angaben über die Wirtschaftlichkeit des Verf. gemacht. — 16 Literaturangaben. H. HOCHSTEIN. 6390□

Das Vorfrischen von Roheisen und die Entwicklung des Brymbo-Sauerstoff/Elektrostahlerzeugungsprozesses. Emrys Davies. (Iron and Steel **34.** 253—57. 19/5. Diskussion: 265—67. 1961.) (Engl.)

Nach einjährigem Betrieb ist als Vorzug des Brymbo-O_2-Elektrostahlerzeugungs-Duplex-Verf. eine verbesserte Herst. von besonderen Schmiedestücken u. niedriglegierten festzustellen. Hierbei werden Einsparungen an Elektrizität, Elektroden, der feuerfesten Ofenauskleidung, an im Elektroofen verwendeten O_2 u. an Flickmaterialien erzielt. 50% sämtlicher Chargen besitzen einen P-Geh. unter 0,02 (%) u. 41% besitzen 0,02—0,03 P. Die restlichen 9% der Chargen liegen unter 0,05 P, wovon noch 7,8% nur unter 0,04 P aufweisen. H. HOCHSTEIN. 6400□

Über die Einflüsse der Impfung in Grauguß. Kokichi Nakamura und Shigeji Kawasaki. (Imono, J. Japan Foundrymen's Soc. **33.** 644—55. Sept. 1961.) (Jap.; Auszug: Engl.)

Die Impfung von *C*- u. *Si*-reichem Grauguß u. die „Überimpfung" mit Legg. verschlechtert seine mechan. Eigg. u. vermindert die Härteunterschiede zwischen Mitte u. Kante eines Gußquerschnittes. Jedoch wird die Gleichheit der Zugfestigkeit von Proben mit 13, 20, 30 u. 45 mm Ø durch Impfen leicht verbessert. Die Impfung vermindert die Größe der eutekt. Zelle; ihre Korngrenzen werden verdunkelt. Daraus wird eine Veränderung des Grundmassengefüges u. der Graphitform gefolgert. W. WESLY. 6402□

Untersuchung des Schmelzvorganges im Kupolofen vom Standpunkt der Qualität der Schlacke und ihres Einflusses auf die Qualität des Gußeisens. Břetislav Sochor. (Slévárenství 7. 33—40. 15/1. 1959. Brno, Státní vyzkumný úst. materiálu a technol.) (Tschech.)

In einem Kupolofen mit Kühlschlange in der Schmelzzone u. 500° warmem Wind ausgeführte Schlacken-Unterss. zeigen, daß hohe Kalksteinzusätze mit der sauren feuerfesten Masse kein bas. Milieu bilden. Die Schlacken seigern bei hohen CaO-Geh.; die schwer schmelzbaren Stoffe setzen sich an den Ofenwänden ab u. die leicht schmelzbaren Stoffe fließen in den Herd. Die Modifikation der Schlacken durch *Ti-* u. *Na*-Verbb. hat sich bewährt. Die guten Eigg. der bas. Schlacken bestätigen sich bei starkem Kühlen der Schmelzzone. Die sauren u. bas. feuerfesten Stampfmassen u. die Koksausstampfung haben sich bewährt. W. WESLY. 6402□

Nach einem neuen Verfahren gewonnenes Qualitätsgußeisen. Albert de Sy, (Fonderia [Milano] 8. 243—46. Juni 1959.) (Ital.)

Techn.-wirtschaftliche Beschreibung eines neuen Verhüttungs-Verf. von *Fe*-Erzen zur direkten Gewinnung eines hochwertigen Gußeisens, gek. durch elektrotherm. Red. der Erze mit Kohle bei hoher Temp. im elektr. Induktionsofen. A. SANDER. 6402□

Baustahl für Gußstücke mit niedrigem Legierungsgehalt. G. Violi. (Metallurgia ital. 53. 45—52. Febr.; Fonderia ital. 10. 121—28. 1961. Piombino, ILVA-Altiforni e Acciaierie d'Italia.) (Ital.)

Es werden die Funktion der Leg.-Elemente in Stählen für Veredlungsgußstücke u. die existierenden Wechselbeziehungen zwischen den bei therm. Behandlung entstehenden Mikrogefügen u. den mechan. Eigg. untersucht; empir. Best. von „Qualitätsindices". G. PLATZER. 6404□

Erstarrungsvorgang von mit Cer behandeltem Gußeisen. Katsuya Ikawa. (Imono, J. Japan Foundrymen's Soc. 33. 635—43. Sept. 1961.) (Jap.; Auszug: Engl.)

Bei *Ce*-Zusatz bildet sich Kugelgraphit in Garschaumgraphit, aber nicht in dem bei eutekt. Erstarrung abgetrennten Graphit. Wenig Ce verwandelt den eutekt. Graphit in den quasiflockigen Typ; größere Mengen Ce führen zu *Ledeburit* u. schließlich zu maschenartiger Graphitstruktur. In hypereutekt. Proben erhält man eine vollkommene Kugelgraphitstruktur, nicht aber in hypoeutekt. Proben, bes. mit niedrigem C-Äquivalent. Der Verlauf der Erstarrung in hypereutekt., schwach hypoeutekt. u. hypoeutekt. Gußeisen wird im einzelnen (Abb.) wiedergegeben. W. WESLY. 6404□

Über den Verlauf der Bildung von Kugelgraphit in Gußeisen Sadamu Nakamura und Tadahiro Yamamoto. (Imono, J. Japan Foundrymen's Soc. 33. 629—35. Sept. 1961.) (Jap.; Auszug: Engl.)

Kugelgraphit (KG) entsteht bei sehr hoher Geschw. der C-Ausscheidung ohne Ggw. besonderer Kerne. Die Mitwirkung von *Si* an der Bldg. von KG wird thermodynam. gedeutet. *Ca* u. *Mg* üben eine günstige „Filter"-Wrkg. auf die KG-Bldg. aus. Der Unterschied zwischen der Wrkg. von Ca u. Mg auf die KG-Bldg. wird ihrer verschiedenen Löslichkeit in geschmolzenem Fe zugeschrieben. W. WESLY. 6404□

Beitrag zum Gießen des weißen Gußeisens in Kokillen. Karel Stránský. (Slévárenství 7. 53—57. Febr. 1959. Brno, Slévárny a strojírny Bohumír a Šmerala.) (Tschech.)

Unterss. über den Einfl. des Gießens von weißem Gußeisen in Kokillen auf die Riß-Bldg. in Flanschengußstücken zeigen, daß der Guß gelingt, wenn die Zeit zum Auswerfen des Gußstückes aus der Kokille im richtigen Verhältnis zu ihrer Temp. steht. Es empfiehlt sich, in eine auf höhere Temp. vorgewärmte Kokille zu gießen. Der Einfl. des Gießens von Weißeisen in Kokillen u. der Wärmebehandlung (vor dem Tempern) auf den Graphitierungsverlauf u. die Verkürzung der Temperungszeit wird angegeben. Durch den Kokillenguß wird die Temperdauer um ca. 20% verkürzt. Abschrecken der Gußstücke vor dem Tempern vermag die Temperdauer auf $^1/_8$ zu verkürzen. W. WESLY. 6404□

Siliciumnitrid in Gußeisen. Yoshisada Ueda. (Imono, J. Japan Foundrymen's Soc. 33. 776—85. Nov. 1961.) (Jap.; Auszug: Engl.)

Durch Glühen von N enthaltenden *Fe–C–Si*-Legg. bei 300 u. 400° erhöht sich der N-Geh., vielleicht durch Bldg. von *Fe-Nitriden.* Durch Glühen bei 500 u. 600° erhöht sich die Geschw. der Bldg. von Si_3N_4, das teilweise in verd. HCl lösl. ist. Das durch Nitrieren von 2% Si-Fe- u. Fe-C-Si-Legg. mit NH_3 entstehende Si_3N_4 ist ein Gemisch von rhomb. α-Si_3N_4 u. hexagonalem β-Si_3N_4; in Gußeisen bildet sich nur α-Si_3N_4. W. WESLY. 6404□

Die Entwicklung der amerikanischen Elektrostahlerzeugung. Franz Sommer. (Stahl u. Eisen 82. 224—29. 15/2. 1962.) (Dt.)

Überblick. — 51 Literaturangaben. M. GEHLEN-KELLER. 6408□

Herstellung von halbberuhigtem Stahl durch Desoxydation beim Gießen. Paul Netter, Günther Seyffarth und Manfred Taube. (Neue Hütte **7.** 78—84. Febr. 1962. Brandenburg/Havel). (Dt.)

Nach einer Übersicht über die gebräuchlichsten Verff. zur Erzeugung von halbberuhigtem Stahl werden die Maßnahmen zur Herst. von kopf- u. trichterberuhigten halbberuhigten Stählen erläutert. Dabei werden Strömungs-Verss. angestellt u. der günstigste Zeitpunkt der Zugabe u. Verteilung der Desoxydationsmittel (Zeitpunkt der Al-Zugabe am Gießtrichter) wird ermittelt. Die mechan. Eigg. des halbberuhigten Stahls werden mitgeteilt u. mit denen der unberuhigt sowie normalberuhigt vergossenen Stähle der gleichen Gütegruppe verglichen. H. HOCHSTEIN. 6408 □

Herstellung und Untersuchung des halbberuhigten Stahls. W. Fiedler, W. Jäger, H. Günther und F. Fandrich. (Neue Hütte **7.** 85—93. Febr. 1962. VEB Stahl- u. Walzwerk Riesa.) (Dt.)

Nach Betrachtungen über die Herst. des halbberuhigten Stahls werden die Unterschiede der Struktur des halbberuhigten Blocks zum unberuhigten bzw. beruhigten Block erläutert. Sowohl die quant. Unterss. der Seigerungsverteilung als auch der Vgl. der mechan. Kennwerte des unberuhigten, halbberuhigten u. beruhigten Stahls lassen die Schlußfolgerung zu, daß der halbberuhigte Stahl den Bedingungen der Norm TGL 7660 voll entspricht. Die befriedigenden Ergebnisse der Unters. über die Schweißeignung (UP-Schweißverf., CO_2-Schweißverf., Lichtbogenschweißung, Aufschweißbiegeverss. nach KOMMERELL, Schweißempfindlichkeitsprüfung nach SWINDON u. REEVE, Schweißbarkeitsprüfung nach CABELKA) bestätigen, daß es sich bei dem nach der Technologie der Kernberuhigung hergestellten halbberuhigten Stahl um einen in seinen Eigg. dem normal beruhigten Stahl ebenbürtigen handelt. H. HOCHSTEIN. 6408 □

Das Elektro-Schlacken-Umschmelzen — ein neues Verfahren zur Herstellung von Stahlblöcken hoher Qualität. Wilfried Richling. (Neue Hütte **6.** 565—72. Sept. 1961. Moskau.) (Dt.)

Die Entw. des Elektro-Schlacken-Umschmelzens von Stählen u. Legg. aus dem Elektro-Schlacken-Schweißen wird geschildert. Unterss. des bei dem Verf. erhaltenen umgeschmolzenen Materials lassen eine Qualitätsverbesserung erkennen. Der Geh. an *S* wird von 0,030—0,040 (%) auf 0,003—0,006 gesenkt, der des O um 50, der des H um 10—50 u. der des N um 40—60 (wenn keine Nitridbildner vorhanden sind). Der allg. Geh. an nichtmetall. Einschlüssen erniedrigt sich um das 2—3fache. Die Blöcke zeichnen sich durch hohe chem. Einheitlichkeit u. Makrostruktur aus; es fehlen die beim üblichen Vergießen auftretenden Defekte. Die Oberfläche der Blöcke ist glatt u. erfordert vor der Warmverformung keine Bearbeitung. Das aus diesen Blöcken hergestellte Material besitzt eine ausgezeichnete Homogenität u. Dichte, was sich in der Makro- u. Mikrostruktur zeigt. Es fehlen zeilenförmige Einschlüsse; die vorhandenen Einschlüsse sind fein u. gleichmäßig verteilt. Infolge dieser Strukturverbesserung hat der nach dem neuen Verf. umgeschmolzene Stahl sehr gute plast. Eigg. bei normalen u. erhöhten Temperaturen. Der Unterschied der mechan. Eigg. in Längs- u. Querrichtung schwindet fast völlig. Die Warmverformung hochlegierter Stähle u. Legg. ist wesentlich erleichtert, was sich bes. in einer verbesserten Lochbarkeit austenit. Stähle für die Herst. nahtloser Rohre zeigt. Außerdem wird ihre Schweißbarkeit verbessert u. die Neigung zur Warmriß-Bldg. entlang der Nähte nimmt wesentlich ab. Das Prinzip des Verf. läßt sich auch auf Blockkopfbeheizung u. Steigerbeheizung bei Stahlguß anwenden. — 38 Schrifttumsangaben. H. HOCHSTEIN. 6408 □

Untersuchung der Gußstruktur schwerer Schmiedeblöcke. K.-L. Kiesel, K. K. Skuin, O. Liebscher und K. Rockstroh. (Neue Hütte **7.** 111—23. Febr. 1962. Hennigsdorf bei Berlin, Eisen-Forschungsinst.; VEB Stahl- u. Walzwerk Gröditz.) (Dt.)

Es werden Beispiele für Stahlblockfehler als Ursache für das Ausfallen von schweren Schmiedestücken erörtert u. durch Verss. nachgewiesen, daß die als häufigsten Fehler auftretenden Risse entlang von Seigerungsstreifen, die aus dem Gebiet der Λ-Seigerungen des Blockes herrühren, auftreten. Die Blockstruktur schwerer Schmiedeblöcke hängt von einer Vielzahl von Faktoren ab. Alle Blöcke zeigten Kerninhomogenitäten, z. T. ausgeprägte Sekundärlunker u. Risse. Die Seigerungsstreifen treten stets bis ins Fußdrittel hinein auf. Mit der Blockgröße nahm die Zahl der Seigerungsstreifen im Block zu. Alle kopfbeheizten Blöcke wiesen einerseits relativ kleine, abgeflachte Primärlunker u. andererseits deutlicher u. stärker ausgeprägte Inhomogenitäten u. Trennungen auf. Es wird gefolgert, daß durch die Blockkopfbeheizung die Verhältnisse beim Erstarren des Blockkerns beeinflußt werden. Bei Walzblöcken, deren Kernfehler bei den im allg. viel stärkeren Verformungen sicher verschweißen, treten wesentliche Fehlererscheinungen nicht ein; durch den flacheren Primärlunker sind dabei Materialeinsparungen möglich. — 33 Literaturangaben; Diskussion. H. HOCHSTEIN. 6408

Einfluß des Schwefelgehalts auf das kopfseitige Ausbringen bei unberuhigten weichen Stählen aus 6,5-t-Unterguß-Blöcken. W. Knorr. (Techn. Mitt. Krupp **19.** 37—39. Juni 1961. Bochumer Verein für Gußstahlfabrikation A.G.) (Dt.)
Unterss. zeigen, daß der S-Geh. bei unberuhigten Stählen zu stärkeren Seigerungen führt, um so mehr, je stärker die Blöcke sind. Der sich daraus ergebende Kopfabfall kann durch eine Senkung des S-Geh. der Schmelze, z. B. durch den Einsatz von entschwefeltem *Roheisen*, verringert werden. F. VIER. 6408□

Entstehung und Vermeidung von Gasporosität bei Stahlguß. R. Wlodawer. (Giessereipraxis **1961.** 2—10. 10/1.; 25—34. 25/1.) (Dt.)
Auf Grund einfacher, bekannter Erscheinungen werden die grundlegenden Gesetze erläutert, die für die Gaslöslichkeit in Fl. maßgebend sind. Hieraus wird auf die besonderen Bedingungen geschlossen, unter denen sich H_2, N_2 u. andere Gase in fl. Stahl lösen. Die Rk.-Möglichkeiten werden erörtert, die zur Bldg. von *CO* führen. Die Ausbildungsform u. Lage der Poren steht in gewisser Abhängigkeit von der Gestalt des Gußstückes u. der Lage der Anschnitte. Die Vermeidung von Nadelstichporen kann fast nur von der Stahlseite erfolgen. Besondere Verff. hierfür werden besprochen. Die Entstehungsursache der Poren liegt nicht im hohen Feuchtigkeits-Geh. des Formsandes oder in zu geringer Gasdurchlässigkeit. Bei ungenügender Stahldesoxydation genügen bereits Feuchtigkeits-Geh. von 2% zur Porenbildung. Als hauptsächlichste Porenursache ist der O_2 anzusprechen, während andere Gase, bes. der H_2, aus dem Formsand nur in Ausnahmefällen zur Poren-Bldg. beitragen. Die sog. Schlackenblasen werden hinsichtlich ihrer Entstehungsursache besprochen u. es wird dargelegt, daß sie nicht schlackenbedingt sind. Poren aus anderen Ursachen treten in ihrer Bedeutung gegenüber den erörterten zurück. H. HOCHSTEIN. 6408□

Anwendung seitlicher blinder, mit exothermischen Massen umhüllte Gußköpfe beim Stahlguß. Eugene Ney. (Fonderia [Milano] **8.** 223—28. Juni 1959.) (Ital.)
Vf. empfiehlt bei Herst. großer Stahlgußstücke die Verw. seitlicher blinder Angüsse mit exotherm. Umhüllung, die bei der Gießtemp. unter Wärme-Entw. Gase abspaltet. Der techn. Vorteil liegt hierbei in der Verlängerung der Erstarrungszeit, wobei der unter dem Druck der Gase stehende Gußkopf die Gleichmäßigkeit des Gusses begünstigt. A. SANDER. 6408□

Untersuchungen über die Vakuumentgasung von flüssigem Stahl. Laszlo Szöke. (Neue Hütte **7.** 94—102. Febr. 1962. Budapest.) (Dt.)
Verss. zur Vakuumbehandlung von fl. Stahl erstreckten sich zunächst auf die Gießstrahlentgasung bei fallendem u. steigendem Guß. Unter erheblichen techn. Schwierigkeiten führte dieses Verf. bei der Erzeugung von 0,3 u. 4 t-Blöcken infolge der stark heterogenen Blockstruktur zu keiner nennenswerten Verbesserung der Stahlqualität. Durch Vakuumbehandlung in der Gießpfanne gelang es, die Flockenempfindlichkeit legierter Stähle herabzusetzen. Günstig wirkte sich die Pfannenentgasung ferner bei der ausschußfreien Erzeugung schwieriger Gußstücke u. bei hoch-Ni-haltigen Legg. aus. Eindeutige Aussagen über die Beeinflussung der Einschluß-Geh. konnten nicht getroffen werden. Zur Erreichung niedriger Einschluß-Geh. ist die Vakuum-Vorr. so umzubauen, daß die Entgasung des Stahles beim Umgießen aus einer Gießpfanne in eine andere ohne Zwischenpfanne durchgeführt werden kann. Die Vakuumentgasung des Stahles scheint kein Allheilmittel zur Überwindung metallurg. Schwierigkeiten zu sein, führt jedoch bei Anwendung an richtiger Stelle zu einer beachtlichen Verbesserung der Stahlqualität. — 25 Literaturangaben. H. HOCHSTEIN. 6408□

Die rationelle Typisierung der Konstruktionsfeinstähle. Rafael Calvo Rodes. (Inst. Hierro Acero **12.** 277—87. Okt./Dez. 1959.) (Span.)
Der Verformungswiderstand von Metallen hängt vor allem von ihrem Korngefüge ab. Baustähle müssen nicht nur eine hohe Elastizitätsgrenze u. genügende Duktilität aufweisen, sondern auch eine hohe Plastizität, die ihnen Ermüdungsfestigkeit verleiht. Bei legierten Stählen lassen sich Tempergrenzen erreichen, die bei C-Stählen nicht möglich sind, sie zeigen bei gleichem C-Geh. u. gleichen Anlaßbedingungen höhere Festigkeit bzw. schon bei niedrigerem C-Geh. gleiche Festigkeit wie C-Stähle mit höherem C-Gehalt. Das der Typisierung zugrunde liegende Fällungsgefüge beruht auf dem beim Anlassen erhaltenen Martensit, der seinerseits vom C-Geh. des Stahles u. davon abhängt, daß der beim Anlassen erzielte Durchmesser den krit. Wert nicht übersteigt. Vf. führt den Begriff einer potentiellen Anlaßhärte H_p, der die Summe der tatsächlichen Härte H_r u. des Erweichungs-Koeff. H_a darstellt: $H_p = H_r + H_a$. Die Größen Temperbarkeit D_i, Anfangs-Temp. der Martensit-Bldg. M_s u. H_p genügen zur Typisierung.
R. K. MÜLLER. 6408□

Über die Wasserstoffsprödigkeit von Stahl. 3. Mitt. **Über die metallurgische Beobachtung.** Iwao Ōnishi und Yoneo Kikuta. (Technol. Rep. Osaka Univ. **10.** 193—207. Jan. 1960.) (Engl.) — 2. vgl. C. **1962.** 3958.

Durch metallurg. Beobachtung an durch kathod. Elektrolyse durch H versprödeten Flußstahlproben wird festgestellt, daß die Bruchoberfläche solcher Proben viele, verhältnismäßig kleine vulkanartige sprödgebrochene Teile trägt. Auf der Oberfläche der durch H versprödeten Stähle werden große u. kleine Risse verursacht. Diese Risse sind verhältnismäßig stumpf; an ihrer Spitze wird eine radiale Gleitlinie festgestellt. Der Längsquerschnitt von Zerreißproben, die verschiedenen Beanspruchungen unterworfen waren, wird mkr. beobachtet. Die dabei verursachten Risse sind in der Hauptsache rhomb. oder spindelförmig, während die Lage ihres Auftretens gemäß den Probenarten schwankte. Es wird festgestellt, daß sehr wenige Risse auf dem Probenumfang unter leichter Beanspruchung verursacht werden u. daß mit zunehmender Beanspruchung diese Risse an Zahl zunehmen u. deformiert werden. Mit über 13% Deformation werden auch Risse im Mittelteil der Proben verursacht. H. HOCHSTEIN. 6408□

Entwicklung und Eigenschaften hochfester Vergütungsstähle. Herbert Tauscher und Heinz Fleischer. (Neue Hütte **7.** 102—11. Febr. 1962. Dresden u. Pirna/Elbe.) (Dt.)

Überblick. — 58 Literaturstellen. H. HOCHSTEIN. 6410□

Die Reaktion zwischen der carbidischen und Matrixphase in einigen legierten Stählen. J. Čadek, R. Freiwillig und O. Dupal. (Hutnické Listy **16.** 874—85. Dez. 1961. Praha, Výzk. ústav hutnictví železa.) (Tschech.)

Mittels elektrolyt. Isolierung von Carbiden u. deren chem. u. Röntgenanalyse wurde die Carbid-Rk. von 5 *CrMo*-Stählen (0,3 [%] C; 1,5—4,5 Cr; 0,92—5,7 Mo) u. 3 *CrW*-Stählen (0,4 C; 1,7—4,5 Cr; 1,17—10 W) beim Anlassen des Martensits bei 650° u. Zeiten zwischen 6 Min. bis 5000 Std. untersucht. Für die Beurteilung der Rkk. zwischen der Carbidphase u. dem Mischkristall werden Verteilungsverhältnisse eingeführt. Als das wichtigste Ergebnis wird die Ermittlung angesehen, daß das hexagonale Übergangscarbid M_2C in den Anfangsstadien ein bedeutendes C-Defizit aufweisen kann u. M_xC, wo $x > 2$, geschrieben werden sollte. Es enthält weiter oftmals weniger *Mo* oder *W* als das Mischkristall u. einen großen Überschuß an *Fe* u. *Cr*, u. bildet mit dem JACKschen ε-Carbid eine ununterbrochene Reihe fester Lösungen. Die beobachteten Carbid-Rkk. sind $M_3C \rightarrow M_2C$; $M_3C \rightarrow M_7C_3$; $M_7C_3 \rightarrow M_{23}C_6$; $M_2C \rightarrow M_6C$ u. $M_6C \rightarrow M_6C + M_{23}C_6$ u. können grundsätzlich nach der Lage beider Phasen auf 4 Arten verlaufen.

J. TŮMOVÁ. 6410□

Methoden zur Gewinnung von sekundärem Kupfer. Max J. Spendlove. (U. S. Dep. Interior, Bur. Mines, Inform. Circ. **1961.** Nr. 8002. 1—41. 1 Tafel.) (Engl.)

Nach einleitenden Begriffs- u. Herkunftserklärungen über „secondary copper“ wird eine vollständige Sammlung aller Informationen über die Wiedergewinnung von *Cu* u. Nebenprodd. aus Abfällen gegeben. — 56 Literaturangaben. F. HOCHSTETTER. 6432□

Kupferabscheidungsverfahren erfüllt die Erwartungen bei der Lake-Shore-Grube. G. A. Freemann, Carl Rampacek und L. G. Tvans. (Mining Engng. **13.** 1152—55. Okt. 1961. Casa Grande, Ariz., Transarizona Resources, Inc., u. U.S. Bur. of Mines.) (Engl.)

Beschrieben werden Verf. u. Anlagen zur Gewinnung von *Cu* aus oxydierten Cu-Erzen oder einer Mischung von oxid. u. sulfid. Cu-Erzen durch Aufheizen auf 1400 bis 1500° F im Gemisch mit reinem Halogenid u. einem C-haltigen Stoff, wie Koks oder Kohle. Dabei wird das sich verflüchtigende *CuCl* an C zu Cu in Form von feinen Flocken reduziert. Das Cu kann dann durch übliche Flotations-Verff. unter Zusatz von K-Amylxanthat Methylisobutylalkohol u. CaO bei pH 11,5 flotiert werden. F. VIER. 6432□

Elektrisches Schmelzen von Zementkupferniederschlägen und ihre Reinigung durch Gase. F. E. Brantley, R. G. Peterson und J. B. Clemmer. (U. S. Dep. Interior, Bur. Mines, Rep. Invest. **1961.** Nr. 5899. 1—14. Salt Lake City, Utah.) (Engl.)

Infolge des steigenden Anfalls von Zementkupfer wurde seine günstigste Weiterverarbeitung geprüft. Bei 77,5 (%) *Cu* u. 14 *O* enthielt es an Verunreinigungen bes. *Fe*, *Pb*, *Ni*, *Sn* u. *S*. Die Korngröße betrug $< 5\,\mu$, weshalb es zu kleinen Zylindern bzw. Kugeln agglomeriert wurde. Geschmolzen wurde im Induktions- oder im Lichtbogenofen, wobei sich letzterer als etwas vorteilhafter erwies. Als Schlacke war eine Mischung von *Quarz* u. *Flußspat* am besten. Bei 99,8% Reinheit erzielte man 92% Ausbeute; bei größerer Ausbeute war die Reinheit geringer. Durchleiten von oxydierenden (Luft, Cl_2) u. anschließend reduzierenden (H_2, CO) Gasen ergab Cu mit 99,9%. Für einen 50-t-Lichtbogenofen wurde der Kraftverbrauch zu 650—700 kWh/Cu berechnet.

F. HOCHSTETTER. 6432□

Kupfer und Kupferlegierungen als Rohstoffe zur Herstellung von Rohren, insbesondere von Kondensatorrohren. W. G. R. de Jager. (Metalen **15.** 261—64. 15/8. 299—301. 15/9.; 330—35. 15/10. 1960. Metaalinst., T.N.O.) (Holl.)

Übersicht über die für Kondensatorrohre verwendeten Rohstoffe (Cu u. Cu-Legg.), die an sie zu stellenden Anforderungen, ihre Eigg., die Herst. der Rohre, die vorkommenden Fehler, das Verh. der Rohre gegen Korrosion u. Erosion. — 15 Schrifttumshinweise. W. Wesly. 6432 □

Fließen, Bruch und Zwillingsbildung von handelsüblich reinem Vanadin. W. R. Clough und A. S. Pavlovic. (Trans. Amer. Soc. Metals **52.** 948—70. 1960. Middletown, Conn., Pratt & Whitney Aircraft; Niagara Falls, N.Y., Union Carbide Metals Corp.) (Engl.)

Handelsüblich reines V mit 0,036 (%) C bildet eine 2. Phase aus, die als V_2C identifiziert werden konnte. Dagegen konnten Oxide u. Nitride nicht gefunden werden, obwohl O- u. N-Geh. von 0,07 bzw. 0,083 festgestellt wurden. Zugprüfungen bei 200—196° ergaben ein 5faches Anwachsen der Fließfestigkeit, u. ein 3faches der Zugfestigkeit u. einen Übergang von duktil zu brüchig. Entsprechend nahm mit fallenden Temp. die Duktilität ab. Mechan. Zwillingsbldg. wurde bei Schlagbeanspruchung bei —78° u. darunter beobachtet. Sie tritt auf in den {1 1 2}-Ebenen, anscheinend nur innerhalb ein oder zweier Körner einer gespaltenen Oberfläche. — 32 Literaturangaben. F. Vier. 6440 □

Raffination der Schmelze von Aluminiumlegierungen. Vladimír Malík. (Slévárenství **9.** 170—71. Mai 1961. Brno, Slévárenský výzkum Stát. výzk. ústavu. materiálu a technol.) (Tschech.)

Erläuterung der Wirkungsweise von Raffinationsmitteln beim Umschmelzen von Al-Abfällen mit kurzer Übersicht der entwickelten Raffinationsgemische aus *NaCl, KCl, NaF* u. *Kryolith.* — 16 Literaturangaben. J. Tůmová. 6446 □

Untersuchung über die Flecken auf primärem Aluminium. 3. Mitt. **Untersuchung über das Verhalten von Aluminiumoxid in primärem, geschmolzenem Aluminium und der Einfluß der Flußmittelbehandlung auf Verunreinigungen in geschmolzenem Aluminium.** Minoru Takemoto, Taro Yoshimoto, Kyuya Oida und Kiyomi Yanagida. (Light metals [Tokyo] **11.** 219—22. Juli 1961. Sumitomo Chem. Co. Ltd., Kihumoto Works.) — 2. vgl. C. **1962.** 288.

Der Einfl. von Flußmitteln, wie Na_3AlF_6, NaF, $NaCl$, Na_2CO_3, Schmelzen von Na_3AlF_6–NaCl–Na_2CO_3, $NaBF_4$, Na_2SiF_6, $ZnCl_2$ u. $MgCl_2$ auf Verunreinigungen (Al_2O_3, *Si, Na, Mg, Zn* u. *B*) von *Al* mit 99,99% Reinheit wird untersucht u. erörtert. W. Wesly. 6446 □

Der Einfluß der Abkühlungsgeschwindigkeit auf das Gußgefüge einer Aluminiumlegierung (Al—0,5% Fe). Yoshizo Nakatani und Kyoji Shimizu. (Light metals [Tokyo] **12.** Nr. 1 (Nr. 51). 14—19. Jan. 1962. Osaka, Univ.) (Jap.; Auszug: Engl.)

Unterss. über die Beziehung zwischen der Abkühlungs-Geschw. R (von 850°) u. der Unterkühlung einer Al-Leg. mit 0,5% Fe führen zu der Gleichung ΔT (Unterkühlungsgrad) = 2 $R^{1/3}$. Mit steigender Unterkühlung u. Abkühlungs-Geschw. werden Korngröße u. Dendritzelle kleiner. W. Wesly. 6446 □

Bei Raumtemperatur rekristallisierende Aluminiumlegierung. Shinpei Maeda. (Light metals [Tokyo] **11.** Nr. 4 (Nr. 49). 231—45. Juli 1961. Nikko Copper Works.) (Jap.; Auszug: Engl.)

Nach Zusatz kleiner Mengen *Ca* zu reinem Al, das längere Zeit bei höherer, dann bei niedriger Temp. gehalten worden ist, rekrist. dieses unterhalb der Raum-Temp., wobei Verunreinigungen ungefährlich werden. Die so gewonnene *Al–Ca*-Leg. zeigt gute Bearbeitbarkeit, hohe Leitfähigkeit u. Korrosionsfestigkeit u. gute Weichheit. Die Wrkg. von Ca wird durch kleine Mengen *Sn* oder *Ni* noch verbessert. — 37 Literaturangaben. W. Wesly. 6446 □

Untersuchungen an hochfesten Aluminiumlegierungen in Australien. I. J. Polmear. (Metal Progr. **81.** Nr. 1. 82—84. 124. 126. 128—30. 134. Jan. 1961. Melbourne, Austr., Australian Defence Sci. Serv.) (Engl.)

Untersucht wurden die Dauerfestigkeit u. die Festigkeit gegen Spannungskorrosion von *Al–Zn–Mg*-Legg. sowie die Wrkg. kleiner Zusätze von Leg.-Elementen. Durch geringe Zusätze von *Ag* läßt sich die Mikrostruktur wesentlich verbessern. F. Vier. 6446 □

Dehnbarkeit in Aluminiumgußlegierungen. R. Mercer. (Brit. Foundryman **54.** 410—16. Sept. 1961. Alcan Enfield Alloys Ltd.) (Engl.)

Nach einer kurzen Beschreibung der normalen Zugprüfungen u. einer Erläuterung des sich daraus ergebenden Spannungs–Dehnungs-Schaubildes wird auf Einzelheiten der mechan. Eigg. von Al-Guß-Legg. u. ihre prakt. Bedeutung eingegangen. Eine lose Beziehung zwischen der Dehnbarkeit u. dem Anwachsen der Zugfestigkeit im Bereich der plast. Verformung wurde festgestellt. Die Notwendigkeit für das Vorhandensein der Duktilität in Guß-Legg. wird erörtert. F. VIER. 6446☐

Texturen in stranggepreßtem Uran. R. B. Russell. (Trans. Amer. Soc. Metals **52.** 781—96. 1960. Cambridge, Mass., Nuclear Metals, Inc.) (Engl.)

Die bevorzugte Orientierung von im Zustand der α-Phase stranggepreßtem, kalt gestauchtem, rekristallisiertem u. aus der β-Phase abgeschrecktem U wurde metallograph., röntgenograph., durch Poldichtemessungen nach HARRIS-MUELLER bestimmt. Die Wärmeausdehnung wurde hieraus bestimmt. — 11 Literaturangaben; Diskussion. F. VIER. 6448☐

Untersuchung des Einflusses der Abkühlungsgeschwindigkeit auf die Zersetzung der γ-Phase in Uran-Legierungen mit niedrigem Molybdängehalt. R. F. Hills, B. R. Butcher und J. A. Heywood. (J. less-common Metals [Amsterdam] **3.** 155—69. April 1961. Harwell, Atomic Energy Res. Establ.; Stoke Poges, Fulmer Res. Inst.) (Engl.)

Die Umwandlungen, die bei der Abkühlung von *U–Mo*-Legg. aus dem γ-Phasengebiet bei verschiedenen Abkühlgeschw. auftreten, werden unter Anwendung einer Stirnabschreckmeth. für den gesamten Zus.-Bereich der Legg. untersucht. Hierbei wird eine Anzahl metastabiler Phasen erhalten. Es wird eine Erklärung für die Aufeinanderfolge der Umwandlungen in jeder Leg. versucht. H. HOCHSTEIN. 6448☐

Pulverkeramik — Pulvermetallurgie. Ein Überblick über Zusammenhänge und Entwicklungen. M. A. Schwartz. (2. Planseeseminar „De Re Metallica", warmfeste u. korrosionsbeständige Sinterwerkstoffe **1955.** 457—64. 1956. Wright-Patterson Air Force Base, Ohio.) (Engl.)

Mit 20 Literaturangaben. M. GEHLEN-KELLER. 6474☐

Einfluß des Sauerstoffgehalts auf die Eigenschaften der Pulver und Sinterprodukte des Eisens. A. Bia. (Metallurgia ital. **52.** 953—57. Dez. 1960. Neapel, Merisinter.) (Ital.)

Nach Verss. mit *Fe*-Pulvern homogener Herkunft mit *O*-Geh. zwischen 0,08—0,8 u. 0,15—1,4% besitzt der Oxydationszustand der Pulver einen erheblichen Einfl. auf deren Preßbarkeit u. auf die Zugfestigkeit der Sinterprodukte. Ausführung der Verss., physikal. u. mechan. Eigg. der Pulver u. ihrer Sinterprodd. werden erörtert. A. SANDER. 6474☐

Die Herstellung von Bor nach purvelmetallurgischen Verfahren. P. Best und S. R. Twigg. (Metallurgia [Manchester] **62.** 146—52. Okt. 1960. Culcheth, U.K.A.E.A.) (Engl.)

Beschrieben wird eine einfache Heißpreßtechnik zur Herst. von Kontrollstäben für Atomreaktoren aus *B*-reichen Legg. mit 10% *Ni, Cu, Mo.* K. STEIN. 6474☐

Die Rolle der Bindephase in Hartmetallen. J. Gurland und J. T. Norton. (2. Planseeseminar „De Re Metallica", warmfeste u. korrosionsbeständige Sinterwerkstoffe **1955.** 99—110. 1956. Providence, R.J., Brown Univ.; Cambridge, Mass., MIT.) (Engl.)

Überblick. M. GEHLEN-KELLER. 6476☐

Die Herstellung und die Eigenschaften von selbstgebundenem Siliciumcarbid. P. Popper und D. G. S. Davies. (Powder Metallurgy Nr. **8.** 113—27. 1961. Stoke-on-Trent, Brit. Ceramic Res. Assoc.) (Engl.)

Gepreßte Mischungen von *SiC* u. *Graphit* werden mit *Si* getränkt. Dabei werden durch geeignete Wahl der Korngrößen u. der Zus. bessere mechan. Eigg. erzielt. Bes. hat dabei eine Wärmebehandlung von $^1/_2$ Std. bei 2000° einen erhöhten Grad der Selbstbindung ergeben. Außerdem wird ein poröses selbstgebundenes SiC mit einer dichten Oberfläche hergestellt. H. FAHLENBRACH. 6476☐

Silber-Aluminiumoxid-Körper. T. H. Blakeley und A. E. S. White. (2. Planseeseminar „De Re Metallica", warmfeste u. korrosionsbeständige Sinterwerkstoffe **1955.** 335—43. 1956. London, Morgan Crucible Co. Ltd.) (Engl.) M. GEHLEN-KELLER. 6476☐

Einige Eigenschaften eines neu entwickelten Hartmetalls, hergestellt durch Tränken. C. G. Goetzel und L. P. Skolnick. (2. Planseeseminar „De Re Metallica", warmfeste u. korrosionsbeständige Sinterwerkstoffe **1955.** 92—98. 1956. Yonkers, N.Y. Sintercast Corp. of America.)

Unterss. an *TiC + 18-4-2-12-Stahl* mit runden u. eckigen Carbidkörnern zur Stahlbearbeitung. M. GEHLEN-KELLER. 6476☐

Titancarbidcermets. W. L. Havekotte. (2. Planseeseminar „De Re Metallica“, warmfeste u. korrosionsbeständige Sinterwerkstoffe **1955.** 111—29. 1956. Pittsburgh Pa., Firth Sterling, Inc.) (Engl.)

Herst. u. Eigg. von Cermets aus *TiC* mit *Ni* u. *Cr* als Binder. Diskussion.

M. GEHLEN-KELLER. 6476□

Methoden und Ergebnisse der Dämpfungsmessung an Stählen und Nichteisenmetallen. H. J. Seemann. (Inst. Hierro Acero **12.** 295—309. Okt./Dez. 1959. Saarbrücken, Univ., Inst. für Metallkunde u. Metallphysik.) (Span.) — Vgl. C. **1959.** 12149; C. **1960.** 13625.

Vortrag über die Technik der Dämpfungsmessung u. ihre Ergebnisse bei fast reinem *Al*, reinem *Al–Cu* u. techn. *Duraluminium.* — 19 Literaturangaben.

R. K. MÜLLER. 6480□

Nachtrag zur 41. Mitteilung des Eisen-Forschungsinstitutes „Brüche an kaltverformten, austenitischen Chromnickelstählen beim nachfolgenden Erwärmen im Temperaturgebiet von 700°C“. D. Effenberger und K. Skuin. (Technik **16.** 697—99. Okt. 1961. Dresden, Forsch.-Inst. Manfred von Ardenne; Hennigsdorf/Berlin, Eisen-Forsch.-Inst.) (Dt.) — Vgl. SKUIN, C. **1962.** 6195.

Durch elektronenmkr. Unterss. über die Ursache von Brüchen an kaltverformten austenit. CrNi-Stählen beim nachfolgenden Erwärmen im Temp.-Gebiet von ca. 700° wird bestätigt, daß bei den krit. Carbidausscheidungen in allen Fällen gleiche Carbide entstehen, die ihrerseits wieder dem Aussehen nach den Primärcarbiden im Anlieferungszustand ähnlich sind. Es handelt sich dabei, wie aus Carbidisolierungen hervorgeht, in allen Fällen um *Nb–Ta-Carbide.* H. HOCHSTEIN. 6480□

Bruchzähigkeitsmessungen mit Querrißproben. J. D. Morrison und J. R. Kattus. (Mater. Res. Standards **1.** 968—72. Dez. 1961. Birmingham, Ala., Southern Res. Inst.) (Engl.)

Zur Best. der Festigkeit von Blechen dient eine Bruchzähigkeits- (Querriß-) Prüfung, wozu mit einer Lochstanze ein Querriß erzeugt wird. In mehreren Labor. ausgeführte Unterss. zeigen, daß das Verf. zur Prüfung von abschreck- u. ausscheidungshärtbaren Blechen u. bes. für bearbeitungshärtbare Werkstoffe (austenit. Stähle), ermüdungsrissige oder randgekerbte Proben geeignet ist. W. WESLY. 6480□

Einige Gedanken zum Problem des Sprödbruches. Otto Werner. (Materialprüfung **1.** 189—200. 20/6. 1959. Berlin-Dahlem, Bundesanst. für Materialprüfung.) (Dt.)

Vf. geht davon aus, daß ein Sprödbruch nur vermieden wird, wenn der beanspruchte Werkstoff ein genügendes Formänderungsvermögen (FV) hat, um die einwirkenden Spannungen abzubauen. Die neuen Vorstellungen zum FV der Metalle, die sich auf therm. Schwankungen im Kristallgitter u. die neuen, atomist. Theorien der Kristallplastizität (Versetzungstheorie) gründen, werden wiedergegeben. — 43 Schrifttumshinweise. W. WESLY. 6480□

Kriech- und Brucheigenschaften von unlegierten Stählen. A. I. Smith, E. A. Jenkinson und D. J. Armstrong. (Proc. Instn. mechan. Engr. **174.** 745—68. 1960. East Kilbride, National Engineering Labor.; Teddington, National Physical Labor.) (Engl.)

Die Sorten von für hohe Betriebs-Temp. vorgesehenen C-Stählen werden besprochen u. nachgewiesen, daß für diese unlegierten Stähle ein weiter Bereich der Festigkeits-Eigg. besteht. Am unteren Ende der Festigkeitsskala stehen die Reineisensorten u. am oberen Ende die Stähle mit einem mäßigen C-Geh., die nicht zu niedrig in den *Mn*- u. *Si*-Geh. sein dürfen. Eine starke Desoxydation mit *Al* der üblichen C-Stähle bewirkt geringere Kriech- u. Bruch-Eigg. als bei mit Si desoxydierten Stählen. Die Bedeutung des *N*-Geh. hierbei wird erörtert. Die Bruchduktilität der C-Stähle wird behandelt u. die in diesen Stahlsorten beobachtete geringe Duktilität bei langen Betriebszeiten erscheint unerwünscht. H. HOCHSTEIN. 6480□

Magnetische Messungen zum Wasserstoffverhalten in Eisen und Eisenlegierungen. Friedrich Erdmann-Jesnitzer und Irmtraud Böhm. (Materialprüfung **1.** 43—53. 20/2. 1959. Freiberg (Sachsen), Bergakad., Inst. für Metallk. u. Materialprüfung.) (Dt.)

Aus der Veränderung von Koerzitivkraft, Remanenz u. Biegezahl von Fe-Blechen nach Eindringen von H_2 ergibt sich, daß H-Umlagerungen stattfinden. Die Ergebnisse werden durch Erörterung der Ursachen gedeutet. Elektronenopt. Bruchbild-Unterss. zeigen, daß eine H-Umlagerung in Substrukturen wahrscheinlich ist. Die auftretende, inhomogene H-Verteilung u. die Bldg. von teilweise H-verarmten α-Fe-Vol. werden zur Deutung der magnet. Enthärtung herangezogen. Relais- u. Tiefziehblech zeigt nach 10% Kaltverformung, Dynamoblech mit höherem (0,77%) Si-Geh. nach 2,5% Kaltverformung vor der Begasung keine Änderungen der magnet. Werte mehr. W. WESLY. 6480□

Über die Beziehungen zwischen den in verschiedenen Formbarkeitsprüfungen erhaltenen Versuchswerten. Shinji Fukui, Kiyota Yoshida und Kunio Abe. (J. sci. Res. Inst. [Tokyo] **54.** 199—205. Juni 1960. Plast. Working Labor.) (Engl.)

Verschiedene Formbarkeitsprüfungen werden an 19 Sorten von Flußstahlblechen ausgeführt u. die hierbei erhaltenen Beziehungen untersucht. Als die elementaren Formbarkeitsprüfungen wurden die Tiefziehbarkeitsprüfung, die Aufweitbarkeitsprüfung sowie die Streck-Bördelprobe angewendet. Zwischen diesen drei Prüfungs-Meth. werden keine nahen Beziehungen festgestellt. H. HOCHSTEIN. 6480□

Beitrag zur fraktographischen Bewertung von gegossenem Stahl. Karel Stránský. (Slévárenství **9.** 164—68. Mai 1961. Brno, Šmeralovy závody.) (Tschech.) —Vgl. C. **1961.** 4149.

Das Aussehen der Bruchflächen wurde an Rißproben von 12 u. 14 mm Durchmesser beobachtet. Die transkrist. Brüche von normalisierten C-Stählen u. die Verformungsarbeit stehen in gegenseitiger Relation u. lassen so die Zähigkeit aus der Bruchfläche ermitteln. — Durchführung der Prüfungen u. Klassifizierung der Bruchflächen.

J. TŮMOVÁ. 6480□

Elektromagnetische Fehlerbestimmung von Rohren aus Nichteisenmetallen. P. Graneau und S. A. Swann. (J. Electronics and Control [1] **8.** 127—47. Febr. 1960. Brit. Insulated Callender's Cables Ltd.; Nottingham, Univ.) (Engl.)

Bei der elektromagnet. Prüfung von Rohren auf mechan. Fehler nach dem Wirbelstrom-Verf. hat man sich bisher im Hinblick auf die günstigsten Prüfbedingungen (Frequenz, Spulengeometrie u. Phasenunterdrückung) empir. geholfen. Vff. versuchen die optimalen Bedingungen zu errechnen, was nur möglich ist, wenn die Stromverteilung im Rohr bekannt ist. Diese Stromverteilung wird für ein Modell berechnet, das aus einer dünnen zirkularen Oberflächenschicht besteht, die von einem koaxialen Kreisstrom umgeben ist. Es wird experimentell gezeigt, daß die zur Fehlerprüfung anfallenden Rohre bis zu bestimmten Prüffrequenzen die Bedingungen dieses Modells erfüllen. Es wird ferner gezeigt, wie man sich diese theoret. Überlegung bei der impulsförmigen Aufzeichnung der Fehler bei der automat. Rohrprüfung nutzbar machen kann.

H. FAHLENBRACH. 6480□

Die auf die Alterung und Wärmebehandlung von Beryllium angewandte Warmhärteprüfung. R. Thomson, B. Begley und A. J. Martin. (J. less-common Metals [Amsterdam] **3.** 170—78. April 1961. Renfrew, Babcock & Wilcox Ltd.; Aldermaston, Atomic Weapons Res. Establ.) (Engl.)

Eine Warmhärte-Prüfanlage zur Unters. von *Be* wird beschrieben. Mit ihr werden Stangenquerschnitte von auf verschiedene Weise hergestelltem Be bei Temp. bis zu 600° geprüft. Es zeigt sich, daß das durch Warm-Red. erhaltene Metall sowohl einer Reckalterung als auch einer Aushärtung unterliegt u. daß diese beiden Prozesse durch eine Ausscheidungsglühung zwischen 600 u. 800° mit einer Verbesserung der Hochtemp.-Verformbarkeit beseitigt werden. In einem elektrolyt. red. Flockenmetall werden solche Erscheinungen dagegen nicht beobachtet. H. HOCHSTEIN. 6480□

Verbesserung der Ermüdungsfestigkeit von Aluminiumlegierungen durch Kaltbearbeitung der Oberflächen. G. A. Butz und J. O. Lyst. (Mater. Res. Standards **1.** 951—56. Dez. 1961. Cleveland, Ohio, Alcoa's Sales Dev. Div.; New Kensington, Pa., Alcoa Res. Labor.) (Engl.)

Durch Walzen u. Schrotabstrahlen der Oberfläche von Al-Legg. wird deren Ermüdungsfestigkeit vergrößert. Die Erhöhung hängt von Werkstoff u. Spannungslage ab; sie ist am größten, wenn scharfe Spannungsgradienten (Kerben) vorliegen. Glatte, axial beanspruchte Proben zeigen höchstens eine geringe Beeinflussung. Die Wrkg. der Kaltbearbeitung wird durch Erwärmung nach der Vorspannung vermindert. Die beobachteten Vorgänge werden erläutert. W. WESLY. 6480□

Zeitstandversuche an unlegiertem Titan. W. Knorr und H. Scholl. (Techn. Mitt. Krupp **19.** 51—60. Juni 1961. Essen, Fa. Fried. Krupp.) (Dt.)

Zeitstand-Verss. wurden an *Ti*-Sorten verschiedener Ausgangsfestigkeit von Raum-Temp. bis 300° bis zu 10000 Std. Dauer durchgeführt. Bei Ti höherer Festigkeit ist bei Raum-Temp. eine Abnahme der Zeitbruch (Z-B) u. Zeitdehn (Z-D)-Grenzen festzustellen. Bei höheren Temp. ist die Abnahme sehr gering. Oberhalb 1000 Std. nimmt die Z-B-Festigkeit bei Ti niederer Festigkeit ab, die Z-D-Grenzlinien bei Raum-Temp. oberhalb 1000 Std., bei höherer Temp. oberhalb 100 Std. verlaufen annähernd horizontal. Die Z-D-Grenze bei Ti höherer Festigkeit liegt bei Raum-Temp. bei 54% der Zugfestigkeit bei 150° bei 30% der Raum-Temp.-Zugfestigkeit. Bei Ti niederer Festigkeit liegen die entsprechenden Werte bei 44 bzw. 26%. Die Z-D-Kurven weisen Maxima auf, die bei steigender Spannung oder steigender Prüf-Temp. zu kürzeren Zeiten verschoben werden. Diese Wrkg. wird mit steigendem Geh. an gelösten Zwischengitteratomen ausgeprägter, was einer Wechselwrkg. der gelösten Fremdatome mit Versetzungen zugeschrieben wird. In feinkörnigem Zustand wird eine höhere Z-B-Festigkeit als bei grobkörnigen Proben beobachtet. Mit zunehmender Korngröße wird die maximale Kriech-Geschw. zu kürzeren Werten verschoben. Gewalzte Flachproben ergaben zusätzlich eine Abnahme der Z-B-Festigkeit. Der Einfl. der Verarbeitung auf das Zeitstand-Verh. ist größer als der durch Verunreinigungen verursachte. F. VIER. 6480□

Eine neue Einrichtung zum Polieren. Franz Raemmele und Kurt Veit. (Metal Progr. **81.** Nr. 1. 109—13. Jan. 1962. Jena, Carl Zeiss Jena.) (Engl.)

Es wird ein Gerät beschrieben, mit dessen Hilfe es möglich ist, Metalloberflächen für metallograph. Zwecke zu elektropolieren. Die Metalloberfläche kann durch das Mikroskop unmittelbar durch den Elektrolyten beobachtet werden. F. VIER. 6482□

Metallographische Untersuchung von Eisenfeilspänen. C. Blanco Noriega, R. T. Gonzalez Mina und R. Vasquez Bohorques. (Ind. y Quím. **20.** 432—33. 1960. Univ. Industrial de Santander.) (Span.)

Beschreibung einer Meth. zur chem. u. metallograph. Unters. von Feilspänen verschiedener Fe-Legg. zwecks Best. ihres Verh. bei therm. Vergütungs-Verff., ihrer magnet. Eigg. bei Einw. elektromagnet. Felder u. therm. Behandlungen sowie ihres Oxydations-Verh. beim Abschrecken in W., NaCl-Lsgg. oder Öl. Im experimentellen Teil wird die Vorbereitung der Feilproben durch Einbettung in geeignete inerte Trägerstoffe u. ihre Reinigung sowie die Ausführung der mkr., Korrosions- u. Färbeprüfungen näher behandelt. A. SANDER. 6482□

Einige Möglichkeiten und Anwendungsarten der explosiven Formgebung. J. L. Remmerswaal und P. J. M. Boes. (Microtecnic [Lausanne] **15.** 139—45. Juni 1961. Delft, Niederlande, Centr. voor Metaalbewerking, Metaalinst., L.N.O.) (Dt.)

Übersicht. — 7 Schrifttumshinweise. W. WESLY. 6490□

Der elektroerosive Metallabtrag — ein Bearbeitungsverfahren der modernen Elektrotechnologie. Hans Böhme. (Gießereitechnik **8.** 97—99. April 1962. (Dt.)

M. GEHLEN-KELLER. 6490□

Der Doppel-Wirkungs-Hydroformgebungsprozeß. Shinji Fukui, Kiyota Yoshida und Kunio Abe. (J. sci. Res. Inst. [Tokyo] **54.** 206—11. Juni 1960.) (Engl.)

Die Arbeitsweise des doppelt wirkenden Hydroformgebungsprozesses bei der Formgebung von Metallblechen wird besprochen u. seine Vorzüge hinsichtlich Leistung u. Maschinenkonstruktion werden im Vgl. zum üblichen, einfachen Hydroformgebungsprozeß herausgestellt. H. HOCHSTEIN. 6490□

Über die Strangpressung von Aluminium. Shigeyasu Kosa, Shotaro Morozumi und Tomomi Kato. (Light metals [Tokyo] **12.** 20—29. Jan. 1962. Tohoku Univ., Res. Inst. for Iron, Steel and Other Metals; Hokkaido, Broad Cast Co. Ltd.) (Jap.; Auszug: Engl.)

Mit steigender Strangpreß-Temp. von Al fällt der Strangpreßdruck. Der angenäherte Wert des Verformungswiderstandes beträgt 4,2—10,7 kg/mm², des Reibungs-Koeff. 0,06—0,11. Steigende Strangpreß-Temp. macht die rekrist. Oberflächenschicht dicker u. das Korn gröber. W. WESLY. 6490□

Plastizität von Stählen im Gebiet hoher Temperaturen. M. P. Braun, O. Ss. Kosstyrko, N. T. Litenko, A. N. Ssokol, B. B. Winokur und E. I. Mirowski. (Известия Высших Учебных Заведений (Москва, Черная Металлургия [Hochschulnachr. (Moskau), Eisenmetallurgie] **1960.** Nr. 2. 57—61. Ukrain. Akad. der Landwirtschafts-Wiss.) (Russ.)

Eine Temp.-Erhöhung von *Stahl 45* vor der Vorformung von 1240 auf 1270°, *55 X* von 1220 auf 1250° u. *5 ChNT* von 1180 auf 1210° bewirkt keine Plastizitätserniedrigung u. führt auch zu keiner Verschlechterung der Bearbeitbarkeit durch Druck. Im Bereich von 1100—1200° nimmt die Plastizität von *45* zu *55 Ch* u. *5 ChNT* hin zu. H. HOCHSTEIN. 6492□

Grundsätze und Praxis zur Herstellung von sehr niedrig gekohltem Stahl mit sehr geringem Kohlenstoffgehalt durch offene Glühung von Bandringen. D. J. Blickwede. (Year Book Amer. Iron Steel Inst. **1961.** 167—97.) (Engl.)

Ausführliche Darst. der C. **1962.** 1780 referierten Arbeit. H. HOCHSTEIN. 6492□

Grundlegende Untersuchung über Cyanidierung und Carbonitrierung. 3. Mitt. **Über die Außenschichtdifferentialwärmeausdehnungsmethode.** Fumitaka Yoshikawa. (Nippon Kinzoku Gakkai-Si [J. Japan Inst. Metals] **22.** 454—57. Sept. 1958.) (Jap.; Auszug: Engl.) — 2. vgl. C. **1959.** 2275.

Theoret. u. experimentelle Unterss. als Anwendung der angegebenen Meth. bei aufgekohlten u. nitrierten Proben. M. GEHLEN-KELLER. 6492□

Grundlegende Untersuchung über Cyanidierung und Carbonitrierung. 4. Mitt. **Über das Carbonitrierungs-Diagramm.** Fumitaka Yoshikawa. (Nippon Kinzoku Gakkai-Si [J. Japan Inst. Metals] **23.** 414—18. Juli 1959.) (Jap.; Auszug: Engl.) — 3. vgl. vorst. Referat.

Wiedergabe des Carbonitrierungsdiagramms auf Grund der chem. u. Phasenzusammensetzung. Es besteht eine Wechselbeziehung zwischen dem Diagramm, dem Mikrogefüge, der Mikro-VICKERS-Härteverteilung u. den therm. Veränderungen der Probe. W. WESLY. 6492□

Grundlegende Untersuchung über Cyanidierung und Carbonitrierung. 5. Mitt. **Über die Außenschicht von Cyanidierungsbehältern.** Fumitaka Yoshikawa. (Nippon Kinzoku Gakkai-Si [J. Japan Inst. Metals] **24.** 339—43. 1960.) (Jap.; Auszug: Engl.) — 4. vgl. vorst. Referat.

Unterss. über die Außenschicht einer 15 Std. bei 780° cyanidierten Probe zeigen, daß die Außenschicht aus 2 Schichten besteht. Die Teilextinktion des Zementitbeugungsmusters beruht auf der Ggw. von Martensit. Der Begriff „Außenschicht" wird erläutert. W. WESLY. 6492□

Nitrierstähle. H. Reutler. (Neue Hütte **6.** Nr. 10. Stahlberatungsstelle Eisenforsch.-Inst. WTZ VVB Stahl- u. Walzwerke Freiberg/Sa., Mitt. Nr. **19.** 1—15. Okt. 1961. Freital, VEB Edelstahlwerk 8. Mai 1945.) (Dt.)

Nach einer geschichtlichen Betrachtung wird der Zweck des Nitrierens von Stählen erörtert u. Angaben über den Nitriervorgang, bes. über die hauptsächlichsten Nitridbildner mit dem N-Geh. der gebildeten Nitride, über die Zus. der wichtigsten in- u. ausländ. Nitrierstähle sowie deren Verarbeitbarkeit durch Zerspanung, Warm- u. Kaltformgebung u. Schweißeignung gemacht. Die Arbeitsfolgen beim Nitrieren in der Praxis werden behandelt u. die dabei benötigten Ausrüstungen beschrieben. Auch werden die Wärmebehandlungs- u. Nitrierfehler sowie die Anwendungsgebiete u. bes. die Vorteile der Nitrierstähle erläutert. — 12 Literaturangaben. H. HOCHSTEIN. 6492□

Badnitrieren von Schnellarbeitsstählen. Peter Hammer. (Fertigungstechn. u. Betr. **11.** 771—72. Nov. 1961.) (Dt.)

Überblick. — 13 Literaturangaben. M. GEHLEN-KELLER. 6492□

Die Struktur des nitrierten Stahls 15Ch11MF nach einer Haltezeit bei hohen Temperaturen. A. W. Kosstenko, Je. W. Lopuchina, T. M. Pogrebetzkaja und A. A. Jurgensson. (Металловедение и Термическая Обработка Металлов [Metallkunde therm. Metallbearb.] **1960.** Nr. 7. 48—52. Juli.) (Russ.)

Infolge eines langen Verweilens bei 570° tritt an der Oberfläche des nitrierten Stahls *15 Ch 11 MF* Oxid-Bldg. auf. Bevorzugt werden die Fe-Nitride oxydiert. Die Nitride bilden Mischkristalle mit einem breiten Homogenitätsbereich, die ein Kristallgitter mit einer großen Zahl von Leerstellen besitzen. Durch solche feste Lsgg. verläuft die O-Diffusion leicht. Schleifen der nitrierten Oberfläche des Stahls auf eine Tiefe von 0,1 mm verringert nicht die Oberflächenhärte, vermindert jedoch die Anzahl der Nitride in der Oberflächenschicht u. muß daher die Beständigkeit gegen Zunder-Bldg. erhöhen. H. HOCHSTEIN. 6492□

Versprödung von Stahl bei Antikorrosionsnitrierung. I. Je. Ssoloweitschik und M. L. Finkelstein. (Металловедение и Термическая Обработка Металлов [Metallkunde therm. Metallbearb.] **1960.** Nr. 7. 52—54. Juli. Moskau, Dynamo-Werk.) (Russ.)

Stahlteile, die während ihrer Herst. einer Antikorrosionsnitrierung unterliegen, müssen zuvor wärmebehandelt werden. Bei den niedriggekohlten Stählen 10 u. 20 muß man vor der Nitrierung eine Normalisierung bei 800—840° oder eine Abschreckung von 800—840° in W. oder Öl vornehmen; Stahl 45 wird zweckmäßig vergütet, u. zwar durch Abschrecken von 840° in W. u. durch nachfolgendes 1std. Anlassen. H. HOCHSTEIN. 6492□

Nitrierung von Titan bei erniedrigtem Partialdruck des Stickstoffs. A. W. Smirnow und A. D. Natschinkow. (Металловедение и Термическая Обработка Металлов [Metallkunde therm. Metallbearb.] **1960.** Nr. 7. 42—47. Juli.) (Russ.)

Die Nitrierung von Ti in einem aus Ar u. N_2 bestehenden Gasgemisch bei einem erniedrigten N_2-Partialdruck ermöglicht die Herst. einer Diffusionsschicht ohne äußere Nitridhaut. Unter dieser Behandlungsbedingung gelingt es, eine größere N-Eindringtiefe zu erzielen als in reinem N_2, bedingt durch die Verringerung der die Diffusion von N_2 verlangsamenden Nitridschichtdicke. Die Nitrierung erfolgt durch reakt. Diffusion; in allen Fällen bildet sich Titannitrid (TiN u. TiN_x), bei dessen Aufnahme sich die feste Lsg. von N im α-Ti bildet. Eine Nitridschicht bildet sich nicht bei einem N_2-Partialdruck von 0,005 at einer Temp. von 850° u. einer Haltezeit von weniger als 24 Stunden. Bei period. Erhöhung u. Verringerung der N_2-Zufuhr bildet sich auch bei längerer Haltedauer oder bei größerem N_2-Partialdruck (z. B. 0,01 at) keine Nitridschicht. Das Fehlen einer Nitridschicht gewährleistet eine gleichmäßigere Härteverteilung in der Diffusionsschicht. *Al* erhöht die N-Eindringtiefe, während *Si*, *Sn* u. *Mn* sie verringern.

H. HOCHSTEIN. 6492 □

Gasborierung durch Bortrichlorid. M. A. Ptschelkina und Ju. M. Lachtin. (Металловедение и Термическая Обработка Металлов [Metallkunde therm. Metallbearb.] **1960.** Nr. 7. 40—42. Juli.) (Russ.)

Durch Verss. wird die Möglichkeit zur Borierung von Stahl in einer aus BCl_3 u. H_2 bestehenden Gasatmosphäre bereits bei 700—750° nachgewiesen. Empfohlen wird eine 3std. Borierungsbehandlung bei 850°; das Verhältnis zwischen BCl_3 u. H_2 in der Gasatmosphäre muß ca. 0,05 betragen. Bei einer Zunahme des C-Geh. in Stahl wird in der Diffusionsschicht die Bldg. von *FeB* geringer; die Härte der FeB- u. FeB_2-Phasen nimmt ab.

H. HOCHSTEIN. 6492 □

Thermische Verchromung molybdänreicher Sinterlegierungen. H. Bückle. (2. Planseeseminar „De Re Metallica", warmfeste u. korrosionsbeständige Sinterwerkstoffe **1955.** 239—44. 1956. Paris, O.N.E.R.A.) (Dt.)

Entw. eines Verf., bei dem eine fl. Phase in dünner Schicht entsteht, in der die Diffusions-Geschw. stark erhöht ist. So können 100—200 μ dicke hochchromhaltige Schutzschichten erhalten werden.

M. GEHLEN-KELLER. 6492 □

Schweißbares Kupfer. J. G. Young und K. J. Clews. (Welding Metal Fabricat. **28.** 404—07. Okt. 1960. Brit. Welding Res. Assoc.) (Engl.)

Beschreibung der Verw. von *Cu*, das mit *Zn* desoxydiert worden ist, zur Herst. von dichten porenfreien, autogenen Ar-Lichtbogenschweißen. Mit *P* desoxydiertes Cu ergibt dagegen poröse Schweißen.

W. WESLY. 6506 □

Schweißen kaltzäher Stähle. F. W. Straßburg. (Nickel-Berichte **19.** 111—14. Mai 1961.) (Dt.)

Die in der Kältetechnik verwendeten Vergütungsstähle mit 1,5—9% *Ni* für Temp. von —50 bis —200° u. austenit. Cr-Ni-Stähle für Temp. von —100° bis nahe zum abs. Nullpunkt zeichnen sich durch gute Festigkeits-Eigg. bei Raum-Temp. u. Kerbschlagzähigkeit bei tiefen Temp. aus. Da artgleiches Schweißgut dem wärmebehandelten Grundwerkstoff in der Festigkeit bei Raum-Temp. unterlegen ist, müssen die Eigg. der Schweiße durch Wärmebehandlung, wenn nötig, verbessert werden. Falls das nicht möglich oder schwierig ist, verwendet man ein höher legiertes Schweißgut. Die für die einzelnen Stähle verwendeten Schweißelektroden, die Ausführung der Schweißen u. deren Eigg. werden beschrieben.

W. WESLY. 6506 □

Einfacher Transistordickenmesser für galvanische Überzüge. U. H. Narayanan und K. R. Venkatachalam. (Plating **48.** 1211—12. Nov. 1961. Karaikudi, Indien, Central Electrochem. Res. Inst.) (Engl.)

Die Messung wird unter anod. Entfernung der Ndd. vorgenommen u. beruht auf der mit der Entfernung des Nd. sich ändernden Spannung.

F. VIER. 6514 □

Die chemische Stabilität von Sonderstählen in ionisierten Mitteln. L. Bourge. (Cebelcor, Rapp. Techn. **1961.** Nr. 96. Nr. 1. 1—20. Sept. Ind. chim. belge **26.** 644—63. 1961. Court-St-Etienne, Belgien, Usines E. Henricot.) (Franz.)

Zur Entw. einer wirksamen Zusammenarbeit zwischen Metallurgen u. Verfahrensingenieuren werden die möglichen Struktur-Rkk. von *Fe–Cr-* u. *Fe–Cr–Ni*-Legg. erläutert u. die chem. Beständigkeit dieser Legg. angegeben, um ihre Anwendungsgebiete abzugrenzen. Bes. werden die *Fe–Cr–Ni–Mo*-Legg. behandelt, ihre Nachteile mitgeteilt u. die Unterss., welche zur Erzielung besserer Ergebnisse durchgeführt werden, besprochen.

H. HOCHSTEIN. 6538 □

Korrosion von Stahl in feuchter Luft. U. R. Evans. (Chem. and Ind. **1958.** 681. 7/6. Cambridge.) (Engl.)

Vf. weist darauf hin, daß er die von CRENNELL (C. **1961.** 17737) festgestellten Rostflecken an den Kanten von Stahlproben, die über W. im Exsiccator nach 4 Monaten erscheinen, schon früher (Trans. Faraday Soc. **19.** [1923/24.] 200) beobachtet hat u. erläutert, warum große Tropfen dest. W. stärker korrodieren als kleine Tropfen $ZnSO_4$-Lsg., die mit dem gleichen dest. W. angesetzt worden ist.

W. WESLY. 6538 □

Vom pH abhängige Spannungskorrosion in Messing. Einar Mattsson. (Teknillisen Kem. Aikakauslehti [Z. techn. Chem.] **17.** 848—49. 31/12. 1960. Västerås, Schweden, Svenska Metallverken.) (Schwed.)

Unterss. über die Spannungskorrosion von Messing mit 62,8 (%) Cu u. 37,2 Zn in ammoniakal. $CuSO_4$-Lsg. zeigen, daß die Zeit bis zum Auftreten von Rissen u. deren Art vom pH-Wert der Lsg. abhängen. Auf Grund von Potential-pH-Diagrammen für Cu wird diese Abhängigkeit erörtert. W. WESLY. 6538□

Schwefelangriff auf Nimonic 75 bei 800° im Kontakt mit wärmeisolierendem Material. S. R. Billington. (Metallurgia [Manchester] **65.** 3—9. Jan. 1962.) (Engl.) Vf. beobachtete eine sehr intensive Korrosion an *Nimonic 75* bei 800°, die durch 0,04% S enthaltendes Isoliermaterial verursacht wurde. Die metallograph. Unters. konnte unter Verw. mehrerer Ätzmittel einen Anhalt für den Ablauf des Korrosionsgeschehens geben, der dem Angriff S-haltiger Brennstoffaschen gleicht. K. STEIN. 6538□

Phelps Dodge Corp., New York, übert. von: Sidney B. Tuwiner, Baldwin, N.Y., V.St.A., **Elektrolytische Gewinnung von Kupfer.** Ein Elektrolyt aus Säure, Cu-Salz u. Fe-Salz wird durch eine Reihe von Zellen geleitet, die mit Anoden aus nichtrostendem Stahl u. Kathoden aus Cu ausgerüstet sind. Die Spannung pro Zelle beträgt 0,85—1,2 V. — Zeichnungen. (**A. P. 2 792 342** vom 26/1. 1956, ausg. 14/5. 1957.) G. APEL. 6433

Wall Colmonoy Corp., übert. von: Lawrence V. LaRou, Detroit, Mich., V.St.A., **Legierung** aus 5—20 (%) *B* u. 25—79 *Cr* oder *Ni*, Rest *Cu*. (**Can. P. 554 010** vom 16/2. 1955, ausg. 4/3. 1958. A. Prior. 16/2. 1954.) L. GROSSNER. 6433

Allegheny Ludlüm Steel Corp., V.St.A., **Herstellung metallischer Verbundkörper.** Die Oberflächen der zu verbindenden Metalle werden mechan. gereinigt, aneinandergelegt, unter Luftabschluß geglüht u. gepreßt. Der Luftabschluß kann durch Evakuieren in Ggw. eines inerten oder reduzierenden Gases oder Gummis oder eines Drahtes aus *Al*, *Mg* oder *Zn* erfolgen. (**F. P. 1 154 992** vom 19/7. 1956, ausg. 18/4. 1958.) G. APEL. 6479

Vereinigte Deutsche Metallwerke Akt.-Ges., Frankfurt/M., **Vorbehandlung von Halbzeug aus metallischen Werkstoffen,** bes. von *Drähten, Blechen, Rohren, Stangen, Bändern u. a. Profilen*, das einer Verformung unterworfen werden soll. Das Halbzeug wird in einem Salzbad von 300—600° erhitzt, dann vom Salzüberschuß befreit, getrocknet u. mit einem Schmiermittel versehen. Die Salzschmelze kann bestehen aus *Alkalihydroxiden, Alkalicarbonaten, Alkali- oder Erdalkalihalogeniden* oder *-phosphaten*, aus *Borax* oder Mischungen aus 2 oder mehreren der genannten Stoffe, die ggf. noch akt. Oxydationsmittel, wie *Alkali-* oder *Erdalkalichlorate, -peroxide, -nitrate, -bichromate, -manganate* oder *-permanganate* oder auch mehrere dieser Stoffe enthalten. Die Behandlung eignet sich für Metalle der *Fe*-Gruppe einschließlich *Ni* u. *Co* u. deren Legg. miteinander u. mit *Cr, Mn, Mo, W, V, Ti, Nb, Al, Si* u. *Cu* einschließlich rostfreier Stähle mit Ni u. Cr, sowie Legg. von *Ni* auf *Cr*, die nur wenig oder gar kein *Fe* enthalten, auch für Ni–Cu-, Cu-Legg. u. Cu allein. Die Verformung kann Ziehen, Pressen, Tiefziehen, Fließpressen, Stauchen oder Drücken sein. Das Verf. ermöglicht Verformungsgrade von $\geqq$96% ohne Zwischenglühung u. trägt zur Werkzeugschonung bei. (**Oe. P. 184 891** vom 15/12. 1952, ausg. 10/3. 1956.) A. OLBRICH. 6491

Vereinigte Deutsche Metallwerke Akt.-Ges., Frankfurt/M., **Vorbehandlung von Halbzeug aus metallischen Werkstoffen,** bes. von *Drähten, Blechen, Rohren, Stangen, Bändern u. a. Profilen*, das einer Verformung unterworfen werden soll. Auf der blanken Oberfläche des zu verformenden Gutes wird bei geeigneten Temp. u. geeigneter oxydierender Glühatmosphäre eine festhaftende, dicke, dichte Zunderschicht erzeugt u. das Glühgut dann einer Salzbadbehandlung unterworfen. Die so gewonnene Trägerschicht für das Schmiermittel läßt beim Ziehgut eine Gesamtverformung von 90% u. mehr zu, verbessert die Zieh-Geschw. u. Tiefziehfähigkeit u. vermindert den Ziehdüsenverschleiß. — Beispiele sind für das Tiefziehen sowie das Ziehen von Drähten aus Eisen, Stahl, nichtrostendem Stahl u. Mehrstoffbronze gegeben. Für die Bronze ist ein Draht von 1,5 mm Durchmesser aus 83 (%) Cu, 13 Mn, 1 Fe u. 3 Al angegeben, der nach Bldg. der Zunderschicht erst 10 Min. einem Salzbad aus 70 (%) *Ätznatron*, 20 $NaNO_3$ u. 10 $K_2Cr_2O_7$ bei 450° ausgesetzt, dann bewässert u. beseift wurde. In 16 Einzelzügen wurde der Draht auf 0,1 mm gebracht, ohne Veränderung seiner Farben u. ohne Ziehsteinverschleiß. (**Oe. P. 190 885** vom 15/12. 1952, ausg. 25/7. 1957. **Zusatz zu Oe. P. 184891; s. vorst. Ref.**) A. OLBRICH. 6493

American Platinum Works, V.St.A., **Silberlot** besteht aus 25—35 (%) *Cu*, $\geqq$10 *Zn*, 10—17 *Mn*, Rest *Ag*. Als Desoxydationsmittel können noch geringe Mengen *Pb, Li, Si* oder *Al* enthalten sein. — Zeichnung. (**F. P. 1 159 134** vom 21/11. 1955, ausg. 23/6. 1958.) G. APEL. 6505

Texas Co., New York, übert. von: Leonard Ribera, Fishkill, N.Y., V.St.A., **Lötmittel** besteht aus 40—100 (%) entöltem *Paraffinwachs* u. 60—0 *KW-Stoff*, wie Rohöl. Das Lötmittel dient bes. zum Verlöten von Legg. mit einem F. unter 800° F. (**A. P. 2 838 433** vom 2/12. 1955, ausg. 10/6. 1958.) G. APEL. 6505

Tiltman Langley Ltd., England, **Verfahren zum Verzinnen und Löten.** Die zu bearbeitenden Oberflächen werden, während sie in fl. Lötmittel eingetaucht sind, mittels eines Pinsels oder einer Bürste gereinigt, deren Borsten aus Glas- oder Siliciumfaser bestehen, die ihrerseits mit Ag, Cu oder Pt überzogen sein können. In der Nähe der Borsten ist eine Heiz-Vorr. angeordnet. Das Verf. wird bes. für Gegenstände aus *Al* oder Al-Legg. angewendet. — Zeichnungen. (**F. P. 1 156 238** vom 31/8. 1956, ausg. 13/5. 1958. E. Prior. 1/9. 1955.) G. Apel. 6505

N. V. Philips' Gloeilampenfabrieken, Holland, **Verbinden von Gegenständen, die nicht metallisch zu sein brauchen, mittels Lötlegierungen.** Die zu verbindenden Gegenstände, die einen F. oder Erweichungspunkt von über 1000° haben, werden unter Zwischenlagerung einer Leg. aus 10—20 (%) *Ti* oder *Zr*, Rest zu gleichen Teilen *Ag* u. *Cu* in nichtoxydierender Atmosphäre verlötet. — Zeichnung. (**F. P. 1 148 324** vom 2/5. 1956, ausg. 6/12. 1957. Holl. Prior. 4/5. 1955.) G. Apel. 6505

Soc. Italiana Mallet S.p.A., Mailand, Italien, **Autogenschweißen von Gußeisen.** Zur Erzeugung von Schutzschichten führt man über den Schweißbrenner flüchtige Bor-Verbb. (*Hydrate*, *Alkyl*-Verbb., *Borfluoride* oder *-chloride*) u./oder *Alkylsilicate* u./oder *Alkyl-Verbb. von Sauerstoffsäuren des P* zu. (**It. PP. 532 877**, **532 878** u. **532 879** vom 10/5. 1955.) K. Koebke. 6507

Tore Mäus Ivan Norén, Göteborg, Schweden, **Auftragschweißmetall-Elektrode.** Das Schweißmetall enthält mindestens 3% *W* oder *Mo* (Gesamtmenge über 3%). Dabei soll Mo 1 nicht übersteigen. Der Geh. an W beträgt mehr als das 2fache von Mo, liegt aber nicht unter 4 u. nicht über 10. Das Schweißmetall (Stahl) enthält ferner ca. 0,2—0,5 *C*, 0,1—0,2 *Nb*, Rest *Fe*. Es können noch 0,5—2,0 *Cr* u. mindestens 0,25 *Ni* u. *Co* vorhanden sein. Dabei beträgt der Geh. an Ni mehr als das 2fache des Co-Geh., der aber unter 0,5 u. nicht über 5 liegt. Außerdem kann bis zu 1 *Mn* u. bis zu 1 *Si* vorhanden sein. Eine solche Elektrode eignet sich für das Aufbringen von Schneidmetall (wie Stellit) auf Schneidwerkzeuge. (**A. P. 2 888 344** vom 21/3. 1955, ausg. 26/5. 1959.) W. Hauswald. 6507

American Chemical Paint Co., V.St.A. (Erfinder: George Freed Otto), **Oberflächenbehandlung von Metallen vor ihrer Kaltbearbeitung** mit einer wss. sauren Emulsion, welche ein einen Umwandlungsüberzug bildendes Material (*Oxalsäure* u./oder ein *Oxalat*), ein Dispergiermittel (*Polyoxyäthyläther*) u. 0,1—8% eines Schmiermittels enthält, welches aus mindestens einer oder mehreren gesätt. geradkettigen Fettsäuren mit mindestens 12 C-Atomen (*Stearin-*, *Myristin-*, *Laurin-* oder *Palmitinsäure*) besteht. Das Schmiermittel kann bis zu 50% an *Fettsäureglyceride* enthalten. Beispiel: 50 (g) $C_2O_4H_2 \cdot 2\,H_2O$, 4 $Na_2SO_3 \cdot 7\,H_2O$, 0,1 MnO_2, 5 *Palmitinsäure*, 5 *polyoxyäthylierter Fettalkohol* („Emulphor In 870"), W. zum Auffüllen auf 1 Liter. (**F. P. 1 184 185** vom 10/10. 1957, ausg. 17/7. 1959. A. Prior. 30/1. 1957.) G. Baur. 6513

Roto-Finish Co., V.St.A., **Reinigen und Verkupfern von Gegenständen aus Eisen oder Stahl.** Die Gegenstände werden in einem rotierenden Behälter in Ggw. von *Cu*, Cu-Legg. oder Cu-Verbb. mit einer sauren Beizlsg. behandelt. Die chem. Wrkg. kann dabei durch Zusatz säurebeständiger Stoffe, wie Steine oder synthet. Stoffe, durch Abrieb noch unterstützt werden. (**F. P. 1 154 817** vom 13/7. 1956, ausg. 17/4. 1958. D. Prior. 13/7. 1955.) G. Apel. 6517

Crane Co., Chicago, übert. von: Jerome J. Kanter, Palos Park, Ill., V.St.A., **Herstellung von Magnesiumüberzügen auf Eisen.** Der Gegenstand wird mit einem Überzug aus *Cu*, *Ni*, *Sn*, *Zn*, *Al*, *Be*, *Cd*, *Co*, *Pb*, *Si* oder *Ag*, der in Mg lösl. ist, versehen u. dann durch eine inerte Atmosphäre in eine Mg-Schmelze getaucht. Dabei löst sich der Überzug ab, u. die Mg-Schmelze benetzt die Fe-Oberfläche u. bildet einen festhaftenden Überzug. (**A. P. 2 912 346** vom 16/12. 1957, ausg. 10/11. 1959.) F. Vier. 6517

Westinghouse Electric Corp., East Pittsburgh, übert. von: George W. Jernstedt und James D. Patrick, Pittsburgh, Pa., V.St.A., **Galvanisches Verzinnen.** Der Elektrolyt enthält 4—30 (oz./gallon) Sn^{4+}, 1—14 *NaOH* oder *KOH* u. 0,2—0,005 *Cd* u./oder *Zn* zur Erzielung einer höheren Porenfreiheit. (**Can. P. 554 016** vom 8/2. 1950, ausg. 4/3. 1958. A. Prior. 15/4. 1949.) L. Grossner. 6525

Silvio Bandini, Italien, **Herstellung eines Überzugsmittels für Metalloberflächen,** welches als Grundlage ein Polyesterharz oder ein ungesätt. Monostyrolharz neben Zusatzstoffen, wie $BaSO_4$, Glimmer- u. Graphitpulver enthält. — Beispiel: Man verwendet 500 (Gew.-Teile) *Polyesterharz*, 400 *Glimmer*, 50 $BaSO_4$, 25 *Graphit* u. 25 *Farb-*

stoff-Pulver. (**F. P. 1 184 268** vom 12/10. 1957, ausg. 20/7. 1959. It. Prior. 13/12. u. 15/12. 1956.) M. F. MÜLLER. 6529

Ford Motor Co. of Canada Ltd., Windsor, Ontario, Canada, übert. von: Henry J. Argenta und Joseph L. Johnston, Detroit, Mich., V.St.A., **Erzeugung einer narbenverhütenden Oberfläche auf Titangegenständen** durch Eintauchen in eine Schmelze aus 35—40 (%) *NaCN*, 40—50 $BaCl_2$ u. 5—10 K_2CO_3 bei 1575—1625 °F während 5—40, bes. 20 Min., Abschrecken in Öl, Eintauchen in ein ähnliches Bad von 1025—1075 °F für 5—40 Min. u. Kühlung der Gegenstände an Luft. (**Can. P. 554 184** vom 16/8. 1954, ausg. 11/3. 1958. A. Prior. 7/10. 1953.) L. GROSSNER. 6529

Esso Research and Engineering Co., Elizabeth, übert. von: Julius P. Rocca, Linden, N.J., V.St.A., **Metallhaltige organische Verbindungen.** Man mischt 10—90 (%) eines öllösl. KW-Stoff-Sulfonats von 2wertigen Metallen mit 90—10 Alkylphenolsulfid der allg. Formel $[R—Ar(XH)]_2S_x$ (R = Alkylrest mit 4—24 C-Atomen; Ar = aromat. Kern; X = S- oder O, $1 \leqq x \leqq 4$) u. neutralisiert das Gemisch mit einem 5—200%ig. Überschuß einer bas. Verb. 2wertiger Metalle bei 60—220°. Das alkal. Rk.-Prod. wird in Mengen von 0,1—10, bes. 1—5, Schmierölen zugesetzt. — *Korrosionsschutzmittel.* (**Can. P. 554 179** vom 15/4. 1953, ausg. 11/3. 1958.) L. GROSSNER. 6539

Shell Development Co., San Francisco, übert. von: Aaron Wachter und Nathan Stillman, Berkeley, Calif., V.St.A., **Schutz von Metallen gegen Korrosion** durch Feuchtigkeit und Luft. Man imprägniert Papier mit einer wss. Suspension stöchiometr. Mengen *Dicyclohexylammoniumphosphat* u. $NaNO_2$, die pH 6 aufweist u. 0,05—5 g *Dicyclohexylammoniumnitrit* pro sq. ft. zu imprägnierendes Papier enthält, in Ggw. einer zur Bindung ausreichenden Menge Caseinkleber. (**Can. P. 553 966** vom 26/7. 1948, ausg. 4/3. 1958. A. Prior. 24/10. 1947.) L. GROSSNER. 6539

Erie Mining Co., Hibbing, Minn., V.St.A., *Wärmebehandlung von Erzkügelchen.* (**Finn. P. 29 430** vom 29/6. 1950, ausg. 14/5. 1958. — C. **1953.** 3792 [D. B. P. 825 006].)

F. J. O. Hurum, Trondheim, Norwegen, *Behandeln von Metallschmelzen mit brikettierten Stoffen.* (**Finn. P. 29 229** vom 13/1. 1955, ausg. 31/1. 1958. — C. **1960.** 9714 [A. P. 2 879 156].)

Régie Nationale des Usines Renault, Billancourt, Frankreich, *Schlichten von Gießformen aus Metall.* (**E. P. 841 891** vom 20/6. 1957, ausg. 20/7. 1960. F. Prior. 8/8. 1956. — C. **1960.** 8334 [F. P. 1 157 203].)

Régie Nationale des Usines Renault, Billancourt, Frankreich, *Herstellen von Gießformen zum Metallgießen.* (**Belg. P. 558 903** vom 2/7. 1957, ausg. 8/4. 1960. F. Prior. 8/8. 1956. — C. **1960.** 8334 [F. P. 1 157 203].)

Rolls-Royce Ltd., Derby, übert. von: **Harold Garton Emblem**, Mickleover, und **Jack Aston**, Melbourne, Derby, England, *Herstellen von Präzisionsgießformen.* (**A. P. 2 930 089** vom 26/11. 1956, ausg. 29/3. 1960. E. Prior. 16/12. 1955. — C. **1960.** 10396 [F. P. 1 165 592].)

Seiji Nishikiori, Hinaga, Japan, *Gießen von Stahlblöcken.* (**E. P. 832 439** vom 23/12. 1957, ausg. 13/4. 1960. Jap. Prior. 22/12. 1956. — C. **1961.** 3805 [A. P. 2 897 555].)

Régie Nationale des Usines Renault, Billancourt, Frankreich, *Herstellen von Formschalen für Gießereizwecke.* (**Belg. P. 556 729** vom 16/4. 1957, ausg. 26/2. 1960. F. Prior. 23/4. 1956. — C. **1961.** 11509 [E. P. 815 868].)

Union Carbide Corp. (Erfinder: **Chester Emile Bieniosek**), *Entschwefelung eines Eisenbades durch Einführung eines mit zerkleinertem Calciumcarbid beladenen Gasstromes in die Schmelze.* (**Aust. P. 225 887** vom 24/4. 1958, ausg. 21/1. 1960. A. Prior. 21/5. 1957. — C. **1961.** 2431 [F. P. 1 195 954].)

Mond Nickel Co. Ltd., London, England, *Herstellung von Temperguß.* (**Finn. P. 29 344** vom 16/8. 1950, ausg. 31/3. 1958. — C. **1954.** 7045 [F. P. 1 024 221].)

Alfred Teves Maschinen- und Armaturenfabrik K.G., Frankfurt/M., *Werkstoff zur Herstellung von Ventilkegeln für mit flüssigen oder gasförmigen Brennstoffen betriebene Brennkraftmaschinen.* (**Oe. P. 214 465** vom 17/9. 1956, ausg. 10/4. 1961. D. Prior. 4/11. 1955. Zusatz zu Oe. P. 209 365; C. 1961. 15920. — C. **1960.** 7670 [E. P. 810 624].)

VEB Schwermaschinenbau Ernst Thälmann (vormals Krupp-Gruson), Magdeburg-Buckau, *Gewinnung von Vanadin aus vanadinhaltigen Schlacken.* (**D. P. [DDR] 11 706** Kl. 40a vom 2/4. 1940, ausg. 5/6. 1956 [Wirtschaftspatent]. — C. **1953.** 1080 [D. R. P. 764 787].)

Vereinigte Metallwerke Ranshofen-Berndorf Akt.-Ges., Braunau, Österreich, *Herstellung von Platten und Bändern aus Aluminium.* (**Holl. P. 99 054** vom 23/3. 1956, ausg. 15/9. 1961. Oe. Prior. 6/4. 1955. — C. **1961.** 11510 [D A. S. 1 084 032].)

Solvay & Cie., Brüssel, Belgien, *Gewinnung von Natrium aus verdünnten Amalgamen.* (**Holl. P. 98 979** vom 22/6. 1953, ausg. 15/9. 1961. — C. **1959.** 5625 [D. A. S. 1 028 348].)

Deutsche Gold- und Silber-Scheideanstalt vormals Roessler, Frankfurt/M., übert. von: **Ewald Wagner**, Pforzheim, *Hartlot für schwerlötbare Werkstoffe.* (**A. P. 2 958 937** vom 24/3. 1958, ausg. 8/11. 1960. D. Prior. 27/8. 1955. — C. **1960.** 9375 [D. A. S. 1 055 922].)

N. V. Philips' Gloeilampenfabrieken (Erfinder: **Paul Christiaan van der Willigen** und **Wilhelmus Gerardus Essers**), *Lichtbogenschweißelektrode.* (**Aust. P. 225 873** vom 29/1. 1958, ausg. 21/1. 1960. Holl. Prior. 1/2. u. 6/9. 1957. — C. **1959.** 14249 [D. A. S. 1 050 937].)

National-Standard Co. (Erfinder: **Orville E. Adler**), *Mit Gummi überzogene Eisenwaren, insbesondere Stahldrähte.* (**Aust. P. 225 814** vom 3/7. 1958, ausg. 14/1. 1960. — C. **1961.** 7389 [E. P. 832 460].)

IX. Organische Industrie

Regeneration des Katalysators der Paraffinoxydation aus Schlammwasser. W. I. Babajew, A. I. Kudrjaschow, G. A. Kogan, L. K. Babajewa und A. K. Tschunichina. (Маслобойно-Жировая Промышленность [Öl- u. Fett-Ind.] **27.** Nr. 7. 28—30. Juli 1961. Schebekino, Kombinat für synthet. Fettsäuren u. Fettalkohole.) (Russ.)

Schlammwasser (Mn-Geh. 0,5—0,7%, SZ. 50—70) wird bis 30—40° abgekühlt, filtriert u. durch Zugabe von konz. KOH- bzw. NaOH-Lsg. $Mn(OH)_2$ gefällt (mit Luft–O_2 wird dieses zu Mn_3O_4 u. $MnO_2 \cdot 2\,H_2O$ oxydiert). Das Verf. ermöglicht die Regenerierung von 50—60% des ursprünglich angewandten Katalysators. Der regenerierte Katalysator kann zur Oxydation von Paraffin zu Fettsäuren angewandt werden; die Oxydationsdauer bleibt unverändert (14—16 Std.), die Kennziffern des hergestellten Oxydats werden nicht verändert. S. BARYSCHNIKOW. 6582

Acetylengewinnung durch oxydative Pyrolyse von Methan–Propan–Butan-Gemischen. W. U. Schewtschuk. (Газовая Промышленность [Gas-Ind.] **7.** Nr. 3. 36—41. 1962.) (Russ.)

In Verss. über die Bldg. von *Acetylen* (I) bei partieller Hochtemp.-Verbrennung von *Methan* (II), II + *Propan* (III), II + *Butan* (IV), II + III + IV u. II + *Bzl.* wird gezeigt, daß die Abhängigkeit der Umwandlung vom Verhältnis O_2/C für die Gemische II + O_2 u. II + III + IV + O_2 die gleiche ist. Mit steigendem Geh. an O_2 im Ausgangsgemisch nehmen im Pyrolyse-Prod. die C-Oxide zu; II nimmt hierbei ab. Die Ausbeute an I in Abhängigkeit vom Verhältnis O_2/C geht durch ein Maximum. Optimal ist die I-Ausbeute beim Verhältnis 0,5—0,6. Ein Zusatz von 5—10% III oder IV zu II senkt die Temp. der Selbstentzündung um 150—200°. Ein Zusatz von 5—10% III zu II verändert die Zus. der Pyrolyse-Prodd. nicht. Bei Erhitzung des Ausgangsgemisches bis 400° wird die Stabilität des Prozesses durch Zusatz von 5—10% III nicht gestört. Die gebildete Rußmenge wird erhöht. Bei einer Temp. des Ausgangsgemisches von 400° u. der Verweilzeit von 0,006 Sek. in der Rk.-Zone werden bei der II-Oxydation je 1 Nm^3 II/O_2-Gemisch 2,9—3,0 g Ruß gebildet, bei Zusatz von 5 bzw. 10% III 3,3—3,4 bzw. 4,3—4,4 g. Der Geh. der Pyrolysegase an Diacetylen, Monovinylacetylen u. Methylacetylen wird nicht merklich verändert. O. LEBTAG. H 530□

Untersuchung von Ost-Paraffin als Rohstoff der Fettsäureherstellung. W. I. Sawidow und P. G. Igonin. (Маслобойно-Жировая Промышленность [Öl- u. Fett-Ind.] **26.** Nr. 8. 16—18. Aug. 1960. Grosny, Forsch.-Inst.) (Russ.)

Die Oxydation von Paraffin (I) aus gereinigten S-haltigen Erdölen (Kp. 370—510°) wird untersucht. Die Rk.-Temp. beträgt 116—117°; als Katalysator wird $KMnO_4$ (0,2%) angewandt. Nach 10 Std. bildete sich ein Prod. mit 29,5% Fettsäuren (II), das im Vgl. zu II des I-Oxydats aus Grosny durch niedrigere SZ. u. VZ. u. einen höheren Geh. an Hydroxysäuren (6%) charakterisiert wird. Die Oxydation von mit Oleum gereinigtem I erfolgt in 8 Std.; das hergestellte Prod. enthält ca. 1,5% Hydroxysäuren. Die Oxydation von I vom Kp. ≦ 450° (84% des Ausgangs-Prod.) erfolgt in 6½ Std.; seine Oxydations-Geschw. u. die Qualität seiner Oxydate entsprechen denen von I aus Grosny.
S. BARYSCHNIKOW. H 810

Isosäuren in handelsüblichen synthetischen Fettsäuren. N. K. Mankowskaja und S. I. Getmanskaja. (Маслобойно-Жировая Промышленность [Öl- u. Fett-Ind.] **28.** Nr. 1. 16—21. Jan. 1962. Forsch.-Inst. für synthet. Fette u. Waschmittel.) (Russ.)

Handelsübliche Fraktionen der synthet. Fettsäuren (I) C_{10}—C_{16} u. C_{17}—C_{20}, die durch Oxydation von gereinigtem Erdölparaffin hergestellt wurden, enthalten 20—27% I, die keinen Komplex mit Harnstoff (II) bilden. 30—35% dieser Säuren sind Isosäuren mit kurzen Seitenketten im Rest u. mittlerem Molgew., das etwa dem Molgew. der entsprechenden I mit normaler Struktur entspricht. Diese Säuren sind fest u. geruchlos. 40—45% von I, die keinen Komplex mit II bilden, sind rotbraune unangenehm riechende Naphthensäuren mit F. < —21°. Die Zus. der restlichen 20—30% I, die keinen Komplex mit II bilden, ist noch ungeklärt. S. BARYSCHNIKOW. H 810

Anwendung von Natriumsalzen der wasserlöslichen synthetischen Fettsäuren zur Herstellung von Butylestern. L. I. Slominski und G. I. Michailenko. (Маслобойно Жировая Промышленность [Öl- u. Fett-Ind.] **27.** Nr. 2. 19—20 Febr. 1961. Ukrain. Forsch.-Inst. für Fett-Ind.) (Russ.)

Ein technolog. Schema zur Herst. von *Butylestern* (BE) der wasserlösl. niedermol. Fettsäuren (WF) aus der Paraffinoxydation durch Zers. von Na-Salzen der WF wird angegeben. Die Herst. von 1 t BE erfordert ca. 709 kg trockene Na-Salze der WF,

735 kg Butylalkohol u. 465 kg 98% ig. H_2SO_4. Als Nebenprodd. entstehen 752 kg Na_2SO_4 u. 77 kg Rückstände der BE-Destillation. S. BARYSCHNIKOW. H 810

Redoxpotentiale von Xanthogenaten. B. A. Stepanow, I. A. Kakowski und N. W. Sserebrjakowa. (Научные Доклады Высшей Школы, Химия и Химическая Технология [Wiss. Hochschulber., Chem. chem. Technologie] **1959.** 277—79. Uraler Polytechn. Inst., Lehrstuhl für Metallurg. der Edelmetalle.) (Russ.)

Bei der Titration von Lsgg. von *Xanthogenaten* in 0,1 n KCl-Lsg. mit 0,01 n J_2-Lsg. gegenüber 0,1 n Hg_2Cl_2 bei 25° ändert sich das Potential der Pt-Elektrode mit der Aktivität nach $V = V_0 - 0{,}05914 \log a$. Das Potential der Rk. $2\,ROCSS^- - 2\,e = (ROCSS)_2$ ist bei Methylxanthogenat —0,013 (V), Äthyl- —0,037, n-Propyl- —0,068, n-Butyl- —0,100, n-Amyl- —0,132, n-Hexyl- —0,157, n-Heptyl- —0,179, n-Octyl- —0,203, n-Nonyl- —0,239, n-Decyl- —0,276. Mit zunehmender Länge der KW-Stoff-Kette nimmt also das Red.-Vermögen zu, vermutlich weil die Löslichkeit des Disulfids in W., d. h. die Konz. der Oxydations-Prodd., abnimmt. Die Zunahme je CH_2-Gruppe entspricht bei den höheren Xanthogenaten dem theoret. Wert (0,037 V); bei den anderen ist sie um 5—15 mV geringer. Obige Rk. ist offenbar umkehrbar; mit schwächeren Oxydationsmitteln gelingt die potentiometr. Titration nicht. R. K. MÜLLER. H 880□

Kontrolle der Sulfonierung von Anthrachinon durch Papierverteilungschromatographie. Je. W. Ssokolowa. (Заводская Лаборатория [Betriebs-Labor.] **27.** 150—54. 1961. Woroschilow-Forsch.-Inst. für org. Zwischenprodd. u. Farbstoffe.) (Russ.)

Die Unterss. der optimalen Bedingungen der α-Sulfonierung von Anthrachinon u. der Abscheidung von 1-Sulfon- bzw. 1.5- u. 1.8-Disulfonsäuresalzen zeigt, daß die Hydrolyse-Geschw. von α.α'-Disulfonsäuren u. die Desulfonierungs-Geschw. freier Säuren größer ist als die der Na- u. K-Salze. S. BARYSCHNIKOW. H 2800

Dow Chemical Co., übert. von: Ludo K. Frevel und John W. Hedelund, Midland, Mich., V.St.A., **Bromierung von Benzolkohlenwasserstoffen** mit ≦2 Alkylsubstituenten sowie deren durch F, Cl u. Br mono- u. dikernsubstituierten Derivv., bes. Toluol, durch Zusatz von ≧0,05 (%) HBr u. ≧0,01 $AlCl_3$, $AlBr_3$, $FeCl_3$ oder $FeBr_3$, Einführung des Gemisches in eine Rk.-Zone von 10—80° unter gleichzeitiger Einleitung von fl. Br_2 u. Abtrennung des Rk.-Prod. aus dem die Rk.-Zone verlassenden Fl.-Strom. (**Can. P. 557 620** vom 28/8. 1953, ausg. 20/5. 1958.) L. GROSSNER. 6565

Imperial Chemical Industries Ltd. (Erfinder: Dennis Albert Dowden und Alexander Muirhead Ure Caldwell), **Oxydieren von aliphatischen Verbindungen** mit Ausnahme von C_2H_6 u. C_2H_4 unter Verw. eines Katalysators, der aus einem Metallsalz von V_2O_5 u. einem niedriger wertigen V-Oxid besteht, wobei das Metall Tl, Ag, K u. Na, Li, Rb, Pb, Sn oder Cu sein kann, z. B. Tl–Ag–Vanadyl–Vanadat. Beispiel: Isobuten wird mit einem Tl–Vanadyl–Vanadat-Katalysator bei 400° zu HCHO, CH_3COOH, OCHCHO, Propionsäure u. Methacrolein oxydiert. (**Aust. P. 221 366** vom 2/7. 1957, ausg. 28/5. 1959. E. Prior. 6/7. 1956.) K. DEMMLER. 6583

Imperial Chemical Industries Ltd., London (Erfinder: Geoffrey John Sleddon, West-Kelbride, und Robert Craig Anderson, Saltcoats, Ayrshire), England, **Wiedergewinnung von Chlor und Brom in Form von leichtflüchtigen Alkylhalogeniden aus den bei der Umsetzung von Alkylaluminiumhalogeniden mit Silicium- bzw. Borverbindungen anfallenden Rückständen,** dad. gek., daß die Rückstände bei 120—400°, bes. 200—300° mit einer Verb. der Formel ROR', in der R für einen Methyl- oder Äthylrest u. R' für H oder einen Methyl- oder Äthylrest steht (bes. CH_3OH oder Ae., auch A., $(CH_3)_2O$ oder $CH_3OC_2H_5$), unter Abdest. von gebildetem CH_3Cl, C_2H_5Cl oder C_2H_5Br umgesetzt werden. Der Rückstand wird zweckmäßig in Form einer Säule oder im kontinuierlichen Verf. als Wirbelschicht mit dem dampfförmigen Alkanol oder Dialkyläther behandelt, wobei das Halogen in einer techn. brauchbaren Form wiedergewonnen wird. (**D. A. S. 1 118 771** Kl. 12o vom 10/12. 1959, ausg. 7/12. 1961. E. Prior. 12/12. 1958.) W. GRÄGER. 6599

Chemische Werke Hüls Akt.-Ges. (Erfinder: Kurt Scharfenberg, Joachim Schulze und Alfred Schmidt), Marl, **Reinigung von Chlorkohlenwasserstoffe enthaltendem Chlorwasserstoff** durch Waschen mit Chlor-KW-Stoffe lösenden Fll., dad. gek., daß als Wasch-Fl. Alkylbenzole mit mindestens 6 C-Atomen in der bzw. den Seitenketten verwendet werden, z. B. Tetrapropylenbenzol, Kp. 280—300°; Diäthylbenzolnachlauf, Kp. 220—300°. (**D. A. S. 1 112 969** Kl. 12i vom 27/5. 1960, ausg. 24/8. 1961.) K. DEMMLER. H 500

Solvay & Cie., Brüssel, Belgien, **Stabilisieren von chlorierten Kohlenwasserstoffen,** bes. Tri- u. Perchloräthylen, erfolgt durch einen Zusatz von 0,05—0,5 (g/Liter)

Phenol u. 0,5—10 einer Epoxy-Verb., bes. Epichlorhydrin. Zweckmäßig werden außerdem 0,05—0,5 Anilin, Pyrrol oder eines Pyrrol-Derivv. zugesetzt. (**Holl. P. 97 773** vom 27/10. 1958, ausg. 17/4. 1961. Belg. Prior. 9/11. u. 28/12. 1957.) F. BÖHM. H 520

Distillers Co. Ltd., Edinburgh (Erfinder: Karl Heinrich Walter Turck, Great Burgh, Epsom, Surrey), England, **Herstellung von Dichlorbutenen** durch additive Chlorierung von Butadien-(1.3) (I) in der Dampfphase bei erhöhter Temp. in Ggw. von Alkanen u./oder Alkenen mit 4 C-Atomen gemäß D. A. S. 1 078 109, dad. gek., daß entweder zunächst n-Butan u./oder n-Butene oder diese im Gemisch mit I chloriert, aus dem Chlorierungsgemisch die Monochlorbutene u./oder Dichlorbutane u./oder Monochlorbutane abgetrennt u. zu I u./oder n-Butenen pyrolysiert werden, welche dann der Chlorierung wieder unterworfen werden, während aus dem Chlorierungsgemisch die Dichlorbutene, bes. durch fraktionierte Dest., isoliert werden. Als zu chlorierendes Gemisch kann auch eine aus gecracktem Erdöl erhaltene C_4-KW-Stoff-Fraktion verwendet werden. Die Monochlorbutene u. Dichlorbutene aus dem Chlorierungsprod. können auch getrennt pyrolysiert werden, wobei ein Teil des Pyrolyse-Prod. der Monochlorbutene nach Abtrennen von I u. HCl kontinuierlich in die Pyrolyse für die Dichlorbutene eingeführt wird. Es kann auch eine die Monochlorbutene u. Dichlorbutane enthaltende Fraktion aus dem Chlorierungs-Prod. in einer prim. Pyrolyse-Vorr. behandelt u. ein Teil des hierbei erhaltenen Rk.-Prod. in eine sek., bei höherer Temp. arbeitende Pyrolyse-Vorr. geleitet werden, um darauf die vereinigten Pyrolyse-Prodd. in die Chlorierung zurückzuführen. Die Chlorierung wird zweckmäßig in Ggw. von bei der Pyrolyse gebildetem HCl in einer Konz. von 10—50 Vol.-% durchgeführt. — 2 Vorr. mit Fließschema. Vgl. auch Holl. P. 94 650; C. **1961.** 8468. (**D. A. S. 1 090 655** Kl. 12o vom 14/5. 1957, ausg. 13/10. 1960. E. Prior. 15/5. 1956. **Zusatz zu D. A. S. 1 078 109; C. 1962. 5480. E. P. 798 394** vom 15/5. 1956, ausg. 23/7. 1958. **Zusatz zu E. P. 798 393; C. 1962. 7333.**) W. GRÄGERR. H 520

Esso Research and Engineering Co., Elizabeth, N.J., V.St.A., **Verfahren zur schnellen Abtrennung gasförmiger, strömender Stoffe von mitgeführten Feststoffteilchen beim Verkoken von Kohlenwasserstoffölen,** bes. Rückstandsölen, bei 650 bis 815° zur *Gewinnung von Äthylen u. anderen ungesätt. KW-Stoffen,* wobei das Öl mit einem Strom auf 675—930° vorerhitzten feinteiligen Feststoffen (∅ 10—500 μ) in einer als senkrechte Transportleitung ausgebildeten Rk.-Kammer in Berührung gebracht wird, dad. gek., daß die ausströmenden Dämpfe u. mitgeführten Feststoffteilchen aus der senkrechten Transportleitung tangential in einem Winkel von 10—60° von der Waagerechten nach unten gerichtet in einen Fliehkraftabscheider (Zyklon) eingeführt, die Dämpfe aus dem Mittelteil des Abscheiders abgezogen u. die abgetrennten Feststoffteilchen aus dem unteren Teil des Abscheiders entfernt werden. (**D. A. S. 1 069 613** Kl. 12o vom 6/4. 1955, ausg. 26/11. 1959. A. Prior. 6/4. 1954.) G. KRAUSS. H 520

Imperial Chemical Industries Ltd. (Erfinder: Anthony Arthur Leonard Challis), **Herstellung von Äthylen und Propylen** durch Cracken einer im wesentlichen Pentan enthaltenden KW-Stoff-Fraktion, die höchstens 20 Gew.-% andere Pentane als n-Pentane enthält, in der Dampfphase mit Wasserdampf in Abwesenheit von fl. oder halbfl. Stoffen u. Katalysatoren unter solchen Rk.-Bedingungen, daß wenigstens 20% der der Pyrolyse zugeführten Gesamtwärme bei > 700° von der Rk. absorbiert wird. n-Pentan wird z. B. zu 35,4 (Gew.-%) in C_2H_4 u. 20,0 in C_3H_6 umgesetzt, während die entsprechenden Werte von z. B. Isopentan 14,8 u. 18,6 betragen. (**Aust. P. 223 282** vom 31/10. 1957, ausg. 3/9. 1959. E. Prior. 16/11. 1956.) K. DEMMLER. H 520

Imperial Chemical Industries Ltd., London (Erfinder: Arthur William Charles Taylor und Maurice Arthur Eric Hodgson, Norton-on-Tees), England, **Acetylenfreies Äthylen und Propylen** wird dadurch erhalten, daß eine KW-Stoff-Fraktion mit < 10, bes. < 2,5% aromat. Verbb. u. Kp. 100—200° auf 650—700° vorerhitzt u. unter adiabat. Bedingungen mit überhitztem Wasserdampf in Berührung gebracht wird, dessen Temp. so weit über 700° liegt u. der in solcher Menge angewandt wird, daß mindestens 20%, bes. mindestens 30% der zur Spaltung erforderlichen Gesamtwärme durch den KW-Stoff bei > 700° verbraucht wird u. wobei die Temp. des Gemisches beim Eintritt in die Spaltzone höchstens 900, bes. 800—720°, u. beim Verlassen mindestens 640, bes. 720—640°, beträgt. Die Aromaten werden aus der KW-Stoff-Fraktion vorher durch Extraktion mit fl. SO_2 entfernt. — Vgl. F. P. 1 058 136; C. **1956. 13844.** (**D. A. S. 1 068 245** Kl. 12o vom 19/6. 1952, ausg. 5/11. 1959. E. Prior. 20/6. 1951.) G. KRAUSS. H 520

Albert Grimm, Schkopau, und Manfred Schlöffel, Halle, **Herstellung von Monovinylacetylen** aus C_2H_2 u. wss. CuCl-Alkalichlorid-Lsg., dad. gek., daß zur Vermeidung der Bldg. von Nebenprodd. der Lsg. 0,01—0,25 Mol Mn-Salz pro Mol CuCl zugesetzt werden. — Eine Katalysator-Lsg. enthält z. B.: 37,7 (%) CuCl, 19,7 NH_4Cl, 40,1 W., 0,3 HCl u. 2,2 $MnCl_2$ u. wird unter Luftausschluß hergestellt. (**D. P. [DDR] 22 385** Kl. 12o vom 28/12. 1959, ausg. 6/12. 1961 [Wirtschaftspatent].)
L. Grossner. H 530

Montecatini Soc. Gen. per l'Industria Mineraria e Chimica, Mailand, Italien, **Reinigen von Produkten der Oxosynthese.** Um die Metalle der 8. Gruppe des period. Syst. (Katalysator-Reste) aus den Rk.-Gemischen der Oxosynth. zu entfernen, wird mit CO_2 bei 30—300°, bes. 30—50 at u. 80—120, bes. 100°, ggf. in Ggw. von W. behandelt. Nach der Oxosynth. braucht nicht vollständig entspannt zu werden, denn die Behandlung kann auch in Ggw. von CO stattfinden. An Stelle von CO_2 kann auch das für die Oxosynth. verwendete Synth.-Gas verwendet werden. Bei der Behandlung wird neutrales Co-Carbonat mit $CO_2 : Co = 0,8 : 1,0$ erhalten, das als *Katalysator für die Oxosynth.* geeignet ist. (**It. P. 526 359** vom 21/7. 1954.) K. Koebke. H 550

Gulf Research & Development Co., Pittsburgh, Pa., V.St.A., **Alkohole** werden aus Olefinen, CO u. H_2 in Ggw. eines für die Oxosynth. geeigneten Katalysators erhalten, indem aus dem Rk.-Gemisch der Katalysator entfernt wird, nicht umgesetzte Olefine, CO u. H_2 mittels Wasserdampf abgetrieben u. der Rückstand der katalyt. Hydrierung unterworfen. wird. — Skizze. (**E. P. 837 799** vom 14/7. 1958, ausg. 15/6. 1960. A. Prior. 16/8. 1957.) G. König. H 560

American Oil Co., übert. von: Robert C. Binning, Texas City, und Joe T. Kelly, Dickinson, Tex., V.St.A., **Reine Alkohole** werden aus einem Gemisch von KW-Stoffen u. O-haltigen organ. Verbb., wie es z. B. bei der Fischer-Tropsch-Synth. anfällt, durch Entfernen der vorhandenen Carbonsäuren als Salze u. Behandeln des verbleibenden Gemisches aus KW-Stoffen, Alkoholen, Aldehyden, Ketonen u. sonstigen Stoffen mit einer 1—10% W. enthaltenden Propylencarbonat-Lsg. gewonnen. Die Extraktphase wird von der Raffinatphase getrennt u. mit bei normaler Temp. fl. KW-Stoffen gewaschen; die reinen Alkohole werden bei nachfolgender Dest. gewonnen. (**A. P. 2 918 486** vom 28/5. 1958, ausg. 22/12. 1959.) G. König. H 560

N. V. de Bataafsche Petroleum Mij, Den Haag, Holland, **Sekundäre Alkohole** mit < 5 C-Atomen werden bei der Behandlung der Olefine mit wss. H_2SO_4 erhalten, indem das Rk.-Gemisch mittels Wasserdampf einer Blitzverdampfung derart unterworfen wird, daß die Gefäßwände des vorteilhaft zylindr. Gefäßes feucht gehalten werden. Das Rk.-Gemisch wird tangential eingeführt. Das Rk.-Gefäß kann als Kopf einer Abtreibkolonne angeordnet sein. Als Boden-Prod. anfallende H_2SO_4 kann ohne weitere Konz. wieder verwendet werden. (**E.P. 830 369** vom 10/7. 1958, ausg. 16/3. 1960. Holl. Prior. 12/7. 1957.) G. König. H 560

Esso Research and Engineering Co., Elizabeth, N.J., V.St.A., **Alkohole,** die geringe Mengen an Carbonyl-Verbb. u./oder ungesätt. Verbb. enthalten, werden mit Aminboranen der allg. Formel $(R)_3N \cdot BH_3$ stabilisiert, wobei R = H oder C_1—C_8-KW-Stoffgruppen darstellt. $(R)_3N$ kann auch ein heterocycl. Amin, z. B. Pyridin, sein. Bes. geeignet sind Trimethyl-, Dimethylaminboran. (**E. P. 844 834** vom 6/1. 1959, ausg. 17/8. 1960. A. Prior. 28/3. 1958.) G. König. H 560

Celanese Corp. of America, New York, N.Y., übert. von: Max O. Robeson, Corpus Christi, Tex., V.St.A., **Anhydroenneaheptit** (**I**) wird aus einer Rk.-Lsg. erhalten, die bei der Kondens. von Aceton mit CH_2O in Ggw. eines alkal. Kondens.-Mittels erhalten wird, indem die Lsg. auf $p_H < 9$, bes. auf p_H 6,0—8,5, eingestellt, überschüssiges CH_2O abdest., der H_2O-Geh. auf 40—60% gebracht u. anschließend mit n-Butanol oder Amylalkoholen **I** extrahiert wird. Das Extraktionsmittel soll einen H_2O-Geh. zwischen 5 Gew.-% bis zum Sättigungspunkt bei 25° aufweisen. Die Extraktionsmittel werden abdest., mit 0,4—0,6 (Gew.-Teile) W. auf 1 des vorhandenen Extraktes gewaschen u. nochmals bis 115° die flüchtigen Begleitstoffe abdestilliert. (**A. P. 2 885 408** vom 10/1. 1956, ausg. 5/5. 1959. **E. P. 839 259** vom 10/1. 1957, ausg. 29/6. 1960. A. Prior. 10/1. 1956.) G. König. H 560

Callery Chemical Co., Pittsburgh, übert. von: Roy M. Adams, Darlington, und William H. Schechter, Zelienople, Pa., V.St.A., **Trimethylborat** (**I**) wird bei Einw. von CO_2 auf $NaB(OCH_3)_4$ (**II**), wobei **I**, das entweicht, u. $NaCH_3CO_3$ entstehen, erhalten. Letzteres wird mit einer gesätt. wss. Na_2CO_3-Lsg. bei 75° zu *CH_3OH* u. $NaHCO_3$

hydrolysiert. $NaHCO_3$ wird bei 105° zu Na_2CO_3 u. CO_2 umgesetzt. II kann auch in CH_3OH gelöst u. mit CO_2 behandelt werden. Es entsteht I u. krist. $NaCH_3CO_3$. Es kann auch in Ggw. eines inerten Lsgm. gearbeitet werden. (**A. P. 2 937 195** vom 20/10. 1954, ausg. 17/5. 1960.) G. KÖNIG. H 590

Robert Sancier Aries, Genf, Schweiz, **Herstellung von Kieselsäureestern von Alkoholen und Phenolen** durch Rk. eines Siliciumhalogenids mit einem Alkohol oder Phenol in Ggw. eines inerten organ. Lsgm., dad. gek., daß das Lsgm. in einer Menge von 3—10% zugesetzt wird. Nach beendeter Veresterung wird das Lsgm. zusammen mit dem gebildeten Halogenwasserstoff abdest. u. der Kieselsäureester mit einer geringen Menge eines Metallalkoholats oder -phenolats versetzt u. destilliert. Das Metallalkoholat oder -phenolat kann in dem Rk.-Gemisch aus einem Amalgam gebildet werdn. — 44 (Mol) 99,7%ig. A. wird langsam zu 10 $SiCl_4$ gegeben, 5. Std. gekocht u. bei 165—170° *Äthylsilicat* abdestilliert. — *Kresylsilicat*, Kp. 270°. (**D. A. S. 1 114 175** Kl. 12o vom 3/9. 1958, ausg. 28/9. 1961. A. Prior. 4/9. 1957.) G. KÖNIG. 590

Montrose Chemical Co., N.J., übert. von: Jacob Rosin, Maplewood, N.J., und Oscar G. Birsten, New York, N.Y., V.St.A., **Trimethyl- (I) und Triäthylphosphit** (II) werden bei der Umesterung von Arylphosphiten (III) mit CH_3OH oder A., ggf. in Ggw. eines Katalysators, wie CaO, Pb-Oxid, Alkalialkoholate oder -phenolate, bei Tempp., die oberhalb der Kpp. von I u. II, aber unterhalb derjenigen von III liegen, erhalten. — Trikresylphosphit wird mit $NaOCH_3$ in CH_3OH auf 50° erhitzt u. anschließend ein Vakuum von 20 Torr eingestellt. CH_3OH wird zugegeben u. übergehendes I kondensiert. Mit A. wird II erhalten. (**A. P. 2 970 166** vom 20/10. 1959, ausg. 31/1. 1961.) G. KÖNIG. H 590

Dr. A. Wander Akt.-Ges., Bern (Erfinder: Rudolf Hirt, Muri), Schweiz, **Herstellung von Phosphorsäure-β-phthalimidoäthylesterdichlorid**, F. 70—73°, dad. gek., daß β-Phthalimidoäthanol mit $POCl_3$, bes. in sd. Bzl., gekocht wird. — *Zwischenprod.*, z. B. für die Herst. von α- oder *β-Cephalinen*. (**Schwz. P. 354 078** vom 11/7. 1957, ausg. 30/6. 1961.) W. HEYER. H 590

Chemagro Corp., New York, N.Y., übert. von: Kenneth H. Rattenbury, Kansas City, Mo., und James R. Costello, Prairie Village, Kans., V.St.A., **S.S.S-Tributyltrithiophosphat** wird durch Rk. von 1 Mol PCl_3 mit 3—3,3 Mol Butylmercaptan zuerst bei 35—40, dann bei 150° u. anschließende Oxydation des entstandenen S.S.S-Tributyltrithiophosphits, 90—95% (Ausbeute), mit O_2, Luft, O_3, H_2O_2, Persulfat oder Chlorwasser bei 110°, 82—85%, erhalten. — Vgl. A. P. 2 682 554; C. **1950/54.** 6499 S. (**A. P. 2 943 107** vom 19/11. 1959, ausg. 28/6. 1960.) G. KRAUS. H 590

Farbenfabriken Bayer Akt.-Ges., Leverkusen, übert. von: Günther Nischk, Leverkusen, und Hans Holtschmidt, Köln, **Ungesättigte Ester von Hydroxyisothiocyanaten** der allg. Formel R—COO—R'—NCS (R = Alkenyl, Alkadienyl; R' = Alkylen, Phenylen, Cyclohexylen) werden durch Rk. der entsprechenden Hydroxyisothiocyanate mit ungesätt. Carbonsäurehalogeniden, -estern oder -anhydriden, ggf. in Ggw. eines Lsgm. u. von Alkalihydroxiden oder tert. Aminen u. eines Polymerisationsverzögerers erhalten. — Aus 60 (Teilen) p-Hydroxyphenylisothiocyanat in 200 Bzl. u. 80 Methacrylsäureanhydrid in Ggw. von 2 Cu-Pulver durch 2std. Kochen → 80 *Methacrylsäure-4-isothiocyanatophenylester*, F. 79°. — Crotonsäureanhydrid → *Crotonsäure-4-isothiocyanatophenylester*, F. 92°. — Acrylsäurechlorid → *Acrylsäure-4-isothiocyanatophenylester*, F. 45°. — 4-Hydroxybutylisothiocyanat → *Crotonsäure-4-isothiocyanatobutylester*, Öl. — 4-Hydroxyhexahydrophenylisothiocyanat → *Methacrylsäure-4-isothiocyanatohexahydrophenylester*. Als Säuren sind noch verwendbar: Linolsäureanhydrid u. p-Vinylbenzoesäureester. Die Verbb. sind in Alkoholen, Äthern u. aromat. KW-Stoffen lösl., sie lassen sich polymerisieren u. mischpolymerisieren, bes. mit anderen ungesätt. Verbindungen. — Vernetzungsmittel u. Zwischenprodd. zur Herst. von Heilmitteln u. Insekticiden. (**A. P. 2 866 804** vom 28/12. 1955, ausg. 30/12. 1958. D. Prior. 30/12. 1954.) G. KRAUSS. H 600

Deutsche Gold- und Silber-Scheideanstalt vormals Roessler, Frankfurt/M. (Erfinder: Hans-Joachim Mann, Mainz), **Paraformaldehyd** von mittlerer Rk.-Fähigkeit u. einem Wasser-Geh. von höchstens 0,2 Gew.-% wird erhalten, wenn ein durch Eindampfen von wss. HCHO-Lsg. gewonnenes Konzentrat mit einem Geh. von mindestens 76 Gew.-% HCHO mit höchstens 60 ppm, bezogen auf die Menge des 80%ig. HCHO, Oxalsäure versetzt, das Gemisch polymerisiert u. das Polymere nach dem Trocknen bei 50—120° therm. höchstens so lange nachbehandelt wird, als Zeit vom

Oxalsäurezusatz bis zum Trockenwerden des Polymeren verstrichen ist. — 2200 Liter 40%ig. wss. HCHO werden im Vakuum von 0,9 at so lange eingeengt, bis der HCHO-Geh. 85% beträgt. Dieses Konzentrat wird in einem evakuierten Mischkneter mit einer Lsg. von 45 g Oxalsäure in 500 ml W. versetzt u. das Gemisch zur Trockne eingedampft (90—120 Min.), wobei das trockene Polymere auf 90—100° erhitzt wird. Das Polymere wird dann bei gleichem Vakuum u. gleicher Temp. unter dauerndem Umwälzen therm. nachbehandelt u. Paraformaldehyd mit einem Wasser-Geh. von 0,1 bis höchstens 0,2 Gew.-% u. einem Resorcinwert von 10—16 erhalten; Ausbeute 83%. (**D. A. S. 1 112 505** Kl. 12o vom 27/9. 1958, ausg. 10/8. 1961.) A. JAHN. H 660

Bombrini Parodi-Delfino S.p.A., Rom, Italien, **Herstellung von Ketonen** aus organ. Säuren, deren Dämpfe über einen feinverteilten, erhitzten, festen Katalysator (Al_2O_3, beladen mit 30% ThO_2) geleitet werden, so daß der Katalysator durch die Dämpfe in einem Fließbett in turbulenter Bewegung gehalten wird. (**It. P. 524 862** vom 26/3. 1954.) K. KOEBKE. H 700

Baxter Laboratories, Inc., Morton Grove, Ill., V.St.A., **Herstellung von Dihydroxyaceton.** Eine wss. Lsg., die mindestens 6% Glycerin sowie Getreideschrotextrakt (I) enthält, wird auf einen pH-Wert von 5—5,9 eingestellt u. mit *Acetobacter suboxydans* geimpft, der einer Kultur aus einer 6—15%ig. Glycerin-Lsg. mit pH 5,0 entnommen ist. Der Geh. an I soll 0,1—5% betragen. (**Port. P. 38 034** vom 31/1. 1961, Auszug veröff. 29/3. 1961. A. Prior. 25/2. 1960.) A. KALIX. H 740

Union Carbide Corp., New York, N.Y., V.St.A. (Erfinder: Benjamin Townsend Freure), **Entfernen von Essigsäure aus ihren Gemischen mit N.N-Dimethylacetamid** erfolgt durch azeotrope Dest. mit Chlorbenzol, Toluol u. Äthylbenzol als Schleppmittel. Die Temp. am Kopf der Kolonne soll wenigstens 100, bes. 110 bis 140°, betragen. Das azeotrope Gemisch aus Äthylbenzol u. 66% CH_3COOH siedet bei 114,7°. Nach der Dest. enthält das Amid höchstens noch 0,007% CH_3COOH. (**E. P. 814 271** vom 9/8. 1957, ausg. 3/6. 1959. A. Prior. 10/8. 1956.) G. KRAUSS. H 810

Badische Anilin- & Soda-Fabrik Akt.-Ges., Ludwigshafen/Rh., **Ester tertiärer Alkohole mit Acryl-, Methacrylsäure und deren α-Halogenderivaten** werden durch Rk. dieser Säuren mit Olefinen, die ein tert. C-Atom u. 4—12 C-Atome enthalten (Isobutylen, Amylen), in Ggw. von Cyclohexan, Gasöl oder Polyisobutylen (Molgew. ca. 1000) als Lsgm. u. 4—10% 85—100%ig. H_2SO_4, BF_3, dessen Komplex-Verbb. oder FRIEDEL-CRAFTS-Verbb. als Katalysator u. einem Polymerisationsverzögerer (Hydrochinon, Thiodiphenylamin) bei 10—25° erhalten. Die Polymeren dieser Ester sind alkalibeständig u. haben einen höheren F. als die Ester mit normalen Alkoholen. — Vgl. F. P. 1 192 655; C. **1961.** 17387. (**E. P. 814 360** vom 26/2. 1958, ausg. 3/6. 1959. D. Prior. 9/3. 1957.) G. KRAUSS. H 810

Lonza Elektrizitätswerke und Chemische Fabriken Akt.-Ges. (Gampel), Basel (Erfinder: Eugen Hedinger, Visp, Wallis), Schweiz, **Acrylsäure (I)** wird durch Verseifen von 1 Mol Acrylsäurenitril mit 1 Mol H_2SO_4 in Ggw. von 2 Mol W. u. 0,4 g Hydrochinon als Stabilisierungsmittel bei 110—120° erhalten. Das Gemisch wird ca. 4 Std. lang auf 140° erhitzt u. dann bei 145—200°/10—30 Torr bei einer Kolonnen-Temp. von 50—55° destilliert. Die erhaltene rohe 96%ig. I wird nochmals bei 20 Torr dest.; Ausbeute an 99,2%ig. I 80%, F. 12,9°, $D._4^{20}$ 1,0507, n_D^{20} 1,4198. (**Schwz. P. 337 192** vom 6/10. 1955, ausg. 15/5. 1959.) G. KRAUSS. H 810

Minnesota Mining & Mfg. Co. (Erfinder: Reynold E. Holmen), St. Paul, Minn., V.St.A., **Acrylsäure und deren Ester und Acrylsäurenitril** werden durch H_2O-Abspaltung aus Milchsäure oder deren Derivv. der allg. Formel $CH_3CHOHCOOR$ (R = H, NH_4, Alkyl mit 1—4 C-Atomen) bei 200—600, bes. 300—345°, in Ggw. von Sulfaten oder Phosphaten oder deren Gemischen von Metallen der 1. u. 2. Gruppe des Period. Syst. erhalten. — Zu E. P. 751 750; C. **1959.** 17469 ist nachzutragen: Als Katalysatoren sind noch geeignet: $Ba_3(PO_4)_2$, Ausbeute an Acrylsäure 47,8%, tert.-Zn-Phosphat, $CaSO_4$, Gemische aus diesem u. $NaH_2PO_4 \cdot H_2O$ im Verhältnis 3:1. (**D. A. S. 1 062 696** Kl. 12o vom 4/11. 1953, ausg. 6/8. 1959. A. Prior. 6/11. 1952. **A. P. 2 859 240** vom 12/1. 1956, ausg. 4/11. 1958.) G. KRAUSS. H 810

Wilhelm Müller, Johannes Casper, Rudolf Haupt und Josef Heinen, Deutschland, **Regenerierung von Katalysatoren** aus der Synth. von *Acrylonitril*, dad. gek., daß der CuCl-Katalysator bei ca. 200° entwässert wird, wobei die entstandenen Harze in fl. Form abgeschieden u. bei 300—450° in einer O_2-Flamme verbrannt werden. Nach Behandeln mit HCl u. W. ist der Katalysator wieder aktiv. (**F. P. 1 185 574** vom 30/10. 1957, ausg. 3/8. 1959. D. Prior. 5/11. 1956.) S. BÖTTCHER. H 810

Texaco, Inc., übert. von: Harry Chafetz, Poughkeepsie, und John A. Patterson, Fishkill, N.Y., V.St.A., **Herstellung von Dicarbonsäuren** (I) erfolgt durch Oxydation von makrokrist. Paraffinwachsen mit O_2 oder Luft bis zur SZ. 300—600, Mischen des Oxydations-Prod. bei 100—500, bes. 150—350° F, u. 1—1000 lbs./sq.in. mit HNO_3 einer Ausgangs-Konz. von 15—40%, wobei die Menge an wasserlösl. Oxydations-Prod.: HNO_3 = 5—1 bis 1—10 beträgt, in Ggw. von 0,05—3% Alkali- oder NH_4-Vanadat. Das erhaltene I-Gemisch wird aus dem HNO_3-Oxydationsgemisch mit einem Alkanol C_4—C_{18}, bes. mit Isooctanol, extrahiert. Es besteht z. B. aus 20 bis 55 (%) *Bernstein-*, 10—30 *Glutar-*, 10—25 *Adipin-*, 5—15 *Pimelin-*, 5—15 *Azelainsäure* neben noch höhermol. I. (**A. P. 2 978 473** vom 30/9. 1958, ausg. 4/4. 1961.)
O. MÜLLER-MEININGEN. H 820

Gulf Research & Development Co., Pittsburgh, übert. von: Norman W. Franke, Penn Township, Allegheny County, Pa., und Edgar I. Crowley, Baltimore, Md., V.St.A., **Verseifung von aliphatischen Dicarbonsäureestern,** die durch O_2-Oxydation von KW-Stoffen bis zur VZ. 100—450, anschließender Weiteroxydation mit >50%ig. HNO_3 u. darauf folgende Veresterung mit Alkanolen C_1—C_{20} erhalten wurden, erfolgt in inerter Atmosphäre, z. B. unter CO_2 oder N_2, wobei farblose C_3—C_{12}-Dicarbonsäuren erhalten werden. — Beispiele zur sauren Hydrolyse von *Adipinsäuredimethylester.* (**A. P. 2 968 674** vom 25/9. 1957, ausg. 17/1. 1961.)
O. MÜLLER-MEININGEN. H 820

Badische Anilin- & Soda-Fabrik Akt.-Ges. (Erfinder: Karl Adam, Wolfgang Arend, Reinhold Frick und Hans Haas), Ludwigshafen/Rh., **Reinigung von aliphatischen Dinitrilen,** dad. gek., daß diese mit 0,01—5, bes. 0,1 bis 2 (Gew.-%) eines neutralen NH_4-Salzes, z. B. NH_4Cl, $(NH_4)_2SO_4$, $(NH_4)_2CO_3$, NH_4NO_3, u. 1—10, bes. 2—6, W., auf 50—200°, bes. 100—200°, erhitzt werden. Das Dinitril wird während oder nach dieser Behandlung destilliert. — Beispiele zur Reinigung von *Adipin-* u. *Korksäuredinitril.* (**D. A. S. 1 116 646** Kl. 12o vom 15/12. 1959, ausg. 9/11. 1961.)
O. MÜLLER-MEININGEN. H 820

Ruhrchemie Akt.-Ges., Oberhausen, **Herstellung von Heptadecan-1.17-dicarbonsäure** (I) erfolgt durch Hydroformylierung geradkettiger, bes. natürlich vorkommender ein- oder mehrfach ungesätt. C_{18}-Fettsäuren, z. B. Öl- oder Isoölsäure bei einem Druck nicht <180 at, Entfernen des Katalysators, bes. durch Druckwasser-Wäsche, Oxydation des Rk.-Prod. durch Alkalischmelze, Lösen der Schmelze in W. u. Ansäuern der Lsg. mit Mineralsäure auf pH 2, wobei I, $C_{19}H_{36}O_4$, F. 117—119,5° (Bzl.), ausfällt. — *Zwischenprod.* zur Herst. von Polyestern- bzw. Polyesterharzen. (**E. P. 864 918** vom 21/8. 1957, ausg. 12/4. 1961. D. Prior. 3/9. 1956.)
O. MÜLLER-MEININGEN. H 820

Badische Anilin- & Soda-Fabrik Akt.-Ges. (Erfinder: Klaus Wiebusch), Ludwigshafen/Rh., **Maleinsäure oder Maleinsäureanhydrid** wird durch Oxydation von Bzl. oder Alkylbenzolen mit O_2 oder diesen enthaltenden Gasen im Gaszustand in Ggw. eines Katalysators erhalten, der aus Anatas (= krist. TiO_2) als Träger besteht, dessen Korngröße ca. 0,05—1,5 μ u. dessen Oberfläche vor der Verformung ca. 5—20 m^2 je g beträgt u. der mit Lsgg. oder Aufschlämmungen von V-Komplexsalzen organ. Säuren u. Phosphormolybdänsäuren oder deren NH_4-Salzen behandelt wurde, daß der fertige Katalysator ca. 60—80% Anatas je ca. 5—30% V_2O_5 u. MoO_3 u. ca. 0,2—1,25% P_2O_5 enthält. Die Formkörper sollen einen ⌀ von 2—8 mm haben, u. der mittlere Poren-⌀ des fertigen Katalysators soll 200—300 Å betragen. Beste genannte Ausbeute an Anhydrid 70%. (**D. A. S. 1 115 241** Kl. 12o vom 27/6. 1959, ausg. 19/10. 1961.)
G. KRAUSS. H 820

Montecatini Soc. Gen. per l'Industria Mineraria e Chimica, Mailand, Italien, **Herstellung von Harnstoff.** Zur bekannten Synth. von Harnstoff aus NH_3 u. CO_2 wird ein Gemisch aus CO_2 + H_2 verwendet u. aus diesem zunächst durch Abkühlung u. Druck H_2 entfernt. Danach wird CO_2 mit NH_3 im Autoklav gemischt. (**Port. P. 37 917** vom 26/12. 1960, Auszug veröff. 27/5. 1961. It. Prior. 31/12. 1959.)
A. KALIX. H 880

E. I. du Pont de Nemours & Co., Wilmington, Del. (Erfinder: Charles Perry Green, Memphis, Tenn.), V.St.A., **Vergütung von NaCN-Formlingen** unter Gewinnung von NaCN-Kristallen mit 0,1—1,0% NaOH-Geh., dad. gek., daß der mindestens 0,1% NaOH enthaltende Formling, der aus kristallinem NaCN bei Tempp. <200° verformt worden ist, mindestens 15 Min. lang auf ca. 350—450° erhitzt u. anschließend abgekühlt wird. (**D. A. S. 1 120 437** Kl. 12k vom 20/2. 1959, ausg. 28/12. 1961. A. Prior. 20/2. 1958.)
K. KOEBKE. H 890

Soc. d'Études Chimiques pour l'Industrie et l'Agriculture S.àr.l. (Erfinder: Maurice Rubin), Paris, Frankreich, **Herstellung wässeriger Lösungen aliphatischer Aminsulfate.** Carbonate von aliphat. Aminen mit einem oder mehreren Alkylresten mit je 1—4 C-Atomen werden im wss. Medium mit Mg- oder Ca-Sulfat zusammengebracht. Der gebildete Nd. aus Mg- bzw. Ca-Carbonat wird abgetrennt. (**Holl. P. 98 273** vom 8/11. 1957, ausg. 15/6. 1961. F. Prior. 9/11. 1956.)

F. BÖHM. H 910

Commercial Solvents Corp., übert. von: John B. Tindall, Terre Haute, Ind., V.St.A., **Sekundäre Amine** in hoher Ausbeute werden erhalten, wenn bei der an sich bekannten Rk. zwischen Ketonen u. Aminen unter Druckhydrierung ein erfindungsgemäß hergestelltes Katalysatorgemisch (I) aus CuO + $CaSO_4$ oder CuO + $BaSO_4$ verwendet wird. Zur Herst. von I wird eine wss. Lsg. von $CuSO_4$ mit einer wss. Lsg. von $Ca(OH)_2$ oder $Ba(OH)_2$ gemischt. Der Nd. wird 3 Std. lang bei 80—100° getrocknet u. fein gemahlen. Er soll einen Überschuß von 10—15 Mol-% von CuO gegenüber $CaSO_4$ oder $BaSO_4$ enthalten. Die Rk. wird bei 130—225°, bes. 150—200°, u. einem H_2-Druck von ca. 10 at ausgeführt. I wird bes. zur Herst. von *Desoxyephedrin* aus CH_3NH_2 u. Phenylaceton (II) verwendet, wobei Ausbeuten bis zu 99,7%, bezogen auf die angewandte II-Menge, erzielt werden. (**A. P. 2 828 343** vom 18/10. 1952, ausg. 25/3. 1958.)

A. KALIX. H 910

National Distillers & Chemical Corp., New York, N.Y., V.St.A., **Herstellung von ungesättigten Diaminen** durch Rk. eines Diolefins mit konjugierten Doppelbindungen [Butadien-(1.3), Isopren] mit einem Amin, bes. NH_2OH-Salz ($NH_2OH \cdot HCl$) in saurer wss. Lsg. in Ggw. eines wasserlösl. Ti- oder Sn-Salzes, bes. der Chloride. Das als Lsg.-Vermittler für die Diolefine dienende Lsgm. (tert.-Butanol, Isopropanol, Dioxan, $CH_3OCH_2CH_2OH$, CH_3OH) wird in Mengen von > $^1/_3$ (Teil) auf 1 W., ggf. im Verhältnis von 1:1 bis 2,5:1 verwendet. (**E. P. 804 312** vom 20/5. 1957, ausg. 12/11. 1958. A. Prior. 23/5. 1956. **Zusatz zu E. P. 802 185; C. 1962. 7334.**)

W. GRÄGER. H 910

Imperial Chemical Industries Ltd., London, übert. von: Frederick Keith Duxbury und Owen Buschell Edgar, Manchester, England, **ω-Aminosäureester** wird durch katalyt. Hydrierung eines Gemisches aus einem ω-Cyansäureester der allg. Zus. $NC \cdot (CH_2)_{n-1}COOR$ (R = Isopropyl, sek.-Butyl, sek. Amyl, Cyclohexyl, n = >4) mit 15—75%, bes. 30—50%, NH_3 bei 25—200°, bes. 100—150°, u. 150—250 at erhalten. — Beispiele: ω-Cyanvaleriansäureisopropylester → *ω-Aminocapronsäure* (I)-*isopropylester*, $Kp._{0,2}$ 70°; $Kp._{17}$ 110°; $Kp._{22}$ 116°. — *ω-Aminoheptansäureisopropylester*, $Kp._{20}$ 120°. I-*sek.-Butylester*, $Kp._{12}$ 122°. *Zwischenprodd.*, bes. *zur Herst. von Kunstharzen.* (**A. P. 2 956 078** vom 30/9. 1957, ausg. 11/10. 1960. E. Prior. 3/10. 1956.) O. MÜLLER-MEININGEN. H 950

Soc. Gen. per l'Industria Mineraria e Chimica, übert. von: Francesco Minisci, Mailand, Italien, **10-Aminodecansäure** (I) wird durch Rk. von 1.8-Dicyanoctadien-(2.6) mit 2—10 (Mol) eines Alkanols C_1—C_5 in Ggw. von 0,3—0,8 einer Mineralsäure (H_2SO_4) bei 50—160° u. anschließende katalyt. Hydrierung des hierbei erhaltenen 9-Cyannonadien-(3.7)-säureesters bei 20—150° u. 1—200 at erhalten, worauf der Ester ggf. mit HCl hydrolysiert u. das erhaltene I-*Hydrochlorid*, F. 158°, mit NH_3 neutralisiert wird. I, F. 177—178°. Sie dient u. a. *zur Herst. von Polyamiden.* (**A. P. 2 956 066** vom 24/11. 1958, ausg. 11/10. 1960. It. Prior. 28/11. 1957.) O. MÜLLER-MEININGEN. H 950

Tanabe Seiyaku Co. Ltd. (Erfinder: Kiichi Fujii, Kyoto, Mutsuo Oda, Snita, Junichiro Arita, Moriguchi, und Kango Sakai, Mikio Takeda, Osaka), Japan, **Isolierung von Threonin (I) und Allothreonin (II) aus ihren Gemischen.** Zum Beispiel werden 10 (g) Roh-I mit einem II-Geh. von 24% in 150 cm^3 W. gelöst, 5 g bas. Cu-Carbonat zugegeben, die blaue Lsg. filtriert, mit 3,8 CH_3CHO versetzt u. nach einigem Stehen 11 (88%) *Bis-(acetaldehyd)-bis-(threoninat)-Cu* (III), $C_{12}H_{24}CuN_2O_8$, das II-frei ist, erhalten. Es wird in 60 cm^3 W., das wenig CH_3COOH enthält, suspendiert, in die Suspension wird bis zum Verschwinden der blauen Farbe H_2S eingeleitet, filtriert, das Filtrat bis auf $^1/_5$ seines Ausgangs-Vol. eingeengt, 50 cm^3 CH_3OH zugegeben u. ausgefallenes I aus verd. CH_3OH umkristallisiert. Ausbeute 5,7 g, F. 237° (Zers.). — Das gleiche Reinigungs-Verf. kann unter Verw. von Butyraldehyd an Stelle von CH_3CHO durchgeführt werden, wobei als Zwischenprod. das III-Butyraldehyd-Deriv. $C_{16}H_{32}CuN_2O_8$ erhalten wird. (**D. A. S. 1 111 202** Kl. 12q vom 22/9. 1959, ausg. 20/7. 1961.)

O. MÜLLER-MEININGEN. H 950

E. I. du Pont de Nemours & Co., V.St.A. (Erfinder: Richard David Cramer und William Robert McClellan), **Herstellung von 2-Amino-4-hydroxybutter-**

säure, F. 174—179°, u. ihren *Estern,* dad. gek., daß Isoxazol-3-carbonsäure oder ihre Ester in CH_3OH oder A. an Ni- bzw. in CH_3COOH an Pd-Katalysatoren hydriert werden. (**F. P. 1 217 714** vom 20/11. 1958, ausg. 5/5. 1960. A. Prior. 20/11. 1957.) S. BÖTTCHER. H 950

American Cyanamid Co., V.St.A. (Erfinder: William Preston Colmann und Leonard Anthony Cullo), **Herstellung von Alkalisalzen der Aminopolyessigsäuren,** z. B. *Äthylendiaminotetraessigsäuretetra-Na-Salz,* dad. gek., daß man $NH_2CH_2 \cdot CH_2NH_2$ (Propylendiamin, Diäthylentriamin oder N-Aminoäthyläthanolamin) u. NaOH im mol. Verhältnis 1:4,1—5,1 in W. löst, HCN u. danach allmählich HCHO im Verhältnis 1:4,05—5,05 u. 1:4—5 zusetzt u. bis zur Entw. von Wasserdampf u. NH_3 erwärmt. (**F. P. 1 209 684** vom 28/8. 1958, ausg. 3/3. 1960. A. Prior. 6/9. 1957.) S. BÖTTCHER. H 950

Farbenfabriken Bayer Akt.-Ges., Deutschland (Erfinder: Konrad Lang, Friedrich Schubert, Alex Bürger und Werner Schabacher), **Herstellung von Boralkylverbindungen,** dad. gek., daß Alkali- oder Erdalkaliborhydride in Ggw. von Rk.-Beschleunigern mit Olefinen umgesetzt werden. — $NaBH_4$ wird im Gegenstrom bei 210° mit C_2H_4 u. BF_3 umgesetzt; beim Abkühlen werden Äthylborgemische, die beim Destillieren *Triäthyl-B, Äthylborhydrid* u. andere Alkylborverbb. liefern, erhalten. — *Tripropyl-B,* aus Propylen. — *Triamyl-B,* aus Amylen. — *Trinonyl-B,* aus Isononylen. — *Tetranonyldiboran,* aus Nonylen. — Der Prozeß kann mit der Gewinnung von Alkali- u. Erdalkaliborhydriden u. -hydriden gekuppelt werden. (**F. P. 1 220 901** vom 2/1. 1959, ausg. 30/5. 1960. **E. P. 852 985** vom 30/12. 1958, ausg. 2/11. 1960. Beide D. Prior. 2/1. u. 3/10. 1958. **D. A. S. 1 112 981** Kl. 12o vom 2/1. 1958, ausg. 24/8. 1961.) S. BÖTTCHER. H 980

British Petroleum Co. Ltd., London, Alan Arthur Yeo und Alan John Maurice Wenham, Sunbury-on-Thames, England, **Alkylieren von Benzol.** Bzl. wird mit C_2H_4 in Ggw. eines Alkylhalogenids, wie Äthylhalogenid, eines freien Halogens, wie J_2, u. einer Al-Leg., wie Al/Ni-Leg., umgesetzt. (**E. P. 863 148** vom 16/2. 1959, ausg. 15/3. 1961.) E. KAHLES. H 1010

Esso Research and Engineering Co., übert. von: Charles Newton Kimberlin jun. und William Judson Mattore, Baton Rouge, La., V.St.A., **Herstellung von aromatischen Kohlenwasserstoffen.** Olefine mit 2—7 C-Atomen im Mol. werden bei 350—850° F an einem krist. Tonerde/Kieselsäure/Zeolith mit Poren von 6 Å umgewandelt. (**A. P. 2 972 643** vom 1/5. 1957, ausg. 21/2. 1961.) E. KAHLES. H 1010

Centre de Technologie Chimique, Frankreich, **Alkylierung von Phenolen** in Ggw. von BF_3 mit Olefinen, wobei in der ersten, exothermen Phase die Temp. durch Wärmeableitung auf 40—80° gehalten u. dann durch Wärmezuführung gesteigert wird. — *2.4-Di-tert.-octylphenol* neben *p-tert.-Butyl-* u. *p-tert.-Octylphenol* (I), *Dinonylphenol* neben *Nonyl-* u. *Dodecylphenol,* I, $Kp._{8-9}$ 148—150°, Ep. 80—81°, *p-tert.-Octyl-o-kresol,* $Kp._{17}$ 162—165°, Ep. 49°, u. *Dodecylphenol,* $Kp._{10}$ 190—210°, aus Diisobuten, Tri- bzw. Tetrapropen. — 2 Zeichnungen. (**F. P. 1 209 863** vom 19/7. 1956, ausg. 4/3. 1960.) S. BÖTTCHER. H 1060

VEB Leuna-Werke „Walter Ulbricht", Leuna, Kr. Merseburg, **Kontinuierliche Entalkylierung von Alkylphenolen.** Gemische von unter hoher Wärme-Entw. entalkylierbaren Alkylphenolen mit solchen, deren Entalkylierung mit schwach positiver oder negativer Wärme-Bldg. erfolgt, z. B. aus einem oder mehreren Kresolisomeren u./oder über 100° sd. Rückständen aus dem Entalkylierungsprozeß, werden unter Druck mit einem im Kreislauf geführten, H_2-enthaltenden Gas-Strom umgesetzt. Die Entalkylierung erfolgt bei 400—700° in Ggw. von Katalysatoren. Das Verhältnis H_2/KW-Stoff im Kreislaufgas wird durch eine Druckwaschung mittels eines für KW-Stoffe selektiven Lsgm., bes. der im Kreislauf anfallenden, zwischen 80 u. 150° sd. aromat. KW-Stoffe, u. durch Zusatz von frischem H_2 so eingestellt, daß das Gemisch eine möglichst hohe, konst. spezif. Wärme aufweist. — Verf.-Schema. (**Oe. P. 211 298** vom 9/6. 1959, ausg. 26/9. 1960.) EBERHARD RIEDEL. H 1060

Rütgerswerke Akt.-Ges., Deutschland, **Reinherstellung von Phenol** (I) aus Rk.-Gemischen, die aus der Zers. von Cumolhydroperoxid stammen, dad. gek., daß erst die Komponenten mit niederem Kp. dest. werden u. der letzten Kolonne, in der I von den Komponenten mit höherem Kp. getrennt wird, ein Neutralisationsmittel zugesetzt wird. Abgetrenntes I wird nochmals einfach azeotrop oder extraktiv destilliert. — 5 Verf.-Schemata. (**F. P. 1 206 744** vom 6/5. 1958, ausg. 11/2. 1960. D. Prior. 8/5. 1957.) S. BÖTTCHER. H 1060

Monsanto Chemical Co. (Erfinder: Elmer Austin Fike und William Hafford Seaton), **Herstellung polychlorierter Phenole.** Ein Gemisch aus 1 (Mol) Hexachlorbenzol u. 2 CH_3OH wird mit einem großen Überschuß von NaOH in eine auf 168—190° gehaltene, unter hohem N_2-Druck stehende Rk.-Zone eingeführt u. hier 20—35 Min. lang gehalten, so daß eine >80%ig. Umwandlung erreicht wird. Dem Beispiel nach beträgt die Ausbeute an *Pentachlorphenol* ca. 95%. (**Aust. P. 226 001** vom 17/10. 1957, ausg. 21/1. 1960. A. Prior. 22/10. 1956.)
H. NEBELSIEK. H 1060

Imperial Chemical Industries Ltd. (Erfinder: William Gordon Allan), **Herstellung von 2.4-Dinitroresorcin.** Resorcin wird sulfoniert, die gekühlte Sulfonsäure-Lsg. mit überschüssiger 95%ig. HNO_3 bei 20—25° versetzt, W. zugefügt, ungelöste Styphninsäure durch Filtrieren entfernt u. nach Erhitzen unter Rückfluß bei 130—135° in z. B. 69%ig. Ausbeute 2.4-Dinitroresorcin (F. 144—145°) erhalten. (**Aust. P. 228 043** vom 2/9. 1954, ausg. 2/6. 1960.) K. DEMMLER. H 1060

Pittsburgh Consolidation Coal Co., übert. von: Martin B. Neuworth und Eric B. Hotelling, Pittsburgh, Pa., V.St.A., **4-Mercapto-6-tert.-butyl-o-kresol,** $C_{11}H_{16}OS$, Kp.$_5$ 134—135°; lösl. in NaOH u. KOH u. fällbar mit verd. H_2SO_4, HCl, HNO_3, H_3PO_4 u. Essigsäure. o-Kresol gibt mit Isobutylen in Ggw. eines sauren Katalysators 6-tert.-Butyl-o-kresol, das mit S_2Cl_2 in CCl_4 bei höchstens 30° in Abwesenheit eines Katalysators das entsprechende Polysulfid liefert, das mit H_2 in Toluol in Ggw. von Mo-Sulfid bei 160—168° u. 850 lbs./sq.in. H_2-Druck red. wird. — Mit überschüssiger Bromessigsäure in Ggw. von NaOH entsteht *2-Methyl-6-tert.-butyl-4-[carboxymethylmercapto]-phenoxyessigsäure*, $C_{15}H_{20}O_5S$, F. 118—120° (Isopropanol/Ae.). — *Polymerisationsverzögerer* für *äthylen. ungesätt. Monomere,* bes. *Styrol*; vgl. Tabelle. — *Antioxydationsmittel.* (**A. P. 2 810 765** vom 12/4. 1956, ausg. 22/10. 1957.)
G. KRAUSS. H 1090

Monsanto Chemical Co., St. Louis, übert. von: Marrine A. Terpstra, Kirkwood, Mo., V.St.A., **Arylessigsäuren** werden durch Hydrolyse von Arylacetonitrilen in Ggw. von mindestens 0,5% (bis 10%) Arylessigsäuren oder deren Salzen bei Rückfluß-Temp. hergestellt. (**A. P. 2 817 681** vom 20/12. 1954, ausg. 24/12. 1957.)
A. DANDL. H 1210

Pittsburgh Plate Glass Co., Allegheny County, Pa., übert. von: Frank Fekete, Buffalo, N.Y., V.St.A., **α.β-Ungesättigte Carbonsäureester** der allg. Formel $(R-R')_n-Ar$ (R = 2-Alkensäurerest; R' = niedermol. Alkylen; Ar = Aryl, das wenigstens 1 Alkyl enthält; n = 1—3) werden durch Rk. eines Alkalisalzes einer Alken-(2)-säure mit einem Halogenalkylalkylaryl der allg. Formel $Ar-(R'-X)_n$ (X = Cl, Br, J) in Ggw. von freier Alken-(2)-säure u. einem quart. Ammoniumsalz einer nicht oxydierenden Säure von mindestens der Stärke von CH_3COOH als Katalysator u. einem Polymerisationsverzögerer (4.4'-Dihydroxy-3.3'-dimethyldiphenyl) unter Rückfluß, bes. bei 140—150°, erhalten. — Aus 5 Mol Monochlormethylxylol, 5,1 Mol K-Methacrylat, 1260 g Methacrylsäure, 15 g Hydrochinon u. 5 g Trimethylbenzylammoniumchlorid bei 140—150° → *Dimethylbenzylmethacrylat*, Kp.$_{1,3}$ 105°; n_D^{25} 1,5118; 98% (Ausbeute). — K-Acrylat → *Dimethylbenzylacrylat.* — 4.6-Bis-[chlormethyl]-m-xylol → *α¹.α⁵-Duroldioldimethacrylat.* — *1.4-Dimethyl-3-chlormethyl-5-acryloxymethylbenzol* (*3-Chlormethyl-5-acryloxymethyl-p-xylol*). — *1.4-Dimethyl-3-chlormethyl-5-methacryloxymethylbenzol* (*3-Chlormethyl-5-methacryloxymethyl-p-xylol*). — *2-Acryloxymethyl-p-xylol.* — *1.4-Dimethyl-2-methacryloxymethylbenzol* (*2-Methacryloxymethyl-p-xylol*). — *1.4-Dimethyl-3.5-bis-[acryloxymethyl]-benzol* (*3.5-Diacryloxymethyl-p-xylol*). — *α¹.α⁵-Duroldioldiacrylat.* — *1.4-Dimethyl-3.5-bis-[methacryloxymethyl]-benzol* (*3.5-Dimethacryloxymethyl-p-xylol*). — *1.4-Dimethyl-3-acryloxymethyl-5-methacryloxymethylbenzol* (*3-Acryloxymethyl-5-methacryloxymethyl-p-xylol*). — Als Säure ist noch verwendbar: Buten-(2)-säure. — Zwischenprodd. zur Herst. von *Polymeren.* (**A. P. 2 855 434** vom 5/1. 1956, ausg. 7/10. 1958.) G. KRAUSS. H 1210

Mid-Century Corp., übert. von: Chempatents, Inc., V.St.A. (Erfinder: Alfred Saffer), **Oxydation von Aromaten** mit Gasen, die <15 Vol.-% O_2 enthalten, in Ggw. eines Katalysators (Mn-Acetat) u. einer aliphat. Säure (Essig-, Propion-, Butter-, Capronsäure). — Beispiel: *Terephthalsäure* aus p-Diisopropylbenzol. (**F. P. 1 208 206** vom 27/9. 1956, ausg. 22/2. 1960. A. Prior. 28/9. 1955.) S. BÖTTCHER. H 1220

Imperial Chemical Industries Ltd., England, **Reinigung von Terephthalsäure (I),** dad. gek., daß das Rohprod. unter Druck durch Erwärmen in Benzoesäure gelöst u. aus der Lsg. nach Abkühlen I krist. wird. (**F. P. 1 209 162** vom 23/5. 1958, ausg. 29/2. 1960. E. Prior. 28/6. 1957 u. 8/4. 1958.) S. BÖTTCHER. H 1220

Standard Oil Co. „Indiana“, V.St.A. (Erfinder: Charles Albert Spiller jun. und Russel Victor Malo), **Trennung von Phthalsäuren**, bes. *Iso-* u. *Terephthalsäure*, aus ihren Gemischen, dad. gek., daß diese bei 120—125° unter Druck mit Wasserdampf behandelt werden u. die übersättigte Lsg., in der das Verhältnis Iso- : Terephthalsäure ca. 9 : 1 beträgt, so abgekühlt wird, daß unter vermindertem Druck W. abdest. u. eine fraktionierte Kristallisation stattfindet. (**F. P. 1 223 366** vom 11/12. 1958, ausg. 16/6. 1960. A. Prior. 11/12. 1957.) S. BÖTTCHER. H 1220

Distillers Co. Ltd., Edinburgh, England, **Aromatische Nitrile, Amide und Imide** werden durch Rk. von Alkylaromaten mit NH_3 u. O_2, bes. bei 330—420° in Ggw. von V-Oxid oder je 1—15, bes. 5—10% V- u. Cr-Oxid, jeweils auf Al_2O_3 als Träger erhalten. Al_2O_3 wird vor dem Aufbringen von V-Oxid auf 900—1300, bes. 1000—1100°, oder nach dem Aufbringen von V- u. Cr-Oxid auf 1000—1500° erhitzt. Als Ausgangsstoffe sind verwendbar Verbb. der allg. Formel Ar—C(R)(R')R'' (R, R' u. R'' = H, Alkyl, Alkenyl). — Toluol u. Äthylbenzol → *Benzonitril*. — o-Xylol → *Phthalimid* + *o-Tolunitril* + *Phthalonitril*. — m-Xylol → *Isophthalonitril* + *m-Tolunitril*. — p-Xylol → *Terephthalonitril* + *p-Tolunitril*. — Mesitylen → *Tricyanbenzol*. — o-, m- u. p-Diisopropylbenzol, o-, m- u. p-Cymol, Chlortoluol, α- u. β-Methylnaphthalin → *Nitrile* u. *Amide*. — Nachtrag zu E. PP. 807 485; C. **1960.** 4672 u. 806 492; C. **1959.** 17478. (**Belg. PP. 562 201** u. **562 202** vom 7/11. 1957, ausg. 3/6. 1960. Beide E. Prior. 10/11. 1956.) G. KRAUSS. H 1220

Pittsburgh Plate Glass Co., Allegheny County, Pa., übert. von: Frank Fekete, Buffalo, N.Y., V.St.A., **Hydroxycarbonsäureester** der allg Formel **I** (R, R_1, R_2 u. R_3 = H, Methyl; R_4 = H, Chlormethyl, Acyloxymethyl, Acryl- u. Methacryloxymethyl; n = 1, 2, 3 oder 4) werden durch Rk. eines Salzes einer aliphat. Hydroxymonocarbonsäure mit einer Aryl-Verb., die mindestens 2 Halogenmethylgruppen enthält, u. weiterer Rk. des entstandenen Hydroxycarbonsäureesters mit dem Alkalisalz einer äthylen. ungesätt. aliphat. Carbonsäure in Ggw. eines Polymerisationsverzögerers bei 0—155° erhalten. — Aus 27,8 Teilen 2.5-Bis-[chlormethyl]-p-xylol u. 12,3 Teilen Na-Hydroxyacetat in $HCON(CH_3)_2$ durch Kochen → 2-Chlormethyl-5-hydroxyacetoxymethyl-p-xylol, quant. Ausbeute. Daraus wird mit dem K-Salz einer Carbonsäure der Ester der allg. Formel **II**, in der Z gleich $-CH_2OH$, $-CH{=}CH_2$, $-C(CH_3){=}CH_2$ oder H ist, erhalten. Die ungesätt. Verbb. lassen sich *polymerisieren* u. *mischpolymerisieren*, bes. mit Styrol, Vinyltoluol, Vinylpolysiloxan, Acrylsäure-, Methacrylsäure-n-butylester, Acrylsäure, Essigsäurevinylester, Cyanursäurediallylester, Phthalsäurediarylester, Methacrylsäureallylester, Diallylpentaerythrit, Itaconsäurediallylester, Bis-[allyldiglykol]-carbonat u. Methacrylsäureglycidylester. Als Hydroxysäuren sind noch geeignet: Wein-, Milch-, Ricinol- u. α-Hydroxybuttersäure. (**A. P. 2 865 896** vom 5/1. 1956, ausg. 23/12. 1958.) G. KRAUSS. H 1250

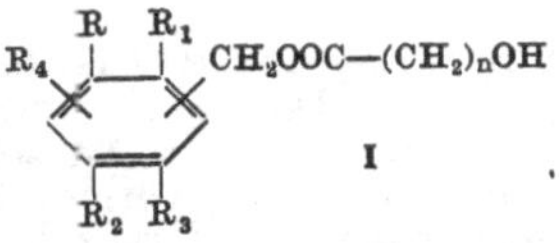

I

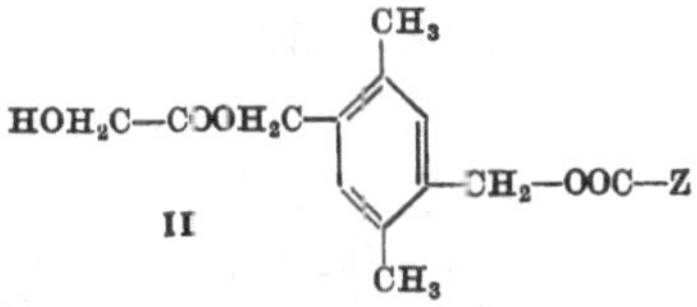

II

E. I. du Pont de Nemours & Co., übert. von: Peter J. Graham, Wilmington, Del., V.St.A., **Aldehyd-Dicyclopentadienyleisen-Reaktionsprodukt.** Verbb. der Zus. 64—67 (%) C, 5—6 H u. 24—30 Fe sowie 70 C, 5 H, 18 Fe u. 7 O werden durch Rk. von Ferrocen mit einem nur C-, H- u. O-Atome enthaltenden Aldehyd, bes. HCHO, in einem inerten fl. Verdünnungsmittel in Ggw. einer starken Mineralsäure erhalten. (**Can. P. 554 166** vom 9/12. 1954, ausg. 11/3. 1958.) L. GROSSNER. H 2180

Union Carbide Corp., übert. von: Donald L. MacPeek, South Charleston, W.Va., V.St.A., **Monohalogenepoxyalkene** der allg. Formel **I** werden durch Dehydrohalogenieren eines Dihalogenepoxyalkans der allg. Formel **II** (R = H, Alkyl; X = Br, Cl) mit feinverteiltem Alkalihydroxid in einem mit W. mischbaren Verdünnungsmittel, das keinen akt. H enthält, wie Dialkyläther, gesätt., cycl. Äther oder Polyäther, bei 35—200, bes. 60—125° u. 10—760, bes. 50—200 Torr, erhalten. — Aus 224 g feinverteiltem KOH in 2000 cm^3 Ae. u. 282 g 3.4-Dichlor-1.2-epoxybutan bei 35—40° → 60 g *Chloroprenoxid* [*2-Chlor-3.4-epoxybuten-(1)*], C_4H_5ClO, Kp. 108—110°; $D._4^{23}$ 1,1525; n_D^{20} 1,4579. — Ferner können umgesetzt werden: 3.4-Dibrom-1.2-epoxybutan, 4.5-Dibrom-, 4.5-Dichlor-2.3-epoxypentan, 3.4-Dichlor-1.2-epoxypentan, 2-Methyl-3.4-dichlor-1.2-epoxybutan, 2.4-Dimethyl-3.4-dichlor-

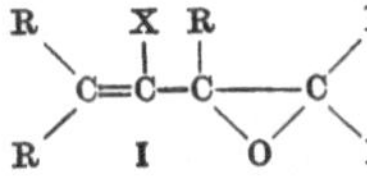

I

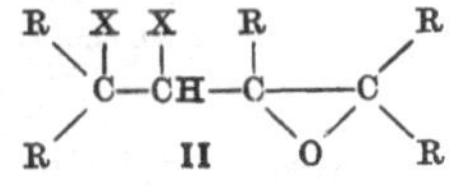

II

1.2-epoxypentan u. 2-Methyl-4-äthyl-3.4-dibrom-1.2-epoxyhexan zu *2-Brom-3.4-epoxybuten-(1)*; *2-Brom-* oder *2-Chlor-3.4-epoxypenten-(1)*, *3-Chlor-4.5-epoxypenten-(2)*, *2-Chlor-3-methyl-3.4-epoxybuten-(1)*, *2.4-Dimethyl-3-chlor-4.5-epoxypenten-(2)* u. *4-Äthyl-2-methyl-3-brom-1.2-epoxyhexen-(3)*. Die Verbb. lassen sich z. B. mit CH_2=CHCl oder CH_2=CH—CN *mischpolymerisieren.* Durch Hydrolyse entsteht das entsprechende *α.β-Diol,* das beim Verestern mit langkettigen Mono- u. Dicarbonsäuren, wie Linolsäure, *trocknende Öle* u. *Firnisse* liefert; durch Hydrierung entstehen *gesätt. sek. Alkohole,* die beim Verestern mit gesätt., aliphat. Monocarbonsäuren *Lsgm.* u. *Verdünnungsmittel* liefern. (**A. P. 2 907 774** vom 26/7. 1957, ausg. 6/10. 1959.)
G. KRAUSS. H 3030

N. V. de Bataafsche Petroleum Mij., Den Haag, Holland, **α.β-Epoxypropionaldehyde** der allg. Formel $\underset{\diagdown O \diagup}{H_2C—C}(R)—CHO$ werden durch Rk. von α-Methylenalkanalen der allg. Formel H_2C=C(R)—CHO mit H_2O_2 in fl. Zustand bei 0—100, bes. 20—60°, ggf. unter Druck bei pH 4—10,5, bes. 6,5 u. in Ggw. einer anorgan. oder organ. Base (Alkali- u. Erdalkalioxide, -hydroxide, -carbonate, -bicarbonate, -phosphate, NH_4OH, bas. Ionenaustauscher u. Amine) erhalten. Die Konz. der Rk.-Teilnehmer soll höchstens 50, bes. 5—15%, betragen. Bei pH > 7 ist das Mol-Verhältnis von H_2O_2 : Alkanal 1,02—1,2 : 1, bei < 7 0,5 : 1. — Aus 0,536 Mol 30,8%ig. H_2O_2 u. 0,5 Mol 95%ig. Acrolein in Ggw. von 390 cm³ dest. W. u. einigen Tropfen 1n NaOH bei pH 8 → *Glycidaldehyd* (Epoxypropionaldehyd), (Ausbeute) 87,8%; daraus mit H_2 in Ggw. von RANEY-Ni u. wss. NaOH bei 85°, dann bei 170° unter Druck → *Glycerin,* 89,3%. — Methacrolein → *Epoxyisobutyraldehyd.* Ferner sind epoxydierbar: α-Äthyl-, α-Hexyl- u. α-Isopropylacrolein. Zwischenprodd. zur Herst. von *α.β-Dihydroxypropionaldehyden* u. *3wertigen Alkoholen.* (**E. P. 807 605** vom 3/6. 1957, ausg. 21/1. 1959. A. Prior. 4/6. 1956.)
G. KRAUSS. H 3030

Sadolin & Holmblad A/S, Kopenhagen (Erfinder: Niels Elming, Jørgen Tormod Nielsen, Kopenhagen, Dänemark, und Niels Konrad Friedrich Wilhelm Clauson-Kaas, Haifa, Israel), **Herstellung von 2-[α-Acylaminoäthyl]-3.4-bis-[acyloxymethyl]-furanen** der allg. Formel **I** in der Ac einen Acylrest bedeutet, dad. gek., daß 2-[α-Acylaminoäthyl]-furane der allg. Formel **II**, in der R einen Acylrest darstellt, mit Acetylendicarbonsäureestern der allg. Formel YOOC—C≡C—COOY, in der Y eine Alkyl- oder Cycloalkylgruppe bedeutet, unter Erhitzen zu Diestern einer 3.6-Endoxo-3-[α-acylaminoäthyl]-3.6-dihydrophthalsäure der allg. Formel **III** umgesetzt, diese in Ggw. eines Lsgm. u. eines Katalysators mit H_2 zu Diestern einer 3.6-Endoxo-3-[α-acylaminoäthyl]-3.4.5.6-tetrahydrophthalsäure der allg. Formel **IV** hydriert, letztere durch Erhitzen unter C_2H_4-Abspaltung in Diester von 2-[α-Acyl-

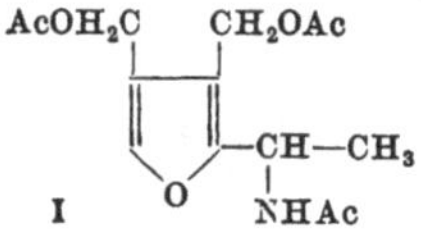
I

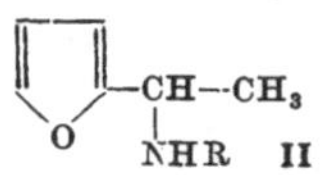
II

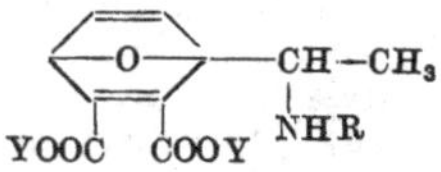
III

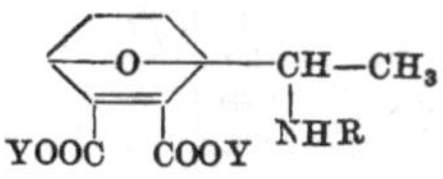
IV

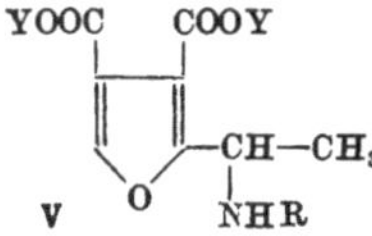
V

aminoäthyl]-furan-3.4-dicarbonsäuren der allg. Formel **V** übergeführt u. diese mit einem Alkali- oder Erdalkalialuminiumhydrid oder Alkali- oder Erdalkaliborhydrid red. sowie in an sich bekannter Weise durch Behandlung mit einem Carbonsäureanhydrid acyliert werden. — 0,030 (Mol) 2-[α-Acetamidoäthyl]-furan u. 0,0315 C_2H_5—O_2CC≡C—$CO_2C_2H_5$ werden 3 Std. lang auf 100° erhitzt u. das Rk.-Prod. aus Ae. umkristallisiert. Es wird 3.6-Endoxo-3-[α-acetamidoäthyl]-3.6-dihydrophthalsäurediäthylester, F. aus Ae. 127—129°, erhalten. Mit Pd/$BaSO_4$ als Katalysator in Essigester bei Zimmer-Temp. mit H_2 behandelt, wird 3.6-Endoxo-3-[α-acetamidoäthyl]-3.4.5.6-tetrahydrophthalsäurediäthylester, F. 107—109° (Ae.), erhalten. Daraus wird beim Erhitzen auf 190—200° 2-[α-Acetamidoäthyl]-furan-3.4-dicarbonsäurediäthylester, F. 50—52° (Ae.), erhalten. Mit $LiAlH_4$ wird in Dimethylglykoläther red., eingedampft u. unter Zugabe von Ae. mit Acetanhydrid gekocht. Es wird daraus *2-[α-Acetamidoäthyl]-3.4-bis-[acetoxymethyl]-furan* (**VI**), Öl, $Kp._{0,1}$ 183—189°, erhalten. — 0,112 2-[α-Acetamidoäthyl]-furan u. 0,118 H_5C_2OO≡$CCOOC_2H_5$ werden 3½ Std. lang auf 100° erhitzt, nach dem Abkühlen in Aceton gelöst u. in Ggw. eines Pd/Holzkohle-Katalysators bei Zimmer-Temp. unter H_2-Druck von 1 at geschüttelt bis 2470 cm³ H_2 aufgenommen sind. Nach dem Abfiltrieren des Katalysators wird das Lsgm. abgedampft u. der Rückstand 1 Std. lang unter einem Druck von 13 Torr auf 190—200° erhitzt. Es wird 2-[α-Acetamidoäthyl]-3.4-dicarbäthoxyfuran, F. 51—53° (Ae.), erhalten, dessen Umwandlung in **VI** wie vorst. beschrieben durchgeführt wird. — I sind *Zwischenprodd.* für die Herst. von Pyridoxin, *protrahierte Wrkg. auf pharmakolog. wirksame Verbb., fungistat. Wrkg.* gegenüber gewissen Stämmen von Pullularia pullulans u. Penicillium roqueforti, *Konservierung von Fasermaterial.* Vgl. F. P. 1 176 925; C. **1961.** 11056. (**D. A. S. 1 111 643** Kl. 12q vom 24/11. 1955, ausg. 27/7. 1961. E. Prior. 29/11. 1954 u. 13/4. 1955.) G. KÖNIG. H 3061

Mead Johnson & Co., Evansville, Ind., V.St.A., **Herstellung von 1-Methylpyrrolidyl-(3)-methylalkohol** (I), dad. gek., daß 1.3-Dicarbalkoxypyrrolidine in Ggw. eines organ. Lsgm. mit $LiAlH_4$ red. werden. — Beschrieben wird die Herst. von I ($Kp._{10}$ 85—90°) aus 1.3-Dicarbäthoxypyrrolidin. (**E. P. 853 370** vom 16/7. 1959, ausg. 2/11. 1960. A. Prior. 6/5. 1959.) W. HEYER. H 3081

Rohm & Haas Co., Philadelphia, übert. von: Charles H. McKeever, Meadowbrook, Pa., V.St.A., **Herstellung von Pyrrolidonen,** dad. gek., daß ein inertes organ. Lsgm. mit einem Ni-Katalysator versetzt, das Gemisch im Autoklaven bei 150—260° mit H gesätt., in das Gemisch ein niedriger β-Cyanpropionsäurealkylester, bes. β-Cyanpropionsäuremethylester, unter Druck eingeführt wird, wobei die Rk.-Temp. auf 150 bis 300° gehalten wird. (**A. P. 2 843 600** vom 29/6. 1956, ausg. 15/7. 1958. **E. P. 856 822** vom 13/6. 1957, ausg. 21/12. 1960.) W. HEYER. H 3081

Laboratoires Français de Chimiothérapie, Frankreich (Erfinder: André Allais), **Herstellung von 2-[6′-Methoxyindolyl-(3)′]-propyl-(1)-amin** (I), (*Pikrat,* F. 242°). 6-Methoxy-3-formylindol in Bzl. in Ggw. von Piperidin wird mit Nitromethan umgesetzt, das gebildete *2-[6′-Methoxyindolyl-(3′)]-1-nitroäthen,* F. 202°, mit CH_3-MgJ kondensiert, das gebildete *2-[6′-Methoxyindolyl-(3′)]-1-nitropropan* red. u. I über das Pikrat gereinigt. (**F. P. 72 777** vom 8/1. 1948, ausg. 28/4. 1960. **Zusatz zu F. P. 1 187 064; C. 1961. 9980.**) S. BÖTTCHER. 3081

Farbwerke Hoechst Akt.-Ges., vormals Meister Lucius & Brüning (Erfinder: Martin Reuter, Joachim Herok und Engelbert Wilden), Frankfurt/M.). **Sulfonamidgruppenhaltige N-heterocyclische Verbindungen** der allg. Formel $R \cdot SO_2 \cdot NH \cdot CH_2 \cdot \underline{C{:}N \cdot R' \cdot N}(R'')$ (R = ggf. substituierter aliphat., aromat., alicycl. oder heterocycl. Rest; R′ = ggf. substituiertes, 2 oder 3 kettenförmig gebundene C-Atome enthaltendes Brückenglied; R″ = H oder ggf. substituierter organ. Rest), verwendbar als Heil-, Schädlingsbekämpfungs- oder Flotationsmittel, Inhibitoren oder Zwischenprodd., werden durch Überführung von Sulfamidoacetonitrilen der Formel $R \cdot SO_2 \cdot NH \cdot CH_2 \cdot CN$ mittels eines Alkohols u. HCl in die entsprechenden Imidoäther (I) u. ringschließende Kondens. von I mit ggf. substituierten 1.2- oder 1.3-Diaminen, ggf. in Ggw. von indifferenten Lsgm. u./oder Alkoholen erhalten. I kann auch mit den Alkoholen zunächst in die entsprechenden Orthoester übergeführt u. diese mit den Diaminen ringschließend kondensiert werden. — In eine Lsg. von 1 (Mol) Benzolsulfonamidoacetonitril in 16 abs. CH_3OH wird unter Rühren bei — 10 bis + 5° 1,1 trockener HCl eingeleitet. Es wird Benzolsulfamidoacetimidomethylätherhydrochlorid (**II**), F. 83° (Zers.), erhalten. Wird 1 **II** unter Rühren schnell in eine Lsg. von 1 97—98%ig. $H_2NCH_2CH_2NH_2$ (**III**) in der 10fachen Gew.-Menge CH_3OH eingetragen, so tritt unter NH_3-Entw. u. Selbsterwärmung Lsg. u. danach Abscheidung von *2-[Benzolsulfamidomethyl]-Δ^2-imidazolinhydrochlorid* ein; F. 235—236°; aus A. sich verfilzende Kristallnadeln. *Freie Base,* F. 126°. Analog werden erhalten: *2-[Benzolsulfamidomethyl]-3.4.5.6-tetrahydropyrimidinhydrochlorid,* F. 257—258°, aus **II** u. 1.3-Diaminopropan; Schuppen; *β-Naphthalinsulfamidomethylimidazolinhydrochlorid,* F. 247 bis 249°, aus β-Naphthalinsulfamidoacetimidomethylätherhydrochlorid u. **III**; Nadeln. *Äthansulfamidomethylimidazolinhydrochlorid,* F. 151—152°, aus Äthansulfamidoacetimidobutylätherhydrochlorid u. **III**; *Dodecylsulfamidomethylimidazolinhydrochlorid,* F. 157—158°, aus Dodecylsulfamidoacetimidomethylätherhydrochlorid u. **III**; Nadeln. *2-[p-Toluolsulfamidomethyl]-Δ^2-imidazolinhydrochlorid,* F. 211—213°, aus p-Toluolsulfamidoacetimidocyclohexylätherhydrochlorid u. **III**; Nadeln. *2-[p-Aminobenzolsulfamidomethyl]-Δ^2-imidazolinhydrochlorid,* F. 220—221° (Zers.), aus p-Aminobenzolsulfamidoacetimidomethylätherhydrochlorid (**IV**) u. **III**; Nadeln; *Methyl-2-[p-aminobenzolsulfamidomethyl]-imidazolinhydrochlorid,* F. 222°, aus **IV** u. 1.2-Diaminopropan. (**D. A. S. 1 063 171** Kl. 12p vom 18/10. 1955, ausg. 13/8. 1959.) A. MOHR. H 3122

Phillips Petroleum Co., V.St.A. (Erfinder: John Ehner Mahan, Ralph Parker Williams und Stanley Dale Turk), **Dehydrierung von Alkylpyridinen,** z. B. 2- u. 3-Äthyl-, 2- u. 3-n-Amyl-, 3-Isopropyl-, 3-n-Butyl-, 3-n-Propyl-, 2.4- u. 2.5-Diäthyl-, 2-Isopropyl-4-[3-methylbutyl]-, 2.4-Diisopropyl-6-äthyl- u. 2.3.4.6-Tetraäthylpyridin, bes. 2-Methyl-5-äthyl- zu *2-Methyl-5-vinylpyridin,* dad. gek., daß man in der Dampfphase bei 358—760° unter Zusatz von 2—15 Gew.-% Wasserdampf mit Kata-

lysatoren arbeitet, die 20—85 (Gew.-%) Cr_2O_3, 1—10 Fe_2O_3 u. 5—79 KOH, K_2O oder K_2CO_3 enthalten. (**F. P. 1 223 899** vom 11/5. 1959, ausg. 21/6. 1960. A. Prior. 12/5. 1958.)
S. BÖTTCHER. H 3231

Dr. F. Raschig G.m.b.H., Chemische Fabrik, übert. von: Wilhelm Mathes und Walter Sauermilch, Ludwigshafen/Rh., **Herstellung von Pyridylglykolen**, dad. gek., daß die Pyridylglykolsäure in Ggw. von Aldehyden bei 50—100°, bes. 75—85°, decarboxyliert wird. — Aus α-Pyridylglykolsäure (I) in Ggw. von Pyridinaldehyd-(2) → *Bis-[pyridyl-(2)]-glykol*, F. 156°; aus I u. 30%ig. CH_2O → *Monopyridyl-(2)-glykol*, F. 98°; aus I in Ggw. von Chloral → *Pyridyl-(2)-trichlormethylglykol*, F. 120°; aus I u. Benzaldehyd → *α-Pyridylphenylglykol*, F. 143°; aus 2-[Pyridyl-(2')]-2-hydroxypropionsäure u. Chinolinaldehyd → *1-[Pyridyl-(2')]-1-methyl-2-[chinolyl-(2'')]-äthylenglykol-(1.2)*, F. 209 bis 210°; *1-[Pyridyl-(2')]-1-methyl-2-[chinolyl-(4'')]-äthylenglykol-(1.2)*, F. 186—187°; *1-[Pyridyl-(2')]-1-methyl-2-phenyläthylenglykol-(1.2)*, F. 119—121°; *1-[Pyridyl-(4')]-1-methyl-2-phenyläthylenglykol-(1.2)*, F. 149,5—151°, *Hydrochlorid*, F. 179—181°; *1-[Pyridyl-(4')]-1-methyl-2-[trichlormethyl]-äthylenglykol-(1.2)*, F. 189—190,5°, *Hydrochlorid*, F. 206—207°; *1-[Pyridyl-(2')]-1-methyl-2-[pyridyl-(4'')]-äthylenglykol-(1.2)*, F. 93—95°; *1-[Pyridyl-(4')]-1-methyl-2-[pyridyl-(3'')]-äthylenglykol-(1.2)*, F. 188,5°. — *Zwischenprodukte*. (**A. P. 2 971 000** vom 23/5. 1958, ausg. 7/2. 1961. D. Prior. 31/5. 1957.)
W. HEYER. H 3231

Lakeside Laboratories, Inc., übert. von: John H. Biel, Milwaukee, Wis., V.St.A., **Herstellung von Hydroxypiperidinoaldehyden** durch Rk. von 3- oder 4-Hydroxypiperidin bzw. einem Ester- oder Äther-Deriv. davon mit einem Halogenaldehydacetal zum Hydroxypiperidinoaldehydacetal u. Hydrolyse dieser Verb. zu dem entsprechenden Hydroxypiperidinoaldehyd. Aus 3-Hydroxypiperidin, $N(C_2H_5)_3$ u. Bromacetal in Toluol unter Rückfluß, Abtrennen von $(C_2H_5)_3N \cdot HBr$ u. Behandeln des Filtrats mit K_2CO_3-Lsg. → *3-Hydroxypiperidinoacetal*, $Kp._{0,6}$ 98—100°; hieraus durch Rk. mit konz. HCl bei 5—10°, mehrstd. Stehen u. Abtrennen von überschüssiger HCl im Vakuum bei 50° Wasserbad-Temp. u. Neutralisieren → *3-Hydroxypiperidinoacetaldehyd*. — *Zwischenprodukte*. (**A. P. 2 911 408** vom 28/1. 1957, aus 3/11. 1959.)
W. HEYER. H 3231

Soc. des Usines Chimiques Rhône-Poulenc, Paris (Erfinder: Robert Michel Jacob, Ablon-sur-Seine, Nicole Marie Joseph und Mayer Naoum Messer, Paris), Frankreich, **Herstellung von Piperidinderivaten** Form B, der allg. Formel I (R = H oder Alkylrest), dad. gek., daß Piperidyl-(2)-phenylmethanol, Form B (II), milde acyliert oder daß die Lsg. eines Salzes des Acyloxypiperidyl-(2)-phenylmethans in W. oder einem organ. Lsgm. neutralisiert oder alkalisiert wird, wobei Wanderung des Acylrestes erfolgt. — Piperidyl-(2)-phenylmethanol, F. 177°, wird in Formamid 3 Std. lang auf 150° erhitzt; überschüssiges Lsgm. wird bei 2 Torr abdest., in Bzl. aufgenommen u. *1-Formylpiperidyl-(2)-phenylmethanol*, Form B (III), F. 131°, gewonnen. — *1-Acetyl-*, F. 146—147°, *l-Form*, F. 146°, $[\alpha]_D^{20}$ —86° (c = 0,64%; Chlf.), *d-Form*, F. 146, $[\alpha]_D^{20}$ +100° (c = 0,97%; Chlf.), u. *1-Propionylpiperidyl-(2)-phenylmethanol*, Form B, F. 133—134°, aus II u. Essigsäureanhydrid bzw. Propionylchlorid oder aus II-Hydrochlorid oder aus Acetoxypiperidyl-(2)-phenylmethanhydrochlorid, Form B, F. 229—230° (*l*-Form, F. 232°, $[\alpha]_D^{20}$ —60° [c = 0,4%; Chlf.], d-Form, F. 232°, $[\alpha]_D^{20}$ +71° [c = 0,3%; Chlf.]). — III auch aus II u. Chloral. — Vgl. Oe. P. 203 498; C. **1961.** 10291. (**D. P. [DDR] 18 443** Kl. 12p vom 14/12. 1957, ausg. 1/4. 1960 [Ausschließungspatent]. F. Prior. 6/2. 1957.)
S. BÖTTCHER. H 3231

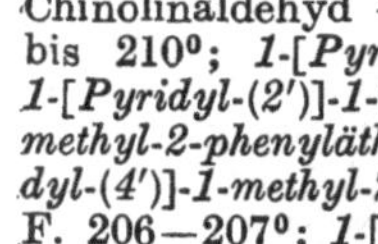

I

Farbwerke Hoechst Akt.-Ges., vormals Meister Lucius & Brüning, Frankfurt/M. (Erfinder: Horst Böhme, Marburg/Lahn), **Halogenierte Amine** der allg. Zus. I (R_1 u. R_2 = ggf. durch Phenyl substituierte Alkylreste oder zusammen mit dem N-Atom Rest eines heterocycl. Ring-Syst.; X = aliphat. oder aromat. Rest oder H) werden durch Behandeln von Dialkylaminomethyläthern der allg. Formel II (R_1 u. R_2 u. X wie oben; R_3 = Alkyl- oder Arylrest) mit einem Halogenwasserstoff in Ggw. eines Lsgm. u. unter Feuchtigkeitsausschluß erhalten. — Zum Beispiel wird in eine Lsg. von 7 g HCl in 40 ml trockenem Ae. unter Rühren bei —15° ein Gemisch aus 9 g Diäthylaminomethyläthyläther (III) u. 40 ml Ae. eingetropft, wobei sich ölige Tröpfchen abscheiden. Nach 1std. Stehen bei Zimmer-Temp. wird abgesaugt u. der hinterbleibende ölige, schwachgelb gefärbte Rückstand 1 Std. lang bei 11 Torr auf 80° erhitzt. Es wird krist. blaßgelbes *Chlormethyldiäthylamin* in quant. Ausbeute erhalten; Kristalle aus CH_3CN. An Stelle von III kann auch Diäthyl-

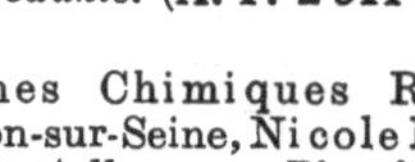

aminomethyl-n-butyläther gespalten werden. Analog wird erhalten: *N-Chlormethylpiperidin*, aus Piperidinomethyläthyläther; *N-Chlormethyl-N.N-di-n-butylamin*, blaßgelbes Öl, aus N.N-Di-n-butylaminomethyl-n-butyläther; *N-Chlormethyl-N-methyl-N-benzylamin*, gelbliche Kristalle, aus [N-Methyl-N-benzylaminomethyl]-äthyläther, $Kp._{0,2}$ 63°, erhältlich aus N-Methyl-N-benzylamin, Paraformaldehyd u. A.; *N-[α-Chlorisobutyl]-morpholin*, farblose Kristalle mit fettigem Glanz, aus [Morpholino-α-isobutyl]-n-butyläther, $Kp._{0,05}$ 68—69°, aus Morpholin, Isobutyraldehyd u. n-Butanol in Ggw. von CaO u. K_2CO_3; *Morpholinobenzylchlorid*, aus [Morpholinobenzyl]-n-butyläther; *N-Brommethylpiperidin*, aus Piperidinomethyläthyläther (**IV**) u. HBr; *N-Jodmethylpiperidin*, Kristalle, aus **IV** u. HJ. (**D. A. S. 1 081 465** Kl. 12q vom 9/8. 1957, ausg. 12/5. 1960.)
A. MOHR. H 3231

Badische Anilin- & Soda-Fabrik Akt.-Ges. (Erfinder: Franz Reicheneder und Karl Dury), Ludwigshafen/Rh., **Herstellung von 1-Halogenpyridazonen.** Durch Einw. von Halogenen auf 4.5-disubstituierte Pyridazone in wss. Lsgg. von NaOH, KOH oder $Ca(OH)_2$ werden Verbb. der allg. Formel **I** (X = Halogenatom) erhalten. Darin sind Y u. Z Halogenatome oder O-Alkylgruppen. Die Rkk. werden bei 0° in Lsgg. von 1 Äquivalent **I** (X = H) in mindestens einem Äquivalent Hydroxid durch Einleiten von mindestens einem Äquivalent X ausgeführt, bzw. so lange, bis die Lsg. neutral reagiert. Das Endprod. fällt krist. aus. Beispiele: 1.4.5-Trichlorpyridazon-(6), $C_4HCl_3N_2O$, F. 140—141°; Nadeln aus CCl_4; 1-Brom-4.5-dichlorpyridazon-(6), $C_4HBrCl_2N_2O$, Pulver, Zers. ab 200°; 1.5-Dichlor-4-methoxypyridazon-(6), $C_5H_4Cl_2N_2O_2$, F. 159° (Zers.; Bzl.). — Verw. als *Antiseptika* u. *Halogenierungsmittel*. (**D. A. S. 1 122 069** Kl. 12p vom 30/12. 1960, ausg. 18/1. 1962.)

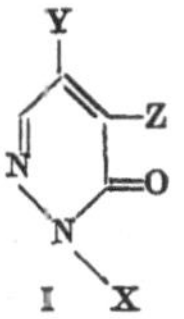
I

A. KALIX. H 3272

American Cyanamid Co., New York, N.Y. (Erfinder: Gilmer Trower Fitchett, Dunnellen, John Edson Gordon, Middlesex, N.J., und Robert Gordon Shepherd, Ridgewood, N.Y.), V.St.A., **Herstellung von 3-[N¹-Acetylsulfanilamido]-6-methoxypyridazin.** 3-Sulfanilamido-6-methoxypyridazin wird mit einem einkernigen aromat. Aldehyd (**I**) umgesetzt, die dabei entstehende N⁴-Aralkyliden-Verb. mit Essigsäureanhydrid in Ggw. einer fl. heterocycl. Base (**II**) kondensiert, das Rk.-Gemisch zunächst mit etwas W. von 40—50° versetzt u. schließlich das Endprod. durch Zugabe von W. ausgefällt. Es hat die Zus. **III**, F. 176—177,5°. — Beispiele für **I**: Benz-, Toluyl- u. Anisaldehyd, Beispiele für **II**: Pyridin u. Picolin. Die 1. Stufe der Rk. wird beim Kp. des Lsgm. unter Rückflußkühlung durchgeführt, die Acetylierung bei 40—45°. (**D. A. S. 1 113 939** Kl. 12p vom 3/2. 1959, ausg. 21/9. 1961. A. Prior. 3/2. 1958.)

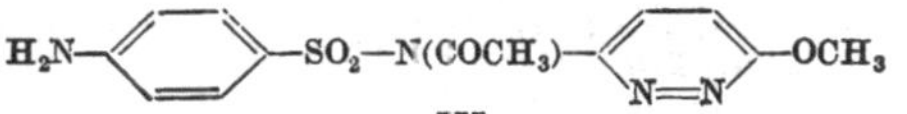
III

A. KALIX. H 3272

Chemische Werke Hüls Akt.-Ges. (Erfinder: Manfred Reich und Hans Bueren), Marl, **Perhydropyrimidinon-(2)-derivate** werden hergestellt durch Rk. von Verbb. der allg. Formel **I** (R' = Alkyl-, Cycloalkyl-, Hydroxyalkyl-, Aryl- oder Aralkyl-; R = H oder R', wobei die Substituenten untereinander gleich oder verschieden sein können) mit Harnstoff bei 100—250°. — 88 (Gew.-Teile) N-Methyl-1.3-diaminopropan u. 60 Harnstoff werden ca. 3 Std. lang bei 140° u. 2 Std. lang bei 160° erhitzt bis 34 NH_3 entwichen sind. Dann wird das Rk.-Prod. im Vakuum dest. → *1-Methylperhydropyrimidinon-(2)*, F. 90°, $Kp._{0,5}$ 103°, Ausbeute 91%, leicht lösl. in W., Aceton, Bzl., Toluol. — Analog wird in 92%ig. Ausbeute erhalten: *1-[β-Hydroxyäthyl]-perhydropyrimidinon-(2)*, F. 111—112°, $Kp._{11}$ 180°, leicht lösl. in Wasser. — *Zwischenprodd.* u. *Weichmacher*. (**D. A. S. 1 121 617** Kl. 12p vom 26/5. 1959, ausg. 11/1. 1962.)

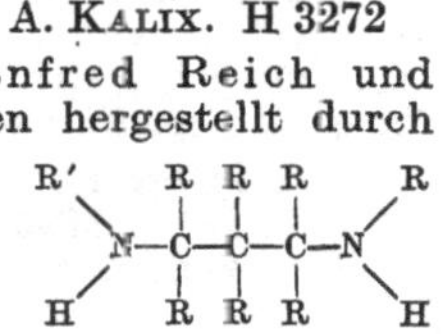
I

F. HIRSCH. H 3272

VEB Farbenfabrik Wolfen (Erfinder: Hans Wesche und Günther Pellmann), Wolfen, Kr. Bitterfeld, **Herstellung von 2-Sulfanilamido-4-methylpyrimidin.** Zur Herst. von 2-Sulfanilamido-4-methylpyrimidin (**I**) nach bekannten Verff. aus p-Aminobenzolsulfonylguanidin benötigtes Dichlorbutanon-(2) (**II**) wird zunächst in bekannter Weise als feste Komplex-Verb. mit $AlCl_3$ gewonnen. Dieser Komplex wird aber erfindungsgemäß nicht von der CCl_4 enthaltenden Mutterlauge abgetrennt, sondern man läßt die Suspension in Eiswasser fließen u. trennt die entstehende Unterschicht ab, die **II** in CCl_4 gelöst enthält. Diese Lsg. wird einem Dünnschichtverdampfer zugeführt u. CCl_4 bei ca. 300 Torr abdest., wobei **II** gewonnen wird, das völlig frei von W. u. CCl_4 ist u. in einer angeschlossenen App. unmittelbar zur Synth. von **I** verwendet werden kann. (**D. A. S. 1 113 695** Kl. 12p vom 25/7. 1959, ausg. 14/9. 1961.)
A. KALIX. H 3272

Farbenfabriken Bayer Akt.-Ges., übert. von: Richard Ludwig†, Friedrich Halle und Karl-Heinz Legrand, Leverkusen, **Hexamethylentetramin** erhält man durch Rk. von gasförmigem HCHO oder diesen enthaltenden Gasen mit gasförmigem NH_3 in einem Rk.-Raum bei ca. 100—140°, in den gleichzeitig W. eingedüst wird, so daß Hexamethylentetramin (I) in trockener Form entsteht, wobei die Gas-Temp. nach Beendigung der Rk. wesentlich unter dem Desublimationspunkt (Schneipunkt) von I u. über dem Taupunkt von W. liegt. Ausbeute 99,4%. — Vgl. F. P. 1 100 602; C. **1957.** 6595. (**A. P. 2 865 919** vom 12/5. 1954, ausg. 23/12. 1958. D. Prior. 16/5. 1953.) G. KRAUSS. H 3313

Soc. An. Laboratoires Clevenot, Nogent-sur-Marne (Erfinder: Huber Gelly, Saint-Cloud, Seine, und Jean-René Paquelin, Paris), Frankreich, **Galakturonsäure** wird durch enzymat. Hydrolyse pektinhaltiger Stoffe erhalten. Die entstandene Fl. wird mit einem Kationenaustauscher behandelt, dann mit Na_2CO_3 u. CaO neutralisiert u. aus dem entstandenen schwerlösl. *Na–Ca-Galakturonat* wird in üblicher Weise die Säure freigesetzt. Als Ausgangsstoffe dienen: Rübenbrei, Apfelmark u. entzuckerte Zuckerrübenpulpe. — Vgl. F. P. 1 122 454; C. **1958.** 9062. (**D. A. S. 1 065 404** Kl. 12o vom 17/2. 1956, ausg. 17/9. 1959. F. Prior. 28/2. 1955.) G. KRAUSS. H 3400

Nobel-Bozel, Paris (Erfinder: Louis Gandon, René Léon Lehmann, Paris, Henri Georges Louis Marcheguet, Amfreville-la-Mi-Voie, und Francis Paul Marie Tarbouriech, Paris), Frankreich, **Kieselsäure-Sol aus Glyoxal und Wasserglas.** 5—20 (Gew.-Teile) einer z. B. 30%ig. neutralen wss. Lsg. von Glyoxal u. 100 Na-Wasserglas (36° Bé) geben ein Sol, das ein härtbares Gel bildet. Zusätze, wie Kaolin oder Kartoffelstärke, beschleunigen den Härtevorgang. Das Prod. dient wegen seiner Festigkeit u. Unlöslichkeit in W. zum Überziehen von Papier, Fußböden u. Dielen, zum Befestigen lockerer Bodenformationen, zur Herst. von Gußkernen, als Zusatz zu Papierpulpe, Kautschukmilch, Leim u. Bindemitteln u. zum Agglomerieren. (**E. P. 861 378** vom 19/12. 1957, ausg. 22/2. 1961. F. Prior. 28/12. 1956, 28/5. u. 21/6. 1957.) G. FRIKELL. H 4010

Boris Nikolajevič Dolgov, Katalýza v organickej chémii. Praha: SVTL.; SNTL. 1962. (701 S. m. 73 Abb. u. 97 Tab.) Kčs 52,—.

X. Färberei. Organische Farbstoffe

Carrier beim Färben der Polyesterfaser „Diolen" und ihrer Mischungen. W. Brennecke und G. Schlichtmann. (Melliand Textilber. **41.** 855—59. Juli 1960.) (Dt.)

Im Rahmen eines allg. Überblicks über Carrier für Polyesterfasern u. ihre Eigg. werden Färbevorschriften u. zu beachtende Faktoren für die Anwendung folgender handelsüblicher Carrier gegeben: *Dilatin DB, Invalon PR, Levegal ON, Levegal PT, Palatinit TX, Remol TRF* u. *Seripolan.* R. JUNGE. 7006□

Ein neues Färbeverfahren für Textilfasern. I. D. Rattee. (Fibre e Colori **9.** 579—84. Dez. 1959. Imp. Chem. Ind. Ltd.) (Ital.)

Übersicht über Entw., Konstit., Verw. u. prakt. färber. Bedeutung der neuen Reaktivfarbstoffe. A. SANDER. 7020□

Neue Verfahren zur Anwendung der Procion-Reaktivfarbstoffe. D. Fornelli. (Tinctoria [Milano] **57.** 454—59. Nov. 1960.) (Ital.)

Fortschrittsbericht über verschiedene neue Färbeverff. mit *Procion-Reaktivfarbstoffen* auf dem Foulard, nach dem Pad–Steam- u. nach dem Procion–Harz-Verfahren. — Bes. geeignete Farbstofftypen sowie App., Arbeitsweise, Vorteile u. Echtheiten der erhaltenen Färbungen werden näher behandelt. A. SANDER. 7020□

Färben und Drucken von Webstoffen mit löslichen Leukoestern der Küpenfarbstoffe. Renato Ludovici. (Fibre e Colori **10.** 359—66. Juli 1960.) (Ital.)

Übersicht über Entw., techn. Stand, Anwendung u. Echtheits-Eigg. der *Anthrasol*-Farbstoffe (HOECHST). Ihre Anwendung in der Baumwoll- u. Zellwollfärberei auf den verschiedenen Färbeapp. sowie beim Färben von Wolle u. Seide werden an Hand einschlägiger Arbeitsvorschriften ausführlich beschrieben. A. SANDER. 7020□

Textildruck auf Geweben aus Polyacrylonitrilfasern. Herbert Gassner. (Fibre e Colori **10.** 253—56. Mai 1960.) (Ital.)

Fortschrittsbericht über den Textildruck auf Stoffen aus den beiden Chemiefaserstofftypen „Dralon" u. „Pan". Herst. der Druckpasten, Arbeitsweise mit einschlägigen App., Ausführung von Weiß- u. Buntdruckreserven auf Dralon u. Drucken von Mischgeweben werden näher behandelt. A. SANDER. 7022□

Neue Verdickungsmittel in der Textildruckerei. W. Porges. (Adhäsion 4. 533 bis 535. Okt. 1960. Krenzlingen, Schweiz, Meypro·AG.) (Dt.) — Vgl. C. 1961. 15611.

Besprechung von Druckverdickungsmitteln für Gewebe aus natürlichen u. halbsynthet. Fasern. Meypro-Gum AC ist eine heiß lösl. Verdickung bes. für Anwendung auf vollsynthet. Fasern. Sie ist beständig gegen Thermofixierung, Säure u. Alkali u. leicht auswaschbar. R. JUNGE. 7022□

Untersuchungen über hohe Lichtechtheit von Farbstoffen auf hydrophilen Substraten. Charles H. Giles, George Baxter und Syed M. K. Rahman. (Textile Res. J. 31. 831—44. Okt. 1961. Glasgow, Roy. Coll. of Sci. and Technol., Colour Chem. Res. Labor.) (Engl.)

Die Lichtechtheit der Färbungen von Pigmentfarbstoffen steigt entgegen der Theorie mit der Konzentration. Die Ursache ist eine Aggregation der Teilchen infolge Kapillaranziehung, bevor das Lsgm. eine Lsg. bilden kann. Aggregation wird auch bei Metallkomplexfarbstoffen auf Wolle u. Reaktivfarbstoffen auf Cellulose festgestellt. Es besteht ein Zusammenhang zwischen der Assoziation eines Farbstoffs u. seinem Absorptionsspektrum. Die Belichtungswärme kann bes. bei Trockenheit die Farbstoffaggregate zerstören. Die Farbtiefe steigt damit an u. maskiert den Ausbleicheffekt im Anfangsstadium der Belichtung. G.-D. GOLLNISCH. 7028□

Ultradisperse Romantrene-Farbstoffpulver für Färbereizwecke. Renato Ludovici. (Fibre e Colori 9. 529—34. Nov. 1959.) (Ital.)

Übersicht über Eigg., Echtheiten u. Verw. der neuen ultradispersen Pulvertypen der Romantrenereihe-ACNA mit ausführlicher Beschreibung geeigneter Färbemeth. auf mechan. Färbeapparaturen. A. SANDER. 7048□

Die Remazol-Reaktivfarbstoffe. Renato Ludovici. (Fibre e Colori 10. 73—81. Febr. 1960.) (Ital.)

Chem.-technolog. Übersicht über Konstit. u. färber. Eigg. der unter verschiedenen Bezeichnungen im Handel erschienenen neuen Reaktivfarbstofftypen. Bes. eingehend werden die verschiedenen Remazolfärbe-Verff. beim diskontinuierlichen, Kreuzspulen-, Foulardfärben u. im Baumwolldruck u. Ätzdruck behandelt. Für die einzelnen Meth. werden Rezepturen u. Ausführungsbeispiele mitgeteilt. — 5 Literaturhinweise. A. SANDER. 7048□

Die quantitative Auswertung der Differentialfärbung von Baumwolle als Methode zur Klärung der Faserstruktur. L. Rebenfeld und Hong Wu. (Textile Res. J. 31. 886—92. Okt. 1961. Princeton, N.J., Text. Res. Inst.) (Engl.)

Der G/R-Wert, das ist das Verhältnis der von 2 Mustern aufgenommenen Menge grünen u. roten Farbstoffs, ist ein empfindlicher Test auf die Reife von Baumwollfasern. Der aufgenommene Farbstoff wird bestimmt durch Extraktion u. spektrophotometr. Auswertung. Es werden für die Unterss. *Diphenylechtrot 5 BL* u. *Chlorantinechtgrün B2L* angewandt. G.-D. GOLLNISCH. 7086□

Ciba Soc. An., Schweiz, **Färben von Fasergemischen aus Wolle und Polyamidfasern** in einem wss., warmen Bade mit Acyl-Derivv. von organ. Pigmenten, deren Acylreste wenigstens eine wasserlösl. machende Gruppe enthalten. Anschließend findet eine Nachbehandlung mit einer stark alkal. wss. Lsg. statt. Die Färbe-Lsg. enthält ein Quellmittel, z. B. 2-Hydroxydiphenyl (I), u. Türkischrotöl (III). — Beispiel: Ein Fasergemisch aus 20% Polyamid-Nylon-Fasern u. 80% Wolle wird mit einem Färbebad 2 Std. lang bei 95° gefärbt, das in 400° W. 2,5 Teile eines Farbstoffes aus Benzoylchlorid-3-sulfonsäure u. 3-Hydroxy-4-[2.5-dichlorbenzolazo]-naphthalin-2-carbonsäure-[2-methoxyanilid], 5 Teile eines Färbereihilfsmittels (II) u. 5 Teile des Na-Salzes von 2-Heptadecyl-N-benzylbenzimidazoldisulfonsäure enthält. **II** besteht aus einem Gemisch von **I**, Terpentinöl u. zu 50% sulfoniertem **III** im Verhältnis 4 : 3 : 3. Nach dem Färben wird das gefärbte Stück 15 Min. lang in einem Bad bei 40° behandelt, das 960 (Teile) W., 50 NaCl u. 40 20%ig. NH_4OH-Lsg. enthält. Es wird erst kalt, dann warm in W. gespült u. 10 Min. lang bei 80° mit einer Lsg. nachbehandelt, die in 1000 W. 0,6 des Rk.-Prod. von 1 Mol Cetylalkohol mit 15 Mol Äthylenoxid enthält. Das Fasermaterial ist scharlachrot reibfest gefärbt. (**F. P. 1 174 420** vom 2/5. 1957, ausg. 11/3. 1959. Schwz. Prior. 28/5. 1956.) M. F. MÜLLER. 7021

Badische Anilin- & Soda-Fabrik Akt.-Ges., Deutschland, **Färben und Bedrucken von Gegenständen aus Polymeren und Mischpolymeren des Acrylonitrils** unter Verw. von in W. unlösl. Azofarbstoffen der allg. Formel $Ar_1—N=N—Ar_2—X—alk·N(R_1)(R_2)$, worin Ar_1 u. Ar_2 = ggf. substituierte aromat. Ringe; X = Einfachbindung, O, S, $—CH_2$-, Imino-, Alkylimino-, Sulfo-, SO_2NH-, CONH-Gruppe; alk = niedermol.

Alkylgruppe, die ggf. substituiert sein kann; R_1 u. R_2 = H, Alkyl-, Cycloalkyl- oder Hydroxyalkylreste. Die Azofarbstoffe werden z. B. aus folgenden diazotierten Verbb. hergestellt: 1-Amino-4-nitro-, 1-Amino-2-chlor-4-nitro-, 1-Amino-2.4-dinitro-6-brom-, 1-Amino-2-methyl-4-nitro-, 1-Amino-4-aminosulfonylbenzol. Hierfür geeignete Kupplungskomponenten sind N-[2-Aminoäthyl]-N-methylanilin, N-[2-Dimethylaminoäthyl]-N-methylanilin, N-[2-Pyrrolidino-oder-Piperidinoäthyl]-N-methylanilin, N-[2-Hydroxy-3-dimethylaminopropyl]-N-methylanilin, N-[3-Aminopropyl]-N-methylanilin, 2-Hydroxynaphthalin, 3-[N-(3-Dimethylaminopropyl)]-harnstoff. Weitere diazotierbare Ausgangsstoffe sind: 1-Amino-4-[2-morpholinoäthyl]-benzol, 2-Dimethylaminoäthyl-[4-aminophenyl]-sulfon, 2-Dimethylaminoäthyl-[4-aminophenyl]-äther u. 1-Amino-2-methoxybenzol-5-[N-(3-dimethylaminopropyl)-sulfonamid]. Weitere Kupplungskomponenten sind 2-Hydroxynaphthalin, Dimethylanilin u. 1-Phenyl-3-methylpyrazolon-(5). — 1 Teil eines Azofarbstoffes aus diazotiertem 1-Amino-4-nitrobenzol u. N-[2-Dimethylaminoäthyl]-N-methylanilin u. 1 Teil des Rk.-Prod. von Naphthalinsulfonsäure mit HCHO werden in 4000 W. gelöst. Mit dem erhaltenen Färbebad wird ein Gewebe aus Polyacrylonitril 90 Min. lang unter Sieden orangefarben gefärbt. Das Prod. ist lichtecht u. wasserfest. (**F. P. 1 177 997** vom 27/6. 1957, ausg. 30/4. 1959. D. Prior. 28/6. 1956.) M. F. Müller. 7023

Farbwerke Hoechst Akt.-Ges., vormals Meister Lucius & Brüning, Frankfurt/M. (Erfinder: Jürgen Thimm, Frankfurt/M., und Horst Behrenbruch, Kelkheim), **Beseitigung von Vergilbungen und Aufhellen oder Abziehen von Färbungen von Folien und Textilmaterialien** aus sechsgliedrige carbocycl. Ringe enthaltenden linearen Polyestern. Die Textilmaterialien bzw. Folien werden mit chlorierten aliphat. KW-Stoffen, die im Mol. 2 Cl-Atome enthalten, ggf. zusammen mit W., bes. bei erhöhter Temp. behandelt. — Zum Beispiel wird ein Gewebe, das durch Erzeugung eines unlösl. Azofarbstoffes auf der Faser gefärbt worden ist, in CH_2Cl_2 gekocht. (**D. A. S. 1 098 912** Kl. 8m vom 7/6. 1957, ausg. 9/2. 1961.) F. Böhm. 7027

Ciba Akt.-Ges., Basel (Erfinder: Henri Riat, Arlesheim, und Karl Seitz, Neu Allschwil), Schweiz, **Herstellung von Farbstoffen.** Wasserlösl. Nitro-, Pyrazolon-, Thioxanthon-, Oxazin-, Anthrachinon-, Stilben-, Azo- oder Phthalocyaninfarbstoffe, die neben mindestens einer wasserlöslichmachenden Gruppe eine acylierbare Aminogruppe besitzen, werden mit Halogeniden oder Anhydriden von aliphat., α,β-ungesätt. 3 C-Atome aufweisenden Monocarbonsäuren bes. Acryl- u. Propiolsäure acyliert. Die Farbstoffe eignen sich zum Färben u. Bedrucken von cellulosehaltigen Stoffen. — 10,44 (Teile) des Farbstoffs *1.3-Diaminobenzol-6-sulfonsäure → 1-[2'.5'-Dichlorphenyl]-3-methylpyrazolon-(5)-sulfonsäure-(4')* in 350 W. wird mit Na_2CO_3 neutralisiert u. mit 6,56 CH_3COONa versetzt. Dann wird eine Lsg. von 3,6 Acrylsäurechlorid (**II**) in 25 Aceton zugetropft. Der acylierte Farbstoff wird mit NaCl-Lsg. ausgesalzen u. filtriert. Er färbt Baumwolle (**I**) echt grünstichiggelb. 9,78 1-Amino-4-[3-sulfo-4-aminoanilino]-anthrachinon-2-sulfonsäure werden mit 5 α-Chloracrylsäurechlorid acyliert. Der Farbstoff färbt Wolle u. **I** grünstichigblau. 6,18 2-Nitro-4'-aminodiphenylamin-4-sulfonsäure werden mit 3,6 **II** acyliert. Der Farbstoff färbt **I** gelb. — 5,33 des 3-Amino-4-sulfonsäure-monophenylamids von Cu-Phthalocyanin-3.3'.3''.3'''-tetrasulfonsäure werden mit 3,6 **II** acyliert. Der Farbstoff färbt **I** türkisblau. (**F. P. 1 200 241** vom 5/3. 1958, ausg. 18/12. 1959. **D. A. S. 1 089 095** Kl. 22a vom 1/3. 1958, ausg. 15/9. 1960. **Belg. P. 565 447** vom 6/3. 1958, ausg. 15/7. 1960. Alle Schwz. Prior. 6/3. u. 23/5. 1957. **Schwz. P. 357 127** vom 6/3. 1957, ausg. 15/11. 1961.) F. Rath. 7049

Farbenfabriken Bayer Akt.-Ges., Leverkusen (Erfinder: Fritz Suckfüll, Leverkusen, und Horst Nickel, Köln), **Herstellung von Azofarbstoffen.** Eine diazotierte 2-Amino-6-nitro- bzw. acylaminonaphthalinsulfonsäure wird mit einer NH_2-haltigen u. OH-freien Azokomponente in o-Stellung zu NH_2 gekuppelt u. in die Triazol-Verb. übergeführt. Dann die NO_2- bzw. Acylamino-Gruppe in eine NH_2- Gruppe übergeführt, erneut diazotiert u. mit einer Amino-Verb. der Benzol- oder Naphthalinreihe in p-Stellung zu NH_2 gekuppelt, weiterdiazotiert u. mit einer NH_2-haltigen u. OH-freien Azokomponente in o-Stellung zu NH_2 gekuppelt u. erneut triazoliert. Die Farbstoffe färben Fasern aus natürlicher oder regenerierter Cellulose vorwiegend gelb u. hervorragend lichtecht. *2-Amino-6-nitronaphthalin-4.8-disulfonsäure → 2-Aminonaphthalin-6-sulfonsäure.* Der Farbstoff wird mit $CuSO_4$ in ammoniakal. Lsg. triazoliert u. mit Fe-Mehl in essigsaurer Lsg. reduziert, diazotiert u. mit 1-Amino-3-methylbenzol gekuppelt. Die erhaltene Verb. wird diazotiert u. mit 2-Aminonaphthalin-6-sulfonsäure gekuppelt u. wie oben nochmals triazoliert. Der Farbstoff färbt Baumwolle gelb. (**F. P. 1 207 756** vom 10/7. 1958, ausg. 18/2. 1960. **E. P. 853 013** vom 3/7. 1958, ausg. 2/11. 1960. **A. P. 2 932 636** vom 18/6. 1958, ausg. 12/4. 1960. Alle D. Prior. 11/7. 1957. **D. A. S. 1 079 760** Kl. 22a vom 11/7. 1957, ausg. 14/4. 1960.) F. Rath. 7053

Farbwerke Hoechst Akt.-Ges., vormals Meister Lucius & Brüning, Frankfurt/M. (Erfinder: Joachim Ribka, Offenbach/M.), **Herstellung eines wasserunlöslichen Diazofarbstoffs.** 32,2 (Gew.-Teile) 4.4'-Diamino-2.2'.5.5'-tetrachlordiphenyl werden tetrazotiert u. in Ggw. des Rk.-Prod. von 20 Mol Äthylenoxid auf 1 Mol Allylalkohol mit einer essigsauren Suspension von 41 1-Acetoacetylamino-2.4-dimethylbenzol gekuppelt. Der erhaltene Pigmentfarbstoff eignet sich zum Färben von plast. Massen, für den graph. Druck, sowie zum Färben von Natur- u. Kunstharzen. Die Kupplung kann auch auf der Faser durchgeführt werden. Die grünstichiggelben Färbungen sind sehr lichtecht. (**D. A. S. 1 088 634** Kl. 22a vom 23/5. 1958, ausg. 8/9. 1960. **F. P. 1 225 279** vom 22/5. 1959, ausg. 30/6. 1960. **A. P. 2 984 660** vom 5/5. 1959, ausg. 16/5. 1961. **E. P. 892 192** vom 25/5. 1959, ausg. 21/3. 1962. Alle D. Prior. 23/5. 1958.)
F. RATH. 7055

XIa. Farben. Anstriche. Lacke. Naturharze

Alkylierte Pyrone als wirksame Bestandteile neuer Kondensationsprodukte. J. D. von Mikusch. (Dtsch. Farben-Z. **14.** 19—20. Jan. 1960. Hamburg-Harburg, Margarine-Union G.m.b.H., Hauptlabor.) (Dt.)

Systemat. Unterss. an gesätt. Fettsäuren u. Modellsubstanzen führten zur weitgehenden Aufklärung der chem. Rk.-Schritte u. der Struktur der Endprodd., die dem neuen Borsäure-Kondens.-Verf. (Belg. P. 551 596) von Fettsäuren trocknender u. halbtrocknender Öle zu gut trocknenden Prodd. zugrunde liegen. Durch chem. Nachweis der Pyronstruktur der mit Hilfe der neuen Rk. gewonnenen Modell-Verb. nach einem von TRAVERSO (C. **1958.** 11683) vorgeschlagenen Weg konnte sichergestellt werden, daß alkylierte Pyrone bei den Umwandlungen, denen die Fettsäuren bei dem Kondens.-Verf. unterliegen, wirksame Bestandteile sind. Bei der Pyron-Bldg. spielt neben dem Fettsäureanhydrid (I) das hieraus durch CO_2-Abspaltung entstehende Keton (II) eine maßgebliche Rolle. Ein **II**-Mol. reagiert mit einem **I**-Mol. unter Bldg. eines β-Diketons (**III**) bzw. einer komplexen Verb. von Borsäure mit **III**, woraus man wahlweise freies **III** durch Hydrolyse oder Pyron durch therm. Folge-Rk. erhält. Vf. entwickelt eine Vorstellung über die Deutung des sehr guten Trocknungsvermögens u. weiterer technolog. Eigg. (wie Unverseifbarkeit) der neuen Prodd. (in Deutschland: *Unsapol* bzw. in England: *Trokene*). R. SCHÄFF. 7096☐

Dielektrizitätskonstante von mit feuchter Luft oxydiertem Leinöl. Luiz De Marchi Gherini. (Bol. Dep. Quím. [São Paulo] **1957.** Nr. 9. 59—66. Dez.) (Port.)

Leinöl (I) wird mit Luft normaler Feuchtigkeit (durch Glaswollefilter von Staub befreit) bei gewöhnlicher Temp. mit u. ohne Zusatz von Na_2SO_4 (10 oder 5 g auf 90 g I) oxydiert. Die DK-Werte des oxydierten I liegen zwischen 3,40 u. 3,71 (vor der Oxydation 3,34), ohne daß jedoch die Fehleranalyse einen Einfl. der Luftfeuchtigkeit klar erkennen läßt. R. K. MÜLLER. 7096☐

Der Einfluß der Pigmentkonzentration auf die Schutzeigenschaften von Lackfarbenüberzügen. 1. Mitt. **Der Einfluß der Pigmentkonzentration auf die Schutzeigenschaften von Ölfirnis.** N. Mjagkow und L. Lepin. (Известия Академии Наук Латвийской ССР [Nachr. Akad. Wiss. LettSSR] **1960.** Nr. 4. 109—16. Chem. Inst. der Akad. der Wiss der LettSSR.) (Russ.; Auszug: Lett.)

Der Einfl. der Pigment-Konz. auf die Schutz-Eigg. (SE) von Ölfirnis (I) wird erörtert. Die auf die Kathode bzw. Anode eines Lokalelements aufgetragenen u. in eine 3%ig. KCl-Lsg. eingetauchten **I**-Überzüge wurden untersucht. Geprüft wurden die Pigmente (**II**): ZnO, Fe_2O_3, TiO_2 u. Pb_3O_4. Bei Anwendung von Pb_3O_4 u. ZnO erfolgt die Verbesserung der SE des I an der Kathode u. Anode bei maixmaler **II**-Konzentration. Fe_2O_3 u. TiO_2 erhöhen die SE des I, erniedrigen sie aber bei höheren Konzentrationen. Die Zahl der Korrosionsherde (KH) am Anodenüberzug verringert sich mit zunehmender **II**-Konz. u. verschwindet beim optimalen **II**-Gehalt. Nur an den Stellen der KH-Bldg. wurde eine gewisse Zerstörung der Farbschicht beobachtet; an der übrigen Oberfläche blieb (bes. bei optimaler **II**-Konz.) die gut an der Fe-Elektrode haftende Farbschicht unverändert. S. BARYSCHNIKOW. 7106

Beschleunigung der Trocknung synthetischer Anstrichstoffe durch Katalysatoren. C. Lvovský. (Korose Ochrana Mater. **1960.** 64—67. Aug.) (Tschech.)

Unters. verschiedener Zusätze als Katalysatoren, welche ein schnelleres Eintrocknen des synthet. Emails S 2016 (Alkydöl mit Harz modifiziert + Melaminharz, Trocknung bei 125—135°/42—45 Min.) bewirken. Die Aushärtung des Melaminharzes beeinflussen Säuren: 1 Teil konz. HCl in 2,7 Teilen Butanol (I), 17 Teile H_3PO_4 konz. in 33,7 Teilen Butanol (**II**). Ein Zusatz von die Glyptalkomponente aushärtendem Al-Alkoholat

(50% Aluconharz in Xylol) führt zur Gelatinierung des Anstrichmittels. — Die besten Ergebnisse bei Korrosionsprüfungen, sowie bei der Best. der mechan. Eigg. zeigt (II); Betriebsprüfungen (Autoanstriche) verliefen ebenfalls befriedigend u. brachten eine Verkürzung der Trocknungszeit auf 22 Min. bei 135°. J. TŮMOVÁ. 7106☐

Union Carbide Corp. (Erfinder: Peter Hans Hofer), **Dispersion von Ruß in Polyäthylen.** Agglomeratfrei in feinster Verteilung erhält man die Dispersion, wenn man mit stark scherenden Kräften Polyäthylen (I) mit Ruß (II) vermischt, der auf 1 (Gew.-Teil) 1—9, bes. 2—3 W. enthält, wobei auf 100 I 10—150, vorteilhaft 25—65 II bei einer Temp. zur Verwendung kommen, bei der I fließfähig bleibt u. das W. aus der Mischung abgetrieben wird. (**Aust. P. 225 496** vom 25/11. 1958, ausg. 10/12. 1959. A. Prior. 29/11. 1957.) O. ROICK. 7093

Minnesota Mining & Mfg. Co., übert. von: James R. Lodge und Robert H. Fehner, St. Paul, Minn., V.St.A., **Herstellung von künstlich gefärbten Mineralkörnern.** Man taucht die Körner in eine Dispersion eines Silicons u. eines mit einem Pigment versetzten Alkalisilicats u. glüht die getrockneten, mit der Dispersion überzogenen Körner. — Beispiel: 2000 (Teile) Mineralkörner, 30 TiO_2, 32 Kaolin, 65 Na-Silicat-Lsg. (D. 1.48, $Na_2O : SiO_2 = 1 : 2.48$), 30 W., 2 Na-Methylsiliconat-Lsg. werden bei ca. 200°F getrocknet u. bei ca. 950° geglüht. (**A. P. 2 927 045** vom 17/8. 1956, ausg. 1/3. 1960.) K. DEMMLER. 7093

C. K. Williams & Co., St. Louis, Ill., übert. von: Joseph W. Ayers, Easton, Pa., V.St.A., **Herstellung von roten Eisenoxydpigmenten.** Man erzeugt auf koll. Ferrioxyd Kristalle des herzustellenden Pigments, indem man O_2 während mehrerer Std. in eine das koll. Ferrioxyd u. metall. Fe enthaltende Ferrosalz-Lsg. einleitet, die Lsg. erhitzt, z. B. auf 185—190°F., in Bewegung hält u. die Mengen des metall. Fe u. Fe-Salzes so bemißt, daß während der Oxydationsdauer der pH-Wert 3—4,5 beträgt. (**A. P. 2 937 927** vom 13/11. 1956, ausg. 24/5. 1960.) K. DEMMLER. 7093

Francis Earle Laboratories, Inc., Peekskill, übert. von: Harold A. Miller, Forest Hills, und Leon M. Greenstein, New York, N.Y., V.St.A., **Herstellung eines perlmutterglänzenden basischen Bleicarbonatpigments.** Man leitet durch eine 0,5—5,0% Pb enthaltende wss. Lsg. von PbO in einer wasserlösl. organ. Säure der allg. Formel X—CH_2—CHX—COOH, worin X H, CH_3 oder Halogen bedeutet, z. B. β-Chlorpropionsäure, Isobuttersäure, n-Buttersäure, CO_2 u. erhält hexagonale Kristalle mit natürlichem Perlmutterglanz. (**A. P. 2 950 981** von 10/4. 1957, ausg. 30/8. 1960.) K. DEMMLER. 7093

Glidden Co., Cleveland, Ohio, übert. von: Frank O. Rummery, Reuben Roseman und James M. Gilbert, Baltimore, Md., V.St.A., **Herstellung eines Quecksilber–Cadmiumsulfid-Pigmentes** durch Imprägnieren des Pigments vor seiner Calcinierung mit einer solchen Menge hydratisierter SiO_2 u./oder Al_2O_3, daß das calcinierte Pigment 0,05—1,0 (Gew.-%) SiO_2, 0,1—2,0 Al_2O_3 oder 0,15—3,0 (SiO_2 + Al_2O_3) aufweist. (**A. P. 2 950 984** vom 26/7. 1957, ausg. 30/8. 1960.) K. DEMMLER. 7093

Nikolaus Hauska, Budapest, Ungarn, **Herstellung von Kupfer-, Bronze-, Zink-, Zinn-, Blei-, und insbesondere Aluminiumpasten** verschiedener Korngrößen, erhält man durch stufenweise Naßvermahlung in mehreren Kugelmühlen, wobei als Schutzstoffe Fettsäuren enthaltende Lacklösungsmittel verwendet werden. Nach jedem Mahlgang werden Lsg. u. Fettsäuren erneuert. Nach dem letzten Mahlgang wird die sirupförmige Masse einem Siebvorgang unter Vakuum-Einw. unterworfen u. anschließend auf einen Trockengeh. von 60—65% eingestellt. Eine Nachbehandlung unter Zusatz von 5—15% eines aromat. Lsgm. bei 40—50° unter Vakuum kann angeschlossen werden. Zur Verbesserung der Glanzfähigkeit der Metallpulver ist es angezeigt, Campher, Palmitinsäure, Naphthalin, Phenol u. andere Stoffe, zuzusetzen. (**Ung. P. 145 702** vom 7/12. 1957, ausg. 15/12. 1959.) G. KÖNIG. 7093

Farbwerke Hoechst Akt.-Ges., vormals Meister Lucius & Brüning (Erfinder: Rudolf Endres), Frankfurt/M., **Herstellung von gemischten hellfarbigen, hochwirksamen Trocknungsbeschleunigern** (I) durch Kombination hellfarbiger, schwachsaurer I (Salze des Pb, Zn, Zr, Ca) mit stark gefärbten, hochwirksamen I (Co-, Mn-Salze) für die Öltrocknung (II), dad. gek., daß man die stark gefärbten I in Mengen von ca. 20—5 Gew.-% — bezogen auf die bisher bei der II üblichen Zusätze — anwendet. (**D. A. S. 1 117 247** Kl. 22h vom 28/5. 1958, ausg. 16/11. 1961.) M. BÖTTCHER. 7097

Ethyl Corp., New York, N.Y., übert. von: Thomas H. Coffield, Farmington, und Normand Hebert, Detroit, Mich., V.St.A., **Stickstoffhaltige Organo-Mangancarbonyl-Verbindungen** der allg. Formel A-Mn$(CO)_3$-X (X = Cl, Br oder J;

A = 2 Mol. eines prim., sek. oder tert. aliphat., araliphat. oder aromat. Monoamins oder einer bas. heterocycl. Verb., die ein 3wertiges N-Atom als einziges Heteroatom enthält, oder 1 Mol. eines aliphat. Diamins, dessen 2 N-Atome durch 1—3 C-Atome getrennt sind, wobei das Symbol A nur aus C, H u. N besteht u. bis zu 24 C-Atome aufweist), verwendbar als *Sikkative* in Farben, Druckfarben, Lacken, Kunstharzen vom Typ der trocknenden Öle, erhält man durch Erhitzen der Amin-Komponente A mit einem Halogenid des Manganpentacarbonyls $[Mn(CO)_5]_2$ (I) bei Temp. bis zu 200°. — Man erhitzt z. B. ein Gemisch aus 18 (Gew.-Teilen) $Mn(CO)_5Br$ (II) (hergestellt durch Bromieren von I) u. 50 Anilin in 175 wasserfreiem Toluol unter Rückfluß, kühlt auf Zimmer-Temp., filtriert das abgeschiedene Prod. ab u. krist. es aus absol. Methanol um. Man erhält 23 *Brom-Mangan-dianilin-tricarbonyl*, gelb oranger krist. Feststoff, Sublimations-Temp. 140—150° bei ca. 1 mm unter leichter Zers., der unter normalem Druck bis 225° nicht schmilzt. Analog erhält man: *Brom-Mangan-dipyridin-tricarbonyl* (III) aus II u. Pyridin; *Jod-Mangan-di-(triäthylamin)-tricarbonyl*, aus Manganpentacarbonyl-jodid u. Triäthylamin; *Brom-Mangan-di-pyrrol-tricarbonyl* aus II u. Pyrrol; *Chlor-Mangan-di-(amylamin)-tricarbonyl* aus Manganpentacarbonylchlorid (IV) u. Amylamin; *Chlor-Mangan-di-(diphenylamin)-tricarbonyl* aus IV u. Diphenylamin. (**A. P. 2 902 489** vom 23/8. 1957, ausg. 1/9. 1959.) A. MOHR. 7097

III

Monsanto Chemical Co., St. Louis, übert. von: Joseph R. Darby, Webster Groves, Mo., V.St.A., **Farb- und Lackentferner,** bestehend aus einem halogenhaltigen Vinylidenharz, bes. Polyvinylchlorid, dem 25—100 (%) eines fl. Weichmachers (I), bes. Di-(2-äthylhexyl)-phthalat, u. 5—40 von I einer nichtflüchtigen alkylsubstituierten Aryl-Verb. mit 14—24 C-Atomen u. einer Alkylkette von 6—15 C-Atomen, bes. Monophenyldodecan u. -pentadecan, zugesetzt sind. (**A. P. 2 885 378** vom 14/5. 1956, ausg. 5/5. 1959.) C. LÜTTGEN. 7101

E. I. du Pont de Nemours & Co., Wilmington, Del., V.St.A. (Erfinder: Laverne William Crissey und John Herbert Lowell), **Herstellung von Anstrichmitteln** aus Methylmethacrylatpolymerisat (I) oder -mischpolymerisaten mit <5% Acrylsäure, Vinylacetat, Styrol, Acrylnitril oder Acryl- u. Methacrylsäureestern, dad. gek., daß man ein Polymerisat mit einer relativen Viskosität (II) von 1,117—1,196, bes. 1,148—1,181, verwendet, das durch selektive Lsgm.-Extraktion aus dem handelsüblichen Polymerisat gewonnen wird. Die II stellt das Verhältnis der Auslaufzeit einer Lsg. von 0,25 g I in 50 cm³ Äthylendichlorid (III) zu der des III dar. (**E. P. 807 895** vom 23/5. 1955, ausg. 21/1. 1959.) C. LÜTTGEN. 7107

Simoniz Co., Chicago, Ill., V.St.A., **Gut verlaufendes und glänzend auftrocknendes Anstrichmittel,** bestehend aus einer wss. Dispersion eines filmbildenden Stoffes, z. B. Polystyrol, oxydiertes Polyäthylen, Schellack usw., gek. durch den Zusatz von 2% einer Perfluoralkyl-Verb., bes. $C_7F_{15}CONHC_3H_6N(CH_3)_3J$, $C_7F_{15}CONHC_3H_6N(CH_3)_2$ u. $C_7F_{15}CONHC_3H_6N(CH_3)_2C_{10}H_{21}Br$ sowie Mischungen der NH_4-Salze von Mono- u. Di-(1.1.7-trihydroperfluorheptyl)-, (1.1.11-trihydroperfluorundecanyl)- u. (1.1.9-trihydroperfluornonyl)-phosphat. (**E. P. 808 774** vom 5/4. 1956, ausg. 11/2. 1959. A. Prior. 5/4. 1955 u. 1/2. 1956.) C. LÜTTGEN. 7107

Badische Anilin- & Soda-Fabrik Akt.-Ges. (Erfinder: Dieter Leuchs und Hans Otterbach), Ludwigshafen/Rh., **Transparentlacke,** gek. durch einen Geh. an Farbstoffen der allg. Formel I, in der R_1 u. R_2 H-Atome, Alkyl-, Aryl- u./oder Carbonsäureestergruppen, R_3 u. R_4 H-Atome, Alkyl u./oder ggf. durch Alkyl-, Alkoxy-, Nitro-, Sulfonsäureamid- u./oder Halogenatome substituierte Arylgruppen bedeuten. Die Lacke haben eine grünstichiggelbe Farbe. Die Farbstoffe sind keton- u. esterlösl. u. bes. lichtecht. (**D. A. S. 1 119 436** Kl. 22h vom 10/5. 1960, ausg. 14/12. 1961.) M. BÖTTCHER. 7107

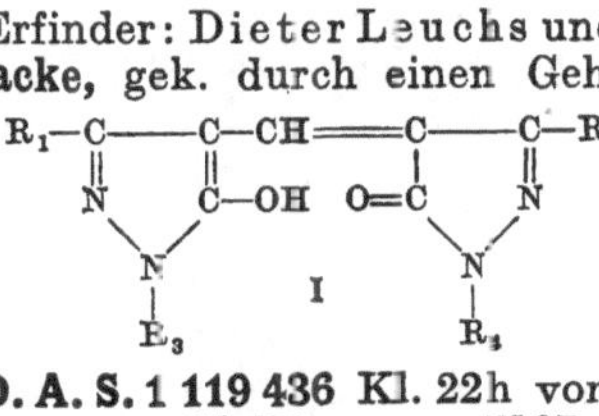

Farbenfabriken Bayer Akt.-Ges. (Erfinder: Wolfram Neumann und Erich Zankl), Leverkusen, **Lacke mit thixotropen Eigenschaften** auf Basis bekannter Lackrohstoffe als Filmbildner enthalten 0,1—30% an Umsetzungs-Prodd. aus Mono- u./oder Polycarbonsäuren u. Mono- u./oder symm. Polyisocyanaten, wobei mindestens eine der Komponenten eine KW-Stoffkette mit mindestens 10 C-Atomen aufweist. (**D. A. S. 1 117 801** Kl. 22h vom 14/3. 1959, ausg. 23/11. 1961.) M. BÖTTCHER. 7107

United Kingdom Atomic Energy Authority (Erfinder: Albert Catherall, Robert Michael Scarisbrick und David Gordon Stevenson), **Mittel zur Herstellung leicht entfernbarer Schutzanstriche,** bestehend aus einer wss. Lsg. oder Dispersion, die ein NH_4-Salz eines freie Carboxylgruppen aufweisenden Polymeren enthält, z. B. Alginsäure, Carboxymethylcellulose, Polymethacrylsäure u. Polycrotonsäure u. deren Mischpolymerisate. — Beispiel: 1000 (Teile) einer 40%ig. wss. Emulsion eines Vinylacetat-Crotonsäuremischpolymerisats, z. B. Emultex Alpha M102, 1700 W., 22 NH_4OH (D. 0,880), 45 NH_4-Oleat, 200 einer 20%ig. wss. Pigmentpaste u. 2 CH_2O. Der Anstrich läßt sich mit schwach alkal. Lsgg. leicht entfernen. (**Aust. P. 229 032** vom 19/12. 1957, ausg. 28/7. 1960.) C. LÜTTGEN. 7107

Anton Strzyzewski und Willy Geilenkirchen, Krefeld, **Verbessern der Haftfestigkeit von Lacken und Druckfarben auf Polyäthylen,** dad. gek., daß man dieses bei 0—75° mit einem chlorierten KW-Stoff, der bis zu 10 C-Atome u. bis zu 6 Cl-Atome enthält, behandelt u. gleichzeitig mit UV-Licht bestrahlt. (**A. P. 2 873 241** vom 13/3. 1956, ausg. 10/2. 1959. D. Prior. 23/3. 1955.) C. LÜTTGEN. 7107

Lubrizol Corp. (Erfinder: William Albert Higgins), Cleveland, Ohio, V.St.A., **In Form einer wässerigen Emulsion vorliegendes Schutzüberzugsmittel für Außenflächen,** enthaltend in der wss. Verteilung ca. 25 (Teile) Polyisobutylen mit einem Molgew. von 500—20000, etwa 25—75 festes β-Pinenpolymerisat mit einem F. von bes. über 75°, 2—10 Ton, bes. Bentonit, u. 0,01—0,5 Ausflockmittel (bes. Salze mehrwertiger Metalle mit anorgan. u. niedermol. organ. Säuren). Pigmente können zugesetzt werden. (**D. A. S. 1 120 621** Kl. 22g vom 11/10. 1958, ausg. 28/12. 1961. A. Prior. 20/2. 1958.) P. KRUG. 7107

E. I. du Pont de Nemours & Co., Wilmington, Del., V.St.A., **Überziehen geformter Körper aus Polyäthylen, Polyestern oder Polyamiden** mit einer organ. Verb. (**II**), die chem. von dem zu überziehenden Polymeren (**I**) verschieden, nicht polymerisierbar u. bei einer Temp., die unter dem F. der **I** liegt, fl. ist, bes. einem Äther oder Polyäther, dad. gek., daß man das **I** vorher durch ionisierende Bestrahlung mit $\geqq$ 100000 eV u. $>$ W-Sek./cm² aktiviert. Als **II** wird in den Beispielen als einziger Stoff für **I** das Polyäthylenoxyd „Carbowax" genannt. (**E. P. 816 024** vom 22/3. 1957, ausg. 8/7. 1959. A. Prior. 27/3. u. 12/7. 1956.) C. LÜTTGEN. 7107

Dow Corning Akt.-Ges., Basel, Schweiz (Erfinder: John W. Gilkey, Midland, Mich., V.St.A.), **Verhinderung von Verfärbungen von Imprägniermitteln auf der Grundlage von Organopolysiloxanlösungen.** Den aus Organopolysiloxanen, Titansäureestern aliphat. Alkohole mit weniger als 20 C-Atomen u. organ. Lsgm. hergestellten Imprägniermitteln, bes. für Leder, werden aliphat. u./oder aromat. Nitro-Verbb. (**I**) zugesetzt. Man verhindert so die während der Lagerung unter dem Einfl. von Licht eintretenden Verfärbungen. Geeignete **I** sind z. B. Nitromethan, Nitroäthan oder Nitrobenzol. (**D. A. S. 1 117 799** Kl. 22g vom 27/9. 1957, ausg. 23/11. 1961. **Belg. P. 561 185** vom 27/9. 1957, ausg. 20/5. 1960. Beide A. Prior. 28/9. 1956.) P. KRUG. 7119

G & A Laboratories, Inc., Savannah, Ga., V.St.A., **Freifließendes Harzpulver** aus Balsamharz, Kolophonium, Tallölharz usw. sowie deren modifizierten Formen, das auch bei der Lagerung u. erhöhter Temp. nicht zusammenbackt, ist erhältlich durch Beimischen von 1—25% Attapulgit. (**E. P. 812 166** vom 17/4. 1956, ausg. 22/4. 1959. A. Prior. 22/4. 1955.) C. LÜTTGEN. 7141

Esso Research and Engineering Co., Elizabeth, N.J., V.St.A., *Herstellung verbesserter Pigmente und Füllstoffe.* (**D. A. S. 1 122 645** Kl. 22f vom 30/11. 1956, ausg. 25/1. 1962. A. Prior. 1/12. 1955. — C. **1961.** 17019 [A. P. 2 928 802].)

Rohm & Haas Co., Philadelphia, Pa., übert. von: **David B. Fordyce,** Moorestown, N.J., und **Warren D. Niederhauser,** Huntsville, Ala., V.St.A., *Pigmentpasten.* (**Can. P. 554 307** vom 17/7. 1954, ausg. 11/3. 1958. A. Prior. 11/8. 1953. — C. **1957.** 1543 [F. P. 1 109 893].)

Monsanto Chemical Co., St. Louis, Mo., übert. von: **Stuart H. Rider,** Longmeadow, **Thomas Anas,** Springfield, und **George L. Fraser,** North Wilbraham, Mass., V.St.A., *Alkydharz mit Guanaminharz und Kohlenwasserstoff-Lösungsmittel.* (**Can. P. 554 265** vom 5/3. 1955, ausg. 11/3. 1958. A. Prior. 16/3. 1954. — C. **1959.** 4640 [A. P. 2 816 865].)

Lewis Berger & Sons Ltd. (Erfinder: **Jack A. Cottrell** und **Donald H. Hewitt**), London, England, *Herstellen von styrolisierten Alkydharzen.* (**D. B. P. 975 581** Kl. 39c vom 24/12. 1949, ausg. 25/1. 1962. Anmeldung bekanntgemacht 19/8. 1954. E. Prior. 15/2. 1946. — C. **1958.** 4039 [Oe. P. 191 154].)

American-Marietta Co. (Stoner-Mudge Co. Division), Chicago, Ill., übert. von: **Daniel M. Gray** und **George L. Reymann,** Pittsburgh, Pa., V.St.A., *Mischung aus Vinylchlorid, Lösungsmittel und Harzölfirnis.* (**Can. P. 554 102** vom 1/6. 1954, ausg. 11/3. 1958. A. Prior. 7/4. 1954. — C. **1959.** 14266 [Holl. P. 88 207].)

Miehle-Goss-Dexter, Inc., V.St.A., *Nichtwässeriges, ein Siccativ enthaltendes, schnell trocknendes Überzugs- bzw. Auftragsmittel.* (**F. P. 1 220 343** vom 19/2. 1959, ausg. 24/5. 1960. — C. **1962.** 2556 [E. P. 852 944].)

Montecatini Soc. Gen. per l'Industria Mineraria e Chimica, Italien (Erfinder: **Aldo Camerini** und **Giuseppe Guzzetta**), *Transparente Filme aus linearem Polypropylen.* (**F. P. 1 186 988** vom 18/5. 1957, ausg. 4/9. 1959. **Belg. P. 557 717** vom 22/5. 1957, ausg. 11/3. 1960. Beide It. Prior. 23/5. 1956. — C. **1960.** 662 [Oe. P. 201 290].)

Patent & Licensing Corp., New York, N.Y., übert. von: **Howell S. Jobbins**, Livingston, N.J., und **Walter J. Schwarz**, New Orleans, La., V.St.A., *Überzug für Asbestzement*. (**Can. P. 554 281** vom 28/7. 1955, ausg. 11/3. 1958. — C. **1959**. 17502 [A. P. 2 716 619].)

Union Chimique Belge Soc. An., Belgien, *Nichtklebende Überzüge auf Küchengeräten*. (**F. P. 1 184 496** vom 17/10. 1957, ausg. 22/7. 1959. Belg. Prior. 16/11. 1956. — C. **1961**. 17763 [Holl. P. 95 764].)

Chemische Werke Albert, Deutschland, *Flammfeste Kunststoffe*. (**F. P. 1 131 681** vom 27/8. 1957, ausg. 17/6. 1959. D. Prior. 21/11. 1956. — C. **1961**. 5624 [E. P. 822 123].)

XIb. Plaste (Kunstharze. Plastische Massen)

Stereospezifische Polymerisation und Katalyse. Giulio Natta. (Gazz. chim. tal. **89**. 89—125. Jan. 1959. Mailand, Ist. Chim. Ind. Politecn.) (Engl.)

Vf. erörtert folgende Themen: Synthet. Polymere mit ster. regelmäßiger Struktur, stereospezif. Polymerisations-Verff., das Verh. verschiedener Monomerer bei stereospezif. Katalyse, die koordinierte anion. Katalyse u. deren Stereospezifität, die Natur der Oberfläche fester Katalysatoren, die Kinetik der Wachstumsvorgänge u. die Best. der Anzahl akt. Katalysatorzentren, Heteroperioden- u. statist. Copolymere von α-Olefinen, der Einfl. der ster. Struktur auf die Eigg. der Diolefinpolymeren sowie neuartige Kunststoffe, Textilfasern u. synthet. Elastomere. R. SCHIFF. 7170□

Morphologische Strukturen und Rißbildung in kristallinen, makromolekularen Stoffen. H. A. Stuart. (Werkstoffe u. Korrosion **13**. 12—14. Jan. 1962. Mainz/Rh.)

Über die morpholog. Struktur von kristallisierenden synthet. hochpolymeren Stoffen sowie über Unterss. zur Frage des Vorhandenseins eines Riß-Syst. in kristallisierenden Hochpolymeren wird an Hand von Literatur berichtet. Eigene Verss. des Vf. einer Spannungsriß-Bldg. bestätigten die bisherigen Ergebnisse. So bildeten sich an isotakt. Polypropylen mit großen Sphärolithen bei der Kristallisations-Temp. deutlich sichtbare Risse in Richtung der Sphärolithradien u. entlang der Korngrenzen. Feinkörniges Material zeigt dagegen diese Riß-Bldg. nicht. F. VIER. 7170□

Vorherbestimmung des Fließverhaltens von Gießmassen mit Hilfe einer elektronischen Rechenmaschine. H. L. Toor, R. L. Ballman und Leon Cooper. (Mod. Plastics **38**. Nr. 4. 117—20. 207—09. Dez. 1960. Pittsburgh, Pa., Carnegie Inst. of Technol.) (Engl.)

Ausgehend von der Energie- u. Bewegungsgleichung wird das nichtisotherme Fließverh. einer Schmelze beim Fließen in eine kalte Form mathemat. untersucht. Auf Grund dieser Ableitungen u. der therm. u. rheolog. Eigg. der Masse wird für den Modell-Vers. des Preßgießens eines Polystyrols in einer kanalartigen Form ein Rechenprogramm aufgestellt, demzufolge eine elektron. Rechenmaschine die mittlere Fließgeschw. der Schmelze in der Form u. damit deren krit. Länge u. die zur Füllung bis zu jeder beliebigen Stelle der Form erforderlichen Zeit berechnen kann. Ein Vgl. der so erhaltenen Ergebnisse mit denen experimenteller Verss. zeigte eine gute Übereinstimmung. H. SONTAG. 7170□

Copolymerisation von Äthylen mit aliphatischen α-Olefinen. 6. Mitt. **Copolymerisation von Äthylen mit Buten-(1).** G. Natta, G. Mazzanti, A. Valvassori und G. Pajaro. (Chim. e Ind. [Milano] **41**. 764—75. Aug. 1959. Milano, Politecn., Ist. di Chim. ind.) (Ital.) — 5. vgl. C. **1960**. 4533.

Mit VCl_3 (oder VCl_4) + $Al(C_6H_{13})_3$ als Katalysator u. n-Heptan als Lsgm. werden hochmol., von Homopolymeren freie, nach der Röntgen-Unters. amorphe, lineare Copolymere (CP) von Äthylen (I) u. Buten-(1) (II) erhalten. Bei Verw. von VCl_4 wird bei 25°, bei Verw. von VCl_3 bei 25 u. 75° gearbeitet. Das Verhältnis I : II in den CP ist von der Katalysator-Konz. im Lsgm. bei 2—8 Mol $Al(C_6H_{13})_3$/Liter u. von der Zeit zwischen Herst. u. Verw. des Katalysators (bei $AlR_3/VCl_4 = 2—8$) unabhängig. Mit zunehmendem II-Anteil in der Gasphase nimmt der II-Geh. im CP deutlich zu, die spezif. Viscosität ab. Die CP werden durch Extraktion mit Aceton, Ae., n-Hexan u. n-Heptan fraktioniert, ihr Röntgen- u. IR-Spektrum aufgenommen u. das Verhältnis der Reaktivitäten r von I u. II in ihnen bestimmt. Bei Verw. von VCl_4 werden Mittelwerte, $r_I = 29{,}60 \pm 0{,}84$, $r_{II} = 0{,}019 \pm 0{,}001$, bei Verw. von VCl_3 $r_I = 23{,}96 \pm 0{,}81$, $r_{II} = 0{,}043 \pm 0{,}001$ gefunden. Wie bei der Copolymerisation von I mit Propylen (III) ändert sich auch hier bei Verw. von VCl_4 die Zus. der CP bei sonst gleichen Bedingungen nicht, wenn bei 75° statt bei 25° gearbeitet wird. Jedoch ist zwar im Syst. I–II wie bei I–III $r_I \cdot r_{II}$ von der Größenordnung 1, r_I/r_{II} bei VCl_3 größer als bei VCl_4, aber beim Syst. I–II ist r_I/r_{II} wesentlich größer als r_I/r_{III} beim Syst. I–III. Wenn $r_I = 1$ gesetzt wird, ist mit VCl_4 $r_{III} = 1{,}2 \cdot 10^{-2}$, $r_{II} = 0{,}6 \cdot 10^{-3}$, mit VCl_3 $r_{III} = 2{,}6 \cdot 10^{-2}$, $r_{II} = 1{,}6 \cdot 10^{-3}$ Der Unterschied von r_I u. r_{II} ist bei Copolymerisation mit anion. Mechanismus zu erwarten, der Unterschied von r_{II} u. r_{III} nicht, er wird auf den Einfl. ster. Faktoren oder von der Adsorption von Monomeren an der Katalysatoroberfläche vor der Polymerisation abhängiger Faktoren zurückgeführt. Die Zus. der CP wird dadurch bestimmt, daß mit ^{14}C markiertes I verwendet wird. R. K. MÜLLER. 7172□

Untersuchung an Zellpolyäthylen. 1. Mitt. **Die zellbildenden Eigenschaften der Verbindung Celogen.** H. Kitayama und U. Osawa. (J. Soc. Rubber Ind. Japan [Nipon Gomu Kyokai Shi] **32.** 518–27. 1959. Japan, Furukawa Electric Co. Ltd.) (Jap.; Auszug: Engl. S. 579.)

Zur Unters. von zellbildenden Agentien für *Polyäthylen* für Fernmeldekabel beschreiben Vff. App u. Meth. zur Messung der Zers.-Temp. T_0 u. des entwickelten Gas-Vol. V_c sowie der Zers.-Geschwindigkeit. Nach dieser Meth. werden die Eigg. von „Celogen" (*4.4'-Hydroxy-bis-benzolsulfonylhydrazid*) gemessen, sowie der Einfl. des Mischens auf der heißen Walze u. der Einfl. verschiedener Antioxydantien u. zellbildender Zusätze auf die Polyäthylenmischung festgestellt. Der Zers.-Mechanismus u. die grünliche Verfärbung der Verb. als Folge der Gas-Entw. wird diskutiert. A. GUDE. 7172□

Untersuchung von Zellpolyäthylen. 2. Mitt. **Zellbildende Eigenschaften von Azodicarbonamid und Dinitrosopentamethylentetramin.** H. Kitayama, U. Osawa und T. Masuzawa. (J. Soc. Rubber Ind. Japan [Nippon Gomu Kyokai Shi] **32.** 527–35. 1959. Japan, Furukawa Electric Co. Ltd.) (Jap.; Auszug: Engl. S. 580.) — 1. vgl. vorst. Referat.

Vff. untersuchen die zellbildenden Eigg. von *Azodicarbonamid* (**I**) u. *Dinitrosopentamethylentetramin* (**II**) in Polyäthylemischungen u. vgl. sie mit „*Celogen*" (**III**). Die Gas-Entw. von **I**, **II** u. **III** steht im Verhältnis 1,56:2,14:1,00 zueinander, die Zers.-Temp. betragen in der gleichen Reihenfolge 184, 186 u. 112°. Die dielektr. Eigg. der mit **I** geschäumten Mischungen sind geringer als die der mit **II** u. **III** geschäumten. A. GUDE. 7172□

„Melinex"-Polyäthylenterephthalat-Folie, Entwicklung, Eigenschaften und Anwendungsmöglichkeiten. P. J. Visser. (Plastica [Delft] **14.** 779–83. Sept. 900–03. Okt. 1961. Rotterdam, Imperial Chem. Ind.) (Holl.)

Übersicht über geschichtliche Entw., Herst. (Strangpressen, Orientieren, Kristallisieren), Eigg., Verarbeitung u. Anwendung von Polyäthylenterephthalatfolie in der Elektrotechnik, der Verpackungsindustrie u. zu Dekorationszwecken. W. WESLY. 7172□

Untersuchung der Eigenschaftsänderungen von Preßmassen durch Metallpulverzusätze. Gerhard Fauner. (VDI-Z. **104.** 193–202. 11/2. 1962. München, TH, Forsch.-Stelle für Kunststoffe.) (Dt.)

Einem aus Phenol–Formaldehyd-Kunstharz mit Papierschnitzeln als Füllmasse bestehenden Werkstoff wird Pb- u. Cu-Pulver zugesetzt. Preß-Verss. ergeben die optimalen Verarbeitungsbedingungen. Schliffbilder geben über die Einlagerung von Metallteilchen in Preßmassen u. das Gefüge Aufschluß. An zahlreichen Proben ausgeführte Messungen zeigen den Einfl. des Metall-Geh. auf Wärmeleitzahl, Biegefestigkeit, Schlagzähigkeit, Härte, Elastizitätsmodul, Verschleißfestigkeit, Reibung u. Dauerfestigkeit. W. WESLY. 7204□

Silane als Klebemittel in glasfaserverstärkten Kunststoffen. B. M. Vanderbilt und J. P. Simko jun. (Mod. Plastics **38.** Nr. 4. 135–37. 140–42. 210–17. Dez. 1960. Esso Res. and Engineering Co., Chem. Res. Div.) (Engl.)

Vff. untersuchten die Beziehungen zwischen chem. Konstit. verschiedener, als Klebemittel verwendeter Silane u. der Festigkeit der damit zwischen Glas u. Harz in Laminaten auf Basis von fl. Polybutadienestern hergestellten Bindungen. Ein Vgl. von Äthylsilan (**I**) mit Vinylsilan (**II**) ergab, daß **I** Bindungen von wesentlich geringerer Festigkeit bewirkt als **II**. Die daraus gezogene Folgerung, daß **II** mit Polyester–Styrol-Harzen eine chem. Bindung einzugehen vermag, wurde durch Mischpolymerisationsstudien (Vinyltriäthoxysilan u. Diäthylfumarat–Styrol-Harze) bestätigt. Bei der Prüfung ungesätt. Äthoxysilane erwies sich die Styrylgruppe als hinsichtlich der Ausbildung einer Bindung zwischen Harz u. Klebstoff bes. reaktionsfähig. In diesem Fall ist die Bindung zwischen Harz u. Klebstoff stärker als die zwischen Glasfaser u. Klebstoff u. es ist bes. auf die Verw. von möglichst feuchtigkeitsfreien Glassorten zu achten. H. SONTAG. 7204□

Über die volumetrische Bestimmung des Kristallinitsgrades isotaktischer Polystyrole. Giulio Natta, Ferdinando Danusso und Giovanni Moraglio. (Makromolekulare Chem. **28.** 166–72. Okt. 1958. Mailand, Politecnico, Ist. di Chim. ind.)

In Fortsetzung von Unterss. von NATTA u. CORRADINI (vgl. C. **1956.** **4456**) berichten Vff. zuerst über dilatometr. Messungen an einem im wesentlichen atakt. Polystyrol bei 240 u. 260°. Weitere dilatometr. Messungen zwischen 0 u. 260° wurden an einer ausgewählten Polystyrolprobe mittlerer Kristallinität durchgeführt. Schließlich wurden zu Kontrollzwecken an der gleichen Polystyrolprobe Dichtemessungen bei 30° durchgeführt. Durch Extrapolation der experimentellen Werte u. durch Anwendung empir.

Voraussetzungen wurde die dilatometr. Kurve berechnet, die einem völlig kristallinen Polystyrol entspricht. Unter Annahme der Additivität der Vol. erhielten Vff. zur Berechnung des Kristallinitätsgrades γ die Gleichung $\gamma = (0{,}943 + 2{,}5 \cdot 10^{-4}\, t - v)/0{,}053$, wo v das Vol. bei der Temp. t bedeutet. Die Best. von γ ist unabhängig vom Molgew. u. ist gültig, wenn t kleiner ist als die Glasumwandlungstemperatur.

C. GOTTFRIED. 7210

Shell Internationale Research Mij. N. V., Den Haag, Holland (Erfinder: Dean W. Rundquist, Long Beach, Calif., V.St.A.), **Vorrichtung zum Gewinnen eines Polymeren aus seiner Lösung** in einem KW-Stoff, gek., durch die Kombination einer Vorr. zum Auspressen des Polymeren mit einer Vorr. zum Erzeugen von Dampfstrahlen, durch die das Polymere auf beiden Seiten u. rechtwinklig zur Richtung des Auspressens mit Dampf in Berührung gebracht wird, sowie mit einer stromabwärts von der Vorr. zur Erzeugung von Dampfstrahlen angeordneten Kammer, in der das Polymere in an sich bekannter Weise mit W. abgeschreckt wird. — Vorr., Zeichnung. (**D. A. S. 1 120 138** Kl. 39c vom 15/9. 1960, ausg. 21/12. 1961. A. Prior. 17/9. 1959.)

L. STADELMANN. 7171

Esso Research and Engineering Co., übert. von: Elphege Maxime Charlet und Augustus Bailey Small, Baton Rouge, La., V.St.A., **Herstellung von Dispersionen von Kohlenwasserstoff-Polymerisaten,** bes. Petroleumharzen u. vulkanisierten elast. Mischpolymerisaten von Isobutylen u. kleinen Mengen eines Diolefins. — Man löst das Polymerisat (I) in einem KW-Stoff, z. B. Hexan, emulgiert die Lsg. mit W. unter Zusatz von 10—20%, bezogen auf I, eines Emulgators, bes. Octylphenolpolyglykoläther mit 8—10 Äthylenoxidgruppen, im Gemisch mit 10% Na-Laurylsulfat, gibt ein Aufrahmungsmittel, z. B. NH_4-Alginat zu, läßt das Gemisch stehen, trennt die Latexschicht von der wss. Phase ab, entfernt das Lsgm. durch Dest. im Vakuum, läßt nochmals stehen u. trennt den abgeschiedenen Latex ab, der ca. 40—50% Festbestandteile enthält u. lagerfähig ist mit guter mechan. u. chem. Stabilität bei Temp. bis zu 150° F. (**A. P. 2 947 715** vom 13/7. 1955, ausg. 2/8. 1860.) C. LÜTTGEN. 7173

Farbwerke Hoechst Akt.-Ges., vormals Meister Lucius & Brüning, Frankfurt/M. (Erfinder: Helmut Klug und Oswald Metz, Gersthofen/Augsburg), **Herstellung von kunststoffartigen nitrierten Olefinpolymerisaten,** die Cl-haltig sein können u. im Vgl. zur Menge Nitrogruppen untergeordnete Mengen an anderen O-haltigen Gruppen aufweisen, dad. gek., daß man pulverförmige Polyolefine (I) mit Molgew. von >30000 im Durchschnitt oder deren Chlorierungs-Prodd. in HNO_3 suspendiert u. dann bei erhöhter Temp. nitriert. Als I werden bes. geradkettige Polyäthylene mit Molgew. bis 2000000, bes. 40000—300000, u. spezif. Gew. >0,94 verwendet. Als Nitriermittel können an Stelle von HNO_3 auch nitrose Gase, ggf. mit inertem Gas, z. B. N_2, verd. u. im Wirbelschicht-Verf. verwendet werden. — Beispiele mit (chlorierten) Nieder- u. Hochdruckpolyäthylenen u. Polypropylen u. N_2O_4. Weiße pulverige Endprodd. als Zusätze zu *Lacken, Bohnermassen, Kohlepapierkompositionen* u. anderen hochmol. Polymeren zur Verbesserung ihrer mechan. Eigg. u. des Farbaufnahmevermögens. (**D. A. S. 1 093 556** Kl. 39c vom 22/3. 1958, ausg. 24/11. 1960 u. **1 100 285** Kl. 39c [Zusatz-Anmeldung] vom 23/4. 1958, ausg. 23/2. 1961.) H. SCHINDLER. 7173

Farbenfabriken Bayer Akt.-Ges., Leverkusen (Erfinder: Ernst Roos, Köln, Friedrich Lober, Otto Bayer und Hans Scheurlen, Leverkusen), **Stabilisieren von Polyolefinen** gegen den Einfl. von Luftsauerstoff u. O_3 durch S-haltige Verbb., dad. gek., daß man als Stabilisatoren Thioacetale, z. B. Formaldehyd-u. Acetaldehyd-di-tert.-dodecylmercaptal, Formaldehyd-di-benzyl- oder -di-o-chlorbenzylmercaptal, in Mengen von 0,01—10% verwendet. (**D. A. S. 1 104 692** Kl. 39b vom 19/12. 1958, ausg. 13/4. 1961.) C. LÜTTGEN. 7173

Montecatini Soc. Gen. per l'Industria Mineraria e Chimica, Mailand, Italien, **Vulkanisierung von Polymerisaten und Mischpolymerisaten von α- Olefinen.** Amorphe gesätt. Polymerisate (I) oder Mischpolymerisate mit anderen polymerisierbaren Stoffen u./oder mit Äthylen werden mit einem Gemisch aus S u. einem organ. Peroxid (II) polymerisert. Das Mengenverhältnis von S:II soll hierbei 0,05—3, bes. 0,3—1,5 g-Atom S auf 1 Mol II betragen, u. das Verhältnis von I:II = 100 (Mol):0,002 bis 0,4 sein. Bei Verw. von niedrigviscosen I u. von Peroxiden, die wenig wärmebeständig sind, werden die Rkk. bei 100—110° durchgeführt, mit höher viscosen I u. besser wärmebeständigen II bei 220—230°. — Beispiele für II: Acyl- u. Alkylperoxide, Alkylarylperester u. -peroxide, die durch Halogenatome, Sulfonsäure- oder Chlorsulfonsäuregruppen substituiert sein können. (**Port. P. 37 355** vom 4/7. 1960, Auszug veröff. 29/3. 1961. It. Prior. 7/7. 1959.) A. KALIX. 7173

Pirelli S. p. A. und Montecatini Soc. Gen. per l'Industria Mineraria e Chimica, Mailand, Italien, **Zusätze zu vulkanisierbaren Mischungen aus Mischpolymerisaten von α-Olefinen und Äthylen einerseits und S und organischen Peroxiden andrerseits** bilden Metallseifen, die in Mengen von 1—30 Gew.-Teilen auf 100 Polymerisat zugesetzt werden. Als Metallkomponenten kommen dafür in Frage: Pb, Sn, Cd, Zn oder mehrere davon zugleich, die mit mehreren Säuren (I) verbunden sein können. — Beispiele für I: Gesätt. aliphat. Carbonsäuren mit mehr als 5 C-Atomen, bes. Stearin-, Palmitin- u. Laurinsäure, ungesätt. Carbonsäuren, deren Doppelbindungen unter den Rk.-Bedingungen der Vulkanisation inakt. sind, bes. Ölsäure, aromat. u. cycloaliphat. Carbonsäuren, bes. Benzoe- u. o-Hydroxybenzoesäure, β-Hydroxynaphthoesäure u. Homologe davon, Harzsäuren. An Stelle der Seifen können den Mischungen auch freie I u. Metallhydroxide zugegeben werden, so daß sich die Seifen erst in der Rk.-Mischung bilden. (**Port. P. 37 391** vom 12/7. 1960, Auszug veröff. 29/3. 1961. It. Prior. 30/7. 1959.) A. KALIX. 7173

Dow Chemical Co., übert. von: Robert L. Hudson, Midland, Mich., V.St.A., **Wärmestabilisierte Chloräthylenpolymerisate,** gek. durch den Zusatz von ≧ 0,5% eines 1.2-Epoxypropan-3-on-Deriv. der allg. Formel I $R_1-\overset{\diagup O \diagdown}{CH-C}(R_2)-CO-R_3$, in der R_1 u. R_3 einen evtl. halogenierten oder alkylsubstituierten Phenylrest, R_3 außerdem eine durch R_1 u. R_2 substituierte Epoxidgruppe u. R_2 H oder einen Alkylrest bedeuten, bes. 1.3-Diphenyl, oder 1.3-Di-(p-chlorphenyl)-1.2-epoxypropan-3-on u. 1.5-Diphenyl-1.2.4.5-diepoxypentan-3-on. (**A. P. 2 890 200** vom 8/10. 1956, ausg. 9/6. 1959.) C. LÜTTGEN. 7173

General Electric Co., Schenectady, N.Y., V.St.A., **Polyäthylen.** Zur Verbesserung der Formstabilität, Zugfestigkeit usw. bei höherer Temp. wird Polyäthylen (I) oder mit Polychloropren, Polystyrol, Polymethylacrylat oder Organopolysiloxanen gemischtes I mit feinverteilter Kieselsäure oder einem Silicat, bes. Ca- u. evtl. Al-Silicat, gefüllt u. anschließend mit Strahlen hoher Energie behandelt. — Zeichnung. (**E. P. 820 168** vom 7/2. 1956, ausg. 16/9. 1959. A. Prior. 15/2. 1955.) C. LÜTTGEN. 7173

General Electric Co. (Erfinder: Frank Mario Precopio und Alfred Rachels Gilbert), Schenectady, N.Y., V.St.A., **Verbesserung der Formstabilität und Lösungsmittelwiderstandsfähigkeit von Polyäthylen** durch Härten mit einem organ. Peroxid, in dem jedes O-Atom an ein tert. C-Atom gebunden ist, in der Wärme dad. gek., daß man ein Peroxid der allg. Formel: $(R_1)(R_2)(R_3)C-O-O-C(R_4)(R_5)(R_6)$ verwendet, in der R_1-R_6 gerade oder verzweigte, ggf. anorgan. Substituenten enthaltende Alkyl- oder Aralkylreste darstellen, wobei jedoch ≧ 1 der Gruppen R_1-R_6 einen aromat. Rest enthält. Es wird bes. Di-α-p-cumylperoxid, tert.-Butyltriphenylmethylperoxid, tert.-Butyl-α-cumylperoxid oder Di-α-p-cymylperoxid in fester Form mit dem Polyäthylen gemischt. — Herst. von *Isolierüberzügen* auf stranggepreßten *Fäden, Folien, Stäben, Röhren* u. *Drähten.* — Mengenbeispiele, Tabellen. (**D. A. S. 1 109 366** Kl. 39b vom 18/5. 1956, ausg. 22/6. 1961. A. Prior. 18/5. 1955.) G. VOGEL. 7173

W. R. Grace & Co., Cambridge, Mass., übert. von: William C. Rainer, Edward M. Redding und Joseph J. Hitov, Baltimore, Md., Arthur W. Sloan und William D. Stewart, Alexandria, Va., V.St.A., **Verbessern der mechanischen Eigenschaften von Polyäthylen,** dad. gek., daß man es auf < 105° erhitzt, mit Strahlen hoher Energie, entsprechend ≧ 750000 eV, in einer Dosierung von ≧ $2 \cdot 10^6$ REP bestrahlt, bis der Deformationspunkt (I) gesteigert ist, erhitzt bis es hell u. transparent wird, abkühlt u. die Behandlung noch 2mal wiederholt, wobei hierbei der Wert von $10-100 \cdot 10^6$ REP u. für sämtliche Bestrahlungen von $200 \cdot 10^6$ REP nicht überschritten werden darf. Man erhält ein Prod., das auch bei der Verformung seine Helligkeit u. Transparenz behält. (**A. P. 2 904 480** vom 6/6. 1955, ausg. 15/9. 1959.) C. LÜTTGEN. 7173

Comp. Française Thomson-Houston, Seine, Frankreich (Erfinder: Elliott John Lawton und Arthur Maynard Buecke), **Bestrahlen von Polyäthylen mit Elektronen hoher Energie.** Eine bes. starke Vernetzung erhält man, wenn man bei Temp. von 85° bis zum F. des Polyäthylens (vor der Bestrahlung) bestrahlt. (**F. P. 70 168** vom 9/4. 1956, ausg. 19/2. 1959. A. Prior. 11/4. 1955. **Zusatz zu F. P. 1079401; C. 1950/54. 598 S.**) M. PANKOW. 7173

Comp. Française Thomson-Houston, Seine, Frankreich (Erfinder: Elliott John Lawton), **Verbesserung von bestrahltem Polyäthylen.** Da das bestrahlte Polyäthylen gegen O_2 empfindlich ist, arbeitet man zweckmäßig in indifferenter Atmosphäre u. erhitzt es unmittelbar nach der Bestrahlung auf eine Temp. von 85° bis zum F. des bestrahlten Polymeren. — Zeichnungen. (**F. P. 1 196 016** vom 14/11. 1957, ausg. 20/11. 1959. A. Prior. 21/11. 1956.) M. PANKOW. 7173

Farbwerke Hoechst Akt.-Ges., vormals Meister Lucius & Brüning, Frankfurt/M. (Erfinder: Günter Peters, Dietrich Schleede, Frankfurt/M., Hellmut Jochinke und Helmut Klug, Gersthofen), **Flammfestmachen von Polyäthylen** durch SbO_3 u. eine organ. chlorierte Verb., dad. gek., daß man als flammfestmachendes Mittel ein Gemisch aus SbO_3 in einer Menge von 3—50% u. Oktachlordiphenylendioxid in einer Menge von 5—80%, jeweils bezogen auf das eingesetzte Polyäthylen (I), verwendet. Als I kommt bes. nach dem „ZIEGLER"-Verf. hergestelltes I in Frage. (**D. A. S. 1 104 693** Kl. 39b vom 20/12. 1958, ausg. 13/4. 1961.) C. LÜTTGEN. 7173

Montecatini Soc. Gen. per l'Industria Mineraria e Chimica, Mailand, Italien, und Karl Ziegler, Mülheim/Ruhr, **Regelung des Molekulargewichts von Polymerisaten aus Äthylen + Propylen oder Buten.** Als „Polymerisations-Regulator" (I) wird eine organ. Verb. eines Metalls der 1.—3. Gruppe des Period. Syst. außer Al u. Be verwendet oder eine in der Rk.-Lsg. unlösl. Verb. dieser Metalle, die in der Rk.-Mischung in eine Organometall-Verb. umwandelbar ist. I wird in Mengen von $0{,}1 \cdot 10^{-5}$ bis $50 \cdot 10^{-5}$, bes. $4 \cdot 10^{-5}$ bis $12 \cdot 10^{-5}$, Mol auf 1 Mol monomeres Ausgangs-Prod. verwendet. — Beispiele für I: Zn-Alkyle, bes. $Zn(C_2H_5)_2$ u. Cd-Alkyle, bes. $Cd(C_2H_5)_2$, zur Bldg. von I in der Rk.-Mischung wird $ZnCl_2$ benutzt. Die Rkk. werden in Ggw. eines Katalysators ausgeführt, der während der Rk. aus VCl_4 + Al-Triisobutylat gebildet wird. (**Port. P. 37 436** vom 27/7. 1960, Auszug veröff. 29/3. 1961. It. Prior. 31/7. 1959.) A. KALIX. 7173

Farbenfabriken Bayer Akt.-Ges., Leverkusen (Erfinder: Hanswilli von Brachel, Köln, und Erich Zankl, Leverkusen), **Herstellung modifizierter Polymerisate von konjugierten Dienen,** dad. gek., daß man Homo- oder Mischpolymerisate aus konjugierten Dienen, sowie Mischpolymerisate aus konjugierten Dienen mit anderen Vinyl-Verbb. mit Polyhalogencyclopentadienen bei erhöhter Temp., ggf. in Ggw. von säurebindenden Stoffen, bes. Mono- oder Polyepoxiden, u. in Ggw. eines inerten Lsgm. umsetzt. — Beispiele: Rk. von Hexachlorcyclopentadien mit Na-Butadienpolymeren, Butadien/Styrol-Mischpolymeren u. Butadien/α-Methylstyrol-Mischpolymeren. — *Flammfeste, kältefeste, kautschukelast., vulkanisierbare Prodd., Klebemittel.* (**D. A. S. 1 120 137** Kl. 39c vom 28/10. 1959, ausg. 21/12. 1961.) L. STADELMANN. 7173

Phillips Petroleum Co., übert. von: Johnny N. Scott, Bartlesville, Okla., V.St.A., **Verformbares Kunststoffgemisch,** bestehend aus 100 (Teilen) kautschukartigem 1.3-Butadienpolymerisat, dessen ungesätt. Zustand durch Hydrieren um 5—50% vermindert wurde, u. 5—95 Polyäthylen, das nach Zusatz von 0,5—10 Benzoylperoxid durch 5—60 Min. langes Erhitzen auf 200—500° F vulkanisiert wurde. (**A. P. 2 877 206** vom 16/12. 1955, ausg. 10/3. 1959.) C. LÜTTGEN. 7173

Mitsubishi Reyon Kabushiki Kaisha, Tokyo (Erfinder: Takashi Asami, Otaka), Japan, **Suspensionspolymerisation von Vinylverbindungen.** Acryl- oder Methacrylsäuremethylester oder deren Derivv., Styrol u. Acrylnitril polymerisiert man allein oder in Mischung in einer wss. Lsg. hochmol. organ. Verbb. als Emulsionsstabilisatoren in Ggw. öllösl. Polymerisationskatalysatoren unter Zusatz von H_2O_2 u. 2wertige Mn-Ionen bildenden Mn-Verbindungen. — Eine Mischung von 90 (Teilen) Methylmethacrylat, 10 Methylacrylat u. 0,5 α.α'-Azo-bis-isobutyronitril gibt man zu 200 W., das 2 K-Methacrylat–Methacrylester-Mischpolymerisat, 0,5 H_2O_2 u. 0,1 $MnCl_2$ enthält, von 80° u. polymerisiert ca. 60 Min. lang bei 75° unter Rühren mit 500 rpm: 94% Polymerisatkörner. (**Jap. A. S. 188/1960** vom 25/2. 1957, ausg. 14/1. 1960.) M. PANKOW. 7173

Farbenfabriken Bayer Akt.-Ges., Leverkusen (Erfinder: Herbert Bartl, Köln, und Hans Scheurlen, Leverkusen), **Herstellung von Elastomeren unter Formgebung,** dad. gek., daß man Mischpolymerisate aus Vinylestern u. Äthylen, denen ggf. Aktivruß zugesetzt ist, durch eine an sich bekannte ionisierende Bestrahlung vernetzt. Der Geh. an einpolymerisierten Vinylestern, wie Vinylpropionat, -benzoat, -chloracetat, -butyrat, bes. Vinylacetat, soll 20—50% betragen. — Herst. von *Folien, Platten, Reifen, Rohren, Flaschen* u. *Textilbeschichtungen* mit *erhöhten mechan.* Festigkeiten. (**D. A. S. 1 116 394** Kl. 39b vom 30/4. 1958, ausg. 2/11. 1961.) G. VOGEL. 7173

Badische Anilin- & Soda-Fabrik Akt.-Ges. (Erfinder: Hellmut Scholz und Willy Hübler), Ludwigshafen/Rh., **Herstellung von Vinylchlorid-(misch-)polymerisaten** mit erhöhtem Erweichungspunkt durch Emulsions- oder Suspensionspolymerisation, dad. gek., daß man das Verf. in Ggw. von radikalbildenden Polymerisationskatalysatoren u. UV-Licht bei —5 bis +20° durchführt. Hierbei kann in Ggw. solcher mit W. mischbarer organ. Verbb. gearbeitet werden, die den F. des W. herabsetzen, so daß das Verf. bei —20 bis —5° durchgeführt werden kann. Nach den Mengenbeispielen werden $K_2S_2O_8$, Dilauroylperoxid oder Azodiisobutyronitril als Katalysatoren u. übliche Emulgiermittel verwendet. Die Erweichungspunkte der röntgenkristallinen Polyvinylchloride liegen bei 97,5 bzw. 103°. Ein Mischpolymerisat mit Vinylacetat u. Acrylsäure einen solchen von 83°. Nach Zusatz von z. B. Methanol oder Diäthylenglykol als Gefrierpunktserniedriger erhält man Prodd. mit stärkeren Röntgeninterferenzen u. höheren Erweichungspunkten, z. B. 103 bzw. 108 bzw. 86°, bei sonst gleichen Arbeitsbedingungen. — Formkörper mit guten *mechan.* u. *elektr.* Eigenschaften. (**D. A. SS. 1 105 170** Kl. 39c vom 18/2. 1959, ausg. 20/4. 1961 u. **1 111 826** Kl. 39c [Zusatz-Anmeldung] vom 25/6. 1959, ausg. 27/7. 1961.) H. SCHINDLER. 7173

Rohm & Haas Co., Philadelphia (Erfinder: Seymour Solomon Feuer, Feasterville), Pa., V.St.A., **Herstellung von thermoplastischen, schlagfesten, starren Formmassen** durch Vermischen überwiegender Mengen von Vinylchloridpolymerisaten mit einem aus Methylmethacrylat- u. Butadieneinheiten aufgebauten Mischpolymerisat, dad. gek., daß letzteres durch Pfropfen von 25—85 (Teilen) eines 55—100% Methacrylsäuremethylester enthaltenden Monomerengemisches auf 15—75 eines Polybutadiens mit einem Molgew. von 25000—1500000 entstanden ist. (**D. A. S. 1 102 389** Kl. 39b vom 25/3. 1958, ausg. 16/3. 1961. A. Prior. 26/3. 1957.) C. LÜTTGEN. 7173

E. I. du Pont de Nemours & Co. (Erfinder: Robert Lee Eifert und Barnard Mitchel Marks), Wilmington, Del., V.St.A., **Stabilisierte Formmasse** auf der Grundlage von Polymerisaten aus 75—100(%) Methacrolein u. 0—25 Vinylmonomeren, bes. Acrylsäurealkylester, gek. durch einen Geh. von 0,01 bis 5 phenolartigen u./oder S-Verbb. der allg. Formel **I**, in der R u. R' H oder KW-Stoffreste (**II**) u. X O, S oder einen evtl. durch einen I substituierten Aminorest bedeutet, bes. 2.6-Di-tert.-butyl-4-methylphenol, 4.4'-Butyliden-bis-(2-tert.-butyl-5-methylphenol), 4.4'-Thio-bis-(2-tert.-butyl-5-methylphenol), Mercaptobenzimidazol u. 2.2'-Methylen-bis-(dialkylphenol). (**D. A. S. 1 098 198** Kl. 39b vom 29/12. 1958, ausg. 26/1. 1961. A. Prior. 2/1. 1958.) C. LÜTTGEN. 7173

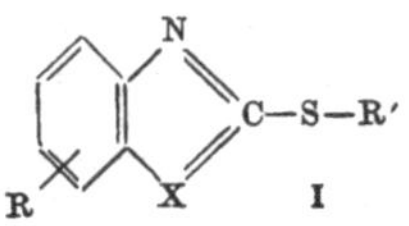

I

Monsanto Chemical Co., St. Louis, Mo., übert. von: Joachim Dazzi, Dayton, Ohio, V.St.A., **Weichmacher für Polyvinylchlorid,** bestehend aus einem Polycarboxylat (I) der allg. Formel **II**, in der A einen acycl. Rest mit 9—23 C-Atomen, einer einzigen Doppelbindung u. einer Wertigkeit von n + 1, Z einen C_2—C_4-Alkylenrest, einen Alkylenoxyalkylenrest mit 4—6 C-Atomen oder einen Polyalkylenoxyalkylenrest mit 6—9 C-Atomen, R u. R' C_1—C_6-Alkylreste u. n = 1—3 bedeuten. Man erhält die **I** durch Additions-Rkk. von Glykoldiestern mit Fumaraten, z. B. 1.2-Dipropylenglykoldioleat u. Diäthylfumarat. (**A. P. 2 870 111** vom 7/2. 1956, ausg. 20/1. 1959.) C. LÜTTGEN. 7173

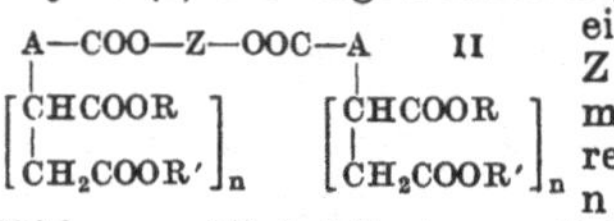

Monsanto Chemical Co., St. Louis, Mo., übert. von: Joachim Dazzi, Dayton, Ohio, V.St.A., **Weichmacher für Polyvinylchlorid,** bestehend aus fl. Polymerisaten oder Mischpolymerisaten von ungesätt. Dicarbonsäureestern von C_1—C_8-Alkoholen oder C_3—C_6-Alkoxyalkoholen, bes. Dibutyl-, Di-n-hexylmaleat u. Bis-(äthoxyäthyl)-fumarat. (**A. P. 2 897 169** vom 9/7. 1956, ausg. 28/7. 1959.) C. LÜTTGEN. 7173

DEHYDAG Deutsche Hydrierwerke G. m. b. H., Düsseldorf, **Weichmacher für Polyvinylchlorid und dessen Mischpolymerisate,** bestehend aus halogenierten Triglyceriden (I) gesätt. u. ungesätt. C_8—C_{20}-Fettsäuren, bes. solchen, die 2—3 Cl-Atome im Mol. enthalten. Mischen der **I** mit ca. 1% epoxydierten ungesätt. Fettsäureestern wirkt stabilisierend gegen die Abspaltung von HCl. (**E. P. 825 893** vom 19/6. 1957, ausg. 23/12. 1959. D. Prior. 2/7. 1956.) C. LÜTTGEN. 7173

Sakai Kagaku Kogyo Kabushiki Kaisha (Erfinder: Yozo Takimoto und Katsumi Kikuchi), Sakai, Japan, **Herstellung eines Stabilisierungsmittels für Vinylharze.** Man gibt zu einer wss. Suspension von dreibas. Pb-Sulfat, das geringe Mengen Pb-Salz-Lsg. enthält, in Ggw. anion. oder nichtion. oberflächenakt. Stoffe, außer Alkalisalzen aliphat. Säuren, geringe Mengen solcher organ. Säuren, deren Pb-Salze schwer lösl. sind, wobei sich auf der Oberfläche des 3bas. Pb-Sulfats ein Pb-Salz einer organ. Säure absetzt. — Zu einer Suspension von 4,2 kg PbO in 30 Liter W. gibt man 60 g CH_3COOH, läßt eine äquivalente Menge H_2SO_4 von 30 g/100 cm^3 Konz. einwirken, wobei in der Fällung der 4,4 kg·3bas. Pb-Sulfat 200 g Pb (als PbO angegeben) als lösl. Pb-Anteil vorliegen. Man gibt bei 60° 1 g Na-Alkylarylsulfonat u. 16 g einer aliphat. Säure zu, rührt 1 Std. lang u. erhält eine Fällung als einen Überzug von aliphat. Pb-Salz u. oberflächenakt. Mittel auf der Oberfläche des 3bas. Pb-Sulfats, das mit W. gewaschen u. getrocknet wird. (**Jap. A. S. 642/1960** vom 15/11. 1956, ausg. 30/1. 1960.) M. PANKOW. 7173

Monsanto Chemical Co., St. Louis, Mo., V.St.A., **Thermoplastische Masse zur Herstellung von Kämmen, Spielzeug, Schläuchen usw.**, bestehend aus >50 (%) eines harten, wasserunlösl. Mischpolymerisats (I) einer aromat. Monovinyl-Verb., bes. Styrol (II), u. Acryl-, Methacryl-, Croton- oder Itaconsäure, wobei I 3—35 Carboxylgruppen je 100 monomere Einheiten in der polymeren Kette enthalten soll, u. <50 eines kautschukartigen Polymeren einer Verb. oder allg. Formel $CH_2{=}CR^1{-}CR^2{=}CHR^3$, in der R^1 u. R^2 H, CH_3 oder C_2H_5 u. R^3 H oder CH_3 bedeuten, u. das 1,5—18 Carboxylgruppen je 100 monomere Einheiten aufweist, bes. ein Mischpolymerisat aus 60 bis 75 Butadien, 15—30 II u. 15 Acryl- oder Methacrylsäure. (**E. P. 820 154** vom 25/6. 1956, ausg. 16/9 1959. A. Prior. 24/6. 1955.) C. LÜTTGEN. 7173

Dow Chemical Co., übert. von: William K. Schweitzer jun., Midland, Mich., V.St.A., **Stabilisieren von Vinylpolymerisaten, besonders Polystyrol** durch Zusatz von 0,5—5(%) eines N.N-Dimethylalkylendiamins, bes. N.N-Dimethyläthylen- u. -propylendiamin, von 0,5—5 Biuret oder eines Harnstoff-Deriv. der allg. Formel Y—HN—CO—NHX, in der X für H, einen C_1—C_4-Alkylrest, einen C_3—C_4-Alkenylrest, einen Acetyl- oder Phenylrest u. Y einen Phenyl- oder C_1—C_4-Alkylrest stehen, bes. 1.3-Diäthyl-, 1.3-Diphenyl-, tert.-Butyl- oder 1-Acetyl-3-methylharnstoff, oder 0,5 bis 5 eines polymeren Oxims der allg. Formel Y'—CX'=NOH, in der X' für H oder ein C_1—C_8-Alkyl u. Y' ein Aryl oder C_1—C_8-Alkyl steht u. X' u. Y' zusammen einen Ring bilden können, bes. 2-Propanonoxim, Benzaldoxim, Cyclopentanonoxim, Butyraldoxim u. 2-Ketocamphanonoxim. (**A. PP. 2 873 264** vom 2/7. 1956, ausg. 10/2. 1959, **2 894 933** vom 2/7. 1956, ausg. 14/7. 1959 u. **2 911 385** vom 2/7. 1956, ausg. 3/11. 1959.) C. LÜTTGEN. 7173

Monsanto Chemical Co., St. Louis, Mo., übert. von: Daniel A. Popielski, Springfield, Mass., V.St.A., **Erhöhen der Mischbarkeit von Polystyrol** mit Pigmentfarben u./oder natürlichem oder künstlichem Kautschuk, dad. gek., daß man dem Polystyrol vor dem Einfüllen in die Strangpresse 0,02—2% Borsäure zusetzt. (**A. P. 2 910 450** vom 24/1. 1956, ausg. 27/10. 1959.) C. LÜTTGEN. 7173

E. I. du Pont de Nemours & Co., Wilmington, Del., übert. von: Philip Strubing Blatz, Buffalo, N.Y., V.St.A., **Erhöhen der dielektrischen Lebensdauer eines Films aus Polyäthylenterephthalat**, dad. gek., daß er mit einem Überzug aus einer gehärteten Mischung versehen wird, die aus einem Polysiloxanharz (Verhältnis der organ. zu den Silicongruppen 1,3:1—1,8:1), einem Siliconkautschuk (Verhältnis der organ. zu den Silicongruppen 1,98:1—2:1, Molgew. $\geq$400000) u. feinverteilten Partikeln von Metalloxiden der Gruppen IIb, III, IV, V, VI, VII u. VIII des Period. Syst., Ca-, Ba-, Sr-, Mg-Carbonat oder $CaSO_4$ besteht. — Zeichnung. (**A. P. 2 875 098** vom 18/7. 1955, ausg. 24/2. 1959.) C. LÜTTGEN. 7177

E. I. du Pont de Nemours & Co., Wilmington, Del., übert. von: Rudolph H. Michel, Kenmore, N.Y., V.St.A., **Thermoplastische polymere Filme.** Verpackungsfolien, bestehend aus vorzugsweise Polyäthylenterephthalat oder Polyäthylen werden mit einer 1. Schicht, die durch Copolymerisation von bis zu 50%, bes. 20—30%, Vinylidenchlorid (I), 50—100%, bes. 70—80%, Alkylacrylat, in dem die Alkylgruppe mindestens 2 C-Atome enthält, u. 0,5—3% einer ungesätt. aliphat. Säure (II; Acryl-, Methacryl-, Itaconsäure) erhalten wurde, überzogen, u. dann mit einer Deckschicht, die durch Copolymerisation von 80—97%, bes. 90—97%, I, 3—20%, bes. 3—10%, mindestens eines anderen, mit dieser Verb. copolymerisierbaren monoolefin. Monomeren u. 0,5—3% II erhalten wurde, überschichtet. Das Aufbringen der beiden Schichten erfolgt durch getrenntes Passieren der Grundfolie durch die beiden Kunststoffdispersionen, Zwischen- u. Endtrocknung der überzogenen Folien bei 120—130°. Die Filme weisen eine verringerte Wasser- u. Gasdurchlässigkeit u. eine erhöhte Verschweißfestigkeit u. -dauerhaftigkeit auf u. eignen sich bes. als *Verpackungsmaterial* für Lebensmittel, Kühlhaltepackungen u. Zigaretten. (**A. P. 2 829 069** vom 22/11. 1954, ausg. 1/4. 1958.) A. JAHN. 7177

Tokyo Shibaura Denki Kabushiki Kaisha, Kawasaki (Erfinder: Shinichi Irigai, Tokyo), Japan, **Herstellung von porösem Material aus Epoxyharzen**, die in mindestens 2 Stufen härtbar sind. Man pulvert das härtende Material in einem Zwischenstadium zwischen den Härtungsstufen, preßt das Pulver bei einem Druck, bei dem die Teilchen zusammenhaften, aber noch Öffnungen zwischen ihnen bleiben, u. härtet durch Erhitzen aus. — Zu 100 (Teilen) fl. Epikote 834 (SHELL) gibt man 30 Diaminodiphenylmethan u. läßt in 5 Tagen bei Raum-Temp. sich verfestigen, pulvert zu mindestens 100 Maschen Feinheit, preßt in der Form bei 10 kg/cm² u. heizt 3 Std. im Ofen bei 140°; scheinbare Dichte des gehärteten Materials 0,97. (**Jap. A. S. 183/1960** vom 18/10. 1956, ausg. 14/1. 1960.) M. PANKOW. 7177

Farbenfabriken Bayer Akt.-Ges., Leverkusen (Erfinder: Wilhelm Thoma und Heinrich Rinke, Köln), **Herstellung von unter Einwirkung von aktinischem Licht vernetzenden, schwer- beziehungsweise unlöslich werdenden Polycarbonaten** mit —CH=CH—CO-Gruppen, dad. gek., daß man bei der bekannten zu Polycarbonaten führenden Rkk. an Stelle der üblichen polycarbonatbildenden Bisphenole oder deren Bis-hydroxyalkyläther ganz oder teilweise solche dieser Verbb. verwendet, die mindestens eine —CH=CH—CO—-Gruppe im Mol. enthalten. Als Rk.-Komponenten sind 2.2-(4.4'-Dihydroxydiphenyl)-propan u. 2.2-[4.4'-Bis-(hydroxyäthyläther)-diphenyl]-propan einerseits genannt. Diese werden in Ggw. von NaOH oder LiH oder $COCl_2$ polykondensiert mit 4.4'-Dihydroxy-3-methoxychalkon, F. 233—235°, hergestellt durch Rk. von Vanillin mit p-Hydroxyacetophenon; Diacetyl-Deriv., F. 158—159°; 1.4-Phenylen-bis-(4-hydroxyphenylvinylketon, F. >300°, hergestellt aus Terephthaldialdehyd u. 4-Hydroxybenzaldehyd; 4.4'-Bis-(hydroxyäthyläther)-chalkon, F. 149—150°, hergestellt durch Rk. von 4.4'-Dihydroxychalkon mit Äthylenchlorhydrin in Ggw. von NaOH; analog 1.4-Phenylen-bis-[4'-(β-hydroxyäthoxy)-phenylvinylketon, F. 248—250°; Distyrylketon-4.4'-bis-hydroxyäthyläther, F. 163—164°. — Die aus der Lsg. gegossenen Filme der Endprodd. eignen sich zur Herst. von *Druckmatrizen* u. bes. zur *opt. Reproduktion* von Schaltschemen auf Metallfolien. Die durch Licht vernetzten *Filme* zeigen *hohe Hydrolysenbeständigkeit* u. *Stoßfestigkeit*. (**D. A. S. 1 099 732** Kl. 39c vom 18/8. 1958, ausg. 16/2. 1961.) H. SCHINDLER. 7177

Farbenfabriken Bayer Akt.-Ges., Leverkusen (Erfinder: Dietrich Glabisch, Leverkusen, Wilhelm Becker und Ingofroh Dennstedt, Köln), **Herstellung von weitgehend thermostabilen Acrylnitrilpolymerisaten** mit verbesserter Anfärbbarkeit gegenüber bas. Farbstoffen, dad. gek., daß man Acrylnitril mit solchen ungesätt. Carbonsäuren mischpolymerisiert, deren C=C<-Bindung aktiviert u. deren freie Carboxylgruppe von dieser Doppelbindung durch mindestens 4 C- bzw. Heteroatome getrennt ist, wobei die Menge dieser Verbb. 10 Gew.-% im Polymerisat nicht überschreitet. Das Verf. wird in wss. Medium bei pH <7 mit Redox-Syst. auf Basis Persulfate u. S-Verbb. niederer Oxydationsstufen durchgeführt. Als Komponenten des Acrylnitrils sind in den Mengenbeispielen genannt: *Methylacryloyl-ε-aminocapronsäure*, F. 51°, erhalten durch Rk. von Methacrylsäurechlorid (I) mit ε-Aminocapronsäure, u. entsprechend *Methacryloylaminoessigsäure*, F. 104°, sowie ein Gemisch von Acrylsäuremethylester u. p-Styrolcarbonsäure. Ferner können die ungesätt. Carbonsäuren neben der freien Carboxylgruppe außerdem mindestens 2 Carbonsäureamidgruppen enthalten, die in den Beispielen verwendeten Verbb. sind *Methacryloyl-ε-aminocaproyl-ε-aminocapronsäure*, F. 67—68°, aus Essigester, hergestellt durch Rk. von I mit ε-Aminocaproyl-ε-aminocapronsäure, F. 199—201° in alkal. Lsg., Ausäthern, Ansäuern mit HCl in Ggw. von Hydrochinon u. Ausschütteln mit Essigester, u. analog *Methacryloyl-ε-aminocaproylglycin*, F. 216—218°. — Tabellen über die Thermostabilität bei 160° in 3 Std. der aus der Lsg. erhaltenen Filme u. deren Anfärbbarkeit mit bas. Aminoanthrachinonen. (**D. A. SS. 1 093 557** Kl. 39c vom 30/8. 1958, ausg. 24/11. 1960 u. **1 102 405** Kl. 39c [Zusatz-Anmeldung] vom 15/4. 1959, ausg. 16/3. 1961.) H. SCHINDLER. 7181

Farbenfabriken Bayer Akt.-Ges., Leverkusen (Erfinder: Rudolf Merten, Köln, Erwin Müller, Leverkusen, und Günther Braun, Köln), **Urethangruppen aufweisende gegebenenfalls verschäumte Kunststoffe** erhält man durch Rk. von OH-Gruppen aufweisenden, in Ggw. von sauren Katalysatoren gewonnenen Kondens.-Prodd. aus einem lösl. Kohlenhydrat mit mindestens 4 C-Atomen (Xylose, Glucose, Fructose, Maltose oder Lactose), einer Oxo-Verb. (CH_2O, Acetaldehyd, Butyraldehyd, Benzaldehyd, Furfurol, Aceton, Cyclohexanon, Glyoxal oder Chloral) u. einem ein- oder mehrwertigen Alkohol (Butanol, Pentanol, Oleyl-, Stearylalkohol, Äthylenchlorhydrin, -cyanhydrin, Benzylalkohol, Cyclohexanol, Butan-, Buten-, Butin-, Pentan-, Hexandiol, Dihydroxyoctadecan, Addukte von Alkylenoxiden oder Epichlorhydrin an obige Alkohole) mit Polyisocyanaten u. ggf. Vernetzungsmitteln (W., mehrwertige Alkohole oder Amine), ggf. unter Zusatz von weiteren Treibmitteln (niedersd. Alkane, Halogenalkane u./oder Azoverbindungen. (**D. A. S. 1 114 028** Kl. 39b vom 27/11. 1959, ausg. 21/9. 1961.) E. DÖRFEL. 7181

Farbenfabriken Bayer Akt.-Ges. (Erfinder: Manfred Dahm), Leverkusen, **Urethangruppen enthaltende Schaumstoffe** werden hergestellt durch einstufige Rk. eines Gemisches aus 50% Ricinusöl u. linearen u./oder verzweigten Polyäthern (Anlagerungs-Prodd. von Alkylenoxiden an mehrwertige Alkohole u. aliphat. Amine) mit Polyisocyanaten, W. u./oder weiteren Treibmitteln. (**D. A. S. 1 113 810** Kl. 39b vom 12/4. 1960, ausg. 14/9. 1961.) E. DÖRFEL. 7181

General Tire & Rubber Co., Akron (Erfinder: George Thomas Gmitter, Akron, und Edwin Morgan Maxey, Stow), Ohio, V.St.A., **Hochelastische, feuchtig-**

keitsbeständige Polyurethanschaumstoffe (I) erhält man durch Rk. von Polyestern oder Polyäthern mit Diisocanaten, W., ggf. anderen Treibmitteln in Ggw. von N-alkylierten cycl. 6gliedrigen Imiden mit einem O- oder S-Atom in β-Stellung zum Aminostickstoff u. einem Alkylsubstituenten mit mindestens 8 C-Atomen (N-Octylmorpholin oder N-Cocomorpholin). I werden bei erhöhter Temp. (Vernetzungs-Temp.) einer mehrfachen Quetschbehandlung unterworfen. (**D. A. S. 1 119 505** Kl. 39b vom 11/10. 1957, ausg. 14/12. 1961. A. Prior. 5/12. 1956.) E. DÖRFEL. 7181

Mobay Chemical Co., Pittsburgh, Pa. (Erfinder: Edgar E. Hardy, Long Meadow, Mass.), V.St.A., **Polyurethanschaumstoffe** erhält man durch Rk. von linearen oder verzweigten Polyäthern, Polyisocyanaten im Überschuß u. Umsetzung dieser Vorpolymeren mit W. in Ggw. von hochmol. Schaumstabilisatoren, wie Polyacryl- bzw. Polymethacrylsäurealkylester (mindestens ein Teil der Alkylestergruppen weist 4—8C-Atome auf). (**D. A. S. 1 120 130** Kl. 39b vom 30/8. 1960, ausg. 21/12. 1961. A. Prior. 3/9. 1959.) E. DÖRFEL. 7181

Ethyl Corp., New York, N.Y., übert. von: Bruce Graham, Los Altos, Calif., V.St.A., **Kondensationspolymere,** welche sehr fest, ungewöhnlich klar, stabil gegen Hitze, Licht u. W. sind, werden erhalten durch Rk. in wss. Lsg. einer Mischung von Salzen aus aliphat. Diaminen (I) u. Terephthalsäure u. aus I u. Arylenalkylendicarbonsäuren (II). Die Rk. wird bei 200—300° unter Druck in inerter Atmosphäre vorgenommen. Brauchbare I sind: Penta-, Hexa-, Okta- u. Dekamethylendiamin. Bes. genannte II sind: p-Phenylendiessigsäure, β-(4-Carboxyphenyl)-propionsäure, γ-(4-Carboxyphenyl)-buttersäure u. β-(4-Carboxymethylphenyl)-propionsäure. — *Verw.* zur Herst. von *Fäden, Formgegenständen* u. *Überzügen.* (**A. P. 2 918 454** vom 16/8. 1954, ausg. 22/12. 1959.) F. LAASS. 7181

United States of America, Secretary of Agriculture, übert. von: Wilson A. Reeves, Metairie, Leon H. Chance, New Orleans, und George L. Drake jun., Metairie, La., V.St.A., **Flammbeständige Polymere** werden erhalten durch Rk. einer Verb., welche 2 oder mehr 1-Aziridinylgruppen ($—N=[CH_2]_2$) enthält, mit einer Verb. mit akt. Methylengruppen; z. B. werden Tris-(1-aziridinyl)-phosphinsulfid oder -oxid mit Malonnitril, Trimethylenthiosulfon oder Trimethylentrisulfon zu einem festen, in W., A., Bzl. u. Aceton unlösl. Prod. polymerisiert. Man kann die Polymerisation, solange das Rk.-Prod. noch homogen fl. ist, abbrechen u. mit diesem Prod. Gewebe aus hydrophilen oder hydrophoben Fasern imprägnieren u. die Polymerisation dann zu Ende führen. Die Polymeren sind geeignet zur Herst. von *flammfesten Cellulosefasern.* (**A. P. 2 917 492** vom 4/12. 1956, ausg. 15/12. 1959.) F. LAASS. 7181

Eastman Kodak Co., Rochester, N.Y., übert. von: John R. Caldwell und James C. Martin, Kingsport, Tenn., V.St.A., **Phosphor und Stickstoff enthaltende Polyester** werden hergestellt aus Dicarbonsäuren (I) u. Glykolen (2—10 C-Atomen), wobei 25—100 Mol-% von I solche der allg. Formel II (R = Phenyl, Diäthylaminogruppen) sind. (**A. P. 2 976 267** vom 3/3. 1958, ausg. 21/3. 1961.) F. KOCH. 7189

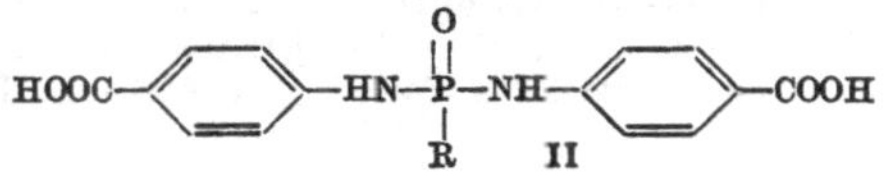
II

Deutsche Gold- und Silber-Scheideanstalt vormals Roessler, Frankfurt/M. (Erfinder: Adolf Weihe†, Hoechst/Odenw.), **Formmasse auf Basis von Polyäthylen und Ruß,** enthaltend 100 (Teile) Hochdruckpolyäthylen u. 50—120 Ruß mit einem O-Geh. von ≧3, bes. 5—10%. Ggf. können noch andere Füllstoffe enthalten sein. Herst. von gegen sd. W. beständigen Rohren u. Preßplatten. — Mengenbeispiele, Tabellen. (**D. A. S. 1 097 672** Kl. 39b vom 16/8. 1957, ausg. 19/1. 1961.) G. VOGEL. 7205

Polymer Corp., Reading (Erfinder: William John Davis, Wyomissing), Pa., V.St.A., **Formmasse aus Polytetrafluoräthylen und Füllstoff** zur Herst. von Gegenständen, dad. gek., daß der Füllstoff aus Teilchen eines festen Materials besteht, dessen F. höher liegt als die Erweichungs-Temp. des Kunststoffes u. die Füllstoffteilchen mit gesintertem Kunststoff umhüllt sind. Genannt sind Quarz-, Al-, Glas- u. Glimmerpulver. — Beispiele. (**D. A. S. 1 115 449** Kl. 39b vom 9/7. 1958, ausg. 19/10. 1961. A. Prior. 10/7. 1957.) G. VOGEL. 7205

General Electric Co., Schenectady, N.Y. (Erfinder: Moyer Marcley Safford, Schenectady, N.Y., und Myron Lee Corrin, Tucson, Ariz.), V.St.A., **Verbesserung der Zugfestigkeit und gegebenenfalls der elektrischen Widerstandsfähigkeit von SiO_2-gefülltem Polyäthylen** durch Vernetzen mit Di-α-cumylperoxid in der Wärme, dad. gek., daß man in das Polyäthylen 0,01—5% einer Guanidin-Verb., bezogen auf das Gew. der Masse, bes. eine aromat. Verb., wie Diphenylguanidin oder Ditolylguanidin, einarbeitet. — Mengenbeispiele, Tabellen, Herst. von *hitzefesten Filmen, Bändern, Schichtstoffen, Röhren, Heißwasserbehältern, elektr. Isolierungen,* wie *Zündkerzenkappen.* (**D. A. S. 1 102 388** Kl. 39b vom 22/12. 1956, ausg. 16/3. 1961. **E. P. 847 816** vom 7/12. 1956, ausg. 14/9. 1960. Beide A. Prior. 22/12. 1955.) G. VOGEL. 7205

Hercules Powder Co., Wilmington, Del., übert. von: Felix G. Nakielny, South River, N.J., V.St.A., **Formkörper,** bestehend aus einem Formstück aus Polystyrol, Poly-C_1—C_4-alkylacrylat oder -methacrylat u. einem 2. Formstück aus Celluloseacetat (I), dad. gek., daß das I einen Acetylwert von 57—62,5(%) des kombinierten Essigsäure-Geh. u. eine intrinsic Viscosität von 1,6—2 aufweist u. 15—40 Butylbenzylphthalat, Äthylenglykol-, Diäthylenglykol-, Triäthylenglykol-, Propylenglykol- oder Dipropylenglykoldibenzoat als Weichmacher enthält. Das I wirkt nicht zerstörend auf das andere Formstück ein. (**A. P. 2 914 436** vom 2/11. 1955, ausg. 24/11. 1959.) C. LÜTTGEN. 7205

Haskelite Mfg. Corp., übert. von: Joseph A. Potchen, Marne, George E. Kloote und George D. Meier, Grand Rapids, Mich., V.St.A., **Isolierende Leichtbauplatten,** bestehend aus einem Kern aus Polystyrolschaum mit einer Dichte von 2—10 lbs./foot^3, auf den beiderseitig druckfeste Holzplatten, bes. Sperrholzplatten (I) aufgeleimt sind. Auf die äußeren Oberflächen von I werden dünne Folien aus einem heißhärtbaren Polyesterharz aufgeklebt, das durch Glasfasergewebe verstärkt ist. — Zeichnung. (**A. P. 2 875 117** vom 29/8. 1955, ausg. 24/2. 1959.) C. LÜTTGEN. 7205

Distillers Co. Ltd., Edinburgh, übert. von: Drury Norman Davies, Englefield Green, und Leslie Francis Bull, Southgate, London, England, **Herstellung glasfaserverstärkter Formkörper.** Man bringt auf eine formgebundene Unterlage aus Polystyrol (I) eine Schicht aus einem ungesätt. Polyester, der z. B. aus 100 (Teilen) Diäthylenglykol, 18 Phthalsäureanhydrid u. 72 Maleinsäureanhydrid bei 210° hergestellt wurde, Glasfasern, einer monomeren Styrol-Verb., bes. Styrol, u. einem Katalysator auf. Nach der Polymerisation hat sich die Schicht mit dem I zu einem festen Körper verbunden. Das Verf. eignet sich bes. zur Herst. von Hohlkörpern, wie Flaschen u. Rohre. (**A. P. 2 873 226** vom 4/2. 1955, ausg. 10/2. 1959. E. Prior. 11/2. 1954.) C. LÜTTGEN. 7205

Sumitomo Bakelit Kabushiki Kaisha, Tokyo (Erfinder: Kiyoshi Matsuzaki, Tokyo, Masanobi Motoyoshi, Osaka, und Mitsuhiko Mito, Kobe), Japan, **Phenolharzformkörper.** Man behandelt lange Fasern mit einem aus Phenol oder dessen Derivv. mit überschüssigem Aldehyd (CH_2O) erhaltenen alkal. Kondens.-Prod. im Anfangsstadium, wobei Methylol- u. Aldehydgruppen vorhanden sind, gibt zu dem Material Novolakharz u. knetet unter Erwärmen, wobei Kondens. der genannten Gruppen erfolgt, u. gibt ferner thermoplast. organ. Material zu: Schlagfeste, vibrationshemmende Masse mit guten elektr. Eigg. u. verringerten Reibungseigenschaften. — 100 (Teile) Phenol, 100 37%ig. Formalin u. 3 Triäthylamin werden bei 60° u. Unterdruck umgesetzt, 40 CH_3OH zugesetzt, 400 zerkleinerte Baumwollinters mit 135 des Resols u. 270 CH_3OH getränkt u. kalt im Vakuum getrocknet. Dazu gibt man 520 Novolakharz, 20 Nitrilkautschuk, latentes Härtemittel, Färbemittel, Schmiermittel u. plast. Zusatzstoffe, walzt heiß u. formt. (**Jap. A. S. 641/1960** vom 24/5. 1957, ausg. 30/1. 1960.) M. PANKOW. 7205

Shōken Kagaku Kabushiki Kaisha (Erfinder: Terukiyo Ishizuka), Tokyo, Japan, **Herstellung von porösem Material** aus einer Mischung von Harz oder Kunstharz (Phenol-, Harnstoff-, Melamin-, Epoxyharz) mit pulverförmigem Material (Carborundum, Al_2O_3, Schmirgel, Cr_2O_3) u. einem porösen Harzpulver (Polyvinylformal). Die Mischung wird geformt (gepreßt) u. dann unter Erhitzen gehärtet, wobei ein großvol. Prod. entsteht. — Man mischt 90 (g) Epoxyharz, 9 Härtemittel, 375 Quarzpulver u. 120 poröses hochformaliertes Polyvinylformalpulver, taucht die geformte Mischung in 2%ig. Silicon-Lsg. (Hydrophobierungsmittel), trocknet u. härtet ca. 1 Std. lang bei 130°. — *Gasfilter* für Sammlerbatterien. Entsprechend können *Polierstoffe* hergestellt werden. (**Jap. A. S. 639/1960** vom 6/12. 1956, ausg. 30/1. 1960.) M. PANKOW. 7205

Farbenfabriken Bayer Akt.-Ges., Deutschland (Erfinder: **Friedrich Schubert, Konrad Lang** und **Karl Nützel**), *Organische Borverbindungen.* (**F. P. 1 230 824** vom 17/7. 1959, ausg. 20/9. 1960. D. Prior. 19/7. 1958. — C. **1960.** 7355 [D. A. S. 1 070 384].)

Air Reduction Co., Inc., New York, N.Y., V.St.A. (Erfinder: **Arthur Lowell, Joseph John Latimer** und **Allo Buselli**), *Polymerisationsverfahren.* (**Jap. A. S. 4893/1960** vom 9/5. 1958, ausg. 10/5. 1960. **F. P. 1 206 074** vom 6/5. 1958, ausg. 8/2. 1960. Beide A. Prior. 10/5. 1957. — C. **1962.** 670 [D. A. S. 1 109 369].)

Esso Research and Engineering Co., V.St.A. (Erfinder: **Charles W. Seelbach** und **William John Gilbert McCulloch**), *Herstellung eines Katalysators.* (**F. P. 1 173 096** vom 20/3. 1957, ausg. 19/2. 1959. A. Prior. 2/4. 1956. — C. **1961.** 13376 [E. P. 841 292].)

Phillips Petroleum Co., V.St.A. (Erfinder: **John Matthew Folz** und **Carl Alfred Bretz**), *Einführen eines Katalysators in eine Reaktionszone.* (**F. P. 1 177 762** vom 6/5. 1957, ausg. 29/4. 1959. A. Prior. 7/5. 1956. — C. **1962.** 3276 [Belg. P. 557 283].)

Montecatini Soc. Gen. per l'Industria Mineraria e Chimica, Mailand, Italien, *Herstellung von Polymeren.* (**It. P. 536 899** vom 23/6. 1955. — C. **1961.** 2112 [Jap. A. S. 7193/1958].)

Monsanto Chemical Co., St. Louis, Mo., V.St.A., *Polymere Massen.* (**E. P. 849 181** vom 21/12. 1956, ausg. 21/9. 1960. A. Prior. 23/12. 1955. — C. **1961.** 1388 [Aust. P. 219 727].)

Montecatini Soc. Gen. per l'Industria Mineraria e Chimica, Mailand, Italien, und **Karl Ziegler**, Mülheim/Ruhr (Erfinder: **Franco Ranalli**, Mailand, Italien), *Herstellung thermoplastischer Massen.* (**D. A. S. 1 104 694** Kl. 39b vom 12/7. 1958, ausg. 13/4. 1961. It. Prior. 16/7. 1957. — C. **1961.** 675 [Oe. P. 206 179].)

Badische Anilin- & Soda-Fabrik Akt.-Ges., Ludwigshafen/Rh. (Erfinder: **Wilhelm Baumeister**, Heidelberg, **Rudolf Gäth, Erich Haarer** und **Adolf Schwarz**, Ludwigshafen/Rh.), *Herstellung von Zellkörpern aus thermoplastischen Kunststoffen.* (**D. A. S. 1 109 883** Kl. 39b vom 30/7. 1957, ausg. 29/6. 1961. — C. **1960.** 9394 [Oe. P. 204 285].)

Western Electric Co., Inc., New York, N.Y., V.St.A., *Stabilisierte Kohlenwasserstoff-Polymerisate.* (**E. PP. 836 664, 836 937** vom 26/11. 1957, ausg. 9/6. 1960 u. **840 460** vom 26/11. 1957, ausg. 6/7. 1960. Alle A. Prior. 29/11. 1956. — C. **1960.** 3056 [Oe. PP. 203 209, 203 210 u. 203 211].)

Ruhrchemie Akt.-Ges., Oberhausen-Holten, *Reinigung von hochpolymeren Kohlenwasserstoffen.* (**Belg. P. 543 083** vom 25/11. 1955, ausg. 11/9. 1959. D. Prior. 29/11. 1954. — C. **1958.** 4636 [Oe. P. 192 116 u. F. P. 1 135 146].)

Farbwerke Hoechst Akt.-Ges., vormals Meister Lucius & Brüning, Frankfurt/M., *Stabilisieren von Polyolefinen.* (**E. P. 840 726** vom 13/8. 1956, ausg. 6/7. 1960. D. Prior. 13/8. 1955. — C. **1960.** 2706 [F. P. 1 159 958].)

N. V. de Bataafsche Petroleum Mij., Holland, *Verbesserung der Eigenschaften von Polyolefinen.* (**F. P. 1 190 082** vom 21/11. 1957, ausg. 9/10. 1959. Holl. Prior. 23/11. 1956. — C. **1962.** 3277 [Aust. P. 221 232].)

Escambia Chemical Corp., Pace, Fla., V.St.A., *Herstellung flüssiger bis halbfester sauerstoffhaltiger Polyäthylene.* (**D. A. S. 1 121 332** Kl. 39c vom 21/12. 1956, ausg. 4/1. 1962. A. Prior. 29/12. 1955. — C. **1959.** 12710 [A. P. 2 824 124].)

Farbwerke Hoechst Akt.-Ges., vormals Meister Lucius & Brüning, Frankfurt/M., *Herstellung von stabilisiertem Polyäthylen.* (**E. P. 836 807** vom 29/6. 1956, ausg. 9/6. 1960. D. Prior. 29/6. u. 2/7. 1955. — C. **1959.** 317 [F. P. 1 154 748].)

Farbwerke Hoechst Akt.-Ges., vormals Meister Lucius & Brüning, Frankfurt/M., *Stabilisieren von Polyäthylen.* (**E. P. 837 619** vom 17/12. 1956, ausg. 15/6. 1960. **A. P. 2 953 542** vom 11/12. 1956, ausg. 20/9. 1960. Beide D. Prior. 15/12. 1955. — C. **1959.** 3315 [Oe. P. 198 018].)

Farbwerke Hoechst Akt.-Ges., vormals Meister Lucius & Brüning, Frankfurt/M., *Verminderung der Durchlässigkeit von Polyäthylenfilmen.* (**E. P. 836 793** vom 6/4. 1956, ausg. 9/6. 1960. D. Prior. 6/4. 1955. — C. **1959.** 4642 [F. P. 1 145 088].)

Montecatini Soc. Gen. per l'Industria Mineraria e Chimica, Mailand, Italien, und **Karl Ziegler**, Mülheim/Ruhr (Erfinder: **Achille Bosoni**, Mailand, Italien), *Wässerige Polypropylendispersion.* (**D. A. S. 1 117 867** Kl. 39b vom 5/10. 1957, ausg. 23/11. 1961. It. Prior. 9/10. 1956. — C. **1960.** 6675 [F. P. 1 184 004].)

Montecatini Soc. Gen. per l'Industria Mineraria e Chimica, Italien (Erfinder: **Avito Monaci**), *Herstellung von Polyvinylchlorid.* (**F. P. 1 177 940** vom 26/6. 1957, ausg. 30/4. 1959. It. Prior. 28/6. 1956. — C. **1960.** 17631 [D. A. S. 1 065 618].)

Borg-Warner Corp., Chicago, Ill., V.St.A., *Mischungen von Polyvinylchlorid und Mischpolymerisaten.* (**E. P. 841 889** vom 8/4. 1957, ausg. 20/7. 1960. A. Prior. 10/5. 1956. — C. **1960.** 7358 [Jap. A. S. 2791/1958].)

General Aniline & Film Corp., New York, N.Y., V.St.A., *Stabilisieren von N-Vinylpyrrolidonen.* (**E. P. 836 831** vom 17/12. 1956, ausg. 9/6. 1960. D. Prior. 27/12. 1955. — C. **1960.** 11835 [Holl. P. 92 465].)

Montecatini Soc. Gen. per l'Industria Mineraria e Chimica (Erfinder: **Piero Zanaboni**), Mailand, Italien, *Herstellung von Styrolmischpolymerisaten.* (**D. A. S. 1 123 830** Kl. 39c vom 29/3. 1958, ausg. 15/2. 1962. It. Prior. 4/4. 1957. — C. **1960.** 5992 [Oe. P. 203 725].)

Monsanto Chemical Co., St. Louis, Mo., übert. von: **Robert L. Werkheiser**, Mount Prospect, Ill., V.St.A., *Produkt aus Polystyrol, Butadien–Styrol-Mischpolymerisat und einem Phosphitester.* (**Can. P. 554 261** vom 7/11. 1953, ausg. 11/3. 1958. A. Prior. 12/11. 1952. — C. **1957.** 4255 [F. P. 1 087 102].)

Farbwerke Hoechst Akt.-Ges., vormals Meister Lucius & Brüning, übert. von: **Edgar Fischer, Klaus Weißermel** und **Gerhard Bier**, Frankfurt/M., *Stabilisieren von Perfluorchlorolefinpolymeren.* (**A. P. 2 902 477** vom 7/8. 1956, ausg. 1/9. 1959. D. Prior. 26/9. 1955. — C. **1960.** 2020 [F. P. 1 156 696].)

Western Electric Co., Inc., New York, N.Y. (Erfinder: **Walter Lincoln Hawkins**, Montclair, und **Vincent Leonard Lanza**, Berkeley Heights, N.J.), V.St.A., *Gegen Oxydation stabilisierte Formmasse.* (**D. A. S. 1 118 449** Kl. 39b vom 14/10. 1957, ausg. 30/11. 1961. A. Prior. 29/11. 1956. — C. **1960.** 3056 [Oe. P. 203 209].)

Montecatini Soc. Gen. per l'Industria Mineraria e Chimica, Italien (Erfinder: **Enzo di Giulio** und **Paolo Parrini**), *Herstellung von Schreibtafeln.* (**F. P. 1 176 638** vom 11/6. 1957, ausg. 14/4. 1959. It. Prior. 13/6. 1956. — C. **1959.** 11085 [Oe. P. 200 342].)

Koninklijke Industrieele Mij. voorheen Noury & van der Lande N. V., Deventer, Holland, *Herstellung von Polyesterharzen.* (**E. P. 840 201** vom 7/7. 1958, ausg. 6/7. 1960. Holl. Prior. 15/7. 1957. — C. **1960.** 5662 [D. A. S. 1 067 589].)

American Cyanamid Co., New York, N.Y., V.St.A., *Styrolmodifizierte Alkydharze.* (**E. P. 860 639** vom 14/1. 1958, ausg. 8/2. 1961. A. Prior. 22/1. 1957. — C. **1960.** 11130 [A. P. 2 851 431].)

British Industrial Plastics Ltd., London (Erfinder: **Francis Schollick**, Stourbridge, Worcs., und **Brian York Downing**, Blackheath, Warwicks.), England, *Wärmehärtbare Harzmischung.* (**Schwz. P. 355 612** vom 14/12. 1956, ausg. 31/8. 1961. E. Prior. 15/12. 1955 u. 7/12. 1956. — C. **1960.** 15592 [F. P. 1 165 976].)

Union Carbide Corp., New York, N.Y. (Erfinder: **Howard Russell Guest**, Charleston, **Ben Wilton Kiff**, Ona, und **Calvert Bernard Halstead**, St. Albans, W.Va.), V.St.A., *Herstellung von Pentaacrolharzen*, (**Jap. A. S. 3536/1960** vom 5/8. 1958, ausg. 13/4. 1960. A. Prior. 9/8. 1957. — C. **1962.** 671 [E. P. 852 438].)

Chemische Werke Albert (Erfinder: **Felix Schlenker**), Wiesbaden, *Epoxharz-Formmassen enthalten Aluminiumalkoholate.* (**Schwz. P. 356 912** vom 12/12. 1955, ausg. 31/10. 1961. D. Prior. 4/3. 1955. — C. **1958.** 6688 [D. A. S. 1013 422].)

Union Carbide Corp., New York, N.Y., V.St.A. (Erfinder: **Joseph Edward Wilson, Richard Kreidler Walton, Howard Russel Guest, Joe Taylor Adams** und **Ben Wilton Kiff**), *Herstellung von Polymeren aus Bis-Phenolen und ungesättigten Acetalen.* (**E. PP. 865 195, 865 196** u. **865 197** vom 19/12. 1957, ausg. 12/4. 1961. Alle A. Prior. 27/12. 1956. — C. **1961.** 9999 [A. PP. 2 915 499, 2 915 500 u. 2 915 501].)

Bataafse Petroleum Mij. N. V., Den Haag, Holland (Erfinder: **Philip Pezzaglia**, Emeryville, Calif., V.St.A.), *Herstellung von niedrigmolekularen Glycidyläthern mehrwertiger Phenole.* (**D. A. S. 1 116 397** Kl. 39c vom 30/1. 1956, ausg. 2/11. 1961. A. Prior. 31/1. 1955. — C. **1959.** 15853 [E. P. 788 887].)

S. C. Johnson & Son, Inc. (Erfinder: **Sylvan Owen Greenlee**), Racine, Wis., V.St.A., *Herstellung polymerer Carbonsäuren.* (**D. A. S. 1 114 032** Kl. 39c vom 14/9. 1956, ausg. 21/9. 1961. A. Prior. 3/10. 1955. — C. **1961.** 4182 [Aust. P. 216 472].)

Farbenfabriken Bayer Akt.-Ges., Leverkusen (Erfinder: **Hans Holtschmidt**, Köln), *Polyäther.* (**Schwz. P. 356 278** vom 22/7. 1957, ausg. 29/9. 1961. D. Prior. 24/8. 1956. — C. **1959.** 6973 [D. A. S. 1 039 232].)

Paul Halbig, Freiburg, Schweiz, *Polyacrylnitrilspinnlösungen.* (**Holl. P. 98 384** vom 15/5. 1952, ausg. 17/7. 1961. Schwz. Prior. 29/9. 1951. Zusatz zu Holl. P. 90 051; C. 1959. 16872. — C. **1955.** 7798 [F. P. 1 060 074].)

American Cyanamid Co., New York, N.Y., übert. von: **John A. Price**, Stamford, und **John J. Padbury**, Old Greenwich, Conn., V.St.A., *Acrylnitril-Copolymere.* (**Can. P. 554 096** vom 22/2. 1954, ausg. 11/3. 1958. A. Prior. 3/7. 1953. — C. **1961.** 15218 [A. P. 2 891 035].)

Imperial Chemical Industries Ltd. (Erfinder: **Peter Arthur Baker** und **Arthur Hill**), London, England, *Stabilisierungsmittel für Polyamide.* (**E. P. 864 701** vom 18/7. 1958, ausg. 6/4. 1961. — C. **1962.** 3283 [F. P. 1 235 656].)

Farbenfabriken Bayer Akt.-Ges., Leverkusen, *Verbesserung von Polyamiden.* (**Jap. A. S. 1546/1960** vom 4/3. 1958, ausg. 1/3. 1960. D. Prior. 20/3. 1957. — C. **1961.** 5630 [E. P. 835 844].)

Henkel & Cie. G. m. b. H., Düsseldorf-Holthausen, *Härter für Aminoplaste.* (**Oe. P. 212 568** vom 5/3. 1958, ausg. 27/12. 1960. D. Prior. 28/6. 1957. — C. **1959.** 16176 [D. A. S. 1 057 327].)

Ciba Ltd., übert. von: **Richard Sallmann, Arthur Maeder**, Basel, **Daniel Porret, Ernst Leumann**, Monthey, und **Otto Albrecht**, Neuewelt, Schweiz, *Copolymerisat aus amidartigem ternärem Reaktionsprodukt und ungesättigtem Monomeren.* (**Can. P. 554 138** vom 29/3. 1956, ausg. 11/3. 1958. Schwz. Prior. 29/8., 5/9. 1952 u. 28/7. 1953. — C. **1957.** 5715 [F. P. 1 090 020].)

Sinclair Refining Co., New York, N.Y. (Erfinder: **David W. Young**, Homewood, Ill.), V.St.A., *Thermoplastische Form- und Überzugsmasse auf Grundlage eines Polycapronamids-(—6).* (**D. A. S. 1 121 327** Kl. 39b vom 19/3. 1960, ausg. 4/1. 1962. — C. **1961.** 6702 [A. P. 2 934 517].)

Union Carbide Corp., New York, N.Y. (Erfinder: **George Wright Fowler** und **Thomas Franklin Carruthers**, South Charleston, W.Va.), V.St.A., *Darstellung von Lactonadditionsprodukten.* (**Jap. A. S. 189/1960** vom 12/4. 1957, ausg. 14/1. 1960. A. Prior. 13/4. 1956. — C. **1960.** 13539 [Oe. P. 203 724].)

Farbenfabriken Bayer Akt.-Ges., Leverkusen, *Urethangruppen aufweisende halogenhaltige Kondensationsprodukte.* (**E. P. 869 997** vom 29/7. 1959, ausg. 7/6. 1961. D. Prior. 30/7. 1958. — C. **1960.** 10083 [D. A. S. 1 072 386].)

Ciba Akt.-Ges., Basel (Erfinder: **Heinrich Bosshard**, Binningen, **Anton Eisener**, Birsfelden, **Franz Wirsching**, Allschwil, und **Heinrich Zollinger**, Binningen), Schweiz, *Gefärbte, gegebenenfalls verschäumte Polyurethane.* (**D. A. S. 1 114 317** Kl. 39b vom 17/3. 1959, ausg. 28/9. 1961. Schwz. Prior. 18/3. 1958 u. 22/1. 1959. — C. **1961.** 14850 [Oe. P. 208 079].)

Farbenfabriken Bayer Akt.-Ges., Leverkusen (Erfinder: **Fritz Steinfatt**, Opladen, **Günter Baun**, Leverkusen, und **Bernhard Schmidt**, Berlin), *Polyurethanschaumstoffe mit baktericiden Eigenschaften.* (**Jap. A. S. 1542/1960** vom 25/9. 1956, ausg. 1/3. 1960. D. Prior. 26/9. 1955. — C. **1959.** 10743 [E. P. 797 576].)

American Cyanamid Co., New York, N.Y. (Erfinder: **Yun Jen**, Calif.), V.St.A., *Harzmischung.* (**Jap. A. S. 3546/1960** vom 22/9. 1958, ausg. 13/4. 1960. A. Prior. 23/9. 1957. — C. **1960.** 15922 [A. P. 2 867 607].)

Comp. Française Thomson-Houston, Seine, Frankreich (Erfinder: **Joseph Robinson McLoughlin**), *Stabilisierte Organopolysiloxanharze.* (**F. P. 1 169 966** vom 22/3. 1957, ausg. 8/1. 1959. A. Prior. 26/3. 1956. — C. **1960.** 1016 [E. P. 803 845].)

Comp. Française Thomson-Houston, Seine, Frankreich (Erfinder: **Merrill Cohen** und **George Allen Cypher**), *Verarbeitung ungesättigter Polyester.* (**F. P. 1 182 446** vom 14/8. 1957, ausg. 25/6. 1959. A. Prior. 22/8. 1956. — C. **1962.** 3649 [A. P. 2 959 564].)

R. Nitsche†, Hrsg., Chemie, Physik und Technologie der Kunststoffe in Einzeldarstellungen. IV. Bd.: Preßwerkzeuge in der Kunststofftechnik. Von **W. Bucksch** und **H. Briefs.** Zweite, verb. Aufl. Berlin, Göttingen, Heidelberg: Springer. 1962. (VIII + 213 S. m. 230 Abb.) 8⁰. DM 36,—.

XII. Kautschuk

Der Einfluß der Dehnung auf die elektrische Anisotropie von Naturkautschuk- und SBR-Vulkanisaten mit ISAF-Ruß. René Chasset und Pierre Thirion. (Rev. gén. Caoutchouc **38.** 1455—62. Okt. 1961. Inst. Français du Caoutchouc.) (Franz. u. Engl.)

Unterss. über den Einfl. der Dehnung (parallel u. senkrecht zur Spannungsrichtung) von je 1 Vulkanisat aus Naturkautschuk u. IBR mit 20 Vol.-% ISAF-Ruß auf deren elektr. Eigg. zeigen, daß im Gültigkeitsbereich des OHMschen Gesetzes die Dehnung den spezif. Widerstand in beiden Richtungen erhöht. Beide Vulkanisate sind elektr. anisotrop; der Strom fließt leichter in der Längs- als in der Querrichtung. Bei steigender Dehnung steigt die Anisotropie zunächst u. wird dann konstant. Der Konstit.-Wert von Naturkautschuk tritt bei 15% Dehnung auf u. beträgt ca. 1000; bei SBR beläuft er sich nur auf 20—30 u. stellt sich bei 50% Dehnung ein. W. WESLY. 7222 □

Der Dien-Kautschuk und seine Anwendungen. Jules de Bittera. (Rev. gén. Caoutchouc **38.** 1419—23. Okt. 1961. Caoutchouc Synthét. Firestone France, Serv. Techn.) (Franz.)

Dienkautschuk, ein Polybutadien mit einem Geh. von ≧90% 1—4-Struktur u. mittlerem cis 1—4-Geh. zeigt (allein oder mit anderen Polymeren verschnitten) auch bei tiefen Temp. gute dynam. Eigg., gute Abriebfestigkeit, geringe innere Erwärmung u. dient zur Herst. von Reifen, Schwammgummi u. Treibriemen. W. WESLY. 7224 □

Mischung und Prüfung des Dien[R]-Gummis. Ward A. Smith und James M. Willis. (Rubber Age [New York] **87.** 815—22. Aug. 1960. Rubber Chem. Technol. **34.** 176—90. Jan./März 1961. Akron, Ohio, Firestone Tire and Rubber Co.) (Engl.)

Diengummi ist ein Polybutadien, das mit Li-Alkyl als Katalysator hergestellt wurde. Der Rohgummi ist wachsähnlich, seine elast. Formänderungsarbeit ist größer als die anderer Polymerisate. Bei Zimmer-Temp. ist der Rückprall sehr hoch im Vgl. zu natürlichem Gummi u. synthet. Emulsionspolymeren, ähnlich aber vulkanisiertem Gummi. Sein Modul ist bei schneller Verformung sehr groß (dynam. Modul), bei langsamer Verformung (SCOTT-Modul) jedoch niedriger als der anderer Polymerer. Auffallend ist die Verformung bei tiefer Temperatur. Gute Verarbeitungs-Eigg. besitzt eine Mischung mit Naturgummi (50:50). Statt Naturgummi ist eine Zugabe von Styrolgummi ebenfalls brauchbar. H. JACOBI. 7224 □

Die Vulkanisation von Chlorbutyl mit anderen Elastomeren. R. L. Zapp und M. Langheck. (Teknillisen Kem. Aikakauslehti **18.** 797—807. Juli 1961. London.) (Engl.)

Butylgummi ist ein Mischpolymerisat aus 1—2% Isopren u. 99—98% Isobutylen. Das elastomere Mol. besitzt für die Vernetzung genügend reaktionsfähige Doppelbindungen. Chlorierter Butylgummi (Chlorbutyl) wird durch Rk. von Cl_2-Gas mit regulärem Butylgummi erhalten, ist reaktionsfähiger u. läßt sich mit oder in Ggw. anderer Kautschukarten mit viel größerer Ungesättigtheit vulkanisieren. Mischvulkanisationen mit Butylgummiregenerat u. SBR (Styrol-Butadien-Kautschuk), mit Neopren, Naturgummi werden besprochen u. auf Verschnitte mit Butylgummi oder mit SBR eingegangen. Die spezif. Eigg. werden an Hand von Diagrammen erläutert.
R. SCHIMKAT. 7224 □

Das Polyisopren von Shell, Eigenschaften, Verarbeitungs- und Mischungseigenschaften. R. D. Sullivan. (Rev. gén. Caoutchouc **38.** 1787—94. Dez. 1961.) (Franz.)

Es werden die Gründe erläutert, weshalb man zur Synth. von stereospezif. Polymeren im allg. u. von Polyisopren, dem bis heute dem Naturkautschuk ähnlichstem Synth.-Kautschuk, im besonderen geschritten ist. Es werden Verarbeitungsdaten für die isotakt. cis-1.4-Polyisoprene angegeben. Hierzu gehören Verarbeitungstechnik im Innenmischer oder auf der offenen Walze, physikal. Eigg. u. andere Merkmale.
N. PETERS. 7224 □

Untersuchung des Gießverfahrens für Kautschuklatex in Gipsformen. A. S. Ghag und M. B. Kabadi. (J. Univ. Bombay [N. S.] **28.** Nr. 3. Sect. A 9—13. 14—22. Nov. 1959. Bombay, Inst. Sci., Phys. Chem. Labor.) (Engl.)

Eine eingehende Unters. dieser Verarbeitungs-Meth. (Beziehung zwischen der Feuchtigkeitsaufnahme durch die Gipsform u. der Ablagerung des Latex auf der Gipsoberfläche bei der ersten Anwendung) wurde durchgeführt. Ferner werden die Beobachtungen bei den folgenden Anwendungen der Gießformen mitgeteilt u. erörtert (Mechanismus der Dehydratisierung). Beste Gießlinge können mit Gipsformen aus 50 Gew.-Teilen Gips u. 60 W. erhalten werden. R. SCHÄFF. 7226 □

Einfluß bestimmter Stabilisatoren auf die Ablagerung von Kautschuklatex auf Gipsformen. 1. Mitt. Casein, Trinatriumphosphat und eine Mischung aus Natriumsilicat und Kaliumcarbonat. Kum S. M. Borkar, A. S. Ghag und M. B. Kabadi. (J. Univ. Bombay [N. S.] **28.** Nr. 3. Sect. A 23—31. Nov. 1959. Bombay, Inst. Sci., Phys. Chem. Labor.) (Engl.)

Der Einfl. verschiedener Stabilisatoren auf die Ablagerungs-Geschw. von Kautschuklatex bei porösen Gipsformen wurde untersucht. Diese Geschw. nimmt mit steigender Konz. des Latex (Trockenkautschuk-Geh.) in Ggw. von Stabilisator linear zu.

R. SCHÄFF. 7226 □

Vulkanisation des Kautschuks in Gegenwart von Aminomethylderivaten von 2-Mercaptobenzothiazol als Beschleuniger. W. A. Dogadkin, I. I. Eitingon, M. Ss. Feldstein, S. N. Tarassowa, Je. N. Gurjanowa, Lin Jan Zin, N. A. Klausen und D. M. Pewsner. (Коллоидный Журнал [Kolloid-J.] **21.** 427—35. Juli/Aug. 1959. Moskau, Forschungsinst. für Reifenind.) (Russ.; Auszug: Engl.)

Untersucht wurden nachfolgende Kondens.-Prodd. von 2-Mercaptobenzothiazol (I) mit Formaldehyd u. verschiedenen Aminen: *N.N-Dimethyl-*, *N.N-Diäthyl-*, *N.N-Diisopropyl-*, *N.N-Cyclohexyl-*, *N.N-Morpholylbenzothiazol-2-sulfenamid*, *S-Dimethylaminomethyl-*, *-Diäthylaminomethyl-*, *-Diisopropylaminomethyl-*, *-Cyclohexylaminomethyl-* u. *-Morpholinomethyl-2-mercaptobenzothiazol.* Die erhaltenen **I**-Aminomethyl-Derivv. (**II**) sind akt. Vulkanisationsbeschleuniger von Gummigemischen (synthet. u. natürliche Kautschuke). Im Vgl. zu den Sulfenamid-Verbb. gewährleisten die obigen Kondens.-Prodd. eine erhöhte Vulkanisations-Geschw. im Anfangsstadium des Prozesses. Der Isotopenaustausch von **II** mit Bis-[benzothiazolyl-(2)]-disulfid erfolgt bei niedrigeren Temp. als mit Sulfenamidverbindungen. **II** haben keine selbständige strukturierende (vulkanisierende) Einw. auf Kautschuk. S. BARYSCHNIKOW. 7228

Verbesserte Butyl–Gummi-Vulkanisation. C. J. Jankowski, K. W. Powers und R. L. Zapp. (Rubber Age [New York] **87.** 833—42. Aug. 1960. Linden, N.J., Enjay Labor.) (Engl.)

Beste Butylgummivulkanisate werden erhalten, wenn zur Vulkanisation ein S-Donator (Morpholindisulfid) oder elementarer S u. Beschleuniger in extremem Verhältnis (wenig S, viel Beschleuniger) verwendet wird. Als Beschleuniger wurden Tetramethylthiuramdisulfid oder Te-Diäthyldithiocarbamat benutzt. Zwei Arten der Vernetzung können angenommen werden: eine Dialkyldisulfidvernetzung oder eine Dialkenylmonosulfidvernetzung. Die Erzeugnisse besitzen gute Biegsamkeit, geringe bleibende Verformung u. höchste therm. Stabilität, sie besitzen gleiche oder bessere Alterungs-Eigg. als Butylgummivulkanisate mit reaktionsfähigem p-Alkenylphenol–Formaldehyd-Harz.

H. JACOBI. 7228 □

Verwendung ionisierender Strahlen bei der Vulkanisation von Siliconkautschuk. A. S. Kuzminski, T. S. Nikitina und L. A. Oksentievich. (Rev. gén. Caoutchouc **38.** 1811—14. Dez. 1961.) (Franz.)

Es konnte gezeigt werden, daß durch Bestrahlung von Siliconkautschuk mit verschiedenen Füllstoffen einwandfreie Vulkanisate erhalten wurden. Es wurde der Vernetzungsgrad der Kautschuk-Moll. durch Messen der Veränderungswerte für die Zerreißfestigkeit u. Dehnung ermittelt. Die Anwendung ionisierender Strahlen gestattet, die Vulkanisationstechnik für Siliconkautschuk zu vereinfachen u. die meisten Eigg. der Vulkanisate zu verbessern. N. PETERS. 7228 □

Farbenfabriken Bayer Akt.-Ges., Leverkusen (Erfinder: Gottfried Pampus, Heinz Gröne, Leverkusen, und Josef Witte, Köln), **Polymerisation von konjugierten Diolefinen,** ggf. mit anderen olefin. ungesätt. Monomeren, in Substanz oder Lsg. in Ggw. von Li-haltigen Katalysatoren, gek. durch Verw. eines Katalysators, der erhalten wurde durch Rk. von Legg. aus Li u. Metallen der II. u./oder III. Hauptgruppe des Period. Syst., z. B. Li/Ca, Li/Mg, Li/B, Li/Al, Li/Mg/Ca, Li/Ca/Al, mit halogenhaltigen Verbb. der Elemente der III.—V. Hauptgruppe des Period. Syst., die neben Halogen H, Alkyl, Cycloalkyl, Aryl, Aralkyl, —OH oder O_2 an die genannten Elemente gebunden enthalten. Kurze Latenzzeiten, gleichmäßiger Polymerisationsverlauf, hohe Molgew., gute Raum–Zeit-Ausbeute. — Beispiele: *Polyisopren, Polybutadien.* (**D. A. S. 1 120 696** Kl. 39c vom 23/7. 1960, ausg. 28/12. 1961.)

L. STADELMANN. 7225

Chemische Werke Hüls Akt.-Ges. (Erfinder: Heinrich Weber und Hermann Johannes Schäfer), Marl, **Herstellung von Polybutadien** durch Polymerisation von Butadien mit Mischkatalysatoren aus Halogeniden von Metallen der VIII. Nebengruppe des Period. Syst. u. Alkylaluminiumhalogeniden, dad. gek., daß man die Metallhalogenide vor der Bereitung der Katalysatormischung unter Fl. mechan. zerkleinert bis auf eine mittlere Teilchengröße von weniger als 10 μ, bes. weniger als 1 μ. Man erhält *Polybutadien mit über 95% 1.4-cis-Struktur,* die Polymerisation verläuft schnell u. springt sofort an, kontinuierliche Verff. bes. im Rohr oder in der Schnecke. (**D. A. S. 1 120 694** Kl. 39c vom 23/11. 1959, ausg. 28/12. 1961.) L. STADELMANN. 7225

Montecatini Soc. Gen. per l'Industria Mineraria e Chimica, Mailand, Italien, **Regelung des Molekulargewichts von cis-1.4-Polybutadien.** Die Rkk. werden in an sich bekannter Weise in einem Gemisch aus mindestens einem aliphat. (I) u. einem aromat. KW-Stoff (II) ausgeführt, wobei Dialkyl-Al-Halogenide u. Verbb. von Metallen der 8. Gruppe des Period. Syst. angewandt werden. Zur Regelung des Molgew. des End-Prod. wird erfindungsgemäß das Mengenverhältnis zwischen I u. II variiert. — Beispiele für I: Butan, Pentan, Heptan, Isooktan, PAe.; Beispiele für II: Bzl. u. Toluol. (**Port. P. 37 446** vom 30/7. 1960, Auszug veröff. 29/3. 1961. It. Prior. 3/8. 1959.)
A. KALIX. 7225

Universal Oil Products Co., Des Plaines, übert. von: Herman S. Bloch, Skokie, und Richard C. Wackher, Palatine, Ill., V.St.A., **Gewinnung von Dialkyläthern von 5-Alkylpyrogallolen aus Holzteerdestillaten.** Aus Destillaten von Harthölzern (Hickory, Eiche, Buche, Walnußbaum), die aus einem Gemisch von phenol. u. nichtphenol. Verbb., wie Pyrogallol, 5-Alkylpyrogallolen, oder deren Äthern, aus alkylierten Guajacolen, Neutralölen usw. bestehen, isoliert man die Dialkyläther der 5-Alkylpyrogallole dadurch, daß man die Destillate gleichzeitig mit einem halogenierten KW-Stoff-Lsgm. hoher Dichte, geringer Viscosität u. von einem unter dem Kp. des Destillats liegenden Kp. einerseits u. mit einer wss. Lsg. eines O-haltigen Lsgm. (wie einem Alkohol, Keton, Glykol oder Glykoläther) extrahiert, aus dem Extrakt das halogenierte Lsgm. durch Dest. entfernt u. die gewünschten Äther aus dem Rückstand isoliert. Als Lsgm. eignen sich bes. CCl_4, $CHCl_3$, $C_2H_4Cl_2$, Tetrachlor- u. 1.1.1-Trichloräthan, Trichloräthylen, CCl_2F_2, CH_2Br_2. — Zu diesem Zweck wird z. B. aus einem durch Absetzen geklärten Holzteerdestillat durch Fraktionierung eine Fraktion vom Kp. ca. 270 bis ca. 305°, $D._4^{20}$ 1,1146, herausgeschnitten u. diese bei 25° u. einem Druck von 15 lbs./sq.in. in der Weise extrahiert, daß man in den oberen Teil einer senkrechten Extraktions-Vorr. ein Gemisch aus 70% Destillat u. 30% CCl_4 u. in den unteren Teil derselben eine 20%ig. wss. Methanol-Lsg. einführt (40 Voll. W.-Methanol-Gemisch pro Vol. Holzteer/CCl_4-Gemisch). Das aus dem unteren Teil der Extraktionszone abgezogene Raffinat wird dest., um CCl_4 abzutreiben, u. im Rückstand sind ca. 90% der in der ursprünglichen Holzteerfraktion enthaltenen Dialkyläther der 5-Alkylpyrogallole enthalten. Diese Dialkyläther dienen als nichtfärbende *Ozonschutzmittel* in der *Kautschuk*-Industrie. (**A. P. 2 908 719** vom 10/12. 1956, ausg. 13/10. 1959.)
A. MOHR. 7227

Consolidation Coal Co., Pittsburgh, übert. von: Martin B. Neuworth, Pittsburgh, Pa., John C. Paterson, New City, N.Y., und Richard P. Tarbox, Westfield, N.J., V.St.A., **Reinigen von Aryldisulfiden.** Aus normalerweise fl. Aryldisulfiden (I), wie sie bes. als Nebenprodd. bei katalyt. Druck-Verff. in der Erdölaufbereitung anfallen, entfernt man metall. Verunreinigungen, wie Cu, Mn, Na, Ca, Al, Cr, Mg u. Mo, dadurch, daß man die I mit einer wss. Essigsäure-Lsg., die mit ihnen nicht mischbar ist, wäscht, wobei die metall. Verunreinigungen in die Essigsäurephase gehen, u. daß man anschließend die gereinigten I isoliert. Enthalten die rohen I auch niedrigsd. Schwefel-Verbb. (II), so kann man sie nach Entfernung der metall. Verunreinigungen mit Wasserdampf behandeln, um II u. Essigsäure abzutreiben. Zum Waschen verwendet man zweckmäßig 1—20%ig. Essigsäure in einer Menge, die 0,5—20% des I-Gew. entspricht. Die so gereinigten I finden Anwendung als *Hilfsstoffe* bei der *Kautschukregenerierung.* In einem hochsd. Öl gelöst, wirken sie depolymerisierend auf vulkanisierten Kautschuk u. machen diesen (ggf. im Gemisch mit rohem Kautschuk) für eine erneute Vulkanisation wieder verwendbar. (**A. P. 2 904 595** vom 8/5. 1957, ausg. 15/9. 1959.) A. MOHR. 7233

Monsanto Chemical Co., St. Louis, Mo., übert. von: **John M. Butler**, Dayton, Ohio, V.St.A., *Cyanätherester.* (**Can. P. 554 263** vom 19/1. 1954, ausg. 11/3. 1958. A. Prior. 16/2. 1953. — **C. 1958.** 1714 [F. P. 1 096 337].)

E. I. du Pont de Nemours & Co., übert. von: **Guy B. Alexander** und **Ralph K. Iler**, Wilmington, Del., V.St.A., *Silaniertes SiO_2.* (**Can. P. 554 167** vom 14/3. 1955, ausg. 11/3. 1958. A. Prior. 14/9. 1954. — C. **1958.** 9629 [A.P. 2 801 186].)

Bauer Bros. Co., Springfield (Erfinder: **Cloyd Leonard Bugert**, Toledo), Ohio, V.St.A., *Mischung für die Herstellung von Rohrschleudern.* (**D. A. S. 1 121 033** Kl. 12d vom 20/10. 1955, ausg. 4/1. 1962. A. Prior. 7/2. 1955. — C. **1959.** 11424 [E. P. 782 799].)

XIII. Ätherische Öle. Parfümerie. Kosmetik

Überprüfung einiger physikalischer Methoden zur Verfolgung der Autoxydation in ätherischen Ölen. 2. Mitt. Kontrolle der Autoxydation mit Hilfe der Dielektrizitätskonstanten (DK). H. Janecke und F. Hennig-Niklasch. (Arch. Pharmaz. Ber.

dtsch. pharmaz. Ges. **293/65.** 43—47. Jan. 1960. Frankfurt/M., Univ., Pharmazeut. Inst.) (Dt.) — 1. vgl. C. **1960.** 15246.

Am Beispiel des *Anisöls, Anethols, Kümmel-, Zimt-, Citronen-, Eucalyptus-, Fenchel-, Pfefferminz-* u. *Latschenkieferöls* wurde der Verlauf der Autoxydation mit Hilfe der DK u. der Peroxidzahl (PZ) verfolgt. Bei allen Ölen war mit beginnender Autoxydation eine Erhöhung der DK zu beobachten. Eine Parallelität der DK- u. PZ-Zunahme ist nicht in allen Fällen festzustellen. Die DK eignet sich nur unter Berücksichtigung anderer Kennzahlen zur Beurteilung von Identität u. Qualität von äther. Ölen.

S. ERBE. 7262□

Die Ester als Parfümrohstoffe. Nestor Borzacchini. (Rev. brasil Quím. **45.** 355—56. Mai 1958. Escola Técnica Eduardo Prado.) (Port.)

Überblick über Darst., Eigg. u. Reinigung von Methylbenzoat, Citronell- u. Phenyläthylbutyrat, Äthyl- u. Methylcinnamat. R. K. MÜLLER. 7276□

Anwendungstechnische Forderungen an Färbemittel für Lippenstifte. Ursula Boelcke. (J. Soc. Cosmet. Chemists **12.** 468—73. Dez. 1961. Mainz, Margarete Astor KG.) (Dt.)

Vortrag. — Die Anforderungen, die an Färbemittel für Lippenstifte in bezug auf die physiolog. u. Färbe-Eigg. u. die verarbeitungstechn. Bedingungen zu stellen sind, werden besprochen. Dies gilt sowohl für lösl. als auch für Pigmentfarbstoffe. Abschließend werden die Farbstoffe der Gruppe C der Mitt. 3 der Farbstoffkommission unter besonderer Berücksichtigung der Fluorescein-Derivv. diskutiert. — 16 Literaturangaben.

H. P. FIEDLER. 7284□

Experimentelle Untersuchungen über die Wirkung eines thioglykolathaltigen Depilatoriums auf die Haut der Unterlippe beim Menschen. Hugo Constantin Friedrich. (J. Soc. Cosmet. Chemists **12.** 474—78. Dez. 1961. Tübingen, Univ.-Hautklin.) (Dt.)

Die mit einer ein Doppelsalz der Thioglykolsäure enthaltenden, depilierend wirkenden Öl/W.-Emulsion (Pilca rapid, OLIVIN, Wiesbaden) durchgeführten Depilierungs-Verss. im Bereich der Unterlippe lassen erkennen, daß das Prod. bei guter Hautverträglichkeit die Haarschäfte bis weit in den Haarfollikel hinein, u. zwar meist bis in die Höhe der Talgdrüsenmündung, keratolyt. abbaut. — 7 Literaturangaben.

H. P. FIEDLER. 7284□

Beziehungen zwischen der Molekülgröße aromatischer Verbindungen und ihrem Penetrationsvermögen für das menschliche Haar. Hermann Wilmsmann. (J. Soc. Cosmet. Chemists **12.** 490—500. Dez. 1961. Darmstadt, Ondal GmbH [Wella Haarkosmetik].) (Dt.)

Humanhaare wurden mit bas. Farbstoffen steigender Mol.-Größe mit einem Mol.-Durchmesser von 4,7—7,9 Å, deren Moll. in 1. Näherung Kugelform besitzen, gefärbt; anschließend wurden Mikrotomschnitte angefertigt u. mkr. untersucht. Dabei wurde festgestellt, daß die Permeation der Farbstoffe in das Haar weitgehend von der Mol.-Größe des Farbstoffs abhängig ist. Bas. Farbstoffe mit einem Durchmesser des Mol. >6 Å werden von einer in der Nähe der Haaroberfläche befindlichen Barriere (wahrscheinlich Subcuticula) an der Permeation gehindert. Ist der Durchmesser des Mol. <6 Å, so wird das Haar prakt. in toto gefärbt. Die Mol.-Größe von 6 Å wird als krit. Mol.-Größe bezeichnet. — 15 Literaturangaben. H. P. FIEDLER. 7284□

Kunststoffe als Verpackung für kosmetische Produkte. Wilhelm Alexander Mohrberg. (J. Soc. Cosmet. Chemists **12.** 478—90. Dez. 1961. Kempten, Allgäu, Heinrich Nicolaus GmbH.) (Dt.)

Vortrag. Überblick über die verschiedenen Möglichkeiten des Einsatzes von Kunststoffen für die Verpackung von kosmet. Zubereitungen. H. P. FIEDLER. 7284□

Karl Ziegler, Mülheim/Ruhr (Erfinder: Roland Rienäcker, Essen, und Günther Ohloff, Mülheim/Ruhr), **Herstellung von optisch-aktivem oder racemischem β-Citronellol,** dad. gek., daß das bei der therm. Umlagerung von opt.-akt. oder rac. cis- oder trans-Pinan entstehende KW-Stoff-Gemisch, das im wesentlichen (—)-3.7-Dimethyloctadien-(1.6) u./oder (+)-3.7-Dimethyloctadien-(1.6) enthält, mit Al-KW-Stoffen, bes. mit Al-Triisobutyl oder Al-Diisobutylhydrid, umgesetzt, das erhaltene Al-Alkenyl oxydiert u. das gewonnene ungesätt. Al-Alkoholat zu *β-Citronellol* hydrolysiert wird. Zweckmäßig wird das KW-Stoff-Gemisch vor der Rk. mit der Al-Verb. dest., wobei nichtumgesetztes Pinan u. andere KW-Stoffe ganz oder teilweise vom 3.7-Dimethyloctadien-(1.6) abgetrennt werden. Man erhält so aus Pinan, $[\alpha]_D^{20}$ +16,56° → (—)-β-Citronellol, $[\alpha]_D^{20}$ —2,57°, $D._4^{20}$ 0,8599, n_D^{20} 1,4579, $Kp._{10}$ 108°; aus Pinan $[\alpha]_D^{21}$ —20,36° → (+)-β-Citronellol, $[\alpha]_D^{20}$ +3,26°, $D._4^{20}$ 0,8596, n_D^{20} 1,4574, $Kp._{10}$ 108°.

Wichtige Grundstoffe in der pharmazeut. u. *Riechstoffindustrie*. (**D. A. S. 1 118 775** Kl. 12o vom 7/6. 1960, ausg. 7/12. 1961.) W. GRÄGER. 7277

F. Hoffmann-La Roche & Co. Akt.-Ges., Basel (Erfinder: Roman Marbet, Riehen, Schweiz, und Gabriel Sancy, Nutley, N.J., V.St.A.), **Herstellung von ungesättigten Ketonen,** dad. gek., daß man einen tert. Propargylalkohol der allg. Formel $(R_4)(R_5)C(OH)-C{\equiv}CH$ in Ggw. eines sauren Katalysators (H_2SO_4, $KHSO_4$, $ZnCl_2$, Bortrifluoridätherat, Toluolsulfon-, Oxal- oder Trichloressigsäure) mit einem Ketal der allg. Formel $R_1-CH_2-C(R_2)(OR_3)_2$ oder mit einem Enoläther der allg. Formel $R_1-CH{=}C(R_2)(OR_3)$, wobei R_1 für H, einen niederen Alkyl- oder Alkenylrest steht, R_2 u. R_3 niedere Alkylreste bedeuten oder R_1 u. R_2 zusammen eine Polymethylenbrücke darstellen, R_4 u. R_5 für acycl. oder cycl. KW-Stoff-Reste stehen, zweckmäßig in einem inerten organ. Lsgm., bes. in Toluol-Lsg., bei höherer Temp. in Ggw. von Cu-Pulver oder Cu-Salzen u. eines alkoholbindenden Mittels umsetzt u. das erhaltene Allenketon ggf. zu dem entsprechenden $\alpha.\beta$-, $\gamma.\delta$-ungesätt. Keton, bes. durch Behandlung mit verd. Alkali in alkohol. Lsg., isomerisiert. Man erhält so: 4.7-Dimethyloctadien-(4.6)-on-(3), gelbes Öl, n_D^{21} 1,5159, UV_{max} (PAe.) 279 mμ, E_1^1 1300; 6.10-Dimethylundecatrien-(4.5.9)-on-(2), $Kp._{0,04}$ 67—69°, n_D^{20} 1,4875, → Pseudojonon, $Kp._{0,02}$ 76—78°, n_D^{20} 1,5311, UV_{max} 291 mμ, E_1^1 1300, dessen Semicarbazon, F. 124—126°; 4.7.11-Trimethyldodecatrien-(5.6.10)-on-(3), n_D^{20} 1,4755, → 4.7-11-Trimethyldodecatrien-(4.6.10)-on-(3), $Kp._{0,4}$ 98—100°, n_D^{20} 1,5347; UV (A.) 294 mμ, E_1^1 1125; 3-Allyl-6.10-dimethylundecatrien-(3.5.9)-on-(2), $Kp._{0,05}$ 94°, n_D^{20} 1,5345, UV (A.) 294—295 mμ, E_1^1 1110; 6.9.10-Trimethylundecatrien-(4.5.9)-on-(2), $Kp._{0,06}$ 84—85°, n_D^{20} 1,4907, → Pseudoiron, $Kp._{0,03}$ 80—83°, n_D^{20} 1,5316, UV (A.) 292 mμ, E_1^1 1160; 3.6.10-Trimethylundecatrien-(4.5.9)-on-(2), $Kp._{0,07}$ 95—97°, n_D^{25} 1,4831, → Isomethylpseudojonon, $Kp._{0,005}$ 105°, n_D^{25} 1,5277, UV (PAe.) 283 mμ, E_1^1 1225; 4-Methyl-6-cyclohexylidenhexen-(4)-on-(3), n_D^{21} 1,5112, UV (PAe.) 283 mμ, E_1^1 600, dessen Semicarbazon, F. 184—185°, UV (A.) 298 mμ, E_1^1 1780; Methylcitrylidencyclohexanon-(2), $Kp._{0,005}$ 120—125°, n_D^{25} 1,5463, UV (PAe.) 293 mμ; Isoäthylpseudoiron, $Kp._{0,01}$ 113—115°, n_D^{24} 1,5261, UV (PAe.) 284 bis 286 mμ. — *Riechstoffe*. (**D. A. S. 1 118 191** Kl. 12o vom 3/7. 1959, ausg. 30/11. 1961. Schwz. Prior. 1/8. u. 12/12. 1958.) W. GRÄGER. 7277

International Flavors & Fragances, Inc., New York, N.Y. (Erfinder: Ernst Theodore Theimer, Rumson, N.J.), V.St.A., **Herstellung von Terpenalkoholen der empirischen Formel $C_{10}H_{18}O$ und ihren Derivaten mit besonderen Riechstoffeigenschaften,** dad. gek., daß man HCl, zweckmäßig mit einem inerten Gas, bes. dem gleichen Vol. N_2 verd., mit Alloocimen in einem 1:1 nicht überschreitenden HCl/Alloocimen-Verhältnis bes. kontinuierlich zur Rk. bringt u. das entstandene Alloocimenhydrochlorid vor Eintritt merklicher Zers. mittels einer wss. Base (NaOH), bes. in Ggw. eines nichtion. Dispergiermittels (bes. tert.-Octylphenyläther des Dekaäthylenglykols oder auch Eikosa- oder Triakontaäthylenglykoläther des tert. Octylphenols, Polyoxyäthylenalkylaryläther, Polyoxyäthylensorbitanmonolaurat oder -oleat), hydrolysiert, worauf man die Terpenalkohole, $Kp._3$ 70°, n_D^{20} 1,4913, $D._{15}$ 0,877, UV_{max} 238 mμ, isoliert, ggf. zu Tetrahydroalloocimenol ($C_{10}H_{22}O$), $Kp._2$ 50°, $D._{15}$ 0,8324, n_D^{20} 1,4340, hydriert u. das Hydrierungs-Prod. ggf. unter Bldg. von Acetaten mit der empir. Formel $C_{12}H_{24}O_2$ verestert. IR-Spektren für Alloocimenol u. Tetrahydroalloocimenol. (**D. A. S. 1 118 190** Kl. 12o vom 10/9. 1958, ausg. 30/11. 1961.) W. GRÄGER. 7277

F. Hoffmann-La Roche & Co. Akt.-Ges., Basel, Schweiz (Erfinder: **Walter Kimel**, Highland Park, und **Norbert William Sax**, Little Falls, N.J., V.St.A.), *Herstellung von Ketonen*. (**Schwz. P. 357 389** vom 6/6. 1957, ausg. 30/11. 1961. A. Prior. 27/6. 1956. — C. **1960.** 13871 [Holl. P. 92 205].)

Dr. Karl Thomae G. m. b. H. (Erfinder: **Herbert Fiedler, Heinz Scheffler** und **Alex Berg**), Biberach a. d. R., *Licht- und Sonnenschutzmittel*. (**Schwz. P. 353 493** vom 6/2. 1958, ausg. 31/5. 1961. D. Prior. 1/3. 1957. Zusatz zu Schwz. P. 348 240; C. 1961. 14489. — C. **1959.** 5975 [D. A. S. 1 032 895].)

XIV. Zucker. Kohlenhydrate. Stärke

Einfluß des Zuckergehaltes der Rüben auf die Auslegung einer Weißzuckerfabrik. G. Strauss und H. Müller. (Zuckererzeugung **5.** 56—63. Febr. 88—95. März. 123—26. April 1961. Berlin, VEB Zentr. Projektierungsbüro für Lebensmittelind.) (Dt.)

Bei starrer Schaltung einer Verdampfstation auf eine bestimmte Rübenpolarisation lassen sich keine optimalen Betriebsdaten erhalten. Die Verdampf-App. u. Vorwärmer müssen vielmehr auf die jeweils in Betracht kommende Polarisation u. den Rohsaftabzug eingestellt werden. — 9 Literaturangaben. M. REIHER. 7400□

Fortschritte im Zuckerrübenbau durch Forschungsarbeit am Saatgut in Großbritannien. R. Hull. (Zucker **15.** 34—35. 15/1. 1962. Dunholm, Außenstation Dunholm in Lincolnshire; Rothamstead, Versuchsstation für Pflanzen- u. Bodenforsch.) (Dt.)

Die geschilderten Fortschritte des Zuckerrübenanbaues beruhen auf einer Bearbeitung der Samen mit anschließender Auslese der günstigsten durch Windsichtung. Gegen Verluste durch Schädlinge werden Dieldrin, Heptachlor u. Organoquecksilber eingesetzt. Für züchter. Verss. werden Kreuzung u. Polyploidie angewendet, wobei neben Ertragssteigerung Widerstandskrafterhöhung angestrebt wird. Die Saatgutgewinnung erfolgt unter besonderen Vorsichtsmaßregeln. R. RISTOW. 7406□

Über Kreuzungen von Beta vulgaris mit Arten der Sektion Patellares der Gattung Beta. Erich Bornscheuer und Eckart Schlösser. (Zucker **14.** 140—42. 15/3. 1961. Einbeck.) (Dt.)

Durch Colchicinierung steriler F_1-Bastarde aus Kreuzungen von Zuckerrüben mit Wildrüben der Sektion *Patellares*, *Beta procumbens* u. *B. webbiana* gelangt man zu Pflanzen, die begrenzt fruchtbar sind u. zur Entw. noch nicht wurzelechter, aber vegetativ vitaler F_2-Bastarde dienen können. — 16 Literaturangaben. M. REIHER. 7406□

Saatbettversuche mit Zuckerrüben. W. Czeratzki und E. Ruhm. (Zucker **14.** 110—14. 1/3. 1961. Braunschweig-Völkenrode, Forsch.-Anst. für Landwirtsch., Inst. für Bodenbearbeitung.) (Dt.)

Mehrjährige Verss. mit Zuckerrüben auf Lößlehm zeigen, daß es zur Erzielung guter Ernten wichtig ist, Verdichtungen des Saatbettes (z. B. durch Schlepper-Fahrspuren) zu vermeiden. M. REIHER. 7406□

Stickstoff- und Kalidüngung von Zuckerrüben, die auf meliorierten Moorböden gewachsen sind. M. Rosanow. (Versl. landbouwkund. Onderz. **1961.** Nr. 67. 3—44. Wageningen, Labor. voor Bemestingsonderz.) (Holl.)

Die Düngung von Zuckerrüben auf meliorierten Moorböden mit Chilesalpeter (**CS**) führt im Vgl. mit Kalkammonsalpeter (140—160 kg/ha N) zu Ertragssteigerungen von 200—700 kg Zucker je ha, je nach der angewandten K_2O-Düngung. Die höchsten Erträge erzielt man bei Anwendung von **CS** mit mäßigen K_2O-Gaben. Spitzenerträge ergeben sich, wenn die aufgenommenen Kationen $Ca^{2+}:K^+:Na^+$ im Verhältnis 15:50:35 stehen. Die Ergebnisse stimmen mit den von anderer Seite gewonnenen Erfahrungen überein. W. WESLY. 7406□

Der Einfluß acker- und pflanzenbaulicher Maßnahmen auf die Stärke der Blattlausbesiedlung, auf das Auftreten der virösen Rübenvergilbung und auf die Wirkung einer chemischen Blattlausbekämpfung. K. Wiesner. (Zuckererzeugung **5.** Nr. 7. Beil. Nr. 1. 1—14. Juli 1961. Kleinwanzleben, Inst. für Pflanzenzüchtung der Dt. Akad. der Landwirtschaftswiss. zu Berlin.) (Dt.)

1953—1956 in Kleinwanzleben durchgeführte Feld-Verss. zeigten, daß sich Blattlaussaug- u. Vergilbungsschäden durch frühe Aussaat u. enge Standweite erheblich vermindern lassen. Durch chem. Mittel läßt sich der Blattlausbefall fast gänzlich, die Vergilbung nur teilweise verhindern. Überhöhte N-Düngung bewirkt verstärkte Vergilbung im Herbst. Frühzeitiges Vereinzeln ist ohne Einfl. auf die Vergilbungserscheinungen. — 49 Literaturangaben. M. REIHER. 7406□

Saccharose als industrieller Rohstoff. Hubert Schiweck. (Zucker **14.** 114—21. 1/3. 142—49. 15/3. 1961. Neuoffstein/Pfalz, Süddt. Zucker AG., Zentrallabor.) (Dt.)

Übersicht über den derzeitigen Entw.-Stand u. die Anwendungsmöglichkeiten folgender Gruppen von Zuckerabkömmlingen: Saccharose-Äther, -Ester, -Urethane, Saccharate, Saccharose–Phenol–Formaldehyd-Harze, Kondens.-Prodd. mit Aromaten, Oxydations- u. Red.-Prodd., Verbb., die durch Einw. von Säuren oder Alkali auf Zucker entstehen. Eine ganze Reihe chem. Verbb. läßt sich ferner herstellen durch mikrobiolog. Umwandlung von Kohlenhydraten. Die industrielle Verwertung von Zucker ist deshalb wichtig, weil in den letzten Jahren der Verbrauch hinter der Erzeugung beträchtlich zurückblieb. — 52 Literaturangaben. M. REIHER. 7438□

Wurzelbildung von Zuckerrohrstecklingen. Edierson Erasmo de Azevedo. (Brasil Açucareiro **53 (27).** 16—34. Jan. 1959.) (Port.)

Verss. zur Bestätigung der stimulierenden Wrkg. von Indolylessigsäure u. Indolbuttersäure auf die Wurzel-Bldg. von Zuckerrohr werden bei verschiedenen Konzz. (0,001, 0,05, 0,001 g%) u. bei Eintauchzeiten von 12, 18 u. 24 Std. durchgeführt u. eingehend statist. ausgewertet, wobei sich Optima der Konz. u. der Zeit ergeben. R. K. MÜLLER. 7440□

Die Entwicklung von Kohlendioxid bei der Getreidelagerung in Silos und die sich daraus ergebenden Folgerungen. W. Bretzke. (Stärke **13.** 375—79. Okt. 1961. Hamburg.) (Dt.)

Bei Einlagerung von *Getreide* (I) in Silos der Stärkefabriken wird eine ruhige Atmung, also geringe CO_2-Entw. erreicht, wenn das I nur bis 14% W. enthält u. bei Temp. unter 20° eingelagert wird. Zu beachten ist, daß öfters nach unmittelbarer Einlagerung von I auch nitrose Gase festgestellt wurden. Bei Einlagerung von I in Säcken ist bisher keine nennenswerte CO_2-Bldg. beobachtet worden. M. ULMANN. 7448□

Die Eignung verschiedener Maissorten für die Stärkefabrikation. W. Kempf und G. Tegge. (Stärke **13.** 363—68. Okt. 1961. Detmold, Bundesforschungsanst. für Getreideverarb.) (Dt.)

Unters. einer großen Anzahl in- u. ausländ. *Mais*-Sorten hinsichtlich ihrer Eignung zur Gewinnung von *Stärke* (I) bestätigte erneut, daß der I-Geh. einer Maissorte nicht unbedingt in direkter Beziehung zu der zu erwartenden I-Ausbeute stehen muß. — 14 Literaturangaben. M. ULMANN. 7448□

Untersuchungen an Stärkekörnern im gewöhnlichen, polarisierten und Fluorescenzlicht. A. Th. Czaja. (Stärke **13.** 357—63. Okt. 1961. Aachen, TH, Botan. Inst.) (Dt.)

Mkr. Unterss. von *Stärken* (I) verschiedener pflanzlicher Herkunft ergaben zahlreiche Hinweise auf den Bau u. die Zus. der I-Körner. Es spricht nicht dafür, daß die *Amylose* (II), wohl aber, daß ein gewisser Anteil des *Amylopektins* (III) an der Außenfläche der Körner gelegen ist. II u. III lassen sich auch am nichtgequollenen I-Korn bei Zimmer-Temp. mit der J-Rk. in gewöhnlichem Licht oder auch durch geeignete Fluorochrome im Fluorescenzlicht differenziert nachweisen. Aus dem Verh. bei der Quellung u. bei dem enzymat. Abbau der I-Körner geht hervor, daß das III den Hauptanteil an der opt. Doppelbrechung trägt. Beim enzymat. Abbau der I scheint II bei der Korrosion nach anfänglicher Perforierung des I-Kornes am raschesten gelöst zu werden, während III noch lange als Doppelbrechung zeigender Restkörper erhalten bleibt. Besondere Struktureigentümlichkeiten der I verschiedener Pflanzen treten im polarisierten Licht zwischen gekreuzten Polarisatoren deutlich hervor. — 15 Literaturangaben.
M. ULMANN. 7490□

Rohm & Haas Co., Philadelphia, Pa., V.St.A., übert. von: Giuseppe Assalini, Genua, Italien, **Ionenaustauscher-Rohzuckersaft-Reinigung,** gek. durch die Verw. eines Mischbettes mit unterschiedlichen, austauschbaren Ionen, das in wiederholtem Wechsel von der Zucker-Lsg., von W. u. einem Regenerierungsmittel durchströmt wird. — Zeichnungen. (**A. P. 2 971 868** vom 2/5. 1958, ausg. 14/2. 1961.)
A. GRADL. 7413

Corn Products Co., New York, N.Y., V.St.A., **Verarbeitung von stärkehaltigem Material.** Das Material wird zunächst so fein gemahlen, daß die stärkehaltigen Cellulosezellen zerstört werden, dann wird längere Zeit mit W. angerührt u. zentrifugiert, um daraus die lösl. Stärke zu gewinnen. Diese Lsg. wird zur Herst. von *Stärkesirup* hydrolysiert. (**Port. P. 37 569** vom 12/9. 1960, Auszug veröff. 27/5. 1961. A. Prior. 14/9. 1959.) A. KALIX. 7447

A. E. Staley Mfg. Co., Decatur, Ill., V.St.A., **Gewinnung von Amylose aus Stärke.** Eine Suspension von Stärke (I) in W. wird mit überhitztem Dampf möglichst schnell auf eine Temp. von über 121° gebracht u. 30 Min. auf einer Temp. zwischen 121 u. 177° gehalten, dann auf ca. 49° abgekühlt u. 8 Std. auf dieser Temp. belassen, wobei sie eine Viscosität von ca. 1500 cP. annimmt. Die Suspension wird dann in eine Lsg. von I u. eine feste Komponente getrennt, die reich an Amylose ist. (**Port. P. 37 953** vom 6/1. 1961, Auszug veröff. 29/3. 1961. A. Prior. 13/1. 1960.) A. KALIX. 7461

N. V. Centrale Suiker Mij. Fabriek „Wittouck“, Breda, Holland, *Zuckerextraktion.* (**Holl. P. 99 681** vom 21/8. 1957, ausg. 15/11. 1961. — C. 1960. 325 [D. A. S. 1 060 809].)

International Minerals & Chemical Corp., Chicago, Ill., V.St.A., *Phosphatmodifizierte Stärke.* (**E. P. 857 868** vom 30/12. 1957, ausg. 4/1. 1961. A. Prior. 31/1. 1957. — C. 1960. 675 [D. A. S. 1 055 470].)

XV. Gärungsindustrie

Umfang und Bedeutung der biologischen Synthese in der chemischen Industrie. 1. Mitt. Kurt Wendel. (Zucker **15.** 6—15. 1/1. 1962. Duisburg, Fa. Standard Messo Duisburg, Gärungstechnolog. u. biochem. Abt.) (Dt.)

Die techn. ausgenutzten Synth. mit Hilfe von Mikroorganismen werden nach dem Bldg.-Mechanismus ihrer Prodd. in Direktfermentationen u. Sekundär-Synth. unterteilt, die dargestellten Verbb. u. die brauchbaren Ausgangsstoffe aufgezählt. Als solche dienen heute bes. Abfall-Prodd. anderer Herst.-Zweige. Es werden die Grundlagen biolog., physiolog. u. gärungstechnolog. Art der biosynthet. Verff. besprochen, die in der Auffindung geeigneter Kulturmedien, Konservierungs-Meth. u. Auswahl hochwertiger Varianten sowie deren Re-Isolierung bestehen. In knapper Form werden die Wege besprochen u. schemat. dargestellt, auf denen die gewünschten Prodd. durch die Mikroorganismen erzeugt werden. R. RISTOW. 7500□

Umfang und Bedeutung der biologischen Synthese in der chemischen Industrie. 2. Mitt. Kurt Wendel. (Zucker **15.** 35—43. 15/1. 1962.) (Dt.) — 1. vgl. vorst. Referat.
Die Vorbest. der biosynthet. Wege durch genet. oder Umweltbedingungen wird diskutiert, wobei festgestellt wird, daß beide Ursachen maßgeblich sind u. gerade in den künstlichen Umweltbedingungen das patholog. Moment der Prozesse deutlich wird. Die technolog. Probleme u. Erfahrungen werden bes. am Beispiel der Citronensäuregärung als Oberflächen- u. der Itaconsäuregärung als Submersgärung aufgeführt. Für erstere wird auf den Zusammenhang von Mycelmasse u. Lsg.-Vol., die Bedeutung der Durchmischung (Ultraschall) u. Möglichkeiten zur Diffusionsbeschleunigung hingewiesen, während für letztere neuartige Wege in der Beeinflussung durch Wechselstrom u. Elektrolyse der Lsg. liegen. R. RISTOW. 7500□

Vorläufige Beobachtungen über die Gewöhnung der Heferasse I. Z. 232 an die Vergärung von Zuckerrohrmelasse. Wilhelm Drews. (Brasil Açucareiro **54** (**27**). 10 bis 17. Juli 1959. São Paulo, Univ., Inst. Zimotécn.) (Port.)
Die untersuchte Heferasse, aus *Saccharomyces carlsbergensis* gezüchtet, läßt sich im Gegensatz zu *Sacch. cerevisiae* sehr rasch an die Vergärung von Zuckerrohrmelasse gewöhnen, wobei das pH nur wenig abnimmt, im Mittel von 8 Verss. von 5,4 auf 4,9. R. K. MÜLLER. 7506□

Die Trisaccharide und ihre Gärung. J. Hupe. (Bull. Assoc. anciens Étudiants Brasserie Univ. Louvain **57.** 173—82. Dez. 1961. Malines, Brasserie du Chevalier Marin.) (Franz.)
Mit Hilfe eines Gärungsmessers, an dessen Skala man das entwickelte CO_2 ablesen kann (Abb.), werden Gärungshefen für *Maltotriose* (**I**) untersucht. Unter den geprüften Hefen lassen sich 5 Gruppen nach der Geschw. der **I**-Gärung (sehr rasch, rasch, ziemlich sch, langsam, gar nicht) unterscheiden. — 14 Literaturangaben. W. WESLY. 7506□

Desinfektion von Hefegärbehältern, die mit Polyamid ausgekleidet sind. Bolesław Bachman, Anna Nowakowska und Zdzisław Włodarczyk. (Przemysł spożywczy **15.** 597—602. Okt. 1961. Łódź.) (Pol.)
4%ig. Chlorkalk- (25% akt. Cl) oder 1,25%ig. SO_2-Lsgg. haben bei 50° gleiche desinfizierende Wrkg. wie Sterilisierung mit Dampf von 100°, die bei mit Kunststoff ausgekleideten Gärbehältern nicht angewendet werden kann. *Oospora lactis* läßt sich durch SO_2 nur zu ca. 60% unschädlich machen. Günstiger ist deshalb die Desinfektion der Behälter mit Chlorkalk. F. URBAN. 7514□

Anwendung einer Milchsäurelösung zur partiellen Sterilisierung von Malzkeimen bei der Milchsäuregärung. Irena Januszewicz und Maria Brzozowska. (Przemysł spożywczy **15.** 607—10. Okt. 1961. Warszawa.) (Pol.)
Nach Sterilisierung mit 6%ig. Milchsäure-Lsg. entwickeln sich auf Malzkeimen nur reine Kulturen von *Bacterium delbrückii.* Im Gegensatz zu pasteurisierten Malzkeimen verläuft die Milchsäuregärung der mit Milchsäure sterilisierten Keime schneller u.vollständig. F. URBAN. 7514□

Isolierung und Struktur von Anthocyanosiden des Gerstenkorns. E. Urion und M. Metche. (Brauwissenschaft **14.** 227—32. Mai/Juni 1961, Beil. zu: Brauwelt, Ausg. B. Nancy, Brauerei-Hochsch., Forschungslabor.) (Dt.)
Vff. extrahierten aus violetter Guimalayegerste nach einer beschriebenen Meth. Anthocyanoside u. versuchten, die Struktur der Pigmente zu bestimmen. Das am stärksten vertretene Pigment wurde als *Cyanidol-3-arabinosid* identifiziert. — 32 Literaturangaben. S. ZAAKE. 7540□

Die saure Reinigung und ihre Anwendung in der Brauerei. Marcel Loncin. (Brasserie **17.** 4—11. Jan. 1962.) (Franz.)
Übersicht über Arten, Eigg. u. Verw. von Reinigungsmitteln, bes. Netzmitteln, in der Brauerei. Als saures Reinigungsmittel für Gärungsbottiche u. Leitungen wird DT 3-Säure der Firma SOPURA, eine leicht schäumende, bläuliche Fl., spezif. Gew. 1,3 bei 20°, mit 42 (%) Mineralsäuren u. 0,38 organ. Stoffen, hauptsächlich Polyoxyäthylen-Derivv., mit geringer Korrosions-Wrkg., deutlich baktericider Wrkg. u. ohne geschmackliche Einw. auf das Bier empfohlen. W. WESLY. 7544□

Über die Feuchtigkeitsbestimmung in Gerste, Malz und Hopfen. Fernando Montequi und Francisco Gutiérrez Marin. (Ion [Madrid] **19.** 407—09. 417. Aug. 1959.) (Span.)

Für die Best. des Wasser-Geh. von Malz u. Gerste eignet sich die Trocknung unter Durchleiten eines trockenen Luftstroms in einem von außen in einem Bad von $CaCl_2$-Lsg. (Kp. 105°) beheizten stehenden Rohr. Bei Hopfen gibt dieses Verf. keine zuverlässigen Werte; hier ist die Dest. des W. mit Toluol vorzuziehen.
R. K. MÜLLER. 7598□

Bestimmung oxydierbarer Stoffe im Bier. Joseph L. Owades und Francis Zientara. (Amer. Brewer **94.** Nr. 2. 33. 36. 38. 41. Febr. 1961. Mount Vernon, N.Y., Schwarz Labor., Inc.) (Engl.)
Das im einzelnen beschriebene Verf. besteht darin, die Absorption der mit dem freien Radikal α.α-Diphenyl-β-picrylhydrazyl versetzten Probe bei 520 mμ nach 5, 10 u. 30 Min. im Vgl. mit einer Blindprobe zu bestimmen. W. WESLY. 7600□

Laboratorio Enochimico Gildo dal Cin, Mailand, Italien, **Gewinnung von Natriumbentonit.** Man mischt 96 (%) Ca-Bentonit mit 4 Na-Polyphosphat u. schlämmt das Gemisch in W. auf. Das Prod. ist *geeignet zum Klären von Wein.* (**It. P. 526 328** vom 15/2. 1954.) K. KOEBKE. 7555

Kyowa Hakko Kogyo Kabushiki Kaisha (Erfinder: Shukuo Kinoshita, Shigezo Udaka und Sadao Akita), Tokyo, Japan, *Fermentative l-Glutaminsäure-Herstellung.* (**Schwz. P. 357 732** vom 22/12. 1956, ausg. 15/12. 1961. Jap. Prior. 17/5. 1956. — **C. 1959.** 17544 [Oe. P. 200 544].)

XVI. Nahrungs-, Genuß- und Futtermittel

Gehalt an einigen Spurenelementen (Jod, Fluor, Kobalt und Kupfer) in Lebensmitteln des Hochaltai. M. G. Kolomijtzewa. (Вопросы Питания [Fragen d. Ernähr.] **20.** Nr. 6. 55—58. Nov./Dez. 1961. Barnaul. Med. Inst., Lehrstuhl für allg. Hygiene.) (Russ.; Auszug: Engl.)
Der Geh. an J, F, Co u. Cu in verschiedenen Lebensmitteln (Getreide, Gemüse, Fleisch, Fisch u. Milch) des Hochaltai wird erörtert. Der Geh. an J betrug 0,17—30 (γ%), an F 10—100, an Co 0,14—44,5 u. an Cu 0,14—930. S. BARYSCHNIKOW. 7630

Natürlicher Kupfer- und Zinkgehalt in Lebensmitteln des Primorje-Gebietes. G. P. Gurewitsch. (Вопросы Питания [Fragen d. Ernähr.] **20.** Nr. 5. 38—40. Sept./Okt. 1961. Wladiwostok, Inst. für Epidemiol., Mikrobiol. u. Hygiene.) (Russ.; Auszug: Engl.)
Vf. erörtert den *Cu*- bzw. *Zn*-Geh. von Lebensmitteln, wie Getreide, Brot, Gemüse, Kartoffeln, Milch, Eier u. Rindfleisch, des Primorje-Gebietes. Es wurden Cu-Geh. von 10,3 (γ%; Milch), 886,9 (Hafergrünmasse) u. Zn-Geh. von 73,54 (Brot), 1878,58 (Hafer) beobachtet. S. BARYSCHNIKOW. 7630

Mangangehalt der pflanzlichen Produkte des Gebietes von Tomsk. A. I. Worobjewa. (Вопросы Питания [Fragen d. Ernähr.] **20.** Nr. 5. 35—38. Sept./Okt. 1961. Tomsk, Med. Inst., Lehrstuhl für allg. Hygiene.) (Russ.; Auszug: Engl.)
Der Mn-Geh. der pflanzlichen Prodd., wie Getreide, Graupen, Brot, Kartoffeln, Gemüse, Obst, Beeren, Pilze, Nüsse u. Ölsamen, des Gebietes von Tomsk wird erörtert. Es wurden Mn-Geh. von 0,1 mg% (Crataegus-Beeren) bis 44 mg% (Heidelbeeren) gefunden. S. BARYSCHNIKOW. 7630

Bestimmung des Histidin- und Threoningehaltes im Fleisch von Rindern, Hammeln, Kälbern und Schweinen. Juana B. Williams Miranda. (An. Fac. Farmac. Bioquím. **7.** 205—06. 1956.) (Span.)
Angaben über den *Histidin*- u. *Threonin*-Geh. von Rind-, Hammel-, Kalb- u. Schweinefleisch. K. KAPPELLER. 7750□

Bestimmung von Histidin und Threonin im Fleisch von Geflügel. Carmen Villareal Delgado. (An. Fac. Farmac. Bioquím. **7.** 202—04. 1956.) (Span.)
Angaben über den *Histidin*- u. *Threonin*-Geh. von Hühner-, Enten- u. Puterfleisch. K. KAPPELLER. 7750□

Zur Veränderung der Histostruktur der Muskelfasern und der Skelettmuskulatur überhaupt bei der Brühwurstherstellung und ein Versuch, die Brühwurstherstellung in einem Schema darzustellen. F. Schönberg. (Arch. Lebensmittelhyg. **12.** 106—09. 20/5. 1961. Beil. zu: Dtsch. tierärztl. Wschr.; Hannover, Tierärztl. Hochschule, Inst. für tierärztl. Lebensmittelkunde u. Milchhygiene.) (Dt.) M. WINIKER. 7750□

Tyrosinablagerungen bei gesalzenen Saitlingen. D. Großklaus. (Arch. Lebensmittelhyg. **11.** 107. 20/5. 1960. Beil. zu: Dtsch. tierärztl. Wschr.; Berlin-Dahlem, Freie Univ., Inst. für Lebensmittelhygiene.) (Dt.) M. WINIKER. 7750□

Untersuchungen über die Ablagerung und Entfernung radioaktiver Milch-Schmutzstoffe. I. J. Pflug, T. I. Hedrick, O. W. Kaufmann, R. A. Keppeler und C. G. Pheil. (J. Milk Food Technol. **24**. 390—96. Dez. 1961. East Lansing, Mich., Michigan Agric. Exp. Stat., Dep. of Food Sci., Microbiol. and Publ. Health, and Agric. Engng.) (Engl.)

Vff. untersuchten die Ablagerung u. Entfernung radioakt. Milch-Schmutzstoffe von verschiedenen Oberflächen. 16 Platten aus rostfreiem Stahl verschiedener Oberflächenbeschaffenheit wurden wiederholt bei 2^0 ca. 3 Sek. in Magermilch getaucht, die mit $H_3{}^{32}PO_4$ versetzt worden war. Die Beschaffenheit der Oberfläche hatte einen geringen, jedoch meßbaren Einfl. auf die Haftung der radioakt. Milchstoffe. Dagegen war die Oberflächenbeschaffenheit ohne Einfl. auf die Entfernbarkeit des Schmutzes. Die Zunahme der Verschmutzung erfolgte bei wiederholtem Eintauchen nicht als additive Ansammlung der jeweils verbleibenden Milchreste, sondern erwies sich als langsame selektive Ablagerung eines schwer zu entfernenden Restes in der Zeiteinheit. Wenn die Schmutzschicht eine bestimmte Dicke erreicht hatte, war kein Einfl. der Oberflächenbeschaffenheit auf den Verlauf der weiteren Verschmutzung mehr erkennbar. Durch einfaches Waschen wurde die gemessene Radioaktivität nur teilweise entfernt. Auch wiederholtes Waschen ergab keine besseren Resultate, sofern nicht ein spezielles hochwirksames Reinigungs-Verf. angewandt wurde. HANS THIELE. 7756□

Der Abbau des Methionins durch Licht und dessen Abhängigkeit vom pH und von der Anwesenheit von Sauerstoff. Ernst-Gunnar Samuelsson und James W. Harper. (Milchwissenschaft **16**. 344—47. Juli 1961. Alnarp, Dairy Dep.; Vollebeck, Dairy Inst.) (Engl.)

Bei der Bestrahlung (Leuchtröhre) von *Methionin* in Ggw. von O_2 konnte die Bldg. folgender Substanzen oder Substanzarten nachgewiesen bzw. wahrscheinlich gemacht werden: *H_2S, Thioäther, Disulfide, Mercaptane, Formaldehyd, Acetaldehyd, Propanal* u. *Methional* (I). Die Bldg. von I erwies sich als pH-abhängig. Diese Feststellungen werden im Hinblick auf die möglichen Ursachen der Entstehung des „Sonnenlichtgeschmacks" von Milch diskutiert. M. WINIKER. 7756□

Sedimentationsstudien an Milchproteinen unter besonderer Berücksichtigung der Homogenisierung. Hans Lück und Elisabeth Rickerl. (Milchwissenschaft **15**. 599—607. Dez. 1960. München, Dt. Forsch.-Anst. für Lebensmittelchemie.) (Dt.)

Zwischen den Sedimentationsdiagrammen von Magermilch sowie von Na-Caseinat aus roher u. roher homogenisierter Milch wurde kein Unterschied festgestellt. Bei homogenisierter Milch war der Bodensatz etwas geringer als bei nicht homogenisierter. Dies spricht für eine Zerkleinerung der größeren Caseinpartikel durch die Homogenisierung. M. WINIKER. 7756□

Die Bedeutung der Fettkügelchen von pasteurisierter Milch für die Hemmung gewisser Streptococcus cremoris-Stämme. Ailsa J. Gillies. (Queensland J. agric. Sci. **18**. 123—37. März 1961. Queensland Dep. of Agric. and Stock.) (Engl.)

Die Entfernung des Fettes aus pasteurisierter Vollmilch führte zu einer Magermilch, in der gewisse Streptococcus-Arten eine höhere Acidität verursachen als in pasteurisierter Vollmilch, aber eine geringere als in sterilisierter Milch. In allen Fällen waren die Fettkügelchen der Milch für die Keimhemmung verantwortlich. E. LÜCK. 7756□

Trockenmilch. Herstellung für spezifische Verwendungen. R. P. Choi. (Cereal Sci. today **4**. 39—42. Febr. 1959. Chicago, Ill., Amer. Dry Milk Inst.) (Engl.)

Allg. Ausführungen. M. WINIKER. 7756□

Gebundene Aldehyde in Butterfett. Owen W. Parks, Mark Keeney und Daniel P. Schwartz. (J. Dairy Sci. **44**. 1940—43. Okt. 1961. Washington, D.C., U.S. Dep. of Agric., Agric. Res. Serv., Eastern Utiliz. Res. and Dev. Div., Dairy Products Labor.) (Engl.)

Im Laufe von Unterss. über Fehlgeschmack von Vollmilchpulver wurden erhebliche Mengen Aldehyde (I) als *2.4-Dinitrophenylhydrazone* isoliert. Nach den Ergebnissen früherer Unterss. war zu vermuten, daß diese I im Butteröl gebunden vorliegen. Ihr Nachw. war bisher nur in der Plasmalogenfraktion von Butterserum gelungen. Erste Verss. ergaben, daß die aus Butteröl gewonnenen I durch Säulenchromatographie nicht, wohl aber durch Gaschromatographie zu trennen sind. 800 ml einer 25%ig. Lsg. von durch Schmelzen von Süßrahmbutter bei 38^0 u. Zentrifugieren gewonnenem Butteröl in carbonylfreiem *Hexan* (II) wurden mit $NaSO_4$ getrocknet, filtriert u. durch eine Säule geschickt, die 3 „Celite"-Schichten (mit gesätt. $NaHSO_3$ sowie eine mittlere mit 50% H_3PO_4 imprägniert) enthielt. Nach Waschen mit II wurde die untere Celite-Schicht entfernt u. zur Zerstörung des HSO_3^- mit 20% Na_2CO_3 behandelt. Die I wurden sodann mit II extrahiert u. als *2.4-Dinitrophenylhydrazone* durch Adsorption an MgO gereinigt u. mit Lävulinsäure wieder in die I übergeführt. Die gaschromatograph. Analyse der gesätt. I mit Hilfe einer 6 ft.-Säule, die mit Celite gefüllt war, ergab die Ggw. geradkettiger I mit 9—18 außerdem verzweigter I mit 11—18 C-Atomen (Ausnahme C_{12}). Wie auch die Analyse auf einer 100 ft.-Capillarsäule, mit deren Hilfe verzweigte C_{13}-, C_{15}- u. C_{16}-I nachgewiesen wurden, ergab, liegen 2 Typen verzweigter I vor. Direkte Rk. von Butteröl mit *2.4-Dinitrophenylhydrazin* ergab die Ggw. geringer Mengen ungesätt. I, während C_{12}-, C_{18}- u. C_{20}-Enale, 3 C_{16-20}-Dienale u. geringere Mengen C_{13-16}-Enale durch Papierchromatographie, UV-Analyse u. Trennung an MgO nachgewiesen wurden. In der Plasmalogenfraktion liegen ähnliche Verhältnisse vor, jedoch machen hier die gesätt. C_{16-18}-I den Hauptanteil aus, während im Butteröl die C_{14-16}-I bes. reichlich vorkommen. Ungesätt. I kommen in geringeren Mengen vor als in Butteröl. Papierchromatograph., durch Unters. im UV-Licht u. an Hand des Verh. auf MgO wurden hauptsächlich C_{16-18} u. C_{8-12}-Enale, kaum dagegen C_{13-15}-Enale nachgewiesen. Die Ggw. niedrigerer ungesätt. I ist vermutlich zum Teil auf Autoxydation zurückzuführen.

HANS THIELE. 7758 □

Beitrag zur Kenntnis der Körnchenstruktur von Butterfett in Butter. Ernst Knoop und Max Erich Schulz. (Milchwissenschaft **15.** 439—44. Sept. 1960. Kiel, Bundesforschungsanst. für Milchwirtschaft, Physikal. u. Chem. Inst.) (Dt.)

Modell-Verss. mit *Butterschmalz, Paraffin* u. *Agar-Agar* ergaben, daß die Körnchenstruktur von unter Bewegung erstarrten Fll. nicht unbedingt eine Kristallisation voraussetzt, sondern daß dafür lediglich der Erstarrungsvorgang unter Rühren verantwortlich ist. Die Größe der erhaltenen Körnchen ist bedingt durch die Geschw. des Rührens u. des Abkühlens. Wertet man diese Befunde für die Praxis der Butter-Herst. aus, so kann man annehmen, daß bei den verschiedenen Butterungs-Verf. folgende Möglichkeiten der Ausbldg. einer Körnchenstruktur bestehen: 1. Erstarrung im Fettkügelchen (Butterfertiger-Verf.); 2. Erstarrung im Fettkügelchen u. unter Bewegung aus freiem Fett (z. B. ALFA-Verf.); 3. Erstarrung unter Bewegung aus freiem Fett (z. B. CHERRY-BURRELL-Verf.).

M. WINIKER. 7758 □

Konsistenzuntersuchungen an Winterbutter. Auswertung der Prüfungen von Butter in Kleinpackungen. Ernst Knoop, Karl-Heinz Peters, Max Erich Schulz und Eberhard Voss. (Milchwissenschaft **15.** 445—50. Sept. 1960. Kiel, Bundesforschungsanst. für Milchwirtschaft, Physikal. u. Chem. Inst.) (Dt.)

Für Winterbutter wurde ein geringer Zusammenhang zwischen dem Ausölchromatogramm bei 25° u. der Schnittfestigkeit bei 15°, hingegen eine deutliche Beziehung zwischen dem Ausölchromatogramm bei 15° u. der Schnittfestigkeit bei 15° gefunden. Je stärker das Ausölen bei 15° war, um so geringer war die Schnittfestigkeit. Diese Feststellung spricht für die Theorie, daß die Menge des Butteröls zwischen den erstarrten Butterfettkörnchen für die Weichheit der Butter von entscheidender Bedeutung ist.

M. WINIKER. 7758 □

Butterkonsistenz und Butterfettkristallisation. J. M. de Man. (Milchwissenschaft **15.** 450—53. Sept. 1960. Univ. of Alberta, Dep. of Dairy Sci.) (Engl.)

Nach dem Butterschmalz-Emulgierungs-Verf. hergestellte Butter ist fester u. ölt stärker aus als im Butterfertiger hergestellte. Als Ursache hierfür wird vom Vf. vor allem die unterschiedliche Art der Butterfettkristallisation angesehen.

M. WINIKER. 7758 □

Röntgenographische Untersuchungen über die Kristallstruktur einiger Triglyceride. Ernst Knoop und Erich Samhammer. (Milchwissenschaft **16.** 201—09. April 1961. Kiel, Bundesforschungsanst. für Milchwirtschaft, Physikal. Inst.) (Dt.)

Im Hinblick auf die Klärung der Frage, welcher Anteil des Butterfetts in der Butter in krist. Form vorliegt, u. welchen Einfl. die Fettkristallisation auf die Konsistenz der Butter ausübt, wurde die Unters. der Kristallstruktur der Triglyceride der Butter in Angriff genommen. Da das Butterfett aus einem Gemisch der verschiedenartigsten Triglyceride besteht, untersuchten Vff. zunächst Proben aus reinem *Tripalmitat* u. reinem *Tristearat* mittels eines Röntgengoniometers. Sie stellten fest, daß diese Substanzen in 5 verschiedenen Kristallmodifikationen aufzutreten vermögen. Eine derselben gehört zum rhomb. Kristall-Syst., während die anderen 4 Modifikationen ein monoklines Gitter besitzen.

M. WINIKER. 7758 □

Proteolytische (Mikro-) Organismen in der Butter. Lorna G. Lightbody. (Queensland J. agric. Sci. **18.** 109—22. März 1961. Queensland Dep. of Agric. and Stock.) (Engl.)

Ca. 20% der aus Butter isolierten Keime wiesen eine proteolyt. Aktivität auf, wirkten auf Casein-Agar aber nicht caseinolytisch. Zwischen proteolyt. u. lipolyt. Wrkg. bestand kein Zusammenhang.

E. LÜCK. 7758 □

Einige Ursachen der Verunreinigung von Butter durch Eisenverbindungen. T. Uljanowa. (Молочная Промышленность [Milch-Ind.] **22.** Nr. 8. 41—42. Aug. 1961. Omsk, Zweigstelle des Allunions-Forsch.-Inst. für Milchind.) (Russ.)

Der *Fe*-Geh. der Milch (0,8 mg/kg) ist von der Jahreszeit unabhängig. Beim Separieren der Milch konz. sich Fe im Rahm. Butter, die nach kontinuierlichem Verf. aus sehr fettreichem Rahm bereitet wurde, enthält weniger Fe (entsprechende Erhöhung des Fe-Geh. in der Buttermilch u. im Separatorschleim). Fe-haltiges NaCl (Salzen des Prod.) u. verlängerter Kontakt mit metall. Oberflächen der Butterkühler sind andere Ursachen der Verunreinigung des Prod. mit Fe-Verbindungen. Butter mit erhöhtem Fe-Geh. hat eine geringere Lagerbeständigkeit. S. BARYSCHNIKOW. 7758

Reinigung und Desinfektion im Schmelzkäsebetrieb. Helmut Camphausen. (Dtsch. Molkerei-Ztg. **82.** 1665—66. 16/11. 1961.) (Dt.) J. LEHMBERG. 7760□

Auswahl und Vorbereitung von Schmelzsalzen. Je. Schubin. (Молочная Промышленность [Milch-Ind.] **22.** Nr. 8. 23—25. Aug. 1961. Zentr. Forsch.-Inst. für Molkereiwesen.) (Russ.)

Die Auswahl von Schmelzsalzen zur Bereitung von Schmelzkäsen wird erörtert. Lsgg. von Na_2HPO_4, Na-Citrat u. -Trihydroxyglutarat mit dem pH 4,0—8,5 zur Bearbeitung einzelner Käsesorten werden angegeben. S. BARYSCHNIKOW. 7760

Bindemittel für Schmelzkäse. R. von der Heide. (Dtsch. Molkerei-Ztg. **82.** 1667. 16/11. 1961.) (Dt.) J. LEHMBERG. 7760□

Die Vorschmelzware, ein regulierender Faktor in der Schmelzkäse-Industrie. Ihre Bedeutung, Herstellung und Anwendung. Albert Meyer. (Milchwissenschaft **15.** 286—96. Juni 1960. Ludwigshafen/Rh.) (Dt.) M. WINIKER. 7760□

Mechanische Beeinflussung des Caseinmoleküls bei der Schmelzkäse-Herstellung. H. Roesler. (Dtsch. Molkerei-Ztg. **82.** 1663—64. 16/11. 1961. Ludwigshafen/Rh., Gebr. Giulini GmbH., Anwendungstechn. Labor.) (Dt.) J. LEHMBERG. 7760□

Die oft vernachlässigten letzten Stufen der Schmelzkäseherstellung. H Mair-Waldburg. (Dtsch. Molkerei-Ztg. **82.** 1659—62. 16/11. 1961. Kempten/Allg., Milchwirtschaftl. Unters.- u. Versuchsanstalt.) (Dt.) J. LEHMBERG. 7790□

' **Über die Beurteilung der Qualität von Gefrierspinat.** 2. Mitt. **Gehalt an Trockensubstanz.** Alfred Schaller. (Confructa [Frankfurt/M.] **1.** 161—71. Dez. 1961.) (Dt.)— 1. vgl. C. **1962.** 3301.

Nach den Erfahrungen des Vf. ist zur Best. des Trockensubstanz-Geh. von Spinat eine 4std. Trocknung über Sand bei 105° als Standard-Meth. geeignet. Für Betriebszwecke ist IR-Trocknung bes. zu empfehlen. — 43 Literaturangaben.
M. WINIKER. 7810□

Über die Bestimmung von Schwefliger Säure in Konfitüren, Marmeladen und ähnlichen Erzeugnissen. Peter Nehring. (Ind. Obst- u. Gemüseverwert. **46.** 447—49. 7/9. 1961.) (Dt.)

Kurzfassung der C. **1962.** 1831 referierten Arbeit. M. WINIKER. 7814□

Nachweis von feinstzerkleinerter Schwarte in Tee- und Leberwurst. St. Wersching. (Arch. Lebensmittelhyg. **11.** 105. 20/5. 1960. Beil. zu: Dtsch. tierärztl. Wschr. Hamburg, Veterinäruntersuchungsanst.) (Dt.)

Wird Wurstmaterial für die histolog. Unters. entfettet, so kann feinstzerkleinerte Schwarte mit dem Ae. entfernt u. so ein falsches Unters.-Ergebnis erhalten werden. Starke Trübung des Ae. beim Ausschütteln ist oft der erste Hinweis auf eine Verfälschung mit feinstzerkleinerter Schwarte. Die kollagene Natur dieser Substanz kann durch Ausstrich auf dem Objektträger u. anschließende Azanfärbung nach KOTTER nachgewiesen werden. M. WINIKER. 7850□

Zur Brauchbarkeit von Indicatorpapieren für die pH-Messung in Milch. F. Schönberg. (Arch. Lebensmittelhyg. **11.** 94. 20/4. 1960. Beil. zu: Dtsch. tierärztl. Wschr.) (Dt.)

Für die pH-Messung der Milch erwies sich *Neutralit*-Indicatorpapier (MERCK, Darmstadt) als geeignet. · M. WINIKER. 7856□

Eine spektrophotometrische Methode zur Bestimmung des bitteren Unkrautgeschmacks in Milch mit Chromotropsäure. Booker T. White. (J. Dairy Sci. **44.** 1791—98. Okt. 1961. Greensboro, N.C., Agric. and Techn. Coll. of North Carolina, Div. of Biochem.) (Engl.)

Vf. verfütterte getrocknete u. pulverisierte Blätter u. Blütenstände von *Helenium tenuifolium* in Gelatinekapseln an Milchkühe (1 lbs./Tier) u. isolierte aus der 12 Std. danach ermolkenen Milch die bittere Geschmackskomponente: Mit 50 ml 85%ig. H_2SO_4 u. 1500 ml Methanol wird das Casein von 500 ml Milch gefällt u. nach sorgfältigem Umschütteln abfiltriert. Das Filtrat wird mehrfach mit 250 ml Chlf. extrahiert. Nach Neutralisation mit ca. 150 g $(NH_4)_2CO_3$ u. teilweisem Trocknen mit Na_2SO_4 wird der Gesamt-Chlf.-Extrakt unter Vakuum abdest. u. der verbleibende wss. Rückstand erneut mit 3mal 50 ml Chlf. extrahiert. Nach Trocknen mit Na_2SO_4 wird der Gesamtextrakt dest., der Rückstand in 30 ml Aceton aufgenommen, filtriert u. getrocknet. Der fettige Rückstand wird mit 25 ml dest. W. extrahiert. Durch Schütteln mit 2mal 50 ml PAe. werden die Fettanteile entfernt. Die wss. Phase wird von organ. Lsgm. befreit u. mit 25 ml dest. W. verdünnt. In dieser Lsg. wird die Geschmackskomponente nach folgender Methodik bestimmt: 1 ml der Lsg. wird in ein 150 mm-Reagensglas gegeben, das von Eiswasser umgeben ist, u. mit 1 ml 2,5%ig. Chromotropsäure sowie 4 ml H_2SO_4 (90 ml konz. H_2SO_4 + 10 ml W.) versetzt. Nach sorgfältigem Durchmischen wird in einem Wasserbad genau 15 Min. auf 100° erhitzt u. unter fließendem W. schnell gekühlt. Die Farbintensität (Purpurrot) wird bei 410 mμ in einer 1 cm-Küvette ermittelt (gegen Blindprobe). An Hand einer mit reinem *Isotenulin* (I) hergestellten Eichkurve wird der Geh. an I ermittelt. Bei Konzz. über 50 γ I/ml Extrakt ist mit einer Geschmacksbeeinträchtigung der Milch zu rechnen. Die Farb-Rk. gehorcht dem BEERschen Gesetz u. ist zur Best. von 0,1—1,5 mg der bitteren Geschmackskomponente/ml Extrakt geeignet. Die die Rk. beeinflussenden Faktoren werden diskutiert. HANS THIELE. 7856□

Colorimetrische Fettbestimmung in Milch mit der Hydroxamat-Methode. J. Nijs und J. Verheyden. (Milchwissenschaft **15.** 462—68. Sept. 1960. Antwerpen, Prov. Inst. voor Hygiene.) (Engl.)

Zur Fett-Best. in Milch wurde eine Meth. entwickelt, die auf folgendem Prinzip basiert: Fettsäure- u. andere Ester werden durch *Hydroxylamin* im alkal. Milieu zu *Hydroxamsäuren* umgewandelt, die mit *Fe^{3+}-Ionen* rotviolett gefärbte Komplexe bilden. M. WINIKER. 7856□

Die Gaschromatographie und ihre Anwendung in der Milchwirtschaft. 3. Mitt. **Die Prüfung von Amylalkohol auf seine Zusammensetzung und Eignung als Reagenz zur Fettbestimmung nach Gerber.** H. Hänni und W. Ritter. (Milchwissenschaft **16.** 24—30. Jan. 1961.) (Dt.) — 2. vgl. RITTER u. HÄNNI, C. **1962.** 12503. M. WINIKER. 7856□

Nachweis des Vorhandenseins von Distearyltriglyceriden in einer hochschmelzenden Milchfettfraktion durch Chromatographie an der Kieselsäuresäule. P. G. Keeney. (J. Dairy Sci. **44.** 1933—34. Okt. 1961. University Park, Pa., Pennsylvania State Univ., Dep. of Dairy Sci.) (Engl.)

Die Identifizierung einzelner Milchfett-Triglyceride setzt eine ausreichende Konzentrierung voraus, die gewöhnlich Schwierigkeiten bereitet. Zur Konzentrierung der an *Stearinsäure* (I) reichen Triglyceride einer hochschm. Glyceridfraktion eignete sich folgende Methodik: 400 g Butterfett wurden in 2 Liter Aceton gelöst u. 12 Std. bei —2° aufbewahrt, der Nd. wurde mit kaltem Aceton gewaschen u. erneut in 800 ml Aceton gelöst. Nach 12 Std. bei Zimmer-Temp. wurde der kristalline Nd. abfiltriert, mit Ae. gewaschen u. getrocknet [20 g hochschm. Fraktion (**a**)]. Die Fraktionierung der **a** erfolgte nach einer Modifikation der Meth. von HIRSCH u. AHRENS (C. **1959.** 8578) mit Hilfe der Kieselsäuresäule. Die Kieselsäure wurde jedoch nicht gemahlen u. die Absetzzeit der SiO_2-Suspension von 30 auf 15 Min. verkürzt. Dadurch wurde die Lsgm.-Laufzeit verlängert. Die Säule (15×750 mm) enthielt schließlich 18 g SiO_2 u. wurde nacheinander mit 20 ml Ae., 40 ml Aceton–Ae.-Gemisch (1:1), 20 ml Ae. u. 300 ml PAe. gewaschen (Fließ-Geschw. ca. 60 ml/Std.) u. mit 0,3 g **a** in 4 ml PAe. beschickt. Es wurde mit 1, 2, 3 u. 4% Ae. in PAe., abschließend mit reinem Ae. eluiert. Die in den Eluaten enthaltenen Triglyceridfraktionen wurden nach alkal. Verseifung u. Überführung in die Methylester mit H_2SO_4 u. Methanol gaschromatograph. analysiert (vgl. PATTON u. Mitarbeiter, C. **1961.** 14496). Vf. arbeitete mit einer Menge von 100—200 ml der einzelnen Lsgm.-Gemische, wobei Fraktionen von 40 bzw. 10 ml aufgefangen wurden. Es zeigte sich, daß die I-reichen Glyceride am schnellsten eluiert wurden. Es wurde eine grobe Fraktionierung erreicht, die zur Isolierung einzelner Verbb. jedoch nicht ausreichte. Der Höchstgeh. der Fraktionen an I war auch nach erneuter Chromatographie der Eluate nicht höher als 50%. Demzufolge liegen Distearyltriglyceride, jedoch kein Tristearin vor, das einen I-Geh. von mehr als 67% erfordern würde. Es erfolgt offenbar eine Auftrennung nach dem Molekulargewicht. Dipalmityltriglyceride wurden ebenfalls nachgewiesen. Die Meth. ist für die Auftrennung von Fettfraktionen universell geeignet, bes. für Fraktionen, die reich an Glyceriden niederen Molgew. sind. HANS THIELE. 7856□

Photometrische Eiweißbestimmung in Magermilch. G. Haugaard und M. G. Damm. (Milchwissenschaft **16.** 452—56. Sept. 1961. Kopenhagen, Royal Veterinary and Agric. Coll.) (Engl.)

Zur Best. des *Eiweiß*-Geh. von Magermilch wird eine Meth. beschrieben, die auf der Messung der Lichtabsorption bei einer Wellenlänge von 277 mμ basiert. Die Übereinstimmung der mit dieser Meth. erzielten Werte mit denen, die mittels der Meth. von KJELDAHL erhalten werden, ist ausreichend. M. WINIKER. 7856□

Über die Wirkung von Sorbinsäure auf Kulturmilchsäurebakterien. Fritz Winkelmann. (Milchwissenschaft **15.** 565—71. Nov. 1960. Berlin, Paul Funke & Co., GmbH., Labor.) (Dt.)

Bei der Prüfung des Wachstums einiger Kulturmilchsäurebakterien auf verschiedenen Nährböden mit unterschiedlich hohen *Sorbinsäure* (I)-Konzz. zeigte sich, daß mit einer I-Konz. von 0,10% in einem Nährboden, dessen Hauptbestandteile mittels Pankreatins vorverdaute Milch, Pepton WITTE, Hefeextrakt, Glucose u. Tween 80 sind, ein befriedigendes Wachstum erzielt werden kann. Diese Konz. reichte aus, um Schimmel- u. Hefeinfektion soweit zu unterdrücken, daß ein infektionsfreies Abimpfen der Milchsäurebakterien von den Platten möglich war. Die fungicide Eig. der I-Lsg. ging mit zunehmendem Alter völlig verloren, während die baktericide Wirksamkeit zunahm. M. WINIKER. 7856□

Immunelektrophoretische Untersuchungen an Kuhmilchpräparaten. D. L. A. Roulet, M. Bein und G. von Muralt. (Milchwissenschaft **16.** 415—19. Aug. 1961. Bern, Blutspendedienst des Schweizer. Roten Kreuzes, Zentrallabor.; Vuadens, Guigoz AG., Forschungslabor.) (Dt.)

Unterss. an verschiedenen Kuhmilch-Präpp. ergaben, daß die Immunelektrophorese nach GRABAR u. WILLIAMS u. der Agardoppeldiffusionstest nach OUCHTERLONY sehr empfindliche Meth. zur Charakterisierung des Einfl. einer therm. Behandlung auf die Feinstruktur der Milchproteine darstellen. M. WINIKER. 7856□

Charakterisierung von Labpräparaten verschiedener Reinheitsgrade durch Immunelektrophorese. Richard Schober und Norbert Heimburger. (Milchwissenschaft **15.** 561—64. Nov. 1960. Wangen im Allgäu, Staatl. Milchwirtschaftl. Lehr- u. Forsch.-Anst.) (Dt.) M. WINIKER. 7860□

Bestimmung des Nitratgehalts in Käse. Hans Kay und Günter Mrowetz. (Milchwissenschaft **15.** 550—56. Nov. 1960. Kiel, Bundesforschungsanst. für Milchwirtschaft, Chem. Inst.) (Dt.)

Für die Best. des Nitrat-Geh. von Käse werden 2 Meth. beschrieben. Die eine basiert auf der Rk. von Nitrat mit *2.4-Xylenol*, die andere auf der Rk. mit *Diphenylamin*. M. WINIKER. 7860□

Untersuchungen über den Nachweis von Nitraten und Nitriten in Käse. Heinz Dubrow und Werner Kabisch. (Milchwissenschaft **15.** 543—49. Nov. 1960. Malente, Milchwirtschaftl. Lehr- u. Untersuchungsanst., Chem. Inst.) (Dt.)

Zur Ermittlung des *Nitrat* (I)- u. *Nitrit* (II)-Geh. von Käse wird eine einheitliche Arbeitsweise vorgeschlagen, die es gestattet, von einer Einwaage auszugehen u. in einem Serum II mit *p-Nitranilin* u. I mit *Diphenylamin* (ggf. auch mit *m-Xylenol*) zu bestimmen. M. WINIKER. 7860□

Ein elektrisches Feuchtigkeitselement zur Messung relativer Dampfdrücke. L. A. Richardson, H. A. Morris und W. B. Combs. (J. Dairy Sci. **44.** 1935—37. Okt. 1961. St. Paul, Minn., Univ. of Minnesota, Dep. of Dairy Ind.) (Engl.)

Vff. beschreiben eine Meth. zur Best. der Wassersorption von Milchproteinen mit Hilfe einer feuchtigkeitsempfindlichen *LiCl-Polyvinylalkohol*-Meßkette zur Best. des relativen Dampfdrucks. Das Element ist an der Innenseite des Deckels eines Glasgefäßes befestigt u. wird mit einem Mikroamperemeter (3 Bereiche) verbunden. Der Meßbereich beträgt 12—99% relativer Feuchtigkeit, wobei verschiedene Elemente, für Bereiche von 10—18% geeicht, angewandt werden. Gemessen wird die Änderung des Widerstands zwischen den Elektroden. Die Glasmeßgefäße (8,5×7,5 cm ∅) sind mit Schraubdeckel u. Latexdichtung versehen, die Bananenstecker mit Gummidichtungen im Deckel befestigt. Proben verschiedener Caseinmuster wurden gefriergetrocknet u. sodann mit Dampf auf verschiedene Feuchtigkeits-Geh. gebracht. Die mit jeweils 1 g Casein beschickten verschlossenen Meßgefäße wurden 10 Tage im Brutschrank bei 20 ± 0,1° gehalten u. täglich umgeschüttelt. Die Raum-Temp. wurde auf 18° reguliert. Nach dieser Zeit wurden die Deckel schnell durch die mit dem Meßelement versehenen ersetzt. Nach 24 Std. wurde mit der Messung begonnen, die Meßwerte wurden 48 oder 72 Std. lang registriert. Gewertet wurde die Ablesung nach Erreichung einer Konstanz. Nachfolgend wurde der Wasser-Geh. wie für Käse üblich bestimmt. Die Werte für den relativen Dampfdruck (0—1,0) wurden auf der Abszisse gegen den prozentualen Wasser-Geh. aufgetragen. Es ergab sich eine ausgezeichnete Übereinstimmung mit den mit Hilfe des Isotenoskops nach BRIGGS erhaltenen Werten. Bei Benutzung mehrerer Elemente können zahlreiche Proben einfach u. relativ schnell analysiert werden. HANS THIELE. 7860□

Filtriervorrichtungen für die Rohfaseranalyse. Kenneth E. Holt. (Cereal Sci. today **6.** 302—04. 308. Nov. 1961. Minneapolis, Minn., Archer-Daniels Midland Co.) (Engl.)

Als Filtrier-Vorr. in der Rohfaseranalyse wird auf Grund einer Gemeinschafts-Unters. die Verw. eines 200-Maschensiebes (aus rostfreiem Stahl), das in einem umgekehrten Metalltrichter ruht, oder eines zweiteiligen Polyäthylen-BÜCHNER-Trichters mit einem 200-Maschensieb aus rostfreiem Stahl empfohlen. Luzernemehl gibt keine genauen Werte; Hefe ist schwer filtrierbar. W. WESLY. 7866□

Die Messung der Ureasezahl der Sojaölkuchen. Daniel Bourdon, Joannès Cotte, Marie-Louise Gielfrich und Laszlo Kaszas. (Rev. Fermentat. Ind. aliment. **16.** 75—78. 1961. Rennes, École Nat. Sup. d'Agron.) (Franz.)

Man behandelt die Probe 30 Min. lang bei 30° mit einer Harnstoff-Lsg., versetzt mit 0,1 n HCl, titriert deren Überschuß elektrometr. mit 0,1 n NaOH auf pH 4,7 zurück u. erhält so die durch die Probe entwickelte Menge N_2 in Form von NH_3. Zum Vgl. wird eine Blindprobe untersucht. Statt der elektrometr. Best. kann man auch eine Titration unter Verw. von alkohol. Bromkresolgrün-Lsg. bis zur dunkelgrünen Färbung ausführen. W. WESLY. 7868□

Serge Neukomm und Jacques Bonnet, **Behandeln von Tabak,** dad. gek., daß man den geschnittenen Rohtabak bei Zimmer-Temp. mit einem nichtbrennbaren Chlor-KW-Stoff eines Kp. > 50°, bes. CCl_4, durch kurze Berührung, am besten im Gegenstrom, extrahiert. Der Rauch derartig behandelten Tabaks enthält mindestens 30 (%) weniger Teer, 40 weniger Anthracen u. Pyren u. 55 weniger 3.4-Benzopyren. (**Aust. P. 229 942** vom 10/4. 1958, ausg. 15/9. 1960. Schwz. Prior. 12/4. u. 21/10. 1957.) C. LÜTTGEN. 7735

R. J. Reynolds Tobacco Co., übert. von: Edgar H. Harwood, Winston-Salem, N. C., V.St.A., **Zigarettenpapier.** Zur Verbesserung der Brenneigg. werden Na- u. K-Salze substituierter Malonsäuren, z. B. Butylmalonsäure, in einer Menge von 0,1—5,0%, bezogen auf das Trocken-Gew., zugesetzt. (**A. P. 2 886 041** vom 17/6. 1957, ausg. 12/5. 1959.) P. MAYER. 7735

Howard Bliss Klevens, Pittsburgh, Pa., V.St.A., *Stabilisierung von eiweißartigen Stoffen.* (**Holl. P. 98 176** vom 14/9. 1955, ausg. 15/6. 1961. A. Prior. 15/9. 1954. — C. **1958.** 4056 [F. P. 1 141 445].)

Brown & Polson Ltd., London, England, *Puddingpulver.* (**F. P. 1 234 112** vom 14/2. 1957, ausg. 14/10. 1960. E. Prior. 14/2. 1956 u. 5/2. 1957. — C. **1961.** 4197 [Belg. P. 555 014].)

K. A. Barbajanow und **K. P. Lemarinje,** Herstellung von Fleischkonserven. Lehrbuch für chemisch-technologische Fachrichtungen der Hochschulen für Lebensmittelindustrie. Moskau: Pischtschepromisdat. 1961. (407 S. m. Abb.; 1 Bl. Skizzen.) 1 Rbl. 5 Kop. [Russ.]

F. Miheliĉ und **F. Mikiĉ,** Über die Veränderungen des Ascorbinsäuregehaltes von Kuhmilch verschiedener Herkunft während eines Jahres. Nürnberg: Carl. 1961. (14 S. m. Abb.) 8° = Bibliotheca lactis. 23.

XVII. Fette. Seifen. Wasch- u. Reinigungsmittel. Wachse. Bohnermassen usw.

Über die Absorption von Kohlendioxyd durch Ölsaaten und die praktischen Konsequenzen. R. François und M. Loury. (Rev. franç. Corps. gras **8.** 502—508. Aug./Sept. 1961. Paris, Inst. des Corps Gras, Labor. Jean Ripert.) (Franz.)

Übersicht über die Verw. von CO_2 bei der Vorratshaltung von Ölsaaten unter Hervorhebung der auffälligen Tatsache, daß Ölsaaten das Gas rasch absorbieren, u. zwar bis zur Grenze seiner Löslichkeit in den vorhandenen Lipiden. Es wird festgestellt, daß 100 ml der Öle bei ca. 20° ca. 110—135 ml CO_2 aufnehmen, d. h. daß unter diesen Bedingungen von 1 Vol. des in der Saat enthaltenen Öles 1,3—1,5 Vol. CO_2 absorbiert werden. Es werden mit der einfachen App. eigene Messungen an Hafer, Mais, Erdnüssen, Raps-, Lein- u. Sojasaat durchgeführt u. die Befunde tabellar. sowie in graph. Darst. mitgeteilt; zwischen Geh. an Öl u. Menge an absorbiertem CO_2 besteht ein gesetzmäßiger Zusammenhang dahingehend, daß mit erhöhtem Öl-Geh. die CO_2-Aufnahme ansteigt. Angaben über die Menge des absorbierten CO_2 je Tonne Ölsaat, differenziert nach Löslichkeit im Öl u. im W., u. über die zur Siloeinlagerung erforderliche Gasmenge. — 8 Literaturangaben. K. TÄUFEL. 7894

Desinfizierende und desodorierende Seifen. W. Hausam. (Seifen-Öle-Fette-Wachse **81.** 675—78. 9/11. 703—04. 23/11. 1955. Ludwigshafen/Rh., Chem. Fabrik Dr. F. Raschig G. m. b. H.) (Dt.)

Desinfizierende Seifen sollen möglichst nur die auf die Haut gelangten schädlichen Keime beseitigen u. ihre normale Keimflora intakt lassen, abgesehen von den Desinfektionsseifen für chirurg. Zwecke: *Hexachlorophen, Chlorsalicylsäure-3.4-dichloranilid* (Anobial) u. *Bis-[2-hydroxy-3.5-dichlorphenyl]-sulfid* (Actamer, Bithionol bzw. Bidiphen) sind als zu radikale Zusatzmittel für desinfizierende Seifen nicht geeignet. *Raluben* bzw. *Raluben P*, Wirkstoffe auf der Basis halogenierter Phenole der Firma RASCHIG, Ludwigshafen, werden dagegen auf Grund ihrer Eigg. (nicht so große Aggressivität gegen Mikro- bzw. Staphylokokken wie die oben erwähnten Mittel, gute Wrkg. gegen Mycobact. phlei, Bact. coli, Bact. typhi, Bact. paratyphi, Dermatophyten; gute Seifenfestigkeit, Hautverträglichkeit u. bakteriostat. sowie desodorierende Wrkg.) empfohlen.

H.-P. RETTIG. 7910□

Die Unterscheidung der Samenkörner von Raps und von weißer Rübe. C.-G. Masson. (Rev. franç. Corps gras **8.** 615—19. Nov. 1961.) (Franz.)

Unter Aufzählung von morpholog., mkr. u. physikal., biolog. u. chem. Unterschieden zwischen den Samen von Cruciferen wird an Hand der konstituierenden Fettsäuren festgestellt, daß bei entsprechender rechner. Auswertung der Geh. an *Linolsäure* eine bedingte Unterscheidung der Samen von Raps u. weißer Rübe ermöglicht; die Unsicherheit des Urteils stellt sich auf 37%. Die stickstoffhaltigen Komponenten (Protein, Sinigrin, Sinalbin, Gluconapin) ermöglichen keine Differenzierung; dagegen bietet die Best. von Thiooxazolidin gewisse Aussichten, wenn man diesen Geh. dem an den C_{22}-Fettsäuren gegenüberstellt. K. TÄUFEL. 7932□

Die Anwendbarkeit der UV-Spektrophotometrie für die Kontrolle der Olivenöle. Bartolomeo Doro, Vittorio Sadini und Gino Gabucci. (Boll. Lab. chim. provinc. **11.** 499—535. April 1960. Trieste, Labor. Chim. Provinciale.) (Ital.)

Von Olivenölen werden im UV die Absorptionen bei 232, 262, 268 u. 274 mμ bestimmt u. hieraus die Werte $R = 232/270$, $\Delta K = K_{268} - [K_{232} + K_{274}]/2$ bzw. der Wert K'_{268} nach SPITERI ermittelt. Nur wenn $K'_{268} < 0{,}170$ ist, liegt ein Jungfernolivenöl vor. Bei der Analyse von 200 Olivenölen verschiedener Provenienz wurde festgestellt, daß 24% der untersuchten u. auf Grund der üblichen fettchem. Kennzahlen als Jungfernolivenöle bezeichneten Öle nicht dieser Gruppe angehörten. Die UV-Spektrophotometrie gestattet es ferner, rektifizierte Öle der Gruppe A bzw. B u. das Vorliegen von Gemischen nachzuweisen. Die für die einzelnen Öle ermittelten Werte werden in Tabellen wiedergegeben.

H. P. FIEDLER. 7932□

Direkte Bestimmung von Wasser und kurzkettigen Fettsäuren mittels der Gaschromatographie. A. Prevot und F. Cabeza. (Rev. franç. Corps gras **8.** 632—36. Nov. 1961. Paris, Labor. Inst. des Corps Gras.) (Franz.)

Zur Unters. der Zus. von Oxydations-Prodd. der Ölsäure, enthaltend W. sowie mehrere niedrige Fettsäuren, wird die Gaschromatographie angewendet. Als stationäre Phase werden die polare Stearin- bzw. Hydroxystearinsäure, als Trägersubstanz „Fluoropak" (poudre de Teflon) herangezogen (auf 20 g Fluoropak 2 g Stearin- bzw. Hydroxystearinsäure, Arbeits-Temp. 120°, Helium als Gasatmosphäre, das Catharometer als Indicator). Aus den tabellar. u. graph. mitgeteilten Unters.-Ergebnissen wird abgeleitet, daß mittels einer Eichung der Kolonne mit Gemischen bekannter Zus. ein Faktor erhalten wird, der durch Multiplikation mit der planimetr. ermittelten Fläche des Gipfels die Menge der gesuchten Fettsäure liefert; zur Best. des Geh. an W. in sehr unterschiedlichen Konzz. ist eine bes. Eichkurve (W./Essigsäure) erforderlich. K. TÄUFEL. 7932□

Die Analyse nichtionogener grenzflächenaktiver Stoffe. 1. Mitt. **Quantitative Bestimmung von Polyalkylenoxiden und ihren Derivaten.** A. Seher. (Fette, Seifen, Anstrichmittel **63.** 617—22. Juli 1961. Münster, Dtsch. Inst. für Fettforsch.) (Dt.)

Aus den bisher bekannten Verff. zur Best. der Polyalkylenglykole wird als zweckmäßigste Meth. die Fällung mit Tetraphenylborationen gewählt. Die Zus. des Komplex-Nd. schwankt infolge unterschiedlichen Molgew. der Polyalkylenoxide u. muß stets zusätzlich bestimmt werden. Dies geschieht durch Zugabe eines Überschusses an 0,05m $Hg(NO_3)_2$-Lsg., der mit $AgNO_3$ zurücktitriert wird. Die erhaltenen Werte waren bei Polyalkylenglykolen unterschiedlichen Molgew. sowie deren Äthern u. Estern zuverlässig. Es stören kationenakt. Verbb. u. Geh. der reinen Substanz an Alkylarylsulfonaten über 28%, während für nichtionogene Stoffe kein abschließendes Urteil möglich ist.

R. RISTOW. 7942□

Ernesto Bernardini und Mario Bernardini, Rom, Italien, **Neutralisierung von stark säurehaltigen tierischen und pflanzlichen Ölen.** Zur Neutralisierung wird eine Lsg. „mittlerer" Konz. von NaOH in einem Gemisch (I) von 40 (Vol.-%) W. + 60 A. verwendet. Das Öl wird in der 4—6fachen Menge seines Vol. Hexan gelöst u. mehrere Std. lang mit I gerührt, wobei auf 1 Vol. Öl-Lsg. 3—5 Vol. I zugesetzt werden. Die Temp. muß dabei so niedrig gehalten werden, daß keine starken Veresterungen eintreten (15—40°). Das Rk.-Gemisch trennt sich dann von selbst in 2 Schichten, von denen die untere die Öl-Lsg., die obere I zusammen mit Salzen, Estern u. a. Nebenprodd. enthält. Die Wiedergewinnung von A. u. Hexan erfolgt durch Fraktionierung. (**Port. P. 38 190** vom 21/3. 1961, Auszug veröff. 27/5. 1961. It. Prior. 26/3. u. 26/7. 1960.) A. KALIX. 7886

Romano Barberis und Johan Marcus Marcussen, Mailand, Italien, **Herstellung von Blattseife,** die beim Waschen keinen Rückstand hinterläßt, dad. gek., daß man der Seifenmasse 20—36% Fischleim zumischt, oder die Seifenmasse auf eine oder beide Seiten einer Folie aus Fischleim aufbringt. (**It. P. 526 273** vom 18/1. 1955.) K. KOEHKE. 7911

Unilever N. V., Rotterdam, Holland, **Flüssiges Wasch- und Bleichmittel.** Es wird eine wss. Emulsion bzw. Suspension hergestellt, die folgende Bestandteile enthält: ein ionogenes Waschmittel der allg. Formel $RO(C_nH_{2n}O)_mSO_3M$ (I), ein anion., oberflächenakt. Waschmittel (II); außerdem können darin noch vorhanden sein: ein Polyphosphat, 0,5—3% H_2O_2, ein „Stabilisator" (III) für H_2O_2 u. ein Oxydationskatalysator (IV). Hierbei ist R eine Alkylgruppe mit 6—18 C-Atomen oder eine Alkylarylgruppe mit 6—18 C-Atomen im Alkylrest, M ist ein Alkalimetallatom oder ein (ggf. substituierter) NH_4-Rest, n = 2 oder 3, m = 1—8, bes. 2—4. Bevorzugt als I verwendet werden Sulfate von Polyäthylenglykolmonoalkyläthern der allg. Formel $RO-(C_2H_4O)_m \cdot SO_3Na$, in der R ein gesätt. Rest mit 6—12 C-Atomen u. m = 2 oder 3 ist. II ist ein Alkylsulfat mit 8—18, bes. 12 C-Atomen oder ein Alkylarylsulfonat mit 8—16, bes. 12 C-Atomen, im Alkylrest. Das Mengenverhältnis von I:II soll 1:1 bis 1:6, bes. 1:2 bis 1:4, betragen, der Geh. der Emulsion an I + II soll 5—25, bes. 6—20 Gew.-%, betragen. Als III werden verwendet: Na-p-Hydroxybenzoat, Na-Nitrilotriacetat, Na-Äthylendiamintetraacetat, als IV dienen: Benzilester u. Essigsäureanhydrid. Beispiel: 1,4—3,8 (%) I; 4,7—12,1 II; Fettsäuremonoäthanolamide: 1,4—2,8; Na-Carboxymethylcellulose: 0,3—0,8; Na-Pyrophosphat: 1,1—2,9; Na-Tripolyphosphat: 8,0—8,1; opt. Bleichmittel: 0,03—0,08; H_2O_2: 1,0—2,6; III: 0,02—0,06; IV: 0,2—0,4; Rest Wasser. (**Port. P. 36 242** vom 9/7. 1959, Auszug veröff. 27/5. 1961.) A. KALIX. 7913

Unilever N. V., Rotterdam, Holland, **Flüssiges Waschmittel.** Es wird eine Lsg., bzw. Emulsion mit folgenden Hauptbestandteilen hergestellt: ein anion. Waschmittel (I) der allg. Formel $RO \cdot (C_nH_{2n}O)_m \cdot SO_3M$ u. ein anion. oberflächenakt. synthet. Mittel (II); außerdem können darin noch vorhanden sein: ein Polyphosphat, ein wasserlösl. Silicat (III) u. sonstige, in Waschmitteln übliche Zusätze. Hierbei ist R eine Alkylgruppe mit 6—18 C-Atomen oder eine Alkylarylgruppe mit 6—18 C-Atomen im Alkylrest, M ist ein Alkalimetallatom oder eine (ggf. substituierte) NH_4-Gruppe, n = 2 oder 3, m = 1—8, bes. 2—4. Als I werden Sulfate von Polyäthylenglykolmonoalkyläthern der allg. Formel $RO-(C_2H_4O)_m \cdot SO_3Na$ verwendet, in denen R ein gesätt. Alkylrest mit 6—12, bes. 12—18 C-Atomen u. m = 2 oder 3 ist. II ist ein Alkylsulfat mit 8—18, bes. mit 12 C-Atomen, im Alkylrest oder ein Alkylarylsulfonat mit 8—16, bes. 12 C-Atomen, im Alkylrest. Dosierung: I:II = 1:1 bis 1:6, bes. 1:2 bis 1:4, der Geh. der Emulsion an I + II soll 5—25, bes. 6—20 Gew.-%, betragen. Als III wird bes. Na-Silicat der Zus. $Na_2O:SiO_2$ = 1:3,3 verwendet. — Beispiel: 1,0—5,0 (%) I; 7,5—9,0 II, Fettsäuremonoäthanolamid: 1,8—2,8; Na-Carboxymethylcellulose: 0,4—0,5; Na-Pyrophosphat: 1,0—2,0; Na-Tripolyphosphat 15,0—18,0; Na_2CO_3: 0,0—8,0; III: 2,0—3,5; opt. Bleichmittel: 0,07—0,65, Rest: Wasser. (**Port. P. 36 243** vom 9/7. 1959, Auszug veröff. 27/5. 1961.) A. KALIX. 7913

Unilever N. V., Rotterdam, Holland (Erfinder: Lammert Heslinga und Wilhelm Schwaiger), **Wasch- und Bleichmittel.** Die Mischungen gemäß der Erfindung enthalten Harnstoff, eine aliphat. Perdicarbonsäure mit 4—9 C-Atomen in gerader Kette. Bei ihrer Herst. wird eine geringe Menge Aceton verwendet, die nicht zur vollständigen Auflösung der Komponenten ausreicht u. dann verdampft. Vorzugsweise wird Perazelainsäure zugesetzt. (**Port. P. 38 152** vom 7/3. 1961, Auszug veröff. 27/5. 1961. E. Prior. 7/3. 1960.) A. KALIX. 7913

Unilever N. V., Rotterdam, Holland (Erfinder: Lammert Heslinga und Wilhelm Schwaiger), **Bleich- und Waschmittel.** Die Mischungen enthalten Harnstoff (I), eine aliphat. Perdicarbonsäure (II) mit 4—9 C-Atomen in gerader Kette u. eine Verb., die mit I eine Verb. bilden kann, z. B. eine Monocarbonsäure mit 4—24 C-Atomen, ein Anhydrid davon, einen aliphat. Alkohol oder ein aliphat. Keton. Als II werden vorzugsweise Mono- oder Di-perazelainsäure verwendet. (**Port. P. 38 153** vom 7/3. 1961, Auszug veröff. 27/5. 1961. E. Prior. 7/3. 1960.) A. KALIX. 7913

Reddish Chemical Co. Ltd., Cheadle Hulme, England (Erfinder: Brian Hughes und Derek Parry), **Reinigungsmittel für plattenförmige Wärmeaustauscher zum Erwärmen oder Abkühlen von Milch und anderen flüssigen Nahrungsmitteln** besteht aus der 0,5—5%ig. Lsg. eines Gemisches von 30—80 (Gew.-%) *Alkalihydroxid*, 5—20 *Alkalisilicat*, 5—30 *Alkalipolyphosphat*, das sich bei Temp. unter 200°F nicht zersetzt, u. 10—25 *Aminocarbonsäuren* oder *Aminopolyhydroxysäuren* oder deren Alkalisalzen. Der Lsg. können Benetzungsmittel zugesetzt sein. (**E. P. 869 870** vom 30/7. 1959, ausg. 7/6. 1961.) F. MARKHOFF. 7917

Americo Casadei, Mailand, Italien, **Reinigungsmittel** für Haushalt u. Industrie, enthaltend ca. 90 (%) bei 150° calcinierte Reisspreu u. 10 Alkylarylsulfonat (85%ig.). (**It. P. 525 967** vom 25/3. 1954.) K. KOEBKE. 7917

Hans Paul Kaufmann, Münster, *Härten von Fettsäureglyceriden*. (**E. PP. 870 393** u. **870 394** vom 5/7. 1957, ausg. 14/6. 1961. — C. **1961**. 1049 [Belg. P. 558 502].)

Procter & Gamble Co. (Erfinder: **Joseph Blinka** und **Preston W. Grounds jun.**), Cincinnati, Ohio, V.St.A., *Waschmittel in Stückform*. (**D. A. S. 1 123 785** Kl. 23e vom 7/9. 1956, ausg. 15/2. 1962. A. Prior. 8/9. 1955. **A. P. 2 982 735** vom 8/9. 1955, ausg. 2/5. 1961. — C. **1959**. 1363 [E. P. 796 627].)

Dow Chemical Co. (Erfinder: **David Johnston Pye** und **Donald Kranz Peterson**), *Seifen und seifenhaltige Reinigungsmittel*. (**Aust. P. 225 786** vom 13/2. 1958, ausg. 14/1. 1960. A. Prior. 7/3. u. 3/10. 1957. — C. **1961**. 3517 [E. P. 831 856].)

Continental Oil Co., Ponca City, Okla., übert. von: **James C. Kirk**, Lake Charles, La., und **Edsel L. Miller**, Houston, Tex., V.St.A., *Beständige Alkylarylsulfonate aus Alkylarylkohlenwasserstoffen und Schwefeltrioxyd*. (**A. P. 2 928 867** vom 5/1. 1955, ausg. 15/3. 1960. — C. **1960**. 16977 [D. A. S. 1 040 022].)

Eastman Kodak Co., Rochester, N.Y., V.St.A. (Erfinder: **James Edwin Guillet**), *Polypropylenwachse*. (**E. P. 852 431** vom 3/2. 1958, ausg. 26/10. 1960. A. Prior. 11/2. 1957. — C. **1959**. 7665 [A. P. 2 835 659].)

XVIIIa. Holz. Cellulose. Zellstoff. Papier. Papierdruck. Celluloid. Linoleum

Fasermaße von verschiedenen Hölzern, Bambusarten, landwirtschaftlich genutzten Pflanzen, Stroh und Gräsern der Philippinen. 3. Mitt. F. N. Tamolang, R. R. Valbuena, B. A. Lomibao, C. L. Kalaw, T. M. Lindayen und B. C. de Vela. (Tappi **43**. 527—34. Juni 1960. Laguna, Philippines, Forest Prod. Res. Inst.) (Engl.) — 2. vgl. C. **1959**. 13033.

Die Faserabmessungen von 47 breitblättrigen Hölzern, 2 Nadelhölzern, 7 Bambusarten, 3 Nutzpflanzen (Abaca, Ananas, Sisal), 2 Pflanzenabfällen (Bagasse u. Reisstroh) u. 2 Gräsern werden mitgeteilt. Insgesamt 64 Species. H. SCHMIEDEKNECHT. 7952 □

Das Stroh von Neulandböden als wertvoller Rohstoff. P. A. Medwedew. (Бумажная Промышленность [Papier-Ind.] **36**. Nr. 1. 15—17. Jan. 1961. Ukrain. Forsch.-Inst. für die Cellulose- u. Papier-Ind.) (Russ.)

Die Zus. von Roggen- u. Weizenstroh vom Neuland wird bestimmt u. mit der von Stroh von altem Kulturland verglichen. Neulandstroh enthält zwar etwas weniger Cellulose (2—5%), dafür aber erheblich mehr Pentosan (4—14%), was sich positiv auf die Eignung als Rohstoff für Papier auswirkt. Auf die Faserqualität u. einige technolog. Fragen wird kurz eingegangen. R. WITTWER. 7954 □

Die Ungleichmäßigkeit der Kristallinität verschiedener Cellulosequalitäten. Olli Ant-Wuorinen und Asko Visapää. (Paperi ja Puu **43**. 343—46. 31/5. 1961. Helsinki, State Inst. of Techn. Res., Chem.-Techn. Labor.) (Engl.)

Der Logarithmus des Variations-Koeff. des Kristallinitätsverhältnisses von Cellulose ist linear abhängig vom Kristallinitätsverhältnis. Je niedriger die Kristallinität der Cellulose ist, um so größer ist die Streuung der Ergebnisse für die Kristallinitätsbestimmung. A. SEUFFERT. 7954 □

Der Einfluß von Carbonylgruppen in der Cellulose auf den Prozeß der Vorreife. A. G. Jaschunskaja und Je. M. Konowalowa. (Химические Волокна [Chemiefasern] **1961**. Nr. 6. 24—28. Allunions-Forsch.-Inst. für Kunstfasern.) (Russ.)

Die Carbonylgruppen von Präpp. der *Sulfitcellulose* (I) werden durch $NaBH_4$ red., wobei die Kupferzahl von 1,0 auf 0,11, bzw. von 0,58 auf 0,05 abfällt. Eine bis 48 Std. durchgeführte Vorreife der red. u. nichtred. Präpp. zeigt, daß während des gesamten Prozesses die Visocität u. der DP bei den Präpp. mit red. Carbonylgruppen etwas höher liegt, wobei sich die Werte mit der Zeit nähern. Der Geh. an α-, β- u. γ-Cellulose wird durch den Red.-Prozeß nicht verändert. Vorliegende Carbonylgruppen haben nur einen unwesentlichen Einfl. auf die Geschw. der Vorreife von I. M. ULMANN. 7954 □

Der Einfluß einzelner Kationen auf den Vorreifeprozeß der Alkalicellulose. A. G. Jaschunskaja und E. M. Konowalowa. (Химические Волокна [Chemiefasern] **1962**. Nr. 1. 68—70. Allunions-Forsch.-Inst. für Kunstfasern.) (Russ.)

Eine Erhöhung des Geh. an *Mn* oder *Fe* in der Cellulose beschleunigt den Prozeß der Vorreife von *Alkalicellulose* (I), während sich bei *Cu* keine Wrkg. nachweisen läßt. Der Geh. an niedermol. Fraktion (β-Cellulose) in I nach einer Vorreife bis zu einem DP von ca. 500 wird durch Mn oder Fe nicht beeinflußt. M. ULMANN. 7954 □

Die Adsorption bestimmter Hemicellulosefraktionen aus Nadelholzschliff durch Cellulosefasern. David S. Most. (Tappi **40.** 705—12. Sept. 1957. Appleton, Wis., Inst. of Paper Chem.) (Engl.)

Die Adsorption von 4 verschiedenen, mit ^{14}C markierten Hemicellulosen (HC) aus Nadelholzschliff an α-Cellulose wird durch Überführung von Faser + Adsorbat in CO_2 u. Ermittlung des $^{14}CO_2$-Geh. gemessen. Das Sorptionsgleichgewicht ist nach 10 Tagen noch nicht erreicht. In bezug auf die Konz. der HC ist die Sorption über einen weiten Bereich irreversibel. Weitere Unterss. über den Einfl. von Temp., Stoffdichte u. pH auf die Sorption. HC mit höherem Mannan-Geh. werden stärker adsorbiert. Die Ergebnisse, zusammen mit solchen über den Zusatz ähnlicher HC bei Mahlverss., führen zu der Auffassung, daß die festigkeitserhöhenden Eigg. der HC mit steigendem Geh. an Mannan wachsen. Ein Sorptionsmechanismus wird vorgeschlagen. M. HAGEDORN. 7954□

Charakterisierung gebleichter Zellstoffe durch ihre Heißalkali-Extrakte. Theodor N. Kleinert und Rose-Marie Dlouhy. (Pulp Paper Mag. Canada **59.** Nr. 2. 67—72. Febr. 1958. Pulp and Paper Res. Inst. of Canada.) (Engl.)

Gebleichte Zellstoffe (Z) werden 6 Std. lang mit 1%ig. NaOH gekocht; die Löslichkeitswerte sind höher u. charakteristischer als nach Tappi-Standard-Meth. T 212m—54. Aus Z für Viscose werden dabei ca. $^2/_3$ der vorhandenen reduzierenden Gruppen entfernt, aus Acetat-Z wenig mehr als die Hälfte u. aus gebleichtem Kraft-Z ca. $^1/_3$; dabei bleibt, an der Cu-Zahl gemessen, der Gesamtbetrag an reduzierenden Gruppen im Z unverändert. Die Z-Extrakte werden mit HJO_3 oxydiert. Die hohen Verbrennungswerte deuten auf eine erhebliche Oxydation der Kohlenhydrate, wohl während der Bleiche, hin; die O-Zunahme ist an Carbonyl- u. Carboxylgruppen gebunden. Absorptionsmessungen an den Extrakten im UV weisen auf Ligninsubstanzen u. Furan-Derivv. hin. Im Ergebnis werden für weitere Unterss. von gebleichten Z vorgeschlagen: 6std. Heißkochung von 2 g Z mit 100 ml 1%ig. NaOH, Best. des Gesamtalkaliverbrauchs u. der UV-Absorption der Extraktlauge; der Verbrennungswert u. die Cu-Zahl der extrahierten Anteile. M. HAGEDORN. 7956□

Eine Vorrichtung zur Bestimmung der Beendigung der Sulfidierungsreaktion. A. W. Tarassenko, I. N. Chmelewski und A. I. Ljapunowa. (Химические Волокна [Chemiefasern] **1962.** Nr. 1. 18—20. Kiew, Inst. für Automatik der Staatl. Plankomm. der UkrainSSR.) (Russ.)

Charakterist. für den Verlauf des Sulfidierungsprozesses ist die Veränderung des Druckes in der Sulfidierungsapparatur. Hiervon ausgehend wird eine ein Hg-Manometer enthaltende Anordnung, durch welche die einzelnen Phasen des Sulfidierungsprozesses automat. signalisiert werden, beschrieben. M. ULMANN. 7960□

Carbonatisierung einer Lösung von Natriumsulfid und Natriumcarbonat. V. Kubelka und J. Hojnoš. (Chem. Zvesti **12.** 48—53. 1958. Bratislava, Výsk. ustav priemyslu celulózy.) (Slowak.; Auszug: Dt.)

Für das Regenerieren der Lsgg. bei der Holzcellulose-Herst. wird die Carbonatisierung einer Na_2S/Na_2CO_3-Lsg. bei 25 u. 60° untersucht. — Vers.-Lsg.: 45,7 g Na_2S/Liter u. 62,2 g Na_2CO_3/Liter; Einführung von 10%ig. CO_2 in Mengen von 0,4 g CO_2/Min.; Vers.-Zeit bis zu 7 Stunden. — Es wird festgestellt, daß die S^{2-}-Entfernung auch bei hohem pH (9—13) verläuft, was mit der Störung des Gleichgewichts des hydrolyt. Zerfalls (H_2S-Desorption u. Entfernung aus der Lsg.) erklärt werden kann. Bei höherer Temp. verläuft die Carbonatisierung schneller; der Einfl. der Konz. an CO_2 ist unbedeutend, während die Gas-Geschw. einen beachtlichen Einfl. besitzt. Das resultierende Na_2CO_3–$NaHCO_3$-Verhältnis in der Lsg. ist der Konz. des benützten Gases proportional, hängt von der Temp. ab u. wird von der Konz. der Lsg. nur wenig beeinflußt. J. TŮMOVÁ. 7960□

Über die Extraktion des Restlignins in ungebleichtem Sulfitzellstoff. Koichiro Sato, Kiyo Ebisawa und Hiroshi Mikawa. (Bull. chem. Soc. Japan **31.** 659—60. Juli 1958. Tokyo, Kokusaku Pulp Co., Res. Labor.) (Engl.)

Intensives Aufschlagen von Zellstoff in W. führt zu einem Absinken des Rest-Lignin (I)-Geh.; obwohl die spezif. Oberfläche des Materials noch nach 20std. Behandlung linear ansteigt, erreicht der Rest-I-Geh. bereits nach 12 Std. einen konst. Wert; Cl_2-Absorption u. $KMnO_4$-Zahl nehmen etwas ab. Die UV-spektrograph. Best. der in Lsg. gegangenen I-Anteile zeigt, daß nur $^1/_5$ des Rest-I gelöst wird; es handelt sich um eine sog. niedrigsulfonierte I-Sulfonsäure. Der Quotient phenol. OH/OCH_3 (0,17—0,21) ist in Rest-I-Sulfonsäure derselbe wie in gewöhnlicher I-Sulfonsäure. Beim Lösen von Rest-I geht etwas Hemicellulose mit in Lösung. H. KOBLITZ. 7966□

Über die Reproduzierbarkeit der Einheitsmethode für die Zellstoff-Festigkeitsprüfung. Horst Tröger. (Zellstoff u. Papier **9.** 219—26. Juni 1960. DDR, DAMW, Prüfdienststelle Altenburg.) (Dt.)

Der Einfl. von Mahlung, Blatt-Bldg. u. Trocknung auf die Festigkeitsprüfung u. ihres Variations-Koeff. bei ungebleichtem u. gebleichtem Sulfitzellstoff, ungebleichtem u. gebleichtem Sulfatzellstoff u. ungebleichtem Holzschliff wird untersucht. Bei der Mahlung existieren Einfll., die sich auf eine Erhöhung des Variations-Koeff. auswirken u. nicht mit dem eigentlichen Mahlvorgang in Beziehung gebracht werden können. Die Blatt-Bldg. übt keinen Einfl. aus. Unkontrollierbare Bedingungen ergeben sich bei zu großer oder keiner Beruhigungszeit. Ebenso ist dies der Fall bei Veränderung der Luft- u. Wasserzufuhr, während die Naßverdichtung keinen Einfl. auf das Meßergebnis ausübt. Trocknungen durch Steigerung des abs. Druckes oder Verlängerung der Trockendauer bringen immer eine fallende Tendenz der Festigkeiten u. Erhöhung der Variation. Ein Vgl. von 7 verschiedenen Mahlsätzen bringt unterschiedliche Ergebnisse. Innerhalb der Mahlsätze entstehen Festigkeitstoleranzen, die bei $\pm 200-300$ m liegen. Die exakte Einhaltung der Bedingungen nach Merkblatt ist für die Darst. vergleichbarer Ergebnisse unerläßlich. Trotzdem verlangt das Ergebnis eine gewisse Tolerierung. Es ist z. B. unmöglich, die Festigkeitsfestlegung eines Zellstoffs in verschiedenen Klassen mit 200 m abzustufen, weil der Variations-Koeff. höher ist. Dies muß bei der Aufstellung neuer Standards beachtet werden. H. SCHMIEDEKNECHT. 8006 □

Motoyoshi Oshimo, Yoshio Maeda und Kan Kashima, Tokyo, Japan, **Verflüssigung von Ligninen** erfolgt durch deren hydrierende Spaltung bei 250—450, bes. 300—450°, u. 150—450 at entweder mit H_2 oder mit Naphthenen u. einem inerten Gas (N_2, CO_2, CO) in Ggw. von 0,3—5, bes. 0,5—1% Fe u. S enthaltenden Katalysatoren, die noch 0,03—0,05 Mol Cu je Mol Fe als Beschleuniger enthalten können, u. eines Lsgm. (Ligninteer, Naphthene, Tetrahydronaphthalin, Phenole, Kreosotöl, hydriertes Teeröl, W.). Als FeS oder dieses liefernde Verbb. sind geeignet: Fe-Disulfid, -Rhodanide, Na-Thiosulfate, -Sulfate, Gemische aus Fe-Oxiden, -Hydroxiden, -Carbonaten, -Oxalaten, -Formiaten u. S oder S-Verbb., wie Alkali- oder Erdalkalisulfiden, -Polysulfiden, H_2S, Na_2SO_4, NH_4SCN, CS_2, Äthylensulfid, Thiophen, Thioharnstoff u. Mercaptanen oder Verbb., die während der Rk. mit Fe FeS bilden. Als Cu-Verbb. sind verwendbar: Cu-Sulfat, -Rhodanid, -Thiosulfat, -Oxide, -Hydroxide, -Oxalate, -Formiate auch im Gemisch mit S oder den vorst. S-Verbindungen. — Aus Ca-Ligninsulfonat, entsprechend 100 (Teilen) Lignin, in Ggw. von 1 FeS, 150 Ligninteer (Kp. $>250°$) u. 185—200 at H_2 bei 385° nach 30 Min. → 86 fl. Prod., enthaltend 9,2 *Aceton* u. *Methanol*, 12 *Phenole*, wie *p-Methylphenol* u. *Brenzcatechine*, 27 aromat. KW-Stoffe, wie *m-*, *p-* u. *o-Xylol*, *n-Propyl-* u. *Äthylbenzol*. Durch Zusatz von Cu-Beschleunigern werden nur wenig aromat. KW-Stoffe gebildet. — Vorr., Zeichnung. (**D. A. S. 1 115 737** Kl. 12o vom 9/4. 1959, ausg. 26/10. 1961. Jap. Prior. 9/4., 18/4. u. 29/11. 1958.) G. KRAUSS. 7967

Staat Israel, Generaldirektor des Ministeriums für Landwirtschaft, Menachem Lewin und Avraham Lengyel (Erfinder: Menachem Lewin und Avraham Lengyel), Jerusalem, Israel, **Herstellung von Papierstoff** aus zellstoffhaltigen Rohstoffen unter Zusatz von aus Maisstengeln mechan. abgetrenntem Mark, dad. gek., daß das Stengelmark in rohem, gemahlenem Zustand einem durch chem. Aufschluß erzeugten Papierstoff vor oder nach dessen Mahlen zugesetzt wird. (**D. A. S. 1 121 451** Kl. 55b vom 11/10. 1957, ausg. 4/1. 1962. Israel. Prior. 18/10. 1956.) A. GRADL. 7975

Farbenfabriken Bayer Akt.-Ges., Leverkusen (Erfinder: Ernst Podschus, Leverkusen, und Werner Joseph, Köln), **Füllstoff** zum Aufhellen von Papier, bestehend aus dem durch unvollständige therm. Zers. von $Al_2(SO_4)_3$-Hydrat beim Erhitzen auf 700—1200° gebildetem, feinteiligem Al_2O_3 mit einem Rest-Geh. von mindestens 5% SO_3. (**D. A. S. 1 120 859** Kl. 55c vom 6/4. 1959, ausg. 28/12. 1961.) A. GRADL. 7979

Standard Register Co., übert. von: Ernest G. Emmert, Dayton, Ohio, V.St.A., **Transparentpapier.** Papier wird mit einer Lsg. imprägniert, die 35—50% eines flüchtigen organ. Lsgm. enthält, in dem gelöst sind 10—25 (%) Ricinusöl, 20—50 eines Monostearatesters von Polyäthylenglykol mit einem Molgew. von 4000, 0,1—1 eines Antioxydans u. 0,1—1 eines Parfümierungsmittels. Das Papier ist aufnahmefähig für Tinte u. Druckfarben. (**A. P. 2 851 378** vom 7/4. 1954, ausg. 9/9. 1958.) P. MAYER. 7987

S. D. Warren Co., Boston, Mass. (Erfinder: Joseph J. Thomas, Westbrook, Maine), V.St.A., **Aus Papier bestehende Gießunterlage zur Herstellung einseitig genarbter, thermoplastischer oder elastischer Folien.** In eine bei der Herst. noch ca. 58—74% W. enthaltende Papierbahn wird das gewünschte Muster eingepreßt, die Bahn getrocknet, ggf. mit einer eiweißhaltigen Haftschicht u. dann mit einer üblichen Trennschicht aus Füllstoff u. wasserlösl. Cellulose- oder Polyvinyl-Derivv., wie Methylcellulose oder Polyvinylalkohol, überzogen. — Mengenbeispiele, Zeichnung. (**A. P. 2 819 181** vom 11/2. 1954, ausg. 7/1. 1958.) E. WEISS. 7987

Soc. Technique d'Applications Chimiques et Physiques (Erfinder: Jean Stamboulian), Paris, Frankreich, **Ätzmittel für Flach- und Offsetdruckformen** enthält HCl u. eine schwache organ. Base, z. B. Harnstoff, um die Bldg. korrodierender Säuredämpfe zu verhüten. — Beispiel: 60 cm³ HCl (22° Bé), 48 g Harnstoff, 1 Liter $CaCl_2$-Lsg. (41° Bé). (**D. A. S. 1 123 337** Kl. 15b vom 1/4. 1960, ausg. 8/2. 1962. F. Prior. 14/9. 1959.) C. KITTLER. 7989

Monsanto Chemical Co., St. Louis, Mo. (Erfinder: Francis Thomas Buckley, Ludlow, Ira Lee Seldin und Lionel Norman Finch, Springfield, Mass.), V.St.A., **Farbe zum Bedrucken von Polyvinylbutyral,** dad. gek., daß sie Polyvinylbutyralharz, einen Farbstoff aus der Gruppe der Farbstoffe mit 2—4 cycl. Kernen im Farbstoff-Mol. oder ein Gemisch solcher Farbstoffe, Lsgm. für das Harz u. den Farbstoff u. einen Wärmestabilisator aus der Gruppe der alkylsubstituierten Phenole, alkylsubstituierten Thioharnstoffe, Phosphite oder deren Gemische enthält, z. B. 2.2-Bis-[4-hydroxyphenyl]-propan, 2.6-Di-tert.-butyl-p-kresol, Bis-(2-hydroxy-3-tert.-butyl-5-äthylphenyl)-methan, 1.3-Dimethylthioharnstoff, Triisooctylphosphit, 2-[Äthyl-n-butylamino]-äthylamin, N.N-Diäthyl-N'-methyläthylendiamin. (**D. A. S. 1 113 460** Kl. 151 17/11. 1959, ausg. 7/9. 1961. A. Prior. 17/11. 1958.) K. KITTLER. 7991

British Cellophane Ltd., Bridgwater, Somerset, England (Erfinder: Edward George Sanderson und Maurice Arthur Maloney), **Herstellung von wasserdichtem Verpackungsmaterial.** Eine wasserempfindliche Grundschicht aus einem nichtfaserförmigen organ. Material wird vor oder während des Aufbringens eines wasserfesten Überzugs (Cellulose-Derivv., Vinylpolymere u. dgl.) mit einer wasserlösl. organ. Verb. (I) behandelt, die mindestens 2 cycl. Äthyleniminguppen im Mol. enthält (I = Triazin-Verb., Polyharnstoff). (**E. P. 810 007** vom 11/5. 1956, ausg. 4/3. 1959.) P. MAYER. 7993

General Mills, Inc., South Minneapolis, Minn., V.St.A., **Herstellung von Schwammstoffen aus regenerierter Cellulose.** Viscose (z. B. mit 9,5% Cellulose u. 5,5% NaOH) wird mit weiterem Alkali u. einem Schaummittel vermischt. Das Härten erfolgt mit Äthylenchlorhydrin oder -bromhydrin. (**E. P. 804 126** vom 17/12. 1956, ausg. 5/11. 1958.) F. KOCH. 8001

XVIIIb. Textilfasern

Untersuchung über das Auswaschen von radioaktiv markierten, wasserlöslichen Acrylharzschlichten. H. Moroff und R. Kretz. (Melliand Textilber. **41.** 848—50. Juli 1960. Darmstadt, Röhm & Haas GmbH., Forsch.-Labor.) (Dt.) — Vgl. C. **1959.** 661.

Futterserge aus Reyon wurde mit einer 2,78%ig. Lsg. von ^{14}C-markierter Acrylharzschlichte „Rohatex" (I) getränkt. Durch Waschen des getrockneten, 4,5% I enthaltenden Gewebes bei 20° werden nach 45 Sek. ca. 93%, nach dem 2. Waschen (Spülen) von 45 Sek. weitere 5,5% I von der Faser entfernt. Eine Verlängerung der 1. Auswaschzeit vermindert den I-Rest-Geh. kaum. — Die Best. bestimmter N-haltiger Polymerenschlichten auf der Faser kann erfolgen, indem die Fasern in eine Aufschlämmung von unlösl. Cu-Salz (Hydroxid) gebracht u. dann colorimetr. oder komplexometr. das als Komplexsalz in Lsg. gegangene Cu ermittelt wird. R. JUNGE. 8032□

Strumpfmaterial mit bakteriostatischer und antimykotischer Wirkung. Die Ausrüstung mit dem Wirkstoff R52. W. Hausam. (Melliand Textilber. **43.** 277—83. März 1962. Ludwigshafen/Rh., Dr. F. Raschig GmbH., Chem. Fabrik, Bakteriol. Labor.) (Dt.)

Die Ausrüstung von Strumpfgewirken hat den Zweck, Hautbakterien, vor allem Hautstaphylokokken u. pathogene Fußpilze, in ihrer Entw. am Fuß zu hemmen. Über die bakteriostat. u. antimykot. Wrkg. von R 52 wird ausführlich berichtet u. diese an Hand zahlreicher Tabellen u. Abb. belegt. Auch auf die fungistative Wrkg. des Prod. wird hingewiesen. H.-H. MICHEL. 8032□

Infrarotkondensation der Dimethylolharnstoff-Katalysatorgemische. W. Vauck. (Melliand Textilber. **42.** 690—96. Juni 1961.) (Dt.)

Um Aufschluß über den Kondens.-Verlauf im IR-Feld zu erhalten u. der Praxis Rückschlüsse auf Anlagen- u. Arbeitsbedingungen zu ermöglichen, wird versucht, gegenüber der üblichen Konvektions-Kondens. auftretende Momente der IR-Kondens. von Dimethylolharnstoffharzen zum Erreichen optimaler Hochveredelungseffekte zu eleminieren. Eingehende theoret. Betrachtungen zur IR-Strahlungs-Kondens. u. Beschreibungen der Verss. zeigen, daß die bei der IR-Kondens. zugesetzten anorgan. Katalysatoren im IR-Hellstrahlerfeld völlig anders wirken als im IR-Dunkelstrahlerfeld. Die Abhängigkeit zwischen Kondens.-Zeit im Dunkelstrahlerfeld u. Ammoniumsalzmenge im Harz wird an Hand von Tabellen u. Diagrammen dargestellt. Auf diese Abhängigkeit u. auf die Gefahr einer Ammoniumsalzfehldosierung wird bes. für das Arbeiten in der Praxis hingewiesen. R. KIESSLING. 8032□

Optische Bläuungsmittel. Renato Ludovici. (Fibre e Colori **9.** 483—91. Okt. 1959.) (Ital.)

Allg. Überblick über Entw., Verw. u. prakt. Bedeutung der opt. Bläuungs- bzw. Bleichmittel. — 17 Literaturhinweise. A. SANDER. 8032□

Untersuchungen über die Substantivität von Acylacetaryliden. 3. Mitt. G. Cordella. (Boll. sci. Fac. Chim. ind. Bologna **16.** 117—21. 1958. Bologna, Univ., Ist. di Chim. Ind.) (Ital.) — 2. vgl. C. **1959.** 5664.

Über die Bedeutung der Mol.-Verdoppelung für die Erhöhung der Baumwollaffinität der Bis-acetarylide der Terephthalsäure um das 2—3fache gegenüber den Monoderivv. wurde bereits früher berichtet. Es war deshalb von Interesse, die Wrkg. von Varianten mit der $\alpha.\alpha'$-Furylen, -Thienylen- u. p-Phenylen-Komponente zu prüfen. Vgl. der „thermodynam. Affinität" $-\Delta\mu_0$ (bei chlorsubstituiertem Aryl, die Werte für H-substituiertes Aryl liegen ca. 30% niedriger) zeigt auch hier eine Steigerung der Baumwollaffinität um das Doppelte bei einer Baderschöpfung bis zu 80%. $-\Delta\mu_0$ bei 25°: Furylen-Deriv. 3,62 (1,63); Thienylen-Deriv. 4,24 (1,98); Phenylen-Deriv. 4,34 (1,86), zum Vgl. Naphthol AS 2,2—3. Sie entspricht damit der Größenordnung typ. substantiver Farbstoffe wie Kongorot (ca. 4,5 bei 100°). Wie bei den Monoacetylaryliden führt die Substitution des Sauerstoffes im Fünfring durch S zu einer deutlichen Erhöhung der Substantivität. Trotzdem bleiben die $-\Delta\mu_0$-Werte der Thiophen-Derivv. niedriger als die der Bis-terephthaloylacetarylide. Mit dem BECKMANN-Spektrophotometer DU werden die folgenden charakterist. Werte bestimmt: Furylen-Deriv., F. 213—214° bzw. 250°, mit a) 257,8 u. 384; b) 261 u. 395. Thienylen-Deriv., F. 206° bzw. 236° mit a) 262 u. 392; b) 266 u. 395; u. Phenylen-Deriv., F. 233—234° bzw. 236—237° mit a) 254,5 u. 357; b) 259 u. 358; worin a) den Wert des H-substituierten bzw. b) den Wert des Cl-substituierten Bis-acetarylides bedeutet (N/10 NaOH-Lsg. 1 : 100000). J. MALPRICHT. 8044□

Untersuchung über die Substantivität von Acylacetaryliden. 4. Mitt. G. Cordella. (Boll. sci. Fac. Chim. ind. Bologna **16.** 122—25. 1958.) (Ital.) — 3. vgl. vorst. Referat.

Behandelt wird der stellungsbedingte Einfl. in zentraler u. in peripherer Stellung. Die Prüfung der Acylacetyl-Derivv. von p-Phenylendiamin u. Benzidin zeigt, daß die Wrkg. im wesentlichen in einer Änderung der Sequenz der Acylgruppen nach ihrem Einfl. auf die Baumwollaffinität im Sinne von CH_3 < Furyl < Phenyl < Thienyl (peripher) gegenüber Furylen < Thienylen < Phenylen (zentral) besteht. Die analoge Positionsänderung der —NH-Gruppen ist dagegen von untergeordneter Bedeutung wie die ziemlich benachbarten $-\Delta\mu_0$-Werte (vgl. vorst. Mitt.) für beide Stellungen zeigen. J. MALPRICHT. 8044□

Wolle und Chemie-Stapelfaser. G. B. Speakman. (Fibre e Colori **9.** 29—36. Jan. 1959.) (Ital.)

Fortschrittsbericht über Eigg. u. Verw. von Gemischen aus Wolle u. synthet. Fasern, bes. zur Herst. von Dauerplissees u. Pelzimitationen. Die Wiedergewinnung der Wollfasern aus chemiefaserhaltigen Lumpen sowie Fortschritte beim Färben loser Wolle bei 60° u. beim Schutz gegen Vergilben durch therm. Einfl. wird behandelt. — 6 Tabellen; 17 Literaturangaben. A. SANDER. 8060□

Einfluß des Waschprozesses auf die weitere Verarbeitung von Wolle. H. Brandenburger. (Fibre e Colori **8.** 487—91. Nov. 1958.) (Ital.)

Auf Grund prakt. Erfahrungen wird auf die Möglichkeit chem. Wollschädigungen durch kleine Restmengen von Alkalien oder Säuren verwiesen, die nach der Wollwäsche, beim Trocknen u. Weiterverarbeiten der Wolle Konzz. bis zum Abbau der Keratinketten erreichen können. Als Gegenmaßnahme wird sorgfältige Kontrolle der pH-Werte u. jeweiliges Neutralisieren der gewaschenen u. gespülten Wolle durch verd. NH_4OH oder CH_3COOH empfohlen. A. SANDER. 8060□

Superkontraktion von Wollfasern und Kriechen im Gebiet jenseits der Elastizitätsgrenze. K. J. Whiteley. (Nature [London] **186.** 473. 7/5. 1960. Kensington, N.S.W., Univ. of New South Wales, School of Wool Technol.) (Engl.)

An Hand von kinet. Kontraktionskurven von einzelnen Wollfasern, die aus verschiedenen Wollproben gezogen werden, sowie von Wollfasern ein u. derselben Wollprobe in n-HCl + 4m NaJ bei 98,5° wird gezeigt, daß innerhalb der einzelnen Fasern beträchtliche Unterschiede bestehen u. daß bei den späteren Phasen der 1std. Superkontraktion eine Beziehung zum Kriechen der Faser jenseits der Elastizitätsgrenze besteht, woraus geschlossen werden kann, daß starke H-Bindungen sowohl für die Superkontraktion als auch für das Kriechen der Wollfaser verantwortlich sind. B. GÖRLICH. 8060□

Die Viscoseforschung in Cellulosaindustriens Centrallaboratorium. Rückblick und Ausblick. Walter Améen. (Svensk Papperstidn. **61.** 780—86. 10/10. 1958. Segmon, Billeruds AB.) (Schwed.)

Einleitend werden Entw., Aufgaben u. Erfolge des Viscose-Komitees u. dessen Labor. im „CCL" in Stockholm, bes. seit 1954 unter Leitung von TREIBER beschrieben. Statist. Angaben über Erzeugung u. Verbrauch von Deriv.-Zellstoffen einschließlich Linters nach Erzeugungsländern u. Verw.-Gebieten zu Kunstfasern, Folien u. Plasten werden mitgeteilt. Die Zukunftsaussichten von Deriv.-Zellstoffen für Zellwolle, Reyon, Cordseide, Acetat u. Cellophan, bes. in Skandinavien u. Nordamerika, werden besprochen. — 4 Tabellen; 29 Literaturhinweise. E. BORCHERS. 8074□

Neue Cellulosefasern. I. H. Welch und W. S. Sollenberger. (Amer. Dyestuff Reporter **49.** P 695—P 700. 19/9. 1960. Amer. Viscose Corp., Techn. and Textile Serv. Dep.) (Engl.)

Die technolog. Eigg. der modifizierten Viscosefasern *Avril*, *Avlin* u. *Avron* der AMERICAN VISCOSE CORP., die als Zellwolle u. von *Avicron*, die als Reyon auf dem Markt sind, wird beschrieben. Es handelt sich um Fasern, die ein geringeres Schrumpfungsvermögen beim Waschen, Mercerisieren, Hochveredeln usw. aufweisen u. sich bes. als Mischfasern mit normalen Cellulose- oder synthet. Fasern eignen. W. BERNARD. 8074□

Zur Kennzeichnung von Viscoselösungen. Die Bestimmung von Gelpartikeln in Viscose. Erich E. Treiber. (Svensk Papperstidn. **61.** 794—802. 10/10. 1958. Stockholm, Cellulosaindustriens Centrallabor.) (Dt.)

Übersicht über die physikal.-chem. Verff. zur Erkennung des Lsg.-Zustandes von Cellulosexanthogenat bzgl. der Verunreinigung durch anorgan. Teilchen u. nur gequollene, aber nicht homogen gelöste Faserteilchen in der Viscose, die die Spinnfähigkeit u. Fadengüte stören. Bes. behandelt wird die Sichtbarmachung von Gelteilchen nach opt. Meth. von KOBLITZ u. nach dem Registrier-Verf. von BORYNIEC-KIESSIG-KOBLITZ-GROTJAHN, bei dem der Viscosestrahl in eine mit Netzmitteln, wie *Marlowet S* oder *Berol Emu 6*, versetzte organ. Fl. (Toluol oder Xylol) fließt u. dabei elektron. registriert wird. — 14 Abb.; 38 Literaturhinweise. E. BORCHERS. 8074□

Über das Spinnen und Strecken von Polykondensatfäden. 3. Mitt. **Strukturveränderungen von Polyesterfäden durch Wärme- und Quellmitteleinfluß.** Werner Roth und Rudi Schroth. (Faserforsch. u. Textiltechn. **12.** 361—68. Aug. 1961. Schwarza, Rudolstadt, VEB Thüring. Kunstfaserwerk „Wilhelm Pieck", Bereich Forsch. u. Entw.) (Dt.) — 2. vgl. C. **1961.** 6723.

Wirken Wärme oder organ. Fll. auf verstreckte oder unverstreckte Polyesterfäden verschiedener Vororientierung ein, so finden Strukturveränderungen statt, die durch Dichtemessungen, Schrumpfunterss. u. Best. des Spannungs–Dehnungs-Verh. festgestellt werden. Diese Veränderungen werden mit der Kristallinität u. der Quellung in Zusammenhang gebracht. Die Quellung verstreckter Polyesterfäden führt beim Arbeiten unter Spannung zu einem anderen Spannungs–Dehnungs-Verh. als bei einer Vers.-Durchführung ohne Spannung. R. KIESSLING. 8080□

Heterogene Oberflächenreaktion des Nylonfadens in den Gemischen aus Schwefelsäure und Alkohol. Shigeru Hayama und Kiyomi Satô. (Kogyo Kagaku Zasshi [J. chem. Soc. Japan, ind. Chem. Sect.] **62.** 881—84. Juni 1959.) (Jap.; Auszug: Engl.) — Vgl. C. **1962.** 12514.

Ein Nylonfaden von 1100 Denier wird in Gemischen aus H_2SO_4 u. CH_3OH (I) oder A. stehengelassen, wobei die Gemische von der Oberfläche konzentr. in den inneren Teil des Fadens eindringen; die umgesetzten Schichten können durch Waschen mit I leicht beseitigt werden. Obgleich die Geschw. der konzentr. Oberflächen-Rk. von der H_2SO_4-Konz. abhängig ist, liegen äußere Diffusions-Konst. u. Aktivierungsenergie in der Größenordnung von 10^{-4} mm²/Min. u. 6—10 kcal/Mol in I u. 10^{-4} bis 10^{-5} mm²/Min. u. 12 kcal/Mol in C_2H_5OH. Einfl. der Viscosität der Gemische sowie der Konz. von H_2SO_4 auf die Rk. werden theoret. diskutiert. E. MAEKAWA. 8080

Über weitere Ergebnisse mit einer neuen Methode zur schnellen Bestimmung des Fettgehaltes an Textilien. M. Rösch. (Melliand Textilber. **43.** 293—94. März 1962.) (Dt.)

Vergleichende Best. des Restfett-Geh. von Rohware u. gewaschener Ware durch verschiedene Firmen, bei Verw. verschiedener Lsgm. u. Verff., mit dem Soxhlet u. TWISSELMANN-Apparat. Auswertung der sehr guten Ergebnisse. H.-H. MICHEL. 8096□

Bestimmung des Oxäthylierungsgrades von Fettalkohol-Polyglykoläthern durch infrarotspektroskopische Methoden. Chr. Glassmann und K. Maennchen. (Melliand Textilber. **43.** 289—91. März 1962. Oberlahnstein/Rh., Zschimmer & Schwarz, Phys.-Opt. Labor.; Wetzlar, Fa. Ernst Leitz, Wiss. Abt.) (Dt.)

Die Anlagerung von Äthylenoxid an Fettalkohol wird aufgezeigt u. auf die Eigg. der entstehenden Prodd. hingewiesen. Die Best. des Hydroxyäthylierungsgrades kann auf Grund des Trübungspunktes nach der Meth. von MORGAN u. auf einfachem Weg durch IR-Spektroskopie erfolgen. Die ersten 2 Verff. werden skizziert, das 3. in Durchführung u. Auswertung von Verss. genau beschrieben. Nach diesem Verf. können auch unbekannte Fettsäurepolyglykoläther mit hinreichender Genauigkeit untersucht werden. Evtl. bei der Hydroxyäthylierung entstehende Polyglykole verfälschen die Ergebnisse.
H.-H. MICHEL. 8116□

Zschimmer & Schwarz (Erfinder: Rudolf Schwarz, Werner Scharroba und Dietrich Frahne), Oberlahnstein, **Präparieren und Schmälzen von Textilfasern** erfolgt durch Behandlung des Spinngutes mit einer wss. Dispersion von *Polyäthylen,* die mittels anion- oder kationakt. oder nichtionogenen Emulgatoren hergestellt ist. — *Zellwollflocken* oder Kammzug aus *Polyesterfasern* werden mit 2% einer 20%ig. wss. Polyäthylendispersion, die mit einem nichtionogenen bzw. mit einem kationakt. Emulgator hergestellt sind, beladen, konditioniert u. versponnen. Die Garnfestigkeit wird erhöht, die elektrostat. Aufladung vermindert. (**D. A. S. 1 122 666** Kl. 29b vom 19/11. 1960, ausg. 25/1. 1962.) H. MÖLLERING. 8031

Rohm & Haas Co., Philadelphia, Pa. (Erfinder: Richard Oates Steele, Moorestown, N.J., und Clayton Huggett, Newtown, Pa.), V.St.A., **Knitter- und kräuselfeste Cellulosetextilien** werden durch Imprägnieren des Gutes mit der wss. alkal. Lsg. einer *Bis-[hydroxyalkyl]-sulfoxo-Verb.* der Formel HO—R—X—ROH, wobei R = C_2-bis C_3-Alkylengruppe u. X = —SO—, —SO_2—, —SO—R—SO— oder —SO_2—R—SO_2— sind, erhalten. Das imprägnierte Gut wird auf 121—232° erhitzt. — Baumwollgewebe wird bei 100%ig. Flottenaufnahme mit einer wss. Lsg. mit Geh. von 8% Bis-[2-hydroxyäthyl]-sulfon u. 2% Na_2CO_3 imprägniert u. 15 Min. lang auf 163° erwärmt. — Ferner geeignet sind: Bis-[2-hydroxyäthyl]-sulfoxid, 1.2-Bis-[2-hydroxyäthansulfonyl]-äthan u. 1.4-Bis-[2-hydroxyäthylsulfinyl]-benzol. (**D. A. S. 1 118 743** Kl. 8k vom 9/7. 1959, ausg. 7/12. 1961. A. Prior. 23/7. 1958.) H. MÖLLERING. 8033

Badische Anilin- & Soda-Fabrik Akt.-Ges. (Erfinder: Josef Thewis), Ludwigshafen/Rh., **Antistatisch ausgerüstete Formgebilde** aus makromol. Stoffen, z. B. Fasern, Fäden oder Textilien, z. B. aus Polyamiden, -estern oder -vinylen. Das Gut wird gleichzeitig oder nacheinander mit Lsgg. oder Dispersionen von quart. *Äthyleniminpolymeren* u. oberflächenakt. hochpolymeren anion. Stoffen behandelt. — *Polyamid-*Fäden werden mit einer Lsg. von mit $(CH_3O)_2SO_2$ *peralkyliertem Polyäthylenimin* u. dann mit der Lsg. des Na-Salzes von Spermölalkoholsulfat behandelt u. bei 80° getrocknet. — Auch *peralkyliertes C-Methylpolyäthylenimin* einerseits u. Ölsäuresarkosid-Na sind als Lsgg. anwendbar. — Die Ausrüstung ist auch gegen Feinwaschmittel beständig. (**D. A. S. 1 123 282** Kl. 8k vom 6/10. 1960, ausg. 8/2. 1962.) H. MÖLLERING. 8033

René Paul Ruegg, Zürich-Küssnacht, Schweiz, **Nachbehandlung von Textilien.** Gewebe, die aus verschiedenartigen synthet. Fasern bestehen, werden frei hängend 15 Sek. lang durch ein Schrumpfbad (I) geführt, wodurch sie im ganzen weniger glänzend u. weicher werden sollen. Die Wrkg. von I soll der einer 4%ig. Phenol-Lsg. auf Polyamidfasern entsprechen. Während des Durchgangs durch I werden die Gewebe der Einw. von Ultraschall ausgesetzt. (**Port. P. 38 215** vom 29/3. 1961, Auszug veröff. 27/5. 1961. Dän. Prior. 6/4. 1960.) A. KALIX. 8039

Celanese Corp. of America, New York, N.Y., übert. von: Robert H. Pratt und Robert H. Bailey, Narrows, Va., V.St.A., **Verstärkung von Watteschichten** aus Stapelfasern durch Behandeln mit Lsgm. an der Oberfläche der Schichten, so daß die Stapelfasern an der Oberfläche miteinander verkleben. Zum Beispiel werden Stapelfasern aus *Cellulose-Derivv.* mit Aceton oder Chlor-KW-Stoffen behandelt. — Vorrichtung. (**A. P. 2 914 422** vom 3/9. 1954, ausg. 24/11. 1959.) F. VIER. 8041

Farbenfabriken Bayer Akt.-Ges. (Erfinder: Winfried Kruckenberg, Leverkusen, und Gustav Geldmacher, Dormagen), **Spinnfärben von Acetylcellulosefäden.** Dem zum Spinnen benutzten Lsgm. werden lösl. bas. Farbstoffe zugesetzt, die aus ihren wss. Lsgg. mit Hilfe von Säuren oder deren wasserlösl. Salzen ausgefällt worden sind. — Zum Beispiel werden 750 (g) 3-Phenyl-5-{2-methyl-4-[N-äthyl-N-(β-trimethylammonioäthyl)-amino]-benzolazo}-1.2.4-thiadiazolchlorid bei 70° in 6000 W. gelöst, mit 550 Na-α-Naphthalinsulfonat gelöst in 1500 W. ausgefällt, u. in Aceton gelöst. (**D. A. S. 1 096 541** Kl. 29b vom 29/8. 1959, ausg. 5/1. 1961.) F. BÖHM. 8077

Adolf Jaroslav Tlamicha, Göppingen/Württ., **Aufrauhen von Fäden aus synthetischem Material.** Die Fäden werden in einer Richtung schräg zu ihrer Längsachse (I) über eine Serie von Schleifscheiben geführt, die mit verschiedenen Geschw. laufen, wobei sich die Fäden gleichzeitig um I drehen. Dabei werden sie der Einw. von W., Wasserdampf u. Schmälzmitteln ausgesetzt. (**Port. P. 38 188** vom 21/3. 1961, Auszug veröff. 27/5. 1961.) A. KALIX. 8081

Farbwerke Hoechst Akt.-Ges., vormals Meister Lucius & Brüning, Frankfurt/M. (Erfinder: Horst Behrenbruch, Kelkheim, Wilhelm Happe, Schwalbach, Hans Hoyer, Frankfurt/M., und Emil Kinzinger, Kelkheim), **Herstellung von gut anfärbbaren Gebilden aus Polyolefinen.** Ein Gemisch der Polyolefine mit 0,1—30% Polyvinylestern u./oder Mischpolymerisaten von Vinylestern mit ungesätt. Carbonsäuren, wie Crotonsäure, wird verformt. — Zum Beispiel wird ein Gemisch aus 100 (Gew.-Teilen) Polyäthylen u. 5 Polyvinylacetat bei 260° zu Fäden versponnen, die bei 100° auf die vierfache Länge verstreckt werden. Sie sind mit Dispersionsfarbstoffen gut anfärbbar. (**D. A. S. 1 106 450** Kl. 29b vom 10/12. 1959, ausg. 10/5. 1961.) F. BÖHM. 8081

Courtaulds Ltd. (Erfinder: Vera Isabella Furness), London, England, **Herstellung spinnfähiger Lösungen von (Misch-)Polymeren des Acrylonitrils** nach D. A. S. 1 067 214, dad. gek., daß das Verf. bei pH 3,5—5,5 durchgeführt wird. Hierbei kann der Polymerisations-Lsg. ein Red.-Mittel, bes. Thioharnstoffdioxid, zugesetzt werden. Aus den Beispielen geht hervor, daß die Farbe der Endprodd. deutlich verbessert (heller) ist, als bei pH 6,0—8,0. Fäden unmittelbar aus der Lösung. (**D. A. S. 1 089 172** Kl. 39c vom 29/1. 1959, ausg. 15/9. 1960. E. Prior. 11/2. 1958. **Zusatz zu D. A. S. 1 067 214; C. 1960. 12882.**) H. SCHINDLER. 8081

Chemstrand Corp. (Erfinder: Hobson Dewey De Witt), **Lösungsmittel für Acrylonitrilpolymerisate und -mischpolymerisate,** bestehend aus 10—50 (%) Chloralhydrat u. 90—50 eines cycl. Alkylencarbonats mit 2—4 C-Atomen im Alkylenrest, bes. Äthylen- oder Propylencarbonat, u./oder Malonsäure- oder Bernsteinsäuredinitril. Die Lsg. ist bei 30—45° *verspinnbar.* (**Aust. P. 229 333** vom 10/12. 1958, ausg. 4/8. 1960. A. Prior. 30/12. 1957.) C. LÜTTGEN. 8081

Montecatini Soc. Gen. per l'Industria Mineraria e Chimica, Mailand, Italien, **Spinnbare Lösungen von Polyacrylonitril enthaltenden Mischpolymerisaten oder Polymerisatgemischen,** dad. gek., daß das Lsgm. 99—70 (%) einer Dimethylcarbamyl-Verb. (Dimethylformamid, Dimethylacetamid) u. 1—30 aliphat. Mercaptane mit 3—5 C-Atomen, die auch Substituenten, wie Halogene, $-NO_2$, $-SO_3H$ tragen können (Butylmercaptan), enthält. (**It. P. 526 023** vom 5/5. 1954.) K. KOEBKE. 8081

Johannes Kleine (Erfinder: Hans-Henning Kleine und Johannes Kleine), München, **Film- und fadenbildende aromatische Polyester** werden hergestellt aus wasserfreien neutralen Salzen von Dicarbonsäuren u. organ. Dihalogen-Verbb., wobei wenigstens eine dieser Komponenten aromat. Kerne aufweist, in Ggw. von Verdünnungsmitteln. (**D. B. P. 975 309** Kl. 39c vom 2/10. 1951, ausg. 2/11. 1961. Anmeldung bekanntgemacht 15/10. 1953.) F. KOCH. 8081

Farbwerke Hoechst Akt.-Ges., vormals Meister Lucius & Brüning (Erfinder: Joseph Nüsslein), Frankfurt/M., **Überführung endloser Polyesterfäden in Stapelfasern.** Auf die Fäden wird lokal Guanidincarbonat (I) aufgebracht, bis zur teilweisen oder völligen Zerstörung einwirken gelassen u. ggf. die Zerteilung durch mechan. Mittel zu Ende geführt. Nicht angreifbare Fäden können mitverwendet werden u. die Zerteilung auch bei Geweben oder Gewirken erfolgen. — Fadenbündel aus 24 Einzelfäden werden z. B. vor dem Aufspulen in 60 mm Abstand mit einer Paste aus 300 (g) Industriegummi, 300 Britischgummi, 100 Thiodiglykol, 50 I u. 250 W. bedruckt u. 30 Sek. lang auf 180—210° erwärmt, wobei Stapelfasern gebildet werden. (**D. A. S. 1 106 031** Kl. 29b vom 30/11. 1955, ausg. 4/5. 1961.) H. MÖLLERING. 8081

Kogyo Gijutsu Incho (Erfinder: Ichiro Ikoma und Tadashi Muroi, Tokyo, und Akira Okada, Yokohama), Japan, **Herstellung von hochpolymeren Polyesteramiden** mit heterocycl. Ring. Monoäthanolamin wird mit Pyridin-2.5-dicarbonsäure (I) oder ihren reaktionsfähigen Derivv., wie den niederen Alkylestern oder dem Säurechlorid, zu Diamid-Derivv. vom Mol-Verhältnis 2:1 umgesetzt, diese mit I oder deren niederen Alkylestern verestert u. das Prod. polykondensiert. — 5 (g) I-Dimethylester u. 3,2 Monoäthanolamin werden 3 Std. lang bei 100—120° kondensiert. Nicht umgesetztes Material wird mit Ae. ausgewaschen, 6 des Prod., 4 I u. 4 m-Kresol werden bei erhöhter Temp. vermischt, mit 0,03 Pb-Oxid erhitzt 5 Std. lang auf 180—190° unter Durchleiten von H_2, danach größere Mengen A. zugegeben. Ein Poly-Kondens.-Prod. vom F. 238° wird erhalten, das im Schmelzspinn-Verf. zu *Fäden* verarbeitet werden kann. (**Jap. A. S. 44/1960** vom 28/5. 1956, ausg. 5/1. 1960.) M. PANKOW. 8081

Toyo Koatsu Industries, Inc., Tokyo (Erfinder: Yanosuke Inaba, Koji Kimoto, Fujisawa City, Hiromi Iyyama, Odawara City, Ichiro Miwa und Kisaburo Ueno, Toyonuma, Sunagawa City), Japan, **Faserbildende Polyharnstoffpolymischpolymerisate** werden durch Rk. von Harnstoff mit mindestens 2 verschiedenen Alkylendiaminen mit mindestens 6 C-Atomen u. deren Carbonaten (6—9 C-Atome, Mol-Verhältnis zueinander bevorzugt 1:1) in Ggw. eines Viscositätsstabilisators (aliphat. Monocarbonsäureamide, mit mindestens 3 C-Atome enthaltendem Alkylrest oder mit einem aliphat. Acylrest substituierte Alkylendiamine, deren Alkylenrest mindestens 3 C-Atome aufweist) bei 100—130° u. Poly-Kondens. der aus 1 Mol Alkylendiamin u. 1 Mol Harnstoff gebildeten dimol. Zwischen-Prodd. bei 220—270° erhalten. (**D. A. S. 1 123 828** Kl. 39c vom 21/10. 1959, ausg. 15/2. 1962. Jap. Prior. 22/10. 1958.) E. DÖRFEL. 8081

Toyo Koatsu Industries, Inc., Tokyo (Erfinder: Yanosuke Inaba, Koji Kimoto, Fujisawa City, Hiromi Iyyama, Odawara City, Ichiro Miwa und Kisaburo Ueno, Toyonuma, Sunagawa City), Japan, **Verspinnbare Polyharnstoffmischkondensate aus ω-Aminoalkylenharnstoffen** werden aus mindestens 2 verschiedenen ω-Aminoalkylenharnstoffen mit wenigstens 6 C-Atomen im Alkylenrest, bzw. deren Carbonaten durch anfängliches Erhitzen auf 115—120° für 1—3 Std. unter inerter Atmosphäre oder in Lsgm. (W. u. Phenole) bis zur Erzielung einer homogenen Schmelze u. Auskondensieren bei steigender Temp. (zuletzt 250°) in Ggw. von die Viscosität stabilisierenden Mengen eines Alkylmonocarbonsäureamids oder N-Acylalkyldiamins erhalten. (**D. A. S. 1 123 829** Kl. 39c vom 26/11. 1959, ausg. 15/2. 1962. Jap. Prior. 1/12. 1958.) E. DÖRFEL. 8081

Sumitomo Kagaku Kogyo Kabushiki Kaisha, Osaka, Japan (Erfinder: Walter Harry Schuller und John Arthur Price), **Herstellung linearer Mischpolymerisate** durch Mischpolymerisation von 0,1—40 Mol-% von Verbb. der Formel $CH_2:C(R^1)CH_2-N(R^3)\cdot CH_2C(R^2)=CH_2$ (R^1 u. $R^2 = H$ oder CH_3; $R^3 = H$ oder gesätt. aliphat. oder aromat. KW-Stoffrest) mit 99,9—60 Mol.-% damit mischpolymerisierbaren Verbb. mit einer Gruppe $CH_2=C<$. — Zu 50 (g) Diallylamin (I) in 500 W. wird 6n H_2SO_4 bis pH 2 gegeben, nach 20 Min. langem N_2-Durchleiten bei 40° 900 Acrylamid u. 50 I in 2500 W. zugesetzt, wieder auf pH 2 gestellt, 2 $(NH_4)_2S_2O_8$ in 500 W. zugesetzt u. 1 K-Metabisulfit in 500 W. zugegeben u. 3 Std. lang bei 40° unter N_2-Durchleiten gerührt, unter starkem Rühren werden 10 Liter W. zugesetzt. Zu 80 dieser 10%ig. Lsg. werden noch 80 W. gegeben, mit NaOH auf pH 10 nach Zusatz von 10,5 Formalin gestellt, 1 Std. lang bei 50° gehalten, mit HCl auf pH 7 gestellt u. Wollgewebe damit imprägniert, das getrocknet u. auf 250° F erhitzt wird. (**Jap. A. S. 1148/1960** vom 26/7. 1957, ausg. 25/2. 1960. A. Prior. 27/9. 1956.) M. PANKOW. 8081

Toho Reyon Kabushiki Kaisha (Erfinder: Michikimi Nakajima, Ichiro Ueda, Masaki Nakajima und Hisaichi Kurozaki), Tokyo, Japan, **Herstellung von Formkörpern aus 1.2.4-Triazolpolymeren** durch Einmischen von 7 bis 40 Gew.-% Acetamid in hochpolymeres Polyaminotriazol–Polytriazol mit einer Grenzviscosität von [η] 0,7—1. — 70 (Teile) Polyaminotriazol ([η] = 0,7; F. 270°; N 27,5%) u. 30 Acetamid werden auf 220° erhitzt, wobei Flüchtiges entfernt wird. Es wird aus 215° heißer Schmelze aus einer 0,5 mm Düse versponnen, der aufgespülte Faden in W. gelöst, Acetamid herausgelöst u. um das 3—4fache verstreckt. (**Jap. A. S. 184/1960** vom 21/5. 1957, ausg. 14/1. 1960.) M. PANKOW. 8081

General Aniline & Film Corp., New York, N.Y. (Erfinder: David Irwin Randall, New Vernon, N.J.), V.St.A., **UV-Schutz von Polyestertextilien.** Das Gut wird mit einer 0,5—3%ig. Lsg. von *Dihydroxybenzophenonen* bei 170—185° behandelt. Geeignet sind als bekannte substituierte Verbb. *2.2'-Dihydroxy-4.4'-dimethoxybenzophenon, 2.2'-Dihydroxy-4.4'-dipropoxy-, 2.2'-Dihydroxy-4.4'-diamyloxy-, 2.2'.4-Trihydroxy-4'-methoxy-* u. *2.2'.4-Trihydroxy-4'-äthoxybenzophenon.* (**D. A. S. 1 123 284** Kl. 8k vom 23/5. 1959, ausg. 8/2. 1962. A. Prior. 26/5. 1958.) H. MÖLLERING. 8081

Unilever N. V., Rotterdam (Erfinder: **Ian Cirksena Meerkamp van Embden und Jan Boldingh**, Vlaardingen), Holland, *Herstellung von Harnstoffeinschlußverbindungen.* (**Oe. PP. 212 328** u. **212 329** vom 7/3. 1959, ausg. 12/12. 1960. Beide E. Prior. 7/3. 1958. — C. **1962.** 2216 [E. P. 847 702].)

Böhme Fettchemie G. m. b. H., Düsseldorf, *Textilhilfsmittel.* (**Belg. P. 555 392** vom 28/2. 1957, ausg. 12/2. 1960. D. Prior. 18/4. 1956. — C. **1960.** 16984 [F. P. 1 171 021].)

Union Carbide Corp., New York, N.Y., V.St.A. (Erfinder: **C. P. McClelland**), *Textilschlichte.* (**Belg. P. 564 932** vom 18/2. 1958, ausg. 15/7. 1960. A. Prior. 20/2. 1957. — C. **1961.** 11190 [D. A. S. 1 095 780].)

American Cyanamid Co., New York, N.Y., V.St.A., *Wässerige Aluminiumphosphatdispersionen für die Textilausrüstung.* (**Belg. P. 557 001** vom 26/4. 1957, ausg. 11/3. 1960. A. Prior. 27/4. 1956. — C. **1961.** 2836 [A. P. 2 909 451].)

American Cyanamid Co., V.St.A. (Erfinder: **Edward Budleigh Lawler, Richard Dickran Vartanian** und **Philip Roth**), *Aluminiumphosphat-Dispersionen.* (**F. P. 1 174 091** vom 3/4. 1957, ausg. 5/3. 1959. A. Prior. 27/4. 1956. — C. **1961.** 2836 [A. P. 2 909 451].)

E. I. du Pont de Nemours & Co., Wilmington, Del., V.St.A., *Modifizieren von geformten Gebilden aus Additionspolymeren.* (**E. P. 820 120** vom 6/4. 1956, ausg. 16/9. 1959. A. Prior. 7/4. u. 25/4. 1955. — C. **1959.** 10106 [D. A. S. 1 042 520].)

Corn Products Refining Co., New York, N.Y., V.St.A. (Erfinder: **H. Meisel**), *Celluloseappretur.* (**Belg. P. 562 240** vom 8/11. 1957, ausg. 3/6. 1960. A. Prior. 16/11. 1956. — C. **1961.** 7084 [F. P. 1 190 027].)

Imperial Chemical Industries Ltd., London, England, *Wärmebehandlung von Polyesterfäden.* (**Belg. P. 559 327** vom 17/7. 1957, ausg. 8/4. 1960. E. Prior. 18/7. 1956 u. 24/6. 1957. — C. **1962.** 1078 [D. A. S. 1 105 108].)

Chemische Werke Witten G.m.b.H., Witten/Ruhr, *Konservierung von Textilien.* (**Oe. P. 212 269** vom 17/12. 1959, ausg. 12/12. 1960. D. Prior. 21/3. 1959. — C. **1961.** 16703 [D. A. S. 1 105 835].)

Rohm & Haas Co., Philadelphia (Erfinder: **William Robson Conn**, Perkasie, **Benjamin Berryl Kine** und **William Case Prentiss**, Levittown), Pa., V.St.A., *Pigmentierte Massen zur farbigen Ausrüstung von Textilien.* (**D. A. S. 1 107 636** Kl. 8m vom 27/6. 1955, ausg. 31/5. 1961. A. Prior. 29/6. 1954. — C. **1959.** 10068 [E. P. 791 767].)

West Point Mfg. Co., West Point, Ga., V.St.A., *Beseitigen von Gerüchen bei Faser- oder Schichtstoffen.* (**Oe. P. 216 468** vom 15/12. 1958, ausg. 25/7. 1961. A. Prior. 2/6. 1958. — C. **1960.** 6706 [A. P. 2 870 041].)

American Cyanamid Co., New York, N.Y., V.St.A. (Erfinder: **R. P. Parker** und **A. Abbey**), *Neomycin enthaltende Cellulosetextilien.* (**Belg. P. 560 367** vom 28/8. 1957, ausg. 22/4. 1960. A. Prior. 7/2. 1957. — C. **1959.** 13354 [A. P. 2 830 011].)

Union Carbide Corp., New York, N.Y., V.St.A., *Mit Siliconen überzogene Faserprodukte und ihre Herstellung.* (**Belg. P. 558 303** vom 12/6. 1957, ausg. 25/3. 1960. A. Prior. 19/6. 1956. — C. **1960.** 17322 [D. A. S. 1 053 304].)

Farbenfabriken Bayer Akt.-Ges., Leverkusen (Erfinder: **R. Raue, W. Müller, W. Retter** und **J. Link**), *Aufhellungsmittel.* (**Belg. P. 555 326** vom 26/2. 1957, ausg. 12/2. 1960. D. Prior. 1/3. 1956. — C. **1958.** 3484 [D. A. S. 1 010 047].)

J. R. Geigy Akt.-Ges., Basel, Schweiz, *Optisches Aufhellen.* (**Oe. P. 208 328** vom 28/5. 1958, ausg. 25/3. 1960. Schwz. Prior. 29/5. 1957. — C. **1961.** 13402 [A. P. 2 945 033].)

Deutsche Gold- und Silber-Scheideanstalt vormals Roessler, Frankfurt/M., *Bleichen von Fasern.* (**Oe. P. 212 264** vom 26/5. 1959, ausg. 12/12. 1960. D. Prior. 29/5. 1958. — C. **1961.** 10030 [D. A. S. 1 083 221].)

H. P. Gelderman & Zonen N.V., Oldenzaal, Holland, *Bleichen von Textilien.* (**Belg. P. 564 964** vom 19/2. 1958, ausg. 15/7. 1960. Holl. Prior. 5/3. 1957. — C. **1960.** 5041 [Holl. P. 91 620].)

Stoffel & Co., St. Gallen, Schweiz, *Kontinuierliches Bleichen von Textilgut.* (**Oe. P. 210 381** vom 12/4. 1957, ausg. 25/7. 1960. Schwz. Prior. 19/9. 1956. — C. **1960.** 14916 [D. A. S. 1 079 583].)

Stoffel & Co., Szhweiz, *Kontinuierliches Bleichen.* (**F. P. 1 173 750** vom 27/4. 1957, ausg. 2/3. 1959. Schwz. Prior. 19/9. 1956. — C. **1960.** 14916 [D. A. S. 1 079 583].)

E. I. du Pont de Nemours & Co., V.St.A. (Erfinder: **Alfred Anthony d'Addieco**), *Herstellung von Kaliummonopersulfat-Monohydrat.* (**F. P. 1 213 648** vom 24/9. 1958, ausg. 1/4. 1960. A. Prior. 31/10. 1957. — C. **1960.** 13566 [A. P. 2 901 318].)

Hickson & Welch Ltd., Castleford, England, *Herstellung von Triazolverbindungen.* (**Oe. P. 210 418** vom 9/10. 1957, ausg. 10/8. 1960. E. Prior. 9/10. 1956 u. 25/9. 1957. — C. **1961.** 13769 [F. P. 1 184 215].)

Chemische Werke Hüls Akt.-Ges. (Erfinder: **Hans Steinbrink** und **Joachim Amende**), Marl, *Herstellung von Tetra-N-chlorglyoxaldiurein.* (**Schwz. P. 354 446** vom 2/8. 1957, ausg. 15/7. 1961. D. Prior. 15/11. 1956. — C. **1958.** 4359 [D. A. S. 1 020 024].)

Rohm & Haas Co., Philadelphia, Pa., V.St.A. (Erfinder: **B. B. Kine** und **N. A. Matein**), *Herstellung von Faservliesen.* (**Belg. P. 560 025** vom 13/8. 1957, ausg. 22/4. 1960. A. Prior. 13/8. 1956. — C. **1961.** 1059 [F. P. 1 181 169].)

Süddeutsche Kalkstickstoffwerke Akt.-Ges., Trostberg, *Veredlungsmittel für Textilien, Papier, Leder und dergleichen.* (**Belg. P. 556 167** vom 27/3. 1957, ausg. 26/2. 1960. — C. **1958.** 1736 [F. P. 1 127 272].)

Ciba Akt.-Ges., Basel, Schweiz, *Aminoplastausrüstung von Textilien.* (**Belg. P. 557 292** vom 7/5. 1957, ausg. 11/3. 1960. Schwz. Prior. 8/5. 1956. — C. **1960.** 5687 [Aust. P. 214 460].)

Böhme Fettchemie G.m.b.H., übert. von: **Hans Markert** und **Herbert Frotscher**, Düsseldorf, *Antistatische Textilausrüstung.* (**A. P. 2 986 479** vom 28/8. 1958, ausg. 30/5. 1961. D. Prior. 29/8. 1957. — C. **1960.** 7383 [Oe. P. 203 453].)

Associated Lead Manufacturers Ltd., London, England, *Flammfestes Fasermaterial.* (**Schwz. P. 355 767** vom 8/5. 1956, ausg. 15/9. 1961. E. Prior. 9/5. 1955. — C. **1958.** 14482 [E. P. 791 802].)

Farbenfabriken Bayer Akt.-Ges., Leverkusen (Erfinder: **F. Kassack, H. Malz** und **F. Lober**), *Flammschutzmittel.* (**Belg. P. 569 086** vom 2/7. 1958, ausg. 17/3. 1961. D. Prior. 5/7. 1957. — C. **1961.** 2836 [D. A. S. 1 087 109].)

Böhme Fettchemie G.m.b.H., Düsseldorf, *Verhinderung der elektrischen Aufladung von Textilmaterial.* (**Holl. P. 98 396** vom 11/2. 1954, ausg. 17/7. 1961. D. Prior. 13/3. 1953. — C. **1958.** 3200 [E. P. 779 491].)

Dow Corning Corp., Midland, Mich., V.St.A. (Erfinder: **H. F. Beutler**), *Katalysator für die Verwendung bei Emulsionen zur Textilhydrophobierung.* (**Belg. P. 560 350** vom 27/8. 1957, ausg. 22/4. 1960. A. Prior. 28/8. 1956. — C. **1960.** 11865 [E. P. 809 766].)

Badische Anilin- & Soda-Fabrik Akt.-Ges., Ludwigshafen/Rh. (Erfinder: **Erich Schwartz**, Mannheim, **Walter Gerhard**, Ludwigshafen/Rh., **Horst-Guenter Conrad**, Weinheim, und **Walter Krause**, Ilvesheim), *Hydrophobiermittel.* (**E. P. 869 961** vom 16/10. 1958, ausg. 7/6. 1961. D. Prior. 19/10. 1957. — C. **1961.** 14146 [D. A. S. 1 100 585].)

Bradford Dyers' Association Ltd., Bradford, England, *Hydrophobierverfahren.* (**Belg. P. 564 669** vom 10/2. 1958, ausg. 15/7. 1960. E. Prior. 11/2. 1957. — C. **1961.** 17438 [F. P. 1 194 502].)

Chemische Fabrik Pfersee G.m.b.H., Augsburg, *Wasserabstoßendmachen von Textilien.* (**Holl. P. 98 573** vom 29/1. 1958, ausg. 17/7. 1961. D. Prior. 6/4. 1957. — C. **1960.** 3083 [D. A. S. 1 060 347].)

Farbenfabriken Bayer Akt.-Ges., Leverkusen (Erfinder: **C. Boresch, E. Dannecker, M. Quaedvlieg** und **K. Hintzmann**), *Hydrophobiermittel.* (**Belg. P. 560 872** vom 17/9. 1957, ausg. 6/5. 1960. D. Prior. 17/9. 1956. — C. **1961.** 1774 [F. P. 1 182 784].)

Farbenfabriken Bayer Akt.-Ges., Leverkusen, *Komplexe Chromverbindung zur Textilhydrophobierung.* (**Belg. P. 569 593** vom 19/7. 1958, ausg. 19/5. 1961. D. Prior. 19/7. 1957. — C. **1960.** 342 [D.A.S. 1 060 834].)

Farbenfabriken Bayer Akt.-Ges., Leverkusen, *Hydrophobierung mit Siliconen.* (**Belg. P. 569 741** vom 25/7. 1958, ausg. 16/6. 1961. D. Prior. 26/7. 1957. — C. **1961.** 7799 [D. A. S. 1 080 061].)

Imperial Chemical Industries Ltd., London, England, *Textilhydrophobierung.* (**Belg. P. 564 401** vom 30/1. 1958, ausg. 17/6. 1960. E. Prior. 1/2. 1957. — C. **1961.** 17438 [F. P. 1 199 319].)

Peter Spence & Sons Ltd., Widnes, England, *Textilhydrophobierung.* (**Belg. P. 561 879** vom 24/10. 1957, ausg. 20/5. 1960. E. Prior. 25/10. 1956. — C. **1960.** 14561 [E. P. 817 298].)

General Electric Co., Schenectady, N.Y., V.St.A. (Erfinder: **Br. A. Ashby** und **C. J. Hoffman**), *Baumwollhydrophobierung.* (**Belg. P. 561 997** vom 29/10. 1957, ausg. 20/5. 1960. A. Prior. 31/10. 1956. — C. **1958.** 13935 [A. P. 2 802 754].)

Monsanto Chemicals Ltd., Buckinghamshire, England, *Avivage von Textilien.* (**Belg. P. 554 938** vom 12/2. 1957, ausg. 12/2. 1960. E. Prior. 16/2. 1956. — C. **1961.** 11944 [E. P. 840 372].)

Zschimmer & Schwarz Chemische Fabrik und Gerbstoffwerke Oberlahnstein Akt.-Ges., Oberlahnstein/Rh., *Carbonisieren von Wolle.* (**Belg. P. 561 467** vom 8/10. 1957, ausg. 20/5. 1960. D. Prior. 11/10. 1956, 5/1. u. 28/6. 1957. — C. **1961.** 13404 [E. P. 835 634].)

Farbenfabriken Bayer Akt.-Ges., Leverkusen, *Mottenschutzmittel.* (**Belg. P. 556 043** vom 22/3. 1957, ausg. 26/2. 1960. D. Prior. 23/3. 1956. — C. **1959.** 10107 [D. A. S. 1 035 397].)

Ciba Ltd., Basel, Schweiz, *Herstellung neuer quartärer Ammoniumverbindungen.* (**Holl. P. 97 769** vom 5/12. 1953, ausg. 17/4. 1961. Schwz. Prior. 6/12. 1952. — C. **1959.** 9434 [Oe. P. 191 861].)

B. F. Goodrich Co., New York, N.Y., übert. von: **Neil H. Sherwood**, Avon Lake, Ohio, V.St.A., *Knitterfeste Textilausrüstung.* (**A. P. 2 987 421** vom 19/9. 1955, ausg. 6/6. 1961. — C. **1961.** 16704 [E. P. 843 114].)

J. R. Geigy Soc. An., Basel, Schweiz, *Flammfeste Cellulosetextilien.* (**Belg. P. 555 825** vom 15/3. 1957, ausg. 12/2. 1960. Schwz. Prior. 16/3. 1956. — C. **1959.** 14292 [E. P. 804 745].)

Algemeene Kunstzijde Unie N.V., Arnheim, Holland, *Herstellung von Fäden aus Viscose.* (**Belg. P. 569 157** vom 4/7. 1958, ausg. 24/3. 1961. A. Prior. 19/8. 1957. — C. **1960.** 7384 [Oe. P. 204 171].)

American Enka Corp., Enka, N.C., V.St.A., übert. von: **Aart Buurman**, Velp, **Robbert Aldert Vroom** und **Pieter Coenraad Limburg**, Arnheim, Holland, *Herstellung von Viscosekunstseide.* (**A. P. 2 970 883** vom 24/12. 1956, ausg. 7/2. 1961. Holl. Prior. 16/1. 1956. — C. **1961.** 14883 [E. P. 820 274].)

American Enka Corp., Enka, N.C., V.St.A., übert. von: **Pieter Coenraad Limburg**, Arnheim, **Aart Buurman**, Velp, und **Robbert Aldert Vroom**, Arnheim, Holland, *Herstellung von Kunstseide.* (**A. P. 2 978 292** vom 9/7. 1958, ausg. 4/4. 1961. Holl. Prior. 13/7. 1957. — C. **1962.** 1466 [E. P. 833 865].)

Chimiotex Soc. An., Tangier, übert. von: **Nicolas Drisch** und **Pierre Schneller**, Paris, Frankreich, *Herstellung eines schrumpffähigen Cellulosefadens.* (**A. P. 2 954 270** vom 14/12. 1956, ausg. 27/9. 1960. F. Prior. 14/12. 1955. — C. **1961.** 5657 [E. P. 827 880].)

Courtaulds, Inc., New York, N.Y. (Erfinder: **George C. Daul**, Mobile, **Harold F. Wise**, Spring Hill, und **John Wharton**, Mobile, Ala.), V.St.A., *Verbesserung von regenerierten Cellulosefasern.* (**D. A. S. 1 109 312** Kl. 29b vom 18/1. 1958, ausg. 22/6. 1961. A. Prior. 23/1. 1957. — C. **1960.** 13567 [A.P. 2 902 391].)

Courtaulds Ltd. (Erfinder: **Bryan Atkinson Toms**), London, England, *Herstellung von Cellulosexanthogenatessigsäure-Fäden.* (**D. A. S. 1 117 255** Kl. 29b vom 6/7. 1956, ausg. 16/11. 1961. E. Prior. 12/7. 1955. — C. **1961.** 6729 [E. P. 831 065].)

Courtaulds Ltd., London, England, *Herstellung von Fäden und Fasern.* (**Belg. P. 559 750** vom 1/8. 1957, ausg. 22/4. 1960. E. Prior. 1/8. 1956 u. 12/4. 1957. Zusatz zu Belg. P. 547 681; C. 1960. 15626. — C. **1962.** 4392 [Holl. P. 97 030].)

E. I. du Pont de Nemours & Co., Wilmington, Del., V.St.A., *Herstellung von geformten Gebilden aus regenerierter Cellulose.* (**Holl. P. 99 080** vom 29/10. 1956, ausg. 15/9. 1961. — C. **1959.** 12094 [A. P. 2 810 658] u. C. **1959.** 15873 [A. P. 2 855 321].)

N.V. Onderzoekingsinstituut Research, Arnheim, Holland, *Herstellung von Fäden und Filmen aus Viscose.* (**Belg. P. 557 411** vom 10/5. 1957, ausg. 11/3. 1960. Holl. Prior. 26/6. 1956. — C. **1959.** 12732 [Oe. P. 198 875].)

N.V. Onderzoekingsinstituut Research, Arnheim, Holland, *Künstliche Fäden aus Viscose.* (**E. P. 857 170** vom 25/2. 1959, ausg. 29/12. 1960. Holl. Prior. 18/3. 1958. Zusatz zu E. P. 786 319; C. 1959. 8413. — C. **1961.** 14147 [Schwz. P. 347 297].)

Spinnfaser Akt.-Ges. (Erfinder: **Friedrich Hildebrandt**), Kassel, *Herstellung von Fasern aus Viscose.* (**Schwz. P. 356 556** vom 10/8. 1956, ausg. 13/10. 1961. D. Prior. 13/9. 1955. — C. **1958.** 5256 [D. A. S. 1 009 760].)

Textile & Chemical Research Co. Ltd., Guernsey, England (Erfinder: **Robert Priou, Pierre Schneller** und **Michel Rolland**, Paris, Frankreich), *Herstellung von starkschrumpfenden Fäden aus regenerierter Cellulose.* (**D. A. S. 1 115 405** Kl. 29b vom 29/11. 1956, ausg. 19/10. 1961. F. Prior. 14/12. 1955 u. 10/10. 1956. — C. **1961.** 5657 [E. P. 827 880].)

Union des Fabriques Belges de Textiles Artificiels Soc. An. Fabelta, Brüssel, Belgien, *Herstellung von geformten Gebilden aus Viscose.* (**Belg. P. 563 640** vom 31/12. 1957, ausg. 17/6. 1960. Schwz. Prior. 7/1. 1957. — C. **1961.** 9645 [Schwz. P. 349 026].)

Vereinigte Glanzstoff-Fabriken Akt.-Ges., Wuppertal, *Herstellung von Fäden und Filmen aus regenerierter Cellulose.* (**Belg. P. 567 063** vom 24/4. 1958, ausg. 12/8. 1960. D. Prior. 21/6. 1957. — C. **1958.** 9946 [D. A. S. 1 023 559].)

Vereinigte Glanzstoff-Fabriken Akt.-Ges., Wuppertal (Erfinder: **Richard Elssner**, Randerath, und **Hugo Elling**, Grebben), *Herstellung von Fäden durch Verspinnen von Viscose.* (**Schwz. P. 353 844** vom 1/3. 1957, ausg. 15/6. 1961. **Belg. P. 554 986** vom 14/2. 1957, ausg. 12/2. 1960. Beide D. Prior. 2/3. 1956. — C. **1958.** 14205 [D. A. S. 1 028 285].)

I. P. Bemberg Akt.-Ges., Wuppertal, *Herstellung von Fäden und Filmen aus Kupferoxydammoniakcelluloselösung.* (**Belg. P. 555 517** vom 5/3. 1957, ausg. 12/2. 1960. D. Prior. 11/5. 1956. — C. **1959.** 16825 [D. A. S. 1 053 719].)

Monsanto Chemical Co., St. Louis, Mo., übert. von: **Elmer H. Rossin**, Springfield, und **Milton J. Scott**, Lexington, Mass., V.St.A., *Schwerentzündliche Celluloseäther-Dispersionen.* (**A. P. 2 952 880** vom 30/6. 1951, ausg. 20/9. 1960. — C. **1956.** 8511 [E. P. 714 214].)

N.V. Onderzoekingsinstituut Research, Holland, *Behandlung von hydrophobem Textilmaterial.* (**F. P. 1 166 237** vom 11/2. 1957, ausg. 4/11. 1958. Holl. Prior. 15/2. 1956. — C. **1960.** 7723 [Oe. P. 199 157].)

Montecatini Soc. Gen. per l'Industria Mineraria e Chimica, Italien (Erfinder: **Renzo Postal**), *Herstellung von Polypropylenfilmen und -fäden.* (**F. P. 1 174 049** vom 28/3. 1957, ausg. 5/3. 1959. It. Prior. 30/3. 1956. — C. **1959.** 13979 [Oe. P. 201 768].)

American Cyanamid Co., New York, N.Y., V.St.A., *Entfärben von Polyacrylonitril.* (**E. P. 801 237** vom 7/5. 1956, ausg. 10/9. 1958. A. Prior. 23/8. 1955. — C. **1960.** 4393 [A. P. 2 861 864].)

American Cyanamid Co., V.St.A. (Erfinder: **Arthur Cresswell**), *Herstellung von Polyacrylonitrilfäden.* (**F. P. 1 181 318** vom 20/8. 1957, ausg. 15/6. 1959. A. Prior. 21/8. 1956. — C. **1961.** 10032 [A. P. 2 916 348].)

British Celanese Ltd. (Erfinder: **James Lincoln**), London, England, *Polyacrylonitrillösungen.* (**Can. P. 551 191** vom 23/12. 1950, ausg. 7/1. 1958. E. Prior. 5/1. 1950. — C. **1955.** 4735 [E. P. 690 553].)

British Celanese Ltd., London, übert. von: **John Downing, Arthur Hodge** und **James G. N. Drewitt**, Spondon, Derby, England, *Lösungen von polymerem Acrylonitril in Nitromethan, Wasser und Carbonsäuren.* (**Can. PP. 553 743** vom 13/6. 1951 u. **553 744** vom 14/6. 1951, ausg. 4/3. 1958. Beide E. Prior. 29/6. 1950. — C. **1955.** 1175 [F. P. 1 045 857].)

Chemstrand Corp., Decatur, Ala., V.St.A. (Erfinder: **C. J. Waitkus**), *Verbesserte Acrylonitrilpolymere.* (**Belg. P. 542 198** vom 20/10. 1955, ausg. 28/8. 1959. A. Prior. 20/10. 1954. — C. **1957.** 827 [A.P. 2 735 790].)

Chemstrand Corp., Decatur, Ala., V.St.A. (Erfinder: **H. D. De Witt**), *Herstellung von Acrylonitrilpolymeren.* (**Belg. P. 543 547** vom 12/12. 1955, ausg. 11/9. 1959. A. Prior. 13/12. 1954. — C. **1957.** 8393 [A. P. 2 752 318].)

Chemstrand Corp., Decatur, Ala., übert. von: **George E. Ham** und **Alfred B. Craig**, Dayton, Ohio, V.St.A., *N-Heterocyclen enthaltende Acrylonitrilcopolymere.* (**Can. P. 552 607** vom 11/3. 1957, ausg. 4/2. 1958. A. Prior. 19/1. 1951. — C. **1955.** 4736 [F. P. 1 050 432].)

Courtaulds Ltd., übert. von: **Albert W. Bennett, Richard N. Timms** und **Harold M. G. Williams**, London, England, *Gewinnung von Polyacrylonitrilfäden.* (**Can. P. 553 777** vom 23/6. 1953, ausg. 4/3. 1958. E. Prior. 25/8. 1952. — C. **1957.** 1830 [E. P. 732 135].)

Ciba Akt.-Ges., Basel (Erfinder: **Hans Osolin**, Arlesheim), Schweiz, *Herstellung echtgefärbter Formkörper aus Vinylpolymerisaten, insbesondere Polyacrylonitril.* (**Schwz. P. 336 982** vom 9/8. 1955, ausg. 30/4. 1959. **E. P. 823 257** vom 3/8. 1956, ausg. 11/11. 1959. **Belg. P. 550 167** vom 8/8. 1956, ausg. 4/12. 1959. Beide Schwz. Prior. 9/8. 1955. — C. **1959.** 3006 [D. A. S. 1 027 396].)

Dow Chemical Co., Midland, Mich., übert. von: **George W. Stanton, Mary J. Charlesworth**, Walnut Creek, **Theodore B. Lefferdink**, Concord, und **Richard W. Meikle**, Newport Beach, Calif., V St.A., *Leicht färbbare Polyacrylonitrilfasern.* (**Can. P. 551 578** vom 5/10. 1953, ausg. 14/1. 1958. A. Prior. 26/1. 1953. — C. **1957.** 6319 [E. P. 758 937].)

E. I. du Pont de Nemours & Co., V.St.A. (Erfinder: **Harrison Inman Anthes**), *Acrylonitrilpolymerisation.* (**F. P. 1 178 785** vom 12/7. 1957, ausg. 14/5. 1959. A. Prior. 12/7. 1956. — C. **1961.** 10414 [E. P. 823 345].)

Johns-Manville Corp., New York, N.Y., übert. von: **Irvin Barnett** und **Stanley E. Zager**, Somerville, N.J., V.St.A., *Thermische Modifizierung von Acrylonitrilpolymeren.* (**Can. P. 554 234** vom 12/2. 1954, ausg. 11/3. 1958. A. Prior. 30/3. 1953. — C. **1959.** 1651 [A. P. 2 799 915].)

Farbwerke Hoechst Akt.-Ges., vormals Meister Lucius & Brüning, Deutschland, *Verbesserung von Polyesterfäden.* (**F. P. 1 161 070** vom 19/7. 1956, ausg. 20/8. 1958. D. Prior. 22/7. 1955. — C. **1957.** 10092 [D. A. S. 1 000 778].)

Farbwerke Hoechst Akt.-Ges., vormals Meister Lucius & Brüning, Deutschland, *Verbesserung von Polyestertextilien.* (**F. P. 1 165 955** vom 30/11. 1956, ausg. 31/10. 1958. D. Prior. 1/12. 1955. — C. **1959.** 8007 [D. A. S. 1 041 001].)

Imperial Chemical Industries Ltd., England, *Kleben von linearen Polyestern.* (**F. P. 1 179 399** vom 7/6. 1957, ausg. 22/5. 1959. E. Prior. 8/6. 1956 u. 22/5. 1957. — C. **1960.** 17659 [Aust. P. 217 800].)

Commonwealth Engineering Co. of Ohio, Dayton, Ohio, V.St.A., *Künstliche Fäden aus Dextranäthern.* (**Dän. P. 85 409** vom 11/10. 1954, ausg. 28/7. 1958. — C. **1958.** 4066 [E. P. 766 283].)

Deutsche Gold- und Silber-Scheideanstalt vormals Roessler (Erfinder: **Karl Dithmar**), Frankfurt/M., *Syntheseharze mit oxydischen Aerogelen.* (**Can. P. 552 629** vom 11/9. 1953, ausg. 4/2. 1958. D. Prior. 21/10. 1952. — C. **1957.** 8682 [Oe. P. 185 496].)

Robert Smith-Johannsen, New York, N.Y., V.St.A., *Herstellung mikroporöser Filme.* (**E. P. 790 241** vom 31/5. 1955, ausg. 5/2. 1958. A. Prior. 25/6. 1954. — C. **1960.** 12382 [F. P. 1 132 915].)

American Cyanamid Co., New York, N.Y., übert. von: **Chester G. Landes**, New Canaan, und **Walter F. Reynolds jun.**, Stamford, Conn., V.St.A., *Herstellung von Glasfasererzeugnissen.* (**Can. P. 552 556** vom 2/3. 1953, ausg. 4/2. 1958. A. Prior. 31/5. 1952. — C. **1950/54.** 3649 S [A. P. 2 694 630].)

Owens-Corning Fiberglas Corp., V.St.A. (Erfinder: **Alfred Marzocchi** und **Harold L. Haynes**), *Schlichte für Glasfasergarne.* (**F. P. 1 203 782** vom 8/4. 1958, ausg. 21/1. 1960. A. Prior. 9/4. 1957. — C. **1961.** 17063 [E. P. 848 271].)

Comp. Française Thomson-Houston, Seine, Frankreich (Erfinder: **Karl Walter Krantz**), *Herstellung einer feuchtigkeitsabweisenden Organosiliciummischung.* (**F. P. 1 179 318** vom 30/4. 1957, ausg. 22/5. 1959. A. Prior. 30/4. 1956. — C. **1960.** 4071 [E. P. 813 520].)

I. Ss. Margolin, Verwendung von synthetischen Fasern in der Textil- und Trikotagenindustrie. Rosstechisdat. 1962. (267 S. m. Abb.) 96 Kop. [Russ.]

XIX. Brennstoffe. Erdöl. Mineralöle

Die Austrocknung von Aktivkohle bei verschiedenen Temperaturen. Paulette Berthier, Léa Kerlan und Clément Courty. (C. R. hebd. Séances Acad. Sci. **246.** 1851—52. 24/3. 1958.) (Franz.) — Vgl. C. **1959.** 1693.

Mittels einer CHEVENAR-Thermowaage wird die Geschw. der H_2O-Abgabe durch feuchte Cocosnußaktivkohle im Temp.-Bereich von ca. 20—181° verfolgt. Es wird festgestellt, daß die Hauptmenge an W. bereits bei $<60°$ abgegeben wird, jedoch müssen mindestens 110° überschritten werden, um den Bereich eines nur vorgetäuschten Minimalgewichts der Kohle zu umgehen. Selbst bei ca. 170° wird W. noch in geringer Menge abgegeben. E. ÜHLEIN. 8122□

Die Bedingungen und der Bildungsmechanismus von Katalysatoren für die Selbsterwärmung von Steinkohle. Zbigniew Bylo. (Arch. Górnictwa Hutnictwa **5.** 305 bis 357. 1960.) (Pol.)

In Fortsetzung früherer Arbeiten (vgl. C. **1961.** 12696), wonach wahrscheinlich Sulfon-Verbb. die Bldg. von Polyphenolen fördern, die dann als Katalysatoren bei der Selbsterwärmung der Steinkohle wirken, werden Unterss. mit sulfonierten Kohlen als Modell-Substanz für selbsterwärmende Kohle ausgeführt sowie der Einfl. von Polyphenolen auf die Zers. von 20%ig. H_2O_2 durch nicht zur Selbsterwärmung neigende Kohle untersucht. Aus den in tabellar. u. in Diagrammen zusammengestellten Ergebnissen geht hervor, daß die Neigung zur Selbsterwärmung der Steinkohle von ihrem Geh. an Sulfongruppen abhängt. Dieser entsteht durch Oxydation von Pyrit-S auf nassem Wege, evtl. auch durch natürliche Verwitterung; die Sulfon-Verbb. fördern die Bldg. von Redoxkatalysatoren (Polyphenole) der Selbsterwärmung von Kohle. Die Neigung zur Selbstentzündung hängt vom Geh. an diesen Redoxkatalysatoren ab. M. SZMYTÓWNA. 8126□

Primäre und sekundäre Schwimm- und Sinkaufbereitung für ungebrochene Illinois-Kohlen. Nelson L. Davis. (Proc. Illinois Mining Inst. **1960.** 41—47. 21/10. McHenry, Ill., Nelson L. Davis Co.) (Engl.)

Es wird gezeigt, wie Aufbereitungsanlagen durch Verw. einer einfachen Zweistufensink- u. -schwimmaufbereitung verbessert werden können. Die Vor- u. Nachteile des Sink- u. Schwimmverf. u. der Verw. von Setzmaschinen werden untersucht. Dabei wird auch die Frage geprüft, ob Brechen der Rohkohle vor der Aufbereitung günstiger ist. Zum Vgl. wird die Aufbereitung mit Setzmaschinen u. pulsierender Luft angeführt. H. SCHÖBERL. 8134□

Entwicklung von großtechnischen Abstichgeneratoren zur Synthesegas-Erzeugung. Franz Duftschmid und Ferdinand Markert. (Chemie-Ing.-Techn. **32.** 806—11. Dez. 1960. Ludwigshafen/Rh., Bad. Anilin- & Soda-Fabrik Akt.-Ges.) (Dt.)

Der BASF-Abstichgenerator, der bei Vollast 55000 Nm^3/Std. Synth.-Gas erzeugt u. dabei 12000 Nm^3 Rein-O_2 u. 24 t Koks verbraucht, wird beschrieben. Gesichtspunkte, die bei der Planung der Anlage u. der Auslegung der einzelnen App. maßgebend waren, werden besprochen. In den Generatoren können bei Bedarf auch fl., verdampfbare oder gasförmige KW-Stoffe in Synth.-Gas umgewandelt werden. Die Generatoren sind weitgehend automatisiert. Durch eine Abhitzeverwertung werden die Vergasungsmittel vorgeheizt, fl. KW-Stoffe verdampft u. die Restwärme für die Wasserdampferzeugung ausgenutzt. Der anfallende Koksstaub wird durch Rückführung in den Generator vergast. Auf Fragen des Abstich-Verh. vor den Formen bei der KW-Stoff-Spaltung wird eingegangen. — Verf.-Schema. 10 Schrifttumsangaben. E. MIESSGANG. 8148□

Das Sulzer-CO-Entfernungs-Verfahren. Alfred Meyer. (Coke and Gas **23.** 107—11. März 1961. Winterthur, Sulzer Broth. Ltd.) (Engl.)

Nach kurzer Übersicht über andere Verff. u. die Erfordernisse, die an ein Entgiftungs-Verf. von Stadtgas zu stellen sind, wird das SULZER-Verf. beschrieben. Hierbei wird CO mit einer $CuCl/MgCl_2$-Lsg. absorbiert u. daraus im Vakuum fast quant. wiedergewonnen. Die Absorptionsisothermen werden für 10, 20 u. 30° angegeben. — 1 Fließschema. W. HOLLAND. 8156□

Über den Einfluß des Wasserstoffgehaltes von Stadtgasen auf die Empfindlichkeit von Gasgeräten gegenüber Heizwertveränderungen. F. Schuster und H. Sturm. (Gaswärme **10.** 370—73. Nov. 1961. Essen, Gaswärme-Inst.) (Dt.)

Da eine 1958 in Wien erfolgte Erhöhung des Heizwerts im dortigen Stadtgas von 4250 auf 4600 kcal/Nm³ trotz einer Erhöhung der WOBBE-Zahl von 5503 auf 6196 — also um 12,6% — in Verss. u. Praxis volle Austauschbarkeit ergab, wird untersucht, ob es der höhere H_2-Geh. deutscher Gase ist, der die Austauschbarkeit bereits bei 5% begrenzt. Es ergibt sich nach der WEAVER-Meth. tatsächlich, daß sich eine Heizwertveränderung unter konst. H_2-Geh. bei kleinen H_2-Geh. weniger auf das Brennverh. auswirkt als bei höheren. W. HOLLAND. 8156□

De- und Reaktivierungserscheinungen während der Adsorption von Kohlenwasserstoffgasen an Holzkohle. R. F. Baddour und R. L. Geddes. (Chem. Engng. Progr., Symposium Ser. **55.** Nr. 24. 37—44. 1959. Cambridge, Mass., MIT; Boston, Mass., Stone & Webster Engng. Corp.) (Engl.)

An Hand laboratoriumsmäßiger Modellanlagen wird der Einfl. eines KW-Stoff-Pyrolysegases auf die Adsorptionskapazität eines aus Erdöl hergestellten Adsorbenten untersucht, wobei sich zeigt, daß die Behandlung des Adsorbenten mit dem pyrolyt. Gas stets zu einer Verminderung der Adsorptionskapazität führt. Eine Reaktivierung des Adsorbenten dagegen wird durch eine Dampfbehandlung bei 500—1500° F oder in einzelnen Fällen durch Extraktion mit Bzl. erreicht. Die verschiedenen im Zusammenhang mit der großtechn. Auswertung der erhaltenen Ergebnisse stehenden Fragen werden eingehend erörtert. D. FOEST. 8188□

Hitzebeständigkeit der tonhaltigen Lösungen und deren Verbesserung. E. G. Kisster. (Нефтяное Хозяйство [Erdöl-Wirtsch.] **39.** Nr. 11. 18—25. Nov. 1961.) (Russ.)

Der fördernde Einfl. höherer Temp. (bis 400°) auf Peptisation, Ausbildung thixotroper Strukturen u. Koagulation tonhaltiger Lsgg. (Sulfitschlempe, alkal. Kohlereagens, Polyphenole der chem. Holzverarbeitung, Carboxy- bzw. Sulfatcellulose, Alipan) wird bestimmt u. hierbei eine Zunahme der Viscosität bei größerer Abgabe von W. durch Bldg. lyosorbierender Schichten beobachtet. Bei hoher Temp. bewährt sich das Hipan am besten. W.-D. HEUSSNER. 8190□

Über die Technologie und Versuche zur Anwendung der Extraktionskristallisation. Włodzimierz Kisielow. (Chemia Zeszyty naukowe Politechn. Śląskiej, Chem. **1959.** Nr. 3. 33—69. Gliwice, Politechn. Śląska, Kat. Technol. Nafty i Paliw płynnych.) (Pol.)

n-Alkane bilden mit Harnstoff (I) in Ggw. von CH_3OH Additions-Verbb., wobei die Leichtigkeit der Bldg. der krist. Prodd. mit der Länge der C-Kette des Alkans zunimmt. Die Zers. der Additions-Verbb. erfolgt durch Erwärmen. Sie geht um so leichter vor sich, je kürzer die C-Kette des Alkans ist. Bldg. u. Zers. verlaufen somit selektiv. Die Kombination beider Rkk. dient zur Entparaffinierung von Erdölfraktionen. In einem Rk.-Gefäß, das eine bestimmte konst. Menge I enthält, läßt sich durch Variation der Verweilzeit u. Durchlaufgeschw. der Fraktion der Entparaffinierungsgrad beliebig einstellen. Bei der Raffination von Petroleum ist für die Regenerierung von I ein Zusatz von Lsgm. nicht notwendig. Bei der Entparaffinierung von Gasöl oder schwerem Paraffinöl muß I mit Xylol oder einfacher mit einer schwereren Erdölfraktion regeneriert werden. I kann mehrmals verwendet werden. Verluste entstehen meist durch Zers. von I (>130°), wenn die Additions-Prodd. schwer zersetzlich sind. — 31 Literaturangaben. F. URBAN. 8194□

Über die Reinigung von druckraffiniertem Rohbenzol nach dem Udex-Verfahren. Toshikazu Nanjô, Ken-ichi Kikuchi und Mitsuo Sato. (J. Japan Tar Ind. Association [Coal Tar] **12.** 663—67. Dez. 1960. Kawasaki, Kôkan Kagaku, Tidorityô-Kôzyô.) (Jap.)

6monatige Erfahrungen mit der *Udex*-Extraktionsanlage zur Reinigung von druckraffiniertem Rohbenzol beweisen ihre Rentabilität im Hinblick auf Qualität u. Ausbeute des Produkts. Das Verf. kann erfolgreich zur Entfernung von geringen Mengen (bis 3%) Nichtaromaten im Ausgangsrohbenzol angewendet werden. E. MAEKAWA. 8202□

Flüchtige Verbindungen von Schwermetallen. G. Carrière. (Nederl. chem. Ind. **3.** 20—21. 15/1. 1961.) (Holl.)

Ein Abriß der physikal. Eigg. von Komplex-Verbb. von W u. Mo, die bes. als Antiklopfmittel u. Katalysatoren industrielle Verw. finden, wird gegeben. R. F. HAAR. 8208□

Thermische Hydrierung von rohen Rückständen. A. W. Langer, Joseph Stewart, C. E. Thompson, H. T. White und R. M. Hill. (Ind. Engng. Chem., int. Edit. **53.** 27—30. Jan. 1961. Linden, N.J., Esso Research and Engng. Co.) (Engl.)

Höher sd. Ölfraktionen, die reich an kondensierten Aromaten sind, werden zu Hydroaromaten hydriert u. als H-Lieferanten eingesetzt. Sie erweisen sich als ebenso wirksam wie früher untersuchtes Tetralin. Je nachdem von nieder- oder höher sd. Rückstandsölen ausgegangen wird, wird durch therm. Hydrierung vorzugsweise Gasolin oder Heizöl erhalten. Der Rückstand der Aufarbeitung geht in den Prozeß zurück; ebenso wird die Fraktion von 700—900° F mit Ni/W- oder Mo-Sulfid aufhydriert u. erneut als H-Lieferant verwendet. W. HOLLAND. 8212□

Rückstände und Ölschmutz im Ölfilter von Kraftfahrzeugmotoren. C. Versino. (Olii minerali, Grassi Saponi, Colori Vernici **37.** 93—96. März 1960. Turin, Univ., Ist. di Chim. fis.) (Ital.)

Ein Schmieröl, das im Fiat 500 in Gebrauch war, wird fraktioniert, in Heptan u. Chlf. gelöst u. untersucht. Wird außer dem Zentrifugalfilter noch eine Filterhülse verwendet, reichern sich im Rückstand saure Bestandteile an. Eine Steigerung der Viscosität u. der Verharzung wird dadurch verhindert. W. HOLLAND. 8220□

Aktuelle Probleme bei Untersuchungen über Reibung, Verschleiß und Schmierung von Metallen. Michał Halaunbrenner. (Postępy Fizyki **11.** 23—43. 1960. Kraków, Politechn., Kat. Fiz.) (Pol.)

Übersicht. — 22 Literaturangaben. F. URBAN. 8220□

Neue Entwicklungen auf dem Schmierstoffgebiet. Stanley L. Cosgrove und Richard L. Jentgen. (Battelle techn. Rev. **10.** 9—14. April 1961.) (Engl.)

Überblick über die Typen, Anforderungen u. Anwendungsarten synthet. Schmieröle, Hydraulik-Fll., Festschmiermittel u. Schmierfette. Vgl. des VT-Verh., der Flüchtigkeit, der Entflammbarkeit, der Oxydationsstabilität, der therm. u. hydrolyt. Stabilität, der Schmierwirksamkeit u. des Preises von Polyalkylenglykolen, organ. Estern, Siliconen, Perfluor-KW-Stoffen, Halogen-KW-Stoffen, Polyphenyläthern, Phosphorsäure- u. Kieselsäureestern. O. HENNING. 8222□

Anwendung von Wolframdisulfid (WS_2) als Schmiermittel für Glas- und Metallhähne. Zdzisław Haś. (Zeszyty naukowe Politechn. Łódzkiej, Chem. **1961.** Nr. 9. 135—36. Łódź, Politechn., Kat. Metalzn. i Obróbki ciepln.) (Pol.)

WS_2 ist zur Schmierung von Glas- u. Metallhähnen bei chem. App. gut geeignet, da es das Festfressen verhindert. Besonders bewährt hat es sich bei Bürettenhähnen mit NaOH-Lösungen. WS_2 ist gegen heißes u. kaltes W., HCl-Gas, wss. HCl-Lsgg., HNO_3, H_2F_2, Alkalihydroxide u. die wichtigsten organ. Lsgm. beständig. Der Reibungs-Koeff. Stahl/Stahl wird durch WS_2 auf 0,08 gesenkt. F. URBAN. 8222

Die Bestimmung von Teersäuren und Teerbasen in leichten Kohlenteerdestillaten. G. E. Mapstone und A. T. Keppie. (Chem. and Ind. **1959.** 1397—99. 7/11. Boksburg North, South Africa, Torbanite Mining & Refining Co. Ltd.) (Engl.)

Bei der Extraktion von Teersäuren mit NaOH-Lsg. werden Teerbasen mitextrahiert u. bei der Extraktion von Teerbasen mit wss. HCl auch Teersäuren. Ferner wird bei verschiedenen Best.-Meth. von Teerbasen anwesendes NH_3 mitbestimmt. Diese analyt. Schwierigkeiten werden diskutiert. Eine ausführliche Anweisung zur Best. von Teersäuren u. Teerbasen aus einer Probe wird angegeben. GERHARD GÜNTHER. 8248□

Teersäuren und Basen in leichten Kohlenteerdestillaten. L. C. Mac Mahon. (Chem. and Ind. **1960.** 69. 16/1. Gomersal bei Leeds, Standardizat. of Tar Prod. Test Comm.) (Engl.)

Vf. befaßt sich mit der Arbeit von MAPSTONE u. KEPPIE (vgl. vorst. Ref.), in der eine Basen-Best.-Meth. aus „Standard Methods for Testing Tar and its Products" wegen der dabei auftretenden Basenverluste kritisiert wird. Vf. stellt hierbei die kritisierte Meth. mehr als eine Best. der „gewinnbaren Basen" hin. Für die exakte Ermittlung des tatsächlichen Basen-Geh. wird auf eine Meth. verwiesen, die dem Vorschlag von MAPSTONE u. KEPPIE ähnlich ist. GERHARD GÜNTHER. 8248□

Trennung hochmolekularer Kohlenwasserstoffe des Erdöls durch kombinierte Molekulardestillation und Chromatographie. Ss. R. Ssergijenko, I. A. Noshkina und L. Ss. Maiorow. (Известия Академии Наук СССР, Отделение Химических Наук [Nachr. Akad. Wiss. UdSSR, Abt. chem. Wiss.] **1960.** 279—86. Febr. Inst. für Erdöl der Akad. der Wiss. der UdSSR.) (Russ.)

Die hohe Wirksamkeit der kombinierten Meth. der Molekular-Dest. u. Chromatographie zur Trennung der Gemische hochsd. Erdölfraktionen in die wichtigsten Strukturgruppen der Verbb. mit nahestehenden Molgew. wird gezeigt. Benzol-Derivv. sind durch das höchste Molgew. charakterisiert. Bei der Molekular-Dest. konzentrieren sie sich in den letzten Fraktionen; die Konz. der Paraffine u. Cycloparaffine erfolgt in den ersten 2 Fraktionen. S ist vorwiegend an bicycloaromat. Strukturgruppen gebunden. S. BARYSCHNIKOW. 8252

Die massenspektrometrische Analyse von Gasolintypen unter Verwendung eines Computers für die Zusammenstellung von Matrizen. P. J. Klass und W. P. McSweeney. (Analytic. Chem. **34.** 30—33. Jan. 1962. Linden, N.J., Esso Research and Engng. Co., Analyt. Res. Div.) (Engl.)

Die Matrizen für die analyt. Auswertung von Massenspektrogrammen zur Best. einzelner KW-Stoffe in Brennstoffen werden mit Hilfe eines elektron. Computers berechnet. Das Rechenschema ist folgendes: Berechnung der Molgew.-Verteilung. Berechnung der Matrizenelemente. Berechnung der Analysenwerte aus Matrix u. Probenspektrum. Die prozentuale Zus. von Gemischen, die für die Kalibrierung geeignet sind, ist für verschieden substituierte C_{12}-Alkylbenzole, C_5—C_9-Paraffine, C_8—C_{10}-Naphthene u. Hydrindan/Dekalin tabellar. angegeben. In Gasolinen jedes Siedeintervalls können nach der Meth. die Bestandteile mit einem Fehler von nicht mehr als $\pm 1\%$ bestimmt werden. Eine Reihe von Analysenergebnissen ist aufgeführt. W. BETCKE. 8254□

Weitere Feststellung von Kohlenwasserstoffarten in olefinischem Gasolin durch Massenspektrometrie. David M. G. Lawrey und Joseph F. Paulson. (Analytic. Chem. **34.** 538—42. April 1962. Marcus Hook, Pa., Sun Oil Co.) (Engl.)

Von einem depentanisierten Benzinanteil wird nach der Säurebehandlung zur Entfernung der Olefine u. Aromaten das Massenspektrum der gesätt. KW-Stoffe aufgenommen (Pentan u. die leichten Paraffine werden gaschromatograph. bestimmt). Aus der an Hand des gesätt. Spektrums berechneten Molgew.-Verteilung wird eine Matrix für Paraffine u. Ein-, Zwei- u. Dreiringcycloparaffine ermittelt. Durch Abzug eines Anteils des gesätt. Spektrums, der aus dem Verhältnis der Paraffin-Peaks m/e = 43, 57, 71 u. 85 im Spektrum der depentanisierten ursprünglichen Probe zu den entsprechenden Peaks der Probe der gesätt. KW-Stoffe erhalten wird, vom ursprünglichen Spektrum wird das dem Beitrag der Olefine u. Aromaten zuzuschreibende Differenzspektrum erhalten. Für 13 aromat., 2 olefin. u. 4 gesätt. KW-Stoffe werden neue Kalibrierungswerte angegeben. — Die Reproduzierbarkeit der Werte beträgt 0,2%, die Übereinstimmung mit anderen Meth. ca. 2%. W. BETCKE. 8256□

Apparate zur Beurteilung der Adhäsionseigenschaften von konsistenten Schmiermitteln. D. W. Fajerman. (Заводская Лаборатория [Betriebs-Lab.] **25.** 1396. 1959. Berdjansk, Exp. Erdölbetrieb.) (Russ.)

Beschreibung der Konstruktion u. Arbeitsweise einer App. zur Best. der Adhäsions-Eigg. konsistenter Schmiermittel in 15—20 Min. mit einer Reproduzierbarkeit von 3,1—3,2%. S. BARYSCHNIKOW. 8258

Schnellbestimmung einiger Kennwerte von Bitumenarten der Brikettindustrie. Viktor Rácz. (Magyar Kémiai Folyóirat [Ung. Z. Chem.] **68.** 19—23. Jan. 1962. Budapest, Bergbau-Forschungsinst.) (Ung.)

Die Standard-Meth. der Asphalten-Best. von Bitumen wird durch Verw. von Ae. als Lsgm. an Stelle von Bzl., anschließendes Waschen mit heißem statt kaltem Bzl. u. Rückwaage des unlösl. Rückstandes verkürzt u. die Streuung der Ergebnisse auf $^1/_{10}$ vermindert. Die Asche-Best. wird mit der CONRADSONschen Koksprobe verbunden u. dadurch beschleunigt; die Streuung wird hierbei auf $^1/_3$ reduziert. P. TOLNAY. 8262

Bestimmung der Säurezahl von Bitumenarten der Brikettindustrie. Jánosné Arató. (Magyar Kémiai Folyóirat [Ung. Z. Chem.] **68.** 23—25. Jan. 1962. Budapest, Bergbau-Forschungsinst.) (Ung.)

Die anorgan. SZ. von Bitumenarten wird durch Extraktion mit sd. W. u. Titrieren mit 0,1n KOH gegen Methylorange bestimmt. Die Best. der Gesamt-SZ. erfolgt nach der tschech. Norm 656311. Die Gesamt- bzw. anorgan. SZ. der ungar. Bitumen beträgt ca. 0. Es wird empfohlen, diese Bitumen mechan. zu emulgieren. P. TOLNAY. 8262

Great Lakes Carbon Corp., New York, N.Y., V.St.A., **Brikettierung von Kohlenstaub ohne Erhitzung.** Als Ausgangs-Prodd. werden Kohlepartikel mit einer Korngröße von 5—1000 μ u. einem Gew. von 2,722—9,072 kg für 0,028317 m^3 verwendet, deren Geh. an flüchtigen Bestandteilen 3—15% beträgt, u. die durch Verkohlung von Bitumen mit einem Geh. an flüchtigen Bestandteilen von 14—23% bei 621—1093° gewonnen worden sind. Das Material wird mit gequollener Weizen- oder Reisstärke u. einem Zündmittel gemischt, zu Briketts verpreßt u. diese an der Luft getrocknet. (**Port. P. 38 216** vom 29/3. 1961, Auszug veröff. 27/5. 1961.) A. KALIX. 8137

Didier-Werke Akt.-Ges., Wiesbaden (Erfinder: Wilhelm Terbeck, Essen), **Verfahren zur Umformung von kohlenwasserstoffhaltigen Gasen und Ölen in ein kohlenwasserstofffreies, Kohlenoxid und Wasserstoff enthaltendes Gasgemisch** erfolgt dadurch, daß in einem hocherhitzten Rk.-Raum ein erhitztes Gemisch aus

Wasserdampf u. Produktionsgas als Wälzgas in breitem Strom eingeführt wird, u. in das strömende Gemisch getrennt einerseits zentral KW-Stoff-haltige Gase oder Öle, andererseits konzentr. dazu Luft u./oder O_2 gerade in solchen Mengen eingeführt werden, daß durch die auftretende Flammen-Rk. der restliche Wärmebedarf der Umformung gedeckt u. O_2 restlos verbraucht wird, wobei die radialen u. vertikalen Abstände der Öffnungen oder Düsen für die Zuführung der KW-Stoffe in den Rk.-Raum u. für die Einführung von Luft u./oder O_2 so gewählt werden, daß die KW-Stoffe nicht mit freiem O_2 in Berührung kommen. — Vorr., Zeichnung. (**D. B. P. 975 039** Kl. 12i vom 10/4. 1953, ausg. 20/7. 1961. Anmeldung bekanntgemacht 22/9. 1955.) K. WOLK. 8153

Texaco Development Corp., New York, N.Y., V.St.A. (Erfinder: Charles Russell Carkeek), **Herstellung von Kohlenoxid und Wasserstoff enthaltenden Synthese- beziehungsweise Brenngasen durch Vergasen von festen Brennstoffen.** Der feinteilige Brennstoff wird im Gemisch mit Wasserdampf tangential in eine zylindr. Wirbelkammer, deren Ende als Brenner ausgebildet ist, eingeblasen. Das Gemisch, das wirbelnd u. in Kammerlängsrichtung fortschreitend ein axial durch die Wirbelkammer zum Brenner führendes, mit O_2-haltigen Gasen beaufschlagtes Rohr umkreist, setzt sich in der an den Brennermund anschließenden Rk.-Kammer mit dem zentral eingespeisten O_2-haltigen Gas zu Synth.- bzw. Brenngas um. — 2 Zeichnungen. (**E. P. 864 930** vom 25/10. 1957, ausg. 12/4. 1961.) K. WOLK. 8155

Universal Oil Products Co., Des Plaines, Ill., V.St.A., **Katalytisches Cracken von Erdöl-Kohlenwasserstoffen.** Die rohen Erdöle (I) werden zunächst von den natürlichen N-haltigen Beimischungen befreit, indem sie bei Temp. zwischen 315 u. 482° u. einem H_2-Druck von 34—204 at so lange mit einem Metall der VI. oder VIII. Gruppe des Period. Syst. in Kontakt gebracht werden, bis kein NH_3 mehr entsteht u. der N_2-Geh. von I auf <1 ppm abgesunken ist. Die Metalle befinden sich dabei auf einem inerten, hitzebeständigen Metalloxid als Träger. Anschließend werden die bei normaler Temp. fl. Anteile von I abgetrennt u. bei Temp. zwischen 260 u. 538° u. H_2-Drücken zwischen 34 u. 240 at in Ggw. eines Elements der VIII. Gruppe des Period. Syst. hydrierend gespalten. Als Träger für diesen Katalysator werden geglühtes SiO_2 u. Al_2O_3 verwendet, als Katalysator Pd u. Ni, als Katalysator für die Denitrifizierung dienen Ni u. Mo auf Al_2O_3. (**Port. P. 38 165** vom 14/3. 1961, Auszug veröff. 27/5. 1961. A. Prior. 16/3. 1960.) A. KALIX. 8197

Soc. Belge de l'Azote et des Produits Chimiques du Marly, Lüttich, Belgien, **Pyrolytische Spaltung von Kohlenwasserstoffen.** Die zu spaltenden KW-Stoffe werden vergast u. in einer Rk.-Kammer mit den Verbrennungs-Prodd. von brennbaren Gasen gemischt, die in einer vorgeschalteten Kammer mit offener Flamme verbrannt worden sind. Die Verbrennungsgase können mit Wasserdampf als zusätzlichem Wärmeträger gemischt werden. (**Port. P. 38 035** vom 31/1. 1961, Auszug veröff. 29/3. 1961. Jap. Prior. 3/2. 1960.) A. KALIX. 8197

British Petroleum Co. Ltd., London, John Arthur Edgar Moy und Peter Thomas White, Sunbury-on-Thames, England, **Katalytische Reformierung von Kohlenwasserstoffen,** wobei diese bei erhöhter Temp. mit einem Cr-Oxid-Tonerdekatalysator in Kontakt gebracht werden. Der Katalysator wird hergestellt, indem aus $Al_2(SO_4)_3$ oder Al-Ammoniumsulfat-Lsg. u. Alkali ein Hydrogel gebildet wird. Nach dem Waschen des Hydrogels wird dieses sprühgetrocknet u. nochmals gewaschen, dann auf 500—700° erhitzt u. hierauf mit einer wss. Lsg. einer Cr-Verb. u. entweder einer Ce- u. K- oder Fe-, Ni- u. Co-Verb. imprägniert u. calciniert. (**E. P. 867 182** vom 11/4. 1957, ausg 3/5. 1961.) E. KAHLES. 8201

Standard Oil Co., Chicago (Erfinder: Garbis H. Meguerian, Park Forest, Ill., und William P. Fairchild, Munster, Ind.), V.St.A., **Süßen saurer Erdölbenzine** durch Behandeln mit einer wss.-alkal. Lsg. in solcher Menge, daß eine wss. Schicht gebildet wird. Die Lsg. besteht aus W. u. mindestens 5 Gew.-% freiem Alkalihydroxid, einem Alkylphenol, einem wasserlösl. Alkylenpolyamin mit 2—4 C-Atomen im Alkylen u. einem Katalysator zur Oxydation des Mercaptans. Dieser ist eine Komplex-Verb., die durch Rk. eines wasserlösl. Cu-Salzes mit einem Alkylenpolyamin (Alkylen = Äthylen- oder Propylenrest) bei 4,5—93° in Ggw. von freiem O_2 entsteht. Das süße Bzn. wird von der wss. Schicht abgetrennt. — Zeichnung. (**D. A. S. 1 109 817** Kl. 23b vom 15/9. 1956, ausg. 29/6. 1961.) P. UNGER. 8201

Esso Research and Engineering Co., Elizabeth, N.J., V.St.A. (Erfinder: Richard Fleming Sundstrom, Stockholm, und Nils Ake Jonson, Näsby Park, Schweden), **Dieselkraftstoff** für Verbrennungsmaschinen auf der Basis niedrigsd. Petroleum- oder Leichtölfraktionen, bestehend aus einer Treibstoffbasis des Siedebereichs von 160—310° u. einem S-Geh. $<0,07$% mit Zusätzen von a) 0,5—2 Vol.-% eines hochviscosen Mineralölschmieröls mit einer Verkokungszahl (CONRADSON) unter 0,1,

b) 0,00075—0,003 Gew.-% eines bekannten Korrosionsschutzmittels u. c) 0,005 bis 0,05 Gew.-% eines als Bestandteil von Dieselkraftstoffen bekannten öllösl. Alkali- oder Erdalkalisalzes einer Sulfonsäure oder Naphthensäure, wobei die Mengen auf den Gesamtkraftstoff bezogen sind. (**D. A. S. 1 119 044** Kl. 46a[6] vom 14/12. 1960, ausg. 7/12. 1961. E. Prior. 23/12. 1959.) E. KAHLES. 8213

N. V. de Bataafsche Petroleum Mij., Den Haag, Holland (Erfinder: Glyn Ellis, Rhuddlan, Rhyl Flintshire, James Hartley, Whitby, Wirral, Cheshire, John Campbell Moseley, Liverpool, Lancashire, England, Henry Wayne Anderson, East Alton, Ill., Grant Edward Warren, Martinez, und Hyman Ratner, Berkeley, Calif., V.St.A.), **Öllösliche, basische Salze aus mehrwertigen Metallen und organischen Sulfonsäuren oder Carbonsäuren und deren Lösungen in Kohlenwasserstoffen** werden dadurch erhalten, daß in einem KW-Stoff gelöste mehrwertige Metallsalze der vorst. Säuren in Ggw. eines mit W. mischbaren, O-haltigen, organ. Lsgm. (Alkohole, Ketone) mit dem Carbonat eines mehrwertigen Metalls, das erst im Rk.-Gemisch gebildet wird, ggf. mehrmals bei 20—70°, bes. 30—50°, umgesetzt u. ggf. die im entstandenen Rk.-Gemisch enthaltenen Fll. entfernt werden. Das zu bildende Carbonat wird bes. durch Rk. des Hydroxids oder Oxids des mehrwertigen Metalls mit CO_2 oder einem anorgan. Salz des mehrwertigen Metalls mit Alkalicarbonat erhalten. — 1500 (Teile) einer 70%ig. Lsg. von Mono- u. Dialkylsalicylsäuren (Alkyl mit 14 bis 18 C-Atomen) in Xylol werden mit 5% CH_3OH u. 200 $Ca(OH)_2$ bei 60° unter Einleiten von CO_2 kräftig gerührt (1500—2000 U/min), das Gemisch vom Ungelösten abgeschleudert, W. u. CH_3OH durch Dest. entfernt, die Lsg. filtriert, mit Spindelöl verd. u. Xylol abdest., wodurch eine konz. *Ca-Alkylsalicylat*-Lsg. erhalten wird, die mit Mineralschmieröl verschnittbeständig ist; Basizität 226%. Weitere Ausgangsstoffe sind: aliphat., cycloaliphat., aromat. oder alkylaromat. Sulfonsäuren, bes. mit wenigstens 12 C-Atomen im Alkyl, Erdölsulfonsäuren, -naphthensäuren, Cycloalkylcarbonsäuren, P enthaltende Säuren u. Thiosäuren. — Aus 2-Cetyl-4-methylphenol nach KOLBE-SCHMIDT → 2-Hydroxy-3-cetyl-5-methylbenzoesäure → *Ca-Salz*. — *Ni-Alkylsalicylat* (Alkyl mit 14—18 C-Atomen). Ferner wird umgesetzt: Ca-Petroleumsulfonat (Alkalizahl 20) mit $Ca(OH)_2 + CO_2$. — *Ca-* u. *Ba-Naphthenate*. Ferner sind herstellbar die Salze von: Mg, Zn, Pb, Al, Cu, Zn, Co u. Mn. — Nach dem anderen Verf. erfolgt die Rk. in Ggw. von 2—50%, bes. mindestens 5%, W. bei 65—125°, bes. 80—100°. — *Reinigungsmittel* in *Schmierölen*. — Vgl. F. P. 1 136 852 u. E. P. 786 167; C. **1961.** 17449. (**D. A. SS. 1 075 615** Kl. 12o vom 29/5. 1954, ausg. 18/2. 1960. A. Prior. 1/6. 1953 u. **1 086 701** Kl. 12o vom 26/9. 1955, ausg. 11/8. 1960. E. Prior. 27/9. 1954 u. 19/8. 1955. **Schwz. P. 332 815** vom 16/11. 1954, ausg. 15/11. 1958.) G. KRAUSS. 8221

California Research Corp., San Francisco, übert. von: James O. Clayton und Warren Lowe, Berkeley, Calif., V.St.A., **Mineralschmieröle** enthalten als einziges S-haltiges Oxydationsschutzmittel ein Zn-Salz eines Dithiophosphorsäurediesters mit 7—50 C-Atomen in den Esterresten, 0,1 bis 10 öllösl. Erdalkalisulfonate u. als Korrosionsschutzmittel gegen Ag genügende Mengen eines Erdalkaliäthylenglykolats der allg. Formel I (M = Erdalkalimetall). (**A. P. 2 975 131** vom 9/4. 1956, ausg. 14/3. 1961.) E. DREWS. 8221

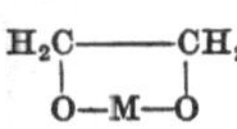

I

California Research Corp., San Franscisco, Calif., übert. von: Richard L. Ferm, El Cerrito, und Andrew D. Abbott, Ross., Calif., V.St.A., **Schmieröle** auf Mineralölbasis enthalten als Zusätze 1. 0,01—10 (Gew.-%) öllösl. Mischpolymere aus a) C_{4-6}-Alkylacrylaten oder -methacrylaten, b) C_{12-20}-Alkylacrylaten oder -methacrylaten, c) Vinylpyrrolidon (I) vom Molgew. 100000—300000 (Geh. an I = 0,1—35); 2. 5—100 mMol/kg neutrale Erdalkalipetroleumsulfonate, -phenolate, sulfurierte Erdalkaliphenolate oder aromat. Zn-Dithiophosphate als „Detergents" u. 3. 0,05—1 Propylencarbonat, Dialkylacylamid (C_{1-3}-Alkyl- u. -Acylreste) oder C_{2-6}-Dialkylsulfoxid. (**A. PP. 2 977 304, 2 977 306** u. **2 977 307** vom 31/3. 1958, ausg. 28/3. 1961.) E. DREWS. 8221

Esso Research and Engineering Co., Elizabeth, N.J., V.St.A. (Erfinder: Robert Tirtiaux, Notre-Dame-de-Gravenchon, und Roger Tourret, Bolbec, Seine-Maritime, Frankreich), **Schmieröl**, dad. gek., daß es als Zusatz ein Polymerisat oder Mischpolymerisat eines Aminoesters der allg. Formel $R_2—N(R_3)—C(X)=C(R_1)—COOR_4$, in der X den Rest R_5 oder $COOR_5$ u. R_1, R_2, R_3, R_4 u. R_5 H oder substituierte oder unsubstituierte KW-Stoff-Reste bedeuten, jedoch mindestens eine Estergruppe anwesend ist, in Mengen von 0,01—20 Gew.-%, bezogen auf die Gesamtmenge, enthält. — Beispiel: Mischpolymerisat aus 40 (g) Fumarsäureester von C_8-Alkoholen, 40 Vinylacetat, 10 Aminoester der Formel $H_{17}C_8OOC—C(NH_2)=CH—COOC_8H_{17}$ (hergestellt aus Maleinsäureanhydrid durch Chlorieren, Hydrolyse, Verestern mit einem aliphat. C_{18}-Alkohol u. Rk. des erhaltenen Hydroxyesters mit NH_3). (**D. A. S. 1 107 866** Kl. 23c vom 23/4. 1959, ausg. 31/5. 1961. F. Prior. 23/5. 1958.) E. DREWS. 8221

Lubrizol Corp. (Erfinder: Thomas A. Butler und Alan Rhodes, Cleveland, Ohio), V.St.A., **Schmieröl**, gek. durch den Geh. an 0,01—2 (Gew.-%) P in Form eines als Schmierölbestandteil an sich bekannten öllösl. Metalldithiophosphats der 2. Gruppe des Period. Syst., vorzugsweise ein Zn- oder Ba-Dialkyldithiophosphat, u. 0,05—3 eines als Schmierölbestandteil ebenfalls an sich bekannten öllösl. Säureamids mit mindestens 12, vorzugsweise 16—24 aliphat. C-Atomen. — Beispiel: Zusatz von 0,16 P als Zn-[4-methylpentyl-(2)]-dithiophosphat u. 0,13 Amidmischung aus 91% Ölsäure, 6% Stearinsäure- u. 3% Linolsäureamid. (**D. A. S. 1 109 302** Kl. 23c vom 15/12. 1959, ausg. 22/6. 1961. A. Prior. 16/1. 1959.) E. DREWS. 8221

Sun Oil Co., Philadelphia, übert. von: John D. Tench, Prospect Park, Pa., Seymour W. Ferris, Mount Holly, N.J., und Irl N. Duling, Newtown Square, Pa., V.St.A., **Waschmischung** bestehend aus 3—15% Paraffin, F. 125—132° F, Penetration bei 100° F >100, Viscosität bei 210° F 36—42 SUS, Wasserdampfdurchlässigkeit 3—10, u. 97—85% Paraffin, F. 138—147° F, Penetration 19—24, Viscosität 37—43 SUS, Wasserdampfdurchlässigkeit 1—3. — *Bindemittel* für *faseriges Material* zum Herstellen von *Platten* oder *Lebensmittelverpackungen*. (**A. P. 2 951 028** vom 12/2. 1958, ausg. 30/8. 1960.) F. KOCH. 8227

Soc. Chimique et Routière de la Gironde, Paris (Erfinder: Marcel Ceintrey, Paris), Frankreich, **Straßenbaubindemittel**, enthaltend eine wss. Emulsion eines KW-Stoff-Bindemittels (I) u. einen Kautschuklatex (II), dad. gek., daß sie eine kation. Emulsion, in der I u. der Kautschuk als disperse Phase vorhanden sind, enthält u. daß II ein direkt in W. dispergierbares Amin, ein nichtion. Emulsionsmittel oder eine Aminosäure als Stabilisierungsmittel enthält. (**D. A. S. 1 118 081** Kl. 80b vom 22/10. 1958, ausg. 23/11. 1961. F. Prior. 24/10. 1957.) M. BÖTTCHER. 8237

K. K. Papok, Schmieröle. 2. überarb. u. vervollst. Ausg. Moskau: Wojenisdat. 1962. (255 S. m. Abb.) 55 Kop. [Russ.]

XX. Schieß- und Sprengstoffe. Zündmittel

Die Ionenrakete. Ernő Nagy. (Fizikai Szemle [Physik. Rdsch.] **11.** 3—12. Jan. 1961.) (Ung.)

Die theoret. Grundlagen u. Berechnungen der Ionenrakete werden erörtert u. an Zahlenbeispielen der Unterschied zwischen chem. Treibstoff u. Ionenraketentriebwerk diskutiert. J. PLANK. 8310

Dynamit Nobel Akt.-Ges., Troisdorf (Erfinder: Adolf Berthmann, Clemens Franze, Leverkusen, und Paul Lingens, Köln), Detonationsfähiges, wasserhaltiges **Sprenggemisch**, gek. durch eine mittels bekannter Emulgatoren erstellte W.-in-Öl-Emulsion von W. u. fl. oder festen, unter 100° unzersetzt schm. Sprengstoffen. — Beispiel: 50 (cm³) Sprengöl, 50 W., 0,5 g Zn-Hydroxystearat. (**D. A. S. 1 123 963** Kl. 78c vom 14/3. 1961, ausg. 15/2. 1962.) A. GRADL. 8305

Spencer Chemical Co., Kansas City, Mo., übert. von: Charles M. Cooley, Prairie Village, Kans., und Michael J. Parhomek, Joplin, Mo., V.St.A., **Ammoniumnitratsprengstoff**, bestehend aus 4—8% eines bei Normaltemp. fl. KW-Stoff-Öles, 0,026—0,1% eines Mono- oder Dimethylnaphthalinsulfonats u. NH_4NO_3. Der Sprengstoff ist nicht kapselempfindlich u. ist detonierbar mit Sprengkapseln u. Sprengschnüren ohne hochbrisanten Zündsatz. (**A. P. 2 975 046** vom 2/2. 1959, ausg. 14/3. 1961.) A. GRADL. 8305

G. Burdiga, Hemiksem, Belgien, **Zündsatz**, bestehend aus feinteiligem, cellulosehaltigem Material, z. B. Holzmehl, das mit KW-Stoffen, z. B. Mineralöl, u. einem Fett, bes. einem Mineralfett, imprägniert ist. (**Belg. P. 569 259** vom 9/7. 1958, ausg. 7/4. 1961.) A. GRADL. 8309

Phillips Petroleum Co., übert. von: Homer M. Fox, Bartlesville, Okla., V.St.A., **Herstellung von Feststofftreibsätzen**, dad. gek., daß Treibsatzkörner aus 2—20% Be, B, Dekaboran, Li, Al, Mg, Si oder Ti, 0—5% eines Bindemittels (Polybutadien, Copolymeres von Butadien-Vinylpyridin oder von Butadien-Styrol, polymeres Tetrafluoräthylen, alkylsubstituierte Cellulose) u. 80—95% Hexanitroäthan, NH_4ClO_4, NH_4-Nitroform, Hydroxylamin oder Hydrazinnitrat in Formen gefüllt u. nach Evakuierung mit einem härtbaren, mit 20—50% eines anorgan. Oxydators vermengten fl.

Polymeren (Polybutadien, Polyurethan, Polysulfidgummi, Copolymeres von Butadien u. einer heterocycl. N_2-Base) ausgegossen u. 3 Std. bis 7 Tage lang auf 70—250° F erwärmt werden. (**A. P. 2 970 898** vom 15/5. 1958, ausg. 7/2. 1961.) A. GRADL. 8311

XXI. Leder. Gerbstoffe

Untersuchung des Einsalzungsgrades von Rohhäuten. Marian Chojnowski. (Przegląd Skórzany **16.** 101—04. Mai 1961.) (Pol.)

Übersicht über Probleme der Festlegung des Gew. von Rohhäuten auf Grund des Gew. konservierter, eingesalzener Häute. F. URBAN. 8334 □

Über die Wechselwirkung aromatischer Sulfonsäuren mit Kollagen. G. Reich. (Leder **12.** 241—49. Okt. 1961. Freiberg/Sa., Deutsches Lederinst.) (Dt.)

Konstit.-definierte Derivv. des 2-Naphthols wurden auf das Gerbvermögen u. die Affinität gegenüber Kalbsblöße, sowie auf ihre Oberflächenspannung u. Fähigkeit zur Micell-Bldg. untersucht. Hierbei wurde gefunden, daß alle Verbb. in Salzform bei pH-Werten von 6—7 kein Gerbvermögen aufweisen, während sie als freie Säuren gerbende Eigg. zeigen. Das beste Gerbvermögen zeigen Verbb. aus 2-Naphthol-6-sulfonsäure, kondensiert mit Dihydroxydiphenylsulfon. Weiter wurde gefunden, daß aus der Affinität zu Kollagen u. der Oberflächenaktivität der Syntane nicht auf das Gerbvermögen geschlossen werden kann, während die Micell-Bldg. in Lsg. u. das Gerbvermögen parallel verlaufen. Die scheinbare Dichte des Gerb-Prod. stellt ein objektives Maß für die Leder-Bldg. dar, jedoch nicht die Schrumpfungstemperatur. — 53 Literaturangaben. H. G. FRÖHLICH. 8336 □

Fichtenrinde, ein in der Gerbindustrie nicht voll ausgenutzter Rohstoff. Gegenwart und Ursachen des Auftretens kondensierter Gerbstoffe. — Extraktion von Weidenrinde mit organischen Lösungsmitteln. Henryk Tyl. (Przegląd skórzany **16.** 122—26. Juni. 180—82. Aug. 1961. Nadodrzańskie Zakłady Garb.) (Pol.)

Pflanzliche Gerbstoffe, bes. aus Fichten- u. Weidenrinde, können wasserunlösl. u. alkohollösl., wasser- u. alkohollösl. oder alkoholunlösl. u. wasserlösl. sein. Die Ausbeute an Gerbstoffen bei der Extraktion der Rinde wird um ca. 50% erhöht, wenn vor der Extraktion mit W. die Extraktion mit dem Gemisch A.-W. (3:1) durchgeführt wird. Die mit organ. Lsgm. extrahierten Gerbstoffe mit kondensierter Struktur (Phlobaphene) lassen sich durch Behandlung mit Na_2SO_3 + $NaHSO_3$ wasserlösl. machen. F. URBAN. 8336 □

Herstellung von Pelzledern nach der Methode der Formalingerbung. Remigiusz Dzieża. (Przegląd skórzany **16.** 182—86. Aug. 1961. Inst. Przem. Skórz.) (Pol.)

Übersicht. F. URBAN. 8340 □

Untersuchungen über den Einfluß der Infrarottrocknung auf die Nutzeigenschaften von Oberleder. Mieczysław Mysona, Wiesław Nalepa und Stanisław Skrzypek. (Przegląd skórzany **16.** 126—28. Juni 1961. Kraków, WSE, Kat. Towarozn.) (Pol.)

Das IR-Trocknen von Oberleder ist wirksamer u. verläuft schneller als das Trocknen mit Überleiten von Luft. In beiden Fällen wird die Zugfestigkeit des Leders vermindert, doch ist der Abfall der Festigkeit bei IR-Trocknung geringer. Das Aussehen des Leders wird durch IR-Trocknung nicht beeinträchtigt. F. URBAN. 8340 □

Bemerkungen zur Fettung moderner Oberleder. J. Plapper. (Leder **12.** 250—55. Okt. 1961. Düsseldorf.) (Dt.)

An Beispielen von techn. verwendeten Lederfettungsmitteln wird der Aufbau moderner Fetthilfsstoffe erläutert u. ihre techn. Anwendung bei der Herst. verschiedener Oberleder besprochen. Hierbei wird darauf hingewiesen, daß der sogenannte Emulgatoranteil im Verhältnis einen größeren Einfl. auf den modernen Ledercharakter ausübt als der Neutralölanteil. Netzbarkeit u. Wassersüffigkeit der Leder liegen auch im normalen Rahmen, sofern die Emulgatoranteile durch das Leder gebunden sind u. nur als Weichmacher wirken. Für die moderne Schuhverarbeitungstechnik, bei der das Oberleder direkt auf eine Gummilaufsohle vulkanisiert wird, ist offenbar ein nicht zu hoher Fett-Geh. sowie eine möglichst hohe Bindung desselben an die Lederfaser erforderlich. H. G. FRÖHLICH. 8340 □

Über das Kleben bei der Verarbeitung von Leder und Lederwaren. K. W. Pepper. (Leather Trades' Rev. **140.** 294—97. 17/5. 1961.) (Engl.)

Bei der Lederverarbeitung hat das Zusammenkleben von Lederteilen wegen vieler Vorteile das Zusammennähen verdrängt. Vf. beschreibt den Verleimungsvorgang mit verschiedenen Klebmitteln, z. B. natürlichem Leim, Nitrocellulose, Gummi. Wichtig für eine gute Verleimung ist außer der Kontrolle des Klebmittels die Prüfung des Leders bzgl. Gerbart, Feuchtigkeits-Geh., Trocknungsart, Oberflächenbeschaffenheit, Geh. an Fett bes. freien Fettsäuren. Probe-Verss. sind ratsam. Genauer behandelt wird das Kleben der Sohlen beim Kitt- u. Form-Verf. mit Harzgummi. Die Verleimung von Leder mit anderem Material ist entwicklungsfähig. A. BEUTHER. 8340□

Die Einwirkung von Trypsin und Pepsin auf natives Kollagen. K. Kühn, K. Hannig und H. Hörmann. (Leder **12.** 237—41. Okt. 1961. München, Max-Planck-Inst. für Eiweiß- u. Lederforsch.; Heidelberg, Univ., Anorg.-chem. Inst.) (Dt.)

Die Einw. von Trypsin u. Pepsin auf gelöstes u. unlösl. Kollagen wird untersucht. Hierbei verlieren die Kollagen-Moll. durch die Behandlung mit den proteolyt. Enzymen (Kollagen:Enzym = 100 bis 3:1, Behandlung bei 20° bis zu 24 Std.) im Gegensatz zu der Annahme von HODGE nicht die Fähigkeit, Fibrillen des nativen Typs zu bilden. Säureunlösl. Kalbskollagen geht bei Behandlung mit Pepsin (Kollagen:Pepsin = 10:1, 6 Std. bei 25° in 0,1m CH_3COOH) vollständig in Lsg., während bei Behandlung mit Trypsin (Kollagen:Trypsin = 10:1, 24 Std. bei 20° in 0,5m $CaCl_2$-Lsg.) nur eine Löslichkeit von 79% ermittelt wurde. Aus den hierbei erhaltenen Lsgg. läßt sich das Kollagen quant. in nativer Fibrillenform abscheiden, was für die Herst. eines Werkstoffs auf Kollagenbasis von Bedeutung ist. H. G. FRÖHLICH. 8352□

Zusammenhänge zwischen Lederstruktur, Ledereigenschaften und Prüfmethoden. W. Weber. (Chimia [Aarau, Schweiz] **14.** 50—55. 15/2. 1960. St. Gallen, Schweiz, Eidgenöss. Materialprüf.-Anst., Abt. II Lederind.) (Dt.)

Die Ausführungen zeigen, daß das Leder auf Grund seiner chem. Zus. u. seiner besonderen Struktur (3dimensionale Faserverflechtung) eine Reihe wertvoller Eigg. in sich vereinigt, die es für Bekleidungszwecke u. den techn. Einsatz bes. wertvoll macht. Durch die Entw. spezieller Prüf-Meth., wie App. zur Dauerknickprüfung, der dynam. Prüfung von Laufsohlenleder u. der Prüfung des Biege-Verh. ist man in der Lage, die verschiedenen Lederarten vor dem Einsatz entsprechend zu testen, so daß eine zweckerfüllende Verw. gewährleistet werden kann. H. G. FRÖHLICH. 8368□

Untersuchungen über poröse Eigenschaften des Leders. Edward Raabe. (Przegląd skórzany **16.** 176—79. Aug. 1961. Inst. Przem. Skórz.) (Pol.) — Vgl. C. **1961.** 12709.

Untersucht wurden die Posorität (ε), die Durchlässigkeit für Luft (K_D) u. Wasserdampf (W_D) u. die Wärmeleitfähigkeit (λ) verschiedener Lederarten nach in der Literatur beschriebenen Methoden. Nachst. Beziehungen wurden aus den Meßreihen abgeleitet: $K_D = 1/810 \cdot \varepsilon^{3,5}$, $W_D = 0{,}22 \cdot \varepsilon^{1,8}$, $\log \lambda = -0{,}81 - 8{,}77 \cdot 10^{-3} \cdot \varepsilon$. — 14 Literaturangaben. F. URBAN. 8368□

Imperial Chemical Industries Ltd. (Erfinder: Graham Henry Thomas Cole und Dorothy Joyce Guest), **Füllen und Gerben von Häuten.** Man behandelt die zweckmäßig auf pH 7,5—8,5 eingestellten Häute mit einer wss. Dispersion eines in W. unlösl. *Mischpolymerisats* aus (Äthyl- oder Propyl-) *Ester der Methacrylsäure* u. eines polymerisierbaren Aldehyds, wie *Crotonaldehyd* oder (*Meth-*) *Acrolein.* — Geeignet ist ein aus *Methylmethacrylat* u. *Acroleinacetal* im Verhältnis 45:5 erhaltenes Polymerisat. (**Aust. P. 224 342** vom 27/8. 1958, ausg. 29/10. 1959.) H. MÖLLERING. 8337

Farbenfabriken Bayer Akt.-Ges., Leverkusen, **Synthetische Gerbstoffe** erhält man durch Rk. von 0,5—2 (Mol) eines polycycl. aromat. KW-Stoffs, z. B. Naphthalin, Alkyl- oder Alkoxynaphthalin, Anthracen oder Phenanthren, mit 0,3—2, bes. 0,75 bis 1,5 CH_2O u. 1 einer aromat. Hydroxycarbonsäure, z. B. Salicylsäure, in wss. Medium u. in Ggw. eines sauren Kondens.-Mittels, z. B. H_2SO_4, H_3PO_4, HCl oder $ZnCl_2$, bei erhöhter Temp., worauf man das Rk.-Prod. durch Überführen in sein Alkali-, NH_4- oder Ammoniumsalz wasserlösl. macht. (**E. P. 863 505** vom 9/7. 1959, ausg. 22/3. 1961. D. Prior. 23/7. 1958.) O. MÜLLER-MEININGEN. 8337

Farbenfabriken Bayer Akt.-Ges., Leverkusen (Erfinder: Ernst Komarek und Gustav Mauthe), **Herstellung von Gerbstoffen** erfolgt durch Rk. von 1 Mol eines Phenols oder Polyphenols, z. B. Phenol, von o-, m-, p-Kresolen oder -Chlorphenolen, Dihydroxydiphenyl- oder Dihydroxydiphenyldimethylmethan oder Dihydroxydiphenylsulfon mit 1—1,8, bes. 2—3, Mol CH_2O, bes. in Form einer 25—40%ig. wss. Lsg. in Ggw. eines Alkalihydroxids, Neutralisieren u. Rk. des so erhaltenen alkalisalzhaltigen Phenol-CH_2O-Harzes mit 0,1—1,5, bes. 0,2—0,5 Mol $(NH_4)_2SO_3$ (**I**) je OH-Gruppe des Ausgangsphenols, wobei man **I** durch Rk. von SO_2 mit NH_3 auch „in situ" herstellen kann. (**E. P. 864 079** vom 26/11. 1958, ausg. 29/3. 1961.)
O. MÜLLER-MEININGEN. 8337

Nopco Chemical Co., Harrison, N.J., übert. von: Clinton Edward Retzsch, Caldwell, Jacob Levy, Livingston, und Charles Herbert Lightipe, Bernardsville, N.J., V.St.A., **Fettungsmittel für Leder** sind wss. Lsgg. von kation. Aminsalzen von Kondens.-Prodd., die durch Erhitzen von C_{10-20}-Fettsäuren, deren Glyceriden oder Estern mit aliphat. C_{1-5}-Monoalkoholen u. C_{1-4}-Dialkanolaminen auf 100—210° F erhalten werden, wobei das Verhältnis von Acylrest:N = 1:2 ist. — Beispiel: Äquimol. Mengen des Kondens.-Prod. aus 2 (Mol.) Diäthanolamin mit 1 Ölsäure u. Diäthylsulfat werden auf 60° C erhitzt. Das Endprod. hat einen Alkaliwert von 1,8% (als % KOH) u. eine 2%ig. wss. Lsg. einen pH-Wert von 3,2. (**A. P. 2 974 000** vom 5/10. 1956, ausg. 7/3. 1961.) E. DREWS. 8339

Göppinger Kaliko- und Kunstleder-Werke G.m.b.H., Göppingen, *Herstellung eines Lederaustauschstoffes.* (**Oe. P. 212 271** vom 30/4. 1957, ausg. 12/12. 1960. D. Prior. 18/4. 1957. — C. **1960.** 14574 [D.A.S. 1 074 001].)

Goodyear Tire & Rubber Co., Akron, Ohio, V.St.A., *Schlagfeste polymere Massen.* (**E. P. 841 744** vom 8/4. 1958, ausg. 20/7. 1960. A. Prior. 2/8. 1957. — C. **1962.** 1478 [Aust. P. 224 079].)

Erwin Rathmann, Prüfung und Praxis. Vorbereitung auf den allgemeintheoretischen Teil der Gesellen- und Meisterprüfung. Mit Prüfungsfragen. 3., erw. Aufl. Stuttgart: Matthaes. 1961. (304 S.) 8°. DM 7,60

XXIV. Photographie

Bemerkungen über die Schwärzung von Silberchlorid. F. Moser, N. R. Nail und F. Urbach. (Physics chem. Solids **3.** 153—55. 1957. Rochester, N.Y., Eastman Kodak Co.) (Engl.)

AgCl-Kristalle mit einigen ppm Cu zeigen unterschiedliches Verh. gegenüber Licht, je nachdem ob sie unter N_2- oder Cl_2-Atmosphäre aus der Schmelze gewachsen sind. Aus der Form der Absorptionsspektren wird geschlossen, daß die Wertigkeit des im AgCl eingebauten Cu von den Wachstumsbedingungen abhängt. Cu^+ verursacht Gelb- bis Braunfärbung des AgCl-Kristalls, während Cu^{2+} kaum eine Färbung hervorruft. Mit dieser Deutung steht auch unterschiedliches Leitfähigkeits-Verh. in Einklang. G. PANKOW. 8596□

Beobachtungen über das Verhalten von Empfindlichkeitskeimen an der Oberfläche gegenüber oxydierenden Lösungen. Jean Bourdon und Andrée Bonnerot. (Sci. Ind. photogr. [2] **32.** 369—73. Nov. 1961. Kodak-Pathé, Labor. de Rech.) (Franz.)

Filme mit schwefelgereiften (SE) u. goldgereiften Silberhalogenidemulsionen (GE) wurden in N_2-Atmosphäre 15 Std. mit Fe(II)/Fe(III)-Oxydationsbädern mit verschiedenem Redoxpotential behandelt. Anschließend wurden durch Baden in einer Lsg. von Äthylendiamintetraessigsäure die Schichten von Fe befreit, nach dem Trocknen mit Licht von 4000—4500 Å belichtet u. in einem Oberflächenentwickler entwickelt. Bei SE ergaben Oxydationsbäder mit einem Redoxpotential von —100 bis +300 mV (gegen Ag-Elektrode) nur einen geringen, solche von >300 mV einen starken Empfindlichkeitsverlust. Bei GE wurde bei Blitzbelichtung (10^{-4} Sek.) ähnliches Verh. beobachtet, während bei Belichtung mit niedriger Intensität (1 Min., Glühlampe) bereits bei —100 mV ein Empfindlichkeitsabfall eintrat, der bis +100 mV stark u. weiter bis +400 mV schwächer zunahm. Die gegenüber SE leichtere Oxydierbarkeit der GE wird als Beweis dafür angesehen, daß in Goldkeimen das Au nicht in metall., sondern in ion. Zustand vorliegt. E. MOISAR. 8596□

Mechanismus der Empfindlichkeit photographischer Emulsionen gegenüber der Einwirkung von Licht und ionisierender Strahlung. K. Ss. Bogomolow. (Журнал Научной и Прикладной Фотографии и Кинематографии [J. wiss. angew. Photogr. Kinematogr.] **5.** 376—79. Sept./Okt. 1960.) (Russ.)

Zusammenfassende Darst. u. krit. Stellungsnahme zu Arbeiten über die Einw. des Lichtes u. ionisierender Strahlung u. deren Auswrkg. auf die photograph. Emulsion. — 31 Literaturstellen. W. PETT. 8598□

Haftfestigkeit von Photoschichten auf Lackschichten bei Filmdruckschablonen. Richard Künzl. (Adhäsion **4.** 589—90. Nov. 1960. Stockholm.) (Dt.)

Vorlackierte Schablonen wurden nach Waschen mit einer Na_2CO_3-Seifen-Lsg. u. Spülen mit einem Talkumbrei bestrichen, der nach dem Trocknen abgebürstet wurde u. die Lackflächen matt hinterläßt. Auf derart vorbehandelten Vorlackierschablonen läßt sich die Photoschicht einwandfrei haftend aufbringen. H. SONTAG. 8602□

Über den Einfluß von Desensibilisierung und Hypersensibilisierung auf die Wellenlängenabhängigkeit der Empfindlichkeit für energiereiche Strahlung. D. Klein. (Photogr. Korresp. **98.** 67—74. Mai 1962. Neu-Isenburg, Adox Fotowerke Dr. C. Schleussner GmbH.) (Dt.)

Der Härtefaktor von Halogensilberemulsionen läßt sich, mit entgegengesetztem Vorzeichen, sowohl durch Hypersensibilisierung als auch durch Desensibilisierung mit Farbstoffen beträchtlich verändern. Bei den Verss. über den relativen Einfl. von Hypersensibilisierung u. Latensifikation auf die Abhängigkeit der Empfindlichkeit von Strahlenart u. Strahlenenergie ergaben sich zudem einige von den bisherigen Erfahrungen abweichende Befunde. — Die auf Grund übereinstimmender Arbeiten verschiedener Autoren gewonnene Erfahrung, daß die geläufigen Arten der chem. Sensibilisierung, z. B. die Schwefel- oder Goldsensibilisierung, die Empfindlichkeit für sichtbares Licht u. harte γ-Strahlung in vergleichbarem Maß anzuheben vermögen, während demgegenüber die Empfindlichkeit für energieärmere Röntgenstrahlung von beispielsweise 50—100 keV nur wenig erhöht wird — eine Erfahrung, die mit umgekehrtem Vorzeichen auch für die Desensibilisierung gilt — kann nach den vorliegenden Ergebnissen nicht ohne weiteres verallgemeinert u. vorbehaltlos auf die Beeinflussung durch Hypersensibilisierung bzw. Latensifikation erweitert werden. — Die Empfindlichkeitserhöhung durch Alkylolamine beruht, da mit diesen Stoffen keine Latensifikation erzeugt werden konnte, auf einer echten Sensibilisierung u. nicht auf einer Beeinflussung des Entw.-Vorgangs. Diese Ergebnisse fügen sich auch in den Rahmen der von Frieser u. Mitarbeitern aufgezeigten Möglichkeiten der sensibilisierenden Wrkg. von Triäthanolamin. Bade-Verss. mit Metallsalzen bei NH_3-Emulsionen u. bei Siedeemulsionen zeigen, daß die Verminderung der Wellenlängenabhängigkeit der Empfindlichkeit von Halogensilberemulsionen im Bereich energiereicher Strahlung durch Hypersensibilisierung oder Latensifikation offenbar in hohem Maße vom Typ des Emulsionsrezeptes abhängen kann, ohne daß sich allerdings bisher eine allg. Gesetzmäßigkeit dieser Zusammenhänge erkennen läßt.

H. Czech. 8604 □

Spektralsensibilisierung und Kristallhabitus des Halogensilbers. H. Borginon und V. Danckaert. (Photogr. Korresp. **98.** 74—75. Mai 1962. Antwerpen, Belgien, Gevaert Photo-Producten N.V.) (Dt.)

Emulsionen, in denen der Sensibilisator I nur schwierig ein J-Maximum bildet, haben weiterhin die Eig., daß in ihnen der Sensibilisator II in Anwesenheit von Farbstoffbildnern das J-Maximum verliert. Vff. konnten zeigen, daß dies mit dem Habitus

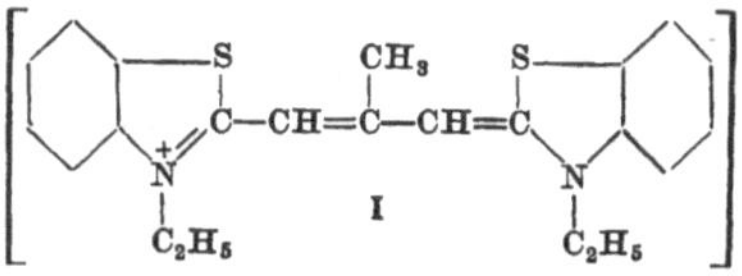

I

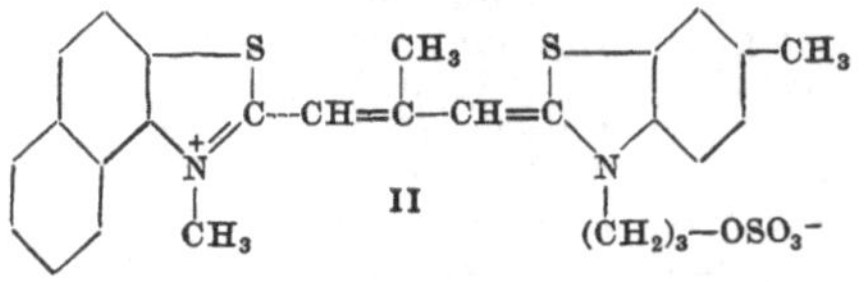

II

der Emulsionskristalle im Einklang steht. Wenn die Kristallprojektionen sechseckig, dreieckig oder rund sind, wird die Bldg. eines J-Maximums oder sein Bestehenbleiben im Gegensatz zum Fall von viereckigen Kristallprojektionen stark begünstigt. Es handelt sich um kub. flächenzentrierte Kristalle, die im ersten Fall durch {1 1 1} oder Oktaederflächen u. im zweiten Fall durch {1 0 0} oder Hexaederflächen begrenzt sind. Auch der kontinuierliche Übergang ist möglich. Die Beobachtung wurde an einer großen Anzahl Emulsionen verschiedener Typen bestätigt. H. Czech. 8604 □

Vergleich der Methoden zur chemischen Sensibilisierung der photographischen Emulsion. Eiichi Mizuki. (J. chem. Soc. Japan, ind. Chem. Sect. [Kōgyō Kagaku Zassi] **61.** 836—39. Juli 1958. Kanagawa, Asigara, Huji-Syasin-Film.) (Jap.)

AgBr–AgJ-Gelatineemulsionen werden nach der ersten Reife durch Erwärmen u. dem Waschen mit W. nochmals durch Erwärmen gereift oder mit 1,5%ig. NH_3 bei 12° behandelt u. rasch getrocknet. Die Empfindlichkeit der auf solche Weise sensibilisierten Emulsion ist bei längerem Belichten unter schwächerer Beleuchtung sehr groß, jedoch bei kürzerem Belichten unter stärkerer Beleuchtung relativ klein. Unter den letzteren Bedingungen ist bes. die mit NH_3 behandelte Emulsion wenig empfindlich. Die bei der Sensibilisierung in der Gelatine an den Silberhalogeniden gebildeten „sensibilisierenden" Prodd. sind für die erstgenannte Auswrkg. auf die Sensibilisierung vermutlich in erster Linie verantwortlich, während die an den Silberhalogenidoberflächen gebildeten für die letztgenannten Erscheinungen verantwortlich sind. E. Maekawa. 8604

Über die Schwärzungsabhängigkeit der $\varkappa$-Konstante der P-Transformation. Tibor Török und Péter Zentai. (Magyar Kémiai Folyóirat [Ung. Z. Chem.] **66.** 480—82. Dez. 1960. Budapest, Eötvö, Loránd Tud. Egyet. Szervetlen és Analit.-Kémiai Intézet.) (Ung.)

Vff. geben die Meth. zur Unters. des Zusammenhanges von $\varkappa$ u. S, einschließlich der Ergebnisse, bekannt. Weiterhin wird mitgeteilt, daß die Schwärzungsabhängigkeit von $\varkappa$

mit Veränderung der Steilheit der transformierten photograph. Kennlinie, bzw. mit gleichzeitiger Parallelverschiebung derselben sowie durch Translation der Schwärzungskurve in der Richtung der S-Achse prakt. aufhebbar ist. G. Halmi. 8604□

Über die Wellenlängenabhängigkeit der $\varkappa$-Konstante bei der allgemeinen P-Transformation. Tibor Török und Károly Zimmer. (Magyar Kémiai Folyóirat [Ung. Z. Chem.] **66.** 477—80. Dez. 1960. Budapest, Eötvös, Loránd Tud. Egyet. Szervetlen és Analit.-Kémiai Intézet.) (Ung.)

Vff. stellten fest, daß die Δ-Transformation nur dann von der Wellenlänge unabhängig wird, wenn auch $\varkappa/\gamma$ davon unabhängig ist. Sie fanden, daß von den untersuchten Agfa-Spektralplatten dieser Fall nur bei „blau extrahart" vorliegt, bei „blau rapid" verändert sie sich beträchtlich. Vff. diskutieren die Möglichkeiten zur einfachen prakt. Durchführung einer im allg. verwendbaren Transformation. G. Halmi. 8604□

Über die Makro- und Mikrofehler der Photoemulsionen. Lajos Papp. (Magyar Kémiai Folyóirat [Ung. Z. Chem.] **66.** 485—87. Dez. 1960. Debrecen, Gördülöcsapágygyár.) (Ung.)

Vf. untersuchte die Agfa rapid, hart, extrahart u. Schumann-Spektralplatten hinsichtlich Abweichungen von der Spektralempfindlichkeit bzw. deren Abhängigkeit von der Zus. des Entwicklers u. von der Entw.-Dauer. Weiterhin wurde die Verw. von Na-Salicylat als Sensibilisator untersucht u. festgestellt, daß mit Hilfe dessen Spektralplatten zu erhalten sind, die bis 2000 Å verwendbar sind u. die gegenüber Schumann-Platten bedeutend geringere Abweichungen aufweisen. G. Halmi. 8604□

Zum Mechanismus der Sensibilisierung und Desensibilisierung photographischer Schichten durch Farbstoffe. Günter Scheibe und Fritz Dörr. (S.-B. math.-naturwiss. Kl. bayer. Akad. Wiss. München **1959.** 183—87, herausgeg. 1960. München, TH, Phys. Chem. Inst.) (Dt.)

An Hand des Elektronengasmodells werden der Sensibilisierungs- u. Desensibilisierungsmechanismus beschrieben. Im Fall des Sensibilisators liegt das Energieniveau des ersten angeregten Zustands ca. 0,1 eV über dem unteren Rand des Leitfähigkeitsbandes von AgBr, so daß ein Elektron des angeregten Farbstoffs direkt in das L-Band des AgBr tunneln kann u. so den Primärschritt zur Bldg. des latenten Bildes liefert. Beim Desensibilisator wird angenommen, daß dieses Niveau ca. 0,2—0,5 eV unter dem L-Band des AgBr liegt, so daß Photoelektronen aus dem L-Band abfließen können, wodurch die Ausbldg. des latenten Bildes gehemmt wird. Durch den in vielen Fällen geringen Unterschied im angeregten Niveau des Farbstoffs u. des L-Bandes des AgBr wird verständlich, daß der gleiche Farbstoff sowohl als Sensibilisator als auch als Desensibilisator wirken kann. G. Pankow. 8606□

Über den Rhodiumeffekt und andere Probleme moderner Emulsionstechnik. Karl Pokorny. (Photogr. Korresp. **98.** 59—60. April 1962. Wien.) (Dt.)

Der Einsatz von Rk.-Salzen zur Herst. von Emulsionen steiler Gradation setzt große Erfahrungen voraus. Als beeinflussende Faktoren werden genannt: Art des Emulsionszusatzes, die Nachreifung, die Stabilisatoren, die Gießzusätze u. die Trocknung. Meist wird von $RhCl_3$ oder $Rh(NH_4)Cl_4$ ausgegangen. Bereits wenige ml einer Lsg. im Verhältnis $1:10^4$ pro kg $AgNO_3$ sind wirksam. Bei größeren Zusätzen schlägt der Effekt ins Gegenteil um. Einige Beispiele aus der Praxis u. ein allg. Ausblick werden gegeben. H. Czech. 8610□

Über die Abschwächung von Emulsionsplatten. Y. Prakash, N. Ahamad und A. P. Sharma. (Nuovo Cimento [10] **8.** 717—30. 1/6. 1958. Aligarh, Muslim Univ., Dep. of Phys.) (Engl.)

Die Abhängigkeit der Klärzeit von der dem $Na_2S_2O_3$-Bad zugesetzten Menge an NH_4Cl, NH_4OH u. NH_4SCN wird untersucht. Variiert werden die $Na_2S_2O_3$-Konz., die Temp. des Bades, die Schichtdicke u. die Korngröße der Emulsionen. Von den drei untersuchten Ammoniumsalzen ergibt NH_4SCN die stärkste Abkürzung der Klärzeit unter sonst gleichen Bedingungen. G. Pankow. 8620□

Belichtungsmesser mit Cadmiumsulfid-Photozelle. R. Barer und R. G. Underwood. (J. Roy. microscop. Soc. **80.** 83—88. April 1961. Oxford, Dep. of Human Anatomy.) (Engl.)

Es wird ein mit einem CdS-Photowiderstand als lichtempfindlichem Organ bestückter Belichtungsmesser beschrieben, dessen Schaltung in 2facher Ausführungsform (für Netzbetrieb, 230 V, 50 Hz u. Batteriebetrieb mit 6 V) erläutert wird. Die Einstellzeit ist bei Einsatz des CdS-Widerstandes ORP 90 20—30 Sek., außerdem tritt nach ca. 30 Min. Belichtungszeit Ermüdung ein. Das spektrale Maximum liegt bei 6500 Å, der Halbwertsbereich erstreckt sich von 5000—7800 Å. Der Belichtungsmesser ist speziell für die Photomikrographie entwickelt worden. W. Reusse. 8660□

Über die Verwendbarkeit höchstempfindlicher photographischer Schichten bei physikalischen Untersuchungen. E. Kinder und R. Haensel. (Photogr. Korresp. **98.** 51—58. April 1962. München, Univ., II. Physikal. Inst.) (Dt.)

Hochempfindliche Filme, die für bildmäßige Photographie hergestellt wurden, (*Agfa Record* u. *Kodak Royal X*) werden geprüft, inwieweit sie für wissenschaftliche Unterss. eingesetzt werden können, die außer der Empfindlichkeit noch andere charakterist. Eigg. erfordern u. die eine Verarbeitung erfordern, die über das von der bildmäßigen Photographie geforderte hinausgeht. Untersucht wurden: Der Einfl. von Licht, Elektronen- u. Röntgenstrahlen auf die Empfindlichkeit u. der Vgl. untereinander; der Einfl. von Entwicklersorten, Entwickler-Temp., Entw.-Zeiten, Filmalter u. SCHWARZSCHILD-Effekt auf die integrale Schwärzung u. die Gradation; die die geometr. Schwärzungsverteilung bestimmenden Größen (Körnigkeit, Diffusionslichthof) sowie das resultierende Strichauflösungsvermögen; die prakt. Verwendbarkeit der Emulsionen bei Leuchtschirmphotographie u. Direktaufnahmen von Elektronenmikroskopie-Bildern. Die Ergebnisse zeigen bei guter Reproduzierbarkeit u. einem für viele Anwendungen ausreichendem Auflösungsvermögen, daß die Aufnahmezeiten bedeutend abgekürzt werden können. Die Verw. dieser Emulsionen für Innenaufnahmen im Elektronenmikroskop kann jedoch nicht empfohlen werden, da sie hier keine höhere Empfindlichkeit, sondern nur prakt. Nachteile aufweisen. H. CZECH. 8662□

Beitrag zur Filmdosimetrie energiereicher Quantenstrahlung. 1. Mitt. **Theoretische Grundlagen.** K. Becker. (Fortschr. Gebiete Röntgenstrahlen Nuklearmed. **95.** 694 bis 703. Nov. 1961. Jülich.) (Dt.)

Für die prakt. Filmdosimetrie energiereicher Quantenstrahlung sind Anordnungen von Interesse, die Energieunabhängigkeit der Dosisregistrierung mit hoher Empfindlichkeit gegenüber γ-Strahlung verbinden. Das kann man dadurch erreichen, daß man einer photograph. Emulsion *p-Terphenyl* als organ. Fluorescenzkörper zur Kompensation der Energieabhängigkeit von der Dosisregistrierung u. zur Erhöhung der Empfindlichkeit zusetzt. Es werden theoret. Überlegungen über den Mechanismus der Einw. von Röntgen- u. γ-Strahlen auf solche Emulsionen angestellt. Hierbei zeigt sich, daß man bei der Betrachtung der Vorgänge, die zur Schwärzung führen, zu qual. u. halbquant. Aussagen kommen kann. Eine quant. Berechnung scheitert jedoch vorläufig noch an der ungenügenden Kenntnis einiger Parameter. — 36 Literaturhinweise.

W. GÜNTHER. 8662□

Eastman Kodak Co., Rochester, N.Y., V.St.A. (Erfinder: Courtney Quance Glassey und Meyer Louis Sugerman), **Herstellung von photoleitfähigen Schichten.** Zur Schicht-Bldg. wird eine alkal. wss. Lsg. benutzt, die ein Pb-Salz u. Thioharnstoff enthält. Diese läßt man zunächst einige Zeit altern, bis sie Kristallkeime von PbS ausscheidet, was an ihrer Schwarzfärbung erkennbar ist. Dann läßt man sie noch einmal die gleiche Zeit stehen, erwärmt sie auf ca. 40° u. bringt sie mit der Unterseite einer Glasplatte in Kontakt, die bereits PbS-Kristallkeime enthält, die aber nicht aus einem wasserlösl. Pb-Salz u. Thioharnstoff in alkal. Lsg. hergestellt sein dürfen, sondern mit Hilfe von H_2S in saurer Lsg.; dadurch wird die Empfindlichkeit der Schicht erheblich erhöht, ebenso durch die Tatsache, daß die Schicht-Bldg. unter Ausschluß der Schwerkraft durchgeführt wird, wodurch die gleichzeitige Abscheidung von groben PbS-Kristallen auf der Glasplatte verhindert wird. Die Einw. der Lsg. soll 10—100 Min. dauern. Die dabei entstehenden Schichten sind bes. hoch IR-empfindlich. — Zur Herst. von PbS-Keimen für die Bldg. von Schichten wird zweckmäßig eine Lsg. benutzt, die ein wasserlösl. Pb-Salz, bes. $Pb(NO_3)_2$, einen Stabilisator, z. B. Polyvinylalkohol, u. H_2S in geringem Überschuß über die Menge enthält, die zur vollständigen Ausfällung von Pb nötig ist. Die Konzz. an Pb-Salz u. H_2S werden so bemessen, daß 1 (Teil) PbS in 5000 bis 100000 Lsg. entsteht. Polyvinylalkohol-Konz. 0,01—0,5%. Die Lsg. läßt man 30 Min. altern u. bringt sie ½—36 Std. in Kontakt mit den zu beschichtenden Glasplatten, die vorher mit Bichromat–H_2SO_4 gereinigt werden müssen. Die Platten werden schließlich zur Entfernung von nicht fest haftendem PbS mit W. gewaschen. (**E. PP. 840 708** u. **840 709** vom 13/3. 1953, ausg. 6/7. 1960. A. Prior. 15/3. 1952.) A. KALIX. 8603

Imperial Chemical Industries Ltd., London, England (Erfinder: David William Crichton Ramsay), **Entwicklersubstanzen** sind Salze von Säuren der allg. Formel X—Ar—SO_3H mit an sich bekannten Entwicklersubstanzen (**I**), die eine oder 2, ggf. substituierte, NH_2-Gruppen an einem aromat. Kern enthalten. Hierbei ist X eine 2. SO_3H- oder COOH-Gruppe u. Ar ein Bzl.-, Naphthalin- oder Diphenylrest. Als **I** werden bes. N-Alkyl-, N-Hydroxyalkyl-, N-Phenyl- oder N-Pyridylsubstituierte p-Phenylendiamine verwendet, sie können außerdem am Ring durch Alkyl-, Hydroxyalkyl-, NH_2- oder Alkoxygruppen substituiert sein. Herst. durch Mischen von wss. Lsgg. der

Komponenten u. Eindampfen bis zum Kristallisieren der Salze. — Naphthalin-1.5-disulfonsäuresalz von 4-Amino-3-methyl-N-äthyl-N-(δ-hydroxybutyl)-anilin, $C_{13}H_{22}N_2O \cdot C_{10}H_8O_6S_2$, Prismen, F. 257—258°; von 4-Amino-N.N-diäthylanilin, Nadeln, F. 298°; 2.4-Diaminophenolnaphthalin-1.5-disulfonat, $C_6H_8N_2O \cdot C_{10}H_8O_6S_2$, Prismen, F. >320°; p-Sulfobenzoesäuresalz von p-Aminophenol, $C_6H_7NO \cdot C_7H_6O_5S$, blaßgelbe Nadeln, F. 276° (Zers.); von p-Methylaminophenol, $C_7H_9NO \cdot C_7H_6O_5S$, blaßgelbe Prismen, F. 246° (Zers.); p-Aminodiäthylanilindiphenyl-4.4'-disulfonat, $C_{10}H_{16}N_2 \cdot C_{12}H_{10}O_6S_2 \cdot \frac{1}{2} H_2O$, Nadeln, F. 292° (Zers.), Naphthalin-1.5-disulfonat von N-(4-Aminophenyl)-hexamethylenimin, $C_{12}H_{18}N_2 \cdot C_{10}H_8O_6S_2$; Nadeln, F. >320°; von 6-Amino-1-β-hydroxyäthyl-1.2.3.4-tetrahydrochinolin, $C_{11}H_{16}N_2O \cdot C_{10}H_8O_6S_2 \cdot H_2O$, gelbe Nadeln, F. 262—264° (Zers.); von 4-Amino-3-methoxy-N-di-(ε-hydroxypentyl)-anilin, $C_{17}H_{30}N_2O_3 \cdot C_{10}H_8O_6S_2 \cdot H_2O$, Prismen, F. 230—231°. Diese Salze werden in der gleichen Konz. u. in Lsgg. der gleichen Zus. wie die I verwendet. (**E. P. 837 491** vom 27/5. 1957, ausg. 15/6. 1960.) A. KALIX. 8619

Eastman Kodak Co. (Erfinder: Paul Wendell Vittum und Arnold Weissberger), Rochester, N.Y., V.St.A., **Erzeugung des Blaugrün-Bildes bei der Farbentwicklung.** Als Farbkuppler wird 2-(o-Acetamido-β-phenyläthyl)-1-hydroxynaphthamid verwendet. Als Entwickler dienen 2-Amino-5-diäthylaminotoluolhydrochlorid, N-Äthyl-β-methansulfonamidoäthyl-3-methyl-4-aminoanilinsulfat u. N-Äthyl-β-methansulfonamidoäthyl-4-aminoanilin. Die Kuppler geben Farbstoffe mit geringer Grünabsorption u. hoher Rotabsorption von hoher Wärme- u. Lichtstabilität. (**D. A. S. 1 096 196** Kl. 57b vom 29/3. 1960, ausg. 29/12. 1960. A. Prior. 9/4. 1959. **A. P. 3 002 836** vom 9/4. 1959, ausg. 3/10. 1961.) E. FUCHS. 8631

Kodak Ltd., London, England, **Photographisches Farbentwicklungsverfahren.** In Abänderung des Verf. nach E. P. 783 730; C. **1959.** 675 wird ein gefärbter Farbkuppler verwendet, der eine auxochrome Gruppe enthält, der in Form des nicht gekuppelten Restes vor, während oder nach der Farb-Entw. seine Farbe ändert u. hierdurch eine farbige Maske zur Farbkorrektur bildet. Der farbige Kuppler hat die allg. Formel I, hierin ist R ein diffusionsfestmachender Rest, z. B. ein Rest der Formel II. R_1 ein Substituent mit einem lösl. machenden Rest ($-SO_3H$ oder $-COOH$), z. B. $-CO-NH(CH_2)_2-NH-COC_6H_4 \cdot -SO_3H$, R_2 Nitro- oder Cyanphenylrest. (**E. P. 853 922** vom 29/12. 1955, ausg. 9/11. 1960. **Zusatz zu E. P. 783730; C. 1959. 8413.**) E. FUCHS. 8631

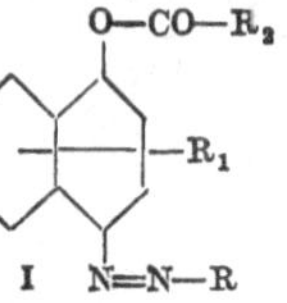

I

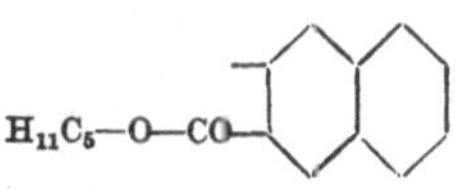

II

Kalle & Co. Akt.-Ges., Wiesbaden-Biebrich, *Photographisches Material.* (**Schwed. P. 164 121** vom 21/1. 1952, ausg. 22/7. 1958. — C. **1954.** 9918 [F. P. 1 049 725].)

E. I. du Pont de Nemours & Co., übert. von: **Walter E. Mochel** und **Clay Weaver**, Wilmington, Del., V.St.A., *Ag-Halidemulsionen von Polyvinylacetal.* (**Can. P. 553 519** vom 23/4. 1955, ausg. 25/2. 1958. A. Prior. 26/7. 1954. — C. **1959.** 2338 [E. P. 771 155].)

Kodak (Australasia) Proprietary Ltd., Abbotsford, Victoria, Australien, *Herstellung von Acetylcellulose-acetat-Filmen.* (**Aust. P. 167 383** vom 13/8. 1952, ausg. 19/4. 1956. A. Prior. 28/11. 1951. — C. **1956.** 8791 [E. P. 735 892].)

Gevaert Photo-Producten N.V., Mortsel (Erfinder: **Marcel Nicolaas Vrancken**, Berchem, Antwerpen), Belgien, *Härten von Polymeren.* (**E. P. 860 632** vom 20/3. 1959, ausg. 8/2. 1961. Belg. Prior. 20/3. 1958. — C. **1960.** 14929 [D. A. S. 1 069 867].)

Agfa Akt.-Ges., Leverkusen, *Sensibilisatoren.* (**F. P. 1 209 846** vom 6/2. 1956, ausg. 3/3. 1960. D. Prior. 7/2. 1955. — C. **1958.** 14487 [D. A. S. 1 008 115].)

Ilford Ltd., Ilford, England, *Sensibilisatoren.* (**Holl. P. 82 523** vom 17/8. 1953, ausg. 15/8. 1956. E. Prior. 18/8. 1952. — C. **1958.** 10546 [D. B. P. 946 833].)

Kodak Ltd., London, England (Erfinder: **Leslie George Scott Brooker** und **Donald Warren Heseltine**), *Sensibilisierungsfarbstoffe.* (**E. P. 868 798** vom 21/5. 1957, ausg. 25/5. 1961. A. Prior. 21/5. 1956. — C. **1960.** 17007 [A. P. 2 882 158].)

Kodak Ltd., London, England, *Symmetrische und unsymmetrische Carbocyanin- und Merocarbocyaninfarbstoffe.* (**E. P. 871 930** vom 2/4. 1958, ausg. 5/7. 1961. F. Prior. 3/4. 1957. — C. **1960.** 13581 [F. P. 1 170 594].)

Kodak Soc. An., Brüssel, Belgien (Erfinder: **P. Aubert, R. A. Jeffreys** und **E. B. Knott**) *Trinukleare Sensibilisierungs-Farbstoffe.* (**Belg. P. 509 612** vom 29/2. 1952, ausg. 28/8. 1953. A. Prior. 2/3. 1951. — C. **1950/54.** 6579 S [A. P. 2 656 351].)

Gevaert Photo-Producten N.V. (Erfinder: **Roger Florimond Huys** und **Serge P. Hendricx**) Mortsel bei Antwerpen, Belgien, *Filmrohstoffe.* (**D. B. P. 975 629** Kl. 57b vom 19/5. 1955, ausg. 8/3. 1962. Anmeldung bekanntgemacht 18/10. 1956. E. Prior. 19/5. 1954 u. 4/2. 1955. — C. **1959.** 673 [F. P. 1 124 390].)

Kodak Ltd., London, England (Erfinder: **Burt Haring Carroll, John Sagal jun., Dorothy Johnson Beavers, Herbert Samuel Elins, Jamés Leo Graham** und **Charles Vernon Wilson**), *Sensibilisierte photographische Emulsionen.* (**E. P. 874 077** vom 30/7. 1957, ausg. 2/8. 1961. A. Prior. 10/12. 1956. — C. **1961.** 14899 [D. A. S. 1 084 131].)

Kodak S.p.A., Mailand, Italien, *Stabilisieren von Halogensilberemulsionen.* (**It. P. 539 942** vom 12/4. 1955. A. Prior. 29/4. 1954. Zusatz zu It. P. 505 649; C. 1961. 3880. — C. **1958.** 14488 [E. P. 768 622].)

Kodak (Australasia) Proprietary Ltd., Abbotsford, Victoria, Australien, *Stabilisieren von photographischen Silberhalogenid-Emulsionen.* (**Aust. P. 167 874** vom 20/4. 1954, ausg. 5/7. 1956. A. Prior. 1/7. 1953. — C. **1959.** 1329 [F. P. 1 109 067].)

Kodak (Australasia) Proprietary Ltd., Abbotsford, Australien, *Härten von Gelatine.* (**Aust. P. 160 828** vom 29/9. 1952, ausg. 10/2. 1955. A. Prior. 1/12. 1951. — C. **1956.** 3466 [D. B. P. 935 706].)

Agfa Akt.-Ges. (Erfinder: **Helfried Klockgether, Walter Kleist** und **Armin Ossenbrunner**), Leverkusen, *Antistatische Filme.* (**Schwz. P. 357 629** vom 14/8. 1957, ausg. 30/11. 1961. D. Prior. 24/8. 1956. — C. **1959.** 10782 [D. A. S. 1 046 487].)

Agfa Akt.-Ges. (Erfinder: **Armin Ossenbrunner** und **Helfried Klockgether**), Leverkusen, *Lichthofschutzschichten.* (**Schwz. P. 357 630** vom 6/7. 1957, ausg. 30/11. 1961. D. Prior. 26/7. 1956. — C. **1959.** 6012 [D. A. S. 1 035 472].)

International General Electric Co., Inc., New York, N.Y., V.St.A., *Blitzlichtlampe.* (**Schwed. P. 156 795** vom 22/8. 1941, ausg. 30/10. 1956. A. Prior. 22/8. 1940 u. 13/3. 1941. — C. **1952.** 4876 [Norw. P. 76 864].)

Radio Corp. of America, New York, N.Y., V.St.A., *Photokonduktive Schicht.* (**E. P. 865 072** vom 5/9. 1957, ausg. 12/4. 1961. A. Prior. 25/9. 1956. — C. **1960.** 14930 [D. A. S. 1 065 723].)

Minnesota Mining & Mfg. Co., übert. von: **Carl S. Miller**, St. Paul, Minn., V.St.A., *Wärmeempfindliches Kopierpapier.* (**Can. PP. 552 743** vom 5/5. 1948 u. **552 750** vom 18/11. 1955, beide ausg. 4/2. 1958. Beide A. Prior. 10/5. 1947. — C. **1962.** 367 [A. P. 2 740 896].)

Minnesota Mining & Mfg. Co., St. Paul, Minn., V.St.A., *Thermokopierverfahren.* (**E. P. 863 366** vom 29/3. 1957, ausg. 22/3. 1961. A. Prior. 2/4. 1956. — C. **1960.** 13582 [D. A. S. 1 078 438].)

Agfa Akt.-Ges., Leverkusen (Erfinder: **Ottmar Wahl**, Opladen, **Wolfgang Himmelmann**, Leverkusen, **Günter Kolb** und **Margot Schneider**, Köln), *Farbkupplerhaltige Halogensilberemulsionen.* (**Oe. P. 211 668** vom 5/3. 1958, ausg. 25/10. 1960. D. Prior. 8/3. 1957. — C. **1959.** 4024 [D. A. S. 1 034 023].)

Kodak Ltd., London, England (Erfinder: **Jean Elmore Jones** und **John Spence**), *Sensibilisierung von Farbkuppler enthaltenden Halogensilberemulsionen.* (**E. P. 871 936** vom 22/8. 1958, ausg. 5/7. 1961. A. Prior. 23/8. 1957. — C. **1961.** 6022 [A. P. 2 912 329].)

Gevaert Photo-Producten N.V., Mortsel bei Antwerpen, Belgien, *Farbkuppler für Gelb.* (**Belg. P. 568 688** vom 18/6. 1958, ausg. 18/11. 1960. D. Prior. 19/6. 1957. — C. **1959.** 12742 [D. A. S. 1 038 916].)

Gevaert Photo-Producten N.V., übert. von: **Jacob Joseph Jennen** und **Hendrik Pieter Gerdekens**, Antwerpen, Belgien, *Farbkuppler.* (**A. P. 2 964 402** vom 29/9. 1952, ausg. 13/12. 1960. E. Prior. 3/10. 1951. — C. **1955.** 9715 [D. B. P. 918 484].)

Gevaert Photo-Producten N.V., Mortsel, Belgien (Erfinder: **Jan Jaeken, Arthur Henry de Cat** und **Robrecht Julius Thiers**), *Farbkuppler für die farbige Entwicklung.* (**E. P. 873 124** vom 27/7. 1956, ausg. 19/7. 1961. — C. **1959.** 9783 [D. A. S. 1 044 614].)

Gevaert Photo-Producten N.V., Antwerpen, Belgien, *Herstellung farbiger Bildmasken.* (**Ind. P. 49 546** vom 12/5. 1953, ausg. 18/6. 1954. E. Prior. 13/5. 1952. — C. **1956.** 9072 [F. P. 1 080 061].)

Gevaert Photo-Producten N.V. (Erfinder: **Maurice Antoine de Ramaix**), Antwerpen, Belgien, *Kopieren von Farbenbildern mit Hilfe von Farbmasken.* (**D. A. S. 1 111 939** Kl. 57b vom 9/1. 1959, ausg. 27/7. 1961. Belg. Prior. 28/3. 1958. — C. **1962.** 6279 [Belg. P. 566 156].)

International Polaroid Corp., Jersey City, N.J., V.St.A., *Herstellung von Mehrfarbenbildern nach dem Silbersalz-Diffusionsverfahren.* (**E. P. 853 480** vom 25/1. 1957, ausg. 9/11. 1960. A. Prior. 13/2. u. 20/7. 1956. — C. **1959.** 7011 [D. A. S. 1 047 620].)

Kodak Ltd., London, England (Erfinder: **Richard Edwin Maurer**), *Vorgerasterte lichtempfindliche Schichten,* (**E. P. 845 419** vom 28/9. 1956, ausg. 24/8. 1960. A. Prior. 30/9. 1955. — C. **1962.** 7032 [A. P. 2 925 339].)

E. I. du Pont de Nemours & Co., Wilmington, Del., V.St.A., *Polymerisierbares Präparat.* (**Jap. A. S. 5093/1960** vom 9/7. 1957, ausg. 13/5. 1960. A. Prior. 9/7. 1956. — C. **1962.** 720 [E. P. 807 948].)

REDAKTIONSSCHLUSS: 15. Juni 1962

Herausgeber: Prof. Dr. Heinrich Bertsch, Berlin, u. Prof. Dr. Dr. h. c. Wilhelm Klemm, Münster. Chefredakteure und verantwortlich für den Inhalt: Dr. Eugen Klever, Berlin W 30, Geisbergstraße 39, Fernsprecher: 249541 u. Dr. Willi Barz, Berlin N 4, Schiffbauerdamm 19, Fernsprecher: 425571.

©

Verlag: Akademie-Verlag GmbH, Berlin W 8, Leipziger Str. 3—4 (Fernsprecher: 220441, Telex-Nr. 011773, Postscheckkonto Berlin 35021), und Verlag Chemie, GmbH, Weinheim/Bergstr. (Fernsprecher: Weinheim 3635 [Sammelnummer]; Fernschreiber: 0465516 chemieverl wnh; Postscheckkonten: Frankfurt/M. 145314 u. Berlin [West] 7430). Bestellnummer: 1007/133. Das Chemische Zentralblatt erscheint wöchentlich. Preis des Jahrganges einschl. Autoren-, Patent-, Sach- u. Formelregister: DM 1200,—; einseitig bedruckte Ausgabe: DM 1350,—. Abgabe der Zeitschrift nur mit sämtlichen Registern. Abbestellungen nur bis spätestens 6 Wochen vor Ablauf des Kalenderjahres.

**Satz u. Druck: VEB Leipziger Druckhaus, Leipzig, III/18/203. VIII. 62.
Veröffentlicht unter der Lizenznummer ZLN 5002 des Ministeriums für Kultur, Hauptverwaltung Verlagswesen.
Printed in Germany.**

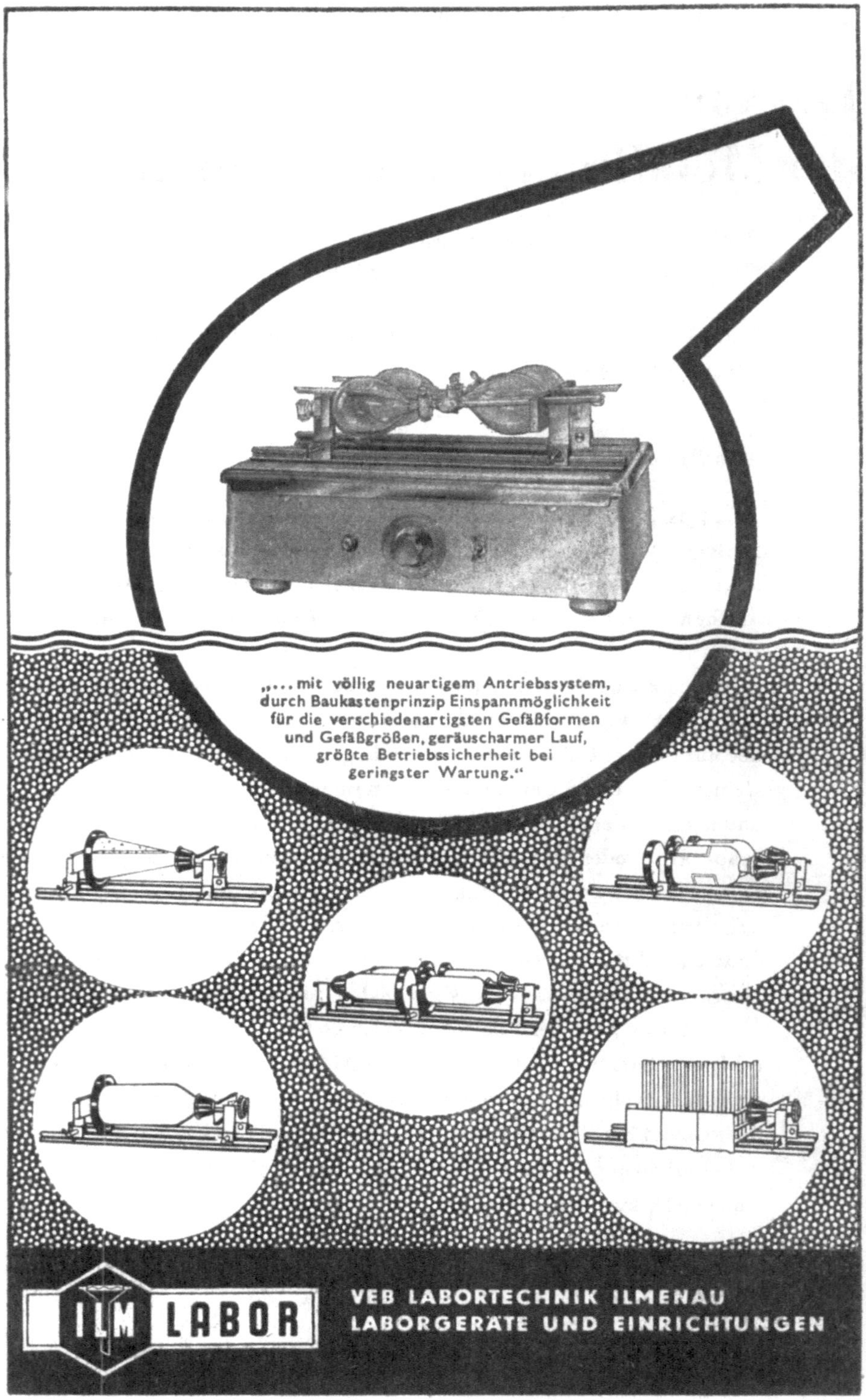
„... mit völlig neuartigem Antriebssystem, durch Baukastenprinzip Einspannmöglichkeit für die verschiedenartigsten Gefäßformen und Gefäßgrößen, geräuscharmer Lauf, größte Betriebssicherheit bei geringster Wartung."
ILM LABOR
VEB LABORTECHNIK ILMENAU
LABORGERÄTE UND EINRICHTUNGEN

Kolibri 360 GmbH
Ferdinand-Jühlke-Straße 7
99095 Erfurt, Deutschland
produktsicherheit@kolibri360.de